DIE ENTWICKLUNGSGESCHICHTE DER ERDE

DIE ENTWICKLUNGS-GESCHICHTE DER ERDE

Mit einem ABC der Geologie

BAND I

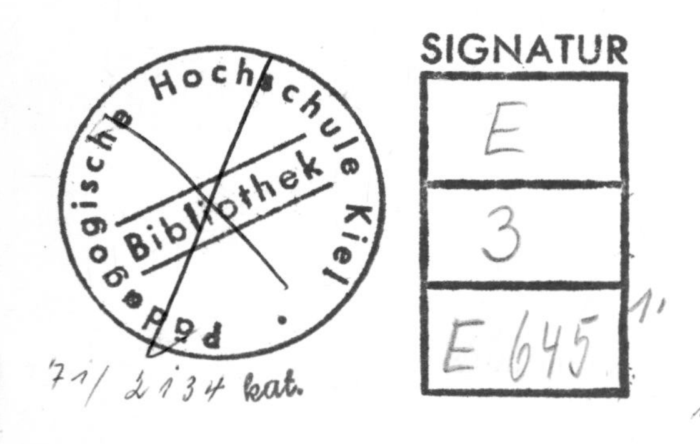

VERLAG WERNER DAUSIEN · HANAU/M.

VERLAG WERNER DAUSIEN · HANAU/MAIN

Printed in the German Democratic Republic
Liz.-Nr. 600/56/70
ISBN 3 7684 6026 6

VORWORT

Auch in dieser erweiterten Auflage des Nachschlagewerkes ,,Die Entwicklungsgeschichte der Erde“ steht die Darstellung der historischen und der allgemeinen oder physikalischen Geologie im Vordergrund. Da jedoch der weitaus größte Teil der Geologen in aller Welt heute in der angewandten und praktischen Geologie tätig ist, werden die zu diesem Bereich gehörigen Disziplinen jetzt weit ausführlicher behandelt als vorher. Jedes einzelne Kapitel wurde stark überarbeitet, sein Inhalt auf den neuesten Stand der Forschung gebracht. Eine Reihe von Kapiteln, z. B. ,,Die vorgeologische Zeit“, ,,Metallogenie“, ,,Ökonomische Geologie“, ist ganz neu aufgenommen worden. Diese Auflage enthält erheblich mehr Zeichnungen, Tabellen und Abbildungen, erstmals auch einige Farbtafeln.
Der lexikalische Teil weist gegenüber dem der Vorauflage bei etwa gleichbleibendem Umfang dennoch eine wesentlich größere Zahl von Stichwörtern aus allen Bereichen der Geologie und aus ihren Hilfswissenschaften auf. Zahlreichen Anregungen entsprechend, ist in vielen Fällen die Definition der Stichwörter knapper gefaßt, d. h. eine Wiederholung dessen, was bereits im Textteil über den betreffenden Fachausdruck gesagt wurde, weitgehend vermieden worden.
Die Mitarbeiter an diesem erweiterten Nachschlagewerk sind namhafte Fachgelehrte, deren Namen im Inhaltsverzeichnis aufgeführt werden. Sie haben in der Regel auch die ihr jeweiliges Fachgebiet betreffenden Stichwörter im lexikalischen Teil bearbeitet. Die Durchsicht des ABC-Teils als Ganzes übernahmen Prof. Dr. Hohl, Dr. Röllig sowie Dr. Schwab, der auch die am Schluß des Buches wieder beigefügte Tabelle der erdgeschichtlichen Gliederung auf den neuesten Stand gebracht hat.
Der Verlag hofft, daß ,,Die Entwicklungsgeschichte der Erde“ auch in ihrer neuen Auflage sowohl dem Studenten der Geologie und Geographie als auch dem in der geologischen Praxis Tätigen wieder ein wichtiges Hilfsmittel sein wird und darüber hinaus dem an geologischen Fragen interessierten Leser das weitverzweigte Gebiet anschaulich in seiner Verknüpfung mit den Nachbarwissenschaften zeigt.

INHALT

An den vorhergehenden Auflagen des Buches haben u.a. mitgearbeitet:

Prof. Dr. Serge v. Bubnoff
Prof. Dr. Hans Gallwitz
Prof. Dr. Walther Gothan
Prof. Dr. Richard Hunger
Dr. Werner Lange
Prof. Dr. Kurt Pietzsch

WESEN, WEG UND ZIEL DER GEOLOGIE

Im Unterschied zur Geographie, die die beschreibende Erklärung der dinglichen Erfüllung der Erdoberfläche und die Erkenntnis ihres gegenwärtigen Zustandes zum Ziel hat, könnte man die Geologie — wörtlich Erdlehre oder Erdwissenschaft — als „Erdgeschichte" bezeichnen: Geologie ist also Erdgeschichtsforschung. Sie geht vom Baumaterial der Erdkruste, den Gesteinen, aus und untersucht auf physikalisch-mechanischer bzw. physikalisch-chemischer, zum Teil auch biologischer Grundlage die Vorgänge und Erscheinungen im Raum als Ergebnis des Wirkens natürlicher Kräfte und Kräftezusammenspiele. Die Erkenntnisse dieser allgemeinen oder besser physikalischen Geologie versucht die historische Geologie in den zeitlichen Ablauf der Erdgeschichte einzuordnen, während die regionale Geologie die Aufgabe hat, die erdgeschichtliche Entwicklung kleinerer oder größerer Gebiete der heutigen Erdoberfläche zu klären und zusammenfassend darzustellen.
Dem Ziel, den Werdegang der Erde aufzuhellen, verdankt die Geologie als einzige unter allen Naturwissenschaften die geschichtliche Fragestellung; sie fragt: Wie wandelte sich das Bild der Erde von der Frühzeit des Planeten durch die erdgeschichtliche Entwicklung hindurch bis zum heutigen Tage? — Das Bild der Erde: d. h. die gesamte Erdoberfläche mit Festländern und Meeren, Gebirgen und Niederungen, Flüssen und Seen; mit ihrem Klima und demzufolge auch ihrer Pflanzendecke und ihrer Tierwelt — mit allem und jedem, was auf der Erde lebt und webt, Organischem und Anorganischem, Lebendigem und Totem.
Ob wir dem Wechsel der Meere nachgehen, dem Wandern der Festländer; ob wir dem Wandel des Klimas nachspüren oder dem Werdegang der Tier- und Pflanzengeschlechter, dem Auf und Ab der Gebirge, der Geburt und dem Tod der Gesteine — jede Aufgabe ist ein Teil der sie alle umfassenden Geologie, und in jedem Falle müssen wir auf gleichem Wege zum Ziel vorzustoßen versuchen.
Das ist das einigende Band aller, im weitesten Sinne erdgeschichtlichen Forschung: die geschichtliche Fragestellung nach dem Wo, Wie, Warum, Wohin und Wann und die Erdgebundenheit aller Zeugnisse der Erdgeschichte, aller Urkunden aus früheren Zeiten und von früheren Zuständen, von früheren Klimaten und Meeren, Gebirgen und Wüsten, Pflanzen und Tieren; denn alle haben sie ihren Niederschlag gefunden, ihre Spur hinterlassen in der Erdkruste selbst — anders wären sie ja der Forschung nicht zugänglich.
Die Urkunden früherer Zeiten und Zustände sind die Gesteine, die die Erdkruste zusammensetzen: Finde ich einen Kalkstein, der die versteinerten Reste von Meerestieren enthält, und über ihm einen roten Sandstein mit den Kennzeichen, wie sie die Dünen der heutigen Wüste aufweisen, so entnehme ich daraus, daß dereinst an dieser Stelle ein Meer stand, dem die rote Sandwüste folgte. Eine ganz einfache Feststellung, und doch — welche Fülle von unausweichlichen Schlußfolgerungen: Die Wüste kam nach dem Meer; das ist bereits eine geschichtliche Feststellung, bedeutet bereits eine Reihe aufeinanderfolgender Ereignisse, das ist bereits Erdgeschichte. So wird aus dem Übereinander im Raum ein zeitliches Nacheinander.
Die Geologie erforscht die ihr unmittelbar zugänglichen Teile der Erdrinde, unabhängig davon, ob das Gesteinsmaterial natürlich aufgeschlossen ist oder erst durch Auffahrungen in Bergwerken, durch Bohrungen, Stein-

brüche, Straßenanschnitte usw. der Beobachtung zugänglich wird. Die **angewandte Geophysik** (S. 658) hilft mit verschiedenen Methoden, die physikalischen Eigenschaften der Gesteinskomplexe in unterschiedlicher Tiefe zu erforschen. Aus den Beobachtungen am Material und dem physikalischen Verhalten der Gesteine versucht die Geologie Schlüsse über den Aufbau der gesamten Erde und ihren Werdegang zu ziehen.

Geologie ist somit:

ihrem Wesen nach Erdgeschichtsforschung und in deren Dienste Urkundenforschung;
ihrem Weg nach Kenntnis der Gegenwart zum Verständnis der Vergangenheit;
ihrem Ziel nach umfassende Erdgeschichte zur Erkenntnis ihrer Gesetzlichkeit.

Ihrem **Wesen** nach ist Geologie also Geschichtsforschung, das spezifisch Geologische an unserer Wissenschaft und ihrer Denkweise ist der Zeitbegriff. Die übereinanderliegenden Gesteinsfolgen, aus denen sich die Erdkruste aufbaut und die man schon früh in Formationen zu gliedern suchte, versinnbildlichten dem Geologen den Zeitraum, in dem sie entstanden. So verstand man unter Formation eine bestimmte Gesteinsfolge, doch auch den bestimmten Zeitraum, der zur Bildung dieser Gesteinsfolge notwendig war. Heute bezeichnet man nach internationaler Gepflogenheit auch im deutschen Sprachgebiet die Gesteinsfolge meist als System und den Zeitraum, der zu ihrer Bildung notwendig war, als Periode. In der Erdgeschichte reihten sich, wie auch aus der Tabelle am Schluß des Buches hervorgeht, die folgenden Systeme aneinander: das **Kryptozoikum** oder **Präkambrium**, das einen weit längeren Zeitraum als alle folgenden Formationen zusammen einnimmt und mehr als vier Milliarden Jahre umfaßt (S. 331), dann **Kambrium** (S. 345), **Ordovizium** (S. 354), **Silur** (S. 363), **Devon** (S. 371), **Karbon** (S. 382), **Perm** (S. 395), **Trias** (S. 411), **Jura** (S. 426), **Kreide** (S. 439), **Tertiär** (S. 450) und **Quartär** (S. 469), die zusammen rund 600 Mio Jahre gedauert haben.
Bis weit in unser Jahrhundert hinein mußte sich die geologische Zeitrechnung, die **Geochronologie** (S. 321), mit einem relativen Zeitbegriff begnügen. Es mußte ihr genügen, aus dem Studium der Gesteine die Reihenfolge erdgeschichtlicher Ereignisse, das Früher oder Später zu ermitteln und auf den roten Faden der Formationsskala aufzureihen.
Seit vier bis fünf Jahrzehnten jedoch hat sich in den radioaktiven Methoden ein Weg zur Feststellung der absoluten Größenordnung erdgeschichtlicher Zeiträume geboten. Seit dieser Zeit fragt die Geologie nicht nach dem Früher oder Später, sondern darüber hinaus nun auch nach dem Wann und Wielange. Seither versucht sie sich klarzuwerden über die absolute Zeitdauer der Perioden, über die Lebensdauer der Arten, Gattungen, Familien usw. des Pflanzen- und Tierreiches, über das Tempo der Neubildung von biologischen Arten, über die Dauer und die gegenseitigen Abstände der großen gebirgegebärenden Epochen der Erdgeschichte, der Orogenesen oder Tektonogenesen, schließlich auch über die Gesamtdauer der Lebens- und Erdentwicklung. Aus den knapp sechs Jahrtausenden der biblischen Zeitrechnung sind heute einige Jahrmilliarden für das Gesamtalter der Erde, rund zwei davon für die biologisch faßbare Erdgeschichte im geologischen Sinne geworden.

Ihr **Weg** führt die Geologie über die Erkenntnis der Gegenwart zum Verständnis der Vergangenheit. Sie bleibt erdgeschichtliche Urkundenforschung.

Diese Urkundenforschung stützt sich auf einige fundamentale Sätze:

1. Jeder geologische Stoff ist das Ergebnis eines Vorganges in der Zeit. Jedes Gestein trägt — wie alles in der Natur — seine Geschichte in sich. Alles, was an einem Gestein Auskunft über seine Bildungsumstände gibt, wird als Fazies bezeichnet. Gesteinsfazies zu deuten ist nur auf Grund der Kenntnis der **Gesteine und ihrer Entstehung** (S. 79) und vor allem der heutigen Gesteinsbildung möglich.
2. Das räumliche Über- und Untereinander der Gesteinsschichten entspricht einem zeitlichen Nach- und Voreinander. Das Obere, das Hangende, muß jünger sein als das Untere, das Liegende. Das ist der Inhalt des stratigraphischen Prinzips, wie es zum ersten Mal Nikolaus STENO aussprach (1669). So wird die räumliche Anordnung geologischer Urkunden, der Gesteine, vor dem geistigen Auge des Geologen zu einem zeitlichen Ablauf.
3. Wo die ursprünglich horizontale Lagerung der Gesteine gestört ist, wo die Gesteinsschichten gebogen, gefaltet, gebrochen, auseinandergerissen, übereinandergeschoben sind, manifestieren sie biegende, faltende, brechende, reißende, schiebende Vorgänge. Die Lagerung der Gesteine, zumal die gestörte, ist gleichsam gefrorene Bewegung. Die **Strukturformen der Erdkruste** (S. 242), die sich durch die verschiedene Lagerung der Gesteine ergeben, sind Bewegungsbilder, die Rückschlüsse auf die Bewegungsvorgänge und z. T. auch auf die Art und Herkunft der bewegenden Kräfte zulassen. Das ist der Inhalt des tektonischen Prinzips.
   Der Geologe taut sozusagen die gefrorenen Bewegungen im Geiste wieder auf und erkennt in dem starr gewordenen Bild das frühere Wirken dynamischer Kräfte. „Geotektonik ist die Kunst, Verwickeltes einfach, Ruhendes bewegt zu sehen“ (Hans CLOOS).
4. Lebensreste sind wesentliche Bestandteile großer Gruppen von Gesteinen, und zwar der Sedimentgesteine. Die räumliche Aufeinanderfolge verschiedenartiger Lebensreste entspricht einer zeitlichen Aufeinanderfolge, und das bedeutet letztlich: einer Entwicklung. Da Entwicklung fortschreitet und grundsätzlich nicht umkehrbar ist, wird jeder Abschnitt der Erdgeschichte — und auch die ihm entstammenden Sedimente — durch eine bestimmte, nie vorher gewesene und nie wiederkehrende Entwicklungsstufe des Lebens gekennzeichnet.
   Die versteinerten Lebensspuren, die Fossilien, werden damit zu wichtigen Zeitweisern, zu den Seitenzahlen im Buch der Erdgeschichte, zu Leitfossilien. Das ist der Inhalt des Leitfossilprinzips. Leitfossilien sind sie vor allem dann, wenn es sich um häufig zu findende kurzlebige Formen handelt, die wohl horizontal weit verbreitet, vertikal dagegen auf bestimmte Schichten beschränkt sind, so daß man nach ihnen das relative Alter einer Schicht bestimmen kann. Insbesondere sind bei Störungen der Lagerungsverhältnisse der Gesteine die Leitfossilien unentbehrliche Führer durch das Schichtengewirr und helfen, die stratigraphische Ordnung sicherzustellen. Darüber hinaus geben fossile Lebensgemeinschaften zusammen mit den Gesteinen, in denen sie sich finden, wertvolle Hinweise auf den einstigen Lebensraum, auf seine Lage auf der Erde, seine Eigenart, sein Klima usw., kurz gesagt, auf die gesamte Umwelt. Erst Gesteinsausbildung und Fossilinhalt zusammen ermöglichen Aussagen, die weiterführen.

Auf diesen Fundamentalsätzen ruht die Erdgeschichtsforschung:
Stoffe werden ihr zu Vorgängen,
räumliche Anordnung zur zeitlichen Folge,

Bewegungsbilder zu dynamischen Abläufen,
Fossilien erwachen zu neuem Leben.
Stoffanordnung, Tektonik, Fossilien sind die Urkunden der Erdgeschichte. Was tot, starr, statisch gebunden erscheint, wird vor dem geistigen Auge des Forschers lebendig, wandelbar und dynamisch bewegt.
Die Zuverlässigkeit des von der Geologie erarbeiteten oder erarbeitbaren Geschichtsbildes hängt jedoch nicht nur vom Aussagewert der Urkunden ab, sondern auch davon, wieweit es der Forschung möglich wird, die Urkunden als solche zu erkennen und zuverlässig auszudeuten, d. h., sie überhaupt zur Aussage zu veranlassen.
Solange man beispielsweise den Granit als Sedimentgestein auffaßte, mußten jedes Lagerungsbild und damit auch jedes geschichtliche Bild falsch oder wenigstens unzulänglich bleiben; solange die Wüsten der Erde kaum bekannt waren, konnten auch fossile Sedimente nicht als Wüstenbildung erkannt werden; solange man ferner nur die Sedimente der heutigen Tiefsee kannte — wie es durch Kabellegungen möglich geworden war —, mußte die Deutung der meisten Sedimente der Vorzeit im Leeren hängenbleiben, da die Mehrzahl aller Sedimentgesteine der flacheren See entstammt, d. h. der See zwischen Festlandssockel und Tiefsee.
Dies aber bedeutet, daß die Zuverlässigkeit und Tiefe der Aussagen erdgeschichtlicher Urkunden weitgehend vom Stand der Erforschung der heutigen Erdoberfläche abhängen. Wir wenden dabei die aktualistische Methode an, d. h., wir gehen bei der Deutung der Zeugen der Vergangenheit, des Unbekannten, von der Gegenwart aus, die uns allein bekannt und greifbar ist; denn es gibt keine andere logische Möglichkeit, eine Vergangenheit, die ohne Zeugen abgelaufen ist, gedanklich zu erschließen. Wir erforschen, wie und unter der Wirkung welcher Kräfte sich das Erdbild heute verändert. Dabei ist unserer unmittelbaren Beobachtung zugänglich **die Gestaltung der Erdkruste durch erdäußere Prozesse** (S. 152), d. h. durch Schwerkraft, Wasser, Wind, Eis und Leben. Doch können wir auch **Bewegungen der Erdkruste durch erdinnere Kräfte** beobachten (S. 211), d. h. Hebungen und Senkungen der Kruste, die durch die Kräfte der Epirogenese und Orogenese bewirkt werden. Weiterhin sind in der geologischen Gegenwart von den erdinneren Kräften an der Erdoberfläche zu beobachten die **Erdbeben** (S. 234) und der **Magmatismus** (S. 80), der sich an der Erdoberfläche in Form des Vulkanismus äußert. Erst wenn die heutigen Vorgänge nicht zur Erklärung fossiler Urkunden ausreichen, versuchen wir, aus der Urkunde selbst andersartige Vorgänge abzulesen. Dabei zeigt sich immer wieder, daß die Grundgesetze allen natürlichen Geschehens, die Gesetze der Physik, Chemie und Biologie, durch die Erdgeschichte hindurch, soweit sie geologisch faßbar ist, die gleichen geblieben sind, daß sie sich aber zu verschiedenen Zeiten verschieden gruppiert haben und deshalb andere Urkunden erzeugen mußten.
Das Beobachten der heute in und auf der Erde wirkenden Kräfte und Vorgänge sowie das Deuten der in früheren geologischen Zeiten entstandenen Stoffe und Formen sind Aufgabe der **allgemeinen, dynamischen** oder **physikalischen Geologie.** Sie benutzt als Hilfswissenschaften die **Mineralogie** (S. 69), die Gesteinskunde oder Petrologie und die **Bodenkunde** oder **Pedologie** (S. 135), die ihrerseits auf den Erkenntnissen von Mathematik, Physik, Chemie und Biologie aufbauen. Auch die **Geochemie** als Lehre vom chemischen Aufbau der Erde und die **Geophysik** als Lehre von den physikalischen Vorgängen in und auf der Erde (S. 53) dienen ihr.

Um schließlich zu dem **Ziel** der Geologie, einer umfassenden Geschichte der Erde, zu gelangen, müssen die Forschungsergebnisse der allgemeinen

Geologie in eine zeitliche Ordnung gebracht werden. Dies ist Aufgabe der geologischen Formationskunde, die auf der Stratigraphie, der Paläogeographie und der Paläoklimatologie aufbaut und daher auch als historische Geologie (i. e. S.) bezeichnet wird. Sie geht so vor:
Alle Gesteine der Erdkruste werden nach ihrem Alter, ihrer Zugehörigkeit zu Systemen (Formationen) gruppiert; ein System umfaßt alle Gesteine, die in der betreffenden Periode — der durch dieses System repräsentierten Zeit — gebildet wurden.
Aus der Ermittlung der Bildungsumstände aller gleichalten Gesteine ergibt sich die Möglichkeit zur kartographischen Darstellung der Bildungsräume, d. h. der Faziesräume dieser Zeit, zu einer — paläogeographische Karte genannten — kartographischen Darstellung von Land und Meer, Süßwasser, Sumpf, Wüste usw. für jede Periode, also zu einer Geographie der Erdoberfläche in einem längst vergangenen Zeitraum.
Zu den Bildungsumständen, die sich in der Fazies ausprägen, gehören neben der Form der Bildungsräume (Meeresbecken usw.) auch die klimatischen und topographischen Umweltverhältnisse sowie das die Gesteinsbildung begleitende Leben. So entsteht über die allgemeine Paläogeographie hinaus eine Paläoklimatologie, eine Paläobiogeographie und eine Paläontologie, d. h. eine **Geschichte der Entwicklung der Pflanzenwelt** (S. 500) und eine **Stammesgeschichte der Tiere** (S. 509) von der Zeit der **Entstehung des Lebens auf der Erde** an (S. 497), und es ergibt sich, daß eine enge **Verflechtung von Erd- und Lebensgeschichte** besteht (S. 523).
Dabei müssen nicht nur die Forscher der verschiedenen Fachrichtungen eng zusammenarbeiten, sondern auch die Forscher aus allen Ländern der Erde. Erst das Vergleichen, Aufeinanderabstimmen und Ineinanderarbeiten der Forschungsergebnisse der regionalen Geologie, der Geologie der einzelnen Gebiete der Erde, kann zu einer Gesamtschau führen.
Formation für Formation, in dieser Weise durchforscht und aufgehellt, nach ihrer Altersfolge aneinandergereiht, ergeben gleichsam filmartig den Ablauf der Entwicklungsgeschichte der Erde. Dieser Film wird durch die Phasen der Gebirgsbildung, die großen Tektonogenesen, zeitlich und räumlich in Abschnitte, gleichsam Akte, gegliedert.
Die Analyse des Gesamtablaufs der Erdgeschichte schließlich soll und wird uns auf die großen Gesetzmäßigkeiten der paläogeographischen Wandlungen führen, auf die Gesetzmäßigkeiten der Tektonogenese im zeitlichen Ablauf und damit letzthin auf die beherrschenden Lebensgesetze des Erdballes, über die bisher nur zahlreiche mehr oder weniger befriedigende **geotektonische Hypothesen** (S. 279) bestehen.

Es ist Menschenart, daß immer wieder versucht wird, auch bei noch unzulänglichem Tatsachenwissen die Gesetzmäßigkeiten, die den Erdball beherrschen, zu erkennen. Wir sind noch weit von diesem letzten Ziel entfernt. Doch scheint es, als schälten sich gerade in unserer Zeit die ersten großen Teilgesetzmäßigkeiten heraus: Wir können vermuten, daß die Erdrinde seit dem Oberen Proterozoikum durch die Folge der Tektonogenesen einer zunehmenden Versteifung unterliegt und daß der Zustand der völligen Verfestigung — geologisch gesehen — nicht mehr fern scheint. Jedoch glauben wir jetzt zu wissen, daß ein solcher Versteifungszyklus in der Zeit vor dem Oberen Proterozoikum mindestens schon einmal abgelaufen ist, daß also das, was wir Erdgeschichte i. e. S. nennen, nur ein Wellenschlag in einem weit größeren Rhythmus ist.
Weiterhin wissen wir, daß diese Erdgeschichte i. e. S. sich wiederum in mehrere kleine Zyklen gliedert, die jeweils auf eine Gebirgsbildung hinaus-

liefen. Die Gebirge blieben jedoch nicht bestehen; denn je höher sich ein Gebiet über den Meeresspiegel hinaushebt, um so mehr ist es dem Angriff der erdäußeren Kräfte ausgesetzt. Die Gesteine, aus denen sich die Gebirge zusammensetzen, werden durch Sonneneinstrahlung, Frost, Wasser und Wind zersetzt, ihre Trümmer werden von Wasser, Wind und bewegtem Eis, den Gletschern, sowie unter der Wirkung der Schwerkraft verfrachtet und in tiefer gelegene Gebiete getragen. So erniedrigen sich die Gebirge immer mehr, und wenn diese Entwicklung ungestört verliefe, müßte das Relief der Erdoberfläche schließlich ausgeglichen werden. Doch die Gebiete, in denen sich der Gesteinsschutt der Gebirge sammelt — das sind vor allem die Meere —, sinken unter der Last dieses Schuttes immer mehr ein. Durch diese Vorgänge wird das Gleichgewicht der Kruste gestört, erdinnere Kräfte werden mobilisiert, und sie bewirken schließlich, daß nunmehr die einsinkenden Gebiete zusammengepreßt und darauf als Gebirge emporgehoben werden. Diese Gebirge verfallen wiederum der Zerstörung und Einebnung, und so kommt es, daß alles Erdgeschehen in einem ständigen Kreislauf abrollt.

Diese Lebensgesetze des Erdballs sind, wie gesagt, bisher nur ungenügend erforscht und im einzelnen z. T. noch durchaus ungeklärt. Doch fügen die Geologen, Geophysiker und Astronomen der ganzen Welt in unermüdlicher Arbeit Glied an Glied, so daß sich die Kette der Entwicklungsgeschichte unseres Erdballs immer mehr vervollständigt. Für diesen ständigen Fortschritt der Geologie legt die **Geschichte der Geologie** (S. 17) Zeugnis ab.

Was bei der forschenden geologischen Arbeit an Erkenntnissen gewonnen und, vor allem durch die **geologische Kartierung** (S. 565), festgehalten wird, das wird durch die **ökonomische Geologie** (S. 575) und die **angewandte Geologie** (S. 614) für die Praxis nutzbar gemacht. Auf dem Gebiet des Bergbaus, der Ingenieurtechnik, der Hydrologie und der Land- und Forstwirtschaft erweist sich somit die geologische Wissenschaft auch volkswirtschaftlich als außerordentlich wertvoll.

GESCHICHTE DER GEOLOGIE

Der Mensch der Jungsteinzeit, der systematisch und überlegt nach Feuerstein grub, der bronzezeitliche Salzbergmann der Alpen wußte trotz aller Erfahrungen nichts von Geologie. Auch das Altertum beschäftigte sich kaum mit geologischen Problemen, obwohl uns eine Reihe von Zeugnissen über einen intensiven Bergbau, vor allem aus Ägypten und Griechenland, bekannt ist. Wenn man sich aber in dieser Phase der Entwicklung der menschlichen Gesellschaft mit geologischen Fragen beschäftigte, dann nur im Rahmen der allgemeinen Naturbetrachtungen. So erkannte der griechische Philosoph XENOPHANES (6. Jahrhundert v. u. Z.) die organische Natur versteinerter Muscheln. Der römische Forscher STRABO (36 v. u. Z. bis 19 u. Z.) lehrte, daß sich die Länder langsam heben und senken und dadurch ehemaliger Meeresboden mit marinen Fossilien sich z. T. im hohen Gebirge findet. Die Entstehung eines Teiles der Inseln führte er auf vulkanische Ursachen zurück.

Die Anschauungen dieser alten Naturforscher zeugen von guter Beobachtung. Manche Naturerscheinung ist erst Jahrhunderte später wieder mit solcher Klarheit gedeutet worden. Im allgemeinen aber lieferte das Altertum nur wenige Bausteine zum Gebäude der Geologie.

Mit der bemerkenswerten Blüte der Wissenschaften im Mittelalter Mittelasiens waren auch geologische Leistungen verknüpft. AVICENNA, auch IBN SINA (980—1037) genannt, der vor allem durch seine grundlegenden mineralogischen Arbeiten bekannt ist, ging grundsätzlich für das geologische Geschehen von langen Zeiträumen aus, wobei er für die Bildung und Umbildung der Gebirge erdinnere Kräfte als wesentlich erkannte, andererseits aber auch die Rolle des Wassers bei Sedimentbildung und Abtragung treffend beschrieb. Demgegenüber stand das zu dieser Zeit christlich beeinflußte Europa fest auf dem Boden der biblischen Schöpfungsgeschichte und begnügte sich im wesentlichen mit der Auslegung der antiken Schriftsteller. Mit dem Zeitalter der Renaissance aber trat die forschend-wissenschaftliche Tätigkeit in den Vordergrund. Man begann nach den Ursachen der Erscheinungen zu fragen, wie sie durch Erfahrung und Beobachtung ermittelt werden können.

Der italienische Künstler und Forscher LEONARDO DA VINCI (1452—1519) erkannte aufs neue die wirkliche Natur der Versteinerungen. In dem bedeutenden Werk „De re metallica" (1556; deutsch 1928) behandelt der deutsche Humanist Georg AGRICOLA (1494—1555, Tafel 9) den Bergbau und das Hüttenwesen und beschreibt die Minerale. Der Italiener Giordano BRUNO (1548—1600), der auf dem Scheiterhaufen endete, glaubte an eine weltumspannende Sintflut, vertrat aber die Meinung, daß die Verteilung von Land und Meer nicht immer die gleiche war wie heute. Obwohl diese Erkenntnisse vereinzelt blieben und in keinen Zusammenhang gebracht wurden, war der Bann gebrochen, die historische Fragestellung geboren, der Weg zur Entstehung einer Erdgeschichtsforschung zeichnete sich ab. Freilich versuchte man noch lange Zeit, die eigenen Beobachtungen mit den Lehren der Bibel in Einklang zu bringen. So nahmen die Diluvianisten, wie PALISSY in Frankreich und der Züricher Professor SCHEUCHZER (1672—1733), an, die Versteinerungen seien Überreste der bei der Sintflut umgekommenen Lebewesen, obwohl schon mehr als 100 Jahre vorher, 1517, FRACASTRO aus Verona Fossilien als die Reste von Meerestieren erkannt hatte.

Wesentliches zur eigentlichen Grundlage der geologischen Wissenschaft leistete der dänische Arzt Nicolaus Stensen aus Kopenhagen, genannt STENO (1638—1687), der lange Zeit in der Toskana lebte. Er entwarf 1669 das erste geologische Profil, das erste noch dazu, das wirklich „historisch" gedacht war. Es sollte die erdgeschichtliche Entwicklung der Landschaft Toskana schematisch umreißen. STENO erkannte, daß Schichtgesteine im Wasser abgelagert werden, faßte also den Begriff der Sedimentation und erklärte, daß alle Schichten ursprünglich horizontal liegen und erst später durch erdinnere Kräfte gefaltet und zerbrochen werden. Ihm wurde das stratigraphische Grundgesetz klar, daß das Hangende jünger ist als das Liegende; er kannte Fossilien und beobachtete, daß sie jeweils auf bestimmte Schichten beschränkt sind. So ist das Jahr 1669 zum Geburtsjahr der Stratigraphie, der Lehre von der Orogenese im allgemeinsten Sinne, der Petrefaktenkunde, die wir heute Paläontologie nennen, und der regional-geologischen Untersuchungen geworden. Bei allem forscherischen Drang aber suchte STENO mit der biblischen Überlieferung in Einklang zu bleiben; so setzte er die sechs Abteilungen seines geologischen Profils bestimmten Abschnitten der Schöpfungsgeschichte gleich.

In den Jahren 1688 und 1705 erschienen zwei Schriften des Engländers Robert HOOKE, in denen er die Fossilien als Reste ausgestorbener Meerestiere beschrieb und darlegte, daß durch innere Kräfte, die auch die Vulkanausbrüche hervorrufen, Erdkrustenteile gehoben und gesenkt werden und dadurch die Grenzen zwischen Land und Meer sich ständig verschieben. HOOKE sah in den aufgefundenen Versteinerungen von Schildkröten und Ammoniten Zeugen andersartiger paläogeographischer und paläoklimatischer Verhältnisse (1705). England bietet überhaupt für stratigraphisch-paläontologische Beobachtungen bequeme Möglichkeiten: So bemerkte Martin LISTER (1638—1711) schon 1671 die Horizontbeständigkeit der Fossilien, obwohl er sie im übrigen noch für „Naturspiele" hielt. James WOODWARD (1665—1722) machte im Jahre 1695 dieselbe Entdeckung.

Im Jahre 1691 erstand als erste konsequente Synthese aller Erfahrungen und Gedanken die „Protogäa" des deutschen Philosophen G. W. LEIBNIZ, in der eine Erklärung der Entstehung von Welt und Erde in großer kosmogonischer Zusammenschau auf idealistischer Grundlage versucht wird. Von den Nachfolgern sei DE MAILLET (1715) genannt; er nahm wiederholte Entwicklungsphasen der Erde an und ging vom Studium und von der Ausdeutung rezenter Sedimente aus, verfuhr also nach einer Methode, die man später als aktualistische ausbaute.

Die Frage nach dem Ursprung, dem Werdegang der Welt und der Erde erforderte jedoch Erforschung der Einzelheiten, erforderte Beobachtung, das Sammeln von Erfahrungstatsachen. Das Bemühen um kosmogonische Fragen trat zurück, die Kleinarbeit begann, und die beobachtende Materialsammlung unter erdgeschichtlichem Aspekt beherrschte nun die Geologie. Es erschienen beschreibende Darstellungen, so 1755 KNORRS Tafelwerk der Fossilien, von WALCH fortgesetzt, der 1762 eine systematische Fossilienkunde, „Das Steinreich", beisteuerte. Beider Namen leben in denen fossiler Pflanzengattungen fort.

Auch die regionale Arbeit setzte ein: 1743 erschien die erste geologische Karte, erarbeitet für die englische Grafschaft Kent von Christopher PACKE, allerdings noch einfarbig.

In zahlreichen Ländern trugen Liebhaber Stein auf Stein; wir kennen vor allem Namen aus Italien, Frankreich, der Schweiz, Deutschland und natürlich auch aus England.

Entscheidend wurde die Tat des preußischen Bergrats J. G. LEHMANN in Thüringen: Er gab 1756 einen „Versuch einer Geschichte von Flözgebirgen" heraus. Dieses Buch übernahm zwar noch die diluvianische Grundlage, enthielt aber das erste auf genauer Beobachtung beruhende Profil, beschrieb exakt die Gesteinsschichten und Fossilien und gliederte die Folge bereits in das Urgebirge, wozu er alle kristallinen Gesteine rechnete, das dem Paläozoikum entsprechende Ganggebirge und das Flözgebirge, das wir unserem Mesozoikum gleichsetzen können.
Wenige Jahre später trat der fürstliche Leibarzt G. Chr. FÜCHSEL (1722 bis 1773), Sohn eines Bäckers, auf den Plan. Seine „Geschichte des Landes und des Meeres, aus der Geschichte Thüringens durch Beschreibung der Berge (d. h. Schichten) ermittelt" (1761), noch lateinisch geschrieben, mutet in Thema und Behandlung durchaus modern an: Die Gesteine sind zu Gruppen, zu „Formationen" zusammengefaßt — hier erscheint dieser Begriff zum ersten Male —, die Lösung von der Schöpfungsgeschichte der Bibel ist vollzogen. Der Ausdruck Geognosie stammt von FÜCHSEL, ebenso eine Reihe anderer Fachausdrücke, meist aus der Bergmannssprache übernommen. Vor allem aber enthält die Arbeit die erste deutsche geognostische Karte, die zwar nicht mit Farben, wohl aber mit Ziffern die Orte der Gesteinsvorkommen in die Reliefkartenzeichnung einfügt. Mit der Erkenntnis: „Die Art und Weise, wie die Natur bis zur heutigen Zeit wirkt und Körper hervorbringt, ist als Norm zu setzen; eine andere kennen wir nicht" spricht FÜCHSEL den Grundsatz der aktualistisch vorgehenden Geologie aus, Jahrzehnte vor HOFF und LYELL.
Mit seinem „Entwurf zur ältesten Erd- und Menschengeschichte" (1774) folgte FÜCHSEL dem Zuge der Zeit, indem er seine Forschungsergebnisse zu einer „Geogonie" erweiterte. Auch andere bemühten sich um natürliche Schöpfungsgeschichten: Die des Franzosen BUFFON (1707—1778) unter dem Titel „Epochen der Natur" (1778) zählt zu den bedeutendsten. Johann Gottfried HERDERS „Ideen zu einer Philosophie der Geschichte der Menschheit" (1784/91) beginnen mit der Geschichte der Erde; an diesem Teil hat GOETHE bestimmend mitgearbeitet.
Gegen alle noch vorhandenen diluvianistischen Meinungen wandte sich in Rußland der große, seiner Zeit weit vorausschauende Gelehrte M. W. LOMONOSSOW (1711—1765). Alle Erdkrustenbewegungen erkannte er als Wirkung erdinnerer Kräfte, begriff aber auch die geologische Bedeutung von Wind, Regen, Eis und Wasser. LOMONOSSOW entwickelte in seinen geologischen Arbeiten die Grundlagen einer natürlichen Entwicklungsgeschichte der Erde, wobei er bei der Deutung geologischer Erscheinungen vom Grundsatz des Aktualismus ausging: „Ich sage unumwunden, daß wir aus dem Zustand der Erdoberfläche, aus ihrer Gestalt und ihren dem Blick verborgenen Schichten zu schließen und zu urteilen vermögen, daß sie, wie sie heute sind, nicht seit Entstehung der Welt gewesen sind, sondern mit der Zeit eine andere Gestalt angenommen haben" (1763). Der bedeutende französische Naturforscher CUVIER (1769—1832), der es auf Grund seiner morphologischen Arbeiten, seines Korrelationsprinzips und seiner Typenlehre der Forschung ermöglichte, Fossilien, insbesondere der Wirbeltiere, nicht nur richtig einzuordnen, sondern auch unvollständig erhaltene zu ergänzen, vertrat den Standpunkt der Unveränderlichkeit der Arten, aber er sah auch den Wechsel der Faunen, eine ganze Faunenfolge in den ihm bekannten Schichten des Pariser Beckens. Er gelangte so zu der Auffassung, daß gewaltsame Eingriffe der Natur, daß Katastrophen oder Kataklysmen jeweils die Lebewelt ausgelöscht haben und daß an deren Stelle eine neue trat, von außen her zugewandert oder — wie seine Nachfolger übertreibend betonten — neu geschaffen. Diese Kataklysmen-

hypothese, die eine Aneinanderreihung gleichsam stationärer Weltperioden annahm, hat das Denken ganzer Generationen bestimmt und wirkt heute noch nach.

Wie die philosophischen Kosmogonien und Geogonien Denkmöglichkeiten zusammenfaßten, so fand die Frühzeit der Geologie ihren zusammenfassenden Abschluß in dem Werk des großen Systematikers Abraham Gottlob WERNER (1749—1817), Sohn eines Eisenhütteninspektors und seit 1775 gefeierter Lehrer an der jungen Bergakademie Freiberg in Sachsen. Jeder uferlosen Spekulation abhold, ließ er nur die Beobachtung gelten und trennte auch begrifflich die spekulative Geologie von der die Tatsachen feststellenden Geognosie. WERNER entwickelte 1774 ein bis in alle Einzelheiten ausgearbeitetes System der äußeren Kennzeichen der Minerale und schuf auf diese Weise Elemente einer mineralogischen Methodologie. 1787 stellte er ein leicht überschaubares System der Gesteine auf, soweit das ohne Chemie und Mikroskopie möglich war, und gab auf diese Weise wesentliche Impulse für die Entwicklung der Gesteinskunde. Die grundsätzlichen Erscheinungen des geologischen Geschehens erklärte er von der Position des Neptunismus, dessen konsequentester Verfechter er an der Wende vom 18. zum 19. Jahrhundert war. WERNER knüpfte an die neptunistischen Auffassungen der Schweden J. G. WALLERIUS (1708—1785) und T. BERGMAN (1735—1784) an, befreite sie von den Elementen eines platten Bibelglaubens und verband sie mit seiner eigenen deistischen Konzeption, die in weltanschaulicher Hinsicht der religiösen Aufklärung entsprach. Nach neptunistischer Auffassung ist das Wasser das alleinbestimmende geologische Agens. Fast alle Gesteine, darunter auch Granit und Basalt, seien als chemische oder mechanische Ausfällungen aus Wasser entstanden; hierbei ist zu berücksichtigen, daß WERNER nur Mitteldeutschland kannte, wo der Basalt hauptsächlich in schichtförmigen Decken auftritt. Nicht wegzuleugnende vulkanische Erscheinungen führte WERNER auf lokale Erdbrände zurück; vulkanische Gesteine seien umgeschmolzene Sedimente. Tektonik beruhe auf Einstürzen im Erdinnern. Aber die meisten Gesteine seien — so meinte er — gar nicht gestört, sondern befänden sich von vornherein in nichthorizontaler Lagerung, eine Auffassung, die allerdings selbst gegen STENO einen Rückschritt bedeutete. Die Formationen FÜCHSELS galten ihm als gesetzmäßige Bildungsabfolgen von bestimmten Gesteinen, die jeweils in einem besonderen Abschnitt der Erdgeschichte entstanden waren. Die Gliederung der Erdgeschichte, die er vor mehr als einer Million Jahren beginnen ließ, erfolgt auf petrographischem Wege; die Fossilien zog WERNER nicht heran, obwohl er als erster eigene Vorlesungen über Petrefaktenkunde hielt. Neben den Vereinseitigungen, denen WERNER auf Grund seiner neptunistischen Auffassungen verfiel, offenbarten seine Vorstellungen echtes erdgeschichtliches Verständnis, das zur Vorbereitung des Entwicklungsdenkens in den geologischen Wissenschaften maßgeblich beitrug. So übernahm WERNER in sein System FÜCHSELS und LEHMANNS Ergebnisse als endgültig und entwickelte auf dieser Grundlage sein in sich geschlossenes Weltbild.

Das Verdienst WERNERS besteht vor allem in der Aufstellung einer exakten, allein auf Beobachtung beruhenden Methode, die seine zahlreichen Schüler in alle Welt trugen. Auch durch seine Arbeiten wurde die Geologie, damals noch Geognosie genannt, zur Wissenschaft, sie war nun lehrbar. Sie nahm teil am Aufblühen der übrigen Naturwissenschaften, die ihr wertvolle Helfer wurden, an der Entwicklung der Technik, zog Nutzen aus der Verbesserung des Verkehrs zu Wasser und zu Lande. So konnte sie immer weitere Erdräume erfassen und die bisher gemachten Erfahrungen an neuen Tatsachen überprüfen.

WERNER bedeutete aber nicht einen Anfang, sondern einen Abschluß, den Abschluß der Frühzeit der Geologie. GOETHE drückte es so aus:

> Kaum wendet der edle Werner den Rücken,
> zerstört man das Poseidaonische* Reich;
> wenn alle sich vor Hephästos** bücken,
> ich kann es nicht sogleich . . .

Schon zu WERNERS Lebzeiten entbrannte der Kampf um sein neptunistisches Weltbild. Die Gegner leugneten die Wirkungen des Wassers nicht, sie wiesen aber mit Nachdruck auf die einwandfrei vulkanischen Erscheinungen hin: „Es handelte sich bei den Vulkanisten um ein Mehr oder Weniger der vulkanischen oder neptunischen Wirkungen, bei den Neptunisten dagegen um Alles, d. h. um eine Universalhypothese der Erdbildung durch Wasser" (B. v. COTTA, 1874).
Die Gegner WERNERS kamen aus Landschaften vulkanischen Ursprungs: James HUTTON (1726—1797) unterschied in Schottland bereits Ergußgesteine von Tiefengesteinen; beide wurden als vulkanisch zusammengefaßt, wie man damals überhaupt alles, was sich im Erdinnern abspielte, mit dem Begriff „vulkanisch" bezeichnete. Auch tektonische Erscheinungen gehen nach HUTTON auf vulkanische Vorgänge zurück, soweit es sich nicht um Einstürze von Hohlräumen handelt. Es dauerte lange, bis die extremen Ansichten HUTTONS durch LYELL zurückgeschraubt wurden. James HALL (1762—1831) experimentierte sogar schon mit Schmelzflüssen und gewann kristalline Gesteine. Die französischen Geologen hatten den erloschenen Vulkanismus der Auvergne im Land, den auch Leopold v. BUCH studierte (1799), nachdem er vorher den aktiven Vesuv besucht hatte. Alexander v. HUMBOLDT steuerte durch seine amerikanische Reise (1799/1804) eine Fülle von Vulkanbeobachtungen bei. In der Rhön erkannte Joh. K. Wilh. VOIGT (1752—1821), der auf Veranlassung GOETHES in Freiberg als begeisterter Anhänger WERNERS studiert hatte, die Unhaltbarkeit der Ansichten seines Lehrers und wurde dessen erbittertster wissenschaftlicher Gegenspieler. In der gleichen Landschaft beobachtete A. BOUÉ (1794—1881) im Jahre 1822 zum ersten Male die Erscheinungen des Gesteinsmetamorphismus. Alle diese Feststellungen erledigten die ausschließliche Geltung der neptunistischen Auffassung sehr bald.
Unter den unmittelbaren Schülern WERNERS war der bedeutende Paläontologe VON SCHLOTHELM, dessen Paläobotanik 1804 erschien. Auch ein anderer Freiberger, Leopold v. BUCH (1774—1853), arbeitete richtungweisend auf paläontologischem Gebiet. 1824 kam sein System der fossilen Konchylien heraus. Ihm folgte 1826 GOLDFUSS' „Petrefacta Germaniae". In der gleichen Zeit erforschten CUVIER die fossilen Wirbeltiere, Alex. BRONGNIART, LAMARCK, DESHAYES die Mollusken, Adolph BRONGNIART die fossilen Pflanzen. In England und Schottland sind PARKINSON, SOWERBY, LINDLEY, Will. HUTTON zu nennen. 1830 bereits konnte H. HOLL in einem Handbuch der Petrefaktenkunde alle Fossilgruppen zusammenfassend darstellen. 1834—1838 folgten KEFERSTEIN, BUCKLAND, BRONN. In den vierziger Jahren gab der Schweizer PICTET eine allgemeinverständliche Darstellung der paläontologischen Forschungsergebnisse. Wie zu WERNERS Zeiten die Mineralogie und das Sammeln von Mineralen eine Angelegenheit aller gewesen waren, so jetzt die Beschäftigung mit den versteinerten Lebensresten.
Frankreich, Italien, Schottland und Mitteldeutschland waren in der Zeit

---

* Poseidon, der griechische Gott des Meeres, bei den Römern Neptun genannt.
** Hephästos, der griechische Gott des Erdfeuers und der Vulkane.

zwischen 1750 und 1830 die Zentren des Fortschrittes in der geologischen Forschung.
Das wachsende Interesse an der geologischen Wissenschaft veranlaßte die Herausgabe der ersten Lehrbücher. Geologische Gesellschaften und geologische Zeitschriften wurden ins Leben gerufen. 1807 wurde die Geological Society of London, 1848 die Deutsche Geologische Gesellschaft gegründet. Die systematische geologische Kartierung führten erstmalig im Jahre 1798 in Sachsen Schüler der Bergakademie in Freiberg durch. Auch die Bergbehörden beschäftigten sich in den ersten Jahrzehnten des vorigen Jahrhunderts sehr stark mit geologischen Problemen. Doch bald reichte diese nebenamtliche Beschäftigung mit der Geologie nicht mehr für die Aufgaben aus, die die Wirtschaft ihr stellte. Es wurden geologische Kommissionen geschaffen, d. h., man beauftragte Hochschulprofessoren mit geologischen Kartierungsarbeiten. Diese Entwicklung führte 1873 zur Gründung der Preußischen Geologischen Landesanstalt in Berlin. Bald darauf richteten Sachsen und die anderen deutschen Staaten ähnliche Anstalten ein. Ihre Aufgabe bestand hauptsächlich in der systematischen geologischen Spezialkartierung (1 : 25000) und in der Auswertung der Kartierungsergebnisse.

Daß die Kenntnis der Fossilien für den stratigraphisch arbeitenden Geologen wichtiger ist, als noch WERNER glaubte, ergab sich schon zu seinen Lebzeiten in einem Gebiet, wo das leichter zu erkennen ist als in Sachsen, ja, wo es geradezu auf der Hand liegt: in den Schichtstufenlandschaften Englands.
William SMITH, der „Schichten-Smith", ein englischer Ingenieur (1769 bis 1839), entdeckte bei seinen Arbeiten die Horizontbeständigkeit der Fossilien von neuem. Er regte zur Erforschung der Leitfossilien an und ermöglichte mit seiner Entdeckung Parallelisierungen über weite Räume. Bisher hatten die Parallelisierungen auf rein petrographischer Grundlage beruht und zu allerlei schwerwiegenden Fehlschlüssen geführt. CONYBEARE (1787—1857) und PHILIPPS (1800—1874) verhalfen dem Leitfossilienprinzip zum Durchbruch.
In den zwanziger Jahren des 19. Jahrhunderts hatte Thüringen die Führung bei der Gliederung des Mesozoikums, das man noch immer als Flözgebirge oder im Unterschied zu dem darunterliegenden Paläozoikum, dem Primärsystem, auch als Sekundärsystem bezeichnete. In den dreißiger Jahren gliederten DESHAYES das Pariser und BRONN das italienische Tertiär. Dieser Erfolg ermutigte zur Gliederung des Paläozoikums in England: LYELLS Buch weiß 1830 noch sehr wenig darüber zu sagen, aber bis 1839 stand die von SEDGWICK und MURCHINSON erarbeitete Gliederung im wesentlichen fest; in den vierziger Jahren wurde sie auf den Kontinent übertragen. Ferd. ROEMER brachte 1844 die Gliederung des rheinischen Devons, das anfangs Rhenan genannt wurde (Rheinisches System).
Die Arbeit am Präkambrium begann 1854 in Kanada, wurde bald danach durch VON GÜMBEL im Bayerischen Wald versucht, später in Skandinavien weitergeführt. 1892 erkannte man das Algonkium (Proterozoikum) als eigenes System und trennte es vom Kambrium.
Die Gliederung des Pleistozäns (Diluviums) war in ihren Grundzügen um 1900 fertig, die des Holozäns (Alluviums) wurde etwa um dieselbe Zeit in Angriff genommen.
Schon 1841 konnte PHILIPPS die in großen Zügen fertige „Formationstabelle" aufstellen und sie erstmalig in die Formationsgruppen des Paläo-, Meso- und Neozoikums gliedern. Seitdem ist die Tabelle ständig verfeinert, aber in ihren Grundzügen nicht angetastet worden.

Die Paläontologie, ursprünglich von Biologen betrieben, war nun zu einer Hilfswissenschaft der Geologie, insbesondere der Stratigraphie, geworden. Von etwa 1880 an stehen wieder biologische Probleme in der Paläontologie im Vordergrund: KOWALEWSKY, OSBORN, DOLLO, O. ABEL, JAEKEL u. a. begründeten die Paläobiologie, die die Fossilien nicht mehr nur als Zeitweiser, sondern auch als Lebewesen ansah. Die Paläobotanik war im Unterschied zur Paläozoologie mehr in den Händen der Botaniker verblieben, so daß ihre stratigraphische Bedeutung erst in jüngster Zeit erkannt worden ist (POTONIÉ, GOTHAN u. a.).

Die klassische Zeit der Geologie, d. h. der Abschnitt, der richtungweisend, regelsetzend für die weitere Entwicklung wurde, stand noch unter dem Zeichen der Vorstellung CUVIERS, daß sich das Erdgeschehen in gewaltsamen Einzelschritten abgespielt habe; die Beobachtungen vor allem HUMBOLDTS über Erdbeben, Vulkanausbrüche und andere Katastrophen sprachen dafür. Man sah noch nicht, daß zwischen zwei Revolutionen ruhigere Zeiten der Evolution liegen.
Kennzeichnend für diese Zeit ist die Hervorhebung „vulkanischer" Kräfte, worunter alle erdinneren Vorgänge begriffen wurden. PALLAS, H. H. DE SAUSSURE (1740—1799), HUTTON, HALL glaubten an Aufrichtung der Schichten durch vulkanische Kräfte. Daraus entstand dann BUCHS Lehre von den „Erhebungskrateren", die alle Erhöhungen der Oberfläche letzthin auf endogene Ursachen zurückführte. Elie DE BEAUMONT (1798—1874) verteidigte diese Auffassung, die heute in verwandten Hypothesen wiederkehrt. BUCH hatte die tektonischen Hauptrichtungen, die herzynische, rheinische, niederländische, alpine usw., erkannt, benannt und als vulkanische Spaltensysteme aufgefaßt. BEAUMONT stellte daraus 21 „tektonische Systeme" auf. Er zeigte auch Möglichkeiten zur Altersbestimmung von Orogenesen (Tektonogenesen), die er aber als „Katastrophen" auffaßte. Daneben vertrat POULETT-SCROPE (1797—1875) die alte Einsturztheorie STENOS, die auch nichtvulkanische Tektonik gelten läßt.
Die Ursachen des „Vulkanismus" sah WERNER in lokalen Erdbränden, wie er sie von böhmischen bzw. sächsischen Kohlenflözen kannte. BUCH scheint die Frage offengelassen zu haben. POULETT-SCROPE führte die endogenen Kraftäußerungen auf Temperatur- und dadurch bedingte Volumenänderungen innerirdischer Massen zurück, kam damit also heutigen Anschauungen nahe. Während HUTTON noch an ein Zentralfeuer im Erdinnern glaubte — ohne Feuer konnte man sich keine Wärme vorstellen —, setzte erst STÜBEL (1835—1904) die Vorstellung von Magmaherden an dessen Stelle.
Die Erdbeben wurden anfangs einfach beschrieben, das klassische Vorbild blieb HUMBOLDT. VON HOFFS Buch brachte in den zwanziger Jahren des 19. Jahrhunderts den ersten „Erdbebenkatalog"; die Nomenklatur (wie Epizentrum usw.) wurde in den siebziger Jahren durch VON SEEBACH geschaffen. Den ersten Seismographen stellte DE HAUTE FEUILLE schon 1703 auf, aber erst am 18. April 1889 wurde das erste Fernbeben registriert. Von diesem Tag an datiert die internationale Zusammenarbeit in der Erdbebenforschung, datiert eine eigentliche Seismologie. Aus den dadurch gewonnenen Erfahrungen schloß um 1900 WIECHERT auf einen schalenförmigen Aufbau des Erdkörpers, eine Vorstellung, die trotz mancher Abwandlungen, besonders durch RITTMANN, auch heute noch Geltung besitzt.
Während HUMBOLDT als einzige Ursache für Erderschütterungen die vulkanischen Kräfte ansprach, während um 1850 STENOS Einsturztheorie an Boden gewann, setzte 1873 Eduard SUESS die Beben mit tektonischen

Vorgängen in Zusammenhang; gleichzeitig kam Albert HEIM in der Schweiz zu derselben Vorstellung.

Es lag nahe, daß man in den Beben- und Vulkangebieten auch auf die Vorgänge der Epiro- und der Orogenese, also auf tektonische Erscheinungen in weiterem Sinne, aufmerksam wurde. Für epirogenetische Abläufe ist Pozzuoli bei Neapel seit 1803 bekannt, Chile seit dem großen Beben von 1822. Die Feststellungen Charles DARWINS (1838), daß die Entstehung der Wallriffe und Atolle der Südsee auf Senkung des Untergrundes zurückzuführen sei, bestehen noch heute weithin zu Recht. Konnte man bis dahin glauben, daß lediglich Bewegungen des Meeresspiegels Landbewegungen vortäuschten, so machte die Entdeckung konvergierender Strandlinien in Skandinavien (BRAVAIS 1842) dem ein Ende. Aber seit etwa 1880 galten doch wieder — und zwar durch E. SUESS' Einfluß — ,,eustatische" Veränderungen des Meeresspiegels als fast ausschließliche Ursache; erst Jahrzehnte darauf mußte man dieses einseitige Erklärungsprinzip fallenlassen.

Die Erscheinungen der Orogenese wurden jetzt auch allgemeiner beachtet. BEAUMONT sah wie BUCH nur vertikale Bewegungen, führte sie aber auf die Kontraktion der Erdrinde zurück — er ist der Vater der Kontraktionslehre — und sah sie (CUVIER!) episodisch ablaufen. THURMANN erkannte am Schweizer Jura eindeutige Falten, also Erscheinungen, die auf seitlichen, tangentialen Schub zurückzuführen sind. Er maß bereits Klüfte. In Amerika rückte die Entdeckung der appalachischen Kohlenfelder die tektonischen Erscheinungen viel deutlicher ins Blickfeld der Forschung als im alten Europa: 1825 vertrat STEELE bereits horizontale Bewegungsvorgänge. In den dreißiger Jahren unterschieden die Brüder ROGERS in Pennsylvanien Schichtung und Schieferung, 1841 erkannte HICHCOOK einen Fall von überkippter Lagerung. 1859 leitete HALL Beziehungen zwischen Sedimentmächtigkeit und Faltungsintensität ab. Später entwickelte DANA (1813—1895) auf dieser Grundlage die Vorstellung von den Geosynklinalen.

So waren es die im eigensten Sinne geologischen Anliegen, um die die Gedanken der ,,klassischen" Zeit kreisten: neben dem Ausbau des stratigraphischen Systems die Erforschung der erdinneren Vorgänge und Kraftquellen. Die Grenzgebiete der geologischen Forschung konnte sie nicht sehen, da die angrenzenden Nachbarwissenschaften noch nicht hinreichend entwickelt waren, um eine wesentliche Hilfe für die Geologie sein zu können.

Während der Kampf um WERNERS Neptunismus die Geister erregte, arbeitete — kaum beachtet — K. E. A. VON HOFF (1771—1837) in Gotha an einer großen Tatsachensammlung, die 1822/34 erschien. Mit diesem Werk, das die durch Überlieferung nachgewiesenen natürlichen Veränderungen der Erdoberfläche behandelte, knüpfte VON HOFF über WERNER, der bei der Deutung der erdgeschichtlichen Vergangenheit ebenfalls bewußt von den natürlichen Bedingungen der Gegenwart ausging, an STENO, LEHMANN und FÜCHSEL an und stellte fest: Besondere Hypothesen dürfe man zur Erklärung früherer Vorgänge, Ereignisse, Neubildungen nur heranziehen, wenn die Beobachtung heutiger Vorgänge, Kräfte, Neubildungen nicht dazu ausreiche. Mit diesem Grundsatz des Aktualismus wurde die erste klare wissenschaftliche Methodik für die Geologie geschaffen: Erforsche die Gegenwart, um aus ihr die Vergangenheit verstehen zu lernen. Gleichzeitig erkannte das Charles LYELL (1797—1875); er wandte die Grunderkenntnis in seinem Werk ,,Grundzüge der Geologie", das 1830 erschien, acht Jahre nach HOFFS erstem Band, auf das Gesamtgebiet der historischen Geologie an und entwarf ein Erdbild, in dem die verschiedenen Perioden nicht als geschichtliche Abschnitte erscheinen, sondern lediglich als Abwandlungen des heutigen Zustandes. Für LYELL ist sämtliches Geschehen zu allen Zeiten nur Ausdruck des grundsätzlich gleichen Zustandes. Er denkt also nicht eigentlich historisch. Was für HOFF prinzipiell Methode ist, ist für LYELL Dogma, sein Weltbild war also dem Wesen nach statisch.

Unterdessen ging die stratigraphische Forschung als das zentrale Anliegen der Zeit ungestört weiter: ALBERTI, BEYRICH, QUENSTEDT, ROEMER, OPPEL, SANDBERGER u. a. Die Stratigraphie blieb im Mittelpunkt, weil man annahm, zu jeder Zeit hätten sich alle Gesteine bilden können. Aus dem gleichen Grunde wurden die Formationen, denen man anfangs besondere petrographische Charaktere zubilligte (Buntsandstein, Rotliegendes usw.), mehr und mehr zu abstrakten Begriffen, denen selbst der zeitliche Inhalt fehlte. „Formation“ war lediglich ein Einteilungsmittel geworden.
Die Grundsätze von HOFF und LYELL setzten sich endgültig erst mit BUCHS Ableben durch. Dennoch überlebten auch ihn immer noch andere, wenn auch weniger stoßkräftige Anhänger der alten Lehre. Mit ihnen schloß in der Jahrhundertmitte die klassische Epoche ab.
Große Gedanken zu fernen Zielen, Schwung und Begeisterung, weitangelegte, zentrale Fragen der geologischen Wissenschaft, wie der stratigraphische Ablauf der Formationenfolge, die Sichtung der fossilen Lebewelt, die Endodynamik und die Deutung des Erdballes, beherrschten die klassische Zeit der Geologie von WERNER bis BUCH. Aber das Tatsachengut blieb unzulänglich. Die Erscheinungen der Exodynamik waren noch kaum beachtet; die Paläobiologie interessierte wenig, da die Fossilien nur als Seitenzahlen galten im großen Geschichtsbuch der Erde.

Im Jahre 1859 erschien Charles DARWINS Buch „Über die Entstehung der Arten“, das bewußt den Grundsatz des Aktualismus auf das organische Naturreich ausdehnte. In diesem epochemachenden Werk wird der Gedanke der Entwicklung im Tierreich vertreten, die Abstammungslehre begründet, deren Idee zum erstenmal 1755 KANT in seiner Schrift „Allgemeine Naturgeschichte und Theorie des Himmels“ formuliert hatte. Während bis dahin die von CUVIER aufgestellte Katastrophentheorie vorherrschte, wonach die Lebewesen durch Katastrophen vernichtet wurden und danach neu einwanderten oder neu geschaffen wurden, setzte sich nun DARWINS Deszendenztheorie durch, daß sich die Arten eine aus der anderen entwickelten, daß die Entwicklung vom Einfachen zum Komplizierten verläuft.
Schon eine Reihe von Jahren vor DARWIN hatte der Geologe Bernhard VON COTTA (1808—1879) die in der ersten Hälfte des 19. Jahrhunderts bekannten Tatsachen im Hinblick auf eine echte historische Erdgeschichtsbetrachtung zusammengefaßt und als Entwicklungsgesetz der Erde formuliert: „Die Stoffverbindungen, die mechanischen Zusammensetzungen der festen Erdkruste, ihre Oberflächenformen, die klimatischen Verhältnisse, das organische Leben, alle diese Dinge sind immer mannigfaltiger geworden. Eines bedingt das andere, das Niedere am meisten das Höhere, weil eben letzteres meist Folge von Kombinationen des ersteren ist. Überall wirkt aber auch das Höhere auf das Niedere, das Mannigfaltigere auf das Einfachere zurück. Und dieses ganze Gesetz des Fortschritts entspricht zugleich der notwendigen Folge einer zeitlichen Summierung aller Resultate von Wirkungen.“ Eine solche Betrachtung der erdgeschichtlichen Vergangenheit setzte sich aber in den geologischen Wissenschaften erst in der

zweiten Hälfte des 19. Jahrhunderts durch, nachdem so begeisterte Vertreter des Entwicklungsdenkens wie Ernst HAECKEL (1834—1919) und Johannes WALTHER (1860—1937) ihren Auffassungen in den Naturwissenschaften Geltung verschafft hatten.
Wie stellte sich nun die Geologie in ihrem eigentlichen Bereich der inneren Dynamik, des „Vulkanismus", des letzten Reservats der Katastrophenlehre, zu dem neuen Entwicklungsgedanken? Während in Amerika schon 1825 die Beobachtungen STEELES die Alleinherrschaft der vulkanisch-hebenden Kräfte erschütterten, überwand in Europa erst 1873 Eduard SUESS mit seiner Schrift über „Die Entstehung der Alpen" die katastrophisch bestimmte Hebungstheorie BUCHS und BEAUMONTS. Durchschlagender noch war SUESS' epochales Werk „Das Antlitz der Erde", das seit 1883 (bis 1909) erschien. Hier gelang es ihm, auf vergleichend tektonischem Wege eine Reihe orogenetischer Gesetzmäßigkeiten zu erkennen: die Asymmetrie der Faltengebirge, den Begriff und die Rolle der Vortiefe, den stauenden Einfluß des Vorlandes auf den Faltenverlauf, die Scharung von Faltenbündeln u. a. m. Es gelang ihm in großartiger Synthese, die zeitliche und räumliche Verteilung der Faltengebirgsbildung aufzuhellen und das Antlitz der Erde aus der Kontraktion des erkaltenden Planeten abzuleiten, wobei er annahm, die Kontraktion führe in erster Linie zu Senkungen der Kruste.
So trat an die Stelle der Lehre vom katastrophisch wirkenden Vulkanismus der klassischen Zeit der Gedanke von der stetig wirkenden Kontraktion, die sich von Zeit zu Zeit zu revolutionären — aber eben nicht katastrophischen — Akten der Gebirgsbildung summierte. Es war eine Lehre, kongenial und der gleichen geistesgeschichtlichen Situation entsprossen wie die Gedanken des Aktualismus und der Abstammungslehre.
Zur gleichen Zeit wie SUESS belegte Albert HEIM in den Schweizer Alpen die Kontraktion durch den Nachweis tangentialen Schubes bei der Auffaltung der Alpenketten und klärte den Mechanismus der Faltung (Plastizität der Gesteine unter Druck bzw. Auflast, bruchlose Faltung). Die Alpen wurden nun das Hauptstudienobjekt der Erforschung der Faltentektonik. Schon BUCH hatte hier seine Erhebungstheorie begründet, SUESS leitete aus ihnen die Asymmetrie der Faltengebirge ab. BERTRAND erkannte die „Glarner Doppelfalte" als eine gewaltige Überschiebung (1884). SCHARDT und LUGEON entwickelten die Lehre von weitreichenden Deckenüberschiebungen, KOBER deutete 1911 die Alpen als einheitliches Orogen mit zweiseitig auseinanderstrebendem Bau, HEIM und seine Schule erarbeiteten hier die allgemeinen mechanischen Grundlagen der Gesteinsfaltung überhaupt.
Aber alle stehen sie auf dem Boden der Kontraktionslehre, wie sie durch das Erscheinungsbild der Falten nahegelegt wird. Trotz mancher Einwände wurde und blieb diese Anschauung bis weit ins 20. Jahrhundert herrschend, noch in den zwanziger Jahren trat STILLE für sie ein, und wenige Zeit später trieb KOBER sie bis zu den letzten Denkmöglichkeiten vor.

1890 prägte DUTTON den Begriff Isostasie für Anschauungen, die schon 1837 der Astronom HERSCHEL, danach 1855 der Astronom AIRY beschrieben. Er besagt, daß die leichten Sialschollen auf dem schwereren Sima schwimmen und je nach ihrer Mächtigkeit verschieden tief in das Sima eintauchen. Gestützt durch Schweremessungen, hat sich DUTTONS Lehre, die entgegen einer weitverbreiteten Ansicht kein fundamentaler Gegensatz zur Kontraktionslehre ist, zum Allgemeingut der Geologie entwickelt.
Als die Radioaktivität entdeckt war, führte man die Wärmeproduktion beim Elementzerfall als Argument gegen die Kontraktion an, auch Volumen-

vermehrungen bei der Kristallisation von Schmelzen sollten die Zusammenziehung der Erde verlangsamen oder aufheben. Beides ist schwer zu beweisen. Ebenso schwer ist der Beweis für eine Hypothese zu erbringen, die dem Erdkörper zunehmende Ausdehnung zuschreibt. Diese Vorstellungen werden neuerdings auch von P. JORDAN („Die Expansion der Erde", 1966) vertreten. Wichtig ist AMPFERERS Lehre von den Unterströmungen, die später von Ernst KRAUS mit guten Gründen belegt, vertieft, erweitert und auf die ganze Erde ausgedehnt worden ist. Doch erschienen beide — Kontraktion und Unterströmungen — auch vereinbar.
Naturgemäß standen die eindrucksvollen Faltengebirge im Vordergrund der wissenschaftlichen Aufmerksamkeit. Radiale Störungen hingegen, die Verwerfungen, waren zwar seit Jahrhunderten bergmännisch bekannt und beachtet, sie wurden jedoch bestenfalls als „Spannungsdifferenzen" gedeutet. Zu Beginn des 19. Jahrhunderts hielt man sie für belanglose Nebenerscheinungen vulkanischer Vorgänge. Erst seit 1880 wurden sie theoretisch beachtet und experimentell angefaßt. In diesem Jahr veröffentlichte DAUBRÉE seine tektonischen Experimente, 1888 deutete REYER Verwerfungen als Folgen tangentialer Störungen (Kontraktion!). Um 1900 trat die Schollentektonik gleichberechtigt neben die Faltentektonik, da sie jetzt erst durch planmäßige Kartenaufnahmen in ihrer ganzen Bedeutung erfaßt worden war. Hier setzten die Arbeiten Hans STILLES ein. SALOMON-CALVI untersuchte die Verwerfungen, wie schon früher THURMANN, mit statistischen Methoden, einem Verfahren, das um 1920 durch SANDER und H. CLOOS auf Plutone übertragen wurde und somit auch diese tektonisch deutbar machte.

Im folgenden sei noch einmal kurz zusammengefaßt:

Bei Elie DE BEAUMONT fanden wir Phasen der Gebirgshebung (nur diese, keine Senkung!), CUVIERsche Nachklänge, doch als Folge der steten Kontraktion; E. SUESS erklärte periodische Faltungen in ehemaligen Senkungsgebieten durch Kontraktion, und schließlich gelangte DANA zu der Konzeption der Geosynklinalen. STILLE stand auf dem Boden der Kontraktionslehre und wies die Phasengliederung gebirgsbildender Vorgänge bis ins Detail nach. Zu seiner Zeit entwickelte Alfred WEGENER die Kontinentalverschiebungshypothese, die in stark überspitzter Formulierung lediglich mit horizontalen Impulsen rechnet. Auf der Annahme horizontaler Bewegungen beruhen auch die Theorien von Unterströmungen, Gleitfaltungen u. dgl.
Die Beschreibung tektonischer Bilder und ihre mechanische Deutung sind seit STEELE, also in 150 Jahren, weit fortgeschritten. Die Frage aber nach der Kraftquelle der Tektogenese steht immer noch offen — die Fülle der unzulänglichen Erklärungsversuche beweist es.

Wir sagten oben, daß die klassische Zeit wenig Interesse für die Erkundung exodynamischer Vorgänge zeigte. Dieses Gebiet wurde eigentlich erst durch VON HOFF erschlossen. Es bietet wenig Raum für theoretische Meinungsdifferenzen und ist der Bereich emsig forschender Kleinarbeit. Seine Entwicklung verlief geradlinig.
Die Bedeutung des Windes als geologischer Faktor ergab sich zwangsläufig aus den Resultaten der Wüstenforschung. In den siebziger Jahren des 19. Jahrhunderts gaben VON RICHTHOFENS Forschungsberichte über China den entscheidenden Anstoß, der auch für die gemäßigten Breiten mit ihrem fossilen Löß fruchtbar wurde. Fanglomeratbildung, Salzausscheidung sind ebenfalls Gegenstände der Wüstenforschung. Ausschlaggebendes hat Joh. WALTHER vor und nach 1900 beigetragen.

Die Rolle des Wassers bei Verwitterung und Bodenbildung hellte sich schrittweise auf: Die Verwitterung der Feldspäte beschäftigte schon die Generationen zu Beginn des 19. Jahrhunderts. Die Beziehungen zwischen Verwitterung und Bodenbildung zeigte SENFFT 1847 auf. Im gleichen Jahr ging BISCHOF von der chemischen Seite an die Verwitterungserscheinungen heran. Ferdinand VON RICHTHOFEN erkannte 1886 erstmalig die Beziehungen zwischen Klima und Boden. Auf dieser Erkenntnis baute die russische Schule der Bodenkunde in den Arbeiten von DOKUTSCHAJEW, SIBIRZEW, GLINKA u. a. auf; sie hat vor allem in den letzten Jahrzehnten fruchtbare Ergebnisse gezeigt (WILJAMS). Die junge Kolloidchemie vertiefte den Einblick in die Zusammenhänge (VAN BEMMELEN u. a.).
Die Erosionstätigkeit des fließenden Wassers wurde schon zu HOFFS Zeit durch EVEREST erforscht. Der Begriff Erosion wurde 1837 geprägt. Die Auffassung von der flächenhaften Abtragung als Folge der linienhaften Erosion setzte sich erst nach BUCHS Tod in der Wissenschaft durch.
Auch die stetige Arbeit des Meeres fand nach dem Abklingen der Kataklysmenlehre CUVIERS Beachtung. Den Begriff der marinen Abrasion prägte RICHTHOFEN 1882. Meeresströmungen wurden von etwa 1800 an beachtet, aber, da sie weitgehend unbekannt waren, falsch eingeschätzt.

Das erste zusammenfassende Werk über die mechanischen Sedimente schrieb DELESSE 1871. Mit der ersten transozeanischen Kabellegung entstand das Interesse der Forschung an den Sedimenten der Tiefsee. Die damit Hand in Hand gehende Vernachlässigung der erdgeschichtlich viel bedeutungsvolleren Flachseesedimente hat erst das 20. Jahrhundert gutzumachen begonnen.
Bei der Erforschung der chemischen Sedimente ist deutlich die Abhängigkeit vom Entwicklungsstand der Chemie zu bemerken. Noch um 1850 hielt mancher Autor die Salzstöcke für plutonischen Ursprungs, obwohl FORCHHAMMER bereits 1845 die Chemie des Meerwassers geklärt hatte. Erst die Arbeiten des Chemikers BISCHOF (1792—1870), besonders sein „Lehrbuch der physikalischen und chemischen Geologie" (1848/51), schufen allmählich Wandel, obwohl der Verfasser einen extrem neptunistischen Standpunkt vertrat.
OCHSENIUS' Barrentheorie gab im Jahre 1877 die erste befriedigende Erklärung für die Entstehung von Salzlagerstätten, Joh. WALTHER betonte die Abhängigkeit der Salzbildung vom Klima.

Schwierigkeiten ergaben sich auch bei der Deutung der glazigenen Sedimente. Vor 1800 gab es praktisch noch keine Gletscherbeobachtungen, obwohl SCHEUCHZER schon 1706, wie nach ihm andere, Theorien der Gletscherbewegung aufstellte. Die ersten Gletscherbeobachtungen gehen auf H. DE SAUSSURE zurück. VENETZ erkannte in den zwanziger Jahren des 19. Jahrhunderts aus der weiten Verbreitung erratischer Blöcke in Süddeutschland die früher größere Ausdehnung der Alpengletscher und deutete auch die Findlinge Norddeutschlands richtig als Zeugen ehemaliger Vergletscherung. CHARPENTIER und AGASSIZ setzten die Forschungen fort, aber erst 1847 wurde die Grundmoräne durch MARTINS erkannt.
Inzwischen war die Gletscherforschung zugleich mit dem Alpinismus modern geworden.
Die pleistozäne (diluviale) Vereisung wurde in Skandinavien, vorher schon auf den Britischen Inseln nachgewiesen. Die Erforschung des norddeutschen Vereisungsgebietes folgte erst später, obwohl ESMARCH (1824) und BERNHARDT (1832) schon frühzeitig gegen BUCHS merkwürdige „Rollsteinflut" angekämpft hatten (aus dieser Zeit stammt die Bezeichnung

„Diluvium" = Sintflut). Nach BUCHS Tod setzte sich erst einmal die schon 1802 von WREDE ausgesprochene Drifttheorie durch, die sich bis in die siebziger Jahre hielt. Danach sollten alle eiszeitlichen Ablagerungen durch von Meeresströmungen nach Süden gedriftete Eisberge verfrachtet worden sein, wie es bei den Eisbergen der Gegenwart zu beobachten ist. Inzwischen war das Glazialphänomen in Bayern richtig erkannt worden. RAMSAY hatte in Schottland 1854 eine zweimalige Vereisung nachweisen können. BLANFORD erkannte 1856 in Indien sogar eine Moräne zu Recht als aus dem Perm stammend, und HEER wies in der Schweiz nach, daß es zwischen den Vereisungen eisfreie Zeiten gegeben hat. Erst in der Mitte der siebziger Jahre gelang es den Schweden KJERULF und besonders TORELL, die norddeutschen Geologen davon zu überzeugen, daß Norddeutschland im Pleistozän mehrmals von Inlandeis überdeckt war, so daß die Drifttheorie in wenigen Jahren fallengelassen wurde. Trotz aller Einzelkenntnisse, trotz einer überwältigenden Fülle von Beobachtungen in allen Teilen der ehemals vereisten Nordhalbkugel ist es bis heute nicht gelungen, eine einleuchtende und allen Erscheinungen gerecht werdende Erklärung der pleistozänen, geschweige der älteren, weniger gut erforschten Vereisungen abzuleiten.

Wenig umstritten war demgegenüber die geologische Rolle der Lebewesen, nachdem GÖPPERT 1848 den mikroskopischen Nachweis für die pflanzliche Zusammensetzung der Steinkohle erbracht hatte. EHRENBERG erkannte in den dreißiger Jahren des 19. Jahrhunderts die organische Herkunft der Kreide, BISCHOF um die Jahrhundertmitte den Anteil des Lebens an der Kalkbildung.

Wie stand es in den über hundert Jahren seit 1850 mit der Fragestellung, die uns heute als die zentrale der Geologie gilt: mit der Erdgeschichte, die im weiteren Sinne die Geschichte des Lebens in sich einschließt?
Wir sind heute geneigt, das Wort „Geologie" zum Unterschied von der deutenden Erdbeschreibung, der Geographie, nicht mit Erdlehre oder Erdwissenschaft zu verdeutschen — denn das ist die Geographie auch —, sondern mit Erdgeschichte, da das letzte Ziel aller geologischen Forschungsarbeit die Aufhellung der Geschichte der Erde und ihres Lebens ist. Die anderen Wissenschaftszweige, wie allgemeine Geologie, Gesteinskunde, Paläontologie, Geophysik usw., sind Mittel, die Urkunden dieser Geschichte kennenzulernen, sie auf ihren Wert zu prüfen, sie auszudeuten. Daß diese „Urkundenforschung" eine Fülle von Kenntnissen und Erfahrungen zeitigt, die nicht unmittelbar „historisch" erscheinen, daß sie uns darüber hinaus die Mittel in die Hand gibt, die Erdrinde und ihre Gesteine den Bedürfnissen der Wirtschaft, des menschlichen Lebens nutzbar zu machen, braucht nicht besonders betont zu werden.
Wenn die Geologie als Naturwissenschaft letzthin auch aus der Frage nach dem Ursprung und Werdegang der Welt und der Erde hervorgegangen ist, wenn sie in der Gegenwart wieder bewußt als „Erdgeschichte" gehandhabt wird, so war es doch im verflossenen Jahrhundert keineswegs immer so.
Nachdem bis etwa in die Mitte des 18. Jahrhunderts und darüber hinaus zahlreiche Einzelpersönlichkeiten, unter ihnen besonders die Naturwissenschaftler der damaligen Zeit, die Ärzte AGRICOLA, STENO, LISTER, SCHEUCHZER, WOODWARD, FÜCHSEL, HUTTON und viele andere, mehr oder weniger unabhängig voneinander gearbeitet hatten, setzte mit WERNER die Abkehr von der kosmogonischen Spekulation ein. Man fragte immer weniger nach der Geschichte der Erde, sammelte statt dessen erst einmal Tatsachen und prüfte ihren Aussagewert als „Urkunden"; es war eine Zeit der Geologen bergmännischer Herkunft: LEHMANN, der Bergrat, Alexander

Brongniart, der Direktor der Porzellanfabrik Sèvres, die durch ihn zu Weltruf gelangte, Humboldt und Buch, die als Bergbeamte anfingen, Freiesleben und Voigt, die Bergleute waren, und — in der Generation um 1850 — Cotta, Lossen, Geinitz d. Ä., dazu viele Namen bis zum Beginn des 20. Jahrhunderts gehören in diese Reihe. Solchen Männern der Tatsachen war die historische Frage erst zu beantworten, wenn die Urkunden zum Reden gebracht worden wären. Sie beschieden sich mit dem, was sie sahen, was sich greifen ließ. Die letzten Jahrzehnte des 19. Jahrhunderts sind in der Geschichte der Geologie eine Phase, in der Einzelforschung und Spezialarbeiten vorherrschen. Sie ist gleichsam eine Vorstufe für die spätere Herausbildung weiterer selbständiger Arbeitsgebiete im Bereich der geologischen Wissenschaft und zusammenfassender, synthetisierender Theorien.
Bezeichnend dafür ist, daß man in dieser Zeit die Formationen meist nach ihrer räumlichen Aufeinanderfolge beschrieb, indem man oben begann und nach unten vorschritt. Erst später ordnete man sie lieber in ihrer geschichtlichen Folge an, bei der ältesten beginnend — sie also zeitlich sehend, wie es auch jetzt üblich ist. Aber noch 1862 nannte es Naumann eine „eigentümliche Abstraktion", als Deshayes die Formationen als Zeitabschnitte auffaßte. Dennoch verteidigte er die von unten nach oben fortschreitende Anordnung, da sie dem geschichtlichen Ablauf entspreche.

Seit der Mitte des 19. Jahrhunderts tritt das historische Moment gegenüber dem mechanistischen stärker in den Vordergrund. Die Zeitschrift der Deutschen Geologischen Gesellschaft spiegelt diese Entwicklung seit 1848 wider. Es ist wohl Joh. Walthers „Einleitung in die Geologie als historische Wissenschaft" zu danken, die seit 1893 erschien, daß das historische Ziel in den Blickpunkt der Forschung rückte. Dieses Werk, in seiner Tatsachenfülle nur mit Hoffs großem Buch zu vergleichen, auch in Zielen und Wirkung ihm ähnlich, schuf zugleich die Methodik hierfür.
In dieser Zeit entstanden an Stelle von „Formationskunden" Werke wie Kokens „Die Vorwelt und ihre Entwicklungsgeschichte" (1893), Neumayrs „Erdgeschichte" (1895), Walthers „Geschichte der Erde und des Lebens" (1908).
Systematisch trieb man Paläogeographie seit etwa 1870 — die Vorstufe der Erdgeschichte. Suess ist auch der Vater der modernen Paläogeographie geworden.
Zur Paläogeographie kam die Paläoklimatologie. Klimatische Schlüsse zog Parkinson schon 1804 aus fossilen Pflanzen, Brongniart 1806 aus Insekten. Die Klimagürtel der Jurazeit erkannte Marcou gegen 1860 als erster, nachdem Ferd. Roemer gleiche Feststellungen für die Kreide wenige Jahre vorher (1852) getroffen hatte.
Die Versuche, ein absolutes Zeitmaß für erdgeschichtliche Abläufe zu gewinnen, setzten schon frühzeitig ein. Buffon folgerte 1778 aus der Erstarrungsdauer von Metallschmelzen auf ein Erdalter von 74800 Jahren. Hutton forderte 1789 gewaltige Zeiträume. 1862 kam Lord Kelvin auf Grund ähnlicher Versuche wie Buffon auf mindestens 20, höchstens 400 Millionen Jahre. Um 1920 fand das Suchen nach absoluten Zeitmaßstäben seinen Lohn in dem neuen Hilfsmittel des radioaktiven Elementzerfalls, das, soweit sich heute beurteilen läßt, recht zuverlässig arbeitet.
In der zweiten Hälfte des 19. Jahrhunderts bilden sich aber auch einige neue geologische Arbeitsgebiete heraus. 1861 äußert T. S. Hunt in Kanada erstmalig Vorstellungen über die Akkumulation von Erdöl in Antiklinalstrukturen. Zwei Jahre später kommen G. V. Abich in Rußland und H. D. Rogers in den USA zu ähnlichen Auffassungen, womit dann eine

kontinuierliche erdölgeologische Forschung beginnt. Auf dem Gebiet der Erzlagerstättenlehre erscheint die erste systematische Darstellung 1853 von B. von Cotta. Im Laufe der kapitalistischen Wirtschaftsentwicklung werden diese beiden geologischen Forschungsrichtungen maßgeblich gefördert, und im 20. Jahrhundert ist die überwiegende Zahl aller Geologen der Welt auf diesen Gebieten tätig.

In der etwa mit der Jahrhundertwende beginnenden Etappe der Entwicklung der Geologie treten erstmals die Geochemie und Geophysik mit einer Reihe wesentlicher Forschungsergebnisse hervor. F. U. Clarke (1847—1931), W. I. Wernadski (1863—1945) und V. M. Goldschmidt (1888—1947) erkennen geochemische Gesetzmäßigkeiten in den Eigenschaften, dem Vorkommen und der Migration der Elemente, die auch auf die Entwicklung verschiedener geologischer Vorstellungen Einfluß nehmen. K. E. Dutton (1841—1912), A. Mohorovičić (1857—1936), E. E. Leist (1852—1918), R. Eötvös (1848—1919), K. Schlumberger (1878—1936) u. a. zeigen mit ihren Arbeiten zur Seismik, Magnetik und vor allem auch zu geophysikalischen Meßverfahren Wege zur ursächlichen Erklärung verschiedener geologischer Phänomene, die bis dahin höchstens eine spekulative Deutung fanden.

Zu gleicher Zeit setzte im engeren Bereich der Geologie eine Besinnung auf das Erreichte ein. Man beschränkt die Geltungsweite der aktualistischen Methode und bezweifelt z. B. die ausschließliche Richtigkeit der Kontraktionslehre. Über den Gesamtbau des Erdballs erscheinen Theorien, die Gesetze des lebendigen Werdens werden aus der Fülle der paläontologisch erarbeiteten Tatsachen versuchsweise abgeleitet. Die Gebirgsbildung wird als phasenhafter Hergang erkannt; mit der Anerkennung der Bedeutung von Unterströmungen (Ampferer, Kraus, Stille, H. Cloos, von Bubnoff u. v. a.) kommen die plutonischen Kraftquellen der Orogenese zu ihrem Recht. Die Erdgeschichte deutet man als Folge zyklischer Abläufe, der petrographische Formationsbegriff der Wernerzeit lebt auf höherer, biologisch gebundener Ebene wieder auf. Man wendet die Begriffe Evolution und Revolution auch in der Erdgeschichte an, die fast hundertjährige „Formationstabelle" wird nach unten erheblich erweitert, die Grenzen der Geschichte gegen die Vorgeschichte der Erde rücken weit zurück. Die paläontologische Systematik wächst mit dem System der lebenden Organismen zu einem Baum zusammen. Die biostratigraphischen, die petrogenetischen, die faziesanalytischen und paläogeographischen Methoden verfeinern sich, die Kenntnis der regionalen Zusammenhänge erfaßt kartierend immer weitere Räume, die absolute Zeitmessung gibt erstmalig konkrete Handhaben zur Beurteilung des Schrittmaßes erd- und lebensgeschichtlicher Abläufe.

Die bedeutendste geologische Leistung in den ersten Jahrzehnten unseres Jahrhunderts blieb aber die Lehre von den Geosynklinalen. Die Theorie über den Ablauf der geotektonischen Verformung der Erdkruste mit den entsprechenden Stadien lieferte nicht nur ein Bild von einem grundsätzlichen Detail der Erdgeschichte; gleichzeitig war diese Theorie mit den Stilleschen Auffassungen von dem geotektonischen und geomagmatischen Zyklus von fundamentalem Wert für viele andere Gebiete geologischer Forschung, wie die Lithologie, Petrologie, Lagerstättenlehre usw. Diese Vorstellungen waren das wesentliche Element einer Synthese in den geologischen Wissenschaften nach der Phase jahrzehntelanger Einzelforschung.

Es hat den Anschein, als befinden wir uns in der Mitte des 20. Jahrhunderts in einer weiteren Phase der Entwicklung der geologischen Wissenschaft, die vor allem durch die überragende Rolle der Geologie im Hinblick auf die Erschließung neuer Rohstoffreserven für die Wirtschaft begründet ist. Hatten die Bedürfnisse des Bergbaus im 18. Jahrhundert A. G. Werners Leistung gefordert, hatte später die Entdeckung der appalachischen Kohle die Erforschung der Tektonik geboren, heischte die Entfaltung der Erdölwirtschaft die weitere Entwicklung der tektonischen Geologie, so forderte und bewirkte die Entwicklung der Weltwirtschaft in den letzten Jahrzehnten die Erschließung immer weiterer Erdräume, die immer schnellere Verfeinerung, Verbesserung, Intensivierung und Rationalisierung der Forschung auf allen Gebieten der geologischen Wissenschaft. Allein in der Sowjetunion arbeiten eine Million Menschen im Bereich der Geologie; auch in allen übrigen Ländern wird im Unterschied zum Beginn des Jahrhunderts eine Vielzahl von Geologen, Mineralogen, Geophysikern usw. ausgebildet, die dann überwiegend in praktischen Bereichen tätig sind. So ist der gegenwärtige Stand der Geologie durch eine zunehmende Verflechtung mit der Wirtschaft gekennzeichnet, durch die praktische Nutzanwendung des in den verflossenen Jahrhunderten Erarbeiteten — eine Entwicklung, die umgekehrt wieder der wissenschaftlichen Geologie Fortschritte in Methodik und Erkenntnis ermöglicht, wie sie frühere Epochen nicht kannten.

Diese Situation wird durch eine ungeheure Fülle geologischer Daten und Einzelerkenntnisse charakterisiert, die im Rahmen einer industriemäßig betriebenen Forschung und Erkundung anfallen. Alle Bereiche geologischer Tätigkeit bedürfen einer klaren Zielsetzung und Zweckbestimmung, die sich aus den Schwerpunkten der gesellschaftlichen Bedürfnisse ergeben, da auch die Kosten für derartige Arbeiten gewaltig gestiegen sind. In besonderem Maße muß darauf geachtet werden, daß die große Zahl von Einzelergebnissen geologischer Forschung erst dann verständlich, beherrschbar und damit voll nützlich wird, wenn sie in der ihr adäquaten Form auch theoretisch durchdrungen ist. Ein gewisser Rückstand in der Ausarbeitung der Elemente einer theoretischen Geologie wird schon verschiedentlich als ernster Mangel empfunden. Der Prozeß der Verwissenschaftlichung der Einzelerkenntnisse über unsere Erde stützt sich — und das zeigen die Entwicklungstendenzen in den letzten Jahren ganz deutlich — in zunehmendem Maße vor allem auf die Mathematik, Physik und Chemie. Das Verständnis der grundsätzlichen geologischen Prozesse wird nur möglich sein, wenn die Beziehungen der einzelnen Sphären unserer Erde und die Relationen zu anderen kosmischen Körpern in die Betrachtungen eingehen. Die Bewältigung dieser Aufgaben ist aber nur möglich, wenn nach einer sinnvollen Planung und Profilierung eine echte Gemeinschaftsarbeit zwischen den verschiedenen geologischen Disziplinen auf allen Ebenen der wissenschaftlichen Forschung in Angriff genommen wird. Derartige Programme, wie das Upper Mantle Project (UMP) und der Plan tiefster Bohrungen bis 15 bzw. 20 km, führen die Vertreter der geologischen Wissenschaften der UdSSR, USA und vieler anderer Länder zu einer internationalen Gemeinschaftsarbeit zusammen. Nur auf diesem Wege, durch die Abstimmung der verschiedenen geologischen, geochemischen und geophysikalischen Wissensgebiete aufeinander und die Konzentration der Kräfte auf Schwerpunktaufgaben, ist der Erkenntnisfortschritt in unserer Zeit — dem Zeitalter der wissenschaftlich-technischen Revolution — zu garantieren.

DAS FRÜHSTADIUM DER ERDE

Die Erde als Planet

Die Erde ist als Himmelskörper, d. h. vom astronomischen Standpunkt aus betrachtet, ein Planet, ein Wandelstern, und gehört zu unserem Planetensystem, dessen Zentralkörper die Sonne ist. Das **Planeten-** oder **Sonnensystem** umfaßt alle Himmelskörper, die sich im Anziehungsbereich der Sonne befinden und infolge der Gravitation gesetzmäßig in mehr oder weniger kreisähnlichen Ellipsenbahnen um die Sonne bewegen, die in einem der beiden Brennpunkte steht. Zu ihnen gehören 1. die neun großen Planeten Merkur, Venus, Erde, Mars, Jupiter, Saturn, Uranus, Neptun, Pluto (nach zunehmender Entfernung von der Sonne geordnet); 2. die zahlreichen sich zwischen den Bahnen von Mars und Jupiter bewegenden kleinen Planeten, die Planetoiden, darunter etwa 1600 mit berechneten Bahnen und etwa 4000, die wenigstens einmal beobachtet wurden; 3. 31 Satelliten (Monde), von denen sich einer um die Erde, zwei um den Mars, zwölf um den Jupiter, neun um den Saturn, fünf um den Uranus und zwei um den Neptun und mit diesen Planeten zusammen um die Sonne bewegen; 4. eine große Anzahl Kometen, von denen bisher 1400 beobachtet worden sind, sowie 5. einige Meteoritenschwärme.

Die Bahnen der großen Planeten um die Sonne liegen nahezu in einer Ebene. Die Abweichung dieser Bahnellipsen von einem Kreis, ausgedrückt durch die Exzentrizität, d. h. durch das Verhältnis der Entfernung des Brennpunktes vom Mittelpunkt zur halben großen Achse der Bahnellipse, ist sehr gering und schwankt zwischen 0,007 bei der Venus und 0,247 bei Pluto. Alle Planeten sind von einer Gashülle umgeben, die der irdischen Atmosphäre entspricht, aber ihr nicht gleicht; sie ist besonders mächtig und dicht bei Jupiter, Saturn, Uranus und Neptun. Alle Planeten erhalten von der Sonne Licht und Oberflächenwärme, sind also nicht selbstleuchtend, sondern strahlen im wesentlichen reflektiertes Sonnenlicht aus.

Die **Sonne** hat die Gestalt einer Kugel und erscheint uns als eine kreisrunde, scharf begrenzte, glänzende Scheibe in einem Gesichtswinkel von rund 1/2°. Ihr wahrer Durchmesser beträgt 1 392 000 km, d. i. das 109fache des Erddurchmessers; ihr Rauminhalt ist 1 300 000mal so groß wie der der Erde. Die Masse beträgt $1{,}99 \cdot 10^{30}$ kg; sie übertrifft damit die Masse der Erde um das rund 333 000fache und die aller Planeten zusammen um das 746fache. Ihre mittlere Dichte ist 0,26 der mittleren Erddichte und 1,41 bezogen auf Wasser = 1.

Die scheinbare tägliche Bewegung der Sonne ergibt sich aus der Drehung (Rotation) der Erde um sich selbst, die scheinbare jährliche Bewegung der Sonne in einer kreisförmigen, Ekliptik genannten Bahn am Himmelsgewölbe aus dem jährlichen Umlauf (Revolution) der Erde um die Sonne. Zweimal im Jahr, zu den Zeiten der Sonnenwende, kehrt die Sonne von ihrer größten nördlichen oder südlichen Abweichung, die rund $23^1/_2°$ beträgt, zu geringeren Abweichungen um. Am 21. März und 23. September passiert die Sonne den Himmelsäquator (Tagundnachtgleiche).

Die Sonne besitzt aber auch eine eigene Bewegung. Sie rotiert um ihre eigene Achse, aber nicht wie ein starrer Körper: Ihre Rotationsdauer beträgt am Äquator 25 Tage und vergrößert sich bis auf etwa 34 Tage in Polnähe; die äquatornahen Teile der Sonne rotieren also schneller. Die Rotationsachse der Sonne ist gegen die Erdbahnebene um 83° 2′ geneigt. Außerdem bewegt sich die Sonne, und mit ihr das ganze Sonnensystem, im Weltraum relativ

zu den umgebenden Fixsternen mit einer Geschwindigkeit von 20 km/s in Richtung auf das Sternbild des Schwanes hin und läuft zusammen mit den umgebenden Fixsternen um den Mittelpunkt des Milchstraßensystems mit etwa 300 km/s Geschwindigkeit um.
Die Strahlung der Sonne transportiert in Erdentfernung eine Energie von 1,9 cal/cm²/min. Daraus ergibt sich die Gesamtstrahlung der Sonne zu $3{,}86 \cdot 10^{33}$ erg/s oder $3{,}86 \cdot 10^{23}$ kW je Jahr.
Auch die **Erde** hat nahezu Kugelgestalt. Diese Erkenntnis, die bereits von PARMENIDES, einem Schüler des PYTHAGORAS, im 6. Jahrhundert v. u. Z. ausgesprochen wurde, geht vor allem auf den griechischen Philosophen ARISTOTELES (384—322 v. u. Z.) zurück und wurde später von anderen Gelehrten durch weitere Beweise bekräftigt. Als man mit dem um 1615 von SNELLIUS entwickelten Triangulationsverfahren erstmalig größere Gebiete genau vermessen konnte, stellte man fest, daß die Erde nicht exakt kugelförmig, sondern schwach ellipsoidisch sei, weil sie infolge der durch die Erdumdrehung, die Rotation, verursachten Fliehkraft am Äquator aufgewölbt und dementsprechend an den beiden Polen abgeplattet ist. Die Abplattung, d. h. der Unterschied zwischen dem polaren und dem äquatorialen Durchmesser, beträgt etwa 43 km, das ist $^1/_{297}$ des Äquatordurchmessers. Diese abgeplattete Gestalt der Erde bezeichnet man als Rotationsellipsoid oder Sphäroid.
Bei der Berechnung des Rotationsellipsoids kam man jedoch zu unterschiedlichen Ergebnissen, und zwar deshalb, weil die unterschiedliche Dichte der oberen Erdkruste Lotabweichungen hervorruft, die ihrerseits sowohl die Grad- als auch die Schwerkraftmessungen beeinflussen. Die mathematische Gestalt der Erde, auf der das Lot überall eine senkrechte Lage einnimmt, muß deshalb eine Niveaufläche des Schwerefeldes sein, d. h. eine Fläche konstanten Schwerepotentials. Diese Niveaufläche, die mit der idealen Meeresoberfläche zusammenfällt, wird Geoid genannt. Im allgemeinen wird das Geoid auf dem Festland über der Fläche des Rotationsellipsoids, auf dem Meer darunter liegen. Nach den bisherigen Erfahrungen übersteigen die Abweichungen vom Rotationsellipsoid auch im Höchstfall nicht 100 m (Abb. 1).

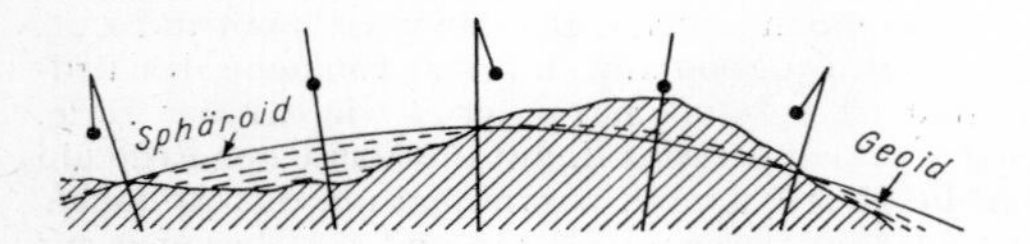

Abb. 1. Geoid und Sphäroid. Auf dem Geoid steht das Lot überall senkrecht

Die Erde führt innerhalb des Planetensystems drei verschiedene Bewegungen aus, die für unsere Zeiteinteilung sowie für zahlreiche Erdvorgänge wichtig sind: die Rotation um ihre eigene Achse, ferner die Revolution, d. h. den Umlauf um die Sonne, und als Kreisel eine langsame Präzessionsbewegung.
Durch die Rotation, die von West nach Ost gerichtete Umdrehung der Erde um ihre eigene Achse, wird der Wechsel von Tag und Nacht hervorgerufen. Die Dauer dieser Bewegung mißt man entweder an der Wiederkehr der Kulmination eines Fixsterns — für diesen Sterntag ergibt sich die Dauer von 23 Stunden 56 Minuten — oder an der Wiederkehr der Kulmination der Sonne; dieser Sonnentag dauert 24 Stunden, also 4 Minuten länger als der Sterntag, weil die Erde auch auf ihrer Bahn um die Sonne fortschreitet und sich deshalb nach der Kulmination des Fixsterns noch etwa um 1° weiterdrehen muß, bevor der Erdmeridian, d. h. die Linie aller Orte, die

gleichzeitig Mittag haben, wieder auf die Sonne gerichtet ist. Dieser „mittlere“ Sonnentag ist berechnet nach einer angenommenen Sonne, während der „wahre“ Sonnentag nicht immer von gleicher Länge ist, da 1. die Sonne sich auf ihrer scheinbaren Bahn im Winter schneller, im Sommer langsamer bewegt und da 2. zwei gleichlange Stücke, die sie auf ihrer scheinbaren Bahn, der Ekliptik, zurücklegt, auf den Äquator projiziert, nicht gleichgroße Projektionen ergeben, die Sonne also in verschieden großen Strecken gegen den Fixsternhimmel zurückbleibt. Der Unterschied zwischen wahrem und mittlerem Sonnentag wird Zeitgleichung genannt. Diese stellt den Zeitbetrag dar, den man zur Anzeige einer Uhr von mittlerer Sonnenzeit hinzufügen muß, um wahre Sonnenzeit zu erhalten. Wenn also der wahre Sonnentag länger als der mittlere ist, wird die Zeitgleichung positiv gerechnet, im umgekehrten Fall negativ. Bei positiver Zeitgleichung findet man die wahre Sonne früher im Meridian als die mittlere Sonne. Viermal im Jahr ist die Zeitgleichung Null (am 16. 4., 14. 6., 2. 9. und 26. 12.), dazwischen erreicht sie folgende Extremwerte: —14 Minuten 20 Sekunden am 10. bis 12. Februar, +3 Minuten 45 Sekunden um den 14. Mai, — 6 Minuten 23 Sekunden am 26. Juli und +16 Minuten 23 Sekunden um den 4. November. Man rechnet aber die Zeitgleichung auch als Differenz zwischen mittlerem und wahrem Sonnentag; die Vorzeichen sind dann umgekehrt wie angegeben.
Die Rotationsachse der Erde fällt nicht mit ihrer Figurenachse zusammen, sondern bewegt sich um diese auf einem Kegelmantel. Diese Verlagerung der Rotationsachse bewirkt dauernde Polhöhenschwankungen, wobei die Polbahn jedes Jahr in Spiralform anders verläuft, sich demzufolge nicht schließt. Der Rotationspol entfernt sich selten mehr als 10 m von seiner Mittellage. Ein Umlauf desselben erfordert etwa $1^1/_4$ Jahre.
Die Revolution der Erde, d. h. ihr Umlauf um die Sonne, erfolgt auf der Bahnellipse, in deren einem Brennpunkt die Sonne steht, von West nach Ost. Diese Erdbahn wird — analog der scheinbaren Sonnenbahn — Ekliptik genannt. Die große Halbachse der Erdbahnellipse, also die mittlere Entfernung der Erde von der Sonne, mißt 149,5 Millionen Kilometer. Im sonnennächsten Punkt, dem Perihel, steht die Erde etwa am 2. Januar, im sonnenfernsten Punkt, dem Aphel, etwa am 3. Juli. Die Erdbahn ist gegen die Ebene des Erdäquators um etwa $23^1/_2$° geneigt. Diese Neigung der Ekliptik ändert sich geringfügig im Laufe der Jahrtausende. Sie verursacht im Verein mit der Rotation den Wechsel der Jahreszeiten und die ungleiche Dauer von Tag und Nacht. Außerdem schwankt bei der Erdbahn das Verhältnis der Entfernung Brennpunkt bis Mittelpunkt zur halben Achse der Bahnellipse. Durch dieses Verhältnis, die Exzentrizität, ist die Form der Erdbahn bestimmt. Die Geschwindigkeit der Erde auf ihrer Bahn beträgt im Mittel 29,8 km/s.
Die Präzession der Erde ist die Folge von Ausweichbewegungen der Erdachse, um die sich die Erde wie ein Kreisel dreht, gegenüber der Anziehungskraft vor allem von Sonne und Mond. Durch diese Bewegung verschiebt sich der Frühlingspunkt, d. h. der Schnittpunkt von Himmelsäquator und Ekliptik, an dem die Sonne zu Beginn des Frühlings, also um den 21. März, steht. Diese Verschiebung erfolgt längs der Ekliptik entgegengesetzt der scheinbaren jährlichen Bewegung der Sonne und beträgt in einem Jahr etwa 50 Bogensekunden. Für die Zeitrechnung ist dies insofern von Bedeutung, als man die Umlaufzeit der Erde um die Sonne entweder nach zwei aufeinanderfolgenden gleichen Stellungen der Sonne in ihrer scheinbaren Bahn in bezug auf einen Fixstern errechnet — dabei erhält man das siderische Jahr — oder nach zwei aufeinanderfolgenden Durchgängen der Sonne durch den Frühlingspunkt; dabei erhält man das

tropische Jahr, das infolge der Verschiebung des Frühlingspunktes um 20 Minuten 23 Sekunden kürzer als das siderische ist. Unsere Zeitrechnung richtet sich nach dem tropischen Jahr, das 365 Tage 5 Stunden 48 Minuten und 46,42 Sekunden zählt. So viel Zeit benötigt die Erde also, um sich einmal um die Sonne zu bewegen.
Die langperiodischen Schwankungen der Erdbahnelemente — der Neigung und Form der Erdbahn sowie der Lage des Frühlingspunktes — verursachen in langen Zeiträumen Unterschiede in der Sonnenbestrahlung, die sich auf das Erdgeschehen auswirken. Diese Unterschiede berechnete der Belgrader Astronom MILANKOVITCH für das Eiszeitalter. Es zeigte sich, daß sie mit dem Ablauf der Vereisungen in diesem erdgeschichtlichen Zeitabschnitt in Zusammenhang stehen. Die eigentliche Ursache der Vereisungen (vgl. Abschn. „Quartär", S. 469) war wohl anderer Art.
Sonne, Mond und andere Himmelskörper wirken auf die Erde ein. Neben dem Einfluß der Zustrahlung von Licht, Korpuskular- und kosmischer Höhenstrahlung ist der Einfluß der Kräfte der Massenanziehung zu berücksichtigen. Die Erde ist der anziehenden Wirkung der gesamten übrigen Himmelskörper ausgesetzt, insbesondere der von Sonne und Mond. Diese Anziehungskraft ruft die Gezeiten hervor. Es entsteht der Wechsel von täglich zweimal Ebbe und Flut. Die Wirkung der Sonne ist etwas geringer als die Hälfte derjenigen des Mondes. Dies liegt an der sehr viel größeren Entfernung der Sonne von der Erde. Daß der Mond aber das Wetter auf der Erde beeinflussen soll, muß vom wissenschaftlichen Standpunkt aus abgelehnt werden.
Nach den bekannten Ausmaßen des Rotationsellipsoids konnte man den Rauminhalt der Erde berechnen, der 1083320 Millionen km^3 beträgt. Die Masse der Erde bestimmte man durch Lotmessungen, Schwerkraftmessungen und andere geophysikalische Methoden zu $M = 5{,}975 \cdot 10^{27}$ g. Als mittlere Dichte, d. h. als Masse der Raumeinheit der Erde, ergab sich $5{,}517\ g \cdot cm^{-3}$. Die tatsächlich gemessene durchschnittliche Dichte der Gesteine der obersten Erdkruste beträgt aber nur etwa 2,7. Daraus muß man schließen, daß unterhalb der Erdkruste Material mit höheren Dichtewerten vorkommt (vgl. hierzu Abschn. „Zur Geophysik und Geochemie der Erde", S. 53).
Unter den physikalischen Eigenschaften der Erde ist neben der Erdschwere vor allem der Erdmagnetismus eine wichtige Erscheinung. Die Entstehung des erdmagnetischen Feldes geht auf elektrische Ströme nahe der Erdkerngrenze zurück. Auch die Sonne besitzt wie viele andere Sterne ein Magnetfeld, und sogar das Milchstraßensystem ist Träger eines magnetischen Feldes. Die gesamte erdmagnetische Kraft wird als Totalintensität bezeichnet, von welcher der waagerechte Anteil die Horizontalintensität, der senkrechte die Vertikalintensität ist. Das magnetische Kraftfeld bewirkt, daß eine allseitig bewegliche Magnetnadel eine bestimmte Richtung einnimmt. Ihr Nordpol zeigt nach der magnetischen Nordrichtung (dem südmagnetischen Pol), die von der geographischen Nordrichtung abweicht. Diese Abweichung bezeichnet man als magnetische Mißweisung oder Deklination, die Abweichung einer im Schwerpunkt unterstützten Magnetnadel von der Waagerechten als Inklination. Die Erde verhält sich also wie ein großer Magnet, wobei ihre magnetischen Pole ständig langsam wandern. 1960 lag der südmagnetische Pol, oft als magnetischer Nordpol bezeichnet, im arktischen Nordamerika auf 74,9° nördlicher Breite und 101° westlicher Länge, der nordmagnetische Pol, oft als magnetischer Südpol bezeichnet, in der Antarktis auf 67,2° südlicher Breite und 142° östlicher Länge. Das erdmagnetische Feld hat zu etwa 94 % seinen Sitz im Erdinnern. Dieser Teil ist relativ beharrlich,

er ändert sich in seinem Betrag bis auf die Säkularvariation nur wenig. Die Säkularvariation ist eine langsame, über lange Zeiträume einseitig gerichtete Veränderung der erdmagnetischen Elemente. Die restlichen 6 % des erdmagnetischen Feldes haben ihre Ursache in elektrischen Stromsystemen der Ionosphäre, der äußeren Zone der die Erde umgebenden Atmosphäre. Dieser Anteil unterliegt kurzzeitigen Schwankungen, die periodisch und unperiodisch auftreten können.

Schließlich sei noch einiges über die Erdoberfläche gesagt. Sie mißt insgesamt etwa 510 Mio km² und gliedert sich in Festländer oder Kontinente und Meere. Die Meere umfassen etwa 361 Mio km², also fast 71 % der Gesamtoberfläche. Die Verteilung von Land und Wasser auf der Erde ist sehr ungleich. Im Norden lagern sich um das Nordpolarmeer, das den Nordpol umgibt, die breiten, nur durch schmale Meeresteile getrennten Landmassen Asiens, Europas und Nordamerikas. Nach Süden, zum Äquator hin, verschmälern sich diese; auf der Südhalbkugel spalten sie sich in die halbinsel- und inselförmigen Landmassen Südamerikas, Afrikas und Australiens auf und geben riesigen Meeresflächen Raum. Um den Südpol lagert dagegen eine Landmasse, nämlich der Erdteil Antarktika. Diese Anordnung läßt eine Landhalbkugel mit fast 50 % Landfläche von einer Wasserhalbkugel mit über 90 % Wasserfläche unterscheiden. Die Gliederung in die großen Ozeane, den Stillen Ozean oder Pazifik, den Atlantischen Ozean oder Atlantik und den Indischen Ozean, ergibt sich durch die Verteilung der Festlandsmassen. Teile und Ausläufer der Ozeane dringen als Nebenmeere zwischen die Kontinentalblöcke ein. Die Nebenmeere werden in Mittelmeere, welche die Kontinentalblöcke in Erdteile gliedern, und in Randmeere eingeteilt. Bei den Randmeeren wiederum unterscheidet man Außenrandmeere, z.B. Nordsee, Japanisches Meer, und Binnenmeere, z.B. Ostsee, Schwarzes Meer.

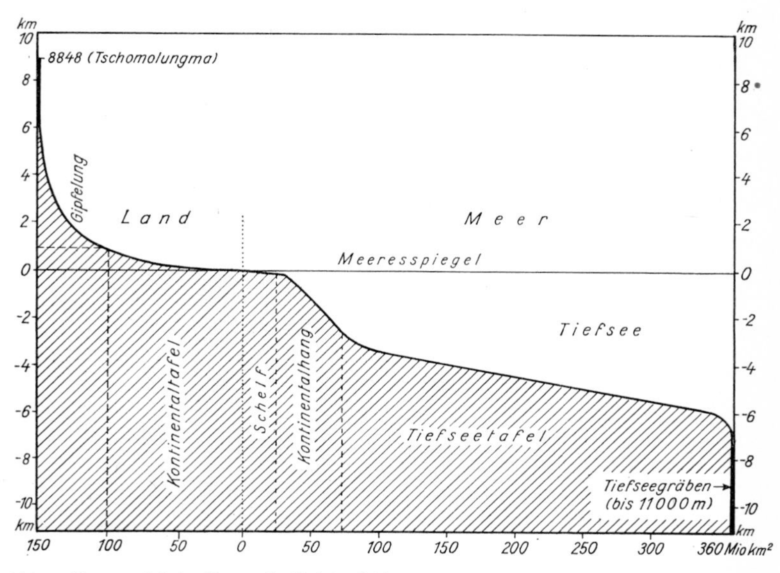

Abb. 2. Hypsometrische Kurve der Erdoberfläche

Die vertikale Gliederung der Erdoberfläche ist gut aus der hypsometrischen Kurve (Abb. 2) ersichtlich, in der die von den einzelnen Höhenstufen des Festlandes und den Tiefenstufen des Meeres eingenommenen Flächen, ausgedrückt in Quadratkilometern, graphisch dargestellt sind, wobei die Meeresspiegellinie als x-Achse dient. Die Kurve zeigt, daß zwei Stufen, nämlich die Kontinentaltafel und der Tiefseeboden, besonders große Räume einnehmen. Dagegen sind Höhen über 1000 m — mit dem Mount Everest (Tschomolungma, 8848 m) als höchstem Gipfel — sehr selten. Wichtig und etwas überraschend ist, daß die bei 1000 m beginnende Kontinentaltafel noch unter den Meeresspiegel hinabreicht, und zwar bis zu einer Tiefe von etwa 200 m. Erst jenseits der 200-m-Tiefenlinie fällt der Kontinentalhang verhältnismäßig steil zum Tiefseeboden ab. Die Kontinentaltafel endet also nicht an der Küste, sondern ist meistens randlich vom Meer überflutet. Dieser unter den Meeresspiegel tauchende Saum des Festlandes wird Schelf genannt. Festländische Inseln, z.B. die Britischen Inseln, Neufundland und Neuguinea, sitzen noch dem Festlandsockel der betreffenden Erdteile auf. Nur ozeanische Inseln erheben sich unmittelbar aus der Tiefsee.
Der Tiefseeboden liegt, wie die hypsometrische Kurve zeigt, zwischen etwa 3000 und 5750 m Tiefe. Tiefer als 5750 m reichen nur die trogförmigen Tiefseegesenke oder Tiefseegräben hinab. Die größten bekannt gewordenen Meerestiefen liegen im Stillen Ozean (Mindanaograben 11516 m, Marianengraben 11022 m, Tongagraben 10882 m, Kurilengraben 10542 m, Philippinengraben 10497 m, Kermadecgraben 10047 m); im Atlantik wurde als größte Tiefe 9219 m gemessen (Puerto-Rico-Graben). Die größte Meerestiefe, aus der Lebewesen heraufgeholt wurden — 1950 im Pazifik von dem dänischen Forschungsschiff „Galathea" —, maß 10236 m. Beachtenswert ist, daß der Tiefseeboden einschließlich der in ihn eingesenkten Tiefseegräben eine Fläche von rund 295 Mio km² einnimmt, also mehr als die Hälfte der gesamten Erdoberfläche.

Das Sternzeitalter der Erde

Der eigentlichen Erdgeschichte, wie sie von der Geologie erforscht wird, geht jene Zeit voraus, in der sich die Erde erst bildete und als Einzelkörper entstand. Diese älteste Vergangenheit der Erde zu untersuchen, gehört zu den Aufgaben der Astrophysik. Während sich die Geologie nur mit der Erdkruste und deren Entwicklung beschäftigt, also mit einem Zeitabschnitt, dessen Beginn etwa mit der Bildung einer festen Erdoberfläche zusammenfällt, betrachten Astronomie und Astrophysik die Erde als Ganzes, als Himmelskörper, suchen u.a. ihren Zustand in der den geologischen Perioden und der vorgeologischen Frühzeit (S. 47) vorangehenden Urzeit und damit ihre Entstehung zu erschließen. Für eine Lösung dieser äußerst schwierigen und z. T. noch immer spekulativen Probleme der **Kosmogonie** müssen aber auch zahlreiche Ergebnisse der Physik, Chemie, Geophysik, Geologie und der Himmelsmechanik mit herangezogen werden.

Das auf Grund des radioaktiven Zerfalls bestimmte Alter der Gesteine (vgl. S. 328) weist darauf hin, daß die Materie der Erdoberfläche vor etwa 4,5 Milliarden Jahren aus einem gasförmigen oder flüssigen Zustand erstarrt sein muß. Es ist naheliegend, diesen Vorgang, nämlich die Bildung einer festen Erdkruste, als Abschluß des Entstehungsprozesses der Gesamterde anzusehen. Für das Alter der Erde selbst kann man rund 5 Milliarden Jahre ansetzen.

Natürlich ist es unmöglich, eine Entstehungshypothese oder kosmogonische Theorie für die Erde allein zu entwerfen, ohne das gesamte Sonnensystem zu berücksichtigen, in das die Erde eingegliedert ist; denn die übereinstimmenden Bewegungsverhältnisse und die Ähnlichkeiten in der physischen Beschaffenheit der Planeten weisen deutlich auf einen gemeinsamen Ursprung dieser Weltkörperfamilie hin. Das Sonnensystem wiederum ist ein Bestandteil des galaktischen Systems, dessen Struktur und Entwicklung einen wesentlichen Einfluß auf die Entstehung des Sonnensystems hatte.

Da die bisherige Beobachtungszeit nur äußerst kurz ist im Vergleich zu den Zeiträumen, in denen sich kosmische Objekte normalerweise entwickeln, stehen für die Beantwortung aller Fragen, die die Kosmogonie betreffen, kaum unmittelbare Beobachtungstatsachen zur Verfügung. Deshalb können lediglich folgende Wege beschritten werden:

1. Untersuchung des gegenwärtigen Zustandes und der gegenwärtig herrschenden Gesetzmäßigkeiten, die als „Randbedingungen" den Entstehungsprozeß theoretisch mitbestimmen, zugleich in der Hoffnung auf Hinweise, daß die individuellen Unterschiede des Jetztzustandes ähnlicher kosmischer Objekte als verschiedene Entwicklungsphasen gedeutet werden können, d. h. Erklärung des räumlichen Nebeneinanders als zeitliches Nacheinander (diese Hoffnung hat sich bezüglich der Fixsterne weitgehend erfüllt).
2. Suche nach Entwicklungsvorgängen im Weltall, d. h. nach Beobachtungen, die irreversible Veränderungen kosmischer Objekte erkennen lassen und die deshalb einen Rückschluß auf die Entstehung dieser Objekte und anderer ähnlicher Himmelskörper ermöglichen könnten (solche Vorgänge sind vereinzelt beobachtet worden).
3. Theoretische Durchrechnung der Entstehung und Entwicklung eines kosmischen Objektes mit Hilfe der allgemeingültigen physikalischen Gesetze und der bekannten Zustandsgrößen. Bei Berücksichtigung aller Zusammenhänge und aller Parameter müßten sich für bestimmte Zeitpunkte die gegenwärtig beobachtbaren Zustände und Entwicklungs-

vorgänge ergeben. Dieser Weg hat bei der Theorie der Sternentwicklung zu großen Erfolgen geführt.
Einige der für kosmogonische Überlegungen wichtigsten Fakten und Resultate sind im folgenden zusammengestellt.
Voraussetzung für die Aufstellung einer Theorie der Entstehung der Erde ist die möglichst genaue Kenntnis der Parameter unseres Planeten. Hierzu gehört insbesondere der Aufbau des Erdkörpers, seine Schalenstruktur, die Verteilung von Druck, Temperatur und Dichte sowie die chemische Zusammensetzung der Materie im Erdinnern. Wegen der komplizierten Zustandsgleichung kondensierter Materie bei hohem Druck und der Unsicherheit über die chemische Zusammensetzung des Erdkerns ist die Situation hier so, daß der innere Aufbau weit entfernter Sterne wesentlich besser bekannt ist als der unserer Erde. Vor allem ist noch ungeklärt, ob der Dichtesprung an der Grenze des Erdkerns auf chemische oder physikalische Ursachen zurückzuführen ist (höherer Eisengehalt im Kern oder metallische Hochdruckmodifikation höherer Dichte) oder ob beides nebeneinander eine Rolle spielt. Auch die Zusammensetzung der Atmosphäre und die Oberflächenformen können für kosmogonische Fragen wichtig werden, besonders bei einem Vergleich mit anderen Planeten und dem Mond (Beispiel: die Entdeckung von Ringgebirgen auf dem Mars).
Von besonders großer Bedeutung in kosmogonischer Hinsicht ist die Struktur des Sonnensystems, die durch einen hohen Grad von Ordnung und Stabilität gekennzeichnet ist. Die wichtigsten Gesetzmäßigkeiten des Planetensystems sind: 1. die Konzentration der Materie in wenigen Massenanhäufungen (Sonne, Planeten, Monde), während der übrige Raum fast leer ist; 2. das Abstandsgesetz der Planeten; 3. die gemeinsame Bewegungsrichtung der Planeten und die geringe Neigung der Bahnen gegeneinander; 4. die kleine Exzentrizität der Bahnen; 5. die mit der Richtung der Bahnbewegung übereinstimmende Rotationsrichtung der meisten Planeten; 6. die Massenverteilung der Planeten; 7. die bemerkenswerte Tatsache, daß auf 0,13 % der Gesamtmasse (die Planeten) über 99 % des Gesamtdrehimpulses entfallen; 8. die im wesentlichen übereinstimmende chemische Zusammensetzung aller Planeten, außer hinsichtlich der leicht flüchtigen Elemente (H_2, He), die prozentual um so häufiger vorkommen, je größer die Masse und je niedriger die Temperatur der Atmosphäre ist. Hinzu kommen einige Besonderheiten sowie analoge Gesetze bei den Trabantensystemen. Eine Sonderrolle spielen die Kometen, die zugleich die einzigen Körper des Sonnensystems sind, bei denen mit Sicherheit wesentliche irreversible Entwicklungsvorgänge beobachtet wurden (Auflösung von Kometenkernen). Auch die Meteoriten haben eine große Bedeutung gewonnen, da sie – wie nunmehr auch der Mond – außerirdische Materie liefern, die einer direkten Untersuchung im Labor zugänglich ist.
Während die mechanischen Eigenschaften der Planeten großenteils schon seit langer Zeit bekannt sind, hat die stellare Astrophysik gemeinsam mit Astrometrie und Stellarstatistik eine Fülle von neuem Beobachtungsmaterial zusammengetragen, besonders über die Bewegung der Sterne und ihre räumliche Verteilung, über ihre Zustandsgrößen (Masse, Oberflächentemperatur, Radius, Leuchtkraft, chemische Zusammensetzung, Rotation, Magnetfelder u. a.) und über die wichtigen Korrelationen zwischen diesen Zustandsgrößen, wie das Hertzsprung-Russell-(HR-)Diagramm (zwischen Oberflächentemperatur und Leuchtkraft) und die Masse-Leuchtkraft-Beziehung. Weiterhin ist hier die Erforschung der interstellaren Materie (als Ausgangsmaterial der Sternentstehung) zu erwähnen. In einzelnen Fällen konnten auch Entwicklungsprozesse beobachtet werden, z. B. Supernova-Ausbrüche, die divergierende Eigenbewegung von Sternassoziationen

(die auf einen gemeinsamen Ursprung schließen läßt), die Entstehung von Verdichtungen in interstellaren Gasnebeln und die kürzlich entdeckte — zumindest zeitweise — Beendigung der Pulsation eines bis dahin veränderlichen Sterns.

Gleichzeitig entstand die Theorie des inneren Aufbaues der Sterne, die — ausgehend von Gleichgewichtsbedingungen sowie Beziehungen zwischen Energieproduktion und -transport — durch zahlreiche Modellrechnungen schon viele Probleme der Stabilität der Sterne, der Kopplung ihrer Zustandsgrößen, der Veränderung ihrer chemischen Zusammensetzung und damit ihrer Entwicklung weitgehend klären konnte. Danach durchläuft jeder Stern im mittleren Massenbereich folgenden Entwicklungsweg:

1. *Kontraktionsstadium* (gravitative Kontraktion der Materie einer interstellaren Gaswolke, bis eine für Kernreaktionen ausreichende Zentraltemperatur entsteht);
2. *Hauptreihenentwicklung* (der Stern befindet sich auf der Hauptreihe des HR-Diagramms, Wasserstoffverbrennung im Zentrum, zeitlich längste und stabilste Phase der Sternentwicklung);
3. *Übergang zum Riesenzweig des HR-Diagramms* (Wasserstoffverbrennung in einer Kugelschale um den ausgebrannten Kern, Kontraktion des Kernes und Expansion der Hülle des Sterns);
4. *Entwicklung längs des Riesenzweiges* (Heliumverbrennung im Zentrum, Wasserstoffverbrennung in einer Kugelschale).

Der weitere Entwicklungsweg ist zumindest in Umrissen ebenfalls bekannt: erneute Kontraktionsphasen und Kohlenstoff- bzw. Sauerstoffverbrennung usw., Durchlaufen des Veränderlichen- bzw. Nova-Stadiums, Übergang in den Zustand weißer Zwerge (Erschöpfung der nuklearen Energiequellen). Die raschen Fortschritte in der Theorie der Sternentwicklung sind hauptsächlich der Tatsache zu verdanken, daß sich diese Theorie relativ leicht mathematisch formulieren läßt (zumindest wesentlich leichter als die Theorie der Frühstadien des Planetensystems), so daß eine quantitative Auswertung mit Rechenautomaten möglich ist. Zahlreiche Beobachtungsergebnisse, die auf Grund dieser Entwicklungsvorstellungen eine einfache Deutung zulassen, stützen die Theorie. Dazu gehören z.B. die HR-Diagramme von Sternhaufen.

Für die Fragen nach der Entstehung eines Planetensystems haben diese so erfolgreichen Untersuchungen jedoch nur wenige neue Gesichtspunkte und Anregungen ergeben, und ähnliches gilt für die heutigen Vorstellungen über die Entwicklung von Galaxien. Im Gegensatz zum schon einigermaßen überschaubaren Entwicklungsweg eines Sterns bleibt die Entstehung und Entwicklung des Sonnensystems auch jetzt noch immer recht problematisch.

Die von einer kosmogonischen Theorie des Planetensystems zu fordernde Leistung besteht darin, die Herausbildung aller jetzigen Eigenschaften und Gesetzmäßigkeiten des Systems als einen zwangsläufigen Prozeß mit Hilfe der allgemeingültigen physikalischen Gesetze und mit den bekannten chemischen Eigenschaften der Materie darzustellen. Der Entwicklungsweg muß bereits durch den Anfangszustand eindeutig festliegen. Von letzterem ist jedoch lediglich bekannt, daß er einen weitaus geringeren Grad an Ordnung und Differenziertheit aufwies als der heutige Zustand, er war „einfacher", homogener, chaotischer, und offenbar war er instabil. Schon aus dieser Unsicherheit über den Urzustand, den Ausgangspunkt aller kosmogonischen Überlegungen, wird die bunte Vielfalt der Hypothesen verständlich, die in den vergangenen drei Jahrhunderten entstanden sind. Da diese kosmogonischen Hypothesen außerdem wegen der Kompliziertheit der

Vorgänge größtenteils über eine qualitative und plausibel erscheinende Beschreibung (oder allenfalls halbquantitative Diskussion von Einzelfragen) nicht hinauskommen, entstehen noch zusätzliche Variationsmöglichkeiten durch das unterschiedliche Gewicht, das die Autoren den verschiedenen physikalischen und physikalisch-chemischen Prozessen zuweisen, die bei der Entstehung des Systems eine Rolle gespielt haben können. Es sollen hier nur einige wesentliche Gedankengänge skizziert und eine Klassifizierung versucht werden.
Die wichtigste Unterteilung betrifft den Anfangszustand (A), bei dem es im wesentlichen zwei Möglichkeiten gibt:

A 1. Die Entstehung des Planetensystems war ein **selbständiger Prozeß**, der ohne entscheidende Einwirkung von äußeren Kräften ablief („monistische" Theorien). Als Anfangszustand des heutigen Sonnensystems kann man annehmen:

A 1a — eine mehr oder weniger homogene interstellare Gaswolke (oder Gas-Staub-Wolke oder einen Teil einer solchen Wolke, z. B. eine Verdichtung oder ein Turbulenzelement), die durch ihre eigene Gravitation — evtl. unter Mitwirkung anderer Kräfte, z. B. des Strahlungsdruckes — sich zusammenballte und kontrahierte und aus der die Sonne und die Planeten etwa gleichzeitig entstanden sind (Kant, Faye, Ligondes, Nölke, Kuiper, McCrea, Whipple, Cameron);

A 1b — eine schon früher (auf ähnliche Weise) entstandene Ursonne großer Ausdehnung, aus deren äußeren Materieschichten sich dann in einem späteren Entwicklungsstadium (bei weiterer Kontraktion der Ursonne) die Planeten bildeten (Laplace, von Weizsäcker, Berlage, Fessenkow, Hoyle, Egyed, Gurevich und Lebedinski).
Die Unterscheidung zwischen A 1a und A 1b ist allerdings nicht immer willkürfrei möglich. Eine eventuelle dritte Variante wäre die Auffassung, das Sonnensystem habe sich aus einem degenerierten Doppelstern entwickelt, dessen zweite Komponente schon bei der Entstehung zerfiel (Kuiper). Die Hypothese von Laplace (1796) war die herrschende kosmogonische Ansicht des 19. Jahrhunderts: Danach lösten sich von der kontrahierenden Sonne durch die Fliehkraft am Äquator Materieringe ab, aus denen sich später die Planeten bildeten (Rotationsinstabilität, deshalb: Rotations-Nebularhypothese). Gegen diese Annahme gibt es jedoch eine Reihe schwerwiegender Einwände (Babinet, Fouché, Moulton, Nölke): Die Ablösung und besonders die Möglichkeit der Zusammenballung der Ringe sind sehr zweifelhaft (s. u.); der kleine Drehimpuls der Sonne und die Neigung ihres Äquators gegen die Planetenbahnen bleiben unverständlich.
A 2. Die Entstehung des Planetensystems war ein **unselbständiger Prozeß**, der nur durch die Einwirkung äußerer Kräfte möglich wurde („dualistische" Theorien). Der Anfangszustand könnte beispielsweise gewesen sein:
A 2a — die Sonne und ein zweiter Weltkörper (Stern), der bei einer nahen Begegnung mit der Sonne durch Gezeitenkräfte (oder auch bei einem Zusammenstoß) die Materie aus der Sonne herausriß, aus der sich später die Planeten bildeten (Buffon, Bickerton, Zehnder, Chamberlin und Moulton, Jeans und Jeffreys, Arrhenius, Lyttleton, Woolfson, Hoyle, Gunn, Banerji und Srivastara);

A 2b — die Sonne und ein zweiter Stern, der in der Nähe der Sonne einen Nova- oder Supernova-Ausbruch erlebte; aus der dabei in den Raum geschleuderten Materie, die teilweise von der Sonne eingefangen wurde, bildeten sich dann die Planeten. Evtl. könnte dieser zweite Stern auch ursprünglich mit der Sonne in einem Doppelsternsystem vereinigt gewesen sein; dasselbe gilt sinngemäß auch für A 2a (Lyttleton, Hoyle);

A 2 c — die Sonne und eine interstellare Gas-Staub-Wolke, die bei einer Begegnung z. T. von der Sonne eingefangen wurde und aus der dann die Planeten entstanden (SCHMIDT, ALFVÉN, LYTTLETON, HOYLE, SEKIGUCHI, BERLAGE).

Hier wären auch noch weitere Möglichkeiten denkbar, z. B. die Wechselwirkung zwischen zwei kosmischen Wolken (SEE, WHIPPLE). Die Planetesimalhypothese von CHAMBERLIN und MOULTON (1901) bzw. die ähnliche Gezeitenhypothese von JEANS und JEFFREYS (1916), wonach aus der Sonne durch Gezeitenkräfte eines anderen Sternes ein riesiger Gasschweif hervorbrach, der dann in die Planeten zerfiel, wurde Anfang dieses Jahrhunderts eine Zeitlang als Fortschritt gegenüber den Laplaceschen Vorstellungen angesehen. Doch auch bei diesem Erklärungsversuch haben sich erhebliche Schwierigkeiten ergeben (LUYTEN, NÖLKE, SPITZER), die sowohl den Drehimpuls der Planeten als auch die Möglichkeiten für eine Zusammenballung der Materie des Gasfilaments zu Planeten betreffen.

Nur dann, wenn die Vorstellung A 1 zutrifft, kann man die Entstehung eines Planetensystems als einen normalen Begleitvorgang der Sternentwicklung ansehen, der bei einer großen Anzahl von Sternen (vielleicht bei den meisten) in ähnlicher Weise ablief. Den Hypothesen nach A 2 haftet dagegen der Charakter des Zufälligen an; die Bildung eines Planetensystems wäre dann eine sehr seltene und nicht typische Ausnahmeerscheinung, so daß innerhalb der Galaxis nur wenige derartige Systeme zu erwarten wären. Abgesehen davon, daß diese Schlußfolgerung etwas unbefriedigend ist, hat der Nachweis der Existenz dunkler Weltkörper von der Masse großer Planeten bei einzelnen Sternen (aus ihrer Gravitationswirkung) die dualistischen Hypothesen unwahrscheinlich gemacht.

Während manche kosmogonischen Theorien das Schwergewicht auf die Erklärung des Anfangszustandes legen, beschäftigen sich andere wieder hauptsächlich mit den Fragen der weiteren Entwicklung bis zur Bildung der Planeten.

Der Ausgangspunkt für diese Überlegungen ist also eine ausgedehnte inhomogene Gas-Staub-Wolke, in deren Mittelpunkt die Sonne sich befindet oder zumindest eine zentrale Verdichtung, die künftige Sonne. Sofern noch keine einheitliche Bewegungsrichtung vorhanden ist (das kann lediglich im Falle A 1b teilweise schon vorausgesetzt werden), gleicht sich die zunächst chaotische Bewegung innerhalb dieser Wolke durch Wechselwirkung zwischen ihren Teilen (Zusammenstöße der festen Partikel, innere Reibung der Gase u. a.) allmählich aus. Diesen Vorgang hat KANT (1755) erstmalig beschrieben; er ist für die Verringerung der Relativgeschwindigkeiten und damit für die Wirksamkeit der Akkumulationsmechanismen innerhalb des „Sonnennebels" wichtig, ferner auch für die weitere Verdichtung der zentralen Ursonne. Nur dann, wenn auf diese Weise eine im wesentlichen einheitlich rotierende, flache, scheibenförmige Gasmasse sich gebildet hat, wird die Entstehung der Bewegungsverhältnisse des heutigen Sonnensystems verständlich.

Eine zentrale Rolle im weiteren Entwicklungsgang spielt der **Akkumulationsvorgang**, das Anwachsen der Inhomogenität in der zirkumsolaren Materiewolke, die Ansammlung der Materie in einzelnen Massenanhäufungen (Verdichtungen) und damit schließlich der Zerfall der Wolke in isolierte Urplaneten (Protoplaneten). Für die Erklärung dieser Entwicklungsphase (E) stehen sich zwei wesentlich verschiedene Auffassungen gegenüber:

E 1. Die zirkumsolare Gaswolke zerfällt durch Gravitationsinstabilität, ähnlich wie vorher die interstellare Gaswolke bei der Entstehung der Sterne und der Sonne. In der Gasmasse bilden sich zufällige Inhomogenitäten; wenn der Massenüberschuß einer Verdichtung genügend groß ist, kontrahiert die Gasmasse um den Verdichtungskern durch ihre eigene Gravitation (evtl. unter Mitwirkung äußerer Kräfte, wie des Strahlungsdruckes) bis zu einer Entfernung vom Schwerpunkt, in der die Dissipationskräfte zu überwiegen beginnen (JEANS). So entsteht schließlich ein dichter, isolierter und durch die fast adiabatische Kontraktion auch relativ heißer Gasball, der Protoplanet, der dann allmählich abkühlt. Die in dieser Gasmasse enthaltenen festen Bestandteile (Meteoriten) sammeln sich im Zentrum, dasselbe gilt für alle Elemente und Verbindungen mit hoher Kondensationstemperatur, die bei der großen Dichte rasch auskondensieren. Auf diese Weise entsteht der feste Planetenkörper, der von einer riesigen Uratmosphäre der restlichen Gase umgeben ist.
Für diese Hypothese ist offenbar der massemäßig überwiegende Gasanteil der zirkumsolaren Gas-Staub-Wolke wesentlich (Nebularhypothese). Voraussetzung für die Wirksamkeit dieses Mechanismus sind eine relativ hohe Dichte des Sonnennebels und eine nicht zu hohe Temperatur. Solche und ähnliche Vorstellungen wurden — mehr oder weniger ausgeprägt — von KANT, LAPLACE, JEANS und JEFFREYS, FESSENKOW, BERLAGE, SAFRONOW KUIPER und McGREA vertreten.
E 2. Die zirkumsolare Wolke zerfällt durch Kondensation und adhäsiven Zusammenschluß ihrer festen Bestandteile. Die in der Gaswolke enthaltenen festen Partikel (kosmischer Staub, Meteoriten) werden mit zunehmender Gasdichte zahlreicher und vergrößern ihre Masse durch Auskondensieren und Ankristallisieren weiterer Bestandteile der Wolke, deren Kondensationstemperatur genügend hoch liegt. Bei ihrer ungeordneten Bewegung stoßen diese Partikel untereinander zusammen und bleiben z. T. aneinander haften, wenn ihre Relativgeschwindigkeit genügend klein ist. Dadurch entstehen immer größere feste Körper (die Akkumulationsbedingungen sind um so günstiger, je größer das Objekt ist), bis schließlich nur noch wenige Massen, die Urplaneten, übrigbleiben. Wenn man von der beim Zusammenstoß frei werdenden kinetischenEnergie absieht, bleiben die Planeten während ihres Wachstums relativ kalt; sie heizen sich erst nachträglich auf durch Radioaktivität, chemische Umsetzungen usw., und sobald ihre Masse genügend groß ist, bilden sie eine primäre Atmosphäre durch Einfangen von Gasen oder Freiwerden sorbierter bzw. gelöster Gase.
Nach diesen Vorstellungen spielen die festen (meteoritischen) Bestandteile der zirkumsolaren Wolke die Hauptrolle bei der Planetenentstehung (Meteoritenhypothese). Voraussetzung für die Wirksamkeit dieses Mechanismus ist ein genügend hoher Staubanteil des Solarnebels und das Überwiegen der Adhäsion und Agglomeration über die Fragmentation bei Zusammenstößen. Beispiele für diese und ähnliche Auffassungen gaben CHAMBERLIN und MOULTON, WEIZSÄCKER, UREY, SCHMIDT, ANDERS, HARTMANN und CAMERON.
Eine wichtige Rolle werden wahrscheinlich auch Strukturen spielen, die sich durch die innere Bewegung des Solarnebels und die Wechselwirkung zwischen seinen Teilen herausbilden. Der Einfluß der Turbulenz z. B. wurde von WEIZSÄCKER und TER HAAR diskutiert; dabei können Wirbelringe entstehen, die den Akkumulationsprozeß begünstigen (WEIZSÄCKER). Auch die Bildung konzentrischer Materieringe wurde diskutiert (LAPLACE, BERLAGE, HOYLE, PENDRED und WILLIAMS).
Die Trennung zwischen den Grenzfällen E 1 und E 2 ist in den meisten Hypothesen nicht scharf. Manche Autoren nehmen an, daß nur bei den

größten Planeten oder nur in den äußeren Teilen des Nebels oder nur im letzten Entwicklungsstadium der Planeten Gravitationsinstabilität (E 1) möglich war. Häufig wird auch vorausgesetzt, daß durch die Eigengravitation der Akkumulationsprozeß der Meteoriten (E 2) verstärkt wird.
Es ist denkbar, daß neben den mechanischen Kräften (innere Reibung, Gravitation) und der Strahlung auch elektrische und besonders magnetische Effekte einen wesentlichen Einfluß auf die Entwicklung des Sonnennebels ausgeübt haben. Das ist jedoch nur dann möglich, wenn dessen Gase (wenigstens teilweise) ionisiert sind und ein allgemeines Magnetfeld bzw. elektrisches Feld in der Wolke vorhanden ist. Von dieser Annahme gehen BIRKELAND, BERLAGE und ALFVÉN aus. Sehr wahrscheinlich hat in einer späteren Phase der Entwicklung die magnetische Kopplung mit dem ionisierten Solarnebel zu einer erheblichen Verkleinerung des solaren Drehimpulses geführt (ALFVÉN, HOYLE).
Über diese weiteren Entwicklungsstadien gehen die Ansichten zwar auch noch auseinander, doch grundsätzlich ist klar (KUIPER), daß die Reste des zirkumsolaren Nebels durch Strahlungsaufheizung und Diffusion in den interstellaren Raum entwichen sind bzw. durch den zunehmenden solaren Strahlungsdruck und die Korpuskularstrahlung der Sonne (Sonnenwind) hinausgefegt wurden; dasselbe gilt für große Teile der mächtigen Uratmosphären der sonnennahen Planeten, deren Temperatur nur durch die Sonnenstrahlung bestimmt wird. In diese Phase fällt auch die Kondensation des Wasserdampfes, ein Vorgang, der zumindest bei der Erde die weitere Umgestaltung der Oberfläche entscheidend beeinflußte. Übriggebliebene meteoritische Körper des interplanetaren Raumes wurden z. T. noch von den Planeten und Satelliten eingefangen, z. T. stürzten sie schließlich in die Sonne. Der Mond ist wahrscheinlich ein zweiter Planet, der in einer frühen Entwicklungsphase von der Erde eingefangen wurde (die Annahme seiner Abtrennung von der Erde gilt heute als unwahrscheinlich).

Um aus der etwas verwirrenden Vielzahl der Ideen, die nur sehr unvollständig dargestellt werden konnten, ein Resümee zu ziehen, sollen hier diejenigen Vorstellungen von der Entstehung der Erde zusammengestellt werden, die gegenwärtig schon mit einiger Sicherheit feststehen:

1. Zur Zeit der Entstehung der Sonne und der Planeten (vor annähernd 5 Milliarden Jahren) befand sich das galaktische System bereits in einem dem heutigen ähnlichen Zustand. Die Sonne bildete sich in einem an interstellarer Materie reichen Spiralarm (Population I) vermutlich durch Gravitationsinstabilität.

2. Die Erde ist praktisch gleichzeitig und auf gleiche Weise gemeinsam mit den übrigen Planeten und Monden entstanden, wahrscheinlich auch etwa gleichzeitig mit der Sonne (oder etwas später).

3. Die Materie der Erde und der anderen Planeten bildete einen Teil einer ausgedehnten, scheibenförmigen, rotierenden Gas-Staub-Wolke, die durch die Gravitation der Ursonne im Zentrum zusammengehalten wurde. Die Masse dieses Solarnebels kann man auf 0,1 Sonnenmassen schätzen. Wahrscheinlich ist die Bildung eines solchen Nebels ein normaler Vorgang bei der Entstehung und Entwicklung der meisten Sterne.

4. Für die Zusammenballung der Planeten und Monde kommen folgende Prozesse in Betracht: Kondensation der nichtflüchtigen Bestandteile der Wolke zu Meteoriten und Akkumulation durch adhäsive Zusammenstöße zwischen den Meteoriten; ferner Gravitationsinstabilität von Verdichtungen der Wolke und Kontraktion dieser Verdichtungen. Vermutlich haben beide Prozesse eine Rolle gespielt.

5. Gravitative Separation der kondensierten Materie im Zentrum der Urplaneten von den gas- und dampfförmigen Bestandteilen, Bildung der festen Planetenkörper und der primären Atmosphären.
6. Aufheizung, Ionisation, Auflösung und Wegblasen der Reste der zirkumsolaren Wolke in den interstellaren Raum durch Strahlungsdruck usw., gleichzeitig Verringerung des solaren Drehimpulses durch magnetische Kopplung. Verlust eines großen Teiles der primären Atmosphäre der sonnennächsten Planeten durch die anwachsende Sonnenstrahlung, Einfang der meisten Meteoriten.

Abschließend ist zu sagen, daß man noch keine der bisher bekannt gewordenen detaillierten kosmogonischen Hypothesen als auch nur einigermaßen gesicherte Erkenntnis werten kann, und es bedarf wohl noch geraumer Zeit, bis die Entstehung und Entwicklung des Sonnensystems und damit auch die Entstehung der Erde völlig geklärt sind. Von dem Zeitpunkt an, als sich eine feste Gesteinskruste um die Erde bildete, stehen der Forschung — im Unterschied zu den vorangehenden Zeiten — mit diesen Gesteinen Zeugen der Entwicklung zur Verfügung, deren Deutung zwar oftmals schwierig sein mag, die aber doch der Wissenschaft bessere Anhaltspunkte geben können.

Die vorgeologische Zeit

Zwischen der Entstehung der Erde als Planet durch Zusammenballung einer kosmischen Masse und der geologischen Erdzeit, deren Beginn nach den ältesten bestimmbaren Gesteinen, die bisher gefunden wurden, auf etwa 3600 Jahrmillionen vor der Gegenwart angesetzt wird, liegt die vorgeologische Frühzeit der Erde. Sie umfaßt wahrscheinlich mehr als eine Jahrmilliarde, denn die Erde ist nach den neuesten Kalkulationen vor mindestens 4600 Millionen Jahren entstanden. Diese erste Jugend unseres Planeten dauerte demnach fast doppelt solange wie die seit Beginn des Kambriums vor rund 550 Jahrmillionen verstrichene „eigentliche geologische Zeit", in der die Erdgeschichte Phase um Phase und Schicht um Schicht genauer verfolgbar ist. Was in der ersten Jahrmilliarde geschehen ist, war für die Entwicklung der Erdkruste in der gesamten Folgezeit ohne Zweifel von sehr großer Tragweite. Aber so viel wir über die geologisch im einzelnen greifbare Spätzeit wissen, so wenig wissen wir über die Frühzeit. Man darf es jedoch dabei nicht bewenden lassen und nicht auf einen „Blick in das Dunkel" verzichten, denn wir vermögen von der Erdgeschichte kein verständliches Gesamtbild zu gewinnen, ohne über die Frühzeit gewichtige Hypothesen aufzustellen.

In dieser Frühzeit hat sich die Erdkruste in ihrer primären Form gebildet. Auf ihre Entstehungsweise beziehen sich wesentliche Fragen der Erdgeschichte, die über den geologischen Bereich zumeist weit hinausgreifen. Sie können etwa wie folgt formuliert werden:

1. Ist die Erde „heiß" oder „kalt" entstanden?
2. Wie ist es bei kalter Entstehung zu der Trennung von Kruste, Mantel und Kern gekommen?
3. Ist das Sial der Erdkruste vollständig in der primären Phase entstanden, oder hat während der ganzen Erdgeschichte fortlaufend eine ergänzende Neubildung durch Abspaltung aus dem Sima des Mantels stattgefunden?
4. Ist das Sial exogener kosmischer Herkunft und durch endogene Neubildung nicht ergänzbar?
5. Welche Wechselbeziehungen bestanden in der primären Phase zwischen Atmosphäre, Hydrosphäre und Lithosphäre, und von welchem Charakter war die Atmosphäre?
6. Welche Rolle spielten Vulkanismus und zyklischer Austausch, Erosion, Sedimentation, Metamorphose, Isostasie und Konvektion?
7. Können aus der Mondoberfläche, deren Ur- und Spätgeschichte offenkundig ist, Analogieschlüsse auf die Urerde gezogen werden?
8. Bedeckte eine Sialschicht anfangs die ganze Erde oder nur einen Teil derselben, und zwar in geschlossener Form, oder bildeten sich zuerst Sialinseln, aus denen die präkambrischen Schilde entstanden?
9. Gab es gegen Ende der Frühzeit bereits tiefe Ozeane, oder überdeckte ein Flachmeer die ganze Erde?
10. Gab es schon stabile Schilde zwischen tektonisch aktiven Regionen, oder bestand eine einheitliche sialische Pangäa, die später teilweise mobilisiert wurde?
11. Ist die pazifische Hemisphäre in der Frühzeit durch kosmischen Impakt (Zusammenstoß), durch Herausschleuderung des Mondes, durch einen primären Konvektionsvorgang oder auf andere Weise entstanden?
12. War die Erde anfangs größer oder kleiner als heute (Kontraktionstheorie, Expansionstheorie, vgl. Kap. „Geotektonische Hypothesen", S. 279)?

13. Wurde der Erdkruste in der Frühzeit infolge der Erdrotation ein Muster von Lineamenten aufgeprägt, das permanent blieb und während der ganzen Erdgeschichte die tektonischen Vorgänge mitbestimmte?
14. Bestand die Erdkruste gegen Ende der Frühzeit aus einem Mosaik von stabilen Schollen mit schmalen mobilen Zwischenzonen, oder fanden schnellere und häufigere Driftbewegungen statt als im Mesozoikum und Tertiär?
Diese Fragen bieten ein weites Feld für divergierende Hypothesen, angefangen von Theorien, die auf exakten Forschungen basieren, bis zu gewagten Spekulationen. Nur auf erstere soll hier eingegangen werden.

Zu den Fragen 1 und 2: Im 19. Jahrhundert nahm man allgemein an, die Erde sei unter hohen Temperaturen als glutflüssige Masse entstanden. Dabei ließ sich die Trennung von Kern, Mantel und Kruste durch Seigerung der schweren Bestandteile zum Zentrum hin und die Ausscheidung der leichten zur Oberfläche hin unschwer erklären. Im 20. Jahrhundert gewann die zuerst von H. C. UREY vertretene Theorie einer **kalten** Erdentstehung durch Akkumulation von meteoritischem Staub mehr und mehr an Überzeugungskraft. Zwei gewichtige Argumente hierfür seien genannt: a) Chemische Analysen von chondritischem Meteoritenmaterial sowie von vulkanisch extrudierten Bestandteilen des Erdmantels ergaben, abgesehen von dem größeren Fe-Gehalt der Meteoriten, weitgehende Übereinstimmungen (UREY, WINOGRADOW); b) bei einer heißen Erdentstehung würden viele in der Erde vorhandene Elemente „herausgekocht“ und in den Weltraum abgeblasen worden sein. — Die Erklärung für eine frühe Trennung von Kern, Mantel und Kruste bot aber nun Schwierigkeiten. Der Erdmantel ist nach seismischen Daten zweifellos fest, der Erdkern aber flüssig. Eine radioaktive Erhitzung der relativ kalt akkumulierten Masse durch die bekannten aktiven Elemente bis zur Erreichung des Schmelzpunktes würde Jahrmilliarden erfordert haben. Eine schnelle Erhitzung muß daher auf kurzlebige radioaktive Elemente zurückgeführt werden. Als entscheidend ist wahrscheinlich das Aluminiumisotop 26 zu betrachten, das eine Halbwertszeit von nur dreiviertel Millionen Jahren hat (T. F. GASKELL). So ergaben sich die für die Trennungsbewegungen — die wiederum zusätzliche Wärme erzeugten — ausreichende partielle Fluidität sowie in der Tiefe die für den flüssigen Erdkern erforderlichen Temperaturen. Es kommt auch ein allmähliches Wachsen des Erdkerns während der gesamten Erdgeschichte unter Zufuhr schwerer Elemente (Fe, Ni) durch sehr langsame konvektive Massenbewegungen im Mantel in Betracht (RUNCORN).
Zu den Fragen 3 und 4: Die Abspaltung und Ausscheidung von Sial aus dem Material des Mantels durch magmatische Prozesse ist, wenn sie überhaupt erfolgt, auf jeden Fall ein äußerst langsamer Vorgang. Das Vorhandensein der alten sialischen Schilde der Erdkruste in früher Erdzeit ist daher bei einer kalten Erdentstehung schwer zu erklären. Noch schwieriger wird die Annahme einer Ausscheidung der gesamten sialischen Erdkruste in der ersten Erdperiode. Die Vorgänge und Zustände im obersten Mantel müßten von denen in späteren Erdzeiten wesentlich verschieden gewesen sein. Die Frage, ob im Verlauf der Erdgeschichte eine ergänzende Erzeugung von Sial stattfand und weiterhin stattfindet, ist in letzter Zeit besonders lebhaft umstritten. Aus der Tatsache, daß sich die präkambrischen Schilde trotz der in Jahrmilliarden erfolgten Abtragung erhalten haben, kann auf eine Ergänzung von unten durch aus dem Mantel produziertes Sial geschlossen werden. Es könnten aber auch periodisch durch Transgression entstandene Sedimentschichten immer wieder abgetragen worden sein, so daß die Schilde nur in den Zwischenzeiten denudiert waren.

Das Wachsen der Kontinente durch sukzessive Angliederung von tektonogenetisch entstandenen und dann konsolidierten Gürteln (STILLE), die auch als chelogene (schildbildende) Zonen bezeichnet werden (SUTTON), deutet ebenfalls auf eine Neuproduktion von Sial aus dem Mantel. Ob ein solcher Prozeß physikochemisch möglich ist, ist ungeklärt. Auch ist seit langem bekannt, daß ein Teil der Sedimente in den Geosynklinalen nicht von der Kontinentseite herstammen kann, sondern von der Ozeanseite herangeführt sein muß. Man hat als deren Quelle versunkene Landgebiete („borderlands") angenommen. Statt einer Neuproduktion wäre dann ozeanisch eine Aufzehrung von Sial im Mantel erfolgt, wie es die Theorie der „Ozeanisierung" durch Basifizierung (VAN BEMMELEN, BELOUSSOW) postuliert. Eine Erklärung für die Ergänzung der Abtragungsverluste der Kontinente, die wahrscheinlich relativ zu den Ozeanböden statt flacher sogar höher geworden sind (z.B. Afrika), wird im Zusammenhang mit Konvektionstheorien vorgeschlagen (J. GILLULY, J. T. WILSON): Die Gebirgswurzeln der randlichen Orogene werden nach dieser Auffassung durch Unterströmungen von unten erodiert, und ihr sialisches Material wird unter die Kontinente transportiert, wo — z.B. in Afrika und Westaustralien — große plutonische Aufwölbungen entstehen.

Die grundsätzliche Frage, ob das Sial der Erdkruste in der frühesten Erdzeit vollständig entstanden ist oder bis in die Spätzeit fortlaufend Ergänzungen erhalten hat, läßt sich mithin aus den Gegebenheiten der geologischen Zeit nicht endgültig beantworten. Die Auffassungen stehen sich hier vielfach schroff gegenüber. So wird die Entwicklung in Ostasien von den einen dahin gedeutet, daß im Präkambrium eine einheitliche, Sibirien und China umfassende und bis an die Inselbögen reichende schildartige Plattform bestanden habe, die dann durch mobilisierende Geosynklinalen zerteilt und Phase um Phase konsolidierend wieder zusammengefügt wurde. Verfechter der Neubildung von Sial aus basaltmagmatischer Quelle aber sagen, daß eine Anzahl embryonaler Kerne bestanden habe, die sich allmählich durch orogenetischen Zuwachs aus dem Mantel vergrößerten und zum Kontinent zusammenschlossen (N. P. WASSILKOWSKI).

Eine Sialentstehung großen Umfangs muß im Hinblick auf die alten Schilde jedenfalls schon in der ersten Jahrmilliarde der Erde stattgefunden haben. Drei divergierende Theorien suchen den Vorgang zu deuten. Der Geophysiker F. A. VENING-MEINESZ nahm an, daß vor der Bildung des Erdkerns eine den ganzen Erdkörper von Pol zu Pol durchquerende Konvektionsströmung auf der Aufstromseite in einem ersten Entmischungsvorgang das ganze Sial ausgeworfen habe. Dieses sei dann mit der Außenströmung nach der Gegenseite hingewandert und habe dort eine Sialhalbschale gebildet. Die Scheidung einer kontinentalen von einer pazifischen Hemisphäre (vgl. Frage 11) sollte auf diese Weise erklärt werden.

Der Vulkanologe A. RITTMANN nimmt eine heiß entstandene Erde an, die von einer sehr dichten „Pneumatosphäre" umgeben war; diese habe außer dem Wasser der Ozeane auch andere später kondensierte Substanzen als Gase enthalten. Die in den Ozeanen gesammelten kondensierten Gewässer und anderen Bestandteile seien sodann mit der sich konsolidierenden simatischen Kruste in Reaktion getreten und hätten „protosialische" Sedimente erzeugt, die sich unter Metamorphose und Differentiation in die sialische kontinentale Kruste umwandelten. Den Anstoß zu dieser Konzeption gab ihm die Feststellung, daß es zwei grundsätzlich verschiedene magmatische Serien gibt, eine simatische und eine sialische, die jede ein spezifisches Maximum aufweisen, während die einheitliche Serie der klassischen Theorie nur ein einziges Maximum zeigen müßte. Diese Bimodalität, die schon bei ältesten Gesteinen erkennbar sei, schließe

ein Hervorgehen der sialischen aus den simatischen Magmen aus und deute auf eine Bildung des gesamten Sials der Erdkruste unter den Bedingungen der frühesten Erdperiode hin.
Die dritte und jüngste Theorie (BERLAGE, VAN BEMMELEN, NIEUWENKAMP) nimmt wie die von RITTMANN eine exogene Einwirkung auf die oberste Simaschicht der Erde an, setzt aber eine kalte Erdentstehung und eine Zufuhr leichter Materie aus dem Außenraum voraus. Diese stammt nach dem Astronomen BERLAGE aus einem Staubring, der — im Unterschied zu einem zweiten Staubring, aus dem der Mond entstand — wegen zu großer Erdnähe keinen Mond erzeugen konnte (vgl. die Saturnringe!), sondern infolge von Turbulenz auf die Erde „herabregnete" und sie mit einer Schicht umhüllte. Zwischen dieser und der Simaschicht kam es in Anwesenheit von Wasser und bei radioaktiver Erwärmung sogleich zu Zyklen von Magmatismus, Metamorphose, Erosion und Sedimentation, aus denen die Sialkruste hervorging (siehe Fragen 5, 6 und 8). Es bildeten sich die „bimodalen Serien" RITTMANNS. Die sogenannte Granitschale ist danach nicht eine autonome Urkruste, sondern bereits das Produkt solcher Kreisläufe.
Diese Theorie stützt sich u. a. darauf, daß sich die Minerale der ältesten Gesteine von denen der späteren nicht wesentlich unterscheiden und daß sich bei einer allmählichen Sialproduktion im Laufe der Erdgeschichte die Grundbedingungen wesentlich geändert haben würden. Die auf der einen Hemisphäre dünnere Sialschicht wurde langsam bis in die Spätzeit hinein durch basifizierende „Ozeanisierung" (VAN BEMMELEN) aufgezehrt (vgl. Frage 11), während sich auf der anderen Hemisphäre schildartige Kerne konsolidierten, die nach und nach aus ihrer sialischen Umgebung orogenetisch ergänzt wurden und sich zur Pangäa zusammenschlossen. Die Autoren weisen darauf hin, daß sich die Geosynklinalen stets auf bereits vorgegebener sialischer und nicht auf simatischer Basis entwickelten. Die spätere Ozeanisierung bietet eine Erklärung für eine präkambrische Flachmeerbedeckung der ganzen Erde (vgl. Frage 9) und für die allmähliche Hebung der Kontinente relativ zu den Ozeanböden. — Die Hypothese von einer Abschleuderung des Mondes, die den Pazifik als „Mondnarbe" zurückließ, sowie die von einer Explosion bei dem Einbruch eines Asteroiden, die eine solche Narbe entstehen ließ (Impakt-Theorie), gelten heute als überwunden.
Die vergleichende Geologie von Mond und Erde hat im letzten Jahrzehnt zu Ergebnissen geführt, die Rückschlüsse bezüglich der Frühzeit der Erde ermöglichen (VON BÜLOW). Das Relief des weder Wasser noch Atmosphäre aufweisenden Mondes bietet ein chronologisch analysierbares Bild der Mondgeschichte. Bringt man die nach dem Grade der Zerstörung unterscheidbaren Produkte der einzelnen Perioden in Abzug, so bleibt annähernd die Urkruste des Mondes übrig. Ein Analogieschluß auf die Urkruste der Erde, von der infolge von Abtragung, Sedimentation und Orogenesen nichts mehr erkennbar ist, kann jedoch nur bedingt gezogen werden. Wenn die Zyklen so früh begonnen haben, wie die genannten Theorien annehmen, so hat ein vergleichbares Urrelief der Erde nie bestanden. Die Frage ist jedoch, ob der Vulkanismus der Erde selbst unter Berücksichtigung der Mondkraterlandschaften nicht eher größer als kleiner war als der des Mondes. Von den Vulkanen der Erde ist wenig übriggeblieben, und ihre Ausmaße sind bescheiden, obwohl der Pazifikboden immerhin viele Tausende von z. T. sehr großen erloschenen Vulkanen aufweist. VON BÜLOW wies darauf hin, daß Reste von Calderen von 100 und mehr km Durchmesser auch auf der Erde vorhanden sind. Sowohl die Zyklen der genannten Theorien als auch die mit der Trennung von Mantel und Kern und dem Emporwandern

radioaktiver Elemente verbundenen Strömungsvorgänge müssen von einem enormen Vulkanismus in der Frühzeit der Erde begleitet gewesen sein. Es ist daher durchaus möglich, daß das Relief der Urerde trotz Abtragung und Sedimentation in hohem Maße von vulkanisch erzeugten Gebilden beherrscht gewesen ist.

Ein weiteres Vergleichsmoment bietet die Lineamenttektonik des Mondes. Wie wiederum VON BÜLOW nachwies, zeigt die Mondoberfläche Lineamentmusterungen, die sich gleichartig über weite Gebiete erstrecken und deren dominierende Richtungen auf Relationen zur Rotation des Mondes hindeuten. Sie scheinen dem Monde in seiner Frühzeit bei relativ schneller Rotation aufgeprägt worden zu sein. Die Bruchsysteme der Erde — von kleinregionalen Musterungen bis zu weit sich erstreckenden „Erdnähten" oder „Geosuturen" (H. STILLE, VON BUBNOFF, CLOOS, VON BÜLOW), „Sigmoiden" (KÖLBEL) und globalen Schwächeflächennetzen (O. Ch. HILGENBERG, KNETSCH) — stammen aus den verschiedensten Erdzeiten, deuten aber z. T. auf Spaltensysteme, die den heute tiefliegenden Schichten der Kontinente in frühester Erdzeit aufgeprägt wurden, sich aber in der späteren Tektonik immer von neuem „durchpausten" und Grabenbildungen, strukturelle Trennungslinien und selbst Stromtalanlagen richtungsmäßig beeinflußten. Die erstgenannten Autoren unterscheiden diagonale (relativ zum Gradnetz) und meridionale Systeme und führen sie auf Änderungen der Erdabplattung (bei sich ändernder Erdrotation) zurück, die diagonalen Systeme auf scherende, die meridionalen auf tensionale und kompressive Bewegungen. VON BÜLOW konstatiert eine Entsprechung zwischen lunaren und terrestrischen Scherfugennetzen. Er postuliert eine weitgehende grundsätzliche Gleichheit der die beiden Himmelskörper beherrschenden Bruchsysteme und nimmt die leicht überschaubare Bruchtektonik des Mondes zum Muster für die nicht ohne weiteres überschaubare Geotektonik. KNETSCH hat die Bildung entsprechender Spaltennetze durch Rotationsexperimente zu analogisieren versucht.

Daß sich Bruchsysteme der frühesten Schichten präkambrischer Schilde, besonders Afrikas und Kanadas, in den späteren Strukturen z. T. durchgepaust haben, darf heute als gesichert gelten, und auch die großen Geosuturen mögen z. T. auf sehr frühen Anlagen beruhen. Bezüglich der Relation zur Erdrotation und zum Gradnetz ist aber zu berücksichtigen, daß bei der Erde Polwanderungen und Kontinentverschiebungen stattgefunden haben, die beide heute auf Grund der paläomagnetischen und paläoklimatischen Daten nicht mehr geleugnet werden können. Jede Polwanderung verschiebt das ganze Gradnetz, und jede Verschiebung und Drehung eines Kontinents verschiebt die Lage seiner Bruchlinien relativ zum Gradnetz. Alle diese Lageveränderungen zerstören natürlich ein ursprüngliches global einheitliches Richtungsgefüge. Eine etwaige kausale Relation eines solchen zur Erdachse ist daher heute nicht mehr erkennbar. Es ist trotzdem versucht worden, ein einheitlich ausgerichtetes Muster zu rekonstruieren. HILGENBERG, Initiator der heute vielerörterten Expansionstheorie, fügt die im Mesozoikum verdrifteten Kontinente so zusammen, daß sie eine Erde von etwa dem halben Radius der heutigen vollständig umschließen und daß zugleich ein globales Gitter von z. T. evidenten, zum größeren Teil aber zweifelhaften alten Lineamenten entsteht, das nach einer von ihm rekonstruierten Erdachsenlage ausgerichtet ist.

Für die Theorien über die Frühzeit der Erde ergibt sich natürlich eine sehr verschiedene Basis, ob man — nach der heute überholten Kontraktionstheorie — eine um ein Mehrfaches größere und weniger dichte Erde als die gegenwärtige oder — nach der Expansionstheorie — eine um ein Mehrfaches kleinere und dichtere Erde annimmt. Eine gemäßigte physikalisch be-

gründbare Version der Expansionstheorie (L. EGYED) stützt sich hauptsächlich auf DIRACS These von einer allmählichen gesamtkosmischen Abnahme der Gravitationskonstante. Dies und zugleich der kleinere Erdradius würden für die Erdkruste der Frühzeit ein Schwerepotential bedeuten, bei dem alle Prozesse unter mit den heutigen ganz unvergleichbaren Bedingungen abgelaufen wären. Für die Folgezeiten würden entsprechende Abstufungen gelten. Davon ist jedoch nichts erkennbar. Nach HILGENBERGS Rekonstruktion aber müßte die Expansion erst mit dem Mesozoikum eingesetzt haben, da die vor der Drift die Erde umhüllenden Kontinente auf einer noch kleineren Erde keinen Platz gehabt hätten. Eine Rekonstruktion des Erdbildes auf kleiner Früherde hat R. DEARNLEY auf konvektionstheoretischer Basis versucht. Dabei werden nach Reduktion der Kontinentaldrift parallele Streichrichtungen ältester Faltungen unter hypothetischer Ausfüllung großer leerer Zwischenräume zu globalen Großkurven zusammengefügt, die dem System des Verfassers entsprechen.
Zwei Grundanschauungen, die mit Rückschlüssen auf die Frühzeit der Erde verbunden sind, stehen heute noch in lebhafter Kontroverse: der Fixismus, der Kontinentaldrift verneint, und der Mobilismus, der sie anerkennt. Von fixistischer Seite wird u. a. ein Urmosaik von stabilen Schollen mit nur schmalen Zwischenzonen und vertikalen Relativbewegungen benachbarter Schollen angenommen: von L. I. KRASNY für Ostasien, von B. B. BROCK für Afrika und auch für den pazifischen Raum. In extremem Gegensatz hierzu steht z. B. die mobilistische Konzeption von WILSON, der die Vorgänge in und unter der Erdkruste von der Frühzeit an als einen globalen Konvektionsprozeß betrachtet. Er gebraucht zum Vergleich das Bild der sich umwandelnden und erneuernden Oberflächenschicht in einem Schmelztiegel oder einem Suppenkessel, wo konvektiv aufsteigende und sich ausbreitende sowie verschluckende absinkende Strömungen diese Schicht teils erneuern und verzehren (der Prozeß der Ozeanböden), teils langsam erstarrende Schlacken- oder Schauminseln erzeugen (die Bildung der alten Schilde).
So gibt es auf alle am Anfang aufgeführten Fragen Antworten, die zumeist stark divergieren. Die fortschreitende Forschung, die die Aspekte der Grundprobleme dauernd modifiziert, führt zu immer neuen Hypothesen über die Frühzeit der Erde, und sie bedarf ihrer auch, um der wahrscheinlichsten Lösung allmählich immer näher zu kommen.

ALLGEMEINE ODER PHYSIKALISCHE GEOLOGIE

Zur Geophysik und Geochemie der Erde

Unser Wissen vom Aufbau und von der Zusammensetzung des Erdkörpers kann noch nicht als gesichert betrachtet werden. Der unmittelbaren Beobachtung zugänglich sind im allgemeinen nur der untere Teil der Lufthülle, der Atmosphäre — seitdem Erdsatelliten und Raumschiffe für Forschungszwecke eingesetzt werden, allerdings auch die höher gelegenen Zonen —, ferner der vom Wasser eingenommene Bereich, die Hydrosphäre, und der obere Teil des Gesteinsmantels, der Lithosphäre. Die tiefsten Schächte erreichen nur eine Tiefe von etwa 3000 m, die tiefsten Erdölbohrungen in der Sowjetunion und in den USA eine solche von fast 7800 m*. Aber auch diese Zahl ist nur unbedeutend im Vergleich zum Radius der Erdkugel, sie beträgt lediglich ein Tausendstel davon. Einen etwas tieferen Einblick geben die Gesteine, die im Verlauf geologischer Zeiträume durch tektonische Vorgänge, z.B. bei Gebirgsbildungen, aus größeren Tiefen an die Erdoberfläche gebracht werden. Sie bieten Gelegenheit, Einsicht in die chemische Zusammensetzung der Erdkruste bis zu einer Tiefe von 50 bis 60 km zu nehmen. Was jedoch unterhalb dieser Grenze vorgeht, wie die tieferen Teile unseres Planeten physikalisch und chemisch beschaffen sind, darüber sind unsere Kenntnisse noch nicht hinreichend gesichert. Die Anschauungen über den inneren Aufbau der Erde weichen stark voneinander ab, wie die zahlreichen Hypothesen erkennen lassen, die auf verschiedenen Schlußfolgerungen aus Forschungsergebnissen der Geophysik, Geochemie und Astrophysik beruhen.

Temperatur, Dichte, Schwerebeschleunigung und Druck im Erdinnern

Für die Beschaffenheit des Erdinnern sind die dort herrschenden Temperaturen, die Dichte, die Schwerebeschleunigung und der bestehende Druck von Bedeutung, zwischen denen jeweils Wechselbeziehungen bestehen.
Die **Temperatur** der Erde nimmt, wie aus Bohrungen, Bergwerksaufschlüssen und Tunnelbauten bekannt ist, in der Kruste nach dem Erdinnern hin gesetzmäßig zu. Die Erhöhung der Temperatur nach der Tiefe zu gibt man allgemein als **geothermische Tiefenstufe** an und versteht darunter die Anzahl Meter, die man tiefer gehen muß, um eine Temperaturerhöhung von 1 °C zu erzielen. Der reziproke Wert der geothermischen Tiefenstufe wird Temperaturgradient genannt. Die in zahlreichen Bohrlöchern durchgeführten Messungen zeigen nun, daß die geothermische Tiefenstufe nicht überall gleich ist. Ganz allgemein findet man, daß die Temperaturzunahme mit der Tiefe dort am größten ist, wo sich lokale Wärmequellen befinden (z.B. vulkanische Vorgänge, chemische Prozesse oder radioaktive Umwandlungen) oder wo sich bis in die jüngste Zeit Gebirgsbildungen bemerkbar gemacht haben, wo Erdschollen im Absinken begriffen sind — also überall dort, wo die Erdkruste noch nicht völlig verfestigt ist und sich der Wärmeinhalt noch nicht erkalteter magmatischer Körper auswirken

---

* Die tiefste Bohrung in den USA, 1-EE University in Pecos County, Texas, erreichte 1959 eine Tiefe von 7724 m.

kann. Auch die verschieden große Wärmeleitfähigkeit der Gesteine spielt eine Rolle. Die geothermische Tiefenstufe hängt aber nicht allein vom vorliegenden Gesteinsmaterial ab. Berücksichtigt man den geologischen Aufbau in den verschiedenen Erdteilen, so kann man ganz allgemein sagen, daß die Temperatur im Bereich der alten Schilde mit der Tiefe wesentlich langsamer, dagegen in Vulkangebieten und jungen Geosynklinalen rascher zunimmt.

Auffallend hoch ist die geothermische Tiefenstufe in Südafrika (im Mittel 90 m/1 °C). In tieferen Teilen eines Bohrloches in Transvaal hat man den bisher größten Wert mit 172,7 m gefunden. Sehr niedrige Werte findet man dagegen in Gebieten mit relativ junger Lava (etwa 10 m). Eine einheitliche, überall geltende geothermische Tiefenstufe gibt es also nicht, jedoch rechnet man für die Kontinente mit einem Mittelwert von 33 m.

Eine wesentliche Störung der geothermischen Tiefenstufe ist unter den Weltmeeren zu erwarten, denn in großen Tiefen nimmt die Wassertemperatur bis auf fast 0°C ab. (Auf der schwedischen „Albatros"-Expedition 1947/48 sind in einer Ozeantiefe von 7592 m nur 1,5°C gemessen worden.)

Mit zunehmender Tiefe wird die geothermische Tiefenstufe im allgemeinen geringer, d. h., die Temperatur nimmt rascher zu. Doch gibt es auch Beobachtungen, die umgekehrte Verhältnisse zeigen, so daß also nichts Sicheres über die Temperaturen tieferer Teile des Erdkörpers ausgesagt werden kann.

Der Zustand gleichmäßiger Temperaturschichtung tritt wahrscheinlich erst in bedeutend größeren Tiefen ein, als man durch Bohrungen erreichen konnte. JEFFREYS z. B. vermutet, daß die Entstehung der tieferen Erdbebenherde, die man in Tiefen bis zu 700 km festgestellt hat, auf Temperaturunterschiede zurückzuführen ist. Nach neueren geothermischen Hypothesen nimmt man an, daß Wärmeunterschiede in noch beträchtlich tieferen Lagen vorhanden sind: VENING-MEINESZ bis zu 1200 km, GRIGGS bis zu 2900 km Tiefe. Das Streben nach gleichmäßiger Temperaturschichtung hat innerhalb der Erdkruste vertikale und horizontale Wärmeströme zur Folge, und auf dieser Erkenntnis bauen mehrere geotektonische Hypothesen auf.

Für die Beurteilung der Temperaturen des Erdinnern sind direkte Temperaturmessungen an vulkanischen Laven bedeutungsvoll. Das aus tieferen Erdschichten aufsteigende Magma, das sich als Lava auf die Erdoberfläche ergießt, kühlt auf dem Weg zur Erdoberfläche im allgemeinen ab, seine Temperatur kann sich aber durch Entgasungsvorgänge unter Umständen auch erhöhen. In verschiedenen Vulkanen sind Lavatemperaturen bis zu 1300 °C gemessen worden, so daß man die untere Temperaturgrenze tieferer Erdschichten mit rund 1500 °C ansetzen könnte. Über die Höchsttemperaturen innerhalb der Erde gehen die Ansichten stark auseinander.

In den letzten 50 Jahren haben viele Autoren Kurven für den Temperaturverlauf innerhalb der Erde berechnet, so z.B. GUTENBERG (1939 und 1951), VON WOLFF (1943), JEFFREYS (1952), JACOBS (1956), VERHOOGEN (1956), LUBIMOWA (1958). Die für den Erdkern erhaltenen Temperaturen variieren zwischen 1000 und 12000°C. Die Ursache hierfür ist in den verschiedenen Auffassungen über die innerhalb der tieferen Zonen der Erde herrschenden Zustandsgrößen zu suchen.

F. VON WOLFF leitet seine Temperaturkurve aus Untersuchungen der aus dem Erdinnern kommenden vulkanischen Gase und unter der Voraussetzung ab, daß das Empordringen der Gase streng adiabatisch erfolgt, d. h. ohne Wärmeaustausch mit der Umgebung. Er errechnete etwa 5000 °C für den Erdkern.

Der sowjetische Gelehrte O. J. SCHMIDT, der zu den Forschern gehört, die der Ansicht sind, die Erde sei aus einer kalten, wolkigen Staubmasse entstanden und habe sich erst durch den Zerfall radioaktiver Stoffe erwärmt, nimmt eine Temperatur von nur etwa 1000 °C an. Andere Vertreter dieser Theorie kommen allerdings zu höheren Ergebnissen.
KUHN und RITTMANN errechneten unter Annahme einer gleichmäßigen Verteilung radioaktiver Substanzen im gesamten Erdkörper eine Temperatur von etwa 12000 °C im Erdmittelpunkt.
Vergleicht man alle bisher errechneten Werte miteinander unter Berücksichtigung neuerer geophysikalischer und geochemischer Erkenntnisse, so können Temperaturen zwischen 3000 und 4000 °C als wahrscheinlich für den Erdmittelpunkt angesehen werden.
Wenn wir uns auch nur auf Wahrscheinlichkeitswerte stützen können, so ist doch sicher, daß innerhalb des Erdkörpers ein Wärmegefälle von innen nach außen existiert. Die Wärmeabgabe an der Erdoberfläche wird auf 10^{-6} Grammkalorien je cm^2 und s geschätzt. Bei diesem Wärmeverlust würde die Erde in 10^9 Jahren theoretisch um 22 °C abkühlen. Ob die Erde sich nun tatsächlich abkühlt, kann bisher nicht entschieden werden. Ein Teil des Wärmeverlustes wird sicher durch Sonneneinstrahlung wieder ausgeglichen. Fest steht auch, daß im Innern der Erde Wärme entwickelt wird, und zwar durch den radioaktiven Zerfall von Uran, Thorium, Kalium (Isotop 40) und anderen radioaktiven Elementen, durch chemische Umwandlungsprozesse und durch Druckbeanspruchung. Es ist möglich, daß sich Wärmedefizit und Wärmeentwicklung insgesamt ausgleichen.
In Wechselbeziehungen zu den Temperaturen des Erdinnern steht die **Dichte** der Erde. Über die mittlere Dichte der Gesamterde sind wir recht genau orientiert. Man nimmt nach Schweremessungen und astronomischen Beobachtungen, die sich über zweihundert Jahre erstrecken, einen Wert von 5,5 an. Die mittlere Dichte der obersten Erdkruste kann man weitgehend durch direkte Messungen bestimmen, obwohl die Erdkruste bekanntlich durchaus nicht als homogen anzusehen ist. Man nimmt hierfür als wahrscheinlichen Wert 2,7 bis 2,8 an. Da demnach die Dichte der Gesamterde erheblich größer ist als die der obersten Erdkruste, muß die Dichte nach dem Erdinnern hin zunehmen, und zwar noch über den Wert der mittleren Dichte der Gesamterde hinaus. Bei einer stetigen Zunahme — in Verbindung mit dem gleichfalls wachsenden Druck — müßte die Dichte im Erdinnern 11 betragen.
E. WIECHERT machte darauf aufmerksam, daß zu hohe Dichten den physikalischen Grundvorstellungen über die Grenzen der Kompressibilität der Materie widersprechen würden. Daher meinte er, daß die Dichte nach dem Erdinnern zu sprunghaft ansteige, die Erde sich also aus mehreren Schalen verschiedener Beschaffenheit aufbauen müsse. Tatsächlich hat sich diese Auffassung auf Grund geophysikalisch festgestellter Unstetigkeiten innerhalb der Erde bestätigt, jedoch zeigen Versuche mit hohen Drücken, daß höhere Dichten im Erdinnern mit den mechanischen Eigenschaften der Materie nicht im Widerspruch stehen. In Anlehnung an die Ergebnisse von Geschwindigkeitsmessungen an Kompressions- und Scherwellen, die innerhalb der Erde durch Erdbeben (vgl. Abschn. „Erdbeben") und künstliche Explosionen ausgelöst werden können, sowie unter Berücksichtigung experimenteller Untersuchungen an Gesteinen haben verschiedene Autoren versucht, ein Dichtegesetz aufzustellen, so z. B. BULLEN (1952 und 1962), BULLARD (1957), ANDERSON (1964), BIRCH (1964). Für den Erdkern hat BULLEN eine Dichte von etwa 16 berechnet, die übrigen Autoren kommen auf 12 bis 13. Für die weiter unten erwähnte auffällige Unstetigkeitsfläche in 2900 km Tiefe, die der Grenze zwischen

Erdkern und Erdmantel entspricht, werden Dichtewerte von 5,5 bis 6,5 angegeben. Für den Verlauf der Dichte innerhalb der Erde spielt die Kompressibilität eine wichtige Rolle.
Im engen Zusammenhang mit den Dichteunterschieden im Erdkörper steht die **Schwerebeschleunigung**. Die Schwerkraft ändert sich ebenfalls mit der Tiefe. Berechnungen von BULLEN (1953), BULLARD (1957) u. a. lassen erkennen, daß sich die Schwerkraft bis zum Erdkern nur unwesentlich ändert, an der Grenze zwischen Erdmantel und Erdkern ein kleines Maximum erreicht und dann bis zum Erdmittelpunkt nahezu gleichmäßig bis auf Null abnimmt.
Der im Erdinnern herrschende **Druck** hängt ebenfalls eng mit der Dichte und mit der Schwerebeschleunigung zusammen. Die Berechnung des Druckes erfolgt in der Annahme, daß dieser für jeden Punkt innerhalb der Erde durch das Gewicht der darüberliegenden Massen bestimmt wird. In der äußeren Erdkruste wird der Druck mit der Tiefe zunächst je nach der Dichte und der Schwerebeschleunigung verschieden stark anwachsen. Er steigt dann bis zum Erdkern auf ungefähr 1,3 bis 1,4 Mio atm an und erreicht im Erdmittelpunkt einen Wert von etwa 3,5 Mio atm.
Die in tieferen Teilen der Erde herrschenden hohen Temperaturen und Drücke lassen einen besonderen Zustand der Materie erwarten. Bei Erhöhung der Temperatur gehen die Stoffe im allgemeinen aus dem festen Zustand in den flüssigen und anschließend in den gasförmigen über, jedoch ist für das Erdinnere zu bedenken, daß mit der Tiefe nicht nur die Temperaturen, sondern auch die Drücke ansteigen. Mit zunehmenden Drücken erhöhen sich aber die Temperaturen für Umwandlungs- und Schmelzpunkte, so daß der flüssige Zustand entweder erst bei erhöhter Temperatur oder bei Druckerniedrigung eintritt. Ferner wissen wir heute, nachdem es gelungen ist, die im Erdmantel herrschenden Druck-Temperatur-Kombinationen im Laboratorium nachzuahmen, daß feste Stoffe bei bestimmten Temperatur-Druck-Bedingungen sich umwandeln und in eine andere feste Phase übergehen. So gibt es z. B. von der freien Kieselsäure (SiO_2) nicht nur die bisher bekannten Modifikationen Quarz, Tridymit und Cristobalit, sondern auch die nach dem Amerikaner COES und dem sowjetischen Forscher STISHOW benannten Hochdruck-Modifikationen Coesit und Stishowit. Auch für andere Minerale sind derartige Phasenumwandlungen im festen Zustand nachgewiesen worden. Damit wird wahrscheinlich gemacht, daß wir in tieferen Teilen der Erde ebenfalls mit derartigen Phasenumwandlungen zu rechnen haben.

Der Schalenaufbau der Erde

Die Annahme, die Dichte der Erde steige nach dem Innern zu sprunghaft an, ließ zum ersten Mal den Gedanken aufkommen, daß der Erdkörper aus mehreren verschiedenartigen Kugelschalen aufgebaut sei. Weitere Anhaltspunkte hierfür liefert die Erdbebenforschung. Durch ein Erdbeben werden verschiedene Wellen ausgelöst, und zwar Oberflächenwellen, die längs der Erdoberfläche verlaufen, und Raumwellen, die ihren Weg durch das Erdinnere nehmen (vgl. Abschn. „Erdbeben"). Aus der Lage des Erdbebenherdes, dem Zeitpunkt des Erdbebens und des Eintreffens der Wellen am Beobachtungsort lassen sich die Fortpflanzungsgeschwindigkeiten berechnen. In gewissen Tiefenlagen nehmen diese Geschwindigkeiten sprunghaft zu, wofür die Ursachen in Änderungen des Stoffes oder des Aggregatzustandes zu suchen sind. Ganz auffällige, sprunghafte Veränderungen zeigen die Fortpflanzungsgeschwindigkeiten der Wellen in einer Tiefe von 25

bis über 40 km und 2900 km, so daß man den Erdkörper nach diesen Marken in Erdkruste, Erdmantel und Erdkern gliedern kann.
Nach Berechnungen von JEFFREYS (1939) haben sich aus Laufzeitkurven von Erdbebenwellen Geschwindigkeitssprünge in 33, 413, 2900 und 5120 km Tiefe ergeben. Weitere Untersuchungen an seismischen Laufzeitkurven von HAALCK (1957), GUTENBERG (1959), NIAZI und ANDERSON (1965) sowie GOLENETSKI und MEDWEDEWA (1965) weisen Geschwindigkeitssprünge in 950 bis 1000 und 5100 km sowie weniger scharfe Geschwindigkeitsänderungen in 120 bis 160, in 350 und 680 km Tiefe nach. HAALCK ist der Auffassung, daß in Tiefen von 320 bis 650, 900 bis 1000 und 2700 bis 2900 km Übergangszonen vorhanden seien, womit er zu einer weiteren Unterteilung des Erdkörpers kommt (Abb. 3).
Der Schalenaufbau der Erde wird heute allgemein anerkannt, doch über die stoffliche Beschaffenheit der Schalen gibt es noch Meinungsverschiedenheiten. WIECHERT nahm 1925 an, daß die Erde aus einem Eisenkern und aus einer Gesteinshülle bestehe. TAMMANN schlug eine Dreiteilung in Nickeleisenkern (Nife-Kern), eine Sulfid-Oxid-Schale (aus Metallsulfiden und -oxiden) als Zwischenschicht und eine Silikatschale als Gesteinsmantel vor (Abb. 3). Die Hypothese wurde besonders durch die geochemischen Arbeiten GOLDSCHMIDTS gestützt.

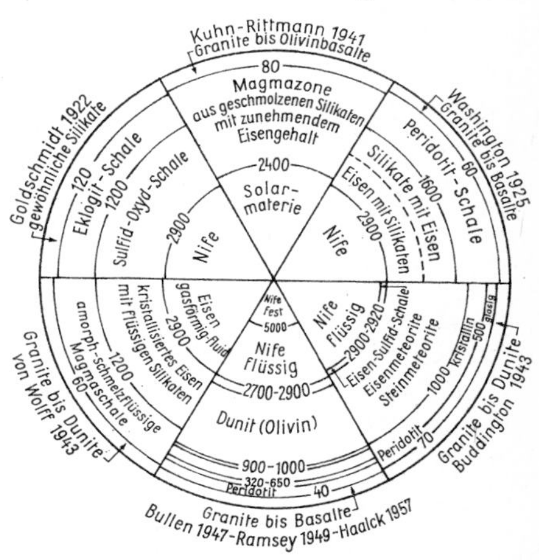

Abb. 3. Schematische Darstellung verschiedener Hypothesen über den Aufbau des Erdkörpers

GOLDSCHMIDT stellte einen Vergleich mit dem Prozeß im Hochofen an, um sich eine Vorstellung von der Verteilung der Materie im Erdinnern zu bilden. Bei der Erzschmelze bildet die ursprüngliche Substanz drei Schichten: zuunterst das ausgeschmolzene, gediegene Metall, darüber Sulfide und Oxide des Eisens und ganz oben Silikate. Erdkern, Erdmantel und Zwischenschicht seien die drei entsprechenden Schichten des Erdkörpers; sie sollen sich während eines schmelzflüssigen Zustandes der Erde durch gravitative Differentiation, d. h. nach der Schwere, voneinander abgesondert haben. Die Trennung ist jedoch nicht bis ins letzte fortgeschritten, wie die Anwesenheit eisenhaltiger dunkler Minerale in den Gesteinen der Erdkruste sowie die gelegentliche Konzentration von Metallverbindungen zu Erzlagerstätten beweisen.
Auch die Meteoritenforschung untermauerte die Vorstellung von einem Nickeleisenkern. Bruchstücke fremder Weltkörper, die in den Anziehungsbereich der Erde gelangt sind, werden als Meteore sichtbar, wenn sie in die Erdatmosphäre eindringen und infolge der heftigen Zusammenstöße mit den Molekülen der Luft zum Glühen und Leuchten kommen. Die Überreste fallen schließlich als Meteorite auf die Erde, die ganz unterschiedliche Größe haben können: Es gibt mikroskopisch kleine und solche von einigen Dutzend Tonnen Gewicht. Der Eisenmeteorit „Goba“ in Südwestafrika

hat ein Gewicht von etwa 60 Tonnen. Gigantische Abmessungen besaß nach Meinung verschiedener Forscher auch der „Tunguska-Meteorit" von 1908 (Sibirien, Gebiet der Steinigen Tunguska), der aber bisher noch nicht aufgefunden wurde.

Man unterscheidet nach ihrer Beschaffenheit zwei Klassen: Eisen- und Steinmeteorite. Die Steinmeteorite bestehen hauptsächlich aus Magnesiumsilikat, enthalten in größeren Mengen aber auch Eisen, Aluminium und Kalzium. Diese Zusammensetzung entspricht der, die z.B. GOLDSCHMIDT, WASHINGTON und BUDDINGTON für den Erdmantel annehmen (Abb. 3). Die Eisenmeteorite bestehen dagegen fast ausschließlich aus einer Legierung von rund 90 % Eisen und 9 % Nickel, entsprechen also in ihrer Zusammensetzung dem mutmaßlichen Nickeleisenkern der Erde.

Obwohl diese Idee von der Analogie der Zusammensetzung der Meteorite und der verschiedenen Erdschalen einleuchtend ist, darf nicht übersehen werden, daß in den Meteoriten Minerale vorkommen, die auf der Erde noch nicht gefunden worden sind. Außerdem gelangt von den vielen beobachteten Sternschnuppen und Meteoren nur ein Bruchteil zur Erde, und von diesem Bruchteil wird wieder nur ein verschwindender Teil gefunden, der durchaus nicht der tatsächlichen Häufigkeit der beiden Meteoritentypen zu entsprechen braucht. Es kommt weiter hinzu, daß Steinmeteorite unansehnlicher sind und leichter verwittern und deshalb weniger leicht gefunden werden als Eisenmeteorite.

Der Vorstellung vom Nickeleisenkern und der klassischen WIECHERTschen Anschauung vom Schalenaufbau der Erde werden neuerdings andere Hypothesen gegenübergestellt.

KUHN und RITTMANN wenden gegen die Nickeleisenkern-Hypothese ein, daß danach die stoffliche Zusammensetzung der Gesamterde schlecht mit dem Chemismus der Sonne übereinstimme und daß vor allem keine einleuchtende Erklärung zu geben sei für die Vorgänge, die zu einer vollständigen Sonderung des Materials der ursprünglich glutflüssigen Erde in verschiedene Schichten mit einem Nickeleisenkern geführt haben sollen. Nach diesen beiden Autoren ist es ausgeschlossen, daß selbst in einer Zeit von $4 \cdot 10^9$ bis $5 \cdot 10^9$ Jahren, die als Alter der Erde angegeben werden, unter dem Einfluß der Schwerkraft der Nickeleisenkern sich abgesondert haben könnte. Die mit der Tiefe infolge des Druckes der darüberliegenden Massen stark zunehmende Zähigkeit der Stoffe müsse deren Differentiation, d. h. Entmischung, außerordentlich behindert und schließlich unmöglich gemacht haben. Da außerdem die Schwerkraft in der Erde gegen den Erdmittelpunkt auf Null abfällt, sei die der Nickeleisenkern-Hypothese zugrunde liegende Sonderung der Materie nach der Schwere ausgeschlossen.

EUCKEN sucht eine Lösung dieser Frage durch die Annahme, daß sich der Nickeleisenkern bereits in einem sehr frühen Stadium der Erde gebildet habe, und zwar soll sich das flüssige Eisen unmittelbar aus der Gasphase kondensiert haben. Der Einwand von KUHN-RITTMANN ist damit aber noch nicht vollständig entkräftet, denn nach ihrer Ansicht soll die Erde folgendermaßen aufgebaut sein (Abb. 3): außen die feste Erdkruste, darunter eine Zone aus geschmolzenen Silikaten mit nach der Tiefe zunehmendem Gehalt an Eisen, Magnesium und Wasserstoff, zuinnerst ein Kern von ziemlich **reiner Sonnenmaterie** (Solarmaterie), der aber wesentlich größer ist als der WIECHERTsche Eisenkern. Die stoffliche Entmischung soll bereits in einer Tiefe von rund 2400 km abgeschlossen sein. Die aus dem Verhalten von Erdbebenwellen resultierende Annahme einer stofflichen Unstetigkeit in 2900 km Tiefe wird also geleugnet. Wasserstoff als Kernbestandteil ermögliche die hohe Kompressibilität und damit die hohe Dichte des Erdinnern, die KUHN und RITTMANN mit 9,9 ansetzen. Da nach dem Befund der Eisenmeteorite gediegenes Eisen im Erdinnern angenommen werden muß, sollen Eisenschlieren in der Übergangszone zur Sonnenmaterie des Kerns existieren.

Eine neuere Hypothese über den Erdaufbau von RAMSEY (1948/49) besagt, daß die Erde chemisch weitgehend einheitlich aus einem dem Olivin ähnlichen Material aufgebaut und der Dichtesprung in 2900 km Tiefe durch den Übergang von der molekularen in die **metallische Phase** hervorgerufen sei. Die Elektronenschalen der Atome brächen bei einem hohen kritischen Druck zusammen, der an dieser Grenze erreicht sein soll. Dadurch würden die Atome auf einen kleineren Raum zusammengedrängt, und eine sprunghafte Dichtezunahme sei die Folge. Weiterhin vermutet RAMSEY in Übereinstimmung mit den seismologischen Daten in etwa 5100 km Tiefe die Grenze eines **inneren Erdkerns**, die er auf den Zusammenbruch der letzten Verbindungen (SiO_2, FeO) zurückführt. Im Erdmantel nimmt nach RAMSEY der Eisengehalt des Olivins mit wachsender Tiefe zu, so daß damit die Dichte größer wird. Im Erdkern herrschen die Elemente Sauerstoff, Silizium, Magnesium und Eisen vor.

Ähnliche Ansichten über die Konstitution des Erdinnern vertreten BULLEN und HAALCK. Ersterer ist der Auffassung, daß die Dichtezunahme im Erdinnern nicht sprunghaft vor sich gehe, sondern daß die Dichte kontinuierlich ansteige infolge der durch zunehmenden Druck verursachten Kompression der Elektronenhüllen der Atome. Im Erdinnern nimmt BULLEN flüssiges Nickeleisen an, das unter 5100 km in den festen Aggregatzustand übergehen soll. HAALCK unterscheidet einen **äußeren** und einen **inneren Gesteinsmantel**, wobei er zum äußeren Mantel die Erdkruste und die bis zur Übergangszone in 320 km Tiefe reichende fließfähige Peridotitschicht zählt, während er den inneren Gesteinsmantel bis zur Erdkerngrenze rechnet. In Anlehnung an die Ansicht EUCKENS nimmt HAALCK einen Eisen-Wasserstoff-Kern im Erdinnern an (Abb. 3).

Allen Hypothesen über die Beschaffenheit des Erdinnern gemeinsam ist die Anerkennung des Schalenaufbaues sowie der Zunahme des Eisengehaltes mit der Tiefe.

Die heutige, von den meisten Forschern anerkannte Gliederung der Erdkugel in verschiedene Schalen geht im wesentlichen auf BULLEN (1956) und GUTENBERG (1958) zurück (Abb. 3). Danach folgen von innen nach außen auf den **inneren** und **äußeren Erdkern** der **untere** und **obere Erdmantel** und schließlich außen die **Erdkruste.** Alle Schalen werden durch mehr oder weniger scharfe Diskontinuitätsflächen voneinander getrennt, die auf seismische Daten zurückgeführt werden können. Die Grenze zwischen Erdkruste und oberem Mantel wird durch die **Mohorovičić-Diskontinuität** charakterisiert, während die anderen Grenzen zum unteren Erdmantel, äußeren und inneren Erdkern mit den obenerwähnten Übergangszonen in 900 bis 1000, 2700 bis 2900 und 5000 bis 5100 km parallelisiert werden.

Was die Zusammensetzung dieser Schalen anbelangt, liefern uns Hochdruck- und Hochtemperaturexperimente an Mineralen und Gesteinen wichtige Anhaltspunkte für die in den einzelnen Schalen vor sich gegangenen Veränderungen. Danach kann der unterschiedliche Charakter der einzelnen Schalen nicht nur durch Veränderungen der chemischen Zusammensetzung, sondern auch durch wechselnde Phasenzustände der Materie bedingt sein.

Die Auffassungen vom Charakter der tieferen Schalen gehen natürlich noch auseinander, da wir erst seit wenigen Jahren in der Lage sind, Schlußfolgerungen aus Hochdruck- und Hochtemperaturexperimenten zu ziehen. Allen ist aber gemeinsam, daß das Verhalten von Olivin und olivinreichen

Gesteinen bei erhöhten Temperatur- und Druckbedingungen als entscheidend für die Zusammensetzung des Erdmantels angesehen wird. Man nimmt an, daß im oberen Erdmantel unter den Kontinenten eklogitische und unter den Ozeanen dunitische bzw. peridotitische Gesteine vorhanden sind. Chemismus und Mineralbestand dieser Gesteine veranlassen RINGWOOD (1962), das ursprüngliche Gestein des oberen Mantels als ein Gemisch aus drei Teilen Dunit und einem Teil Basalt zu betrachten und es als „Pyrolit" zu bezeichnen. Derartige Gesteine sind als Einschlüsse in Basalten, Peridotiten und Kimberliten nachgewiesen worden.
Auch in den tieferen Teilen des Erdmantels herrschen Oxide des Siliziums, Magnesiums und Eisens vor. Von Bedeutung ist die Tatsache, daß bei steigenden Drücken aus Pyroxen und Olivin Hochdruckmodifikationen gebildet werden. Dazu gehören z.B. eine spinellartige Modifikation des Olivins, der Stishowit (SiO_2), und Periklas (MgO). Chemisch gesehen sollen die Hochdruckphasen einem pyroxenhaltigen Granatperidotit entsprechen.
Da wir heute noch nicht in der Lage sind, die im Erdkern herrschenden Temperatur- und Druckbedingungen experimentell zu beherrschen, sind direkte Aussagen über die dort vorliegenden Phasenzustände nicht möglich. Die Kerngrenze ist jedoch durch die auffälligsten Veränderungen der ermittelten Geschwindigkeiten für Erdbebenwellen gekennzeichnet. Es ist sehr wahrscheinlich, daß dieser starke Abfall der Geschwindigkeiten einer ebenso deutlichen stofflichen Veränderung entspricht. Daher wird angenommen, daß sich in etwa 2900 km Tiefe ein Übergang vom festen Gesteinsmaterial des unteren Erdmantels zum flüssigen Material des äußeren Erdkerns vollzieht. Wie neuere Hochdruckexperimente zu bestätigen scheinen, besteht der äußere Erdkern vermutlich aus einer Mischung von 90% Eisen und 10% Nickel. Ob und in welcher Menge eventuell auch metallisches Silizium noch am Aufbau des äußeren Erdkerns beteiligt ist, kann nicht entschieden werden. Die bei etwa 5000 km Tiefe auftretenden Diskontinuitäten sollen schließlich ihre Ursache ebenfalls in der Änderung des Aggregatzustandes haben. Es wird für wahrscheinlich gehalten, daß der innere Erdkern bei ganz ähnlicher chemischer Zusammensetzung im festen Zustand vorliegt.

Der Aufbau der Erdkruste

Größere Einhelligkeit als über den Aufbau des gesamten Erdkörpers herrscht über den Aufbau der Erdkruste, des äußersten Teiles der Erde, wo sich alle geologischen Vorgänge abspielen und wo das eigentliche Forschungsgebiet der Geowissenschaften liegt. Nach den Messungen von Geschwindigkeiten für Erdbebenwellen in den obersten Teilen der Erdrinde ergeben sich mehrere Diskontinuitäten, die auf Unterschiede in der stofflichen Zusammensetzung zurückgeführt werden können. Die markanteste Unstetigkeitsfläche liegt in 25 bis über 40 km Tiefe. Sie wird von den meisten Geophysikern als untere Grenze der Erdkruste betrachtet und nach dem jugoslawischen Geophysiker MOHOROVIČIĆ als Mohorovičić-Diskontinuität bezeichnet.
Für die Untergliederung der Erdkruste liefern die seismischen Messungsergebnisse wertvolle Anhaltspunkte. Wichtig ist dabei die Feststellung, daß basische Gesteine höhere Geschwindigkeitswerte für Erdbebenwellen aufweisen als saure. Da die Geschwindigkeiten nach dem Erdinnern hin größer werden, kann geschlossen werden, daß in den obersten Teilen der Erdkruste saure Gesteinsmassen und in den tieferen Schichten basische Gesteine vorhanden sind. Und da auch die Dichte mit der Tiefe zunimmt,

müssen die oberen, sauren Gesteine leichter sein als die darunterliegenden basischen.
Nach den vornehmlich an ihrem Aufbau beteiligten leichten Grundstoffen Silizium und Aluminium bezeichnet man die oberste Zone der Erdkruste als **Sialzone.** Sie besteht zum überwiegenden Teil aus Magma-(Eruptiv-) Gesteinen; über diesen liegt im allgemeinen eine dünne Decke von Sedimentiten. Die Sialzone hat nicht an allen Orten der Erde die gleiche Mächtigkeit. Die Laufzeitkurven von Nahbeben und künstlichen Sprengungen, wie z.B. auf Helgoland (1947) und bei Haslach im Schwarzwald (1948), haben für Nordwestdeutschland eine Sialschicht von 3 bis 5 km ergeben, während sie in Süddeutschland 20 km beträgt. In Nordwestdeutschland liegt sie mehr oder weniger horizontal, etwa von Göttingen ab fällt sie mit 1,7° nach den Alpen zu ein. Die Geologen sind der Ansicht, daß die über dem Sial liegenden überwiegend mesozoischen Sedimente in Richtung auf das nördliche Alpenvorland an Mächtigkeit zunehmen.
Wahrscheinlich ist die Sialschicht an manchen Stellen unterbrochen und umschließt nicht konzentrisch die ganze Erdkugel. So besteht der Gesteinsuntergrund des Pazifischen Ozeans vermutlich nur zu einem sehr geringen Teil aus Sial, und sowjetische Forscher nehmen dies auch für das Nordpolarmeer an. In diesen Gebieten liegt die nächsttiefere Schicht bloß.
Diese tiefere Schicht besteht vorwiegend aus **Si**lizium und dem schwereren **Ma**gnesium. Man bezeichnet sie daher als **Simazone.** Die Massen simatischer Zusammensetzung reichen vermutlich noch weit über die untere Grenze der Erdkruste hinaus. Diese Annahme ist berechtigt, nachdem es EATON und MURATA 1960 gelungen ist, am Vulkan Kilauea auf Hawaii mit seismischen Methoden den Nachweis zu erbringen, daß Basaltmagma weit unterhalb der Mohorovičić-Diskontinuität gebildet werden kann.
Nach ihrem Gesteinscharakter unterteilt man die Sial- und Simazone weiter. Die Sialschale besteht hauptsächlich aus sauren, SiO_2-reichen sedimentären, magmatischen und metamorphen Gesteinen von granit- bzw. gneisähnlicher Zusammensetzung. Man bezeichnet sie daher als **Granit- oder Gneisschale.** NIGGLI verlegt ihre untere Grenzfläche in Tiefen von 10 bis 30 km, BORCHERT und TRÖGER lassen die Grenze schematisch mit der nach dem österreichischen Geophysiker CONRAD benannten Conrad-Diskontinuität, einer Unstetigkeitsfläche in etwa 20 km Tiefe, zusammenfallen. Diese Diskontinuität ist innerhalb der Erdkruste durch starke Niveauschwankungen gekennzeichnet, die sich etwa auf einen Bereich von 5 bis 25 km Tiefe erstrecken. Obwohl an dieser Grenze die Unterschiede der Geschwindigkeitswerte für Erdbebenwellen nicht sehr groß sind, ist die Conrad-Diskontinuität von besonderem geologischem und petrologischem Interesse. Aus der Tatsache, daß im Gebiet der zirkumpazifischen Tiefseegräben in etwa 20 bis 25 km Tiefe starke Häufungen von Erdbebenzentren auftreten und daß anderseits mit Hilfe von Ausschmelzungsversuchen im Autoklaven bei Temperatur-Druck-Bedingungen, wie sie etwa in 20 bis 25 km Erdtiefe vorherrschen, aus tonigen Sedimenten granitartiges Material erzeugt werden konnte (WINKLER u. a.), ergibt sich, daß es in dieser Zone innerhalb der Erdkruste vermutlich zur Aufschmelzung von Sialmaterial kommen kann (BORCHERT und BÖTTCHER 1967). Petrologisch wäre dann die Conrad-Diskontinuität mit der Zone der Anatexis und Palingenese innerhalb der Erdkruste zu parallelisieren (vgl. Abschnitt „Die Gesteine und ihre Entstehung", S. 79).
Unter der Granit- bzw. Gneis-Schale liegt die **Gabbro- oder Basaltschale.** Sie entspricht in ihrer Zusammensetzung den beiden basischen Magmagesteinen Gabbro und Basalt, ist also bereits simatisch. In der Gabbroschale und in größerer Tiefe treten Herde geschmolzenen, glutflüssigen

Gesteins auf, das man als Magma bezeichnet. Die Gabbroschale wird von der nächsten Schale durch die Mohorovičić-Diskontinuität getrennt. Mit dieser Diskontinuität vollziehen sich ein Anstieg der Wellengeschwindigkeit von 6,5 bis 7 auf 8,2 bis 8,5 km/s und ein Dichtesprung von 3,03 auf 3,39 g/cm³. Dieser markante Dichtesprung entspricht ziemlich genau der Dichtedifferenz zwischen gabbroiden Gesteinen (Dichtewerte um 3,0 g/cm³) und den feldspatfreien Ultrabasiten (Dunite, Peridotite, Pyroxenite) mit Dichtewerten um 3,4 g/cm³. Damit ist die Mohorovičić-Diskontinuität zugleich Obergrenze der darunterliegenden **Peridotitschale,** die ebenfalls zum Sima gehört und meist als Ultrasima bezeichnet wird.
Die Peridotitschale soll durch die nach dem Essener Geophysiker MINTROP benannte Mintrop-Diskontinuität in etwa 60 km Tiefe begrenzt werden. Nach BORCHERT müßte sich in dieser Tiefe ein Schwebegleichgewicht zwischen ausgeschiedenen und sich abseigernden Olivinkristallen einerseits und der umgebenden etwa brutto-basaltischen Ursprungsschmelze anderseits eingestellt haben. Die peridotitische Zusammensetzung in peripheren Teilen des Erdmantels wird allgemein anerkannt. Wie weit jedoch die Peridotitschale in den Erdmantel hineinragt und welche stofflichen Veränderungen bei zunehmenden Temperaturen und Drücken vor sich gehen, darüber gibt es noch keine übereinstimmenden Auffassungen. Sicher muß man in diesen Tiefen mit Phasenumwandlungen von Mineralen und Mineralassoziationen rechnen. YODER und TILLEY gelang es 1962, eine Phasenumwandlung von Basalt in Eklogit experimentell nachzuweisen. Damit wurde die bereits 1922 von GOLDSCHMIDT im oberen Erdmantel angenommene Eklogitschale bestätigt.
Auch BORCHERT und TRÖGER nehmen unter der Peridotitschale in etwa 60 bis 80 km Tiefe eine Eklogit- oder Griquaitschale an. Der metamorphe Eklogit besteht aus der Mineralkombination Granat–Diopsid–Jadeit–Ägirin. Das entsprechende magmatische Gestein, der Griquait, hat die gleiche mineralische Zusammensetzung. Griquaitknollen aus den diamantführenden Kimberlitschloten Südafrikas sind Zeugen für diese Schale.
In der nächsttieferen Gutenberg-Zone sind vermutlich Griquait-Hochdruckfazies anzutreffen, die wie die Griquait-Kimberlite einen mild-alkalischen Chemismus, also eine tholeiit-basaltische Zusammensetzung haben dürften. In dieser Zone werden etwa zwischen 65 und 110 km lokal abnehmende Wellengeschwindigkeiten beobachtet; sie werden mit Wiederaufschmelzungserscheinungen des Griquaits bei zeitweiligen Druckentlastungen in Zusammenhang gebracht.
Was die Verteilung des leichteren Sials und des schwereren Simas in der Erdkruste anbelangt, so haben auch Untersuchungen der Schwereverhältnisse gezeigt, daß im Raum der Kontinente die Sialschicht sehr mächtig ist, unmittelbar am Schelfrand, d. h. am Abfall des Kontinentalsockels zur Tiefsee, beträchtlich dünner wird und unter den Ozeanböden nur sehr geringe Stärke aufweist, da dort relativ bald unter dem Sial das schwerere Sima beginnt. Daraus wird deutlich, daß man nicht von einer weltumspannenden gleichmäßigen Schalengliederung der Erdkruste sprechen kann, sondern sehr weitgehend mit Inhomogenitäten rechnen muß. In verschiedenen Teilen der Erde muß es daher unterschiedliche Mächtigkeiten für die „Gneisschale", „Gabbroschale" und „Peridotitschale" geben. Man hat versucht, die beobachteten Unterschiede in drei Erdkrustentypen zusammenzufassen. Von BORCHERT und BÖTTCHER werden 1967 dem „Normaltyp" der „Ozeanische Typ" und der Typ „Alte Schilde" gegenübergestellt. Dabei treten insbesondere beim ozeanischen Krustentyp die sialischen Gesteine zurück, während beim Typ der alten Schilde eine außerordentlich mächtige Gneisschale vorhanden ist. Gegenüber dem normalen Krusten-

typ sind hier nur Temperaturgradienten von etwa 10 °C/km vorhanden, so daß eine Aufschmelzung von granitartigem Material erst in tieferen Regionen erfolgen kann. Das wiederum macht deutlich, daß sehr wahrscheinlich die in der Normalkruste auftretenden Diskontinuitäten nach Conrad und Mohorovičić hier nur sehr undeutlich und unregelmäßig auftreten werden.

Die mächtigen, im Durchschnitt leichten Kontinentalblöcke und die flachen, im Durchschnitt schweren Tiefseebecken scheinen sich in einem **isostatischen Gleichgewicht** zu befinden. Darüber, wie dieses isostatische Gleichgewicht zustande kommt, bestehen verschiedene Hypothesen. Der Engländer J. H. Pratt nimmt an, daß die starren Schollen der Erdkruste eine desto geringere Dichte besitzen, je höher sie über das Meeresniveau hinausreichen. Die Schollen sollen dabei alle den gleichen Tiefgang haben und in etwa 120 km Tiefe die sogenannte **isostatische Ausgleichsfläche** erreichen; unterhalb dieser Fläche soll der Druck überall gleich sein.

Der Engländer G. B. Airy dagegen meint, daß Kontinente, insbesondere Gebirge, und Tiefseebecken eine gleichmäßige Dichte aufweisen. Unter der Voraussetzung, daß das unter Kontinenten und Tiefseeböden liegende Sima eine entsprechende Plastizität besitzt, müßten dann die Kontinente wie Eisberge tief in das Sima eintauchen, die Ozeanböden dagegen nur einen geringen Tiefgang haben.

Beide Hypothesen, die sich in ihren Folgerungen nicht wesentlich unterscheiden, rechnen mit einer isostatischen Ausgleichsfläche in 120 km Tiefe, die früher zugleich auch als untere Grenze der Erdkruste angesehen wurde. Wir wissen heute, daß die Vorstellungen von Pratt und Airy nur angenähert den wirklichen Verhältnissen entsprechen; denn einmal wird die Isostasie durch die Abtragung der Gebirge und der damit verbundenen Sedimentation in den Senken gestört, und zum anderen kann die Dichte der Krustenschollen auch nicht als konstant angesehen werden. Die Airysche Grundvorstellung wurde durch andere Forscher modifiziert. Heiskanen nimmt eine unterschiedliche Tiefenlage der isostatischen Ausgleichsfläche und eine variable Dichte der Krustenteile an, während Vening-Meinesz von lokaler und regionaler Isostasie spricht. Ein Beispiel für die Abweichungen vom Schwimmgleichgewicht ist, daß die Krustendicke unter den atlantischen Küstenebenen der USA 30 km beträgt und unter den Rocky Mountains und anderen Gebirgen mit einer mittleren Höhe von 2000 m fast genauso groß ist, nämlich 32 bis 35 km, bei den niedrigeren Appalachen dagegen 45 km! Nach der Vorstellung vom Schwimmgleichgewicht müßte es umgekehrt sein. Am auffälligsten von allen Teilen der Erdkruste verhalten sich die Randgebiete des Pazifischen Ozeans, die gleichzeitig Schauplatz großer Erdbeben sind. Hier befindet sich innerhalb der Erdkruste ein ausgedehntes Spannungsfeld, das das isostatische Gleichgewicht stört. Auch die Zentren der bis zu einer Tiefe von 700 km reichenden Tiefherdbeben zeugen von Störungen des Schwimmgleichgewichts. Sie sind auf plötzliche Spannungen zurückzuführen, die nicht augenblicklich ausgeglichen werden können, sondern zum tektonischen Bruch führen (vgl. S. 232ff.).

Trotz der lokalen Störungen der Isostasie dürfen wir aber als sicher annehmen, daß sich insgesamt gesehen die Erdkruste im Zustand des Schwimmgleichgewichts befindet und daß sich die ausgleichenden Prozesse hauptsächlich in den unteren Teilen der Erdkruste und in den oberen Teilen des Erdmantels vollziehen. Immer wenn durch Bewegung von Erdkrustenteilen, z. B. durch Gebirgsbildungen, das isostatische Gleichgewicht der Kruste gestört wird, setzen isostatische Ausgleichsbewegungen ein, durch die das rechte Verhältnis wiederhergestellt wird. (Näheres hierüber im Abschn. „Bewegungen der Erdkruste durch die erdinneren Kräfte".)

Die chemische Zusammensetzung der Erdkruste

In der Chemie unterscheidet man heute 105 Grundstoffe oder Elemente, die auf der Erde nachgewiesen und entdeckt worden sind, die aber, wie allgemein bekannt ist, nicht gleichmäßig verteilt sind und die sehr verschieden häufig vorkommen. Mit der quantitativen Zusammensetzung der Erde und mit der gesetzmäßigen Verteilung der Elemente in den einzelnen Sphären der Erde beschäftigt sich die **Geochemie.**
Entsprechend dem Schalenaufbau unserer Erde können von außen nach innen folgende geochemische Sphären unterschieden werden (Abb. 4):

Atmosphäre	Lithosphäre
Biosphäre	Chalkosphäre
Hydrosphäre	Siderosphäre

Die in diesen Zonen vorkommenden Elemente werden dementsprechend als atmophil, biophil, hydrophil, lithophil, chalkophil und siderophil bezeichnet.

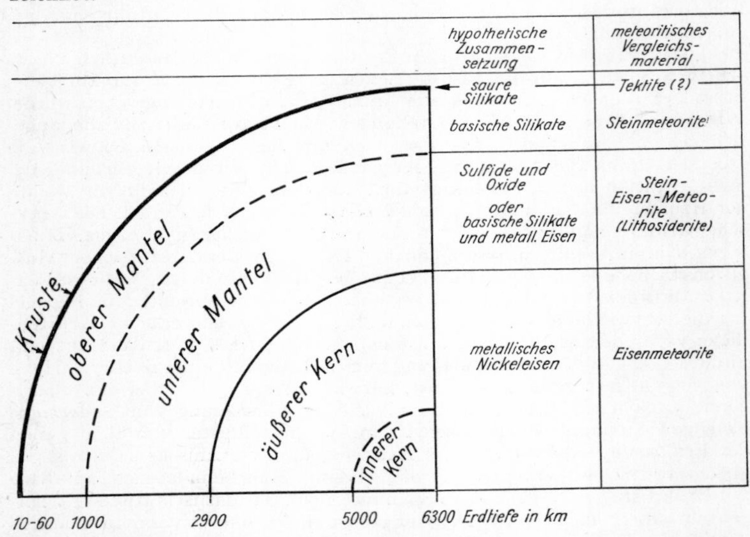

Abb. 4. Gliederung der Erdkugel in konzentrische Schalen und deren hypothetische stoffliche Zusammensetzung (nach Schreyer)

Die **Atmosphäre**, die Lufthülle der Erde, ist die äußerste geochemische Zone der Erde. Sie besteht aus einem Gemisch von Gasen, das im Schwerefeld der Erde festgehalten wird. Man gliedert sie in die Troposphäre, in der sich das Wetter abspielt (bis 12 km Höhe), die Stratosphäre, so genannt, weil man früher annahm, daß sie frei von senkrechten Luftbewegungen sei (bis 80 km Höhe), und die darüberliegende Ionosphäre, die ionisiert, elektrisch leitend ist.
Erst in den letzten Jahren ist es gelungen, mit Hilfe von Raketen und Sa-

telliten zu genaueren Aussagen über die Zusammensetzung der Ionosphäre und ihrer physikalischen Eigenschaften zu kommen. Aus zahlreichen sowjetischen und amerikanischen Raketenmessungen geht hervor, daß die Ionenkonzentration in 80 bis 120 km Höhe sehr rasch zunimmt, in 300 bis 400 km Höhe ein Maximum erreicht und dann nach oben hin wieder langsam abnimmt. Die Grenze der Ionosphäre wird bei etwa 1000 km Höhe angenommen. BURKHARD (1964) bezeichnet die Ionosphäre auch als „Brücke zum Weltraum", weil die untere Ionosphäre noch weitgehend das die Atmosphäre kennzeichnende Stickstoff-Sauerstoff-Gemisch enthält, während in den obersten Bereichen der Ionosphäre Helium und Wasserstoff vorhanden sind, also Stoffe, die auch im interplanetaren Raum vorherrschen.

Im unteren Bereich der Atmosphäre stehen die Atome im Austausch mit den Atomen der Biosphäre, der Hydrosphäre und der Lithosphäre. Überhaupt sind die atmophilen Elemente zu einem Teil Entgasungsprodukte der aus dem Erdinnern an die Erdoberfläche aufdringenden Schmelzlösungen. Noch heute werden durch die Aushauchungen der Vulkane laufend flüchtige Bestandteile von der Lithosphäre an die Atmosphäre abgegeben. Nach Analysen, die SHEPHERD an den Vulkangasen des Lavasees Halemaumau auf Hawaii durchführte, enthalten diese durchschnittlich etwa:

H_2O	67,5 %	H_2	0,2 %	SO_2	6,6 %	Ar	0,2 %
CO_2	15,7 %	Cl_2	0,2 %	SO_3	1,7 %	O_2	0,0 %
CO	0,4 %	S_2	0,1 %	N_2	7,4 %		

Bemerkenswert ist das Fehlen des freien Sauerstoffs in den vulkanischen Gasen, während die Atmosphäre etwa 23 % freien Sauerstoff enthält. Ein Teil dieses Sauerstoffs mag durch thermische Dissoziation, d. h. durch Aufspaltung von Wasserdampf , entstanden sein, als die Erde an ihrer Oberfläche Temperaturen von über 1500 °C aufwies und noch keine feste Erdkruste vorhanden war. Der größte Teil des freien Sauerstoffs dürfte sich jedoch bei der Kohlenstoffassimilation der grünen Pflanzen bilden; denn dabei werden laufend dem aufgenommenen Kohlenstoff äquivalente Mengen an Sauerstoff frei. Auch andere biochemische Prozesse und Zerfallsreaktionen radioaktiver Stoffe beeinflussen den Gashaushalt der Atmosphäre. Dieser werden aber nicht nur laufend Gase zugeführt, sondern es treten auch Verluste ein. So wird Sauerstoff bei zahlreichen Oxydationsprozessen und Kohlenoxid bei der Bildung von Kohle und Erdöl sowie bei der Bildung von Karbonaten verbraucht. Ferner treten Verluste an Stickstoff bei der Bildung von Stickoxiden und durch die Tätigkeit von nitrifizierenden Bakterien ein. Schließlich entweichen auch Wasserstoff und Helium infolge ihrer geringen spezifischen Gewichte aus dem Schwerefeld der Erde in den Weltraum.

Die in Tab. 1 angegebene durchschnittliche Zusammensetzung der Atmosphäre bezieht sich auf die Troposphäre. Diese enthält danach 99,94 Gewichtsprozent Stickstoff, Sauerstoff und Argon, während alle anderen Gase zusammen nur 0,06 % ausmachen.

Tab. 1. Durchschnittliche Zusammensetzung der Atmosphäre

Gas	Volumen-%	Gewichts-%	Gas	Volumen-%	Gewichts-%
N_2	78,09	75,51	CH_4	$2{,}2 \cdot 10^{-4}$	$1{,}2 \cdot 10^{-4}$
O_2	20,95	23,15	Kr	$1{,}0 \cdot 10^{-4}$	$2{,}9 \cdot 10^{-4}$
Ar	0,93	1,28	N_2O	$1{,}0 \cdot 10^{-4}$	$1{,}5 \cdot 10^{-4}$
CO_2	0,03	0,046	H_2	$50{,}0 \cdot 10^{-6}$	$3{,}0 \cdot 10^{-6}$
Ne	$18{,}0 \cdot 10^{-4}$	$12{,}50 \cdot 10^{-4}$	Xe	$8{,}0 \cdot 10^{-6}$	$36{,}0 \cdot 10^{-6}$
He	$5{,}2 \cdot 10^{-4}$	$0{,}72 \cdot 10^{-4}$	O_3	$1{,}0 \cdot 10^{-6}$	$36{,}0 \cdot 10^{-6}$

Biophile Elemente werden durch biologische Vorgänge angereichert. Die **Biosphäre** umfaßt daher den Raum der lebenden Organismen, hat also Anteil an der Atmosphäre, Hydrosphäre und Lithosphäre. Die untere Grenze der Biosphäre nimmt man bei 9,7 km Tiefe an, wo anaerobe, d. h. ohne freien Sauerstoff lebende Bakterien wohl gerade noch existieren können. Die obere Grenze ist noch nicht genau festgelegt. Sie ist aber von zwei Faktoren abhängig: vom Wasser und von der Höhenstrahlung; denn ohne Wasser gibt es kein Leben der Organismen, und ebenso wird durch die intensive Kurzwellenstrahlung in größeren Höhen jegliches Leben unmöglich gemacht. Man vermutet diese Grenze unterhalb der sogenannten Ozonosphäre, in etwa 20 bis 25 km Höhe. Wenn auch die Biosphäre gewichts- und volumenmäßig im Vergleich zur Gesamterde fast vernachlässigt werden könnte, so spielen sich doch in dieser Zone wichtige Prozesse ab. Etwa 20 bis 22 Elemente sind bekannt, die sich in den Organismen merklich anreichern können. Es sind dies hauptsächlich O, H, C, N und Ca, ferner Fe, Si, Mg, J, Mn, K, Na, Cl, P, Cu und V.
Die Hauptmasse der **Hydrosphäre** bilden die Ozeane und Meere, die etwa 70,8 % der Erdoberfläche bedecken. Die Binnengewässer der Kontinente — Seen, Sümpfe, Flüsse und Bäche —, ferner das Grundwasser, die Bergfeuchtigkeit, Schnee und Eis machen nur etwa 0,3 % der gesamten Hydrosphäre aus, deren geochemische Zusammensetzung daher am besten durch den Chemismus des Meerwassers charakterisiert wird.
Der mittlere Salzgehalt des Meerwassers beträgt 3,5 %. Unter den im Meerwasser gelösten Salzen überwiegen mit 88,6 % bei weitem die Chloride, darunter das Natriumchlorid mit 77,8 %. Dann folgen Sulfate, wie Bittersalz, Gips, Kalisulfat, mit 10,8 %. Den Rest von 0,6 % bilden Bromide, Jodide und kohlensaure Salze. Auch Gase sind im Meerwasser gelöst, und zwar löst das Wasser den für das Leben im Meer wichtigen Sauerstoff der Luft in stärkerem Maße als den Stickstoff. Der Kohlensäuregehalt des Meerwassers ist wichtig für die Löslichkeit von Kalken.
Die Salze gelangen in Form von Ionen ins Meerwasser. Die Natrium-, Kalzium-, Kalium-, Magnesium- und anderen Metallionen entstanden wahrscheinlich durch Verwitterung von Magmatiten auf dem Festland, insbesondere durch Aufspaltung der Feldspatmoleküle, und wurden dann von den Flüssen ins Meer transportiert. Die Säureionen dagegen gelangten wahrscheinlich durch Vulkanaushauchungen oder über die atmosphärische Luft oder das Flußwasser ins Meer. Erst im Meer kam es dann zur Verbindung der Metall- und Säureionen, so daß z. B. Natriumchlorid, das Kochsalz, entstand.
Von den 105 Elementen hat man bisher 40 im Meerwasser nachgewiesen. Da zwischen Hydrosphäre, Atmosphäre, Biosphäre und Lithosphäre aber ein ständiger Austausch stattfindet, ist es wahrscheinlich, daß auch die übrigen Elemente in z. Z. noch nicht erfaßbaren Spuren vorhanden sind. Ein Vergleich mit der Lithosphäre wird allerdings zeigen, daß mit Ausnahme des Sauerstoffs, der in beiden Sphären vorherrscht, das Verhalten der übrigen Elemente sehr unterschiedlich ist.
Die **Lithosphäre**, die äußere Gesteinsschale der Erde, reicht von der Erdoberfläche, wo sie z. T. mit Wasser bedeckt ist, bis in 1000 km Tiefe, umfaßt also die Erdkruste und den oberen Erdmantel. Ihr geochemischer Aufbau ist daher von besonderem wissenschaftlichem und wirtschaftlichem Interesse. Aus den lithophilen Elementen setzen sich die Minerale und Gesteine zusammen, aus denen sich die Erdkruste aufbaut, und ihre mengenmäßige Verteilung gibt uns wichtige Anhaltspunkte für das Aufsuchen und die Gewinnung wertvoller mineralischer Rohstoffe. Die Elemente sind von sehr unterschiedlicher Häufigkeit. Gold und Platin z. B.

sind seltene Metalle, Eisen ist demgegenüber sehr häufig zu finden. In einzelnen Vorkommen können jedoch auch seltene Stoffe angereichert werden. Für die Vorgänge der normalen Gesteinsbildung sind allerdings weniger die seltenen Stoffe wichtig als die, die in großer Häufigkeit überall auftreten.

Tab. 2. Chemische Zusammensetzung der Erdkruste

	Lithosphäre nach Clarke und Washington (1924)	Magmatite nach Clarke und Washington (1924)	norwegische Lehme nach Goldschmidt (1933)
SiO_2	59,07	59,12	59,19
Al_2O_3	15,22	15,34	15,82
TiO_2	1,03	1,05	0,79
Fe_2O_3	3,10	3,08	3,41
FeO	3,71	3,80	3,58
MnO	0,11	0,12	0,11
MgO	3,45	3,49	3,30
CaO	5,10	5,08	3,07
Na_2O	3,71	3,84	2,05
K_2O	3,11	3,13	3,93
H_2O	1,30	1,15	3,02
P_2O_5	0,30	0,30	0,22
CO_2	0,35	0,10	0,54

Genaue Angaben über die geochemische Zusammensetzung der Lithosphäre gibt es nur für die oberste Kruste, wo bisher allein unmittelbare Untersuchungen möglich sind. Nach einem Vorschlag des amerikanischen Geochemikers F. W. Clarke rechnet man „die uns bekannten Erdtiefen" bis zu einer Tiefe von 16 km (10 Meilen). Die in dieser Zone festgestellten Prozentgehalte werden auch als Clarke-Zahlen bezeichnet. Auf den Mittelwertcharakter dieser Zahlen muß besonders hingewiesen werden; denn sicher gibt es, regional gesehen, merkliche Unterschiede.

Goldschmidt hat aus 77 Einzelanalysen eines größeren Gebietes der Erdoberfläche, und zwar des pleistozänen Lehms im südlichen Norwegen, die mittlere Zusammensetzung der Lithosphäre berechnet. Wie aus Tab. 2 ersichtlich ist, stimmen diese Werte recht gut mit denen der von Clarke und Washington aus über 5000 Analysen errechneten mittleren Zusammensetzung der Magmatite und dem Chemismus der Lithosphäre überein. Tatsächlich entspricht die mittlere Zusammensetzung der Magmagesteine fast genau der der Erdkruste bis in 16 km Tiefe; denn Magmatite und kristalline Schiefer machen 95% dieser obersten Kruste aus, während der Anteil der Sedimentgesteine nur 5 % beträgt. Die Abb. 5 zeigt deutlich, daß in der Erdkruste mengenmäßig einige wenige Elemente bei weitem überwiegen. Die ersten zwölf bilden bereits 99,38 % der Lithosphäre, während der Anteil der übrigen 92 Elemente nur 0,62 % beträgt.

Mit fast 50 Gewichtsprozenten ist in der Lithosphäre der **Sauerstoff** vorhanden, atomprozentisch sind es 60,5 %, und berechnen wir die Volumenprozente der einzelnen Atome bzw. Ionen, so beträgt der Anteil des Sauerstoffs sogar 94,24%. Dieses hohe Volumen ist durch den großen Ionenradius des Sauerstoffs bedingt. Praktisch bedeutet dies aber, daß unsere äußere Erdhülle vorwiegend aus Sauerstoffverbindungen aufgebaut sein muß und daß die Lithosphäre im wesentlichen ein Gerüst von negativ gela-

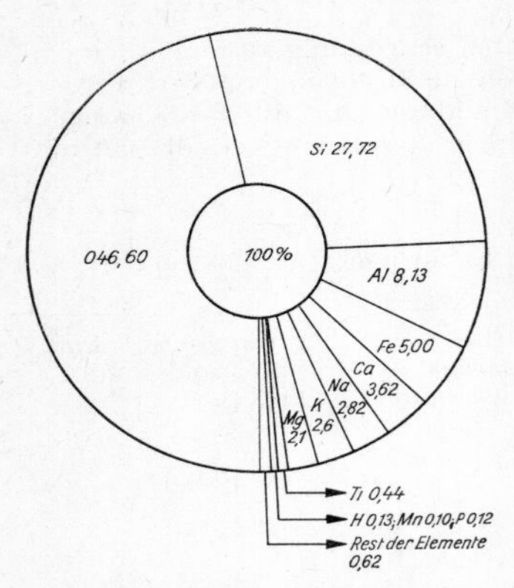

Abb. 5. Vorkommen der Elemente in der Erdkruste (nach Gewichtsprozenten)

denen Sauerstoffteilchen darstellt, das durch positive Siliziumionen und die übrigen ebenfalls kleinen Ionen der metallischen Elemente zusammengehalten wird. Daher gibt man den Chemismus der Lithosphäre häufig in Oxiden an. Wegen dieser überragenden Bedeutung des Sauerstoffs hat GOLDSCHMIDT die Lithosphäre auch als „Oxysphäre" bezeichnet.

Nach dem Sauerstoff folgt an zweiter Stelle das **Silizium** mit rund 28 % Anteil an der Lithosphäre. Reines Silizium kommt ebenso wie reiner Sauerstoff in der Natur nicht vor. Häufig tritt das Silizium in der Verbindung des chemisch inaktiven und trägen und daher auch sehr beständigen Quarzes SiO_2 auf. Die dem Kohlenstoff analoge Fähigkeit zur Ketten- und Ringbildung der Siliziumverbindungen bedingt die gesteinskundlich so bedeutungsvolle Mannigfaltigkeit der silikatischen Minerale. An dritter Stelle folgt mit einem Anteil von rund 8 % **Aluminium**, das eine große Rolle bei der Zusammensetzung der Silikate spielt und das vor allem den Grundbestandteil der Tonerde bildet. An vierter Stelle steht das überall — wenn auch meist nur in geringen Mengen vorhandene — **Eisen** mit einem Anteil von etwa 5 %, das infolge seiner leichten Oxydierbarkeit fast ausschließlich in der Form von Oxid- oder Hydroxidverbindungen den Gesteinen als Roteisen, Magneteisen, Brauneisen beigemengt und die Hauptursache der Braun- oder Rotfärbung von Gesteinen ist. Weiterhin folgen **Kalzium, Natrium, Kalium** und **Magnesium.**

Über die Zusammensetzung der unter der Lithosphäre liegenden Erdschichten sind die Ansichten verschieden (vgl. S. 56 ff.). Legt man für den Erdaufbau die Nickeleisenkern-Hypothese zugrunde, muß angenommen werden, daß in der **Chalkosphäre** die Hauptmenge der Schwermetallerze angereichert wurde. So zählt man zu den chalkophilen Elementen die sich größtenteils mit Schwefel verbindenden Elemente Cu, Zn und Pb, ferner Cd, Sn, Ge, Hg, As, Sb, Bi, Mn und auch Au, Ag, Fe, Ni, Co. Diese Elemente finden sich allerdings auch in der Erdkruste, aber nur in geringen Mengen, die entsprechend dem Temperaturbereich durch silikatische Schmelzen aus Sulfiden gelöst werden.

Die Elemente der **Siderosphäre**, des Erdkerns, finden sich vorwiegend zusammen mit Eisen. Es sind außer Eisen und Nickel die Platinmetalle, Kobalt und Gold.

Aus dieser knappen Übersicht über die Verteilung der Elemente in den einzelnen Sphären der Erde erkennt man, daß oftmals Elemente in mehreren Sphären auftreten, also beispielsweise lithophil, chalkophil und siderophil zugleich sein können. Allerdings kommen z. B. lithophile Elemente in anderen Sphären nur in untergeordneten Beimengungen vor. Weiter ist zu bemerken, daß die häufigen Elemente am Anfang des Periodensystems stehen und daß die Elemente mit geraden Ordnungszahlen häufiger sind als die Elemente mit ungeraden Nummern; sie machen etwa 97 % der am Aufbau der Erde beteiligten Elemente aus.

Zur Mineralogie der wichtigsten Gesteinsgemengteile

Wie aus dem vorangegangenen Abschnitt hervorgeht, sind die verschiedenen Sphären der Erde sehr uneinheitlich, sehr heterogen zusammengesetzt. Während in der Atmosphäre gasförmige und in der Hydrosphäre flüssige Zustandsformen vorherrschen, ist die Lithosphäre fast ausschließlich durch den festen Aggregatzustand charakterisiert. Die in der Erdkruste vorkommenden festen Stoffe sind überwiegend kristallin, d. h. aus zahlreichen Kristallen oder Kriställchen aufgebaut. Der kristallisierte Zustand ist die Hauptform der festen Materie.
Kristalle sind im allgemeinen von ebenen Flächen begrenzte homogene Körper, deren chemische Bausteine — Atome, Ionen und Moleküle — eine geometrisch regelmäßige Verteilung im Raum aufweisen. Die als anorganische natürliche Körper in der Erdkruste auftretenden Kristallarten werden als Minerale bezeichnet. Die zu ihrer Bildung führenden Prozesse können ebenso wie die Umwandlungen der Minerale auf der Erdoberfläche und innerhalb der Erdkruste sehr verschiedenartig sein.
Von der großen Zahl der uns bekannten Minerale sind nur verhältnismäßig wenige an der Zusammensetzung von Mineralgemengen, von Gesteinen, beteiligt. Treten natürliche Anhäufungen nutzbarer Minerale oder Gesteine — aber auch Erdöl, Erdgas und andere Gase — im Boden auf, die für eine wirtschaftliche Gewinnung in Frage kommen, so liegen Lagerstätten vor, deren Nutzbarmachung für die Volkswirtschaft Aufgabe der ökonomischen Geologie ist (vgl. S. 575). Mineralaggregate, aus denen Metalle oder Metallverbindungen gewonnen werden können, nennt man Erze.

Eigenschaften der Minerale. Jeder Kristall und damit jedes Mineral ist homogen, d. h. physikalisch und chemisch einheitlich beschaffen, im Unterschied zu den heterogenen, d. h. physikalisch und chemisch nicht einheitlichen Gesteinen. Allerdings erstreckt sich die Homogenität nicht immer auf das Mineral in seiner Gesamtheit. Sie kann durch Mischkristallbildungen, durch Entmischungen und Umwandlungen bei veränderten Temperatur- und Druckbedingungen und nicht zuletzt durch Einschlüsse verschiedenster Art und Größe beeinträchtigt werden. In all diesen Fällen wird dann der Stoffbestand nicht immer durch eine nach den Regeln der Stöchiometrie gebildete chemische Formel eindeutig zum Ausdruck gebracht.
Je nach ihrer chemischen Zusammensetzung, also in Abhängigkeit von den am Aufbau des Minerals beteiligten Bausteinen, zeigen die Kristalle geometrische Formen mit bestimmten Symmetrie-Elementen. Kristalle mit gemeinsamen Symmetrie-Elementen werden zu einer Kristallklasse vereinigt. Alle Kristalle und damit alle Minerale sind in 32 verschiedenen Kri-

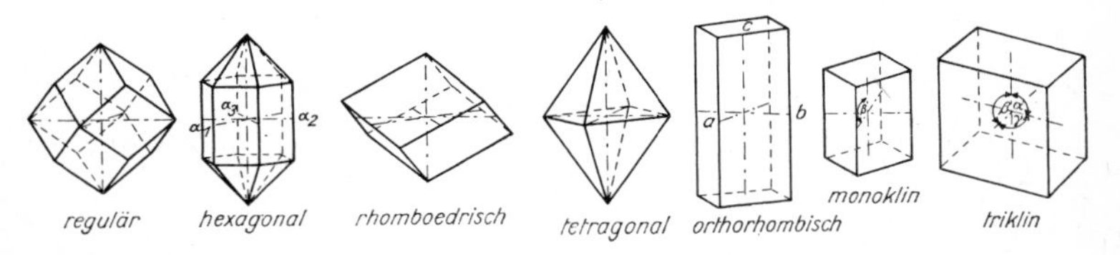

Abb. 6. Die sieben Kristallsysteme

stallklassen unterzubringen, die sich durch 7 verschiedene kristallographische Achsenkreuze charakterisieren und danach in 7 Kristallsysteme zusammenfassen lassen. Diese bezeichnet man als regulär, hexagonal, trigonal-rhomboedrisch, tetragonal, rhombisch, monoklin und triklin (Abb. 6).

Eine Einordnung der Minerale in eine der 32 Kristallklassen ist im allgemeinen dann möglich, wenn mit Hilfe von Reflexionsgoniometern genaue Winkelmessungen durchgeführt und die auftretenden Flächen und Formen am Kristall bestimmt worden sind. Es ist dabei unerheblich, ob die Kristalle eine ideale Ausbildung aufweisen oder ob durch bevorzugte Stoffanlagerungen an bestimmten Flächen verzerrte Formen vorliegen. Sind die Kristalle sehr klein, kann eine Zuordnung zu einer Kristallklasse nur nach Vorliegen bestimmter polarisationsoptischer und röntgenographischer Untersuchungsergebnisse vorgenommen werden.

Bei Kristallisationsvorgängen, die sich unter verschiedenen Bedingungen abspielen, können gleichartige und auch ungleichartige Minerale zu Aggregaten zusammentreten. Die Kristallgestalt wird dabei vollständig oder teilweise ausgebildet, manchmal auch gänzlich unterdrückt.

Minerale, die sich als erste aus abkühlenden Magmaschmelzen oder Lösungen ausscheiden, können ihre Kristallgestalt vollständig ausbilden; sie gehören zu den automorphen oder idiomorphen Kristallen. Die sich zuletzt ausscheidenden Kristalle vermögen ihre Gestalt dagegen entweder nur unvollständig oder gar nicht auszubilden, weil der noch verbliebene nichtkristallisierte Raum eine Eigengestaltigkeit nicht zuläßt. Solche Kristalle werden als fremdgestaltet, xenomorph oder allotriomorph, bezeichnet. Abgesehen von fehlenden Flächen und Kanten, besitzen die fremdgestalteten Minerale die gleichen kristallographischen Eigenschaften wie die idiomorphen, wie man durch physikalische Untersuchungsmethoden feststellen kann.

Die fremdgestalteten Minerale dürfen jedoch nicht verwechselt werden mit jenen traubigen, nierigen Formen von gelartiger Entstehung, die man als amorphe Minerale bezeichnet. Diese Minerale zeigen nicht wie die kristallinen mit der Richtung wechselnde physikalische Eigenschaften, sind nicht anisotrop, sondern zeichnen sich durch ein in allen Richtungen gleiches Verhalten aus, sie sind isotrop. Unter den amorphen Mineralen ist Opal am häufigsten. Da der amorphe Zustand instabil ist, streben alle amorphen Minerale danach, sich im Laufe der Zeit in kristalline umzuwandeln, wobei sie zumeist ihre frühere äußere Form beibehalten.

Die äußere Form von Mineralen ist abhängig von den jeweiligen Entstehungsbedingungen. Gleiche Kristallformen desselben Minerals können mikroskopisch klein, aber auch sehr groß (meterlang) sein.

Schon frühzeitig hat man sich die Frage vorgelegt, wie es um den inneren Aufbau der Kristalle bestellt sei. Insbesondere interessiert dabei, in welcher Weise die kleinsten Bausteine — die Atome, Ionen und Moleküle — im Kristall angeordnet sind, welche Bindungskräfte zwischen ihnen wirken, ob sie den Raum lückenlos ausfüllen oder ob zwischen diesen Bausteinen Abstände vorhanden sind. Diese Fragen konnten erst nach der Entdeckung der Röntgenstrahlen exakt beantwortet werden; denn bei der Durchleuchtung mit Röntgenstrahlen oder auch Elektronenstrahlen erkennt man den inneren Aufbau der Kristalle an Beugungserscheinungen usw. Diese Strukturuntersuchungen erbrachten den Beweis, daß alle Kristalle regelmäßige Anordnungen von Atomen, Ionen und Molekülen darstellen, deren Abstände in der Größenordnung von Ångströmeinheiten ($= 10^{-8}$ cm) liegen, wobei in gleichen Richtungen immer gleiche Abstände auftreten

(Abb. 7). Diese Anordnungen bezeichnet man als Raumgitter, von denen es die verschiedensten Typen gibt. Die Symmetrie-Eigenschaften der Kristalle werden in gitterstruktureller Hinsicht in 230 Raumgruppen erfaßt. Mit der Struktur der Raumgitter stehen die physikalischen Eigenschaften der Minerale in engem Zusammenhang. So werden solche Minerale eine große Härte aufweisen, die zwischen den Gitterbausteinen starke Bindungskräfte oder in bestimmten Richtungen hohe Packungsdichte besitzen.
Bei den strukturellen Betrachtungen sind morphologisch gut ausgebildete Flächen, Kanten und Ecken unerheblich, denn jedes unregelmäßig geformte Bruchstück, jeder kleinste Mineralsplitter oder jedes pulverförmige Partikelchen gibt über das Vorhandensein des kristallinen Zustandes Auskunft.

Neben den kristallmorphologischen und strukturellen Eigenschaften eines Minerals können weitere physikalische Eigenschaften — mechanische, thermische, magnetische, elektrische und vor allem optische — zur Kennzeichnung herangezogen werden. Sie sind nur in engster Verbindung mit der Morphologie der Kristalle und ihrer inneren Struktur abzuleiten und zu verstehen.

● Na ○ Cl

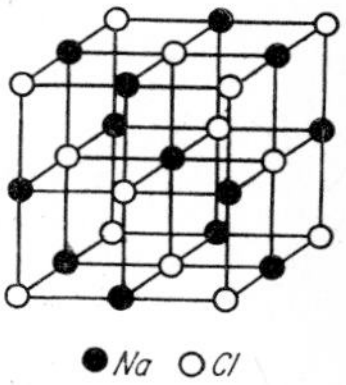

Abb. 7. Raumgitter des Steinsalzes

Die Eigenschaften, die eine Bestimmung des Minerals nach äußeren Kennzeichen ermöglichen, sind Härte, Spaltbarkeit, Dichte, Glanz, Farbe, Strich.
Unter Härte verstehen wir den Widerstand, den das Mineral einem spitzen, zum Ritzen geeigneten Gegenstand entgegensetzt. Die Härte stellt für den Kristall eine richtungsabhängige Größe dar, jedoch ist die Härteanisotropie im allgemeinen so gering, daß man sich mit den Angaben einer mittleren Härte begnügen kann. Die Mineralogen benutzen eine von dem Wiener F. Mohs 1812 aufgestellte Härteskala, die so aufgebaut ist, daß jedes darin aufgeführte Mineral das vorhergehende ritzt.

Tab. 3. Mohssche Härteskala

1. Talk 2. Gips	mit den Fingern ritzbar	6. Orthoklas 7. Quarz 8. Topas 9. Korund 10. Diamant	Fensterglas wird geritzt
3. Kalkspat 4. Flußspat 5. Apatit	mit dem Messer ritzbar		

Manche Minerale zeigen die Eigenart, sich in der Richtung einer oder mehrerer glatter Flächen mehr oder weniger gut und mit mehr oder weniger Kraftaufwand spalten zu lassen (Spaltbarkeit). Die Spaltflächen laufen immer einer möglichen Kristallfläche parallel und stehen mit der Symmetrie und dem Feinbau des Kristalles in enger Beziehung. Ein Kristall wird dort auseinanderbrechen, wo schwächere Bindungskräfte vorhanden sind. So wirken z. B. beim Glimmer senkrecht zu dicht besetzten Gitterebenen nur schwache Kräfte, so daß hauchdünne Spaltblättchen abgetrennt werden können. Glimmer besitzt damit eine vollkommene Spaltbarkeit in der Richtung einer bestimmten Kristallfläche. Andere Minerale, wie Steinsalz, Kalkspat oder Feldspat, besitzen Spaltbarkeiten in Richtung mehrerer Flächen. Liegen mehrere Spaltbarkeiten an einem Kristall vor, so können diese qualitativ sehr unterschiedlich sein. Minerale mit undeutlicher oder fehlender Spaltbarkeit zerbrechen im allgemeinen nach unregelmäßigen Bruchflächen. Der Bruch kann muschelig (Quarz), faserig (Glaskopf), splitterig (Feuerstein), hakig (Kupfer), körnig (Magneteisenstein) oder uneben (Bernstein) sein.

Die Dichte der Minerale ist nicht von der Richtung, sondern nur von Temperatur und Druck abhängig. Die meisten Minerale haben Dichtewerte zwischen 2 und 3,5, die Erze zwischen 4 und 7,5 und gediegen vorkommende Schwermetalle bis über 20.

Der für das Wesen vieler Minerale charakteristische Glanz ist der Art und dem Grade nach verschieden und von der Oberflächenbeschaffenheit und dem Reflexionsvermögen abhängig. Die Bezeichnungen der Arten des Glanzes, die vielfach Übergänge aufweisen, knüpfen an bestimmte Stoffe an. So unterscheidet man Metallglanz (Bleiglanz), Diamantglanz (helle Zinkblende), Glasglanz (Bergkristall), Fettglanz (Bruchflächen des Quarzes), Seidenglanz (Fasergips), Perlmutterglanz (Gipsspaltfläche).

Durchsichtige Minerale zeigen häufig eine bestimmte Farbe. Sie ist davon abhängig, welche Anteile der Wellenlängen des Lichtes im Kristall absorbiert werden. Nicht alle Farbbeobachtungen sind zu Bestimmungszwecken zu verwenden, sondern nur solche, die sich auf die reine Mineralsubstanz beziehen. So ist das Gelb des Schwefels oder das Grün des Malachits eine dem Mineral eigene Farbe. Man spricht hier von eigenfarbigen oder idiochromatischen Mineralen. Viele andere aber sind in reinem Zustand farblos, können jedoch in der Natur die verschiedensten Farbtöne aufweisen. Hier ist ein fremder Zusatz, meist eine spurenhafte Beimengung, für die Farbe verantwortlich zu machen. Diese Minerale nennt man fremdfarbig, gefärbt oder allochromatisch.

Auch durch Anlauffarben oder Zersetzung der Mineraloberfläche kann die richtige Farbe verdeckt werden, so daß die Farbbestimmung stets an frischen Flächen erfolgen soll Die Stärke der Absorption des Lichtes ist auch von der kristallographischen Richtung im Kristall abhängig. Lassen sich in zwei Richtungen, die senkrecht aufeinanderstehen, zwei Absorptionsextreme feststellen, so nennt man diese Erscheinung Dichroismus, sind es drei komplanare Richtungen, so spricht man von Pleochroismus, der besonders stark bei Hornblenden und Biotiten zu beobachten ist.

Charakteristischer als die Farbe eines großen Kristalles ist häufig die des Pulvers, das man durch Reiben des Minerals auf einer unglasierten Porzellanplatte erhält. Hier zeigt sich, daß selbst stark gefärbte Minerale als Pulver farblos oder nur schwach gefärbt erscheinen können. Eigenfarbige Minerale zeigen auf diese Weise einen Strich, der ihrer Farbe mehr oder weniger entspricht, nur etwas heller ist. Man bezeichnet diese Pulverfarbe gewöhnlich als Strichfarbe oder Strich.

In sehr vielen Fällen ist die Identifizierung eines Minerals nur mit Hilfe der vorstehend erwähnten äußeren Kennzeichen nicht möglich. Für die weitere Untersuchung solcher Minerale bieten sich in erster Linie die optischen Eigenschaften an. Ihre Bestimmung erfolgt hauptsächlich mit einem Polarisationsmikroskop. Die polarisationsoptischen Untersuchungen werden entweder an Pulverpräparaten durchgeführt oder an dünn geschliffenen durchsichtigen Mineralblättchen von 0,02 bis 0,03 mm Stärke, den Dünnschliffen (vgl. Tafel 1 bis 3), schließlich auch an Anschliffen mit polierter Oberfläche, die im auffallenden Licht betrachtet werden. Die Umrisse der Mineralkörper und die je nach der Spaltbarkeit mehr oder weniger ausgeprägten Spaltrisse besonders im Dünnschliff lassen Rückschlüsse auf die Zugehörigkeit zu einem bestimmten Kristallsystem zu.

Die Ausbreitungsgeschwindigkeit des Lichtes ist im allgemeinen in den verschiedenen Richtungen des Kristalls unterschiedlich, und dementsprechend gibt es auch verschiedene Brechungsquotienten. Da die meisten Kristalle, z. B. der Kalk- oder Doppelspat, doppeltbrechend sind und die einzelnen Lichtwellen im Kristall verschiedene Geschwindigkeiten aufweisen, müssen Interferenzerscheinungen und damit in den Kristallplatten unter dem

Polarisationsmikroskop Interferenzfarben auftreten (Tafel 1). Interferenzfarben aber liefern wichtige Anhaltspunkte für die Dicke und die Höhe der Doppelbrechung in Kristallkörnern und -platten. Interferenz- oder Achsenbilder vermitteln einen Überblick über die optischen Eigenschaften in verschiedenen Richtungen des Kristalls. Auch die Auslöschungsschiefe, ein Winkel, der zwischen eindeutig bestimmbaren kristallographischen und optischen Richtungen im Kristall gemessen werden kann, ist sehr charakteristisch für viele Minerale.
Es gibt aber auch Minerale, die nicht doppeltbrechend sind, deren Brechungszahl also für alle Richtungen gleich ist. Dazu gehören die Minerale des regulären Kristallsystems und ferner die amorphen, d. h. nichtkristallisierten Minerale, wie Opal oder Glas.

Mineralbildung. Die Entstehung der Minerale ist an vielfältige physikalisch-chemische Vorgänge gebunden, die während langer Zeiten und in großen Bildungsräumen stattfinden können. Man unterscheidet drei große Gruppen von mineralbildenden Vorgängen:
1. die magmatische, 2. die sedimentäre, 3. die metamorphe Abfolge. Zwischen diesen gibt es aber noch zahlreiche Übergänge. Die Minerale der magmatischen Abfolge werden überwiegend primär, die der beiden anderen Abfolgen in erster Linie sekundär gebildet, d. h. durch Verwitterung und Umwandlung bereits existierender Minerale.

1. *Die magmatische Abfolge.* Hier werden alle Mineralbildungen zusammengefaßt, die dadurch zustande kommen, daß Teile des Magmas innerhalb der Erdkruste auskristallisieren oder, von Vulkanen ausgeschleudert, an der Erdoberfläche erstarren.
Unter Magma versteht man eine Gase sowie Dämpfe enthaltende glühendflüssige Silikatschmelze, die in verschiedenen Bereichen der Erdkruste auftreten kann (vgl. Kap. „Die Gesteine und ihre Entstehung“, S. 79 ff.). Schon hier sei gesagt, daß Magma die Fähigkeit zur Differentiation und Entmischung besitzt und im Zusammenhang mit Bewegungsvorgängen innerhalb der Erdkruste emporsteigen kann. Entsprechend den jeweiligen Temperatur- und Druckverhältnissen scheiden sich aus der Schmelze bestimmte Stoffe aus, d. h., es kommt zur Auskristallisation von Mineralen. Wenn wir auch nicht in der Lage sind, genauere Angaben über das in der Tiefe auftretende Magma zu machen, weil uns die dort herrschenden chemischen und physikalischen Bedingungen noch nicht bekannt sind und weil sich die Zusammensetzung der magmatischen Schmelze beim Aufstieg innerhalb der Erdkruste fortlaufend verändert, so gewinnen wir doch aus den uns heute vorliegenden magmatischen Kristallisationsprodukten und vor allem aus den Ergebnissen zahlreicher physikochemischer Untersuchungen an Silikatsystemen mit und ohne flüchtige Bestandteile sowie aus den Erkenntnissen der in den letzten Jahren im Laboratorium durchgeführten Hydrothermal- und Hochdrucksynthesen wichtige Anhaltspunkte und immer schärfere Kriterien für die Mineralbildung aus dem Magma.
Für die magmatische Mineralentstehung lassen sich folgende Stadien unterscheiden, die gesetzmäßig verlaufen und sich teilweise überschneiden. Zur Kennzeichnung der aufeinanderfolgenden Vorgänge seien hier die Temperaturintervalle gewählt.

a) liquidmagmatische Mineralbildung: Bei hohen Temperaturen, etwa zwischen 1200 und 600 °C, scheiden sich zunächst Minerale der Frühkristallisation aus, z. B. Erze, Apatit, Zirkonium u. a. Dann folgen alle wichtigen gesteinsbildenden Minerale, und zwar mit abnehmender Temperatur: Olivin, Pyroxene (Augite), Amphibole (Hornblenden), Biotit, Plagioklase, Alkalifeldspäte, Quarz.

b) pegmatitische Mineralbildung: In der verbleibenden Schmelze sind neben flüchtigen Bestandteilen solche Elemente angereichert, die wegen ihrer unterschiedlichen Ionenradien nicht in den auskristallisierten Mineralen des vorangegangenen Stadiums eingebaut werden konnten. Es sind dies z. B. Lithium, Beryllium, Bor, Zirkonium, Thorium, Niob, Tantal, Uran. In diesem Stadium werden bei Temperaturen von etwa 700 bis 550 °C Minerale mit auffallend grobem Korn gebildet, neben Feldspat, Quarz und Glimmer auch Turmalin, Beryll u. a.

c) pneumatolytische Mineralbildung: In der Schmelze herrschen jetzt Gase und hochthermale Lösungen vor, die durch ihre hohe Beweglichkeit und den hohen Dampfdruck der Schmelze in das Nebengestein zwischen die Schichtfugen und auf Korngrenzen eingepreßt werden oder in Gangspalten bei Druckentlastung abdestillieren. In einem Temperaturbereich von 550 bis etwa 380 °C bilden sich z. B. Topas, Turmalin, Lithiumglimmer, Spodumen, Zinnstein, Wolframit, Molybdänglanz.

d) hydrothermale Mineralbildung: Bei Unterschreitung der kritischen Temperatur des Wassers (374 °C) gehen die fluiden Restlösungen in den flüssigen Zustand über. Heiße wäßrige Lösungen dringen in Klüften, Gang- und Spaltensystemen bis nahe an die Oberfläche auf, kühlen ab und scheiden die gelösten Stoffe aus. Es entsteht die Hauptmasse der eigentlichen Erzgänge, besonders die Lagerstätten der Metalle Gold, Silber, Kupfer, Blei, Zink, Eisen, Kobalt, Nickel, Antimon, Arsen, Wismut. Hauptsächlich werden sulfidische Erze gebildet, aber auch Oxide, Karbonate und Silikate. Als Gangarten, d. h. als Nichterze, treten auf: Quarz, Kalkspat, Dolomit, Schwerspat, Flußspat.

e) exhalative Mineralbildung: Erreicht eine magmatische Schmelze in Form einer vulkanischen Lava die Erdoberfläche oder ergießt sie sich untermeerisch, so werden aus den entweichenden Gasen sublimierte Minerale gebildet, meist Chloride, Fluoride, Sulfate, aber auch Sulfide und Borate.

2. *Die sedimentäre Abfolge.* Die meisten innerhalb der Erdkruste entstandenen Minerale werden auf der Erdoberfläche zerstört, weil bei den hier herrschenden niedrigen Temperaturen und niedrigen Drücken die in der Tiefe gebildeten Minerale nicht mehr stabil sein können. Sie fallen der Verwitterung anheim (vgl. S. 147 ff.). Chemische und physikalische Einflüsse sind wirksam. Verwitterungsrückstände bleiben am Ort oder werden durch Wasser und Wind abtransportiert und an anderer Stelle wieder abgesetzt. Es entstehen Sedimente, wie Kiese, Sande, Tone. Im Meerwasser bilden sich Minerale durch Kristallisation, Ausfällung und biogene Vorgänge. Chloride, Sulfate und Karbonate werden sedimentiert.

3. *Die metamorphe Abfolge.* Andersartige Um- und Neubildungen finden statt, wenn Minerale magmatischer, sedimentärer oder auch metamorpher Entstehung durch Bewegungsvorgänge innerhalb der Erdkruste in andere Temperatur- und Druckbereiche gelangen. Die Umwandlungsvorgänge (vgl. Kapitel „Metamorphite", S. 118) finden mit oder ohne Stoffzufuhr statt und sind häufig mit Bewegungsvorgängen gekoppelt. Sie bewirken in der Regel in den Ausgangsmaterialien eine Veränderung des Gefüges und des Stoffbestandes. Bestimmten Zonen innerhalb der Erdkruste mit definierten Temperaturen und Drücken kann man typische Minerale zuordnen. Durch Metamorphose entstandene Minerale sind z. B. Granat, Staurolith, Disthen, Vesuvian, Cordierit, Sillimanit, Andalusit, Epidot.

Die gesteinsbildenden Minerale. Von über 2000 als sicher bekannten Mineralen zählen nur rund 250 zu den gesteinsbildenden Mineralen, davon rund 40 zu den weitverbreiteten, d. h. zu denen, die am Aufbau der Gesteine innerhalb der Erdkruste in erster Linie beteiligt sind. Sie können wesentliche Gemengteile der Gesteine bilden oder akzessorische, d. h. untergeordnete, die zur Charakterisierung des Gesteins nicht wichtig sind.

Entsprechend der atomaren Zusammensetzung der Erdkruste (S. 67) herrschen Silikate, also Feldspäte, Feldspatvertreter, Augite, Hornblenden, Glimmer, Olivine, Granate, Epidote, Zeolithe, Tonminerale u. a., sowie Oxide, also Quarz, oxidische Erze u. a., unter den gesteinsbildenden Mineralen vor. Nach ihrer Farbe unterscheidet man leukokrate, d. h. helle, und melanokrate, d. h. dunkle Minerale. Zu den leukokraten Gemengteilen gehören Feldspäte, Feldspatvertreter, Quarz und Muskowit, während Augite, Hornblenden, Biotit und Olivin melanokrat sind. Neben diesen Hauptgemengteilen der Gesteine spielen Karbonate, Sulfate, Phosphate und Nitrate eine nur untergeordnete Rolle.

Die wichtigsten gesteinsbildenden Minerale sind die Feldspäte und die Feldspatvertreter; ihr Anteil beträgt etwa 60 %; dann folgen Augite und Hornblenden mit rund 16 %, Quarz mit 12 %, Glimmer mit 4 % und die übrigen Minerale zusammen mit 8 %.

Das Hauptgewicht muß auf die Bestimmung der Feldspäte gelegt werden, weil in sehr vielen Fällen erst durch den Feldspatanteil ein Gestein charakterisiert ist. Die Feldspäte (Abb. 8) sind durch vollkommene Spaltbarkeit ausgezeichnet und kristallisieren monoklin und triklin. Ihre Hauptvertreter sind:

Orthoklas, monoklin,	$K[AlSi_3O_8]$	oder	$K_2O \cdot Al_2O_3 \cdot 6\,SiO_2$
Albit, triklin,	$Na[AlSi_3O_8]$	oder	$Na_2O \cdot Al_2O_3 \cdot 6\,SiO_2$
Anorthit, triklin,	$Ca[Al_2Si_2O_8]$	oder	$CaO \cdot Al_2O_3 \cdot 2\,SiO_2$.

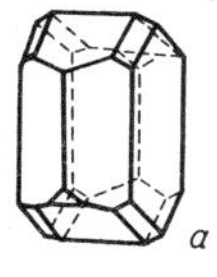

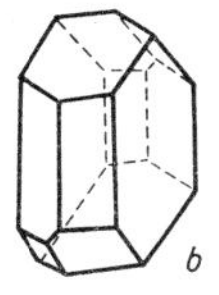

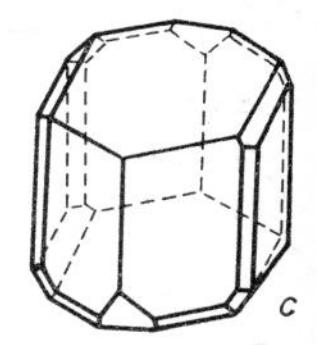

Abb. 8. Feldspatkristalle
a) Orthoklas
b) Albit
c) Anorthit

Sie können als Dreistoffsystem aufgefaßt werden, weil die Elemente Kalium, Natrium und Kalzium sowie Silizium und Aluminium sich teilweise oder ganz gegenseitig vertreten, die Komponenten also Mischungsglieder bilden. So existiert zwischen Albit und Anorthit eine lückenlose Mischungsreihe, d. h., diese beiden Komponenten sind bei allen Temperaturen und in allen Verhältnissen mischbar. Ihre Mischungsglieder werden Plagioklase genannt. Abarten des Orthoklas sind Sanidin, Adular und der trikline Mikroklin. Während Orthoklas als wesentlicher Gemengteil vieler Tiefen- und älterer Ergußgesteine und metamorpher Gesteine auftritt, z. B. im Granit, Syenit, Porphyr, Gneis, ist Sanidin der Kalifeldspat der jüngeren Ergußgesteine. Orthoklas und Albit bilden bei höheren Temperaturen die Natronorthoklase; Mischungsglieder von Mikroklin und Albit heißen Anorthoklase. Mit der chemischen Zusammensetzung der Feldspäte ändern sich auch die physikalisch-optischen Eigenschaften. In Gesteinsdünnschliffen verraten sich die Feldspäte, insbesondere die Plagioklase, durch eine auffällige Zwillingslamellierung (Tafel 11), die dadurch zustande kommt, daß diese Minerale meistens nicht als einzelne, homogene

Individuen auskristallisieren, sondern Mineralaggregate bilden, deren Komponenten nach bestimmten Gesetzen parallel miteinander verwachsen sind. Zwillingslamellen und Spaltrisse erleichtern bei der mikroskopischen Untersuchung die optischen Bestimmungen. Die optische Bestimmung des Anorthitanteils in den Plagioklasen entscheidet in vielen Fällen ihre Zugehörigkeit zu einem ganz bestimmten Eruptivgestein.

Die Feldspatvertreter sind wesentlich seltener als die Feldspäte. Sie entstehen aus Magmaschmelzen, deren Kieselsäuregehalt nicht groß genug ist, um die kieselsäurereichen Feldspäte zu bilden. An Stelle des Orthoklas entsteht der Leuzit und an Stelle des Albits der Nephelin:

Orthoklas	$K[AlSi_3O_8]$	oder	$K_2O \cdot Al_2O_3 \cdot 6SiO_2$
Leuzit	$K[AlSi_2O_6]$	oder	$K_2O \cdot Al_2O_3 \cdot 4SiO_2$
Albit	$Na[AlSi_3O_8]$	oder	$Na_2O \cdot Al_2O_3 \cdot 6SiO_2$
Nephelin	$Na[AlSiO_4]$	oder	$Na_2O \cdot Al_2O_3 \cdot 2SiO_2$.

Leuzit kommt hauptsächlich in Ergußgesteinen vor, während er in Tiefengesteinen sehr selten ist. Zu den tonerdereichsten Silikaten gehört der Nephelin, der in Erguß- und Tiefengesteinen angetroffen wird. Auch Kalzium tritt in den Feldspatvertretern im Vergleich zu den Feldspäten zurück. Feldspatvertreter finden sich daher hauptsächlich in Alkaligesteinen.

Bei der Kristallisation von kieselsäurereichen Schmelzen und aus Lösungen scheidet sich freie Kieselsäure in verschiedenen Modifikationen aus. Je nach den Temperatur- und Druckbedingungen bilden sich Quarz, Tridymit, Cristobalit, Opal. Von den kristallinen Modifikationen ist Quarz am häufigsten und sowohl in Magmatiten und Metamorphiten als auch in Sedimentiten zu finden. Es gibt vom Quarz eine Tief- und eine Hochtemperaturform, wobei der Umwandlungspunkt bei 573 °C liegt. Derartige Umwandlungspunkte benutzt man als Fixpunkte geologischer Thermometer (S. 81). Äußerlich unterscheiden sich die Quarzmodifikationen durch ihre Kristallform. Der Tiefquarz ist schlankprismatisch und hat Rhomboederflächen, während der Hochquarz (Abb. 9) mit Doppelpyramiden und kurzem Prisma auftritt. Optisch sind die Quarze durch niedrige Licht- und Doppelbrechung, wasserklare Durchsichtigkeit und Fehlen der Spaltbarkeit charakterisiert.

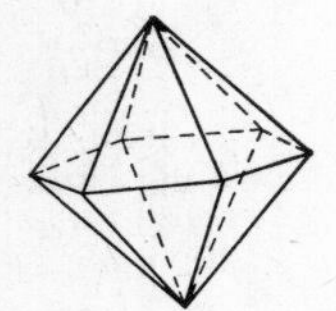

Abb. 9. Kristall des Hochquarzes

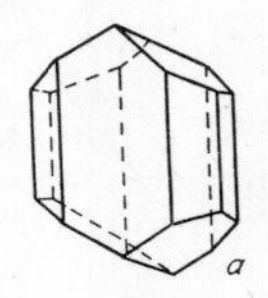

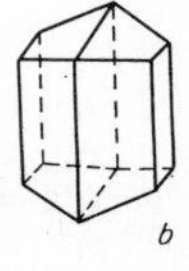

Abb. 10. a) Pyroxenkristall, b) Amphibolkristall

Von den dunklen Mineralen sind am häufigsten die Pyroxene, die auch als Augite, und die Amphibole, die auch als Hornblenden bezeichnet werden (Abb. 10). Chemisch gesehen, handelt es sich um Kalk-Magnesia-Silikate mit Eisen und Tonerde von stark wechselnder Zusammensetzung. Beide Mineralgruppen besitzen rhombische und monokline Glieder, wobei jeweils die monoklinen Vertreter am häufigsten, aber auch hinsichtlich des Chemismus am vielseitigsten sind. Dunkelgrüne und dunkelbraune Varietäten sind bei beiden vorherrschend, auch Härte und Dichte ganz ähnlich. Unterschiede bestehen, abgesehen vom Chemismus, hauptsächlich bei kristallographischen und kristalloptischen Eigenschaften.

Ein wichtiger Vertreter der Pyroxene ist der Diopsid mit der Zusammensetzung $CaMg[Si_2O_6]$. Als Beispiel der Amphibolfamilie sei der Tremolit mit der Formel $Ca_2(Mg, Fe)_5[(OH, F)_2Si_8O_{22}]$ genannt.
Die **Glimmer**minerale zeichnen sich durch eine sehr vollkommene Spaltbarkeit aus. Sie kristallisieren monoklin und sind ebenfalls sehr verschieden zusammengesetzt. Von den Abarten sind wichtig für die Gesteinsbildung

Biotit $= K(Mg, Fe, Mn)_3[(OH, F)_2AlSi_3O_{10}]$ und

Muskowit $= KAl_2[(OH, F)_2AlSi_3O_{10}]$.

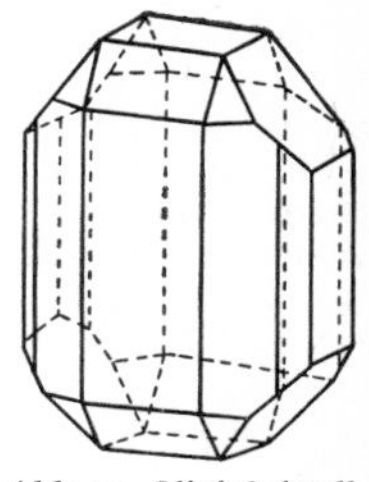

Abb. 11. Olivinkristall

Sämtliche Glimmervarietäten zeigen charakteristische optische Eigenschaften, die an dünnen Spaltblättchen gut zu beobachten sind (Tafel 1). Besonders bezeichnend für Biotit, den häufigsten Glimmer, ist der starke Pleochroismus. Biotit ist wesentlicher oder akzessorischer Gemengteil der meisten Magmagesteine und kommt auch in Gneisen, Glimmerschiefern und kontaktmetamorphen Hornfelsen vor. Muskowit ist hauptsächlich in sauren Tiefengesteinen, in kristallinen Schiefern und auch in Sedimenten vorhanden.
In einer Reihe von Magmagesteinen, hauptsächlich in basischen, ist der **Olivin** sehr stark vertreten. Die Minerale der Olivingruppe sind Orthosilikate zweiwertiger Metalle und kristallisieren rhombisch. Die Olivine sind Mischungsglieder der beiden Komponenten Forsterit $Mg_2[SiO_4]$ und Fayalit $Fe_2[SiO_4]$. In den Magmagesteinen stellt der Olivin eine Frühausscheidung

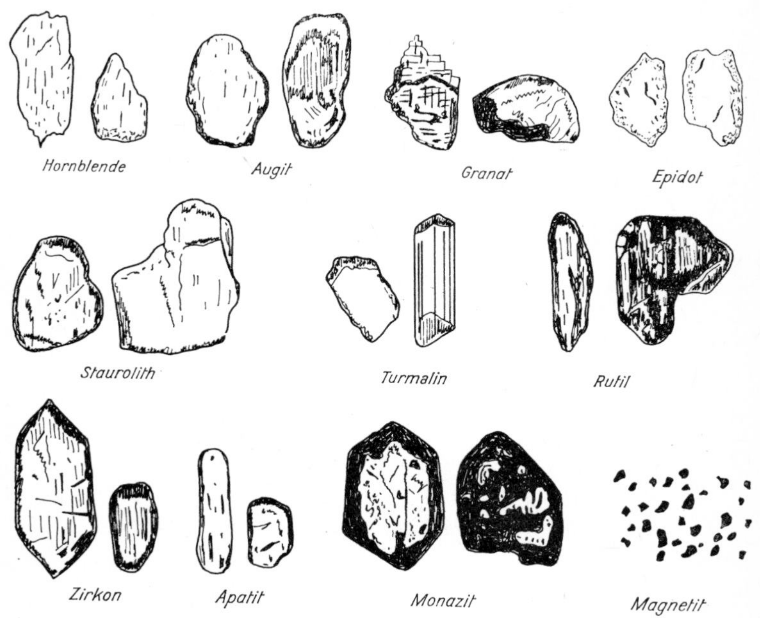

Abb. 12. Ausbildungsweise von Schwermineralkörnern in Sanden (nach Milner, Niggli u. a.)

dar, d. h., er kristallisiert gleich zu Beginn aus der sich abkühlenden silikatischen Schmelze und zeigt daher auch kristallographische Umrisse (Abb. 11). Eine große Rolle spielen bei ihm die Umwandlungserscheinungen, und zwar wird er meist in Serpentin umgewandelt. Die Serpentinbildung geht dabei gewöhnlich von den Spaltrissen aus, und es entsteht eine typische Maschenstruktur.

Schwerminerale. Eine wichtige Gruppe unter den gesteinsbildenden Mineralen stellen die Schwerminerale dar. Man versteht darunter Minerale mit einer Dichte von mehr als 2,9. Einige der bekanntesten finden sich in Abb. 12. Schwerminerale kommen in magmatischen, metamorphen und sedimentären Gesteinen vor. Verwittern die Gesteine und werden die Verwitterungsprodukte abtransportiert und dann wieder abgelagert, so setzen sich auch die Schwerminerale in den Sedimenten ab. Durch die Schwermineralanalyse können genauere Angaben über die Herkunft eines Sediments gemacht werden. Je nach der Entstehungsgeschichte der Sedimente, je nach dem Transportweg, den die Schwerminerale bis zur Ablagerung durchliefen, zeigen diese Minerale verschiedene Korngrößen, Kornformen und Kornverteilungen. So kann man z. B. in Sanden die in Abb. 12 gezeigten Ausbildungsformen beobachten. Die Bedeutung der Schwermineralanalyse liegt weiterhin darin, daß man mit ihrer Hilfe Gesteinsschichten vergleichen und stratigraphisch einordnen kann. Vor allem wird sie auch bei der Erkundung von Lagerstätten, insbesondere der Erdöllagerstätten, benutzt (S. 585). In den letzten Jahren werden schwermineralanalytische Untersuchungen auch auf magmatische und metamorphe Gesteine ausgedehnt, um zu klären, wie die Schwerminerale in ihren Ursprungsgesteinen aussehen, und zum anderen die Kenntnis über den Mineralbestand dieser Gesteine zu erweitern und auch verschiedene Vorkommen schwermineralanalytisch miteinander vergleichen zu können.

Die Gesteine und ihre Entstehung

Die Erdkruste, das Forschungsgebiet der Geologie, ist aus Gesteinen aufgebaut, die durch besondere geologische Vorgänge entstehen. Mit der Zusammensetzung der Gesteine, ihrer Beschreibung und ihrer Klassifikation beschäftigt sich die **Petrographie,** während die für die Entstehung der Gesteine maßgeblichen Faktoren und ihre natürlichen Vorkommen von den **Petrologen** untersucht werden. Gesteine stellen im allgemeinen Gemenge verschiedenartiger Minerale dar. Kleine Teile der Erdkruste können allerdings auch aus nur einer einzigen Mineralart bestehen (z. B. Gips), die man dann ebenfalls als Gestein bezeichnet: als einfaches oder monomineralisches Gestein im Unterschied zu den zusammengesetzten und ungleichartigen Gesteinen.

Die Gesteine unterscheiden sich voneinander durch ihren Mineralbestand, ihre chemische Zusammensetzung, ihre physikalischen Eigenschaften (z. B. Dichte und Festigkeit) sowie durch ihren inneren Bau, ihr Gefüge (vgl. auch Kap. „Technische Gesteinskunde", S. 639), das durch die Struktur und die Textur bestimmt wird. Unter Struktur versteht man das Wachstumsgefüge, die Größe, Kristallentwicklung und Form der Mineralkörner, unter Textur die durch äußere Ursachen hervorgerufene Verbindungsart und räumliche Anordnung der mineralischen Gemengteile.

Nach ihrer Entstehung unterteilt man die Gesteine in

1. **Magmatite**, auch Erstarrungs-, Eruptiv-, Massen- oder Magmagesteine genannt, die aus schmelzflüssigem Magma erstarren;
2. **Sedimentite**, auch Schicht- oder Absatzgesteine genannt, die durch Ablagerung von durch Verwitterung zerstörtem und aufbereitetem Gesteinsmaterial vor allem im Meer entstehen;
3. **Metamorphite**, auch als metamorphe Gesteine bezeichnet, die aus der Umwandlung anderer Gesteine hervorgehen.

Magmatite einschließlich Metamorphiten nehmen etwa 95 % des uns bisher bekannten oberen Teils der Erdkruste, d. h. bis in etwa 16 km Tiefe, ein, während auf die Sedimentgesteine nur rund 5 % entfallen. Betrachtet man aber nicht das Volumen der Kruste, sondern nur deren Oberfläche, dann wird diese zu 75 % von Sedimentiten und nur zu 25 % von Magmatiten und metamorphen Gesteinen bedeckt (Abb. 13). Die Sedimentgesteine liegen also wie eine dünne Haut über den magmatischen und metamorphen Gesteinen; ihre durchschnittliche Mächtigkeit beträgt nur etwa 1,5 km.

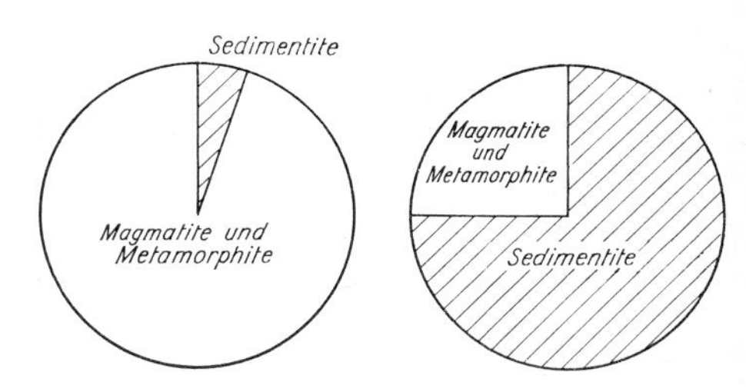

Abb. 13. Relative Häufigkeit der magmatischen, metamorphen und sedimentären Gesteine innerhalb der 16-km-Zone der Lithosphäre (links) und an der Erdoberfläche (rechts)

Während man bis vor kurzem annahm, daß Magmatite die erstgebildeten Gesteine der Erdkruste seien und auch gegenwärtig noch aus ursprünglichen, einheitlichen Magmen entstünden — daß also die vorhandenen Magmagesteine Primärgesteine seien im Unterschied zu den Sedimentiten und Metamorphiten als Sekundärgesteinen —, gehen neuerdings die Meinungen auseinander. Manche Forscher behaupten, daß nur noch wenige oder sogar gar keine Primärgesteine mehr vorhanden seien, daß die meisten oder alle schon ein- oder mehrmals umgewandelt worden und die heute feststellbaren Magmen nicht mehr ursprünglich und einheitlich seien, sondern ganz verschiedene Zusammensetzung hätten. Es spielen hierbei auch die verschiedenen Auffassungen von der Entstehung der Erde — „heiße" oder „kalte" Entstehung — eine Rolle. Jedenfalls sind alle diese Fragen noch keineswegs restlos geklärt.

Magmatite

Den Begriff Magma, griech. „Teig", führte 1847 der Petrograph DUROCHET in einer Arbeit über isländische Laven in die wissenschaftliche Nomenklatur ein. Man versteht heute darunter eine natürlich vorkommende Gesteinsschmelze mit wechselnden oder auch fehlenden Mengen an Gasen und Dämpfen, die — nach der Zusammensetzung der daraus entstehenden Minerale und Gesteine zu schließen — die folgenden acht Oxide als Hauptkomponenten enthält: Siliziumdioxid SiO_2, Aluminiumoxid Al_2O_3, Eisen(III)-oxid Fe_2O_3, Eisen(II)-oxid FeO, Magnesiumoxid MgO, Kalziumoxid CaO, Natriumoxid Na_2O, Kaliumoxid K_2O. Dazu kommen noch viele andere Oxide in kleineren Mengen und insbesondere leichtflüchtige Bestandteile, darunter vor allem Wasser. Geophysikalische Untersuchungen, Höchstdruckversuche und experimentelle Untersuchungen von natürlichen und synthetischen Gesteinssystemen, besonders von granitischen und basaltischen Schmelzen, haben zu der heute allgemein anerkannten Auffassung geführt, daß magmatische Schmelzen innerhalb der Erdkruste und im oberen Bereich des Erdmantels auftreten können. Ihrem Ursprung nach sind es primäre simatische Magmen in einem Bereich von 60 bis 150 km Tiefe und sekundäre sialische Magmen in Tiefen zwischen 10 und 25 km.
Auf dem Magma lasten je nach Tiefenlage mehr oder weniger mächtige Gesteinsmassen, die auf die Schmelzregionen einen ungeheuren Druck ausüben. Diesem von außen wirkenden Druck steht der durch Gase und Dämpfe verursachte Innendruck der magmatischen Schmelze gegenüber. Je nach dem Gehalt an leichtflüchtigen Bestandteilen weisen sialische Magmen Temperaturen von 650 bis 800 °C, selten bis 900 °C auf, während man bei simatischen Magmen wohl mit Temperaturen zwischen 1100 und 1500 °C rechnen muß. Die Temperaturangaben beruhen teils auf Messungen an Laven — das sind Magmen, die sich auf die Erdoberfläche ergossen haben —, teils auf den Ergebnissen experimenteller Untersuchungen an verschiedenen Schmelzen. Auch Umwandlungspunkte bestimmter Minerale, die magmatischen Ursprungs sind, lassen Rückschlüsse auf die ursprünglichen Temperaturen zu.
Einige Minerale wandeln sich nämlich bei bestimmten Temperaturen um, so z. B. grüne Hornblende bei 750 °C in braune Hornblende oder Tiefquarz bei 573 °C in Hochquarz. Man hat diese und andere Fixpunkte zu einem **geologischen Thermometer** (Tab. 4, die beliebig erweitert werden könnte) zusammengestellt. Bestimmte Mineralmodifikationen in den Gesteinen lassen sich also als Temperaturindikatoren verwenden.

Tab. 4. Das geologische Thermometer

1340 °C	Schmelzpunkt des Kalkspats bei einem CO_2-Druck von 1000 atm
1175 °C	inkongruenter Schmelzpunkt von Orthoklas
1080 °C	Dissoziation (Zerfall in Ionen) von Hornblende
870 °C	Umwandlung Quarz → Tridymit
750 °C	Umwandlung grüne Hornblende → braune Hornblende
573 °C	Umwandlung Tiefquarz → Hochquarz
500 °C	Bildung von Wollastonit $CaSiO_3$ aus $CaCO_3$ und SiO_2 bei 12 atm
400 °C	Umwandlung Markasit → Pyrit

Das in der Erdkruste vorhandene Magma kann, wie noch ausführlich erläutert wird (S. 83), durch Wärmedifferenzen oder aus anderen Gründen in eine Strömung geraten und dadurch aktiv in die Gestaltung der Erdkruste eingreifen, indem es durch vermehrten Zustrom den darüberliegenden Krustenteil aufwölbt oder indem es, selbst absinkend, die darüberliegenden Krustenteile nachzieht. Anderseits kann das Magma aber auch erst durch Hebungen und Senkungen von Krustenteilen, insbesondere im Zusammenhang mit Gebirgsbildungen, in Bewegung gesetzt werden. Es gelangt dann in Schwächezonen der Erdkruste, d. h. in Zonen, deren Gesteinsmaterial noch nicht vollständig verfestigt ist, wie die stetig sinkenden Geosynklinalen, oder in Krustenzonen, die durch Brüche und Spalten zerrissen sind. In diesen Zonen steigt das Magma nach oben, dringt in Hohlräume und Spalten zwischen Gesteine ein oder ergießt sich gar auf die Erdoberfläche, kühlt sich beim Aufsteigen ab und geht infolge der Abkühlung und Druckverminderung in gesetzmäßigen Stadien aus einem amorphen — gestaltlosen — Glasfluß in den kristallinen Zustand über; es erstarrt zu Mineralen und Gesteinen.
Alle mit dem Magma zusammenhängenden Vorgänge faßt man unter dem Begriff **Magmatismus** zusammen und unterscheidet dabei den **Plutonismus**, d. h. alle magmatischen Vorgänge, die sich innerhalb der Erdkruste bzw. im oberen Teil des Erdmantels abspielen, und den **Vulkanismus**, die magmatischen Vorgänge, die auf die Erdoberfläche übergreifen. Bei den aus dem Magma entstehenden Gesteinen unterscheidet man die innerhalb der Erdkruste, also im plutonischen Bereich, sich bildenden **Tiefengesteine** oder **Plutonite** von den an der Erdoberfläche, also im vulkanischen Bereich, erstarrten **Ergußgesteinen** oder **Vulkaniten**.
Was die Kristallisation des Magmas und die Gesteinsbildung im einzelnen anbelangt, so bieten das Studium silikatischer Schmelzen und die Untersuchungen über die chemische Zusammensetzung, den Mineralbestand und den strukturellen Aufbau natürlicher und künstlicher Gesteine die Möglichkeit, bestimmte Aussagen über die innerhalb der Erdkruste verlaufenden Vorgänge zu machen, die zur Bildung von magmatischen Gesteinen führen. Dabei sei vorausgeschickt, daß es zu jedem Tiefengestein ein entsprechendes Ergußgestein gibt, d. h., wenn das Magma nicht im Innern der Erdkruste, sondern an der Erdoberfläche erstarrt, entstehen — je nach dem Ausgangschemismus des betreffenden Magmas — Gesteine mit derselben chemischen und mineralischen Zusammensetzung wie in der Tiefe, nur ihr Gefüge ist anders als das der Plutonite. So entsprechen z. B. dem Tiefengestein Gabbro die Oberflächengesteine Basalt und Diabas, dem Diorit der Andesit und der Porphyrit, dem Granit der Rhyolith und der Quarzporphyr (Tab. 5).

Tab. 5. Klassifikation der Magmatite (nach A. L. Streckeisen, 1967, modifiziert)

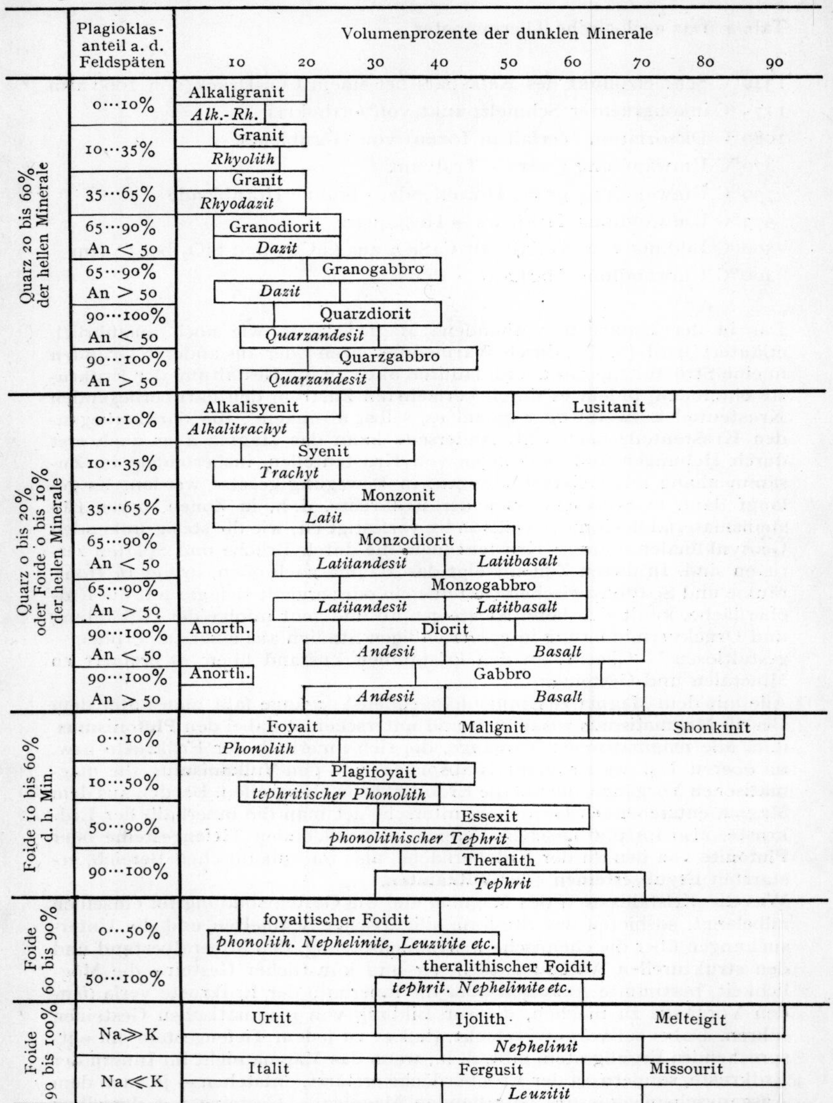

Helle Minerale: Alkalifeldspat, Anorthoklas, Kalifeldspat, Leuzit, Mikrolin, Nephelin, Plagioklas, Quarz, Sanidin.
Dunkle Minerale: Ägirin, Ägirin-Augit, Alkali-Augit, Alkali-Hornblende, Augit, Biotit, Diopsid, Hornblende, Hypersthen, Muskowit, Olivin.
Tiefengesteine und entsprechende Ergußgesteinsäquivalente (in Kursivschrift) stehen jeweils untereinander. Alk.-Rh. = Alkalirhyolith, Anorth. = Anorthosit

Da die innerhalb der Erdkruste bzw. im oberen Erdmantel vorhandenen oder entstehenden primären und sekundären Schmelzen physikalisch-chemisch betrachtet Mehrstoffsysteme darstellen, ist es außerordentlich schwierig, den Einfluß und die Entwicklung der einzelnen Komponenten bei den Kristallisationsvorgängen abzuschätzen. Im Laboratorium ist es wohl möglich, das Schmelzen und Kristallisieren von Systemen mit zwei, drei oder vier Komponenten zu untersuchen und diese Ergebnisse für die Deutung der Kristallisationsvorgänge im Magma auszuwerten, in der Natur sind die Vorgänge jedoch weitaus komplizierter.
Auf Grund der Tatsache, daß bei den riesigen Basaltvorkommen an der Erdoberfläche kaum eine Differentiation festzustellen ist, nehmen viele Forscher an, daß es sich bei den Schmelzflüssen, aus denen der Basalt entstanden ist, um das Urmagma handele, daß also das Urmagma eine Schmelze von der Zusammensetzung des Basalts oder des chemisch genauso beschaffenen Tiefengesteins Gabbro sei. Die Auffassungen darüber, ob diese basaltischen Schmelzen primär und erdumspannend in einer subkrustalen Magmazone auftreten oder ob auch diese Magmen nur Produkte der Einschmelzung von festen Gesteinen (Peridotit oder Eklogit) sind, gehen noch auseinander.
Steigen bei Gebirgsbildungen magmatische Schmelzen in der Erdkruste empor, dann kann es aus verschiedenen Ursachen zu einer Spaltung, einer **Differentiation**, des Magmas kommen, und zwar:

1. durch Liquation, d. h. durch Aufspalten des Magmas in noch flüssige Teilmagmen infolge von Schwereunterschieden;
2. durch Kristallisationsdifferentiation, d. h. durch Trennung der Schmelze von den daraus ausgeschiedenen Kristallen;
3. durch Entgasung und Entwässerung, d. h. durch Abspaltung gas- und dampfförmiger Stoffe.

Durch die Vorgänge der Differentiation können also aus einem einheitlichen gabbroidisch-basaltischen Magma Einzel- oder Teilmagmen verschiedener chemischer Zusammensetzung entstehen. So ist es zu erklären, daß auch die aus dem Magma gebildeten Magmagesteine verschieden beschaffen sind, daß es also überhaupt zu der vorhandenen Vielzahl von Magmatiten kommen kann. Im einzelnen kann die Differentiation eines gabbroidischen Magmas folgendermaßen verlaufen:
Aus einer aufsteigenden gabbroidischen Schmelze spalten sich, wohl bei Temperaturen von weit über 1300 °C, zunächst die sulfidischen Schmelzanteile ab; sie sinken wegen ihrer hohen Dichte ab, während die silikatischen Bestandteile weiter aufsteigen. Nach diesem Vorgang der Liquation kommt es in der verbliebenen silikatischen Schmelze zur Kristallisationsdifferentiation, d. h., infolge der mit dem Aufsteigen der Schmelze verbundenen Temperatur- und Druckerniedrigung kristallisieren Minerale aus, die sich entsprechend ihrer Dichte von der Schmelze trennen. Als erste Minerale kristallisieren Olivin und Bytownit aus. Olivin, der schwerer als die Schmelze ist, sinkt mit fester Phase ab, während Bytownit auf der Schmelze schwimmt. Dann scheiden sich der schwere Pyroxen und der leichte Labrador ab. Die genannten Minerale bilden die Gabbrogesteine. Aus dem übriggebliebenen Teilmagma scheiden sich nach dem in Abb. 14 gezeigten Schema weitere Minerale aus, aus denen zunächst Diorite und schließlich Granite entstehen.
Dabei können die jeweils auskristallisierenden Minerale nicht nur entsprechend ihrer Dichte von der Schmelze getrennt werden, sondern auch

durch gebirgsbildende Kräfte, die die flüssige Restschmelze weiter empor-pressen oder abquetschen.
Die Reihenfolge der kristallinen Ausscheidung innerhalb des Magmas entspricht nicht den Schmelzpunkten der einzelnen Komponenten. So ist Quarz fast immer eine der jüngsten Ausscheidungen, obwohl er für sich allein fast den höchsten Schmelzpunkt hat. Die Anwesenheit anderer Komponenten drückt jeweils den Schmelzpunkt herab. Die Folge der Ausscheidung wird also durch die jeweilige chemische Zusammensetzung der Schmelze bestimmt, die sich durch die Ausscheidung der Kristalle ständig verändert. Die ausgeschiedenen Kristalle können auch wieder mit der Restschmelze reagieren.

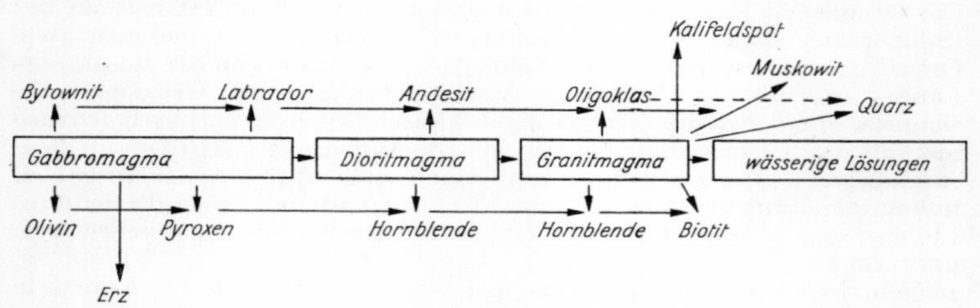

Abb. 14. Schema der Kristallisationsdifferentiation eines basaltischen Magmas

Die ursprünglich basische Schmelze sowie die aus ihr erstarrenden Gesteine nehmen bei den geschilderten Vorgängen zunehmend sauren Charakter an. Die zuerst entstehenden basischen Gabbrogesteine haben nur einen Kieselsäure(SiO_2)-Gehalt von weniger als 52%. In dem nach ihrer Absonderung verbliebenen Teilmagma haben sich die sauren Bestandteile angereichert. Daher enthalten die als nächste sich bildenden Diorite, die man als neutrale oder intermediäre Gesteine bezeichnet, 52 bis 65% und die zuletzt auskristallisierenden Granite 65 bis 82% SiO_2. Die Granite sind also saure Gesteine.
In den SiO_2-armen basischen Gesteinen herrschen die Eisen(Fe)-Magnesium(Mg)-Kalzium(Ca)-Silikate vor; man bezeichnet sie daher als femisch oder mafisch und wegen ihrer dunklen Färbung als melanokrat (griech. melas „schwarz"). In den SiO_2-reichen sauren Gesteinen herrschen Alkali- und Erdalkali-Silikate vor; man bezeichnet sie daher als sialisch oder felsisch und wegen ihrer hellen Färbung als leukokrat (griech. leukos „weiß").
Die Vorgänge der Kristallisationsdifferentiation dürften bei Temperaturen zwischen 1300 und 650 °C ablaufen. Man bezeichnet diesen Entwicklungsabschnitt einer magmatischen Schmelze einschließlich des Vorganges der Liquation als liquidmagmatisches Stadium. Im liquidmagmatischen Stadium können sich also Gabbros, Diorite und Granite bilden, d. h. die wichtigsten Tiefengesteine. Nachdem sich die diese Gesteine aufbauenden Minerale aus der Magmaschmelze ausgeschieden haben, sind in der verbliebenen Restschmelze die leichtflüchtigen Bestandteile, die Gase und Dämpfe, stark angereichert. Bei der Entstehung der Tiefengesteine spielten sie nur eine geringe Rolle, doch jetzt bestimmen vor allem sie die Weiterentwicklung des Restmagmas.
Aus der Restschmelze können sich sofort Gase und Dämpfe abspalten, wenn der Druck der darüber lastenden Gesteinsmassen überwunden wird, indem entweder Spalten und Klüfte aufreißen oder die Gesteinsdecke völlig

durchschlagen wird. Auf diese Weise kann es zu explosiven Gasausbrüchen und anderen vulkanischen Erscheinungen kommen.
Tritt diese plötzliche Druckentlastung nicht ein, so entstehen aus der Restschmelze unterirdisch bei Temperaturen unter 700 °C eigenartige gasreiche, fluide Lösungen, die außerordentlich beweglich sind. Sie wandern in Spalten des Nebengesteins, doch auch in Spalten des bereits erstarrten Magmagesteinskörpers, und bilden das Ganggefolge der Tiefengesteine, die Pegmatite und andere Spaltungsgesteine, die in einem besonderen Abschnitt kurz charakterisiert werden (S. 89). Dabei bilden sich aus den fluiden Lösungen in der Zeiteinheit besonders große Mengen grob- bis riesenkörniger Aggregate. Bekannt sind Berylle mit einem Gewicht bis zu 18 t (Maine, USA), Spodumen bis zu einer Länge von 14 m und mit 90 t Gewicht (Süddakota, USA), Biotite mit einer Fläche von 7 m² (Südnorwegen), Orthoklase bis zu 100 t Gewicht (Norwegen), Rauchquarze bis zu 2 m Länge (Ural, SU) und Zirkon bis zu 6 kg Gewicht (Ontario, Kanada). Die sich aus solch grobkörnigen Mineralen aufbauenden Gesteine bezeichnet man als Pegmatite.
Auf das pegmatitische Stadium folgt das pneumatolytische Stadium, in dem bei Temperaturen zwischen 550 und 450 °C besonders dampfreiche Lösungen in die umgebenden Gesteine gepreßt werden und diese weitgehend umwandeln. Die Umwandlung des Nebengesteins durch Stoffzufuhr bezeichnet man als Kontaktmetasomatose (vgl. S. 133). In dem hydrothermalen Stadium schließlich, mit dem die Differentiation des Magmas abschließt, werden bei Temperaturen von 450 °C an abwärts nur noch stark verdünnte wäßrige Lösungen in die umgebenden Gesteine gedrängt. Es entstehen ebenfalls Mineralneubildungen durch Absatz in Hohlräumen oder Verdrängung anderer Minerale.
Damit sind alle Bestandteile des ursprünglich schmelzflüssigen Magmas erstarrt. Nur durch das Magma erwärmte Wässer können noch innerhalb der Erdkruste zirkulieren.
Magmatische Lösungen, Gase und Dämpfe sind es gewesen, die in vielen Fällen auch die Bildung von Erzlagerstätten bewirkten. Die Hauptmasse der Erzgänge entsteht vor allem im hydrothermalen Stadium: Lagerstätten von Gold, Silber, Kupfer, Blei, Zink, z. T. auch Uran, Antimon, Arsen, Wismut, Eisen. In den vorangegangenen Stadien kommt es ebenfalls bereits zu Erzausscheidungen, die jedoch nicht so umfangreich wie die hydrothermalen sind. Zu den meist an basische Tiefengesteine gebundenen liquidmagmatischen Lagerstätten, die z. T. durch Liquation entstanden, gehören die Vorkommen von Titanerzen, Chromit, Platin, Nickelmagnetkies und Kupferkies, zu den meist an saure Tiefengesteine gebundenen pegmatitischen Lagerstätten die von Zinn, Uran, Thorium, seltenen Erden, Edelsteinen, wie Turmalin, Topas und Beryll. Im pneumatolytischen Stadium entstehen Zinnerz- und Wolframgänge, Molybdängänge, Kupfer-, Gold-, Blei-, Silbergänge mit Turmalin, Topas und Lithiumglimmer sowie durch Reaktion mit dem Nebengestein Kontaktlagerstätten von Magnetit, Eisenglanz, Zinkblende und Kupferkies (vgl. auch Kap. „Metallogenie", S. 552, und „Lagerstätten der Erze", S. 601).

Von allen Tiefengesteinen ist der **Granit** das häufigste, und zwar beträgt sein Anteil an der Gesamtheit der Tiefengesteine 90 bis 95%. Die übrigen Tiefengesteine treten an Häufigkeit sehr hinter ihm zurück. Ihre Vorkommen sind nicht selten an die des Granits gebunden.
Nach HOLMES entstehen aus einem gabbroiden Magma durch Kristallisationsdifferentiation nur etwa 5 Volumenprozent Granit. Diese Berechnung steht aber im Widerspruch zu der Häufigkeit der Granite innerhalb

der Erdkruste. Daher kam man zu dem Schluß, daß dieses saure Tiefengestein nicht nur aus primärem Magma durch Differentiation entstehen kann, sondern daß es weitere Möglichkeiten für seine Bildung geben muß. Selbst wenn man berücksichtigt, daß der Anteil des aus einer gabbroiden Schmelze sich bildenden Granits größer werden kann, wenn die aufsteigende Schmelze sich nicht nur durch Differentiation verändert und saurer wird, sondern auch durch **Assimilation**, d. h. durch Aufnahme von Nebengestein, fremden Magmen, Lösungen oder Gasen, können auch damit noch nicht die riesigen Granitmengen innerhalb der Erdkruste erklärt werden.
Auf Grund zahlreicher geologischer und petrographisch-geochemischer Beobachtungen, im Ergebnis experimenteller Untersuchungen an granitischen und granitähnlichen Schmelzen sowie aus der Erkenntnis, daß bei vielen gesteinsbildenden Vorgängen innerhalb der Erdkruste das Wasser eine große Rolle spielt, kann man mit MEHNERT die Möglichkeiten zur Bildung granitischer und granitähnlicher (granitoider) Gesteine in drei Gruppen zusammenfassen:

1. magmatische Entstehung: Kristallisationsdifferentiation in einer magmatischen Schmelze bei abnehmenden Temperaturen;
2. Entstehung durch selektive Mobilisation: Vorher immobile Gesteinskomponenten werden bei zunehmenden Temperaturen mobilisiert. Dabei kann die Mobilisation bis zur Aufschmelzung (Anatexis) gehen;
3. metasomatische Entstehung: Umwandlung verschiedener Gesteine in „Granitoide" über Stoffaustauschreaktionen.

Dieser Prozeß wird auch als Granitisation bezeichnet.

Mit diesen Hauptgruppen sind jedoch die Möglichkeiten der Entstehung von Granit sicher nicht erschöpft, vielmehr muß noch mit zahlreichen Übergängen gerechnet werden. Auf jeden Fall muß als erwiesen gelten, daß Granite bzw. Granitoide sowohl durch Aufschmelzung von Sedimentgesteinen als auch durch metasomatische Veränderungen dieser Gesteine entstehen können. In diesem Zusammenhang hat speziell WINKLER mit seinen Schmelzversuchen nachgewiesen, daß aus bestimmten sedimentären Ausgangsgesteinen bei Temperaturen um 650 bis 700°C bei entsprechendem H_2O-Gehalt Schmelzen granitischer Zusammensetzung über die Anatexis neu gebildet werden können. Unter Berücksichtigung der jeweils geltenden geothermischen Tiefenstufe können anatektische Schmelzen in einer Erdtiefe von 10 bis 20 km gebildet werden. Anatexis und Metasomatose sind Prozesse, die in den Bereich der Metamorphose bzw. Ultrametamorphose gehören und auf S. 118ff. ausführlicher behandelt werden.
Neben dem Granit gibt es auch noch andere Tiefengesteine, die nicht auf dem Wege der Kristallisationsdifferentiation aus einem primären Magma entstanden sind, doch ist mit Ausnahme der metasomatisch entstandenen Gesteine auch hier das Magma in irgendeiner Form beteiligt. Daraus ist ersichtlich, daß zwar mineralogisch und petrographisch Tiefengesteine eindeutig charakterisiert werden können, daß ihre Entstehungsgeschichte aber von Fall zu Fall untersucht werden muß.
Die Tiefengesteine bilden in ihrer Gesamtheit große Tiefengesteinskörper, die man **Plutone** nennt. Ausdehnung und Form der Plutone sind sehr verschieden. Man kann sie studieren, wenn sie durch Abtragung des Deckgebirges im Lauf von Jahrmillionen freigelegt wurden. Der Brocken ist z.B. ein solcher freigelegter Pluton, der sich einst im Kern des Harzes bildete.
Zu den größten plutonischen Massen gehören die **Batholithe**, die Durchmesser bis zu Hunderten von Kilometern haben. Ihre seitlichen Grenz-

flächen streben nach unten auseinander, so daß es scheint, als setze sich der Batholith in die „ewige Teufe“ fort. Seine tatsächliche untere Grenze entzieht sich häufig der Beobachtung. Den größten der bekannten Batholithe bildet der afrikanische Zentralgranit mit einer Fläche von rund 250000 km².

Dringt das Magma in Schichtfugen von Sedimentgesteinen ein oder breitet es sich auf anderen tektonischen Grenzflächen oder in Spalten mehr oder weniger horizontal aus, so entstehen plattige Tiefengesteinskörper, die man als **Lagergänge** oder **Intrusivlager** bezeichnet. Der aus Diabas bestehende Whin-sill-Lagergang im Steinkohlenbecken von Newcastle in Mittelengland hat eine Länge von 125 km und eine flächenhafte Ausdehnung von rund 4000 km². Werden bei der Intrusion, dem Eindringen des Magmas in das Nebengestein, die Deckschichten aufgewölbt, so daß der erstarrende Gesteinskörper sich pilzförmig oder baumartig gestaltet, spricht man von **Lakkolithen** (Abb. 15). Der Lakkolith von Sudbury in Kanada, der durch seine Nickelmagnetkieslagerstätten bekannt ist, hat eine Länge von 60 km und eine Breite von 30 km. Durchsetzt dagegen das Magma mehr oder weniger senkrecht sein Nachbargestein, entstehen bis zu 1000 m im Durchmesser mächtige **Stöcke**.

Abb. 15. Lakkolith

Das Gefüge der aus dem Magma erstarrenden Gesteine wird wesentlich durch die Abkühlungsgeschwindigkeit des Magmas bestimmt. Im Erdinnern erfolgt die Abkühlung des Magmas und die Erstarrung der Tiefengesteine, die aus ihm hervorgehen, außerordentlich langsam, da der Schmelzfluß gegenüber der die Erde umgebenden Atmosphäre durch einen mehr oder weniger mächtigen Gesteinsmantel isoliert ist. Es ist also genügend Zeit vorhanden, daß alle Mineralbestandteile auskristallisieren können. Allerdings zeigen nicht alle Minerale gute, allseitig ausgebildete Kristallflächen, sondern nur die Erstausscheidungen aus der Schmelze, während die Minerale, die zuletzt auskristallisieren und sich mit dem noch vorhandenen Raum begnügen müssen, oft gar keine Kristallflächen mehr haben. Die langsame Abkühlung bedingt bei genügender Stoffzufuhr auch besonders große Minerale. Die Struktur der Tiefengesteine ist daher vollkristallin und gleichmäßig körnig beschaffen. Der Granit erhielt nach der körnigen Struktur seinen Namen (Tafel 1 und 2). Nach dem Rand eines Tiefengesteinskörpers zu, wo die Abkühlung rascher vor sich geht und die Minerale nicht so groß werden, ist die Struktur feinkörniger.

Beim Aufstieg von Magma werden die von ihm durchbrochenen Nebengesteine mehr oder weniger stark beansprucht. Verbiegungen, Faltungen und Bruch der Nebengesteine sind die Folge. Aus solchen Erscheinungen kann man später gegebenenfalls auf die Bewegungsrichtung des Magmas und andere Umstände bei seinem Aufstieg schließen. Weiterhin ordnen sich die Minerale, die aus dem Magma auskristallisieren, entsprechend der Strömungsrichtung an, so daß oft ein deutliches Fließgefüge entsteht. Sie schmiegen sich an die Begrenzungsflächen des Magmas und des daraus erstarrenden Tiefengesteinskörpers, und so kommt es, daß ein regelmäßig ausgebildeter Gesteinskörper ein konzentrisches Parallelgefüge aufweist. Der Tiefengesteinskörper schrumpft im Laufe der Abkühlung zusammen, und es bilden sich feine Risse aus. Unter Einwirkung der nachdrängenden Schmelze und vor allem unter dem Druck von seitlich auf den Tiefengesteinskörper wirkenden tektonischen Kräften reißen dann mit zunehmender Starrheit des Gesteins etwa senkrecht aufeinanderstehende Klüfte und Spalten auf. Unter Klüften versteht man Zerreißungsflächen

im Gestein; von Spalten spricht man meist, wenn die Kluftwände meßbar auseinanderweichen; eine Spalte ist demnach eine erweiterte Kluft. Sie hat eine Breite von wenigstens einigen Millimetern, kann aber auch bis zu 50 m und mehr breit sein. Es entstehen Lager-, Quer- und Längsklüfte, wobei die Querklüfte in der tektonischen Druckrichtung liegen und die Längsklüfte senkrecht dazu stehen. Auf Kluftsysteme geht die gute Teilbarkeit vieler Tiefengesteine zurück, die im Steinbruch den Abbau wesentlich erleichtert. Wirken auf den Tiefengesteinskörper zu gleicher Zeit seitlich mehrere tektonische Kräfte ein, so bilden sich diagonale Klüfte, die — in Abhängigkeit von der Druckrichtung — zur Dehnung oder Streckung des Gesteinskörpers führen. Solche Klüfte können auch bei posttektonischen Beanspruchungen noch entstehen.
Alle diese Erscheinungen, aus denen man auf die Entwicklungsgeschichte von Tiefengesteinskörpern schließen kann, faßt man nach H. CLOOS unter der Bezeichnung **Granittektonik** oder **Magmentektonik** zusammen (Abb. 16). Die Erscheinungsformen der Granittektonik sind um so regelmäßiger ausgebildet, je regelmäßiger der Tiefengesteinskörper geformt ist. Die granittektonischen Erscheinungen sind auch für die Lagerstättenkunde (S. 587) wichtig, denn Klüfte, Spalten usw. dienen als Förderwege für die bei der Magmendifferentiation frei werdenden erzhaltigen Lösungen und als Ablagerungsort für die Erze.

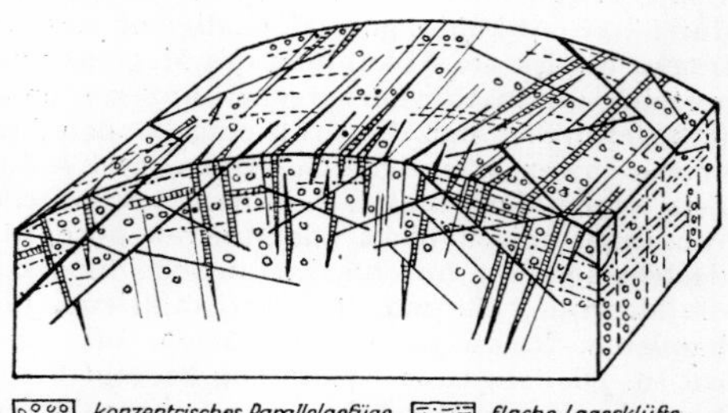

Abb. 16. Regelmäßig gebildeter Pluton mit verschiedenen magmentektonischen Erscheinungen (nach H. CLOOS)

Zur Klüftung der Tiefengesteinskörper tritt die **Bankung**, eine Zerteilung des Gesteins in bankartige Blöcke durch Fugen, die infolge der Druckentlastung bei Abtragung des Deckgesteins parallel zur Erdoberfläche aufreißen. Die Bänke sind oben flach und werden um so dicker, je weiter man das Gestein in die Tiefe verfolgen kann.
Gelangen Tiefengesteine durch Abtragung ihres Deckgebirges oder unter der Wirkung erdinnerer Kräfte an die Erdoberfläche, so begünstigen hier Klüftung und Bankung ihre Verwitterung; denn in den Klüften und Fugen finden die gesteinszerstörenden Kräfte — Wasser, Frost u. a. — gute Angriffsflächen. Die Fugen erweitern sich, und es entstehen z. B. sackförmige oder plattige Gebilde wie beim Granit, wo man geradezu von einer Wollsack- und Matratzenverwitterung spricht (Tafel 6).

Ganggesteine

Die bei der Abkühlung eines Plutons entstehenden Spalten können sich auch im Nebengestein fortsetzen, besonders im Zusammenhang mit den meist gleichzeitig wirkenden gebirgsbildenden Kräften. Die Spalten im Pluton und Nebengestein können durch aufsteigende Magmen gefüllt werden. Die mehr oder weniger seiger durchsetzenden gefüllten Spalten werden als **Gänge** und ihr Inhalt als **Ganggesteine** bezeichnet. Die Mächtigkeit solcher Gänge ist meist viel geringer als ihre Längserstreckung. Sie kann nur wenige Millimeter betragen, aber auch bis zu einigen Kilometern ansteigen, während die Länge im allgemeinen 10 km nicht überschreitet. Der „Große Gang" in Rhodesien hat allerdings 450 km Länge und z. T. 12 km Mächtigkeit.
Ganggesteine können also Tiefengesteinskörper selbst durchsetzen oder von diesen randlich abzweigen. Sie nehmen eine Mittelstellung zwischen den Tiefen- und Ergußgesteinen ein, weil ihr Gefüge teils dem der Magmatite entspricht, teils dem der Vulkanite. Man unterscheidet drei Gruppen:

a) Ganggesteine, die in Zusammensetzung und Gefüge völlig mit ihrem Muttertiefengestein übereinstimmen, nur eben Gangform besitzen;
b) **aschiste** oder **ungespaltene Ganggesteine**, die ebenfalls denselben Mineralbestand, aber eine andere Struktur als das Muttertiefengestein haben. Im allgemeinen handelt es sich um Ausfüllungen verhältnismäßig schmaler Gänge, die schneller abkühlen und daher feinkörniger als das Tiefengestein oder in Oberflächennähe auch porphyrisch ausgebildet sind. Man bezeichnet sie daher auch als **Plutonitporphyre**;
c) **diaschiste** oder **gespaltene Ganggesteine**, die aus Spaltungsprodukten des Tiefengesteinsmagmas erstarrten und als **Ganggefolge** ihres Muttergesteins bezeichnet werden (vgl. S. 85). Haben sich bei den Spaltungsvorgängen vor allem helle, SiO_2-reiche Gemengteile angereichert, bezeichnet man die Ganggesteine als **Pegmatite** (grobkörnig) oder **Aplite** (feinkörnig), während bei **Lamprophyren** dunkle, SiO_2-arme Komponenten überwiegen.

Vulkanismus und Ergußgesteine

Unter Vulkanismus verstehen wir alle magmatischen Vorgänge, die mit Eruptionen — Ausbrüchen — an der Erdoberfläche verbunden sind. Obwohl das Magma, wie bereits gesagt, unter einer Gesteinsdecke liegt, die mehr als 60 km mächtig sein kann, bahnt es sich doch unter bestimmten Bedingungen einen Weg bis zur Krustenoberfläche, so daß wir vulkanische Erscheinungen unmittelbar beobachten können. Dieser Durchbruch geschieht nur an den Stellen, wo die Erdrinde inhomogen, gestört und gebrochen ist. Derartige Schwächezonen sind Senkungsfelder, sind die Rückseiten der Faltengebirge und besonders Brüche sowie Grabenbrüche. Als bedeutende Bruchzonen kennen wir die Gürtel der Mittelmeere von Amerika über Europa nach Asien, die Umrandung des Pazifischen Ozeans und die in großen Meerestiefen aufsitzenden Inseln, wie z. B. Hawaii. Auf Abb. 65 erkennt man, daß in diesen Schwächezonen der Erdrinde, wie sie in der geologischen Gegenwart bestehen, tatsächlich auch die noch tätigen Vulkane liegen. Es sind dies im allgemeinen die gleichen tektonischen Schwächezonen, in denen auch die Erdbeben gehäuft auftreten, obwohl beide Vorgänge, Vulkantätigkeit und Erdbeben, in vielen Fällen nicht unmittelbar voneinander abhängen.

Die Gesamtzahl der tätigen Vulkane, d. h. der Vulkane, die in historischer Zeit Ausbrüche zu verzeichnen hatten, beläuft sich nach den vorhandenen Aufzeichnungen auf rund 500.* Dabei sind wahrscheinlich die untermeerischen und unter dem Eis verborgenen Vulkane nicht restlos erfaßt. Andererseits sind in dieser Zahl auch jene Vulkane enthalten, die schon seit Jahrhunderten nicht mehr aktiv waren.

Alle bis in die jüngste Zeit neu entstandenen Vulkane liegen in älteren Vulkangebieten. Allein an der westlichen Umrandung des Pazifiks befinden sich 50% aller tätigen Vulkane der Erde, wobei etwa 100 Vulkane im Bereich des Malaiischen Archipels liegen, der auch hinsichtlich der Förderung von Lockerprodukten an erster Stelle steht. Flüssige Lavamassen sind hingegen besonders reichlich in Island ausgeströmt. Noch in jüngster Zeit, 1947, lieferte die Hekla bei einem Ausbruch etwa 1 Milliarde m^3 Lava.

Die vulkanische Tätigkeit in einem bestimmten Gebiet der Erde erstreckt sich entweder unaufhörlich über Jahrhunderte und Jahrtausende, oder sie macht sich nur in gewissen Abständen bemerkbar, oder sie hört nach einem bestimmten Zeitraum ganz auf. Dies ist abhängig von der Beschaffenheit des betreffenden Bereichs der Erdkruste sowie von der Zusammensetzung des im Vulkanherd vorhandenen Magmas. Aus der Statistik der tätigen Vulkane geht hervor, daß die größte Zahl der Ausbrüche explosiver Natur ist. Diese Tatsache gibt uns einen Hinweis auf die Kräfte, die zur Auslösung vulkanischer Erscheinungen notwendig sind. Als Hauptkraftquelle ist der Gehalt des Magmas an leichtflüchtigen Bestandteilen anzusehen. Wird der Gasdruck im Magma, der Innendruck, größer als der Außendruck, d. h. der Druck der über dem Magma lastenden Gesteinssäule, so kann es zu explosiven Ausbrüchen kommen. Eine Erhöhung des Innendruckes kann durch Siedeprozesse, durch Gasanreicherung in dem Restmagma und durch Gasaufnahme bei Assimilation von gasreichen Nebengesteinen, z. B. Karbonaten, eintreten. Wird durch den explosiven Ausbruch die durch das Verhältnis von Innendruck zu Außendruck gekennzeichnete Gleichgewichtslage nicht wiederhergestellt, so machen die leichtflüchtigen Bestandteile auch das Magma selbst eruptionsfähig: Es kommt zum Ausfließen von Lava.

Aus der unterschiedlichen Zusammensetzung der geförderten Lava dürfen wir schließen, daß auch die „Herde" der Vulkane verschieden tief liegen. Manche Beobachtungen lassen auf eine geringe Tiefenlage des Herdes schließen, z. B. beim Vesuv, während wir bei Riesenvulkanen, die seit langer Zeit immer die gleichen basaltischen Laven fördern, wohl eine Verbindung mit der tieferen Magmazone annehmen dürfen. Für den Vesuvherd errechnete von Wolff (1947) eine Tiefe von nur 2 km. Demgegenüber gibt z. B. Gorschkow (1956) für die Kljutschewskaja auf Kamtschatka auf Grund von seismologischen Beobachtungen eine Herdtiefe von 50 bis 60 km an.

Es gibt verschiedene Formen der Eruption, und zwar kann das Magma flächenförmig, auf einer Linie oder auch nur in einem kleinen Kreis zur Erdoberfläche durchbrechen.

Flächenhafte Durchbrüche, bei denen das Magma ausgedehnte Decken an der Erdoberfläche bildet, kommen in der geologischen Gegenwart nicht mehr vor, sondern waren wohl auf jene Zeiten beschränkt, in denen vermutlich nur eine dünne Erdkruste über dem flüssigen Magma lag. Man bezeichnet sie als Arealeruptionen.

---

* Angaben nach Sapper, Vulkankunde 1927; Kennedy-Richey, Catalogue of the Active Volcanoes of the World 1947; Orcel-Blanquet, Les Volcans, 1953, und den Berichten über die vulkanische Tätigkeit in der Zeitschrift „Bulletin volcanologique", Napoli, Serie II, Bd 1 bis 32, 1937/1968.

Tab. 6. Die wichtigsten tätigen Vulkane der Erde (vgl. Abb. 65)

Lage	Zahl der Vulkane	wichtige Vulkane	Höhe m	Bemerkungen
		Umrandung des Pazifischen Ozeans		
1. Victorialand (Antarktika)	1	Erebus	3794	vermutlich ständig tätig, zuletzt 1955
2. Neuseeland, Kermadec-Inseln, Tonga-Inseln, Samoa-Inseln	20	Ngauruhoe (Neuseeland)	2291	seit 1839 17 Ausbruchsperioden; zuletzt 1952/54
3. Melanesien einschließlich Neuguinea	28	Bagana (Bougainville-I.)	1980	große Explosion 1874; zuletzt 1937/38 tätig
4. Malaiischer Archipel	98	Tambora (Sumbawa) Semeru (Java) Krakatau	2821 3676 etwa 800	furchtbarer Ausbruch 1815/16 (3×10^{11} m^3 Lockerprodukte) zuletzt tätig 1946/47, 1950/51, 1963 durch Explosion 1883 größtenteils zerstörter Inselvulkan, letzter Ausbruch 1952
5. Philippinen	18	Mayon	2421	zahlreiche Ausbrüche mit Lavaergüssen und Lockerprodukten, zuletzt 1947/48
6. Japan	45	Fudschijama Sakuradschima	3776 1118	seit 781 zahlreiche Ausbrüche Höchstzahl an Ausbrüchen 1. Größe, letzte Ausbrüche 1946, 1953, 1963
7. Kurilen	33	Sawarizki-Caldera	624	1957 starker Explosiv- und Effusivausbruch

Die wichtigsten tätigen Vulkane der Erde (Fortsetzung)

Lage	Zahl der Vulkane	wichtige Vulkane	Höhe m	Bemerkungen
8. Kamtschatka	20	Kljutschewskaja Sopka	4750	einer der schönsten Vulkane der Welt; seit 250 Jahren etwa alle 7 bis 10 Jahre ein Ausbruch; zuletzt 1946, 1951, 1962
		Besymjanny	3085	erstmalig 1955/56 in historischer Zeit tätig; 2×10^9 m³ Lockerprodukte
9. Aleuten	26			letzte Ausbrüche 1963 Mt. Trident und 1964 Westdahl Peak
10. Alaska	17	Katmai	2047	1912 nach langer Pause Austritt großer Lockermassen (21 km³). Seitdem besteht ein Tal von 52 km Länge mit etwa 10000 Rauchstellen
11. USA (Westteil) und Mexiko	15	Lassen Peak (Kalifornien)	3187	explosive Tätigkeit mit Glutwolken und Lavaausfluß 1914, 1916
		Popocatépetl	5452	explosiv in größeren Zwischenräumen
		Parícutin (Mexiko)	3292	entstand 1943, 0,7 km³ Lava und 1,3 km³ Lockerprodukte
12. Mittelamerika	26	Isalco	1978	zahlreiche stärkere Ausbrüche und Lavaergüsse, zuletzt 1941/47, 1951/1955
		Poás (Kostarika)	2704	anhaltend leicht tätig, zuletzt stärker 1952, 1955, 1959
13. Südamerika	34	Misti (Peru)	5821	Anfang des 20. Jh. Asche- und Rauchausbrüche
		Puyehue (Chile)	2240	starker Ausbruch 1960, verbunden mit Erdbeben

Die wichtigsten tätigen Vulkane der Erde (Fortsetzung)

Lage	Zahl der Vulkane	wichtige Vulkane	Höhe m	Bemerkungen
Pazifischer Ozean				
14. Galápagos-Inseln	3			über 2000 Krater auf den Inseln
15. Hawaii-Inseln	5	Mauna Loa	4170	von 1832 bis 1926 insges. 21 Ausbrüche mit starken Lavaergüssen, zuletzt 1949/50
		Kilauea	1247	mit Lavasee und Glutwolkenexplosionen, letzte Ausbrüche 1961, 1965, 1967
Indischer Ozean				
16. Andamanen, Nikobaren	2	Barren	353	Inselvulkan, im 19. Jh. solfatarisch tätig
17. Réunion, Komoren	2	Piton de la Fournaise	2631	in Abständen langdauernd tätig, zuletzt 1958
18. Heardinseln	1	Heard		Inselvulkan, 1910 starke Rauchmassen
Atlantischer Ozean				
19. Süd-, Mittel- und Nordatlantik	21	Tristan da Cunha	2060	nach 2300 Jahren 1962 wieder tätig
20. Kapverdische Inseln	1	Fogo	2829	oft Lavaergüsse, nach 94 Jahren 1951/52 wieder tätig
21. Kleine Antillen	9	Mont Pelé (Martinique)	1397	1902 zerstörende Glutwolke, Felsnadel

Die wichtigsten tätigen Vulkane der Erde (Fortsetzung)

Lage	Zahl der Vulkane	wichtige Vulkane	Höhe m	Bemerkungen
22. Kanarische Inseln (Tenerife) und Madeira	3	Pico de Teide	3718	Zentralkegel mit mehreren Parasiten
23. Azoren	9	Capelinhos	420	neuer Vulkan an der Westspitze der Insel Faial 1957/58, 1964
24. Island	27	Hekla Eldgja Laki	1491	seit 1104 23 Ausbrüche, zuletzt 1947/48 25 bis 30 km lange Ausbruchsspalten 1783 größter Spaltenausbruch mit 12,33 km^3 Lava
		Surtsey	170	neue Insel vor der Südküste Islands durch untermeerischen Ausbruch 1963/67
		Mittelmeer		
25. Süditalien	15	Vesuv	1277	seit 79 u.Z. 71 Ausbrüche, zuletzt 1944; Doppelkrater
Sizilien		Ätna	3340	seit dem 17. Jh. häufig tätig, meist explosiv und effusiv; letzte Ausbrüche 1950/51, 1955/56, 1960, 1964, 1968
Liparische Inseln		Stromboli	926	fast ständig tätig, vorwiegend explosiv, zuletzt 1944, 1949/59
		Vulcano	499	erster geschichtlicher Ausbruch 330 v.u.Z., letzter großer Ausbruch 1888/90; nach ihm alle „Feuerberge" Vulkane genannt

Die wichtigsten tätigen Vulkane der Erde (Fortsetzung)

Lage	Zahl der Vulkane	wichtige Vulkane	Höhe m	Bemerkungen
26. Ägäisches Meer	3	Santorin	128	wiederholte Staukuppen- und Inselbildungen, jetzt Vulkanruine; zuletzt 1939/41, 1950 tätig
27. Türkei	2	Nimrud-Dag	3040	1441 Bildung kleiner Krater
Afrika				
28. Äthiopien und Rotes Meer	3	Dubbi (Eritrea)	1250	1861 tätig
29. Ostafrika	7	Teleki	580	Ausbrüche 1868 und 1873; 1896 Vulkanberg durch Explosion verschwunden
30. Zentralafrika	5	Nyamlagira (Virungagruppe) Mihaga	3056	mit Parasiten und Nebenkratern, großer Ausbruch 1938/40, letzte Ausbrüche 1952, 1954, 1958; größter Ausbruch 1954
31. Westafrika	1	Kamerunberg	4070	beim Ausbruch 1922 drang Lava bis ins Meer vor

Dringt das Magma in einer Linie aus Spalten empor und breitet sich deckenhaft zu beiden Seiten der Spalten aus, spricht man von Linear- oder Spalteneruptionen. Sie wurden auch in der geologischen Gegenwart noch beobachtet. Die besten Beispiele hierfür liefert der Vulkanismus auf Island. Am bekanntesten ist der Magmaausbruch aus der 30 km langen Lakispalte im Jahre 1783, er hat 12 1/3 km³ Lava gefördert, die eine Fläche von 565 km² bedeckt. Überhaupt weisen Spalteneruptionen den höchsten Grad vulkanischer Intensität auf. Durch Spalteneruptionen entstanden in der geologischen Vergangenheit riesige Basaltdecken, die Plateaubasalte (Trappe). Die Insel Island ist wohl als Reststück einer im Tertiär gebildeten, umfangreichen zirkumpolaren Basaltpanzerdecke aufzufassen. Die Spaltenergüsse haben sich auch im Quartär bis in die Gegenwart fortgesetzt. So wurden allein seit dem Jahre 1500 mehr als 11 000 km² mit Lavamassen bedeckt; das entspricht etwa 25% der Weltförderung an Lava.
Erfolgt der Ausbruch nur an einem Punkt, in Form einer Zentraleruption, bilden sich ein mehr oder weniger zylinderförmiger Schlot, der oben in einen trichterförmigen Krater mündet, und ein Vulkanberg, ein kegelförmiges Gebilde, das den Ausbruchsschlot umschließt und sich aus dem bei der Eruption aus der Erdtiefe geförderten Material aufbaut. Zentraleruptionen können explosiver oder effusiver Natur sein, d. h., es werden Lockerprodukte oder Lavamassen oder auch beides gefördert. Häufig sind es Lockerprodukte, d. h. kleinere und größere Magmafetzen, weil der durchweg kleine Querschnitt des Förderkanals im Unterschied zu den Areal- und Lineareruptionen ein schnelles Hervorbrechen größerer Magmamassen verhindert. Außerdem verstopft sich der Schlot verhältnismäßig leicht. Die engen Vulkanschlote weisen darauf hin, daß bei der Zentraleruption die Gase eine bedeutende Rolle spielen. Bei Vulkanausbrüchen der Gegenwart handelt es sich fast durchweg um Zentraleruptionen.
Die vulkanischen Förderprodukte bestehen also aus Laven, Lockerprodukten und Gasen.
Unter **Lava** versteht man das aus einem Vulkan ausgeflossene Magma, und zwar sowohl in flüssiger wie in erstarrter Form. Die Oberflächenformen erstarrter Lava sind abhängig von der Viskosität und dem Gasgehalt der Lava, vom Neigungswinkel des bedeckten Geländes und von der Abkühlungsgeschwindigkeit. Je nach der Viskosität unterscheidet man Fladenlaven (hawaiisch: Pahoehoe-Laven), Brockenlaven (hawaiisch: Aa-Laven) und Blocklaven.
Die Fladenlava entsteht aus heißer, dünnflüssiger und weitgehend entgaster Lava. Erkaltet erscheint sie fadenförmig gewunden und gedreht. Man spricht deshalb auch von Seil- oder Stricklava (Tafel 14). Die an der Lavaoberfläche sich bildende Kruste kann zertrümmert werden, so daß auf der Lava zerrissene Schollen schwimmen oder wie Treibeis übereinandergeschoben werden (Schollenlava).
Bei mittlerer Viskosität bilden sich an der Lavaoberfläche schlackige und rundliche Brocken, nach RITTMANN Brockenlava.
Blocklaven sind zähflüssig und sehr gasreich. Wegen der hohen Viskosität können die Gase nur langsam entweichen, so daß die Schmelze bis zur Erstarrung verhältnismäßig gasreich bleibt. An der Lavaoberfläche bildet sich schnell eine dicke Erstarrungskruste, die durch stürmische Entgasungen am Ende der Kristallisation ein rauhes Aussehen erhält. Aus diesem Grunde sind Blocklavafelder schwer begehbar. Mit zunehmender Abkühlung entstehen Schwundrisse in der Kruste, die bei weiteren Bewegungen den Zerfall in einzelne Lavablöcke begünstigen. Diese Blöcke weisen Größen zwischen 20 cm und 1 m auf und bilden am Fuße der Vulkane bergsturzartige Halden. Bei sehr hoher, die Bewegung fast völlig hemmender Viskosität

kann über der Austrittsöffnung des Vulkans eine kuppenförmige Aufstauung, eine Staukuppe, entstehen, wie sie oft bei Andesiten, Trachyten und anderen sauren Gesteinen vorkommt (Abb. 17). Hier können Blöcke beobachtet werden, die Ausmaße von mehreren Metern erreichen.

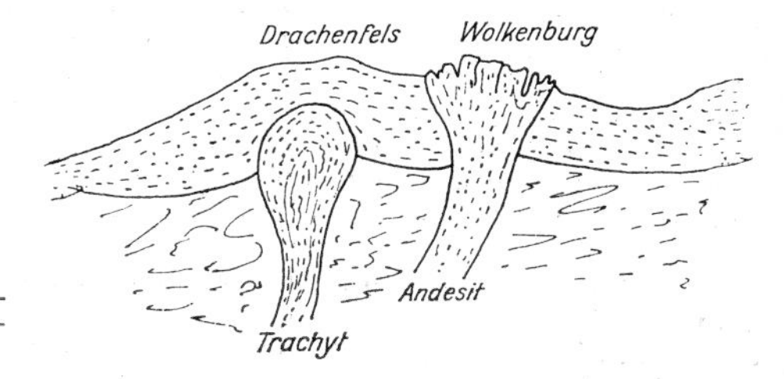

Abb. 17. Quellkuppe des Drachenfels und Staukuppe der Wolkenburg (nach Scholtz)

Fließen die Laven auf dem Meeresboden unter dem Druck der auflagernden Wassermassen aus, so bilden sich kopf- bis kissengroße Blöcke, die man als Kissen- oder Kugellaven bezeichnet. Als derartige Kissenlaven erscheinen die im Erdaltertum entstandenen Diabase, die sich also untermeerisch bildeten.

Lockerprodukte bestehen aus vom ausbrechenden Gas mitgerissenen Teilen des Magmas oder aus zerriebenem Gesteinsmaterial der Schlotwandungen. Die Lockerprodukte sind außerordentlich häufig und machen nach einer Statistik des Geographen und Vulkanologen SAPPER von 1500 bis 1914 für 450 Vulkane etwa 84% der gesamten vulkanischen Förderung aus. Die Hauptzentren explosiver Tätigkeit liegen an den Kontinentalrändern und auf den Inselgirlanden, während der kontinentale Vulkanismus als gemischt angesehen werden muß. Die von SAPPER angegebene Prozentzahl dürfte sich allerdings verringern, wenn man die großen sich untermeerisch ergießenden basaltischen Lavamassen zahlenmäßig erfassen könnte.

Die wichtigsten Lockerprodukte sind Aschen, Bimssteine, Schweißschlacken, Bomben und Auswürflinge.

Aschen sind staubartige Lockerstoffe, die meist ein Gemisch von kleinsten Lavatröpfchen und ehemaligem Material des Ausbruchsschlotes darstellen. Aschenwolken können sich tage- oder sogar monatelang in der Luft halten.

Unregelmäßige Magmafetzen, die rasch abgekühlt und daher glasig erstarrt sind, werden Bimssteine genannt. Die magmatischen Gase haben diese Bimssteine noch stark aufgebläht, konnten aber nicht mehr entweichen. Die Steine sind daher sehr porös und leichter als Wasser. Kühlen die emporgeschleuderten Lavafetzen dagegen langsam ab und schmiegen sie sich beim Auffallen dem Boden fest an, bezeichnet man sie als Schweißschlacken.

Die Lavafetzen, die im Flug durch Rotation eine je nach dem Viskositätsgrad der Lava mehr oder weniger abgerundete Form annehmen, werden Bomben genannt.

Im Gegensatz zu den Aschen, Bimssteinen, Schlacken und Bomben, die aus flüssig herausgeschleuderten Lavafetzen entstehen, werden Auswürflinge in festem Zustand ausgeworfen. Es sind eckige und unregelmäßige, durch Gasexplosionen nach oben geschleuderte Bruchstücke. Je nach der Größe spricht man von Blöcken, Steinen oder Lapilli (italienisch „Steinchen").

Die aus der Luft abgesetzten Auswürflinge und Aschen werden unter dem Einfluß von Wasser zu Tuffen verkittet und verfestigt. Da die Aschen

wolken unter Umständen durch den Wind weit fortgetragen werden können, sind Tuffe auch in größeren Entfernungen vom Krater zu finden. Werden Tuffe mit Ablagerungen anderen Ursprungs vermischt, spricht man von Tuffiten.
Zu den verfestigten Lockerprodukten gehören auch die sogenannten Ignimbrite (ignis = Feuer, imber = Regen) oder Schmelztuffe, die bei Linearausbrüchen aus herausquellenden Glutwolken oder aus Suspensionen feiner heißer Magmateilchen in stark erhitzten Gasen entstehen. Die magmatischen Bestandteile werden bei diesen hohen Temperaturen plastisch verformt und innig verkittet, so daß die Ignimbrite teils wie Tuffe, teils wie Ergußgesteine — meist sauren Charakters — aussehen.
Die Zusammensetzung der bei vulkanischen Eruptionen auftretenden **Gase** festzustellen ist schwierig, weil das Einfangen der glühenden Gase während des Ausbruchs unmöglich ist. Während der Eruption herrscht aber wohl Chlorwasserstoff vor, und nach dem Ausbruch spielen die schwefelhaltigen Gase die Hauptrolle.
Genaueres läßt sich über die Gase angeben, die bei nichtexplosiver Tätigkeit aus den Lavaseen emporsteigen. So wurden die Gase im Lavasee Halemaumau des Kilauea-Kraters auf Hawaii analysiert und dabei die bereits auf S. 65 angeführten Werte gefunden.
Noch heute entströmen dem Halemaumau Gase und erzeugen bei der Verbrennung hohe Temperaturen. In Stichflammen werden bis zu 1350 °C gemessen. Der Wärmeverlust durch Ausstrahlung wird durch Zustrom heißer, gasreicher Schmelzen aus der Tiefe laufend ausgeglichen. Die Schmelze gibt ihre Gase ab und sinkt wieder unter, da sie nun schwerer geworden ist. Der Kraterboden wird dadurch allmählich erhöht. Seit Jahrhunderten ist der Lavasee in dauernder strömender Bewegung. Die weiche Erstarrungshaut wird durch die Bewegung in Runzeln und Falten gelegt oder zerrissen. Aus den Rissen leuchtet die hellglühende Lava hervor, und die Gase verbrennen mit ganz verschieden gefärbten Flammen. Von Zeit zu Zeit, wenn Oberflächenströme sich begegnen und die Gase explodieren, bilden sich Lavafontänen, und die entgaste Lava sinkt in die Tiefe.
Für die Gestalt eines Vulkans ist bestimmend, aus welcher Art von Förderprodukten oder durch welche Art der Eruption er entstanden ist. Die Art und der Verlauf der Eruption aber hängen, abgesehen vom Bau des vulkanischen Gebietes, von der Beschaffenheit des Magmas, vor allem von seiner Viskosität und seinem Gehalt an Gasen und Dämpfen ab. Danach können fünf Haupttypen von Vulkanen unterschieden werden:
1. Lavavulkane; 2. gemischte Vulkane; 3. vulkanotektonische Horste; 4. Lockervulkane; 5. Gasvulkane.

Lavavulkane sind vorherrschend aus Lavaergüssen aufgebaut. Meist liegen mehrere Decken übereinander. Die Einzeldecken sind dabei in der Regel nur 5 bis 15 m dick, selten bis zu 100 m, während übereinanderliegende Lavadecken eine Gesamtmächtigkeit bis zu 3000 m erreichen.
Zu den Lavavulkanen gehören die Schildvulkane (Abb. 18), wie sie auf Hawaii und Island vorkommen. Diese Schildvulkane, deren Grundfläche im Vergleich mit der Höhe sehr groß ist, bilden, abgesehen von den ausgedehnten Basaltdecken, die größten Vulkangebilde der Erde. Der Mauna Loa auf Hawaii ist einschließlich der untermeerischen Teile etwa 10 km hoch und hat einen Basisdurchmesser von rund 400 km. Die Hänge der Schildvulkane sind sehr flach, und der steilwandige Krater ist meist von einem Lavasee erfüllt. Schildvulkane entstehen durch das Übereinanderfließen unzähliger, sehr dünnflüssiger Lavaströme, die entweder aus dem zentralen Förderschlot oder aus Spalten am Außenhang hervorbrechen

und je nach ihrer Viskosität mit unterschiedlicher Geschwindigkeit, doch im allgemeinen nicht schneller als 10 km/h, talwärts fließen.
Bricht die Lava aus Spalten am Außenhang, so bilden sich kleine Parasitvulkane. Oftmals liegen mehrere parasitäre Vulkane auf einer Spalte; beim Ätna sind es fast 200.

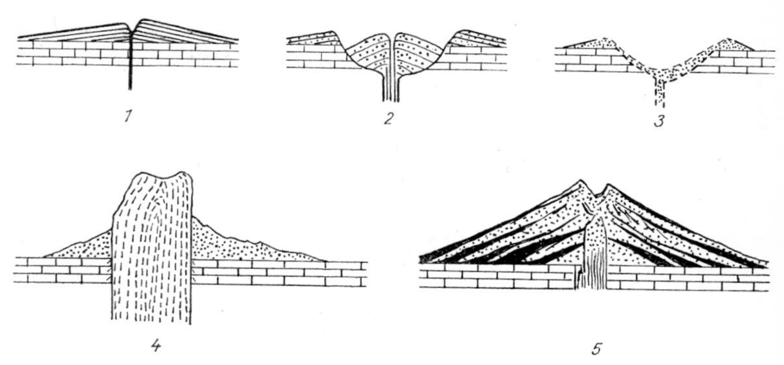

Abb. 18. Vulkantypen: *1* Schildvulkan, *2* Caldera, *3* Explosionstrichter, *4* Stoßkuppe, *5* Schichtvulkan (nach H. Schmidt, 1947)

Dringt dagegen in einem Schlot zähflüssige Lava an die Erdoberfläche empor, entstehen Staukuppen oder Quellkuppen. Staukuppen stellen einen steilböschigen Lavakuchen dar. Die Viskosität der Lava war so hoch, daß sie sich nicht mehr seitlich ausbreiten konnte. Staukuppen findet man in der Auvergne in Frankreich sehr häufig; sie werden hier Dome genannt. Als Quellkuppen bezeichnet man ähnlich geformte, nur etwas rundlichere vulkanische Gebilde, die jedoch von Tuffen bedeckt sind, während die Staukuppen frei liegen. Der Drachenfels im Siebengebirge ist ein Beispiel einer Quellkuppe, die benachbarte Wolkenburg das einer Staukuppe (Abb. 17).
Schließlich kann die Lava noch zähflüssiger, ja fest sein und in diesem Zustand als Stoßkuppe, Felsnadel oder Lavadorn aus dem Schlot herausgepreßt werden. Dies geschah im Jahre 1902 auf Martinique, als eine feste Andesitmasse aus dem Staudom des Mt. Pelé nach oben drang.
Die **gemischten Vulkane** bestehen aus Lavaergüssen und aus dazwischen abgesetzten Lockerstoffen. Es sind also Schichtvulkane, die auch als Stratovulkane bezeichnet werden. Der einfache Stratovulkan ist ein um einen Schlot entstandener Kegelberg mit einem Krater an der Spitze. Wächst der Vulkan über eine gewisse Höhe hinaus, so halten die Wände dem Druck der den Schlot füllenden Magmasäule nicht mehr stand, und es brechen seitlich Spalten auf. Bei heftigen vulkanischen Eruptionen kann es auch passieren, daß das hangende Gestein über dem Vulkanherd bricht und der Berggipfel in den Hohlraum hineinstürzt, aus dem der schmelzflüssige Inhalt ausgeworfen wurde. An Stelle eines Berges besteht dann nach einer solchen Katastrophe ein trichterförmiger Kessel, der als Caldera bezeichnet wird. Bei späteren Ausbrüchen wird innerhalb der Caldera ein neuer Kegel aufgebaut, so daß ein zusammengesetzter Stratovulkan entsteht. Ein Beispiel hierfür bietet der Vesuv. Der Vesuvkegel (Tafel 14) liegt inmitten des weiten Kraters des alten Sommavulkans. Daher faßt man alle ähnlichen Bildungen unter der Bezeichnung „Monte-Somma-Typ" zusammen.

Nach den Ergebnissen geophysikalischer Untersuchungen und Bohrungen kann angenommen werden, daß in Verbindung mit Intrusionen äußerst zähflüssiger Magmen Aufwölbungen in den Dachregionen der Vulkane hervorgerufen werden können. Diese hochgehobenen Dachschollen werden als **vulkanotektonische Horste** bezeichnet. Wenn durch den Druck der nachdrängenden Schmelze die Dachregionen in Einzelschollen zerbrechen, werden die aufreißenden Spalten auf dem Scheitel des Horstes oft zu Ausbruchsspalten ignimbritischer Förderprodukte. Von RITTMANN wird als Beispiel eines derartigen vulkanotektonischen Horstes der Mte. Amiata in Italien angeführt.

Lockervulkane sind morphologisch wenig in Erscheinung tretende Vulkanbauten. Sie entstehen, wenn bei Zentraleruptionen Lockerdecken aus Bimssteinen und Aschen abgelagert werden. Der Ausbruchskessel kann durch eigene Lockerprodukte begraben werden oder durch später eingeschwemmte Lockerstoffe verdeckt sein. Es gibt aber auch Ausbruchstrichter, die von einem Ringwall aus Aschen und Bimsstein umgeben sind. Bei weiterer Überhöhung entstehen Lockerkegel, und man spricht wohl auch von Tuffvulkanen. Die Ringwälle und Lockerkegel erreichen niemals die Ausmaße der großen Stratovulkane.

Schließlich kann sich die vulkanische Tätigkeit auch nur in Gasexplosionen äußern. Die Gase durchschlagen dann das auflagernde Gestein und brechen sich zur Erdoberfläche Bahn. Es entstehen **Gasvulkane**, d. h. kreisrunde Explosions- oder Durchschlagsröhren. Wo sie gehäuft auftreten, wie z. B. in der Schwäbischen Alb, durchlöchern sie siebartig die Erdkruste. Bleibt der Gasausbruch die einzige vulkanische Äußerung, füllen sich die Durchschlagsröhren allmählich mit Gesteinsschutt und geben sich noch Millionen Jahre später als Schuttkanäle in sonst unversehrtem Gestein zu erkennen. Auch wenn das betreffende Gebiet durch Abtragung um viele Hunderte von Metern erniedrigt wurde, zeugen Trümmer in Durchschlagsröhren von der Art der ehemaligen Gesteinsdecke.

Die aus der Eifel bekannten Maare (Tafel 16) sind ebenfalls durch vulkanische Gasexplosionen entstanden. Sie bilden das obere Ende von Explosionsröhren, sind meist mit Wasser angefüllt und von einem mehr oder weniger hohen Wall umgeben. Diese Wälle bestehen bei reinen Gasausbrüchen nur aus Gesteinstrümmern des ehemaligen Schlotinhalts. Im allgemeinen haben die Maare einen Durchmesser von 100 bis 1000 m. Allerdings sind die Eifelmaare ähnlich wie die Maare der Schwäbischen Alb keine reinen Sprengtrichter, sondern mit dem Aufwärtsdringen von Gasen und Lavateilchen sind Teile des Gebirges abgesunken, und nach Beendigung der vulkanischen Tätigkeit wurden die Maarbecken vermutlich stellenweise noch durch Nachbrechen erweitert.

Zwischen den einzelnen Vulkantypen gibt es selbstverständlich alle Übergänge. Gemischte Vulkane mit einem sehr geringen Anteil von Lockerprodukten kann man als Lavavulkane und umgekehrt bei steigendem Anteil an Lockerstoffen als Lockervulkane bezeichnen.

Unheilvoll für die Menschheit haben sich solche Ausbrüche ausgewirkt, bei denen große Mengen von Gasen und Lockerprodukten gefördert wurden. Infolge des hohen Wassergehaltes der Gase kommt es über dem Ausbruchstrichter zur Wolkenbildung, wobei feinste Ascheteilchen die Kondensation des Wasserdampfes begünstigen. Dann gehen wolkenbruchartige Regenfälle auf die zunächst nur an der Oberfläche erstarrten Lavaströme nieder, wobei deren Abkühlungsgeschwindigkeit erniedrigt wird. Aus den abgelagerten Aschen bilden sich breiige Massen, die als reißende Schlammströme zu Tal gehen und alles unter sich begraben, was sich ihnen in den Weg stellt. Auf diese Weise wurde am 24. August des Jahres 79 durch den Vesuv-

ausbruch Herculanum überflutet, während gleichzeitig Pompeji im Aschenregen erstickte. Ebenso gefährlich wie Schlammströme und Aschenregen sind die heißen Glutwolken. Sie bestehen aus feinstverteiltem, teilweise glühendem Material in heißen sich ausdehnenden Gasen und sind so schwer, daß sie nicht aufsteigen, sondern, alles zerstörend, sich über die Vulkanhänge zu Tal wälzen. Innerhalb weniger Minuten wurde so am 8. Mai 1902 die Stadt St. Pierre auf Martinique mit ihren 30000 Einwohnern durch den Ausbruch des Mt. Pelé vernichtet. Nach den Hitzewirkungen zu urteilen muß die Glutwolke eine Temperatur von etwa 800 °C gehabt haben. Orkanartig fegte sie mit einer Geschwindigkeit von 150 m/s über die 9 km entfernte Stadt hinweg.
Ist ein Vulkan im Erlöschen oder ist eine Ruhepause zwischen den Ausbrüchen eingetreten, verrät er sich doch weiter durch ausströmende heiße Gase oder warme Quellen. Zu solchen nachvulkanischen Erscheinungen gehören mit abnehmender Temperatur: Fumarolen, Solfataren, Mofetten und Thermen.

Die **Fumarolen**tätigkeit schließt sich unmittelbar an die eigentliche Ausbruchsphase an. Man versteht unter Fumarolen Gasaushauchungen, die in die Atmosphäre gelangen oder bei geringem Dampfdruck sublimieren, d. h. unmittelbar vom gasförmigen in den festen Zustand übergehen. Beim Sinken der Temperatur werden die schwerflüchtigen Substanzen mit niedrigen Dampfdrücken zuerst niedergeschlagen:

zwischen 900 und 600 °C	die Alkalihalogenide
zwischen 500 und 100 °C	die Salmiakgruppe
zwischen 300 und 100 °C	die Schwefelgruppe
um 100 °C	die Borgruppe.

Bei allen vulkanischen Aushauchungen, den **Exhalationen**, spielt der Wasserdampf eine wichtige Rolle, da er oxydierend wirkt. So verwandeln sich z. B. Eisenchloride, die mit Wasserdampf zusammen nach oben befördert werden, in Fumarolenmagnetite und -eisenglanze. Auf diese Weise können Exhalationslagerstätten von Erzen entstehen. Eines der bekanntesten Fumarolengebiete befindet sich in Alaska in der Nähe des Katmaivulkans, der 1912 einen großen Ausbruch hatte. Seitdem entströmen dem Boden auf einer Fläche von rund 130 km² an zahlreichen Stellen unaufhörlich Gase und Dämpfe. Unter dem Namen „Tal der 10000 Dämpfe" wurde dieses Tal weltbekannt. Ein ähnliches Tal gibt es am Ostfuß des Besymjanny auf Kamtschatka.

Unter **Solfataren** versteht man gewöhnlich Aushauchungen zwischen 200 und 100 °C oder darunter, die neben Wasserdampf auch Schwefelwasserstoff enthalten und Schwefel niederschlagen. Namengebend ist ein alter Vulkan bei Pozzuoli in der Nähe von Neapel, die Solfatara (Tafel 16). Sein letzter Ausbruch fand um 1198 statt, und seitdem entweichen dem Vulkan Wasserdampf und schwefelhaltige Gase. Vulkane im Solfatarazustand sind nicht selten, und oftmals erfolgten nach jahrzehntelanger Solfatarentätigkeit erneute Ausbrüche.

Enthalten die Gasaushauchungen hauptsächlich Kohlendioxid, so spricht man von **Mofetten.** Meist löst sich das ausströmende Kohlendioxid in aufsteigenden Quellwässern und bildet so die Säuerlinge, die als Heilquellen geschätzt sind. Viele Heilbäder verdanken ihre Entstehung einstiger vulkanischer Tätigkeit, so auch die von Wiesbaden und Karlovy Vary. Gefahrbringend sind Mofetten dann, wenn sich das Kohlendioxid in Höhlen oder Oberflächenvertiefungen ansammeln kann, wie es im ‚Totental" der Insel Java der Fall ist.

Die letzten Zeugen des Vulkanismus sind die Geysire und Thermen. Seit Jahrhunderten sind auf Island heiße Springquellen bekannt, die als **Geysire** bezeichnet werden (isländisch geyse „wüten") und zu den schönsten Naturerscheinungen gehören. Der bekannteste ist der Große Geysir, der seit 1772 in der Nähe der isländischen Hauptstadt Reykjavik tätig ist. Die ausgeschleuderten Wassermengen setzen sich z. T. aus juvenilen, d. h. aus dem Magma aufsteigenden Wässern, vorwiegend jedoch aus vadosen, d. h. von der Erdoberfläche stammenden Sickerwässern zusammen. Die vulkanische Wärme und in die Wässer eintretende Exhalationen bewirken, daß der Siedepunkt periodisch überschritten und das Wasser ausgeworfen wird. Geysire sind also nur zeitweilig aktiv. Ihre Tätigkeit kann wenige Minuten oder auch mehrere Tage andauern. Gewöhnlich sind die Geysire von Sinterkrusten oder Sinterterrassen umgeben. Diese entstehen aus den in den heißen Wässern gelösten Stoffen, meistens aus Kieselsäure oder aus Kalk, die sich bei der Abkühlung absetzen. Kalksinter ist übrigens ein geschätzter Baustein.
Auch im Yellowstone-Nationalpark der USA und auf Kamtschatka gibt es zahlreiche Geysire. Der bisher größte bekannt gewordene Geysir war zwischen 1889 und 1904 auf Neuseeland tätig. Dieser „Waimangu" warf in den Zeiten seiner stärksten Tätigkeit bei jedem Ausbruch bis 800000 l Wasser 460 m hoch. Er erlosch infolge Senkung des Wasserspiegels im benachbarten Tarawerasee.
Ständig fließende heiße Quellen bezeichnet man als **Thermen.** Sie sind sehr verbreitet und bilden das letzte Stadium der Wärmeabgabe der in der Tiefe erstarrenden Glutmassen. Zahllose solcher Thermen findet man wiederum auf Island, im Yellowstone-Nationalpark und auf Kamtschatka.
Aus den vorstehenden Ausführungen geht hervor, daß der Bau der Vulkane und die vulkanischen Erscheinungen sehr mannigfaltig sind und daß es demzufolge nicht einfach ist, allgemeingültige Regeln für die Überwachung der Vulkane aufzustellen oder gar den Termin eines bevorstehenden Vulkanausbruches vorauszusagen. Abgesehen von laufenden Beobachtungen kann eine wirksamere Überwachung durch Instrumente erfolgen, wobei die Weitergabe bestimmter Daten möglichst automatisch erfolgen müßte. Wichtige Anhaltspunkte liefern die Temperaturen der Gase und Dämpfe, die ständig dem Vulkan entströmen, sowie die chemische Zusammensetzung der Fumarolengase. So konnte festgestellt werden, daß vor einem vulkanischen Ausbruch die Temperaturen über dem Vulkan ansteigen und im allgemeinen die Salzsäuregehalte der Fumarolengase zunehmen. Im Jahre 1967 wurde im Krater der Awatschinskaja Sopka auf Kamtschatka eine automatische Station in Betrieb genommen, die die Aufgabe hat, laufend die Temperaturen zu messen und die Werte an das dortige vulkanologische Institut weiterzugeben. Amerikanische Wissenschaftler versuchen mit Hilfe von „Wärmebildkarten", die mit Infrarotkameras aufgenommen werden, drohende Vulkanausbrüche vorauszusagen.

Von allen genannten Erscheinungen des Vulkanismus ist für die Gesteinsbildung die Förderung von Laven am wichtigsten; denn aus ihnen entstehen durch Abkühlung die Ergußgesteine oder Vulkanite. Die aus einem Vulkan austretende Lava kann in ihrer chemischen Zusammensetzung sehr verschieden sein, je nachdem, ob die magmatische Schmelze primär, sekundär oder hybrider (Hybridisierung = hier: Mischung von Magmen) Natur ist und ob eine Veränderung der Ausgangsschmelze durch Differentiation oder Assimilation hervorgerufen worden ist oder nicht.
Ein primäres Magma olivinbasaltischer Zusammensetzung kann so rasch in der Erdkruste empordringen und an der Erdoberfläche zutage treten,

daß es keine Zeit hat, sich zu entmischen. Aus dieser Lava entstehen dann dem Tiefengestein Gabbro in der chemischen Zusammensetzung entsprechende Basalte. Ist dagegen die ursprüngliche Schmelze durch Differentiation verändert worden, so daß nur Teilschmelzen an die Erdoberfläche gelangen, so können Trachyandesite, Trachyte oder Alkalitrachyte gebildet werden. Bei einer Assimilation von Sedimenten, Magmatiten oder Metamorphiten durch ein olivinbasaltisches Magma können aus derartig veränderten Laven wieder andere Vulkanite auskristallisieren. Ein bekanntes Beispiel liefert hierfür der Vesuv, dessen ursprünglich trachytische Laven ihren Charakter durch Assimilation von Triasdolomiten verändert haben, so daß heute leuzittephritische und leuzitische Laven gefördert werden. Rhyolithische und dazitische Laven schließlich sind in erster Linie auf sekundäre Magmenherde zurückzuführen, die durch Anatexis, d. h. durch Aufschmelzung bereits innerhalb der Erdkruste verfestigter Gesteine entstanden sind. Granite und Granodiorite sind den Rhyolithen und Daziten entsprechende Tiefengesteine. In ihrer chemischen Zusammensetzung unterscheiden sich Tiefen- und entsprechende Ergußgesteine nicht, wohl aber in ihrem Gefüge.

Der Abkühlungsprozeß der vulkanischen Förderprodukte verläuft im Vergleich zu den durch eine Gesteinsdecke geschützten plutonischen Massen viel rascher. Daher ergeben sich auch andere Bedingungen für die Auskristallisation der Minerale aus den Schmelzflüssen. Im allgemeinen dauert die Erstarrung höchstens so lange, daß sich kleine Kristalle bilden können, die ein Ergußgestein mit körniger Struktur aufbauen. Die Abkühlungsgeschwindigkeit kann aber auch so hoch sein, daß die Lava glasig erstarrt und weder makroskopisch noch mikroskopisch Kristalle aufzufinden sind.

Bei näherer Betrachtung der Vulkanite, besonders bei der Untersuchung von Dünnschliffen unter dem Mikroskop, stellt man jedoch fest, daß viele Gesteine auch größere, in einer feinkörnigen Grundmasse liegende Kristalle enthalten. Diese Einsprenglinge kristallisierten bereits vor dem Ausbruch des Magmas an die Erdoberfläche aus. Wir haben demnach zwei Kristallgenerationen vor uns, die älteren Einsprenglinge und die jüngere Grundmasse. Eine solche Struktur bezeichnet man als porphyrisch und dadurch gekennzeichnete Gesteine auch als Porphyre. Ist die Grundmasse glasig erstarrt, so heißt die Struktur vitrophyrisch. Gesteinsgläser oder Vitrophyre mit Einsprenglingen sind z. B. die Pechsteine von Meißen in Sachsen.

Das Auftreten von Grundmasse und Einsprenglingen in Vulkaniten zeigt, daß das Gefüge nicht nur von der Abkühlungsgeschwindigkeit der erstarrenden Lava, sondern auch von ihrem Kristallisationszustand zum Zeitpunkt des Ausbruches abhängt. Außerdem wird das Gefüge eines erstarrten Vulkanits weitgehend durch die Viskosität der Schmelze bedingt. In dünnflüssigen Schmelzen wird der Stofftransport nur wenig behindert, so daß sich große Kristalle bilden können. Ist die Viskosität dagegen sehr hoch, entweder von vornherein oder durch eine sehr rasche Abkühlung der Schmelze bedingt, dann wird die Kristallisation verhindert, und es kommt zu einer glasigen Erstarrung.

Beim Studium des Gefüges von Ergußgesteinen ist es in vielen Fällen möglich, Rückschlüsse auf die Strömungsrichtung der ehemaligen glutflüssigen Schmelze zu ziehen. Sie ist erkennbar an Einsprenglingen und Gasblasen, die in bestimmten Richtungen angeordnet sind. Besonders prismatische und dünntafelige Minerale stellen sich in die Strömungsrichtung ein. Wenn dann der restliche Schmelzfluß als Grundmasse erstarrt, werden die Einsprenglinge in ihrer Lage festgehalten. Aus einem solchen Fließgefüge, das man auch als **Fluidaltextur** bezeichnet (Tafel 11),

kann man noch nach Millionen Jahren die Richtung entnehmen, in der der Schmelzfluß einst geflossen ist. Derartige Texturuntersuchungen erleichtern das Aufsuchen von alten Vulkanschloten und zeigen z. B., ob es sich bei einem stark abgetragenen Vulkanberg um eine Staukuppe oder um eine Quellkuppe handelt. Bei einer Staukuppe liegen die Einsprenglinge bis zum Berggipfel hinauf alle parallel und mehr oder weniger senkrecht zur Erdoberfläche angeordnet (Wolkenburg); bei einer Quellkuppe dagegen liegen sie immer parallel zur Grenzfläche zwischen Magma und Nebengestein (Drachenfels, Abb. 17).
Das äußere Erscheinungsbild von Vulkaniten ist weiter durch **Absonderungsformen** charakterisiert. Beim Abkühlen der Lava entstehen durch Schrumpfung Spalten, die je nach der Abkühlungsgeschwindigkeit und entsprechend den verschiedenen physikalischen Eigenschaften der Gesteinsgemengteile in einer geraden Linie oder gekrümmt verlaufen. Der erstarrende Gesteinskörper sondert sich also in geradlinige, runde, ebenmäßige oder unregelmäßige Gebilde.
Die wichtigsten Absonderungsformen sind Säulen, Platten und Kugeln. Besonders verbreitete und typische Absonderungsformen sind Basaltsäulen (Tafel 12). Sie entstehen bei unregelmäßiger Abkühlung und sind um so deutlicher ausgebildet, je schneller die Abkühlung vor sich ging. Für die Richtung der Säulen ist die Lage der ehemaligen Abkühlungsoberfläche maßgebend; denn die Abkühlungsspalten bilden sich senkrecht zur Abkühlungsoberfläche aus. In einem Deckenerguß stehen dementsprechend die Säulen senkrecht, während sich in einem Schlottrichter oder in einer Kuppe eine mehr radialstrahlige Anordnung der Säulen ergibt.
Bei plattiger Absonderung werden manche Ergußgesteine in so dünne Gesteinsplatten zerlegt, daß sie wie Schiefer zum Dachdecken benutzt werden können. Die plattige Absonderung kommt bei gleichmäßiger Abkühlung der Lavaoberfläche zustande.
Kugelige Absonderung findet sich einerseits bei vulkanischen Gläsern (Kugelpechstein von Spechtshausen bei Tharandt) und andererseits bei den Laven, die unter dem Meeresspiegel ausgeflossen sind.
Die Absonderungsformen erleichtern ebenso wie die Abkühlungsspalten der Tiefengesteine den Abbau der Gesteine. Sie bieten jedoch auch der Verwitterung gute Angriffsflächen.
Verwitterungsprozesse bewirken, daß Vulkanite, die denselben Mineralbestand aufweisen, dennoch sehr verschieden aussehen können, wenn sie geologisch nicht gleichaltrig sind und demnach einen unterschiedlichen Verwitterungsgrad aufweisen. Daher hat man solchen Ergußgesteinen früher auch verschiedene Namen gegeben. Auf deutschem Gebiet kam es besonders in zwei Perioden der Erdgeschichte zu vulkanischen Ergüssen: im Paläozoikum (Devon bis Perm) und im Tertiär. Die entsprechenden Gesteine werden als paläovulkanische und neovulkanische Gesteine bezeichnet.
Die besonders am Nordrand der Mittelgebirge vorkommenden, als „Quarzporphyre“ bezeichneten Vulkanite (Tafel 2) sind z. B. paläovulkanische Gesteine aus dem Oberkarbon und Rotliegenden, während der in Ungarn verbreitete Liparit mit gleicher chemischer Zusammensetzung das entsprechende neovulkanische Gestein ist. „Porphyrite“ sind paläovulkanische Ergußäquivalente der tertiären und jüngeren Andesite. Letztere kommen außerordentlich häufig vor; sie bauen im wesentlichen die Gebirgsketten rund um den Pazifischen Ozean auf (s. Kap. „Das tektonische Großbild der Erde“, S. 265) und sind auch im europäischen Mittelmeerraum verbreitet. Die geologisch älteren basaltischen Gesteine haben gleichfalls besondere Bezeichnungen erhalten. So sind die verhältnismäßig häufigen,

vor allem in Gängen vorkommenden devonischen Gesteine als „Diabase“ bekannt. Ihre tertiären Ergußäquivalente sind die Basalte, die mit 98% Anteil die Hauptmasse aller Vulkanite bilden. Der tertiäre Vulkanismus hat auf Island mächtige Plateaubasalte geliefert, so daß die Insel als ein einziger Basaltklotz aufgefaßt werden kann. Die Basalteruptionen haben hier sogar bis in die geologische Gegenwart angehalten. Andere Plateaubasalte gibt es im Mittelsibirischen Bergland, in Indien und Brasilien. Dazu kommen riesige Basaltergüsse auf dem Boden der Ozeane und weiterhin in der südafrikanischen Karruformation, wo Basalte große, aus Triasschichten bestehende Gebiete in Form von Gängen und flachliegenden Platten durchdrungen haben: Natal, Kapprovinz, Oranjefreistaat, Transvaal, Rhodesien, Südwestafrika und Malawi, insgesamt fast 2 Mio km^2.

Magmatische Sippen

Das Beispiel der durch Assimilation von karbonatischem Material veränderten Vesuvlaven hat gezeigt, daß sich der petrographische Charakter vulkanischer Laven bereits in historisch überschaubaren Zeiten stark verändern kann. Selbst während eines Ausbruches vermag sich die Zusammensetzung der gebildeten Vulkanite zu ändern, und bei benachbarten Vulkanen können die geförderten Laven sowohl gleich als auch verschieden sein. Bei einem Vergleich der in den verschiedensten Vulkangebieten auftretenden Vulkanite stellt man jedoch fest, daß nur ganz bestimmte vulkanische Gesteine zusammen vorkommen, während andere sich gegenseitig ausschließen. Diese Feststellung trifft auch für die Vergesellschaftung von Tiefengesteinen zu. Derartige Vergesellschaftungen von Magmatiten werden als magmatische Sippen bezeichnet. Sie kommen in bestimmten petrographischen Provinzen vor. Man unterscheidet atlantische, pazifische und mediterrane Sippen. Diese Bezeichnungen wurden gewählt, weil die zur Charakterisierung der einzelnen Sippen herangezogenen petrographischen Provinzen sich vorwiegend auf den Inseln des Atlantiks, im Raum des Pazifiks oder in den Vulkangebieten Süditaliens befinden. Jede der drei Sippen ist durch eine bestimmte Vergesellschaftung von Magmatiten und damit auch durch eine bestimmte chemische Zusammensetzung charakterisiert.

Pazifische oder Alkalikalkgesteine enthalten vorherrschend Kieselsäure und Kalzium (daneben auch Magnesium, Eisen und Mangan), aber nur wenig Alkalien. Atlantische oder Alkaligesteine sind dagegen durch das reichliche Vorhandensein von Alkalien, besonders Natrium, charakterisiert. In der mediterranen Sippe übersteigt der Anteil an Kalium den an Natrium. Durch das Verhältnis der Alkalien zur Kieselsäure lassen sich die Sippen unterscheiden. Ist der Sippencharakter der Gesteine gut ausgeprägt, so drückt sich dies auch eindeutig im Mineralbestand aus. So treten z.B. Foide erst in den stark atlantischen oder mediterranen Sippen auf.

Pazifische Magmatite kommen hauptsächlich in Faltengebirgen vor, während atlantische Magmatite an Bruchfalten- und Schollengebirge gebunden sind (vgl. auch Abb. 19).

Sedimentite

Die Sedimentite, Sedimentgesteine oder Absatzgesteine gehen im Unterschied zu den aus Schmelzflüssen erstarrenden Magmatiten aus der Zerstörung anderer Gesteine hervor. Sie entstehen an der Erdoberfläche, während die ebenfalls aus anderen Gesteinen hervorgehenden metamorphen

Gesteine größtenteils innerhalb der Erdkruste gebildet werden. Gelangen Magmatite oder durch Umwandlung im Erdinnern aus magmatischen und sedimentären Gesteinen entstandene Metamorphite oder ältere verfestigte Sedimentite durch Erdkrustenbewegungen oder Abtragung der Deckschichten an die Erdoberfläche, sind sie veränderten Bedingungen ausgesetzt, denen gegenüber sie sich als nicht bestandsfähig erweisen, denen sich die mineralischen Gemengteile vielmehr anzupassen suchen. An der Erdoberfläche sind alle Gesteine der Wirkung exogener, d. h. erdäußerer Kräfte ausgesetzt. Sonneneinstrahlung, Frost, Regen und andere lösende Wässer, Wind und Organismen arbeiten an ihnen und zerstören sie allmählich. Diesen Vorgang der Gesteinszerstörung durch exogene Kräfte bezeichnet man als **Verwitterung** (vgl. S. 147).

Der Grad der Zerstörbarkeit der Gesteine hängt vom Mineralbestand und Gefüge ab. Da die physikalischen Eigenschaften der Minerale sehr verschieden sind, ist ihre Widerstandsfähigkeit gegenüber der Verwitterung sehr unterschiedlich. So sind z. B. Quarz und Zinnstein mechanisch kaum zerstörbar, ebenso Granat, Turmalin und Disthen. Dagegen werden besonders basische Plagioklase, Feldspatvertreter, Olivin und Sulfide leicht zerstört. Je widerstandsfähiger ein Mineral gegen Verwitterung ist, in um so größeren Mengen wird es nach der Abtragung mechanisch angereichert. Beispiele sind die erheblichen Quarzmengen, die in Form von Kies bis zum feinen Sand angereichert sind, ebenso die Schwerminerale u. a. Da die Gesteine der Erdkruste im Durchschnitt mehr als 75% Silikate enthalten, ist gerade deren Verwitterung von größter Bedeutung.

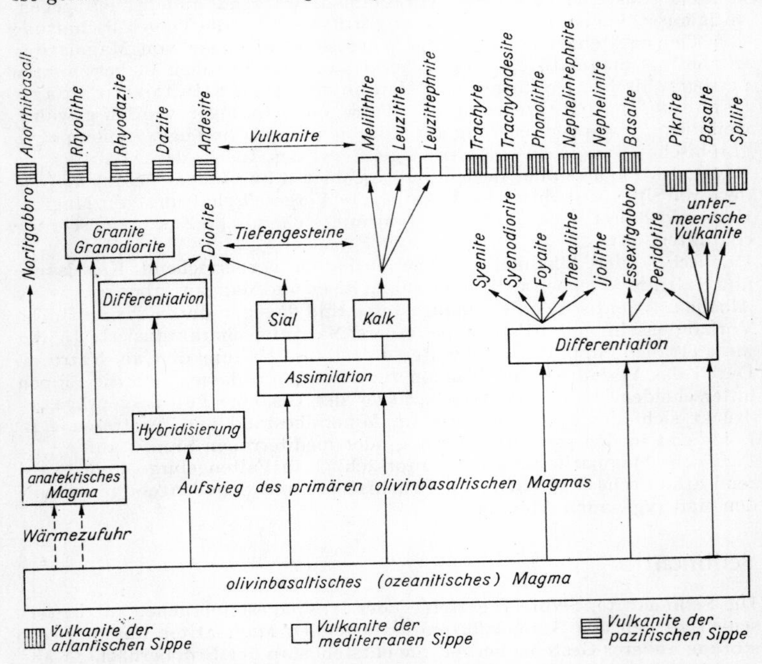

Abb. 19. Magmentypen, Gesteinssippen und wichtigste Magmatite (nach Rittmann)

Die Art der Verwitterung — Gesteinszerfall oder physikalische Verwitterung (auch mechanische Verwitterung genannt); Gesteinszersetzung oder chemische Verwitterung; biologische Verwitterung — ist vor allem von dem an Ort und Stelle herrschenden Klima abhängig, wie im Abschnitt „Die Gestaltung der Erdoberfläche durch geomorphologische Prozesse" (S. 152) dargelegt wird.
Bei all den Gesteinen, die tonige oder mergelige Bestandteile aufweisen, tritt eine Erweichung und Quellung durch Wasseraufnahme ein. Der Wechsel von Durchfeuchtung, Wassersättigung und Austrocknung bewirkt eine wesentliche Verminderung ihrer mechanischen Festigkeit. Auch in Gesteinen ohne Tonminerale kann auf Grund der vorhandenen Poren bei Wasseraufnahme eine meßbare Quellung durch Kapillarwirkung hervorgerufen werden.
Während sich bei physikalischen Verwitterungsvorgängen der Charakter eines Gesteins nicht verändert, kommt es bei der chemischen Verwitterung zu chemischen Umsetzungen im Gestein. Eine hervorragende Rolle spielt dabei die Kohlensäure, da die im Regenwasser gelöste Luft nach CORRENS etwa 100mal reicher an CO_2 ist als gewöhnliche Luft. Die physikalische Verwitterung reicht allenfalls einige Meter tief in die Erdkruste, die chemische Verwitterung dagegen wirkt bis in bedeutende Tiefen, unter Umständen einige hundert Meter. Beachtenswert ist dabei, daß ein bestimmtes Klima aus verschiedenartigen Gesteinen einen einheitlich gefärbten Verwitterungsboden zu erzeugen vermag, während anderseits gleiche Gesteine unter dem Einfluß verschiedener Klimate verschiedene Farben annehmen können. Bei der großen Tiefenreichweite der Gesteinszersetzung zeigen oft erst Bohrkerne aus größeren Tiefen die Eigenfarbe eines Gesteins, während viele landwirtschaftlich wichtige Gesteinsfarben, die man als Eigenfarben ansehen möchte, nur Verwitterungsfarben eines bereits in Zersetzung übergegangenen Ausgangsmaterials sind.
Durch Hydratation werden bei der Verwitterung wasserfreie Minerale in wasserhaltige umgewandelt. Am bekanntesten ist die Umwandlung von Anhydrid in Gips: $CaSO_4 + 2H_2O = CaSO_4 \cdot 2H_2O$. Diese Hydratbildung bewirkt neben der chemischen meist auch eine mechanische Verwitterung, weil beim Anhydrit mit der Wasseraufnahme eine Volumenvergrößerung verbunden ist, die in zahlreichen Fällen zur Fältelung des Gesteins führte. Es entstanden durch diese Vorgänge Gipshüte, die wie Kappen (Kappenfelsen) auf zahlreichen Salzstöcken liegen.
In den Gesteinen werden durch Hydratation wasserhaltige Silikate und Hydrate gebildet. So wandelt sich z. B. Hämatit (Fe_2O_3) in Brauneisenerz um. Aus Feldspäten können bei der Verwitterung durch Hydratation wasserhaltige Minerale, wie Muskowit oder Kaolinit, aus Plagioklasen Minerale der Epidotgruppe oder aus Olivin der Serpentin entstehen. Allerdings verlaufen diese Vorgänge bei erhöhten Temperaturen und Drücken rascher, so daß es hier bereits Übergänge zu metasomatischen Umwandlungen gibt.

Einteilung der Sedimentite

Sedimentgesteine entstehen durch Absatz in bestimmten Sedimentationsräumen. Die Sedimentation erfolgt teils auf dem Lande, teils im Wasser und ist von den im Sedimentationsraum herrschenden physikalischen und chemischen Bedingungen abhängig. Das Sedimentationsmaterial besteht entweder aus Bruchstücken der bei der mechanischen Verwitterung zerstörten Gesteine, aus feinen im Wasser schwebenden Teilchen oder aus im Wasser durch chemische Ausscheidung gebildeten Niederschlägen. Weiter-

hin sind auch tierische und pflanzliche Organismen an der Entstehung von Sedimenten in bedeutendem Maße beteiligt, so daß man bei der Gliederung der Sedimente zu folgender Dreiteilung gelangt:
1. klastische oder mechanische Sedimente;
2. chemische Sedimente;
3. organische Sedimente.
Durch die Sedimentation entstehen zunächst Lockerprodukte, Sedimente, die durch Diagenese zu Sedimentiten verfestigt werden. Am weitesten verbreitet sind die **klastischen Sedimente**. Sie entstehen dadurch, daß ein Ausgangsgestein durch mechanische Verwitterung zertrümmert wird, die Trümmer weggetragen, während des Transportes nach ihrer Größe sortiert und entsprechend ihrer Größe nach verschieden langen Wegstrecken wieder abgelagert werden.
Man unterscheidet unverfestigte klastische Sedimente, die man auch als **Lockergesteine** bezeichnet, und verfestigte **Trümmergesteine**, nach der Korngröße bei beiden Arten an Bestandteilen
Psephite mit einem Korndurchmesser von über 2 mm,
Psammite mit einem Korndurchmesser von 2 bis 0,02 mm,
Pelite mit einem Korndurchmesser unter 0,02 mm.
Sedimente mit einem Korndurchmesser unter 0,001 mm (1μ) werden von BORCHERT (1962) und SCHÜLLER (1963) als Ultrapelite bezeichnet.
Im allgemeinen enthalten Sedimente und Sedimentite Teilchen verschiedener Korngrößenklassen. Die Verteilung der Korngrößen, die durch Sieb- und Schlämmprozesse ermittelt werden, dient zur Charakterisierung der Gesteine und wird in Abhängigkeit von Korngröße und Prozentanteil in einem Koordinatensystem graphisch dargestellt. Da der Korngrößenbereich bei Sedimenten oft sehr groß ist, wählt man auf der Abszisse am besten einen logarithmischen Maßstab, weil dadurch für die Darstellung der kleinen Korngrößen im Verhältnis ebensoviel Platz zur Verfügung steht wie für die großen. In der deutschen Literatur ist es üblich, für die Abszisse einen dekadisch-logarithmischen Maßstab zu wählen. Man erreicht dadurch, daß auf der Abszisse zwischen den Korngrößen von 0,02, 0,2, 2 und 20 mm gleiche Abstände liegen. Halbiert man diese Abstände noch einmal — nach einem Vorschlag von CORRENS (1934) —, so entspricht eine solche Skala Korngrößen von 0,02, 0,063, 0,2, 0,63, 2 mm usw. Diese Einteilung liegt auch der der geologischen Praxis dienenden Aufstellung zur Bezeichnung von Lockergesteinen zugrunde (Tab. 7).

Tab. 7. Korngrößen der Trümmergesteine

Korndurchmesser mm	Bezeichnung der Gesteinsart: bei Lockergesteinen	bei verfestigten Trümmergesteinen
über 60	Steine, auch große und kleine Blöcke	Brekzie Konglomerat
20···60	Grobkies	
6···20	Mittelkies	
2···6	Feinkies (etwa Streichholzkopfgröße)	
0,6···2	Grobsand (etwa Grobgrießgröße)	Sandstein Arkose Quarzit Grauwacke
0,2···0,6	Mittelsand (etwa Grießgröße)	
00,6···0,2	Feinsand (Einzelkörner eben noch erkennbar)	
0,002···0,06	Schluff (Einzelkörner nicht mehr mit bloßem Auge erkennbar)	Schieferton Tonschiefer
unter 0,002	Ton	

Bei der petrographischen Untersuchung von Gesteinsgefügen werden für die einzelnen Körnungsstufen die quantitativen Korndurchmesserwerte durch bestimmte Bezeichnungen ersetzt. Man spricht z.B. von „grobkörnigem", „mittelkörnigem" oder „feinkörnigem" Gefüge. Eine international anerkannte Korngrößeneinteilung geht auf TEUSCHER (1933) zurück. Sie wurde mehrfach ergänzt und verbessert, zuletzt durch SCHÜLLER (1963), so daß heute eine Körnigkeitsskala zur Verfügung steht, die für alle Gesteine verwendet werden kann (Tab. 8).

Tab. 8. Körnungsbereiche nach Teuscher
(modifiziert durch Schneiderhöhn, Borchert und Schüller)

Körnungsbereich in mm	Benennung	Körnungsbereich in mm	Benennung
über 300	überriesenkörnig	0,33···1	kleinkörnig
100···300	riesenkörnig	0,1···0,33	feinkörnig
33···100	sehr grobkörnig	0,033···0,1	sehr feinkörnig
10···33	großkörnig	0,001···0,033	mikrokristallin
3,3···10	grobkörnig	0,0001···0,001	kryptokristallin
1···3,3	mittelkörnig	0,000001···0,0001	röntgenkristallin

Zu den **Lockergesteinen** gehören, nach Korngrößen geordnet, Blöcke, Gerölle und Schotter, Kies, Grob-, Mittel- und Feinsand, Löß, Schluff, Schlick und Schlamm, Ton, Mergel und Lehm.
Blöcke sind noch kaum verfrachtete Gesteinstrümmer. Sie entstehen z.B. durch Verwitterung von Granitfelsen (Wollsackverwitterung) und bilden ganze Blockhalden auf Granitgipfeln; sie können auch zu den Gesteinsmassen eines Bergsturzes gehören oder an Steilküsten ausgewaschen werden und auf dem Blockstrand am Fuß des Steilhanges liegenbleiben (Tafel 31).
Unter Geröllen und Schotter versteht man den von Flüssen transportierten groben Gesteinsschutt, der sich in erster Linie im Oberlauf der Flüsse findet, doch auch den Schutt, der sich am Fuß von steilen Berghängen oder von Steinschlagrinnen sowie auf Brandungsterrassen anhäuft. Aus den pleistozänen Kaltzeiten stammende, vor den abschmelzenden Gletschern liegengebliebene Schotter bilden im Alpenvorland große Schotterflächen.
Weiter nach dem Unterlauf von Flüssen zu finden sich Kiese und Sande, die das Wasser wegen der geringeren Korngröße weiter tragen konnte als die großen Gerölle. Bis in den Unterlauf selbst und ins Mündungsgebiet der Flüsse gelangen nur die feinen Sande. Viele der norddeutschen Kiese und Sande wurden in der letzten Kaltzeit von den Schmelzwasserbächen des Inlandeises abgelagert. Teilweise hat der Wind diese Ablagerungen ausgeblasen und den ausgeblasenen feinen Sand anderswo zu Binnendünen oder als Löß angehäuft. Feinstes von den Flüssen oder vom Wind transportiertes Gesteinsmehl, die Tone, gelangen bis weit ins Meer hinaus und bilden dort im Verein mit abgestorbenen und absinkenden Organismen Schlicke und Schlamme: Globigerinen-, Radiolarien- oder Diatomeenschlamm, Blau- oder Grünschlick oder Roten Tiefseeton. Tonige Ablagerungen sind auch in Seen entstanden, z.B. die Bändertone in den Gletscherstauseen der letzten Kaltzeit, und im Überschwemmungsgebiet von Flüssen.
Kalkhaltige Tone bezeichnet man als Mergel. Der Kalkgehalt kann bis zur Entstehung von reinem Kalkstein ansteigen (vgl. Tab. 9). Die im norddeutschen Tiefland weitverbreiteten Geschiebemergel sind von größeren Gesteinsbrocken, den Geschieben, durchsetzte Mergel, die in den

Kaltzeiten vom Inlandeis herantransportiert wurden und nach dessen Abschmelzen liegenblieben. Durch Verwitterung entkalkte Geschiebemergel bezeichnet man als Geschiebelehm.
Lehme sind magere Tone, wobei ihre Magerkeit, d. h. geringere Plastizität gegenüber den Tonen, durch einen größeren Gehalt an Quarz und Glimmer bedingt ist. Sie lagern sich ebenfalls im Überschwemmungsgebiet von Flüssen als Auelehm ab.

Zu den verfestigten **Trümmergesteinen** gehören in erster Linie Psephite und Psammite. Brekzien und Konglomerate sind **psephitische** Trümmergesteine. In den Brekzien sind vorwiegend wenig verfrachtete und daher noch eckige Gesteinstrümmer miteinander verkittet, in den Konglomeraten vorwiegend weiter verfrachtete und daher abgerundete Gerölle, Schotter und Kiese. Das Bindemittel kann tonig, kalkig oder kieselig sein. Brekzien bilden sich z. B. an Berghängen durch Verkittung des Verwitterungsschuttes, Konglomerate aus den Aufarbeitungsprodukten eines überflutenden Meeres (Transgressionskonglomerate).

Tab. 9. Normschema zu den natürlichen Kalk-Ton-Mischungen (nach Correns)

	% Kalk								
	95	85	75	65	35	25	15	5	
hochprozentiger Kalkstein	Kalkmergel	Mergelkalk	mergeliger Kalk	Mergel	mergeliger Ton	Mergelton	Tonmergel		hochprozentiger Ton
	5	15	25	35	65	75	85	95	
	% Ton (= Nichtkarbonat)								

Zu den verfestigten **Psammiten** gehören die Sandsteine, die im wesentlichen aus verfestigten Sanden, also aus Quarz, und nur untergeordnet aus Feldspäten, Glimmer und anderen Mineralen bestehen. Das Bindemittel der Psammite kann kieselig, kalkig oder tonig sein. Sandsteine mit über 90% Quarz werden als Quarzsandsteine, solche mit einem hohen Anteil an kieseligem Bindemittel oder hochgradig diagenetisch verfestigte als quarzitähnliche bezeichnet. Quarzite selbst sind dagegen metamorph umgewandelte Sandsteine. Bei mehr als 25% Feldspatanteil spricht man von Arkosen. Schließlich gehören zur Sandsteingruppe noch die Grauwacken, allerdings gibt es für sie noch keine einheitliche Definition. Meist versteht man darunter Feldspäte und Gesteinsbruchstücke enthaltende Sandsteine, wobei jedoch in der Regel die Menge der Gesteinsfragmente die der Feldspäte übersteigt. Einen Überblick über die in der Sandsteingruppe auftretenden Varietäten gibt u. a. FÜCHTBAUER in einer Dreiecksdarstellung (Abb. 20).
Sandsteine sind in allen geologischen Systemen weit verbreitet. Genannt seien nur die Buntsandsteine aus der Unteren Trias im Schwarzwald, in der Eifel, in Thüringen u. a. sowie die Quadersandsteine aus der Kreidezeit im Elbsandsteingebirge.
Die verfestigten **Pelite** umfassen die Tongesteine, insbesondere den Schieferton und den noch mehr verfestigten Tonschiefer. Die Einzelteilchen der Tongesteine stellen im wesentlichen die Tonminerale Kaolinit, Montmorillonit, Illit und Halloysit dar. Daneben kommen noch staub-

förmige Beimengungen von Quarz, Feldspat und Serizit sowie anorganische und organische Kolloide vor. Wegen der Kleinheit der Teilchen, die nicht leicht voneinander zu trennen sind, benutzt man zu ihrer Identifizierung röntgenographische, differentialthermoanalytische und elektronenoptische Untersuchungsverfahren. Das Bindemittel in den Tongesteinen kann auch kalkig oder kieselig sein. Mergel gehen durch Verfestigung in Mergelschiefer über, zu denen z.B. der im Zechsteinmeer gebildete metallhaltige Kupferschiefer von Mansfeld und Sangerhausen gehört.

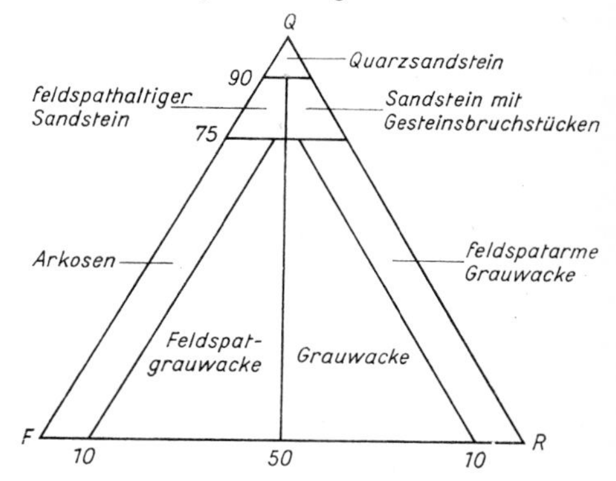

Abb. 20. Sandsteinklassifikation nach Füchtbauer. *Q* Quarz, *F* Feldspäte, *R* Gesteinsbruchstücke

Als Trümmergesteine kann man schließlich noch die **Tuffgesteine** bezeichnen, die zwischen den Magma- und den Sedimentgesteinen stehen. Ihr Material entstammt unmittelbar dem Magma, entsteht durch dessen Zerstäubung und Zertrümmerung in der Luft, aber ihre Bildung verläuft wie die der Sedimentgesteine durch Ablagerung des Gesteinsmaterials.
Tuffe setzen sich aus bei Vulkanausbrüchen in die Luft geschleuderten und anschließend abgesetzten Lockerprodukten zusammen, insbesondere aus Aschen und Lapilli. Ihr Vorkommen ist daher an die weitere oder nähere Umgebung von Vulkanen geknüpft. Oft sind Tuffe, die vom Wind oder Wasser umgelagert wurden, mit anderen Sedimenten vermischt oder wechsellagern mit diesen. Derartige Mischgesteine werden als Tuffite bezeichnet.
Die Zusammensetzung der Tuffe entspricht der des Magmas, aus dessen Zerstäubungsprodukten sie bestehen. Zu jedem Ergußgestein gibt es demnach entsprechende Tuffe. Hier seien nur die rhyolithischen Tuffe genannt, die sich in Thüringen und Sachsen, z.B. bei Rochlitz, finden, sowie die Trachyttuffe, zu denen die graugelben Trasse des Brohltales gehören.

Die Entstehung der **chemischen** und **organischen Sedimente** ist oft eng miteinander verknüpft, so daß hier beide im Zusammenhang besprochen werden sollen.
Zu den chemischen Sedimenten werden häufig die auf S. 135 ff. ausführlich behandelten Böden gerechnet und dann als Rückstandsgesteine bezeichnet, da sie nach Verwitterung des Ausgangsgesteins als Rückstand verblieben sind. Die übrigen chemischen Sedimente sind Ausfällungs- und Eindampfungsgesteine. Sie scheiden sich aus Lösungen aus, wenn diesen ein fällendes Agens zugeführt wird oder wenn die Lösungskraft durch Abkühlung, Bewegungsverminderung, Zufuhr von gleichnamigen Ionen, Verdunstung oder Eindampfung abnimmt.

Tab. 10. Die wichtigsten Sedimentgesteine

klastische Sedimente		chemische Sedimente		organogene Sedimente
	Blöcke und Steine eckiger Schutt Blockschutt Gehängeschutt ↓	Rückstandsgesteine	Böden	Kalkschlamm Schill Korallenschlick Globigerinenschlamm Pteropodenschlamm ↓
Psephite	Brekzien Schuttbrekzien Gehängebrekzien Reibungsbrekzien Gangbrekzien vulkanische Brekzien abgerundeter Schutt Schotter Gerölle Kies ↓ Konglomerate Fanglomerate		Kalkstein z. T. mergeliger Kalk toniger Kalk Kieselkalk Kohlenkalk bituminöser Kalk dolomitischer Kalk Kalksinter Kalktuff Travertin Tropfstein Kalkoolithe Erbsenstein Rogenstein	Kalksteine und Dolomite z. T. Muschelkalk Schreibkreide Korallenkalk Riffkalk Knochenbrekzien Kieselgesteine z. T. Diatomeenschlamm Radiolarienschlamm ↓
	Sand Sandsteine Quarzsandstein quarzitischer Sandstein		Dolomite z. T. dolomitische Mergel	Radiolarit Kieselschiefer Diatomeenerde
Psammite	Arkosen Kalksandstein toniger Sandstein Glimmersandstein Glaukonitsandstein kohliger Sandstein	Ausfällungsgesteine	Kieselgesteine z. T. Kieselsinter z. T. Feuerstein z. T. Chalcedone Quarzit z. T.	(Kieselgur) Kieselsinter z. T. Feuerstein z. T. Hornstein
	Kalkstein z. T. Grauwacken vulkanische Tuffe Tone Kaolinton Salzton mergeliger Ton sandiger Ton Kohleton		Eisengesteine Ockererde Krusteneisenstein Weißeisenstein Roteisenstein Brauneisenstein See- oder Sumpferze Eisenoolithe Glaukonit	phosphorhaltiger Kalkschlamm phosphorhaltige Gerölle ↓ Phosphatgesteine Phosphorite Guano Bonebed
	bituminöser Ton ↓ Schiefertone		Aluminiumoxydhydrate Bauxit Laterit	Kohlengesteine Humus
Pelite	Letten Tonschiefer Mergel Tonmergel Kalkmergel Geschiebemergel ↓ Tillite Mergelschiefer Kalkstein z. T. Lehm Auelehm Gehängelehm Geschiebelehm Löß vulkanische Aschen	Eindampfungsgesteine	Anhydrit Gips Steinsalz Kali- und Magnesiasalze Sylvin Carnallit Kieserit Kainit Soda Nitrate und Borate Salzgesteine Hartsalz Sylvinit Carnallitit Kainitit	Torf Braunkohle Steinkohle ↓ Anthrazit Harz ↓ Bernstein Bitumen bituminöser Faulschlamm Bitumenkohlen Bitumenschiefer Erdöl Asphalt ↓ Erdwachs

Zu den Ausfällungsgesteinen gehören die Kalksteine, wobei allerdings bei der Schaffung entsprechender Lösungsbedingungen oftmals Organismen beteiligt sind. Bei älteren Sedimentiten ist es sogar häufig schwierig, eindeutig zu sagen, welcher Vorgang zur Ausscheidung geführt hat.
Bei den Ausführungen zur chemischen Verwitterung wurde auf die Bedeutung der Kohlensäure hingewiesen (vgl. S. 107). Sie spielt nicht nur bei der Auflösung des Kalkes, sondern auch bei seiner Ausfällung aus dem Meerwasser eine beherrschende Rolle. Kalk kann ausgefällt werden, wenn der Gehalt an Kohlensäure verringert wird. Dies geschieht bei Temperaturerhöhung, bei Druckerniedrigung, bei steigendem Salzgehalt oder unter Mitwirkung von Organismen, indem bei Assimilationsvorgängen Kohlensäure verbraucht wird. Die für die Kalkausscheidung notwendigen Ca-Ionen werden dem Meerwasser mit Verwitterungslösungen vom Festland zugeführt.
Nur ein Teil des im Meerwasser sedimentierten Kalkes ist rein anorganischer Herkunft. Wohl der größere Teil des Karbonats wird von den im Meer lebenden Organismen zu Hartteilen verarbeitet, so insbesondere von Foraminiferen, Bryozoen, Brachiopoden, Mollusken und Crustaceen sowie von den Pflanzen der Algenfamilie, den Lithothamnien und den Coccolithophoriden. Sterben diese Organismen ab, so sinken sie auf den Meeresboden, und aus den hier angehäuften Hartteilen geht also der restliche Kalk hervor. Kalkstein zählt nicht zu den chemischen, den Ausfällungsgesteinen, sondern zu den organogenen Sedimenten. Meistens sind den organisch gebildeten Kalksteinen chemisch ausgefällte Kalke in wechselndem Verhältnis beigemischt. In früheren Perioden der Erdgeschichte organisch gebildete Kalksteine sind z. B. der u. a. in Thüringen verbreitete Muschelkalk aus der Mittleren Trias und die hauptsächlich aus Foraminiferenschalen aufgebaute Schreibkreide, die z. B. auf der Insel Rügen ansteht (Tafel 31). Ein z. T. aus Organismen aufgebautes Kalksediment der geologischen Gegenwart ist der Globigerinenschlamm, der weite Bereiche des Meeresbodens bedeckt.
Aus absinkenden Hartteilen von Organismen entstandene Kalksteine sind wie fast alle Sedimente geschichtet. Es gibt jedoch auch ungeschichteten Kalkstein, den Riffkalk, der dadurch entstand, daß Korallen und Kalkschwämme in Gemeinschaft mit anderen Organismen massige ungeschichtete Riffe aufbauten. Einzelne Korallenstöcke haben eine Mächtigkeit bis zu 2000 m erreicht. Riffe und alle anderen organisch gebildeten Kalksteine sind besonders in warmen Meeresbereichen entstanden, weil die betreffenden Organismen hier die besten Lebensbedingungen finden.
Teilweise unter Mitwirkung von Organismen baut sich auch der oolithische Kalkstein auf. Er entsteht dadurch, daß Kalkausfällungen im Meer und in Binnenseen sich um Kleintierschalen, Sandkörnchen u. ä. ansetzen, die in bewegtem Wasser schweben. Es bilden sich so konzentrisch-schalige Kalkkugeln — Ooide —, die durch ein kalkiges oder mergeliges Bindemittel zusammengehalten werden oder ohne Bindemittel miteinander zu Oolithkalken verwachsen.
Auch im Meerwasser vorhandene Bakterien wirken kalkbildend, indem sie bei ihrer Lebenstätigkeit $CaCO_3$ direkt aus dem Meerwasser ausscheiden.
Auf dem Festland bilden sich Kalksteine durch Ausscheidung von Kalk aus kalkhaltigen Quellwässern. Diese Süßwasserkalke bezeichnet man als Sinter, und man unterscheidet lockere Absätze um Pflanzenteile, die Kalktuffe, von festeren Absätzen, dem Travertin. Auch aus Untergrundwässern, die Kalk gelöst haben, scheidet sich dieser Kalk z. B. beim Abtropfen in Höhlen wieder ab und bildet die Tropfsteine (vgl. S. 181 und Tafel 24) sowie Sinterkrusten und Sintervorhänge. Die festländischen

Kalke sind jedoch im Vergleich zu den weitverbreiteten Meereskalken mengenmäßig nicht sehr bedeutend.
Gegenüber dem Kalkstein tritt der Dolomit als verwandtes Gestein stark zurück. In den Kalkalpen bestehen allerdings mächtige Massive aus Dolomit, und auch in Zechsteingebieten kommt er in größeren Mengen vor. Dolomite können primär und sekundär gebildet werden. Trotz Untersättigung des Meerwassers an Magnesium ist unter bestimmten Bedingungen eine Ausfällung des Dolomits möglich. Untermeerisch spielen auch Auslaugungs- und Verdrängungsprozesse, die zur Dolomitisierung führen, eine Rolle. Der überwiegende Teil der Dolomite dürfte jedoch durch Metasomatose aus Kalksteinen hervorgegangen sein.
Wie die Kalksteine können auch Kieselgesteine chemisch und organisch entstehen. Die zur Bildung notwendige Kieselsäure ist im sedimentären Bereich exogener Natur und wird im allgemeinen durch Verwitterungsprozesse freigesetzt. So wird bei der Lösungsverwitterung kieselsäurehaltiger Gesteine sowie auch bei der hydrolytischen Verwitterung silikatischer Minerale Kieselsäure frei, die über Flüsse und Grundwasserströme in limnische Becken bzw. ins Meer gelangt.
Die Ausfällung der Kieselsäure erfolgt durch Eindampfungs- und Verdunstungsvorgänge, durch Abkühlung heißer Wässer (z. B. bei Geysiren), in stark alkalischen Lösungen, durch adsorptive Aufnahme in Eisen- und Aluminiumhydroxiden und aus Lösungen mit einem hohen Elektrolytgehalt. Schließlich entnehmen auch Organismen (Diatomeen und Radiolarien) dem Meerwasser die zum Aufbau ihrer Skelette notwendige Kieselsäure. Im Meer entstehen der Diatomeen- und der Radiolarienschlamm, in Binnenseen aus Kieselalgen die Kieselgur, auch Diatomeenerde genannt. Verfestigte Radiolarienschlamme aus dem Silur und Karbon bilden die Radiolarite und Kieselschiefer. Kieselsinter stellen Quellwasserabsätze dar.
Organischer Entstehung sind auch die Phosphorite. Sie gehen hauptsächlich aus Anreicherungen phosphorsäurehaltiger Verbindungen von Tierknochen, Exkrementen, Chitinpanzern u. a. hervor.
Rein chemische Sedimente stellen die Salzgesteine dar, die sich durch Ausfällung von Salzen aus dem Meerwasser bilden. Zu einer Salzausfällung in größeren Mengen kommt es, wenn Meerwasser in einer Bucht unter dem Einfluß eines warmen Klimas besonders stark verdunstet und andererseits der Bucht periodisch neues Salzwasser zugeführt wird. So entstanden besonders in der Zechsteinzeit im deutschen Raum die mächtigen Kali- und Steinsalzlager (vgl. Abschnitte „Perm“ und „Salzlagerstätten“).

Eine Sonderstellung unter den Gesteinen nehmen die **Kohlengesteine, Bitumen** und **Harze** ein. Streng genommen gehören sie nicht zu den Sedimentgesteinen, weil sie in ihren Hauptbestandteilen kein Verwitterungsmaterial von Gesteinen darstellen, sie sind vielmehr hauptsächlich aus organischen Substanzen aufgebaut. Je nach dem Verfestigungsgrad gibt es eine Reihe der Entwicklung vom losen Sediment — z. B. Humus — über Torf und Braunkohle zur Steinkohle und zum Anthrazit, vom bituminösen Faulschlamm zur Bitumenkohle oder zum Bitumenschiefer und vom Harz zum Bernstein.
Für die Humuskohlen stellen abgestorbene Pflanzenteile das Ausgangsmaterial dar. Häufen sich in einem langsam absinkenden Gebiet Pflanzenreste an und werden sie mit anderen Stoffen bedeckt, so verwesen sie nicht, sondern vertorfen, und aus dem Torf gehen durch diagenetische Prozesse Braunkohlen hervor. Unter Druck- und Hitzewirkung werden die Braunkohlen durch metamorphe Prozesse zu Steinkohlen und schließlich zu Anthrazit. Wie es in der geologischen Vergangenheit zur Verknüpfung

dieser Vorgänge kam, wird in den Abschnitten „Karbon" und „Lagerstätten fester Brennstoffe" geschildert.
Die Bitumen entstehen aus Fett- und Eiweißstoffen niederer Organismen. Sinken diese Organismen in schlecht durchlüfteten, sauerstofffreien Gewässern zu Boden, so werden sie hier von Fäulnisbakterien zersetzt und zu Faulschlämmen umgebildet. Bei diesem Vorgang der Bituminierung können sich feste Kohlenwasserstoffe bilden, die im Gestein verbleiben: Es entstehen Ölschiefer, oder es bilden sich flüssige Kohlenwasserstoffe, Erdöle (vgl. Abschnitt „Lagerstättenkunde").

Von allen genannten verfestigten Sedimentgesteinen sind nur wenige allgemein verbreitet. Es sind dies hauptsächlich Sandsteine, Kalksteine und Tonschiefer sowie Mischungen aus diesen, die allein 99% aller Sedimentgesteine bilden. Die von verschiedenen Forschern angegebenen Häufigkeitswerte dieser Gesteine weichen voneinander ab, je nachdem, ob sie auf geochemischer oder stratigraphischer Grundlage errechnet worden sind (Abb. 21). Wegen der großen sedimentpetrographischen Bedeutung gerade dieser Gesteine ist es üblich, die drei Grundsubstanzen, nämlich Sand, Karbonat und Ton, übersichtlich in einem Dreiecksdiagramm darzustellen. Aus diesem von FÜCHTBAUER entworfenen und von BERNSTEIN modifizierten Diagramm (Abb. 22) lassen sich auch die in der Natur vorkommenden Übergangsglieder ablesen.

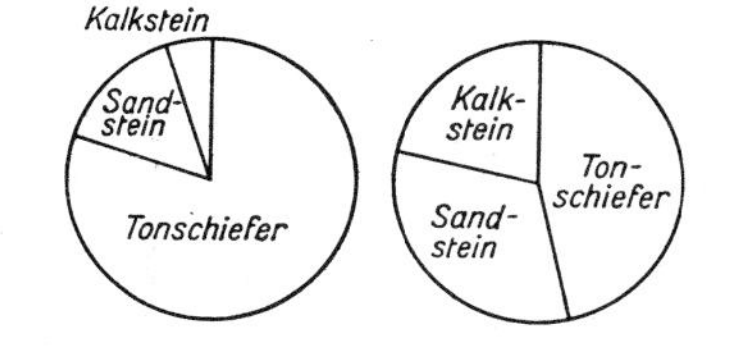

Abb. 21. Relative Häufigkeit der drei wichtigsten Sedimentgesteine: links nach geochemischen Berechnungen: 80% Tonschiefer, 15% Sandstein, 5% Kalkstein; rechts nach stratigraphischen Messungen: 46% Tonschiefer, 32% Sandstein, 22% Kalkstein

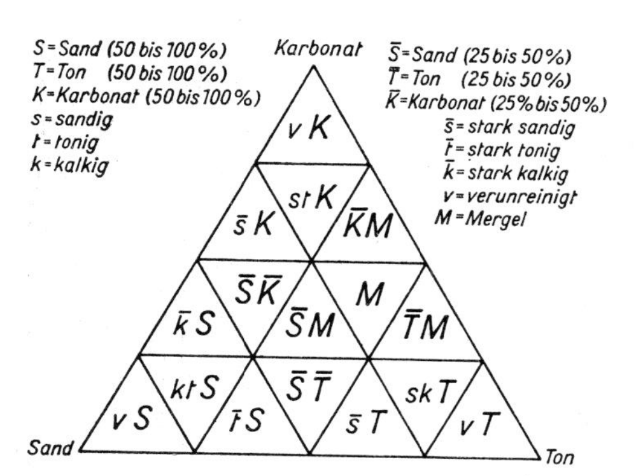

Abb. 22. Sand-Ton-Karbonat-Diagramm

Wie bei den magmatischen Vorgängen können auch bei der Sedimentation Erze entstehen. Primäre, d. h. magmatische Erzlagerstätten zerfallen mitunter durch Verwitterung zu Erzschutt, und das fließende Wasser kann die Erze anreichern. Am Unterlauf von Flüssen und an Meeresküsten sind oft die besonders widerstandsfähigen Minerale des Gesteins-

schuttes, vor allem Schwerminerale, angereichert worden und bilden Seifen, d. h. erzreiche Sande, mit Zinnstein, Gold, Platin, Magnetit, Monazit, Rubin, Spinellen, Zirkon und Diamanten. Kommen Erztrümmer in den Brandungsbereich des Meeres, kann sich auch ein angereichertes Brandungskonglomerat bilden. Ein Beispiel dafür sind die Eisenerze von Salzgitter und Peine-Ilsede, die in der Kreidezeit entstanden und in einer tonig-kiesigen Grundmasse abgerollte Erzstücke und Brauneisenoolithe enthalten (vgl. Abschn. „Kreide", S. 443).
Brauneisenoolithe bilden sich vorwiegend in fast abgeschnürten Meeresteilen, denen laufend eisenhaltige Verwitterungslösungen aus dem Hinterland zugeführt werden und in denen sich die Eisenkonzentration nicht verdünnt, sondern konstant bleibt. Die Eisenoolithe bilden sich wie die Kalkoolithe um Kerne im bewegten Wasser. Ihre Größen schwanken zwischen 0,5 und mehreren Millimetern. Zu den oolithischen Brauneisenerzen gehört die Minette von Lothringen-Luxemburg. Durch Diagenese können aus Eisenoolithen oolithische Eisensilikaterze (Chamosite) entstehen.
Abgeschlossene Meeresräume sind meist sauerstoffarm, so daß aus schwefelhaltigen Eiweißen stammender Schwefel nicht oxydiert werden kann. Es kommt vielmehr zur Bildung von Schwefelwasserstoff durch anaerobe Bakterien. Ins Meerwasser durch Verwitterungslösungen eingeschwemmtes Eisen wird durch diesen Schwefelwasserstoff ausgefällt und bildet sulfidische Erze.
Aber nicht nur Eisen, sondern auch andere Metalle, wie Kupfer, Zink usw., können auf diese Weise ausgefällt werden. Besonders an organischen Stoffen reiche Sedimente, wie Mergel und Tone, enthalten solche Erzsulfide. Ein wichtiges Beispiel ist der bereits erwähnte, im Zechsteinmeer entstandene Kupferschiefer.
Sumpferze und Wiesenerze entstehen auf dem Grunde flacher, sumpfiger, oft mit Torf erfüllter Senken. Eisenhaltige Grundwässer bilden hier beim Zusammentreffen mit Sauerstoff Eisenocker, der später fest wird.
Eine Zusammenstellung aller wichtigen Sedimentgesteine gibt die Tab. 10 auf S. 112.

Diagenese

Der weitaus größte Teil aller Sedimente wird in wäßrigem Medium abgelagert, wobei der freie Raum zwischen den Sedimentteilchen, das Porenvolumen, mit Wasser gefüllt ist. Seine anfängliche Größe richtet sich dabei weitgehend nach der Korngröße des Sedimentmaterials. In der Reihe Geröll–Kies–Sand–Schluff–Ton nimmt das Porenvolumen im Primärsediment erheblich zu. Es verringert sich im Laufe der Zeit jedoch ständig durch Setzung und Wasseraustritt. Verstärkt wird dieser Prozeß bei Fortdauer der Sedimentation durch den Druck des auflagernden Materials. Gleichzeitig damit beginnen Lösungs- und Wiederausfällungsprozesse, chemische Umbildungen und kristallographisch-mineralogische Veränderungen einzusetzen. Alle diese Vorgänge, die mit Druck- und Temperaturerhöhung verbunden sind und zur Verfestigung von Lockermassen führen, also der Schritt vom Sediment zum Sedimentit, werden unter dem Begriff Diagenese zusammengefaßt.
Bei einem Tonschlamm mit 50 bis 60 oder mehr % Wasser wird das Porenvolumen durch Setzung und Belastungsdruck allmählich verringert, das überschüssige Wasser ausgequetscht und an das Meerwasser abgegeben. Mit zunehmender Versenkungstiefe wird dieser Vorgang immer intensiver, bis aus einem Tonschlamm mit überwiegend Wasser ein gewöhnlicher pla-

stischer Ton und schließlich ein fester Tonstein wird. In den Tonmineralen gehen damit parallel bestimmte Veränderungen vor sich. Beispiele sind die Umkristallisation des sehr feinkörnigen und in seiner Kristallstruktur schlecht geordneten Fireclay-Minerals in den etwas gröberkörnigen, gut geordneten Kaolinit von gleicher chemischer Zusammensetzung oder die Umbildung von Montmorillonit in Illit unter Kaliumaufnahme.
In Kalksedimenten und Quarzsanden finden neben der Entwässerung vornehmlich Umlösungen, Umkristallisationen statt, ohne daß dabei jedoch andere Kristallphasen auftreten, lediglich die durchschnittliche Korngröße erhöht sich. In einem Kalkschlamm z. B. sind die einzelnen aus $CaCO_3$ bestehenden Teilchen nicht alle gleich groß. $CaCO_3$ besitzt in reinem Wasser nur eine außerordentlich geringe Löslichkeit, die jedoch in Gegenwart von CO_2, besonders unter stärkerem Druck, beträchtlich erhöht wird, da sich dann leichter lösliches Kalziumhydrogenkarbonat $Ca(HCO_3)_2$ bildet. Anderseits sind die Löslichkeit und vor allem die Lösungsgeschwindigkeit keine konstanten Größen, sondern hängen bei gleichen Druck-Temperatur-Verhältnissen von der Teilchengröße ab. Während bei einem bestimmten Sättigungsgrad des Wassers größere Teilchen unlöslich sind, werden kleinere noch gelöst. Die größeren Teilchen wachsen damit in der Lösung weiter, so daß deren Konzentration sinkt. Dadurch werden fortlaufend weitere kleinere Körner gelöst, und die größeren erhalten wieder neue Substanz für ihr Wachstum.
Diese statische Kornvergröberung kommt mit zunehmender Verfestigung und Entwässerung allmählich zum Stillstand und kann durch eine andere Erscheinung abgelöst werden, die nach ihrem Entdecker als RIECKEsches Prinzip bezeichnet wird. Es beruht darauf, daß die Löslichkeit eines Minerals proportional zum Quadrat des Druckes steigt und — bei hohen, hier jedoch noch nicht auftretenden Temperaturen — der Schmelzpunkt im gleichen Verhältnis erniedrigt wird. Mit steigendem gerichtetem Druck können demnach wachsende Mengen Substanz mobilisiert, d. h. in Lösung überführt werden.
Der größte Teil der Sedimentablagerungen erfolgt in weiträumigen Senkungsgebieten, den Geosynklinalen. Hier erhöht sich in den unteren Lagen eines Sedimentpaketes der Belastungsdruck immer mehr, der allseitig auf die Mineralkörner als hydrostatischer bzw. lithostatischer Druck wirkt. Die Löslichkeitserhöhung nach dem RIECKEschen Prinzip setzt dort ein, wo zu dem allseitigen Druck eine gerichtete Druckkomponente kommt. Die davon erfaßten Körner werden bevorzugt gelöst, während die weniger oder gar nicht beanspruchten auf Kosten der ersteren weiterwachsen. Der Stofftransport von Korn zu Korn und darüber hinaus erfolgt in wäßriger Lösung; in einem trockenen, wasserfreien System ist ein Transport nicht möglich.
Die auch als Sammelkristallisation bezeichnete Kornvergröberung während der Diagenese läuft also in zwei sich überlappenden Stadien ab. Zunächst wächst ein Teil der Körner in Gegenwart von reichlich Wasser infolge der korngrößenabhängigen Löslichkeitsunterschiede. Später erfolgt mit zunehmender Entwässerung das Kornwachstum teilweise nach dem RIECKEschen Prinzip. Als Folge der diagenetischen Vorgänge entstehen so aus lockeren, wasserreichen Sedimenten kompakte und wässerärmere Sedimentite: Kalkschlamm wird zu Kalkstein, Quarzsand zu Sandstein, Tonschlamm zu Tonstein. Die Kornvergröberung der Tonminerale ist erheblich geringer als die von Kalzit oder Quarz. Sie sedimentieren jedoch lagenweise und bilden so die Schichtung ab. Im Spätstadium der Diagenese kann die Schichtung der Schieferung ähnlich werden; es entstehen dann Schiefertone und schließlich Tonschiefer.

Bei gleichzeitiger Sedimentation verschiedener Komponenten, z. B. Ton und Kalk, laufen die diagenetischen Prozesse im Prinzip ebenso ab, sie werden lediglich durch Verdrängungsreaktionen — etwa von $CaCO_3$ durch SiO_2 und umgekehrt — sowie durch bestimmte Mineralneubildungen (z. B. Bildung verschiedener Zeolithe, wie Heulandit und Analzim) überlagert.
Die Verdrängung vorhandener Minerale durch andere, neuzugeführte, wird als **Metasomatose** bezeichnet. Das bekannteste Beispiel im diagenetischen Bereich ist die Dolomitisierung von Kalken. Es gilt als erwiesen, daß im Meerwasser keine primäre Ausscheidung von Dolomit $CaMg(CO_3)_2$ stattfindet — ausgenommen die Salinarfazies. Die aus Kalkskeletten von Organismen aufgebauten Korallenriffe tropischer Meere zeigen jedoch kurz nach ihrer Bildung erhebliche $MgCO_3$-Gehalte. Diese rühren offenbar von einem Austausch des Ca gegen Mg aus dem Meerwasser bei normaler Wassertemperatur her. Es kann eine vollständige Dolomitisierung der Korallenriffe eintreten, wobei die Texturen und der Fossilinhalt verschwinden. Große Teile der gewaltigen Dolomitmassen bzw. dolomitischen Kalkmassen der Alpen sind vermutlich auf diese Weise entstanden.
Der Bereich der Diagenese ist zu Ende, sobald die **erste** Bildung von solchen Mineralen einsetzt, die **nicht** im sedimentären Bereich entstehen können. Die Grenze zwischen der Diagenese und der nachfolgenden Metamorphose liegt bei etwa 300 °C (S. 120).
Kohlige Substanz unterliegt gleichfalls der Diagenese, sie ist aber schon bei weit niedrigeren Temperaturen beendet, nämlich mit dem Weichbraunkohlenstadium. Hochinkohlter Anthrazit tritt in Schiefertonen auf. Die Graphitbildung setzt dagegen erst bei wesentlich höheren Temperaturen als 300 °C während der Regionalmetamorphose ein. Für die diagenetisch-metamorphe Umwandlung der Kohlengesteine, die **Inkohlung**, ergibt sich etwa folgende Reihe:

Druck und Temperatur ↓
- Torf
- Weichbraunkohle
- Hartbraunkohle
- Steinkohle
- Anthrazit
- Graphit

Alle Graphitlagerstätten, z. B. die von Kropfmühl bei Passau, in Südböhmen usw., sind unter hochgradig metamorphen Bedingungen aus ehemaligen Kohlenflözen gebildet worden. Viele klastische Sedimente enthalten geringe Mengen organischer Substanz, die während der Metamorphose in Graphit übergeht. Bei etwas höheren Gehalten bilden sich Graphitgneise oder Graphitquarzite. Der Graphitgehalt ist ein wichtiges Merkmal für ihre sedimentäre Herkunft.
In den leicht löslichen Salzgesteinen liegt die Grenze zwischen Diagenese und Metamorphose noch niedriger. Ihre Metamorphose ist bei etwa 80 °C bereits abgeschlossen. Bei höheren Temperaturen erfolgen nur noch Auflösung und Abtransport. Bei Salzgesteinen besteht also überhaupt keine Möglichkeit, daß sie in die Druck- und Temperaturbereiche der Regionalmetamorphose silikatischer Gesteine gelangen.

Metamorphite

Metamorphose bedeutet Umwandlung. Verwitterung (S. 147f.) und Diagenese stellen zwar ebenfalls Gesteinsumwandlungen dar, der Begriff Metamorphose wird jedoch nur auf Vorgänge angewandt, bei denen Mineralparagenesen entstehen, die im *sedimentären* Bereich *nicht* vorhanden sind. Die zur Bildung metamorpher Minerale führenden Reaktionen laufen demnach — und zwar unter Beibehaltung des kristallinen Zustandes, jedoch in Gegenwart von Wasser(-dampf) im Kluft-, Poren-, Kapillar- und Intergranularraum silikatischer und karbonatischer Gesteine — bei Temperaturen oberhalb etwa 300 °C und bei höheren Drücken ab, d. h. also meist in größeren Tiefen der Erdkruste. Die entstehenden Gesteine werden **Metamorphite** genannt. Von der Metamorphose können grundsätzlich alle Gesteine erfaßt werden. Aus Magmatiten entstandene Metamorphite bezeichnet man als Orthogesteine, aus Sedimenten gebildete als Paragesteine.

Metamorphosen können lokal begrenzt (Kontaktmetamorphose, Dislokalisationsmetamorphose) oder regional verbreitet sein (Regionale Versenkungsmetamorphose, Regionale Dynamo-Thermometamorphose). Nach der Art der Metamorphose, der die Gesteine unterlagen, lassen sich bei diesen zwei Hauptgruppen unterscheiden:

1. Kontaktgesteine, die durch Kontaktmetamorphose entstehen (statische Metamorphose);
2. kristalline Schiefer als Produkte der Regionalen Dynamo-Thermometamorphose (kinetische Metamorphose).

Dazu kommen jenseits des eigentlich metamorphen Bereiches, also unter Beteiligung mehr oder minder großer Schmelzanteile, noch die Mischgesteine (Migmatite im weiteren Sinne) als Ergebnis der Ultrametamorphose.

Metamorphe Gesteine, vor allem kristalline Schiefer und Migmatite, machen den Hauptteil der Erdkruste aus.

Für die systematische Einteilung metamorpher Vorgänge gibt es mehrere Vorschläge. Früher war für die Regionalmetamorphose eine Dreigliederung (nach GRUBENMANN und NIGGLI) in

Epizone ~ Phyllite
Mesozone ~ Glimmerschiefer
Katazone ~ Gneise

üblich und für die Kontaktmetamorphose eine Untergliederung in zehn Hornfelsklassen (nach V. M. GOLDSCHMIDT). Heute hat sich ganz allgemein das von ESKOLA 1915 begründete Prinzip der **metamorphen Fazies** durchgesetzt. Es gestattet auf der Grundlage von Mineralparagenesen bzw. Mineralreaktionen, die für bestimmte Druck-Temperatur-Bereiche kritisch sind, alle metamorphen Vorgänge qualitativ und quantitativ eindeutig zu beschreiben. Die von BARROW und TILLEY vorgeschlagene Zoneneinteilung nach Indexmineralen entspricht etwa der Unterteilung einzelner Fazies in Subfazies.

Zu einer metamorphen Fazies gehören nach TURNER (1948) alle Gesteine beliebiger chemischer und damit auch mineralischer Zusammensetzung, die während der Metamorphose in einem bestimmten Bereich physikalischer Bedingungen ein chemisches Gleichgewicht erreicht haben. Damit wird ausgesagt, daß 1) jede metamorphe Mineralparagenese im thermodynamischen Gleichgewicht gebildet wurde und die dazugehörigen stabilen Minerale miteinander koexistieren und 2) alle Gesteine einer bestimmten metamorphen Fazies (oder Subfazies) jeweils in einem genau definierten und gleichen Temperatur-Druck-Bereich gebildet wurden. Die konsequente Anwendung des Faziesprinzips ist erst in jüngster Zeit möglich geworden, nachdem etwa seit 1950 die Möglichkeiten der experimentellen Untersuchung von Mineralreaktionen bei hohen Drücken und Temperaturen bestehen, die es erstmalig gestatten, exakte und quantitative Aussagen über den Ablauf der Gesteinsmetamorphose bis zur Anatexis (Ultrametamorphose) zu machen.

Die wesentlichsten Faktoren der Metamorphose sind Druck und Temperatur sowie Wasser. Temperaturerhöhung erfolgt durch Versenken von Gesteinspaketen, aufsteigende Wärmeströme oder intrudierendes Magma. Die Temperaturen metamorpher Mineralreaktionen sind in unterschiedlichem Maße vom Druck abhängig, der sich aus mehreren Komponenten zusammensetzt:

1) Belastungsdruck (lithostatischer bzw. hydrostatischer Druck), der je nach dem spezifischen Gewicht des Gesteins um etwa 250 bis 300 Bar/km Tiefenzunahme steigt;
2) Druck der fluiden Phase (Dampfdruck im Poren- und Kluftraum der Gesteine), ist im allgemeinen gleich dem Belastungsdruck;
3) gerichteter Druck (Streß), der durch die Tektonik hervorgerufen wird (tektonische Kompression).

Für die Mineralreaktionen sind Belastungsdruck und Dampfdruck am wesentlichsten. Streß beschleunigt die Reaktionsgeschwindigkeit und führt vor allem zur Ausbildung der für kristalline Schiefer typischen Gefüge (Schiefer- bzw. Gneistextur). Der Dampfdruck kann in erster Annäherung als Druck des Wasserdampfes aufgefaßt werden; es ist jedoch stets mit geringen Mengen an CO_2, HCl, HF u. a. zu rechnen, die gegenüber reinem H_2O-Dampf bei gleichem Gesamtdampfdruck eine Erniedrigung der jeweils kritischen Reaktionstemperaturen bewirken. In karbonatischen Gesteinen kann der CO_2-Dampfdruck höher sein als der H_2O-Dampfdruck. Für jede Art von Metamorphose ist ein gewisser Mindestgehalt an H_2O erforderlich, das in Dampfphase den Stofftransport (Stoffaustausch) zwischen den Einzelmineralen und damit deren Reaktionen untereinander überhaupt erst ermöglicht.

Regionale Metamorphose

Regionale Versenkungsmetamorphose. Bei der Diagenese von Sedimenten (S. 116) wurde bereits festgestellt, daß eine ihrer wesentlichen Voraussetzungen die Fortdauer der Sedimentation in absinkenden Trögen, den Geosynklinalen, ist. Damit verbunden sind Druck- und Temperaturanstieg. Wenn die langsame Versenkung derartiger Sedimentpakete größere Tiefen erreicht und eine Temperatur von etwa 300 °C überschritten wird, entstehen erstmalig Minerale, die unter sedimentären Bedingungen nicht gebildet werden. Damit setzt die Metamorphose ein. In Geosynklinalen kann man einen geothermischen Gradienten von etwa 20 °C/km als Mittelwert annehmen. Eine Temperatur von 300 °C würde also in rund 15 km Tiefe (~ 4000 Bar Druck) erreicht werden, eine solche von 400 °C in etwa 20 km Tiefe (~ 5500 Bar Druck). Bei der Versenkungsmetamorphose steht somit einer relativ großen Drucksteigerung eine vergleichsweise geringere Temperaturzunahme gegenüber. Der Druck wirkt fast ausschließlich lithostatisch, so daß in den betroffenen Gesteinen vielfach keine Schieferung auftritt.
Das Ende der Diagenese und damit der Beginn der Metamorphose werden durch das Instabilwerden der beiden verbreitetsten sedimentären Zeolithe, Analzim und Heulandit, markiert:

$$\underset{\text{Analzim}}{NaAlSi_2O_6 \cdot H_2O} + \underset{\text{Quarz}}{SiO_2} \rightleftharpoons \underset{\text{Albit}}{NaAlSi_3O_8} + H_2O$$

$$\underset{\text{Heulandit}}{CaAl_2Si_7O_{18} \cdot 6H_2O} \rightleftharpoons \underset{\text{Laumontit}}{CaAl_2Si_4O_{12} \cdot 4H_2O} + \underset{\text{Quarz}}{3SiO_2} + 2H_2O$$

Die Druckabhängigkeit dieser beiden Reaktionen ist relativ gering. Für Analzim $\rightleftharpoons$ Albit + Quarz gilt nach ALTHAUS und WINKLER:

$$\left.\begin{array}{l} 275\,^{\circ}\mathrm{C} \pm 10\,^{\circ}\mathrm{C} \text{ bei } 500 \text{ Bar} \\ 280\,^{\circ}\mathrm{C} \pm 10\,^{\circ}\mathrm{C} \text{ bei } 1000 \text{ Bar} \\ 290\,^{\circ}\mathrm{C} \pm 10\,^{\circ}\mathrm{C} \text{ bei } 2000 \text{ Bar} \\ 295\,^{\circ}\mathrm{C} \pm 10\,^{\circ}\mathrm{C} \text{ bei } 4000 \text{ Bar} \\ 285\,^{\circ}\mathrm{C} \pm 10\,^{\circ}\mathrm{C} \text{ bei } 7000 \text{ Bar} \end{array}\right\} \quad H_2O\text{-Druck}$$

Bei etwas höheren Temperaturen reagiert Laumontit mit Kalzit:

$$\underset{\text{Laumontit}}{CaAl_2Si_4O_{12} \cdot 4H_2O} + \underset{\text{Kalzit}}{CaCO_3} \rightleftharpoons \underset{\text{Prehnit}}{Ca_2Al_2Si_3O_{10}(OH)_2} + \underset{\text{Quarz}}{SiO_2} + 3H_2O + CO_2$$

Nach den beiden kritischen Mineralen wird die erste Stufe der Versenkungsmetamorphose *Laumontit-Prehnit-Quarz-Fazies* genannt; auch der – etwas irreführende – Name zeolithische Fazies wird gebraucht (Abb. 23). Einige Kilometer tiefer, bei etwa 360 bis 370 °C, wird Laumontit instabil und durch Pumpellyit abgelöst, der wahrscheinlich nach folgender Reaktion entsteht:

Laumontit + Prehnit + Chlorit $\rightleftharpoons$ Pumpellyit + Quarz + Wasser

Es bildet sich die *Pumpellyit-Prehnit-Quarz-Fazies* aus, deren Obergrenze bei etwa 400 °C liegt. Ferner entstehen hier erstmalig Minerale, die später auch in der Grünschieferfazies auftreten, wie Epidot, Stilpnomelan und Aktinolith.

Die Ausbildung der faziestypischen Minerale in der Laumontit-Prehnit-Quarz- und der Pumpellyit-Prehnit-Quarz-Fazies erfolgt nur in Mergeln,

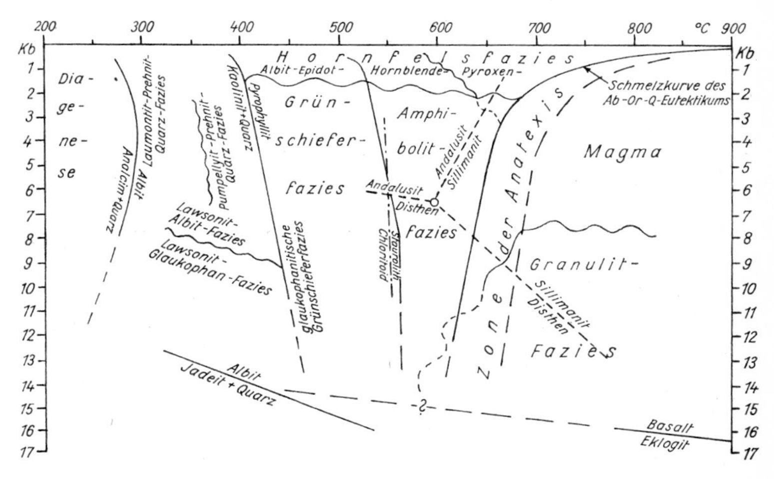

Abb. 23. Druck- und Temperaturbedingungen der Metamorphose und Ultrametamorphose (nach Tröger, 1963, und Winkler, 1965; das System Andalusit-Disthen-Sillimanit nach Althaus, 1966, die Phasengrenze Chloritoid/Staurolith nach Hoschek, 1967, Basalt-Eklogit-Umwandlung nach Yder und Tilley, 1963, Phasengrenze Albit/Jadeit + Quarz nach Birch und Le Compte, 1960). Die Faziesgrenzen sind nach kritischen Phasenänderungen eingetragen, sie sind selbstverständlich in der Natur nicht so scharf ausgebildet, sondern pendeln um ± 10···15 °C. Einzelheiten siehe Text

Grauwacken und eingelagerten Vulkaniten. Kaolinit-Montmorillonit-Quarz-Tone bleiben unverändert, und illitische Tone liefern die Paragenese Serizit + Chlorit + Quarz, die auch in der Grünschieferfazies noch beständig ist. Es hat also lediglich eine Erhöhung des kristallstrukturellen Ordnungszustandes (Illit-Serizit) stattgefunden.
In sehr tiefen Geosynklinalen mit einem kleinen geothermischen Gradienten, d. h. schneller Absenkung, setzt die Metamorphose nicht mit der Laumontit-Prehnit-Quarz-Fazies ein, sondern mit der (seltenen) *Lawsonit-Albit-Fazies*, die bei noch höheren Drücken von der Lawsonit-Glaukophan-Fazies abgelöst wird. Lawsonit kann aus dem Anorthitanteil der Plagioklase, beim Abbau von Heulandit und durch Reaktion von Kaolinit mit Kalzit entstehen:

$$\underset{\text{Anorthit}}{CaAl_2Si_2O_8} + H_2O \rightleftharpoons \underset{\text{Lawsonit}}{CaAl_2[(OH)_2|Si_2O_7] \cdot H_2O}$$

$$\underset{\text{Heulandit}}{CaAl_2Si_7O_{18} \cdot 6H_2O} \rightleftharpoons \underset{\text{Lawsonit}}{CaAl_2[(OH)_2|Si_2O_7] \cdot H_2O} + \underset{\text{Quarz}}{5SiO_2} + 4H_2O$$

$$\underset{\text{Kaolinit}}{Al_2[(OH)_4|Si_2O_5]} + \underset{\text{Kalzit}}{CaCO_3} \rightleftharpoons \underset{\text{Lawsonit}}{CaAl_2[(OH)_2|Si_2O_7] \cdot H_2O} + CO_2$$

Für die Lawsonit-Albit-Fazies, die wahrscheinlich nur in einem kleinen Druckbereich existiert, sind Lawsonit + Albit kritische Minerale, daneben treten noch Quarz, Chlorit und Kalzit auf.
Die mit weiterer Druck- und Temperatursteigerung einsetzende Lawsonit-Glaukophan-Fazies (früher vielfach Glaukophanschiefer-Fazies genannt) ist durch die kritischen Paragenesen Lawsonit + Na-Amphibol (Glaukophan) und Lawsonit + jadeitischer Pyroxen gekennzeichnet; weiter können Pumpellyit, Aktinolith, Stilpnomelan, Epidot, Zoisit, Serizit, Chlorit, Quarz, Granat und Aragonit auftreten, selbst Montmorillonit ist noch vorhanden. Der Temperaturbereich dieser Fazies liegt etwa zwischen 350 bis 450 °C bei Drücken von 7 bis 10 Kilobar, was Tiefen von etwa 25 bis 35 km entsprechen würde. Glaukophan $Na_2(Mg, Fe^{2+})_3(Al, Fe^{3+})_2\ [(OH)_2Si_8O_{22}]$ entsteht vornehmlich aus Chlorit + Albit. Der jadeitische Pyroxen, ein Mischkristall aus wechselnden Anteilen von Diopsid $CaMgSi_2O_6$, Akmit $Na(Fe^{3+}, Al, Ti, Fe^{2+})Si_2O_6$ und Jadeit $NaAlSi_2O_6$, ist durch komplexe Reaktion mehrerer Minerale entstanden. Die Teilreaktion

$$\underset{\text{Albit}}{NaAlSi_3O_8} \rightleftharpoons \underset{\text{Jadeit}}{NaAlSi_2O_6} + \underset{\text{Quarz}}{SiO_2}$$

ist eine ausgesprochene Hochdruckreaktion (experimentell zwischen 350 bis 450 °C bei 13 bis 15 Kilobar verwirklicht), die in reiner Form innerhalb der Erdkruste nicht ablaufen kann; die komplexe Reaktion erfordert jedoch geringere Drücke. Da in der Lawsonit-Glaukophan-Fazies teils Kalzit, teils Aragonit auftreten (beide $CaCO_3$), eignet sich die Phasengrenze zwischen beiden als geologisches Manometer zur Bestimmung der tatsächlichen Drücke. Die Umwandlung Kalzit $\rightleftharpoons$ Aragonit erfolgt bei 350 °C und etwa 8 Kilobar bzw. 450 °C und rund 10 Kilobar. Wenn die Temperatur über ± 450 °C ansteigt, wird Lawsonit instabil, und es erfolgt der Übergang in die glaukophanitische Grünschieferfazies.
Die vier Fazies der Versenkungsmetamorphose treten nur in jungen Geosynklinalen auf, aus dem Paläozoikum sind sie nicht bekannt. Ihre Gesteine sind meist nicht verschiefert, sie besitzen also vielfach nur einen metamorphen Mineralbestand, jedoch im Gegensatz zu den kristallinen Schiefern kein metamorphes Gefüge. Man könnte vielleicht daraus folgern, daß die Gesteine der Versenkungsmetamorphose wenigstens z. T. in noch nicht ausgefalteten Geosynklinalen auftreten.

Regionale Dynamo-Thermometamorphose (Regionalmetamorphose i.e.S.). Diese Art der Regionalmetamorphose ist stets ursächlich mit der Orogenese (Tektogenese), der Gebirgsbildung, verknüpft. Ausgangsmaterial sind wieder geosynklinale Sedimentserien mit zwischengeschalteten initialen, meist submarinen Vulkaniten (Diabase und Keratophyre einschließlich ihrer Tuffe). Neben dem Belastungsdruck ist stets gerichteter Druck (Streß) wirksam, der zur Schieferung und Faltung führt. Die Größe des Stresses dürfte bei etwa 1000 bis 2000 Bar, evtl. bis maximal 3000 Bar liegen (2000 Bar entsprächen einem Belastungsdruck in etwa 7 bis 8 km Tiefe). Um diesen Betrag wird während der Faltung der Belastungsdruck erhöht. Charakteristisch ist weiter die Zufuhr thermischer Energie aus der Tiefe, wahrscheinlich aus dem oberen Erdmantel, in Form von „Wärmebeulen" und „Wärmedomen". Der geothermische Gradient in Orogengebieten ist sehr viel größer als in Geosynklinalen, er kann 60, 80 oder auch 100 °C/km, evtl. sogar noch etwas mehr betragen. Dazu kommt noch eine zusätzliche Temperatursteigerung während der Faltung durch die Umwandlung eines Teiles der mechanischen Energie des Stresses in thermische Energie. Die Regionale Dynamo-Thermometamorphose läuft also nicht nur bei mittleren bis hohen Drücken, sondern auch bei hohen Temperaturen ab. Dadurch und durch die Durchbewegung unterscheiden sie sich grundsätzlich von der Versenkungsmetamorphose.
Die beiden Normalfazies der Regionalmetamorphose sind die Grünschieferfazies und die Amphibolitfazies. In Abhängigkeit vom geothermischen Gradienten führen sie unterschiedliche kritische Paragenesen, wodurch regional unterschiedliche Faziesserien entstehen. Bei relativ kleinem geothermischem Gradienten (hohen Drücken von mindestens 6 Kilobar) bildet sich die Faziesserie vom Barrowtyp (nach den klassischen Untersuchungen Barrows an derartigen Metamorphiten in Schottland), bei einem erheblich größeren geothermischen Gradienten (wesentlich geringerem Druck, rund 2000 bis 3000 Bar) entsteht die Faziesserie vom Abukumatyp (nach einem Gebiet in Japan benannt, wo Miyashiro diesen Typ entdeckt hat). Dazwischen gibt es verschiedene intermediäre Faziesserien. Charakteristische Unterschiede zeigen sich besonders in der Amphibolitfazies: Beim Barrowtyp ist es eine Almandin-Amphibolit-Fazies, beim Abukumatyp eine Cordierit-Amphibolit-Fazies (Tab. 11). In Europa dominiert die Faziesserie vom Barrowtyp, auf die wir uns im folgenden beschränken. Die in den einzelnen Fazies und Subfazies in Abhängigkeit vom Ausgangsmaterial auftretenden Mineralparagenesen sind in Tab. 12 aufgeführt.

Tab. 11. Vergleich zwischen den Faziesserien vom Barrow- und Abukumatyp
(Subfazies ~ kritische Mineralparagenesen)

	Barrowtyp	Abukumatyp
Grünschieferfazies	1. Quarz-Albit-Muskowit-Chlorit 2. Quarz-Albit-Epidot-Biotit 3. Quarz-Albit-Epidot-Almandin	1. Quarz-Albit-Muskowit-Biotit-Chlorit 2. Quarz-Andalusit-Plagioklas-Chlorit
Amphibolitfazies	1. Staurolith-Almandin 2. Disthen-Almandin-Muskowit 3. Sillimanit-Almandin-Orthoklas	1. Andalusit-Cordierit-Muskowit 2. Sillimanit-Cordierit-Muskowit-Almandin 3. Sillimanit-Cordierit-Orthoklas-Almandin

Tab. 12. Die wichtigsten Mineralparagenesen bei der Regionalen Dynamo-Thermometamorphose in Abhängigkeit vom Ausgangsmaterial

	Tonschiefer, Grauwacken	Mergel	kieselige Karbonate	Diabase + Tuffe	Ultrabasite
Quarz-Albit-Muskowit-Chlorit-Subfazies	Q + Ab + Ms + Chl ± Paragonit, Pyrophyllit, Chloritoid, Stilpnomelan	Kz + Ep/Zoisit + Chl + Q ± Ms	Kz + Dolomit + Chl + Q	Ab + Ep + Chl + Aktinolith + Titanit	Aktinolith/Tremolit + Chl ± Ep, Q
Quarz-Albit-Epidot-Biotit-Subfazies	Q + Ab + Ms + Chl + Bio ± Paragonit, Pyrophyllit, Chloritoid, Epidot	Kz + Ep + Chl + Q + Tremolit ± Ab, Ms, Bio	Kz + Tremolit ± Ep, Q	Chl + Ep + Ab + Aktinolith + Titanit ± Q, Bio	Talk + Aktinolith + Chl ± Bio, Q
Quarz-Albit-Epidot-Almandin-Subfazies	Q + Ab + Ms + Bio + Alm ± Pyrophyllit, Paragonit, Chlorit, Chloritoid, Disthen, Epidot	Kz + Ep + Ho + Tremolit ± Alm, Bio, Q	Kz + Tremolit + Ho ± Q, Vesuvian, Ep	Ho + Ep + Ab ± Alm, Bio, Q	Ho + Alm ± Chl, Talk
Staurolith-Almandin-Subfazies	Q + Plag + Ms + Bio + Alm ± Staurolith, Disthen, Paragonit, Epidot	Plag + Ep + Ho + Diopsid ± Alm, Bio, Q	Kz + Diopsid + Tremolit + Grossular ± Q	Ho + Plag + Ep ± Alm, Bio, Q, Diopsid, Ilmenit	Ho + Alm + Anthophyllit
Disthen-Almandin-Muskowit-Subfazies	Q + Plag + Ms + Bio + Alm + Disthen ± Epidot	Plag + Ep + Ho + Diopsid ± Alm, Bio, Q	Kz + Diopsid + Tremolit + Grossular ± Q	Ho + Plag ± Alm, Bio, Q, Diopsid, Epidot, Ilmenit	Ho + Alm + Anthophyllit
Sillimanit-Almandin-Orthoklas-Subfazies	Q + Plag + Bio + Alm + Sillimanit + Orthoklas	Plag + Ho + Alm + Grossular/Andradit + Diopsid ± Bio, Q	Kz + Diopsid ± Q, Tremolit, Forsterit, Grossular	Ho + Plag ± Alm, Bio, Q, Diopsid, Ilmenit	Ho + Alm + Anthophyllit ± Olivin

Abkürzungen für die häufigsten Minerale: Q = Quarz, Ab = Albit, Plag = Plagioklas, Ms = Muskowit, Chl = Chlorit, Bio = Biotit, Alm = Almandin, Ep = Epidot, Kz = Kalzit, Ho = Hornblende.

Grünschieferfazies. Während in allen Fazies der Versenkungsmetamorphose noch mehr oder minder große Teile typisch sedimentärer Minerale, wie Kaolinit, Montmorillonit und Glaukonit, beständig sind, verschwinden diese mit dem Beginn der Grünschieferfazies völlig. Als kritisch für den Beginn der Grünschieferfazies kann man folgende Reaktionen betrachten:

$Al_2[(OH)_4|Si_2O_5] + 2SiO_2 \rightleftharpoons Al_2[(OH)_2|Si_4O_{10}] + H_2O$
Kaolinit — Quarz — Pyrophyllit (390 ± 5 °C, 2 kb)

$2Al_2[(OH)_4|Si_2O_5] + NaAlSi_3O_8 \rightleftharpoons NaAl_2[(OH)_2|AlSi_3O_{10}] +$
Kaolinit — Albit — Paragonit
$Al_2[(OH)_2|Si_4O_{10}] + 2H_2O$ (420 ± 5 °C bei 2000 Bar)
Pyrophyllit

$2AlO(OH) \rightleftharpoons Al_2O_3 + H_2O$ (410 ± 5 °C bei 2000 Bar)
Diaspor — Korund

In Abhängigkeit vom Gesamtdruck ergeben sich für den Beginn der Grünschieferfazies etwa folgende Werte (nach WINKLER):

400 ± 15 °C bei 1000 Bar
410 ± 15 °C bei 3000 Bar
420 ± 15 °C bei 5000 Bar
435 ± 15 °C bei 8000 Bar
} H_2O-Dampfdruck

Für die niedrigste Subfazies der Grünschieferfazies, die *Quarz-Albit-Muskowit-Chlorit-Subfazies*, ist das Fehlen von Biotit charakteristisch.

Kritisches Mineral (in Fe-reichen, Mg- und Al-armen Gesteinen) ist Stilpnomelan, auch Epidot wird gebildet. Weiterhin sind Dolomit, Ankerit und Magnesit noch vorhanden.
In der (mittleren) *Quarz-Albit-Epidot-Biotit-Subfazies* tritt erstmalig Biotit auf (er ist bis in die höchstgradige Amphibolitfazies beständig) nach der Reaktion:

$3KAl_2[(OH)_2|Si_3AlO_{10}] + 5(Mg, Fe)_5Al[(OH)_8|AlSi_3O_{10}] \rightleftharpoons$
Muskowit — Prochlorit
$3K(Mg, Fe)_3[(OH)_2|Si_3AlO_{10}] + 4(Mg, Fe)_4Al_2[(OH)_8|Al_2Si_2O_{10}] +$
Biotit — Al-reicher Chlorit
$7SiO_2 + 4H_2O$
Quarz

Charakteristisch ist auch die Reaktion

Kalifeldspat + Chlorit ⇌ Biotit + Muskowit + Wasser

In Gegenwart von Quarz sind alle Karbonate außer Kalzit nicht mehr stabil, sie reagieren unter Bildung von Tremolit oder/und Talk nach dem Reaktionsschema

$5CaMg(CO_3)_2 + 8SiO_2 + H_2O \rightleftharpoons Ca_2Mg_5[(OH)_2|Si_8O_{22}] + 3CaCO_3 + 7CO_2$
Dolomit — Quarz — Tremolit — Kalzit

Kalzit kann jedoch mit Chlorit und Quarz reagieren

$3(Mg, Fe)_5Al[(OH)_8|AlSi_3O_{10}] + 10CaCO_3 + 21SiO_2 \rightleftharpoons$
Chlorit — Kalzit — Quarz
$3Ca_2(Mg, Fe)_5[(OH)_2|Si_8O_{22}] + 2Ca_2Al_3[O(OH)|Si_2O_7|SiO_4] + 8H_2O + 10CO_2$
Aktinolith — Epidot

Im höchsttemperierten Bereich der Grünschieferfazies, der *Quarz-Albit-Epidot-Almandin-Subfazies*, ist Mg-Fe-Chlorit nicht mehr beständig, sondern nur noch Mg-Chorit; erstmalig tritt Almandin auf:

$$\underset{\text{Fe-Mg-Al-Chlorit}}{2(Mg,Fe)_5Al[(OH)_8|AlSi_3O_{10}]} + \underset{\text{Quarz}}{3SiO_2} \rightleftharpoons \underset{\text{Almandin}}{Fe_3Al_2[SiO_4]_3} + \underset{\text{Mg-Chlorit}}{Mg_6[(OH)_8|AlSi_3O_{10}]}$$

Auch Hornblende kommt erstmalig vor nach der Reaktion

Chlorit + Aktinolith/Tremolit + Epidot + Quarz $\rightleftharpoons$ Hornblende.

Die Obergrenze der Grünschieferfazies ist erreicht, sobald Pyrophyllit, Chlorit und Chloritoid völlig verschwinden. Dann beginnt die

Almandin-Amphibolit-Fazies. Sie setzt ein mit der Neubildung von Diopsid, Grossular/Andradit und Staurolith. Charakteristisch ist in Ca-haltigen Gesteinen, daß an Stelle von Albit (bis zum Ende der Grünschieferfazies vorhanden) mit $\leq 7\%$ Anorthitkomponente nunmehr Plagioklas mit $\geq 15\%$ Anorthit entsteht. Die weitgehend druckunabhängige Reaktion bei ($545 \pm 20\,^\circ C$ und 4000 Bar)

$$\underset{\text{Chloritoid}}{(Fe,Mg)_2Al_4[(OH)_4|O_2|(SiO_4)_2]} + \underset{\text{Pyrophyllit}}{Al_2[(OH)_2|Si_4O_{10}]} \rightleftharpoons$$
$$\underset{\text{Staurolith}}{2Al_2(Fe,Mg)[O|OH|SiO_4]_2} + \underset{\text{Quarz}}{6SiO_2} + 2H_2O$$

kann als kritisch für den Beginn der Almandin-Amphibolit-Fazies angesehen werden, desgleichen die Reaktion

Chlorit + Muskowit $\rightleftharpoons$ Staurolith + Biotit + Quarz + Wasser.

Für die (niedriggradige) *Staurolith-Almandin-Subfazies* ist Staurolith kritisches Mineral. Er wird in der (mittleren) *Disthen-Almandin-Subfazies* nach der Reaktion

$$\underset{\text{Staurolith}}{3Al_4(Fe,Mg)[O|OH|SiO_4]_2} + \underset{\text{Quarz}}{2SiO_2} \rightleftharpoons \underset{\text{Almandin}}{(Fe,Mg)_3Al_2[SiO_4]_3} +$$
$$\underset{\text{Disthen}}{5Al_2[O|SiO_4]} + 3H_2O$$

von Disthen abgelöst.

Der Beginn der (höchstgradigen) *Sillimanit-Almandin-Orthoklas-Subfazies* wird durch das völlige Verschwinden von Muskowit und Epidot und die polymorphe Umwandlung von Disthen in Sillimanit recht scharf markiert. Sillimanit ist kritisch:

$$\underset{\text{Muskowit}}{KAl_2[(OH)_2|AlSi_3O_{10}]} + \underset{\text{Quarz}}{SiO_2} \rightleftharpoons \underset{\text{Orthoklas}}{K[AlSi_3O_8]} + \underset{\text{Sillimanit}}{Al_2[O|SiO_4]} + H_2O$$

Epidot + Quarz $\rightleftharpoons$ Anorthit + Granat + Hämatit + H_2O

Der nach dieser Reaktion entstehende Anorthit wird vom Plagioklas aufgenommen, womit dessen Anorthitgehalt sprunghaft erhöht wird.
Die Obergrenze der Almandin-Amphibolit-Fazies unterhalb etwa 4000 Bar wird durch das Auftreten von eutektischen Quarz-Feldspat-Schmelzen gekennzeichnet, bei höherem Druck liegt der Schmelzbeginn bereits innerhalb der höchstgradigen Almandin-Amphibolit-Fazies. Der druckabhängige Bereich liegt zwischen 650 und 700 °C. Damit beginnt die Ultrametamorphose.

Bei der Betrachtung der Gleichungen für die metamorphen Mineralreaktionen fällt auf, daß fast immer Wasser frei wird, wenn mit Temperatur- und Drucksteigerung (= **progressive Metamorphose**) die Reaktion nach rechts verläuft. Da jede progressive Metamorphose jedoch irgendwann einen Kulminationspunkt erreicht hat, nach dessen Überschreiten Druck und Temperatur wieder abfallen, müßte man erwarten, daß die Mineralreaktionen wieder rückwärts, also nach links ablaufen und damit die Metamorphose rückschreitend (**regressiv** oder **retrograd**) wird. Voraussetzung dafür wäre aber, daß ein geschlossenes System vorliegt, das frei werdende Wasser also nicht in Dampfform entweichen kann. Dieser Fall ist tatsächlich gelegentlich zu beobachten, z.B. in den Alpen. Gewöhnlich liegen aber die entsprechend dem Anschnittsniveau jeweils erreichten höchstgradigen metamorphen Mineralparagenesen ohne retrograde Beanspruchung vor. Daraus muß man folgern, daß im Normalfall das geschlossene System unmittelbar nach dem Höhepunkt der progressiven Metamorphose geöffnet wurde und der Wasserdampf in Kapillaren, Klüften und Spalten rasch entweichen konnte, so daß die einmal entstandenen Paragenesen gewissermaßen eingefroren wurden.

Es kann jedoch auch der Fall eintreten, daß ein bereits fertiger Metamorphit von späteren orogenen Beanspruchungen (evtl. erst in einer jüngeren Orogenese) in einem seichteren Niveau und in Gegenwart ausreichender Wassermengen erfaßt wird. Dann werden die hochgradigen metamorphen Mineralparagenesen instabil und passen sich den neuen, niedrigergradigen Bedingungen an, meist unter Gefügedeformation. Dieser Vorgang wird als **Diaphthorese** bezeichnet, die betroffenen Gesteine als **Diaphthorite**.

Ein anderer Fall einer wiederholten metamorphen Beanspruchung liegt in der *Granulitfazies* vor, die durch wasserfreie Minerale charakterisiert ist. An Stelle von Muskowit und Biotit liegen Disthen/Sillimanit, Herzynit und Mg-Ca-betonter (pyrop- und grossularreicher) Granat vor, und Hypersthen + Diopsid ersetzen Hornblenden. Diese Minerale sind kritisch. Zur Bildung von Granuliten sind ganz sicher hohe Temperaturen erforderlich, etwa 700 bis 800 °C. Außerdem muß das System weitgehend wasserfrei sein und das beim Abbau von Glimmern und Hornblenden frei werdende H_2O entweichen können, damit bei den herrschenden hohen Temperaturen das Auftreten von sonst unausbleiblichen Schmelzanteilen verhindert wird. Über die herrschenden Drücke besteht noch keine völlige Klarheit, wahrscheinlich waren sie recht hoch und wirkten vornehmlich als Streß, der zu intensiven Scherbewegungen führte, das restliche Wasser austrieb und die straffe Gefügeregelung mit Ausbildung von Quarzzeilen bewirkte. Als Ausgangsmaterial kommen hochgradige Metamorphite (Paragneise und Amphibolite), aber auch Magmatite in Frage, die in einer späteren Orogenese „granulitisiert" wurden, wie es SCHEUMANN aus dem Sächsischen Granulitgebirge beschrieben hat.

Eine Sonderstellung nimmt die *Eklogitfazies* als eine ausgesprochene Hochdruckfazies ein. Die kritischen Minerale sind ein besonders pyrop- und grossularreicher Granat und Omphazit (ein Jadeit-Diopsid-Mischkristall), Plagioklas ist instabil. Experimentell konnte Basalt bei 800 bis 1000 °C und 16 bis 17 Kilobar Druck in Eklogit umgewandelt werden, das entspräche Tiefen von 55 bis 60 km! Die Eklogite stammen somit wahrscheinlich aus dem oberen Erdmantel und wurden tektonisch hochgeschleppt. Ob sich Eklogite innerhalb der Erdkruste als Drucksonderfazies bilden können, muß offenbleiben.

Ein charakteristisches Merkmal der bei der Regionalen Dynamo-Thermometamorphose entstandenen Gesteine ist ihre Gefügeregelung (Schiefer- bzw. Gneistextur der kristallinen Schiefer). Unter der Einwirkung von Streß ordnen sich blättchenförmige Minerale (z. B. Chlorite und Glimmer) und prismatische (wie Epidot, Hornblende, Disthen, Sillimanit) senkrecht

zur Druckrichtung an. Die daraus resultierende lagenförmig-parallele Einregelung bedingt eine mehr oder minder gute Spaltbarkeit dieser Gesteine. In manchen Sedimentiten (z. B. Tonschiefern) ist bereits eine aus der Schichtung hervorgegangene Schieferung vorhanden. Sie kann durch Streß verstärkt werden, wenn er senkrecht zur Schichtung wirkt. Trifft gerichteter Druck aber schräg oder quer auf die Schichtung, bildet sich eine Transversal- oder Querschieferung aus, Schichtung und Schieferung fallen also nicht mehr zusammen. Isometrische Minerale, wie Quarz, zeigen ebenfalls eine kristallographische Einregelung, die jedoch nur mikroskopisch oder röntgenographisch beobachtet und gemessen werden kann. Derartige Meßergebnisse liefern wichtige Aussagen über den Ablauf der Verformung und die Druckrichtung, sie bilden eine Grundlage für die Gefügekunde.
Die während der Regionalen Dynamo-Thermometamorphose ablaufenden Mineralreaktionen führen zum ständigen Abbau vorhandener und zur Kristallisation neuer Minerale. Sie werden durch gerichteten Druck begünstigt, und die Kristallisation erfolgt bevorzugt in der Schieferungsebene. Dieses **Kristallisationsschieferung** genannte Phänomen ist ein wesentlicher Vorgang bei der Metamorphose.
Es muß noch vermerkt werden, daß die Art der bei der Regionalen Dynamo-Thermometamorphose entstehenden Gesteine weitgehend vom Ausgangsmaterial abhängig ist. Reine Tonschiefer werden zu Phylliten, sandige Tone zu Glimmerschiefern. Beide existieren von Beginn der Grünschieferfazies an bis in die Disthen-Almandin-Muskowit-Subfazies hinein. Lediglich ihr Mineralbestand paßt sich den Druck- und Temperatursteigerungen an, also etwa in der Reihe Chloritphyllit, Biotitphyllit, Almandinphyllit, Staurolithphyllit, Disthenphyllit. Erst in der höchstgradigen Subfazies der Amphibolitfazies, wenn der bis dahin stabile Muskowit mit Quarz zu Orthoklas + Sillimanit reagiert, verschwindet auch das phyllitische Gefüge, und es entsteht ein Paragneis. Grauwacken liegen vom Einsetzen der Grünschieferfazies bis zum Ende der Amphibolitfazies als Paragneise vor. Basische Vulkanite und ihre Tuffe liefern durchweg Amphibolite, reine Kalke bleiben Marmor, und Sandsteine werden zu Quarziten. An dem für die einzelnen Subfazies kritischen Mineralbestand läßt sich jedoch ihr jeweiliger Metamorphosegrad ablesen.

Ultrametamorphose

Von dem namhaften englischen Petrographen H. H. Read stammt folgende Bemerkung: „Wenn wir Gesteine in höheren metamorphen Graden weiter verfolgen, enden wir schließlich in einem granitischen Kern. Dies kann nicht zufällig sein, sondern die Assoziation von Metamorphiten, Migmatiten und Graniten muß etwas bedeuten." In der Tat ist diese Assoziation weltweit in Orogengebieten zu beobachten und ihr unmittelbarer genetischer Zusammenhang durch Experimente gesichert. Alle Vorgänge, die jenseits der im festen Gestein ablaufenden Regionalen Dynamo-Thermometamorphose bei weiterer Druck- und/oder Temperatursteigerung zur Bildung von überkritischen Lösungs- oder Schmelzphasen führen, sollen hier mit dem Sammelbegriff **Ultrametamorphose** bezeichnet werden. Der an seiner Stelle vielfach gebrauchte Terminus **Anatexis** ist nicht umfassend genug, denn er charakterisiert strenggenommen nur das Anfangsstadium der Aufschmelzung, umfaßt also weder das Endstadium mit der Bildung palingener Magmen noch die durch überkritische Lösungen verursachte Metablastese. Der Temperaturbereich der Aufschmelzung ist abhängig vom Druck und vom Material.

Die physikochemische Grundlage für den erheblich niedrigeren Schmelzbeginn eines Gesteins aus Quarz, Albit und Orthoklas gegenüber dem Schmelzpunkt jedes Einzelminerals bei gleichem H_2O-Dampfdruck ist in Abb. 24 für 2000 Bar dargestellt. Daraus läßt sich z. B. folgendes ablesen:
Schmelzpunkt von Quarz = 1130 °C, Schmelzpunkt von Albit = 845 °C. Ein Gemenge von 70% Quarz + 30% Albit schmilzt bei 1000 °C, ein solches von 50% Quarz + 50 % Albit bei 860 °C, und bei 38% Quarz + 62% Albit (dem „Eutektikum") liegt der Schmelzpunkt bei nur 745 °C. Die Systeme Quarz-Orthoklas und Albit-Orthoklas verhalten sich prinzipiell gleich. Im Dreistoffsystem liegt das gemeinsame Eutektikum noch unter dem niedrigsten eines der drei Teilsysteme, nämlich bei 685 °C (= 40% Ab + 35% Q + 25% Or). Die Schlußfolgerung für die Natur lautet daher: Wenn in Gegenwart von H_2O ein Gestein, das neben anderen Mineralen Quarz, Albit und Orthoklas enthält, auf 685 °C bei einem Druck von 2000 Bar erhitzt wird, muß zwangsläufig eine eutektische Schmelzphase auftreten. Ihr Anteil ist anfänglich nur so groß, wie der eutektischen Zusammensetzung entspricht. Liegt z. B. mehr Albit vor, als der eutektischen Zusammensetzung entspricht, dann geht er erst mit weiterer Erhöhung der Temperatur in die Schmelze.
Der Schmelzbeginn wird erniedrigt durch Druckerhöhung (bei 4000 Bar auf 655 °C) und bei gleichem Druck durch die Gegenwart geringer Mengen an HCl und/oder HF (durch 1% HF-Zusatz zum Wasser bei 2000 Bar auf 640 °C). Er erhöht sich, wenn statt Albit Plagioklas vorliegt, und zwar mit steigendem Anorthitgehalt immer mehr. In allen Fällen verschiebt sich

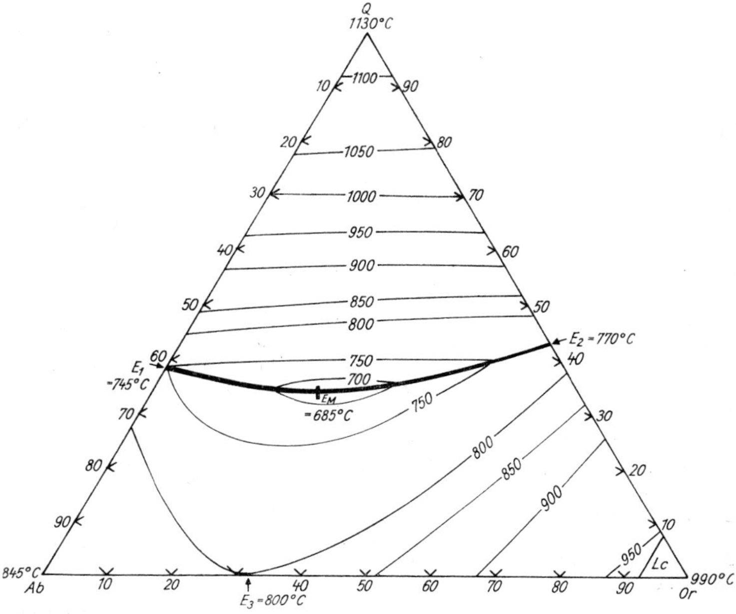

Abb. 24. Projektion des Systems Quarz-Albit-Orthoklas-Wasser bei 2000 Bar H_2O-Druck (nach Winkler, 1965). Eingetragen sind die Eutektika E_1, E_2 und E_3, das gemeinsame Eutektikum E_M, die Isothermen und die kotektische Linie

auch die eutektische Zusammensetzung. Die Menge des Schmelzanteils nimmt mit Temperatursteigerung rasch zu, sie verringert sich mit abnehmendem H_2O-Gehalt; bei fehlendem H_2O liegt der Schmelzbeginn sehr viel höher (siehe Granulitfazies). Die dunklen Gemengteile eines Gesteins, wie Biotit, Muskowit, Granat, Sillimanit usw., haben auf den Schmelzbeginn des Quarz-Feldspat-Systems keinen Einfluß, sie gehen allerdings bei Temperaturerhöhung ganz oder teilweise (je nach der Menge) mit in die Schmelzphase. In kalkigen Gesteinen und Quarziten liegt der Beginn der Anatexis bei erheblich höheren Temperaturen.
Am Beispiel von drei verschiedenen Grauwacken aus dem Harz ist der Verlauf der Aufschmelzung gut zu erkennen, der angegebene Mineralbestand in der höchstgradigen Metamorphose vor Beginn der Anatexis gibt eine Vorstellung von der unterschiedlichen Zusammensetzung (Tab. 13).

Tab. 13. Experimentelle Anatexis von drei Grauwacken bei 2000 Bar H_2O-Druck nach Winkler

	Q	Plag	% An	Or	Bio	Cord	Sill	Erz
A	31	31	13	7	11	8	8	4
B	52	31	30	4	5	7	—	2
C	28	44	40	9	10	4	—	4

Schmelzbeginn	Schmelzanteil in % bei 690°	700°	720°	740°	770°
685 °C	23	48	59	68	73
700 °C	—	10	31	48	63
715 °C	—	—	25	43	67

Q = Quarz, Plag = Plagioklas, An = Anorthit, Or = Orthoklas, Bio = Biotit, Cord = Cordierit, Sill = Sillimanit

Für den petrochemischen Charakter der Endschmelzen ist in erster Linie das Verhältnis Ab/Or im hochgradigen Metamorphit entscheidend:

$< 0{,}4$ = aplitisch
$0{,}4 \cdots 1{,}5$ = granitisch
$1{,}5 \cdots 3{,}5$ = granodioritisch
$> 3{,}5$ = tonalitisch.

Auch hochgradige Metamorphite ohne Kalifeldspat liefern Q-Or-Ab-Schmelzen, wenn sie kalihaltige Minerale, wie Biotit oder Muskowit, führen. Dazu gehören z. B. die weitverbreiteten Quarz-Plagioklas-Biotit-Paragneise. Mit Beginn der Anatexis werden Muskowit und Biotit nach folgenden Reaktionen instabil:

$$\underset{\text{Muskowit}}{KAl_2[(OH)_2|AlSi_3O_{10}]} + \underset{\text{Quarz}}{SiO_2} \rightleftharpoons \underset{\text{Orthoklas}}{KAlSi_3O_8} + \underset{\text{Sillimanit}}{Al_2[O|SiO_4]} + H_2O$$

$$\underset{\text{Biotit}}{2K(Mg, Fe)_3[(OH)_2|AlSi_3O_{10}]} + \underset{\text{Sillimanit}}{6Al_2[O|SiO_4]} + \underset{\text{Quarz}}{9SiO_2} \rightleftharpoons$$
$$\underset{\text{Orthoklas}}{2KAlSi_3O_8} + \underset{\text{Cordierit}}{3(Mg, Fe)_2Al_3[AlSi_5O_{18}]} + 2H_2O$$

Die jeweils entstandenen Schmelzanteile trennen sich gewöhnlich im cm- oder dm-Bereich von dem nicht aufgeschmolzenen Rest (**„Restit“**) und sammeln sich in hellen Adern und Linsen, den **Metatekten**, die meist in der Schieferung liegen. Bei Abkühlung kristallisieren in ihnen die Minerale Albit, Orthoklas und Quarz richtungslos-körnig aus. Die dunklen Restite behalten die alte Schieferung meist bei und bestehen vorwiegend aus Biotit ± Quarz ± Plagioklas, dessen Anorthitgehalt höher ist als im Primärgestein vor der Anatexis. Derartige Mischgesteine werden **Migmatite** oder **Metatexite** genannt (Metatexis ist ein Synonym für Anatexis). Bei höheren Temperaturen gehen auch Teile des Biotits in die Schmelze, Biotitblättchen schwimmen in ihr, die Restitanteile driften auseinander. Es erfolgt so eine zunehmende Homogenisierung über **Nebulite** bis zu **Diatexiten**. Bei der **Diatexis** (griech. „Durchschmelzung") werden größere Gesteinspakete mehr oder minder völlig aufgeschmolzen, und es entsteht ein palingenes (wiedergeborenes) Magma. Bis zu diesem Stadium verläuft die Aufschmelzung im großen gesehen isochem, d. h. ohne Änderung der chemischen Durchschnittszusammensetzung. Die im palingenen Magma noch enthaltenen nicht aufgeschmolzenen dunklen Minerale (vornehmlich Cordierit, Biotit, Granat, Erz u. ä.) können absaigern, d. h., es setzt eine gravitative Differentiation ein. Überhitzte palingene Magmen, deren maximale Temperatur etwa 800 °C betragen dürfte, sind leichter als ihre Umgebung. Sie können deshalb in höhere Krustenniveaus aufsteigen, intrudieren. Dabei sind Änderungen ihrer Zusammensetzung durch Differentiation und Assimilation möglich. Der weitaus größte Teil aller Granite und Granodiorite muß auf diese Weise entstanden sein, denn ein basaltisches Magma liefert nach HOLMES durch Kristallisationsdifferentiation nur etwa 5 Volumenprozent Granit. Dieser geringe Anteil ist mit der riesigen Verbreitung granitoider Gesteine in der Erdkruste nicht vereinbar, die rund 95% aller Magmatite ausmachen.

Neben den experimentell und theoretisch gesicherten ultrametamorphen Vorgängen gibt es jedoch auch noch Erscheinungen, für die wir derzeit noch keine plausible Erklärung haben. Hierher gehören vor allem Feldspatmetasomatosen, bei denen erhebliche Mengen Albit- oder Orthoklassubstanz (neben Quarz) über beträchtliche Entfernungen (100 m bis mehrere km) transportiert werden, ohne daß eine Schmelzphase auftritt. Sehr wahrscheinlich geht der Transport in überkritischem Wasserdampf, u. U. auch z. T. in wäßrigen Lösungen vor sich. Als Folge dieses **Metablastese** genannten Vorganges werden andere Gesteine „granitisiert". Gewöhnlich sind derartige Granitisationserscheinungen auf die Umgebung großräumiger anatektischer Schmelzherde und auf bestimmte Granite beschränkt, die ebenfalls von der Verblastung betroffen werden; man spricht dann von **Endoblastese**. Bei niedrigeren Temperaturen, also im Hydrothermalstadium, laufen in vielen Graniten einige „metamorphe" Reaktionen rückwärts ab, z. B. Muskowitbildung aus Kalifeldspat, Zoisitisierung von Plagioklas oder Chloritisierung von Biotit. Diese Granite erhalten dadurch gewisse „metamorphe" Züge. Es liegt hier ein typisches Beispiel für Erscheinungen einer Konvergenz magmatisch-metamorph vor. Da sich Mineralparagenesen bei hinreichender Zeit und in Gegenwart von H_2O veränderten Druck- und Temperaturbedingungen anpassen müssen, ganz gleich, ob Druck und Temperatur steigen oder fallen, ist das auch nicht anders zu erwarten.

Zum Schluß sei hier noch auf einen anderen autometamorphen oder besser autometasomatischen Vorgang hingewiesen, die **Vergreisenung**. In manchen stark differenzierten Graniten, den „Zinngraniten", enthält der Wasserdampf größere Mengen an HF, HCl, H_3BO_3, die stark sauer reagieren und mit verschiedenen Elementen leichtflüchtige Verbindungen eingehen. Wenn das Dach eines solchen Granitplutons dicht ist und die Fluida nicht entweichen können, werden dessen oberste Teile gewissermaßen „im eigenen Saft geschmort" und in Greisen umgewandelt. Charakteristisch ist hierfür die Instabilität der Feldspäte, die zu Topas oder Muskowit umgewandelt werden. Ferner bilden sich u. a. Turmalin, Lithionit, Beryll. Häufig enthalten die Greisen auch bauwürdige Gehalte an Zinnstein und Wolframit; dadurch werden sie zur Lagerstätte, wie etwa in Altenberg (Erzgeb.). Die Greisenbildung verläuft im pneumatolytischen Stadium. In manchen Fällen ist von ihr auch das Nebengestein der Granite mit erfaßt worden. Am Schneckenstein (Vogtl.) wurden z. B. Tonschiefer und ein Quarzporphyrgang am Kontakt mit dem Eibenstocker Granit zu Topasfels umgewandelt.

Lokale Metamorphose

Kontaktmetamorphose. Bei der Bildung granitischer Magmen können diese im Ergebnis der Ultrametamorphose infolge Überhitzung intrusiv werden. Bei einem längeren Intrusionsweg — etwa einige Kilometer — gelangen sie notwendigerweise in eine kühlere Umgebung, an die sie ihren Wärmeinhalt bei der Erstarrung abgeben und damit eine Kontaktmetamorphose hervorrufen. Selbstverständlich können auch andere Magmen, wie syenitische oder gabbroide, Kontaktmetamorphosen verursachen, in der Hauptsache sind sie jedoch um Granitplutone ausgebildet. Der lithostatische Druck ist in geringeren Tiefen selbstverständlich niedriger als bei der Regionalmetamorphose, er liegt etwa zwischen 200 und 2000 Bar. Gerichteter Druck fehlt, die Kontaktmetamorphose verläuft also statisch und ist auf lokale Bereiche beschränkt.
Die Ausdehnung einer Kontaktaureole hängt ab vom Wärmeinhalt des Intrusivkörpers — und damit z. T. von dessen Größe — wie auch von dem intrusionsniveaubedingten Temperaturgefälle zwischen Pluton und Rahmen. Daneben spielen die Form des Plutons, der Chemismus sowie der regionale Metamorphosegrad des Nebengesteins noch eine Rolle. Um Granitplutone haben die Kontakthöfe eine Mächtigkeit von einigen Dutzend Metern bis zu mehreren Kilometern.
Die Kontaktmetamorphose umfaßt drei Mineralfazies. Von außen nach innen sind dies die Albit-Epidot-Hornfels-, die Hornblende-Hornfels- und die Pyroxen-Hornfels-Fazies.
Der Beginn der *Albit-Epidot-Hornfels-Fazies* liegt bei etwa 400°C und wird durch die bereits erwähnte Reaktion Kaolinit + Quarz $\rightleftharpoons$ Pyrophyllit (S. 125) markiert. Sie endet bei etwa 530 bis 540 $\pm$ 15 bis 20°C. Kritische Minerale sind Albit + Epidot/Zoisit, Pyrophyllit $\pm$ Muskowit, Chlorit, Tremolit + Kalzit.
Die *Hornblende-Hornfels-Fazies* beginnt mit den kritischen Reaktionen

$$\underset{\text{Tremolit}}{Ca_2Mg_5[(OH)_2|Si_8O_{22}]} + \underset{\text{Kalzit}}{3CaCO_3} + \underset{\text{Quarz}}{2SiO_2} \rightleftharpoons \underset{\text{Diopsid}}{5CaMg[Si_2O_6]} + 3CO_2 + H_2O$$

Chlorit + Quarz $\rightleftharpoons$ Anthophyllit + Cordierit + H_2O

Chlorit + Muskowit + Quarz $\rightleftharpoons$ Cordierit + Biotit + H_2O

Chlorit + Tremolit + Epidot + Quarz $\rightleftharpoons$ Hornblende

Es verschwinden also Chlorit, Epidot und Tremolit, aus Albit wird Plagioklas. Kritische Minerale sind Anthophyllit, Hornblende, Muskowit + Andalusit und Muskowit + Cordierit.
Zwischen 610 und 635 $\pm$ 15 bis 20°C – je nach dem herrschenden Druck – setzt die *Pyroxen-Hornfels-Fazies* ein, auch *Kalifeldspat-Cordierit-Hornfels-Fazies* genannt, gemäß den Reaktionen

$6KAl_2[(OH)_2|AlSi_3O_{10}] + 2K(Mg, Fe)_3[(OH)_2|AlSi_3O_{10}] +$
Muskowit Biotit

$15SiO_2 \rightleftharpoons 3(Mg, Fe)_2Al_3[AlSi_5O_{18}] + 8KAlSi_3O_8 + 8H_2O$
Quarz Cordierit Orthoklas

$CaCO_3 + SiO_2 \rightleftharpoons CaSiO + CO_2$ und der bekannten Reaktion
Kalzit Quarz Wollastonit

Muskowit + Quarz ⇌ Kalifeldspat + Andalusit/Sillimanit + H_2O.

Muskowit und Hornblenden sind nicht mehr beständig. Kritische Minerale sind Enstatit/Hypersthen, Sillimanit, Wollastonit, Orthoklas + Andalusit/Sillimanit und Orthoklas + Cordierit. Die Obergrenze dieser Fazies liegt bei der Temperatur am Kontakt mit dem Magma, die jedoch stets niedriger ist als die Temperatur des Magmas selbst. In geringer Tiefe haben Granitplutone deshalb oft überhaupt keine Pyroxen-Hornfels-Fazies entwickeln können, sondern die Kontaktmetamorphose setzt erst mit der Hornblende-Hornfels-Fazies ein.
In kalkigen Gesteinen läuft die Kontaktmetamorphose manchmal nicht mehr isochem ab, sondern unter Stoffzufuhr aus dem Pluton. Diese allochemen Prozesse werden als **Kontaktmetasomatose** bezeichnet. Die dabei entstehenden Kalksilikathornfelse oder Skarne mit Wollastonit, Vesuvian, Grossular, Diopsid u. a. sind nach dem Mineralbestand nicht von rein kontaktmetamorphen Skarnen zu unterscheiden, wenn sie nicht mit einer Vererzung verbunden sind. Magnetitreiche Skarne sind verschiedentlich als Eisenerz bauwürdig, z. B. bei Schwarzenberg (Erzgeb.) oder im Ural.
Infolge der statischen Kristallisation unterscheiden sich die Hornfelse texturell von den Schiefern und kristallinen Schiefern. Die Minerale können regellos wachsen und erzeugen so ein granoblastisches Gefüge, besonders in den kontaktnahen Partien (Hornfelse i. e. S.). In größerer Entfernung vom Kontakt, besonders augenfällig in der Hornblende-Hornfels-Fazies, sprossen nur einzelne Kristalle in dem sonst weitgehend unveränderten Gefüge. Diese **Kristalloblastese** führt zur Bildung von „Knötchen", „Flekken", getreidekornähnlichen Gebilden oder „Garben". Daher werden die Gesteine in der Reihenfolge zum Kontakt hin als Knoten-, Fleck-, Frucht- und Garbenschiefer bezeichnet.
Vulkanische Gesteine können in der Nähe der Erdoberfläche gleichfalls gewisse Kontakterscheinungen auslösen, allerdings nur in einem Bereich von Dezimetern oder Metern. So wurden an der Blauen Kuppe bei Eschwege Sandsteine und Schiefertone aus dem Buntsandstein durch den Basalt gefrittet. Die empfindlicher reagierenden Kohlen zeigen dagegen in stärkerem Maße Umwandlungserscheinungen. Braunkohle wurde z. B. am Hohen Meißner (Hessen) und in Nordböhmen durch Basalte, Steinkohle in Niederschlesien und im Saargebiet durch Porphyre verkokt.

Dynamometamorphose. Da bei der Regionalen Dynamo-Thermometamorphose die Plastizitätsgrenze der Gesteine nicht überschritten wird, kommt es bei kurzzeitig wirkendem gerichtetem Druck zum Bruch. Dies ist der Fall in Störungs- und Überschiebungszonen sowie in kleineren Gesteinsmassen, die z. B. als starre Körper in plastischen Gesteinen eingeschaltet sind und auf deren Verfaltung mit Bruch reagieren müssen. Die verschiedenen Formen dieser rein mechanischen Beanspruchung werden als Dynamometamorphose bezeichnet. Sie tritt stets lokal auf und ist fast immer destruktiv, nur gelegentlich führt sie auch zur Neubildung von Mineralen, wie Quarz, Albit oder auch Muskowit, der aus Kalifeldspat unter

Wasseraufnahme (vgl. Reaktion S. 126) im Zuge einer sogenannten Deformationsverglimmerung entsteht.
Durch die erhebliche Reibungswärme kann es u. U. zu geringfügiger Bildung von glasigen Schmelzen kommen, die rasch erstarren (**„Kakirite"**). Bei rein mechanischer Beanspruchung werden die Mineralkörner eines Gesteins zerbrochen, verbogen und zerrieben, größere Einsprenglinge augenartig ausgewalzt (manche Augengneise sind so entstanden) und Fossilien zerstört. Es entstehen sogenannte **Mylonite**, in denen Mineralbestand und Gefüge des Ausgangsgesteins vielfach nicht mehr zu erkennen sind. Der Vorgang selbst wird als **Mylonitisierung** bezeichnet. Wenn die Deformation weniger intensiv war und nur zum Bruch von einzelnen Körnern, zu Druckverzwillingung u. ä. geführt hat, spricht man von **Kataklase**. Die davon erfaßten Gesteine heißen **Kataklasite**.

Grundzüge der Bodenkunde

Der Boden ist das an der Erdoberfläche entstandene, mehr oder weniger belebte, lockere Verwitterungsprodukt der Erdkruste, das entsprechend der Verschiedenheit der abgelaufenen bzw. noch ablaufenden bodenbildenden Prozesse einen wechselnden Aufbau zeigt. Durch Verwitterung und Tonneubildung, Zersetzung der organischen Substanzen und Humusbildung sowie Verlagerung von Bodenbestandteilen sind die anstehenden geologischen Schichten im oberen Bereich zu Boden umgestaltet. Er entsteht im zeitlichen Ablauf durch das Zusammenwirken von geologischem Ausgangsmaterial, Klima, Relief, Wasser (Grundwasser und Staunässe), Vegetation, Tierwelt und auch durch Einwirkung des Menschen. Der Boden ist somit ein kompliziertes dynamisches System, in dem sich gesetzmäßig miteinander verflochtene physikalische, chemische und biologische Vorgänge vereinigen. Ein Boden ist kein scharf abgegrenzter Naturkörper, sondern zeigt allmähliche Übergänge sowohl zum unbelebten Gestein als auch zu den Nachbarböden.

Der Boden ist Pflanzenstandort und bietet außerdem einer Vielzahl von Bodentieren Lebensraum. Den Pflanzen stellt er bei Bedarf Nährstoffe und Wasser zur Verfügung, ermöglicht die Wurzelatmung und adsorbiert schädliche Stoffe. Diese Eigenschaften bezeichnet man als Bodenfruchtbarkeit, die bei den Böden unterschiedlich ausgeprägt und durch den Menschen beeinflußbar ist.

Die aus den Gesteinen hervorgegangenen Böden werden als **Mineralböden** bezeichnet, **organische Böden** (Moorböden) entstanden dagegen ausschließlich aus abgestorbenen organischen Massen. Die Mineralböden haben sich nicht nur unmittelbar aus dem anstehenden Locker- oder Festgestein gebildet. Im Einflußbereich der pleistozänen Kaltzeiten, besonders im Periglazialgebiet, sind die vorhandenen Substrate häufig durch Kryoturbation, Solifluktion, äolische Akkumulation beeinflußt und für die Bodenentwicklung entscheidend vorgeprägt worden.

Jede Landoberfläche weist je nach dem geologischen System, dem sie zuzuordnen ist, ihre spezifischen Bodenbildungen auf, sofern die Voraussetzungen für die Entstehung eines Bodens gegeben waren. Diese Böden sind entweder durch Abtragung erodiert oder mit jüngeren Sedimenten bedeckt und so zu **fossilen Böden** umgewandelt worden, wie man sie heute unter der Erdoberfläche noch verschiedentlich antrifft. Man erkennt sie an der gegenüber dem unveränderten geologischen Substrat durch Humusstoffe und Verwitterungsvorgänge veränderten Färbung und dem Gefüge. Bis zu einem gewissen Grade können sie über die Umweltfaktoren des betreffenden geologischen Zeitabschnittes Auskunft geben. Sind Bodenbildungen vergangener Zeitabschnitte Bestandteile der heute an der Oberfläche auftretenden Böden, so spricht man von **Reliktböden**.

Der Boden setzt sich aus festen, flüssigen und gasförmigen Bestandteilen zusammen. Die **festen Bestandteile** sind anorganischer, nämlich mineralischer, und organischer Natur. Zu den anorganischen Anteilen gehören das Ausgangsmaterial in seinen verschiedenen Korngrößen, neugebildete Tonminerale und Salze. Die Korngrößenzusammensetzung des Bodens hängt im wesentlichen vom Ausgangsmaterial und vom Ablauf der Verwitterung ab. Bei Korngrößen mit einem Durchmesser von über 2 mm spricht man von Bodenskelett oder Grobboden und unterscheidet Blöcke, Steine und Kies bzw. Grus, den Anteil unter 2 mm Korngröße bezeichnet man als Feinboden, der aus Sand, Schluff und Ton gebildet wird. Zu den organischen Bodenbestandteilen gehören lebende Organis-

men, wie Bakterien, Pilze, Asseln, Schnecken, Würmer usw., sowie Pflanzenwurzeln und tote organische Stoffe, die sich aus Pflanzenrückständen, abgestorbenen Mikroorganismen und Bodentieren zusammensetzen. Die toten organischen Bestandteile werden als Humus bezeichnet und unterliegen ständigen Ab-, Um- und Aufbauprozessen. Diese vollziehen sich unter weitgehender Mitwirkung von Bodenlebewesen. Ein Teil der abgestorbenen organischen Substanz wird zu Kohlendioxid, Wasser und Ammoniak abgebaut und liefert damit gleichzeitig der Bodenlebewelt Energie und Nährstoffe für ihre Lebensprozesse. Dieser leicht zersetzliche Teil des Humus wird als Nährhumus bezeichnet, während unter Dauerhumus die schwer zersetzlichen organischen Stoffe zusammengefaßt werden. Neben diesen Humusarten werden als Humusbestandteile die Nichthuminstoffe, zu denen unveränderte tote Pflanzensubstanzen, wie Harze, Fette u. a., gehören, und die im Boden neu gebildeten Huminstoffe unterschieden. Zu den Humusformen rechnen Mull, Moder, Rohhumus, Torf, Anmoor und weiterhin die unter Wasser gebildeten Dy, Gyttja und Sapropel.
Die flüssigen Bodenbestandteile, das **Bodenwasser** (Abb. 40), dienen als Lösungs- und Transportmittel für Pflanzennährstoffe und Kolloidsubstanzen. Das Bodenwasser stammt aus den Niederschlägen der Atmosphäre und durchdringt den Boden als Sickerwasser. In durchlässigen Böden fließt es bis zum Grundwasser, das auch z. T. in den Bereich der Bodenbildung treten kann, oder es bildet Stauwasser, das zeitweilig in Oberflächennähe durch verdichtete Schichten am Abfluß gehindert wird. Im Gegensatz zum Sickerwasser wird das Haftwasser entgegen der Schwerkraft im Boden durch die Bindung an Kolloide als Adsorptionswasser oder in den Bodenhohlräumen als Kapillarwasser festgehalten (vgl. Abschnitt „Das unterirdische Wasser", S. 171).
Die **Bodenluft** erfüllt neben dem Bodenwasser die Hohlräume des Bodens. Sie ermöglicht das Atmen der Pflanzenwurzeln und das Leben der Bodenorganismen. Sie ist etwas sauerstoffärmer, dafür wesentlich kohlenstoffreicher als die atmosphärische Luft. Zwischen der atmosphärischen und der Bodenluft findet ein ständiger Gasaustausch statt.

Alle Bestandteile des Bodens weisen enge wechselseitige Beziehungen auf: Die Korngrößen der festen Bodenbestandteile bestimmen weitgehend die innere Oberfläche eines Bodens, die sich aus der Summe aller Kornoberflächen ergibt. Davon hängen bis zu gewissem Grade das Sorptionsvermögen des Bodens für Pflanzennährstoffe und die Wasserspeicherung ab. Je mehr feine Bestandteile ein Boden hat, desto größer ist im allgemeinen seine wasser- und nährstoffhaltende Kraft. Die feinsten Teilchen sind die Bodenkolloide, zu denen die Tonminerale, Humusstoffe und kolloidale Kieselsäure-, Eisen- und Aluminiumverbindungen gehören. Die Tonminerale sind z. T. sekundäre Neubildungen in Böden, die durch Verwitterung aus den primären Mineralen wie Feldspat, Glimmer, Hornblende hervorgegangen sind. Sie haben einen feinschichtigen Aufbau und werden in Zweischichtminerale (z.B. Kaolinit) und Dreischichtminerale (z.B. Montmorillonit) unterteilt. Zwischen den Schichtpaketen und an den Außenflächen der Tonminerale sowie an den Humuskolloiden werden Kationen (z.B. Wasserstoff-, Kalzium-, Kaliumionen) und Anionen (z.B. Chlorionen) gebunden, mit dem Bodenwasser ausgetauscht und als Nährstoffe den Pflanzen zur Verfügung gestellt. Bei diesem Ionenaustausch werden die sorbierten Kationen durch Wasserstoffionen ersetzt, wodurch der Säuregrad des Bodens erhöht wird. Dieser wird als *p*H-Wert gemessen. Die Bodenkolloide können Verschiebungen in der Bodenreaktion zum sauren oder alkalischen Bereich abschwächen, indem sie den Überschuß an H^+-

Ionen oder OH^--Ionen sorbieren und somit schädigende Einflüsse für die Pflanzen herabmindern. Diese Eigenschaft des Bodens wird als Pufferungsvermögen bezeichnet. Die Bodenkolloide treten im Sol- oder Gelzustand auf. Im Solzustand sind sie im Wasser fein verteilt und können von diesem leicht transportiert werden. Die Gele sind unter dem Einfluß von Basen und Kalk geflockte Kolloide, so daß eine Wegführung durch Wasser weitgehend unterbunden ist. Anderseits können Humus- und Kieselsäuresole als Schutzkolloide die Gele umschließen und somit eine Auswaschung und Verlagerung von Ton- und Humussubstanzen begünstigen. Besonders die sauren, schwer zersetzbaren Rohhumusstoffe auf basenarmen Böden des Nadelwaldes liefern bei der Umwandlung Schutzkolloidsubstanzen. Auf basischen Böden werden dagegen die Humusstoffe durch Kalziumionen abgesättigt und bilden als ausgeflockte Kalziumhumate stabilen Humus, den Mull, der wiederum einen günstigen Lebensraum für die Bodentiere darstellt. Neben der mechanischen Durchmischung der einzelnen Bodenbestandteile und Zerkleinerung der organischen Substanz bewirken die Bodenlebewesen vor allen Dingen eine Koppelung toniger und humoser Stoffe zu Ton-Humus-Komplexen. Die Verkittung kann z.B. im Darm des Regenwurms oder auch unmittelbar durch die Leiber der Mikroorganismen erfolgen. Die Ton-Humus-Komplexe haben für die Böden eine große Bedeutung als Sorptionsträger. Weiterhin sind sie Bausteine stabiler Bodenaggregate und somit ausschlaggebend für die Bodengefüge, worunter man die räumliche Anordnung der festen Bodenbestandteile versteht. Beim Einzelkorngefüge fehlen im Boden größere Aggregate (z. B. Sandboden), während beim Krümelgefüge eine Verkittung zu Krümeln mit durchschnittlich 3 mm Durchmesser vorliegt. Prismen-, Polyeder- und Plattengefüge sind Absonderungsgefügearten der tonreichen Böden. Bei der Schwundrißbildung während Trockenperioden wird die feste Bodensubstanz in plattige, polyedrische oder ähnliche Aggregate zerlegt. Vom Bodengefüge ist weiterhin das Porenvolumen, das dem Volumen des Bodenwassers und der Bodenluft entspricht, abhängig. Dieses ist bei Böden mit Krümelgefüge höher als bei denen mit Einzelkorngefüge. Die Größe der Poren wird im wesentlichen von der Körnungsart des Bodens bestimmt. Böden mit vorwiegend kleinen Korngrößen haben kleine, Böden mit vorherrschend großen Kornanteilen große Poren. Bei einem günstigen Verhältnis kleinerer und größerer Poren sind ausgeglichene Wasser- und Luftverhältnisse im Boden gegeben. Die feinen Poren halten das Wasser gut fest, während sie Luft schlecht leiten, die größeren fördern dagegen die Durchlüftung, lassen aber das Wasser schneller abfließen. Im Porenraum spielt sich das Leben der Bodenorganismen ab, und die Wurzeln breiten sich darin zur Nahrungsaufnahme aus. Ein hoher Anteil des Bodenwassers am Porenvolumen hat einen geringen Bodenluftgehalt zur Folge und umgekehrt.
Alle diese Wechselbeziehungen zwischen festen, flüssigen und gasförmigen Bestandteilen bedingen die physikalischen, chemischen und biologischen Eigenschaften des Bodens.

Aus dem Mischungsverhältnis von Sand (2,0 bis 0,063 mm Korndurchmesser), Schluff (0,063 bis 0,002 mm Korndurchmesser) und Ton (unter 0,002 mm Korndurchmesser) ergeben sich die **Körnungsarten**, die bei vorliegender Körnungsanalyse nach dem Dreieckschema von EHWALD, KOPP, LIEBEROTH und VETTERLEIN (1967) ermittelt werden können (Abb. 25). Dabei wird bei einem Anteil des Bodenskeletts unter 50% nur der Feinboden zur Benennung herangezogen und der Grobbodenanteil adjektivisch vorangestellt (z. B. schwach steiniger, kiesiger Sand). Unter Berücksichtigung der vier Körnungsartengruppen Bodenskelett, Sand, Schluff und Ton können die Böden gegebenenfalls unter Beachtung weiterer akzessorischer Gemengteile (z. B. Humus- und Karbonatgehalt) in folgende **Bodenarten** eingeteilt werden:

1. Skelettböden, die einen Skelettanteil von mindestens 50% besitzen. Nach der vorherrschenden Skelettgröße und -form unterteilt man weiter in Block-, Stein-, Kiesböden (vorherrschend runde Kornanteile, z. B. Flußkies) bzw. Grusböden (vorherrschend eckige Kornanteile, z. B. Quarzitgrus). Skelettböden sind sehr durchlässig für Wasser und Luft und häufig sehr trocken. Damit verbunden ist auch ihre Fähigkeit zu schneller Erwärmung.

2. Sandböden, die über 40% Sand enthalten. Sie werden nach der vorherrschenden Korngröße in Grob-, Mittel-, Fein- und Mischsandböden

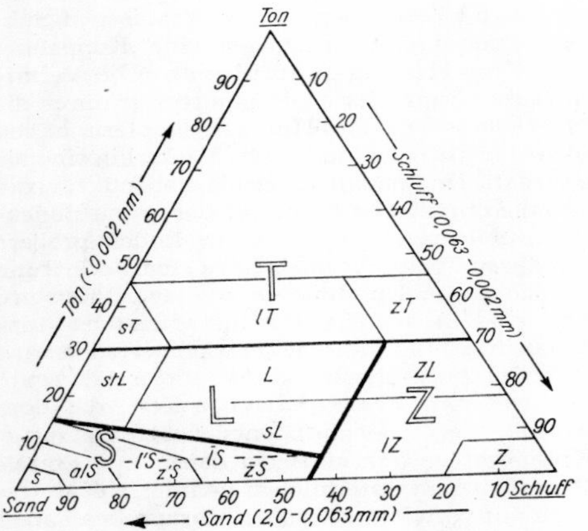

Abb. 25. Körnungsartendreieck nach E. Ehwald, D. Kopp, I. Lieberoth und E. Vetterlein (1967)

Körnungsartengruppe Sand (S)
Körnungsarten:
S Sand
alS anlehmiger Sand
l' schwach lehmiger Sand
z'S schwach schluffiger Sand
l̄S stark lehmiger Sand
z̄S stark schluffiger Sand

Körnungsartengruppe Schluff (Z)
Körnungsarten:
Z Schluff
lZ lehmiger Schluff
ZL Schlufflehm

Körnungsartengruppe Lehm (L)
Körnungsarten:
sL sandiger Lehm
stL sandig-toniger Lehm
L Lehm

Körnungsartengruppe Ton (T)
Körnungsarten:
sT sandiger Ton
lT lehmiger Ton
zT schluffiger Ton
T Ton

unterteilt. Entscheidend für die vorteilhafte oder nachteilige physikalische Wirkung des Sandes ist, in welchem Mischungsverhältnis er zu feineren Bodenbestandteilen steht. Da bereits geringe Ton- und Schluffmengen die Eigenschaften eines Sandbodens stark verändern, unterscheidet man reine Sandböden, anlehmige, lehmige und schluffige Sandböden. Hoher Sandgehalt setzt die Gesamtoberfläche und damit das Sorptionsvermögen des Bodens herab, andererseits bewirkt er eine gute Durchlüftung und Erwärmung.

3. Lehmböden, die durch etwa gleichmäßige Anteile verschiedenkörniger Sande sowie durch wechselnde Gehalte an Schluff und Ton gekennzeichnet sind. Solche Böden haben die günstigsten physikalischen Eigenschaften, weil sich in ihnen die Vorzüge aller Korngrößen vereinigen. Lehmböden mit höherem Sandgehalt werden als sandige Lehme, mit höherem Tongehalt als sandig-tonige Lehme bezeichnet.

4. Schluffböden, die einen Schluffanteil von über 55% bei einem Tongehalt unter 30% aufweisen. Je nach dem Sand- und Tonanteil werden außer dem reinen Schluffboden noch die lehmigen Schluffböden und die

Schlufflehmböden unterschieden. Bei einem hohen Schluffgehalt kann es in den Böden zur Dichtlagerung kommen, da bei diesen Korngrößen eine Bildung von Aggregaten noch wenig ausgeprägt ist. Besonders die kalkfreien oder kalkarmen Schluffböden sind oft schwer durchlässige, vernäßte und damit ungünstige Standorte.

5. Tonböden, die einen Mindestgehalt von 30% Ton haben. Je nachdem, ob Sand, Schluff oder Sand und Schluff in nennenswertem Maße hinzutreten, können noch sandige, schluffige oder lehmige Tonböden unterschieden werden. Böden mit einem hohen Tongehalt werden schwere Böden genannt. Bei Tonböden sind die Teilchen dicht gelagert. Sie zeigen ein großes Sorptionsvermögen, jedoch schlechte Wasserzirkulation und mangelnde Durchlüftung. Diese Böden sind kalt, schwer bearbeitbar und setzen den Pflanzenwurzeln größeren Widerstand entgegen.

Die angeführten Bodenarten sind im wesentlichen vom Ausgangsmaterial der Bodenbildung abhängig. Das Substrat bestimmt maßgebend die bodenphysikalischen und -chemischen Eigenschaften, vor allem die Durchlässigkeit des Filtergerüstes, und beeinflußt somit die Dynamik des Bodenwassers, die wiederum auf die Entwicklungsrichtung des Bodens entscheidenden Einfluß hat. Von den außen auf das Gestein wirkenden Bodenbildungsfaktoren hat das Klima eine vorrangige Bedeutung, indem es die Intensität der Verwitterung, die Verlagerungsrichtung in den Böden und letztlich den Vegetationsaufbau bestimmt. Im humiden Klimagebiet übertreffen die Niederschläge die Verdunstung, und es werden die verlagerungsfähigen Verwitterungsprodukte und Nährstoffe im abwärts gerichteten Sickerwasserstrom von oben nach unten verlagert, so daß Auswaschungs- und Anreicherungshorizonte entstehen. Dagegen ist im ariden Klimagebiet (z. B. Wüsten) die Auswaschung stark gehemmt oder fehlt infolge des aufsteigenden Wasserstromes, so daß es bei oberflächennahem Grundwasser in den Böden zur Salzausscheidung kommen kann. Zwischen beiden Klimaextremen gibt es zahlreiche Übergänge. Die von Klima und Ausgangsgestein beeinflußte Vegetation liefert die Pflanzenrückstände als Substanz für die Humusbildung. Die Bodentiere wühlen im Boden, somit bringen sie unverwittertes Material nach oben und sorgen für eine intensive Durchmischung. Die Bodenlebewesen bereiten die Pflanzenrückstände für die Humusbildung vor. Relief, Wasser und Wind bewirken die Erosionsvorgänge. Besonders an stärker geneigten Hängen wird das Bodenmaterial ständig abgetragen und unverwittertes Gestein freigelegt. Auch die Lage der Hänge zur Himmelsrichtung ist für die Bodenbildung ausschlaggebend. So sind auf der Nordhalbkugel Südhänge infolge intensiver Sonneneinstrahlung wärmer und trockener als Nordhänge. Der Mensch greift mit der Bodenbewirtschaftung und -nutzung aktiv in die Bodenentwicklung ein; z. B. wird durch erosionsverhindernde Maßnahmen der Bodenabtrag oder durch Grundwasserabsenkungen der Wassereinfluß im Boden herabgesetzt. Die genannten bodenbildenden Faktoren haben auf den Standorten unterschiedliche Bedeutung und bewirken den wechselnden Aufbau der Böden.

Den **Bodenaufbau** kann man an senkrechten Bodeneinschnitten verfolgen, den Bodenprofilen oder Bodenschürfen, die man durch Aufgrabungen gewinnt. An der Profilwand erkennt man die **Bodenhorizonte**, die innerhalb einer oder mehrerer an der Bodenbildung beteiligten geologischen Schichten als das sichtbare Anzeichen der abgelaufenen bodenbildenden Prozesse entstehen. Sie sind erkennbar an der unterschiedlichen Farbe, am differenzierten Gefüge, Humusgehalt u. a. m. Die Horizonte werden durch **Horizontsymbole** gekennzeichnet, Buchstaben, denen Indexzahlen oder Kleinbuchstaben zugefügt sind:

Mit **A** bezeichnet man alle humushaltigen Oberbodenhorizonte und auch solche, aus denen Humus und Ton ausgewaschen wurden, und unterteilt weiter wie folgt:

(A) Horizont ohne sichtbaren Humus im Anfangsstadium der Bodenbildung bei Rohböden;
L oder A_{00} unzersetzte Pflanzenteile, z. B. abgefallene Blätter, auch Bestandsabfall oder Streuhorizont genannt;
F u. H oder A_0 Humusauflage über dem Mineralboden;
F oder A_{01} Vermoderungshorizont;
H oder A_{02} Humusstoffhorizont;
Ah oder A_1 humoser, an der Oberfläche gebildeter Mineralbodenhorizont;
Ae oder A_2 hellgrau gefärbter Verarmungs- bzw. Bleichungshorizont podsolierter Böden;
Az oder A_3 heller Tonverarmungshorizont (beim Lessivé);
Ap gepflügter A-Horizont;
Aw stärker von Wurzeln durchsetzter Teil des A-Horizonts unter Grünland (Wurzelfilzhorizont).

Mit **B** werden alle nicht vernäßten im Unterboden befindlichen, meist humusfreien Verwitterungs- und Anreicherungshorizonte (außer Erdalkali- und Alkalianreicherung) erfaßt und wie folgt unterteilt:

Bv oder (B) brauner Verwitterungshorizont ohne Anreicherung durch Verlagerungsvorgänge. Dieser Horizont ist kennzeichnend für Braunerden;
B Anreicherungshorizont (Illuvialhorizont);
Bs Anreicherung von Sesquioxiden (Eisen- und Aluminiumverbindungen) bei podsolierten Böden;
Bh Anreicherung von Humusstoffen bei podsolierten Böden, Bs- und Bh-Horizonte können auch kombiniert als Bsh vorkommen;
Bt Anreicherung von Tonsubstanz (bei durchschlämmten Böden);
Ba vorwiegend durch Gefügeneubildung entstandener Horizont (z. B. bei der Vega).

Mit **C** wird das im Untergrund liegende Ausgangsmaterial der Bodenbildung bezeichnet und z. T. noch differenziert in:

C_1 schwach verwitterter Übergangshorizont zum unverwitterten Gestein und
C_2 unverwittertes Gestein.

Die unter dem Einfluß des Grundwassers stehenden Horizonte werden mit **G** benannt und unterschieden in:
Go Oxydationshorizont der Gleye,
Gr Reduktionshorizont.

Bei gehemmtem Abzug des Niederschlagswassers im Boden bilden sich durch Staunässe (Stauwasser) geprägte, pseudovergleyte und mit g bezeichnete Horizonte:
g staunasser Horizont, z. T. auch als S bezeichnet;
g_1 Stauzone;
g_2 Staukörper (z. B. Tonschicht).

Weiterhin sollen folgende Symbole angeführt werden:

P	Verwitterungshorizont unter dem A-Horizont des Pelosols; wird aber nicht generell angewandt;
T	Torfhorizont der Moorböden;
Ca oder K	Karbonatanreicherungshorizonte;
Y	Gipsanreicherungshorizonte;
Sa	andere Salzanreicherungshorizonte;
M	gewandertes Bodenmaterial, d. h. vom Wasser in Mulden und Tälern sedimentiertes Material erodierter Böden; wird aber nicht generell angewandt;
D	Gesteins- oder Verwitterungsmaterial des Untergrundes, aus dem der darüberliegende Boden nicht entstand, das aber mittelbar die Bodenbildung beeinflussen kann.

Mischhorizonte haben die Merkmale von mehreren Horizonten und werden durch Kombination der Symbole gekennzeichnet, z.B. Ah Bv, Btg usw., Übergangshorizonte durch einen Schrägstrich getrennt, z.B.: Ah/Bv, Bt/C usw.

Böden mit einer gleichen Abfolge von Bodenhorizonten, mit gleichen oder gleichwertigen Eigenschaften und spezifischen Stoff- und Energiewechselvorgängen werden zu **Bodentypen** (Tafel 8) zusammengefaßt, den bodensystematischen Grundeinheiten.
Bei den Böden ohne Wassereinfluß werden die wanderungsfähigen Teilchen vorwiegend in vertikaler Richtung verlagert. Hierzu gehören folgende Bodentypen:
Rohböden [Horizontfolge (A)-C] sind durch geringe chemische Verwitterung und geringe biologische Aktivität gekennzeichnet und haben keinen deutlichen Humushorizont. Aus ihnen können die Ranker entstehen (Horizontfolge Ah-C). Sie sind karbonatfreie, flachgründige, aus Silikatgesteinen hervorgegangene Böden. Häufig sind Ranker nur kurzlebige Zwischenstadien der Bodenentwicklung; durch Verwitterung bilden sich aus ihnen andere Böden. Die aus Karbonat- oder Gipsgesteinen entwickelten A-C- oder Ah-CaC-Böden werden als Rendzinen (Tafel 7) bezeichnet. Es sind meist flachgründige, kalziumkarbonat- oder kalziumsulfatreiche Böden mit günstiger Humusform, günstigen chemischen Eigenschaften und hoher biologischer Aktivität. Sie bildeten sich z.B. auf Sedimenten der Trias, des Juras und des Zechsteins. Im Gegensatz zu den Kalkböden entwickelten sich die Pararendzinen (Horizontfolge Ah-C) auf kalkhaltigem Silikatgestein (Löß, Geschiebemergel, Kalkschotter). Sie sind meist nur kurzlebige Zwischenstadien der Bodenentwicklung bzw. auf Erosionsstandorte beschränkt. Pararendzinen werden häufig den Rendzinen zugerechnet.
Zu den wertvollsten Böden gehören die Tschernoseme (Schwarzerden) mit dem Ah1-Ah2-C-Profil bzw. bei vorhandener Degradation mit der Horizontfolge Ah1-Ah2-Bv-C oder Ah1-Ah-Bt-C (Tafel 8). Sie sind durch einen z. T. bis zu 1 m mächtigen Humushorizont mit stickstoffreicher Humusform, neutrale Bodenreaktion und Krümelgefüge gekennzeichnet und aus kalkhaltigen Lockersedimenten (meist Löß) entstanden. Optimaler Luft- und Wasserhaushalt prädestinieren die Tschernoseme als beste Pflanzenstandorte mit besonderer Eignung für Weizen- und Zuckerrübenanbau. Man findet sie u. a. in der Magdeburger Börde, im Thüringer Becken, im Rheinland und in Hessen. Sie sind dort Reliktböden, unter kontinentalem, semihumidem Klima mit Grassteppenvegetation entstanden und auf Grund von Verwitterungs- und Verlagerungsvorgängen

sowie durch ackerbauliche Bearbeitung (Krumendegradation) meist degradiert.
Eine Sonderstellung nehmen die *Pelosole* (Horizontfolge Ah-C bzw. Ah-P-C) ein. Sie sind aus tonigen Substraten hervorgegangen und Böden mit den Körnungsarten toniger Lehm bis Ton. Auf Grund des hohen Kolloidgehaltes sind sie durch einen spezifischen Wasserhaushalt gekennzeichnet und unterliegen der Quellung und Schrumpfung, wodurch wiederum das charakteristische Absonderungsgefüge des P-Horizontes bedingt ist. Diese Böden sind schwer bearbeitbar und haben eine geringe biologische Aktivität. Teilweise verzichtet man auf die Herausstellung der Pelosole (Tafel 8) als selbständigen Bodentyp und rechnet sie anderen Typen zu wie Ranker oder Rendzina.
Weit verbreitet sind die *Braunerden* mit der Horizontfolge Ah-Bv-C. Sie haben einen hellockerfarbenen bis sepiabraunen Verwitterungshorizont mit überwiegend geflockter Tonsubstanz und fehlender Durchschlämmung. Braunerden entwickeln sich auf den verschiedensten Substraten, wobei durch Entkalkung, Neubildung von Tonmineralen und Freilegung des Eisens der Verwitterungshorizont eine braune Färbung erhält. Die Braunerden zeigen sowohl in ihrem Aufbau als auch in ihren Eigenschaften eine große Mannigfaltigkeit. Neben verschiedenen Vorstufen der Braunerde (z. B. Ranker-Braunerde, Rendzina-Braunerde) unterscheidet man nach dem Basengehalt die basenarme und die basenreiche Braunerde. Braunerden können auch durch Podsolierung oder Tondurchschlämmung überprägt werden und somit Übergangsbildungen zu diesen Böden darstellen. Die Böden mit Tondurchschlämmung werden gegenwärtig mit verschiedenen Typnamen belegt. Häufig bezeichnet man sie als *Lessivés* oder gliedert sie in *Parabraunerden* und *Fahlerden* (Horizontfolge Ah-Al-Bt-C). Diese tondurchschlämmten Böden entstehen auf kalk- und silikathaltigen Ausgangsmaterialien durch Abwandern von Ton, Eisen und z. T. etwas organischer Substanz aus dem Oberboden in tiefere Profilteile mit dem Sickerwasserstrom. Die Tondurchschlämmung ist in lehmigen, sandigen und auch tonigen Substraten festgestellt worden. Tondurchschlämmte Böden haben eine große Verbreitung. Lessivés aus Löß sind gute Ackerböden, sofern sie nicht durch zu starke Unterbodenverdichtung (Tonanreicherung) starke Staunässeerscheinungen aufweisen.
Dagegen sind die *Podsole* (Horizontfolge A_{00}-A_0-A_1-A_2-Bh-B_1-C) stärker ausgewaschene und verarmte Böden. Sie sind meist auf sandigen, durchlässigen, basenarmen Substraten zu finden und durch Rohhumusbildung, Versauerung und Verlagerung von Humusstoffen und der Sesquioxide des Eisens und Aluminiums gekennzeichnet. Der Bleichhorizont (Verarmungshorizont) hat eine hellgraue Farbe und wird mit scharfer Begrenzung nach unten vom braunen bis braunschwarzen Anreicherungshorizont abgelöst. Dieser kann teilweise zu Orterde oder Ortstein verfestigt sein. Podsole sind verbreitet im feuchten und kühlen Klimabereich der Küsten und Gebirgskämme, im Heidegebiet Niedersachsens u. a. Durch Ackernutzung veränderte, schwächer podsolierte Böden (z. B. Braunpodsole) werden als *Rosterden* bezeichnet.

Im Unterschied zu den bisher angeführten Bodentypen, bei denen der Einfluß des Wassers keine Rolle spielt, sind die folgenden entscheidend vom Grundwasser bzw. von Staunässe geprägt.
Zu den Staunässeböden gehören die *Pseudogleye* (Staugleye) mit der Horizontfolge Ah-g_1-g_2 (Tafel 8). Es sind dichtgelagerte Böden, in denen die Sickerwässer nicht ungehindert nach unten abziehen können, so daß es zu Staunässeerscheinungen kommt. In den Vernässungsperioden wird redu-

ziertes Eisen beweglich und bei Austrocknung wieder oxydiert und in Flecken, Streifen und Konkretionen abgesetzt, so daß ein graues und rostbraun marmoriertes Profilbild entsteht. Dabei kann die Dichtlagerung sedimentär bedingt oder infolge Tonanreicherung sekundär entstanden sein. Die Dauer der Vernässungs-, Trocken- und der dazwischenliegenden Feuchtphase ist ein Kriterium für die ökologische Beurteilung der Pseudogleye. Als extreme Staunässeböden kann man die Stagnogleye (Humusstaugleye) auffassen. Sie sind meist in Mulden verbreitet, fast ganzjährig vernäßt und häufig durch Feuchthumusakkumulation gekennzeichnet. Oft ist bei diesen Böden eine klare Trennung zwischen Staunässe und Grundwasser nicht möglich. Als Amphigleye werden neuerdings Böden bezeichnet, die durch den Einfluß von Grund- und Stauwasser geprägt sind.
Böden, die ganzjährig durch höher als 80 cm unter Flur stehendes Grundwasser beeinflußt werden, bezeichnet man als Gleye. Die im Grundwasser gelösten zweiwertigen Eisen-Mangan-Verbindungen werden im Berührungsbereich mit der Luft oder bei sauerstoffhaltigem Grundwasser oxydiert, wodurch ein rostfleckiger bzw. roststreifiger G_o-Horizont gebildet wird. Im G_r-Horizont liegen die Eisen-Mangan-Verbindungen in reduzierter Form vor, so daß er durch bläuliche, graue und grünliche Farbtöne gekennzeichnet ist. Der typische Gley (auch Grundgley genannt) hat die Horizontfolge Ah-G_o-Gr. Im G_o-Horizont treten z. T. verhärtete, als Raseneisenstein bezeichnete Eisenabsätze auf. Der Anmoorgley (Tafel 7) zeigt eine verstärkte Humusakkumulation, wobei im Ah-Horizont 15 bis 30% (unter Ackernutzung 10 bis 30%) organischer Masse auftreten können, der Moorgley besitzt hingegen eine unter 20 cm mächtige Torfdecke mit über 30% organischen Bestandteilen. Zu den Halbgrundgleyen gehören z. B. die Braungleye (Horizontfolge Ah-Bv-G_o-Gr).
In den Gleyböden unterliegt das Grundwasser nur geringen jährlichen Schwankungen. Dagegen treten bei den Auenböden der Flußtäler z. T. erhebliche jahreszeitliche Schwankungen der Grundwasserstände auf. Sie entstehen aus Ablagerungen der Flüsse und Bäche unter dem Einfluß periodischer Überschwemmungen. Die Rambla (Rohauenboden) läßt nur eine geringe Humusakkumulation erkennen und zeichnet sich durch das (A)-C-Profil aus. Bei schwacher oder fehlender Auflandung bildet sich die Paternia (junger Auenboden) mit der Ah-C-Horizontfolge. Unter dem Bodentyp Borowina (rendzinaartiger Auenboden) versteht man einen schwach verwitterten kalkhaltigen Auenboden. Der tschernosemartige Auenboden (schwarzerdeähnlicher Auenboden) ist durch einen mächtigen Ah-Horizont auf kalkhaltigen Auensedimenten gekennzeichnet. Die Vega (brauner Auenboden) ist ein stärker verwitterter, durch Brauneisen braungefärbter Boden mit Ah-Bv-G_o-Profil. Neben diesen autochthonen Auenböden, die sich auf angelandetem, aufbereitetem Gesteinsmaterial entwickeln, gibt es eine Vielzahl allochthoner Auenböden, bei denen ehemaliges Bodenmaterial sedimentiert wurde. Von der Sonderstellung der Auenböden ist man heute z. T. wieder abgegangen, und man rechnet sie anderen Böden zu (z. B. den Gleyen, Amphigleyen u. a.).
Im flachen Küstenbereich, im Unterlauf und Mündungsgebiet der Flüsse, wurden die grundwassernahen, schluff- und tonreichen Marschböden durch Sedimentation während Ebbe und Flut gebildet. Man unterscheidet die Typen Seemarsch (Boden aus grauem, kalkreichem, marinem Seeschlick, vom Meerwasser abgesetzt), Brackmarsch (Boden aus grauem kalkhaltigem bis kalkfreiem Schlick der Brackwasserzone), Flußmarsch (kalkhaltiger oder kalkfreier Flußschlick im Gezeitenbereich der Flußmündungen) und die Moormarsch (durch Schlick überdeckte Torf-

decken). Im ersten Entwicklungsstadium werden aus den Marschböden die leichtlöslichen Meeressalze, schließlich auch die vorhandenen Karbonate ausgewaschen; dadurch erhalten diese Böden ein ungünstiges Gefüge. Sie enthalten häufig einen sedimentär bedingten dichten und tonigen Horizont, der als „Knick" bezeichnet wird (auch Knickmarsch genannt). Die Marschböden kommen in Europa ausschließlich im Küstenbereich der Nordsee zwischen Dänemark und Belgien vor.
Neben diesen wasserbeeinflußten Böden gibt es noch Unterwasserböden, die unter dem Wasser gebildet und von diesem völlig durchdrungen werden. Unter Protopedon versteht man einen Unterwasser-Rohboden mit beginnender Bodenbildung auf den Unterwassersedimenten Seemergel, Seekreide u. a. Mit Gyttja wird ein grauer, graubrauner oder schwärzlicher, organismenreicher Boden sauerstoffreicher Gewässer bezeichnet. Dagegen bildet sich der Sapropel, ein organismenarmer, humusreicher, faulschlammartiger Unterwasserboden, in sauerstoffarmen Gewässern.

Gegenüber den bisher aufgezählten Böden nehmen die Moorböden eine Sonderstellung ein, da sie sich vorwiegend aus organischer Substanz, dem Torf, aufbauen.
Das Niedermoor entsteht in flachen, stehenden Gewässern in tieferen Landschaftsteilen aus abgestorbenen, anspruchsvollen Wasserpflanzen. Dagegen entwickelt sich das Hochmoor im niederschlagsreichen und luftfeuchten Klimabereich, häufig in Gebirgslagen, aus anspruchslosen Hochmoorpflanzen. Das Übergangsmoor baut sich aus abgestorbenen Nieder- und Hochmoorpflanzen auf und ist meist aus dem Niedermoor hervorgegangen. In den Moorböden findet auf Grund der ständigen Feuchtigkeit nur ein Teilabbau der organischen Substanz statt, so daß es zur intensiven Anhäufung von organischen Massen kommen kann.

Alle bisher angeführten Bodentypen sind im gemäßigt humiden Klimabereich an der Oberfläche verbreitet. Diese Böden können auch als fossile Bildungen vorkommen (Tafel 7). Gelegentlich treten weitere fossile bzw. reliktische Böden vergangener geologischer Perioden auf, deren wichtigste folgende sind:
Die Terra fusca (Kalksteinbraunlehm) ist ein ockerfarbiger bzw. brauner und rötlichbrauner, tonreicher, überwiegend humusarmer plastischer Boden, entstanden aus karbonatreichen Gesteinen. Aus tonarmen Kalkgesteinen ging die Terra rossa, ein rotgefärbter, schwerer plastischer klebriger Boden mit wasserarmen Eisenverbindungen, hervor. Im subtropischen und tropischen Klima bildete sich aus Silikatgesteinen ein brauner, plastischer dichter Boden, der Braunlehm (Braunplastosol). Der Graulehm (Grauplastosol) ist ein grauer, dabei oft rostgelb- und rostbraungefleckter, stark plastischer, dichter, meist in Mulden aus Silikatgesteinen entstandener Boden des gleichen Klimagebietes.
Rotlehme (Rotplastosole) sind rotgefärbte plastische Böden, die sich aus eisenreichen Substraten unter hohen Temperaturen entwickelten. Dagegen sind Roterden (Rotlatosol) und Gelberden (Gelblatosol) durch fehlende oder geringe Plastizität und durch ein erdiges Gefüge gekennzeichnet.

Alle Böden haben im Laufe ihrer Entwicklung mehr oder weniger intensive Veränderungen erfahren. Mit der Bodennutzung durch den Menschen wurden die Naturlandschaften in Kulturlandschaften umgewandelt. Das ist nicht ohne Einfluß auf die Böden geblieben, von denen verschiedene dadurch einen vom ursprünglichen Zustand stark abgewandelten Profilaufbau erhalten haben. Man spricht in diesen Fällen von anthropogenen Böden oder Kultosolen. Obwohl die meisten unserer Böden künstlich verändert sind (z.B. Ackerhorizonte bei landwirtschaftlicher Nutzung, Grundwasserabsenkung, erodierte Böden infolge menschlicher Bewirtschaftung), werden nur wenige Böden den Kultosolen zugerechnet, weil man meist den ursprünglichen Profilaufbau bis auf Teile des Oberbodens noch gut erkennen kann. Zu den Kultosolen gehört der Plaggenesch, der durch jahrhundertelange Düngung der Standorte mit Heide- oder (und) Grasplaggen entstand. Hortisole (Gartenböden) sind intensiv bewirtschaftete, durch starke Zuführung organischer Substanz gekennzeichnete Gartenböden. Der Rigosol ist ein durch Tiefpflügen gewendeter oder im Zuge des Weinbaues durch Zufuhr von Fremdmaterial bzw. Material des Untergrundes völlig umgestalteter Boden. Weiterhin werden beim industriellen Abbau von Lagerstätten Abraummassen aufgeschüttet und somit Kippenböden geschaffen.

Betrachtet man die Bodenbildungen auf der Oberfläche des gesamten Festlandes der Erde, so heben sich **Bodenzonen** heraus, die in den einzelnen Klima- und Vegetationszonen vorherrschen. Die wichtigsten sollen hier kurz zusammengefaßt werden. Im Polargebiet der nördlichen Halbkugel befindet sich die Tundrazone mit Strukturböden, die infolge von periodisch auftretenden Bodenfrösten und Verlagerungen der Bodenteilchen besondere Strukturen zeigen (Steinringboden, Eiskeilboden usw.). Südlich schließt sich im kühlhumiden Gebiet der Streifen der mehr oder weniger podsolierten Böden und der Moorböden an, dem die Zone der grauen Waldböden folgt. In den gemäßigthumiden Zonen Mitteleuropas, den entsprechenden Gebieten Ostasiens und Nordamerikas sind hauptsächlich die Braunerden und Lessivés verbreitet. Zentrale Teile der Kontinente mit semihumidem Klima werden von Tschernosemen der Langgrassteppe eingenommen. Die Schwarzerdegebiete erstrecken sich von Ostasien über Südsibirien und den Süden des europäischen Teils der Sowjetunion bis in die ungarische Theißebene und lösen sich in Mitteleuropa inselartig auf. In Nordamerika nehmen sie bedeutend geringere Flächen ein. Nach Süden folgt im semiariden Bereich die Zone der kastanienfarbenen Böden der Kurzgrassteppe mit schwächerer Humusakkumulation. Sie bedecken Flächen im Innern der Kontinente auf der Nordhalbkugel und kleinere Teile Südamerikas. Im ariden Bereich der subtropischen Zone nehmen die braunen und grauen Böden der Halbwüsten und Wüsten eine große Fläche ein. Im eurasischen Gebiet schließen sie sich an die kastanienfarbenen Böden an. Eingestreut treten hier Salzböden auf, die Solontschak- und Solonezböden. Im feuchtwarmen Bereich der subtropischen Zone sind Roterden verbreitet, die mit Gelberden in lokal feuchteren Landschaften vergesellschaftet sind. Für die tropische Zone sind die Laterite typisch, die kaum noch Kieselsäure enthalten und im Extremfall aus Eisenoxid und Tonerde bestehen. Sie sind oft sehr mächtig und ziehen sich von Brasilien und Mittelamerika über das äquatoriale Afrika, Indien, Südostasien bis nach Australien hin.
Die Böden, die in der Gegenwart die Erd berfläche bedecken, haben eine unterschiedliche, den jeweiligen Umweltverhältnissen entsprechende Entwicklung durchlaufen, deren Anfang sicher z. T. weit zurückliegt, und einen relativ stabilen Entwicklungsstand erreicht, der nicht als abgeschlossen betrachtet werden darf. Jede Änderung nur eines bodenbildenden Faktors hat einen anderen Ablauf der Entwicklungsprozesse im Boden zur Folge.

Die Bodentypen zeigen den genetischen Entwicklungszustand der Böden. Andererseits wird durch die Bodenarten im wesentlichen nur die Korngrößenzusammensetzung erfaßt. Erst die Kombination von Substrat- (einschließlich Substratschichtung) und Bodentypbezeichnung mit Hilfe der **Bodenform** gestattet eine umfassende Kennzeichnung des Bodens. Hier lassen sich aus der von LIEBEROTH u. a. (1967) vorgelegten Bodenformenliste einige Beispiele anführen:

Fels-Ranker, Ton-Ranker;
Fels-Rendzina, Mergel-Rendzina;
Löß-Schwarzerde, Löß-Schwarzerde über Gestein, Ton-Schwarzerde;
Fels-Braunerde, Sand-Braunerde, Decklehm-Braunerde;
Löß-Staugley, Lehm-Staugley über Gestein;
Sand-Gley, Schluff-Gley, Deckschluff-Gley;
Sand-Anmoorgley, Lehm-Anmoorgley.

Die Böden einer Bodenform stimmen sowohl in ihren systematischen als auch praktisch wichtigen Eigenschaften weitgehend überein.
Die Bodenformen sind besonders für die komplexe Erfassung der Bodendecke durch die **Bodenkartierung** geeignet. Dadurch erlangt man Kenntnisse über die Verbreitung der Böden als Voraussetzung für eine sinnvolle und richtige Bodennutzung und Bodenbewirtschaftung. Die Bodenkartierung erfaßt mittels Profilgruben und Handbohrungen (1 bis 2 m tief) die Grenzen der Verbreitung verschiedener Böden, die in Karten unterschiedlichen Maßstabes dargestellt werden. Die Geländearbeiten werden durch **Bodenuntersuchungen** im Labor (z.B. Korngrößenanalysen, *p*H-, Humus-, Nährstoffbestimmungen, Ermittlung der Sorptionseigenschaften u. a.) ergänzt, und man gewinnt somit einen Einblick in den speziellen Aufbau, die Eigenschaften und die Leistungsfähigkeit eines Bodens in land- und forstwirtschaftlicher Hinsicht. Diese Leistungsfähigkeit wird durch die **Bodenschätzung** eingestuft, bei der man vom fruchtbarsten Boden mit der Bodenzahl 100 ausgeht. Die Bodenkartierungen und -untersuchungen ermöglichen Folgerungen für die **Bodenbewirtschaftung** (z.B. Aufforstung nährstoffarmer Sandböden, Lockerung verdichteter Horizonte, Düngung nährstoffarmer Böden usw.). Andererseits ist durch **Bodenmeliorationen** die Entwicklungsrichtung der Böden beeinflußbar, und es kann die Leistungsfähigkeit der Standorte verbessert werden (z. B. Drainage der Pseudogleye, Untergrundbewässerung, Sanddeckkultur der Niedermoorkultivierung).
Der Boden dient als Pflanzenstandort nicht nur der Ernährung von Mensch und Tier, sondern er liefert als **Lagerstätte** auch Rohstoffe (Torf; Raseneisenerz zur Eisenverhüttung und Bauxite zur Aluminiumgewinnung).
Als Wissenschaft hat die Bodenkunde viele Berührungspunkte mit verschiedenen anderen Fachrichtungen. Kenntnisse über den Boden braucht neben dem Land- und Forstwirt auch der Ingenieurgeologe, der den Boden hinsichtlich seiner Baugrundeigenschaften einzustufen hat. Der Hydrologe muß bei seinen Untersuchungen die bodenphysikalischen Eigenschaften berücksichtigen, um Versickerung und damit die Grundwasserneubildung für die verschiedenen Standorte beurteilen zu können (Abschnitt „Angewandte Geologie"). Der Mineraloge wird im Rahmen pedogeochemischer und biogeochemischer Prospektionsarbeiten bodengenetische Gesichtspunkte mit in Betracht ziehen müssen. Zur stratigraphischen Untergliederung geologischer Zeitabschnitte können vom kartierenden Geologen fossile Böden mit herangezogen werden. Bei der Bearbeitung landschaftsökologischer Fragen berücksichtigt der Geograph die Bodenverhältnisse. Der Frühgeschichtler ist bemüht, Bodenhorizonte und Artefaktfunde zeitlich zu parallelisieren. In jüngster Zeit gewinnt die Bodenkunde in enger Zusammenarbeit mit der Geologie für den Bergmann, Territorialplaner und Landschaftsgestalter infolge der ständig wachsenden Zahl von Kippen und Halden große Bedeutung, da die Rekultivierung von Kippgesteinen bzw. -rohböden zu einem vordringlichen volkswirtschaftlichen Problem in dichtbesiedelten Industriegebieten geworden ist.

Verwitterung

Unter dem Einfluß der Witterung in den verschiedenen Klimaten der Erde zerfallen selbst sehr feste Gesteine in größere oder kleinere Teile oder werden zersetzt, wenn sie ihr längere Zeit ausgesetzt sind. Diese Vorgänge, die als Verwitterung bezeichnet werden, sind von großer Bedeutung nicht nur für die Bildung von Sedimentgesteinen, sondern auch für die Bodenbildung. Durch Verfestigung der entstehenden Lockermassen (Lockergesteine) werden feste Sedimente erzeugt.
Das Ausgangsmaterial für die Verwitterung bildet in der Regel fester Fels. Zwischen ihm und den Bodenarten bestehen alle Übergänge. Zunächst wird der Gesteinsverband an Klüften, Schichtfugen u. ä. angegriffen. Die entstehenden lockeren Gesteinsmassen werden laufend weiter zerkleinert und bilden schließlich feinste Bodenteilchen.
Rein mechanische Gesteinszertrümmerung (Gesteinszerfall) wird als **physikalische Verwitterung** bezeichnet; chemische Umwandlungsvorgänge, die unter Mitwirkung des Lösungsmittels Wasser eine Änderung des Mineralbestandes bewirken können (Gesteinszersatz), werden als **chemische Verwitterung** zusammengefaßt. Die **biologische** oder **organische Verwitterung** umfaßt die durch pflanzliche und tierische Organismen hervorgerufenen Veränderungen am Gestein, die biologisch-mechanisch oder biologisch-chemisch bedingt sein können.
Der überwiegende Teil der Verwitterungsvorgänge läuft auf dem Festland ab, aber auch am Meeresboden kann es zu Mineralzersetzung und -neubildung kommen **(Halmyrolyse)**.

Physikalische Verwitterung. Hier wirken Vorgänge, bei denen das Gesteinsgefüge zerstört, die chemische und mineralische Zusammensetzung der Gesteine aber nicht oder kaum verändert wird. Sie sind im wesentlichen rein physikalischer, z. T. physikalisch-chemischer Natur.
Bei der *Temperaturverwitterung* ist die Volumenänderung der Minerale und Gesteine bei Temperaturwechsel der ausschlaggebende Faktor. Bei steigender Temperatur erfolgt Ausdehnung, bei abnehmender Zusammenziehung. Dies führt bei mehrfachem und raschem Wechsel und bei großem Temperaturintervall schließlich zu einer erheblichen Lockerung des Gesteinsgefüges. Von Bedeutung ist dabei das verschiedene Verhalten einzelner Minerale gegenüber Temperaturveränderungen: unterschiedlich starke Ausdehnung in verschiedenen Richtungen, unterschiedliche Wärmeleitfähigkeit u. a.
Durch die direkte Sonneneinstrahlung (Insolation) erwärmt sich die Erdoberfläche bedeutend stärker als die unmittelbar darüberliegende Luft. Im Gesteinsinneren gleichen sich die Temperaturen rasch aus. Die größten täglichen Temperaturschwankungen sind in den ariden Klimabereichen zu beobachten. Deshalb spielt dort die Temperaturverwitterung die größte Rolle. In den heißen Wüsten kann die tägliche Schwankung 35 °C und mehr erreichen, die Gesteine können dabei auf 60 bis 80 °C erhitzt werden. Große Steine bersten durch „Kernsprünge" mit lautem Knall. Die dem Temperaturwechsel stärker ausgesetzte Gesteinsoberfläche blättert in großen Schuppen und Schalen vom Felsen ab (Abschuppung oder Desquamation), wobei allerdings auch die Druckentlastung Bedeutung hat. Im nivalen Klimabereich tritt Temperaturverwitterung oft in Verbindung mit Frostverwitterung auf.
Die Ursache der auf den nivalen und gemäßigten Klimabereich beschränkten *Frostverwitterung (Spaltenfrost)* liegt in der Eigenschaft des Wassers,

sein Volumen beim Gefrieren um 9% zu vergrößern. Daher erzeugt Wasser, das im Gestein vorhandene Hohlräume und Spalten vollständig oder zu mehr als 91% ausfüllt, bei seiner Umwandlung zu Eis eine hohe Druckwirkung. Bei einer Umwandlungstemperatur von −22 °C wird ein Maximaldruck von 2115 kg/cm² erreicht. Vor allem aber führt der häufige Wechsel zwischen Gefrieren und Wiederauftauen zur Erweiterung von Rissen, Fugen und Klüften und zum Zerfall des Gesteins in scharfkantige Trümmer, kleine Brocken und Körner. Daher hat die Frostverwitterung dort ihre größten Auswirkungen, wo die Zahl der „Frostwechseltage" je Jahr besonders hoch ist und die Temperatur wiederholt um den Gefrierpunkt schwankt.

Die Frostverwitterung wirkt am stärksten auf poröse und klüftige Gesteine, deren Hohlräume weitgehend mit Wasser gefüllt sind, z.B. auf Sandsteine, deren Poren nur wenig Bindemittel enthalten, oder auf stark klüftige Magmatite (Granite, Basalte). Auch unter den Gletschern wirkt der Spaltenfrost oft in Verbindung mit der Regelation.

Die *Salzsprengung* setzt voraus, daß durch chemische Verwitterung entstandene oder z. B. durch fließendes Wasser herbeigeführte Salze nicht fortgewaschen werden, sondern im Gestein verbleiben. Daher ist die Salzsprengung im wesentlichen auf aride Gebiete beschränkt. Durch die Erwärmung der Oberfläche am Tage steigen die durch Bodenfeuchtigkeit oder Tau gelösten Salze auf, wobei das Lösungsmittel in den oberflächennahen Teilen des Gesteins rasch verdunstet und die Salze angereichert werden. Auskristallisation, Wachstum der Kristalle oder Wasseraufnahme (Hydratation) erzeugen einen erheblichen Sprengdruck. Durch häufige Wiederholung dieses Vorgangs werden Risse, Spalten und Klüfte erweitert, wird das Gefüge des Gesteins zerstört. Ähnlich wie beim Spaltenfrost wird die Sprengwirkung um so mehr verstärkt, je geringer die Öffnung des Hohlraums ist, in dem es zur Kristallisation kommt.

Im humiden Klimabereich kann Salzsprengung dort auftreten, wo fossile Salze mit dem Oberflächenwasser in Berührung kommen. So wird das Volumen des Anhydrits bei seiner Umwandlung in Gips durch Hydratation um 60% vergrößert.

Durch enges Zusammenwirken von physikalischer und chemischer Verwitterung zerfallen die Gesteine zu feinkörnigem lockerem Grus. Vor allem bei grobkristallinen Gesteinen, wie einigen Graniten, anderen körnigen Plutoniten, aber auch bei einzelnen Quarzporphyren und Gneisen und bei gröberen klastischen Sedimenten, wird das Gefüge des Gesteins durch physikalische Verwitterung gelockert, werden die Minerale durch chemische Verwitterung zersetzt. Da die Vergrusung zunächst von der Oberfläche ausgeht, spricht man auch von Abgrusung. An den durch die Klüftung entstandenen eckigen Gesteinsquadern werden Ecken und Kanten, die der Verwitterung besonders ausgesetzt sind, durch Abgrusung beseitigt, wodurch kantengerundete Blöcke entstehen (Wollsackverwitterung, Tafel 6). Flächenhafte Anhäufungen derartiger Blöcke werden als Blockmeere und Blockströme bezeichnet. Die Blockbildung erfolgte in überwiegendem Maße durch die Abgrusung in warmen und wechselfeuchten Klimaten, jedoch auch durch Frostsprengung und Temperaturverwitterung. Die Entstehung der Blockmeere und -ströme erfordert eine Bewegung des Materials durch Prozesse wie z. B. die Solifluktion.

Chemische Verwitterung. Sie umfaßt chemische Vorgänge, durch die das Gestein entweder gelöst oder durch Umsetzungen in andere Verbindungen übergeführt wird. Voraussetzung ist hierbei das Vorhandensein fließenden Wassers an der Erdoberfläche oder im Boden. Dieses enthält auf Grund der

Zusammensetzung von Luft und Boden stets Säuren und Basen. Daraus kann gefolgert werden, daß die chemische Verwitterung ihre größte Wirksamkeit im humiden Klimabereich besitzt, während sie in ariden und nivalen Gebieten stark zurücktritt oder ganz fehlen kann. Besonders günstige Bedingungen liegen in den feuchtwarmen Tropen vor, da durch erhöhte Temperaturen die chemischen Reaktionen beschleunigt werden. Hier greift die chemische Verwitterung tief in den Untergrund, gelegentlich viele Dutzende von Metern, im Gegensatz zur physikalischen Verwitterung, die in ihren Wirkungen stets auf die obersten Teile der Gesteine beschränkt bleibt.

Die Verwitterbarkeit der einzelnen Minerale ist sehr unterschiedlich. Während ein Teil des chemisch aufbereiteten Materials in Lösung geht und rasch weggeführt wird, bleibt ein anderer Teil als unlöslicher Verwitterungsrückstand (Residualboden) zurück.

Im Wasser leicht lösliche Salze unterliegen der einfachen *Lösungsverwitterung*. Sie betrifft vor allem Kalisalze, Steinsalz und Gips. Die am leichtesten löslichen Kalisalze kommen daher niemals an der Erdoberfläche vor, im Gegensatz zu dem weniger leicht löslichen Steinsalz, das in ariden und semiariden Gebieten als Salzberg, „Salzgletscher" (Persien) und in Salzwannen zutage tritt.

Größere geologische Bedeutung als die Salzauflösung an der Erdoberfläche oder unter Wasser besitzt die Auslaugung von Salzgesteinen unter der Erdoberfläche (Subrosion). Sie greift, je nach Lagerungs- und hydrologischen Verhältnissen, unterschiedlich tief. Die Fläche, an der das Salz aufgezehrt wird, liegt etwa horizontal und wird als Salzspiegel, bei geneigter Lagerung als Salzhang bezeichnet. Der Lösungsrückstand (Residualgebirge) besteht aus Gips, Ton und anderen schwer- und unlöslichen Gesteinen; bei Salzstöcken heißt er, weil Gips vorherrscht, Gipshut. Durch den bei der unterirdischen (subterranen) Auslaugung entstehenden Massenschwund im Untergrund treten an der Erdoberfläche Senkungen und Einsturztrichter (Erdfälle) auf.

Eine weitere Art der chemischen Verwitterung ist die *Kohlensäureverwitterung*. Oberflächen- und Bodenwässer enthalten stets Kohlendioxid, das einerseits aus der Luft aufgenommen wird, andererseits durch Zersetzung organischer Substanz im Boden in das Wasser gelangt. Hier bleibt es zum großen Teil gasförmig erhalten, während aus einem geringen Prozentsatz Kohlensäure entsteht. Dieses kohlensäurehaltige Wasser setzt Kalziumkarbonat $CaCO_3$ in Kalziumhydrogenkarbonat $Ca(HCO_3)_2$ um, das im Gegensatz zum Kalziumkarbonat wasserlöslich ist. Bei niedrigerer Temperatur verschiebt sich das Gleichgewicht durch erhöhte Kohlendioxidlösung im Wasser auf die Seite des Hydrogenkarbonats, das durch freies Kohlendioxid in Lösung gehalten wird. Durch dessen Entweichen (z. B. bei Temperaturerhöhung) fällt Kalziumkarbonat aus. Dieser Vorgang bewirkt besonders in warmen Klimaten, daß das gelöste Karbonat bereits in geringer Entfernung vom Lösungsgebiet wieder abgeschieden wird.

Weniger gut löslich als Kalziumkarbonat ist das Doppelsalz aus Kalzium- und Magnesiumkarbonat, der Dolomit $CaCO_3 \cdot MgCO_3$.

Die Kohlensäureverwitterung besitzt eine große geologische Bedeutung, da Kalk und Dolomitgesteine weit verbreitet sind. Sie verursacht die Verkarstung dieser Gesteine (vgl. Kap. „Das unterirdische Wasser"), die sich in der Bildung großer Spalten, Höhlen, Einsenkungen der Erdoberfläche (Dolinen) u. a. zeigt.

Zur chemischen Verwitterung gehört auch die *Rauchgasverwitterung*. Durch die Verbrennung großer Kohlenmengen und anderer Stoffe gelangen in Großstädten und Industriegebieten erhebliche Mengen von Kohlendioxid,

Schwefeldioxid und anderen Verbindungen in die Luft und durch das Regenwasser auf das Mauerwerk, wo sie als Säuren oder Salze verwitternd wirken (Kohlensäureverwitterung, Salzsprengung). Dabei ist ihre Wirkung im Regenschatten oft stärker, da an den dem Regen ausgesetzten Teilen des Gebäudes die Salze rasch weggewaschen werden.

Der im Wasser enthaltene Luftsauerstoff bewirkt die *Oxydationsverwitterung*, die vorwiegend in den oberen Metern des Bodens vor sich geht, aber spätestens an der Grundwasseroberfläche endet. Durch den Sauerstoff werden besonders Eisen-, Mangan- und Schwefelverbindungen oxydiert. Verbindungen des zweiwertigen Eisens (Ferriverbindungen) gehen in die des dreiwertigen (Ferroverbindungen) über, die durch intensive rote und rostbraune Farben gekennzeichnet sind (Roteisen, Brauneisen). Sulfide werden zu Sulfaten oxydiert, aus denen Schwefelsäure, Alaune und Brauneisen entstehen können.

Diese Vorgänge erlangen besonders am Ausbiß von Erzlagerstätten Bedeutung, wo sich in der Oxydationszone Rot- und Brauneisen anreichern („Eiserner Hut"). Die in dieser Zone gebildeten Erzlösungen sickern nach unten in den Bereich des Grundwassers (Zementationszone), wo sie zur Bildung edler Erze beitragen (vgl. Kap. „Lagerstätten der Erze", S. 601).

Hydrolytische Verwitterung: Die Silikate als wichtigste gesteinsbildende Minerale werden durch die oben beschriebenen Verwitterungsarten kaum oder nicht beeinflußt. Ihre Stabilität gegenüber der Verwitterung zeigt die folgende Zusammenstellung:

leicht verwitterbar

Olivin	Kalkfeldspat
Augit	Kalknatronfeldspat
Hornblende	Natronkalkfeldspat
Biotit	Natronfeldspat
Kalifeldspat	
Muskowit	

Quarz

schwer verwitterbar

Quarz (SiO_2) ist also am widerstandsfähigsten und reichert sich daher in klastischen Sedimenten an (Sand, Sandsteine).

Die Zersetzung der Silikate wird durch das dissoziierte Wasser bewirkt, dessen Wasserstoffionen die Silikate in ihren basischen und sauren Teil aufspalten (Hydrolyse). Die Kieselsäure geht dabei kolloidal in Lösung. Wird ihre Löslichkeit und damit ihre Abfuhr durch hohen Humusgehalt stark eingeschränkt, können sich neue Si-Al-Verbindungen bilden, die Tonminerale (Kaolinit, Montmorillonit, Illit u. a.). Dieser Vorgang wird als siallitische Verwitterung bezeichnet und ist für das humide, besonders das vollhumide Klima charakteristisch. Zu ihr gehört die Kaolinisierung, bei der durch Zersetzung feldspatreicher Gesteine Kaolin (Porzellanerde) entsteht.

Im Gegensatz dazu steht die allitische Verwitterung, bei der wegen starker Zurückdrängung der Humusstoffe die Kieselsäure weitestgehend oder vollständig weggeführt und Aluminium- und Eisenhydroxide ausgefällt werden. Starke Eisenanreicherungen verursachen intensive Rotfärbung des Verwitterungsmaterials, wie sie extrem der Bauxit zeigt. Die allitische Verwitterung tritt im semihumiden bis semiariden Klimabereich auf.

Biologische Verwitterung. Die physikalisch wirkende biologische Verwitterung hat nur geringe Bedeutung. Hier kommt in erster Linie die Sprengwirkung von Pflanzenwurzeln in Betracht, die sich in Risse und Spalten des Gesteins zwängen. Die wühlende Tätigkeit mancher Tiere beschränkt sich auf die oberen Teile lockerer Sedimente.
Ungleich bedeutender ist dagegen die chemische Wirkung der pflanzlichen Organismen. Durch die von niederen Pflanzen (Algen, Flechten, Pilzen) abgeschiedenen Säuren (Kohlensäure u. a.) wird die Oberfläche des Gesteins porös und damit für die anorganische Verwitterung vorbereitet. Höhere Pflanzen wirken außerdem durch starke Humuslieferung.

Die Gestaltung der Erdoberfläche durch geomorphologische Prozesse

Die Oberflächenformen der Kontinente sind das Ergebnis zweier Gruppen von Vorgängen, der **tektonischen Bewegungen** und der **geomorphologischen Prozesse**. Die einen verursachen die Hoch- und Tieflage der Krustenteile, die Anordnung von Tiefländern, von Mittel- und Hochgebirgen, die anderen werden durch atmosphärische Einflüsse ausgelöst, die in der rund 10 km mächtigen unteren Schicht der Atmosphäre, der Troposphäre, wurzeln. Die für die geomorphologischen Prozesse wichtigsten Komponenten der Atmosphäre, wie Temperatur, Niederschlag und Wind, werden direkt oder mittelbar durch die Zufuhr von Sonnenenergie gesteuert. Die tektonischen und geomorphologischen Wirkungen auf die Oberflächenformen der Kontinente werden auch als **endogen** bzw. **exogen** bezeichnet. Endogene und exogene Prozesse stehen in enger Wechselwirkung. Wird ein Krustenteil angehoben oder ein Vulkan aufgeschüttet, dann beginnen mit der ersten an der Oberfläche wirksamen endogenen Änderung der Oberflächenform auch die geomorphologischen Prozesse zu wirken. Anderseits bestimmt noch lange nach dem Abklingen einer tektonischen Bewegung die veränderte Krustenlage Richtung und Intensität der Oberflächenformung.

Alle geomorphologischen Prozesse gehen an der Erdoberfläche unter dem Einfluß des Schwerefeldes der Erde vor sich, der **Gravitation**. Damit sind die geomorphologischen Prozesse, die sämtlich mit dem Transport von Material an der Erdoberfläche verbunden sind, auf einen Ausgleich der durch Krustenbewegung entstandenen Höhenunterschiede gerichtet. Hohe Krustenteile werden abgetragen, Senken aufgefüllt. Als Grenzfläche oder **Abtragungsbasis** gilt konventionell der Meeresspiegel; denn hier enden die von atmosphärischen Einflüssen gesteuerten geomorphologischen Prozesse. Massenbewegungen unter dem Meeresspiegel folgen, wenn man von einer schmalen Übergangszone absieht, anderen, wahrscheinlich vor allem einfacheren Gesetzmäßigkeiten.

Die unter dem Einfluß der Atmosphäre ablaufenden geomorphologischen Prozesse werden nach der Art, in der Gesteinsmaterial transportiert wird, gruppiert:

1. fluviale Vorgänge, die durch das im Flußbett konzentriert fließende Wasser ausgelöst werden;
2. Vorgänge der Hangabtragung, bei denen a) das Wasser reibungsmindernd wirkt (Rutschung, Bodenfließen, Solifluktion) oder b) Wasser unmittelbar, aber in diffusen Bahnen Lockermaterial transportiert (Abspülung, Flächenspülung), c) durch die Volumenänderung beim Gefrieren und Tauen von Wasser bzw. Bodeneis Bewegungen im Lockermaterial ausgelöst werden (Kryoturbation) und d), in der flächenhaften Wirkung allerdings unbedeutend, Locker- und Festmaterial durch verschiedene Einflüsse aus der stabilen Lagerung in meist kurzfristige Bewegung übergeht (Steinschlag, Bergsturz);
3. glaziale Vorgänge, die mit der Bewegung von Gletschern zusammenhängen;
4. äolische Vorgänge, die auf der Transportleistung durch den Wind beruhen;
5. marine oder litorale Vorgänge, die an der Küste stehender Gewässer, i. w. S. des Meeres, von der Wellen- bzw. Wasserbewegung und organogenen Prozessen gesteuert werden. Die unter Ausschluß des atmosphärischen Einflusses unter dem Meeresspiegel ablaufenden geomorpholo-

gischen Prozesse können als submarine Vorgänge (Fließen und Rutschung suspendierten Materials, organogene Sedimentation) zusammengefaßt werden.

Durch den Transport von Lockermaterial wird am Ursprung der Bewegung Material abgetragen, beim Ausklingen der Bewegung wieder abgelagert. Für diese **Grundform des geomorphologischen Prozesses** ist die Länge des Transportweges nicht entscheidend. Sie kann bei der Hangabtragung Dezimeter, bei fluvialen und glazialen Vorgängen Tausende von Kilometern betragen. Trotzdem können die Zusammenhänge zwischen dem Abtragungsgebiet und den **korrelaten Sedimenten** aus der petrographischen Beschaffenheit der Ablagerung auch bei großen Entfernungen oft mit Sicherheit ermittelt werden.

Abtragung und Ablagerung verursachen jeweils Oberflächenformen, die spezifisch für den dabei beteiligten Transportvorgang sind. So werden z. B. fluviale, glaziale oder äolische **Abtragungs-** und **Ablagerungs (oberflächen-) formen** ausgeschieden. Diese Oberflächenformen gelten als **Leitformen** für bestimmte Vorgänge, so daß auch umgekehrt aus der Beobachtung von Leitformen auf die Vorgänge geschlossen wird, die sie verursachten.

Morphologische Leitformen sind jedoch selten in modellartiger Ausprägung zu finden. Dies ergibt sich aus den weiteren Naturgesetzen, unter denen die Oberflächenformen gebildet werden:

1. Nur ausnahmsweise entsteht eine Oberflächenform isoliert unter der Einwirkung eines einzigen Vorganges. Solche **monogenetischen** Formen sind selten. In der Regel sind mehrere Transportvorgänge — von denen einer größeren Anteil haben kann — zur gleichen Zeit an der Gestaltung der Oberflächen beteiligt. So wird z. B. eine Küstendüne vorwiegend durch den Transport von Sand durch den Wind aufgeschüttet. Zur gleichen Zeit wirkt jedoch auf sie die Abspülung durch den Niederschlag oder auch die Brandung des Meeres. Die meisten Oberflächenformen sind deshalb **polygenetisch**.

2. Geomorphologische Prozesse wirken in der Regel langsam. Das Ergebnis ihrer Tätigkeit wird erst in geologischen Zeiträumen sichtbar, in denen sich jedoch die Bildungsbedingungen schon ändern können. So lassen die Täler in den Gebirgen und Hügelländern der mittleren Breiten deutlich erkennen, daß sich während ihrer Entwicklung sowohl Krustenbewegungen als auch Klimaänderungen ereignet haben. Die Form der Talhänge deutet auf einen Wechsel von Zeiten mit vorwiegender Tiefenerosion und solchen mit kräftiger Schotterakkumulation. Die Talformen summieren die Ergebnisse der Vorgänge, die unter verschiedenen Bedingungen wirkten. Sie sind damit ein ausgezeichnetes Beispiel für **polyzyklische** Oberflächenformen.

Die im allgemeinen geringe Geschwindigkeit der geomorphologischen Prozesse ist auch die Ursache dafür, daß nach einer Änderung der klimatischen und tektonischen Bedingungen die neuen geomorphologischen Prozesse nur allmählich die früher entstandenen Oberflächenformen umgestalten. Sie greifen an einem **präexistenten Relief** an, dessen Formen von anderen, in früheren Phasen wirkenden Prozessen gebildet und seither nur langsam verändert wurden. Das gilt zum Beispiel für die Hang- und Talbildung in der Gegenwart, durch die das Relief umgeformt wird, das während der letzten Kaltzeit von glazialen und periglazialen Prozessen gestaltet worden ist.

3. Wenn auch Tektonik und Klima mit Recht als wichtigste Faktoren gelten, wirken auf den geomorphologischen Prozeß im allgemeinen alle in dem Naturraum vorhandenen Erscheinungen ein. In manchen Fällen können diese bisher nicht erwähnten Faktoren sogar besonderes Gewicht bekommen.

Die **Beschaffenheit des Gesteins** modifiziert die geomorphologischen Prozesse erheblich. Bei Lockermaterial ist dieser Einfluß unmittelbar wirksam. Festgesteine müssen erst verwittern, bevor Material für die Umlagerung zur Verfügung steht. Die Festgesteine werden in der Geomorphologie deshalb vor allem nach ihrem Widerstand gegen die Verwitterung gruppiert.

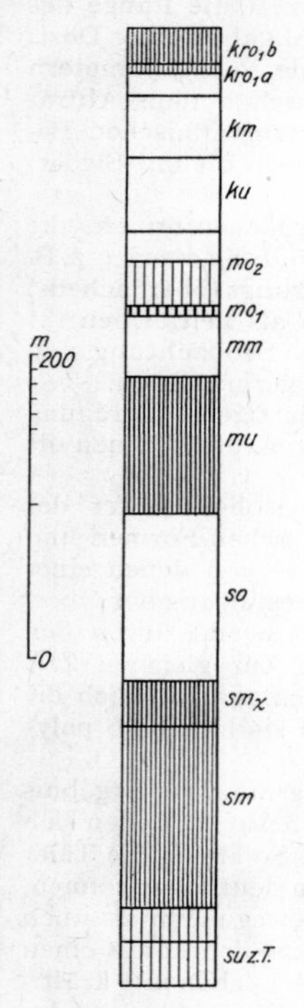

Abb. 26. Widerständigkeitsprofil für die Ohmgebirgsgräben und ihre Umgebung (NW-Thüringen). — Je höher die Widerstandsfähigkeit, um so dichter bzw. kräftiger die Schraffierung: Horizonte mit geringster Widerständigkeit haben keine Signatur.

su, sm, so = Unterer, Mittlerer, Oberer Buntsandstein;
mu, mm = Unterer, Mittlerer Muschelkalk;
mo_1 = Trochitenkalk;
mo_2 = Ceratitenschichten;
ku, km = Unterer, Mittlerer Keuper
kro_1, kro_2 = Grünsand und Pläner des Cenomans

Da verschiedene petrographische Beschaffenheit zum Teil gleichen Widerstand gegen die Verwitterung — und damit die Möglichkeit für die Abtragung — bedingt, unterscheidet sich eine solche geomorphologische Gliederung der Gesteine erheblich von jener, die die Petrographie gibt. Hohe Widerstandsfähigkeit gegen die Verwitterung ist zum Teil die Folge eines sehr dichten Mineralverbandes (Basalt), aber auch eines großen Versickerungsvermögens (Kalkstein) oder schwer löslicher Bindemittel (Konglomerate mit eisen- oder siliziumreichem Bindemittel). Allerdings sind solche Gruppierungen meist nur für ein bestimmtes Klima gültig.

Die vom Klima, vom Gestein und dessen Verwitterungsmaterial abhängigen Böden und die Vegetationsdecke sind gleichfalls Faktoren des geomorphologischen Prozesses. Der **Boden** hat die gleiche Funktion wie das Lockermaterial. Er begünstigt oder hemmt vor allem auf Grund seines Gefüges die Abtragung. Die Böden sind zugleich sehr rasch reagierende Anzeiger für die Umlagerung von Lockermaterial, auch wenn es sich nur um Transport geringer Intensität handelt.

Die **Pflanzendecke** beeinflußt weniger nach der Zusammensetzung, entscheidend aber mit ihrer Dichte den Ablauf geomorphologischer Prozesse. Wird die Bodenoberfläche völlig von Pflanzen verhüllt und der oberste Bodenhorizont durch ein kräftiges Wurzelsystem verstärkt, sind viele Prozesse der Umlagerung von Lockermaterial unterbunden oder wenigstens stark gehemmt. Auf vegetationsfreien Flächen könnten dagegen alle geomorphologischen Prozesse höchstmögliche Intensität entfalten.
4. Die **Nutzung des Naturraums** durch die Gesellschaft steuert die geomorphologischen Prozesse in verschiedener Weise. Durch technische Eingriffe verschiedener Art können geomorphologische Prozesse, die von Natur aus in einem solchen Gebiet wirken, erheblich in ihrer Intensität gesteigert, umgekehrt aber auch gehemmt werden. Durch die Technik entstehen jedoch

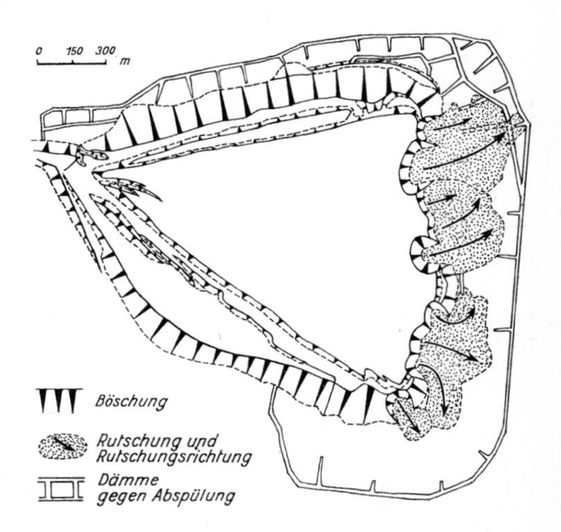

Abb. 27. Halde von Espenhain im Braunkohlengebiet südöstlich von Leipzig (nach Barthel, vereinfacht)

auch zahlreiche neue, anthropogene Oberflächenformen. In den mittleren und subtropischen Breiten sind zum Beispiel nach der Beseitigung der vordem Schutz bietenden Walddecke die Abspülung, die Verlagerung von Lockermaterial durch den Wind und der fluviale Transport auf großen Flächen verstärkt worden. Anderseits wird durch die Regulierung der Flüsse und durch den Küstenschutz die natürliche Veränderung der Täler und der Küsten gebremst oder in gewünschte Richtungen gelenkt. Beim Großabbau von Bodenschätzen, bei der Planierung von Verkehrs-Trassen, dem Bau von Siedlungen und Industrieanlagen wird das ursprüngliche Relief oft vollständig ausgelöscht. Aber auch die neuen Oberflächenformen stehen unter dem Einfluß geomorphologischer Prozesse, die man schon beim Bau dieser Anlagen berücksichtigen muß, um späteren Schäden vorzubeugen (Abb. 27).
Wegen der verschiedenen Bedingungen für die geomorphologischen Prozesse und deren geringer Geschwindigkeit ist die **räumliche Ordnung der Oberflächenformen** auf den Kontinenten äußerst kompliziert.
Das erste Ordnungsprinzip ist auf der physischen Übersichtskarte der Erde zu erkennen: die Anordnung der Kontinente mit ihren Hochgebirgen, den Mittelgebirgsräumen und den riesigen Flachländern. Letztere sind meist Tiefländer, aber Teile dieser Flachländer steigen auch in Meereshöhen von

einigen hundert bis über tausend Meter an. Diese Ordnung der Größtformen auf den Kontinenten und zugleich jener der Ozeane spiegelt die Tektonik in den jüngeren Phasen der Erdgeschichte, die Gebiete stärkster und geringer Hebung sowie der Senkung oder der relativen tektonischen Ruhe wider.
Damit ergibt sich ein zweites Ordnungsprinzip; denn in den Räumen mit tektonischer Ruhe und vor allem in den Senkungsgebieten überwiegt auf großen Flächen die **Sedimentation**. Dort liegen die großen Akkumulationsräume, während in den tektonischen Hebungsgebieten aller Art die **Abtragung** bei weitem stärker ist. Selbstverständlich gilt dieser Zusammenhang zwischen Hebung und Abtragung, zwischen Senkung bzw. tektonischer Ruhe und Sedimentation nur im Hinblick auf die Größtformen. In jedem Sedimentationsraum wird zugleich auch umgelagert, also abgetragen, so wie umgekehrt in den Abtragungsgebieten auch sedimentiert wird.
Die im Vergleich zu den tektonischen Bewegungen im allgemeinen geringe Geschwindigkeit der geomorphologischen Prozesse ist die Ursache, daß noch lange nach dem Abklingen der Krustenbewegung die gehobenen Krustenteile nicht abgetragen sind, sondern dieser Zustand erst nach langer Phasenverzögerung erreicht werden könnte.
Ein drittes Ordnungsprinzip ergibt sich aus den verschiedenen Typen der geomorphologischen Prozesse, die vom Klima gesteuert werden. Der Gliederung der Erde in Klimazonen entspricht eine großzügige Gliederung der Kontinente nach klimatisch-morphologischen Zonen. Diese sind allerdings nicht nur dadurch kompliziert, weil sie vom tektonischen Großrelief und der damit gegebenen Gliederung in große Abtragungsräume und Sedimentationsgebiete mit beeinflußt werden. Die verschiedenen Typen der geomorphologischen Prozesse wirken auch unterschiedlich kräftig. Die periglaziale Denudation in den subpolaren Gebieten, die Flächenspülung in den semiariden Räumen der Tropen und die Gletschertätigkeit in den hohen Breiten sowie in den Hochgebirgen der Erde können schon in kürzerer Zeit den durch sie verursachten Formenschatz sehr deutlich ausbilden. Andere Typen der geomorphologischen Prozesse, vor allem jene, die in den Waldgebieten der Tropen und mittleren Breiten wirken, benötigen wesentlich längere Zeiträume.

Fluviale Vorgänge und Formen

Die morphologische Tätigkeit fließenden Wassers, fluviatile, kurz fluviale Tätigkeit genannt, beruht auf dem **Transport** von Substanz. Da die Bewegungs- oder kinetische Energie des fließenden Wassers meist größer ist, als für die Bewegung des Wassers erforderlich wäre, nimmt fließendes Wasser Material verschiedener Beschaffenheit auf. Den größten Anteil an den Substanzen, die vom Fluß transportiert werden, haben **chemisch gelöstes** Material und **Schweb** (0,1 bis 0,2μ Durchmesser), das ist im Wasser suspendiertes, schwebend transportiertes Feinmaterial.
Am Grunde des Flusses werden, abhängig von der überschüssigen Bewegungsenergie, auch Sand, Kies und Blöcke bewegt und transportiert. Der im Wasser entstehende Auftrieb vergrößert die Möglichkeiten, auch schwere Partikel anzuheben. Die Bewegungsformen des gröberen Materials sind verschieden. Nur Sand und gut gerundete Steine bewegen sich in flachen Sprüngen unterschiedlicher Reichweite, gröberes und kantiges Material wird gerollt. Durch diese Bewegung wird das Material bestoßen, zerkleinert und gerundet und damit **Flußgeröll** gebildet.
Der Transport wird physikalisch von der Bewegungsform des Wassers ge-

steuert, die vor allem von der Fließgeschwindigkeit abhängt. Langsames Fließen, bei dem die Stromfäden nahezu parallel zueinander verlaufen, erlaubt nur den Transport gelöster und schwebender Substanz und von Feinsand, der am Boden gerollt wird. Bei höherer Fließgeschwindigkeit (0,1 m/s) ist die Wasserbewegung turbulent. Es entstehen sehr häufig kreisähnliche, walzenförmige Bewegungen. Mittels dieser **Wasserwalzen** und **Wirbel** mit liegender, stehender oder beliebig orientierter Achse wird schließlich auch grobes Material angehoben und verfrachtet.
Da die Fließgeschwindigkeit von dem Gefälle der Flußbettsohle, dem Wasserspiegelgefälle, der Wassermenge und dem Querprofil des Flußbettes bestimmt wird, unterliegt sie — und damit die Transportleistung — erheblichen örtlichen, jahreszeitlichen und regionalen Schwankungen.

Tab. 14. Korngröße des suspendierten Materials und Fließgeschwindigkeit (nach Schaffernak)

Durchmesser bzw. Größe oder Gewicht des suspendierten Materials	zur Fortbewegung erforderliche Sohlengeschwindigkeit
0,4 mm	0,15 m/s
0,7 mm	0,2 m/s
1,7 mm	0,3 m/s
9,2 mm	0,7 m/s
Bohnengröße	0,9 m/s
Taubeneigröße	1,2 m/s
1,5 kg	1,7 m/s

Innerhalb des Flußquerschnitts liegt bei gestrecktem Lauf der **Stromstrich**, der Bereich größter Geschwindigkeit, in der Mitte des Flusses. Zum Grund des Flußbettes sowie zum Wasserspiegel hin ist die Geschwindigkeit geringer. Die Gestalt des Flußbettes spielt dabei eine Rolle. Verengt sich zum Beispiel das Flußbett, nimmt zugleich die Geschwindigkeit zu. Während des Jahres ist die Wasserführung in Abhängigkeit vom Temperatur- und Niederschlagsgang unterschiedlich. Hochwasser bedeutet zugleich eine geringe Versteilung des Wasserspiegelgefälles und damit eine Zunahme der Geschwindigkeit. Das gilt in gleicher Weise für Flüsse mit ständiger, **perennierender Wasserführung**, mit **periodischer**, also jahreszeitlich regelmäßig aussetzender, und schließlich **episodischer** Wasserführung, die nur nach gelegentlichen kräftigen Niederschlägen einsetzt. Schließlich verringert sich bei Flüssen, die sich auf einer regelmäßigen, flacher werdenden Landabdachung entwickelten, die Geschwindigkeit stromab immer mehr. Ist die Landabdachung durch Krustenbewegungen unregelmäßig gestaltet, zeichnen sich in der Regel auch im Gefälle des Flusses entsprechende Abschnitte mit verringerter und zunehmender Neigung ab.
Mit dem Materialtransport sind die beiden auffallenden morphologischen Tätigkeiten des Flusses, Abtragung oder Erosion und Ablagerung oder Akkumulation, eng verknüpft.
Wo der Fluß Material abtransportiert, erodiert er. Diese Erosion beschränkt sich nicht nur auf die Beseitigung lockeren Materials. Durch die rollende und springende Bewegung feiner und grober Gerölle wird selbst ein felsiges Flußbett gelockert, werden Blöcke herausgeschlagen. Anderseits übt der Gerölltransport auch eine schleifende und glättende Wirkung auf das Bett und grobes Material aus. Die glatten Wandungen der **Strudellöcher** und gut gerundete Schotter lassen diese Wirkung erkennen (Tafel 19).

Zugleich richtet sich die Erosion des fließenden Wassers gegen die seitlichen Wandungen des Flußbettes. Man unterscheidet deshalb **Tiefen-** und **Seitenerosion,** Die Seitenerosion ist besonders auffallend an der Außenseite von Flußwindungen (Abb. 28), auf die der Stromstrich abgedrängt wird, und an den Rändern des Hochwasserflußbettes, vor allem, wenn dieses aus lockerem Material besteht.

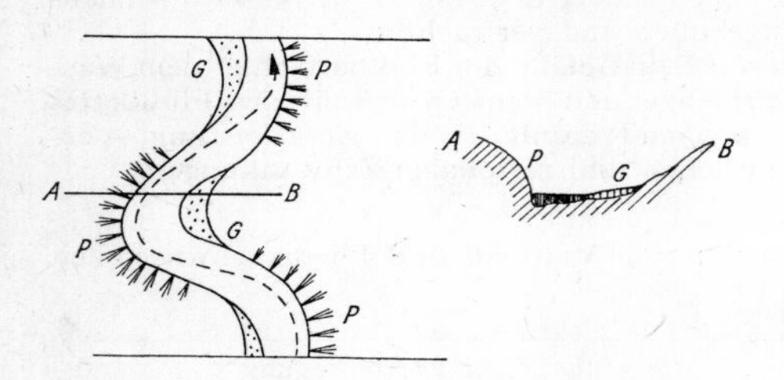

Abb. 28. Prallhang (P) und Gleithang (G) in einem mäandrierenden Kerbtal

Die fluvialen Vorgänge Erosion, Transport und Akkumulation sind örtlich stets miteinander verbunden, weil mit zunehmender Erosionsleistung die Schuttbelastung des fließenden Wassers wächst und damit seine kinetische Energie stärker verbraucht wird. Dabei wird zwangsläufig Material

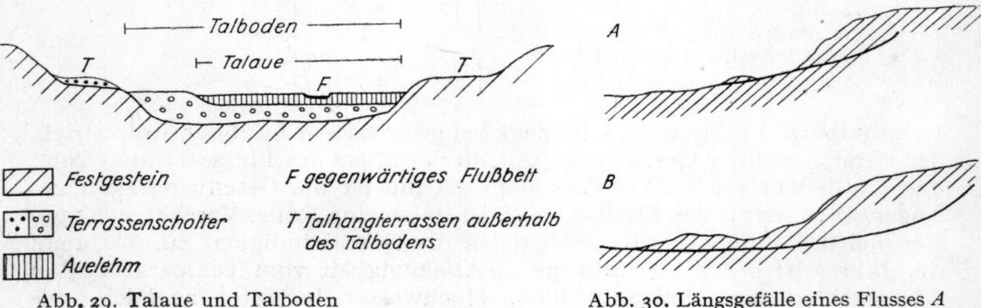

Abb. 29. Talaue und Talboden

Abb. 30. Längsgefälle eines Flusses *A* im semiariden, *B* im humiden Gebiet

wieder abgesetzt, der Fluß akkumuliert. An Flußwindungen sind diese Beziehungen gut überschaubar. Wegen der Trägheit der bewegten Wassermasse verschiebt sich der Stromstrich in der Krümmung gegen deren Außenseite und verursacht damit, soweit die Bewegungsenergie ausreicht, sowohl an der Außenseite als auch im Flußbett Seiten- bzw. Tiefenerosion. An der gegenüberliegenden Seite des Flußbettes ist dagegen die Geschwindigkeit sehr vermindert, so daß die Akkumulation überwiegt.
Durch das Zusammenwirken von Tiefen- und Seitenerosion, Gerölltransport und Akkumulation bildet der Fluß eine Talaue, in der das Flußbett bei Mittel- und Niedrigwasser meist nur einen schmalen Streifen einnimmt (Abb. 29). Die Talaue wird bei Hochwasser überflutet.
Im Längsschnitt haben Talaue und Flußbett gleichsinniges Gefälle, das zum Unterlauf abnimmt. Das Gefälle wird jedoch von zahlreichen Faktoren beeinflußt. Es ist primär von der Abdachung der Landoberfläche abhängig, in den tektonisch angehobenen Gebirgen stärker, im tieferliegenden Hügel- und Tiefland geringer geneigt. Das stärkere Gefälle der Gebirgsflüsse äußert sich in einer höheren Fließgeschwindigkeit. Aber ob diese auch zur Tiefenerosion ausreicht, wird zugleich von der Schuttbelastung des fließenden

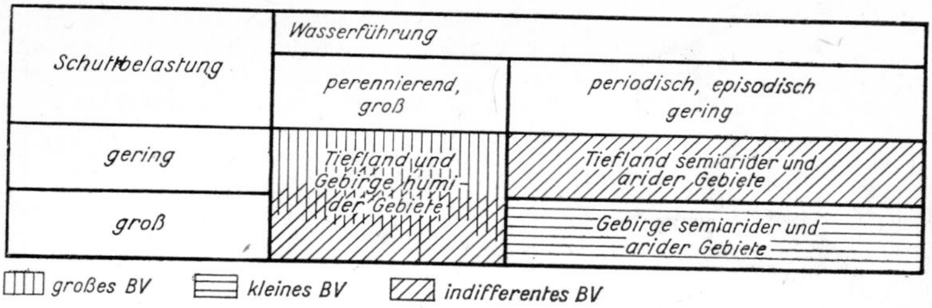

Schuttbelastung	Wasserführung	
	perennierend, groß	periodisch, episodisch gering
gering	Tiefland und Gebirge humider Gebiete	Tiefland semiarider und arider Gebiete
groß		Gebirge semiarider und arider Gebiete

großes BV — kleines BV — indifferentes BV

Abb. 31. Belastungsverhältnis $BV = \frac{\text{Schuttbelastung}}{\text{Wasserführung}}$

Wassers bestimmt. Ist die Wassermenge groß, dann ist der Fluß gerade bei hoher Schuttbelastung zur Tiefenerosion fähig. Ist die Wassermenge gering, oder führen — z. B. in den Wüstensteppen- und Savannengebieten — die Flüsse nur episodisch bzw. periodisch Wasser, dann wird die kinetische Energie des fließenden Wassers fast gänzlich durch den Schutttransport verbraucht (Abb. 30), und die eigenen Akkumulationsmassen schützen den

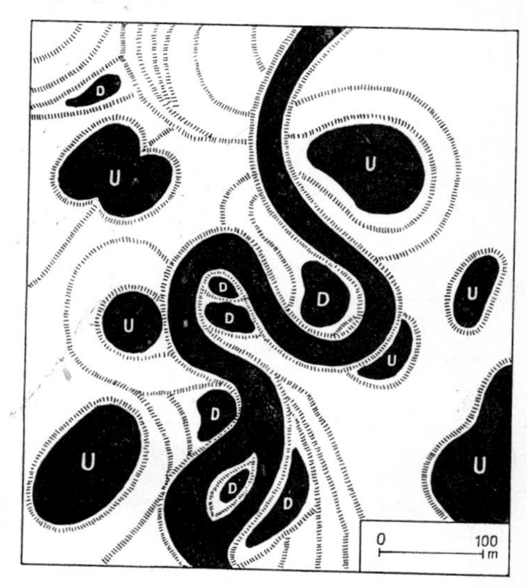

Abb. 32. Uferdämme, Dammuferseen (D) und Umlaufseen (U) in einer tropischen Talaue mit starker Sedimentation (nach Wilhelmy)

Bettboden vor Tiefenerosion. Die Flüsse dieser Gebiete können deshalb kaum in die Tiefe erodieren. Ihre Flußbetten sind auch bei größerem Gefälle wenig in die Landoberfläche eingeschnitten. Die Fußflächen der Gebirge in den Savannen und Wüstensteppen sind deshalb trotz viel stärkeren Gefälles nicht von den Flüssen zerschnitten (Abb. 31).
Auch in den mittleren Breiten und in den ständig beregneten äquatorialen Bereichen wird nicht das ganze Jahr hindurch gleichmäßig viel Lockermaterial im Fluß transportiert. In Hochwasserphasen steigen Schuttbelastung und -transport stets erheblich an, während gegen Ende der Hochwasserphase in der dabei überschwemmten Talaue das Lockermaterial

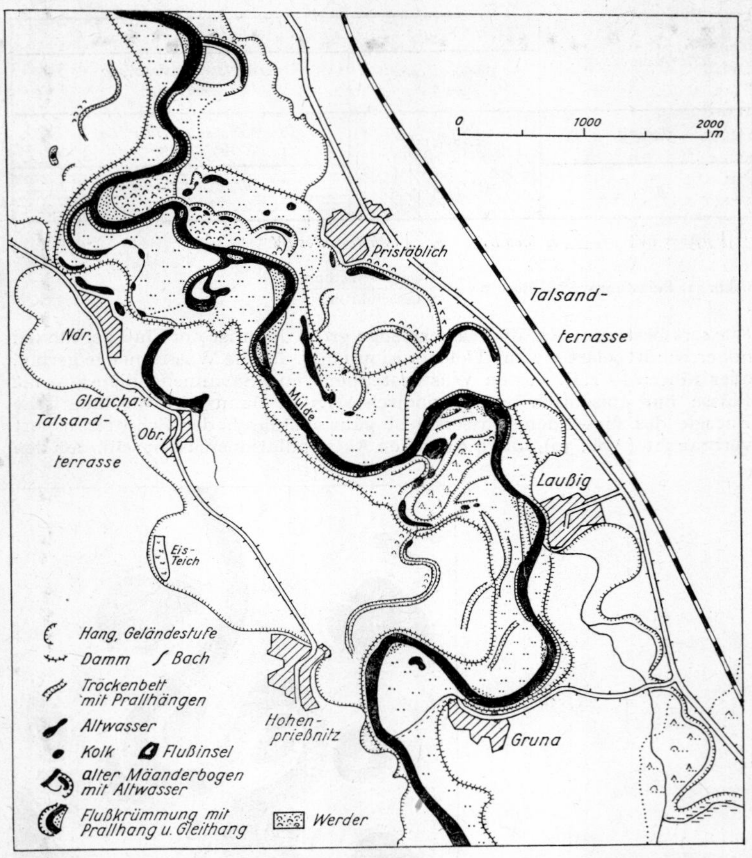

Abb. 33. Aue und Talboden der vereinigten Mulde südlich Düben (vereinfacht aus „Geographische Berichte", Bd. 3, 1958)

wieder sedimentiert wird. Die Talaue ist deshalb stets von Flußsedimenten bedeckt, die aus Kies, Sand und Schluff bestehen.
Die Ablagerung der Sedimente in der Talaue läßt eine Reihe von Gesetzmäßigkeiten erkennen. Beiderseits des Flußbettes schütten sedimentreiche Flüsse flache Wälle auf, die im Tiefland so weit anwachsen können, daß sich auch der Boden des Flußbettes bis über das Niveau der Talaue bzw. des gesamten Talbodens erhöht (Abb. 32). Bekannte **Dammufer-Flüsse** sind der Amazonas, der Mississippi und die großen chinesischen Ströme Hwangho und Jangtsekiang. Die Erhöhung des Flußbettes ist zugleich eine Erklärung für die häufigen und verheerenden Laufverlegungen von Tieflandflüssen. Verlegungen des Flußbettes sind jedoch in allen breiteren Talauen zu beobachten. Abgeschnürte, wassererfüllte Altwasserrinnen, z. B. in den Auen der Oder, Elbe, der Mulde und des Rheins, sind dafür sichtbare Beweise (Abb. 33).

Am vielgestaltigsten sind die fluvialen Akkumulationsformen in den **Deltamündungen**, z. B. des Nils, der Donau, der Lena und des Mississippi. Ein Delta entsteht an der Mündung eines sedimentreichen Flusses an einer Flachwasserküste, an der die Flußsedimente nicht oder nur wenig durch die Bewegung des Meerwassers weitergetragen werden. Dadurch wächst das Delta allmählich ins Meer (Abb. 34). Hauptarme und zahlreiche Nebenarme des Flusses, meist von Uferdämmen begleitet, und seichte, wassererfüllte und sumpfige Hohlformen zwischen den Flußarmen sind die wesentlichsten Kennzeichen. Häufig werden die Deltamündungen zugleich von schwacher Gezeiten- und küstenparalleler Meeresströmung mit beeinflußt, durch die wiederum das fluviale Material umgelagert wird.
Wo sich Flüsse in die Landoberfläche eingeschnitten haben, entstehen Täler. **Täler** sind stets polygenetische Oberflächenformen, bei deren Bildung

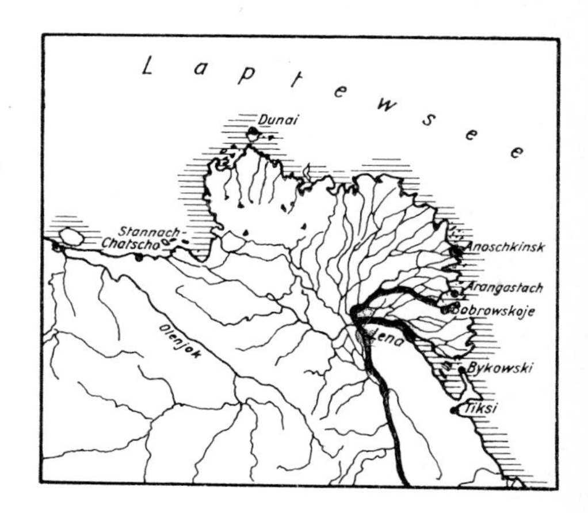

Abb. 34. Delta der Lena (nach Atlas mira, 1967)

fluviale Tätigkeit und Hangabtragung zusammenwirken. Der wechselnde Anteil beider Vorgangsgruppen wird im Querschnitt des Tales grob veranschaulicht. **Klamm-, Cañon-** und Schluchttäler mit nahezu senkrechten Hängen sind selten. Sie zeigen, daß die Hangabtragung gegenüber der Tiefenerosion nahezu unwirksam war. Die Ursache kann äußerst rasche Tiefenerosion, aber auch die hohe Widerstandsfähigkeit des Gesteins gegen Verwitterung und Hangabtragung sein. Unter dem Einfluß der Hangabtragung werden die Talhänge jedoch meist abgeflacht. Es entstehen **Kerb-** und **Sohlentäler**. Beim Sohlental nimmt die Talaue nur noch einen Teil des gesamten, breiten Talbodens ein. Bei **Muldentälern** gehen die Talhänge flach auslaufend in den Talboden über. Hier reicht die Seitenerosion des Flusses nicht mehr aus, um das durch die Hangabtragung gegen den Talboden transportierte Lockermaterial restlos zu beseitigen.
Der Talquerschnitt wird daneben sehr stark von der Beschaffenheit des Gesteins modifiziert, in dem das Tal angelegt ist; denn in wenig widerständigem Gestein werden insbesondere die Seitenerosion und die Hangabtragung begünstigt. So fließt die Zwickauer Mulde zwischen Zwickau und Glauchau in einer Talweitung, die in den wenig verfestigten Sedimenten des Rotliegenden angelegt wurde. Talabwärts endet die Talweitung dort, wo das Tal in die festeren kristallinen Gesteine des mittelsächsischen

Granulitgebirges eintritt. Besonders deutlich ist die Anpassung des Talquerschnitts in den flachlagernden und nach ihrer Widerständigkeit vertikal häufig wechselnden mesozoischen Sedimenten, z. B. im Thüringer Becken, zu erkennen. Jede feste Sandstein- und Kalkschicht versteilt den Talhang, während in tonigen und mergeligen Schichten die Hangneigung abnimmt (Tafel 18). Diese gesteinsabhängige Terrassierung der Talhänge koinzidiert häufig mit jener, die diesen durch die lange Entwicklungsgeschichte der Täler aufgeprägt wurde.

Die Analyse des Grundrisses der Täler zeigt ebenfalls die zahlreichen Beziehungen zwischen der Talbildung und dem Klima wie auch der erdgeschichtlichen Entwicklung der Landoberfläche. Nur auf einer gleichsinnig und regelmäßig geneigten und mit ausreichend Niederschlag versorgten Landoberfläche entstehen gleichmäßig aufgebaute Fluß- und analoge Talsysteme, wie sie etwa das Amazonastiefland aufweist. Tritt das Flußsystem in ein Klimagebiet mit geringem Niederschlag über, nimmt die Taldichte ab, z. B. am Unterlauf der Wolga oder des Nils, die als Fremdlingsflüsse Trockengebiete queren.

In den durch die alpidische Gebirgsbildung, die saxonische Bruchschollenbildung und glaziale Sedimentation beeinflußten Gebieten ergeben sich besonders große Abweichungen von einem regelmäßig entwickelten Talsystem. Als wichtigste Erscheinungen müssen hervorgehoben werden:

1) **Abnahme der Taldichte** in Gebieten mit durchlässigem Gestein, in Sandgebieten wie dem Fläming, in den Kalkgebieten des südwestdeutschen Schichtstufenlandes zwischen Main und Donau;

2) **ungleichseitige Stromsysteme** in Anpassung an die glaziale und glazifluviale Sedimentation im Tiefland, z. B. bei Elbe und Oder, oder als Folge von Krustenbewegungen, z. B. am Oberrhein;

3) scheinbar **inkonsequente**, d. h. gegen die Landabdachung gerichtete **Talabschnitte**, wie sie die großen Durchbruchstäler der Alpenflüsse (Durchbruchstal des Inns durch die Nördlichen Kalkalpen), des Rheins und seiner Nebenflüsse durch das Rheinische Schiefergebirge und der Elbe durch die nördlichen Randgebirge der Böhmischen Masse darstellen, können durch die Annahme erklärt werden, daß diese Talabschnitte älter als diese Durchbruchstäler sind. Diese tief eingesenkten Täler entstanden erst bei der jüngeren Hebung der Gebirge, gegen die sich die Tiefenerosion der Flüsse behaupten konnte. Zum Teil folgen die großen Durchbruchstäler tektonischen Schwächezonen der Hebungsgebiete, wie etwa die Elbe dem Elbtal-Lineament, dessen Streichen schon der Transgression des Cenomanmeeres nach Süden den Weg wies;

4) gleichfalls finden viele weitere Merkmale im Grundriß der Talsysteme, durch die dieser von einem hypothetisch gleichmäßigen Grundriß abweicht, ihre Erklärung in Bedingungen, die meist nur zu bestimmten, zum Teil lang zurückliegenden Zeiten der Talgenese gewirkt haben. Hier sei nur auf eine kleine Auswahl hingewiesen: die Bildung tektonischer Gräben, der Talanzapfungen und Talmäander.

Obwohl die Hypothese, die Täler würden vorzugsweise tektonischen Schwächelinien, wie Spalten oder Klüften, folgen, schon lange zugunsten der oben angedeuteten Erklärung der Talgenese durch fluviale Erosion und Hangabtragung widerlegt ist, lassen sich in tektonisch stark beanspruchten Gebieten Anpassungen der Talsysteme an tektonische Leitlinien, vorzugsweise an Grabensenken nachweisen. Die bekanntesten Beispiele aus Mitteleuropa sind die Ausbildung des Rheintales im Oberrheingraben und des Elbtales im Elbtal-Graben zwischen Pirna und Meißen sowie zahlreiche kleinere Gräben, u. a. im Bereich der Hessischen Senke. In jedem Falle

sind die innerhalb der Gräben liegenden Talabschnitte Anomalien im jeweiligen Talsystem.
Auffallende Änderungen in der Talrichtung sind häufig die Folge der Anzapfung eines Tales durch ein benachbartes Talsystem, in dem die Tiefenerosion rascher vorangeschritten war. Zum Beispiel wurde bei Tharandt das ursprünglich weiter nach NNO gerichtete Weißeritztal von einem Tal aus Richtung des Elbtalgrabens angezapft, das größere, obere Talsystem somit nach Osten abgelenkt, während der ehemalige Unterlauf kaum noch erkennbar ist, weil er durch die Hangabtragung in der folgenden Zeit verändert wurde.

Talmäander sind große Talwindungen, die schon vor dem Einschneiden des Tales, z. B. des Saaletales im Schiefergebirge, angelegt wurden, als sich der Vorläufer dieses Flusses wie die großen Flüsse der Gegenwart in großen Mäandern in einer sehr breiten Talaue bewegte. Zum Teil sind solche Talmäander auch durch die wechselnde Widerständigkeit der Gesteine oder durch Kluftsysteme während der Eintiefung des Tales erzwungen worden.

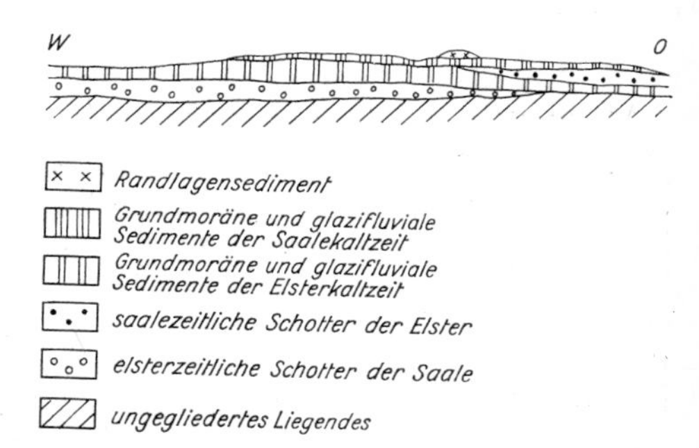

Abb. 35. Flußschotter und glaziale bzw. glazifluviale Sedimente westlich von Leipzig (schematisch nach Eißmann)

Wichtige Zeugen der Talentwicklung sind ferner die **Talterrassen**, z. T. als Schotterterrassen oder -terrassenzüge bzw. als Felsterrassen erkennbar. Da die Täler häufig genetisch unterschiedliche Gebiete miteinander verbinden, hat die Kenntnis ihrer Entwicklungsphasen mitunter größte Bedeutung für die Geochronologie. Die Geschichte der großen Täler läßt sich in manchen Fällen durch das Pleistozän bis ins Jungtertiär zurück rekonstruieren.
Die Bedingungen für Erhaltung von Zeugen früherer Etappen der Talgeschichte sind in Senkungsgebieten günstiger als in Hebungsgebieten.
In **Senkungsgebieten** besteht die Möglichkeit, daß sich Sedimente der jüngeren Talböden jeweils über die Ablagerungen der älteren Talentwicklungsphasen lagern (Abb. 35) und sie damit vor späterer Abtragung schützen.
In **Hebungsgebieten** wird bei einer Verstärkung der Tiefenerosion der ursprüngliche Talboden zerschnitten. So bleiben nur noch Reste des zerschnittenen Talbodens erhalten, wenn der jüngere Talboden wesentlich schmaler ist (Abb. 36). Im Laufe der Entwicklung werden von den Resten des zerschnittenen Talbodens zunächst die ehemaligen Talbodensedimente abgetragen, schließlich wird auch der Terrassensockel durch die Hangabtragung umgeformt. Aus der **Schotterterrasse** entwickelt sich eine **Felsterrasse**. Damit wird in den Hebungsgebieten die Rekonstruktion der ehemaligen Talböden aus deren Resten immer schwieriger und zugleich unsicher, da Felsterrassen nicht nur Reste ehemaliger Talböden darstellen, sondern auch

durch Gesteinsunterschiede oder durch die Hangabtragung von Seitentälern aus verursacht werden können.
Die Schotterterrassen großer Täler in den Hebungs- wie in den Senkungsgebieten geben sichere Belege, daß seit dem Pliozän mehrere Zyklen in der Talentwicklung abgelaufen sind, die aus dem Abschnitt der Talbodenbildung und dem Abschnitt seiner Zerschneidung durch Tiefenerosion oder — in den Senkungsgebieten — der Überlagerung durch jüngere Talschotter bestehen.

Die wichtigsten Ursachen sind:

1) **Krustenbewegungen.** Durch die Hebung von Krustenteilen wird die Fließgeschwindigkeit des Flußwassers vergrößert und die Möglichkeit zur Tiefenerosion gegeben. Werden selbst die Küstengebiete von der Hebung mit betroffen, verschiebt sich die Flußmündung meerwärts. Durch die Laufverlängerung beginnt auch im Tiefland die Tiefenerosion.

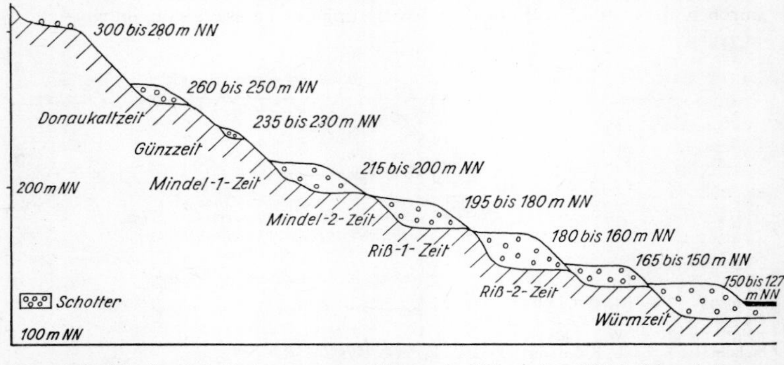

Abb. 36. Pleistozäne Schotterterrassen des Elbtales im Böhmischen Mittelgebirge (schematisch nach Král)

2) **Klimaänderungen.** Jedem Klima entspricht zugleich in jedem Talabschnitt ein bestimmtes Belastungsverhältnis, das wiederum das Gefälle beeinflußt. Während des Pleistozäns, in dem mehrfach Kalt- und Warmzeiten nacheinander auftraten, muß sich deshalb auch im gleichen Rhythmus das Belastungsverhältnis in den Flüssen verändert haben.
In der Kaltzeit wurden durch Bindung großer Wassermassen in den Eiskalotten die Abflußmengen der Flüsse geringer und auf die Sommerzeit (Schneeschmelze) zusammengedrängt. Daneben aber wurde durch die Frostverwitterung sehr viel grobes Material erzeugt und durch die verstärkte Hangabtragung den Talböden zugeführt. Das daraus folgende große Belastungsverhältnis führte zur Ablagerung mächtiger und meist auch grober Talbodensedimente. Die Schotterterrasse einer Kaltzeit kann meist vom Gebirgsrand bis weit in die Sedimentationsräume des Tieflands verfolgt werden.
In der Warmzeit wurde dagegen das Belastungsverhältnis wesentlich kleiner, weil die Wassermenge erheblich größer, die vom Fluß zu transportierende Festsubstanz aber durch chemische Verwitterung weiter aufbereitet und durch die Abnahme der Hangabtragung auch an Masse geringer war. Am Übergang von einer Kalt- zur folgenden Warmzeit begann deshalb die Zerschneidung der kaltzeitlichen Schotterterrassen durch Tiefenerosion, und damit wurde ein neuer, tiefer liegender Talboden gebildet.

3) **Eustatische Meeresspiegelschwankungen.** Die Bindung von Wasser in den Inlandeisdecken während der Kaltzeiten war so bedeutend, daß weltweit der Meeresspiegel erheblich absank und beim Abschmelzen der Gletscher wieder anstieg. Während des Maximums der letzten Kaltzeit sank der Meeresspiegel – auch in der Nordsee – um rund 90 m. Die Folge war Tiefenerosion in den Mündungsbereichen, allerdings unter den Bedingungen eines großen Belastungsverhältnisses, das eine größere Neigung der Talböden ohne Tiefenerosion zuläßt.

Vielfach sind tektonische, klimatische und eustatische Faktoren bei der Talbildung in Mitteleuropa gleichzeitig beteiligt gewesen, wobei sie sich bei gleichsinniger Wirkung teilweise verstärkten oder bei entgegengesetzter Wirkung abschwächten. Eine ähnliche Interferenz zwischen tektonischen und klimatischen Einflüssen ist auch zur Erklärung der Unterschiede für die Talbildung im Neogen, besonders im Pliozän, und den Warmzeiten des Pleistozäns festzustellen.

Hangabtragung (Denudation) und ihre Formen

Unter den Vorgängen der Hangabtragung werden sehr unterschiedliche Transportvorgänge zusammengefaßt, bei denen kein definiertes Transportmittel wirkt wie das fließende Wasser bei fluvialen, der Wind bei äolischen Prozessen. Bei allen Prozessen der Hangabtragung wird nur kurzfristig, aperiodisch die innere Reibung des Lockermaterials gelöst. Der Transport ist nur über kurze Entfernung am Hang möglich, da die äußere Reibung die Bewegung des Materials am Hang sehr rasch wieder unterbindet. Die Transportweite ist durch die Länge des Hanges begrenzt. Die Fußlinie des Hanges ist zugleich untere Denudationsbasis. Dabei geht der Transport durch Hangabtragung nur ausnahmsweise in einem einzigen Ablauf über den ganzen Hang hinweg. Meist ist die Transportweite geringer. Daß dennoch durch die Hangabtragung nicht nur im Laufe geologischer Zeiträume, sondern kurzfristig wesentliche Veränderungen in der Verteilung des Lockermaterials und in den Hangformen verursacht werden, die für die Landnutzung i.w.S. von größter Bedeutung sein können, liegt an der häufigen **Wiederholbarkeit der Transportvorgänge.** Da die Schwerkraft, genauer deren längs des Hanges wirksame Komponente, die Häufigkeit und Intensität aller Vorgänge der Hangabtragung steuert, werden diese auch als gravitative Vorgänge bezeichnet. Dieser Terminus erweckt jedoch die falsche Vorstellung, alle weiteren morphologischen Vorgänge seien mehr oder weniger von der Schwerkraft unabhängig. Im folgenden werden aus der großen Zahl von Prozessen der Hangabtragung nur solche ausgewählt, die für das Verständnis der Hangabtragung in Mitteleuropa und der hier auftretenden Oberflächenformen notwendig sind.

Abspülung. Die dem fluvialen Transport am nächsten stehende Form der Hangabtragung ist die Abspülung. Ist die Bodenoberfläche so stark durchfeuchtet, daß die Versickerung behindert wird, fließt der Niederschlag an der Bodenoberfläche ab. Dabei wird bereits Bodenmaterial hangabwärts verlagert, allerdings unter rascher Bremsung durch die Rauhigkeit der Oberfläche. Wirksamer wird die Abspülung dann, wenn sich, dem Feinstrelief des Hanges angepaßt, die Wasserfäden durch Vereinigung vergrößern und nunmehr dezimetertiefe **Rillen** oder metertiefe **Gräben** ausspülen. An Hindernissen bzw. an dem flacheren Unterhang wird das abwärts fließende Wasser gebremst und das abgespülte Lockermaterial in flachen Schwemmfächern (Kolluvium) abgelagert.

Unter ungestörten Bedingungen ist die Abspülung in der Steppe bzw. Prärie am wirksamsten, deren lückenhafte Gräserdecke keinen großen Schutz

gegen das an der Oberfläche abfließende Wasser bietet. Bei dichter Grasdecke und unter Wald ist die Abspülung dagegen fast wirkungslos. Verstärkt wird sie in der Steppe durch die Bodennutzung, durch die im Frühjahr und nach der Ernte die Vegetationsdecke völlig beseitigt wird. In den Prärie- und Steppengebieten sind große landwirtschaftliche Nutzflächen durch die Ausbildung riesiger Schluchtsysteme sowie durch die Reduzierung oder Beseitigung des humusbeeinflußten Oberbodens zu Ödland geworden oder in ihrem Nutzungswert stark reduziert (Tafel 20). Zum Schutz gegen die durch die Bodennutzung künstlich verstärkte Abspülung (Bodenerosion) sind in der Sowjetunion wie in den USA die Schluchtsysteme (russ. Owragi), um deren weitere Ausdehnung zu bremsen, auf großen Flächen mit Gehölzen bepflanzt sowie umfangreiche Maßnahmen der Bodenpflege, der Bearbeitungstechnik und erosionshemmende Fruchtfolgesysteme entwickelt worden, um die Bodenerosion auch in ihren Ansätzen auf den landwirtschaftlichen Nutzflächen zu unterdrücken.
Wichtigste Maßnahmen, die auch in Mitteleuropa zur Verhinderung der bedrohlich gewordenen Bodenerosion berücksichtigt werden müssen, sind:
Erhaltung eines stabilen Krümelgefüges im Krumenhorizont des Bodens, um das Aufnahmevermögen des Bodens für Niederschlagswasser zu vergrößern. Das Krümelgefüge ist zugleich am widerständigsten gegen die Auflösung bei hoher Durchfeuchtung und bremst damit den Initialvorgang des Transports.
Geeignete Fruchtfolgen mit Zwischenfruchtanbau, so daß die Phasen, in denen ein Boden nicht durch Pflanzen geschützt ist, möglichst kurz bleiben.
Hangparallele Bodenbearbeitung, vor allem beim Ziehen der Pflugfurche, um hangabwärts gerichtete Rinnen zu vermeiden, die der Abspülung als Leitlinien dienen.
Bodenerosionshemmende Schlageinteilung, bei der im Hügelland große, hangparallel gerichtete Schläge bevorzugt werden, um die Sammel- oder Initialfläche der Abspülung am Hang so klein wie möglich zu halten.
Ausbau des Wegenetzes im Hügelland, das am Hang spitzwinklig zu den Isohypsen verlaufen muß und zugleich die Anlage von wegeparallelen Fanggräben erlaubt.
Da die durch Rinnen und Kolluvium sichtbaren Schäden in den Ackergebieten durch die Bodenbearbeitung jeweils kurzfristig beseitigt werden, unterschätzt man die Gefahren der Bodenerosion meist. Das lebhafte Bodenmosaik im Lößhügelland, die hohen Lesesteinwälle in den Grundmoränengebieten und Mittelgebirgen (Tafel 27) und schließlich die Veränderungen der Hangform durch Abtragungskanten und Kolluvialverflachung sind jedoch eindeutige Zeugen für die im allgemeinen schleichende Bodenzerstörung. Die Kosten für deren Beseitigung, falls die Zerstörungen nicht überhaupt irreversibel sind, übersteigen bei weitem jene für gut geplante Schutzmaßnahmen.
Als natürlicher Vorgang wird die Abspülung in den wechselfeuchten Tropen besonders verstärkt, weil die Niederschläge vorzugsweise während der Regenzeit als kurzfristige Starkregen fallen und die Vegetationsdecke am Boden nicht geschlossen ist. Die an der Oberfläche abfließenden Wassermengen vereinigen sich zu hektargroßen Wasserflächen von ein bis mehreren Dezimetern Mächtigkeit. Diese verstärkte Form des Abflusses am Hang wird als **Flächenspülung** und **Schichtflut** bezeichnet. Die Transportleistungen liegen weit über der in den mittleren Breiten bekannten Größenordnung der Abspülung. Im Verlauf geologischer Zeit führt deshalb die Flächenspülung, die ja auch bei Neigungswinkeln unter 2° wirksam bleibt, zur Bildung flachhängiger Ebenen, die nur von Spülkerben zerschnitten werden. In tektonisch inaktiven Räumen haben sich, in Zusammenwirken

mit intensiver tropischer Verwitterung, Peneplains oder **Rumpfflächen** ausgebildet, die ohne jede Anpassung der Oberflächenform über Gesteinskörper verschiedenster Widerständigkeit hinwegziehen. Die Hochflächen der mitteleuropäischen Mittelgebirge haben als Vorläufer solche durch die Flächenspülung gestaltete Rumpfflächen gehabt, die während des Tertiärs oder während früherer geologischer Zeiträume unter Klimabedingungen gebildet wurden, die gegenwärtigen tropischen Klimaten gleichen.

Bodenfließen. Füllt Wasser die Poren in dem Lockermaterial, dann nimmt einerseits dessen Gewicht zu, andererseits wird die Reibung zwischen den einzelnen Teilchen des Lockermaterials vermindert. Dadurch wird das Lockermaterial breiartig und am Hang fließfähig. Im Experiment lassen sich verschiedene Formen dieser Fließbereitschaft in Abhängigkeit vom Korngemisch, der Kornbeschaffenheit, besonders der Kornoberflächen, und der Materialtemperatur unterscheiden.

Planetarisch müssen zwei Formen des Bodenfließens auseinandergehalten werden, die sich in erster Linie durch die Art unterscheiden, in der das Wasser sich im Lockermaterial anreichern kann. Daraus folgen auch entsprechende Unterschiede in den Oberflächenformen.

Tropisches Bodenfließen im Gebiet der äquatorialen Regenwälder wird durch die jahreszeitliche Überfeuchtung der oberflächennahen Bodenschicht vorbereitet und zum Teil durch diese selbst oder die Bewegung der Baumwurzeln — durch Übertragung der Windbewegung der Stämme — ausgelöst. Da es unter einer geschlossenen Vegetationsdecke abläuft, wird es tropisches oder auch *subsilvines* Bodenfließen genannt. Beim Ausfließen verursacht die breiartige Masse an den Hängen nischenartige Hohlformen. Durchbricht diese Masse die durch Pflanzenwurzeln verfilzte Oberfläche, wird sie rasch entwässert, und die Bewegung erlischt. Das subsilvine Bodenfließen wird als einer der bestimmenden Vorgänge angesehen, durch den sich in den feuchten Tropen trotz stärkster chemischer Verwitterung steile Hänge ausbilden können.

Arktisches Bodenfließen oder *Solifluktion*, besser Kryo-Solifluktion, beruht auf der Anreicherung von Schmelzwasser in den oberen Bodenschichten, während der Untergrund im Bereich des Dauerfrostbodens verbleibt und so die Versickerung des Schmelzwassers hemmt. Die Solifluktion wird in schluffreichem Lockermaterial, das auch durch Frostverwitterung entsteht, am besten wirksam. Dabei werden auch Steine und Blöcke, in fließfähigem Material eingelagert, hangabwärts bewegt. Die *Solifluktions-* oder *Wanderschuttdecke* ist unsortiert, die Steine werden grob hangparallel eingeregelt. Das Steinskelett wird nur wenig bestoßen, Zurundung wie bei fluvialem Transport ist nahezu ausgeschlossen.

In feinerdearmem Material wirkt nur der *Frostdruck*, d. h., das in den Hohlräumen sich bildende Eis übt durch seine Volumenerweiterung einen Druck nach oben und hangabwärts aus, so daß eine hangabwärts gerichtete Komponente eine geringe Umlagerung veranlaßt. Da die Oberfläche des Hanges unter arktischen, allgemein periglazialen Klimabedingungen pflanzenfrei ist, wirken neben der Solifluktion und Frostdruckbewegung stets die Abspülung feinen Materials an der Oberfläche und die Ausspülung in den Hohlräumen innerhalb des Lockermaterials. Diese synchronen Vorgänge lassen sich nach ihren Wirkungen nicht immer streng trennen, so daß sich dadurch viele Fehleinschätzungen vor allem für die Wirkung der Solifluktion ergeben haben.

Die Hänge haben unter periglazialen Klimabedingungen einen sehr reichhaltigen Kleinformenschatz. Oft bilden sich unter dem Einfluß des Frostdrucks und dadurch bedingter Sortierung hangabwärts laufende Steinstreifen aus, die bevorzugte Bahnen des Sickerwassers im Boden sind und

von denen aus der Hang eine natürliche Drainage erfährt. Die Felder zwischen den *Steinstreifen* zeigen die Wirkung des Bodenfließens in feinerdereichem Material durch tropfenförmige *Schuttzungen* und oberhalb anschließende flache *Hangwannen.* Schuttzungen und Wannen sind unregelmäßig angeordnet. Vertiefungen hinter den kleinen Wällen der Schuttzungen sind in der sommerlichen Schmelzphase des Dauerfrostbodens manchmal mit *Wasserlachen* gefüllt. Die Abspülung aber löst das Feinmaterial aus den Schuttwällen und -zungen, so daß sie schließlich nur noch Anhäufungen aus grobem Schutt darstellen.
Die große Intensität der Abtragung durch Solifluktion führt an besonders exponierten Hangteilen, auf Kuppen und stark konvex gekrümmten Oberhängen dazu, daß das Lockermaterial völlig entfernt wird und das Fest-

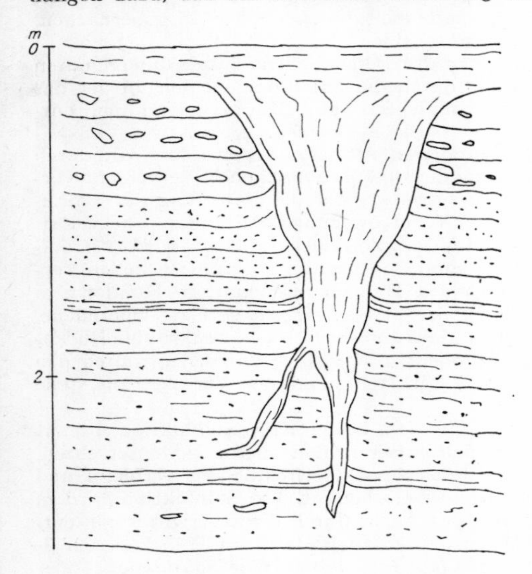

Abb. 37. Fossiler Frostkeil in Flußschottern bei Leipzig

gestein in steilen Felsklippen über den Hang emporragt. Solche *Klippen* sind bevorzugte Ansatzpunkte für die Frostverwitterung. Die Umgebung der Klippen wird deshalb – vor allem hangabwärts – von mächtigen *Blockmeeren* oder langgezogenen *Blockströmen* bedeckt (Tafel 21).
Mit der Existenz des Dauerfrostbodens sind vor allem auf flachen Hängen zahlreiche weitere Vorgänge und Oberflächenformen verbunden, die zwar keine so große Bedeutung für den Materialtransport wie die Solifluktion am Hang haben, aber das Lockermaterial in einer zum Teil mehrere Meter mächtigen Schicht unter der Oberfläche so durchbewegen, wie es in keinem anderen Klimagebiet möglich ist.
Beginnt Wasser im Boden zu gefrieren, so lagert sich an das Bodeneis sehr rasch das Wasser aus umgebenden Bodenschichten an, die dadurch austrocknen. Deshalb entstehen im Boden vertikale, keilförmige Spalten, die sich zu Polygonmustern zusammenschließen. Die *Polygone* haben Durchmesser von wenigen Dezimetern bis zu mehreren hundert Metern. Die *Frostspalten* füllen sich mit Eis, unter dessen Druck sie sich erweitern oder, wenn das Eis austaut, mit Lockermaterial (Abb. 37).

Bei einem anderen Typ von *Polygon-* oder *Frostmusterböden* (Abb. 38) sind an den Polygonrändern die gröberen Steine angereichert, das Innere des Polygons wird dagegen feinerdearm. Die Sortierung geht unter horizontal gerichtetem Frostdruck vor sich. Im vertikalen Schnitt sieht ein solches Polygon wie eine Schüssel oder Tasche aus, deren durch die Steine markierte Ränder bis an die Oberfläche reichen.
Schließlich kann der Wechsel von Gefrieren und Tauen im oberflächennahen Lockermaterial, kurz: *Frostwechsel*, unter dem Einfluß von horizontal und vertikal gerichtetem Bodendruck zum Verwürgen ganzer Schichten führen (Abb. 39).

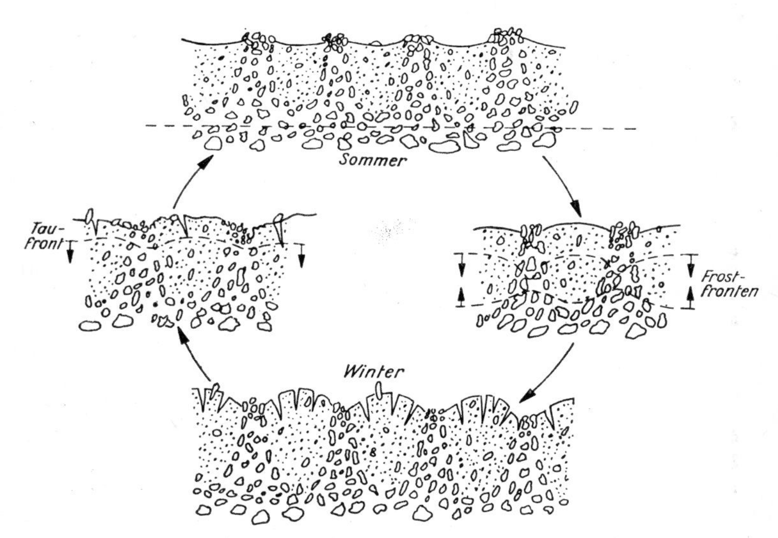

Abb. 38. Vorgänge im Strukturboden (nach Schenk)

Alle diese Vorgänge werden als *Kryoturbation* oder *Mikrosolifluktion* zusammengefaßt; denn letztlich ist mit diesen Bodenbewegungen selbst an flachgeneigten Hängen auch ein hangabwärts gerichteter Transport verbunden. Er wird an der Oberfläche unmittelbar dort sichtbar, wo sich Strukturböden auf Hängen mit zunehmender Hangneigung entwickelt haben. Die auf dem flachen Hang kreisförmigen Polygone werden bei 2 bis 5° geneigten Hängen in Hangrichtung auseinandergezogen und gehen bei noch größerer Neigung des Hanges in die obenerwähnten hangabwärts laufenden Steinstreifen über.
Die insbesondere durch Solifluktion gebildete periglaziale Hangform hat für die Erklärung der Lockermaterialdecke in den lößfreien Hügelländern und Gebirgen der mittleren Breiten, die während der Kaltzeiten des Pleistozäns unter periglazialen Klimabedingungen geformt wurden, größte Bedeutung. Das vor allem während der letzten Kaltzeit gebildete Lockermaterial und der mit diesem zusammenhängende Formenschatz sind größtenteils erhalten, nur an Hängen über 35° Neigung im Holozän abgetragen worden. Das Mosaik der rezenten Böden und damit die lokalen Bedingungen

für die Bodennutzung werden deshalb beinahe durchgehend von diesen kaltzeitlichen Solifluktions- und Kryoturbations-Schuttdecken beeinflußt.

Rutschung. Eng verwandt mit den Erscheinungen des Bodenfließens sind die verschiedenen Formen der Rutschung. Während das Bodenfließen im einzelnen nahezu punktförmig die Lockermaterialdecke ergreift, kommen bei Rutschungen stets größere Massen von Material in Bewegung. Ausgelöst werden die Rutschungen durch Überfeuchtung einer Schicht. Besonders geeignet sind tonig-schluffige Schichten, z. B. in den pliozänen Sedimenten des Siebenbürgischen Beckens, des Appenin oder im Flysch der Alpen. Es entstehen wie beim Bodenfließen *Abrißnischen* und hangabwärts anschließende tropfenförmige Ablagerungen, zum Teil schließen sich an die Rutschung auch weitreichende *Schlammströme* (Frane) an.

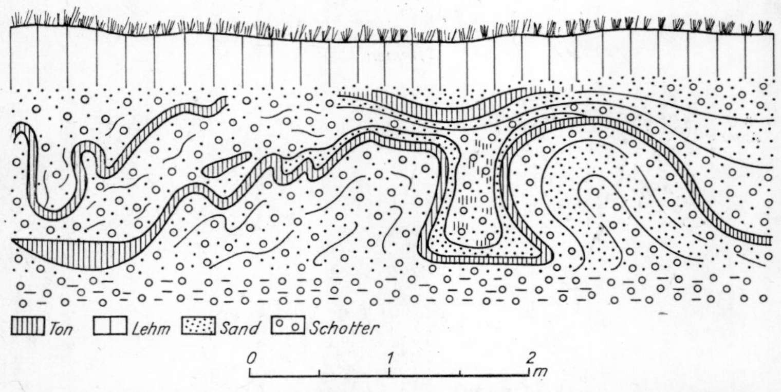

Abb. 39. Fossiler Taschenboden in der Mittelterrasse des Niederrheins bei Neuß (nach Steeger). Die ursprünglich horizontalen Flußsedimente wurden durch Bodenfrost gefaltet, zerrissen oder taschenförmig eingemuldet

Größte Wirkungen lösen Rutschungen aus, wenn die stark durchfeuchtete Schicht nicht unmittelbar an der Oberfläche liegt und in Richtung des Talhanges geneigt ist. Dabei können gewaltige Gesteinsmassen, die an sich gar nicht zur Rutschung geeignet sind, auf der fließfähigen Schicht im Liegenden hangabwärts gleiten. Man spricht hier von *Bergschlipf* und *Bergrutsch.* Diese können aber auch durch Druckentlastung an sehr steilen Hängen verursacht werden, die im Hochgebirge bei der Vertiefung der Täler durch die Exaration der Gletscher entstanden, oder die Folge von rezenten Krustenbewegungen sein. Abtragung durch Rutschung, wenn auch kombiniert mit anderen Prozessen, ist außerhalb der Hochgebirge in Mitteleuropa vor allem an Schichtstufen zu beobachten.
Schichtstufen bilden sich am Ausstrich widerständiger, nur gering geneigter Sedimentpakete, in Mitteleuropa vor allem der Kalk- und Sandsteine aus dem Mesozoikum. Wird durch die Abtragung die unter einer harten Gesteinsschicht folgende weniger widerständige Schicht – im Thüringer Becken folgt z. B. unter der Sedimentplatte des Unteren Muschelkalks der tonige Röt des Oberen Buntsandsteins – freigelegt, entwickelt sich ein typischer Abtragungsmechanismus. Im Ausstrich der tonigen, wasserstauenden Schicht bildet sich ein Quellhorizont aus, der aus den Sicker-

wässern der durchlässigen hangenden Schicht gespeist wird. Ab- und Ausspülung gehen in dem wenig widerständigen Material im Liegenden rasch voran, so daß der aus diesem Material aufgebaute Hang nur flach geneigt bleibt. Die Ausspülung ist in der hangenden widerständigen Schicht gering. Dagegen brechen von ihrer Front Gesteinspartien ab, sobald die darunterliegende Schicht keinen ausreichenden Halt mehr bietet. Der Ausstrich der harten Schicht bleibt deshalb auch im Verlaufe der Abtragung immer wandartig steil. Besonders rasch läuft selbstverständlich die Bildung dieser Schichtstufe ab, wenn ihrer Stirn ein Tal folgt, in dem der an der Stufe abgetragene Schutt seitlich abtransportiert wird (Tafel 42).

Wandabtragung. Wände sind Hänge von mehr als 60° Neigung. Steilhänge und Wände sind in den mittleren Breiten nicht mehr von höheren Pflanzen bedeckt, die Schuttdecke ist dünn oder fehlt überhaupt. In den humiden Tropen ist bis zu 60° Hangneigung noch eine Waldbedeckung möglich.
Flächenmäßig spielt die Wandabtragung nur in den Hochgebirgen eine Rolle, in den Mittelgebirgen ist sie auf steile Prallhänge, die obenerwähnten Schichtstufen und auf Steilhänge beschränkt, die beim Bau von Verkehrsanlagen usw. entstehen. Die häufigste Abtragungsform an Wänden ist der *Steinschlag*. Die Frostverwitterung löst längs der Klüfte bzw. Schichtfugen Steine und Blöcke aus dem ursprünglichen Gesteinsverband. Durch Frostdruck, Schneelast und Abspülung werden die Steine zum Absturz gebracht (Tafel 17). Am Fuße der Wand wird das Steinschlagmaterial abgelagert und bildet *Schutthalden* oder, wenn die Steinzufuhr durch Kerben und Runsen auf bestimmte Transportlinien orientiert wird, *Schuttkegel*, deren Spitze wandaufwärts in das Liefergebiet des Lockermaterials wächst. Der Neigungswinkel der lockeren Schuttablagerung entspricht dem natürlichen Schüttungswinkel (etwa 35°) und ist von der mittleren Größe des Gerölls abhängig.
Häufig kann man beobachten, daß in den Runsen oberhalb der Schuttkegel längere Zeit bis in den Sommer Schneeflecken erhalten sind. Das Schmelzwasser dieser Schneereste, die durch dieses gesteigerte Frostverwitterung und schließlich der Druck der Schneemenge können die Wandabtragung erheblich verstärken. Sichtbar werden diese Vorgänge die zusammengefaßt *Nivation* genannt werden, u. a. durch nischenartige Vertiefungen in den Runsen. Wo der Schnee mehr als 10 m Mächtigkeit erreicht, kann die Nivation auch schon an Steilhängen solche Wirkung auslösen.

Das unterirdische Wasser

Alles Wasser unterhalb der festen Erdoberfläche heißt unterirdisches Wasser. Dazu gehören das Bodenwasser, das Grundwasser einschließlich des Seihwassers, das Karstwasser und unterirdische Teilstrecken oberirdisch fließender Gewässer (unterirdische Wasserläufe).
Mit dem unterirdischen Wasser, speziell dem Grundwasser, befassen sich **Hydrogeologie** — die Lagerstättenkunde des Grundwassers — und **Geohydrologie** — die Grundwasserhaushaltkunde —, die beide Teildisziplinen der **Hydrologie** bilden, der Lehre vom Wasser, seinen Erscheinungsformen, seinen natürlichen Zusammenhängen und Wechselwirkungen mit den umgebenden Medien über, auf und unter der Erdoberfläche.
Das unterirdische Wasser ist ein Teil des Niederschlagswassers der Atmosphäre, das in unterschiedlicher Menge in den Boden eindringt. Es ist in den Wasserkreislauf eingeschaltet. Nur in geringem Maße tritt zu diesem

vadosen Wasser ein unbedeutender Anteil von **juvenilem** Wasser durch Kondensation von Wasserdampf aus den tiefen Zonen der Erdkruste und dem Erdinnern. Ein Teil des auf die Erdoberfläche gelangenden Niederschlagswassers fließt oberirdisch in Rinnsalen, Bächen, Flüssen und Strömen ab und erreicht das Meer. Ein anderer Teil verdunstet unmittelbar und geht unproduktiv in die Atmosphäre zurück. Ein weiterer Teil versickert in die oberen Bodenschichten und bildet das **Bodenwasser** (Abb. 40). Ein Teil dieses Sickerwassers wird von den Bodenteilchen als Haftwasser festgehalten, überzieht sie in Form dünner Häutchen (Häutchen- oder Filmwasser) und sitzt in den Winkeln der Poren (Porenwinkelwasser) oder unterliegt der Kapillarität und wird als Kapillarwasser entgegen der

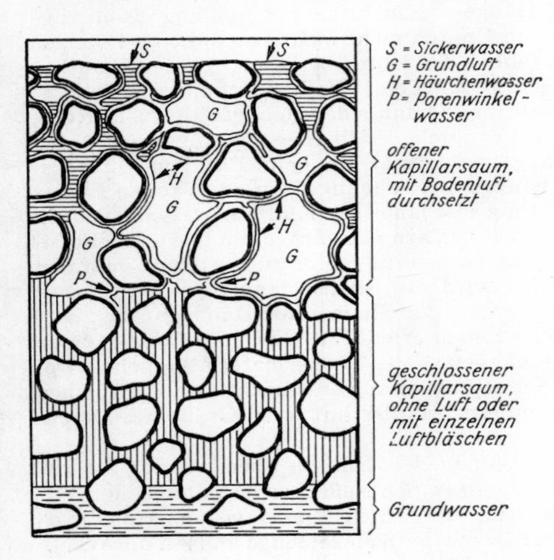

Abb. 40. Formen der Grundfeuchtigkeit (nach Pfalz, 1951)

Schwerkraft nach oben gezogen. Ein Teil des Bodenwassers wird von den Wurzeln der Pflanzen aufgenommen und verdunstet produktiv bei der Transpiration. In diesem über der Grundwasseroberfläche liegenden Raum des Bodenwassers, dem **Kapillarsaum**, herrscht also Unterdruck.

Im großen sind diese Verhältnisse für längere Zeiträume in der Niederschlagsgleichung (Wasserhaushaltsgleichung) dargestellt:

$N = A + V$, wobei N Niederschlag, A oberirdischer (A_{ob}) und unterirdischer (A_{unt})Abfluß und V produktive (V_{pr}) und unproduktive (V_{upr}) Verdunstung bedeuten. Wundt hat diese Gleichung unter Berücksichtigung des Verbrauchs und der Überschüsse aus niederschlagsreichen bzw. der Fehlbeträge aus trockenen Jahren durch den Wert R – B (Rücklage minus Verbrauch), die bestehenden Gewässer an der Oberfläche F und das Bodenwasser (Grundfeuchtigkeit Gr) ergänzt, so daß man für kürzere Perioden folgende Gleichung erhält:

$$N = A_{ob} + A_{unt} + V_{pr} + V_{upr} + (R - B) + Gr + F.$$

Wieviel Prozent des gesamten Niederschlagswassers in den verschiedenen Gebieten der Erde verdunsten oder ober- bzw. unterirdisch abfließen, hängt vom Klima, von der Oberflächengestaltung des Geländes, von der

Art und Dichte der Pflanzendecke, von der Ausbildung der oberen Boden zonen (Bodenart und Bodentyp, vgl. S. 138) sowie von der Beschaffenheit der unter dem lockeren Umbildungsprodukt des Bodens folgenden Gesteinsmassen ab.

Im Gebiet der 33 größten Ströme der Erde wurde der mittlere jährliche Verdunstungsanteil mit etwa 80% der Niederschläge, im Saalegebiet mit rund 70% bestimmt. Im allgemeinen bleiben für oberirdischen und unterirdischen Abfluß also nur rund 20 bis 30% übrig.

Im Mittel wurden für die Versickerung in unseren Gebieten 16 bis 19% errechnet, wobei die Verhältnisse im einzelnen, insbesondere in Abhängigkeit von der Ausbildung der Bodenschichten, örtlich sehr unterschiedlich und differenziert sind. In Mitteleuropa erfolgt die Versickerung im wesentlichen nur in der Zeit von November bis April, dem hydrologischen Winterhalbjahr, besonders in niederschlagsreichen Wintern, wenn die Niederschläge als Regen fallen oder als nasser Schnee nicht länger liegenbleiben.

Der Teil des Sickerwassers, der nach unten in tiefere Schichten gelangt, wird zum **Grundwasser**. Grundwasser ist Wasser, das Hohlräume der Erdrinde (Poren, Klüfte) zusammenhängend ausfüllt und nur der Schwere (hydrostatischer Druck) unterliegt. Grundwasser bewegt sich so lange abwärts, bis es auf eine Schicht trifft, die weniger durchlässig ist als die durchsickerte, so daß sich auf ihr zumindest ein Teil des Wassers stauen muß, beispielsweise dann, wenn Kies über Sand oder Feinsand über Schluff liegt. **Versickerung** bedeutet Eindringen von Wasser durch enge Hohlräume, wie solche in Sand oder Kies, **Versinkung** dagegen durch weite Hohlräume, wie erweiterte Klüfte oder Spalten in festen Gesteinen, besonders in Kalksteinen. Die Versinkung erfolgt wesentlich rascher als die Versickerung.

Grundwasser fließt — ebenso wie oberirdisches Wasser, wenn natürliches Gefälle vorhanden ist oder künstlich erzeugt wird, z. B. durch Abpumpen — von höheren Stellen, dem Weg des geringsten Widerstandes folgend, nach tieferen. Nur ist die **Grundwassergeschwindigkeit** viel geringer: sie beträgt z. B. in Sanden und Kiesen sowie pleistozänen Flußschottern 2,5 bis 8 m, in groben Talschottern des Alpenvorlandes 10 bis 20 m am Tage, in feinen Dünensanden dagegen nur etwa 4 bis 6 m im Jahr. In Spalten von Felsgesteinen wurden dagegen Geschwindigkeiten von einigen Metern bis über 25 m und mehr in der Minute beobachtet.

Grundwasserführende Gesteinskörper, die geeignet sind, das Wasser weiterzuleiten, heißen **Grundwasserleiter** (die älteren Bezeichnungen Grundwasserhorizont und Grundwasserträger sollten nicht mehr verwendet werden). Grundwasserleiter sind einmal durchlässige Lockergesteine, wie Schotter, Kies oder Sand, dann aber feste Gesteine, wie poröse Sandsteine u. a. m., die Wasser aufzunehmen und weiterzuleiten vermögen. Je kleiner die Korngrößen eines Gesteins sind, um so geringer ist seine Fähigkeit der Wasserleitung und -abgabe. Der Wasserbewegung stellen sich mit kleiner werdenden Poren stärkste Reibungswiderstände entgegen. Daher behindern solche feinkörnigen Gesteine, z. B. Tone, die Bewegung des Grundwassers und wirken praktisch wasserstauend. Dabei können Tone durchaus bis etwa 500 Liter Wasser je Kubikmeter aufnehmen, vermögen es aber unter den gegebenen Bedingungen nicht weiterzuleiten und wieder abzugeben.

Abgesehen von porösen Sandsteinen und Tuffen, klüftigen Kalksteinen usw., sind Festgesteine im allgemeinen wenig wasseraufnahmefähig und daher wenig durchlässig, wenn auch im einzelnen manche Unterschiede in Abhängigkeit von ihrer petrographischen Zusammensetzung, dem Verwitterungsgrad und der tektonischen Beanspruchung bestehen. Oft ist das in den festen Gesteinen enthaltene Wasser nur Kapillarwasser und adsorptiv festgehaltene **Bergfeuchtigkeit**, also **Haftwasser**, das an der Luft rasch verdunstet. Sobald aber feste Gesteine bis in größere Tiefen grusig-sandig verwittert sind oder von zahlreichen offenen Klüften und Spalten bzw. anderen tektonischen Auflockerungszonen durchzogen werden, kann das Niederschlagswasser auf den vorgezeichneten Bahnen versickern oder versinken und in die Tiefe dringen. Kluft- und Spaltenwässer sind im Unterschied zu Grundwasser in Sanden und Kiesen oder auch in Sandsteinen häufig qualitativ weniger günstig, weil sie auf ihrem Wege keine oder eine nur ungenügende natürliche Filtration erfahren haben. Ganz allgemein gilt, daß je spröder ein Gestein ist, desto mehr Klüfte aufreißen und Wasser führen können. Quarzitische Lagen in Tonschieferkomplexen sind immer wasserhöffiger als die Schiefer selbst. Oft tritt das Wasser aus einem Grundwasserleiter in einen anderen über, z.B. aus Schottern in klüftige Dolomite, wobei es seine chemische Beschaffenheit verändert, oder es fließt als Quelle frei aus.

Der Raum, der mit Grundwasser gefüllt ist oder sein kann, ist der **Grundwasserspeicher**. Die untere Grenzfläche ist die **Grundwassersohle**, während man die obere Grenzfläche, die oben nicht von einer schwer- oder undurch-

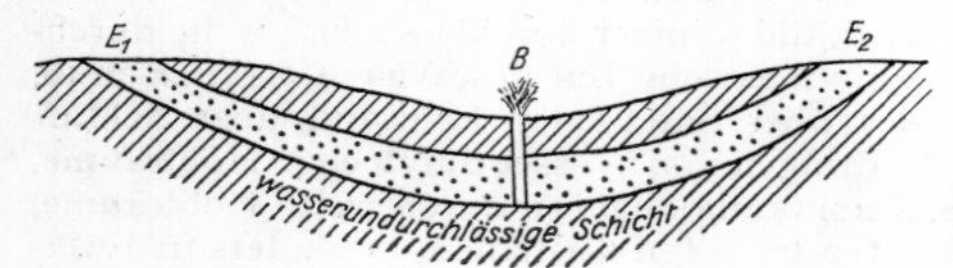

Abb. 41. Artesischer Brunnen (B) mit seinen Einzugsgebieten (E_1 und E_2)

lässigen Schicht begrenzt wird und in der daher der Wasserdruck gleich dem Druck der freien Luft ist, **Grundwasseroberfläche** nennt. Bei solchem ungespannten Grundwasser stellt sich in Rohren, Bohrlöchern und Brunnen der **Grundwasserspiegel** in Höhe der Grundwasseroberfläche ein, wobei der Wasserstand als **Grundwasserstand** bezeichnet wird.

Liegt dagegen ein mit Wasser gefüllter Grundwasserleiter unter einer schwerdurchlässigen oder undurchlässigen Schicht mit Grundwasseraufdruck, so heißt diese Grenzfläche **Grundwasserdeckfläche**. Beim Anbohren solcher gespannter Grundwässer steigt der Grundwasserspiegel im Bohrloch an und wird **Grundwasserdruckspiegel** genannt. Der Grundwasserspiegel ist also der Wasserspiegel in Brunnen und Rohren nach Druckausgleich mit dem Grundwasser. Liegt das Nährgebiet des Grundwasserleiters im Gelände höher als die Stelle, an der er angebohrt wird, fließt das Grundwasser unter hydrostatischem Druck ständig oder zeitweilig über Flur aus und bildet **artesisches Grundwasser** bzw. **artesische Brunnen** (Abb. 41).

In der Natur lagern oft durchlässige und undurchlässige Schichten mehrfach übereinander. Dann werden die einzelnen Grundwasserleiter als **Grundwasserstockwerke** bezeichnet und von oben nach unten durchnumeriert. In jedem Gebiet ist ein bestimmtes Grundwasserstockwerk wegen der Menge und Qualität des Grundwassers das Hauptgrundwasserstockwerk. So finden sich z.B. im Braunkohlengebiet um Halle–Leipzig 2 bis 3 Grundwasserstockwerke in den Geschiebesanden und Flußschottern des Pleistozäns und ebenso viele oder noch mehr in den tieferen sandigen Schichten des Tertiärs über dem obersten Braunkohlenflöz und in den zwischen den verschiedenen Kohlenflözen lagernden sandig-kiesigen Mitteln (Abb. 42). Noch tiefere Grundwasserstockwerke bilden die stark gespanntes Grundwasser enthaltenden Sande und Kiese im Liegenden des tiefsten Flözes („Liegendwässer") und die Wässer in den älteren Gesteinen unter den tertiären Schichten, im Buntsandstein, im Zechstein und in noch älteren Systemen. Dabei ist die Beschaffenheit des Grundwassers in Abhängigkeit von der Zusammensetzung der einzelnen Schichten, in denen es zirkuliert, unterschiedlich. Grundwasserstockwerke werden z.B. im rumänischen Donautiefland, wo mächtige Lockergesteine des Tertiärs und Quartärs

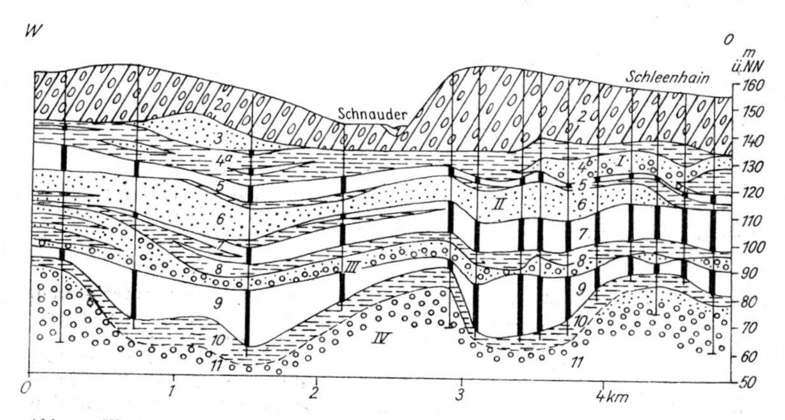

Abb. 42. West-Ost-Schnitt durch die Schichtenfolge des Weißelster-Beckens im Bereich des Großtagebaues Schleenhain (Kreis Borna)

Holozän: *1* lehmige Bildungen im Tal der Schnauder, z. T. mit geringmächtigen Torfeinlagerungen; Pleistozän: *2* Grundmoränen der Riß- und Mindelkaltzeit (Geschiebelehm und -mergel) unter geringmächtiger Lößlehmdecke, z. T. mit Geschiebesandlagen und altpleistozänen Flußschottern; Oberoligozän: *3* Sand, fein, z. T. tonig; Obereozän: *4a* Ton, vielfach fett, gelegentlich mit Sand- und Kohleeinlagerungen („Haselbacher Ton") im westlichen Teil, *4b* Sand und Kies (Flußablagerungen) im östlichen Teil; *5* Braunkohle („Thüringer Hauptflöz"), nach Osten auskeilend; *6* Sande, scharf, meist mittel und grob (Flußsande), untergeordnet auch Ton; *7* Braunkohle („Bornaer Hauptflöz"), in westlicher Richtung auskeilend; *8* Ton und toniger Sand, nach dem Liegenden zu in Feinkies bis groben Sand übergehend, stärker wasserführend; *9* Braunkohle („Sächsisch-Thüringisches Unterflöz"), in einzelnen Kesseln zu größerer Mächtigkeit anschwellend; *10* Ton, fett; *11* mittlere bis feine Kiese, gelegentlich mit Sandlagen („Liegendkiese"), stark wasserführend

über dem Felsuntergrund lagern, noch in 2000 m Tiefe erbohrt, wenn sie auch wegen ihres hohen Mineralisationsgrades nicht genutzt werden können. Wo dagegen Felsgesteine ohne jüngere Bedeckung anstehen, findet sich Grundwasser bis in mehrere hundert Meter Tiefe, so daß oft nur Bohrungen bis 100, mitunter bis rund 250 m erfolgreich sind. In noch größerer Tiefe sind die Spalten und Hohlräume der Gesteine geschlossen, und daher kann das Wasser nicht weitergeleitet werden, so daß nur noch Bergfeuchtigkeit vorhanden ist. Zudem wird infolge Zunahme der Temperatur mit der Tiefe Wasser in Wasserdampf verwandelt. Oft wechsellagern im Bereich von Schichtgesteinskomplexen Grundwasserleiter und wasserundurchlässige Schichten mehrfach (Abb. 43).

Besonders günstig sind die Grundwasserverhältnisse in den Auen der großen Flüsse mit ihren meist mächtigen Sanden und Kiesen unter einer geringmächtigen Decke von Auelehm. Liegt der Wasserspiegel des Flusses höher als der Grundwasserspiegel der Talaue, so gibt der Fluß Wasser an das Grundwasser ab. Voraussetzung dafür ist natürlich, daß sich der Fluß selbst in die durchlässigen Sande und Kiese eingeschnitten hat. Man nennt dieses

Wasser **Seihwasser** oder auch Uferfiltrat. Im umgekehrten Fall fließt Grundwasser dem Fluß als natürlichem Vorfluter zu. Bei Brunnen in Flußnähe ist es möglich, die Fördermenge dadurch zu erhöhen, daß der Grundwasserspiegel durch das Abpumpen abgesenkt wird und dabei tiefer zu liegen kommt als der Flußwasserspiegel. Durch das entstehende Gefälle wird Seihwasser nachgezogen.

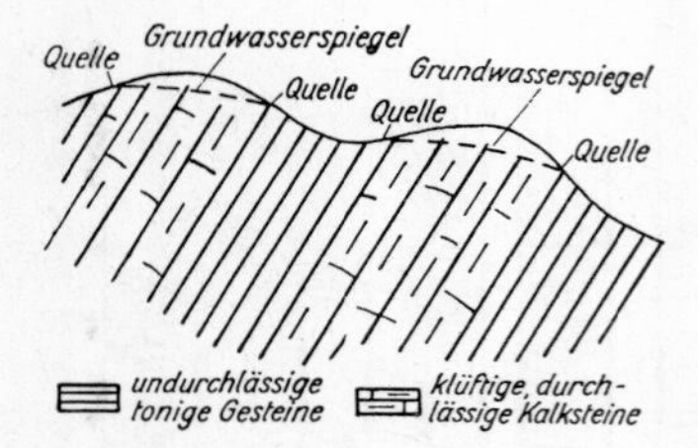

Abb. 43. Wechsellagerung von Grundwasserleitern und wasserundurchlässigen Schichten — Kluftwässer im Mesozoikum

Der **Grundwasserstand** ist natürlichen Schwankungen unterworfen, die einen jährlichen Gang und längere mehrjährige Perioden erkennen lassen (Abb. 44). Die Ganglinie des Grundwasserspiegels ist von den klimatischen Verhältnissen des betreffenden Gebietes, von der Art und Verteilung der Niederschläge im Jahresablauf, von der Höhenlage, von den Faktoren Abfluß und Verdunstung, von der Vegetation und den pedologisch-lithologischen Verhältnissen abhängig.
In Mitteleuropa wird der jährliche Spiegelgang oberflächennaher Grundwasserleiter insbesondere von der hohen sommerlichen Verdunstung be-

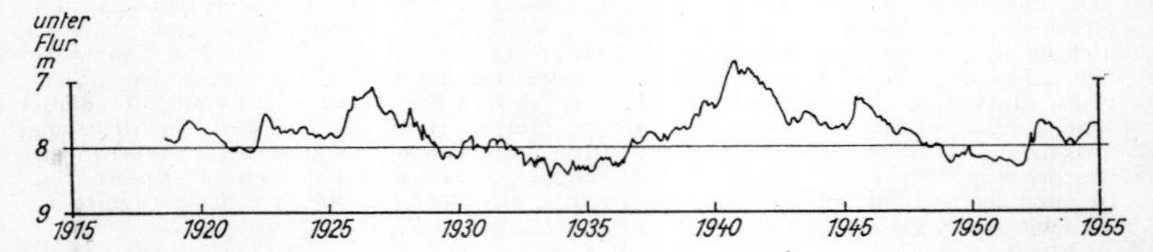

Abb. 44. Ganglinie des Grundwasserstandes in einem Meßbrunnen in pleistozänen Flußschottern bei Leipzig (nach Bollmann)

stimmt. So zeigt sich ab April/Mai ein rasches, dann etwas langsameres Absinken, das bis zum Herbst andauert. Dem sommerlichen Abfall folgt ab November ein Anstieg im Winter, der zur Zeit der Schneeschmelze im März/April sein Maximum erreicht. Je tiefer die Grundwasseroberfläche gelegen ist, um so mehr verspäten sich Höchst- und Tiefstand nach den höchsten Niederschlägen oder Perioden größter Trockenheit; diese Verspätung kann mehrere Monate betragen. Schon Grundwasserspiegel in 6 bis 10 m, oft sogar bis rund 18 m Tiefe lassen deutliche Schwankungen nur noch in besonders nassen oder trockenen Jahren erkennen. In Brunnen, deren Wasserspiegel tiefer als 20 m liegt, wurden in unseren Gebieten jahreszeitliche Schwankungen nicht festgestellt.
In Zusammenhang mit längerperiodischen Niederschlagsschwankungen treten, die jährliche Periode der Grundwasserspiegelgänge überlagernd, langfristige Schwankungen auf. Es gibt Jahre mit extrem hohen Grundwasserständen **(Grundwasseranstieg)** und solche mit ausgesprochenen Tief-

ständen **(Grundwasserabsinken)**, wobei im Vergleich mit der mittleren Lage des Grundwasserspiegels Differenzen um ±2 m auftreten können. Neben einem drei- bis vierjährigen Rhythmus ist ein solcher von rund 11 bis 12 Jahren erkennbar, der von manchen Forschern auf kosmische Ursachen (Sonnenfleckenperiode) zurückgeführt wird. Die Kenntnis der natürlichen Spiegelschwankungen des Grundwassers bietet die Möglichkeit, künstliche Beeinflussungen, z.B. in Bergbaugebieten, zu erkennen, und wird damit zu einer wichtigen Grundlage der Rechtsprechung.

Neben den niederschlagsbedingten Schwankungen stehen also solche, die vom Menschen verursacht werden, vor allem **Grundwasserabsenkungen**, a) durch Flußregulierungen, die infolge verstärkter Tiefenerosion zu Erhöhung des Grundwassergefälles und damit des -abflusses führen, b) durch großflächige Abholzungen, die u. a. den Oberflächenabfluß besonders im Gebirge verstärken und die Versickerungs- bzw. Versinkungsmöglichkeit

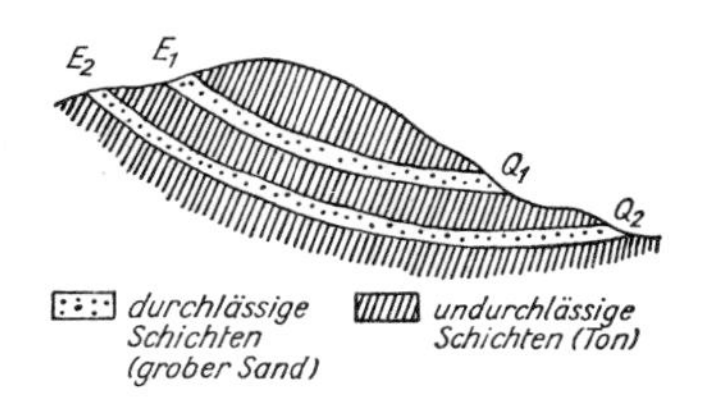

Abb. 45. Schema von Schichtquellen (Q_1 und Q_2) mit ihren Einzugsgebieten (E_1 und E_2)

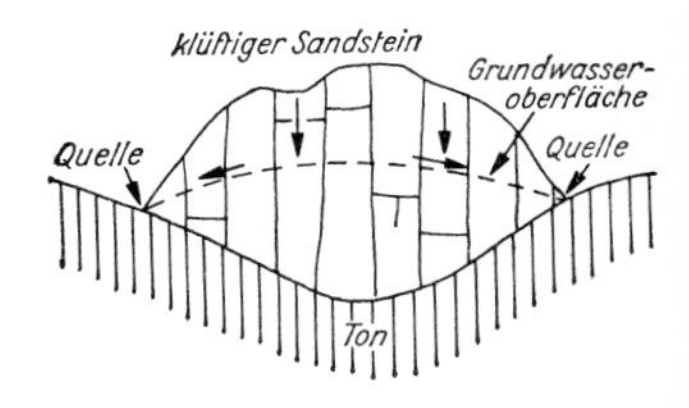

Abb. 46. Schema von Überfallquellen

verringern, außerdem — auch im Flachland — erhöhte Windgeschwindigkeit über den Kahlflächen und damit eine verstärkte Verdunstung bewirken, c) durch Intensivierung der agrarischen Produktion, wodurch infolge des erhöhten Wasserverbrauches Boden- und Grundwasser stärker beansprucht werden, d) durch zu hohe Entnahme in Wasserwerken und aus Einzelbrunnen, die oft zusätzlich eine Verschlechterung der Wasserqualität zur Folge hat, e) durch die Absenkungsmaßnahmen des Bergbaues, besonders im Gebiet großer Braunkohlentagebaue.

Wo das Grundwasser an örtlich begrenzten Stellen auf natürliche Weise zutage tritt, entstehen **Quellen**. Oft finden sich mehrere Quellen in einem bestimmten geologischen Horizont eng benachbart **(Quellenband, Quellenlinie)**. Manche Quellen spenden ständig, andere nur periodisch Wasser. Der Wasserausfluß einer Quelle, die **Quellschüttung**, zeigt wie das Grundwasser jährliche und längerperiodische Schwankungen.

Man unterscheidet zwei Gruppen von Quellen: a) solche, bei denen das Wasser vom Nährgebiet zum Quellgebiet absteigt, sich also nach unten, bergab bewegt, b) solche, bei denen das Wasser gespannt ist und unter dem hydrostatischen Druck nach dem Prinzip der kommunizierenden Röhren (oder auch infolge Gasauftriebes) zum Quellgebiet aufsteigt.

Zu dem häufigeren Typ der Quellen mit absteigendem Wasser gehören **Schichtquellen** und viele Überfall- und Stauquellen. Schichtquellen treten dort aus, wo Grundwasserleiter über schwer- oder undurchlässigen Schichten an der Erdoberfläche angeschnitten werden (Abb. 45). Überfallquellen entstehen z.B., wenn sich Grundwasser in einer Mulde über schwer- oder undurchlässigen Schichten sammelt und bei Erreichen des Randes der Mulde am Hang hervorquillt (Abb. 46). **Stauquellen** zeigen sich dort, wo neben Grundwasserleitern schwerer durchlässiges Gestein lagert, so daß sich das Wasser an der Grenzfläche staut, z.B. am Rande von Tälern, in denen mächtigere Lehmschichten lagern, oder an Störungen, in denen durchlässige und undurchlässige Gesteinsserien aneinanderstoßen. Die Temperatur von Quellen, deren Wasser aus geringer Tiefe kommt, hängt von der Lufttemperatur ab. Allerdings sind die Temperaturschwankungen des Quellwassers meist weniger stark als die der Luft. Höhere Temperaturen bei Quellen weisen entweder auf Oberflächenwasserzutritt hin, der meist mit einer Qualitätsminderung des Wassers verbunden ist, oder auf Herkunft des Wassers aus größeren Tiefen (entsprechend der geothermischen Tiefenstufe). Grundwasser aus 5 bis 10 m Tiefe läßt den Einfluß der Jahreszeiten erkennen, bis rund 20 m Tiefe entspricht die Temperatur etwa dem Jahresmittel des betreffenden Ortes, während bei noch tieferer Lage die Erwärmung laufend zunimmt. Das am meisten genutzte Grundwasser besitzt Temperaturen zwischen etwa 9,5 und 11 °C.

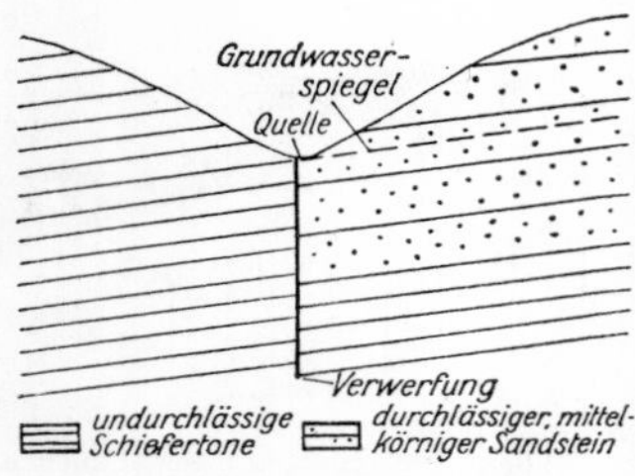

Abb. 47. Schema einer Verwerfungsquelle

Zu den Quellen mit aufsteigendem Wasser gehören z. B. die **Verwerfungsquellen**. Wo durch Verschiebungen von Schollen in der Erdkruste Grundwasserleiter neben weniger durchlässige Gesteinskörper zu liegen kommen, staut sich das Wasser an der Störung und tritt als Quelle zutage (Abb. 47). Häufig finden sich gemischte Quelltypen. Übersteigt die Temperatur eines Quellwassers 20 °C, spricht man von einer **Therme**. Wird solches Wasser durch Tiefbohrungen erschlossen, heißt es Thermalwasser. Besonders reich an Thermalwässern ist z. B. Ungarn. Beispiele für Thermen, die meist balneologisch genutzt werden, sind in der DDR die Thermalbäder Wiesenbad mit 25 °C und Warmbad im Erzgebirge, in der ČSSR Karlovy Vary (Karlsbad) mit 43 bis 73°, in Österreich Gastein mit 49° und in der Bundesrepublik Baden-Baden mit 67°, Wiesbaden mit 69° und Aachen-Burtscheid mit 78°. Heiße Quellen, die ihr Wasser periodisch auswerfen, sind die **Geysire** oder **Springquellen** (S. 101).

Die chemische Beschaffenheit des Grundwassers wird durch den geologischen Aufbau des Gebietes bestimmt. Sie ist abhängig von den durchsickerten Bodenschichten oberhalb des Grundwasserleiters, von den Grundwasserleitern, in denen es sich bewegt, und teilweise von stärker mineralisierten Wässern, z. B. Salzwässern, die aus größerer Tiefe im Bereich von Störungen aufsteigen. Das Grundwasser enthält sowohl gelöste Festbestandteile als auch Gase. Im Verbreitungsgebiet von Kalksteinen ist es reich an gelöstem kohlensaurem Kalk [Kalziumhydrokarbonat $Ca(HCO_3)_2$], in Gipsgebieten enthält es in größerer Menge gelösten Gips $CaSO_4 \cdot 2H_2O$. Fast immer führt Grundwasser in meist geringen, aber stark wechselnden Mengen Eisen, Natrium, Kalium, Magnesium, Chlorid, Sulfat u. a. Höhere Chlormengen weisen zusammen mit erhöhten Natriumwerten auf Versalzung aus dem Untergrund hin. Ein wichtiger Wert ist die **Härte**, die als Gesamthärte aus der Karbonat- und Nichtkarbonat-(Mineral-, Rest-, Gips-)härte besteht und in Härtegraden ausgedrückt wird. Ein deutscher Härtegrad entspricht einem Gehalt von 10 mg Kalziumoxid auf 1 l Wasser. Erhöhte Gehalte an Stickstoffverbindungen (Ammoniak, Nitrit, Nitrat) haben besonders seuchenhygienische Bedeutung und sprechen meist für eine Verunreinigung des Wassers durch Zersetzung organischer Stoffe, wie Fäkalien. Solche Wässer sind auch reich an Keimen, unter denen sich Krankheitserreger befinden können.

Tab. 15. Mineral- und Heilquellen nach den Vereinbarungen des Deutschen Bäderverbandes und den Festlegungen der Kurortverordnungen der DDR

I. Wasser mit mehr als 1 g gelösten festen Bestandteilen je 1 kg Wasser, gekennzeichnet durch alle Ionen, die mit mehr als 20% an der Gesamtkonzentration beteiligt sind:

1) *Chloridwässer* (vorher muriatische Wässer)

a) Natrium-Chlorid-Wässer, z. B. Kissingen, Kreuznach, Liebenzell
b) Kalzium-Chlorid-Wässer, z. B. Oeynhausen, Suderode, Thale
c) Magnesium-Chlorid-Wässer

2) *Hydrogenkarbonatwässer* (meist mit CO_2)

a) Natrium-Hydrogenkarbonat-Wässer (vorher alkalische Wässer), z. B. Elster, Godesberg
b) Kalzium- u. Magnesium-Hydrogenkarbonat-Wässer (vorher erdige Wässer), z. B. Mariánské Lázně (Marienbad), Lippspringe, Paderborn, Wildungen

3) *Karbonatwässer*
4) *Sulfatwässer*

a) Natrium-Sulfat-Wässer (vorher salinische Wässer), z. B. Hersfeld
b) Magnesium-Sulfat-Wässer (vorher Bitterwässer), z. B. Friedrichshall, Mergentheim
c) Kalzium-Sulfat-Wässer (vorher Gips- oder Sulfatwässer), z. B. Berka, Lippspringe, Meinberg
d) Eisen-Sulfat-Wässer (vorher Vitriolwässer), z. B. Lausick, Muskau, Vetriolo
e) Aluminium-Sulfat-Wässer (in reiner Form ohne Bedeutung)

II. Wässer mit Spurenstoffen oberhalb festgelegter Grenzwerte, unabhängig von ihrer sonstigen Zusammensetzung:

1) *eisenhaltige Wässer* (vorher Eisen- oder Stahlquellen): mehr als 10 mg/kg Eisen, z. B. Duszniki Zdrój (Reinerz), Elster, Liebenstein
2) *arsenhaltige Wässer* (Arsenquellen): mehr als 0,7 mg/kg Arsen, z. B. Dürkheim, Lausick
3) *jodhaltige Wässer* (Jodquellen): mehr als 1 mg/kg Jod, z. B. Tölz, Wiessee
4) *schwefelhaltige Wässer* (vorher Schwefelquellen): mehr als 1 mg/kg titrierbarer Schwefel, z. B. Aachen-Burtscheid, Langensalza
5) *radonhaltige Wässer*: mehr als 20 nC/l (= 80 ME), z. B. Baden-Baden, Brambach, Oberschlema
6) *radiumhaltige* Wässer: mehr als 10^{-7} mg/kg Radium, z. B. Nauheim

III. Gasführende Wässer:

Kohlensäurewässer oder Säuerlinge:
mehr als 1000 mg/kg freies Kohlendioxid, z. B. Elster, Karlovy Vary (Karlsbad), Wildungen und viele Hydrogen-Karbonat-Wässer

IV. Thermen (Wässer mit Temperaturen über 20 °C während des ganzen Jahres), z. B. Warmbad, Wiesbaden, Wiesenbad, Wildbad, Baden-Baden.

Die meisten natürlichen Mineralwässer stellen mannigfache Mischformen dar, z. B. Marienquelle Bad Elster (eisenhaltiger Natrium-Sulfat-Chlorid-Hydrogenkarbonat-Säuerling), Alexisbrunnen Harzgerode-Alexisbad (eisenhaltiges Natrium-Kalzium-Hydrogenkarbonat-Wasser), Leopold-Thermalsprudel Salzuflen (eisenhaltiger Natrium-Chlorid-Sole-Säuerling, Therme).

Für **Trinkwasser** sind für die physikalische Beschaffenheit, die chemische Zusammensetzung und den bakteriologischen Befund Grenzwerte festgelegt, bei deren Überschreitung das Wasser ohne Aufbereitung nicht verwendet werden darf. So gelten z. B. folgende chemische Höchstwerte: Härte 20 bis 30°, Eisen 0,2 mg/l, Nitrate 30 mg/l, Sulfate 60 mg/l und Chloride 250 mg/l. Außerdem darf das Wasser keine aggressive Kohlensäure enthalten und muß farblos, klar und geruchlos sein. Die Überwachung des Trinkwassers erfolgt durch Hygieneinstitute bzw. durch Hygieneärzte.
Quellen und Wässer, die mehr als 1 g gelöste feste Bestandteile in 1 kg Wasser oder unabhängig von ihrer Zusammensetzung einzelne Spurenstoffe oberhalb festgelegter Grenzwerte bzw. Gase enthalten, heißen **Mineralquellen**. Besitzen sie eine nachgewiesene Heilwirkung, werden sie zu **Heilwässern**. Die wichtigsten Arten von Mineral- und Heilquellen zeigt die Tabelle 15.
Wo Quellwässer mit größeren Mengen an gelösten Stoffen zutage treten, entweicht die in ihnen gelöste Kohlensäure, und die im Wasser gelösten festen Stoffe setzen sich als mehr oder weniger mächtige Sedimente ab. Die häufigsten Quellabsätze bestehen aus kohlensaurem Kalk. Ist das Wasser warm, bildet sich Aragonit (Karlovy Vary), ist es kalt, scheidet sich Kalzit ab. Aber auch fast reiner Eisenocker und Kieselsinter können sich aus Quellen absetzen. Im Verbreitungsgebiet des Muschelkalkes, z. B. im Thüringer Becken und in Süddeutschland, finden sich große Lager von Kalksinter, entweder als zellig-poröser Kalktuff oder als dichter und fester Travertin, die durch Ausscheidung von Kalziumkarbonat unter Mitwirkung von in Wasser lebenden Algen, von Moosen und höheren Pflanzen entstanden sind Teilweise geht eine solche Kalksinterbildung noch in der Gegenwart vor sich (an Bächen der Steilküste von Rügen zwischen Saßnitz und Stubbenkammer, in der nördlichen Slowakei). Besonders die farbigen Travertine sind wertvolle Bau- und Werksteine, als polierte Platten auch für die Innenarchitektur zu gebrauchen, während reiner Kalktuff für chemische Zwecke verwendet wird. Größere Vorkommen von Kalksinter werden in der DDR bei Jena, Weimar und Langensalza in Steinbrüchen abgebaut. Wohl die großartigsten Sinterbildungen stellen die weißen Kieselsinter heißer Quellen des Yellowstone-Nationalparkes in den USA dar, die bis zu 30 m angehäuft sind. Ähnliche Bildungen finden sich in Neuseeland und Island.

Schon mehrfach wurde erwähnt, daß Kalkstein und auch Dolomit in kohlensäurehaltigem Wasser löslich sind. Daher kommt es, daß in Gebieten, in denen solche Karbonatgesteine weit verbreitet sind, durch die zirkulierenden unterirdischen Wässer erhebliche Auflösungen und Zerstörungen des Gesteins vor sich gehen. Diese **Kohlensäureverwitterung** führt also zu einer chemischen Zerstörung der Gesteine, zur Korrosion. Insbesondere in den feuchtwarmen Tropen ist diese Gesteinsauflösung erheblich. Auch Gips ist leicht löslich, wie schon die Gipshärte vieler Wässer beweist. Eindrucksvoll ist die Kalksteinverwitterung auf der Halbinsel Istrien (Jugoslawien) im Karstgebirge entwickelt. Nach diesem Gebirge bezeichnet man ähnliche Erscheinungen in allen anderen Kalkgebirgen der Erde als **Karsterscheinungen** und nennt die Vorgänge **Verkarstung**.

Im Karst erzeugt das zunächst oberirdisch abfließende Wasser im Gehänge mehrere Meter tiefe Rinnen und Furchen. Diese **Karren (Schratten)** werden von scharfen Graten getrennt. Über größere Flächen hinweg bilden sich Karren- oder Schrattenfelder (Tafel 25). Das Wasser wirkt besonders von den Klüften aus, die es zu Spalten erweitert. Bald bahnt es sich seinen Weg in die Tiefe und formt trichterartige Gebilde von oft mehr als 20 m Tiefe und einem Durchmesser von 2 bis über 120 m, die **Karsttrichter**. Liegen mehrere Spalten von verschiedener Tiefe nebeneinander, so kann sie das Wasser zu **Erdorgeln (geologische Orgeln)** umgestalten, indem es die Spalten zu einer Reihe kessel-, trichter- oder sackförmiger Austiefungen erweitert. Gelegentlich sind solche Erdorgeln mit Gesteinsschutt oder Verwitterungslehm gefüllt. Wachsen sie nach der Tiefe weiter, können sie sich mit unterirdischen Höhlensystemen verbinden und bilden als **Naturschächte** deren Zugänge.

Große **Höhlen** sind für Kalkgebirge besonders bezeichnend, so im dalmatinischen, südfranzösischen, mährischen und besonders auch im südslowakisch-ungarischen Karst. Sie dehnen sich oft weit aus und bilden ganze **Höhlensysteme** von mehr als 6, teilweise über 10 km Länge, in denen zu Sälen erweiterte Grotten von bisweilen 60 m Länge, 20 m Breite und 40 m Höhe durch schmale Gänge miteinander verbunden sind. Bekannte Höhlen in der DDR sind die Hermanns- und Baumannshöhle in den devonischen Massenkalken des Unterharzes bei Rübeland, die Drachenhöhle im devonischen Knotenkalk bei Syrau im sächsischen Vogtland und die Barbarossahöhle im Zechsteingips am Kyffhäuser. In der Bundesrepublik finden sich große Höhlen z. B. in den Massenkalken des Malms der Schwäbischen Alb (Gutenberger Höhle, Nebelhöhle) und in der Frankenalb im Gebiet von Pottenstein.

Auf Klüften und Spalten, die sich ständig erweitern, indem zur chemischen Lösung die mechanische Wirkung des in die Tiefe sinkenden Wassers kommt, gelangt das Wasser in größere Tiefen und ist hier weiter am Werk, besonders in dickbankigen und massigen Kalksteinen. Durch die Vergrößerung der zahlreichen Spalten können sich **Karstrinnen** und schließlich ein unterirdisches Flußnetz ausbilden.

Dort, wo das Lösungsmittel Wasser einer geringen langsamen Verdunstung ausgesetzt ist, scheidet sich der gelöste kohlensaure Kalk wieder aus, oft schon an den Rändern der Spalten selbst oder in den Höhlen. Wo das Wasser in Höhlen und Grotten von der Decke herabtropft, bilden sich **Tropfsteine** aus abgesetztem Kalk. Den von der Decke herabhängenden, nach unten wachsenden und meist dünneren **Stalaktiten** schieben sich die dickeren **Stalagmiten** (Tafel 24) von unten entgegen. Gelegentlich vereinigen sich beide zu aufrecht stehenden **Säulen** aus Kalksinter. Einzelne Stalaktiten werden über 10 m lang, der größte in Ungarn ist 20 m groß. Vielfach sind die Wände der Höhlen mit Sinterkruste überzogen, oder es bilden sich kunstvolle Vorhänge aus Kalksinter.

Wo sich Höhlen in geringerer Tiefe unter der Erdoberfläche finden, kommt es leicht zu Einstürzen, wobei sich die Erschütterungen als Einsturzbeben bemerkbar machen (S. 234). Die an der Oberfläche entstehenden Senken ähneln denen, wie sie im Gefolge von Tiefbau in Bergbaugebieten zu beobachten sind. Im unterirdischen Karst spricht man von **Erdfällen**, die überall in Auslaugungsgebieten häufig sind, z. B. im Bereich des Zechsteingipses am Südrand des Harzes oder am Nordrand des Thüringer Waldes. Auch im Verbreitungsgebiet des Steinsalzes können durch Auslaugung des Salzes durch das Grundwasser **(Subrosion)** an der Erdoberfläche Einsturztrichter oder flache Senken erzeugt werden.

Besonders charakteristische Erscheinungen auf den Hochflächen des Karstes sind rundliche, trichter- oder schüsselartige Gebilde von verschiedener Größe, die **Dolinen** (Abb. 48, Tafel 23). Oft sind sie weniger als 1 m breit und tief, unmittelbar daneben aber können sie mehrere hundert Meter bis über 1 km breit und mehr als 120 m tief werden. Neben echten Einsturzdolinen stehen die viel häufigeren Trichter- oder Lösungsdolinen, die durch Korrosion an Kluftkreuzen oder anderen vorgezeichneten Stellen entstehen und oft zu Dutzenden oder Hunderten auftreten. Wo mehrere Dolinen zusammenwachsen oder sich verbreitern, liegen Schüsseldolinen

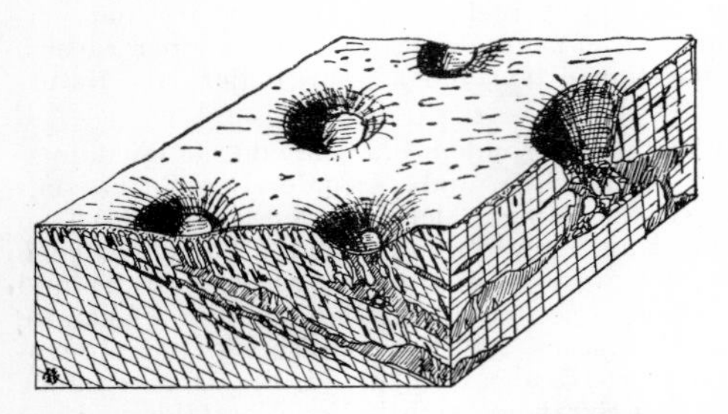

Abb. 48. Entstehung von Dolinen an der Oberfläche einer Kalksteinhochfläche. Die linken drei Dolinen sind geschlossen. Am rechten Rande des Blockdiagramms ist eine eingestürzte Doline durchschnitten. Die Doline rechts vorn zeigt den Beginn der Entstehung einer Einsturzdoline (nach Kettner, 1959)

oder Uvalas vor. Größere, mehr langgestreckte oder breitere, wannen- oder kesselartige Formen mit ebener Sohle, auf der sich eine meist geringmächtige, fruchtbare Decke von Verwitterungsmassen über dem Felsuntergrund angesammelt hat oder die von einem flachen See eingenommen wird, sind teilweise mehr als 300 km² groß und heißen **Poljen**. Die Mehrzahl der Poljen liegt in großen Talungen oder Senkungsgebieten und stellt keine vergrößerten Dolinen dar. Vielmehr dürfte die Bildung mit tektonischen Vorgängen zusammenhängen, wobei die entstehenden Einbruchsbecken nachträglich durch die lösende Wirkung des Wassers erweitert und umgestaltet wurden. Solche Poljen sind ohne oberirdischen Abfluß und enden blind. An den Rändern ragt das Gelände unvermittelt höher auf.
Ein weiteres Kennzeichen der Karstgebiete sind die **unterirdischen Wasserläufe.** Das in Bächen und Flüssen dahinfließende Wasser versinkt im Karst zunächst in schmalen Spalten des im Flußbett anstehenden Kalksteines in die Tiefe. Dadurch daß sich die Spalten erweitern und zu oft aneinanderstoßenden Röhren werden, bilden sich im Flußbett **Schwalglöcher** (Schlundlöcher, Ponore, Katavothren), in denen besonders in Zeiten geringerer Wasserführung das gesamte Flußwasser versinkt, so daß man von **Flußschwinden** spricht. Durch die Höhlenforschung, die **Speläologie**, sind in vielen Karstgebieten ganze unterirdische Flußsysteme entdeckt worden, die vielfach die Fortsetzung oberirdischer Wasserläufe darstellen. Nach längerem oder kürzerem unterirdischem Lauf tritt das Wasser in einem oft mehr als 20 m tiefen, rundlichen **Quelltrichter** („Topf“) aus Verengungen des Karstgerinnes mit erhöhter Geschwindigkeit sprudelnd azurblau wieder zutage und bildet eine in ihrer Schüttung oft erheblich schwankende **Karstquelle.** Neben großen Höhlenquellen sind also auch begrenzte Spaltenquellen vorhanden, und beide kommen oft benachbart vor. Solche Flußschwinden finden sich im Thüringer Muschelkalk im Lauf der Ilm, der Hör-

sel und der Wilden Gera. Am bekanntesten sind die Versinkungen der Donau. Im Bereich der klüftigen, massigen Kalksteine des Malms der Schwäbischen Alb unterhalb von Immendingen, bei Möhringen und Tuttlingen, versinkt die Donau bei Niedrigwasser vollständig, bei Hochwasser zu einem erheblichen Teil, wobei die **Vollversinkung** im Laufe der letzten hundert Jahre ständig zugenommen hat und jetzt infolge Verwilderung des Flußbettes rund 180 Tage im Jahr beträgt. Das Donauwasser tritt nach einem 12 km langen unterirdischen Weg etwa 70 m tiefer in der Aachquelle bei Engen mit einer Schüttung von 4000 l/s als stärkste deutsche

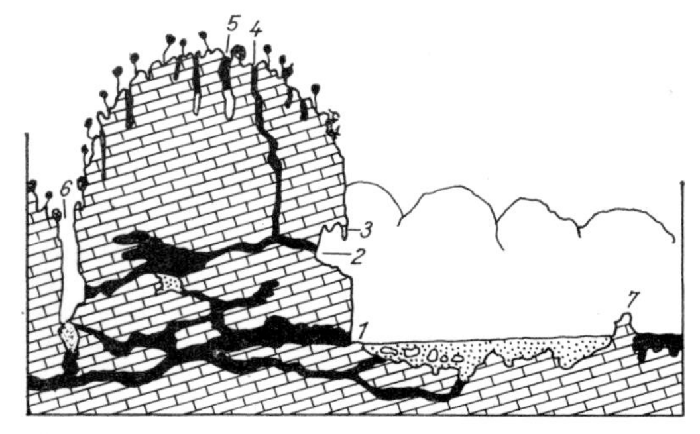

Abb. 49. Schnitt durch einen Karstkegel in der Sierra de los Organos auf Kuba (nach H. Lehmann)

Quelle überhaupt wieder zutage. Das dazu erforderliche Einzugsgebiet von etwa 200 km² ist nur unterirdisch vorhanden. Nach Berechnungen G. Wagners beträgt die Geschwindigkeit des unterirdisch fließenden Wassers 5 cm/s, ist also verhältnismäßig gering. In Engpässen von Höhlen aber können größere Wassermengen Geschwindigkeiten bis zu 9 m/s erreichen.

Da das Wasser im Karst nur in den zu Spalten erweiterten Klüften zirkuliert, in denen es sich in Abhängigkeit von der Wandreibung nach dem Gesetz der kommunizierenden Röhren einstellt, kann im Karst kein zusammenhängender Grundwasserspiegel ausgebildet sein. Liegen die verkarsteten Gesteinsmassen auf einem undurchlässigen Sockel oberhalb der Talböden, fließt das Wasser als Schichtwasser rasch ab, so daß ein nur wenig tiefes Grundwasserstockwerk ausgebildet ist (**seichter Karst** nach R. Gradmann). Wo in Zusammenhang mit dem Gebirgsbau und der Lage der Vorfluter die verkarsteten Schichten unter die Talböden der Nebentäler reichen, sind Spalten und Höhlen bis zur undurchlässigen Unterlage mit Grundwasser angefüllt **(tiefer Karst)**. Vielfach bildet der tiefe Karst ein geschlossenes Hohlraumsystem. Ebenso gibt es aber auch Karstwassergebiete, die nebeneinander selbständig sind. Wenn wasserreiche Karstquellen nur geringe Schwankungen in der Schüttung aufweisen und das Wasser hygienisch einwandfrei ist, wie im Gebiet des tiefen Karstes, bilden sie die Grundlage für große zentrale und Gruppenwasserversorgung.

Die Verkarstung verläuft in den immerfeuchten Tropen und den feuchtwarmen Subtropen viel intensiver als in den humiden Gebieten der gemäßigten Zonen. Kennzeichnend für die tropische Karstlandschaft sind die zahlreichen, teilweise bis 200 m hohen, meist ziemlich steilen Einzelberge des **Turm-** oder **Kegelkarstes** (Tafel 25). Nach einem westindischen Ausdruck spricht man auch vom Mogotentyp des Karstes. Oft weisen diese

Mogoten Höhlen und an der Oberfläche Karren auf. Zwischen den kuppen-, turm- oder kegelförmigen Einzelbergen und besonders nach den Rändern der Gebiete hin haben sich häufig große Ebenen entwickelt, die oft mit einer rötlichen sandig-tonigen Verwitterungsschicht bedeckt sind. Unter der Decke steht unvermittelt der Kalkstein an. Aber auch dolinen- oder poljenartige Formen — **Cockpits** genannt — trifft man an.
Wenn auch die Löslichkeit des Kohlendioxids im Wasser mit steigender Temperatur abnimmt, so ist in den tropischen Räumen weit mehr Wasser und Kohlendioxid vorhanden als in den gemäßigten Breiten, da die üppige tropische Vegetation bei höheren Temperaturen mikrobiell außerordentlich rasch zersetzt wird. Dazu kommt ein höherer Dissoziationsgrad und ein niedrigerer pH-Wert des Wassers, so daß das Angriffsvermögen erhöht ist und die Verkarstung deshalb viel schneller abläuft als unter den Bedingungen eines kühleren Klimas.
In Räumen ohne Wasser in flüssiger Form, wie in Glazial- und Periglazialgebieten, ist eine Verkarstung ebensowenig möglich wie in den ariden Zonen der Wüste. Hier herrscht physikalisch-mechanische und nicht chemische Verwitterung, weil das Wasser als Lösungsmittel fehlt. Das trifft auch für die Kaltzeiten des Pleistozäns zu. Dagegen ist eine gewisse Weiterentwicklung der Verkarstung in den pleistozänen Warmzeiten vor sich gegangen, weil in diesen Perioden der Dauerfrostboden die Spalten und Poren der Gesteine für die Versinkung und Versickerung nicht „plombiert" hatte wie in den Kaltzeiten.
Daß die Verkarstung in unseren Breiten im wesentlichen nicht in der geologischen Gegenwart vor sich ging, sondern bereits in das Tertiär mit seinen mehr oder weniger feuchtwarmen Bedingungen eines tropischen Klimas zu verlegen ist und sich tropische Karstformen teilweise sogar noch bis heute bei uns erhalten haben **(Paläokarst)**, dafür sprechen mannigfache Beobachtungen, die man in Thüringen, Polen, Ungarn und anderen Ländern gemacht hat. So trifft man z. B. in alten Karstspalten Reste tertiärer Böden und Sedimente an, die in der Umgebung längst der Abtragung anheimgefallen sind.

Glaziale Vorgänge und Formen

Als glazial werden Formenschatz und Sedimente bezeichnet, die vom Gletscher geschaffen werden. Dazu gehören im weiteren Sinne auch die vom Gletscherschmelzwasser gebildeten Sedimente und Oberflächenformen. Häufig und selbst bei entscheidenden glazialen Phänomenen lassen sich die Anteile beider nicht deutlich voneinander trennen.
15,8 Mio km² der Festländer der Erde — das entspricht etwa 10% der Erdoberfläche — sind jetzt von Gletschern bedeckt. Hier wird glazialer Formenschatz in der Gegenwart gebildet. Er bleibt jedoch großenteils von den Gletschern bedeckt. Während der jeweiligen Maximalausdehnung der Gletscher in den Kaltzeiten des Pleistozäns erweiterten sich die bestehenden oder bildeten sich neue Vergletscherungsgebiete aus, die weitere rund 30 Mio km² der Festländer und benachbarter Schelfgebiete überdeckten. Diese riesigen ehemals vergletscherten Gebiete unterscheiden sich auffallend durch Sedimente und Oberflächenformen von niemals eisbedeckten, wobei natürlich der glaziale Formenschatz, der in der letzten Kaltzeit des Pleistozäns entstand und der unter dem Begriff des **Jungmoränengebietes** zusammengefaßt wird, am besten erhalten blieb.
Die wichtigste physikalische Voraussetzung für die morphologische Wirkung des Gletschereises ist seine Beweglichkeit. Im Unterschied zum

stenglig-prismatischen oder amorphen Eis auf Flüssen und Seen ist das Gletschereis körnig. Diese Eigenschaft bildet sich bei der Umwandlung des Schneekristalls über Firn durch den Druck der auflastenden Schnee- und Firndecke und durch Bewegung heraus. Die Gletschereiskörner haben Durchmesser von einigen Zentimetern.

Gletschereis kann sich nur oberhalb der **Schneegrenze** bilden, über der der jährliche Zuwachs an Niederschlag nicht durch Tauen und Ablation beseitigt wird (Abb. 50). Die Schneegrenze liegt gegenwärtig in Spitzbergen und Grönland im Meeresniveau. Sie steigt zu den subtropischen Trockengebieten hin an (Nowaja Semlja 500 m, Nordnorwegen 1600 m, Westalpen 2900 m, Karakorum 5400 m, Kilimandscharo 5200 m). Während der

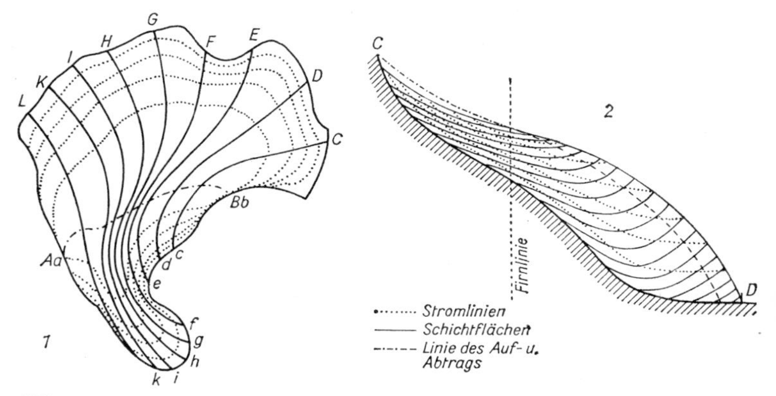

Abb. 50. Geometrische Theorie des stationären Gletschers am Beispiel des Vernagtferners (nach S. Finsterwalder). *1* Einteilung der Gletscheroberfläche in Bezirke gleicher Ergiebigkeit des Auf- und Abtrags. Aa—Bb = Firnlinie (Schneegrenze). Die Auftragsbereiche zwischen den Linien mit Großbuchstaben oberhalb der Schneegrenze entsprechen den unterhalb gelegenen Abtragsbereichen mit den entsprechenden Kleinbuchstaben. *2* Erscheinungen im Längsschnitt (unter der Annahme, daß Abschmelzung am Gletscherboden vernachlässigt werden kann). Die Stromlinie eines Eiskorns (punktiert) sinkt um so tiefer in den Gletscher ein, je höher es auf ihm gebildet wurde, und tritt daher auch um so tiefer unten aus dem Gletscher wieder aus. Höhen zu Längen wie 3:1

Kaltzeiten des Pleistozäns sank sie über 1000 m tiefer. Im einzelnen wird sie von zahlreichen Faktoren, wie Temperatur und Niederschlag, Exposition gegen die Sonnenstrahlung und gegen die Hauptwindrichtung, und durch das Relief beeinflußt.

In Abhängigkeit von Relief, Klima und Höhe der Schneegrenze gibt es viele rezente Gletschertypen, die sich durch ihre Ausdehnung, ihren Grundriß und die Art ihrer Ernährung unterscheiden:

Hanggletscher sind klein. Ihre Ernährung erfolgt meist durch Schnee-Umlagerung, durch die auf der Leeseite häufig größere Mächtigkeiten zustande kommen. Dem Hanggletscher fehlt wie dem **Talgletscher** ein ausgedehntes Firnfeld. Talgletscher sind gegenwärtig in Zentralasien und seinen Randgebieten häufig. Ihre Schneespende wird durch Schnee- und Eislawinen vergrößert. Der **Firnfeldgletscher** kann als der Leittyp vieler Hochgebirge bezeichnet werden. Aus einer weiträumigen Firnfeldmulde wird eine mehr oder weniger lange Gletscherzunge gespeist, die weit in die Täler vorstößt. Wächst die Mächtigkeit benachbarter Gletscherströme an, so überwinden sie schließlich die trennenden Kämme und Pässe und schließen sich zu einem **Gletscherstromnetz** zusammen (Spitzbergen). Die aus einem Gebirge ins Vorland vorstoßenden Gletscher können dort durch Vereinigung zur **Vorlandvergletscherung** werden (Alaska: Malaspinagletscher). Die größten Gletschermassen bilden schließlich die Inlandeisdecken der Antarktis und Grönlands. Die Gletschertypen der Gegenwart entsprechen auch jenen, die während des Pleistozäns entstanden. Sie unterscheiden sich jedoch stets durch ihre Größe (laurentisches Inlandeis über dem nördlichen Nordamerika 13,1 Mio km², skandinavisches Inlandeis 5,5 Mio km², grönländisches Inlandeis im Pleistozän 2,2 Mio km² gegenüber 1,8 Mio km² in der Gegenwart).

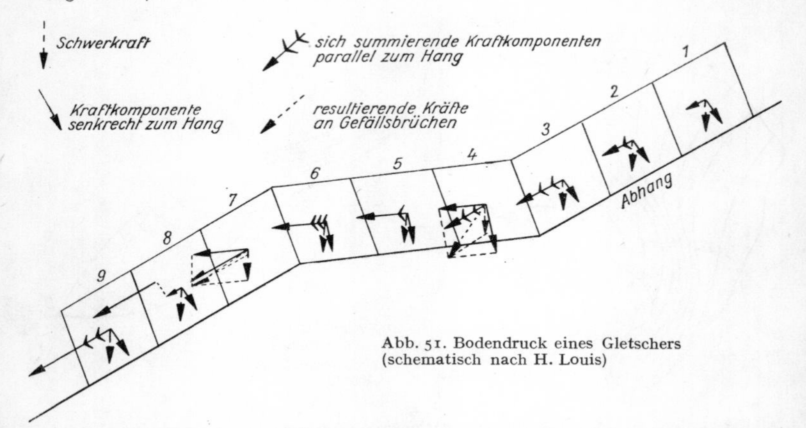

Abb. 51. Bodendruck eines Gletschers (schematisch nach H. Louis)

Wie bei jedem morphologischen Prozeß können auch die morphologischen Wirkungen des Gletschers nach den Vorgängen der Abtragung oder **Exaration**, des Transports und der Akkumulation erfaßt werden.

Die große Abtragungsleistung der Gletscher ergibt sich vor allem aus dem Druck, den der Gletscher auf seinen Untergrund bzw. die seitliche Begrenzung des Gletscherbettes ausübt (Abb. 51). Bei geringem Gefälle ist der Druck annähernd proportional dem Gewicht des Gletschers, bei größerem Gefälle nimmt er ab, erreicht aber am Fuß einer Gefällesteile den größten Wert, da hier die Last des oberhalb folgenden Gletscherstroms den Druck auf das Gletscherbett verstärkt. Damit erklärt sich ein wesentlicher Unterschied zur Tiefenerosion des Flusses, durch die Gefällesteilen — von gesteinsbedingten Sonderfällen abgesehen — verringert werden, während der Gletscher sie verstärkt. Vom Gletscher überformte Gebirgstäler haben meist Steilhänge und sogar überhängende Wände, da die abtragende Wirkung am Boden des Gletscherstromes am größten ist, und im Längsschnitt — in der Gefällerichtung — steile Talstufen.

Das von Felswänden umgebene Ursprungsgebiet eines Firngletschers, das **Kar**, wurde aus mäßig geböschten Quelltrichtern durch Vertiefung und schließlich Übertiefung herausgearbeitet (Tafel 26). Gleiches gilt für das vom Gletscher exarierte Tal, das **Trogtal**, das talauf mit einer steilen Stufe endet, kastenförmig im Querschnitt und wannenförmig im Längsschnitt ist (Tafel 22). So wie sich mehrere Kare treppenförmig übereinander anordnen können, sind auch viele Trogtäler durch mehrere Talstufen gegliedert.

Solange der Gletscher das Tal ausfüllt, werden die Kare von **Firnmulden** verhüllt, die stets mit einer Spalte, dem **Bergschrund**, als Folge der Gletscherbewegung im Ursprungsgebiet gegen die umgebenden Felshänge absetzen. Über die Talstufen fließt der Gletscher, von tiefen Spalten zerrissen oder — wenn die Stufe im Verhältnis zur Dicke des Gletschers zu hoch und steil ist — in einen wilden **Eisbruch** aufgelöst, unterhalb dessen sich der Gletscher wieder regeneriert.
Ist der ehemalige Gletscher jedoch am Ende der Kaltzeit abgetaut, sind viele der Hohlformen des Gletscherbettes in den hochliegenden Karböden und den Wannen der Trogtäler von Seen erfüllt. Über die steilen Talschlüsse stürzen Wasserfälle; denn diese Gefällsstufen gleicht die fluviale Erosion erst nach sehr langem Zeitraum aus.
Die **Bewegung des Gletschers** ist an sich gering. Sie wird über den Zeitraum mehrerer Jahrzehnte vom Eishaushalt im Nährgebiet oberhalb der Schneegrenze, untergeordnet von annuellen und jahreszeitlichen Temperatur- und Niederschlagsunterschieden bestimmt. Bei grönländischen Gletschern beträgt die Geschwindigkeit 3 bis 10 km/Jahr, bei den Alpengletschern 30 bis 150 m/Jahr. Diese Bewegung ist eine weitere Bedingung für die Gletscher-Exaration; denn die vom Gletscher aufgenommenen Gesteinstrümmer werden abtransportiert, so daß der Untergrund stets erneut der Abtragung ausgesetzt ist.
Durch die Aufnahme von Gesteinsschutt bildet sich am Boden des Gletschers die **Grundmoräne**, eine Übergangsschicht aus Gletschereis und Schutt, die schichtenweise mehrfach miteinander abwechseln. Bei Gebirgsgletschern wird außerdem Lockermaterial, das die Frostverwitterung gebildet hat und von Lawinen oder durch Steinschlag bewegt wird, auf der Oberfläche abgelagert (Tafel 26). Diese **Obermoräne** sinkt innerhalb des Nährgebiets in den Gletscher ein, weil sich immer neue Firn- und Gletschereislagen an der Oberfläche bilden. Im Zehrgebiet, in dem die Ablation überwiegt, taucht dieser Schutt wieder an der Oberfläche auf. Er wird an den Flanken des Gletschers als **Seitenmoräne** und an der Stirn, am Gletscherende, als **Endmoräne** abgelagert.
Die Endmoräne markiert einen Zustand des Gletschers, bei dem der Eishaushalt im Nähr- und Zehrgebiet für längere Zeit ausgeglichen ist. Vergrößert sich das Gletschervolumen, weil die Schneegrenze infolge jahrzehntelangen Temperaturrückgangs sank, dann stößt der Gletscher vor, und die Bildung einer Endmoräne wird unterbunden. Steigt dagegen die Schneegrenze an, dann wird der Eishaushalt negativ. Die Bewegung des Gletschers nimmt ab und kann die Abschmelzverluste in dem sich immer mehr vergrößernden Zehrgebiet nicht mehr decken. Der bewegungslose Gletscher wird, von der Stirn zum höher liegenden Nährgebiet rückschreitend, zu **Toteis** und schmilzt bzw. wird durch Ablation aufgezehrt.
Das vom Gletscher transportierte Moränenmaterial verstärkt die Exaration. Der Gletscher schleift Felsplatten glatt, die Gesteinstrümmer der Moräne hinterlassen Schleifspuren, die **Gletscherschrammen**. Bei gleichmäßiger Bewegung der Gletscher-Grundmoräne können auf dem Felsboden stromlinienförmige Ausgleichsflächen entstehen. Die **Rundhöcker** sind deren Vollformen (Tafel 27). Aus der Stoßrichtung des Gletschers steigen sie flach an, auf der Leeseite fallen sie steil ab. Diese Leeseite ist oft auch als Ergebnis der Frostverwitterung und Exaration uneben, die Luvseite geglättet. Im Grundriß sind die Rundhöcker oval oder tropfenförmig wie Walrücken.
Neben der Exaration wirkt das **Schmelzwasser**. Im Sommer entstehen auf der Oberfläche des Gletschers Schmelzwasserbäche, die in den Gletscherspalten, aber auch an den Seiten des gewölbten Gletschers enden. Sie erodieren an den Seiten wie auch am Gletscherbett. An der Gletscherstirn

tritt alles Wasser aus den **Gletschertoren** in den **Gletscherbächen** aus. Diese durchspülen Abschnitte der Endmoräne, sortieren dabei das Material und lagern es in einem Schwemmfächer, dem **Sander**, vor der Endmoräne ab.
Die Oberflächenformen und Sedimente, die das skandinavische Inlandeis im Tiefland Ost-, Mittel- und Westeuropas bildete, gleichen im Prinzip jenen der Hochgebirgsvergletscherung. So zeichnete z. B. das präglaziale Relief — wie etwa das Ostseebecken mit den Senken der Weichsel-, Oder- und Warnowmündung und der Lübecker Bucht im großen sowie Täler und Rinnen im kleinen — die Leitbahnen für den Vorstoß der weichselzeitlichen Inlandeisdecke vor, solange diese keine besondere Mächtigkeit hatte. Auch die Hauptglieder der **glazialen Serie**, Grundmoräne, Endmoräne und Sander, sind deutlich ausgeprägt (Abb. 170). Da der Vorstoß, viel mehr aber noch der Abbau der weichselzeitlichen Inlandeisdecke mehrfach von Anstieg der Temperatur bzw. Kälterückfällen begleitet war, wiederholt sich die glaziale Serie wegen der damit verbundenen Stillstandslagen sehr häufig, teils in markanter, teils verwischter Form (vgl. auch Abschn. „Quartär", S. 469ff.).
Unterschiede zu den Formen der Hochgebirgsvergletscherung erklären sich durch die Ausdehnung und Mächtigkeit der Inlandeisdecke, die intensive Toteisphase, durch das Überwiegen von Lockergestein im Tiefland und dessen allmählichen Anstieg nach Süden, so daß die aus dem Süden kommenden Talsysteme vom Inlandeis blockiert oder abgelenkt wurden.
Die **Grundmoräne** ist ein ungeschichtetes Sediment, das aus der ursprünglich bewegten und schichtweise von Gletschereis durchsetzten Grundmoräne sowie dem aus höheren Schichten des Gletschers niedertauenden Trümmermaterial besteht. Häufig enthält sie Schollen des Lockermaterials, die aus dem Untergrund in gefrorenem Zustand aufgenommen und verschleppt wurden. Mit der Länge des Transportweges werden die Gesteinstrümmer zu Geschieben gerundet, aber großenteils zerkleinert, so daß sie, mit dem aufgenommenen Lockermaterial vermengt, ein lehmiges Material ergeben, das, sofern kalkhaltige Gesteine aufgearbeitet wurden, kalkhaltig ist und als **Geschiebemergel** bezeichnet wird.
Unter der Grundmoräne werden oft **Bändertone** angeschnitten. Das sind schluffig-sandige Staubeckensedimente, die sich vor dem Gletscherrand zeitweise in großer Mächtigkeit bildeten und dann vom vorstoßenden Gletscher überfahren wurden. Sie bestehen aus millimeter- bis dezimeterdicken hellen, sandigen und dünnen dunklen, tonigen Schichten. Erstere entsprechen der stärkeren Sedimentation während des Sommers. Die Auszählung dieser **Warven** bot vor allem in Schweden und Finnland die Möglichkeit einer absoluten Chronologie der Späteiszeit.
Die Grundmoränenebene ist meist flach und von zahlreichen kesselartigen Hohlformen, den **Söllen** (Tafel 27), durchsetzt, die als Ergebnis des Tieftauens von Gletschertoteis oder auch eines Dauerfrostbodens gedeutet werden. In der Nähe der Endmoränen tritt oft die **kuppige Grundmoräne** auf, deren Vollformen auf die stauchende Wirkung des Gletschers hinweisen. Gebietsweise gleicht die Grundmoränenebene der Ausgleichsfläche zwischen dem von Rundhöckern besetzten festen Untergrund und dem bewegten Gletscher. Die aus Grundmoränenmaterial bestehenden, den Rundhöckern gleichenden Vollformen werden **Drummels** oder **Drumlins** genannt. Die **Endmoränen** bestehen aus mehreren hintereinander gestaffelten Hügelreihen als Abbild der Sedimentation eines oszillierenden Gletscherrandes. Durch geringfügige Schwankungen im Eishaushalt veränderte die Gletscherstirn wiederholt ihre Lage, sie stieß über schon gebildete Sedimente hinweg erneut vor, so daß ein äußerst bewegtes Kleinrelief entstand (Tafel 28). Dieses ist allerdings schon durch die folgende periglaziale Hang-

abtragung und durch die Bodenbearbeitung wie auch durch das Ablesen der Geschiebe wieder geglättet worden. Häufig sind die Endmoränen als **Stauchmoränen** entstanden, in denen Moränenmaterial und solches aus dem Untergrund durch die Gletscherstirn zusammengeschoben wurde. An anderen Stellen schließt an die kuppige Grundmoräne unmittelbar der glazifluviale Sander an. Dort führte der Gletscherlobus zu wenig grobes Material, oder die Spülwirkung des von der Gletscherstirn ablaufenden und aus den Gletschertoren austretenden Schmelzwassers überwog (Abb. 52).
In der Regel setzt jedoch der **Sander** an einem schmalen Durchbruch durch die Endmoränenbögen dort an, wo sich diese in einem zurückspringenden Winkel gerade berühren. Von dieser schmalen, trompetenähnlichen Öffnung breitet sich der Sander kegelförmig und flach abfallend aus. Gelegentlich sind ältere und jüngere Sander ineinandergeschachtelt worden, so daß die Zuordnung zu den ihnen entsprechenden Randlagen erschwert ist.

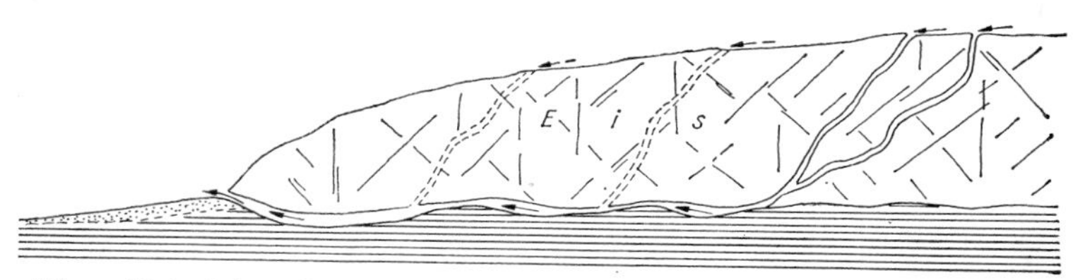

Abb. 52. Verlauf der Schmelzwässer im Gletscherrandgebiet (schem. nach Woldstedt)

Typische glazifluviale Sedimente und Formen sind auch innerhalb der Grundmoränenebene vorhanden, die buckelförmigen **Kames**, die unter dem Gletscher, und langgestreckte Wallberge oder **Oser**, die auf oder zwischen Toteismassen entstanden.
Wie das Gebiet ehemaliger Hochgebirgsvergletscherung, so ist auch jenes im Bereich der Inlandeisdecke reich an Seen verschiedenen Typs. Weitgespannte, flache Hohlformen in der Grundmoränenebene sowie tiefere, im Grundriß fingerförmig gegliederte Wannen in den Zungenbecken sind von Seen oder deren Verlandungsstadien bedeckt. Abweichend im Umriß erscheinen schmale und dabei Dutzende von Kilometern lange Furchen mit **Rinnenseen**. Diese Rinnen wurden von subglazialen Gewässern, die in Richtung auf die Gletschertore und damit die Sanderspitzen orientiert waren, erodiert oder längs der großen Gletscherspalten durch Schmelzwasser ausgekolkt. Sie müssen schließlich wieder von Gletscher- bzw. Toteis ausgefüllt und dadurch konserviert worden sein. Da diese zum Teil sehr mächtigen Eisreste erst bei späterem Tieftauen verschwanden, nachdem sich schon wieder eine nächste, jüngere glaziale Serie über den Resten der älteren entwickelt hatte, treten Rinnenseen auch scheinbar irregulär auf, z. B. inmitten von Sandern und Endmoränen, oder ihre Furchen überschneiden sich (Templiner Seenkreuz).
Konventionell werden auch die **Urstromtäler** zur glazialen Serie gerechnet. Sie wurden zwar teilweise von den Schmelzwässern ernährt und stehen deshalb in Verbindung zu den Sandern. Aber sie nahmen z. T. auch die aus dem periglazialen Bereich kommenden Flüsse mit auf. Ihre Talsandfüllung förderte ebenfalls die Dünenbildung. Wegen der zahlreichen Durchbrüche der Flüsse nach Norden, die sich nach dem Abtauen der Gletscher entwickelten, sowie durch Schwemmfächer kleiner Flüsse sind die Urstromtäler des Jungmoränengebietes gegenwärtig keine geschlossenen, durchgehenden Talfurchen mehr.

Äolische Vorgänge und Formen

Der morphologische Einfluß des Windes wird dort bedeutsam, wo keine oder nur eine schüttere Vegetation die Bodenoberfläche bedeckt und Material zur Verfügung steht, das der Wind transportieren kann. Äolische Abtragung, Umlagerung und Bildung von Sedimenten und Formen sind deshalb allgemein in den Trockengebieten der subtropischen und mittleren Breiten, in den subpolaren Breiten und im Anschluß an den Brandungsbereich an allen Küsten möglich, aber auch unter besonderen Umständen, nämlich trockener Bodenoberfläche ohne Vegetationsschutz, auch im humiden Klima, z. B. in Mitteleuropa.
Äolische Sedimente und Oberflächenformen spielen jedoch in den mittleren Breiten noch eine erheblich größere Rolle, weil während der Kaltzeiten des Pleistozäns in einem breiten Gürtel mit periglazialem Klima sehr günstige Bedingungen für die Einwirkung des Windes bestanden.
Experimentell läßt sich die Beziehung ermitteln, die zwischen der Windgeschwindigkeit und dem Korndurchmesser des Materials besteht, das aufgewirbelt und umgelagert werden kann (vereinfacht nach BAGNOLD):

	mittlerer Korndurchmesser mm	Windgeschwindigkeit m/s
Staub	bis 0,05	bis 0,5
Feinsand	bis 0,1	bis 1,5
Mittelsand	bis 0,5	bis 5
Grobsand	bis 1	bis 12

Dabei kann Staub schwebend transportiert werden, während Sand in mehr oder weniger kurzen Sprüngen oder nur rollend bewegt wird. Neben diesen Unterschieden in der Transportweite muß man berücksichtigen, daß die Unstetigkeit der Windrichtung und -stärke sowie die Feuchtigkeit und das Mikrorelief der Bodenoberfläche die experimentellen Angaben erheblich modifizieren. Wegen dieser enggefaßten Bedingungen ist es erklärlich, daß äolische Sedimente sehr gut geseigert sind. Das Korngemisch des Flugstaubs oder Lößes besteht zu 50 bis 70% aus Teilchen mit einem Durchmesser von 0,01 bis 0,05 mm. Flugsand oder besser Treibsand hat oft über 70% Sandkörner in der Fraktion 0,5 bis 1 oder 1 bis 2 mm Durchmesser. Nur Übergangsfazies, z. B. der Sandlöß, sind geringer sortiert.
Die **äolische Abtragung** ist schwer zu erfassen, da entsprechend den begrenzten Möglichkeiten für den äolischen Transport in der Regel nur ein Teil des Materials weggeführt wird. Deshalb sind eindeutig äolische Abtragungs- oder **Deflationsformen** selten. Typisch sind die Deflationswannen der Wüstensteppen und Dornsavannen. Sie sind meist in Material angelegt, das bei der Verwitterung einen zum Verwehen geeigneten Sand ergibt. Die Wannenbildung endet dann, wenn der Grundwasserspiegel angeschnitten und dadurch die Adhäsion größer als der Windimpuls wird. Auffallender ist die äolische **Korrasion**, die der mit Sand beladene Wind, einem Sandstrahlgebläse vergleichbar, an exponierten Felsflächen ausübt. Dabei werden besonders die dichten Gesteine abgeschliffen und geglättet, so daß diese Oberflächen fast jenen gleichen, die in den Trockengebieten mit einer Verwitterungs- oder Wüstenrinde überzogen sind, die jedoch durch die Ausscheidung von Eisenhydroxid- und Kieselsäuregel-Schwarten entstehen.

Weist das Gestein aber Härteunterschiede im Mineralaufbau, wie bei porphyrischer Textur, oder überhaupt in der Schichtung auf, dann arbeitet die Korrasion diese nach, indem wenig widerständiges rascher abgeschliffen wird. Leitform der **selektiven Korrasion** sind die Pilzfelsen.
Der größte Teil des äolisch umgelagerten Materials, sowohl Sand als auch Staub, wird aus vegetationsfreien Flächen ausgeweht, ohne daß eine deutliche Formenänderung diese Abtragung anzeigt. Sofern in dem der Deflation und Korrasion unterworfenen Material Kies und gröberes Material enthalten sind, wird dieses im Verlauf der Ausblasung der Sand- und Staubfraktion an der Bodenoberfläche als **Steinpflaster** angereichert. Diese Schicht, die im Aufschluß als Steinsohle bzw. -anreicherung geringer Mächtigkeit erkennbar ist, schützt den Untergrund um so mehr vor weiterer Ausblasung, je dichter sie wird. Deshalb wird selbst bei Sturm in Kieswüsten mit geschlossenem Steinpflaster kein Staub mehr bewegt. Die größeren

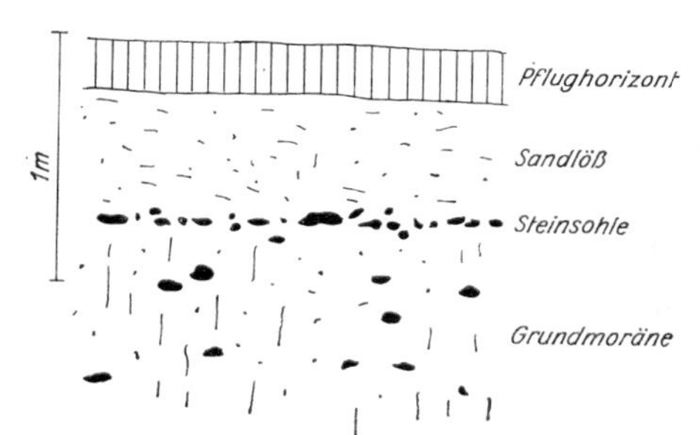

Abb. 53. Steinsohle und Sandlöß in saalezeitlicher Grundmoräne bei Leipzig

Steine in der Steinsohle zeigen oft von der Korrasion angeschliffene Flächen. Solche **Windkanter** sind sichere Zeugen nachhaltiger äolischer Tätigkeit (Tafel 29 und 30).
Steinpflaster entstanden in großen Flächen im periglazialen Bereich während der Weichselzeit auch in Mitteleuropa. Sie sind gegen Ende der Kaltzeit meist von einer dünnen äolischen Decke verhüllt oder durch die Bodenbearbeitung beseitigt worden (Abb. 53). Da sich Treibsand und Flugstaub hinsichtlich der Transportbedingungen wesentlich unterscheiden, gibt es auch bei deren Akkumulation verschiedene Formen:
Treibsand. Als Leitform der äolischen Akkumulation wird im allgemeinen die Düne angesehen. Aber es ist sicher, daß große, von Treibsand bedeckte Flächen keine typischen Formen aufweisen und Dünen nur unter besonderen Bedingungen aufgeschüttet werden. Wegen der begrenzten Transportweite und der meteorologischen Bedingungen liegen die Treibsandgebiete innerhalb des Abtragungsgebietes oder nur in geringer Entfernung. Trotzdem ist wegen der zahllosen Bewegungen, die schon die Überwindung kurzer Strecken erfordert, das einzelne Korn sehr gut gerundet. Treibsande stammen aus sandigen, fluvialen und glazifluvialen Sedimenten, Sandsteingebieten, die bei ihrer Verwitterung wieder Sand liefern, und von der Küste, wo die für den Transport geeigneten Sandkörner durch die Brandung vorbereitet werden.
Dünen werden nach ihrem Grundriß und dessen Beziehung zur Hauptwindrichtung bezeichnet. Man unterscheidet *Längs-* und *Querdünen*, *Sterndünen*, *Parabeldünen* und *Barchane*, die Höhen von einigen Metern,

in manchen Fällen bis über hundert Meter erreichen (Abb. 54). Barchane und Parabeldünen lassen die Regeln der geordneten Sandakkumulation gut erkennen. Gemeinsam sind beiden Dünenformen der flach ansteigende luvseitige Hang und der steile, dem natürlichen Schüttungswinkel angepaßte Leehang. Über den Luvhang wird der Sand allmählich hinaufgetrieben. Dabei entstehen zentimeterhohe Windrippeln, die das Dünenprofil in Miniaturform wiederholen. Auf dem Leehang, der mit scharfer Kante die luvseitige Böschung abschneidet, rutscht der Sand infolge seiner Schwere

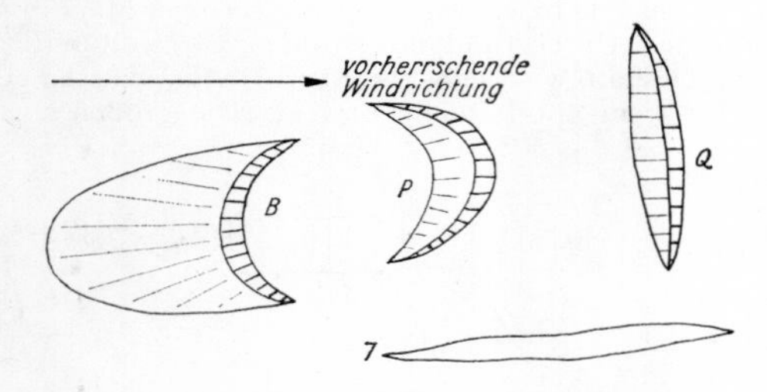

Abb. 54. Grundrißformen der Düne (schematisch): *B* Barchan; *P* Parabeldüne; *Q* Querdüne; *L* Längsdüne

abwärts. Beide Dünenformen haben einen sichelförmigen Grundriß. Beim Barchan, der sich ohne jede Mitwirkung der Vegetation entwickelt, eilen die schmaleren Enden dem Kern der Düne wegen ihrer geringeren Masse in Windrichtung voraus. Bei der Parabeldüne ist es umgekehrt. Da die Vegetation die Sandbewegung der niedrigen Enden der Düne hemmt, bewegt sich die nicht oder nur wenig von Vegetation beeinflußte Kernmasse der Düne rascher voran, so daß die Spitzen der Dünensichel gegen die Windrichtung weisen. Am besten sind diese Dünenformen zu erkennen, wenn sich eine einzelne Düne auf fester Unterlage bewegt. Meist sind sie jedoch in Dünenfeldern vergesellschaftet.

Die geringe Beweglichkeit des Sandes, die begrenzte Ergiebigkeit der Liefergebiete und die Unstetigkeit des Windes erklären, weshalb die Dünen, obwohl sie Bewegungsformen andeuten, beinahe unbeweglich sind. Bedrohlich rasch ihre Lage verändernde *Wanderdünen* sind selten und an Flächen gebunden, auf denen die Windrichtung durch den Geländeeinfluß konstant bleibt.

Flugstaub. Staubsedimente oder Löße größerer Mächtigkeit finden sich rund um die Kerne der Trockengebiete, wo die Lößsedimentation auch gegenwärtig, vor allem in Nordwestchina, weitergeht, und in den Teilen der mittleren Breiten, die im Pleistozän unter dem Einfluß von periglazialem Klima standen.

Bedingungen für die Ablagerung des Flugstaubs, der über weite Strecken transportiert werden kann, sind eine ausreichende Bodenrauhigkeit, die durch eine Gras- oder Zwergstrauchdecke erzeugt werden kann, und geringe Turbulenz in der bodennahen Reibungsschicht der Atmosphäre.

Typischer Löß fühlt sich wie Mehl an, hat graugelbliche Farbe und einen durch die Beschaffenheit des ausgewehten Materials primär bedingten Kalkgehalt. Er ist porös und kann zu senkrechter Klüftung neigen. Nach der Sedimentation ist der Kalk gelöst und oft in Hüllen den Staubteilchen angelagert worden. Löß wird durch die Abspülung leicht verlagert und dann als schwachgeschichteter *Schwemmlöß* am Hang sedimentiert. Bei feuchtem Bodenmilieu wird der Löß graufleckig, der Kalkgehalt sowie das ihn sonst kennzeichnende hohe Porenvolumen werden reduziert. Solche *Gleylöße* gehen schließlich in *Solifluktionslöße* über, denen durch die Bewegung meist auch gröberes Material aus dem Liegenden eingemischt wird.

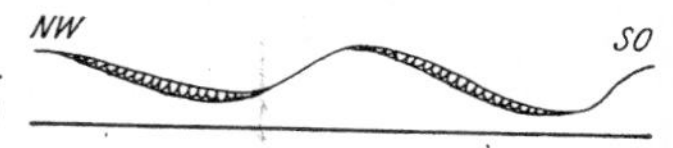

Abb.55. Expositionsabhängige Flugstaubsedimentation an der gebirgsseitigen Lößgrenze (schematisch)

Lößdecken verhüllen im allgemeinen das ganze Relief, wenn sie größere Mächtigkeit haben. Nur die Talböden bleiben frei. Erst gegen die Grenze der Lößverbreitung macht sich die Abhängigkeit vom bodennahen Luftfeld stärker bemerkbar. Leehänge werden vom Löß bedeckt, die Luvhänge mit stärkerer Turbulenz bleiben sedimentfrei (Abb. 55).
Mächtigere Lößdecken sind meist untergliedert. Sie spiegeln den Wandel der Sedimentationsbedingungen sehr deutlich wider, der z.B. innerhalb einer Kaltzeit eintritt. Dabei verändert sich in der vertikalen Folge nicht nur die Beschaffenheit des Lößes, sondern in den Sedimentationspausen entstehen Böden (Abb. 56). Diese **fossilen Böden**, ursprünglich Leimenzonen genannt, sind wertvolle geochronologische Hilfsmittel.

Vorgänge an der Küste und Küstenformen

Ozeane und Binnenseen nehmen über 70% der Oberfläche der Erde ein. Im Bereich ihrer Gestade oder Küsten spielen sich die Vorgänge der marinen Abtragung, des Transports und der Sedimentation ab, die einen spezifischen Formenschatz hervorrufen.
Die Bewegung des Wassers in den sogenannten stehenden Gewässern äußert sich in Wellenbewegung und Strömung, die primär durch den Wind und die Gezeiten ausgelöst werden. Den Grund- und Aufrißformen der Küste entsprechend werden die Wellen transformiert, wird ihre kinetische Energie in potentielle umgewandelt. Gleichfalls entstehen dabei spezielle Küstenströmungen. Nach der Kombination der morphologischen Prozesse und ihrer Wirkungen unterscheidet man Tief- und Seichtwasserküsten.
An der **Tiefwasserküste** nimmt die Wassertiefe innerhalb eines schmalen, höchstens 100 bis 200 m breiten Saumes bis zu mehr als 10 m zu. In Abhängigkeit von der Gestalt des Festlandes kann sich dort ein Steilhang oder Kliff ausbilden. Tiefwasserküsten ohne Kliff werden auch als Flachküsten bezeichnet. Die Vorgänge in dem vom Wasser überspülten Bereich bleiben jedoch gleich. Bei abnehmender Wassertiefe wird die Wellenbewegung, die annähernd einer kreisförmigen oder **Orbitalbewegung** der Wasserteilchen entspricht, durch Reibung am Boden gestört. Es entsteht die Brandung, in der sich die Wellenkämme überschlagen und in Richtung auf die Strandlinie auslaufen (Abb. 57). Am Boden der **Brandungszone** fließt das Wasser wieder zurück. Als Ergebnis dieser zur Küste und von der Küste weg gerichteten Wasserbewegung bildet sich die **Schorre** oder Strandplattform, die sich, wie man nach jedem Sturm beobachten kann, nach ihrem Gefälle und mit ihren Kleinformen jeweils in kurzer Frist auf die Stärke der Wellenbewegung einstellt. Wo die Brecher auslaufen, setzen sie das durch die Wellenbewegung aufgewirbelte Material in einem **Strandwall** ab. Meerwärts folgen im Bereich der Brandungszone jedoch noch mehrere dieser **Sandriffe** von etwa 1 m Höhe und in jeweils etwa 100 m und mehr Abstand aufeinander. Bei geringer Wellenbewegung bilden sich die den Windrippeln gleichenden **Strandrippeln** unter der Wasseroberfläche aus.

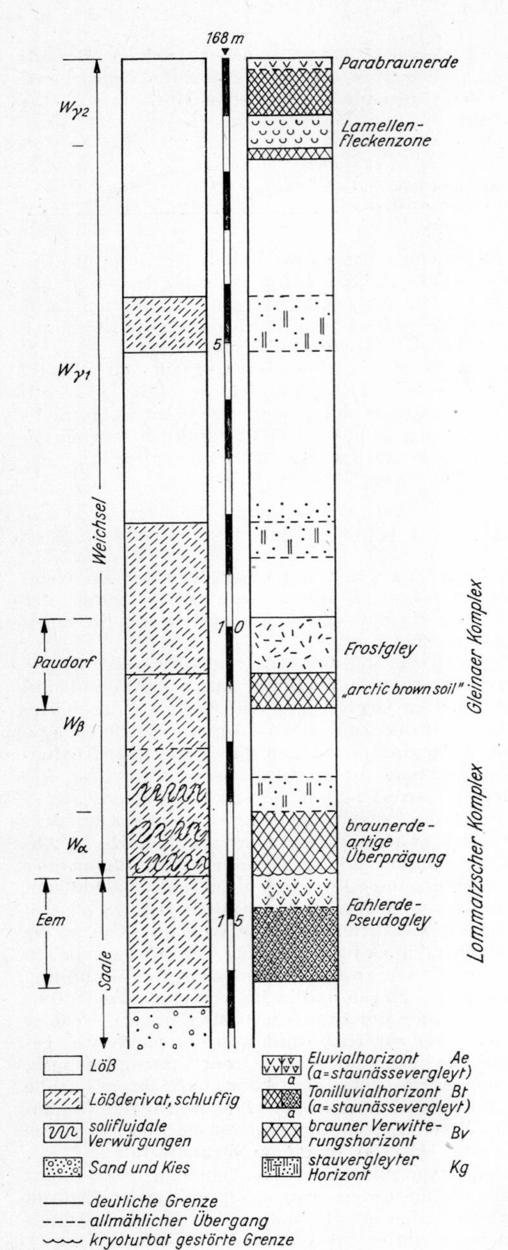

Abb. 56. Saale- und weichselzeitliche Löße sowie fossile Böden im mittelsächsischen Lößgebiet bei Gleina/Lommatzsch (nach Lieberoth)

Das Lockermaterial wird durch die Brandung sehr kräftig und häufig bewegt. Blöcke werden zu Geröllen abgeschliffen, auch Grobsand und Mittelsand sehr gut gerundet und nach der Schwere sortiert. Feineres Material wird nur bei sehr geringer Wellenbewegung sedimentiert, z. B. in Stillwasser und Nehrströmen von Buchten, aber meist mit den zurückfließenden Wellen in größere Wassertiefe verfrachtet.
Dieser sandige Brandungsbereich, in dem auch mehrere Strandwälle aufeinanderfolgen können, sichert die permanente Sandzufuhr für die eine flach ansteigende Küste parallel begleitenden Küstendünen. Die erodierende Wirkung in der Brandungszone ist so kräftig, daß stärker ansteigendes Relief auch im Festgestein zu einer Strandplattform abgetragen wird und ein **Kliff** entsteht.
Die Brandung arbeitet während hohen, durch Winddruck bzw. an Gezeitenküsten durch die Flut bedingten Wasserstandes am Fuß des Kliffs. Der Anprall der Brecher wird durch das mitgeführte Geröll verstärkt und dadurch, unabhängig davon, ob das Kliff aus Locker- oder Festgestein besteht, der Fuß des Steilhanges gelockert und Gestein herausgeschlagen und -gespült. Manchmal entsteht eine **Brandungshohlkehle**. Ihre Bildung kann unter gegebenen Bedingungen durch Materiallösung, wie beim Kalkstein, durch Küsteneisdruck und andere Vorgänge verstärkt werden. Über dem versteilten Kliffuß brechen die oberen Hangteile ab. Aber bei der Kliffbildung wirken auch andere Abtragungsvorgänge, wie Abspülung und Rutschung, mit. Das am Ende des Kliffs sedimentierte Material wird durch die Brandung aufgenommen und aufgearbeitet. Damit weicht das Kliff landeinwärts zurück, die **Strandplattform** wird vergrößert. Mit ihrer Er-

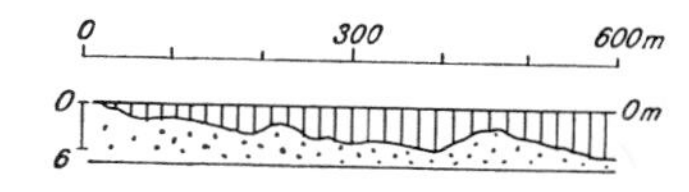

Abb. 57. Sandriffe (schematisch nach Hartnack)

weiterung kann sich jedoch, gleichbleibenden mittleren Wasserspiegel vorausgesetzt, die Wirkung der Brandung vermindern. Dann entsteht am Fuß des Kliffs eine Schutthalde. Das aktive Kliff geht in eine Ruheform über, die nur der subaerischen Abtragung und damit Abflachung unterliegt.
Selten ist die Wind- und damit die Wellenbewegung senkrecht auf die Küste gerichtet. Durch die Bremsung der Wellenbewegung auf der Schorre dreht zwar eine spitzwinklig zur Küste anlaufende Brandung gegen die Normale zur Küste ein. Da aber das in der Brandung am Boden ablaufende Wasser, das ja ebenfalls wieder Lockermaterial wegführt, dem Gefälle folgt, ergibt sich als Resultierende eine Materialbewegung parallel zur Küste, die sogenannte **Strandversetzung**. Sie kann durch eine entsprechende küstennahe Strömung des Meerwassers unterstützt werden. Infolge der Trägheit dieser Wasser- und Materialbewegung setzt sich die Sedimentation in der generellen Richtung der Küste und der mittleren Windrichtung an zurückspringenden Kaps und vor Buchten fort und schnürt schließlich diese durch einen Strandwall oder eine **Nehrung** ab. Auf diese Weise wird eine buchtenreiche Küste, wie z. B. die zwischen der Oder- und der Weichselmündung, in eine **Ausgleichsküste** umgeformt, hinter deren Nehrungen und Haken **Strandseen** und Buchten abgeschnürt werden.
An der **Seichtwasserküste** wird erst in großer Entfernung vom Festland eine Meerestiefe über 5 m erreicht. Wirken an solchen Küsten die Gezeiten, dann wird am Ende der Flutzeit eine erhebliche Menge Sediment abgesetzt. Das Wasser läuft in tiefen, talförmigen **Prielen** zurück, in denen

es bei beginnender Flut auch zuerst wieder eindringt. Dieser Sedimentationsraum des **Wattenmeeres** kann mehrere Kilometer breit sein. Erst an seinem meerwärtigen Saum wirken die Vorgänge stärker, die für die Tiefwasserküste bezeichnend sind, z.B. der Aufbau einer Strandwallserie. An gezeitenarmen Küsten können sich in diesem seichten Küstenbereich Stillwassergebiete entwickeln, bevorzugte Bereiche der Sedimentation feinen Schlicks. In den Tropen stocken an der Seichtwasserküste Mangrovenwälder, durch deren Wurzelgeflecht wiederum die Sedimentation feinster Trübe begünstigt wird.

Eine auffallende Modifikation erfahren Tief- und Seichtwasserküsten in den Tropen durch riffbauende **Korallen.** Die Hexakorallen sind an Wassertemperaturen über 18°C und wegen ihres Lichtbedarfs an Wassertiefen von weniger als 25 m gebunden. Sie benötigen außerdem reiche Sauerstoffzufuhr und meiden Flußmündungen mit hoher Sedimentführung.

Korallenbauten entstehen als **Saumriffe, Wallriffe** und schließlich **Atolle** — ringförmige Inseln, die dem Rand einer untermeerischen Erhebung aufsitzen und eine seichte **Lagune** umgrenzen. Obwohl der Lebensbereich der Hexakorallen begrenzt ist, bildeten sie oft — infolge von Meeresspiegelanstieg — Bauten von mehreren hundert Meter Mächtigkeit.

Die mannigfaltigen **Küstenformen** sind einerseits auf die genannten Vorgänge der Küstenbildung, anderseits auf Meeresspiegelschwankungen zurückzuführen. Diese ergeben sich durch aktive Krustenbewegung im Bereich der Küste selbst oder langsames Absinken der Tiefseeböden, die an der Küste durch Trans- bzw. Regression des Meeresspiegels gut erkennbar sind, und durch Veränderungen im Wasserhaushalt der Atmosphäre. Solche **eustatischen Meeresspiegelschwankungen** waren die Folge der Bindung von riesigen Wassermengen in den Inlandeisdecken bzw. deren Abtauen am Ende der Kaltzeiten. Eustatische Meeresspiegelschwankungen liegen in der Größenordnung von 100 m, auch diejenige, die während der Weichselkaltzeit eintrat. Da der Meeresspiegel der Ozeane am Ende der letzten Kaltzeit eustatisch anstieg, sind viele Küsten **untertauchende** oder **untergetauchte Küsten.** Hier drang das Meer in Gebiete vor, die während der Kaltzeit auf dem Festland geformt wurden. Besonders eindrucksvolle Beispiele solcher untergetauchter Küsten bietet der Bereich, der unter den Inlandeisdecken der Nord- und Südhalbkugel glazial und glazifluvial überprägt worden ist. Die **Fjorde** Norwegens, Neufundlands, Neuseelands sowie Patagoniens sind riesige Trogtäler, die **Schärenhöfe** der Ostseeküste zum Teil aus dem Wasser emporragende Rundbuckelfluren, die Förden und Färden der Ostseeküste Zungenbecken, die **Boddenküste** Ausschnitte einer Grundmoränenplatte, in die das Meer eindrang und diese, wie bei der Ausgleichsküste erwähnt, zum Teil durch Meeresbrandung und Strandversetzung umgestaltete. Ebenso drang das Meer in Flußmündungen und Täler (Bosporus), ferner in Trockentäler oder Wadis der Wüste (Cyrenaika) ein und gestaltete sie, wie z.B. an den Trichtermündungen der Elbe und des Severn, durch die Gezeitenwirkung um.

Die untertauchenden stehen den **auftauchenden** und **aufgetauchten Küsten** gegenüber. So liegen Strandplattformen z.B. an der italienischen oder der westafrikanischen Küste heute mehrere hundert Meter über dem Meere. Wo eustatische Wasserspiegelschwankungen von Hebungen überlagert werden, die u. a. auf die Entlastung vom Druck der Inlandeiskörper zurückgeführt werden, liegen unter- und auftauchende Küstenabschnitte auch räumlich vergesellschaftet vor, wenn — wie insbesondere in Skandinavien — der isostatische Aufstieg mit Regression des Meeres dem eustatischen Meeresspiegelanstieg erst mit großer Phasenverzögerung folgt.

Submarine Vorgänge und Formen

Das untermeerische oder submarine Relief zeigt wesentliche Unterschiede gegenüber den Oberflächenformen des Festlandes. Eine Ursache dafür ist die spezifische geologische Entwicklung der Meeresgebiete. Sie äußert sich in der durch die hypsographische Kurve (Abb. 2) demonstrierten Großgliederung der Meeresgebiete in den **Kontinentalschelf**, in den **Kontinentalhang**, der in einen stärker geneigten oberen und einen flachauslaufenden unteren Teil zu gliedern ist, und in den **Tiefseeboden** mit den **Tiefseerinnen**, in denen die größten Meerestiefen auftreten. Diese Großgliederung des Meeresbodens gilt für die gesamte Erde, wenn auch mit gewissen Abwandlungen für die einzelnen Meeresregionen.

Eine weitere Ursache für die Sonderstellung des Meeresbodenreliefs sind die eigentümlichen Bedingungen für geomorphologische Prozesse. Die permanente Aufbereitung von Fest- und Lockergestein durch die zahlreichen Prozesse der Verwitterung auf dem Festland ist unter dem Meeresspiegel wegen der dort herrschenden fast gleichbleibenden Temperaturen und wegen des Luftabschlusses auf Lösungsvorgänge verschiedener Art beschränkt. Selbstverständlich entfallen unter dem Meeresspiegel die meisten Prozesse, durch die auf dem Festland Lockermaterial umgelagert wird. Damit wird auch die physikalische Zerkleinerung von Lockermaterial, die auf dem Festland bei Transportvorgängen auftritt, submarin erheblich eingeschränkt. Eine Ausnahme bildet der litorale Bereich, in dem unter bestimmten Umständen noch terrestrische Transportvorgänge wirksam sein können (fluviale Sedimentation, glaziale Exaration und glaziale Sedimentation) und wo durch die bis in größere Tiefe reichende Wellenwirkung auch in einiger Entfernung von der Küstenlinie noch Lockermaterial aufgenommen, umgelagert, zerkleinert und sedimentiert wird.

Vom Festland her betrachtet, ist das Meer der große Sedimentationsraum, in dem die Umlagerung jenes Lockermaterials endet, das auf den Kontinenten gebildet und umgelagert, dem Meer durch die Flüsse und von der Meeresbrandung durch Küstenabbruch zugeführt wird. Von Bedeutung sind weiter das Moränenmaterial, das aus Eisbergen ausschmilzt, die von ins Meer kalbenden Gletschern und Inlandeisdecken stammen, und die Zufuhr von Staub sowie von vulkanischer Asche durch den Wind vom Festland her. Weiter entsteht im Meer selbst neues Material durch submarinen Vulkanismus, durch Abbau organischer Substanz sowie durch chemische Bindung. Wie im Abschnitt „Meeresgeologie" dargestellt, ergeben sich durch die Ablagerung dieses Materials am Meeresboden typische Sedimentfazies, die vor allem durch den Abstand von den Kontinenten, durch die physikalische und chemische Beschaffenheit des Meerwassers in grober Anlehnung an die Klimagürtel sowie von der Meerestiefe bestimmt werden.

Welchen Umfang geomorphologische Prozesse durch Umlagerung des auf dem Meeresboden sedimentierten Materials, bei der spezifische submarine Abtragungs- und Akkumulationsformen entstehen müßten, überhaupt haben, läßt sich nur abschätzen. Der größte Teil des Meeresbodens, vor allem im Bereich der Kontinentalhänge und der Tiefseeböden, ist direkter Beobachtung noch nicht bzw. nur punktförmig zugänglich. Auch die durch Krustenbewegungen angehobenen marinen Sedimente können nur bedingt zur Beurteilung verwendet werden, da sie zum größten Teil aus geringerer Meerestiefe stammen, vor allem aus den litoralen und hemipelagischen Räumen. Anderseits lassen die Kenntnisse über die Formen des Meeresbodens den Schluß zu, daß das dort nach dem Absinken sedimentierte Material durch bestimmte Prozesse tangential umgelagert wird. Bei diesen Formen handelt es sich um talartige Hohlformen, sogenannte submarine

Cañons, die sich zu Talsystemen zusammenschließen und auch in einer Tiefe auftreten, in der es sich nicht mehr um echte, subaerisch gebildete Täler handeln kann, die vom Meer transgrediert wurden.
Als einziger wesentlicher Prozeß, der zu tangentialer Umlagerung von Sedimenten führt, gilt die **Suspensions-** oder **Schlammbewegung** (engl. turbidity flow oder turbidity current). Lockermaterial, dessen Porenvolumen völlig von Wasser erfüllt ist, kann an untermeerischen Böschungen in Bewegung geraten. Diese Rutschungen werden an stärker geneigten Hängen durch weitgehende Suspension des Lockermaterials, bei geringerer Neigung durch Meeresströmungen oder die Druckwellen untermeerischer Erdbeben ausgelöst. Die Schlammbewegung kann mit großer Geschwindigkeit vor sich gehen. Vor der nordamerikanischen Ostküste sind aus der Beobachtung von Kabelbrüchen, die durch solche Schlammbewegungen verursacht wurden, Geschwindigkeiten von 30 bzw. 6 m/s bei einer Neigung der untermeerischen Böschung von 1 : 170 bzw. 1 : 2000 bestimmt worden. Diese sehr schnellen Bewegungen sind wahrscheinlich auch eine Erklärung für das Auftreten von freiliegendem Festgestein auf dem Meeresboden, der durch solche Wellen vom Sedimentmaterial freigefegt wird. Klingt die Bewegung des suspendierten Materials allmählich aus, bildet sich wieder eine dünne Sedimentschicht, in der das Material nach oben zu immer feiner wird. Zyklische Schichtung solcher Art ist auch aus Binnenseen bekannt, in denen sie mit der Sedimentation nach Uferabbrüchen entsteht. Der lebhafte Material- und Richtungswechsel der Schichtung in alpinen Flyschgesteinen ist schon mehrfach als Ergebnis untermeerischer Rutschungen gedeutet worden. Submarine Schlammbewegungen der beschriebenen Form sind aber wahrscheinlich nicht auf die submarinen Cañons beschränkt, sondern treten auch an beliebigen anderen Böschungen auf.
Einige wichtige **submarine Relieftypen** seien im folgenden im Zusammenhang mit den Großformen des Meeresbodens erwähnt. Auf dem Kontinentalschelf, der bis rund 200 m Meerestiefe reicht, sind vor allem in dessen küstennahen und flacheren Bereich häufig Zusammenhänge mit den Oberflächenformen des Festlandes beobachtet worden. Hier handelt es sich meist um terrestrische Oberflächenformen, die während der Regression in der letzten Kaltzeit entstanden. Bekannt sind u. a. die Randlagen des nordeuropäischen Inlandeises im Ostseebecken, die mit denen des Festlandes korrespondieren. Zugleich aber sind im flacheren Schelf häufig submarine Kliffs und Strandwälle als ehemalige Küstenlinien erkannt worden. Auch die Täler großer Ströme sind als submarine Tiefenfurchen in den Schelfbereich eingeschürft. Zum Teil gehen sie in die submarinen Cañons des Kontinentalhangs über.
Auf dem tieferen Teil des Kontinentalschelfs und auf dem Kontinentalhang werden die Zeugen ehemaliger Festlandoberflächenformen seltener, da die Regression während der letzten Kaltzeit des Pleistozäns weltweit nur etwa 100 m betrug. Tiefer liegende transgredierte Oberflächenformen müßten durch die Annahme zusätzlicher Krustenbewegungen erklärt werden. Unter den submarinen Formen des Kontinentalhangs sind vor allem die schon erwähnten submarinen Cañons zu beachten. Da der Kontinentalhang bis auf 4000 und mehr Meter Tiefe abfällt, kommt für ihre Erklärung nur noch die Schlammbewegung in Frage, durch die diese talsystemartigen Hohlformen ausgeschürft und weitergebildet werden. Große submarine Cañons sind schließlich auch auf den unteren Teilen des Kontinentalhangs und im Gebiet der mittelozeanischen Rücken festgestellt worden.
Unter den verschiedenen Typen der Vollformen des Kontinentalhangs und der Tiefseeböden fallen die **Guyots** besonders auf. Guyots sind Kegel-

berge, die sich mehrere Kilometer hoch über dem Tiefseeboden erheben. Ihre Hangneigung ist mit 20° und mehr gegenüber sonstigen submarinen Böschungen sehr groß. Die Spitze des Kegels ist durch eine horizontale Fläche gekappt. Zum größten Teil sind die Guyots submarine Vulkane, die durch die Brandung abradiert wurden. Da sich die Oberfläche dieser Kegelstümpfe zum Teil 1000 m und mehr unter dem Meeresspiegel befindet, muß ein später erfolgtes Absinken des Meeresbodens angenommen werden.
Abgesehen von den Hängen solcher submarinen Vulkane, sind die submarinen Böschungen an Voll- und Hohlformen, selbst an den Hängen vieler ozeanischer Inselgruppen, wesentlich geringer. Die größten Böschungswinkel treten dabei noch an den oberen Teilen der Kontinentalhänge auf, die mit 3 bis 4° angegeben werden, und an den Abdachungen der Tiefseerinnen. Die Tiefseeböden sind über weite Flächen hin eben. Größtenteils dürfte das ein Ergebnis der zwar sehr langsamen, aber langandauernden Sedimentationen sein.

Anthropogene Oberflächenformung

Die menschliche Gesellschaft wirkt durch die Technik in der verschiedensten Weise auf die Natur und damit auch auf die Gestaltung der Oberflächenformen ein. Dieser Einfluß der Technik ist auf begrenztem Raum oft sehr groß, mit geringerer Intensität aber auch über große Erdräume hinweg wirksam. Man kann dabei **passive** und **aktive anthropogene Oberflächenformung** unterscheiden.
Vielfach ist die Veränderung der Oberflächenform nicht das eigentliche Ziel bestimmter technischer Eingriffe, sondern das Ergebnis natürlicher geomorphologischer Prozesse, deren Wirksamkeit jedoch durch Eingriffe der menschlichen Gesellschaft in den Naturhaushalt verstärkt wird. Das bedeutsamste Beispiel passiver anthropogener Oberflächenformung bildet die Bodenerosion, auf die bei den Vorgängen der Hangabtragung (S. 166) schon hingewiesen wurde. Durch die Beseitigung der natürlichen Vegetationsdecke in den Waldgebieten der mittleren und subtropischen Breiten, in den letzten Jahrzehnten auch in denen der humiden Tropen, ist die Abspülung an den Hängen stellenweise katastrophal verstärkt worden. Dadurch wurde nicht nur der natürliche Boden zerstört, sondern durch engständige Hangkerben ein völlig anderes Relief gebildet, wie z. B. in den Badland-Gebieten nordamerikanischer Steppen. Als Folge verstärkter Abspülung wird auch die Auelehmdecke der Talauen gedeutet. Es ist jedoch sicher, daß die Bildung des Auelehms schon in vorhistorischer Zeit als natürlicher Vorgang ablief, aber meist mit geringerer Intensität. Gleiches gilt für die Bodenerosion durch Abblasung, die sich auf überweideten oder vom Ackerbau genutzten Flächen in den Steppen viel stärker bemerkbar macht als dort, wo die Steppenvegetation eine geschlossene Decke bildet oder auch durch geeignete Fruchtfolgen die Phase, in der der Boden unbedeckt bleibt, möglichst kurz gehalten wird. Bekannt sind auch viele Beispiele für die Aktivierung von Sanddünen als Folge von Entwaldung oder Überweidung der vor der Abblasung schützenden Vegetationsdecke.
Bei gleichmäßiger Verteilung der Niederschläge über das Jahr, wie etwa in Mitteleuropa, entwickeln sich durch verstärkte Abspülung zwar nicht so krasse Formen, doch sind die Ackerrandstufen in den Mittelgebirgen und im hügeligen Relief Zeugen für relativ rasche Materialabtragung und -ablagerung seit Beginn der landwirtschaftlichen Nutzung dieser Flächen.

Unter ihrem Einfluß, verstärkt durch das Ablesen der Steine, die an den Feldrändern zu Lesesteinwällen aufgeschichtet werden, falls sie nicht als Baumaterial Verwendung fanden, sind auf großen Flächen die periglazialen, im Tiefland auch die glazialen Kleinformen nivelliert, beseitigt und durch eine durch die Bodenbearbeitung bedingte Formengruppe ersetzt worden.
Aktive, also gezielte Veränderungen der Oberflächenformen durch die Technik hängen einerseits mit solchen Maßnahmen zusammen, durch die natürliche Prozesse unter Kontrolle gebracht bzw. in gewünschte Bahnen gelenkt werden oder wirtschaftliche Objekte unterschiedlichster Art vor schädlichen Wirkungen natürlicher Prozesse geschützt werden; anderseits entstehen durch technische Massenbewegungen neue Oberflächenformen, die für die Entwicklung der Produktion, von Siedlungen und Verkehr sowie für den Abbau von Bodenschätzen notwendig sind. Selbstverständlich hängen die verschiedenen Formen der aktiven wie der passiven anthropogenen Oberflächenformung eng zusammen. Zwischen ihnen bestehen viele Übergänge.
Besonders eindringliche Beispiele für die Lenkung, Kontrolle und Nutzung natürlicher Prozesse sind die *Regulierung der Flüsse* und der *Ausbau der Küsten.* Die Wildbachverbauung in den Hochgebirgen dient besonders der Steuerung des Gerölltransports. Talsperren sorgen unter anderem vor allem für den Ausgleich der Wasserführung während der Hochwasserphasen, damit die Schäden durch Ausufern, verstärkte Seitenerosion und Sedimentation in flußab anschließenden Talabschnitten gemindert werden. An den Ufern der Wasserflächen größerer Talsperren muß zugleich gegen die Brandung Vorsorge getroffen werden. Dem Schutz gegen Seitenerosion dient die Verbauung der Flußufer durch Mauerwerke oder durch Buhnen, die den Flußquerschnitt verengen. Sie verstärken dadurch den Sedimenttransport, so daß mit Hilfe der natürlichen fluvialen Prozesse eine ausreichende Wassertiefe z. B. für die Flußschiffahrt — auch in Niedrigwasserzeiten — gesichert wird. Gleiche Wirkung haben die Durchstiche ausgelöst, mit denen Mäander in gefällsarmen Talabschnitten abgeschnitten wurden. Nach einer solchen Regulierung tiefte sich der Rhein im Oberrheingrabenabschnitt zum Teil mehr als 3 m ein.
Zum Schutz gegen die Überschwemmung durch Tieflandsflüsse entstanden schon vor Jahrhunderten umfangreiche Deichsysteme. Ihre ständige Verstärkung und Erweiterung ist dort vor allem notwendig, wo die Flüsse viele Sedimente transportieren und absetzen, z. B. im Unterlauf der großen chinesischen Flüsse. In engem Zusammenhang mit diesen Regulierungsmaßnahmen stehen die Bewässerungssysteme, die in den Flußtaloasen der Trockengebiete, aber auch in den Subtropen, größten Umfang erreichen. In Süd- und Mittelchina werden fast 60% der Anbaufläche bewässert, das sind mehr als 700000 km². Durch die planmäßige Verteilung des Flußwassers über große Flächen, die meist größer als die natürlichen Ausuferungsflächen sind, wird sowohl der Abfluß als auch die Sedimentation der Flußtrübe erheblich verändert.
Durch den Ausbau der Küsten wird einerseits der Landverlust durch Brandung und durch Meereseinbrüche verhindert, anderseits an Flachwasserküsten Meeresboden eingedeicht.
Schutzbauten gegen die Brandung verstärken die Widerständigkeit der natürlichen Küste gegen die Wellenwirkung, indem sie z. B. die dynamisch günstigsten Profile herstellen, an denen die Wellen auslaufen können. Häufig wird durch Buhnen die Wellenbewegung schon im Küstenvorfeld gestört und dadurch die Brandungswirkung an der Küste vermindert. Bei der Landgewinnung an Gezeitenküsten wird die natürliche Sedimentationstendenz im Wattenmeer durch Buhnen und Bepflanzung unterstützt, bis

ein küstennaher Abschnitt bis an die Mittelwasserlinie aufgeschlickt ist. Dann wird dieser Teil eingedeicht. Meist ist aber in diesen eingedeichten Flächen Polderbetrieb erforderlich, da die Vorflut mit natürlichem Gefälle nicht ausreicht, um Dräng- und Niederschlagswasser zum Meer hin zu entfernen. Eindeichungen dienen z. T. der Landgewinnung für die Landnutzung, vor allem aber, um eine Küstenlinie zu schaffen, die sich möglichst gut gegen Landverlust und damit gegen Schäden an Siedlungen und Verkehrsanlagen schützen läßt. Auch bei gut ausgebauten Küstenschutzanlagen kommt es, zumal im Mündungsbereich großer Ströme, durch den Rückstau des Flußwassers immer wieder zu katastrophalen Überschwemmungen (Rhein- und Scheldemündung 1953, Elbemündung 1962).
Flächenhaft von großer Bedeutung für die Veränderung von Hangformen ist die *Terrassenkultur*. Den vergleichsweise kleinen Flächen mit terrassierten Hängen in Mitteleuropa, die vor allem dem Anbau von Spezialkulturen dienen, stehen riesige Gebiete terrassierter Hänge in Süd- und Ostasien sowie Mittelamerika gegenüber. Durch den oft schon über viele Jahrhunderte betriebenen Bau solcher Terrassen sind die ursprünglichen Kleinformen des Hanges samt der Lockermaterialdecke und dem Boden völlig verwischt. Terrassenflächen sind durch Abspülung und Rutschung stets stark gefährdet und erfordern eine ständige Pflege.
Beträchtliche Massenbewegungen sind, vor allem während der letzten 100 Jahre, beim *Bau von Trassen* für Eisenbahnen und Straßen, bei der Erweiterung von Siedlungsflächen, besonders aber beim *Abbau von Bodenschätzen* notwendig geworden. Etwa 800 Mio m^3 Deckgebirge werden im Jahr in Braunkohletagebauen in der DDR abgetragen, um die Kohleflöze für den Abbau freizulegen. Das entspricht fast der Substanzmenge, die nach SAPPER im Mittel innerhalb der letzten vier Jahrhunderte je Jahr von sämtlichen Festlandsvulkanen gefördert wurden. Dadurch entsteht auf mehrere 100 km^2 großen Flächen innerhalb weniger Jahrzehnte eine völlig neue Gruppe von Oberflächenformen: Abraumhalden auf unverritztem Gelände, Kippen in unterschiedlicher Höhe ihrer Oberfläche relativ zu ihrer unveränderten Umgebung in den ausgekohlten Teilen der Tagebaue und schließlich riesige, letztlich alle weitgehend mit Wasser gefüllte Restlöcher. Auch die vertikalen Ausmaße dieser technischen Oberflächenformen sind — z.B. in der Leipziger Tieflandsbucht — ganz beträchtlich. Die natürlichen Höhenunterschiede betragen hier etwa 40 m, denen die zum Teil über 60 m hohen Halden und 100 m tiefen Tagebaue bzw. Restlöcher gegenüberstehen. Die Senkungserscheinungen über den zusammenstürzenden Hohlräumen von Tiefbaugruben treten demgegenüber erheblich zurück. In jedem Falle stehen diese durch die technischen Eingriffe gebildeten Oberflächenformen auch unter dem Einfluß natürlicher geomorphologischer Prozesse. Das zeigen alle von Spülfurchen zerschnittenen Dammböschungen, vor allem wiederum die gewaltigen Abspül- und Deflationseffekte wie auch die Rutschungen an Halden und Kippenhängen.

Meeresgeologie

Die Stellung der Meeresgeologie

Alle an den Forschungsarbeiten auf See beteiligten Geowissenschaften fügen sich in den Rahmen der Meeresforschung ein. Dies ist der weiteste Begriff, der alle wissenschaftliche Arbeit im marinen Bereich umfaßt.
Die Meeresgeologie stellt einen speziellen Zweig sowohl der Geologie der Meere und Ozeane als auch der Ozeanologie dar. Im Gegensatz zu der auf dem Festland betriebenen geologischen Erforschung vorzeitlicher Meere und Ozeane beschränkt sie sich auf den Bereich heutiger Meere (Tab. 16).
Die Praxis hat ferner zu einer Trennung der Oberflächenkartierung und der Tiefenkartierung des Meeresgrundes geführt; Meeresgeologie i. e. S. umfaßt

Tab. 16. Die Stellung der Meeresgeologie

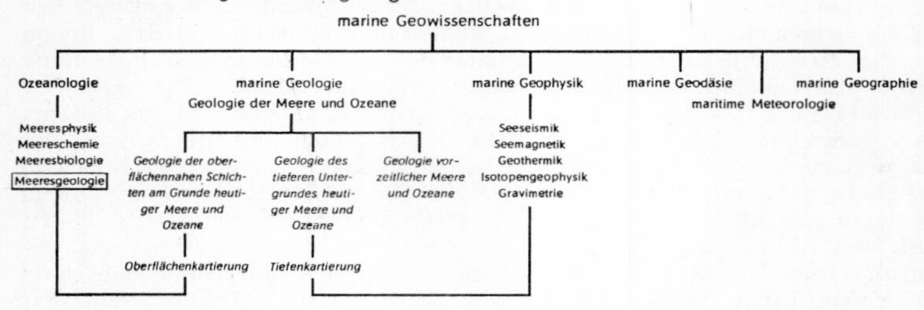

die Oberflächenkartierung und die Erforschung geologischer Prozesse am Meeresgrund.
Meeresgeologie ist nur in enger Verbindung mit den Disziplinen der Ozeanologie — Meeresphysik, Meereschemie und Meeresbiologie — zu betreiben. Die Zusammengehörigkeit dieser vier Forschungsrichtungen findet in der Zusammenfassung in meereskundlichen Instituten, in der gemeinsamen Planung und Durchführung der Forschungsaufgaben an Bord ein und desselben Schiffes sowie in zusammenfassenden Darstellungen der Forschungsergebnisse ihren Ausdruck. Meeresphysik und Meeresgeologie z. B. berühren sich eng bei der Erforschung der Meeresströmungen und der Sedimentumlagerung, da sich Strömungen dicht über dem Meeresgrund in der Korn- und Schwermineralverteilung widerspiegeln. Die Strömung dicht über dem Grund läßt sich sowohl direkt messen als auch indirekt durch die Umlagerung lumineszent gefärbter Sande nachweisen. Der Stoffhaushalt im Meer ist nur unter Einbeziehung des Meeresgrundes zu erfassen; die enge Beziehung zwischen benthonischer Lebewelt und Substrat wird durch verfeinerte Karten der Sedimentverteilung und der benthonischen Besiedlung veranschaulicht.
Anderseits erfolgt die mit Hilfe von Bohrungen betriebene geologische Erforschung des tieferen Untergrundes der heutigen Meere in enger Verbindung mit den Arbeitsrichtungen der marinen Geophysik: Seeseismik, Seemagnetik, Gravimetrie, Geothermik und Isotopengeophysik. Die technische Ausrüstung an Gerät und Schiffen für Tiefbohrungen (Tafel 33) und geophysikalische Messungen auf See geht weit über den Aufwand der im Rahmen der Ozeanologie betriebenen meeresgeologischen Forschung hinaus.

Die Verbindung zwischen den drei Zweigen der marinen Geologie zeigt sich in zusammenfassenden Darstellungen der Forschungsergebnisse (z. B. in M. N. HILL: The Sea, Bd 3 The Earth beneath the Sea; Geologische Rundschau 47, 1; Z. Marine Geology; Whittard and Bradshaw: Submarine Geology and Geophysics).

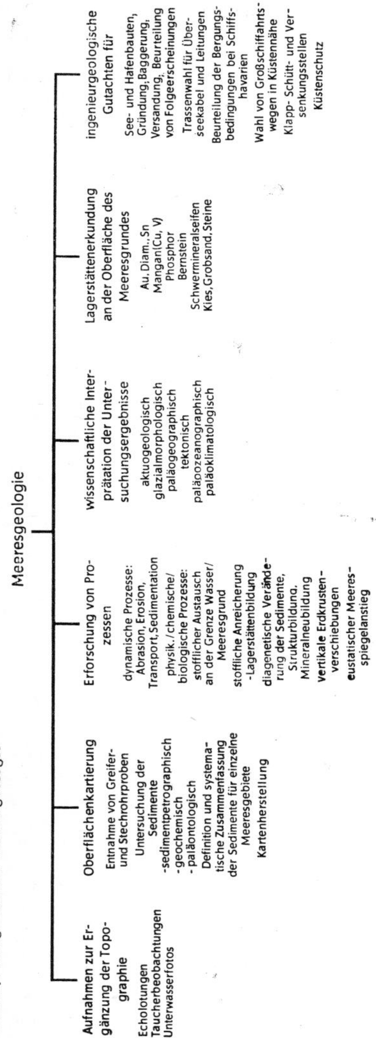

Tab. 17. Aufgaben der Meeresgeologie

Aufgaben der Meeresgeologie

Die umfangreichen Aufgaben der Meeresgeologie lassen sich unter sechs Gesichtspunkten zusammenfassen, die in Tab. 17 aufgeführt sind. Meeresgeologische Arbeiten setzen genaue Reliefaufnahmen des Meeresgrundes voraus, die in den meisten Fällen heute allerdings noch fehlen. Deshalb sind **ergänzende Aufnahmen zur Topographie** mit Hilfe von Echographen, Taucherbeobachtungen und Unterwasserphotos erforderlich, zumal Echogramme nicht nur das Relief, sondern auch die Bedeckung des Meeresgrundes – z. B. mit großen Steinen, Tangfluren, Muschelbänken oder Stubbenfeldern – erkennen lassen (Tafel 32). Sie bieten ferner Hinweise auf die Mächtigkeit und Lagerung unterschiedlicher Sedimentschichten. Die von Geologen als Tauchern selbst durchgeführten Messungen und Beobachtungen, beispielsweise das Einmessen von Schichten, Blockzählungen, Einschläge am Meeresgrund mit Hilfe eines Wasserstrahlrohres und die Entnahme von Handstücken, führten zur wesentlichen Verfeinerung topographischer Darstellungen. Die Kopplung von Unterwasserfernseh- und Unterwasserphotokameras gestattet es, selbst in großen Tiefen dokumentarisches Material am Meeresgrund zu sammeln. Die Verwendung von Kleinstunterseebooten und druckfesten Körpern bietet weitere Möglichkeiten direkter Beobachtung (Tafel 32).

Die **Oberflächenkartierung** umfaßt die Aufnahme der Sedimentbedekkung und anstehender Gesteine. Ein erster Überblick ergibt sich an Hand der Sediment- und Gesteinsproben, die mit dem Bodengreifer gewonnen wurden. Mit Hilfe von Kolbenstechrohren ist es möglich, aus schlammigen nnd schlikkigen ozeanischen Sedimenten bis zu 20 m lange Proben zu gewinnen. Bei Wechsellagerung verschieden harter Sedimente, z.B. Schlick, Sand, Ton, Schluff und Geschiebemergel, ermöglicht der Einsatz eines Vibrationsstechrohrs die Entnahme bis zu 10 m langer ungestörter Kerne.

Sedimentpetrographische und geochemische Untersuchungen führen zu vielfältigen Aussagen über stoffliche Zusammensetzung, Herkunft und Bildungsbedingungen der Sedimente, paläontologische Funde liefern Hinweise auf das Alter und die Fazies. Die Untersuchungen dienen in erster Linie der Definition der verschiedenen Sedimente; auf diese Arbeit stützt sich die systematische Zusammenfassung aller Sedimente eines Meeresgebiets mit dem Endziel der Herstellung moderner Meeresgrundkarten. Zu den Aufgaben des Meeresgeologen zählt außerdem der Entwurf von abgedeckten geologischen Karten des Meeresgrundes, von Isopachenkarten der obersten Sedimentschichten, glazialmorphologischen Karten und Spezialkarten (Schwermineralverteilung, Abrasionsbeträge).

Die **Erforschung rezenter geologischer Prozesse** am Meeresgrund umfaßt außer den dynamischen und stofflichen Vorgängen auch epirogenetische Bewegungen und eustatische Veränderungen. Die Ermittlung der Wasser- und der Sedimentbewegung im küstennahen Bereich erfolgt mit Hilfe lumineszenter Farbsande und radioaktiver Indikatoren. Die große praktische Bedeutung, die Untersuchungen der Abrasion und Sedimentumlagerung für Küstenschutz, Hafenbau und Schiffahrt haben, rechtfertigt den experimentellen Aufwand.

Diagenetische Veränderungen subrezenter Sedimente erlauben Schlußfolgerungen über die Entstehung von Sedimentgesteinen. Auf vertikale Erdkrustenverschiebungen läßt sich aus dem Vorhandensein gleichaltriger submariner Uferterrassen schließen, die in einiger Entfernung voneinander in verschiedenen Niveaus angetroffen werden. So ist z.B. in den letzten 10000 Jahren Hebung im Bereich der Ostgotlandmulde, aber Senkung am Südrand der Bornholmmulde festgestellt worden.

Die Verfeinerung der Kurve des seit dem Spätglazial erfolgten eustatischen Meeresanstiegs läßt sich ebenfalls an Hand der Küstenlinienverschiebungen im heutigen Meeresbereich verfolgen. So stand der Meeresspiegel im Bereich der mittleren Nordsee zu Beginn des Boreals um 7000 v.u.Z. bei etwa −46 m N.H. Submarine Kliffs, Strandgeröllflächen, Schwermineralseifen und Gyttjaschichten im Niveau einstiger Uferbereiche bieten dafür Anhaltspunkte.

Bei der **Auswertung der Ergebnisse meeresgeologischer Forschung** steht das aktuogeologische Prinzip im Vordergrund. Das gilt insbesondere für Beobachtungen im Flachmeer, da etwa neun Zehntel aller fossilen Sedimentgesteine im flachen Wasser zum Absatz gelangten. Ebenso sind Erfahrungen über verstärkte stoffliche Anreicherungen für die Beurteilung fossiler Lagerstätten von Wert. Das Entwerfen paläogeographischer Karten beschränkt sich in der Meeresgeologie auf die Darstellung der Verhältnisse in den oberflächennahen Systemen.

Die genetische Deutung der Formen des Meeresgrundes im Hinblick auf endogene und exogene Kräfte sowie der Anschluß an benachbarte Formen des Festlandes stellen eine weitere Aufgabe der Meeresgeologie dar. Auf jüngsten topographischen Aufnahmen der Ozeanböden sind großräumige tektonische Strukturen in Gestalt der mittelozeanischen Rücken (Abb. 58) und der Tiefseegräben zu erkennen, deren weitere Untersuchung neue Ergebnisse in bezug auf die Frage der Entstehung der Kontinente und Ozeane liefern wird.

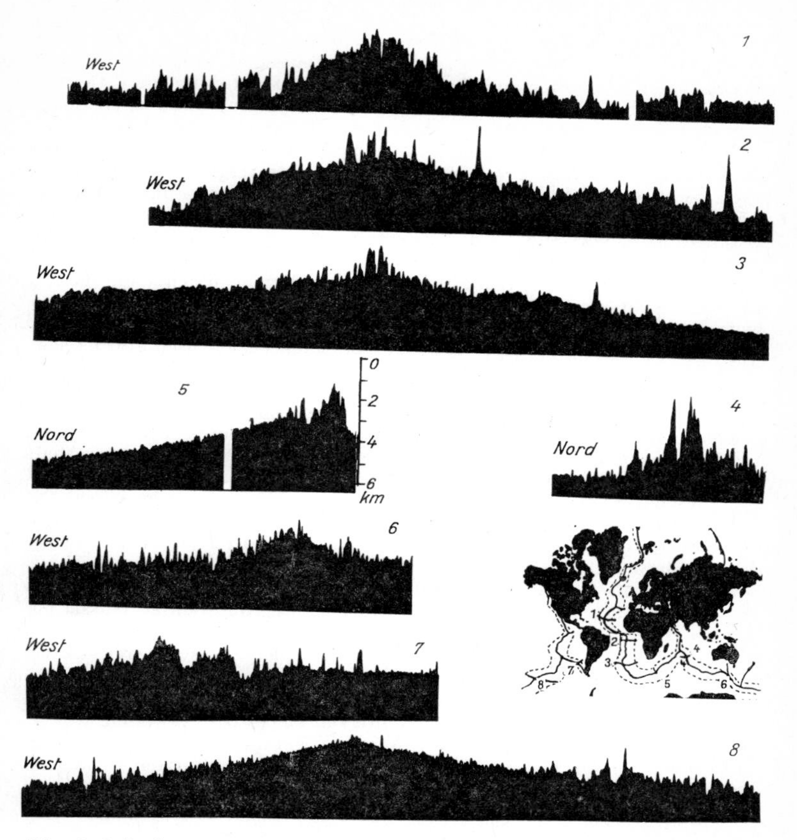

Abb. 58. 8 Profile aus topographischen Aufnahmen mittelozeanischer Rücken: *1* Nordatlantik; *2* und *3* Südatlantik; *4* und *5* Indischer Ozean; *6*, *7* und *8* Pazifik. Die Lage der Profile ist aus dem Kärtchen ersichtlich

Die in Stechrohrkernen angetroffenen Foraminiferen, Diatomeen und Mollusken lassen eine Reihe von Schlußfolgerungen im Hinblick auf die Entwicklung von Gewässern und Meeresteilen bezüglich ihrer Halinität, Temperatur, Tiefe, Flächenausdehnung sowie der Lichtverhältnisse, des Nährstoffgehalts, Chemismus und Bewuchses zu (Tafel 34). Frühere Klimaschwankungen können sich im Wechsel der Sedimente eines Stechrohrkernes durch Bändertone, humose Lagen und Kalkgyttjen abzeichnen. Pollenanalytische Untersuchungen von Stechrohrkernen gestatten Aussagen über vorzeitliche klimatische Verhältnisse sowie die zeitliche Einordnung von Sedimentationszyklen.
Im Gegensatz zur Tiefsee, in der die Forschungsarbeiten auf Grund der gegenwärtig noch bestehenden technischen Schwierigkeiten nur langsam fortschreiten, stellt das Schelfgebiet vor allem im Hinblick auf die Erkundung **nutzbarer Lagerstätten** gegenwärtig den wichtigsten Bereich dar. Schon seit Jahrzehnten wird der Abbau von Goldseifen vor der Küste Alaskas,

von Diamantseifen vor derjenigen der Republik Südafrika und von Zinnseifen vor den Küsten Malaysias und Indonesiens betrieben. Schwermineralseifen, die unter anderem Zirkon, Ilmenit und Monazit enthalten, sind im Niveau alter Meeresstrände zu suchen. Titanhaltige Meeressande werden u. a. vor den Küsten Australiens und Senegals gewonnen.
Mangankonkretionen bilden nicht nur in der Tiefsee, sondern auch auf dem Schelf stellenweise ein dichtes Pflaster am Meeresgrund. Sie enthalten auch geringe Anteile an Kupfer und Nickel. Untermeerische Phosphatlagerstätten wurden in den letzten Jahren vor der nordamerikanischen Ostküste und vor Südafrika erschlossen. An dichtbesiedelten Küstenabschnitten rückt selbst die Gewinnung von Baustoffen am Meeresgrund, z. B. von Grobsand, Kies und Steinen, mehr und mehr in den Vordergrund. Für den ökonomischen Abbau dieser Lagerstätten werden riesige Saugbagger mit Fassungsvermögen von über 10000 t gebaut.
Die **Anfertigung ingenieurgeologischer Gutachten** bezieht sich auf die Versandung und Verschlickung von Häfen und Zufahrten sowie die Einsandung von Überseekabeln, Leitungen und Geräten. Beim Bau von Molen und Kaianlagen sowie bei der Verankerung schwerer Bohrinseln in See ist die Frage nach dem Baugrund von entscheidender Bedeutung. Auch gilt es, Folgeerscheinungen künftiger Seebauten, z. B. für den Sedimenthaushalt vor den benachbarten Küstenabschnitten, im voraus zu beurteilen.
Die Einschätzung der Baggerschwierigkeit und des Baugrundes erfolgt auf Grund von Sondierungen mit Spülrohren, an deren Kopf sich Aussparungen für kleine Proben des festeren Untergrundes befinden. Der Wasserdruck kann während der Sondierungen von 5 auf 10 at gesteigert werden. Die Sondierungstiefe reicht im lockeren oder weichen Sediment bis 12 m, wenn von einem Taucher zwei 6 m lange, 1 Zoll starke Rohre unter Wasser gekoppelt werden. Es geht dabei um die Feststellung der Mächtigkeit von Sand- und Schlickschichten und um die Tiefenlage des festeren Untergrundes, z. B. eines Steinpflasters auf Geschiebemergel. Auch das Vibrationsstechrohr wird häufig eingesetzt, wenn es darauf ankommt, Besonderheiten des Sediments und dessen Mächtigkeit sicher nachzuweisen.
Die in den letzten Jahren an der Küste durchgeführten Farbsandversuche mit lumineszenten Stoffen dienten u. a. der Untersuchung der Sedimentbewegung zwischen Seebuhnen verschiedener Bauart. Farbsandversuche in freier See werden künftig Bedeutung erlangen, wenn die Versandung von Großschiffahrtswegen in Küstennähe und die Möglichkeit der Ansteuerung großer Seehäfen ermittelt werden sollen.
Für die Bergungsbedingungen bei Schiffshavarien spielt auch die Grundbeschaffenheit an der Unfallstelle eine Rolle. Genaue Karten des Meeresgrundes geben in diesem Falle die notwendige Auskunft.

Geräte und Methoden

Die wichtigsten Geräte für meeresgeologische Arbeiten sind Bodengreifer, Stechrohr sowie Unterwasserphoto- und Unterwasserfernsehkamera.
Im Vergleich zu zahlreichen anderen Konstruktionen hat sich der **Bodengreifer** nach Van Veen als stets verläßlich arbeitend erwiesen. Die Sicherung gegen ein vorzeitiges Schließen des Greifers besteht aus einem einfachen Hebel, der während des Fierens durch den Zug an beiden Halteseilen gehalten wird und der beim Aufsetzen der Greiferbacken auf den Meeresgrund durch sein eigenes Gewicht niederfällt (Abb. 59). Die vom Greifer erfaßte Fläche beträgt etwa 0,1 m². Ein gleichzeitiger Zug an beiden Hebelarmen bewirkt ein langsames, sicheres Schließen, während der Greifer durch

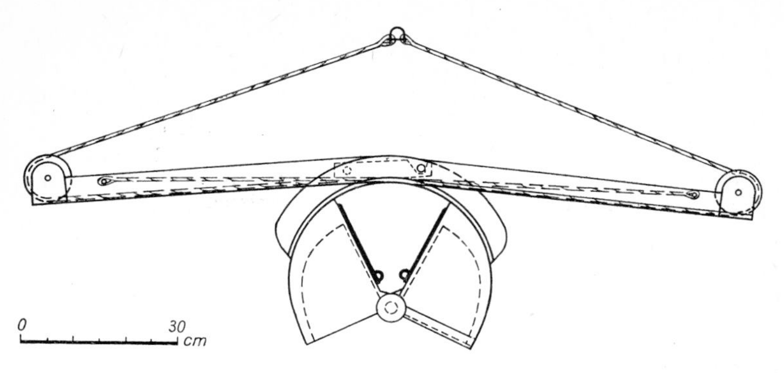

Abb. 59. Bodengreifer nach van Veen mit verbesserter Aufhängung (Institut für Meereskunde Warnemünde, 1961)

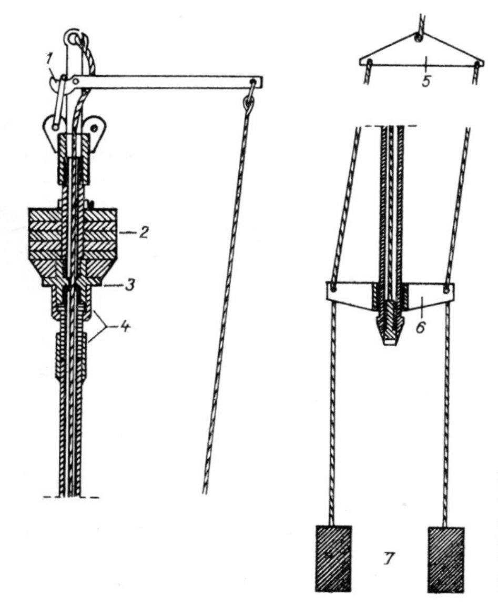

Abb. 60. Kolbenlot nach Kullenberg (1947) für den Einsatz in der Tiefsee: *1* Freifalleinrichtung; *2* Belastung; *3* Sperrplatte für den Kolben; *4* Kopplung zwischen Belastungshalter und Stoßrohr; *5* oberes und *6* unteres Joch für Gegengewichte (*7*)

sein hohes Eigengewicht von etwa 50 kg in den Meeresgrund eindringt. Im Sand wird eine etwa 15 cm starke Schicht erfaßt.
Nach Einführung des **Kolbenstechrohres** durch KULLENBERG 1944 wurde die Gewinnung bis zu 20 m langer, ungestörter Stechrohrproben aus weichem Sediment möglich (Abb. 60). Der während des Eindringens des Stechrohrs in den Meeresgrund durch das Tragseil in Höhe der Meeresgrundoberfläche festgehaltene Kolben bewirkt ein Hineinziehen der Probe in

das über den Kolben hinweggleitende Rohr. Die Reibung des Sediments an der Rohrwand wird durch den vom Kolben hervorgerufenen Unterdruck aufgehoben. Ein Herausgleiten des Kernes beim Ziehen des Rohres aus dem Meeresgrund und beim Auftauchen aus dem Wasser wird ebenfalls durch den Kolben verhindert. Die starke Minderung der Reibung zwischen Kern und Rohrwandung bewirkt, daß die Feinschichtung innerhalb des Kernes ungestört bleibt (Tafel 34). Die volle Rohrlänge beträgt 20 m, wobei 4 je 5 m lange Rohrstücke durch Muffen verbunden sind. Das Rohr besitzt einen inneren Rohrdurchmesser von 54 mm und eine Wandstärke von 14 mm. Das einsatzbereite Stechrohr wiegt je nach dem zusätzlichen Belastungsgewicht 0,8 bis 1,7 t.

Die Eingabe des Rohres ins Meer erfolgt in horizontaler Lage, damit der Kolben dicht hinter der Stechrohrschneide verbleibt. Während des Fierens verhindert die aus einem Hebel mit Gegengewichten bestehende Sicherung, die das Stechrohr an einem Ring festhält, daß ein Zug am Kolbenseil erfolgt. Erst nach dem Aufsetzen der Gegengewichte auf dem Meeresgrund wird der Sicherungshebel aufwärts bewegt und das Stechrohr freigegeben, das nunmehr über den vom Kolbenseil und der Tragtrosse festgehaltenen Kolben gleitet.

Härtere Sedimente, wie Schluff, Sand, Ton, können nur mittels eines **Vibrationsstechrohres** durchteuft werden (Tafel 32). Die vom Vibrator hervorgerufene Vertikalschwingung entspricht einer Schlagkraft von 1 bis 4 t. Ältere Vibrationsstechrohre besitzen ein Gestell mit Fuß, durch den das Stechrohr hindurchgleitet, während der Kolben durch das am Gestellfuß befestigte Kolbenseil in seiner Lage festgehalten wird.

Bei Rohrlängen über 5 m muß auf ein Gestell mit Fuß verzichtet werden. Derartige Vibrationsstechrohre besitzen eine besondere Kolbenziehvorrichtung, die den Kolben mit der gleichen Geschwindigkeit, wie das Rohr in den Meeresgrund eindringt, im Rohr aufwärts zieht. Nach der Probenentnahme wird der Kern mit Hilfe des Kolbens hydraulisch aus dem Rohr gedrückt.

Unterwasserfernsehkameras werden von Tauchern geführt, im Gestell auf den Meeresgrund gesetzt oder in sorgfältig ausgetrimmten Schlitten langsam über den Meeresgrund gezogen. Auf Gestell und Schlitten können zusätzlich Unterwasserphotokameras angebracht werden. Fernsehbeobachtungen lassen sich mit Hilfe eines Magnetbandes speichern und stehende Bilder an Bord aufnehmen.

Als meeresgeologische Methoden können die Standardanalysen mariner Sedimente, die Benutzung einer zweckmäßigen Symbolik und systematische Darstellung der Sedimente beim Entwurf von Meeresgrundkarten, Foraminiferen-, Diatomeen- und Pollenanalysen sowie die Verwendung lumineszent gefärbter Sande bei der Erforschung der Sedimentumlagerung bezeichnet werden.

Die Standardanalyse zur Ansprache des Sediments umfaßt mindestens die Bestimmung der Korngröße, des Kalkgehalts, der Feuchte, der organischen Substanz und des Verhältnisses von Kohlenstoff zu Stickstoff.

Bei der Herstellung von Meeresgrundkarten hat sich die Darstellung mit Hilfe verschieden breiter, mehrfarbiger Schraffen bewährt (Abb. 61). Ein Beispiel der systematischen Zusammenfassung der Sedimente wurde von Kolp 1966 für die westliche und südliche Ostsee geliefert.

Verschiedenfarbige lumineszente Sande gestatten vielfältige Versuchsanordnungen, zumal wenn mit getrennten Fraktionen gearbeitet wird. Farbsandversuche in Verbindung mit Relief- und Strömungsfeldaufnahmen gestatten Einblicke in das dynamische Geschehen am Meeresgrund. Gegenüber der Verwendung radioaktiver Indikatoren bietet die Luminoforen-

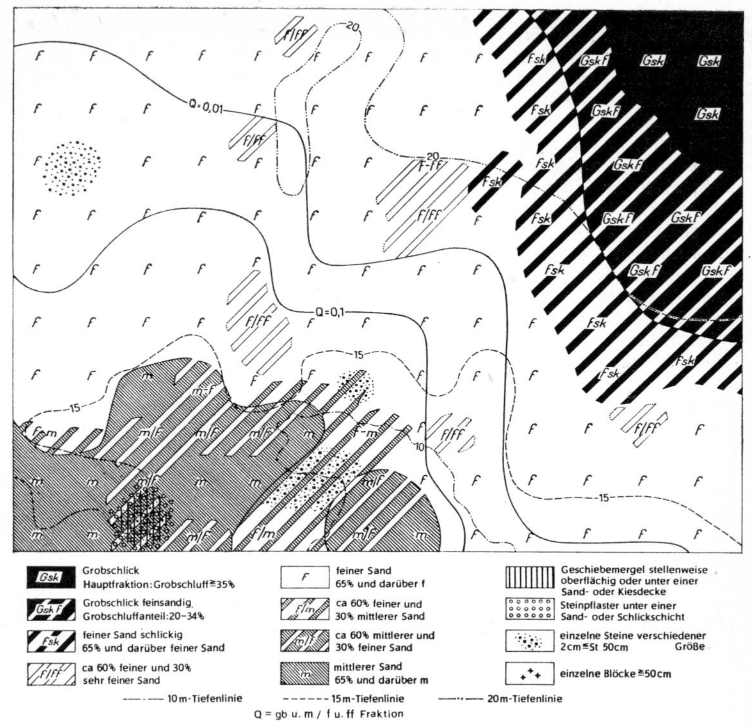

Abb. 61. Ausschnitt aus einer Sedimentverteilungskarte (nach Kolp, 1956)

methode den Vorteil einer größeren Reichhaltigkeit bei Verwendung verschiedener Farben und getrennter Fraktionen.

Meeresgeologische Forschungsergebnisse

Untersuchungen im Bereich der Tiefsee gestatteten die Herstellung globaler Sedimentverbreitungskarten. An Hand von Stechrohrproben gelangte man zu folgenden Sedimentationsraten:

Globigerinenschlamm	2,4 cm/1000 Jahre
Diatomeenschlamm	1,0 cm/1000 Jahre
Roter Tiefseeton	0,8 cm/1000 Jahre.

Bei Annahme einer gleichmäßigen Sedimentation würde mit einem 20 m langen Stechrohrkern demnach ein Zeitraum von etwa 1 Million Jahren erfaßt werden.

Frühere Klimaschwankungen zeichnen sich in Stechrohrkernen durch den Wechsel wärme- und kälteliebender Foraminiferen und Diatomeen ab.

Zu neuen morphologischen Entdeckungen in der Tiefsee führten die Aufnahmen der mittelozeanischen Rücken, der Tiefseegräben, Sea mounts

(„spitze Berge") und Guyots (Tafelberge). Photos, die Sandrippeln in großer Wassertiefe zeigen, gelten als Belege für Strömungen und Oszillationen infolge interner Wellen. Aufnahmen der Steinbedeckung auf den Hochflächen der Guyots sowie von Sandflächen am Grunde der Tiefsee geben noch ungelöste Probleme auf.
Immer mehr verfeinerte Aufnahmen der in den Schelfhang eingeschnittenen untermeerischen Cañons bewiesen, daß es sich bei diesen um Erosionsformen handelt. Für den Flachmeerbereich nimmt die Zahl kleinmaßstäblicher Karten der Sedimentbedeckung zu. Sie lassen bei geeigneter Darstellungsweise und Farbgebung unmittelbar die Zusammenhänge zwischen Kornverteilung, Relief und — im früheren Vereisungsbereich — glazialmorphologischer Struktur erkennen.
Als morphologische Neuentdeckungen, die mit Hilfe von Echogrammen und Taucherbeobachtungen erzielt wurden, können submarine Kliffe, Großrippelfelder mit Sandrippeln bis 12 m Höhe und Blockwälle in glazialen Stauchungszonen von 8 bis 10 m Höhe angeführt werden.
Der Einsatz von Vibrationsstechrohren führte auch zur Entdeckung limnisch-brackischer Sedimentfolgen unter marinen Sedimenten in den Mulden der südlichen Ost- und Nordsee. Dabei wurden Hunderte von Torfgyttjaproben aus 10 bis 60 m Wassertiefe in den Uferzonen einstiger Haff- und Boddengewässer entnommen. Die zeitliche Einordnung der humosen Horizonte ergab eine verbesserte Kurve des eustatischen Meeresanstiegs seit dem Spätglazial. Der Betrag des gegenwärtig noch anhaltenden Meeresspiegelanstiegs wurde von WEEMESFELDER mit 15 cm im Jahrhundert angenommen.
Die Vorgänge auf der Schorre und im küstennahen Meeresbereich konnten mit Hilfe von Farbsandversuchen zum Teil gedeutet und in Farbsandverteilungskarten veranschaulicht werden. Die Auswertung alter und neuer Verpeilungen erlaubte es, die innerhalb eines gewissen Zeitraumes erfolgte Abrasion kartenmäßig darzustellen.

Bewegungen der Erdkruste durch erdinnere Kräfte

Arten der Bewegung

Das Antlitz des Erdballs hat sich in den Jahrmillionen und Jahrmilliarden der Erdgeschichte ständig gewandelt und wandelt sich noch heute. An der Stelle von flachen Meeren, in denen in langen Zeiträumen stetig, wenn auch mit unterschiedlicher Geschwindigkeit, mehrere tausend Meter mächtige Serien geschichteter Gesteinsmassen abgesetzt wurden, türmen sich später Gebirge empor, von deren höchsten Kuppen gewaltige Gletscher talwärts ziehen. Wo vordem urweltliche Tiere über ein fremdartiges Festland mit einer nur spärlichen Trockenvegetation schritten, tummeln sich später Fische und Meeresreptilien im Spiel der Wellen. Das Wort des ionischen Naturphilosophen HERAKLIT (etwa 540—480 v.u.Z.), daß alles im Flusse, alles Bewegung, alles Entwicklung sei, trifft in besonderer Weise auf die Vielheit jener Vorgänge und das bunte Wechselspiel der Kräfte zu, die das Bild der Erdkruste seit mehr als fünf Milliarden Jahren geformt haben und ständig von neuem verändern. So gesehen ist also der heutige Zustand unserer Erde nur ein Momentbild im Verlaufe einer langen Entwicklung.

Wir erleben heute, wie sich plötzlich und für uns zunächst unerklärlich in einzelnen Zonen der Erde die Schlünde der Kruste öffnen, um gefahrvoll und verderbenbringend für uns Menschen große Blöcke, Steine, Asche, Glutwolken oder glutflüssige Lava auszuspeien! Wie unter Beben und Donnergrollen Spalten unserer Erde aufreißen, wie sich einzelne Teile der Kruste um mehrere Meter oder Zehner von Metern vertikal oder auch horizontal verschieben, wie sie zerbrechen! Vulkanismus und Erdbeben sind zwar die augenfälligsten, aber nicht die einzigen Erscheinungen, die auf Bewegungen inner- oder unterhalb der Kruste deuten. Außer diesen plötzlich einsetzenden, eindrucksvollen Geschehnissen kennen wir andere, für die Gestaltung der Erdoberfläche nicht weniger wichtige Vorgänge, die sich freilich bei weitem nicht so deutlich darbieten. Im Norden Europas, in Skandinavien, und ebenso an den Küsten Kanadas hebt sich seit langem das Land jährlich um Millimeter; an der Küste der Nordsee senken sich einzelne Gebiete, zwar auch nur um wenige Millimeter im Jahr, aber über Jahrtausende mit gleichbleibender Tendenz. Daher können Sturmfluten, wie die im 13. und 14. Jahrhundert oder im Winter 1952 zu 1953, die Deiche durchbrechen, weit in das Binnenland eindringen, Menschen und Sachwerte vernichten und die Bevölkerung um die Früchte langjähriger Arbeit bringen.

Daß nicht allzulange Zeit vor der Gegenwart diese Senkungen im Bereiche der südlichen Nordsee viel intensiver gewesen sein müssen als heute, davon zeugen Torfvorkommen in unterschiedlicher Tiefe unter dem derzeitigen Wasserspiegel. Im Raum von Bremen wurden sie in nur 3 m, bei Wilhelmshaven in 15 m und auf der Doggerbank vor der englischen Küste in 40 m Wassertiefe festgestellt, wobei freilich die Hauptursache der Überflutung nur zu einem Teil in Senkungsvorgängen, zum anderen Teil in einem Ansteigen des Meeresspiegels bestehen dürfte.

Noch heute gehen vielerorts in Europa langsame und in kürzeren Zeiträumen nur durch geodätische Wiederholungsnivellements nachweisbare Bewegungen vor sich. Ein eindrucksvolles Zeugnis dafür bieten die Säulen des Serapistempels von Pozzuoli bei Neapel, deren Untergrund sich, wie Löcher von Bohrmuscheln an den Säulen beweisen, seit dem dritten Jahrhundert gesenkt, nach der vulkanischen Aufschüttung des Monte Nuovo 1538 aber gehoben hat und in neuerer Zeit wieder langsam einsinkt. Am Delta des Po weisen solche **rezenten Krustenbewegungen** mit etwa 10 cm

Senkung im Jahr verhältnismäßig hohe Beträge auf, denen westlich von Genua eine Hebung von 1,2 cm im Jahr gegenübersteht. Im allgemeinen erreichen die Hebungen und Senkungen Beträge um 0,5 bis 4,5 mm im Jahr. Auch in der DDR sind Senkungen von wenigen Millimetern besonders im Südosten gemessen worden, z. B. an den Rändern des Elbtalgrabens südöstlich von Dresden (Pirna) und zwischen Magdeburg und Görlitz (Abb. 61 a). In Jahrtausenden, Jahrhunderttausenden, Jahrmillionen und noch längeren Zeiträumen erdgeschichtlichen Werdens wachsen diese langsamen und nicht immer gleichmäßigen Hebungen und Senkungen zu Hunderten von Metern, ja zu Kilometern an, so daß sie damit für uns Menschen sichtbar werden wie in Skandinavien, das sich in der Nacheiszeit, d. h. seit rund 10000 Jahren, schildförmig gehoben hat und noch in der Gegenwart bis zu 10 mm im Jahre weiter aufsteigt. Das Zentrum im Ångermanland Schwedens hat sich dabei bisher gegenüber den randlichen Teilen um 250 bis 300 m herausgehoben. Von diesen Bewegungen müssen wir diejenigen trennen, die durch die Gezeiten der festen Erdkruste zustande kommen und in einem sechsstündigen Rhythmus wie Ebbe und Flut zu elastischen Bewegungen des Erdkörpers als tägliche Auf- und Abbewegungen führen und an der Erdoberfläche 25 bis 50 cm betragen (R. TOMASCHEK), so daß man von einem „Atmen“ der Kruste spricht. Im Unterschied zu jenen Erscheinungen wie Erdbeben und Vulkanausbrüchen verlaufen Hebungen und Senkungen einzelner Krustenteile nicht plötzlich und kurzfristig, sondern über lange Zeiten, einmal mehr, einmal weniger weitgespannt. Wir nennen sie daher **säkular** und stellen sie den **episodischen** wie Erdbeben und anderen kurzfristigen Veränderungen des Erdbildes gegenüber.

Alle diese Beobachtungen und Tatsachen beweisen, daß die Erdkruste auch in der Gegenwart keine Ruhe kennt, daß wir Menschen selbst Zeugen einer fortwährenden Umgestaltung und Bewegung, eines „Atmens“ und „Lebens“ der ruhelosen Erde sind. Wir stehen auch im Hinblick auf die Vorgänge innerhalb der Erdkruste und der tieferen Zonen der Erde nicht am Ende einer langen Entwicklung, sondern befinden uns täglich mitten in ihr, wie Franz KOSSMAT lehrte.

Die Bewegungen der Erdkruste sind verschiedener Art. Man faßt das weitgespannte Auf und Ab einzelner Krustenteile, jene langsamen und langfristigen, umkehrbaren, evolutionären Hebungen und Senkungen, bei denen das Gesteinsgefüge erhalten bleibt, unter dem Begriff **Epirogenese** bzw. epirogen(etisch)e Bewegungen zusammen. Durch Veränderungen in der Höhenlage werden dabei aus Abtragungsgebieten Ablagerungsräume und umgekehrt. Diese Bewegungen werden in bestimmten Zeitabschnitten der Erdgeschichte durch auf verhältnismäßig schmale Zonen der Erdkruste beschränkte, episodisch-revolutionäre, das Gesteinsgefüge verändernde und nicht reversible Bewegungen unterbrochen, die örtlich zwar unterschiedlich intensiv und dicht sind, aber zeitliche Höhepunkte erreichen und **Orogenese** oder **Gebirgsbildung** genannt werden. Weil für die Orogenesen nicht die morphologische Form und die Höhengliederung in geographischem Sinne, also eigentliche Gebirge in landläufigem Sinne bezeichnend sind, sondern ihr Wesen vielmehr darin besteht, daß durch die orogenetischen Bewegungen das Gefüge geformt wird und neue Lagerungsformen der Gesteinsschichten zueinander geschaffen werden, also durch endogene Kräfte die **Tektonik**, d. h. Bau und Strukturen, verändert wird, hat HAARMANN zur Vermeidung von Mißverständnissen den Begriff **Tektogenese** vorgeschlagen. Aus sprachlichen Gründen sollten wir aber mit K. H. SCHEUMANN besser **Tektonogenese** sagen, nachdem SCHWINNER schon vorher von einer Tektonosphäre der Erde gesprochen hatte. Meist wird der Begriff Orogenese aber noch verwandt; E. KRAUS hat dafür den

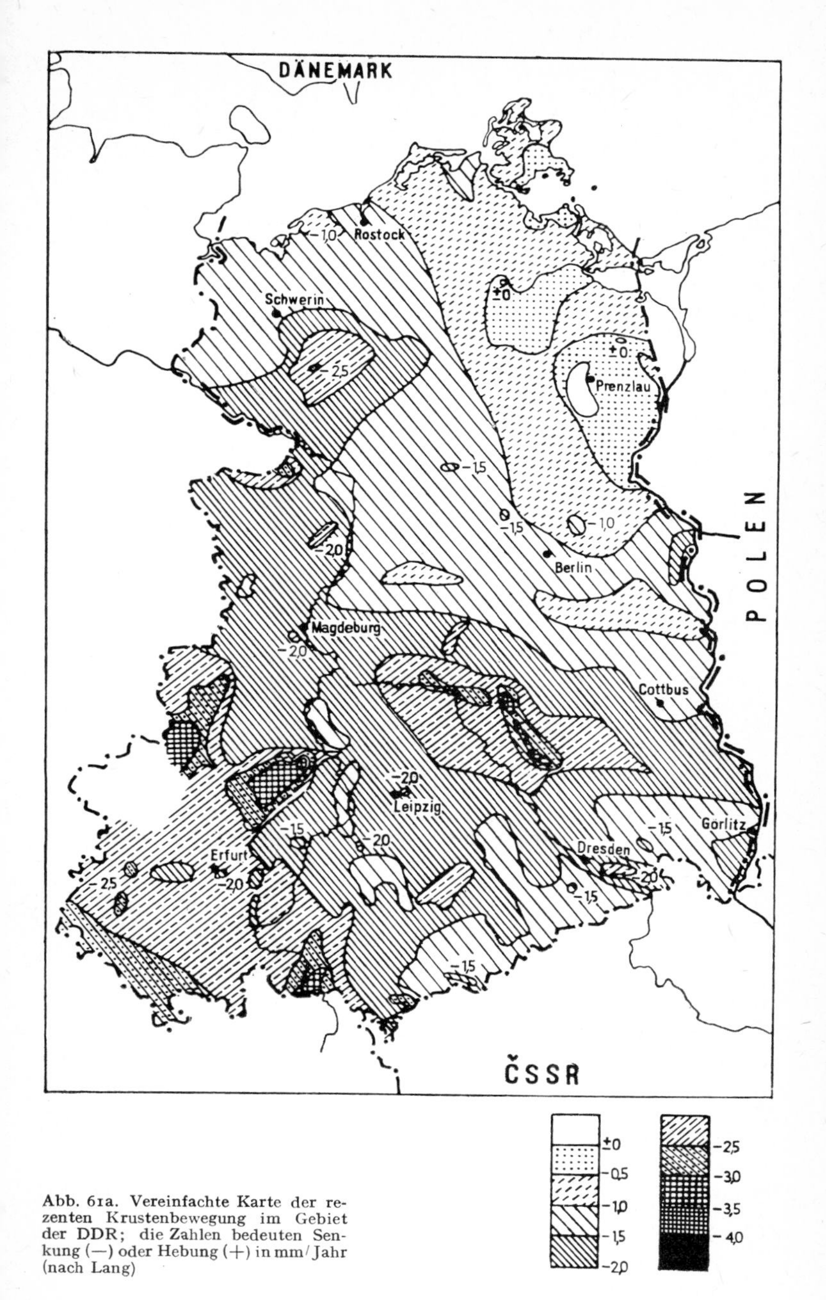

Abb. 61a. Vereinfachte Karte der rezenten Krustenbewegung im Gebiet der DDR; die Zahlen bedeuten Senkung (—) oder Hebung (+) in mm/Jahr (nach Lang)

Ausdruck **Orokinese** eingeführt. Unter Gebirgen in diesem Sinne verstehen wir also Großschollen der Erdkruste mit in sich gleichartigem Bau, und Tektonik ist nach H. STILLE alles das, was endogen bedingt ist.
Die Tektonogenese wirkt strukturverändernd. Sie zeigt sich in gesteigerten Bewegungen und Verformungen kleinerer Krustenteile. Gesteinsschichten können bruchlos oder durch Brüche verformt werden. Sie werden durch Faltung eingeengt und zusammengestaucht. An den am meisten beanspruchten Stellen reißen Schichtenstöße ab und verschieben sich gegen- und übereinander, so daß ältere Schichten oft neben oder über jüngere zu liegen kommen. Diesen horizontalen Bewegungen (Faltung, Überschiebung) stehen überwiegend vertikale (Bruchbildung) gegenüber. Meist zeigen die Verschiebungen aber eine vertikale und eine horizontale Richtung. Die Gebirge bilden an der Oberfläche vielfach mehr oder weniger ausgeprägte bogen- und girlandenförmige Formen, die wohl mit der Tektonik in größerer Tiefe zusammenhängen dürften. Die Epirogenese dagegen geht nur auf vertikale bzw. radiale Bewegungen zurück, die große Krustenteile gleichzeitig erfassen, so daß ältere Strukturen und Gefüge erhalten bleiben, da neue nicht geprägt werden. So kommt es, daß sich ein und dasselbe Gebiet erst allmählich heben und später wieder senken kann, im Gegensatz zu den Vorgängen der Tektonogenese. Epirogenetische Bewegungen sind außerdem autonom und gehen unabhängig von den vorhandenen Strukturen der Erdrinde vor sich, während die tektonogenetischen in ihrer Richtung von gewissen Anlagen abhängig sind. Im Abschnitt „Strukturformen der Erdkruste“ werden die durch tektonogenetische Vorgänge geschaffenen neuen Strukturformen im einzelnen beschrieben.
Ob die Erdgeschichte durch weltweit mehr oder weniger gleichzeitig vor sich gehende Tektonogenesen rhythmisch gegliedert ist oder diese nur Erscheinungen darstellen, die durch manche Übergänge mit der bruchlosen Epirogenese verbunden sind und sich daher nicht scharf voneinander trennen lassen, also nur Höhepunkte kontinuierlicher tektonischer Bewegungen der Erdkruste bilden, ist zur Zeit noch ungeklärt, wenn sich auch die letztere Auffassung immer mehr durchzusetzen scheint (vgl. S. 224). Sicher sind Epirogenese und Tektonogenese genetisch miteinander verbunden und gehören auch ursächlich enger zusammen, als das zunächst scheinen mag. Es handelt sich wohl nur um zwei verschiedene Wirkungsformen desselben Kräftekomplexes in unterschiedlicher Umgebung. Es scheint, als ob beide zeitlich nicht scharf zu trennen sind und sie in tieferen Zonen übereinandergreifen, da es sich bei der Epirogenese nur um oberflächennahe Erscheinungen handelt, die keinerlei Bezug auf gleichzeitige Vorgänge in der Tiefe nehmen. Möglicherweise sind also beide nur Bewegungsformen verschiedener tektonischer Stockwerke, und die Unterschiede sind mehr quantitativer als qualitativer Natur.
Einzelne Forscher meinen, daß es außer Epirogenese und Tektonogenese noch eine weitere Bewegungsform der Erdkruste gäbe. Diese Bewegungskategorie erkenne man, wenn man den geologischen Bau eines größeren Gebietes im ganzen betrachte. Dann falle jene Gliederung in gehobene und abgesenkte Räume auf, eine großräumige Wellung, wie sie z.B. auch in der DDR zu erkennen ist, wo man, von Südwesten nach Nordosten schreitend, auf einen Wechsel von herausgehobenen Mittelgebirgen bzw. Schwellenzonen und flachen Senken oder Becken trifft, die von Nordwest nach Südost verlaufen: Thüringer Wald, Thüringer Becken; Harz und Subherzynes Becken, Flechtinger Höhenzug. Auf Grund von Bohrungen und besonders von geophysikalischen Messungen lassen sich zahlreiche weitere derartige Bauelemente ableiten, die nur an der Erdoberfläche infolge Überdeckung mit mächtigen jungen Lockermassen des Tertiärs und Quartärs

nicht sichtbar sind. Auch in Osteuropa ist eine ähnliche Gliederung gut zu erkennen in den breiten und flachen Wellen, die auffällig durch die sonst flache Osteuropäische Tafel in Nordsüdrichtung ziehen, z. B. der Skythische Wall.

Diese weitgespannte Großwellung hat VON BUBNOFF **Diktyogenese** (Gerüstbildung) genannt und hervorgehoben, daß es sich dabei nicht etwa um Übergangsformen zwischen Epirogenese und Tektonogenese handele. Er meint, daß diese Großwellung nicht einmalig episodisch, also tektonogenetisch, sondern über Systeme hinweg im Verlaufe der erdgeschichtlichen Entwicklung mehrmals mit gleicher Tendenz erfolgt sei. Diese langfristig entstandenen weitgespannten, wenn auch in der Größe nicht mit epirogenetischen Bewegungen vergleichbaren Erscheinungen werden von episodischen, tektonogenetischen Vorgängen unterbrochen, die freilich nur selten stärkere Deformationen hervorgerufen haben und im allgemeinen ohne Gefügeveränderungen ablaufen. Dabei zeigen die Schwellen einen starreren Charakter als die Becken, so daß sie gleichsam das Gerüst (nach STILLE den Rahmen) für die teilweise stärker verbogenen Becken abgeben. Diktyogenetische Bewegungen sind im allgemeinen nicht umkehrbar und auch nicht autonom wie epirogenetische. Während die Tektonogenese die Strukturen der Gebirge erzeugt und die Epirogenese den Wechsel von Abtragungs- und Ablagerungsgebieten schafft, bestimme die Diktyogenese die Großformen des Reliefs, das im kleinen von den exogenen Kräften abgewandelt wird, wirke sich also insbesondere auf Höhenlage und geomorphologische Gliederung eines Krustenteils in Gebirgsschwellen und mehr oder weniger flache Senken aus. METZ hat darauf hingewiesen, daß man die Strukturen durchaus noch als epirogenetisch auffassen kann, wenn man die gegebenen Begriffsmerkmale genau beachtet. Überhaupt spiele die Frage der Abgrenzung epirogener und tektonogener Erscheinungen in der Gesamtentwicklung eines Gebirges eine wichtige Rolle, da sich beide Bewegungstypen mehrfach überschneiden.

Ablauf der Bewegungen und ihr Einfluß auf die Gestaltung der Erdkruste

Von den verschiedenen Veränderungen der Erdkruste erfaßt die Epirogenese die weitesten Räume und verläuft im allgemeinen zwischen den kurzfristigen Ären der enggespannten Tektonogenesen säkular, d. h. über erdgeschichtlich lange, 100 und mehr Jahrmillionen umfassende Zeiträume hinweg. Durch die wechselnde langsame Heraushebung und Senkung großer Krustenteile bestimmen epirogenetische Bewegungen die jeweiligen Grenzen von Land und Meer, die sich im Laufe der Erdgeschichte mannigfach verschoben haben und durchaus vergänglich sind. Ein langsam absinkendes Festlandsgebiet muß allmählich vom Meer überflutet werden. Damit können die zerstörenden und abtragenden exogenen Kräfte und Vorgänge nicht mehr auf die an der Oberfläche anstehenden Gesteine einwirken: Aus dem **Abtragungsgebiet** wird ein **Ablagerungsgebiet**. Die im wesentlichen von den Flüssen des Festlandes, dem Wind und dem Eis der Gletscher in das Meer verfrachteten Zerstörungsprodukte von Gesteinen lagern sich am Meeresboden ab und bilden einzelne übereinanderliegende Schichten, deren Fazies mit zunehmender Entfernung von der Küste immer gleichmäßiger und feinkörniger wird. Zwischen den älteren Gesteinsmassen, die vor der Überflutung auf dem Festland der Zerstörung unterlagen, und den im Meer abgesetzten Schichten besteht eine Schichtlücke, aus der Zeit und Art der erdgeschichtlichen Entwicklung des Gebietes abgelesen werden können. Rückt das Meer weiter vor, so verschiebt sich die Küstenlinie allmählich landeinwärts, d. h., die Fazies wird bei weiterem Absinken des Gebietes von der der Flachsee und des offenen Meeres abgelöst. Daher lagern die verschiedenen Fazies übereinander und charakterisieren auf diese Weise ihr zeitliches Nacheinander. Man bezeichnet ein solches langsames Vorrücken des Meeres in Festlandsgebiete als

Transgression oder positive Strandverschiebung, wobei oft an der Basis der marinen Ablagerungen ein **Transgressionskonglomerat** aus aufgearbeitetem Verwitterungsmaterial des Festlandes entwickelt ist. Das Untertauchen des Festlandes unter den Meeresspiegel heißt **Submersion** und das vorrückende Flachmeer epikontinental. Nach der marinen **Überflutung**, der **Immersion** oder **Inundation**, kann die Bewegung rückläufig werden. Das Meer weicht infolge langsamer Hebung wieder zurück, das Land taucht empor (**Emersion** bzw. **Regression** oder negative Strandverschiebung), und aus dem Ablagerungsgebiet wird von neuem ein Raum, in dem Erosion und Denudation herrschen, wie an der Änderung der Fazies ablesbar ist. Es ist erdgeschichtlich bedeutsam, daß alle großen Tektonogenesen von weltweiten Regressionen begleitet wurden, also von einem Herausheben der Festlandsblöcke, während weltweite Transgressionen, z. B. im Ordovizium, im Cenoman oder im Oligozän, immer Perioden relativer tektonogenetischer Ruhe waren. Die Transgression setzt erst ein, nachdem ein Festlandsgebiet durch Abtragung mehr oder weniger vollständig eingeebnet und keine größere Reliefenergie mehr vorhanden ist. In der Erdgeschichte haben Zeiten der Vorherrschaft des Meeres infolge gewaltiger Transgressionen (**Thalattokratie**, z. B. in der Oberkreide) mit solchen gewechselt, in denen durch Regressionen große Landgebiete vorhanden waren (**Geokratie**), z. B. im Jungpaläozoikum.
Epirogenetische Bewegungen bewirken nicht nur den Wechsel von Abtragungs- und Ablagerungsgebieten. Sie haben auch für die Tektonogenese insofern Bedeutung, als sie große, sehr mobile, sich mehr oder weniger kontinuierlich, „säkular", wenn auch unterschiedlich intensiv vertiefende Meeresbecken schaffen, gelegentlich an den Rändern eines Kontinentes, zwischen zwei Kontinenten oder auch quer über ein Festland verlaufend, aber immer in freier Verbindung mit dem Weltmeer. Die Herausbildung dieser Meeresbecken, die zu Geburtsstätten neuer Strukturen der Erdkruste, der Gebirge, werden, steht also mit dem späteren Gebirge in einem ursächlichen Zusammenhang und bereitet die Tektonogenese vor. Die erste Anlage der Becken dürfte durch primäre tiefe Brüche als Schwächezonen der Kruste bestimmt werden, aber wohl kaum allein auf Einbruchstektonik ohne Pressung zurückzuführen sein. G. D. ASHGIREI meint, daß die **Tiefenbrüche** mit weltweit zu verfolgenden aktiven Zonen in direktem Zusammenhang stehen, in deren oberen Teilen sich Faltung, Magmatismus und Regionalmetamorphose abspielen. Mit ihnen seien gesetzmäßig auftretende Horizontalverschiebungen (Blattverschiebungen) verknüpft. Tiefe Brüche bilden im gesamten Prozeß der Erdentwicklung den Rahmen für die Entstehung rezenter Strukturen und Lagerstätten, zugleich aber die Leitlinien, die die bauliche und stoffliche Entwicklung maßgeblich beeinflussen (G. OLSZAK). Sie üben weiter auch einen Einfluß auf die Faziesverteilung in der Entwicklung der Meeresbecken aus.
In die sich vertiefenden, meist länglichen und nicht sehr breiten Tröge wird über 100 oder mehr Mio Jahre hindurch der Abtragungsschutt aus den umgebenden Festlandsgebieten eingeschwemmt und sedimentiert, indem sich die Kontinente ebenso langsam herausheben, wie sich der Meeresboden senkt. Im wesentlichen handelt es sich um Flachseesedimente, oft in klastischer, in einzelnen Teilbecken aber auch kalkig-dolomitischer Fazies, die bis 6000, teilweise bis um 10000 m mächtig werden. Die Senkungsvorgänge müssen also durch die Sedimentzufuhr ausgeglichen werden und halten miteinander Schritt. Die durchschnittliche Geschwindigkeit der Schuttanhäufung liegt um 2,5 cm in 1000 Jahren. Der amerikanische Geologe J. D. DANA hat für diese Gebilde, die nach H. STILLE zu den Großbauelementen oder Großfeldern der Erde gehören, den Namen **Geo-**

synklinale (Erdgroßmulde) eingeführt. Entsprechend heißen die sich hebenden benachbarten Festlandblöcke **Geantiklinalen** (Abb. 62). Geantiklinalen untergliedern auch in Form parallel verlaufender Schwellen mit einer typischen geringmächtigen Schwellenfazies den großen Geosynklinalbereich in einzelne Teilbecken. Nach STILLE heißen diese Vorgänge **Undationen**, nach ARGAND **Embryonal-** oder **Grundfalten**, andere haben von Großfaltungen oder akroorogenen Bewegungen gesprochen, und auch VON BUBNOFFS **Diktyogenese** (vgl. S. 215) dürfte in diesen Bereich gehören. Gegenüber den Ablagerungen epikontinentaler Flachmeere, die alte, eingeebnete Kontinente überfluten, bestehen in der Fazies, Mächtigkeit und in der Differenzierung der Geosynklinalsedimente deutliche Gegensätze. Daher hat STILLE die nur verhältnismäßig wenig absinkenden, meist mit geringmächtigen Sedimenten gefüllten Epikontinentalbecken als **Parageosynklinalen** bezeichnet und sie den mobilen, eigentlichen Muttergeosynklinalen späterer Faltengebirge, den **Orthogeosynklinalen**, gegenübergestellt, ohne die also eine spätere Gebirgsbildung nicht möglich erscheint.

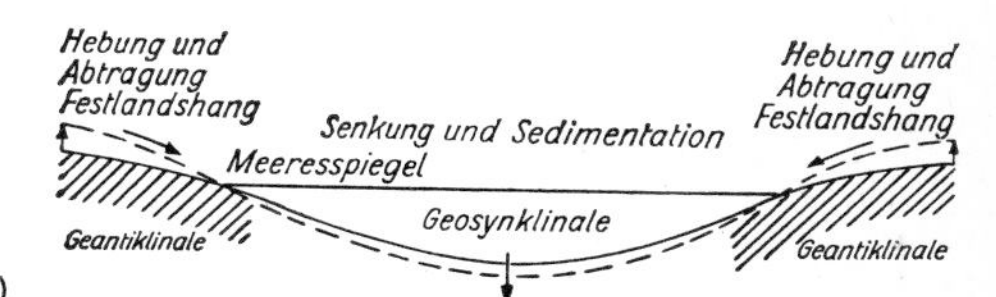

Abb. 62. Schema einer Geosynklinale (nach Stille)

Während z. B. das flachlagernde Altpaläozoikum des schwedisch-baltischen Epikontinentalmeers rund 400 m mächtig ist, wurden in der Orthogeosynklinale des späteren Kaledonischen Gebirges (Norwegen, Schottland, Wales) in der gleichen Zeit über 4000 m mächtige Sedimente abgelagert. Für die Orthogeosynklinalen ist außerdem am Meeresboden ein basischer bis intermediärer **„submariner" Magmatismus** von Diabasen und Keratophyren und deren Tuffen bzw. gabbroiden und peridotitischen Gesteinen in der Tiefe charakteristisch. Oft wird diese Gesteinssippe mit dem Sammelbegriff **Ophiolithe** bezeichnet.

Die wechselseitigen Vorgänge der Hebung und Senkung großer Krustenteile hängen eng mit dem physikalisch-chemischen Aufbau der Erdkruste zusammen, über den mehrere Theorien bestehen. Im Abschnitt „Zur Geophysik und Geochemie der Erde" (vgl. S. 53) wurde Grundsätzliches darüber ausgeführt. Im Rahmen des internationalen „Upper-Mantle-Projektes", das auf Initiative des sowjetischen Geophysikers W. W. BELOUSSOW im Jahre 1961 beschlossen wurde, ist zur Untersuchung der äußeren 1000 km unserer Erde eine weltweite Zusammenarbeit zustande gekommen, die die Voraussetzung für das Verständnis der Ursachen der tektonischen und magmatischen Vorgänge schaffen soll.

Nach einer 1855 von dem britischen Astronomen G. B. AIRY entwickelten Theorie, auf der die geotektonischen Anschauungen H. STILLES und anderer beruhen, schwimmen große, leichtere Schollen der Erdkruste (Sial), die alle die gleiche Dichte besitzen, in einer dichteren, spezifisch schwereren Unterlage (Sima) wie die leichteren Eisberge im schwereren Meereswasser oder liegen, um den wohl glücklicheren Vergleich KOSSMATS zu gebrauchen, wie Klötze auf einer im oberen Teil erhärteten Teermasse. Die am höchsten aufragenden Schollen, d. h. die Gebirge, tauchen am tiefsten ein. Innerhalb der Kruste besteht also ein **isostatisches Gleichgewicht**, ein Gleichgewichtszustand der Krustenschollen **(Isostasie)**. Wird die Verteilung der Massen an irgendeiner Stelle der Erdkruste gestört, verstärken oder verringern sie sich, setzen **isostatische Ausgleichsbewegungen** ein, damit der Gleichgewichtszustand zwischen Gebieten mit mächtigen und solchen mit weniger mächtigen Schollen wiederhergestellt wird. Trotzdem erscheint die Isostasie nur als ein Faktor, wenn man die Vorgänge der Tektonogenese begreifen will. Sie geht von der Viskosität im Bereich einer tieferen Fließzone aus, deren Vorhandensein nicht bewiesen ist und Hypothese bleibt. Zudem reicht die Isostasie kaum aus, um die ganze Komplexität des orogenen Geschehens zu erklären.

Nach den von STILLE und anderen vertretenen Anschauungen kann sich die sialische Kruste stellenweise dadurch verstärken, daß ihr in der Tiefe gleichartiges Material zugeführt wird. So gelangt man zur Annahme von Konvektionsströmungen in der zumindest über längere Zeiträume durch teilweise Aufschmelzung zähplastischen Tiefenzone, die sich auf die feste obere Kruste auswirken und für die geotektonische Gesamtentwicklung der Erde und die Gestaltung des jeweiligen Erdbildes eine recht bedeutende Rolle spielen dürften (vgl. S. 295). Auch das Entstehen der Geosynklinalen durch epirogenetische Einsenkung im Bereich von Schwächezonen muß wohl ähnlich erklärt werden, wenn es auch gegenwärtig Meinungen gibt, die dafür nur suprakrustale Prozesse (Erosion, gravitative Gleitung u. a.) verantwortlich machen wollen. Die mächtigen Sedimentmassen der gefüllten Geosynklinale pressen in der Fließzone der Tiefe Material seitlich ab, das in den benachbarten Bereich abströmt, dort zur Verstärkung der Schollen beiträgt und sie als Geantiklinalen oder Schwellen emporhebt. Freilich haben neue seismologische Untersuchungen über das rheologische Verhalten der Erdkruste ergeben, daß dieses bis in größere Tiefen dem eines festen Körpers mit elastischer Nachwirkung entspricht und in etwa 30 bis 40 km Tiefe durchaus kein viskos flüssiges Material anzunehmen ist. In diesem Zusammenhang ist es interessant, daß das Studium von Eis an rezenten Gletschern und im Laboratorium Ergebnisse über das Fließen von Festkörpern erbracht hat. Die langsame Verformung des Eises erlaubt Vergleiche mit dem mechanischen Verhalten des Materials der Erdkruste. Aus dieser Sicht ist es also gar nicht notwendig, Konvektionsströme und hohe Viskositätswerte bereits in geringerer Tiefe zu postulieren (DE ROBIN). Auch R. A. SONDER wendet sich gegen die „Fließthesen" als unmögliche Vereinfachung der sehr komplizierten Verhältnisse (vgl. S. 313). Spröde Körper können Fließfähigkeit erlangen, wenn die Möglichkeit besteht, die elastischen Kräfte aufzuspeichern. Durch die Speicherung wird der molekulare und intramolekulare Zusammenhalt in Abhängigkeit von den physikalisch-chemischen Bedingungen unterschiedlich gelockert (W. WUNDT 1968).

Häufiger und eindrucksvoller aber können Verdickungen der Kruste dadurch entstehen, daß horizontal abgelagerte Schichtgesteinsserien durch tektonische Kräfte unter Verkürzung ihrer ursprünglichen horizontalen Ausdehnung gebogen, gefaltet und dabei zusammen- und übereinandergeschoben werden, während sie in der Vertikalen anwachsen. Deutlich läßt eine solche Raumverkürzung der Schweizer Faltenjura erkennen, ein Gebirge mit einem ziemlich ruhigen und regelmäßigen Faltenwurf, das über 30 km, d. h. auf rund zwei Drittel seiner ehemaligen Breitenerstrekkung, zusammengeschoben worden ist, während Deckengebirge wie die Alpen auf mehr als ein Drittel bis ein Viertel quer zum Streichen eingeengt worden sind! Beim Himalaja nimmt man eine Verkürzung der Kruste um 500 km an, die durch eine Nordbewegung des indischen Subkontinents verursacht worden sein soll.

Voraussetzung für Faltungsvorgänge ist die Faltbarkeit eines Krustenteils. Ein Krustenteil ist im allgemeinen desto leichter faltbar, je mächtigere

Schichtgesteinspakete vorhanden sind, deren Schichtfugen leicht verschiebbare Flächen bilden. Dabei ergeben sich erhebliche Unterschiede in der Art und Form der Falten, da dickere, kompetente bzw. dünnere, materialmäßig unterschiedliche, inkompetente Schichten — z. B. mächtigere Quarzitbänke und dünnere Tonschieferlagen — aus mechanischen Gründen in weitere und größere bzw. sehr enge und kleine Falten und Fältchen gelegt werden **(disharmonische Faltung, Gesetz der Stauchfaltengröße)**. H. GALLWITZ hat die extremste Form, bei der es zur Unterdrückung einzelner Schichten kommt, **tektonische Selektion** genannt.
Besonders in den Orthogeosynklinalen werden also mächtige Sedimentmassen abgelagert. Sie sinken in immer größere Tiefen und damit in Zonen höherer Temperaturen und Drücke ab, wo noch physikalisch-chemische Reaktionen und Umlagerungen, thermische Ausdehnung und auch Phasenwechsel hinzukommen können. Dabei erhöht sich die Plastizität des Materials, die stetig weiter absinkende Geosynklinale hat den Reifezustand ihrer Entwicklung, die **Faltungsreife**, erreicht. In der Erdkruste wirksame pressende Kräfte führen zur Verbiegung und Einengung, d. h. zur Faltung und völligen Störung der ursprünglichen Lagerungsverhältnisse, wobei freilich auch heute noch viele Fragen nach den Ursachen ungeklärt sind. Unter Faltung wollen wir hier nur die Vorgänge in geschichteten Sedimenten, also in festen Körpern verstehen, nicht aber solche Erscheinungen, wie sie sich als Fließfaltung in der Tiefe im Bereich der Metamorphose, also in viskosem oder in flüssigem Zustand, oder als Ejektivfaltung (BELOUSSOW) an den plastischen Salzgesteinen zeigen und oft zur Bildung von Diapiren oder Salzstöcken führen. Vermutlich dürften bei der Faltung die erwähnten Konvektionsströme der Tiefe und andere, wohl auch kosmische, außerirdische Kräfte mit eine Rolle spielen. BELOUSSOW möchte z. B. die Vorgänge in der Tiefe, die die Gestaltung des Erdbildes an der Oberfläche maßgeblich beeinflussen, auf die Wanderung radioaktiver Elemente zur Erdoberfläche hin und deren unterschiedliche Konzentration zurückführen, RITTMANN dagegen auf subkrustale Massenverlagerungen infolge von Unterschieden in der Temperatur. Im Kapitel „Geotektonische Hypothesen" werden die wichtigsten Vorstellungen und Meinungen dazu behandelt.
Während sich die geschilderten Vorgänge im Bereich der Geosynklinale abspielen, wenn auch im einzelnen etwas unterschiedlich, bleiben andere Gebiete davon völlig verschont und erweisen sich als unnachgiebig, starr und stabil. Die Vorgänge, die Teilgebiete der Erdkruste durch tektonische Bewegungen einheitlich umgestalten, hat HAARMANN **Tektogenese** genannt (vgl. S. 212). Nachdem bereits im Stadium der Geosynklinale in deren Zentrum eine gewisse Gliederung des Gesamtraumes in Schwellen und Becken (vgl. S. 217) erfolgt, gleichsam als Embryonalfalten und Vorläufer der späteren Entwicklung, entstehen nunmehr räumlich geschlossene und deutlich umgrenzte, straff gegliederte, vielfach zweiseitig gebaute Gebirgseinheiten, die **Orogene**, die durch Falten- und Deckenbau gekennzeichnet sind und sich deutlich herausheben. Die beiden Stämme, die jeweils eine Überfaltungsrichtung **(Vergenz)** nach außen auf das Vorland aufweisen und oft unterschiedlich stark entwickelt sind, werden durch eine Nahtstelle, die mittlere **Scheitelung**, voneinander geschieden. Die Scheitelung kann als schmale **Narbenzone,** aber auch als breiteres ***Zwischengebirge*** entwickelt sein.
Durch diese Bewegungen im mittleren Teil der Geosynklinale, die zum Entstehen zentraler Gebirgsstränge, der **Interniden**, führen, wird die einheitliche Orthogeosynklinale gegliedert, und die geosynklinalen Restmeere verlagern sich schrittweise nach außen gegen die Vorländer in die weiter

einsinkenden Randzonen. So werden die im Bereich der zentralen Teile aufsteigenden Gebirgsteile meist beiderseits von Meeren gesäumt. Aus dem entstehenden Gebirge, seltener auch vom Vorland her, werden zunächst große Massen von vorwiegend klastischem Abtragungsschutt in die Außenzonen der Geosynklinalen sedimentiert. Diese spätgeosynklinalen, marinen orogenen Sedimente heißen **Flysch** und sind durch zeitliche und räumliche Beziehungen zur Tektonogenese, hohe Mächtigkeiten, rhythmische Wechsellagerung von klastischen, gröberen Bänken mit feinkörnigen Zwischenlagen, einer Gradierung innerhalb der Bänke, Sohlmarken auf der Unterseite der klastischen Bänke, Armut an Makrofossilien, aber Reichtum an Spurenfossilien und Bitumenarmut sowie Fehlen von Toneisensteingeoden tektonisch, sedimentologisch, biologisch und geochemisch gut definiert (SEILACHER). Häufig sind in den inneren, tieferen Beckenregionen **Turbidite** mit synsedimentären Deformationen, d. h. Sedimente aus Suspensionsströmungen, zu finden. Sie weisen auf submarine Gleitung und Rutschung in einem frühdiagenetischen Stadium der Gesteinsmassen hin und täuschen oft Faltenstrukturen vor, mit denen sie jedoch nicht verwechselt werden dürfen. Neben echtem Flysch stehen der atypische Flysch und flyschähnliche Ablagerungen, bei denen die für den eigentlichen Flysch gegebenen Voraussetzungen nur zum Teil vorhanden sind. In der geosynklinalen Entwicklung eines Orogens müssen wir also eine Präflyschperiode von der Flyschperiode abtrennen, wobei die Wanderung der Senkungszonen in der Flyschperiode und die relative Unabhängigkeit des eigentlichen Flysches in Raum und Zeit bezeichnend sind (J. AUBOUIN). An die Stelle des Flysches treten mit der zunehmenden Verkleinerung der Meeresräume und dem weiteren Wandern der Senkungszonen nach außen bis an den Rand der Tafelgebiete des Vorlandes **(Vortiefe, Außensenke, Saumtiefe, Randsenke)** die überwiegend terrestrischen, z. T. recht groben, sandig-konglomeratischen Bildungen mit gelegentlichen marinen Horizonten der **Molasse**, die oft mehrere tausend Meter mächtig sind und mitunter reichlich Pflanzenreste enthalten. In den letzten Phasen der Tektonogenese wird auch dieser von dem sich gleichzeitig stark heraushebenden Gebirge gelieferte Abtragungsschutt teilweise noch mit in die Faltung einbezogen, wobei der Flysch und z. T. die Molasse an das Orogen als **Externiden** angeschweißt werden. Das durch Tektonogenese und Morphogenese gebildete Gebirge wird von GANSSER Morphogen genannt. J. AUBOUIN hat eine spätgeosynklinale und eine postgeosynklinale Molasse unterschieden, während BOGDANOW von einer unteren marinen oder lagunären und einer oberen lagunären oder kontinentalen Molasse spricht. Die Randsenken enthalten also eine Mischung limnischer und mariner Ablagerungen, die man **paralisch** nennt. Neben Kohlenflözen und Erdöl bzw. Erdgas sind lokale Salzlager ein Hinweis für die gelegentliche Abschnürung von Teilzonen der Restgeosynklinale, in denen das Meerwasser eingedampft wurde. Die Ursache der spät- bzw. postgeosynklinalen Hebung dürfte ebenfalls in Vorgängen größerer Tiefen zu suchen sein, als man bisher meist angenommen hat.

Neben den Außensenken entstehen auch im Inneren des Gebirges Senkungszonen, die kleineren **Innensenken**. Im Unterschied zu den Außensenken, die zunächst noch von einem flachen Meer eingenommen werden und sich erst allmählich in Binnenbecken umwandeln, sind die Innensenken niemals mit dem Meer verbunden. Daher bestehen die mächtigen Gesteinsfolgen nur aus grob- bis feinklastischen terrestrischen Bildungen ohne marine Zwischenlagen, aber gelegentlich auch mit Kohleflözen, deren Verbreitung und Mächtigkeit allerdings niemals die der Kohlenflöze in den tieferen Außensenken erreicht. Während in den Außensenken magmatische Gesteine fehlen und sich nur gelegentlich Lagerstätten von Erzen und nutz-

baren Mineralen außer der Kohle finden, deren Bildung mit Vorgängen in der Tiefe zusammenhängt, lagern inmitten der Sedimente der Innensenken vulkanische Gesteine und deren Tuffe, oft in größerer Mächtigkeit, worauf Bogdanow besonders hingewiesen hat. Gehört der Flysch in die Entwicklungsetappe des Orogens des entstehenden Gebirges, vollzieht sich im Stadium der Molasse eine Änderung im Sinne der Herausbildung eines neuen tektonischen Bauplanes, der **Tafel** oder **Plattform**, die sich als ruhig gelagertes Deckgebirge über dem alten gefalteten Fundament entwickelt und oft aus mehreren, voneinander abgrenzbaren Teilstockwerken — z. B. die Ural-Sibirische oder die westeuropäische Tafel — besteht. Die Grenze zwischen der Unterlage und der Tafel selbst ist durch eine oft nicht unerhebliche Lücke in der Sedimentation und durch eine Winkeldiskordanz gekennzeichnet (R. G. Garezki).
Die Faltung der festen Sedimentgesteinsmassen dürfte ein auf verhältnismäßig geringmächtige Schichten der Kruste nahe der Oberfläche beschränkter Vorgang sein, der nach unten allmählich verflacht und schließlich ganz aufhört. Die Faltung ist sehr lange Zeit im Sinne der wichtigsten tektonischen Auswirkung überhaupt überschätzt worden, weil man die Vorgänge in der Tiefe nicht kannte und die Zusammenhänge unterschätzte. Faltung hat nach Stille zur Folge, daß sich die Gesteinsmassen durch die Wirkung der pressenden Kräfte in hohem Maße versteifen. Dazu kommt, daß aus der Tiefe aufsteigende magmatische Schmelzen allmählich in höheren Krustenteilen erstarren und die Gesteinsverbände durchsetzen. Sie wirken auf die Nebengesteine ein und tragen zu einer weiteren Verdickung und Versteifung des Blockes bei, der seine tektonische Aktivität verliert, weil im Gegensatz zu den Orogenen das gestörte Gleichgewicht nunmehr wiederhergestellt ist (Rittmann). Nach der Auffassung von H. Stille setzt ein so verfestigter, starrer Kontinentalblock einer möglicherweise neu einsetzenden Faltung starken Widerstand entgegen. Ein starrer Block kann im allgemeinen durch seitliche Pressung bisweilen nur noch sehr schwach zusammengeschoben werden. Im wesentlichen entstehen nur vertikale Brüche und ähnliche Gebilde, wie sie z. B. der Oberrheintalgraben oder der Erzgebirgsrandbruch zeigen. Es besteht also ein tiefgreifender Unterschied zwischen einem Orogen, das aus Geosynklinalen Kontinente entstehen läßt, und der Tektonik, die weiter auf Festlandsblöcke einwirkt. Hier sind nur noch Umformungen der kontinentalen Großschollen möglich, wie besonders L. Kober und E. Kraus herausgearbeitet haben. Im Gegensatz zu Stille hat Rittmann betont, daß der Unterschied zwischen Orogenen und diesen konsolidierten sialischen Teilen der Kruste, den **Kratonen**, nicht in einem mechanisch verschiedenen Verhalten besteht, da die Erdkruste im ganzen tektonisch mobil sei und sich die Gesteine vorhandenen Spannungen anzupassen vermöchten, sondern in der Tatsache, daß sich die aktiven tektonischen Kräfte nur in oder unter den Orogenen fänden und die Kratone dagegen tektonisch passiv seien. Da sich einstige Geosynklinalen bzw. Orogene unterschiedlichen Alters nicht nur neben-, sondern nach der Tiefe zu auch übereinander finden, dürfte schon deshalb eine völlige Konsolidation von Krustenblöcken kaum vorstellbar sein. Dabei ist das alpinotyp gefaltete, teilweise metamorphe tiefere Stockwerk etwas ganz anderes als das junge, in mehrere Teilstockwerke zu gliedernde Deckgebirgsstockwerk mit zum Teil höchstens germanotyper Tektonik.
Davon ausgehend, daß Kontinente und Ozeane wenigstens seit frühpaläozoischer Zeit unterschiedliche Großfelder der Erde sind und im Grunde eine Permanenz der Ozeanbecken besteht, gelangt H. Stille zu einer klaren Vorstellung von der Struktur und der Entwicklung der Erde. Da

diese Auffassungen des Altmeisters der Geotektonik dank ihrer Konsequenz Jahrzehnte geherrscht und großen Einfluß auf die tektonischen Vorstellungen der ganzen Welt ausgeübt haben und noch heute ausüben, seien sie in ihren Grundzügen dargestellt und, wo notwendig, an Hand neuerer Erkenntnisse ergänzt.

Durch Faltung und damit Einengung wird aus dem einen Großfeld der Erdkruste, der mobilen Geosynklinale, ein zweites Großfeld: der stabile Festlandsblock, der Kontinent oder **Hochkraton**, ein mächtiger, nach geophysikalischen Befunden oft über 50 km dicker sialischer Block. Zum Bereich des Kontinents gehört dabei auch dessen von der Flachsee bedeckter Rand, der **Schelf**, der das Festland unterschiedlich breit umgibt (vgl. Abb. 2) und gleichsam ein jeweils unter dem Meeresspiegel liegender Teil des Festlandes ist, mit einer infolge des Wechsels von Transgressionen und Regressionen charakteristischen zyklischen Sedimentabfolge. (Ein solcher endogen begründeter Zyklus der Sedimentation darf nicht mit der klimatisch, exogen bedingten regelmäßigen Wiederholung von Schichten verwechselt werden, wie sie z.B. die eiszeitlichen Bändertone zeigen: Man spricht hier von einem Sedimentationsrhythmus.) Schelfe stehen in Verbindung mit den Ozeanen, wie etwa heute die Nordsee mit dem Atlantik. Von Bubnoff unterscheidet zwischen Flachland und Flachmeer hin und her pendelnde **stabile Schelfe**, z.B. die Russische Tafel, und zwischen Kratonen (Blöcken, Schilden) mit alter, stetiger Hebungstendenz, z.B. dem Baltischen Schild, und Geosynklinalen liegende **labile** (besser wäre „mobile") **Schelfe** mit epirogenetischen Bewegungen, Bruchfaltengebirgen u. a., z.B. das Pariser Becken oder das Thüringer Becken. In neuester Zeit hat u. a. P. Schmidt-Thomé darauf aufmerksam gemacht, daß Schelfe teilweise der Geosynklinale einverleibt worden sind und die Gliederung der Krustenstrukturen nach vorwiegend genetischen Erwägungen nicht befriedige. Der stabile Schelf ist vielfach ein Teil der Plattform, der labile Schelf am ehesten der Geosynklinale zuzurechnen, so daß zuvor eine beschreibende Gliederung nach strukturellen Gegebenheiten in 1. Orogene (einschließlich Geosynklinale), 2. außerorogene festländische Gebiete (Bruchfalten- und Schollengebirge, Lineamente, Plattformen, Tafeln, Becken, Schwellen, Schilde) und 3. Meeresböden (Inselbögen, Tiefseegräben, Tiefsee u. a.) günstiger erscheine, ehe die notwendige genetische Deutung versucht werden sollte.

Bei Stille steht neben dem starren Hochkraton und der mobilen Geosynklinale, dem faltbaren Meeresbereich, als drittes Großfeld der Erdkruste der **Tiefkraton**, d. h. die superstarren ozeanischen Becken der Tiefmeere, die durch Verwandlung von zuvor kontinentalen Blöcken (Hochkratonen) entstehen. Während es im Laufe der Erdgeschichte möglich ist, daß Hochkratone, wohl durch Abströmen sialischer Massen im unteren Teil des Blockes, teilweise von neuem absinken und Meeresbereiche werden können, behalten die Tiefkratone ihren überstarren Charakter bei. Unter den Tiefozeanen lagert nur eine dünne Sialhaut, so daß die spezifisch schwerere simatische Unterkruste weit nach oben reicht. Im Nordpazifik ist die Haut aus Sial besonders geringmächtig, stellenweise scheint sie überhaupt zu fehlen.

Die Überführung von geosynklinalen Räumen in kontinentale **(Konsolidation)** und die Verwandlung hochkratonischer in tiefkratonische Räume **(Destruktion)** sind nach Stille **geotektonische Transformationen** von Großfeldern der Kruste. Durch Destruktion entstehen neue Tiefozeane oder **Neuozeane** im Unterschied zu jenen Tiefmeeren, die seit der Frühzeit der Erde bestehen, den **Urozeanen**, zu denen Pazifik, ein südlicher und ein nördlicher Uratlantik sowie die beiden Nordmeere Urskandik und Urarktik

gerechnet werden, was nicht für alle Teile widerspruchsfrei gilt. Dagegen sollen Indik und größere Teile des nördlichen und südlichen Atlantik Neuozeane sein. Der Indik dehnt sich im Bereich versunkener Teile der einstigen großen Landmasse Gondwanaland (S. 224) aus, deren zerstückelte Reste die heutigen Südkontinente Südamerika, Afrika, Vorderindien sowie Teile von Australien und möglicherweise auch von Antarktika bilden. Im Indik selbst sollen Madagaskar und Teile der landfernen Inselgruppen der Seychellen, Komoren, Mauritius, Kerguelen Stücke dieses Großkontinents sein. Auch der südliche Neuatlantik liegt im Bereich des alten Gondwanalandes, während sein Gegenstück im Norden ein Teil der alten Landmasse Laurentia (S. 224) sei. Wir ersehen daraus, daß die Destruktionen vorwiegend die alten Schilde betreffen und aufgelöst haben, während die geologisch im ganzen jüngere Norderde im Gegensatz dazu heute einen fast geschlossenen Festlandskomplex um den Nordpol bildet. Wie im polaren Nordamerika am besten zu beobachten ist, sinkt der Kontinent langsam ab und löst sich allmählich immer mehr in einzelne Inseln auf. STILLE faßt daher die Destruktionen als Alterserscheinungen der Kontinente auf, zumal der tiefmeerische superstarre Zustand irreparabel sei und somit die Tiefozeane genetisch die letzte Stufe der Konsolidierung auf dem Wege Geosynklinale – Hochkraton – Tiefkraton bilden.
Außer Konsolidation und Destruktion kennt STILLE eine dritte Art der Umwandlung, die **Regeneration**. Sie bedeutet (vgl. S. 284) ein neuerliches Absinken von durch Tektonogenese versteiften Kontinenten, wobei diese wieder zu Geosynklinalen und damit von neuem faltbar werden. So finden sich vielfach in jüngeren Faltengebirgen, z. B. den Alpen und Karpaten, größere oder kleinere Teilstücke älterer Gebirgsmassen als bezeichnende Bauelemente, die durch Absenkung und erneute Ausbildung einer Orthogeosynklinale erklärt werden. Doch dürften solche rückläufigen Bewegungen als die Gesamtentwicklung zeitweise unterbrechende Ereignisse im allgemeinen nur möglich sein, solange ein vollkratoner Zustand noch nicht vorhanden ist und pressende Kräfte wirksam werden können.
Neben den regional begrenzten Regenerationen stehen weltweite, die wahrscheinlich längere Zeit in Anspruch nehmen. Nachdem nach STILLE die Erde durch präkambrische Tektonogenesen an der Grenze Proterozoikum/Riphäikum, d. h. vor mehr als einer Milliarde Jahren, zu einer starren „**Großerde**" konsolidiert war, soll eine großartige Regeneration, der „**Algonkische Umbruch**", die „wohl bedeutendste Zäsur in der geotektonischen Erdentwicklung, eine wahre geotektonische Weltenwende", große Teile dieser Großerde wieder in mobile Geosynklinalen überführt und damit erst jene Entwicklung der Neuerde **(Neogäa)** ermöglicht haben, die das Erdbild vom Riphäikum bis in die Gegenwart genommen hat. STILLE weist darauf hin, daß vermutlich schon in den Jahrmilliarden umfassenden Zeiten zuvor solche, freilich nur noch mit Mühe zu entziffernde weltweite Umbrüche die Erde betroffen haben.
Der Grundgedanke STILLES ist die Anschauung, daß sich die Kontinente durch ständig neues Anwachsen von einzelnen Teilstücken an bereits vorhandene im Laufe der verschiedenen Tektonogenesen, von „Urkontinenten" ausgehend, bis auf den heutigen Tag vergrößert haben und damit zugleich die Geosynklinalbereiche immer mehr verkleinert wurden.
Vor Beginn des Riphäikums, gegen Ende der Frühzeit, wurde das Erdbild nach einer bedeutenden Tektonogenese, der **algomischen Faltung**, von einer konsolidierten, riesigen Kontinentalmasse, jener Großerde oder **Megagäa**, und den erwähnten **Urozeanen** beherrscht (Abb. 126). Keinerlei Orthogeosynklinalbereiche kennzeichneten diese Periode, fast ähnlich wie die geologische Gegenwart. Dieser Auffassung widerspricht freilich in gewissem

Sinne die Tatsache, daß sich z. B. im Raum von Indonesien und im Karibischen Meer zweifellos rezente Geosynklinalen befinden, in denen tektonogenetische Bewegungen kontinuierlich, wenn auch unterschiedlich intensiv, vor sich gehen.
Während des „Algonkischen Umbruchs" versanken große Teilstücke der Megagäa, und erhalten blieben die **Urkontinente**, die Kernstücke unseres heutigen Festlands: auf der Nordhalbkugel Laurentia (das heutige Grönland und Kanada), Fennosarmatia (Skandinavien mit Finnland, Russischer Tafel und Asow-Podolischem Block), Angaria (nordasiatischer Kern in Sibirien), dazu die kleineren Sinia (chinesisches Kernstück) und Philippinia; auf der Südhalbkugel die vermutlich in einer riesigen, zusammenhängenden Festlandsmasse Gondwania oder Gondwanaland vereinigten Kernstücke Africa (Afrika und Vorderindien), Brasilia, Australia und Antarctia. Die im Meer versunkenen Teile der Megagäa wurden erneut zu Geosynklinalen, die sich epirogen weiter einsinkend über Jahrmillionen hinweg mit mächtigen Sedimentmassen füllten, bis die Faltungsreife im Kern erreicht war und die tektonogenetischen Bewegungen und Hebungen begannen.
Abgesehen von den ältesten, nur schwer zu analysierenden, aber sicher recht bedeutsamen und weltweiten Faltungsären der erdgeschichtlichen Frühzeit lassen sich die späteren vom Riphäikum bis zur geologischen Gegenwart zu vier großen Ären zusammenfassen, die etwa in Zeitabständen von rund 125 Millionen Jahren vor sich gingen:

1. der riphäisch-kambrischen **Assyntischen Ära**,
2. der altpaläozoischen **Kaledonischen Ära** im Ordovizium und Silur bis an die Wende Silur/Devon,
3. der jungpaläozoischen **Variszischen Ära**, in Europa besonders im Unter- und Oberkarbon,
4. der meso- bis känozoischen, heute noch nicht vollendeten **Alpidischen Ära** in der Kreide und ganz besonders im Tertiär.

Dabei dürfte die Assyntische Ära von wesentlich geringerer allgemeiner Bedeutung gewesen sein als die folgenden drei jüngeren. H. WEBER hat die Ära als den Zeitraum eines tektonischen Zyklus definiert, dessen Ende durch die Umwandlung der Geosynklinalen in Tafeln und die Bildung von Saumsenken gekennzeichnet ist.
Aus der Untersuchung der Schichtenfolgen in der ganzen Welt und den darin enthaltenen Diskontinuitäten ergibt sich im Sinne von STILLE, daß alle Gebirgsbildungszyklen in den Teilen der Erde, in denen sie wirksam wurden, mehr oder weniger gleichzeitig eingesetzt und sich zeitlich eng begrenzt vollzogen haben sollen. Das ist der Inhalt von STILLES **orogenem Gleichzeitigkeitsgesetz**. In den letzten Jahrzehnten ist diese Auffassung auf der ganzen Welt überprüft, ergänzt und vielfach kritisiert worden. Nach den vorliegenden Ergebnissen dürfen wir feststellen, daß es vier große tektonogenetische Zyklen seit dem Riphäikum gegeben hat, in denen sich über einen längeren Zeitraum unterschiedlich dicht und intensiv tektonogene Bewegungsvorgänge abgespielt haben. Jede Ära besteht aus einer Reihe von tektonischen Ereignissen, die örtlich weder gleichartig noch gleichzeitig und oft auch nicht scharf von den anorogenen Zeiten abzugrenzen sind. Epirogenese und Tektonogenese sind dabei viel enger miteinander verbunden, als das zunächst scheint (vgl. S. 214). Jede Gebirgsbildung besteht, zeitlich gesehen, aus mehreren Akten, in denen sich stärkere Bewegungen mehr oder weniger kurzfristig ausgewirkt haben. Sie ist in eine ganze Serie voneinander mehrfach durch epirogene Hebungen und Senkungen unterbrochener oder gleichzeitig vor sich gehender Bewegungen aufgelöst. Oft ist eine ausgeprägte, wirksame Hauptphase von mehreren sich weniger auswirkenden Nachphasen geschieden, wobei sich in regionalem Rahmen Vor-, Haupt- und Nachphase vielfach über-

schneiden und miteinander abwechseln. In einem Raum spielt im tektonischen Geschehen die eine, in einem anderen Bereich eine andere Phase die Hauptrolle, so daß sich die Hauptfaltungsphase des einen Gebietes in einem anderen kaum bemerkbar macht und nur schwer erkennbar ist, während sich die unbedeutende Vorphase eines Bereiches im anderen als tektonogene Hauptphase zeigt.
Im Gegensatz zu STILLES scharf formulierter Auffassung von zeitlich eng begrenzten, rund 50 Phasen von Beginn des Paläozoikums bis zur Gegenwart steht somit der Gedanke, daß die tektonogenetischen Vorgänge mehr oder weniger kontinuierlich ablaufen, wenn auch in den einzelnen Gebieten unterschiedlich rasch und intensiv. Volle Ruhe zwischen den einzelnen Phasen ist keinesfalls vorhanden. Besonders GILLULY, KREJCI-GRAF, RUTTEN, SHEPARD, SONDER, H. WEBER und die sowjetischen Geologen W. E. CHAIN, A. A. BOGDANOW und N. S. SCHATSKI haben durch ihre Kritik wesentliche Neuerkenntnisse gebracht. Für SCHATSKI ist in historischer Sicht die Entwicklung geologischer Strukturen kein gleichmäßiger oder zyklischer Vorgang, sondern er vertritt die Meinung, daß die Entwicklung aller geologischen Prozesse auf und in der Erde qualitativ nicht umkehrbar ist und weltweit sich episodisch auswirkende Phasen der Faltung abzulehnen sind.

Aus STILLES Phasenbild (Tab. 18) erkennt man, daß die Anzahl der Phasen in Richtung auf die geologische Gegenwart anscheinend mehr und mehr zugenommen hat, da die zeitlichen Abstände zwischen den Einzelphasen laufend kleiner geworden sind. Freilich dürfte dabei wohl ein Trugschluß vorliegen, der auf weit unzulänglicheren Kenntnissen der älteren Zeiten der Erdgeschichte gegenüber dem Wissen um die jüngeren Perioden beruht. Sollte aber eine solche Häufung tatsächlich vorhanden sein, müßte mit dem beschleunigten Ablauf tektonogenetischer Prozesse zugleich eine Zunahme der Sedimentationsgeschwindigkeit verbunden sein. Es dürfte sicher sein, daß sich die Ablagerungsbedingungen in den Hunderten von Jahrmillionen in Zusammenhang mit dem epirogenen Geschehen, aber auch den exogenen Voraussetzungen vielfach geändert haben und die Sedimentation nicht immer gleich schnell vor sich gegangen sein kann. Daher ist auch eine Berechnung der absoluten Zeit der Erdgeschichte an Hand der abgelagerten Gesteinsmassen nur in sehr grober Annäherung möglich (vgl. Abschnitt „Geochronologie“). Gewiß lassen sich die Sedimentationsraten für die Gegenwart berechnen, und man kann solche Werte mit den geschätzten Zahlen vergleichen, die Bildungen älterer Zeiten ergeben haben. Dabei zeigt sich aber, daß die Durchschnittswerte in Abhängigkeit von vielen Faktoren in den einzelnen Bereichen viel zu stark variieren, um daraus eine verstärkte Sedimentation in jüngerer Zeit abzuleiten.

Überschaut man die erdgeschichtliche Entwicklung vom „Algonkischen Umbruch“ bis in die geologische Gegenwart, so haben die Tektonogenesen ständig neue mobile Zonen der Erde erfaßt und in den konsolidierten, kratonen Zustand überführt. STILLE hat daher von einem „Wandern“ der Geosynklinalen und damit zugleich der Gebirgsbildung gesprochen. Seiner Ansicht zufolge wurden in den drei oder vier großen Faltungsären an versteifte ältere Krustenteile laufend neue angeschweißt. Durch den Anbau von Hochkratonen, die aus Geosynklinalen durch tektonogene Vorgänge entstehen, erweitern sich laufend die Kontinente. Das heißt zugleich, daß der mobile Raum der Geosynklinalen mit jeder neuen Faltungsära immer kleiner und die Einengung der Gesteinsmassen durch Faltung und Überschiebung intensiver wird und werden muß, zumal sich die Falten oft auf beiden Seiten des Orogens an konsolidierte Hochkratone anlehnen, die als Widerlager wirken. So sind Verbiegungen und Deckenbau in den jungen Faltengebirgen – z. B. in den Alpen und im Himalaja – viel intensiver als in den älteren Gebirgen. Wie H. ZWART jüngst zeigen konnte. bestehen wesentliche Unterschiede im Bau der einzelnen Faltungsmassen,

Tab. 18. Geotektonische Gliederung der Erdgeschichte nach Stille, 1948. Ergänzte und veränderte Neufassung

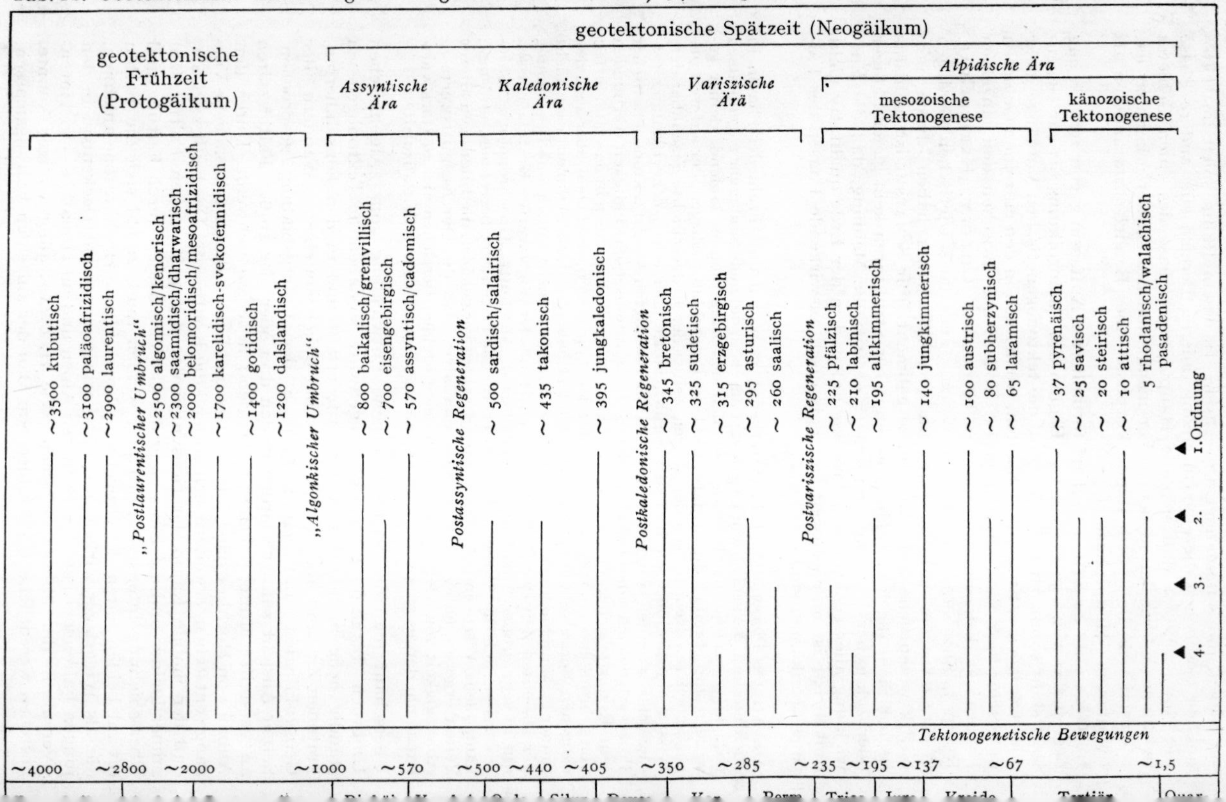

Zeit	Ära	Tektonogenetische Bewegungen	Ordnung
geotektonische Frühzeit (Protogäikum)		~3500 kubutisch	1.
		~3100 paläoafrizidisch	1.
		~2900 laurentisch	1.
		„Postlaurentischer Umbruch"	
		~2500 algomisch/kenorisch	1.
		~2300 saamidisch/dharwarisch	1.
		~2000 belomoridisch/mesoafrizidisch	1.
		~1700 karelidisch-svekofennidisch	1.
		~1400 gotidisch	1.
		~1200 dalslandisch	2.
		„Algonkischer Umbruch"	
geotektonische Spätzeit (Neogäikum)	*Assyntische Ära*	~ 800 baikalisch/grenvillisch	1.
		~ 700 eisengebirgisch	2.
		~ 570 assyntisch/cadomisch	1.
		Postassyntische Regeneration	
	Kaledonische Ära	~ 500 sardisch/salairisch	2.
		~ 435 takonisch	2.
		~ 395 jungkaledonisch	1.
		Postkaledonische Regeneration	
	Variszische Ärä	~ 345 bretonisch	1.
		~ 325 sudetisch	1.
		~ 315 erzgebirgisch	4.
		~ 295 asturisch	2.
		~ 260 saalisch	3.
		Postvariszische Regeneration	
	Alpidische Ära – mesozoische Tektonogenese	~ 225 pfälzisch	3.
		~ 210 labinisch	4.
		~ 195 altkimmerisch	2.
		~ 140 jungkimmerisch	1.
		~ 100 austrisch	1.
		~ 80 subherzynisch	2.
		~ 65 laramisch	1.
	Alpidische Ära – känozoische Tektonogenese	~ 37 pyrenäisch	1.
		~ 25 savisch	2.
		~ 20 steirisch	2.
		~ 10 attisch	1.
		5 rhodanisch/walachisch	2.
		pasadenisch	4.

Zeitskala (untere Leiste): ~4000 ~2800 ~2000 ~1000 ~570 ~500 ~440 ~405 ~350 ~285 ~235 ~195 ~137 ~67 ~1,5

Perm | Tertiär

So spricht er von herzynotypen (Variszisches Gebirge) und alpinotypen (Alpen) Orogenen. Die Kaledoniden nehmen eine vermittelnde Zwischenstellung zwischen beiden Typen ein, während der präkambrische Bereich der Svekofenniden-Kareliden Fennoskandias ein herzynotypes Orogen bildet. Die Unterschiede bestehen in der Art der Metamorphose und in der Stärke der metamorphen Zonen, in der Verbreitung von Migmatiten und Graniten bzw. Ophiolithen und Ultrabasiten, der Breite des Orogens, der Intensität der Hebung und der Verbreitung von Deckentektonik. E. WEGMANN sieht die Verschiedenartigkeit der Orogene vor allem im Verhältnis von Grund- zu Deckgebirge bzw. von Ober- zu Unterbau. Auch J. M. SCHEINMANN hat darauf aufmerksam gemacht, daß sich ein tektonischer Bauplan zeitlich und regional ändern kann und es daher falsch oder zumindest verfrüht sei, von einem einheitlichen, weltweit gültigen tektonischen Bauplan der Erde seit der Frühzeit bis heute zu sprechen. A. T. METZGER, der sich Jahrzehnte mit dem finnischen Grundgebirge beschäftigt hat, meint, daß insbesondere zwischen allen präkambrischen und den jüngeren Gebirgen ein wesentlicher Kontrast bestände, indem im Präkambrium die Faltung viel weiträumiger und der Tiefgang relativ gering gewesen sei. Schließlich müssen solche Unterschiede schon deshalb vorhanden sein, weil wir in historisch-geologischer Betrachtung mit einer Veränderung im Aufbau der Kruste im Laufe der Zeit rechnen müssen, z.B. bezüglich der thermischen Bedingungen, der vorhandenen Spannungen u. a. m. Das zeigen auch seismische Messungen in den tieferen Zonen unter den verschiedenen alten Gebirgsmassen, die ebenfalls erhebliche Unterschiede im Aufbau erkennen lassen (H. CLOOS). Wenn sich auch die geologischen und geochemischen Prozesse im Laufe der Erdgeschichte nicht prinzipiell geändert haben dürften, so bestehen doch wohl Unterschiede in ihrer spezifischen Art und Größe.

Für die Entwicklung Europas (Abb. 63) hat STILLE folgendes Bild gezeichnet: An den riphäischen Kontinentalkern wurde in der Kaledonischen Ära **Paläoeuropa** angebaut, in der Variszischen Ära **Mesoeuropa** und in der Alpidischen Ära **Neoeuropa**. So erhielt schließlich der europäische Kontinent sein gegenwärtiges Gepräge, indem Geosynklinalen und tektonische Bewegungen, Tektonogenese und Epirogenese langsam in Hunderten von Jahrmillionen über die Ozeane wanderten und zur Versteifung der Kruste beitrugen.

STILLE wirft die Frage auf, ob der Zustand allgemeiner Versteifung der Gegenwart etwa bedeutet, daß wir wie am Ende der erdgeschichtlichen Frühzeit und auch schon zuvor vor einer geotektonischen Weltenwende, einem „Umbruch", stehen und ob sich der Versteifungsprozeß der letzten Jahrmilliarde seit dem Riphäikum somit nur als ein scheinbares Altern der Erde erweist. Wenn wir hören, daß die moderne Astrophysik, die unsere Erde im Sonnensystem nur als einen Planeten unter anderen ansieht, zur Erkenntnis gelangt ist, die Erde sei nicht, wie man früher annahm, ein altersmüder, weitgehend abgekühlter und geschrumpfter Weltkörper, sondern ganz im Gegenteil jung und entwicklungsfähig, meint man, darin eine Bestätigung der STILLEschen Konzeption finden zu können.

Fragen wir nach den Ursachen dieses so auffälligen Wanderns der Tektonogenesen, das wir ähnlich wie in Europa auch in Nordamerika und Asien beobachten können, so heißt das zugleich, die Frage nach den Kräften und deren Sitz in der Tiefe stellen. Nur Geologie, Petrologie, Geophysik und Geochemie als Ganzes können in kollektiver Zusammenarbeit zur Lösung des gesamten Komplexes beitragen. Die einen leiten die Kräfte aus der Abkühlung und Kontraktion der Erde, die anderen aus der Expansion, wieder andere aus stetigen langsamen Verlagerungen in einer

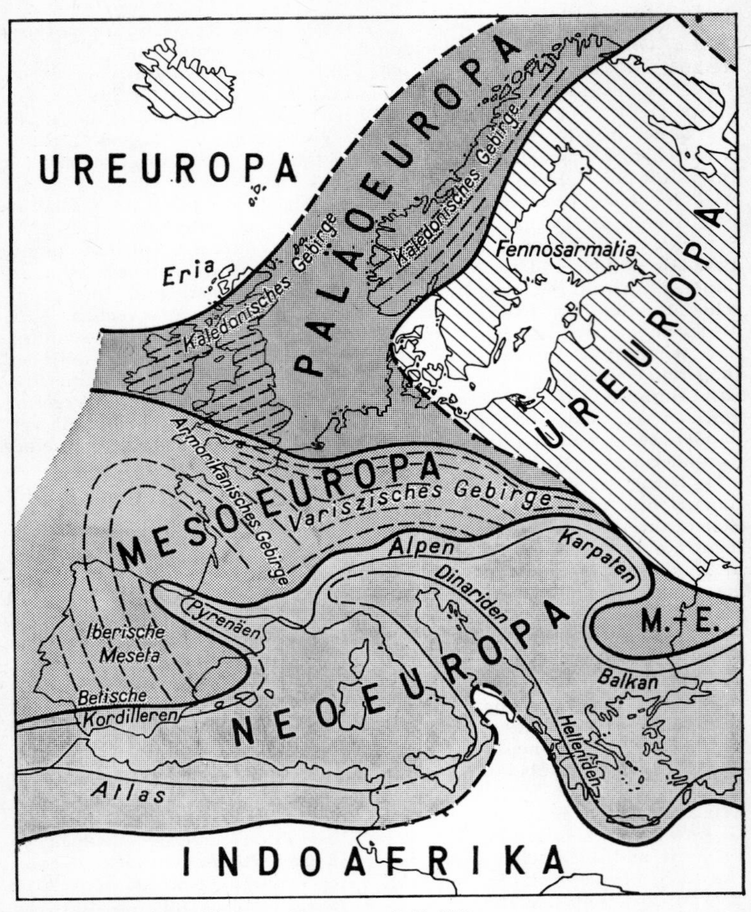

Abb. 63. Tektonische Gliederung Europas nach H. Stille

zähplastischen Tiefenzone des Sima her, wobei ungeklärt bleibt, inwiefern die Bewegungen der sialischen Oberkruste mit aktiven Unterströmungen des Magmas zusammenhängen. Es wäre denkbar, daß Magmaströmungen die Krustenbewegungen auslösen, andererseits aber wird (vgl. S. 219) das Magma durch Bewegungen der Kruste mobilisiert, so daß der tektonogenetische Zyklus eng mit einem **magmatischen Zyklus** verknüpft ist. Weiter muß hier erneut darauf hingewiesen werden, daß die vertikale tektonische Stockwerksgliederung der Erde auf unterschiedliche Strukturbilder im Bereiche der starren oberen Kruste und der tieferen mobilen Zonen bis zur völligen Aufschmelzung deutet und es kaum richtig sein dürfte, alle Vorgänge nur aus den Bewegungsbildern der oberen Krustenteile abzuleiten.

Neben den typischen Bewegungsformen der Epirogenese und Tektonogenese bei der Entwicklung eines Orogens spielt der **Magmatismus** als wichtige, endogene Kraftquelle eine große Rolle. Der Ablauf der verschiedenen magmatischen Erscheinungen und ihre Auswirkungen auf die Gestaltung der Kruste sind im Abschnitt „Die Gesteine und ihre Entstehung“ beschrieben. Auf die Möglichkeiten des Einflusses magmatischer Tiefenströmungen auf Veränderungen im Antlitz der Erde wurde ebenfalls bereits hingewiesen. Die magmatischen Massen steigen in der Kruste empor, erstarren in unterschiedlicher Tiefe von einigen hundert Metern bis mehr als 20 km,

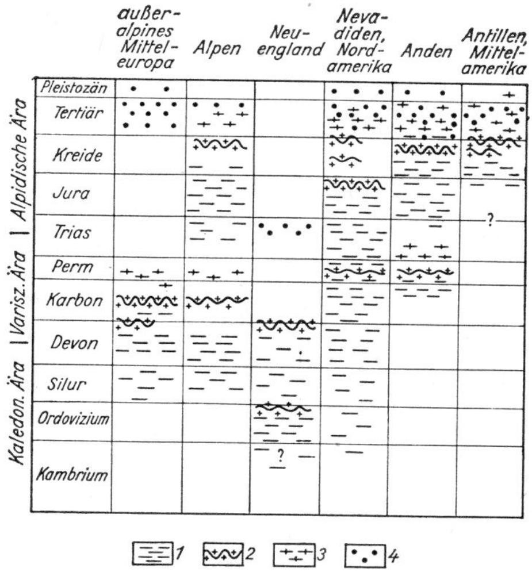

Abb. 64. Schema von orogenen Magmenzyklen (nach H Stille, 1940).
1 initialer basischer Magmatismus;
2 synorogener salischer Plutonismus;
3 subsequenter Vulkanismus;
4 finaler basaltischer Vulkanismus

die meisten zwischen 5 und 15 km Tiefe, vergrößern das Krustenvolumen und schaffen sich Raum, wobei es besonders bei nicht zu tiefen Intrusionen möglicherweise zu einer Aufwölbung der überlagernden Gesteinsserien kommt. Hochtemperierte Schmelzflüsse und Gluttuffe (Ignimbrite) können sich auf die Erdoberfläche ergießen und neue Formen der Landschaft erzeugen: breite vulkanische Decken, kegelförmige Vulkanberge, Quellkuppen, Staukuppen u. a. Hier soll der magmatische Zyklus (Abb. 64) in seiner Verknüpfung mit dem Werden eines Orogens dargestellt werden, beginnend mit dem Werden der Geosynklinale und endend mit den letzten vulkanischen Erscheinungen im kratonischen Zustand.
Ein untermeerischer (submariner), schwach atlantischer Vulkanismus basischer Gesteine (Basalte, Diabase, untergeordnet Keratophyre), die als Decken oder Gänge zusammen mit Tuffen zwischen den Sedimenten lagern, kennzeichnen das Stadium der Geosynklinale, besonders in den am stärksten abgesunkenen Teilen. Die Berührung der Schmelzen mit den stark wasserhaltigen Sedimenten und dem Meerwasser selbst wirkt dabei auf den Mineralbestand modifizierend ein. Zu dem submarinen Vulkanismus kommt vielfach in der Tiefe, meist wohl als älterer magmatischer Vorgang, die Intrusion plutonischer Massen, z.B. von Peridotiten und gabbroiden Gesteinen. Diese werden meist durch Metamorphose in Serpentinite

umgestaltet und durch tektonische Vorgänge innerhalb der Kruste verfrachtet und lagern dann als wurzellose Schollen inmitten anderer Gesteine, wobei ihre Grenzen Störungen darstellen. Oft werden die basischen Magmatite mit dem Gruppennamen Ophiolithe (Grünsteine) bezeichnet. Der Höhepunkt magmatischer Tätigkeit fällt nach R. TRÜMPY auf Grund von Studien in den Westalpen in eine relativ ruhigere Zwischenphase der Geosynklinale zwischen einer voraufgehenden Dehnungs- und einer nachfolgenden Kompressionsphase mit Faltendeformationen der Sedimente, die durch ein geringeres submarines Relief ausgezeichnet ist. In Zeiten der Einengung kann kein basisches Material aus der Unterkruste aufsteigen, weil dazu andere mechanische Verhältnisse notwendig sind. Ohne diese Ergebnisse unzulässig verallgemeinern zu wollen, scheint doch wohl eine solche Zweiphasigkeit in der orthogeosynklinalen Entwicklung mehr oder weniger ausgeprägt zu bestehen. Von STILLE wird dieser basische Magmatismus des prätektonischen geosynklinalen Anfangsstadiums des orogenen Zyklus als initial bezeichnet.

Mit Beginn der eigentlichen Tektonogenese wird der Chemismus der magmatischen Massen andersartig. An Stelle simatischer, basischer Gesteine intrudieren im Entwicklungsstadium des Faltengebirges in gewaltigem Umfang vorwiegend saure, sialische, granodioritische und granitische, ihrer Sippe nach pazifische Schmelzflüsse. Es besteht heute kein Zweifel darüber, daß in den tieferen Bereichen Migmatisierung, Anatexis (vgl. S. 128) und Granitisation eine überragende Rolle spielen und die sialischen Schmelzen meist sekundär-magmatischer Natur sind und aus der Umformung ehemaliger Sedimente hergeleitet werden müssen.

Dieser synorogene Magmatismus, der in großer Verbreitung diese Phase des orogenen Geschehens kennzeichnet, ist an ein verhältnismäßig hohes Niveau der Kruste gebunden. Die Tiefengesteinsschmelzflüsse werden in die Bewegungen mit einbezogen und tragen zusammen mit der Faltung zur allmählichen Versteifung der Kruste bei. So gesehen bedeutet der Höhepunkt des Magmatismus in der Hochzeit der Gebirgsbildung zugleich das beginnende Ende. Den engen Zusammenhang zwischen Tektonik und Magma hatte schon J. J. SEDERHOLM bei seiner Analyse des finnischen Grundgebirges vor STILLE hervorgehoben. Vermutlich sind es die Bewegungen und tektonischen Vorgänge selbst, die das Magma aktivieren.

Dieser saure Magmatismus dauert auch in der spättektonischen bzw. posttektonischen, frühkratonischen Zeit an. Granite und verwandte Gesteine dringen in die Kruste ein und erstarren unter nur schwachem seitlichem Druck als große Plutone, in deren Umkreis die Nebengesteine in einer meist 1 bis 2 km breiten Zone (Kontakthof) thermisch umgewandelt sind. Die Erstarrung solcher großen Massen geht nur langsam vor sich und dauert oft länger als eine Million Jahre. Dieser terrestrische, subsequente Plutonismus des Gebirges tritt postorogen weiter in Erscheinung. Die Schmelzflüsse erreichen nun die Erdoberfläche oder bleiben subvulkanisch in geringer Tiefe stecken und erstarren als sauere Quarzporphyre oder intermediäre Gesteine, wie Melaphyre und Porphyrite bzw. als Andesite und Rhyolithe, so daß man von einem in chemischer Hinsicht etwas variablen subsequenten Vulkanismus der epirogenen Hebungsperiode spricht. Mitunter können diese Ergüsse auch fehlen.

Nachdem der vollkratone, stabile Zustand des Orogens erreicht ist, die Abtragung auf dem Festland vorherrscht und Bruchtektonik entlang vorgezeichneter alter Linien, d. h. Ausweitung, eine Rolle spielen und das Geschehen des Krustenteils bestimmen, folgen in einem finalen Stadium des Magmatismus atlantische, vorwiegend alkalibasaltische Ergüsse, also erneut basische Gesteine, die in gewissem Sinne an die initialen Schmelzen der Geosynklinalzeit erinnern, ohne daß man sie etwa im einzelnen miteinander vergleichen könnte. Die größten Basaltdecken der Erde sind die mächtigen Plateaubasalte (Deckenbasalte, Trapp), die an längs aufreißende große Spalten (Tiefenbrüche) gebunden sind und deren Lavadecken oft sehr große Ausdehnung haben. Nach RITTMANN bedecken solche Lineareruptionen mehr als 2,5 Millionen km² des Festlandes, z. B. in der Arktis, auf Island, in Arabien und Äthiopien, auf dem Dekan (Indien) und in Nordsibirien, auf dem Columbia-River-Plateau Nordamerikas und in Patagonien.

Mit der Förderung basischer Gesteine klingt der magmatische Großzyklus aus, wobei man darüber streiten kann, ob diese Förderung von Basalten überhaupt noch zum tektonischen Zyklus eines Faltengebirges zu rechnen ist. A. A. BOGDANOW und andere sowjetische Forscher trennen einen liparitischen-dazitischen, oft ignimbritischen Vulkanismus, zu dem auch subvulkanische und granitisch intrusive Förderungen gehören, in der Periode einer „unteren Molasse", zu der öfter Übergänge bestehen, von einem im allgemeinen zeitlich zur „oberen Molasse" gehörigen andesitisch-basaltischen Vulkanismus, die vergleichsweise dem STILLEschen subsequenten bzw. finalen Magmatismus entsprechen.

So sind die Beziehungen zwischen Gebirgsbildung und Magmatismus sehr eng. In allen Faltungsären der Erdgeschichte lassen sie sich, wenn auch mit einzelnen Abweichungen und regionalen Verschiedenheiten, als allgemein gültige Gesetzmäßigkeit im großen nachweisen. Das bedeutet, daß die Gebirgsbildung nicht nur von Kräften und Vorgängen der Oberkruste, sondern ebenso der Unterkruste und tieferer Zonen der Erde gesteuert wird. Gebirgsbildung und Magmatismus sind Äußerungen endogener Kräfte und Kräftezusammenspiele, sie gehören zusammen und bedingen sich gegen- oder wechselseitig. Beide wirken entscheidend auf die ständige Veränderung und Gestaltung des Erdbildes ein, das im einzelnen von den exogenen Kräften überprägt und modelliert wird. Entscheidend für die Intrusion von Schmelzen in die Kruste oder das Ausfließen an der Erdoberfläche sind tektonische Kräfte, wobei im Rahmen der gesamten Entwicklung Phasen der Einengung oder Ausweitung (Zerrung) von Bedeutung sind. Die jeweilige Tektonik, der Entwicklungsstand des Orogens bzw. des betreffenden Krustenteils, bestimmt zugleich den Chemismus und die Sippe des magmatischen Materials.

In Zusammenhang damit, daß die einzelnen Phasen des magmatischen Zyklus eng mit der Bildung endogener Erzlagerstätten verknüpft sind, gewinnt diese Erscheinung auch erhebliche ökonomisch-geologische Bedeutung, indem das Studium der vorhandenen Gesetzmäßigkeiten die unabdingbare Voraussetzung für die praktische Lagerstättenkunde und -erschließung bildet.

Bei der Beurteilung magmatischer Vorgänge muß man wohl, wie RITTMANN (1967) hervorhebt, im Prinzip davon ausgehen, daß die Gegensätze zwischen sialischem und simatischem Magmatismus sich nur durch eine Herkunft aus zwei voneinander unabhängigen Quellen, der Kontinentalkruste und dem oberen Mantel, erklären lassen. Das Sial könne aus geophysikalischen und geochemischen Gründen kein Differentiat des simatischen Mantelmaterials sein, sondern entstehe, wie alle neueren Untersuchungen ergeben, vorwiegend durch Einschmelzung von unterschiedlichem Krustenmaterial. Daher erkläre sich auch seine verhältnismäßig große Variationsbreite gegenüber den simatischen Gesteinen.

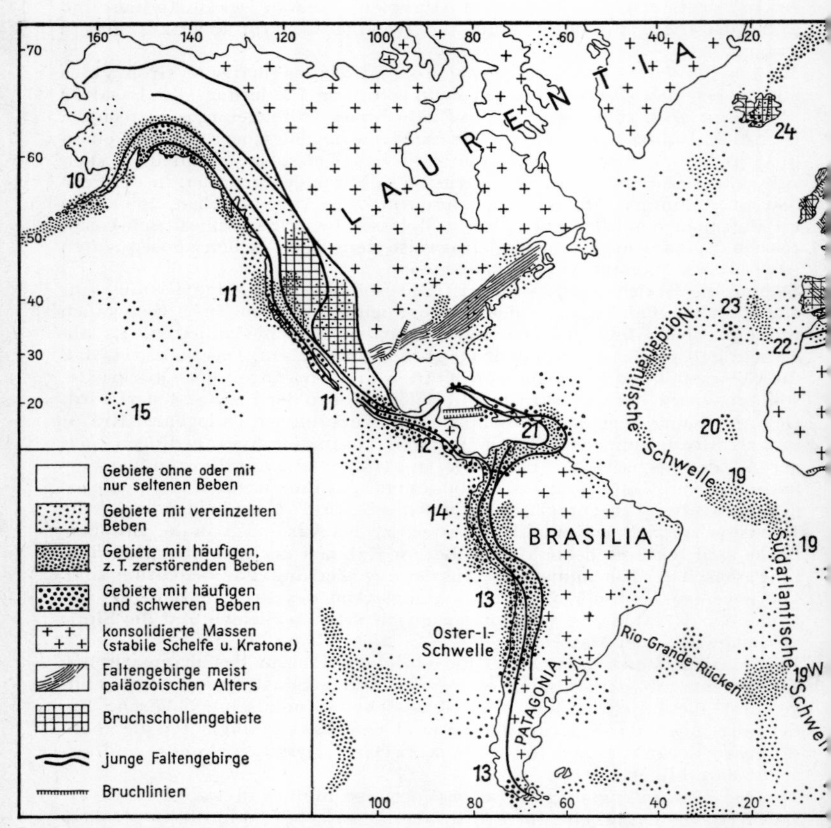

Abb. 65. Seismisch-tektonische Weltkarte (nach Gutenberg, Richter, Staub, Henning, Eardley, Stille,

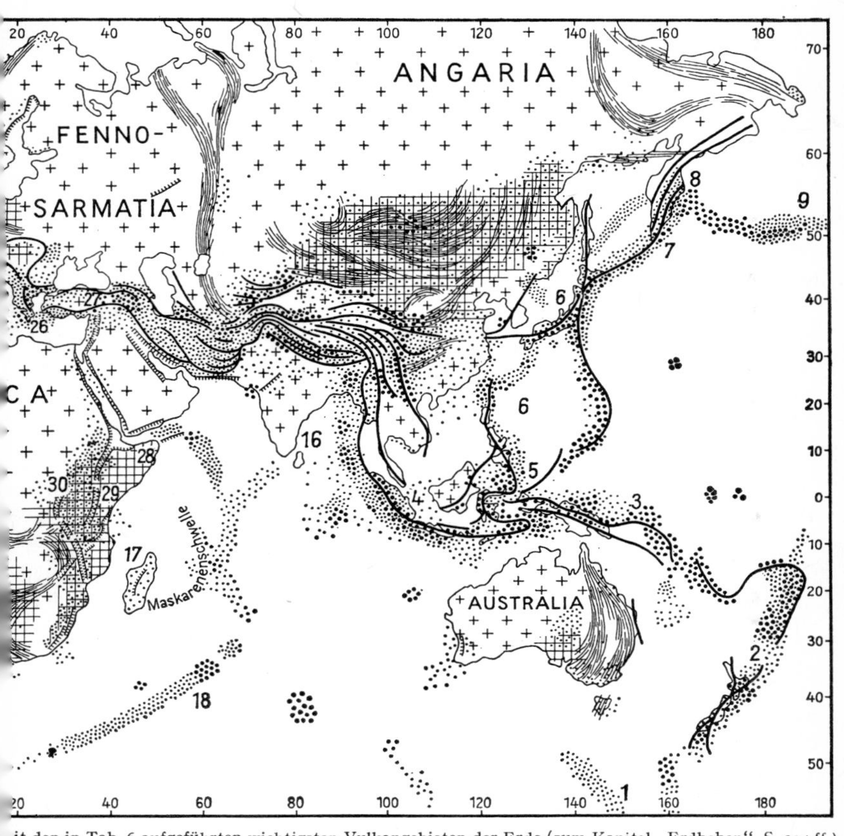

it den in Tab. 6 aufgeführten wichtigsten Vulkangebieten der Erde (zum Kapitel „Erdbeben", S. 234 ff.)

Erdbeben

Erdbeben sind Ausgleichsbewegungen in der Erdkruste, die meist recht plötzlich auftreten und langsam abklingen. Während die normalen, strukturbildenden Bewegungen der Erdkruste für uns unbemerkt verlaufen bzw. nur durch genaue Messungen zu erkennen sind, werden Erdbeben äußerst sinnfällig wahrgenommen. Es sind Naturereignisse, die dem Menschen von jeher Furcht und Schrecken einjagten, treffen sie doch ein Gebiet oft völlig überraschend und fordern, obwohl sie nur Minuten dauern, bisweilen ungeheure Opfer. Allein das große Erdbeben von Messina im Jahre 1908 kostete etwa 110000 Menschenleben! Nach Berechnungen von GUTENBERG und RICHTER finden jährlich etwa 150000 fühlbare Beben statt, instrumentell sind sogar über eine Million nachweisbar. Man kann also mit Alexander VON HUMBOLDT sagen, daß die Erde fortwährend irgendwo zittert.

Nach ihrer Ursache unterscheidet man Einsturz-, Ausbruchs- und Dislokationsbeben. Die **Einsturzbeben** entstehen durch Einsturz unterirdischer Hohlräume, die z.B. vom Wasser in Karstgebieten, ferner in Salz- oder gipsführenden Schichten ausgelaugt oder ausgewaschen sein können. Sie treten sehr selten auf, betragen nur etwa 3% aller Beben und wirken sich lediglich örtlich aus. **Ausbruchs-** oder **vulkanische Beben**, die 7% aller Beben ausmachen, entstehen durch Erschütterungen, die von Gasexplosionen bei Vulkanausbrüchen oder Lavabewegungen ausgehen. Auch sie sind nur von örtlicher Bedeutung. Weitaus wichtiger sind die **tektonischen** oder **Dislokationsbeben**, zu denen 90% aller Erdbeben gehören. Sie sind Begleiterscheinungen von Dislokationen, d. h. von Bewegungen einzelner Krustenteile, die durch tektonische Kräfte gegeneinander verschoben werden. Jede solche Verschiebung größerer Gesteinsmassen ist von einer Erschütterung, einem Erdbeben, begleitet. Man unterscheidet diese tektonischen Beben weiter nach ihrer Stärke in Lokalbeben, leichte Beben, Mittel-, Groß- und Weltbeben. Auf größere Erdbeben folgt meist eine erhebliche Zahl schwächerer Nachbeben, manchmal mehrere tausend. Große Beben lösen zuweilen an anderen Stellen der Erde Relaisbeben aus. Manche Beben bestehen nur aus schwächeren Stößen ohne eine kräftige Hauptbewegung und werden dann Schwarmbeben genannt.

Die Stärke eines Erdbebens wurde früher durch die in 12 Grade eingeteilte Mercalli-Skala bestimmt, die auf sichtbaren und fühlbaren Erdbebenwirkungen beruht und daher nur eine Größenschätzung in bewohnten Gebieten gestattet; außerdem sind diese Schätzungen auch noch von lokalen geologischen Bedingungen abhängig. In der Wissenschaft ist man deshalb zu einem anderen Maß übergegangen, das sich aus instrumentellen Aufzeichnungen ermitteln läßt: die **Magnitude M**. Sie errechnet sich aus dem Logarithmus der Amplitude der Bodenbewegung (gemessen mit genormten Seismographen) in Abhängigkeit von der Entfernung, vermindert um den Logarithmus einer Bodenbewegung, die an der Grenze der Instrumentenempfindlichkeit liegt (1μ Maximalamplitude 100 km vom Epizentrum entfernt) und der man den Wert 0 gegeben hat. Es sind also z.B. Beben von der Magnitude 3 und 6 nicht durch eine doppelte, sondern durch eine 1000fach größere Bewegungsamplitude unterschieden. Beben ab Magnitude 0,4 sind instrumentell sicher nachweisbar, ab 2,5 fühlbar, bei M 4,5 wird leichter Schaden angerichtet, der sich bei M 7 schon zur Katastrophe ausweiten kann. Die bisher größten registrierten Beben hatten $M = 8{,}6$ (z.B. Alaskabeben vom 28. 3. 1964, s. Tafel 35). Als größtes Beben mit M = 9 sieht man das von Lissabon 1755 an, jedoch fehlen dafür instrumentelle Aufzeichnungen.

Der Ursprung der Beben, der **Bebenherd**, liegt in sehr wechselnder Tiefe. Flache Beben entstehen in Tiefen bis 60 km, mitteltiefe in 70 bis 300 km und Tiefherdbeben in 300 bis 700 km Tiefe. Der Bebenherd kann je nach den auslösenden Ursachen begrenzt und punktartig, flächenhaft oder räumlich ausgedehnt sein. Für die Berechnung denkt man sich das Beben von einem Punkt inmitten des Herdes, dem **Hypozentrum**, herkommend. Die größtenteils durch tektonische Bewegungen ausgelösten Erschütterungen und Stöße pflanzen sich von diesem Punkt aus nach allen Seiten fort und gehen mit wachsender Entfernung vom Herd in harmonische Schwingungen über. In dem senkrecht über dem Hypozentrum an der Erdoberfläche gelegenen **Epizentrum** wird das Erdbeben noch als fast einheitlicher Stoß wahrgenommen.

Tab. 19. Zahl der jährlich stattfindenden fühlbaren Beben (im Mittel, nach Gutenberg und Richter)

Bebenklasse	Magnitude	flache Beben	mitteltiefe Beben	tiefe Beben	gesamt
a) Weltbeben	7,75···8,6	2,2	0,4	0,1	2,7
b) Großbeben	7,0 ···7,7	11,9	4,0	0,9	16,8
c) Mittelbeben	6,0 ···6,9	108			108
d) Lokalbeben	5,0 ···5,9	800			800
e) Lokalbeben	4,0 ···4,9	6200			6200
f) Lokalbeben	3,0 ···3,9	49000			49000
g) Lokalbeben	2,5 ···2,9	100000			100000

Tab. 20. Verteilung der von 1904 bis 1945 beobachteten Erdbeben nach Gebieten (nach Gutenberg und Richter)

	Zahl in %					Energie in %		
	flache Beben Bebenklasse			mitteltiefe Beben Bebenklasse	tiefe Beben Bebenklasse	flache Beben Bebenklasse	mitteltiefe Beben Bebenklasse	tiefe Beben Bebenklasse
	a)	b)	c)	a)+b)	a)+b)	a)+b)+c)	a)+b)	a)+b)
zirkumpazifischer Gürtel	80,6	85,0	79,3	91,3	100,0	75,4	89,0	100
transasiatischer Gürtel	17,4	9,0	9,6	8,7	0,0	22,9	11,0	0
andere Gebiete	2,0	6,0	11,1	0, 0	0,0	1,7	0,0	0

Wären die Gesteine, die von den Bebenstößen und -wellen durchlaufen werden, eine gleichartige, homogene Masse, dann nähme die Stärke der gefühlten Beben nach allen Richtungen vom Epizentrum aus gleichmäßig ab, d. h. also, die Linien gleicher Bebenstärke, die **Isoseisten**, bildeten dann konzentrische Kreise um das Epizentrum. Eine gleiche Form würden auch die **Homoseisten** haben, die Linien gleicher Einsatzzeit eines Bebens. Diese Voraussetzung ist aber niemals erfüllt. Die Bebenwellen durchlaufen Gesteine verschiedenster Art und werden darin verschieden stark gedämpft. In der Nähe der Erdoberfläche bilden sich besonders dann, wenn wenig verfestigte Lockerschichten größerer Mächtigkeit auf festem Felsuntergrund ruhen, Oberflächenwellen mit großen Amplituden aus, die beträchtliche Zerstörungen anrichten. Hingegen können große Inhomogenitäten der Kruste, wie Zerrüttungszonen, die ankommenden Wellen völlig dämpfen und ihre Ausbreitung begrenzen. Weiter sind Form und Tiefe des Herdes für die Bildung und Ausbreitung der Wellen maßgebend. Aus den genannten Gründen haben Isoseisten und Homoseisten eine um so unregel-

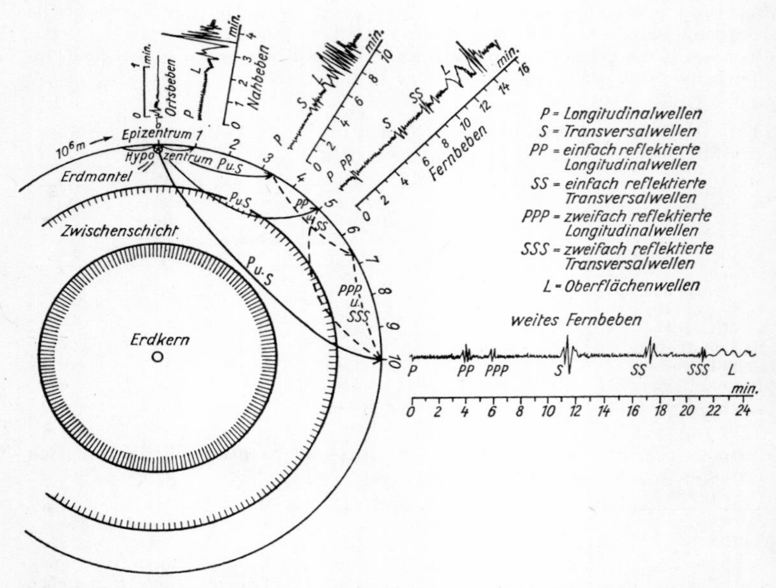

Abb. 66. Verlauf der Erdbebenwellen in der Erde und typische Seismogramme (nach Sieberg, Erdbebenkunde)

mäßigere Form, je weiter sie sich vom Herd entfernen. Die Form wird geprägt vom geologischen Bau des betreffenden Gebietes.

Über die ganze Erde verstreute **Erdbebenwarten** registrieren auch in großer Entfernung vom Herd die Erschütterungen der Erdkruste mittels **Seismographen** verschiedenen Typs, verschiedener Empfindlichkeit und Frequenzcharakteristik. Im Prinzip sind es meist schwere Massen, die auf einer Spitze im labilen Gleichgewicht stehen, oder an Federn aufgehängte Massen, die bei Bewegungen der Erdkruste infolge ihrer Trägheit gegenüber der Erde relativ in Ruhe bleiben. Die Relativbewegungen zwischen Erdboden und Seismographenmasse werden entweder mechanisch mit Nadeln auf berußtem Papier, photographisch oder elektronisch registriert und ergeben einen Kurvenzug, das **Seismogramm** (Abb. 66), dessen Form sich mit der Entfernung vom Bebenherd ändert. Orts- oder Nahbeben zeigen nur wenige „Einsätze" von Erdbebenwellen, Fernbeben dagegen oft eine große Zahl. Das kommt daher, daß durch das Beben verschiedene Wellentypen ent-

stehen, die unterschiedliche Fortpflanzungsgeschwindigkeit haben und verschiedene Wege nehmen, gebrochen und reflektiert werden können. Abb. 66 zeigt eine Auswahl möglicher Wellenwege. Die Schwingungen mit der größten Fortpflanzungsgeschwindigkeit sind die **Longitudinalwellen**, die in oberflächennahen Schichten eine Geschwindigkeit von ungefähr 5,5 km/s haben, in großer Tiefe des Erdmantels bis 13 km/s. Bei diesem Wellentyp schwingen die einzelnen Teilchen der Materie in Fortpflanzungsrichtung hin und her, also Verdünnungen und Verdichtungen auslösend wie in einem gedehnten und dann wieder gelockerten Gummiband. Sie werden als **P-Wellen** bezeichnet. Die **Transversalwellen (S-Wellen)** laufen mit geringerer Geschwindigkeit — in Oberflächennähe etwa 3,1 km/s, in größerer Tiefe bis zu 7,5 km/s. Die Teilchen schwingen bei diesem Wellentyp senkrecht zur Fortpflanzungsrichtung, also wie eine Blattfeder. Die langsamsten, aber bei weitem energiereichsten Wellen sind die **Oberflächen- oder L-Wellen**. Sie haben einen longitudinalen und transversalen Anteil von verschiedenem Schwingungscharakter und Fortpflanzungsgeschwindigkeiten von 3,5 bis 3,8 km/s. Die Zuordnung der einzelnen Wellen zu den entsprechenden Typen wird möglich durch Untersuchung des Schwingungscharakters mittels 3 verschiedener Seismographen für die Vertikal-, die Ost-West- und die Nord-Süd-Komponente der Bebenbewegungen.
Bei bekannter Geschwindigkeit, die sich aus den Einsätzen ein und desselben Erdbebens bei Erdbebenwarten mit verschiedenem Abstand vom Herd des Bebens ergibt, lassen sich Ort und Entstehungszeit eines Bebens ermitteln. Die Erdbebenwellen laufen wegen der mit der Tiefe wachsenden Elastizität der Gesteine auf gekrümmten Bahnen im Erdkörper; an Flächen, an denen sich die physikalischen Eigenschaften der Gesteine ändern, werden sie wie Lichtstrahlen reflektiert und gebrochen. Außer den genannten Hauptwellentypen tritt deshalb noch eine Reihe anderer Einsätze im Seismogramm auf, die Aufschluß geben über Unstetigkeitsflächen im Innern der Erde, über die Ausbreitung der Wellen in den einzelnen Zonen, über die Wellengeschwindigkeit und damit auch gewisse Hinweise über den physikalischen Zustand der verschiedenen Schalen. Die Vorstellung vom Schalenaufbau der Erde wurde vorwiegend aus seismischen Ergebnissen gewonnen (vgl. S. 56 ff.). Seismisch außerordentlich markant ist der Geschwindigkeitssprung an der Mohorovičić-Diskontinuität — von rund 7 km/s in der Kruste auf 8,5 km/s im Mantel — bei einer Tiefenlage von 30 bis 40 und sogar bis 70 km.

Beim Erdbeben werden akkumulierte Spannungen plötzlich ausgelöst; diese Spannungen und die durch sie bewirkten Deformationen des Erdkörpers können Ursachen innerhalb oder außerhalb der Erde haben: stoffliche Änderungen in der Tiefe, Massenverlagerungen im plastischen Untergrund (auch in Form von Konvektionsströmen), Änderung der Erdrotation infolge kosmischer Einflüsse u. a. Jede Störung des Massengleichgewichts stört auch das Rotationsgleichgewicht der Erde, diese bekommt eine „Unwucht", die durch Deformationen an geeigneter Stelle wieder ausgeglichen werden muß. Da die Erde sich insgesamt wie ein Körper mit hoher Viskosität verhält, der mit einer etwas spröderen Haut bedeckt ist, können Ausgleichsbewegungen und Massenverlagerungen in der Tiefe dazu führen, daß sich in dieser Haut Spannungen ansammeln. Ist die Festigkeit der Kruste nicht groß genug, gibt diese nach, und die Spannung fällt ab. Unter einem großen Ruck und vielen kleinen Rucken geht diese in den ursprünglichen Zustand zurück. Man kann daher vor einem Beben Wasserspiegeländerungen, Änderungen der Bodenneigungen und piezomagnetische Feldänderungen beobachten. Der letztgenannte Effekt beruht

auf dem Auftreten elektrischer Ströme und der zugehörigen Magnetfelder in den Gesteinen bei Druckwirkung. Das Beben selbst kann manchmal schon durch relativ kleine Kräfte, z.B. meteorologische Druckänderungen, ausgelöst werden. Der Hauptstoß erfolgt meist ohne Vorwarnung, das Einpendeln in den ursprünglichen Zustand wird durch eine große Zahl von Nachstößen angezeigt. So zählte man bei dem erwähnten Alaskabeben von 1964 innerhalb der nachfolgenden 69 Tage 12000 Nachbeben mit einer Magnitude über 3,5, jedoch wurde die Hälfte der gesamten Energie am ersten Tage im Hauptstoß ausgelöst.
Untermeerische und küstennahe Beben erzeugen oft große Flutwellen, **Tsunamis**, die weite Wege zurücklegen und an den Küsten häufig große Zerstörungen anrichten.
Die obengenannten Spannungen werden vorwiegend in labilen Zonen der Erdkruste ausgelöst. Gebiete, deren Labilität sich in jüngerer geologischer Zeit durch orogenetische Vorgänge anzeigte, sind die Gürtel der tertiären Gebirge, und es ist daher nicht verwunderlich, daß hier die meisten Erdbeben auftreten.

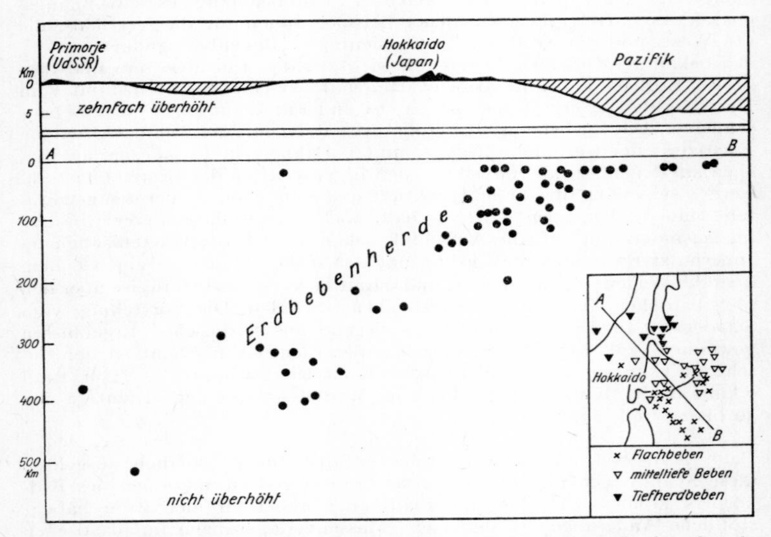

Abb. 67. Lage der Erdbebenherde am westpazifischen Kontinentalrand. Punkte: Orte der Erdbebenherde (nach Gutenberg und Richter)

Auf einer Karte der Verteilung der Erdbebenherde (Abb. 65) sind diese Hauptzonen seismischer Tätigkeit in den Zonen der jungen Faltengebiete leicht zu erkennen. Eine von ihnen beginnt etwa bei Madeira und verläuft über das Mittelmeergebiet, den Kaukasus und Himalaja zum Malaiischen Archipel (transasiatischer Gürtel). Die andere läuft parallel den jungen Gebirgen rings um den Pazifischen Ozean von der Südsee über die pazifischen Inselbögen, Japan, die Aleuten nach Alaska und von da entlang den Küsten beider Amerikas (zirkumpazifischer Gürtel). Die Falten dieser Zonen sind mit großen Brüchen durchsetzt, an denen immer wieder neue Verschiebungen auftreten.

Bezeichnend sind auch die Linien aktiver Vulkane, die den zirkumpazifischen Gürtel auf große Strecken begleiten. Sehr auffällig ist die „Andesitlinie“ am westlichen Pazifikrand (vgl. S. 277). Die Vulkanlinien sind das Ergebnis tiefreichender Bruchsysteme, die den Aufstieg der Magmen ermöglichten. Erdbeben und Vulkanismus gehen auf die gleichen Ursachen zurück.

Eine Eigenart des zirkumpazifischen Gürtels sind auch die **Tiefherdbeben**, deren Herde in Tiefen bis 700 km liegen. Die flachherdigen Beben liegen

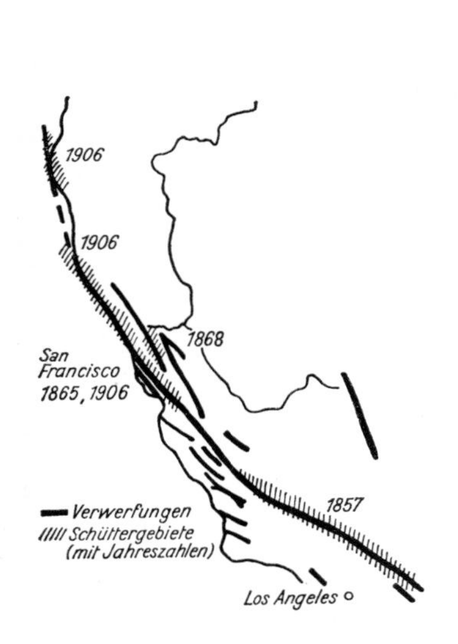

Abb. 68. San-Andreas-Spalte an der Küste Kaliforniens mit den Hauptschüttergebieten (nach Kayser-Brinkmann)

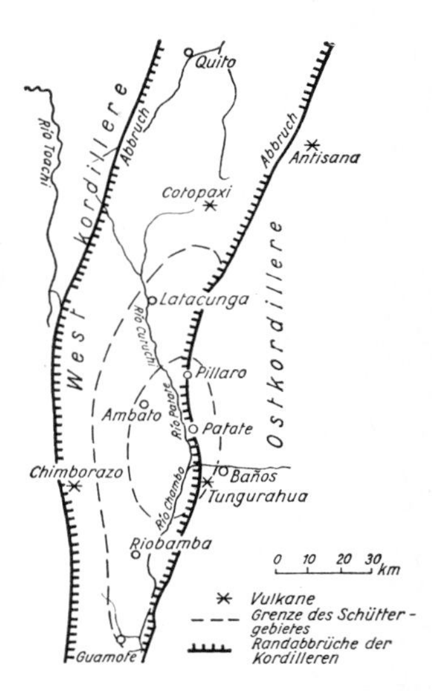

Abb. 69. Ekuadorianischer Graben mit dem Schüttergebiet des Erdbebens vom August 1949. Die Orte innerhalb des Kerngebietes wurden fast völlig zerstört, die von der äußeren Isoseiste umgrenzten wurden mehr oder weniger beschädigt (nach Gerth, Geologische Rundschau, Bd. 37)

auf einem ozeanwärts gelegenen inneren Gürtel des Westpazifiks, landwärts folgt der Gürtel der mitteltiefen Beben und auf dem Kontinent der der Tiefherdbeben (Abb. 67). Eine genau spiegelbildliche Anordnung der Bebenherde findet sich im Osten des Pazifiks vor Südamerika. Diese Verteilung läßt vermuten, daß Ursache der Erdbeben das Vorhandensein einer großen Verschiebungsfläche ist, die vom Ozean her schräg unter die Kontinente abtaucht. Strittig ist noch, wie in solch großen Tiefen, die nach den bisherigen Kenntnissen im plastischen Bereich liegen, noch Erdbeben auftreten können. Auf jeden Fall ist aber der zirkumpazifische Gürtel eine Unstetigkeitszone erster Ordnung; wenn man den sehr aktiven Sundabogen hinzurechnet, ereignen sich hier über 80% der flachherdigen Erdbeben, mehr als 90% der mitteltiefen und fast alle Tiefherdbeben (Tab. 20).

Interessant ist ferner, daß an den Brüchen des zirkumpazifischen Gürtels Lateralverschiebungen die Regel sind, die eine bemerkenswerte Gleichsinnigkeit haben. Das ganze Gebiet des Pazifiks wird in bezug auf die ihn umrahmenden Kontinente entgegengesetzt dem Uhrzeigersinn bewegt. Der Pazifik selbst verhält sich dabei wie eine stabile Masse, er hat kaum seismische Aktivität. HILLER konnte nachweisen, daß auf ein Beben im Westpazifik stets eins auf der Ostseite folgte und daß die Schüttergebiete langsam um den ganzen Pazifik herumliefen. Es ist dies genau die Art und Weise, wie das gestörte Gleichgewicht einer Scholle wiederhergestellt wird.

Aus Lateralverschiebungen an den Verwerfungen (z. B. an der San-Andreas-Verwerfung in Kalifornien um 280 km seit dem Oligozän!) kann man eine Gesamtumlaufzeit dieser Scholle von $3 \cdot 10^9$ Jahren errechnen. Sie verhält sich dabei nicht wie ein starrer Block, die Bewegungen sind zeitlich und örtlich unregelmäßig (Abb. 68). Ursache für dieses Verhalten des Pazifiks könnten Strömungen im tiefen Teil des Mantels sein.

Gute Beispiele dafür, daß die Hypozentren der Erdbeben oft an Dislokationszonen gebunden sind, d. h. an Zonen, in denen die Schichtenlagerung durch mehr oder weniger tiefgehende Brüche gestört ist, bilden die Erdbeben von San Francisco, die an die San-Andreas-Verwerfung gebunden sind. Ein ähnliches Beispiel bietet der große Grabenbruch zwischen den beiden Kordilleren im Hochland von Ekuador (Abb. 69). Viele der Orte am östlichen Grabenrand sind im Laufe ihrer Geschichte schon mehrfach zerstört worden. Lima in Peru, auf einer ebensolchen Bruchzone liegend, wurde bereits zehnmal mehr oder weniger vollständig zerstört! Aus neuester Zeit sind noch die großen Erdbeben von Skopje 1963 und den griechischen Inseln 1953 in frischer Erinnerung. Skopje liegt auf einer großen Bruchzone, der Vardarlinie, die dem Fluß Vardar sein merkwürdig linear gestrecktes Tal vorzeichnete und die bis nach Ungarn hineinreicht. Dementsprechend war das Erdbeben von 1963 auch bis Ungarn spürbar. In Griechenland liegt das Gebiet der Inseln Lefkás, Kefallēnía und Ithakē auf einem Bruchsystem. Nach GALANOPULOS ist dies Gebiet seit 1912 im Durchschnitt alle 16 Jahre von einem zerstörenden Beben heimgesucht worden. Die Erdbebengebiete in der Bundesrepublik und der Deutschen Demokratischen Republik – glücklicherweise nur die Herde schwacher Beben – liegen an den Bruchzonen des Oberrheintalgrabens, der Schwäbischen Alb und des Vogtlandes.

Die von den Erdbeben angerichteten Zerstörungen und die Menschenverluste sind oft gewaltig. So forderte das große Kansubeben (China, 16. 12. 1920) etwa 200000 Opfer, das große japanische Beben von 1923 rund 145000, und beim Schensibeben vom 23. 1. 1556 sollen bei einem Schüttergebiet von 1 Mio km² sogar 800000 Menschen getötet worden sein. Die katastrophalen Ausmaße sind nicht nur abhängig von der Magnitude, sondern auch von lokalen geologischen Bedingungen. Sehr große Bebenamplituden entstehen in Lockerschichten über festem Gebirge. Das Beben von Agadir (Marokko) vom 29. 2. 1960 tötete 60% (20000) der Einwohner im Epizentralgebiet und zerstörte fast alle Gebäude, obgleich es sich nur um ein schwaches Beben der Magnitude 6 handelte. Hier waren die geologischen Bedingungen entscheidend sowie die geringe Herdtiefe, zudem spielte die Bauweise der Häuser eine Rolle. Natürlich hängt das Ausmaß der Katastrophen auch von der Bevölkerungsdichte, von der Tageszeit und davon ab, ob ein schwaches Beben als Vorwarnung vorausgeht oder der Hauptschlag überraschend erfolgt. Außer durch Bebentätigkeit zeigt sich die tektonische Aktivität häufig auch durch gleichzeitige Vulkanausbrüche an, wie bei den Chilebeben im Mai bis Juni 1960 (225 Stöße), deren Herd übrigens die bemerkenswerte Länge von 1300 km hatte (Bruchsystem!).

Die sichtbaren Wirkungen der Erdbeben sind neben Zerstörungen menschlicher Bauwerke große Bergrutsche, Schollenverschiebungen (s. Tafel 35), klaffende Spalten (San Francisco 1906 bis 20 m breit!), Hebungen und Senkungen (beim Lissaboner Erdbeben 1755 versank ein Teil des Hafendammes in 150 m Tiefe), Neubildung von Vulkanen, Erneuerung der Aktivität erloschener Vulkane, Tsunamis.
Nach den auf S. 237 genannten Anzeichen für die Akkumulation von Spannungen in der Erdkruste müßten theoretisch flache Erdbeben vorhergesagt werden können. Praktisch ist das aber noch nicht möglich, weil die Beobachtung der Deformationen oder ihrer Wirkungen ein untragbar großes und engmaschiges Netz von Beobachtungsstationen über größere Räume erfordern würde und außerdem viele Beben sich nicht durch meßbare Veränderungen anzeigen. Allerdings könnten bei dem heutigen Stand der Technik mit Serien von automatischen Meßstationen zumindest in gefährdeten Gebieten ein Teil der Beben vorausgesehen und dadurch ihre katastrophalen Wirkungen vermindert werden. Für die Voraussage von Beben, deren Herde in größerer Tiefe liegen, besitzen wir auch in der Theorie bisher noch keinerlei Mittel.

Strukturformen der Erdkruste

Aufgaben und Werkzeuge der tektonischen Forschung

Die erdäußeren und erdinneren Kräfte verursachen in ständigem Wechselspiel Veränderungen der Struktur der Erdkruste. Das Studium des Aufbaus der Erdkruste und der Veränderungen, die im Gefolge dieser Kräfte und der durch sie erzeugten Spannungen auftreten, sowie die Klärung der Zusammenhänge ist Aufgabe der Wissenschaft von der Tektonik. Objekte der Forschung sind dabei nicht nur die heutigen Gebirge, sondern auch die alten Gebirgsrümpfe, aus deren strukturellen Zügen und aus deren Gesteinen man ein Bild von dem früheren Bau dieser alten, längst eingeebneten Gebirge gewinnen kann. Diese Aufgabe wird besonders schwierig, wenn gebirgsbildende Vorgänge mehrfach denselben Krustenteil betroffen haben. Der Geologe steht dann vor dem gleichen Problem wie der Erforscher alter Handschriften, der unter den zuletzt aufgeschriebenen Schriftzeichen die älteren, abgekratzten (Palimpseste) zu entziffern sucht. Man spricht deshalb auch in der Geologie von Palimpsest-Strukturen, die unter jüngeren Deformationen durchscheinen und gedeutet werden müssen.
Das Studium der Tektonik hat nicht nur rein wissenschaftlichen Erkenntniswert, es ist auch von großer praktischer Bedeutung, denn die tektonischen Vorgänge können Lagerstätten nutzbarer Minerale und Gesteine zerstückeln und vernichten oder aber neue schaffen, auch Baugrund nach der guten oder schlechten Seite hin verändern.
Solange dem Geologen als Werkzeug nur seine Augen zur Verfügung standen, mußte er sich mit dem begnügen, was er an der Erdoberfläche, in Grubenbauen oder an Bohrproben sah, was also „aufgeschlossen" war. In den letzten Jahrzehnten sind jedoch neue, leistungsfähige „Werkzeuge" hinzugekommen, die man mit dem Röntgenapparat des Arztes vergleichen könnte: die geophysikalischen Verfahren. Bei diesen werden auch die in mehr oder weniger großer Tiefe liegenden Schichten des Untergrundes erfaßt, und die Ergebnisse können als physikalische Meßgrößen an der Erdoberfläche registriert und geologisch gedeutet werden. Im Abschnitt „Angewandte Geophysik" (s. S. 658 ff.) sind diese Verfahren näher beschrieben. Besonders die Seismik ist zum Instrument zur Aufhellung der Tektonik geworden, aber auch Gravimetrie, Magnetik, Tellurik, Radiometrie können wertvolle Beiträge dazu liefern.

Tektonische Erscheinungsformen

a) **Die normale Lagerung.** Die mit Hilfe des Wassers sich ablagernden Sedimente legen sich im allgemeinen in parallelen Schichten horizontal übereinander, sie befinden sich in konkordantem Verband. Ursprüngliche Schrägschichtung kommt seltener vor, sie tritt besonders dann auf, wenn Ablagerungen durch das Transportmittel immer weiter verfrachtet werden, wobei sich das betreffende Material die natürliche Böschung hinabbewegt. Dies kommt bei Windablagerungen vor, z. B. bei Dünen. Bei wechselnder Windrichtung entsteht hier Kreuzschichtung (Abb. 70 und Tafel 39). Auch Flüsse lagern bei wechselnder Stromstrichrichtung Schotter in Kreuzschichtung ab; besonders charakteristisch ist Schrägschichtung aber für Deltaschüttungen an den Flußmündungen. Ursprünglich auf schräger

Fläche abgelagert sind auch Sedimente am Hang von Becken, Trögen und Kontinenten.

Im Normalfalle legt sich in den Sedimentbecken waagerecht Schicht parallel auf Schicht, und Abweichungen davon sind Zeugnisse tektonischer Einwirkungen. Die Art des abgelagerten Gesteins und seine Fazies hängen ab von den geologisch-geochemischen Bedingungen im Abtragungs- und Ablagerungsraum, vom Relief der Erde, von der Art des Transportes, von der Entfernung vom Abtragungsraum und vom Klima. Da diese Größen sich fortwährend ändern, kommt es zu der vielfältigen Ausbildung der Ablagerungsgesteine, zur Schichtung und zur lateralen Veränderung der Gesteinszusammensetzung. Geht man bei der Betrachtung eines Schichtstoßes von einer bestimmten Schicht aus, dann bezeichnet man die unter ihr lagernden Serien als Liegendes, die darüberliegenden als Hangendes.

Die besten Aufschlüsse größerer Schichtstöße liefern eng eingeschnittene Flußtäler, z. B. hat die Elbe im Elbsandsteingebirge die Obere Kreide, die Saale bei Jena und die Werra bei Creuzburg den Muschelkalk, der Rhein im Rheinischen Schiefergebirge das Devon aufgeschlossen, das berühmteste Beispiel ist aber der Cañon des Colorado in den USA.

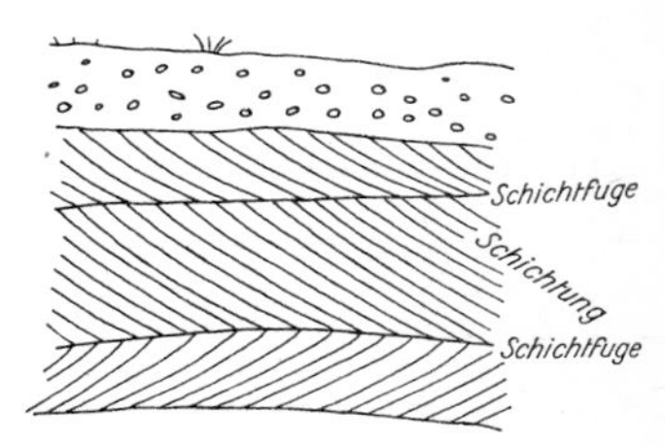

Abb. 70. Kreuzschichtung in einer Düne

Wie in der Vertikalen, so ist auch in der Horizontalen die Ausdehnung einer bestimmten Gesteinsschicht nicht unbegrenzt. Jede Schicht wird seitlich an Mächtigkeit abnehmen, auskeilen, andere lithologische Merkmale annehmen. Es werden z. B. Tiefsee-Ablagerungen mit kleinem Korn randlich immer mehr in Ablagerungen des flachen Wassers und schließlich in grobe Küstenablagerungen übergehen. Schließlich kommt man aus der Zone der Ablagerung in die der Abtragung, der Gesteinszerstörung. Dort findet man keine Gesteine mehr, die mit den eben betrachteten Ablagerungsgesteinen gleichaltrig sind.

Krustenbewegungen sind die Ursache dafür, daß Ablagerungs- und Abtragungsgebiete ihre Lage wechseln, daß Wasserbecken trockenfallen, ehemalige Abtragungsgebiete sich senken und zu Ablagerungsräumen werden, während die in den ehemals von Wasser überfluteten Gebieten gebildeten Gesteine über das Erosionsniveau gehoben und abgetragen werden. Aber auch bei gleicher Tendenz der Krustenbewegungen wird z. B. ein Verlangsamen der Senkung das Auffüllen eines Beckens beschleunigen und die Ufer beckeneinwärts rücken lassen, eine Beschleunigung der Absenkung dagegen zu Transgressionen führen.

Diese Erkenntnisse lassen es verständlich erscheinen, daß ein vielfältiger Gesteinswechsel nicht nur in der Horizontalen, sondern auch in der Vertikalen anzutreffen ist. Sie machen ferner deutlich, daß nur in emsiger Kleinarbeit eine lückenlose Schichtenfolge für alle geologischen Zeiten und für die gesamte Erde aufgestellt werden kann. Diese Arbeit muß von den Senkungsräumen ausgehen, in denen sich über lange Perioden hinweg ziemlich vollständige Ablagerungsfolgen gebildet haben. Für die tektonische Analyse ist das genaue Studium der Sedimente unerläßlich, ihre Zusammensetzung, Korngröße, Kornform, Sortierung, Ablagerungsform erlauben Rückschlüsse auf die Bedingungen im Abtragungs- und Ablagerungsraum, die Reliefenergie, die Art des Transportes, die paläogeographische Situation.

b) **Die gestörte Lagerung.**

Allgemeines. Vertikale Bewegungen – Hebungen oder Senkungen – sind charakteristisch für diejenigen Krustenbewegungen, die als epirogenetische bezeichnet werden, während als orogenetische solche gelten, bei denen eine starke Pressung mit vorwiegend tangentialer Beanspruchung vorherrscht. Danach gibt es drei Hauptdeformationsarten: *tangentiale (horizontale) Pressung, tangentiale Zerrung, Hebungen und Senkungen.* Diese Vorgänge führen zu folgenden tektonischen Grundformen:

1. *Pressung*
   a) Biegungserscheinungen: Falten;
   b) Bruch- und Gleiterscheinungen: Aufschiebungen, Überschiebungen, Horizontalverschiebungen, Gleitungen, Pressungsklüfte;
2. *Dehnung*
   a) Biegungserscheinungen: Flexuren;
   b) Brucherscheinungen: Dehnungsklüfte, Spalten, Abschiebungen, Kippschollen;
3. *Vertikalbewegungen:* Biegungen, Falten, Schleppungen, Brüche.

Diese Grundformen sagen nichts aus über die Ursache der Deformationen, die sich uns ja nur als Erscheinungsformen tektonischer Kräfte in einer inhomogenen Kruste darstellen. Man kann z. B. ohne Schwierigkeit alle Deformationsbilder allein mit Hebungen und Senkungen erklären, die Teile der tieferen Kruste gegeneinander durchführen. Darauf soll später eingegangen werden.
Eine bestimmte Deformation kann demnach nicht eindeutig einer bestimmten Beanspruchung zugeordnet werden; es darf auch nicht vergessen werden, daß die genannten Grundformen Abstraktionen sind, die man in der Natur kaum rein antreffen wird. Alle Deformationen der ursprünglichen Lagerung der Gesteine bezeichnet man allgemein als **Schichtstörungen.** Im Bergbau und in der angewandten Geologie ist aber der Begriff „Störung" eingeengt auf alle mit Brüchen verbundenen Dislokationen, also auf Verwerfungen, wie Aufschiebungen und Abschiebungen. Verwerfungen sind sonach Bruchflächen, an denen Schollenverschiebungen stattgefunden haben.
Die Deformationserscheinungen werden kompliziert durch das sehr unterschiedliche Verhalten der Gesteine gegenüber den verformenden Spannungen; denn die Gesteine sind weder homogene Massen, noch verhalten sie sich wie normale elastische Körper. Setzt man eine Gesteinsprobe längere Zeit einem starken Druck aus, wie es durch die Experimente von GRIGGS geschah, dann erhält man eine Deformationskurve, die zeigt, daß sich bei kurzzeitigen Spannungen ein Gestein wie ein elastischer Körper verhält; es reagiert mit umkehrbaren Verformungen und bei Überschreiten der Festigkeitsgrenze mit Bruch. Bei langer Dauer und zunehmender Steigerung der wirkenden Spannung treten nichtumkehrbare Verformungen des Gesteins ein, die man im gewöhnlichen Sprachgebrauch „plastisch" nennt und die zu Fließbewegungen führen. Die Gesteine verhalten sich in diesem Falle wie Flüssigkeiten hoher Viskosität, falls ein gewisser Schwellenwert der wirkenden Spannung, die Nachgebespannung, überschritten ist. Diese Fließgrenzen sind außerdem stark abhängig von der Temperatur und vom triaxialen Druck, also von der Einbindung und Einspannung in allen Richtungen. Die geringsten Schwellenwerte haben Salze, Gips, Tongesteine; bei Sandsteinen sind sie wesentlich höher, aber stark abhängig vom Wassergehalt. Sandsteine verhalten sich auch „starrer" als Karbonatgesteine. Kristalline Gesteine haben die höchsten Fließgrenzen.

Eine kurzzeitige starke Spannung, die innerhalb des elastischen Bereichs die Festigkeit des Gesteins überschreitet, führt also zum Bruch, während andererseits eine langdauernde oder über geologische Zeiten hinweg sich langsam steigernde Beanspruchung plastische Verformung bewirkt, während der die Spannung wieder zurückgeht.
Diese starken Unterschiede im Verhalten der Gesteine komplizieren sehr stark die kleinräumigeren tektonischen Formen. Dabei darf man aber nie vergessen, daß deren Vorgeschichte und Anisotropie (die Erscheinung, daß die geologischen Körper den verformenden Kräften in verschiedenen Richtungen verschiedenen Widerstand entgegensetzen) die Deformierbarkeit zusätzlich beeinflußten, denn auch ein „starrer" kristalliner geologischer Körper ist von vielen Rissen und Anisotropien durchsetzt und

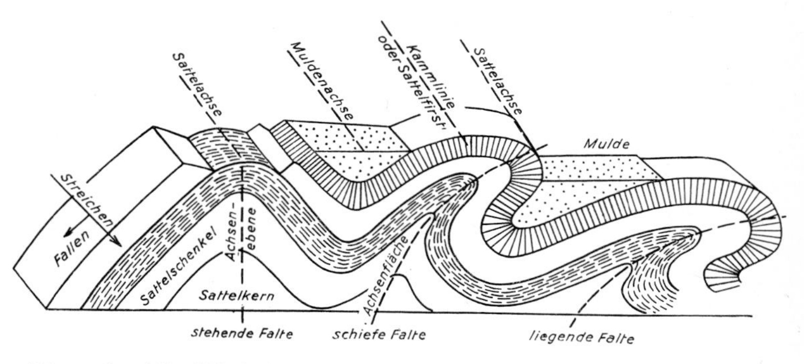

Abb. 71. Sättel (Antiklinalen) und Mulden (Synklinalen)

dürfte, wenn es sich um eine große geologische Einheit handelt, nicht viel schwerer deformierbar sein als ein Sedimentkörper von Kontinentgröße. Deshalb gibt es die von vielen Forschern angenommenen starken mechanischen Unterschiede zwischen dem „versteiften" Kraton und dem „faltungswilligen" Geosynklinalbereich vermutlich überhaupt nicht. Die Größe der Körper spielt hier eine entscheidende Rolle.
Mit wachsender Tiefe, Temperatur und wachsendem Druck verringern sich die Unterschiede, bis schließlich im Erdmantel das Fließstockwerk, die **Astenosphäre**, erreicht wird, in der die Viskositäten so weit herabgesetzt sind, daß tektonische Kräfte keine formbeständigen Deformationen mehr erzeugen können. Der Schauplatz der tektonischen Ereignisse, mit denen sich die Tektonik beschäftigt, ist die darüberliegende **Tektonosphäre**.

Pressungserscheinungen: Setzen wir voraus, ein Gesteinspaket der Erdkruste werde durch tangentiale (horizontale) Pressung deformiert. Es wird sich in **Falten** legen, die mit zunehmender Verformung steiler werden, überkippen und schließlich liegende und sogar tauchende Falten bilden (Tafel 36). Ein solcher anscheinend durch Verkürzung der Kruste entstandener Faltenzug besteht aus Sätteln (Antiklinalen) und Mulden (Synklinalen). Die Abb. 71 zeigt eine aufrechte, eine schiefe und eine liegende Falte und enthält gleichzeitig die Bezeichnungen für die einzelnen Teile des Faltenwurfes. Die Umbiegungsstelle der gefalteten Schicht heißt Sattelachse, die durch diese gelegte Fläche, die alle Umbiegungsstellen der einzelnen Schichten verbindet, Achsenfläche. Bei der stehenden Falte stellt sie die Symmetrie-Ebene der Falte dar und heißt Achsenebene. Demgegenüber ist die Kammlinie oder der Sattelfirst die Linie, entlang der die Schichten an einer horizontal gedachten Erdoberfläche nach beiden Seiten abfallen. Bei einer stehenden Falte fallen Sattelachse und Kammlinie zusammen, bei einer schiefen Falte aber nicht. Die entsprechenden Bezeichnungen für die Mulde sind Muldenachse und Muldentiefstes. Die Richtung,

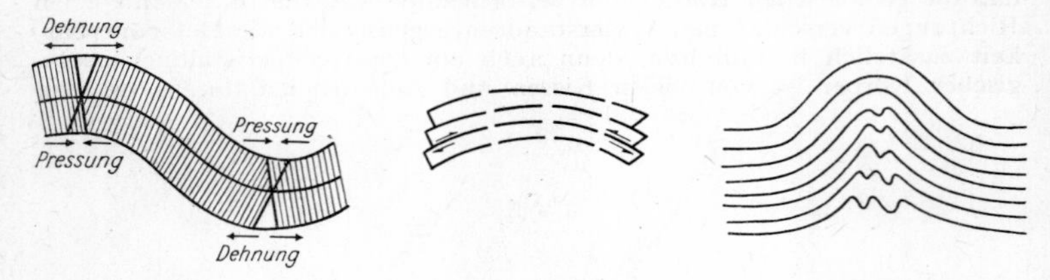

Abb. 72. Dehnung und Pressung bei der Faltung

Abb. 73. Gleitbewegungen bei der Verformung eines Schichtpaketes

Abb. 74. Sekundäre Faltung im Kern einer Falte

nach der eine schiefe oder liegende Falte geneigt ist, heißt Vergenz. Faltenachsen, die gegenüber der Horizontalen geneigt sind, heißen tauchende oder einschiebende Achsen.

Die Lage der Schichten im Raum wird durch **Streichen** und **Fallen** festgelegt. Mit Streichen einer Schicht bezeichnet man die Richtung der Schnittlinie, die die geneigte Schichtoberfläche mit einer horizontalen

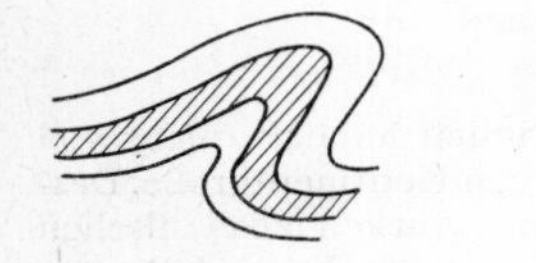

Abb. 75. Verdickung plastischer Schichten an den Umbiegungsstellen

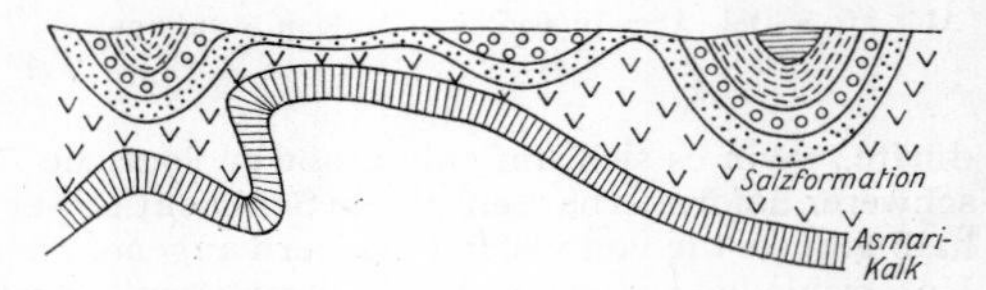

Abb. 76. Disharmonische Faltung im Ölfeld Masjid-i-Sulaiman im Iran (nach Tiratsoo, Petroleum Geology)

Fläche bildet, mit Fallen den Winkel, den eine senkrecht auf der Streichlinie stehende Linie mit der Horizontalen bildet (Abb. 260). Das Azimut der Faltenachsen wird als Faltenstreichen bezeichnet.

Sieht man vereinfachend eine Schicht als elastische Platte an, dann herrscht bei Faltung an den Umbiegungsstellen der Sättel oben Dehnung, unten Pressung, in den Mulden entsprechend umgekehrt (Abb. 72). Die Faltung erzeugt sonach in den Gesteinen ein inhomogenes Spannungsfeld, das zu zusätzlichen Verformungen führt.

Betrachtet man ein ganzes Schichtpaket, dann kommen weitere Komplikationen hinzu. Handelt es sich um Schichten mit ähnlichen mechanischen Eigenschaften, dann treten an Inhomogenitätsflächen der Schichtung Ausgleichsbewegungen auf (Abb. 73). Aus geometrischen Gründen müssen dann in tieferen Schichten des Paketes **sekundäre Faltungen** entstehen (Abb. 74). Besteht das Paket, wie meist in der Natur, aus Schichten mit stark unterschiedlichen mechanischen Eigenschaften, dann werden die Verformungen in den einzelnen Gliedern immer differenzierter. Die widerständigen (kompetenten) Schichten können sich z. B. noch im elastischen Bereich verformen, während die leichter verformbaren (inkompetenten) schon plastisch reagieren. Plastisches Material bewegt sich nach eigenen Gesetzen, es wandert aus Pressungszonen in den „Druckschatten" (Abb. 75). Dieser Vorgang steigert sich bis zur **disharmonischen Faltung** (Abb. 76), bei der die einzelnen Glieder ganz verschiedene Faltenbilder zeigen. Besonders Salzgesteine, Tone, Mergel neigen zu disharmonischer Faltung. Leicht verformbares Material einer Schichtfolge kann dabei aus den Pressungszonen vollständig verschwinden und sich in den Zonen geringsten Druckes anhäufen.

Der Unterschied in der Verformbarkeit bewirkt auch, daß spröde Glieder zwischen fließfähigen oft zerbrechen, auseinandergerissen und die Einzelstücke verdreht werden. Dieser Vorgang heißt **Boudinage** (franz. „Verwurstelung", Abb. 77). Die Formen der Falten sind vielfältig entsprechend den Spannungen und den säkular-plastischen Eigenschaften des Materials. Falten mit parallelen Schenkeln heißen **Isoklinalfalten**, Falten mit abgewinkelten geraden Schenkeln (wie Plissee) **Knickfalten**, Falten mit nach unten konvergierenden Schenkeln sind **Fächerfalten**, **Kofferfalten** haben eine kastenförmige Form.

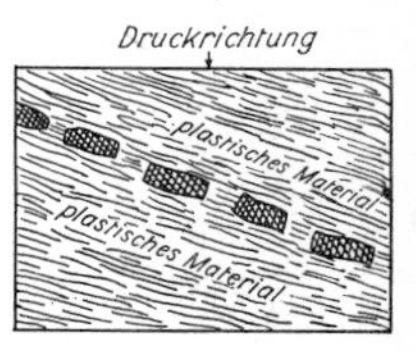

Abb. 77. Boudinage

Abb. 78. Falte mit ausgewalztem Mittelschenkel

Zunehmende Faltungsintensität mit Fließbewegungen der Gesteine und Gleitungen infolge der Schwerkraft erzeugt stark ausgezogene Falten. Die Mittelschenkel der liegenden Falten werden ausgewalzt (Abb. 78), und schließlich lösen sich Teile der Falten und gleiten oder werden als **Überschiebungsdecken** weit über ihr Vorland geschoben. Sie sind typisch für junge Deckengebirge (alpinotype Gebirge) wie Alpen und Karpaten. Bei diesem Vorgang können sich Glieder mit unterschiedlichen mechanischen

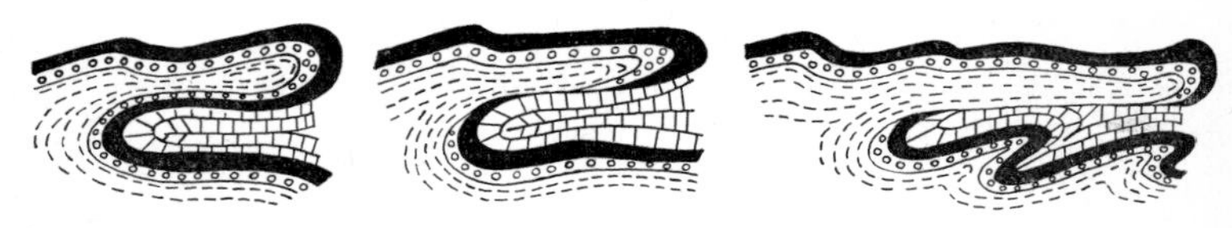
Abb. 79. Bildung einer Überschiebungsdecke aus einer liegenden Falte

Eigenschaften trennen und sich eigengesetzlich bewegen. Das in die Bewegungsrichtung zeigende Ende einer Decke heißt Deckenstirn, der Ursprungsort Deckenwurzel (Abb. 79).

Die Deckenüberschiebungen erzeugen sehr komplizierte und schwer deutbare Faltenbilder. Werden Teile der Überschiebungsdecken durch Erosion abgetragen, so daß die Unterlage der Decke freiliegt, dann nennt man derartige Aufschlüsse des Untergrundes **Fenster**. Erosionsreste solcher Decken heißen **Klippen** (Abb. 80). An der Unterseite der großen Decken werden die überfahrenen Schichten oftmals zerrissen, mitgenommen und verformt zu einem „Reibungsteppich" (AMPFERER). Zuweilen werden auch zylinderförmige Rollfalten erzeugt. Werden Bündel von enggepreßten Falten dachziegelartig übereinandergeschoben, dann spricht man von **Schuppung** (Abb. 81).

Eine einfache Überlegung zeigt, daß die Mächtigkeit einer Sedimentserie die Spannweite der Faltung bestimmt. Es kann deshalb auch keine Faltung bis in die „ewige Teufe" geben. Faltung verlangt Abscherungsflächen, und diese sind durch die Inhomogenität der Sedimentschichten bedingt. Je enger Gesteinsschichten gefaltet werden, desto mehr Gleitflächen sind nötig. Ein gefaltetes Gebirge besteht daher aus einer Superposition der verschiedensten Wellenlängen und ist von zahlreichen Brüchen durchsetzt.
Betrachten wir die gesamte Erdkruste, so ist festzustellen, daß sich die Deformationsstile mit der Tiefe ändern. Im nichtmetamorphen Sedimentgebirge herrschen Faltungen der verschiedensten Intensität und Brüche

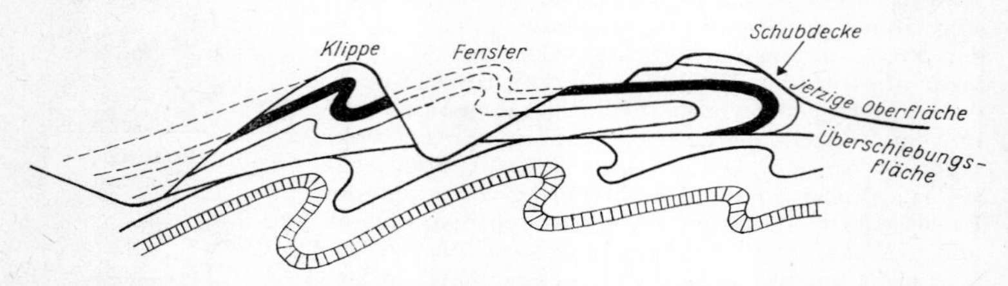

Abb. 80. Überschiebung von älteren Gesteinen über jüngere. Die Decke ist durch Erosion zerschnitten, so daß sich Klippen und geologische Fenster gebildet haben

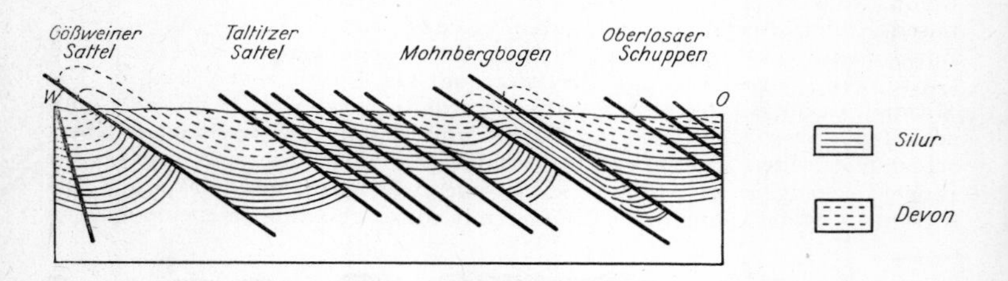

Abb. 81. Schematischer Schnitt durch den Schuppenbau des Vogtlandes bei Plauen (nach W. Jäger aus K. Pietzsch, 1951)

vor. Im darunterliegenden „Fundament" (Sockel, Grundgebirge) mit seinen meist metamorphen und kristallinen Gesteinen finden sich langwellige Verbiegungen und zahlreiche Brüche. In noch größeren Tiefen treffen wir im Bereich der hohen Drücke und Temperaturen (Fließstockwerk) plastische Verformung mit Faltung an, die derjenigen der Decke ähneln kann. Daraus ergibt sich eine primäre **„Stockwerkgliederung"** des tektonischen Aufbaus. Daneben lassen sich im Deckgebirge auch noch sekundäre Stockwerke ausgliedern. So liegen z. B. in Norddeutschland über dem stark gefalteten und geschichteten Paläozoikum die Salze des Zechsteins, die eine Ausgleichsfläche an der Basis des nächsten Stockwerks darstellen, das Bruchfaltung (Abb. 82 und 101) zeigt. Schließlich wird dieses Stockwerk überlagert von den fast horizontalen Schichtpaketen des Tertiärs und Quartärs.
Es wurde bereits erwähnt, daß bei Faltung durch Pressung auch Zerrungen auftreten können, die zu grabenartigen Einsenkungen führen. Im allgemeinen sind aber in diesem Falle als typische Schichtstörungen die

Aufschiebungen und **Schollenüberschiebungen** (bergmännisch oft Wechsel genannt) anzusehen (Abb. 83, 84). Die Überschiebungen sind dabei die flachliegenden Störungsflächen, an denen die Schollen mehr oder weniger weit aufeinandergeschoben wurden, und das kann sich bis zu Deckenüberschiebungen steigern. In diesen Überschiebungen liegen dann ältere Gesteine auf jüngeren. Die Störungsflächen selbst sind durch den Gleitvorgang oft geglättet, bei sehr feinkörnigem Material tritt sogar Hochglanzpolitur auf. Diese polierten Flächen heißen **Harnische**. Sie sind oft gestriemt,

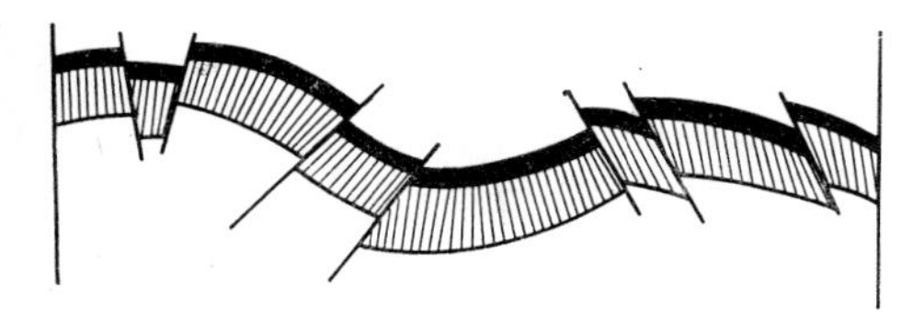

Abb. 82. Verkürzung eines Krustenteiles durch Bruchfaltung infolge von Pressung

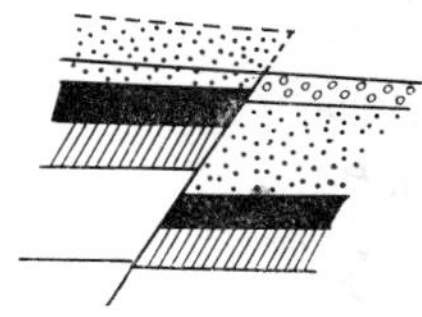

Abb. 83. Profil einer Schollenaufschiebung. Die linke Scholle ist über die rechte gepreßt worden

und aus der Striemung kann man die Gleitrichtung ablesen, die in Richtung der Striemen geht. Manchmal finden sich auch unregelmäßige Lappungen auf der Fläche, dann erfolgte die Bewegung quer zur Lappung. Sind die Gesteine in der Störungszone zerstört und zermahlen, dann bilden sie eine **Ruschelzone** mit Lettenbestegen und Reibungsbrekzien auf den Kluftzonen. Durch den Reibungswiderstand beim Aneinandervorbeigleiten der Blöcke reißen zuweilen Fiederspalten auf.

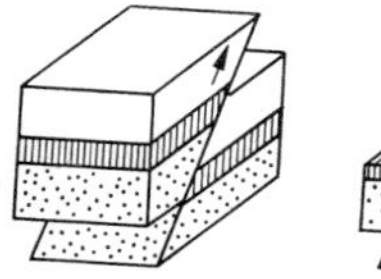

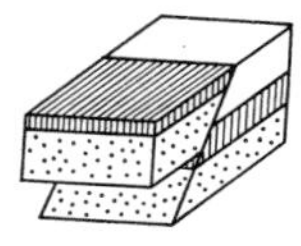

Abb. 84. Blockdiagramm einer Schollenaufschiebung. Die an der Erdoberfläche entstandene Bruchstufe wird durch Abtragung beseitigt

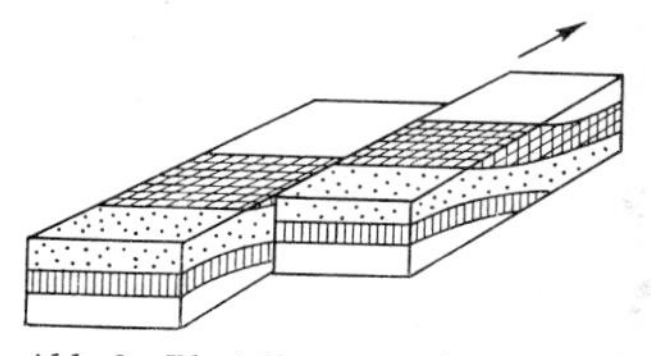

Abb. 85. Blockdiagramm einer Horizontalverschiebung

Werden Blöcke horizontal gegeneinander verschoben, dann spricht man von **Horizontal-, Lateral-** oder **Blattverschiebungen** (Abb. 85). Bleiben die Blöcke im Verband, dann bilden sich in der Scherzone **En-échelon-Spalten** (Abb. 86).

Dehnungserscheinungen. Die Hauptformen der Dehnung oder Zerrung sind Verwerfungen vom Typ der **Abschiebungen** (Abb. 87 bis 92) und **Dehnungsklüfte**, die offenstehen können und Raum für die Bildung von Erzgängen oder zum Aufstieg magmatischer Massen bieten. Diese Verwerfungen bilden mitunter Gräben und **Horste**. Ein **Graben** oder Grabenbruch entsteht, wenn durch Dehnung eines Krustenteils in einem Streifen der Gesteinsverband reißt und in den erweiterten Raum Schollen einsinken. Oft sind die Ränder der Gräben stark aufgewölbt und zeigen damit an,

daß sie Scheitelbrüche eines Gewölbes sind. Einzelne Blöcke können stehenbleiben, wenn die Nachbarblöcke auf beiden Seiten einsinken, und Horste bilden. Viele Horste sind aber von Aufschiebungen begleitet und dadurch als Pressungsstrukturen erkennbar (Abb. 90).
Verfolgt man eine Verwerfung in vertikaler wie in horizontaler Richtung, dann wird man feststellen, daß auch Verwerfungen nicht in die „ewige Teufe" reichen, sondern in plastischen Schichten sowohl in vertikaler als auch in horizontaler Richtung in einfache Verbiegungen, Flexuren übergehen (Abb. 91, 92), bei denen die Schichten nur noch S-förmig verbogen und zuweilen dünner geworden sind.

Nebenerscheinungen tektonischer Deformationen. Im obersten Deformationsstockwerk der Erdkruste treten bei der Verbiegung der Schichten **Klüfte** und **Spalten** auf, die manchmal mit bloßem Auge als klaffende Risse, zuweilen aber auch nur im Mikroskop erkennbar sind. Es handelt sich dabei sowohl um Ergebnisse von Pressungen wie von Dehnungen, wobei offenstehende Klüfte natürlich Ergebnisse von Dehnung sind. Diese Risse erleichtern die Gewinnung der Gesteine bedeutend, eine Tatsache, die man sich im Steinbruch wie im Bergbau zunutze macht. Die Richtung der Klüfte ist abhängig von der Richtung der maximalen Hauptspannungen. Es treten auf (Abb. 94):

1) geschlossene Druckklüfte senkrecht zur Richtung des maximalen Druckes;
2) offene Zugklüfte senkrecht zur Richtung maximalen Zuges;
3) Scherklüfte, in der Technik Mohrsche Flächen genannt, die sich unter spitzem Winkel zwischen 50° und 70° schneiden und paarweise symmetrisch und diagonal zu den maximalen Hauptspannungsrichtungen liegen.

Durch eine Analyse der Kluftrichtungen kann man mit auf die Richtung der Hauptspannungen in einem Krustenteil schließen. Man mißt eine große Zahl von Klüften und wertet das Ergebnis statistisch aus, indem man die gefundenen Richtungen mit geraden Linien, deren Länge die Häufigkeit der auf diese Richtung entfallenden Klüfte zeigt, in eine Windrose einträgt. Man erhält so eine **Kluftrose**, in der die vorwiegenden Richtungen sofort ins Auge springen (Abb. 93).
Auch bei der Deformation magmatischer Körper in einem tiefen Deformationsstockwerk treten Klüfte auf, die besonders von H. CLOOS in seiner Granittektonik ausgewertet wurden. Während der Abkühlung eines großen magmatischen Körpers, der sich noch in Bewegung befindet, ist die Richtung des Flusses die Richtung der geringsten Spannung. Steilstehende **Zugklüfte** (Querklüfte, Q-Klüfte genannt) treten senkrecht zur Fließrichtung, in der Richtung der größten Spannung auf, die auch in Fließrichtung verlaufende steilstehende **Längsklüfte** (Streckungsklüfte, S-Klüfte) erzeugt. Außerdem bilden sich etwa parallel zur Oberfläche **Lagerklüfte**, L-Klüfte, aus. Dazu treten noch die oben bereits genannten **Mohrschen Flächen** auf. Von praktischer Bedeutung ist diese Analyse deshalb, weil die offenen Spalten eines Magmenkörpers durch Erzgänge eingenommen werden können. Die Analyse gibt aber auch allgemein-geologische Hinweise auf die Lage derartiger Körper und den tektonischen Zustand in der betreffenden geologischen Zeit. Außer den Klüften steht auch das Mineralgefüge magmatischer Körper mit der tektonischen Einspannung in Beziehung. Plattige oder blättrige Kristalle regeln sich in die Strömungsrichtung ein, andere Kristalle wachsen in Richtung des geringsten Druckes. Dies betrifft besonders die Quarze, deren Achsen sich in das Fließgefüge einregeln. Analysen dieser Art bezeichnet man als Gefügeanalysen.

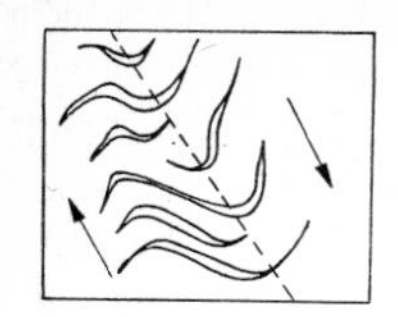

Abb. 86. En-échelon-Spalten bei Scherspannung ohne Blocktrennung. Die Pfeile geben die Richtung der Spannungen an

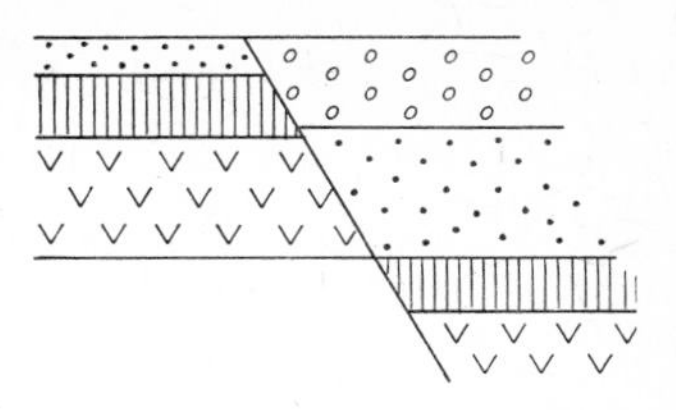

Abb. 87. Profil einer Verwerfung (Abschiebung). Die rechte Scholle ist nach unten abgeglitten

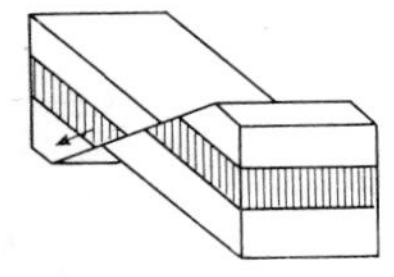

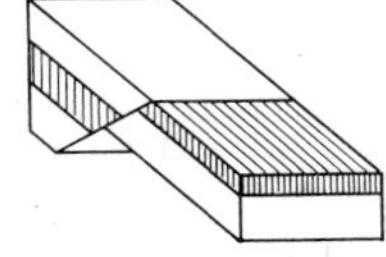

Abb. 88. Blockdiagramm einer Verwerfung (Abschiebung). Die an der Erdoberfläche entstandene Bruchstufe wird durch Abtragung beseitigt

Abb. 89. Verlängerung eines Krustenstückes durch Dehnung, wodurch ein gestaffelter Grabenbruch entstand

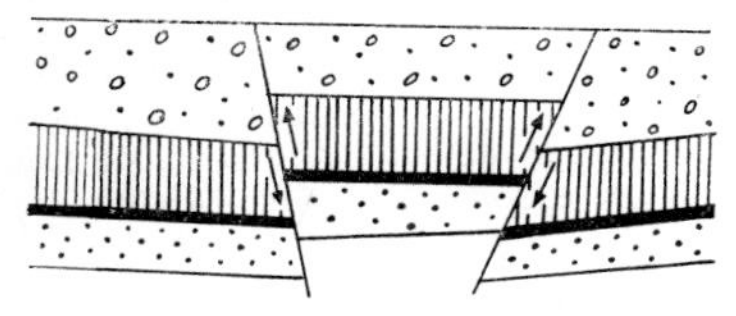

Abb. 90. Profil eines durch Aufpressung entstandenen Horstes

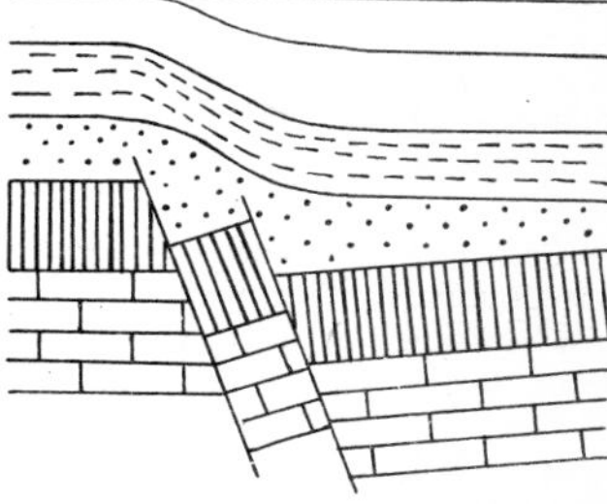

Abb. 91. Flexur über Verwerfungen

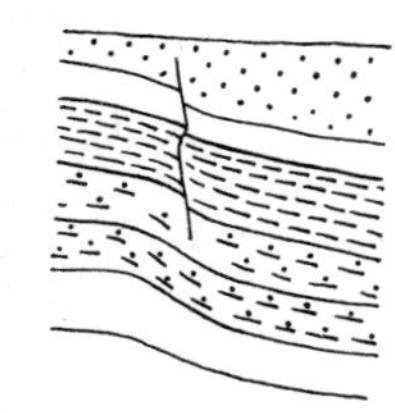

Abb. 92. Flexur, die im Deckgebirge in eine Verwerfung übergeht

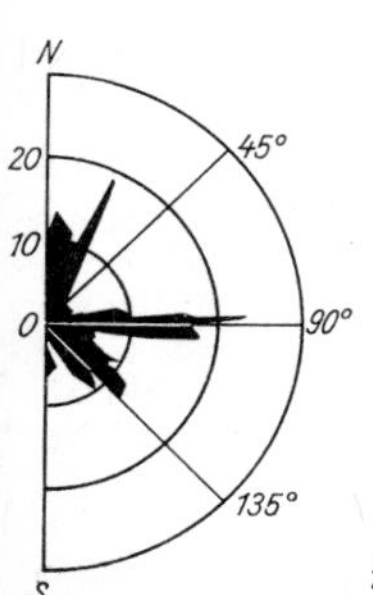

Abb. 93. Kluftrose aus einem Teil der Schwäbischen Alb (nach Eisenhut)

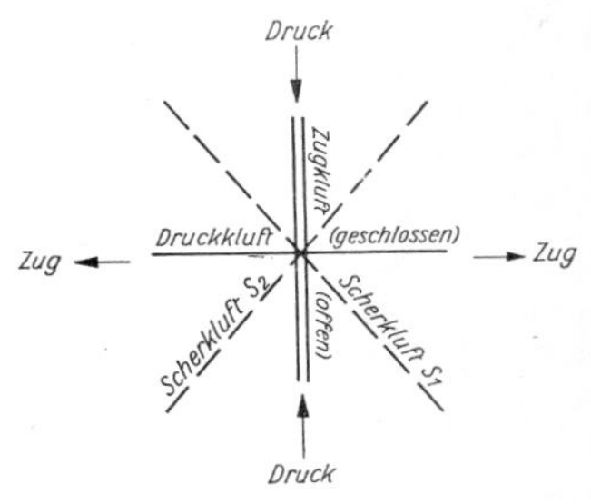

Abb. 94. Die Arten der Klüfte (nach Särchinger)

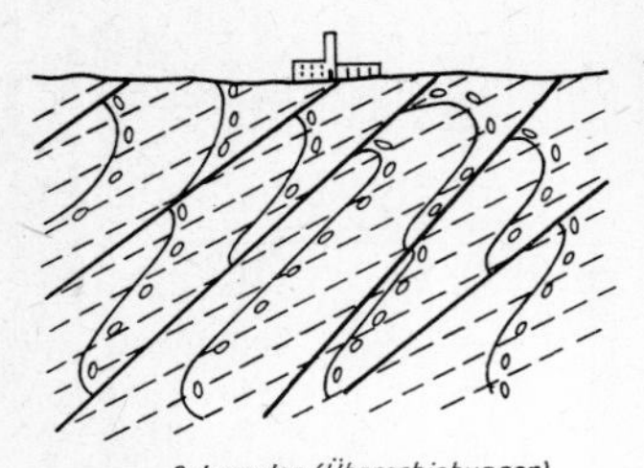

Abb. 95. Schnitt durch einen Dachschiefertagebau bei Lehesten, mit Schichtung und Schieferung (nach Pfeiffer)

Eine andere Folge der Gesteinsdeformation im mittleren Grundgebirgsstockwerk ist die **Schieferung**, deren bekanntes Erzeugnis z. B. die Dachschiefer sind, die in riesigen Tagebauen und Tiefbaubetrieben in der Umgebung von Probstzella und Lehesten in Thüringen gewonnen werden. An den Wänden eines solchen Tagebaues sehen wir, daß steilstehende Schieferungsflächen völlig regelmäßig das Gestein durchsetzen und durch die ursprüngliche Schichtung, die nur noch an den Inhomogenitäten des Gesteins mit Mühe erkennbar ist, nicht merkbar beeinflußt werden (Abb. 95). Nur bei genauer Betrachtung zeigt sich, daß Veränderungen im Korngefüge der meist feinkörnigen Gesteine kleine Knicke in der Richtung der Schieferung bewirken. Dies zeigt, daß die Schieferung jünger ist als das geschichtete Gestein. Sie ist im Gestein auch dann vorhanden, wenn sie mit bloßem Auge nicht wahrnehmbar ist; unter den geschickten Händen der Schieferwerker lassen sich große Blöcke zu dünnen Platten aufspalten. Wenn auch der ganze Vorgang der Schieferung noch ein Streitobjekt der Geologen ist, so ist doch sicher, daß unter der Wirkung langandauernder tektonischer Spannungen in einem fest eingespannten Körper mechanische und physikalisch-chemische Umlagerungen eintreten. Plattige Minerale regeln sich mit ihren größten Flächen senkrecht zum Druck ein, bei anderen wandert Material aus den Zonen des größten Druckes in Richtung des kleinsten Druckes (RIEKEsches Prinzip), und es bilden sich senkrecht zum Druck gestreckte Minerale. Es entsteht so ein sehr anisotropes Gefüge mit besserer Spaltbarkeit senkrecht zum Maximaldruck. Diese Anisotropie kann dann auch Gleitbewegungen auf Scherflächen ermöglichen, die als Schieferung augenfällig in Erscheinung treten. Die Flächen sind nicht immer eben, sie werden von den petrographischen Eigenschaften des Gesteins beeinflußt. Bei gröberen, härteren Einlagen werden die Schieferungsflächen streifenförmig abgeknickt, und es entstehen **„Bordenschiefer"**. Da die Schieferung hier Schichten und Falten quer durchsetzt, heißt sie **Transversalschieferung** (Tafel 39).
Im tieferen, metamorphen Grundgebirge herrscht dagegen **Parallelschieferung** vor (parallel zur Schichtung). Hier findet sich jedoch häufig mehr als eine Generation von Faltungen und Schieferungsflächen. Auf die erste Faltung und Schieferung folgt dann eine zweite Faltung mit einer weniger gut ausgeprägten Schieferung, die als **Schubklüftung** bezeichnet wird und auf den Flächen der Parallelschieferung Runzelung hervorruft **(Runzelschieferung)**. Diese Erscheinungen sind typisch für die als Phyllite bezeichneten metamorphen Schiefer.

Vertikalbewegungen. Bei der Betrachtung der Falten mit ihren notwendigen Abscherungsflächen könnte man schließen, daß hier ein in der Erdkruste

tangential wirkender Schub am Werke war. Doch auch hier kann der Augenschein trügen, und es gibt ja, wie im Kapitel „Geotektonische Hypothesen" erwähnt, eine Reihe von Vorstellungen, die allein mit Vertikalbewegungen auskommen (z. B. HAARMANN, VAN BEMMELEN). Wir dürfen eben niemals vergessen, daß wir bisher nur die oberste dünne Haut unserer Erde genauer studieren konnten. Was sind selbst die rund 7 1/2 km der tiefsten Bohrung im Vergleich zum Erdradius von fast 6500 km! Die vielen Stockwerke unterschiedlicher physikalischer Beschaffenheit, die wir bis zum Erdmittelpunkt antreffen, sind alle irgendwie miteinander verknüpft, ein in dem einen Stockwerk ablaufender Vorgang muß sich im benachbarten und allen anderen auswirken. Was wir in der dünnen Erdhaut beobachten, kann seine Ursachen in uns unbekannten Tiefen und Vorgängen haben. Wir dürfen daher den Geologen nicht schelten, wenn er sich immer wieder in sein „Hypothesenasyl" rettet, in die großen Tiefen, trotz des sarkastischen Wortes von WEGMANN, „daß bei allen Lösungen der Deus ex machina im Naturschutzgebiet der ungezähmten Hypothesen sitzt, der ewigen Teufe, von wo er sich auf verschiedene Weise bemerkbar macht".
Daneben aber ist ein genaues Studium der Erdhaut unumgänglich, denn nur an ihren Deformationen können wir die so nötigen Arbeitshypothesen prüfen. Dabei müssen wir erkennen, daß die Vertikalbewegungen eine viel größere Rolle spielen, als es der flüchtige Augenschein ahnen läßt. Da sind die epirogenetischen Bewegungen zu nennen, die in einem immerwährenden Auf und Ab Transgressionen und Regressionen, Erosionszonen und Ablagerungsräume folgen lassen, die immer wieder das lebensnotwendige Ungleichgewicht schaffen. Denn eine völlig nivellierte Erde würde auch bald an ihrer Oberfläche einem chemischen Gleichgewicht zustreben, das eine Verkümmerung vieler Lebensformen zur Folge hätte. Deshalb sind diese epirogenetischen Bewegungen für die Entwicklung der Erde wichtiger als die episodischen orogenen, die vermutlich auf dieselben Gleichgewichtsstörungen im Inneren der Erde zurückgehen.
Eine Reihe von Strukturen der Erdoberfläche kann mit Sicherheit auf vertikale Bewegungen zurückgeführt werden: **Beulen** und **Dome** — kuppelförmige Aufwölbungen, die auch noch das Fundament mit einschließen —, ferner große **Kippschollen**, die einseitig angehoben oder abgesunken sind, und auch die **Salzstöcke** und **Salzantiklinalen**, die pfropfenförmig oder mauerartig die überlagernden Schichten durchbrechen.
Die Bildung der Salzstöcke sei etwas näher erläutert: Salz wird, wie bereits erwähnt, schon bei verhältnismäßig geringen Spannungsdifferenzen fließfähig. Als Richtwert (der allerdings von vielen Faktoren abhängt) sei angegeben, daß eine Scherspannung von etwa 15 kp/cm^2 (das entspricht einer Spannungsdifferenz von 30 at) genügt, um Salz fließen zu lassen. Sie kann z. B. schon erzeugt werden durch die Druckentlastung in Störungszonen, die auf Zerrung beruhen, durch den geringeren hydrostatischen Druck über Aufwölbungen im Vergleich zu den benachbarten Senken, durch unterschiedliche Erosion des Deckgebirges oder andere Differenzen beim Überlagerungsdruck. Auch tektonisch erzeugte Spannungsdifferenzen können die Ursache sein. Das Salz fließt dann nach den Zonen geringeren Druckes, häuft sich dort an und bildet sog. Salzkissen. Dabei wird das Deckgebirge angehoben, das dort aber, wo das Salz abgewandert ist, nachsackt, die Druckdifferenz vergrößert sich, die Erosion setzt nivellierend ein, Abtragungsmassen werden seitlich in den durch die Salzabwanderung entstandenen Randsenken abgelagert und vergrößern dadurch weiter die auf das Salz wirkende Druckdifferenz, was zu weiterer Ansammlung von Salz im Salzstock führt. Dieser Vorgang kann sich so lange fortsetzen, bis das Salz an die Oberfläche durchgebrochen ist. Ein solcher Salzaufstieg

ohne tektonische Mitwirkung wird auch als **Halokinese** (TRUSHEIM) bezeichnet. Meist sind aber echte tektonische Vorgänge beteiligt, die den Vorgang sowohl beschleunigen als auch verzögern oder beenden können. Beobachtungen haben gezeigt, daß auch am Beginn der Salzwanderung meist ein echter tektonischer Impuls vorhanden war, der Aufwölbungen oder Brüche erzeugte. In ariden Gebieten kann Salz in Form von Salzgletschern ausfließen, im humiden Klima setzt das zirkulierende süße Grundwasser dem Aufstieg eine Grenze und laugt das Salz ab. Beim Aufstieg des Salzes werden die Schichten meist durchbrochen und an den Flanken des Salzkörpers mit hochgeschleppt. Weil die Salzstöcke andere Schichten „durchspießen", heißen sie auch **Diapire** (Abb. 96). Sie bestehen also aus einem Salzpfropfen mit turbulenter Faltung, der oben einen Hut von Auslaugungsrückständen, Anhydrit, Gips (z. T. mit Schwefellagerstätten) trägt und **Caprock** genannt wird. Bei weit fortgeschrittener Entwicklung verdünnt sich der Salzkörper nach unten und kann sich auch völlig von seinem Muttersalzlager trennen. Um den Salzstock herum befinden sich Salzabwanderungsgebiete, Randsenken genannt, die oft sehr mächtige Sedimente enthalten, zuweilen auch Braunkohlenlagerstätten. In den aufgewölbten Schichten über dem Salzstock oder in den angeschleppten Schichten an den Flanken können sich Erdöllager bilden. Da die Bildung eines Salzstockes mit einem Salzkissen beginnt, können sich zwischen zwei solchen Kissen in den Abwanderungszonen Sedimentwannen bilden (Abb. 97). Geht dann die Entwicklung aus dem Kissenstadium ins Diapirstadium über, wird den Rändern der Sedimentwanne die Unterlage entzogen, und sie klappen herunter. Die Wanne erscheint dann nach oben ausgestülpt und bildet eine sog. **Schildkrötenstruktur**, wie sie im norddeutschen Gebiet zahlreich anzutreffen ist.

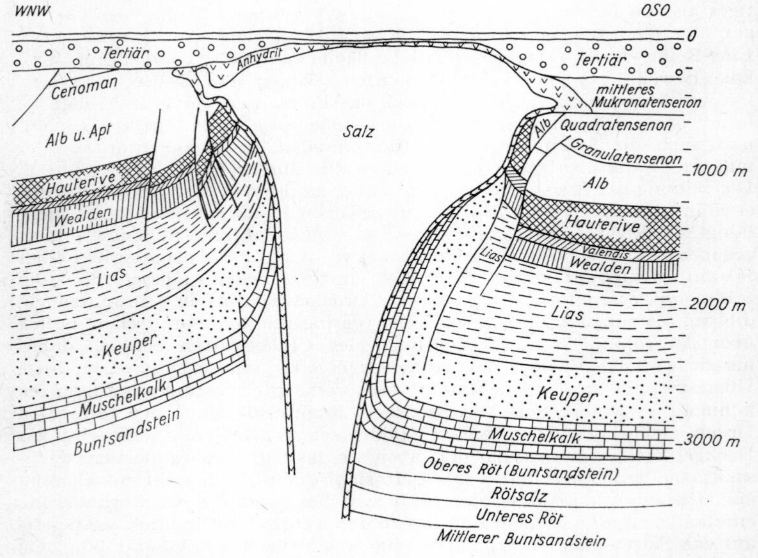

Abb. 96. Schnitt durch den Salzstock von Wienhausen-Eicklingen (nach Bentz aus „Erdöl und Tektonik in Nordwestdeutschland", 1949)

Vor allem der norddeutsche Raum, das Golfküstengebiet der USA, die Nordkaspisenke, Iran, Gabun und Angola an der Westküste Afrikas sind besonders reich an Salzstöcken, die wie Ekzeme in der Haut unserer Erde sitzen und ihr tektonisches Bild bestimmen.
Außer Diapiren von Salz gibt es auch solche aus Ton, Serpentinen, Mergeln und magmatischen Gesteinen (Abb. 98). Große, in der Tiefe steckengebliebene Magmakörper heißen **Plutone**. Auch **Lakkolithe** können das Deckgebirge aufbeulen (Abb. 15).

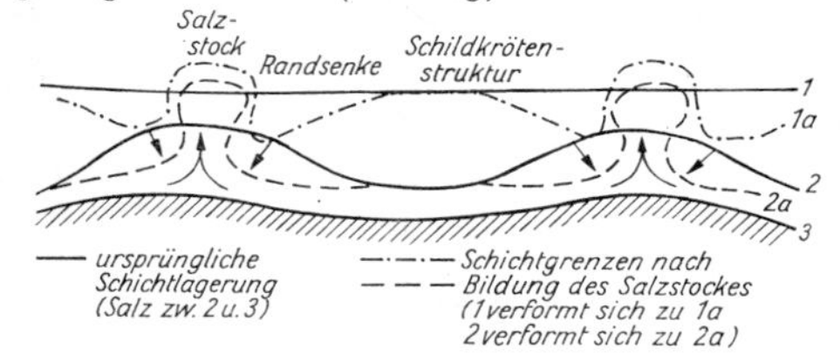

Abb. 97. Entwicklung von Salzstrukturen. *1, 2, 3*: Zustand der Kissenbildung über primären Aufwölbungen, Linien *1a, 2a*: Das Salz zwischen *2* und *3* hat die Salzstöcke gebildet, die mit *2a* umgrenzt sind, das Deckgebirge und die Füllung der Senke zwischen den Kissen haben sich zu *1a* verformt, indem Salz nach oben stieg und das Deckgebirge zwischen *1* und *2* in den freigewordenen Raum sich absenkte (Pfeile)

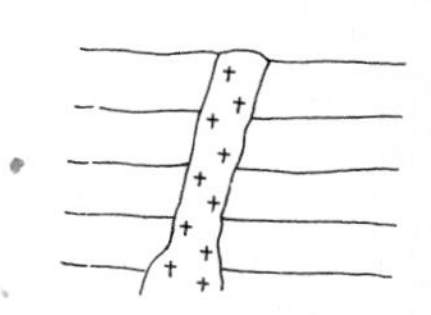

Abb. 98. Ein Magmagesteinsgang durchbricht ältere Schichten

Nichttektonische Strukturformen

Es sind hier noch einige Erscheinungen zu betrachten, die nicht unmittelbar von tektonischen Kräften herrühren, aber leicht mit tektonischen Formen verwechselt werden können. Dazu gehören z. B. die Absonderungsformen gewisser vulkanischer Gesteine. Basalte haben meist eine säulige Absonderung in Form sechsseitiger Prismen, die durch Volumenschwund bei der

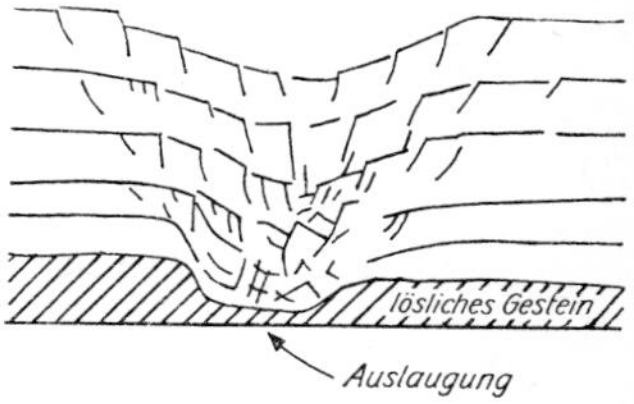

Abb. 99. Erdfall über einem durch Auslaugung entstandenen Hohlraum

Abkühlung entstand. Diese Schwundklüfte stehen senkrecht zur abkühlenden Oberfläche (Tafel 12). Manche Phonolithe und Porphyre haben eine plattige, andere Magmagesteine kugelige Absonderung. Granite und Diorite neigen zu einer konzentrisch-schaligen Verwitterung und zu wollsackähnlichen Formen. Nichttektonisch sind auch Ablagerungsformen verschiedener Art, wie wellige und wulstige Schichtung, Rippelmarken, Sandlinsen, Sandfüllungen alter Flußläufe, Riffe u. a.
Zu den nichttektonischen Formen gehören auch die **Schwundrisse** eintrocknender Sedimente, **Bodenfließen** (Solifluktion, vgl. S. 167), Eisstauchungen und das **Hakenschlagen** steilstehender Schichten beim Ausbiß an Berghängen. Auch ungleichmäßige Setzung von Meeresschlamm über Erosionsresten des Untergrundes bildet Strukturen in der Form von Antiklinalen oder Beulen. Es sind dies die Formen der „**buried hills**", die als Fallen für Erdöl eine gewisse Rolle spielen. Wird ein stehengebliebener

Hügel von Schlamm zugedeckt, dann ist die Schlammdicke über dem Hügel viel geringer als in der Nachbarschaft. Bei der Verfestigung verringert sich das Volumen des Schlammes auf vielleicht 10%, die Setzung ist sonach auf dem Hügel am kleinsten, und es entstehen gewölbte Schichten.

Schließlich gehören auch **Erdfälle** (Abb. 99), Dolinen und Poljen (vgl. S. 182) zu dieser Gruppe. Sie werden durch die unterirdische Auslaugung löslicher Gesteine — Kalk, Gips, Dolomit, Salz — verursacht. Flächenhafte Auslaugung von Salzlagern insbesondere im Bereich der zirkulierenden Grundwässer ergibt einen **„Salzspiegel"**, eine fast ebene horizontale Fläche, über der das Gebirge nachsinkt. Wenn die gesättigten Laugen abfließen können, geht diese Auslaugung schnell weiter, es bilden sich große Kavernen, Erdfälle und unregelmäßige Senkungen, die zu großen Schäden an Gebäuden usw. führen können (z.B. im Dorf Erdeborn bei Eisleben).

Großtektonische Formen

Die tektonischen Verformungen der Erdkruste können demnach bruchlos sein wie bei Falten und Flexuren, oder es spielen Brüche — Zerreißungen des Gesteinsverbandes — die beherrschende Rolle. Vergleichen wir in dieser Hinsicht die Alpen mit dem nördlich vorgelagerten Mittelgebirgsland. Dort haben wir den großartigen Faltenbau, der sich bis zu Deckenüberschiebungen steigert (Abb. 100), hier nur weitgespannte Falten, die aber durch zahlreiche Brüche zerstückelt und in Bruchsättel und Bruchmulden gegliedert sind (Abb. 101). Bezeichnend sind große Grabenbrüche, wie der Oberrheintalgraben und die Hessische Senke, Horste und einseitig herausgehobene Schollen, wie Thüringer Wald und Harz, weitgespannte Falten, wie Fallstein, Elm und Huy nördlich des Harzes, oder Faltenzüge, wie Teutoburger Wald und Eggegebirge, Schichtstufenlandschaften, wie am Fränkischen und Schwäbischen Jura, und flache oder tiefere Becken, wie Thüringer Becken und Niedersächsisches Becken. STILLE hat diese unter-

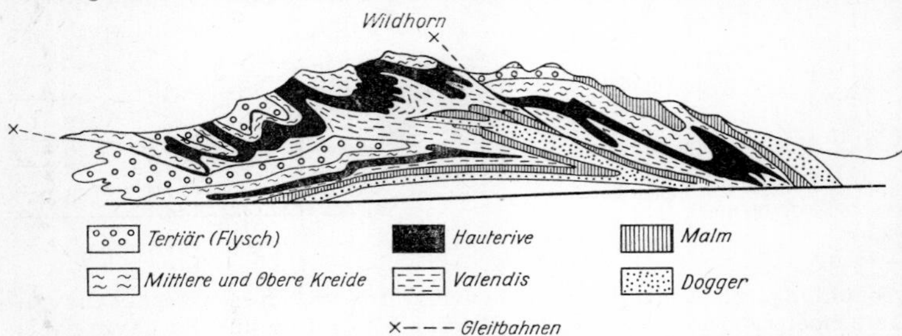

Abb. 100. Alpinotype Tektonik. Profil durch die Wildhorngruppe in den Schweizer Alpen (nach M. Lugeon)

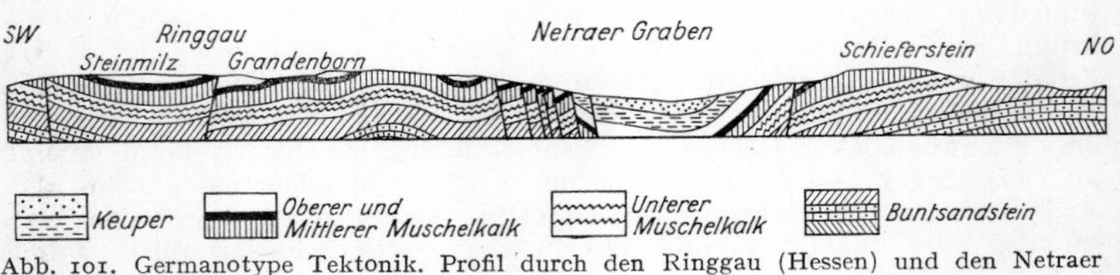

Abb. 101. Germanotype Tektonik. Profil durch den Ringgau (Hessen) und den Netraer Graben (nach Morgenstern, 1931)

schiedlichen Deformationsstile als **alpinotyp** (nach dem Baustil der Alpen) und **germanotyp** bezeichnet. Man hat diesen Unterschied oft mit einem verschieden großen „Versteifungsgrad“ erklären wollen. Man kann aber die für kleinräumige Deformationen beträchtliche, mechanische Unterschiede erzeugende Materialverschiedenheit nicht auf große geologische Körper übertragen. Außer den genannten Verformungstypen gibt es noch völlig stabile Gebiete, in denen über lange geologische Zeiten nur Hebungen und Senkungen wahrnehmbar sind. Objektiv kann man aus diesen Beobachtungen die Schlußfolgerung ziehen, daß es offenbar in der Erdkruste Zonen gibt, die sich im Gleichgewicht befinden, während andere außerordentlich labil sind. Da wir die Ursachen dafür in der Kruste nicht finden, müssen wir sie in tieferen Zonen suchen.
Betrachten wir also den Zustand der Erdkruste in den letzten geologischen Epochen, dann fällt dieser Unterschied zwischen den ausgedehnten stabilen Krustenteilen, den Kratonen, und den sie umschlingenden schmalen, langgestreckten mobilen Zonen, den Geosynklinalen (vgl. S. 216ff.), stark auf. Der Werdegang einer echten Geosynklinale (Orthogeosynklinale) schließt in den meisten Fällen folgende Prozesse ein: Dehnung eines Krustenteils mit schneller Absenkung im Zentrum des Dehnungsgebietes, Aufdringen von meist basischen Magmen (Ophioliten) in den Dehnungsfugen, Ausfüllung der Senke mit Sedimenten, Abgleiten von Massen vom Geosynklinalhang, was auch zu Gleit- oder Fließfaltungen führen kann, Pressung und Faltung der abgelagerten meist mächtigen Sedimente mit starker Verdickung des Sedimentkörpers und starker Metamorphose mit Granitbildung in seinen inneren Teilen und Erhebung weit über das Erosionsniveau. Mit dieser Erhebung sinken wegen Stoffentzug randliche Krustenstreifen ab, die entstandenen Senken werden dann mit dem Abtragungsschutt der Gebirge (Molassen) aufgefüllt. In diesem Stadium der Geosynklinalbildung ist die Förderung saurer, porphyritischer Laven verbreitet. Die inneren Teile des Geosynklinalraumes mit dem initialen Vulkanismus sind die Eugeosynklinalen, randlich werden sie oft von Miogeosynklinalen flankiert, in denen initialer Vulkanismus und Tiefwasserablagerungen fehlen und die Metamorphose abnimmt. Der Werdegang der Eugeosynklinalen läßt sich an den Ablagerungen ablesen, denn die Entwicklung beginnt ziemlich plötzlich mit etwas grobem Schuttmaterial, dem geringmächtige Tiefwasserablagerungen und Karbonate folgen, in die basische Magmen aus größeren Tiefen eingedrungen sind. Für die Auffüllungsperiode sind dann sehr variable Sedimente charakteristisch, z. B. Karbonate, Flysche und die **Turbidite** genannten Ablagerungen von Trübeströmen. Auch mächtige chaotische Gleitmassen **(Olistostrome)** mit z. T. hausgroßen Blöcken zeugen von einem steilen Relief. Nunmehr geht die Geosynklinale in den Zustand der Pressung über, die Faltung beginnt im Inneren der Geosynklinale (Interniden) und wird immer intensiver, die innersten Teile werden durch die hohen Drücke und Temperaturen metamorphosiert und granitisiert und bilden die kristallinen Kernzonen vieler solcher Gebirge. Die Faltung wandert meist im Laufe der Zeit nach außen (Externiden). Im Stadium der Hebung werden noch Flysche abgelagert, vor allem in den Miogeosynklinalen. Teile der Geosynklinale können ungefaltet als intramontane Becken erhalten bleiben. Die Verformung ist in solchen alpinotypen Gebirgen außerordentlich kompliziert, wir finden liegende, abgerissene, ausgewalzte Falten, plastische Schichten, die dem Druck ausgewichen sind und sich im Druckschatten anhäuften oder die sich vor der Stirn großer Überschiebungsdecken anstauten. Es ist im allgemeinen eine imposante plastische Verformung (Abb. 100), zu der bei genügender Neigung des Untergrundes noch Gleitbewegungen kamen. Der Alpen-

geologe Spitz verglich einmal die Bewegung derartig zerlegter Gesteinsschichten mit einem Stapel Bretter, der ins Gleiten gekommen ist, wobei einige Bretter voraneilen, einige zurückbleiben, andere ihre Plätze tauschen, so daß schließlich die ursprüngliche Ordnung völlig verwischt ist.
Zu den Kettengebirgen alpinotyper Art gehören die bereits erwähnten Vortiefen oder Randsenken, die asymmetrisch gebaut sind, ihre größte Tiefe am Rand des Faltengebirges haben und hier oft von den Decken des Gebirges überfahren werden. Nach dem Kontinent zu verlieren sie langsam an Tiefe. Sie sind mit Molassen gefüllt.
Über die Ursache dieser Pressungen und Orogenesen gibt es die verschiedensten Meinungen (vgl. Kapitel ,,Geotektonische Hypothesen"). Jede hat etwas für sich, als zutreffendste gilt nach dem heutigen Stand die Unterströmungshypothese, wobei allerdings noch eine Zahl anderer Faktoren zu berücksichtigen sein dürften und im einzelnen die Vorgänge nicht so einfach sind, wie man sie sich im Modellfall vorstellt.
Außer diesen geosynklinalen Kettengebirgen alpinotyper Art gibt es auch intrakratonische Gebirge, d. h. solche, die sich auf einem stabilen Krustenteil, einem Kraton, entwickelt haben. Sie beruhen auf Zerrungen und Pressungen im tiefsten tektonischen Stockwerk. Bei Zerrungen im Grundgebirge werden die Schichten des sedimentären Deckgebirges in einzelne Blöcke von verschiedener Höhenlage zerlegt und machen passiv die Bewegungen des Untergrundes mit (Auboin nannte es Klaviertastenschema). Lokal können dabei an den Kanten von Blöcken auch Pressungen auftreten und zu schwachen Verfaltungen führen. Das ist genau der Stil des als germanotyp bezeichneten Bruchfaltengebirges. Bei Pressungen im Grundgebirge deformiert sich auch das Deckgebirge, legt sich in Falten, die z.T. von der Unterlage abscheren. Im Grundgebirge selbst bilden sich Überschiebungen und Grundfalten aus. Die Faltung ist zwar plastischer Art, aber die Faltenbilder sind wesentlich einfacher als die im alpinotypen Gebirge. Auboin hat diese Art von Verformung ,,pyrenäisch" genannt. Sie beruht auf der Vorstellung, daß Grundgebirge samt Decke einen mächtigen Gebirgskörper bilden können. Eine starke Verdickung der Kruste, wie man sie sich bei Gebirgen geosynklinaler Entstehung vorstellt, tritt hier also nicht ein. In einigen Gebirgen, wie dem Schweizer Jura, bemerkt man eine enge Faltung, das darunter liegende Grundgebirge (älter als Trias) aber erscheint völlig unbeeinflußt. Ob das Grundgebirge durch irgendeinen Vorgang verkürzt wurde, oder ob die Falten von einer gehobenen Scholle abgeglitten sind, ist noch nicht geklärt.
Innerhalb der stabilen Krustenteile, der Kratone, gibt es Gebiete, in denen das Grundgebirge zutage tritt. Sie werden Schilde genannt und sind während langer geologischer Zeiten nicht vom Meere überflutet gewesen. In diesen Schilden lassen sich der Bau des tieferen Stockwerkes unserer Erdkruste, die plastisch mannigfach gefalteten kristallinen Schiefer und die mit Eruptivgängen der verschiedensten Art und Richtung durchsetzten magmatischen Körper studieren. Die Schilde tauchen unter die großen Tafelgebiete der Kontinente, sie treten orographisch als die großen Tiefebenen der Erde in Erscheinung. Hier liegen auf einem kompliziert gefalteten Grundgebirge mit z.T. geosynklinaler Vergangenheit einige tausend Meter mächtige typische Ablagerungen, die auf äußerst ruhige Sedimentation hinweisen. Es sind weitaushaltende Sandsteine, Tongesteine, Flachwasserkarbonate; in den Depressionen (Syneklisen) der Tafeln finden sich die typischen Salzfolgen: Tone oder Sande, Karbonate, Anhydrite, Steinsalze, Kalisalze. Eine solche Folge ist nur in einem Gebiet möglich, wo auch die letzten Reliefunterschiede verschwunden sind und die Wasserbecken sozusagen allein von ihrem Bestand leben

und „aushungern“. Außer den Depressionen finden sich auf den Tafeln flache Gewölbe (Anteklisen oder Dome) mit ganz geringen Flankenneigungen. Das oben beschriebene Bruchfaltengebirge ist kennzeichnend für die Ränder — Schelfe — dieser großen Tafelländer, die deshalb als labile Schelfe bezeichnet werden.
In den einzelnen Schollen der Erdkruste beobachtet man, daß bei Faltungen und Bruchbildungen bestimmte Richtungen bevorzugt werden. So findet man im Gebiet der DDR und Bundesrepublik die von Nordost nach Südwest streichende variszische oder erzgebirgische Richtung, die die ältere Tektonik beherrscht; in der jüngeren Tektonik herrscht die von Nordwest nach Südost streichende herzynische Richtung, die in den Begrenzungen der Mittelgebirge und in der Bruchtektonik überwiegt, schließlich die von Nordnordost nach Südsüdwest verlaufende rheinische Richtung, ausgeprägt z. B. im Oberrheintalgraben und in der Hessischen Senke.

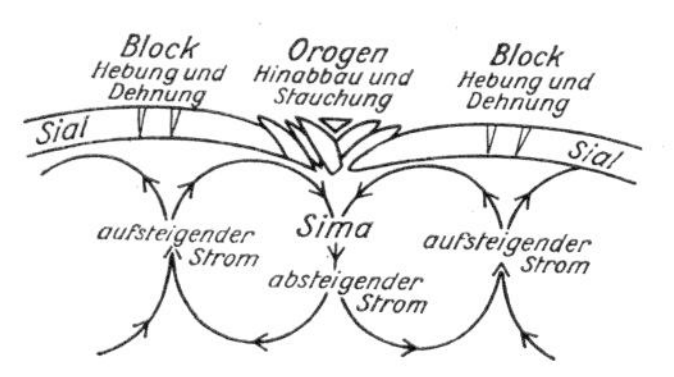

Abb. 102. Die Konvektionsströmung im Sima nach den Ideen der Unterströmungstheorie

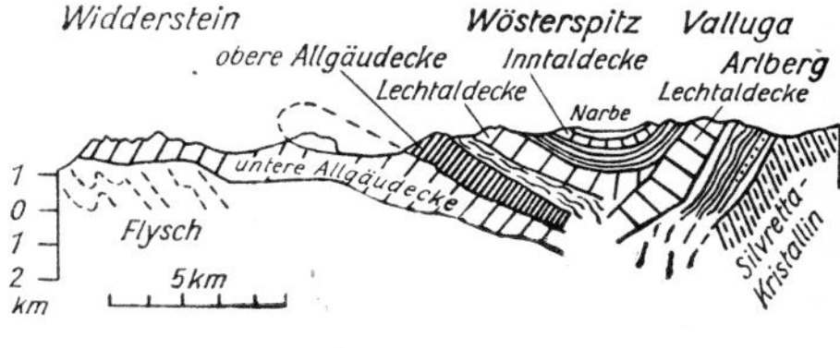

Abb. 103. Profil der Lechtaler Alpen, eines zweiseitig gebauten Faltengebirges (nach Amperer und Benzinger, aus Kraus)

Untergeordnet kann man noch eine eggische Richtung erkennen, benannt nach der Richtung des Eggegebirges.
Würde man alle Falten und Decken wieder ausglätten, käme man zu ganz beträchtlichen Verkürzungen der Kruste, die für die Alpen einige hundert Kilometer ergeben können. Nun beruhen viele dieser Faltungen sicher auf Gleitungen und starker Auswalzung und dürften bei der Verkürzung nicht berücksichtigt werden. Wenn auch manche Forscher die gesamte Faltung aus Gleitungen ableiten und ohne jede Verkürzung auskommen wollen, so fehlt doch in vielen Fällen — abgesehen von anderen Schwierigkeiten — der geologische Nachweis der Erhebungen, von denen die Falten abgleiten konnten. Man kommt also ohne Verkürzung der Kruste nicht aus, vor allen Dingen im Bereich des Grundgebirges, und muß dann auf irgendeine Weise das restliche Material verschwinden lassen. Die Möglichkeit dazu bieten am besten die Unterströmungstheorien, nach denen das Material nach unten abströmt. Es strömt dabei oben von der Seite zu, nimmt die Sedimentdecke mit, die sich im Bereich der Abflußstellen zusammenstaucht, so daß zweiseitig gebaute Orogene entstehen mit Vergenzen, die von der Einsaugzone weg gerichtet sind (Abb. 102, 103). Das eingesaugte Material, das Bestandteil eines Konvektionsstromes ist, muß dann an anderer Stelle wieder aufsteigen und Hebungen, mit Zerrungen verbunden, verursachen. Das wären dann Gebiete germanotypen Baustils. Es kann nicht verschwiegen werden, daß auch diese Hypothese noch beträchtliche theoretische Schwierigkeiten enthält, aber die geologischen Beobachtungen lassen sich ohne Annahme von Strömungen irgendwelcher Art im plastischen Bereich unserer Erde nicht mehr erklären.

Besondere tektonische Gebilde sind die Ozeanböden. Aus geophysikalischen Messungen ist abzuleiten, daß die typischen Ozeanböden keine wesentliche Bedeckung mit Sialmaterial haben, sie waren also nie Kontinente. Das trifft für den Pazifik und große Teile des Atlantiks zu. Der Indische Ozean ist ein Beispiel für Meeresgebiete mit vorhandener Sialdecke.

Analyse tektonischer Strukturen

Die durch die Gebirgsbildung erzeugten Strukturen der Erdkruste bleiben nun keinesfalls bestehen. Abtragungskräfte sind darauf gerichtet, alle Erhöhungen, Vertiefungen, Unebenheiten wieder auszugleichen. Wir sehen deshalb nicht mehr die ursprünglich gebildeten Strukturen, sondern nur deren Schnitte mit einer mehr oder weniger eingeebneten Landoberfläche. Wird diese erneut vom Meer überflutet und von Sedimenten bedeckt, dann liegen die horizontal abgelagerten jüngeren Schichten über den durch die Orogenese gefalteten, gestauchten, zerrissenen älteren Schichten. In diesem Falle liegen die jüngeren Schichten diskordant über älteren (Abb. 104). Solche Diskordanzen sagen also aus, daß zwischen der zuletzt gefalteten älteren und der diskordant darüberliegenden jüngeren Schicht ein tektonisches Ereignis stattgefunden hat. Meist folgt darauf eine Zeit der Abtragung, so daß in der Regel mit der Diskordanz auch eine Schichtlücke vorhanden ist; die Datierung des tektonischen Ereignisses muß dann in den Bereich dieser Lücke fallen, die groß oder klein sein kann, und damit sind auch der Genauigkeit der Zeitangabe Grenzen gesetzt. Es treten aber auch bei einfachen Hebungen epirogenetischer Art Erosionsperioden und Schichtlücken auf, bei denen der Gesteinsverband konkordant bleibt, also

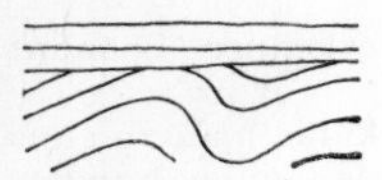

Abb. 104. Diskordanz

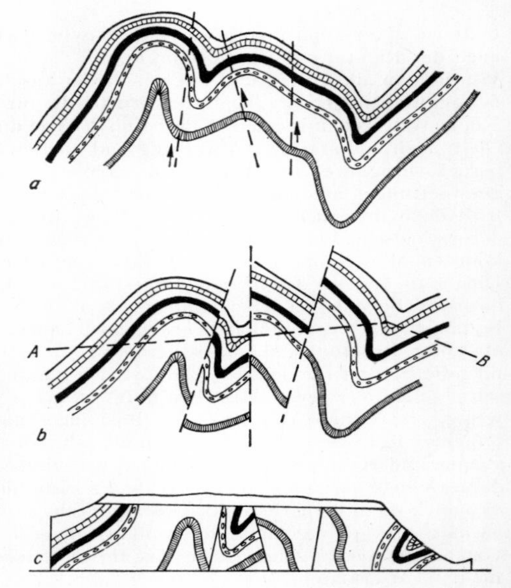

Abb. 105. Entwicklung des Profils vom Bohlen bei Saalfeld (schematisiert): *a* erster Faltenwurf mit den späteren Überschiebungsflächen, *b* die einzelnen Schollen sind aufeinandergepreßt. Die Abtragung wird wirksam bis zur Linie *A B*. *c* das heutige Profil (schematisiert nach Zimmermann): Zechstein in horizontaler Lagerung bedeckt den eingeebneten Gebirgsrumpf

keine Winkeldiskordanzen erkennbar sind. Solche Ereignisse sind dann nur durch genaue stratigraphische Untersuchungen des Alters der übereinanderliegenden Schichten zu datieren.
Ein bekanntes und eindrucksvolles Beispiel einer Diskordanz ist der Bohlen bei Saalfeld, Ziel ungezählter Geologen. Auf stark gefalteten Schichten des Devons bis Unterkarbons liegen diskordant grauweiße Kalke des Zechsteins. Hier hat sich die große Gebirgsbildung des Karbons, die in Europa den mächtigen Bogen des Variszischen Gebirges schuf, versteinert erhalten. Genauere Betrachtung des Profils (Abb. 105) läßt neben den Falten noch eine Reihe von Überschiebungen erkennen. Wie man sich etwa die Entwicklung vorzustellen hat, ist in Abbildung 105a bis 105c zu sehen, wobei zu bemerken ist, daß die in Abbildungen 105a und 105b dargestellten Ereignisse nicht unbedingt hintereinander, sondern auch gleichzeitig erfolgt sein

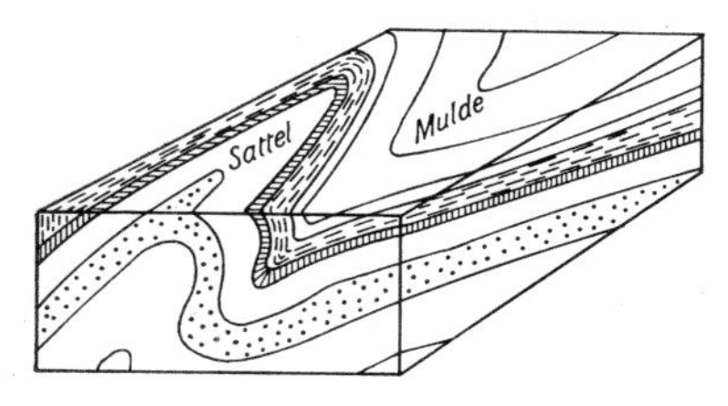

Abb. 106. Blockdiagramm einer Falte mit tauchender Achse

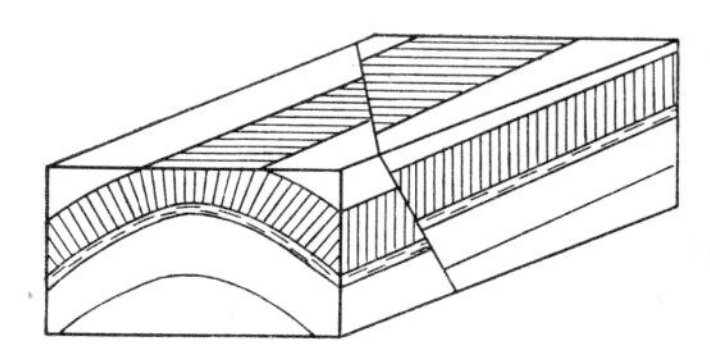
Abb. 107. Einfache Antiklinale, durch eine Schollenaufschiebung zerschnitten

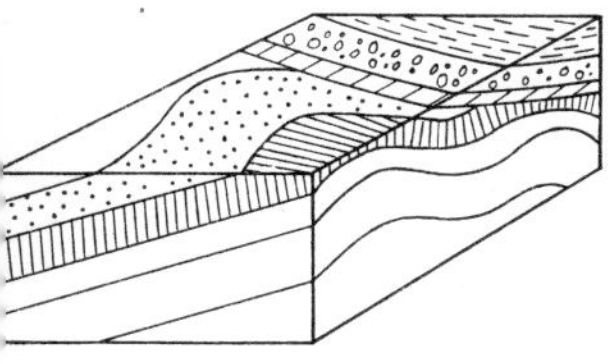
Abb. 108. Jüngere Schichten überlagern diskordant einen älteren Faltenwurf

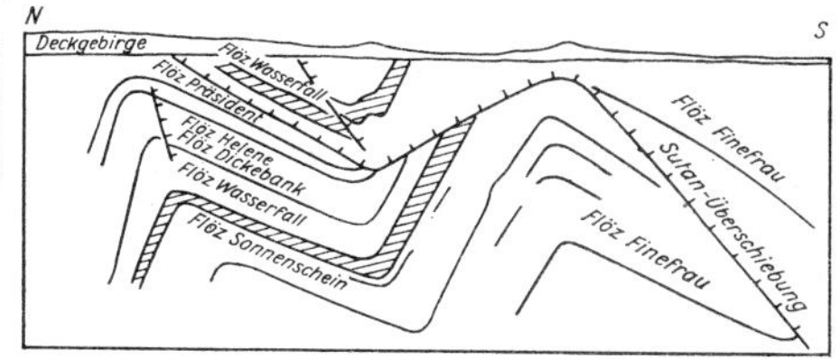

Abb. 109. Die gefaltete Sutanüberschiebung in der Grube „Fröhliche Morgensonne“ (nach v. Bubnoff)

können. Nach Einebnung sank die ganze Scholle unter den Meeresspiegel und wurde von den Kalken des Zechsteins und jüngeren Schichten bedeckt. In weit jüngerer Zeit, am Ende des Tertiärs, wurde im Gefolge der alpidischen Gebirgsbildung das Gebiet des Thüringer Waldes wieder gehoben. Das läßt sich allerdings nicht am Bohlen ablesen, sondern muß dort studiert werden, wo jüngere Schichten zur Datierung der Ereignisse vorhanden sind. Die jüngeren Schichten über dem Zechstein am Bohlen wurden wieder abgetragen, und die Saale sägte das eindrucksvolle Profil heraus.
Solche schönen Aufschlüsse gibt es nur in jung zertalten Gebirgen. In alten Rumpfgebirgen müssen die geologischen Verhältnisse in einer Ebene, der Erdoberfläche, kartiert und studiert werden. Dabei erkennt man z.B. schiefgestellte Schichtfolgen oft daran, daß die gegen Verwitterung widerständigeren Gesteine Schichtköpfe bilden, während die weicheren Schichten Senken oder flache Böschungen entstehen lassen, die von Bruchstücken des hangenden Schichtkopfes überrollt sind. Aus dem Kartenbild müssen

wir dann die dritte Dimension extrapolieren. Die Blockdiagramme in Abbildungen 106 und 108 lassen erkennen, daß bei einer Antiklinale die ältesten Gesteine im Zentrum liegen und die Schichten nach beiden Seiten wegfallen und jünger werden. Umgekehrt ist es bei einer Mulde (Abb. 106). Quert eine Störung eine Antiklinale, dann streichen die Schichten im Kern der Struktur in der gehobenen Scholle mit einem breiteren Band aus als in der gesunkenen (Abb. 107). Diskordanzen machen sich bemerkbar durch abweichendes Streichen beiderseits der Auflagerungsfläche (Abb. 109).

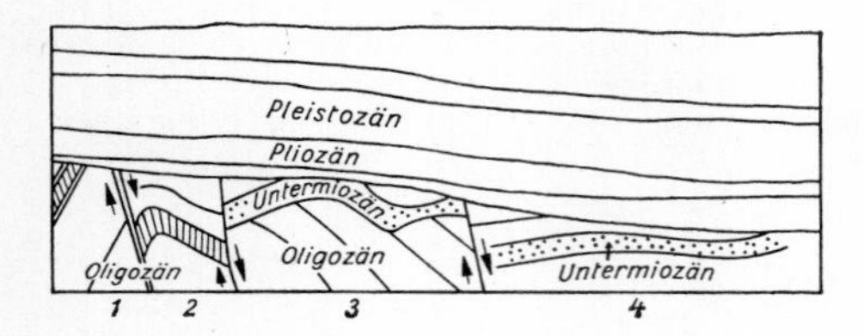

Abb. 110. Mehrfache Faltung im Ölfeld Quiriquire in Venezuela (nach Borger aus „Bulletin of the American Association of Petroleum Geologists", 1952)

Schwieriger wird die Entwirrung des tektonischen Geschehens, wenn ein Krustenteil von mehreren Faltungsphasen betroffen worden ist. Ein verhältnismäßig einfaches Beispiel ist die Faltung der über 60 km langen Sutanüberschiebung im südlichen Teil des Ruhrgebietes. Abbildung 109 zeigt, wie die Überschiebung bei einem nachfolgenden tektonischen Ereignis mit dem ganzen bereits einmal gefalteten Paket mitgefaltet wurde. Ein weiteres Beispiel zeigt Abbildung 110. Hier sind gleich drei tektonische Ereignisse erkennbar: Die oligozänen Schichten wurden vor Beginn des Miozäns gefaltet und eingeebnet. Darauf legte sich das Untermiozän. In einer neueren Faltungsphase wurde dann die ganze Scholle in Bruchfaltenmanier vor Beginn des Pliozäns noch einmal deformiert, erneut eingeebnet und von pliozänen und pleistozänen Schichten bedeckt, die nur noch ganz schwach verformt sind.

Als Beispiel für die tektonische Geschichte eines etwas größeren Krustenteils sei noch der nordwestliche Thüringer Wald erwähnt (Abb. 111, 112). Zwei Richtungen sind hier deutlich ausgeprägt: das Streichen der Gesteine in der Scholle des Thüringer Waldes (NO-SW) und ihre NW-SO gerichtete Begrenzung mit Verwerfungen, Aufschiebungen und aufgerichteten Schichten des Zechsteins und der Trias. Aus dem völlig abweichenden Streichen ist zu erkennen, daß der Zechstein diskordant auf älteren Gesteinen liegt. Hier ist ebenfalls die schon erwähnte variszische Gebirgsbildung wirksam gewesen, sie schuf die NO-SW gerichteten Falten, von denen in Abbildung 111 der Ruhlaer Sattel und die Tambacher und Eisenacher Mulde dargestellt sind. Die ältesten Gesteine treten im Sattelkern zutage, es sind metamorphisierte Sedimente — Glimmerschiefer — und Granite. Durch die Kontaktwirkung des durchbrechenden Granitmagmas sind z. T. Gneise entstanden. In den Mulden liegen die jüngeren Trümmersedimente (Rotliegendes), die aus Brocken der Gesteine des Ruhlaer Sattels bestehen, es sind also Abtragungsprodukte, die die Täler des damaligen Gebirges ausfüllten. Nach der Einebnung wurde das Gebiet wieder vom Wasser bedeckt, doch blieb es im Zechstein Flachseebereich, denn längs des heutigen Thüringer Waldes sind zahlreiche Riffe des Zechsteins zu finden, die sich nur in flachem Wasser bilden konnten. Andere Gesteine schichteten sich darüber. Am Ende des Tertiärs hob sich dann der Thüringer Wald als Horstscholle, und randlich wurden die Schichten z. T. mitgeschleppt. Junge Zer-

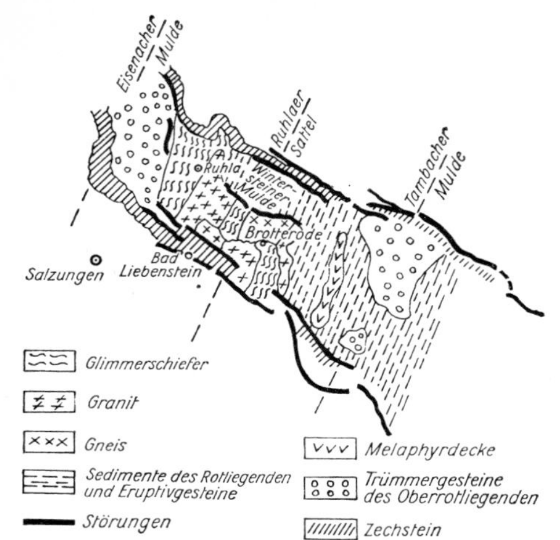

Abb. 111. Das Nordwestende des Thüringer Waldes, ein Horst (schematisiert nach Deubel)

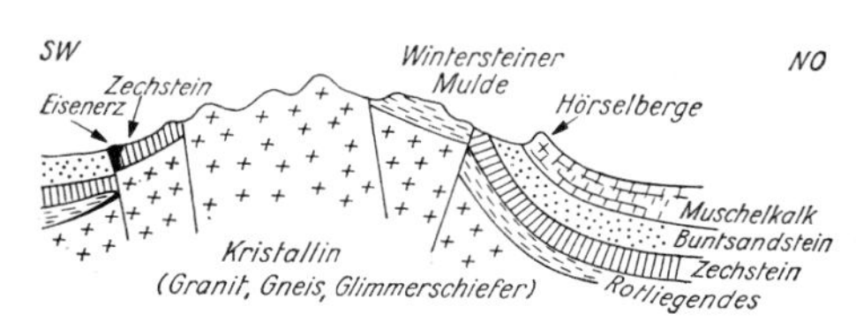

Abb. 112. Schematischer Nordost-Südwest-Schnitt durch den Ruhlaer Sattel des Thüringer Waldes

talung und Abtragung legte die alten Strukturen wieder frei, die sonst unter mächtigen jüngeren Ablagerungen begraben liegen. Da aber das alte Variszische Gebirge im Harz, im Flechtinger Höhenzug und auch in Sachsen usw. freigelegt wurde, können wir seinen Verlauf einigermaßen gut rekonstruieren.

Diese skizzenhafte Darstellung zeigt, daß bei der tektonischen Analyse nicht nur die Strukturformen zu beachten sind, sondern auch die Ablagerungen; sie geben gute Auskunft über tektonische Ereignisse: Grobe Sedimente weisen auf bewegtes Relief hin, ihre Zusammensetzung gibt Auskunft über das Abtragungsgebiet, Kohlen limnischen Typs deuten auf abgeschlossene, sumpfige Becken hin, aus Änderungen der Korngröße in horizontaler Richtung läßt sich die Richtung der Sedimentschüttung ablesen, Tonsedimente lassen auf Landferne oder geringe Reliefenergie, Karbonate und Salze auf völlige Einebnung und flaches Wasser schließen usw. Sedimentologische Untersuchungen sind also wichtige Hilfsmittel bei der tektonischen Forschung.

Besonders deutlich sind in Gebieten mit anstehenden Gesteinen die tektonischen Strukturen im Luftbild zu erkennen. Unterschiede in Härte, Farbe, Fruchtbarkeit, Pflanzenwuchs markieren ausgezeichnet die einzelnen Gesteinsschichten, sind oft auch durch üppige Pflanzendecken, wie etwa im tropischen Regenwald, hindurch zu bemerken. Oft läßt sich dabei mit einem einzigen Blick erkennen, was sonst erst monatelange Arbeit im

Felde zutage bringt. Natürlich müssen die einzelnen Gesteinsschichten zusätzlich durch Augenschein an der Erdoberfläche identifiziert werden, aber diese Arbeit ist gering im Vergleich zu der üblichen Kartierungsmethode (vgl. Abschnitt „Geologische Kartierung"). Die Photogeologie als wichtiger Helfer des Geologen arbeitet mit Stereoaufnahmen in Schwarzweiß und mit farbigen Bildern. Ein großer Fortschritt sind Ultrarotaufnahmen, bei denen die unterschiedliche Wärmestrahlung der Gesteine ausgenutzt wird, die wiederum stark vom Wassergehalt abhängt. Diese Technik ermöglicht sogar Aufnahmen durch Wolken, Dunst und bei Nacht.

Das tektonische Großbild der Erde

Die Tafeln

Die ungleichmäßig über die Erde verteilten Landmassen zeigen im tektonischen Bild sämtlich eine auffällige Gesetzmäßigkeit: Ihre Kerne werden von großen Tiefländern eingenommen; diese entsprechen Krustenbereichen, die während der letzten geologischen Perioden tektonisch stabil geblieben sind. Es handelt sich hier um die großen Kontinentaltafeln mit riesigen Stromsystemen, sanft gewellten Oberflächenformen und mit ariden Bereichen in den meerfernen Zonen (vgl. „Tektonische Karte von Europa" und „Tektonische Weltkarte" auf der Rückseite der „Erdgeschichtlichen Gliederung" am Schluß des Buches).
Das gemeinsame Charakteristikum dieser weiten Gebiete sind große Flächen, auf denen der kristalline Untergrund zutage tritt, die **Schilde** genannt werden; diese tauchen mit kleinem Winkel unter einer Decke von wenige Kilometer mächtigen Sedimenten unter, den Tafeln i. e. S. (oder auch Platten genannt). Die Schilde und die kristalline Unterlage der Tafelsedimente sind in den verschiedensten präkambrischen Perioden intensiv gefaltet und mit magmatischen Massen durchtränkt worden.

Die Osteuropäische Tafel. Im *Baltischen Schild* erkennen wir eine ganze Reihe präkambrischer Faltungen, die durch große Zeiträume voneinander getrennt sind (vgl. Kap. „Kryptozoikum oder Präkambrium", S. 331). In diesen Faltungen wurden geosynklinale Sedimente deformiert und metamorphisiert.
Die älteste Faltung ist die der Belomoriden mit einem Alter von 2000 bis 2200 Mio Jahren, sie zeigt intensive Fließfaltung. Wenig jünger sind die Kareliden, an deren Basis Gesteine mit einem Alter von über 2700 Mio Jahren auftreten, und die Svekofenniden in Südfinnland und Mittelschweden, die bei einem Alter von 1800 Mio Jahren etwa so alt sind wie die Kareliden. Die jüngste Faltung ist hier die Gotische mit 1500 bis 1250 Mio Jahren im äußersten Südwesten des Schildes. Die Gotiden bestehen aus Gneisen, Quarziten, Amphiboliten, Grauwackenschiefer, Leptiten, Arkosen, Konglomeraten und auch karbonatischen Serien von oft sehr großer Mächtigkeit, die von vielen Intrusionen durchsetzt sind. Die darüberliegenden, wenig deformierten und nichtmetamorphen jotnischen Sedimente (rote Molassen) sind bereits etwa 1300 Mio Jahre alt (vielleicht sogar älter!). Jünger sind die ebenfalls wenig deformierten Sparagmite (Riphäikum oder Algonkium bzw. Oberes Proterozoikum).
Weiter im Süden tritt im *Ukrainischen Schild* das tiefe Grundgebirge noch einmal zutage. Auch hier wurden verschiedene intensive Faltungen festgestellt: die Katarchaische mit einem Alter von 2700 bis 3600 Mio Jahren, die Dnepr-Faltung mit 2300 bis 2700, die Bug-Podolische mit 1900 bis 2300, die Kriwoi-Rog-Faltung mit 1700 bis 2000 und die Wolynische mit 1150 bis 1700 Mio Jahren. Hier legt sich auf das Grundgebirge der wenig metamorphe etwa 1200 Mio Jahre alte Owrutsch-Quarzit.
Dieses Grundgebirge findet sich auch als Basis der Sedimente der Russischen (Osteuropäischen) Tafel; es wird überlagert vom nichtmetamorphen Riphäikum, das bis 1250 Mio Jahre alt ist (z. B. die bis ins Kambrium reichende rote Bawlyserie), und Tafelsedimenten des Paläozoikums, Mesozoikums und Neozoikums. Danach wurde die Bildung des kristallinen Grundgebirges also vorriphäisch abgeschlossen. An den Sedimenten lassen sich zahlreiche epirogenetische Bewegungen ablesen, Orogenesen fanden

seit vorriphäischer Zeit nicht mehr statt. Die epirogenetischen Bewegungen schufen eine Reihe von Depressionen und Gewölben. Große Depressionen mit 3 bis 4 km mächtigen Sedimenten sind z. B. die Syneklise von Moskau, die Dänisch-Polnische Senke, die Ukrainische Syneklise, die Petschora-Depression u. a. Gegen Süden fällt die Tafel ziemlich stark zur Nordkaspischen Senke ab, in der das Grundgebirge mehr als 10 km tief versenkt ist. Große im Perm angesammelte Salzmassen haben hier zu einer intensiven Salztektonik geführt. Ferner finden sich auf der Tafel lange schmale Senken, die Geosynklinalen ähneln, aber keine geosynklinalen Sedimente und nur geringe Mengen Vulkanite enthalten. Sie wurden von SCHATSKI „Aulacogene" genannt. Ein typisches Beispiel ist das Donbass mit seinen 8000 bis 10000 m mächtigen Sedimenten und eingeschalteten Kohlenlagern, das sich in der Dnepr-Donez-Senke mit einer Salzstocktektonik fortsetzt. Die Hauptfaltung fand in der Oberen Trias statt. Andere Aulacogene sind das Timanbecken (8000 bis 10000 m Sedimente), das von Patschelma (westlich Pensa) u. a.
Über den Aufwölbungen sind die Sedimentmächtigkeiten nur gering: 500 bis 1100 m über der Masowischen Anteklise, bis 1000 m über der Woronesh-Anteklise, 1500 bis 2000 m über der Wolga-Ural-Anteklise.
Ein weiteres Charakteristikum der Osteuropäischen Tafel sind lange Antiklinalbündel, russisch „Wälle" genannt, die nur im Deckgebirge ausgebildet sind, z. T. liegen sie sogar über Senken des Grundgebirges mit sehr mächtigen Ablagerungen der riphäischen Bawlyserie, z. T. sind es Flexuren oder Pressungszonen über den Fugen von Grundgebirgsblöcken. Große Wälle sind z. B. der Don-Medwediza-Wall, der Okawall, der Djurtjuli-Wall und seine Nachbarn im Birsker Sattel (Baschkirische ASSR). Sie bestehen aus breiten Antiklinalen („Plakantiklinalen").
Wie weit sich die Osteuropäische Tafel nach Westen erstreckt, ist noch nicht bekannt, vielleicht bis zur Tornquistschen Linie, die von Schonen nach dem polnischen Heiligkreuzgebirge verläuft; eine andere Deutung läßt sie ihre Westbegrenzung in Mittelengland finden. Einige der Depressionen sind z. T. mit Wasser bedeckt, wie die Schwarzmeer-Syneklise und die Baltische Syneklise.
Am Südrand der Osteuropäischen Tafel und nördlich der alpidisch gefalteten Gebirge erstreckt sich von der unteren Donau zur Dobrudscha über die Krim bis nach Nordkaukasien die *Skythische Tafel*. Ihr Untergrund ist noch im Jungpaläozoikum intensiv gefaltet und metamorphosiert worden. Die Tafelsedimente bestehen aus Trias, Jura, Kreide, Tertiär und Quartär und sind ebenfalls in flache Wälle, Antiklinalen und Synklinalen gegliedert.

Die Westsibirische Tafel. Mit 3,4 Mio km² gehört die junge Westsibirische Tafel zu den größten Tafelgebieten der Erde. Sie bildet eine sehr flache Sedimentationsschüssel von rund 3 km Tiefe, lokal auch 4 bis 5 km, mit fast horizontal liegenden Schichten des oberen tektonischen Stockwerkes. Das Grundgebirge wird aus variszisch gefalteten Sedimenten gebildet, die dem Präkambrium bis Mittelpaläozoikum angehören, metamorphosiert und von Magmen durchschwärmt sind. Darüber lagern diskordant leicht gefaltete und gering metamorphosierte, meist kontinentale Sedimente des Oberperms bis Unterjuras, die Kohlenlagerstätten enthalten sowie Gräben und Senken im Grundgebirge ausfüllen. Mit der neuen Transgression im Oberjura beginnen Ablagerungen, die heute noch völlig ungefaltet sind. Einige große epirogenetische Strukturen gliedern das Becken: Die wichtigsten sind das Nördliche-Soswa-Gewölbe, vom Ural durch die Ljapinmulde getrennt, weiter nördlich das Stschutschja-Gewölbe und im Süden die Tura-

Aufwölbung. Wegen ihrer wirtschaftlichen Wichtigkeit (hier befinden sich neben Erdöl die größten bisher bekannten Erdgasvorkommen der Erde) seien noch Tas-, Konda-, Ob- und Wartagewölbe genannt. Als Strukturen zweiter Ordnung finden sich Wälle und andere flache Tafelstrukturen.

Die Ostsibirische Tafel. Als eigentlichen, stabilen Kern des asiatischen Kontinents muß man die Ostsibirische (Sibirische) Tafel betrachten. Sie liegt zwischen Jenissei und Werchojansker Gebirge und wird im Süden vom Sajanischen Gebirge und von den Baikalfalten umschlungen. Im Aldanschild tritt das Grundgebirge zutage. Wie in der Osteuropäischen Tafel ist es archaisch und proterozoisch gefaltet und metamorphosiert und wird diskordant überlagert vom Sinischen (Riphäischen) System des Oberen Proterozoikums (Algonkiums), dann folgt im allgemeinen das Altpaläozoikum. In der größten Depression, der Tungusischen Syneklise, sind auch noch Karbon und Perm mit Kohlenvorkommen abgelagert. Die riphäischen Schichten werden hier 3 bis 4 km mächtig, die kambrischen 2 bis 3 km, Ordovizium bis Devon etwa 1 km, Permokarbon bis Trias bis 3 km. Sehr mächtige Sedimente finden sich auch in der Wiljuisenke, hier ist auch noch schwach deformiertes und vorwiegend kontinentales, mächtiges Mesozoikum vorhanden. Zwischen den Senken trifft man flache Aufwölbungen an, als markanteste das Anabarmassiv, in der das archaisch-proterozoische Grundgebirge an die Oberfläche tritt.
Im Baikalfaltenzug, südlich und südwestlich des Aldanschildes, sind riphäische Schichten an der Wende Proterozoikum/Kambrium gefaltet (baikalische oder riphäische Faltung, in Mitteleuropa auch als assyntische bezeichnet). Er setzt sich nach Osten fort im Jablonowy-Stanowoi-Antiklinorium. Am Westrand der Tafel ist das Jenissei-Hebungsgebiet ebenfalls baikalisch gefaltet. Eine Randsenke der Baikalfalten ist die Lena-Angara-Senke, gefüllt mit flyschartigen riphäischen Sedimenten und mächtigen unterkambrischen Schichten mit vielen Evaporiten und Erdöl. Der Südteil der Senke zwischen Baikal und Sajanischem Gebirge ist als Amphitheater von Irkutsk bekannt.

Die Turanplatte (Karakumtafel). Wegen ihrer großen Vorkommen an Erdöl und Erdgas ist in den letzten Jahren das dritte große Tafelgebiet Asiens, die Turanplatte oder die epiherzynische Karakumtafel, näher untersucht worden. Die Basis dieser Tafel bildet ein stark gegliedertes Relief von metamorphen paläozoischen und altmesozoischen Gesteinen mit intrusiven und effusiven Laven. Geosynklinale Faltung und Metamorphose erstreckten sich bis in die Mittlere Trias. Die Sedimentdecke besteht im Lias und Rät aus kontinentalen Schichten mit Kohlen, vom Mittleren Jura bis zum Alttertiär vorwiegend aus marinen Schichten mit Evaporiten im Malm; eingelagert sind aber sehr mächtige Serien roter Molassen in der Unterkreide (Apt bis Valendis) und der „Gobimolasse“ (Oberoligozän bis Pliozän). Diese Sedimentation zeigt also die wesentlich größere tektonische Unruhe dieses Gebietes im Vergleich zu den sibirischen Tafeln. Große Aufwölbungen sind die Zentral-Karakum-Hebungszone, diejenige von Krasnowodsk/Kara-Bogas-Gol, von Mary und Bairam-Ali (Turkmenische SSR), ferner die Aufwölbungen von Buchara. Sie sind von großer Wichtigkeit für das Vorkommen von Erdöl und Erdgas; auf der Buchara-Hebungszone liegt Gasli, eine der größten Erdgaslagerstätten der UdSSR.
In einigen Faltungszonen kommen Gesteine des Fundamentes an die Oberfläche, so in den Bergzügen des Kuldshuktau und des Sultan-Uisdag (beide in der Usbekischen SSR), der Mangyschlak- und Akkyr-Falten sowie im Großen Balchan. Im Zusammenhang mit diesen Faltenzonen, die als Fort-

setzung des Tienschansystems gelten können, stehen tiefe Molassesenken. Auf der Halbinsel Mangyschlak sind die oberpermisch-triassischen Molassen 8400 m mächtig. Wir haben also hier nicht die typische Tafelentwicklung wie in Osteuropa, sondern mehr die eines „labilen Schelfes".

Ostasien, Paraplattformen. Ostasien unterscheidet sich insofern von den übrigen Festlandsgebieten, als weder ausgesprochene Tafelgebiete noch typische Geosynklinalen vorhanden sind. Diese Tafeln wurden deshalb von HUANG „Paraplattformen" genannt. Sie haben eine relativ große Mobilität, die sich zu ziemlich kräftigen Tektonogenesen steigern kann. Verhältnismäßig stabil sind die inneren Tafelgebiete, wie das Dsungarische, das Tarim- und das Tibetische Massiv. Dagegen haben die Südchinesische und die Ostchinesische Paraplattform bis zu 4 Tektonogenesen durchgemacht, und zwar eine präkambrische bis sinische (entspricht etwa der baikalischen), eine kaledonische, die Jenschan- und die indosinische, die zwischen Nor und Rät sowie am Ende der Trias hauptsächlich die Südchina-Paraplattform ergriffen hat — in Ostjünnan und Westszetschuan herrschen in dieser Zeit sogar echte geosynklinale Verhältnisse, ausgedrückt durch ultrabasischen Magmatismus, regionale Metamorphose und 8 bis 10 km mächtige triassische und jurassische Ablagerungen.
Die Jenschan-Orogenese im Mittleren Jura sowie zwischen Oberem Jura und Unterkreide hat sich mit Ausnahme der stabilen Kerne — Ordos und Zentralszetschuan — in ganz China ausgewirkt, ohne daß eine typische Geosynklinalentwicklung bemerkbar wäre, trotz zahlreicher Vorkommen von Magmatiten. Die Jenschan-Orogenese hat ihren Namen von einem Bergzug in der Provinz Hopeh, die Molassen dieser Gebirgsbildung sind in der Unterkreide weit verbreitet.
Das Fundament der Paratafeln besteht aus geringmetamorphen Schiefern, Grauwacken, Quarziten, Kalken und Phylliten, die in der sinischen Periode gefaltet wurden, z. T. gehören auch noch altpaläozoische Gesteine zum Fundament. Die Sedimentdecke besteht im allgemeinen aus relativ mächtigen Sedimenten (3 bis 4 km) von neritischem, karbonatischem, vor allem aber klastisch-kontinentalem Typ, die in langen geologischen Zeiten abgesetzt wurden. In einzelnen tiefen Senken sind kurzzeitig große Massen sedimentiert worden. Vorwiegend finden sich rote Molassen (z. B. im „Roten Becken" von Szetschuan, im Ordos- und Tarimbecken), aber auch Kohlen und Salze kommen vor. Lange Gebirgszüge und Faltenbündel, durch junge Hebung der Zertalung stark ausgesetzt, beherrschen in großen Gebieten die Topographie und schufen jene bizarren Landschaftsformen, von denen die chinesischen Künstler so stark inspiriert wurden.
Die Entwicklung Ostasiens zeigt, daß bereits gefaltete Gebiete immer wieder erneut kräftig deformiert wurden, daß also eine „Versteifung" durch Faltung nicht zu beobachten ist.

Die Indische Tafel. Im Süden des Kontinentes liegt eine weitere sehr alte Tafel mit präkambrischen Gesteinen, die Halbinsel Vorderindien mit Ceylon. Die Sedimentdecke besteht aus kontinentalen Ablagerungen des Perms bis Mesozoikums und aus transgredierender Kreide an den gegenüberliegenden Küsten. Aus jüngster Zeit stammen die riesigen Trappdecken (Dekantrapp).

Afrika und Arabien. Afrika bildet mit Arabien einen großen Festlandskomplex mit einer gewaltigen Kontinentaltafel und nur einigen epikontinentalen Randbecken. In einer Reihe von Schilden (z. B. Hoggar, Ostafrikanischer Schild, Nubischer Schild) gelangt das alte Grundgebirge an die Oberfläche, das wie auf den anderen Kontinenten mehrfach prä-

kambrisch gefaltet wurde. Über diesen alten Strukturen folgt im ganzen südlichen Teil Afrikas mit starker Diskordanz eine Reihe fossilfreier Formationen, die dem Jungproterozoikum angehören und vermutlich auch noch bis ins Ordovizium reichen. Es handelt sich um vorwiegend terrestrische, oft rote Sedimente, sie sind wenig metamorphosiert und z. T. gefaltet. Marine Einlagerungen sind vermutlich die darin vorkommenden Karbonate. Diese jüngeren Faltenzüge nehmen große Teile Südafrikas ein; sie werden mit verschiedenen Namen (Namasystem, Katangasystem, Griquaiden, Kongoliden, Sammelname „Afriziden") bezeichnet. Falls die jüngsten gefalteten Gesteine, wie vermutet, bis ins Ordovizium reichen, müßten die Namafaltungen den kaledonischen zugerechnet werden. Die Orogene gingen hier nicht aus Geosynklinalen hervor. Nur der variszisch gefaltete Streifen in der südlichen Kapprovinz gehört einer Geosynklinale an. Die Faltensysteme und ihre ungefalteten Vorländer tauchen unter flache, intrakratonische Becken, deren größte das Karrubecken in Südafrika und das Kongobecken sind. Sie werden von vorwiegend kontinentalen Schichten ausgefüllt (permokarbonisches Karroo, Redbeds der Trias und jüngere, vorwiegend terrestrische Schichten). Wegen ihrer Erdölführung genauer untersucht sind die randlichen Tafelsedimente, die sich im Norden und Osten an den Nordafrikanischen und Nubischen Schild anlegen. Die nördliche *Saharische Tafel,* die im Norden in die Atlas-Geosynklinale übergeht, besteht aus einer Reihe von Becken und Aufwölbungen. Diese Becken sind gefüllt mit vorwiegend marinem, mächtigem Paläozoikum (Becken von Colomb-Béchar, Ghadamesbecken), Trias (Becken des Östlichen Großen Erg), Tertiär (Syrtebecken). Das Mursuk- und das Kufrabecken sind dagegen intrakratonische Becken mit mächtigen mesozoischen kontinentalen Ablagerungen (Nubischer Sandstein).
Die Sedimente der östlichen *Arabischen Tafel* bestehen aus vorwiegend marinen Ablagerungen des Perms bis Juras und der Kreide, die diskordant auf kambrischen bis unterdevonischen Schichten liegen (Permtransgression). Die flachen, weitgespannten Aufwölbungen enthalten die größten bisher bekannten Erdöllagerstätten der Erde. Auch Salztektonik ist verbreitet.
Rings um Afrika ist eine Reihe epikontinentaler Randbecken angeordnet. Charakteristisch für sie ist eine mächtige kontinentale Serie von molasseartigen Gesteinen, die vom Karbon/Perm bis zum Unterapt reichen und von kräftiger Aufwärtsbewegung des Kontinents zeugen. Die Ingression des Meeres begann im Apt, sie hinterließ Salze, die zur Bildung zahlreicher Salzstöcke führten (Cuanzabecken, Becken von Gabun). Die Sedimente werden in Richtung Ozean mächtiger. Die ostafrikanischen Randbecken enthalten kontinentale Sedimente bis etwa Lias, und dann folgen marine Schichten, die wie im Westen Afrikas von kontinentalen Einlagerungen unterbrochen werden. Bis zum Ende der Kreide wurde der Kontinentalkern stark abgetragen. Die Erosionssedimente finden sich in den intrakratonischen Becken. Eine sehr auffällige tektonische Erscheinung ist das große ostafrikanische Grabensystem, große Zerrungsstrukturen mit einer Häufung mächtiger vulkanischer Ergüsse und Vulkanberge (Hochland von Äthiopien, Kilimandscharo, Virungavulkane u. a.). Sie haben z. T. eine alte Anlage und sind vorwiegend im Tertiär abgesunken. Die Grabenzone setzt sich im Roten Meer, im Toten Meer und im Jordantal fort.

Die Tafeln Amerikas. Auch der Doppelkontinent Amerika enthält zwei große Kerne: im Norden den Kraton Laurentia, in Südamerika Brasilia. In Nordamerika tritt das Grundgebirge im *Kanadischen Schild* an die Oberfläche mit sehr alten und mehrfach gefalteten und metamorphosierten

Gesteinen. Die Orogenesen, mindestens vier, verteilen sich auf den Zeitraum von 2900 bis 1000 Mio Jahren vor der Gegenwart. Die jüngsten präkambrischen Schichten sind wiederum rote Molassen.
Der Kanadische Schild taucht im Norden, Westen und Süden unter die paläozoischen Tafelsedimente. In ihrem ganzen Aufbau gleicht die Nordamerikanische Tafel der Osteuropäischen. Große Gewölbe (Cincinnati-, Ozark-, Sioux-, Sabinegewölbe als Beispiele) wechseln ab mit intrakratonischen Depressionen rundlicher Form (Hudson-Bay-, Williston-, Michigan-, Illinois-, Salinabecken). Echte Faltungen fehlen. Im Norden taucht der Schild unter die Tafelsedimente der arktischen Inselwelt, die erst jetzt durch Bohrungen erkundet werden. Im Süden fällt die Tafel stark in das tiefe Becken des Golfes von Mexiko ab.
Die Entwicklung der Tafel ist gekennzeichnet durch eine allgemeine Transgression im Kambrium, ab Ordovizium durch starke Ausgeglichenheit des Reliefs mit Salzbildung im zentralen Teil und Karbonaten sowie Riffbildungen in den peripheren Teilen, etwa in der Mitte des Karbons durch allgemeine Hebung, Belebung des Reliefs, Ablagerung roter klastischer, kontinentaler Serien (Redbeds) bis in den Jura hinein, dann Transgression und schließlich erneute Heraushebung im Tertiär.
In Südamerika steht das Grundgebirge in den großen Schilden an, dem *Guayanaschild* und dem *Brasilianischen Schild*. Es sind wie üblich präkambrische metamorphe Sedimente, Granite und Magmatite, in verschiedenen Orogenesen stark gefaltet und randlich überlagert von roten Molassen, im Nordosten ist es die Roraimaserie, die bis ins Kambrium hineinreicht und noch nicht metamorph ist.
Randlich und zwischen den Schilden liegen Tafelsedimente, die auch einige tiefere Depressionen ausfüllen. Die größte dieser Depressionen ist das Amazonasbecken. Auch hier liegen über dem Grundgebirge Redbeds von spätpräkambrischem bis frühpaläozoischem Alter, dann folgen meist marine paläozoische Schichten, die von mächtigen Spaltenergüssen mit ausgedehnten Diabasdecken durchsetzt sind, für ein intrakratonisches Becken eine sehr ungewöhnliche Erscheinung. Dabei fehlen Faltungen vollständig. Das Amazonasbecken ist wohl als eine große Zerrungsstruktur zu betrachten. Wieder tritt wie in Afrika eine große Schichtlücke auf, die vom Ende des Paläozoikums bis zur Unterkreide reicht. Während der Kreide und im Tertiär wurden kontinentale klastische Sedimente abgelagert.
Zeugnisse der kräftigen Hebung und Abtragung des Brasilianischen Schildes in mesozoischer Zeit bis etwa zur Unterkreide sind die mächtigen klastischen Sedimente in den Depressionen, die den Brasilianischen Schild im Südwesten, Süden und Südosten umgeben. Im Recôncavo-Becken sind dies die 4000 m umfassenden neokomen Bahiaserien, im Alagôas-Sergipe-Becken (beide im Osten des Brasilianischen Schildes im Küstengebiet) mächtige Konglomerate und klastische Gesteine der Unterkreide; im Süden, im Becken des Golfes von San Jorge, ist es die bis in den Jura reichende, 3000 m mächtige Tobifera-Formation; im Cuyobecken (Gebiet von Mendoza), in Neuquén (ebenfalls Argentinien) und weiter nach Süden bis Feuerland schließlich handelt es sich um die einige Kilometer starken porphyritischen, kontinentalen Serien der Trias, z. T. sogar noch aus dem Lias.
Marine Tafelsedimente sind in Patagonien und auf Feuerland ab Jura abgelagert worden, in den Becken weiter nördlich ab Kreide; der Brasilianische Schild blieb Land, ab Tertiär war der gesamte heutige Kontinent wieder Festland.

Die Australische Tafel. Australien bildet, abgesehen von einem schmalen Streifen im Osten, einen einzigen Kraton, in einigen großen Schilden tritt

das hochgradig metamorphe und kristalline Grundgebirge an die Oberfläche. Überlagert wird es von jungpräkambrischen, nichtmetamorphen Serien aus Sandsteinen, Kalksteinen, bituminösen Tonen, Steinsalz und Basaltdecken, in denen z.B. im Amadeusbecken mehr als 1600 m tief gebohrt wurde und die vermutlich 4000 m mächtig sind. In Südaustralien (Adelaidesystem) sind sie sogar mehr als 10 km mächtig und enthalten Tillite. Die Australische Tafel umfaßt im Norden auch den Sahulschelf, heute ein Flachmeer zwischen Neuguinea und dem Kontinent. Innerhalb der Tafel und an ihren Rändern befindet sich eine Anzahl von Depressionen, deren größte das Große Artesische Becken, das Murray- und Canningbecken sind. Diese intrakratonischen Becken enthalten geringmächtige, wenig deformierte Sedimente vom Paläozoikum bis zum Tertiär. Nur die Randbecken weisen beträchtliche Sedimentmächtigkeiten und stärkere Faltungen auf. Das Carnarvonbecken am Westrand des Kontinents enthält z. B. 5000 m Altpaläozoikum (detritische und karbonatische Gesteine), 4700 m Perm mit marinen glazialen und mit klastischen Sedimenten, etwa gleichviel klastisches Mesozoikum und 600 m Tertiär, das Canningbecken 10000 m Ordovizium bis Trias, davon allein 4000 m Perm. Gebirgsbewegungen sind ab Kreide zu beobachten, die kräftigste mit sanften Faltungen fand im späten Miozän statt.
Im Inneren enthält das Große Artesische Becken eine marine und kontinentale Serie von Kambrium bis Perm, 2100 m kontinentale Trias- und Juraablagerungen und 2800 m Kreide mit marinen Einlagerungen sowie 100 m kontinentales Tertiär. Der Ostteil des Beckens (Suratbecken) liegt bereits auf variszisch und z. T. obertriassisch gefaltetem Untergrund der Tasmangeosynklinale.
Alle Beobachtungen zeigen die starke Hebungstendenz des Australischen Schildes über geologisch lange Zeiträume hinweg. Davon zeugen die mächtigen klastischen Sedimentserien in den Depressionen.

Gebiete paläozoischer Faltung

Zwischen den alten Tafeln finden sich weite Bereiche paläozoischer Faltungen, die in den jungen Tafeln (Westsibirische Tafel, Turanplatte) meist unseren Blicken entzogen, in anderen Teilen der Kontinente aber noch gut erkennbar sind. Diese Faltungen erfolgten im Ordovizium und Silur, bisweilen mit einem Vorläufer im Oberkambrium, und reichten bis zum Mitteldevon. Dann folgte im Oberdevon eine Zeit verhältnismäßiger Ruhe, bis dann im Karbon die Orogenesen wieder einsetzten und sich bis zur Trias hinzogen. Die erste wird als die kaledonische bezeichnet, die zweite als die variszische oder herzynische.

Die Kaledoniden. Die kaledonische Faltung ist besonders gut in Nordeuropa studiert worden. Diese Faltenzone zieht längs durch den Westteil Skandinaviens, läßt sich bis nach Schottland und Irland verfolgen und ist auch wieder in Brabant und den Ardennen zu beobachten. Weiter nach Zentraleuropa hinein werden diese Faltungen durch die jüngeren variszischen getarnt und gekreuzt. Zu den Kaledoniden rechnen auch die Gebirgszüge von Spitzbergen und Ostgrönland.
In den norwegischen Kaledoniden erkennt man die eugeosynklinale Zone in den Provinzen Trondheim und Nordland, gekennzeichnet durch starke Metamorphose in der kristallinen Kernzone mit Augengneisen, kristallinen Schiefern, Graniten, groben Konglomeraten und vielen Vulkaniten,

Gabbros, Serpentinen und Grünschiefern. In Richtung Südost nimmt die Metamorphose ab (Miogeosynklinale), die Sparagmite (Feldspatsandsteine des obersten Proterozoikums bzw. Riphäikums) sind noch kaum metamorph. Eigentliche Überfaltungsdecken wie in den Alpen sind nicht bekannt, wohl aber ziemlich weite Überschiebungen metamorpher, kristalliner Gesteine in Richtung auf den Baltischen Schild (z. B. Jotundecken in Valdres und Gudbrandsdal, zwischen denen der nichtmetamorphe altpaläozoische Valdres-Sparagmit liegt). Die Faltungen reichten vom Ordovizium bis Silur. Die Kaledoniden gehen nach Osten in den Baltischen Schild ohne Randsenke über. Fehlende Vortiefen sind übrigens für die meisten Kaledoniden zu registrieren. Molassen (Old Red) treten nur in Innensenken auf. Einen ähnlichen Bau weisen die Kaledoniden in Schottland und Irland auf. Hier ist die metamorphe Zone der Kaledoniden nach Nordosten über den präkambrischen Lewisian-Komplex geschoben, nach Südosten folgt die isoklinal im Spätsilur bis Mitteldevon gefaltete nichtmetamorphe Zone. Die metamorphe Zone zeigt alpinotypen Deckenbau und ist etwas älter. Auch hier finden sich Molassen (Old Red) nur in den Innensenken. Große Massen von Vulkaniten sind in der metamorphen wie in der nichtmetamorphen Zone anzutreffen; die geosynklinalen Sedimente vom Oberen Präkambrium bis Kambrium haben die bemerkenswerte Mächtigkeit von 15 km!
In Südengland und Irland werden die Kaledoniden von den Varisziden gekreuzt.
In Mitteleuropa und im Alpenraum sind die kaledonischen Faltungen von jüngeren stark überdeckt. Wir erkennen sie aber noch deutlich im Armorikanischen Massiv und im Zentralmassiv Frankreichs. In den grönländischen Kaledoniden haben die geosynklinalen Sedimente (spätpräkambrisch bis kambro-ordovizisch) sogar eine Mächtigkeit von 16 km, die devonischen Old-Red-Molassen eine solche von 7 km. Intrusive Granite treten auf. Auf Spitzbergen ist die geosynklinale Serie (Hecla Hook Formation, proterozoisch bis kambrisch) ebenfalls 16 km mächtig, die devonische Redbed-Molasse 8 km. Die Faltung fand im Silur statt.
Die Kaledoniden umgeben in breitem Bogen den Süden der Ostsibirischen Tafel, es gehören dazu der Ostsajan mit kambrischer Faltung und mitteldevonischen roten Molassen und der Kusnezker Alatau (kambrische Faltung). Etwas länger dauerte das Geosynklinalstadium im Westsajan und der Salairkette (bis Ordovizium). Innensenken enthalten auch hier mächtige rote, kontinentale Molassen des Mitteldevons. Stark abgetragene kaledonische Zonen sind noch im Randgebiet des Tienschan und in den Bergen Zentralkasachstans zu beobachten. Schließlich ist das riesige Kunlun-System vorwiegend kaledonisch gefaltet.
In Nordamerika treten kaledonische Falten und große Überschiebungen am Südostrand der Tafel — von Neufundland bis Maine — auf, im Nordwesten in der Brooks Range von Alaska sowie in der Franklin-Geosynklinale der arktischen Inseln.

Die variszischen Faltenzonen. Die variszischen Orogene erhoben sich aus geosynklinalen Räumen, die noch größere Ausdehnung hatten als die kaledonischen, und in vielen Gebieten kann die variszische Faltung als eine Fortsetzung der kaledonischen gelten. In Europa bildete sie die beiden großen Faltenbögen, den Armorikanischen und den Variszischen (Abb. 142), deren Vortiefen die wichtigsten Kohlenvorkommen Westeuropas enthalten. Die Innenzone des Orogens ist das „Moldanubikum", das sich vom französischen Zentralmassiv über Schwarzwald und Vogesen nach Böhmen erstreckt und dem auch die hochmetamorphe Böhmische Masse angehört.

Nach Norden legen sich die saxothuringischen und rhenoherzynischen Zonen an, wobei in der rhenoherzynischen Zone — sie umfaßt Rheinisches Schiefergebirge, Ardennen, Harz — das Devon mehr als 10 km mächtig und geosynklinal ausgebildet ist. Das Saxothuringikum ist durch starken Vulkanismus, aber weniger mächtige Sedimente ausgezeichnet. Die Molassen des Gebirges bilden das Rotliegende. Die Faltungen reichten vom Unterkarbon (sudetisch) bis zum Perm (saalisch) und wanderten von innen nach außen, so daß die jüngere Faltung die Vortiefe der jeweils älteren Faltung erfaßte. Das Wandern der Faltung zeigt sich auch im polnischen Heiligkreuzgebirge. Hier haben wir eine älteste Geosynklinalzone mit 3000 m mächtigen, am Ende des Kambriums gefalteten Schichten. Das Abtragungsmaterial nahm der nächste Senkungstrog auf, der sich mit ordovizischen Grauwacken, Sanden, Tonen füllte und am Ende des Silurs gefattet wurde. Die folgende Senkungszone nahm sehr mächtige devonisch-unterkarbonische Karbonate auf und wurde sudetisch oder asturisch gefaltet. Dieses Orogen schickte im Oberkarbon/Perm seine Molassen in die nunmehr entstandene Vortiefe. Allerdings lösen die Senkungströge einander nicht immer in einer bestimmten Richtung ab, sie wandern vielmehr auch vor und zurück oder kreuzen sich manchmal. Auch im Gebiet der alpidischen Geosynklinale sind variszische Gebirgsbildungen vorausgegangen. Ein besonders gut ausgebildetes variszisches Orogen ist der Ural, dessen älteste Eugeosynklinale 8 bis 9 km mächtiges Riphäikum mit starken Einschüssen von Ophioliten enthält, im baschkirischen Antiklinorium sind es sogar 12 km. Diese Gesteine wurden bereits vor dem Ordovizium, also noch kaledonisch, gefaltet. Darüber entwickelte sich eine neue geosynklinale Zone mit einer Eugeosynklinale im Osten des heutigen Uralgebirges und einer Miogeosynklinale im Westen. Die Eugeosynklinale ist gekennzeichnet durch eine tiefe Fraktur mit Förderung frühdevonischen basischen Magmas, durch oberdevonische Grauwacken, starke Metamorphose und spätorogene Granite. Die westliche Miogeosynklinale entstand etwas später (Oberdevon/Unterkarbon), ihre Entwicklung begann mit tiefer Absenkung und Ablagerung relativ geringer Sedimente, dann folgte eine Periode der Füllung mit Flysch und etwa 3000 m mächtigen Grauwacken, deren Material aus der bereits gefalteten Eugeosynklinale stammte. Nach der Faltung schickte dieses westvergente Orogen im Sakmara und auch im Artinsk (Perm) marine Molassen in die im Westen entstandene Vortiefe, und schließlich folgten hier im Kungur (Oberperm) kontinentale Molassen, die dann in der Trias schwach gefaltet wurden. Der Ostteil der Uraliden liegt unter Sedimenten der Westsibirischen Tafel begraben. Der variszisch (herzynisch) gefaltete Untergrund der Turantafel mit seinen bis 8 km starken permischen Redbed-Molassen wurde bereits erwähnt. In einem breiten Gürtel zieht sich dann die variszische (herzynisch) gefaltete Zone durch ganz Asien, überall gutausgebildete Orogene mit Vortiefen aufweisend. In Nordamerika gehören die Appalachen zum variszischen System. Hier wanderte die Faltung vom Nordosten (Neufundland, am Ende des Oberdevons akadisch gefaltet) über den Hauptstamm (bretonisch) zu den Ouachita-Wichita-Amarillo-Falten (asturisch) im Südwesten. Auch die Appalachen haben eine eugeosynklinale hochmetamorphe Kernzone, im übrigen aber stellte man fest, daß sich seit dem Oberordovizium eine Vielzahl von Geosynklinalen mit z. T. sehr mächtigen Sedimenten, Vulkaniten und Metamorphiten gebildet hatte. Sie folgen dabei räumlich-zeitlich nicht streng aufeinander, sondern bilden sich zuweilen auf entgegengesetzten Seiten des Geosynklinalraumes oder auch übereinander aus. Wie auch in anderen Gebieten zeigen sie die große Instabilität dieser labilen Räume. Gutausgebildete Vortiefen begleiten das Gebirgssystem auf seiner ganzen

Länge; sie enthalten mächtige permische Sedimente, meist in der Form roter Molassen (Redbeds). Das Permbecken in Westtexas südlich der Amarillofalten enthält bis 8000 m Perm.
Auch die ostaustralische Tasman-Geosynklinale gehört zu den variszischen Faltungsräumen. Die Hauptfaltungen folgten hier dem Alter nach von West nach Ost. Wir haben es mit einer mittel- bis oberdevonischen Orogenese mit Vulkanismus in Victoria, weiter außen mit einer mittelkarbonischen, im Nordosten mit einer oberpermischen zu tun. Aber auch mesozoische Faltungen sind bekannt; große mesozoisch-tertiäre Faltungen sind dann im Stillen Ozean im Inselzug Neuseeland-Tongainseln—Fidschiinseln ausgebildet.

Das Mesozoische Orogensystem

Mesozoische gebirgsbildende Bewegungen sind in weiten Teilen der Erde bekannt, sie leiten meist die alpidische Orogenese ein. In Ost- und Südostasien entstanden aber im Mesozoikum Geosynklinalen mit eigenständigen großen Orogenen. Dazu gehören das Werchojansker Gebirge, die Falten des Sichote-Alin und Gebirgszüge in Jünnan, Burma und auf der Halbinsel Malacca, die bis nach Borneo (Kalimantan) reichen. Diese Bewegungen haben auch die ostasiatischen Paraplattformen ergriffen (vgl. S. 268). Die Falten queren oftmals kaledonische und variszische Strukturen und werden ihrerseits von alpidischen Bewegungen deformiert.
Das Werchojansker Gebirge entstammt einem Geosynklinalraum mit bis 8 km mächtigen klastischen oberkarbonischen bis mitteljurassischen Sedimenten. Sein Nordteil liegt auf einer noch älteren, im Mittelkarbon gefalteten paläozoischen Geosynklinale. Das Orogen wurde im Oberjura/Unterkreide gefaltet. Eine 2000 km lange Randsenke begleitet das Gebirge im Westen, es enthält eine Schicht von 3500 m teilweise kohleführender Molasse aus dem Oberjura bis zur Unterkreide. Die mesozoischen Falten des Werchojansker Gebirges umschließen das Kolymamassiv, das sich aus paläozoischen Gesteinen aufbaut.
Ein weiteres mesozoisches Faltungsgebiet ist der Sichote-Alin, aufgebaut aus 5 bis 6 km mächtigem jungpaläozoischem Flysch mit basischen Laven und dicken Serien einer zweiten, Trias und Jura umfassenden Flyschserie, die ebenfalls mit Vulkaniten vergesellschaftet ist.

Die Zonen tertiärer Faltungen

Das alpidische System. Das alpidische System nimmt einen verhältnismäßig schmalen Streifen zwischen den Kontinentalmassen ein. Wenn man von den Alpen ausgeht, erkennt man einen nördlichen miogeosynklinalen Zug, der in den Nördlichen Kalkalpen beginnt, den großen Karpatenbogen und den Balkan umfaßt, dann untertaucht und sich über die Krim im Großen Kaukasus fortsetzt. Er verschwindet unter dem Kaspischen Meer, taucht im Kopet-Dag wieder auf und mündet in das große Faltenbündel des Pamir. Ein anderer Zug verläuft aus dem nördlichen Anatolien über den Kleinen Kaukasus zum Elbursgebirge und Hindukusch. Diese nördliche miogeosynklinale Zone ist gekennzeichnet durch mächtige Flyschsedimente und starke Deckenschübe. Die südliche eugeosynklinale Zone erstreckt sich von den zentralen Alpen über die Dinariden, Helleniden und taucht ins Ionische Meer, setzt sich dann in breiter Zone in den Gebirgen Kleinasiens fort, verläuft über Taurus und Zagrosgebirge, um-

schließt die südafghanische Senke und wendet sich in den Bergketten von Belutschistan und Waziristan nach Norden; sie schart sich mit dem Himalaja, dem höchsten Gebirge der Erde, der sich mit dem Karakorum an den Pamir anschließt. Diese Zone enthält Gebiete stärkster Metamorphose, mit Ophioliten und mächtiger Sedimentation ab Trias. Dann biegt der tertiäre Faltungsraum scharf nach Süden ab und umschlingt in einem großen Bogen das asiatische Festland samt seinen Schelfen und Mittelmeeren bis hinauf zur Beringstraße.
Von den Alpen nach Westen biegt der tertiäre Faltenzug in die Richtung des miogeosynklinalen Apennins um, der sich bis Sizilien verfolgen läßt. Er setzt dann in Tunis wieder ein, durchzieht als Atlasgebirge Nordafrika und erreicht nach neuerlichem Umbiegen die Betischen Ketten Südspaniens. Ein weiterer Faltenzug erstreckt sich von Ligurien nach Korsika. Nur dieser verläuft in der eugeosynklinalen Zone.
Die keltiberischen Ketten Spaniens und die Pyrenäen gehören dieser großen Geosynklinale nicht an. Hier folgt zwar auf eine variszische Faltung ebenfalls eine tertiäre, aber es sind Falten, die sich auf einem labilen Kontinentalschelf entwickelten.
In Amerika begleitet ein außerordentlich langes jugendliches Faltungsgebiet in einem seit langen geologischen Zeiträumen bestehenden Geosynklinalgebiet den gesamten Westrand des Doppelkontinents von Alaska bis in die Antarktis.

Das riesige junge alpidische Faltengebiet ist außerordentlich kompliziert gebaut. Es entstand nicht nur aus einer einzigen, wohldefinierten Geosynklinale, sondern aus Bündeln geosynklinaler Senkungsräume. Sie entstanden, füllten sich auf, wurden gefaltet, während andere sie bereits in der Entwicklung ablösten und schließlich auch den orogenen Zyklus durchliefen. Die Geosynklinaltröge wanderten. Sie entwickelten sich dabei vielfach in früher gefalteten Geosynklinalräumen, z. B. variszischen wie in der Alpennordzone. Dort kann man daher mehrere geosynklinale Tröge unterscheiden. So begann die Trogbildung in den Ostalpen in der Trias, in den Westalpen im Lias. Die z. T. über dem variszischen Untergrund liegende Westalpengeosynklinale war am Ende des Doggers mit klastischem Material gefüllt. Dann begann ein neuer Geosynklinalzyklus mit Absenkung, geringmächtigen Tiefseeablagerungen, Ophioliten und Auffüllung mit Flysch bis ins Oligozän. Die Faltung begann bereits während der Flyschsedimentation. Die große Vortiefe nördlich der Alpenzüge entstand im Eozän, nahm bis rund 5 km Molassen auf und war etwa am Ende des Miozäns gefüllt.
Die große Geosynklinale im Westen Nordamerikas läßt sich z.B. in ihrem kontinentnahen Teil seit dem frühen Paläozoikum nachweisen, vermutlich bestand sie schon im Oberen Proterozoikum. Diese östlichere, die Rocky-Mountains-Geosynklinale, nahm viele Kilometer starke Sedimente des Altpaläozoikums auf, die dann variszisch gefaltet und metamorphosiert wurden. Etwas später bildete sich die Nevadische Geosynklinale im Gebiet der heutigen Küstenkette Kanadas und der Sierra Nevada. In ihr sind Trias und Jura besonders stark ausgeprägt (Trias in Westnevada allein 10 km, Jura in British Columbia 5,5 km) und mit mächtigen basischen Eruptivmassen durchsetzt. Die Gebiete beider Geosynklinalzonen wurden dann nevadisch, austrisch und laramisch sehr stark verformt. Noch jünger ist die Geosynklinale im kalifornischen Küstenbereich. Hier lagerten sich im Tertiär bis 16 km (Venturabecken) mächtige Sedimente vom klastischen Typ ab, die in einer mittelpleistozänen Orogenese teilweise gefaltet wurden.

Charakteristisch für alle alpidischen Orogene sind die kristallinen Kernzonen. Sie sind vermutlich nur zu einem kleinen Teil echte Schollen des Grundgebirges, meist sind es nach neueren Forschungen die stark metamorphosierten und granitisierten innersten Zonen der Eugeosynklinalen, hervorgegangen aus jungen, wasserführenden Sedimenten, die durch tiefe Versenkung aufgeschmolzen und mobilisiert wurden. Ein Beispiel ist die Kristallinzone der Alpen um die Tauern herum, bei der sich ein Alter von 16 Mio Jahren ergab. Entsprechende Verhältnisse sahen wir bereits in den älteren Orogenen (z.B. dem kaledonischen), die ja auch ihre hochmetamorphen Kernzonen haben. Diese Kernzonen sind dann in einem jüngeren Akt hoch herausgehoben worden.

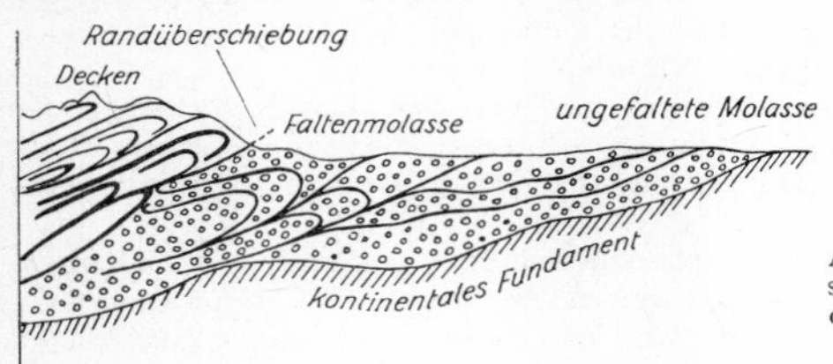

Abb. 113. Schematische Darstellung des Baus der Randsenken der alpidischen Gebirge

Ein weiteres bekanntes Beispiel — es gibt noch viele andere — für solche kristallinen Innenmassive bildet im Karpatenzug das Gebiet der Hohen und der Niederen Tatra, die ebenfalls keine Schollen des kristallinen Untergrundes sind.

Nicht alle Teile des alpidischen Orogens haben sich in Geosynklinalräumen gebildet. Die Pyrenäen wurden schon genannt. Aber auch der Himalaja, das jüngste Gebirge der Erde, in dem starke Hebungen und Faltungen bis in rezente Zeiten nachweisbar sind, entstand zum größten Teil nicht aus einer Geosynklinale, hier sind gewaltige Massen von Tafelmaterial gefaltet und nach Süden über das Vorland geschoben. Das Zentrum der Eugeosynklinale mit ultrabasischen Gesteinen, Graniten und hochmetamorphen Sedimenten findet sich erst weiter im Norden im Gebiet südlich des Indus und im hohen Himalaja, und schon die Ketten des Transhimalaja liegen bereits wieder auf der Tafel. Die Metamorphose der Kernzone ist erst 10 Mio Jahre alt, gehört also zu den jüngsten der Erde. Außerdem ist im Himalaja noch eine spätpräkambrische Faltung mit Metamorphose bekannt. In der langen Zwischenzeit war das Gebiet bis zum Ende der Kreide, als die Geosynklinalbildung begann, stabil. In Nordamerika hat die alpidische Faltung in Montana Vorländer erfaßt, die sogar 2,6 Milliarden Jahre stabil waren.

Die alpidischen Gebirge werden von tiefen Gebirgsrandsenken oder Vortiefen begleitet. Sie sind etwa 4 bis 6 km tief, stark asymmetrisch gebaut, mit den größten Tiefen oft unter den überschobenen Gebirgsrändern und mit allmählichem Anstieg zum Kontinent; sie weisen mächtige Molassefüllungen auf (Abb. 113). Am Außenrand der Alpen, Karpaten, des Balkans, Kaukasus, Himalajas sind es tertiäre Schuttmassen, in der Po-Senke quartäre Ablagerungen, die bei Parma sogar 5400 m mächtig werden. Was die Alpen anbelangt, so sind die Volumina dieser Abtragungsprodukte größer als die des heute sichtbaren Alpengebirges; bei dem jüngsten Gebirge, dem Himalaja, ist es noch umgekehrt.

Typisch nicht nur für die alpidischen Orogene ist ihr bivergenter Bau, d. h., von der Zentralzone aus haben die Falten und Decken eine entgegen-

gesetzte, nach außen gerichtete Vergenz, die auf Zusammenschub der Kruste mit Einsaugung sialischer Massen hinweist, falls die Unterströmungstheorie (S. 295) richtig ist.
Der starke Zusammenschub wird aber auch durch Dehnungen abgelöst. Sie offenbaren sich in den großen Massen pazifischen vulkanischen Materials, das z. B. in Nordamerika große Decken bildet, in der großen Bruchzone, die vom Cook Inlet in Alaska bis zur Spitze Südamerikas reicht, besonders zwischen den Andenketten Südamerikas ausgeprägt ist und zu vielen Erdbeben Anlaß gibt, sowie in den Vulkanketten Mittelamerikas und des nördlichen Südamerikas. Besonders auffällig ist diese Erscheinung auch in der westlichen Umrahmung des Pazifiks mit seinen langen vulkanischen Inselketten, die von tiefen Meeresträgen begleitet werden. Die Risse sind Ausdruck einer kräftigen Hebung und Dehnung nach Abschluß der Faltung.
Gerade diese eben genannten Zonen sind die Gebiete noch heute lebendiger Tektonik, deren sinnfälliger Ausdruck die lebhafte Erdbebentätigkeit ist. Die tektonischen Spannungen, die in der Kreide, z. T. auch schon im Jura, die Erde zu verformen begannen und die schließlich das imposante tertiäre alpidische Orogen schufen, sind auch heute noch nicht abgeklungen. Wir kennen starke quartäre Faltungen sowohl aus Kalifornien wie aus dem Himalaja und den Inselbögen. In Java sind sogar Schichten verfaltet, in denen Überreste des ältesten Menschen vorkommen, des Pithecanthropus erectus. Und an der Nordostküste Venezuelas sind in der Pedernales-Antiklinale Schichten gefaltet, die erst etwa 10000 Jahre alt sind.
Das Menschengeschlecht hat also einen Teil der Orogenese miterlebt und wird heute noch fast täglich an sie erinnert, wenn neue Erdbeben gemeldet werden, Küstengebiete langsam absinken, andere sich heben und Häfen trockenfallen lassen oder ganze Gebiete versumpfen und sich mit Wasser bedecken, wie es erst kürzlich nach Erdbeben in Chile geschah. Selbst Absenkungsbeträge von 0,5 mm im Jahr, wie sie durch Feinnivellements in Mitteleuropa festgestellt wurden, sind schon von derselben Größenordnung, wie wir sie für die Bildung der Geosynklinalen annehmen müssen.

Die Ozeane

Der Pazifische Ozean. Dieser größte Ozean der Erde hat in seinem Zentralteil einen verhältnismäßig einförmigen Bau. Auf dem Untergrund eines basaltartigen Gesteins (Ozeanit), das zu je einem Drittel aus Pyroxen und Olivin bestehen kann und sehr den auf tiefen Spalten aufgedrungenen Plateau- oder Flutbasalten der Kontinente (z. B. in Paraná und im Dekan) ähnelt, liegen nur sehr dünne Sedimente von etwa 500 m Mächtigkeit. Dem Ozeanboden aufgesetzt sind 3 bis 5 km hohe Vulkanberge, die z. T. Inseln, z. T. untermeerische Erhebungen bilden. Sie enthalten keinerlei sialisches Material. Das zentrale Becken hat Untiefen und Inselschwellen, die vielleicht mit Spalten zusammenhängen, außerdem laufen große Verwerfungssysteme von Amerika aus in das Becken hinein.
Der ganze Ozean wird vom Andesitring umrahmt, einer Zone mit langen Ketten von Vulkaninseln und Unterwasservulkanen, die ein saureres Spaltprodukt des basischen Tiefenmagmas förderten. Der Andesitring reicht vom australischen und asiatischen Kontinent bis zu den Tiefseerinnen (Kermadec-, Tonga-, Salomonen-, Marianen-, Bonin-, Japan-, Kurilen- und Aleutenrinne) und umzieht in etwas schmälerem Streifen beide Amerikas bis nach Antarktika. Er liegt auf einer bedeutenden tektonischen Trennlinie zwischen dem sialischen Material der Kontinente und dem großen Areal der basischen, ozeanischen Gesteine, er ist auch durch

seine seismische Aktivität (siehe Kap. „Erdbeben", S. 239 ff.) ausgezeichnet und durch seine Tiefseerinnen mit Tiefen von mehr als 10000 m. In Mittelamerika und zwischen Südamerika und Antarktika reicht der Andesitgürtel bis in den Atlantik hinein. Hier gehören die Inselbögen der nördlichen und südlichen Antillen dazu. KRAUS hat die westpazifischen wie die Antillenbögen, die so auffällige Girlanden um die Kontinente bilden, mit der Verdriftung erklärt, die ein großer, nach Osten gerichteter Strom im Erdmantel verursachte, die Girlanden abriß und mitnahm, über die schmalen Stellen des amerikanischen Kontinents aber auch noch bis in den Atlantik wirksam wurde.

Der Atlantische Ozean. Der zweitgrößte Ozean hat einen vom Pazifik völlig abweichenden Bau. Die Sedimentdecke ist dicker als im Pazifik, die gegenüberliegenden Küsten zeigen große Ähnlichkeiten, Orogenstränge brechen an den Küsten ab und setzen sich anscheinend an der Gegenküste fort. Etwa in der Mitte erstreckt sich die große erdbebenreiche Mittelatlantische Schwelle, die kein sialisches Orogen darstellt, wenn sie auch ein lebhaftes Relief hat und in vielen Teilen eine grabenartige Längssenke von 1,5 km Tiefe und 30 km Breite besitzt (vgl. Abb. 118). Seitensprossen zweigen nach den Kontinenten ab. Auf den Inseln der Schwelle (z. B. Island) treten Basaltdecken auf, das Material drang auf Spalten empor. Anomal hohe Dichte des Wärmestromes ist in vielen Teilen der Schwelle nachgewiesen. Sialisches Material, das einem versunkenen Kontinent angehören könnte, ist nicht bekannt und nach geophysikalischen Untersuchungen auch nicht zu erwarten. Von den vielen Beziehungen zwischen den Küsten auf beiden Seiten des Ozeans soll nur eine genannt sein: Nach den Untersuchungen von MAACK finden sich im Karbon Südamerikas aus einer Vereisung stammende Tillite, die afrikanisches Material enthalten, das also auf der anderen Seite des Ozeans ansteht. Geologische Ähnlichkeiten veranlaßten schon A. WEGENER zur Aufstellung seiner Kontinentalverschiebungstheorie (S. 300). Ist diese richtig, sind die geologisch-geophysikalischen Beobachtungen richtig gedeutet, dann wäre der Atlantik ein junger Ozean, entstanden etwa im Mesozoikum durch Auseinanderreißen eines großen Kontinentes und Verdriftung seiner Teile durch einen aufsteigenden Magmastrom längs der Mittelschwelle. Um das Problem endgültig zu klären, sind weitere Forschungen notwendig.

Der Indische Ozean. Der Indik ähnelt stark dem Atlantik; er hat wie dieser eine Mittelschwelle mit abzweigenden Teilschwellen, ferner Abbruchküsten und viele enge geologische Beziehungen zu den ihn einrahmenden Festländern Afrika, Indien und Australien. Zudem gibt es Beweise dafür, daß diese drei Gebiete im Paläozoikum eine einheitliche Klimazone bildeten. Große Teile des Meeresbodens sind ebenfalls mit einer sialischen Schicht bedeckt, die Vulkanite sind vom atlantischen Typ, die Erdbeben sind an die Schwellenzonen gebunden. Auch dieser Ozean wird daher als jung angesehen. Auf welche Art und Weise er sich gebildet hat, darüber gibt es allerdings noch keine klaren Vorstellungen, doch sprechen die gleichzeitigen Vereisungen in Afrika, Indien und Australien für ein Auseinanderdriften eines früher wohl geschlossenen Festlandgebietes.

Der Arktische Ozean. Das Nordpolarmeer ähnelt in seinem Bau ebenfalls dem Atlantik. Eine große Schwelle, der Lomonossowrücken, durchzieht ihn etwa vom westlichen Grantland über den Nordpol zu den Neusibirischen Inseln. Auch sie ist seismisch aktiv. Dehnungserscheinungen, angezeigt durch große Massen von Basalten (Spitzbergen), sind häufig. Man kann daher den Arktik auch als eine Fortsetzung des Atlantiks betrachten.

Geotektonische Hypothesen

Eine der interessantesten, aber auch schwierigsten und in hohem Maße hypothetisch-theoretischen Fragen der Geologie ist die nach den ursächlichen Zusammenhängen zwischen Gebirgsbildungen und Massenverlagerungen in der Erdkruste und in den tieferen Zonen der Erde sowie nach der Herkunft der dafür notwendigen Energie. Man bezeichnet jene Versuche, den gegenwärtigen Zustand der Erde aus dem Wirken endogener Kräfte zu erklären, als Theorien der Gebirgsbildung oder vorsichtiger als **geotektonische Hypothesen**. Bei den zahlreichen Hypothesen spielen naturgemäß, wenn auch im einzelnen unterschiedlich, Kräfte und Vorgänge in den nicht zugänglichen Tiefen der Erde eine wichtige Rolle, die, wie schon angedeutet wurde (S. 218), durchaus nicht klar erfaßbar sind und daher von den Forschern sehr verschiedenartig gedeutet werden. In dieser Hinsicht hat man etwas überspitzt von der Tiefe der Kruste als einem „Hypothesenasyl" der Geologen gesprochen. Alle ernst zu nehmenden Hypothesen gehen von der Analyse lokaler und regionaler Gebirgsstrukturen aus, d. h. vom unmittelbar beobachtbaren oder zum Teil auch mittelbar — z. B. durch geophysikalische und geochemische Methoden — zu erschließenden tektonischen Bau der oberen Kruste aus; denn ein Gebirge ist „Stein gewordene Bewegung und Gestaltung der Kruste selbst", „Geotektonik aber die Kunst, Verwickeltes einfach, Ruhendes bewegt zu sehen" (Hans Cloos). Alles, was wir über größere Tiefen aussagen können, beruht also auf gedanklichen Vorstellungen, die wir uns machen; denn bis zum heutigen Tage sind wir noch nicht in die tieferen Zonen der Erdkruste, geschweige denn der Erde selbst vorgedrungen.

Im Laufe von bald zweihundertjähriger intensiver Feld- und Laboratoriumsarbeit vieler Generationen von Geologen, Petrologen und anderen Geowissenschaftlern haben sich unsere Kenntnisse von der räumlichen Verbreitung der Tektonogenesen, ihren Eigenarten und ihrer erdgeschichtlichen Einordnung ständig erweitert. Durch die moderne Technik (Flugzeug, Tauchkapsel, Unterwasserphotographie, Methoden der angewandten Geophysik, Lotungen u. a.) und das Vordringen des Menschen in unwegsame, vordem kaum erreichbare Gebiete (Antarktika, Nordsibirien, Wüste Gobi u. a.) ist das Beobachtungsgut heute breiter und mannigfaltiger als noch vor wenigen Jahrzehnten. Trotzdem gehen die Auffassungen der zahlreichen Forscher über die Ursachen der Tektonogenesen noch recht weit auseinander, vor allem, was die Bewertung einzelner Erscheinungskomplexe wie Magmatismus, die Bedeutung vertikaler und horizontal-tangentialer Bewegungen, Abkühlung und Ausdehnung u. a. angeht, wie gerade wieder die Deutungsversuche der letzten Jahre lehren. Man muß sich darüber im klaren sein, daß alle geotektonischen Hypothesen letztlich Gleichungen mit vielen Unbekannten sind, wie Rüger richtig hervorgehoben hat. Die Vielfalt der Erscheinungen und Probleme bringt es mit sich, daß für die Entwicklung einer geotektonischen Grundkonzeption außer geologischen, petrologischen und geophysikalischen Kenntnissen auch ein umfassendes Wissen und Können auf zahlreichen Nebengebieten — Astronomie, Geomorphologie, Geographie, Geochemie, Paläobiologie u. a. — erforderlich sind. Je nach seinen speziellen Neigungen und Erfahrungen auf seinem Arbeitsfeld in fachlicher, aber auch regionaler Hinsicht wird ein Gelehrter die Forschungsergebnisse des einen oder anderen Spezialgebietes als wichtiger und grundlegender für seine Theorie ansehen als andere. Viele im Prinzip verschiedene Gedanken und Vorstellungen erklären sich dadurch, daß sie in geologisch-strukturell von-

einander abweichenden Räumen gewonnen wurden. Es ist von Bedeutung, ob sich jemand seine geotektonischen Grundanschauungen in einem Kettengebirge wie den Alpen, im saxonischen Bruchfaltengebirge Nordwestdeutschlands, in der jungen, mobilen Umrandungszone des Stillen Ozeans und dort besonders im Gebiet von Indonesien erarbeitet oder etwa im Präkambrium Fennoskandias, den weiten, nur durch wenige Wälle gegliederten Ebenen der Osteuropäischen Tafel, des Kanadischen Schildes oder den Plateaubasaltflächen der Arktis. Gerade die von maßgeblichen sowjetischen Geotektonikern im östlichen Teil des eurasischen Kontinents entwickelten Vorstellungen lassen das im Vergleich mit den am Gebirgsbau der Alpen gewonnenen Modellen deutlich erkennen.
Alle geotektonischen Hypothesen haben zudem sehr komplexe Phänomene zum Inhalt, die voneinander abhängig sind, sich oft gegenseitig bedingen und auf ineinandergreifende Einzelursachen zurückgehen, so daß diese schwer oder überhaupt nicht voneinander zu trennen sind. Freilich sind geotektonische Hypothesen keine letzten Wahrheiten und wollen es auch nicht sein, sie bilden nur „Rastvorstellungen" (von Bubnoff), sind Versuche, das jeweilige Einzelwissen im Sinn der Vorstellungen ihres Schöpfers unter größeren Gesichtspunkten zusammenzufassen, mit dem Ziel, die Kritik herauszufordern und damit den Weg für die weitere wissenschaftliche Entwicklung zu öffnen, auch wenn bei jedem dieser Versuche vielerlei unklar bleibt und bleiben muß. Im allgemeinen vermögen die meisten Theorien zwar zahlreiche Einzelerscheinungen, aber nicht mit Sicherheit und auch nicht widerspruchslos alle Ursachen der Krustenbewegungen zu erklären.
Wie komplex die Erscheinungen der Bewegungen und Massenverlagerungen in der Kruste sind, mag ein einfaches Beispiel näher zeigen:

Von den heute noch zu beobachtenden Niveauveränderungen im Bereich der Kontinente und des Meeresspiegels wurde bereits gesprochen (S. 211). Davon zeugen z.B. die gehobenen, in der jüngsten geologischen Vergangenheit durch die Brandung des Meeres gebildeten Abrasionsterrassen an der norwegischen Steilküste und zugleich die untergetauchten, in steilwandige, schmale und tiefe Fjorde umgeformten Gletschertäler samt ihrer untermeerischen rinnenartigen Verlängerung oder die zahllosen kleinen und größeren Schäreninseln vor der Küste des Landes, z.B. die Lofoten. Weisen die alten Strandterrassen auf Hebung, so die Fjorde und andere Gebilde auf Senkung hin. Zwar ist der Meeresspiegel in der Nacheiszeit nachweisbar gestiegen, doch hätte er durch eine der pleistozänen Eismasse entsprechende Menge an Schmelzwasser wesentlich höher steigen müssen, als dies tatsächlich der Fall ist. Lange hat man das bis in die Gegenwart andauernde langsame Aufsteigen der Skandinavischen Halbinsel in der Nacheiszeit allein auf die Entlastung von der bis etwa 3000 m mächtigen Bedeckung mit Inlandeis zurückgeführt und von dadurch bedingten, sich mit Verzögerung noch heute auswirkenden Krustenbewegungen gesprochen. Aber diese „Eisbelastungstheorie" ist in dieser Form ungenügend, selbst dann, wenn der finnische Quartärgeologe M. Sauramo meint, die Hebung Fennoskandias hinge damit zusammen, daß das vom Druck des Eispanzers unter dem Kontinent abgepreßte Magma nun wieder zurückströme, wodurch das Land isostatisch langsam wieder in seine alte Höhenlage käme. Neben diesen **glazialisostatischen** Ausgleichsbewegungen spielen die **eustatischen** Schwankungen des Meeresspiegels eine Rolle, die zu allen Zeiten vorhanden sind, weil die einzelnen Meeresbecken niemals völlig konstant bleiben, sondern sich fortlaufend durch Auffüllung mit Sedimentmaterial, durch lokale Schwellenbildung oder Absenkung und andere Erscheinungen verändern. Besonders im Postglazial mußte sich der Meeresspiegel des Ozeans durch das Schmelzen des als Eis gebundenen Wassers wieder erhöhen, nachdem er sich während der letzten Eiszeit um rund 90 bis 100 m gesenkt hatte. Vor allem aber dürfte das Aufsteigen Skandinaviens und Finnlands im Postglazial eng mit einer Vertiefung des Europäischen Nordmeeres, des Skandiks, verknüpft sein; denn seit dem älteren Paläozoikum haben epirogenetische Bewegungen das skandinavische Festland immer wieder zum Aufsteigen und den Boden des Nordmeeres zum Absinken gebracht. Die Strandverschiebungen werden also durch das Zusammenwirken von tektonischen, eustatischen und glazialisostatischen Einflüssen verursacht, unter denen die epirogenen Bewegungen primär und bestimmend sind, während die beiden anderen das Gesamtbild der Größe ihrer Auswirkung nach nur mehr oder weniger abzuwandeln vermögen. Im ganzen sind die Strandverschiebungen also ein recht komplexes Problem, bei denen es nach MACHATSCHEK kaum je möglich sein dürfte, in jedem Einzelfall auf der gesamten Erde die Anteile der einzelnen Komponenten quantitativ zu erfassen. Dieses eine, doch im ganzen recht einfache Beispiel läßt bereits erkennen, mit welchen Schwierigkeiten der Versuch verbunden ist, eine Hypothese oder Theorie der Gebirgsbildung zu entwickeln. Wie die Strukturen der Erdkruste schon im kleinen und kleinsten auf komplexe Ursachen zurückgehen, so erst recht im großen, im gesamten Antlitz der Erde.

Eine **Gliederung** der verschiedenen geotektonischen Hypothesen ist unter mehreren Gesichtspunkten möglich und ist verschiedentlich versucht worden. So hat Franz KOSSMAT eine Gruppierung der Theorien der Krustenbewegungen gegeben, eine andere Hans CLOOS, an die wir uns bei der kritischen Darstellung der wichtigsten Gedanken im wesentlichen halten wollen.

CLOOS baut seine Klassifizierung auf vier Grundprinzipien auf:

1. Die Erdkruste mit ihren einzelnen Teilen ist fest auf ihrer Unterlage verankert, so daß die gegenwärtige geographische Breiten- und Längenlage der Kontinente als unverändert und unveränderlich gilt, eine Annahme, die bis vor rund 60 Jahren als selbstverständlich schien. ARGAND hat dafür den Begriff **Fixismus**, F. E. SUESS den der **Standtektonik** geprägt. Den Veränderungen der Erdkruste liegen nach diesen Vorstellungen im wesentlichen **vertikale Primärbewegungen** zugrunde, die zu im einzelnen verschiedenartigen **Sekundärbewegungen** führen **(Kontraktions-, Konstriktions-, Pulsations-, Oszillations-, Undationstheorie)**.
2. Einzelne Teile der Erdkruste gleiten frei über den Untergrund, „wandern" oder „driften", d. h., daß neben vertikalen besonders **horizontale Primärbewegungen** vorausgesetzt werden. ARGAND spricht von **Mobilismus**, SUESS von **Wandertektonik**. In scharfem Gegensatz zu den größtenteils älteren fixistischen Vorstellungen steht die epochemachende, extrem mobilistische **Kontinentalverschiebungstheorie** von Alfred WEGENER. In ähnlicher oder gemäßigter Form werden diese Gedanken von ARGAND, KOSSMAT, DU TOIT, R. MAACK, SALOMON-CALVI und R. STAUB vertreten.
3. Eine dritte, von dem österreichischen Alpengeologen O. AMPFERER begründete und bis in die letzte Zeit mannigfach abgewandelte Gruppe von Theorien verlegt die Ursache der gebirgsbildenden Bewegungen in den zähplastischen, magmatischen Untergrund der tieferen Krustenteile. Diese Theorien magmatischer Strömungen, kurz **Unterströmungstheorien** genannt, rechnen mit überwiegend horizontalen Strömungen, relativ zu einer festen, oberen Kruste (AMPFERER), oder auch mit Fließbewegungen, an denen die bewegliche Oberlage mehr oder weniger teilnimmt. Vielfach werden Konvektionsströmungen (thermisch bedingte Ausgleichsströmungen) angenommen. Unterströmungstheorien sind in großer Zahl entwickelt worden, z.B. von K. ANDREE, S. VON BUBNOFF, H. CLOOS, D. GRIGGS, A. HOLMES, E. KRAUS, A. C. LAWSON, H. QUIRING, A. RITTMANN, R. SCHWINNER, F. A. VENING-MEINESZ.
4. Die **magmatischen Theorien** beruhen auf der Vorstellung, daß durch den Aufstieg und das Eindringen mächtiger Schmelzflüsse in die obere Kruste deren Masse erhöht, vermehrt und umgestaltet wird. Diese von E. DE BEAUMONT, L. VON BUCH und A. VON HUMBOLDT mit ihrer Lehre von den Erhebungskratern (Elevationstheorie) begründete Auffassung hat W. PENCK

in neuerer Zeit weiterentwickelt. Auch R. REYER, R. W. VAN BEMMELEN, R. A. DALY, E. HAARMANN und F. KOSSMAT messen den magmatischen Schmelzflüssen zumindest zusätzlich zu anderen Vorgängen für die Gebirgsbildung größere Bedeutung bei.

Symmetrien im Bau der Erdkruste

Im vorigen Jahrhundert wurde der Erdkörper von manchen Geologen längere Zeit als „Kristall" aufgefaßt. Daher suchte man nach seiner kristallographischen Erstarrungsform. So meinte der Franzose Elie DE BEAUMONT, in den Grundzügen des Erdreliefs ein Pentagondodekaeder, der Engländer Lowthian GREEN ein Tetraeder zu erkennen, indem er davon ausging, daß bei gegebener Oberfläche die Kugel das größte, das Tetraeder das kleinste Volumen habe und sich nach der herrschenden Kontraktionstheorie (S. 283) infolge der Abkühlung ein Tetraeder ergäbe, das der geringsten Veränderung der Oberfläche bei größter Verkleinerung des Inhaltes entspräche. E. DE BEAUMONT ging von der falschen Voraussetzung aus, daß alle parallel verlaufenden Gebirgsketten auf der Erde gleichaltrig und im Sinne streng mathematischer Gesetzmäßigkeit angeordnet wären. Aber diese alten, rein statisch-kristallographischen Vorstellungen sind nicht haltbar, weil die einzelnen Krustenteile unterschiedlich gebaut sind und sich verschieden entwickelt haben. Zudem ist ungeklärt, in welcher Tiefe sich die für die Gestaltung der Kruste entscheidenden Vorgänge abspielen, wenn auch manches dafür spricht, daß eine recht auffällige Übergangszone zwischen einem äußeren und einem inneren Gesteinsmantel der Erde in etwa 320 bis 650 km Tiefe eine bedeutende Rolle spielt (HAALCK).
Ein Blick auf den Globus lehrt, daß Kontinente und Ozeane nicht regellos, sondern in einer auffälligen Ordnung im Erdbild verteilt sind. So beherrscht eine eigentümliche Asymmetrie den gegenwärtigen Strukturplan des polaren Raumes. Der Nordpol liegt in einem von den breiten, alten Festlandsmassen der Nordkontinente umrahmten Meeresbecken. Seit Beginn der neueren Erdgeschichte im Riphäikum ist nach Ansicht von H. STILLE die im ganzen einheitliche Landmasse der Nordkontinente durch fortlaufende Angliederung neuer Festlandsmassen gewachsen. Der Südpol dagegen ist im alten, präkambrisch konsolidierten Urkraton Antarctia gelegen, der in ähnlicher Weise das Bild der Auflösung und Zerstörung bietet wie die ursprünglich in dem riesigen in der Kreidezeit vollkommen zerfallenen Landkomplex Gondwanaland vereinigten Südkontinente. Im Paläozoikum, zumindest seit dem Jungpaläozoikum, waren die Verhältnisse also umgekehrt wie heute. Die Landmasse des Gondwanalandes gruppierte sich, ähnlich wie die Nordkontinente in der Gegenwart, um ein zentral gelegenes Meeresbecken am Südpol. VON BÜLOW (1958) möchte, wenn auch mit Vorbehalt, die Massierung kontinentaler Krustenteile auf der Nord- und den Zerfall auf der Südhalbkugel, wie das ähnlich auch der Mars erkennen läßt, als ein allgemeines Gesetz planetarischer Panzerbildung (Thorakogenese) der vorsedimentären Urkruste ansprechen.
Der **äquatorialen** bzw. **polaren Asymmetrie**, die KOSSMAT herausgearbeitet hat, steht eine eigenartige Symmetrie der erdgeschichtlichen Entwicklung und Ausbildung der Gesteinsmassen auf beiden Seiten des Atlantiks und des Pazifiks gegenüber, besonders auf der Nordhalbkugel: Laurentia und auf der anderen Seite Fennosarmatia sind spiegelbildlich gebaut. Weniger deutlich ist eine Symmetrie in den Gebirgsketten der nordamerikanischen und ostasiatischen Inselgirlanden zu erkennen, deren tektonogene Entwicklung und Fazies aber im ganzen bemerkenswert übereinstimmen. Der

belgische Geologe R. FOURMARIER hat diese strukturellen Analogien als **meridionale Symmetrie** bezeichnet.
Sicher sind die Erscheinungen einer gewissen Ordnung im Großbild der Kruste nicht zufällig, sondern beruhen auf tieferen Ursachen. B. SANDER, W. SCHMIDT u. a. gehen bei ihren Versuchen, diese Phänomene zu deuten, vom Gesteinsgefüge aus. Der für die Symmetrien im Erdbild notwendige erdumspannende Mechanismus dürfte vielleicht in Horizontalbewegungen und Strömungen tieferer Zonen zu suchen sein, wobei möglicherweise eine äquatoriale Schwächezone der Erde, nach der hin die Bewegung gerichtet ist, eine gewisse Bedeutung hat. Es ist aber kaum wahrscheinlich, aus den vorhandenen Gesetzmäßigkeiten im Bau der Erde auf ein einziges geotektonisches Grundgesetz und eine einzige Ursache schließen zu können, weil der Aufbau der Kruste im einzelnen so mannigfaltig ist, daß ihre Entwicklung wohl auf verschiedene Ursachen zurückgeführt werden muß. Wir kennen heute weder die Kräfte noch all die Kräftezusammenspiele und funktionellen Zusammenhänge genau genug, die das Bild der Kruste im Laufe der Erdgeschichte bis zur Gegenwart geformt haben.

Kontraktions- oder Schrumpfungstheorien

Die Kontraktionstheorie ist bereits mehr als 100 Jahre alt und geht auf DE BEAUMONT zurück. Zuvor haben R. DESCARTES und H. B. DE SAUSSURE schon verwandte Auffassungen vertreten. Wie kaum eine andere Theorie hat die Kontraktionstheorie immer eine maßgebliche Stellung eingenommen, und sie spielt noch heute, wenn auch mannigfach abgewandelt, eine wichtige Rolle, z. B. bei STILLE. Unter ihren älteren Vertretern finden wir bekannte Namen, wie den Schweizer Alpengeologen A. HEIM, den Amerikaner J. D. DANA und den Wiener E. SUESS, der in seinem weltbekannten geotektonischen Lebenswerk „Das Antlitz der Erde“ (1885—1909), der ersten regionalen Geologie der gesamten Erde, klar und ausführlich die Lehre von der Kontraktion begründet, dargestellt und an zahlreichen Beispielen erörtert hat.
Indem SUESS von den kosmogonischen Vorstellungen ausgeht, die LAPLACE in seiner später von anderen weiter entwickelten Rotationshypothese (S. 42) von der Entstehung unseres Sonnensystems dargestellt hat, lehrt er, daß die Erde seit der Bildung ihrer ersten Erstarrungskruste Wärme an den Weltenraum abgibt. Zu dem Wärmeverlust infolge äußerer Abkühlung kommt hinzu, daß seit Beginn der Erdgeschichte immerfort gewaltige Massen magmatischer Schmelzen aus den tieferen Teilen der Erde in höhere Teile eingedrungen sind oder sich als Lava auf die Oberfläche ergossen haben. Unter Raumverlust sind sie zu Gesteinen erstarrt. Durch diese Wärmeabgabe und den Raumverlust muß die Unterlage der Kruste schrumpfen und die erkaltete, starre Kruste sich den entstehenden horizontalen Spannungen anpassen. Die Hülle wird zu weit und zerbricht in Schollen. Zwischen den Schollen werden, wie zwischen den Backen eines Schraubstockes, in bestimmten Schwächezonen die Gesteinsmassen verbogen und gerunzelt, schließlich zusammengestaucht und -gefaltet. Vertikale Bewegungen der Kruste, große Verwerfungen und Brüche infolge der **Abkühlungsschrumpfung** sind für SUESS das Primäre, Faltungen nur Begleiterscheinungen dieses Niederbruchs der Kruste. In diesem Sinne ist auch jenes oft zitierte Wort aus dem „Antlitz der Erde“ zu verstehen: „Der Zusammenbruch des Erdballs ist es, dem wir beiwohnen.“ Ganz im Gegensatz dazu spricht STILLE von einem fortwährenden Anbau neuer, jüngerer Festlandsblöcke an bereits vorhandene.

Als Ganzes gesehen, erscheint die Kontraktionstheorie physikalisch fundiert und anscheinend geeignet, den Bau der Kruste einfach zu deuten. Genauer überprüft, ergeben sich manche Schwierigkeiten, die teilweise durch Ergänzungen, Abänderungen und Zusatzhypothesen zu umgehen versucht wurden. So geht die „Schrumpfung" der Erde nicht stetig vor sich, sondern ist zeitlich und räumlich auf einzelne Krustenzonen beschränkt. Daher besteht ein gewisser Widerspruch zwischen der anscheinend gleichmäßig vor sich gehenden Abkühlung der Erde und der unregelmäßigen Verteilung der in bestimmten Zeiten entstehenden Faltengebirge, wenn dabei vielleicht auch die Inhomogenität der Kruste und eine dadurch bewirkte physikalische Anisotropie manches im Sinne der Theorie zu erklären vermag (K. METZ). Um diesen Schwierigkeiten, wenn es sich um größere Entfernungen handelt, zu entgehen, hat man angenommen, daß in tektonogenetisch ruhigen, nur durch säkulare epirogene Bewegungen charakterisierten Zeiten sich die Spannungen elastisch aufspeicherten und erst nach Erreichen eines Grenzwertes während der einzelnen Phasen der Tektonogenesen episodisch ausgelöst würden — eine Vorstellung, die noch ungeklärt ist.
Weitere schwerwiegende Einwände gegen die Theorie betreffen die grundsätzliche Frage des dauernden Wärmeverlustes der Erde, die keineswegs gelöst ist. Die radioaktiven Vorgänge in der Oberkruste erzeugen sogar Wärmeenergie, die die Abkühlung verzögern, ganz aufheben oder möglicherweise einen Wärmeüberschuß schaffen können. Wir kennen den Wärmehaushalt der Erde nicht genau, und die Wärmebilanz ist noch ungeklärt.

Die Ansicht F. NÖLKES, eines neueren Vertreters der Kontraktionstheorie, nicht die Kruste und ihre Unterlage, sondern der Erdkern schrumpfe, wurde von dem Geophysiker B. GUTENBERG als unbegründet abgelehnt, zumal sie den Vorstellungen über Temperatur und Zustand des Erdinneren widerspräche. Später entwickelte NÖLKE die Auffassung, die Ursachen der Kontraktion wären nicht in der Abkühlung, sondern in physikalischen und chemischen Änderungen des Erdinneren zu suchen. Bei der Erstarrung magmatischer Schmelzen und den Vorgängen der Metamorphose können nämlich gewisse Volumenverluste eintreten, die bei Kristallisationen 6 bis 9%, bei der metamorphen Umwandlung von Gabbro in Eklogit z.B. durch eine dichtere Packung der Atome 12 bis 13% betragen. Bei dieser Art von Schrumpfung entstände Kontraktionswärme, die ihrerseits ein weiteres Schrumpfen hervorriefe. Weil diese Vorgänge zyklisch vor sich gingen, lösten kürzere Perioden, in denen sich die Kruste zusammenschiebe und stärker umgeformt würde (Tektonogenesen), solche mit geringerer Aktivität (atektonogenetische Zeiten) ab.

Ein alter, insbesondere früher oft vorgebrachter Einwand gegen die Lehre von der Kontraktion ist die Meinung, daß zwischen der erkalteten und daher nicht mehr schrumpfenden äußeren Hülle der Erde und dem schrumpfenden Inneren ein Hohlraum entstehen müsse. Die obere Kruste sei aber viel zu schwer und ihr Baumaterial zu wenig fest, um solche Gewölbedrücke auszuhalten und die Spannungen über größere Entfernung bis in die Zonen der Faltung weiterzuleiten. Nach den Berechnungen H. JEFFREYS' stellte B. GUTENBERG fest, daß die Weiterleitung der zur Faltung erforderlichen Energie auch auf größere Entfernungen theoretisch durchaus möglich wäre, ohne daß dabei die Druckfestigkeit der Oberkruste überschritten würde. Auch R. A. SONDER kommt zu einer ähnlichen Auffassung, so daß dieser Einwand entfällt.
Während die einen meinen, die Kontraktion der Erde habe legiglich im Präkambrium bestanden, hat STILLE die alte Kontraktionstheorie durch seine Gedanken von einer Regeneration und großen Umbrüchen (vgl. S. 223) ergänzt, erweitert und in seiner Lehre eine Schrumpfung bis

in die geologische Gegenwart postuliert. Er meint aber, darüber hinaus aus den Gesetzmäßigkeiten der geotektonischen Strukturen rund um den Pazifik einen geringen, nach Westen gerichteten Drang der Kontinentalschollen zu erkennen, ohne daß er dabei etwa an Driftbewegungen größeren Ausmaßes wie A. WEGENER (S. 301) denkt. Ebenso befürwortet er bis zu einem gewissen Grade Unterströmungen im Sinne von Ausgleichsbewegungen zwischen der Erdkruste und tieferen Zonen, da beim Einsinken geosynklinaler Räume Massen abwandern und zum Aufstieg der Geantiklinalen führen.

Vor wenigen Jahrzehnten (1942) hat der Wiener Tektoniker L. KOBER in seiner „Tektonischen Geologie" ein umfassendes Weltbild auf der Basis einer neuen Kontraktionstheorie gezeichnet. Im Unterschied zu älteren Auffassungen ist für KOBER die Ursache der Massenschrumpfung nicht allein die Abkühlung, sondern primär die **Verdichtung** der Materie durch „interatomare Kernreaktionen, interatomare Kernverdichtung, durch gravitative Anziehung, durch gravitativen Druck". KOBERS **Orogentheorie** geht vom vorgeologischen, dem Solarstadium der Erde aus und verarbeitet neben astromechanischen Erkenntnissen geophysikalische Beobachtungen und Berechnungen. Durch **gravitative Kontraktion**, durch interatomare Kernverdichtung, durch „Verfestigung der Substanz" (W. E. CHAIN), die mit der Schwerkraft zusammenhängt, sei die Erde vom Solarstadium mit einer mittleren Dichte 1 bis zur gegenwärtigen mittleren Dichte 5,5 gelangt; dabei sei ihr Radius von 11244 km auf den heutigen von 6370 km, also um 4874 km zusammengeschrumpft, d. h. um 76, 5 %des jetzigen Erdradius. Dieser Weg der Verdichtung sei noch nicht abgeschlossen und gehe entsprechend der Stellung der Erde im Planetensystem weiter: „**Das Ziel der materiellen Evolution**" der Erde sei „**maximale Dichte, Erstarrung (Erkaltung)**."

In dieser Verdichtung der Erde von den Anfängen ihrer Geschichte bis in die geologische Gegenwart und in ferne Zukunft, in der Kontraktion des Radius sieht KOBER die Kraftquelle des Tektonismus. Die dabei frei werdenden Kräfte würden über längere Zeit aufgespeichert, bis sie sich in den großen Gebirgsbildungsären rhythmisch auslösten. „Alles Geschehen aber flutet in quantistischer Gliederung in großen Rhythmen durch Raum und Zeit." KOBERS neuartige Gedankengänge erscheinen auf den ersten Blick physikalisch modern fundiert und werden klar, lebendig und begeisternd vorgetragen. Seine Ausführungen sind mit einem trefflichen Überblick über den „orogenen und kratogenen Tektonismus der Kontinente und Ozeane", d. h. mit einem regionalgeologischen Überblick über den Bau der gesamten Erde verknüpft. Kritisch wäre zu sagen, daß KOBER von nicht gesicherten Grundlagen ausgeht, da es über die Entstehung des Planetensystems (vgl. S. 39) ebenso berechtigte andere Vorstellungen gibt und bis heute keine dieser Theorien allen Beobachtungen und Erscheinungen völlig gerecht wird. Selbst wenn man allein von der Kontraktion ausgeht und andere Möglichkeiten wie Unterströmungen und Driftbewegungen außer acht läßt, kann man KOBER nicht zustimmen, wenn er die Verdichtung der Erde nur durch die Schwerkraft erklären will. Mag diese in beschränktem Umfang mit eine Rolle spielen, so dürfte sie kaum unabhängig von der Abkühlung und von radioaktiven Vorgängen erfolgen, die bei ihm nur Folge und nicht Ursache der Verdichtung sind. Ein wichtiger Einwand kommt von astrophysikalischer Seite: Die Erde sei für ein solches Ausmaß der Verdichtung nicht groß genug, und man könne ihre Entwicklung keinesfalls mit den Verhältnissen von riesigen Fixsternen vergleichen.

Von KOBERS Gravitationskontraktion als Energiequelle der Massenverlagerungen ausgehend, hat O. JESSEN in seinem Buch „Die Randschwellen der Kontinente" (1943) eine **thermisch-gravitative Kontraktionstheorie** entwickelt:

Die aus Sima bestehenden Ozeanböden kühlten sich durch das kalte Meerwasser ab, müßten sich demzufolge verdichten und absinken. Ein dabei auftretender seitlicher Druck triebe das plastische Material nach den Seiten und schließlich in die Höhe, wodurch die Küste gehoben würde und die kontinentalen Randverbiegungen, die „Randschwellen der Kontinente", das heißt die Grenzgürtel zwischen den kontinentalen und ozeanischen Räumen entstünden, z. B. die Ketten der Anden. Durch komplexe meeresgeologische und geophysikalische Untersuchungen in den Weltmeeren, am Kontinentalrand als wichtigster Nahtstelle der Erdkruste und im Bereich des Schelfes werden laufend neue Erkenntnisse gewonnen, die genauere Aussagen über die angeschnittenen Fragen gestatten werden. Auch der Geophysiker W. WUNDT hat in seiner **Kühlbodentheorie** auf den nach Meer und Land differenzierten Wärmehaushalt der Erde und die starke Abkühlung der Erdrinde unter den Böden der großen Ozeane hingewiesen. Durch die Berührung des kühlen Meerwassers mit den hocherhitzten Massen der Tiefe käme es zur Verdampfung, wobei eine gewaltige Sprengkraft entwickelt würde (1968).

Der Schwede ODHNER (1948) nennt seine Auffassungen **Konstriktionstheorie**, wobei er unter „Konstriktion" nicht ein Verkürzen des Erdradius wie KOBER, sondern ein horizontales, areales Schrumpfen der Kruste versteht. Die gravitative Kontraktion als Energiequelle ist bei ihm durch den **thermischen Krustaldruck** ersetzt, das heißt „den von der Erdrinde bei internen Temperaturveränderungen ausgeübten Druck auf die subkrustalen Massen", so daß sich ODHNER in gewissem Sinne den Gedankengängen von JESSEN und WUNDT nähert. Der norwegische Petrologe T. F. W. BARTH meint, daß die Erde laufend große Mengen an Gasen verliert und dieser Volumen- und zugleich Energieverlust eine Schrumpfung der Erdrinde hervorrufe.
Neuerdings hat der Schweizer R. A. SONDER (1956), dessen Auffassungen im Abschnitt „Geomechanik" (S. 312) näher erörtert werden, eine starke säkulare Erdkontraktion als „Naturgesetz" bezeichnet, wenn auch deren Ursache noch nicht geklärt sei. Eine wichtige Beobachtung SONDERS ist der Hinweis, daß die beiden jungen Faltengebirgsgürtel der Erde (meridionale pazifische und West-Ost gerichtete mediterrane Ketten) etwa in einem rechten Winkel zueinander verlaufen. Er begründet diese Tatsache mechanisch mit säkularer Kontraktion und damit auftretenden Spannungen in der oberen Erdrinde, die er sich als über dem Erdkern frei verschiebbar vorstellt. SONDERS Theorie enthält zweifellos einzelne durchaus annehmbare Betrachtungen, ohne daß aber auch sie im ganzen voll bebefriedigt.
So haben sich führende Geologen bis in die Gegenwart zur Kontraktionslehre bekannt. Der Amerikaner H. JEFFREYS hat mittels mathematischer Methoden nachzuweisen versucht, daß ein Wärmeverlust der Erde infolge Abkühlung kaum tiefer reichen könne als etwa 700 km unter der Erdoberfläche. Dabei sei die Kontraktionsschale der Erde auf Tiefen zwischen 100 und 700 km beschränkt. In der äußersten Rinde bis 100 km Tiefe, die W. H. BUCHER Stereosphäre nennt, sei keine Abkühlung möglich. JEFFREYS hat eine Gesamtschrumpfung der Erde durch säkulare Abkühlung seit Bildung der ersten Erstarrungskruste um 400 bis 500 km errechnet, die zur Erklärung der Tektonogenesen ausreichend sei.
Wie wir gesehen haben, lehnt eine Reihe Forscher aber eine Kontraktion der Erde allein durch Abkühlung ab. Zwar rechnet auch R. A. SONDER mit einer Radiusverkürzung von insgesamt rund 1400 km seit der ersten Krustenbildung vor rund 5 Milliarden Jahren, also mit weniger als einem Drittel der KOBERschen, betont aber, daß ein so hoher Wert nur durch

eine wirksamere Ursache als die Abkühlung erklärbar sein dürfte (atomare Vorgänge im Erdkern). Demgegenüber sieht R. A. EARDLEY eine ungleichmäßige Erwärmung der Zwischenschale der Erde durch radioaktive Vorgänge als ausschlaggebend für die Erdkontraktion an.
So sind also die Meinungen und Vorstellungen all der Forscher, die in der Kontraktion der Erde die Ursachen der Tektonogenesen sehen, vielfältig und im einzelnen unterschiedlich. Außer den bereits angeführten Einwänden gegen die Kontraktionstheorie bestehen weitere. Die tektonischen Bewegungsvorgänge verlaufen trotz aller „Gleichzeitigkeit" (vgl. S. 224) im einzelnen recht unregelmäßig, wie die Analyse der verschiedenen Strukturbilder ergibt. Dazu vermag die Lehre von der Schrumpfung der Erde kaum die auffällige Anordnung der Faltengebirge in Bögen, Schleifen und Girlanden zum Beispiel in Indonesien oder im Raume des Europäischen und des Amerikanischen Mittelmeeres befriedigend zu erklären, auch wenn SONDER die Lage der großen Gürtel in annähernd rechtem Winkel im großen mit der mechanisch besten Kompensation der vorhandenen Spannungen der Erdkruste auf einer Kugel zu begründen und experimentell zu beweisen sich bemüht hat.
Noch schwieriger ist, die Entstehung oft globaler, tiefreichender Bruchsysteme im Sinne der Kontraktionstheorie zu erklären, jener großartigen Zerrungsspalten und Zerreißungssysteme im Bereich der Kontinente, z.B. des Oberrheintalgrabens bzw. der Mittelmeer-Mjösen-Zone STILLES (mittleres Norwegen — Oslograben — Hessische Senke — Oberrhein- und Rhônetalgraben), der Elbelinie oder des ostafrikanischen Grabenzuges, die oft mehrere tausend Kilometer streichende Länge erreichen (vgl. S. 306). Nach E. KRENKEL spricht man neben Epirogenese und Tektonogenese hierbei von **Taphrogenese**. Daß es sich bei diesen großen Bruchstrukturen um altangelegte Schwächezonen der Erdrinde handelt, die immer wieder im Laufe der erdgeschichtlichen Entwicklung in jüngeren und jungen Bruchzonen von neuem aufgelebt sind und in die tieferen Teile der Erde, wohl bis in den Erdmantel, hinabreichen, zeigt, daß sie die Stätten eines aus der Tiefe aufsteigenden, weitverbreiteten basischen Magmatismus (Grabenvulkanismus) sind. Sie bilden also Elemente, die seit dem Präkambrium immer wieder lebendig werden und einen großen Einfluß auf die Strukturen, die Sedimentation und die Förderung von magmatischen Schmelzen ausüben. Sie können wohl in gewissen Zeiten von anderen Einflüssen überdeckt werden, z.B. im Geosynklinalstadium nach Regenerationen, setzen sich aber im Stadium der Kratone nach der Tektonogenese erneut durch.
Solche alten, tiefreichenden, überwiegend linear die Festländer durchziehenden Bruchzonen werden als **Erdnähte, Lineamente, Geosuturen** oder **Geofrakturen** bezeichnet. Seit A. W. PEIWE spricht man, besonders in der sowjetischen Geotektonik, von **Tiefenbrüchen**, die von zahlreichen Tektonikern (ASHGIREI, BELOUSSOW, BOGDANOW, SCHATSKI u. a.) in der Natur untersucht und mit Hilfe von Modellversuchen auch physikalisch interpretiert worden sind **(Tektonophysik)**. G. KNETSCH (1964) hat z.B. versucht, auf experimentellem Wege Beziehungen zwischen den großtektonischen Lineamenten und den Pollagen in der Erdgeschichte wahrscheinlich zu machen.
Am besten erforscht ist der Oberrheintalgraben, dessen Bauprinzip sich in Anlage und Ablauf auf alle großen Grabenzonen übertragen läßt. Alle durchsetzen sie ohne Rücksicht auf die Art des Gesteinsmaterials, die regionale Tektonik und das Alter des betreffenden Krustenstückes die Kontinente, anscheinend im Sinne einer mechanisch bedingten, meridionalen Zerspaltung der Kruste, und sie haben wohl planetarischen Charakter, zumal der Mond und der Mars das gleiche Bild aufweisen.

H. ILLIES hat jüngst (1965, 1967) gezeigt, daß mechanisch besonders zwei Prinzipien an der Gestaltung mitgewirkt haben, einmal Blattverschiebungen, die die Kruste im Bereich eines alten Lineamentes zerscherten und damit dem späteren Graben Richtung und Rahmen gaben, dann aber Zerrung, so daß aus Horizontalverschiebungen vertikale Bewegungen wurden. Der weitere Ablauf der Taphrogenese (Senkung und Füllung des Grabens, Aufstieg und Abtragung der Flanken) besteht nur aus Folgeerscheinungen der primären Vorgänge (S. 306). RITTMANN ist der Meinung, daß die obere Grabenbildung mit ihren gestaffelten Abschiebungen nach der Tiefe zu in eine bruchlose Streckung der Kruste übergeht, d. h., daß sich das Sial etwas ausdünnt, was auch auf geophysikalischem Wege nachgewiesen werden konnte.

Zusammenfassend sei festgestellt, daß eine gewisse Kontraktion der Erde zwar zweifellos vorhanden ist und auch für den Ablauf der Entwicklung bedeutungsvoll war. Die Erde hat sich, ebenso wie die anderen Planeten, abgekühlt und verdichtet. Eine Kontraktion der Erde wäre aber wohl auch durch Änderungen der Rotationsgeschwindigkeit oder durch mehrfache Metamorphose sialischer Krustengesteine in der Tiefe möglich. Zur Deutung der großartigen Veränderungen des Erdbildes im Laufe einer mehr als 5 Milliarden Jahre währenden Erdgeschichte, zur Erklärung all der Bewegungsvorgänge und umfangreichen Massenverlagerungen genügt aber die Kontraktionstheorie in ihrer alten Form keineswegs. Daher müssen jüngere Verfechter zahlreiche Zusatzhypothesen in Anspruch nehmen, wobei freilich nicht immer klar ist, ob tatsächlich die Kontraktion die auslösende, primäre Kraft ist oder ob sie nicht zusammen mit anderen Kräften nur eine Ursache neben mehreren, ja vielleicht gar erst eine sekundäre Erscheinung darstellt.

Expansionstheorien und Theorien der thermischen Zyklen

Geht die Kontraktionstheorie älterer oder neuerer Prägung von der sich durch Abkühlung oder andere Erscheinungen bedingten Schrumpfung der Erde aus, so treten die **Expansionstheorien** in vollem Gegensatz dazu für ein Größerwerden im Laufe der Erdgeschichte ein. In den letzten Jahren haben vor allem K. M. CREER, L. EYGED, B. C. HEEZEN, O. C. HILGENBERG, P. JORDAN, W. B. NEUMANN u. a. wie R. DEARNLEY (1965) mit unterschiedlichen Begründungen eine Expansion der Erde vertreten, freilich zum Teil nur von der physikalischen bzw. kosmologischen Seite her, ohne immer das geologische Tatsachenmaterial ausreichend zu berücksichtigen. Die Anschauungen vieler Expansionstheoretiker, besonders der älteren, gipfeln in der Annahme, daß die durch den radioaktiven Zerfall erzeugte Wärme größer sei als die nach außen abgeführte (**Radioaktivitätstheorie**). Dadurch käme es zu Wärmesteigerungen, zu einem Wärmestau, so daß beim Erreichen bestimmter Grenzwerte die basaltische Unterkruste zum Schmelzen gebracht werde. Die Kruste nähme an Volumen zu, dehne sich aus, dabei entstünden durch Zerrung Spalten und Sprünge, in die das Magma eindringe, das als Lava an der Oberfläche austräte. Das Ergebnis bestehe in verstärkter Wärmeabgabe, damit aber träte wiederum Abkühlung, Schrumpfung, Faltung und Erstarrung ein, wobei sich die Perioden der Erstarrung und Verflüssigung in der Magmenzone bzw. der Aufheizung und Abkühlung im Laufe der Erdgeschichte wiederholten (**Theorie der thermischen Zyklen**, J. JOLY und A. HOLMES). Die eigentliche Gebirgsbildung soll also jeweils im Anschluß an die Phase der Verflüssigung beginnen und erscheint damit als Reaktion der Kruste auf eine zu hohe Wärmezunahme.

Nach JOLY breiten sich infolge der Verflüssigung die Ozeanböden aus, drängen gegen die Kontinente, und so entstünden Faltungsräume, wie sie die Ränder des Pazifiks deutlich zeigten. Ähnliche Vorstellungen hatte schon früher der Amerikaner Bayley WILLIS in seiner **Theorie des Oceanic spreading** entwickelt. Mag JOLYS Gedankengang für den Pazifik zutreffen, so vernachlässigt seine Deutung gänzlich die strukturellen Verhältnisse von Indik und Atlantik, worauf KOSSMAT nachdrücklich hingewiesen hat. Beide Ozeane werden nicht von Faltengebirgen, sondern im allgemeinen von starren Bruchzonen begrenzt, so daß von Faltung als Ergebnis eines Ausbreitens der Ozeanböden nicht die Rede sein kann. Ähnliche Vorstellungen hat der Wiener Geophysiker G. KIRSCH entwickelt. Für die erwähnten „thermischen Zyklen" wird ein Zeitraum von jeweils 37 Mio Jahren angegeben, der bei einem tatsächlichen Abstand der großen tektonogenetischenÄren in der Größenordnung von etwa 125 Mio Jahren viel zu kurz ist. Dazu kommt, daß eine solche gesetzmäßige Periodizität der Bewegungen nicht vorhanden ist. O. HILGENBERG (1933) hat die Kontinente auf einem Globus zusammengefügt und gezeigt, daß sie einen wesentlich kleineren Globus ganz bedecken. Er meint, daß sich die Ozeane erst durch Expansion der Erde gebildet hätten.

Der ungarische Geophysiker L. EYGED (1961) rechnet mit einer im Mittel etwa 0,5 mm jährlich betragenden Zunahme des Erdradius, das heißt mit rund 500 km seit Beginn des Erdaltertums, wobei er freilich seine Berechnungen auf nicht exakt auswertbare paläogeographische Rekonstruktionen des Erdbildes stützt und damit geologische Bilder überbewertet. Andere Forscher glauben, mit dem doppelten Betrag rechnen zu können, wieder andere liegen in der Mitte zwischen den Vertretern einer niedrigen und einer hohen Expansion. K. M. CREER (1965) gibt an, daß sich der Erdradius von rund 5500 km im Riphäikum auf 5800 km im älteren Paläozoikum, auf 6200 km in der Permotrias und auf 6370 km in der Gegenwart ausgedehnt habe. Physikalisch begründet EYGED die Expansion einmal damit, daß das Baumaterial nach dem Erdinneren zu immer homogener werde und im Kern infolge des mit der Tiefe ständig zunehmenden Druckes in instabiler Ultrahochdruckphase vorliegen müsse, so daß ein ständiger Abbau der inneren Teile vor sich gehe und mit einer fortwährenden Vergrößerung des Volumens, mithin einer vom Erdzentrum zur Peripherie fortschreitenden Expansion verbunden sei. Eine andere Ursache liege in der Veränderlichkeit der Gravitationskonstante, und zwar einer langsam weitergehenden Abnahme im Laufe der Entwicklung, was sich auf die Dichte der die Erde aufbauenden Materie auswirke. P. JORDAN (1961, 1964, 1966) hat diese Tatsache als erster im Sinne einer Expansion aller Planeten gedeutet, ohne daß es ihm gelungen wäre, die geologischen Befunde mit seinem Modell in Einklang zu bringen, so daß er viele eigenwillige Um- und Fehldeutungen gesicherter geologischer Tatsachen vorgenommen hat, die zu einer ablehnenden Kritik seiner Theorie durch die Geowissenschaften geführt haben.

Im übrigen kann auch die Expansionstheorie den Mechanismus der Faltungsvorgänge und die Anordnung der Faltengebirge ebensowenig erklären wie die Kontraktionstheorie, auch wenn versucht wurde, für die Faltung eine Verkleinerung der Krümmung der Erdoberfläche infolge Expansion verantwortlich zu machen und die großen Gräben u. a. als Beweise anzuführen bzw. aus deren Zerrungsbeträgen sogar die Expansionsgeschwindigkeit zu berechnen.
Was die Energie des radioaktiven Zerfalls betrifft, so dürfte sich diese im Laufe der Krustenentwicklung verringert haben (W. E. CHAIN 1957). Nach Berechnungen von F. BIRCH über die Entwicklung der radioaktiven Wärme in verschiedenen Gesteinen der oberen Kruste und über den die Erdoberfläche von innen nach außen durchziehenden Wärmestrom wird von der Erde mehr Wärme in den Weltraum abgegeben, als erzeugt wird, so daß sich die Erde möglicherweise abkühlt, wenn wohl auch nur äußerst langsam. Jedoch ist der Anteil der radioaktiven Wärmeproduktion ebenso-

wenig genau rechnerisch zu ermitteln wie der Wärmefluß aus den inneren Zonen der Erde ins Weltall oder der Gesamtumfang der Wärmeerzeugung in der Kruste. Wegen des geringeren Gehaltes an radioaktiven Substanzen mit zunehmender Tiefe ist zwar ab rund 20 bis 30 km Tiefe mit einer Abnahme des thermischen Gradienten zu rechnen, obwohl auch hierbei über die Mengenrelationen keine exakten Aussagen möglich sind. Sicher ist aber, daß eine Wärmeerzeugung auch in der Unterkruste und den basischen Massen der tieferen Zonen nicht fehlt. Somit besteht keine Möglichkeit, das Verhältnis von Kontraktion zu Expansion, die in gewissem Umfang denkbar erscheint, quantitativ zu erfassen. Nach B. GUTENBERG soll der durch radioaktive Prozesse erzeugte Wärmestrom wenigstens der hundertfachen Energie entsprechen, die durchschnittlich durch Erdbeben ausgelöst wird, so daß sie durchaus die für tektonogene Vorgänge erforderliche Energie liefern könnte.
So bestehen also in der Frage der Erdexpansion dieselben Schwierigkeiten wie bei der Kontraktion. Die Wärmebilanz der Erde ist ungeklärt, und Meinungen und Hypothesen unterschiedlicher Art stehen nebeneinander, ohne daß ein abschließendes Urteil heute schon möglich wäre. Wenn W. R. NEUMANN als Ursache der Expansion auch eine mögliche Zufuhr von Materie aus dem kosmischen Raum erwägt, verschiebt er damit nur die Unbekannten aus den tieferen Teilen der Erde in den Weltraum.

Die Pulsationstheorie

Die Pulsationstheorie, die die sowjetischen Gelehrten M. A. USSOW und der verdiente Erforscher der Geologie Sibiriens W. A. OBRUTSCHEW aufgestellt und vertreten haben, steht zwischen der Kontraktions- und der Expansionstheorie. Nach diesen Vorstellungen wird die Entwicklung des Erdbildes durch den Kampf zwischen Schrumpfungs- und Ausdehnungskräften bestimmt, wobei einmal diese, einmal jene Kräfte überwiegen. Es läßt sich nicht leugnen, daß sich im Laufe der Erdgeschichte bestimmte Vorgänge mehrfach weltweit in einer Reihe aufeinanderfolgender Ereignisse wiederholt haben, z. B. die großen Gebirgsbildungsären. Damit liegt der Gedanke einer Pulsation der Erde nahe. Die Ursache der Pulsation wird im Sinne der kosmogonischen Theorie des sowjetischen Astrophysikers O. J. SCHMIDT, die freilich von seinem Kollegen FESSENKOW abgelehnt wird, in den durch die Sonderung nach der Schwere (Gravitationsdifferentiation) hervorgerufenen Massenverlagerungen in der Erde und in der bei den atomaren Vorgängen im Erdinneren frei werdenden Energie gesucht. Dabei wandeln radioaktive Prozesse in der Kruste das Bild im einzelnen ab und können es komplizieren. Nach O. J. SCHMIDT ist die Erdkruste nicht die Erstarrungshaut einer vordem feurig-flüssigen Erde, sondern das Produkt einer fortwährenden physikalisch-chemischen und gravitativen Differentiation der tieferen Zonen des Erdballs. Dadurch gelangten weniger zähflüssige Substanzen an die Oberfläche, und dieser Formierungsprozeß der Erdkruste setzte sich auch heute noch fort. Perioden allgemeiner, großer Transgressionen, Zeiten einer Thalattokratie, seien solche der Expansion, durch weltweite Regressionen bestimmte Perioden, Zeiten der Geokratie, solche überwiegender Kontraktion. Bei Vorherrschaft des Landes komme es zu weitreichenden Tektonogenesen und zum Absinken der ozeanischen Becken, so daß Raum für die Kontinente frei würde. Tatsächlich wechseln in der Erdgeschichte Überflutungen und Regressionen miteinander ab und lassen sich jeweils mehr oder weniger über die ganze Erde verfolgen, wenn sie auch im einzelnen regional in Art und Ausmaß erheblich schwanken.

Im Sinne der Pulsationstheorie sollen diese Unterschiede vom jeweiligen Stabilitätsgrad der Krustenteile abhängig sein.
So anregend und interessant diese Vorstellungen sind, so fußen sie auf nicht bewiesenen bzw. allgemein anerkannten kosmogonischen Hypothesen. Abgesehen davon gelten naturgemäß all die Einwände, die für die Kontraktions- und Expansionstheorien vorgebracht wurden. Der sowjetische Geologe W. E. Chain, der sich für den maßgeblichen Einfluß der Erdkontraktion einsetzt, läßt weitere zusätzliche Kräfte gelten und hat versucht, eine Reihenfolge der wirksamen Faktoren aufzustellen: Kontraktion — Differentiation — radioaktiver Zerfall — Erdrotation — Isostasie. H. Havemann (1964) meint, daß weder Kontraktion noch Expansion, deren vermutlich alternierende Wirksamkeit von ihm nicht bestritten wird, die Hauptursache der Großtektonik seit dem Mesozoikum seien, sondern eine laufende Entstehung von Massenüberschuß im pazifischen Raum mit einer pazifischen Deformation (Achsenverschiebung) und Kontinentwanderung als Folgeerscheinungen.
Der Gedanke freilich, die großen Tektonogenesen, Transgressionen und andere einschneidende Ereignisse in der Erdgeschichte letztlich auf kosmische Ursachen zurückzuführen, ist schon alt. Aber es sind immer nur Vermutungen, wenn uns auch die modernen astrogeologischen Forschungen in Zusammenhang mit dem Vorstoß des Menschen in den Weltraum langsam weiterführen werden. Vielleicht lösen erst kosmische Erscheinungen weltweite Vorgänge der Erdentwicklung aus: Wir wissen es heute noch nicht. Auffällig ist aber, daß die Astrophysiker für die Umlaufzeit der Sonne um das Zentrum der Galaxis, in dem die Erde sich gegenwärtig etwa befindet, rund 200 Millionen Jahre berechnet haben, d. h. einen Zeitraum, der gut mit der Dauer der großen tektonischen Zyklen auf der Erde übereinstimmt. S. S. Nikolejew (1960) gibt für die Dauer eines vollen galaktischen Bewegungszyklus der Erde 250 Millionen Jahre an. Faltung und magmatische Injektion finden danach in Abständen von 125 Millionen Jahren statt, wobei dieser Wert gut zu den Daten der physikalischen Altersbestimmungen paßt. Diese so auffällige Übereinstimmung hat H. Umbgrove in seinem Werk "The pulse of the earth" (1947) klar herausgestellt. Auch Schwinners Hinweis, daß möglicherweise stärkere Schwankungen in der Höhenstrahlung, die vermutlich ebenfalls mit dem periodischen Umlauf der Sonne um das galaktische Zentrum zusammenhängen, die geotektonisch-erdgeschichtliche Entwicklung beeinflussen könnten, spricht doch wohl neben den geschilderten zeitlichen Übereinstimmungen für eine größere Einheitlichkeit des Kosmos, in dem unsere Erde nur ein Planet neben anderen ist.

Oszillationstheorie und Undationstheorie

E. Haarmann, der Begründer der Oszillationstheorie, will „die Krustenbewegungen von Erde und Mond" erklären. Er lehnt jede Kontraktion ab und befaßt sich auch nicht mit Vorstellungen, die mit dem Wärmehaushalt der Erde zusammenhängen, weil die Grundlagen zu unsicher seien. Im Gegensatz zu anderen Theorien stehen bei ihm vertikale Bewegungen der Kontinentalblöcke im Vordergrund.
In rhythmischer Folge stören kosmische Einflüsse, solare Kräfte und Polverlagerungen das Gleichgewicht der Erde; dadurch verlagern sich die mobilen, aufgeschmolzenen magmatischen Massen in der unteren Erdkruste, und es kommt durch Dehnungen in den oberen sedimentären Zonen zu primären gefügebildenden Bewegungen. Diese **radiale Primärtekto-**

genese äußert sich in weiträumigen, wellenartigen Großverbiegungen oder **Oszillationen** sowie steilen Brüchen. Zufolge dieser primären vertikalen Bewegungen entstehen große Buckel und Beulen, die **Geotumore**, sowie Senken und Abschwellungen, die **Geodepressionen**. Rückläufige Bewegungen vermögen im Lauf der Zeit ein rhythmisches „Oszillieren" der Kruste hervorzurufen.
Die entstandenen Aufbeulungen führen dazu, daß die Schichten an den Flanken der Geotumore in eine schräge Lage geraten und unter dem Einfluß der Schwerkraft abgleiten, zusammenrutschen, sich schuppen- und deckenartig über- und durcheinanderschieben und in Falten legen (Abb. 114), während im Rückland der Faltung magmatische Massen austreten. Diese allein durch die Schwere bedingten lateralen-horizontalen Folgebewegungen der Primärtektogenese nennt HAARMANN **Sekundärtektogenese**. Einer **Freigleitung** der sedimentären Massen stellt HAARMANN die **Volltroggleitung** gegenüber, wenn in den Depressionen die abgleitenden Massen

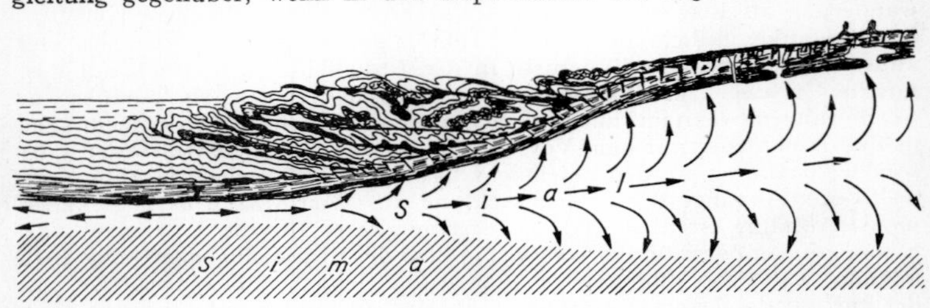

Abb. 114. Entstehung eines Geotumors (Beule) und einer Geodepression (Senke) sowie Faltung der auf der geneigten Fläche abgleitenden Gesteinsschichten und Eindringen von Magma in die gehobenen und dadurch gedehnten Krustenteile (nach der Oszillationstheorie von Haarmann)

zu alpinotypen Gebirgszügen aufgestaucht und zusammengeschoben werden. So sind alle Faltengebirge und Deckengebirge der Erde für HAARMANN nur Folgeerscheinungen primärer vertikaler Großverbiegungen der Kruste. In diesem Sinne wird der Begriff „Tektogenese" anstelle Orogenese mit der Begründung in die Großtektonik eingeführt (S. 212), daß Bewegungen, die zur Veränderung des Krustengefüges führen, durchaus nicht immer Gebirge im üblichen Sinne hervorbringen. Gebirge werden meist erst nachträglich, also nach der eigentlichen Tektonogenese, herausgehoben.
Als wichtigste Grundlagen für die Oszillationstheorie nennt HAARMANN:

a) das Streben der Erdrinde nach einem hydrostatischen Gleichgewicht der einzelnen Krustenteile (Isostasie);
b) die isostatisch bedingten Oszillationen, durch die erst alle übrigen Krustenbewegungen veranlaßt werden, und
c) den rhythmischen Ablauf aller Bewegungen der Kruste, der sich in einer wechselnden Sedimentfolge in der gesamten Erdgeschichte nachweisen läßt.

Vor HAARMANN hatten gegen Ende des vorigen Jahrhunderts schon der Wiener REYER und der Franzose LUGEON ein Abgleiten und Falten von Deckschichten durch Zusammenschub auf einer schrägen Unterlage angenommen **(Gleittheorie)**. Im Unterschied zu zahlreichen Forschern, die horizontale Krustenbewegungen mehrfach einseitig hervorgehoben haben, z.B. A. WEGENER (s. u.), hat HAARMANN die große Bedeutung der Vertikalkomponente erkannt. Mit der Betonung kosmischer Kräfte als auslösende Faktoren der Gleichgewichtsstörungen der Erde geht er nicht von Beobachtungstatsachen aus und betritt mit seinen Annahmen unsicheren Boden. Ebensowenig scheint seine Deutung der Faltungs- und Überschiebungsvorgänge, die Anordnung der Faltengebirge in Schleifen, Bögen und Girlanden als allein durch sekundäre Gravitationsgleitung hervorgerufen verständlich, wie er wohl überhaupt mehr die Struktur der germanotypen Bruchfaltengebirge als die der alpidischen Gebirge bei seiner Theorie zum Ausgang nimmt. Beim Zusammenschub der Gesteinsmassen in seinem Sinn müßten auf der Erde Zerrungsgebiete entstehen, die sich aber nicht nachweisen lassen. Das tektonische Gefälle erscheint viel zu klein und die Reibung zu groß, als daß die von einem Geotumor abgleitenden Sedimentmassen sich zu den das Bild der Kruste beherrschenden Kettengebirgen hätten aufwölben können. Zudem ist überall nicht nur die sedimentäre Hülle, sondern auch der kristalline Unterbau in die Faltung einbezogen. Die gesamte Frage der Vorgänge in den tieferen Zonen und des Magmatismus erscheinen ebenso ungenügend bewertet wie die geosynklinale Vorbereitungszeit des Gebirges. K. METZ weist darauf hin, daß bei großen Undationen nicht nur die Vertikal-, sondern ebenso schon die Horizontalkomponente primär eine Rolle spielen muß und in der Tiefe nicht nur die Gravitation am Werke ist.

Die HAARMANNschen Gedanken hat besonders der Holländer R. W. VAN BEMMELEN in seiner **Undationstheorie** weiterentwickelt, die W. E. CHAIN als eine der aussichtsreichsten unter den neuzeitlichen geotektonischen Hypothesen bezeichnet. Die Grundlage für VAN BEMMELENS Theorie bilden seine langjährigen Arbeiten in Indonesien, einem Raum, in dem vor unseren Augen tektonogenetische Bewegungen (**Neotektonik** nach W. A. OBRUTSCHEW) ablaufen und den Ph. H. KUENEN und H. CLOOS einmal als Mittel- und Prüfpunkt der gesamten Geotektonik bezeichnet haben.
Auch W. W. BELOUSSOW muß als Vertreter einer Undationstheorie erwähnt werden. Wie HAARMANN sieht VAN BEMMELEN die Entwicklung als Ergebnis subkrustaler Strömungen, die zu primären vertikalen Bewegungen der Kruste führen. Physikalisch-chemische Prozesse im weitesten Sinn im Mantel sind für ihn die fundamentale Quelle der endogenen Energie der Erde und werden von Dichteänderungen begleitet. Diese Prozesse führen zur Gravitationstektonik, das heißt zu gravitativ bedingten Massenverlagerungen, die als komplizierte Kettenreaktionen ablaufen. Diese nach gravitativem Gleichgewicht strebenden geodynamischen Prozesse beruhen auf nach physikalisch-chemischem Gleichgewicht strebenden geochemischen Vorgängen bzw. gleichgewichtsstörenden Wirkungen als Folge von in der Natur anwesenden freien Energien. Die Tektonogenese ist darauf gerichtet, Gleichgewichtsstörungen auf dem Wege von Ausgleichsbewegungen zu überwinden. Die Ergebnisse der primärtektonogenetischen Bewegungen werden **Undationen** genannt und auf Grund ihrer Wellenlänge in 5 Klassen von Megaundationen (Massenverlagerungen im unteren Mantel) eingeteilt, die auch (1966) die Ursache der Kontinentverschiebungen sein sollen: Geoundationen mit einer Dauer von mehr als 100 Millionen Jahren (Geosynklinale, Absenkung und Geotumorbildung), erste und zweite Mesoundationen (z. B. Heraushebungen und Flyschtröge, Horst- und Grabentektonik bzw. Molassetröge), schließlich Minor- und Lokalundationen. Daß auch laterale Verschiebungen großer Krustenteile stattfinden, wird also nicht geleugnet, aber sie werden im megatektonischen Maßstab nur als sekundäre Tektonogenese aufgefaßt. Unter Berücksichtigung der Parameter Länge, Zeit, Druck und Temperatur gelangt VAN BEMMELEN zu einer Synthese von fixistischen und mobilistischen Vorstellungen der geotektonischen Prozesse in einem **relativistischen Modell der Geodynamik**, bei dem es nur vom Standpunkt der Betrachtung abhängt, ob die tektonischen und geotektonischen Massenverlagerungen innerhalb des Blickfeldes bleiben oder darüber hinwegwandern. So werden die geotektonischen Bewegungen als Ergebnis eines komplizierten Systems von auf- und überein-

andergelagerten Massenverlagerungen verschiedensten Ausmaßes innerhalb der geotektonischen Stockwerke der Erde angesehen und damit die tektonischen und magmatischen Vorgänge in enge Beziehungen zueinander gesetzt. Die oberen magmatischen Massen sind bei van Bemmelen ursprünglich nicht in Sial und Sima geschieden, sondern er nimmt ein Urmagma Sialsima (Sialma) an, das bis in 40 km Tiefe reicht und erst noch tiefer vom Sima unterlagert wird. Das Sialma scheidet sich durch Hypodifferentiation, besonders unter den großen Einsenkungen der Kruste mit Schweredefizit, in einen aufsteigenden sauren, granitischen Sialast und einen absteigenden basaltischen Simaast größerer Dichte. Die gesamte geotektonische Entwicklung geht von der Störung der isostatischen Verhältnisse bis in die tieferen Erdzonen in der Geosynklinalperiode aus. Dabei wird die magmatische Differentiation einbezogen. Thermische Konvektionsströme und intraatomare Kernreaktion (S. 296) werden, von der energetischen Seite her gesehen, als unhaltbar abgelehnt, da die Energien entweder ungenügend oder viel zu groß seien.
Mit H. Cloos leugnet van Bemmelen die Permanenz von Kontinenten und Ozeanen im Laufe der Erdgeschichte, die u. a. B. W. Sorgel vertreten hat. Im Unterschied zu H. Stille erkennt er nur die Teile des inneren Pazifiks als Urozeane an, die noch niemals als Kontinent über die Ozeanfläche aufgestiegen seien.
Von den gegenüber dem alpidischen Raum gänzlich anderen Verhältnissen der Osteuropäischen und Sibirischen Tafel ausgehend, haben besonders in den letzten drei Jahrzehnten sowjetische Geotektoniker bedeutende neue Erkenntnisse gebracht, die deshalb von besonderer Wichtigkeit sind, weil sie die Grundlage tektonischer Großraumkarten, z.B. der „Tektonischen Karte der Erde" (W.W. Beloussow), bilden. Für Beloussow ist die Geotektonik eine Mechanik der Erdkruste. Auch er erklärt wie van Bemmelen und Haarmann den Faltenbau der Gebirge durch gravitative Gleitung. Die Grunderscheinungen der geotektonischen Entwicklung sind die engen Zusammenhänge zwischen Sedimentation, Fazies und Oszillationen, durch die die Erdkruste in Hebungs- und Senkungszonen verschiedener Größe gegliedert ist. Die Ursache der Vertikalbewegungen werden in Differentiationsvorgängen der Tiefe vermutet. Die Entwicklung der einzelnen Bereiche im Laufe der Erdgeschichte erfolgt in geotektonischen Zyklen, den großen Ären der Gebirgsbildung (S. 224), in deren Verlauf die Kruste im kontinentalen Bereich in Geosynklinalen und Tafeln (Plattformen) gegliedert wurde. Im Verlaufe der etwa 150 bis 200 Mio Jahre dauernden Großzyklen wurde das Gebiet der Tafeln auf Kosten der geosynklinalen Räume vergrößert, was an die Stilleschen Vorstellungen erinnert (S. 225).

Die Plattformen werden nach dem Alter des gefalteten Grundgebirges eingeteilt. Die Gesteinsfaltung wird auf lokale Prozesse zurückgeführt, ihr Verlauf hinge gesetzmäßig mit den Oszillationen zusammen, denen sie untergeordnet seien, und werde von Zerrungen begleitet. Auf Grund der Erfahrungen mit den alpidischen Gebirgen erscheint die Vernachlässigung horizontaler Bewegungen und Blattverschiebungen, die zwar nicht vollständig geleugnet, aber als wenig bedeutsam angesehen werden, als ein Angriffspunkt der interessanten Theorie. Die Geschichte der Erde ist nach Beloussow in zwei Stadien einzuteilen: 1. Das Geosynklinal- und Plattform- oder Granitstadium ist durch die Bildung der kontinentalen Granitkruste charakterisiert, also durch eine Vergrößerung der Plattformen bzw. Kontinente; 2. das Basaltstadium — d. h. der Aufstieg überhitzter basaltischer Schmelzen infolge tiefer tektonischer Spaltenbildung aus den unteren Schichten des Erdmantels —, das im Erguß von Plateaubasalten und der Bildung der Ozeane besteht. Mit dieser zweiten Gruppe geotektonischer Vorgänge ist eine tektonische Aktivierung und sogenannte **Ozeanisierung** verknüpft, die mit der Förderung der Basalte in Verbindung gebracht wird. Unter „Ozeanisierung" wird die sekundäre Umwandlung von granit-basaltischer Kontinentalkruste in wasser-basaltische Ozeankruste verstanden, die als ein wichtiger Vorgang betrachtet wird, von einem jungen Alter der Ozeane ausgeht und ein weiteres Wachsen der Ozeane im Grenzbereich Ozean-Festland befürwortet. Diese Verdrängung der Granit- durch die Basaltkruste (**„Basifikation“**) erscheint freilich problematisch. Auf der „Tektonischen Karte der Erde“ unterscheidet BELOUSSOW folgende, im einzelnen mehrfach untergliederte Hauptregionen: 1. Gebiete mit kontinentaler Kruste; a: alpine Geosynklinalen, b: alpine Plattformen, c: Gebiete der Aktivierung und Ozeanisierung; 2. Gebiete mit ozeanischer Kruste, wobei Tiefseegräben, ozeanische Rücken, Vulkanberge und große Störungen zusätzlich eingetragen sind.

Mit dem Hinweis auf Vorgänge in der Tiefe und magmatische Strömungen leiten die Oszillations- bzw. Undationstheorien zu den Unterströmungshypothesen über.

Unterströmungstheorien
(Theorien magmatischer Strömungen)

Unter dem Sammelbegriff Unterströmungstheorien faßt man eine ganze Reihe geotektonischer Deutungsversuche zusammen, die auf im Jahre 1906 entwickelte, damals völlig neuartige Vorstellungen des österreichischen Alpengeologen O. AMPFERER zurückgehen und bis auf den heutigen Tag befruchtend gewirkt haben. In der folgenden Zeit haben z. B. D. GRIGGS, E. KRAUS, A. RITTMANN, R. SCHWINNER, F. A. VENING-MEINESZ sowie auch H. CLOOS und F. KOSSMAT diese Vorstellungen weiterentwickelt und sich bemüht, sie exakter zu unterbauen.
AMPFERER ging in seinem „Bewegungsbild der Faltengebirge“ auf Grund seiner Erfahrungen und Beobachtungen in den Alpen insofern einen damals ganz anderen Weg, als er sich mit der von SUESS vertretenen und seinerzeit herrschenden Kontraktionstheorie kritisch auseinandersetzte und sie ebenso ablehnte wie REYERS Gleittheorie. AMPFERER verlegte als erster die tektonischen Vorgänge im Bereiche der sialischen Kruste in den Untergrund und rechnete mit Unterströmungen in fließfähigen, zähplastischen tieferen Zonen, die die geotektonische Entwicklung bestimmen und die oberen Krustenteile mitzerren. AMPFERER verzichtete darauf, die die Krustenbewegungen verursachenden Kräfte zu analysieren, so daß seine aus den Bewegungsbildern der Alpen entstandene Deutung rein kinematisch geblieben ist. Bis in die Gegenwart geht die Diskussion, ob bzw. in welcher Tiefe überhaupt mit solchen nicht beweisbaren, nur theoretisch begründeten und durch unmittelbare Beobachtung nicht zu untermauernden Unterströmungen gerechnet werden kann.
Nach AMPFERER sind die Faltengebirge Hebungszonen der nur eine dünne, nachgiebige Haut bildenden Kruste. Das in der Tiefe seitwärts abströmende Magma trägt die sedimentäre Decke passiv mit. Im Gegensatz zu REYER zieht AMPFERER den magmatischen Untergrund mit in die Bewegungen ein (KOSSMAT). Interessant ist, daß AMPFERER seine Vorstellungen später aufgegeben und sich zu einer gemäßigten Drifttheorie bekannt hat, da er in der Anordnung der Faltengebirge eine horizontale Komponente erkannte.

Eine dynamische Erklärung der Unterströmungen hat kurz nach dem ersten Weltkrieg der Grazer SCHWINNER versucht, als er aktive, thermische Ausgleichsströmungen (**Konvektionsströme**) annahm. Indem er von kontinentalen und ozeanischen Krustenfeldern mit einem unterschiedlichen Temperaturgefälle ausgeht, gelangt er zur Vorstellung von **Zyklonen** und **Antizyklonen** in der **Tektonosphäre** und vergleicht diese mit den Hochs und Tiefs in der Atmosphäre. Die thermischen Gradienten bedingen vorwiegend vertikale Strömungen. Es kommt zum

Aufsteigen erhitzter Massen (Antizyklonen), die mit Zerrungen, Brüchen und Vulkanismus verbunden sind. Die Massen fließen unter die Kühlböden der Ozeane ab (Zyklonen), wodurch sich infolge Saugwirkung die schmaleren, ausgeprägten Faltungsräume bilden (Abb. 115). Zwischen den beiden Räumen entstehen Flächen, in denen horizontale Bewegungen vor sich gehen oder Strömungen fehlen (Füllflächen). Zu ihnen gehört der Großteil der von den Tektonogenesen nicht unmittelbar ergriffenen kontinentalen und ozeanischen Räume.

Als Energiequelle der Konvektionsströmungen sehen JOLY und HOLMES den radioaktiven Zerfall, VON BUBNOFF die ungleichen Temperaturen des Magmas, die zum Wärmeaustausch führen, während QUIRING die nachweisbare Verlangsamung der Erddrehung dafür verantwortlich macht. GRIGGS meint, die Konvektionsströmungen müßten wegen der instabilen Verteilung der Massen auch ohne Atomzerfall vor sich gehen, und GOGUEL denkt an vertikale und horizontale Temperaturunterschiede; das bestreiten jedoch manche Seismiker vor allem wegen der bis 700 km Tiefe nachweisbaren Dichteunterschiede und auch ein Teil der Geologen wegen der Episodizität der tektonogenetischen Ären. Allerdings weist das

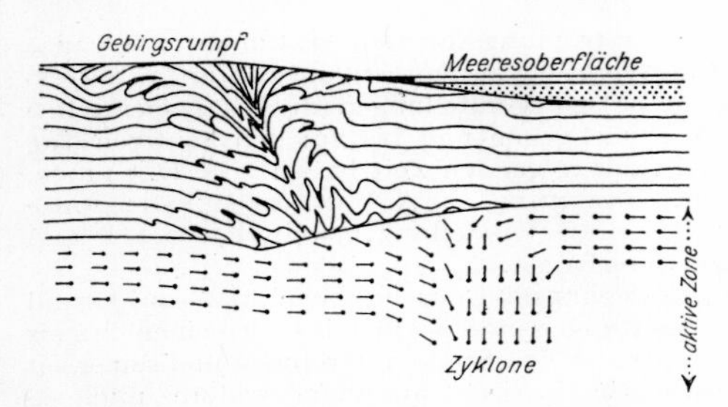

Abb. 115. Absteigen von Magmamassen und Zusammenstauchung sowie Faltung der darüberliegenden Gesteinsschichten (nach der Unterströmungstheorie von Schwinner)

Auftreten tiefer Erdbeben in der Übergangszone vom äußeren zum inneren Gesteinsmantel der Erde (rund 320 bis 700 km Tiefe) auf erhebliche Unterschiede in der Temperatur und den elastischen Eigenschaften, vermutlich auch in der Dichte und dem molekularen Zustand der Materie hin. H. HAALCK schließt daraus auf Konvektionsströmungen und zeitlich variable elektromotorische Kräfte, die es wahrscheinlich machten, daß in derselben Zone die Hauptursache der tektonogenetischen und der ebenfalls während der Erdgeschichte regional variierenden geomagnetischen Kräfte zu suchen sei, und nicht im Erdinneren. Unterschiedliche Auffassungen gibt es also darüber, ob die Konvektionsströme im ganzen Mantel oder nur in dessen oberen Teilen tätig sind. Im Gegensatz dazu sucht O. LUCKE die Entstehung des erdmagnetischen Hauptfeldes im tiefen Erdinneren. H. FURRER glaubt (1965), daß die Konvektionsströme durch Explosionen in der Erdkruste erzeugt werden, die er auf magmatische Kristallisationsvorgänge und nukleare Reaktionen zurückführt.
Diese Fülle von Anschauungen, Meinungen und Deutungen mag verwirren, aber dieser Widerspruch erscheint weniger wichtig als die Tatsache, daß die Frage der Unterströmungen gegenwärtig ein viel diskutiertes Problem ist, das zumindest teilweise durch Beobachtungen am Baumaterial der Kruste und auch durch experimentelle Befunde (Schmelzen) gestützt zu werden scheint. Daß der aus der Tiefe der Kruste und den tieferen Zonen der Erde kommende Wärmefluß eine geologische Bedeutung haben und sich auswirken muß, dürfte sicher sein, wenn auch das Ausmaß unklar bleibt.

RUNCORN (1965) hat den Gedanken geäußert, daß die Konvektionsströme im Mantel mit einer Vergrößerung des Erdkerns infolge Hinabwanderns von Eisen zusammenhängen. Neuere statistische Analysen (R. W. GIRDLER, 1967) lassen erkennen, daß die großen Schwereanomalien der Erde mit Temperaturdifferenzen im Mantel bzw. mit auf- und absteigenden Konvektionsströmen zusammenhängen dürften, wie auch ein Vergleich mit den geologischen Merkmalen zeigt. Ob es die Studien E. WEGMANNS über die Migmatite des finnischen Grundgebirges, die Untersuchungen von H. CLOOS in Südwestafrika oder andere Forschungen in den aufgeschlossenen Tiefenzonen der Kruste sind, sie alle begünstigen die Vorstellung, daß der tektonische Bewegungsablauf durch Turbulenzerscheinungen bestimmt wird. Aus geophysikalischer Sicht setzen sich LAWSON und besonders der Holländer VENING-MEINESZ, der durch seine mit Hilfe eines Unterseebootes im Malaiischen Archipel, im Golf von Mexiko und im Karibischen Meer durchgeführten Schweremessungen bekannt geworden ist, auf Grund ihrer Meßergebnisse für Konvektionsströmungen ein. VENING-MEINESZ hat schon vor HAALCK die Tiefbeben und andere Erscheinungen wie Tiefseerinnen, Inselbögen und Vulkanismus der „rezenten Geosynklinale" im Gebiet des Malaiischen Archipels durch solche Tiefenströmungen zu erklären versucht.

Unter den zahlreichen Verfechtern der modernen Unterströmungstheorie sollen hier nur zwei Forscher zu Wort kommen, der Alpengeologe E. KRAUS und der Vulkanologe E. RITTMANN, der nicht nur das Gedankengut A. WEGENERS, HAARMANNS, VAN BEMMELENS und anderer in seine Theorie

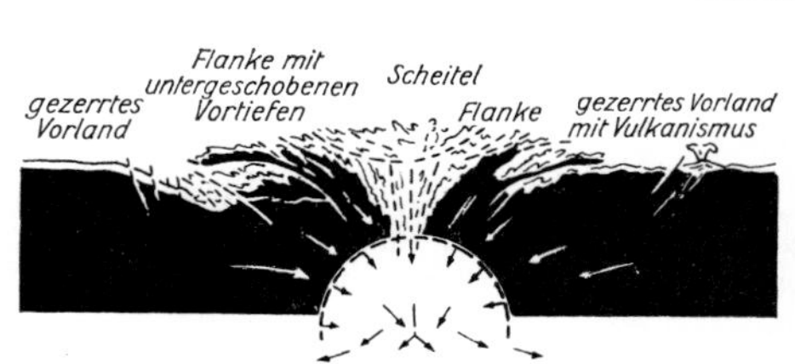

Abb. 116. Schema des Orogenbaus mit Absaugen durch Konvektionsströme (nach E. Kraus)

eingearbeitet, sondern besonders auch die Ergebnisse der Petrologie in seiner **„Thermodynamik der Orogene"** berücksichtigt hat.

KRAUS hat in seiner „Vergleichenden Baugeschichte der Gebirge", seiner „Entwicklungsgeschichte der Kontinente und Ozeane" und der zweibändigen „Baugeschichte der Alpen" einen Gesamtüberblick über den Bau der Erde aus seiner Sicht gegeben, in der er auf das Werden der Geosynklinalen besonderen Wert legt. Für ihn ist die Auffassung, daß die gesamte Strukturentwicklung der Kruste durch primäre Strömungen und Materialverlagerungen in der Tiefe verursacht wird, eine feststehende Tatsache. Neben Konvektionsströmungen in der Unterkruste **(Hyporheon)** sind noch tiefere entgegen dem Sinn des Uhrzeigers gerichtete Strömungen **(Bathyrheon)** vorhanden, die die Form der Inselbögen und die Bogenformen der Faltengebirge, z. B. den Karpatenbogen, zustande bringen sollen. Der Grundsatz von KRAUS ist „der Hinabbau der Gebirge" unter dem Einfluß konvektiver Senkströme, das heißt der Standpunkt, daß alle tektonischen Bewegungen und orogenen Strukturen infolge Abwärtssinkens durch Unterströmungen verursacht werden (Abb. 116). Er unterscheidet drei Hauptteile der Tektonogenese, den **tieforogenen** (Geosynklinalentwicklung mit Vulkanismus und Migmatisierung sowie Granitisation in der Tiefe, Einengung in der Tiefe beginnend und langsam höher steigend), den **hochorogenen** (oder epirogenen mit Heraushebung, Granitintrusionen, Bruchbildung) und den **kontinentalen** (mit basischem Magmatismus und Angliederung an bestehende Kontinente).

KRAUS bekennt sich völlig zu mobilistischen Auffassungen und lehnt jeden Fixismus ab. Die gesamte Erdgeschichte sei von einem „Auf und Ab" beherrscht, das den normalen Pulsschlag der Erde darstelle. Viele Einzelheiten des orogenen Baus der ganzen Erde erfahren in dieser großartigen Synthese eine neue Deutung, insbesondere auch die alpine Deckenlehre, die im Gegensatz zur alten Auffassung von aktiven Fernüberschiebungen davon ausgeht, daß diese Bewegungen vielmehr passiv sind und durch aktive Konvektionsströmungen in den tieferen Zonen hervorgerufen werden. Als eine gewisse Schwäche der KRAUSschen Theorie muß gelten, daß sie zu sehr von den Erscheinungen der höheren Stockwerke ausgeht und nur ungenügend die Erkenntnisse der Grundgebirgsgeologie berücksichtigt, damit aber in der Deutung der aufgeschlossenen tieferen Krustenstockwerke hypothetisch bleibt, abgesehen davon, daß eine große Zahl neuer, nur schwer verständlicher Begriffe geprägt wird. Die Tektonik ist zweifellos nicht auf die Festkörper der oberen Zonen beschränkt, sondern betrifft auch die „Fließzone".

Auch P. GIDON (1963) geht von primären vertikalen Bewegungen der Kruste als isostatisch bedingt aus, während die Faltungsvorgänge auch hier nur Begleiterscheinungen sind. Die subkrustalen Strömungen bewirkten an der Unterkante der Kontinente eine Erosion, sialisches Material werde wegtransportiert und unter den Ozeanen in der Nähe der Grenze zu den Kontinenten angehäuft **(Hypothese einer unterkrustalen Erosion)**.

RITTMANN rechnet wie LAWSON bei seiner **thermodynamischen Deutung** mit subkrustalen Konvektionsströmungen und Massenverlagerungen, deren Höchstgeschwindigkeit rund 10 cm im Jahr betrage und die in den Orogenzonen die wichtigste Ursache der Gebirgsbildung seien, zumal sie sehr lange Zeit hindurch vor sich gingen. Der Anstoß zur Massenverlagerung erfolge ausschließlich unter dem Orogen (Impulszone) vom Ozean gegen die Kontinente hin und nicht entgegengesetzt, wie ältere Vertreter annahmen, weil höhere Temperaturen an der Basis der kristallinen Erdrinde unter den Ozeanen früher erreicht würden als unter den Kontinenten. Unter dem Druck dieser aktiven Strömung, die durch das horizontale Temperaturgefälle zustande komme, höben sich die Kontinente, Erosion und Abtragung verstärkten sich und der Schutt sammele sich in den beschleunigt einsinkenden Geosynklinalen (Abb. 117). Ihre Bildung sei an das Vorhandensein einer Tiefseerinne, für die als Zerrungsgebiet ein starker Vulkanismus bezeichnend sei, und einer beschleunigten Strömung im subkrustalen Magma geknüpft. Keinesfalls sei die Sedimentanhäufung die Ursache einer Geosynklinalentwicklung (S. 216). Infolge Belastung mit Sedimenten sinke die Geosynklinale allerdings weiter ein, und die subkrustale Strömung werde gegen die Tiefe abgelenkt, womit gleichzeitig die epirogene Hebung des Kontinentinneren und das Absinken der Randgebiete verbunden sei. Die schräg abwärts gerichtete Strömung ziehe die benachbarten Krustenteile, also leichtes sialisches Material (Sialwulst), mit sich in die Tiefe **(Subduktion)** und werde sozusagen vom schwereren magmatischen Substratum verschluckt. Durch die Verfrachtung kühleren Krustenmaterials in die Tiefe käme es zu einer Störung der geothermischen und hydrostatischen Gleichgewichte. Dadurch werde der Konvektionsstrom verstärkt und von einem neuen, entgegengesetzt ozeanwärts gerichteten ergänzt, bis beide Ströme sich unter dem Orogen träfen und gemeinsam in größere Tiefe abstiegen. Das bedeute tektonischen Zusammenschub im Orogenbereich, dessen Intensität von der Steilheit der Isothermen abhinge.

Dazu kämen Regionalmetamorphose und Aufschmelzung (Anatexis), während der Kontinent gedehnt werde und Vorlandvulkanismus, der im Orogen fehlte, und Beckenbildung im Inneren die Folge seien (117 Mitte). Nunmehr führe der isostatische Auftrieb der magmatischen und metamorphen Massen zur Hebung des Orogens, Plutone drängen in die Kruste ein und gingen in einen orogenen Vulkanismus über. Die Hebung werde von Gleitbewegungen und der Ablagerung des Flysches begleitet, während

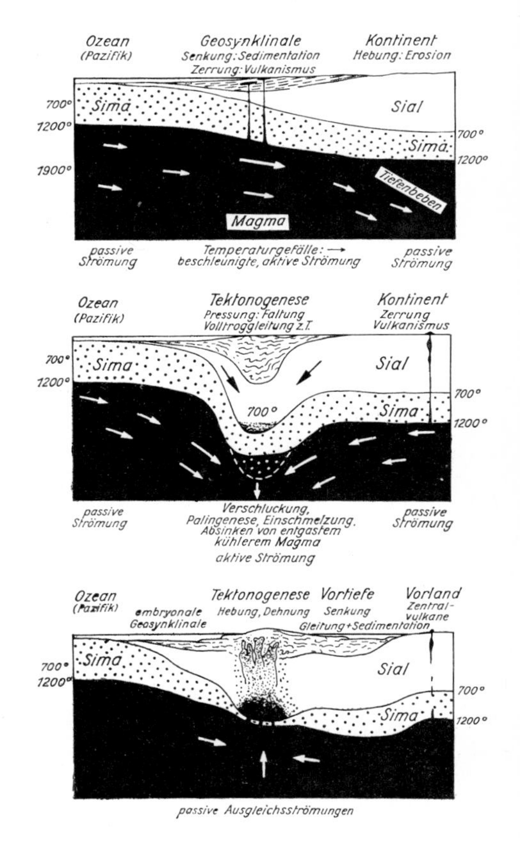

Abb. 117. Geosynklinalbildung, Faltung und Aufsteigen der gefalteten Gebirge nach der thermodynamischen Deutung von Rittmann

die Erosion des auftauchenden Gebirges die Molasse liefere (117 unten). Mit der Einebnung des Gebirges und dem Verschwinden des Sialwulstes in der Tiefe ende der Vorgang, da das Gleichgewicht wiederhergestellt sei. Zugleich habe sich eine neue Tiefseerinne ausgebildet, und der orogene Zyklus könne von neuem beginnen. Im einzelnen werde dieser z. B. durch radioaktive Wärmeerzeugung und eine wahrscheinliche differentielle Westdrift der gesamten Erdkruste modifiziert. In dieser geistvollen Hypothese versucht Rittmann, „ein schematisches und sicher noch sehr unvollkommenes Bild der geodynamischen Entwicklung" zu entwerfen. Sein

Versuch, die ursächlichen Zusammenhänge zwischen Magmatismus, Tektonogenese und Epirogenese in der Form einander ablösender Konvektionsströmungen aus der Sicht des Vulkanologen insbesondere physikalisch-chemisch verständlich zu machen, verdient hervorgehoben zu werden, wenn auch von geologischer Seite her manches nicht ohne weiteres gesichert erscheint.

Magmatische Theorien

Eng verwandt mit den Unterströmungstheorien, aber auch mit Vorstellungen der Oszillationstheorie und gemäßigter Driftvorstellungen sind die schon frühzeitig entwickelten magmatischen Theorien, die in der Gegenwart freilich nur noch als Zusatzhypothesen Bedeutung haben. Während bei den Unterströmungstheorien aktive Konvektionsströme in der „Fließzone" entscheidend sind, steht bei den magmatischen Deutungen das Eindringen von großen magmatischen Schmelzflüssen im Vordergrund. Daß zwischen Gebirgsbildung und Magmatismus enge Beziehungen bestehen und Intrusionen zusammen mit anderen Ursachen im Rahmen der Tektonogenese bedeutsam sind, wurde bereits dargelegt. In den einzelnen Zonen der Faltengebirge sind charakteristische Magmatite vorhanden, die den verschiedenen Entwicklungsstadien der Faltengebirge zugeordnet sind. So findet man z. B. in der kristallinen Zentralzone der Alpen (Hohe Tauern, Silvretta, Ötztaler Alpen u. a.) ebenso wie in der des älteren Variszischen Gebirges (Böhmische Masse, z. B. Erzgebirge, Sudeten, Bayerischer Wald) mächtige granitische Massen, die entweder synorogen vergneist oder postorogen zu Granitplutonen erstarrt sind.

Bereits in den zwanziger Jahren des vorigen Jahrhunderts wurde von L. von Buch und A. von Humboldt ebenso wie von E. de Beaumont den magmatischen Erscheinungen eine besondere Bedeutung beigemessen. Ihre Vorstellungen gingen dahin, daß die aus der Tiefe aufsteigenden Schmelzen die überlagernden Schichten der Decke emporhöben, nach den Seiten drängten und dabei teilweise in Falten legten oder zumindest in eine schräge Lage brächten. Besonders wurden auch die Erscheinungen des Vulkanismus auf diese Weise erklärt (Lehre von den Erhebungskrateren, **Elevationstheorie**). Ähnliche Gedanken hat W. Penck 100 Jahre später auf Grund seiner Studien in den nordwestargentinischen Anden entwickelt, einem Gebiet, das großenteils aus mächtigen Tiefengesteinsmassen aufgebaut ist.

Bei aller Bedeutung magmatischer Vorgänge darf man sie nur in größeren Zusammenhängen und in enger Verbindung mit der gesamten Gebirgsbildung sehen. Die in die Oberkruste aktiv eindringenden Tiefengesteinsschmelzflüsse sind dabei sicher nicht das zentrale Problem. Auch Kossmat schreibt dem Magma bei der Tektonogenese nur einen zusätzlichen Einfluß zu, Rittmann dagegen versucht, die Ursachen und Verbindungen magmatischer Erscheinungen mit den geodynamischen und geochemischen Vorgängen zu erforschen, um sie schließlich in das geologische Gesamtgeschehen richtig einzuordnen.

Die Kontinentalverschiebungstheorie
(Drifttheorie)

Es dürfte kaum eine andere Theorie geben, die über Jahrzehnte hinweg bis auf den heutigen Tag so im Mittelpunkt der Diskussion gestanden hat, deren Für und Wider von namhaften Forschern der ganzen Welt nach zunächst völliger Ablehnung so abgewogen und oft erst später anerkannt worden ist, keine geotektonische Hypothese, die einen bedeutenden Einfluß auch auf viele andere Naturwissenschaften ausgeübt hat, wie die Kontinentalverschiebungstheorie Alfred Wegeners, des im Dienste der

Wissenschaft auf dem Inlandeis Grönlands umgekommenen deutschen Geophysikers. „In fast geschlossener Front stellte sich die Geologie zunächst gegen diesen wagehalsigen Versuch. Heute ist das Bild ein anderes: Einige haben die Verschiebungstheorie in vollem Umfang, viele in gemilderter Form angenommen. Kaum eine Gedankenbildung, in der nicht wenigstens ihre Wirkungen spürbar wären." (H. CLOOS 1936). Und wir dürfen heute feststellen, daß WEGENERS im Jahre 1912 zum ersten Male öffentlich vorgetragene und 1913 in seinem Werk „Die Entstehung der Kontinente und Ozeane" (5. Aufl. 1936) niedergelegte Theorie gerade im letzten Jahrzehnt dank weiteren Forschungen von Geologie und Geophysik erneut im Mittelpunkt gestanden hat und noch steht.

Im Gegensatz zu allen anderen Hypothesen spielen bei WEGENER und später ähnlich bei A. DU TOIT (1927) nicht vertikale, sondern **horizontal-tangentiale Bewegungen** die primäre und entscheidende Rolle, das heißt ein Driften sialischer Krustenschollen auf der schwereren Unterkruste. WEGENER geht von einem großen Urpazifik und einem geschlossenen Urkontinent **(Pangäa)** aus, der bis in das Jungpaläozoikum bestanden habe und später mit Beginn des Mesozoikums unterschiedlich intensiv in die einzelnen Erdteile auseinandergedriftet sei, wobei sich neue Ozeane, z.B. der Atlantik, gebildet hätten. Zwischen den atlantischen Küsten — einschließlich des Schelfgebiets — von Afrika und Südamerika herrsche eine so auffällige Übereinstimmung, daß man beide Erdteile leicht zu einem einzigen vereinigen könne. Südamerika sei in westlicher Richtung von Afrika abgedriftet. Ähnliches wird für die Norderde im Raum Skandinavien — Grönland — Nordamerika erwogen. Es scheint nachgewiesen zu sein, daß sich der Abstand zwischen der norwegischen Küste und der Ostküste von Grönland laufend vergrößert hat (JAESTRUP). Geodätische Messungen ergeben, daß die Horizontaldrift etwa 1,0 bis 2,5 mm im Jahre erreicht. Wenn für 60 Jahre ein Wert von 600 m und mehr angegeben wird, dürfte das an unzureichenden Messungen, besonders im 19. Jahrhundert, liegen und zweifellos ein Fehlschluß sein. Dagegen hat A. E. M. NAIRN (1967) berechnet, daß in den 200 Millionen Jahren zwischen dem Oberkarbon und dem Alttertiär sich Europa und Amerika 4500 km voneinander entfernt haben. Das heißt, daß der Bewegungsbetrag unter der Voraussetzung, daß jeder Block für sich gedriftet ist, 1 cm je Jahr groß ist, damit aber einen Wert darstellt, der unter dem liegt, wie er zum Teil an jungen Spalten in Kalifornien und Neuseeland gemessen worden ist. H. ILLIES (1965) spricht von einer mittleren Geschwindigkeit der Westdrift Südamerikas von 5 cm im Jahr und konnte erst jüngst (1967) an Hand von Beobachtungen des großen Erdbebens in Chile vom Mai 1960 zeigen, daß der Krustenblock auf 1000 km Länge zwischen dem Kontinentalrand und den Anden als Ganzes westwärts bewegt und dabei gekippt wurde.

Insbesondere sprechen Floren- und Faunenverteilung auf beiden Seiten des Atlantiks und die Ergebnisse der paläontologischen und paläoklimatologischen Forschung, wie die Verbreitung der permokarbonischen Eiszeit im Gebiet aller Südkontinente, für WEGENERS Gedanken, teilweise auch die Formen der pazifischen Faltengebirge an der amerikanischen Westküste. Die Vorstellung unbewiesener Landbrücken oder versunkener Zwischenkontinente wie „Atlantis" im Raum des heutigen Atlantischen Ozeans zur Erklärung der Floren- und Faunenverbreitung auf beiden Seiten des Weltmeeres erscheint überflüssig und überholt.

Horizontale Gleitbewegungen hatten vor WEGENER schon KREICHGAUER, PICKERING und TAYLOR für möglich gehalten, aber nur im Sinne zeitlich und räumlich begrenzter Erscheinungen, nicht als krustengestaltendes Prinzip.

Im Gegensatz zu anderen Theorien, die von der Bodenständigkeit und Unbeweglichkeit der Erdrinde ausgehen und die keine Änderungen der Lage der Kontinentalschollen im Gradnetz gelten lassen, meint WEGENER, daß sich durch ein freies Gleiten über den Untergrund die relative Lage der Kontinente zueinander ändert, da die Landmassen mit ihrer Unterlage nicht fest verbunden sind, sondern in Übereinstimmung mit den isostatischen Verhältnissen der Kruste „schwimmen". Das langsame Abdriften der westlichen Erdteile von der Ostfeste, das Zerreißen der Pangäa bzw. insbesondere des Gondwanalandes in einzelne Teilkontinente führt WEGENER auf horizontale Bewegungen zurück. Auf der Rückseite der driftenden Großschollen wird der simatische Untergrund freigelegt und soll in den Tiefseeböden zutage treten. An der Frontalseite werden sialische Massen gestaut und zu Kettengebirgen zusammengestaucht, wie das markant die jungen pazifischen Faltengebirge Amerikas zeigten. Ähnlich wie diese Gebirge durch Westdrift des amerikanischen Kontinents erklärt werden, deutet WEGENER die äquatorial streichenden alpidischen Faltengebirge Europas und Asiens durch die Annahme, daß sich Afrika, Indien und das übrige Eurasien gegeneinander bewegten.
Die Ursache der Driftbewegungen sucht WEGENER letztlich in kosmischen Bedingungen, einmal in nach Westen gerichteten Präzessionskräften, infolge der mit Sonne und Mond zusammenhängenden **Gezeitenreibung**, die sich in den Weltmeeren und in der festen Erdkruste bemerkbar macht, und in der durch die Erdrotation und die Schwereverteilung bedingten **Polfluchtkraft**, d. h. einer von den Polen zum Äquator gerichteten Bewegung der Kontinente. Auch **Polverlagerungen** (S. 308) könnten möglicherweise zusätzlich eine Rolle spielen, wenn auch WEGENER im einzelnen die Frage nach weiteren das Schollendriften auslösenden Kräften vorsichtig abwägend offen läßt.

Der Ungar EÖTVÖS hat neben anderen eine Polfluchtkraft rechnerisch nachgewiesen, wenn sie wohl auch allein zu gering sein dürfte, um eine wesentliche Verschiebung der Kontinentalschollen zu bewirken. Die westwärts treibenden Kräfte dürften sich nach HAALCK und Berechnungen JEFFREYS' ebenfalls geotektonisch kaum stärker auswirken, sondern ebenso wie die Polfluchtkraft nur zusätzlich eine Rolle spielen, weil die Bewegungen viel zu klein seien.

Der große Vorzug der WEGENERschen Theorie besteht zweifellos darin, daß sie zahlreiche Probleme und Rätsel der Bau- und Entwicklungsgeschichte der Erde verständlich macht. Daher hat sie bald, besonders auch in Nachbardisziplinen, viele Anhänger gefunden. Im einzelnen läßt sich freilich gegen die kühnen Gedanken in ihrer ursprünglichen Fassung manches einwenden. So müßten die Faltengebirge als sich aufstauende Stirnwülste driftender Sialschollen **einseitig** gebaut sein. Doch zeigen die meisten Gebirge, z.B. die Alpen, einen zweiseitigen Baustil (KOBER, KRAUS, S. 219). Ebensowenig lassen sich die Vorgänge eines langsamen und stetigen Driftens der Kontinentalschollen mit der bestehenden Episodizität des tektogenen Geschehens in Einklang bringen, auch wenn wir STILLES Phasenlehre und orogenes Gleichzeitigkeitsgesetz (S. 224) kritisch beleuchtet haben. Es bestehen Schwierigkeiten und Widersprüche zwischen den Hauptfaltungen und dem Driften, nicht weniger bei der strukturellen Deutung. KOSSMAT hat darauf hingewiesen, daß die Entstehung der großartigen ostasiatischen Faltengebirgsbögen unklar bliebe, weil zur Erklärung Driftbewegungen vorausgesetzt werden müßten, die in wechselnder Richtung verliefen, so daß die Vorderseite der driftenden Schollen später zur Rückseite wurde. Das aber sei mit unseren Vorstellungen über die in der Ausbildung der Kettengebirge bestehenden Symmetrien nicht in Einklang zu bringen. Ebensowenig könnten die paläozoischen (kaledonischen

und variszischen) Gebirge in der Umrahmung des Indischen Ozeans in WEGENERS Sinn gedeutet werden, da sie nicht alle an der Front einer driftenden großen Festlandsmasse entstanden sein könnten. Dagegen stimmen sowohl die paläozoischen als auch die jungmesozoisch-tertiären Gebirgsstrukturen Eurasiens und besonders der Südkontinente in Form und Anordnung so überein, daß man daraus auf ein Entstehen unter im großen und ganzen gleichen Bewegungsgesetzen schließen kann. Sind aber die paläozoischen Faltengebirge nicht auf den Zerfall eines Festlandsblockes — nämlich des Gondwanalandes, das nachweisbar bis gegen Ende des Mesozoikums zusammenhing — durch Auseinanderdriften erklärbar, dann dürften auch die tertiären Ketten kein Ergebnis dieses Zerfalls sein.
Lange Zeit wurden insbesondere Argumente gegen WEGENERS Auffassung von der Natur und Struktur des Atlantiks vorgebracht. Gravimetrische und seismische Messungen ergaben oft dort mächtigere, leichte sialische Massen, wo sich schwereres Sima zeigen müßte. Während der Bauplan des Pazifiks im allgemeinen der Theorie entspricht, hat WEGENER für den Atlantik selbst später ergänzt, daß das Sima hier von einer mehr oder weniger dicken Sialhaut überkleidet sei, weil beim Driften der Großschollen kleinere Kontinentstücke zurückgeblieben seien.
Auch der Pazifik weist nach neueren Forschungsergebnissen ein weitaus komplizierteres Relief auf, als man lange angenommen hat. Manche der nachstehend angeführten Gebilde, wenn auch nicht alle, finden sich freilich auch in einzelnen Teilen des Atlantiks wieder.

Abgesehen von den meist bogenförmig verlaufenden steilwandigen **Tiefseegräben** zeigen sich weite Flächen mit geringer Neigung **(Tiefsee-Ebenen)** und lange **Tiefseeschwellen** mit flachen Böschungen, während schmale langgestreckte **Tiefseerücken** steilere Hänge aufweisen. Bis 1000 m hohe und 20 km breite **Tiefseehügel** oder noch höhere **Tiefseeberge** als „Kleinformen" des Reliefs des Ozeanbodens besitzen Kegelform und sind vulkanischer Entstehung (Basalt). Besonders auffällig sind zahlreiche abgestumpfte, nach einem amerikanischen Geographen **Guyot**s genannte Tafelberge von erheblicher Größe, die bis 1500 m und weniger unter dem Meeresspiegel aufragen und sich in einzelnen Gebieten, z. B. im Golf von Alaska und westlich von Hawaii, auf tektonischen Linien häufen. Der erste Guyot wurde im zweiten Weltkrieg südlich der Aleuten von H. H. HESS entdeckt. Es dürfte sich um Gebilde vulkanischer Entstehung handeln, vielleicht um Schichtvulkane vom Typ des Vesuvs, mit tischebener Oberfläche, ohne erhaltene Spitze. Die Gipfelfläche ist einer alten Brandungseinwirkung (Abrasion) zu verdanken. Später sind die heute submarinen Berge schnell abgesunken, wobei über die Ursache des Absinkens Unklarheit besteht. Daher ist der Boden der Ozeane es wert, intensiv erforscht zu werden, nicht weniger als der Bau der Kontinente oder die Rückseite des Mondes (M. EWINGS), weil er Wesentliches zur Klärung vieler Probleme beitragen kann.
Am Schelfrand setzen sich **ertrunkene Flußtäler** fort und steigen hinunter bis zum Boden des Ozeans. Daneben finden sich **submarine Cañons**, oft dicht geschart, die keinerlei Beziehungen zu Flüssen oder anderen Hohlformen des Festlandes erkennen lassen, so daß eine Deutung als subaerische Flußtäler kaum möglich sein dürfte. Wahrscheinlich hängen sie mit submarinen Rutschungen und der Wirksamkeit von Trübeströmen (turbidity currents) zusammen. Dem Amerikaner HAYMAKER gelangen photographische Aufnahmen solcher Cañons in 150 m Wassertiefe. Eine Sensation war es aber, als es Anfang der fünfziger Jahre H. W. MENARD gelang, im Pazifik, etwa auf der Höhe von San Francisco, im Mittel WSW-ONO streichende **gebirgige Streifen** zu entdecken. Mit ihnen laufen **Verwerfungen** mit Sprunghöhen bis 3000 m, einer Breite von 200 km und einer streichenden Länge von mehr als 2500 km parallel, die meist Meeresregionen unterschiedlicher Tiefenlage von einander scheiden. In diesen Bereichen häufen sich vulkanische Tafelberge. Magnetische Anomalien weisen auf Blattverschiebungen bis 1200 km hin. Man spricht von dieser Zone jetzt als den Lineamenten vor der kalifornischen Küste. Wie sie sich auf dem Festland fortsetzen oder mit Vulkanreihen zusammenhängen, muß weiteren Forschungen vorbehalten bleiben.

Geht man von der Stilleschen Konzeption des Atlantiks, seiner Entwicklung und seinen Beziehungen zu den umgebenden Festlandsgebieten aus (S. 223), erscheint es zunächst nicht glaubhaft, daß in geologisch jüngerer Zeit eine Westfeste von einer Ostfeste abdriftete. Wie wir durch zahlreiche Messungen mittels des Echolotes sowie durch andere moderne meeresgeologische und -geophysikalische Untersuchungen wissen, ist auch das Relief des atlantischen Tiefseebodens reich gegliedert. Schaut man auf eine moderne Übersichtskarte des Atlantiks, erkennt man, wie etwa in der Achse, förmlich als Rückgrat, eine 1500 bis 1600 km breite — d. h. ein Drittel Atlantikbreite — und bis zu 3000 m hohe Rücken-(Schwellen-)zone von fast 17000 km Länge etwa küstenparallel vom hohen Norden bis zur Bouvetinsel am Rande des Südpolaren Beckens hindurchzieht (Abb. 118). Wahrscheinlich setzt sich der Rücken um das Kap der Guten Hoffnung in den Indischen Ozean bis nach Südarabien fort. Über andere Äste, z. B. durch den Antarktik südlich von Australien in den Südpazifik, ist das letzte

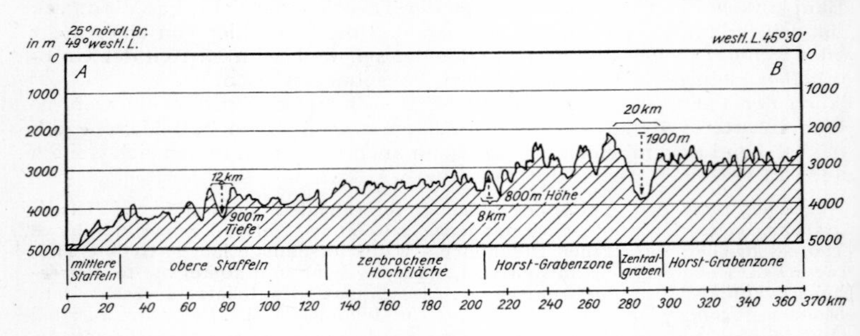

Abb. 118. Profil durch den westlichen Teil des Mittelatlantischen Rückens (nach M. Pfannenstiel, 1961)

Wort wohl noch nicht gesprochen. Im allgemeinen mit ihrer Oberfläche in 3000 bis 4000 m Wassertiefe liegend, ragt die Schwelle in einzelnen Inselgruppen über den Meeresspiegel auf (z. B. Azoren, Ascension, Island). Morphologisch durch ein unruhiges Relief und einen komplizierten Bau gekennzeichnet, zerfällt dieser Mittelatlantische Rücken in einen nordatlantischen und einen südatlantischen Teil. Ihr deutlich bogenförmiger, sinusartiger Verlauf erinnert an einen meridional verlaufenden Gebirgszug. Die Entstehung des Rückens wird auf Transversalverschiebungen zurückgeführt (Heezen und Tharp, 1965). Auf beiden Seiten zweigen schräggerichtete Querschwellen ab, die durch Senken voneinander getrennt werden. Einzelnen Elementen hat man Namen gegeben. Es läßt sich erkennen, daß die Querschwellen dem Bau der umgebenden Festländer entsprechen und deren unmittelbare Fortsetzung darstellen, wie das schon E. Krenkel für die afrikanische Westküste betont hat.

Im letzten Jahrzehnt hat man weite Teile des Atlantiks und speziell auch den Mittelatlantischen Rücken, z. B. durch die Forschungsschiffe „Albatros“, „Atlantis“ und „Meteor“, näher vermessen bzw. topographisch kartiert. Es wurden Zehntausende von Echo- und Drahtlotungen mit Genauigkeiten von etwa 60 cm bei Teufen von 10000 m sowie seismische, gravimetrische und magnetische Sondierungen durchgeführt, Bodenproben entnommen, die Unterwasser-Fernsehkamera eingesetzt und viele andere neuartige Untersuchungsmethoden angewandt, die ergeben haben, daß der

Rücken eine große, in einzelne Teile gegliederte morphotektonische Einheit darstellt. Nach B. C. HEEZEN erhebt sich die Firstregion des Rückens 2000 bis 3000 m über die umgebenden Tiefsee-Ebenen von rund 5000 m Meerestiefe und bildet ein kompliziert gebautes vulkanisches Gebirge, das im wesentlichen aus basischen Gesteinen (Olivingabbro, Basalt) besteht. Das gesamte Gebilde ist durch Bruchtektonik und nicht durch Faltenbau

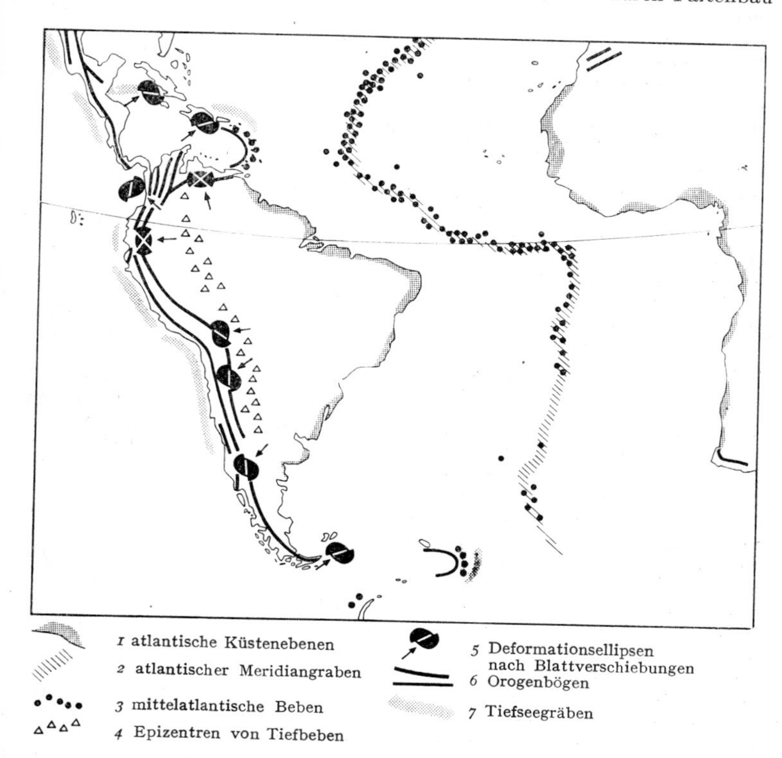

Abb. 119. Die randpazifische Tektonik Südamerikas und die Schachtelgrabenstruktur des Atlantischen Ozeans als Folgeerscheinungen der Kontinentalverschiebung (in Anlehnung an Moore, 1963, nach Illies 1964)

bestimmt und ähnlich dem Oberrheintalgraben in mehrere Zonen unterteilt (Abb. 119). Der Kamm des riesigen Basaltgebirges ist ein noch heute seismisch äußerst aktiver **zentraler Graben** (Rift Valley), z. T. in mehrere Äste aufgespalten und mit unebenem Grabenboden in rund 3500 m Meerestiefe. Der „Große Graben" auf Island ist ein über den Meeresspiegel aufragender Teil dieser Zone, die sich in ähnlicher Weise nicht nur im Atlantik, sondern auch in den übrigen Ozeanen findet, so daß man neben den beiden Großeinheiten der Erde, den Kontinenten und Ozeanen, von einer dritten Großeinheit, den **Mittelozeanischen Rücken**, gesprochen hat (M. PFANNENSTIEL, 1961). Insgesamt sind diese Längserhebungen (World Rift System) etwa 80000 km lang und 1250 bis 1600 km breit. H. HAVEMANN (1966) hat in einer interessanten Studie über unregelmäßige krustale, aber regelmäßige Mantelbewegungen der Erde eine moderne Zusammenstellung dieser Gebilde gegeben. Es kann kaum noch eine Rede davon sein, daß der Mittelatlantische Rücken ein Stück variszisches, kaledonisches oder noch älteres meridionales, dem Ural vergleichbares Gebirge darstellt, wie KOBER gemeint hat, und auch nicht ein Stück, das den Kontinentalblock der Alten Welt im Westen umgürtet und sich dem System der amerikanischen Leitlinien angefügt hätte (KOSSMAT). RITTMANN (S. 298) sieht im Atlantischen Ozean ein **interkontinentales Meer**, das durch fortschreitende Erweiterung aus einem kontinentalen Graben entstanden ist. Die Zerrzone der Mittelatlantischen Schwelle ist durch ungewöhnlich hohe Wärmestromwerte in einzelnen Teilen, starken, seit langem spezifisch aktiven Basaltvulkanismus und gesteigerte Seismizität charakterisiert. Der Vulkanismus hat den Rücken aufgebaut und ist noch heute aktiv, wie die Entstehung der Vulkaninsel Surtsey vor Island im Jahre 1964 erst wieder gezeigt hat. Die Dehnungen werden auf subkrustale Unterströmungen zurückgeführt. Auch HAALCK kommt zu ähnlichen Vorstellungen starker aufwärts gerichteter Magmenströmungen, das heißt zur Vorstellung der Aufbeulung subkrustaler Mantelmaterie in der Tiefe. In den letzten Jahren hat sich besonders H. ILLIES (1963/1967) in Zusammenhang mit seinen Studien über die Baugeschichte des Oberrheintalgrabens und anderer Großgräben der Erde sowie den Ursachen und Problemen der Kontinental- und Polverschiebungen mehrfach zu den anstehenden Fragen geäußert. Nach ILLIES wird die gesamte Erdkruste von einem Gitter alter Lineamente zergliedert, an denen sich seit den ältesten Zeiten Scherbewegungen vollziehen und die immer wieder von neuem als Blattverschiebungen fungieren. Die großen Grabenzonen sitzen solchen Erdnähten, d. h. alten Schwächezonen der Erde, auf und durchziehen die Erdkruste ohne Rücksicht auf Alter und erdgeschichtliche Entwicklung. Dabei sind besonders Gebiete, in denen sich zwei Schwächezonen kreuzen, aktiv und bestimmen die weitere Entwicklung. Auch die Abspaltung Südamerikas von der Landmasse des Gondwanalandes ist an einem solchen Grabensystem (Tiefenbruchsystem) erfolgt, von dem aus sich der Atlantik erweitert hat (vgl. RITTMANN). Daß die Kontinentaldrift heute noch vor sich gehe, beweise die seismische Aktivität des Zentralgrabens. Ganz ähnlich sind die meridionalen Grabenbrüche in Ostafrika und das System Libanon — Antilibanon — Jordantal — Totes Meer — Rotes Meer, aber auch die Mittelmeer-Mjösen-Zone STILLES mit dem Rhône- und Rheintalgraben oder auch die Elbtalzone gebaut. Alle sind sie bis in den Mantel hinabreichende Störungszonen (Abb. 120). Das Rote Meer läßt bereits erkennen, daß die Dehnung der Kruste bis zur Trennung Afrikas von Arabien auf 40 bis 60 km Breite und mehr als 2000 m Tiefe im Bereich des „Zentralgrabens" geführt hat. Aus einem innerkontinentalen Graben ist bereits ein ozeanischer Spalt geworden, oder anders ausgedrückt: Eine echte Kontinentalverschiebung hat eingesetzt. Die **Gräben** sind die **Initialspalten der Kontinentalverschiebungen** (ILLIES, 1965 und ähnlich E. C. BULLARD, 1964). So stellt die **Taphrogenese** (Großgrabengenese) ein mechanisch fundiertes, globales Bauprinzip der Kruste und zugleich des gesamten Erdmantels im Sinne von Reaktionspartnern dar, das auch die Frage der Kontinentalverschiebungen in einem anderen Lichte zeigt. Nach ILLIES (1963) waren die Südkontinente bis zur Mitte des Mesozoikums im Gondwanaland vereinigt. Im obersten Jura entstand ein intrakontinentales Grabensystem. Der entlang der Kontinentalränder Afrikas und Südamerikas verbreitete spätjurassische Magmatismus dürfte auf den beginnenden Zerfall des Gondwanalandes hinweisen. In der Unter-

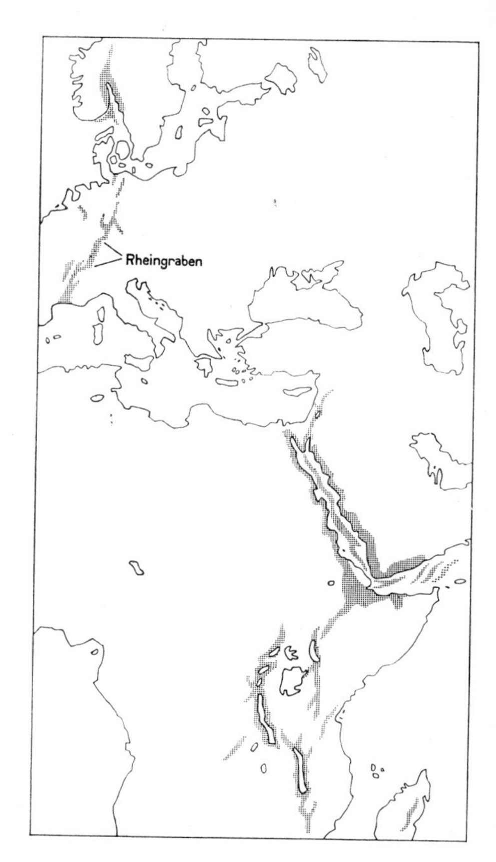

Abb. 120. Die großen Grabenstrukturen Afrikas und Europas (nach H. Illies, 1965)

kreide war das Stadium des heutigen Roten Meeres erreicht, und vor etwa 100 Mio Jahren erweiterte sich die Spalte zu ozeanischen Dimensionen, indem Südamerika aktiv nach Westen driftete, während Afrika nur eine schwache Drehung vollführte. Illies (1964) vertritt die Meinung, daß die großen Urkontinente das Rotationsgleichgewicht der Erde störten und daher die Tendenz dahin gerichtet war, diese Störkörper zu spalten und die Erdoberfläche möglichst gleichmäßig mit Einzelkontinenten im Sinne einer Stabilisierung zu bestücken. Dem destruktiven Aufreißen der Grabenzonen steht die alpinotype Tektonogenese als konstruktive Ausdrucksform der Kontinentaldrift gegenüber (Illies, 1965).

Bei der Frage nach den Ursachen der Kontinentalverschiebungen spielen immer wieder Polwanderungen und Konvektionsströmungen eine Rolle. Während die einen den Unterströmungen (z. B. A. E. M. Nairn, 1967) die primäre Bedeutung zuerkennen, treten andere Forscher für die Polverschiebungen ein. S. R. Runcorn (1961) hat versucht, auf der Grundlage von Konvektionsströmungen im Erdmantel eine Verbindung dieser mit den Driftbewegungen herzustellen. Daß Polverlagerungen in der Erd-

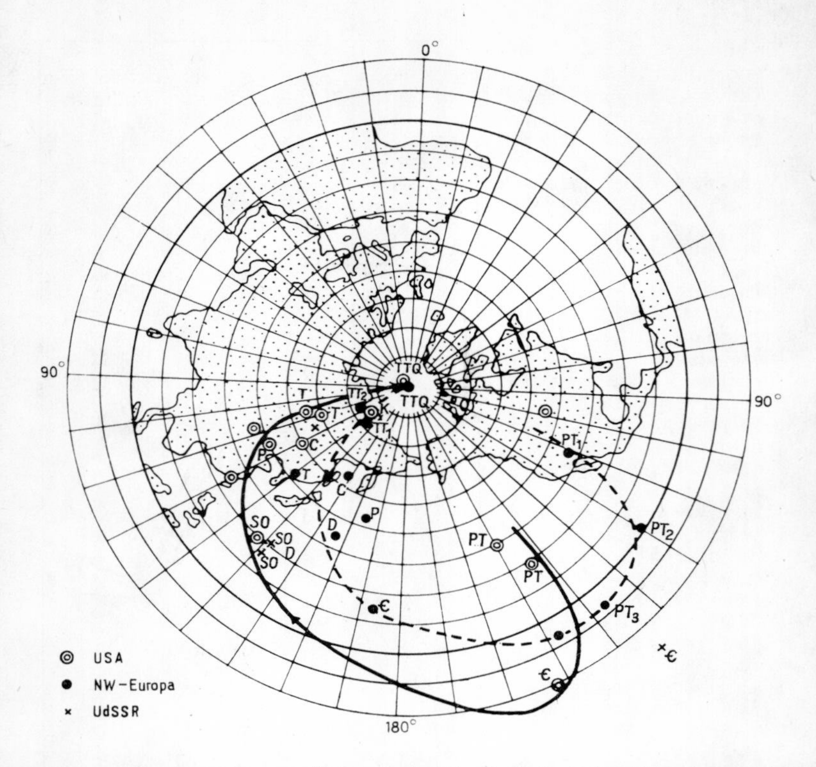

Abb. 121. Wanderung des magnetischen Nordpols im Laufe der Erdgeschichte (umgezeichnet von M. Schwarzbach, 1961, nach Komarow, 1960); — nach Messungen in Nordamerika; — nach Messungen in Europa; × Messungen in der UdSSR. *PT* Proterozoikum (*PT*$_1$ Unt. Torridon; *PT*$_2$ Llangmyndiam; *PT*$_3$ Ob. Torridon); € Kambrium; *SO* Ordovizium + Silur; *D* Devon; *C* Karbon; *P* Perm; *T* Trias; *K* Kreide; *TT*$_1$ Eozän; *TT*$_2$ Oligozän; *TTQ* Tertiär + Quartär

geschichte stattgefunden haben, zeigen die **paläomagnetischen Messungen**. Diese lassen erkennen, daß die magnetischen Pole und damit wohl auch die geographischen im Tertiär und Quartär etwa schon so lagen wie in der Gegenwart, im Prätertiär aber eine zum Teil gänzlich andere Lage aufwiesen, wie die Wanderung des magnetischen Pols der Nordhalbkugel zeigt (Abb. 121). Dadurch, daß die Auswertung paläomagnetischer Daten altersgleicher Gesteinsserien für die einzelnen Kontinente unterschiedliche Werte ergeben hat, erscheint bewiesen, daß eine Kontinentaldrift bestehen muß und sich also die Lage der Kontinente zueinander verschoben hat. Der Astrophysiker Gold (1955) hat Polwanderungen über große Entfernungen infolge der Verlagerung des Erdkörpers in bezug auf die Rotationsachse für wahrscheinlich gehalten und später mit anderen Autoren eine begründete Theorie der Erdachsenverlagerung entwickelt. Schon Kossmat hatte nachdrücklich hervorgehoben, daß Zusammenhänge zwischen der Erdrotation und dem Mechanismus der Gebirgsbildung beständen. H. Havemann (1965) ist nach geologischen, geophysikalischen und rechnerischen Rekonstruk-

tionen zu dem Ergebnis gelangt, daß nur unter der Voraussetzung von Polwanderungen Paläogruppierungen der Kontinente möglich sind, die sich nicht auf unwahrscheinlich große pazifikwärts gerichtete Kontinentalbewegungen zurückführen lassen. Diese aber und damit die Bildung von Neuozeanen seien außer ihrer primären Bedingtheit durch die Tiefenvorgänge der Aufwölbungen weiter auch durch mittel- und randpazifische Vorgänge mitbestimmt. H. ILLIES (1965) sieht Polverschiebungen und Kontinentalverschiebungen als einander auslösende und steuernde Prozesse an, wobei Polverschiebungen sozusagen als Katalysatoren der Driftbewegungen wirken. Auch die Polfluchtkraft wird in positivem Sinne erörtert, während er sich mit Konvektionsströmungen in Zusammenhang mit den verschiedenen Stadien der kontinentalen Zerspaltung (s. o.) kritisch auseinandersetzt. Die driftenden Kontinente und die Tektonogenesen hätten aber andererseits Änderungen in der krustalen Massenverteilung zur Folge, die die Rotationsachse der Erde zur Polverschiebung im Sinne der passiven Anpassung veranlaßten.
Die Einwände, die von geographischer Seite gegen WEGENER vorgebracht worden sind, z. B. von BEHRMANN an Hand der klimatischen Verhältnisse und von Klimazeugen, daß sich die Lage des Gradnetzes der Erde seit dem Quartär oder Pliozän nicht mehr geändert habe, oder von KLUTE, daß die eiszeitliche Schneegrenze in Skandinavien parallel zur heutigen verliefe, sind nicht stichhaltig. Die Paläomagnetik hat für das Prätertiär Argumente gebracht, die nur im Sinne erheblicher Polverschiebungen und damit auch Driftbewegungen zu deuten sind. Dazu kommen Ergebnisse der paläoklimatologischen Forschungen. Nach LOTZE ist eine im Paläozoikum im Norden gelegene Zone der Salzbildung im Laufe der Erdgeschichte immer weiter nach Süden gewandert. Das spricht für eine Verlagerung der ariden Klimagürtel, die durch Polwanderungen und Driftbewegungen erklärt wird.
Eine ganz besondere Rolle spielt bei der Erörterung der Kontinentalverschiebungen aber seit WEGENER die jungpaläozoische **permokarbonische Vereisung** der Südkontinente, jedoch auch ältere Vereisungen, wie sie R. MAACK (1959) in der Brasilischen Masse Südamerikas vom Präkambrium bis zum Oberkarbon nachweisen konnte. Im Permokarbon waren weite Teile von Südamerika, Südafrika, Vorderindien, Australien und Antarktika von Inlandeis bedeckt, wie wir aus mehreren alten verfestigten Grundmoränen (Tilliten) und Bänderschiefern (Warwiten), aber auch aus Gletscherschrammen auf dem Felsuntergrund, gekritzten Geschieben, Rundhöckern und alten U-Tälern wissen. Die Herkunftsrichtung des Gondwana-Inlandeises in Brasilien weist nach MAACK (1967) an Hand von Geschiebeeinregelungsmessungen und des Streichens der Achsen von Eisdruckspalten auf östliche Sektoren, das heißt auf den heutigen Südatlantik hin (Abb. 122). Dunkelviolette und rötliche Quarzitgeschiebe in den alten Grundmoränen, die im Anstehenden Südamerikas nicht nachgewiesen werden konnten, fand MAACK (1960) in weiter Verbreitung im Präkambrium und Altpaläozoikum Südafrikas. Sie sind seiner Ansicht nach eines der eindrucksvollsten Dokumente gegen die Existenz des Südatlantiks in paläozoischer Zeit, da Gesteinsmaterial nicht über freie Ozeanflächen transportiert werden konnte. Die Geschichte des Atlantischen Ozeans begann erst im jüngeren Mesozoikum, als das Gondwanaland entlang einem alten Lineament zerspaltete und auseinanderdriftete (S. 278). Damit erscheinen also ohne transversale Krustenverschiebungen auch die paläogeographischen, paläoklimatologischen und paläontologischen Beobachtungstatsachen nicht verständlich, so daß WEGENERS kühne Gedankengänge erneut in den Mittelpunkt gerückt sind. Ob freilich alle Südkontinente

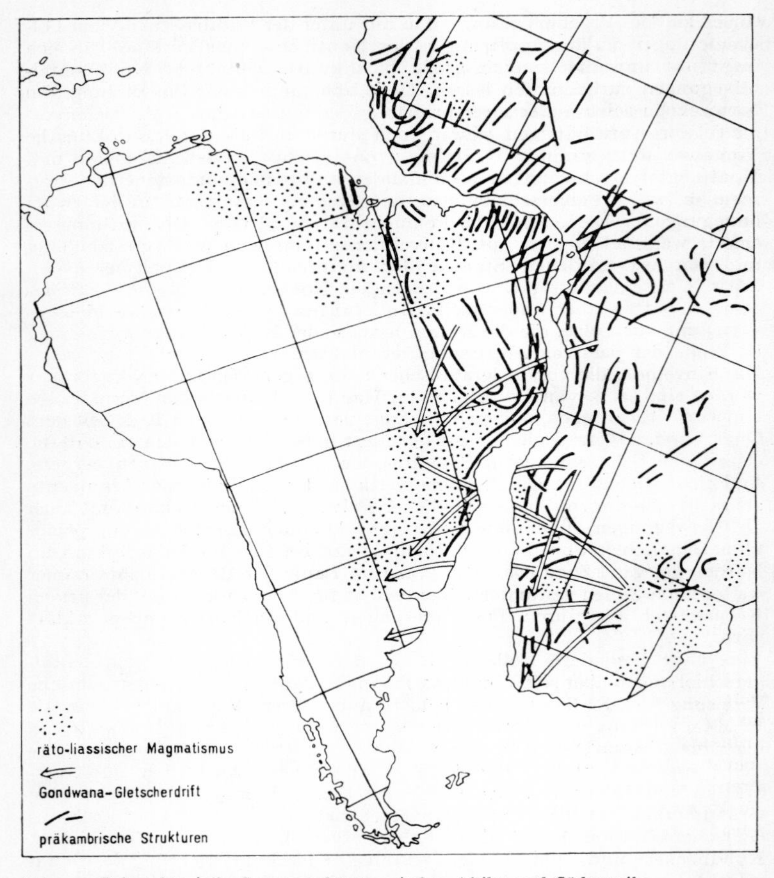

Abb. 122. Paläotektonische Zusammenhänge zwischen Afrika und Südamerika (nach verschiedenen Autoren, entworfen von H. Illies, 1965)

im WEGENERschen Sinne eine Pangäa gebildet haben, erscheint unklar, da z. B. B. C. TEICHERT (1958) nachweisen konnte, daß in Westaustralien seit dem Altpaläozoikum marine Bildungen vorliegen und der Erdteil wenigstens seit dem Perm isoliert gewesen sein muß.

Wie dem auch sei, eine Kontinentaldrift ist vorhanden, wenn auch in etwas anderer Art und anderen Ausmaßen, als WEGENER einst angenommen hat. Doch bleibt sein Verdienst ungeschmälert bestehen, als erster auf Horizontalbewegungen hingewiesen und sie in ihrer Bedeutung für die Krustengestaltung erkannt, d. h., mobilistische Vorstellungen konsequent entwickelt zu haben.

Der Heidelberger Geologe W. SALOMON-CALVI, der bis zuletzt die Drifttheorie verfochten hat, hat für Verschiebungen und Driftbewegungen kleineren Ausmaßes den allgemeineren Begriff **Epeirophorese** geprägt, während R. A. SONDER, der sich im übrigen völlig zur Kontraktionstheorie bekennt (S. 286), in Anlehnung an den Begriff tangentialer Driftbewegungen der festen kristallinen Erdkruste über der **Astenosphäre**, der unterhalb 100 km liegenden Zone der Weichheit und Nachgiebigkeit (H. W. BUCHER), von **Phorogenese** spricht.

Der Geophysiker B. GUTENBERG hat WEGENERS Theorie auf Grund seismischer Beobachtungen im Raum der Kontinente und Ozeane zu einer zu den Unterströmungstheorien überleitenden **Fließtheorie** umgebaut, indem er einem Zerreißen der Kontinentmassen eine Dehnung, ein Auseinanderfließen der sialischen Kruste gegenüberstellt (Abb. 123). Nach seiner Ansicht wären noch in der Gegenwart große Teile eines Urkontinents am Boden des Indiks und des Atlantiks vorhanden. Im übrigen hält er

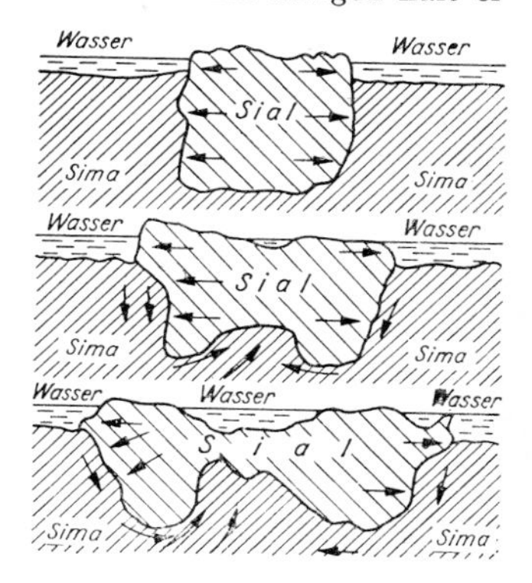

Abb. 123. Ausbreitung der leichten sialischen Kontinentalschollen über das schwere Sima (nach der Fließtheorie Gutenbergs)

die relative Verschiebung von Krustenteilen zueinander für größere Gebiete für bewiesen. Die notwendigen Kräfte erkennt er in denjenigen, die das hydrostatische Gleichgewicht der Erdkruste herzustellen versuchen, einmal in dem Streben der leichteren sialischen Kontinentalschollen, sich über die gesamte Erde auszubreiten, dann aber in der Tendenz der schwereren Simamassen, sich unter die leichtere sialische Zone zu schieben, wobei die Vorgänge im einzelnen durch Kontraktions- und Polfluchtkräfte abgewandelt werden. KOSSMAT und RITTMANN haben dagegen mancherlei eingewendet, z. B., daß die durch das hydrostatische Ungleichgewicht hervorgerufenen Kräfte nicht genügten, um das Auseinanderfließen zu erzeugen, wenn auch in den Kontinenten sicher zentrifugal gerichtete Kräfte auftreten.

Auch der vom Schweizer R. STAUB unternommene geistvolle Versuch, der zum Teil den Unterströmungs- und magmatischen Theorien nahesteht, aus dem tektonischen Bauplan der Alpen den Bewegungsmechanismus der Erde und ein allgemein gültiges Bewegungsgesetz abzuleiten, geht wohl viel zu einseitig von alpinen Verhältnissen aus und wird dem Bau der Gesamterde nicht gerecht. STAUB erklärt den Widerspruch zwischen dem Wachstum der Kontinente einerseits und der Minderung durch Zerrung und Absinken andererseits durch ein rhythmisches Wechselspiel entgegengesetzter Bewegungen, von Polflucht zu Poldrift, wozu noch eine gewisse Westdrift kommt, was freilich nur schwer verständlich erscheint.

Nach STAUB driften in den Perioden der Polflucht die Nord- und Südkontinente an einer „Kampffront" im Bereich des uralten Zentralmeeres, der Tethys, gegeneinander und falten Kettengebirge auf. Dabei werde eine subkrustale Magmawanderung ausgelöst, die die Kontinente auseinander-

triebe, so daß zwischen ihnen infolge Dehnung in der Zeit der Poldrift eine Geosynklinale entstünde. Diese aber bilde die Voraussetzung für eine neue Faltung (Polflucht), und das Spiel beginne von neuem. Der Kampf soll innerhalb des vom Urpazifik umrahmten Raumes vor sich gehen, der keine oder nur eine äußerst dünne Sialhaut besäße und eine hochliegende Simakruste hätte, insbesondere in der Nordpazifischen Depression mit durchschnittlich 5200 m Meerestiefe, zwischen dem Äquator und 50° nördlicher Breite sowie zwischen 130° östlicher und 130° westlicher Länge. Dieses Gebiet sei eine gewaltige Lücke, die durch Ablösung des Mondes von der Erde entstanden sei (ähnlich auch B. G. ESCHER, 1949, N. ŠT'OVÍČKOVÁ 1966, D. V. WISE, 1963 u. a.). PICKERING und QUIRING sprechen von einer „irdischen Mondnarbe", und ILLIES (1965) erwägt bei der Frage, warum die Kruste des Nordkontinentes Laurasia und des Südkontinentes Gondwana aus einem Sockel präkambrischer Gesteinsmassen bestände und die frühe Erstarrungshaut nicht die gesamte Erde überzöge, einen möglichen Zusammenhang mit der Ablösung des Mondes in vorerdgeschichtlicher Zeit. H. QUIRING (1961) sieht die präkambrische Laurentische Tektonogenese als Folge der Mondausschleuderung und glaubt, in den den Nordpazifik umziehenden Tiefseegräben, Vulkan- und Erdbebenzonen wichtige Zeugen dieses uralten Vorgangs zu erkennen.
Unter anderen hat H. HAVEMANN (1960) dagegen an Hand der Auswertung von Aufnahmen von der Rückseite des Mondes nachzuweisen versucht, daß auf Grund von Berechnungen H. JEFFREYS' und vieler Übereinstimmungen im Bau der Erde und des Mondes eine Abschleuderung des Erdtrabanten nicht in Betracht käme und ebenso eine Ausschleuderung aus dem Erdinneren nur schwerlich angenommen werden könne. Dabei sei freilich unklar, ob der Mond als eingefangener Planet oder, was wahrscheinlicher sei, als das mit der Erde gleichalte kleinere Glied eines Ursystems Erde-Mond anzusehen sei.

Jüngst hat nun H. BUSER (1967) zum Ausdruck gebracht, daß man Kontinentalverschiebungen zur Erklärung der erdgeschichtlichen Entwicklung nicht benötige, und als Gegenthese das „Gesetz der hemisphärischen Transgressions/Regressions-Umkehr" aufgestellt. Er geht davon aus, daß Transgressionen im Nordatlantik mit Regressionen im Südatlantik zusammenfallen müßten, und umgekehrt. So seien Richtung und Ausmaß aller Überflutungen ebenso wie Klimaänderungen mit Hilfe von Meeresströmungen, Verschiebungen des Meeresspiegels und damit verbundenen Änderungen der Meeresströmungen für die Deutung aller klimatischen und biologischen Befunde der Erdgeschichte durchaus zureichend. Im übrigen sprächen die strukturellen Verhältnisse auf beiden Seiten des Atlantiks und die Fortsetzung der Paläostrukturen von den Kontinenten in die Meere nicht für eine direkte Verbindung, sondern nur für ähnliche Anlagen und Prozesse der Krustengestaltung. Diese gegenüber den bisherigen Darlegungen völlig andere Auffassung dürfte wohl im Vergleich mit den gebrachten Tatsachen und Befunden weniger stichhaltig sein, wenn sie auch Aspekte bringt, die einer genaueren Überprüfung, vielleicht im Sinne von zusätzlichen Argumenten, wert erscheinen.

Die Geomechanik

Bei allen geotektonischen Prozessen handelt es sich um physikalisch-mechanische Vorgänge kleinen, größeren und größten Ausmaßes. Es ist daher nur verständlich, daß der Weg der Geologie von einer beschreibenden Naturwissenschaft immer mehr zu einer geologischen Mechanik führt. So wurde ein neues Teilgebiet geschaffen, die **Geomechanik**, um zu Vorstellungen und Hypothesen zu gelangen, die den Regeln und Gesetzen der mechanischen Kausalität entsprechen. Dabei hat sich auch die **Rheologie**, das heißt die Wissenschaft vom Verhalten der Materie unter dem Einfluß

formverändernder Kräfte — mit Begriffen wie Festigkeit, Fließen, Kriechen, sprödes oder plastisches Verhalten —, an der Klärung der bestehenden Fragen beteiligt, besonders dadurch, daß für die Deutung der rheologischen Eigenschaften der Erdkruste seismische Daten verwendet wurden. Nur auf dieser Grundlage wird die moderne Geotektonik davor bewahrt, irrige, „mechanikfreie" (SONDER) Vorstellungen und Hypothesen über die Dynamik der Erdrinde intuitiv und phantasiereich, aber ohne Berücksichtigung der mechanischen Gesetze zu entwickeln und damit oft eine völlig berechtigte Kritik der Physik herauszufordern.
Gerade auch in der angewandten Geologie, z.B. in der technischen oder Ingenieurgeologie, spielen solche Betrachtungen eine immer zunehmende Rolle. In der **Fels- und Gebirgsmechanik** spricht man im Gegensatz zur Materialfestigkeit der technischen Gesteinskunde in diesem Sinne von einer **Verbandsfestigkeit** (L. MÜLLER) des Gebirges. Die Geomechanik geht quantitativ weiter und befaßt sich ganz allgemein mit allen tektonischen Verformungen der Erdkruste und deren mechanischer Analyse. Unter den zahlreichen Vertretern seien der Schweizer R. A. SONDER und der ungarische Geologe E. R. SCHMIDT hervorgehoben, die beide über Grundfragen und die praktische Anwendung hinaus auch die Aufstellung geotektonischer Theorien beeinflußt haben. Nach SONDER versucht die Geomechanik, „die tektonischen Prozesse, die in den äußersten Zonen der Erde ablaufen, mit Hilfe uns bekannter physikalischer Tatsachen und mechanischer Gesetze nachzurechnen", bedient sich also „der mathematischen Sprache der Mechanik" oder anders ausgedrückt: „Das mechanische Problem der Geotektonik ist algebraisch bestimmt." Geologische Befunde stellen für die Geomechanik Gleichungen mit mehreren Unbekannten dar, in die sie verschiedene Werte einsetzt und mit denen sie viele Möglichkeiten prüft, um zu Deutungen zu gelangen, die auch für den Geologen annehmbar sind. Auf diese Weise werden die geotektonischen Vorstellungen viel schärfer und klarer erfaßt, als es bisher rein analytisch möglich war. Mathematische Berechnungen allerdings, wie sie z.B. KIRSCH, GOGUEL und SCHEIDEGGER, auf unbewiesenen Annahmen aufbauend, bis in die letzte Zeit entwickelt haben, lehnt SONDER als Versuche, unbewiesenen Theorien ein „überflüssiges, mathematisches Kleid" zu geben, ab. Da sowohl die geologischen Argumente nicht eindeutig beweisbare Deutungen darstellen als auch die geomechanischen Überlegungen gewisse Unsicherheitsmomente enthalten, ist eine richtige Lösung nur bei Beachtung der geologischen und der geomechanischen Erkenntnisse möglich (1960).

Zwar hat VON BUBNOFF betont, daß eine allgemeine geomechanische Theorie deshalb verfrüht erscheine, weil doch eben jene exakten Werte noch fehlten, die man in die Gleichungen einsetzen müsse. Die Geologie ginge von beobachtbaren Strukturen und von der Baugeschichte der Gebirge aus, nicht von Formeln und Experimenten, die leicht zu Fehlschlüssen führen könnten, unter anderem deshalb, weil das Baumaterial der Erdkruste viel zu inhomogen sei und bei mechanischen Betrachtungen zudem der Zeitfaktor vernachlässigt werde. Die Entwicklung der Fels- und besonders der Gebirgsmechanik, das immer stärkere Eindringen mathematischer Methoden in die Geologie, vor allem der mathematischen Statistik, die Datenverarbeitung und erkenntnistheoretische Untersuchungen im letzten Jahrzehnt lehren aber, daß dieses Urteil vom Jahre 1956 kaum noch stichhaltig sein dürfte. Es gibt keine Naturwissenschaft ohne Physik und damit Mathematik, wie übrigens schon GALILEI (1564—1642) richtig erkannt hatte.

Freilich gilt für SONDERS Grundannahme einer säkularen Erdkontraktion, die für ihn ein „Naturgesetz" ist, daß sie ebensowenig bewiesen ist wie andere Annahmen — Konvektionsströmungen u. a. —, die andere Wissenschaftler für sich in Anspruch nehmen. Wir können dabei nur mit mehr oder weniger großen Wahrscheinlichkeiten rechnen.

SONDER lehnt Unterströmungen und auch Drifttheorien im Gegensatz zu anderen Forschern, die gerade diese zum Ausgangspunkt nehmen und der Erdkontraktion nur eine geringere Bedeutung beimessen (M. P. BILLINGS, 1960), als unwahrscheinlich ab, auch wenn hier darauf hingewiesen wurde, daß solche Vorstellungen manche Einzelbilder der Natur verständlicher machen als die Kontraktion und für sie auch immer mehr exakte Unterlagen und Messungen zusammenkommen. Die Ursache der Erdkontraktion ist auch nach SONDER ungeklärt. Abkühlung wird von ihm abgelehnt, möglicherweise kämen atomare Prozesse in Betracht. Sicher sei aber, daß die Gesteinsdeformationen typische mechanische Reaktionen sprödelastischer Körper seien und man auch experimentell beweisen könne, daß sehr hohe Spannungen bei jeder Gebirgsbildung vorhanden sein müßten. Tangentialspannungen von rund 10000 kp/cm^2 seien nur mit Hilfe der Erdkontraktion herleitbar. SONDERS interessante, neuartige Analyse des erdgeschichtlichen Ablaufs, seine Verknüpfung von Faltung und epirogenen Bewegungen, seine „stratigraphische Tektonik", die besagt, daß „die Sedimente in vielen und grundlegenden Aspekten eine tektonische Niederschrift" enthalten, daß jede tektonogene Reaktion sich wegen des elastostatischen Effekts in eine epirogene Oszillationsbewegung umsetzen müsse (1961), die für ihn „das wichtigste tektonische Kapitel der Erdgeschichte" ist, zeigen, daß seine Art mechanischer Betrachtung richtungweisend für die zukünftige tektonische Forschung sein dürfte. SONDER geht wie andere von dem freilich nicht allgemein anerkannten zyklischen Ablauf der Erdgeschichte aus und stellt epirogenetische Großzyklen auf, zu denen er den paläoklimatischen Ablauf (z.B. Eiszeiten, Perioden der Salz- und Kohlebildung) und die tektonogenetischen Prozesse in Beziehung setzt, also gerade umgekehrt wie STILLE, bei dem die großen Faltungsären die Marksteine der Erdgeschichte sind. Dieser Betrachtungsweise SONDERS ist VON BUBNOFF bei seiner regionalen Darstellung Europas teilweise schon vorangegangen. Während SONDER wohl zu sehr die Verhältnisse der Oberkruste in den Vordergrund stellt, beginnt E. R. SCHMIDT mit der Geomechanik des Erdinneren und deren Wirkung auf die Kruste. Seinen geomechanischen Betrachtungen der Großgliederung der Erdkruste in Kontinente und Ozeane, in Krato(ge)ne und Orogene schließt er regionalgeologische und angewandt-geologische Erörterungen an.

E. R. SCHMIDT hat den Versuch unternommen, die tektonische Großgliederung geomechanisch zu erfassen. Nach der Mechanik der Kugel bzw. der Kugelschale entstehen durch axialen Druck oder als Wirkung der Zentrifugalkraft infolge der Aufbauschung in äquatorialer Richtung meridionale Dehnungen und Risse, als Folge der Materialverschiebung zur Drehachse dagegen diagonale Gleitflächen und schließlich bei weiterer Wirksam. keit dieser Kräfte Risse in der Kruste entlang dem Äquator als Folge von in meridionaler Richtung wirkenden Zugkräften. Starre Körper wie die Kratone brechen immer diagonal zur Richtung des Druckes, und daher herrschen diagonal zur Hauptdruckrichtung stehende Hauptgleitflächen und Brüche vor. Orogene zeichnen sich dagegen durch tektonische Linien aus, die zur Richtung der tektonischen Kräfte senkrecht stehen. Auf dieser Grundlage erklärt SCHMIDT die Richtung der Höhlen im Karst, gefährliche Wand- und Pfeilerbrüche im Salz- und Kohlenbergbau, aber auch die Richtung der meisten Erzgänge, den Lauf vieler Flüsse, Erdölstrukturen u. a. m. (Abb. 124). Nach seiner Auffassung sind diese gesetzmäßigen Richtungen in jedem Gesteinshandstück ebenso erkennbar wie in den großen tektonischen Linien der Gebirge, der gesamten Erdkruste und auf anderen Planeten, z.B. dem Mars (Kanäle).

Die Gliederung der Erdkruste steht nach SCHMIDT in Zusammenhang mit

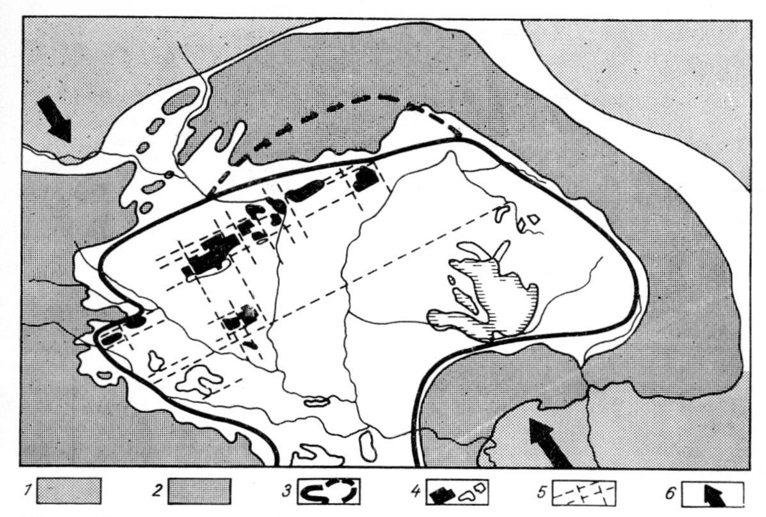

Abb. 124. Geomechanisch-tektonische Skizze zur Erklärung der Entstehungsgeschichte der ungarischen Mittel- und Inselgebirge. *1* Urmassive, *2* Orogene (Alpen, Karpaten, Dinariden), *3* Tisia (ungarisches Zwischengebirge), *4* Mittel- und Inselgebirge, *5* Bruchlinien, *6* Richtung der kretazischen gebirgsbildenden Kräfte (nach E. R. Schmidt)

ihrer mechanischen Inanspruchnahme, z. B. der kosmisch bedingten Drehung der Erde um ihre Achse (Rotation) und der damit verbundenen Pulsation, d. h. dem Wechsel der Erde zwischen der Gestalt einer Kugel und der eines Ellipsoids, wie die Abplattung der Erdkugel sowie die Regelmäßigkeit und Gesetzmäßigkeit des Auftretens tektonischer Zonen und Linien zeigen. Neben den Wirkungen erdinnerer, chemischer und thermischer Vorgänge sind Isostasie und Kontraktion am wichtigsten. Schmidt hat sich bemüht, auch Einzelerscheinungen und Entwicklungsperioden zu deuten. Nach seinen Darlegungen in zahlreichen Spezialarbeiten werden die Anlage von Geosynklinalen, das Zustandekommen der Tektonogenese, die polaren Eiszeiten, die eigenartige Dreiecksform der Kontinente, die asymmetrische Zweiseitigkeit der Orogene ebenso durch die Pulsation verursacht wie der kausale Zusammenhang zwischen Magmatismus und Tektonogenese. Das wichtigste Ergebnis der Arbeiten von E. R. Schmidt ist die breite und erfolgreiche Anwendung in der geologischen und bergbaulichen Praxis Ungarns, vor allem auch bei der Klärung hydrogeologischer Fragen im Karst und bei der Thermalwassererschließung, aber nicht weniger auch beim Aufsuchen von Lagerstätten nutzbarer Minerale und Gesteine, bei der Projektierung von Schächten, Bergwerken und großen Bauten. Schmidts 1961 erschienener „Hydrogeologischer Atlas von Ungarn“ mit 73 Karten und einem großen erläuternden Text- und Tabellenband gilt in der gesamten Fachwelt als einmalig und zeigt, welche praktischen Ergebnisse die konsequente Anwendung theoretischer Erkenntnisse bringen kann. Mag der eine oder andere gegen Schmidts Geomechanik, die wie andere Theorien nur eine Rastvorstellung unter Verwendung der gegenwärtigen Erkenntnisse und Erfahrungen sein kann, im einzelnen vielleicht manches einzuwenden haben, so ist allein ihre praktische Bedeutung nicht zu unterschätzen.

Versuche einer Synopsis der geotektonischen Hypothesen
(„Mechanik der Erdgeschichte")

Wenn man danach fragt, welches die Energiequellen sind, die die geotektonische Entwicklung der Erde bestimmen, so dürften dafür einmal die Gravitationsenergie, dann die Wärmeenergie der tieferen Teile einschließlich des radioaktiven Zerfalls und die mechanische Energie der Rotation und Gezeitenwirkung in Frage kommen. Schwieriger wird es schon zu entscheiden, welche Reihenfolge die wahrscheinlichste ist bzw. ob sich vielleicht im Laufe der Entwicklung der Erde die Bedeutung der einzelnen Energiebereiche geändert hat. So viel dürfte sicher sein, daß die Bewegungen und Verformungen der Kruste nur aus der komplexen Wirkung verschiedener Kräfte und Kräftezusammenspiele zu erklären sind. Daß zwischen den gestaltenden Faktoren und Kräften — vulkanisch-magmatischen Erscheinungen des oberen Mantels und der kontinentalen Kruste, d. h. der Herkunft der Magmen aus zwei voneinander unabhängigen Quellen (RITTMANN), horizontal-tangentialen Driftbewegungen, thermodynamischen Ausgleichsbewegungen und subkrustalen Unterströmungen, Expansion und Kontraktion, der Wirkung der Gravitation und dem tektonischen Gefälle — mannigfache Wechselbeziehungen bestehen und bestehen müssen, kann kaum bezweifelt werden, auch wenn mitunter der eine oder andere Forscher diese Reihe aus mehr oder weniger berechtigten, oft nur „intuitiven" Gründen leugnet. Die Vorgänge in den tieferen Krustenzonen und im Erdmantel können nur in enger Zusammenarbeit von Geologie, Petrologie, Geochemie, Geophysik und physikalischer Chemie erfolgreich erforscht werden. Für diesen Gesamtkomplex hat BELOUSSOW (1962) den Begriff Geonomie geprägt.
F. KOSSMAT, der in hohem Maße über Erfahrungen auf geologischem und geophysikalischem Gebiet verfügte und dazu weite Räume der Erde aus eigener Anschauung kannte, sprach sich dafür aus, daß Ungleichmäßigkeiten der regionalen Dichteverteilung innerhalb gleicher Horizonte während der Abkühlung auf der rotierenden und gewissen kosmischen Massenwirkungen — wie dem Einfluß der Gezeiten und der sich gesetzmäßig und periodisch ändernden Neigung der Erdachse zur Sonne, der Ekliptik — ausgesetzten Erde tangentiale Bewegungsimpulse auslösen, die mit den Wirkungen der Kontraktion und der magmatischen Krustenvermehrung wetteifern. Dabei seien die Bewegungen der Oberkruste nicht selbständig, sondern stünden in Verbindung mit den einem zähen Fließen vergleichbaren Massenbewegungen des Unterbaus. Nur subkrustale Magmaströmungen und Verschiebungen in der dünnen, von ihnen getragenen Oberkruste vermöchten die gewaltigen Zerrspalten der Tiefenbrüche zu erklären. Der Polflucht komme nur eine untergeordnete Bedeutung zu. Der Mechanismus der Tektonogenese werde also von **physikalisch-chemischen Umsetzungen und Strömungen in der Magmenzone** gesteuert, unter denen H. CLOOS die stoffliche Differentiation der Tiefe als Fortsetzung der Gesamtdifferentiation des Erdballs für am wichtigsten hält.

Auch STILLE ergänzt als konsequenter Vertreter der Kontraktionstheorie (S. 283) seine Grundauffassung durch zusätzliche Annahmen, wie die gewisser horizontaler Driftbewegungen und subkrustaler Magmaströmungen. Gleich KOSSMAT und STILLE leiten auch andere führende Geotektoniker die Krustenbewegungen aus mehreren Ursachen ab, wobei freilich über die primäre bzw. sekundäre oder gar nebensächliche Bedeutung der einzelnen Energiequellen Meinungsverschiedenheiten bestehen und es denkbar wäre, daß bei der Buntheit und Vielfalt des geologischen Geschehens einmal diese, einmal jene Kräfte stärker wirksam werden. Wenn auch die Vorstellung subkrustaler Strömungen von vielen Forschern vertreten wird, so wurde hier aufgezeigt, daß es auch Gegengründe gibt, die vor

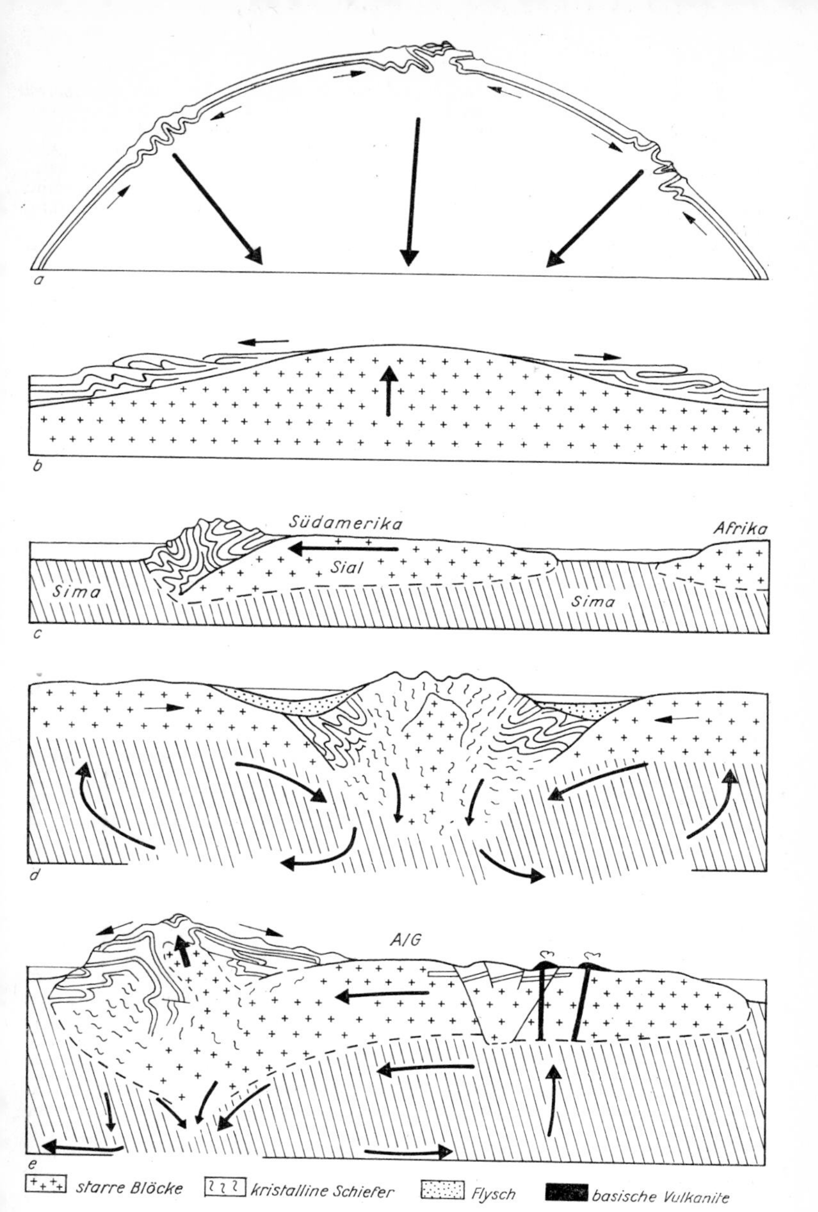

Abb. 125. Schematische Profile der Gebirgsbildungshypothesen: *a* Kontraktionstheorie; *b* Oszillationstheorie (Mitte: Geotumor); *c* Kontinentalverschiebungstheorie; *d* Unterströmungstheorie; *e* Kombination der Kontinentalverschiebungstheorie, der Oszillationstheorie und der alpinotypen (*A*) bzw. germanotypen (*G*) Tektonik mit der Unterströmungstheorie. — Die Pfeile deuten subkrustale Magmaströmungen im Sinne der Unterströmungstheorie an

allem von der Seismik her kommen und das rheologische Verhalten der oberen Zonen der Erde betreffen beziehungsweise davon ausgehen, daß den Unterströmungen ebensowenig wie den Driftbewegungen zwingende Beweiskraft innewohnten (SONDER), auch wenn sie anregende und interessante Ausblicke „mit fragwürdiger Wahrscheinlichkeit" eröffnet hätten. Trotzdem dürfte sicher sein, daß sich neben der wieder an Bedeutung gewinnenden Kontraktionstheorie und den verschiedenen Unterströmungstheorien gerade im letzten Jahrzehnt an Hand neuerer Forschungsergebnisse die Kontinentalverschiebungstheorie stärker in den Vordergrund schiebt, nachdem sie auf eine neue Grundlage gestellt worden ist.
Ganz anders geht U. DE SITTER (1960) vor. Er bringt Dichteänderungen in den tieferen Zonen mit Mineralumwandlungen infolge hoher Temperaturen und Drücke in Zusammenhang und meint, die Hebung von Kettengebirgen und ozeanischen Rücken ebenso wie die Bildung von Tiefseegräben durch Zug- und Druckspannungsfelder erklären zu können.

H. RÜCKLIN (1963) hat versucht, das in den verschiedensten Hypothesen vorliegende Gedankengut kritisch zu sichten und eine „Mechanik der Erdgeschichte" im Sinne einer Zusammenschau in Form einer Theorie der Entstehung des Großreliefs der Erde aufzustellen. Er meint, daß die Energiequellen im Wärmeumsatz des Erdkörpers und im Wärmeaustausch zwischen Erdkörper und Weltraum zu suchen seien. Keine der vorhandenen Theorien berücksichtige die Tatsache, daß der Wärmehaushalt der Erde notwendig eine historische Entwicklung durchlaufen haben müsse; das sei der Ausgangspunkt seiner synoptischen Betrachtung. Die Wärmebilanz des Erdkörpers in der Gegenwart sei positiv. Die stetige Entwicklung des Lebens zeige, daß mindestens seit kambrischer Zeit eine ausgeglichene Wärmebilanz bestehe, dagegen aber zu Beginn der geologischen Geschichte der Erde im Archaikum und Proterozoikum der Wärmehaushalt sehr wahrscheinlich negativ gewesen sei. Im Riphäikum dürfte sich der Übergang zu einer ausgeglichenen Wärmebilanz vollzogen haben. Da ein effektiver Wärmeausstoß Kontraktion zur Folge haben muß, führt RÜCKLIN die Tektonogenesen der Frühzeit auf Kontraktion, die späteren bis zu denen der Gegenwart auf konvektive Unterströmungen in der Mantelzone zurück, die ihren Energiebedarf aus dem radioaktiven Zerfall decken. So trete an die Stelle einer vordem statischen Entwicklung die dynamische Entwicklung des Neogäikums. Wie für STILLE ist auch für RÜCKLIN die Grenze Proterozoikum/Riphäikum die schärfste Zäsur der Erdgeschichte, wenn auch aus anderen Ursachen.
Die beiden Urkontinente Laurasia und Gondwana seien in der Frühzeit mehrfach durch Kontraktionen beansprucht worden, wodurch die Struktur der alten Schilde, der Tiefenbrüche und der Kontinentalabfälle zu erklären sei. Vom Riphäikum an entwickelten sich durch Wärmestau unter den Kontinenten subkrustale Strömungsfelder, durch die das überhitzte Magma unter den Kontinenten weggeführt werde und seine Wärme durch die ozeanischen Felder abgäbe, absänke und unter die Kontinente zurückströme. So bedinge der Wechsel von Perioden des Wärmestaus und der Wärmeverpufferung den Wechsel zwischen epirogenen und tektonogenen Perioden. Zugleich ließen sich mit dem Auf- und Abbau subkrustaler Strömungsfelder bzw. des „Wärmereliefs" („Wärmedome" und „Wärmesenken") submarine Cañons und Tafelberge, der Wechsel thalattokrater und geokrater Perioden der Erdgeschichte ebenso deuten wie deren klimatische Folgen, das Phänomen der Eiszeiten und andere Erscheinungen des Erdbildes. So verursache z.B. die Entwicklung von „Wärmedomen" und „Wärmesenken" eine Störung des Rotationsgleichgewichtes der Erde, und die Entwicklung des Wärmereliefs bedinge eine relative Poldrift. Zu einer Eiszeit komme es aber nur dann, wenn der wandernde Pol nahe an einem

vereisungsbereiten Kontinent vorbeigleite oder ihn überstreiche. In diesem Sinne sei das Eiszeitphänomen nur eine terrestrische Überlagerungserscheinung. Die Unterströmungen übertrügen sich durch Reibungskopplung auf die Kruste und lösten Driftbewegungen aus, wobei es durchaus möglich sei, die Driftwege der Kontinente genauer zu verfolgen und das gegenwärtige Erdrelief im einzelnen zu interpretieren. Da die Beschleunigung der Driftbewegung auch von der Masse der Kontinentalblöcke abhänge und damit die Driftenergie bei gleicher Geschwindigkeit der Größe der Kontinente direkt proportional sei, könne man nicht erwarten, daß die tektonogenen Erscheinungen während einer Tektonogenese auf allen Kontinenten gleichzeitig und gleich intensiv abliefen.
RÜCKLIN, der selbst über spezielle physikalische und mathematische Kenntnisse und Erfahrungen verfügte, bringt zum Ausdruck, daß besonders seine Deutung der erdgeschichtlichen Frühentwicklung sehr hypothetisch sei, weil es noch zu sehr an Beobachtungsmaterial mangele und seine ganze Theorie, der man eine konsequente Durchführung bei Verwertung anderer Vorstellungen sicher zugestehen muß, nur eine Arbeitshypothese sein wolle, die es zu überprüfen gelte. Ihr Ausgangspunkt ist die Vorstellung, daß sich nicht nur die Strukturen des Erdbildes, sondern auch die sie erzeugenden geotektonischen Vorgänge und die dahinter stehenden Ursachen im Laufe der Erdgeschichte gewandelt haben (Exzeptionalismus). Damit aber gilt auch für diese Gedankengänge dasselbe, was wir schon in anderen Zusammenhängen mehrfach betont haben: Theoretische Überlegungen und Schlußfolgerungen sind keine Beweise, sondern nur bildhafte Vorstellungen und Möglichkeiten der Deutung.
Auch von anderer Seite ist mehrfach darüber diskutiert worden, ob nicht in der Frühzeit der Erde andere Verhältnisse geherrscht hätten als später. H. CLOOS meint z.B. eine bedeutend größere Wirksamkeit magmatischer Vorgänge voraussetzen zu können, A. METZGER spricht von einem andersartigen Tiefgang der Faltung (vgl. S. 227), R. SCHWINNER von der Wahrscheinlichkeit einer größeren Rotationsgeschwindigkeit der Erde und K. METZ von der leichteren Möglichkeit der Tangentialwanderung sialischer Schollen. R. DEARNLEY (1965) nimmt an, daß sich die die Erdrinde gestaltenden Kräfte vor weniger als 500 Millionen Jahren insofern geändert hätten, als seitdem mehr Zug- als Druckkräfte einwirkten.
Eins steht jedenfalls fest: Vermögen wir gegenwärtig zahlreiche Einzelerscheinungen des „Erdbildes und seiner Veränderungen" (KOSSMAT) — wenn auch unterschiedlich — zu deuten und teilweise wohl auch zu verstehen, sind wir vom Zusammenwirken verschiedener Kräfte überzeugt, so begreifen wir doch die letzten Ursachen der Wandlungen unserer Erde im Laufe ihrer Entwicklung noch nicht vollständig. Doch sind auf dem Wege internationaler Zusammenarbeit viele aussichtsreiche Wege beschritten, und die Zeit mag nicht mehr fern sein, in der wir dank gemeinschaftlicher Arbeit von Geologie, Petrologie, Geophysik, Geomechanik, Geochemie, Geographie, Astrophysik, Astrogeologie und anderen Teilwissenschaften vieles klarer sehen und Einzelheiten physikalisch fassen können. Besonders Fragen wie die der Entstehung des erdmagnetischen Hauptfeldes, wohl im tiefen Erdinneren, und damit die geochemische Zusammensetzung der Erde sowie der physikalische Zustand der Materie erscheinen heute, besonders auf seismischem Wege, theoretisch und auch experimentell mit neuen Methoden angreifbar, so daß in der nächsten Zukunft wesentliche Fortschritte zu erwarten sind (O. LUCKE, 1960). Wir sollten aber bei allen Überlegungen und Untersuchungen niemals vergessen, daß bei geologischen Vorgängen der Zeitfaktor eine wesentliche und entscheidende Rolle spielt.

Auch zukünftig wird es die Aufgabe der Geowissenschaften bleiben, die Beobachtungstatsachen zu mehren, das heißt, die Auswirkungen der tätigen Kräfte und Kräftezusammenspiele in Raum und Zeit zu erforschen und damit die Voraussetzungen und Grundlagen für eine sowohl mechanisch als auch physikalisch-chemisch fundierte Theorie der Erdentwicklung zu schaffen. Eine solche Theorie besitzt nur dann bleibenden Wert, wenn sie auf der unmittelbaren Beobachtung der Kruste, einer umfassenden und modernen Untersuchung des gesamten Baumaterials und der Strukturen sowie der richtigen Deutung der nur mittelbar zu erschließenden geophysikalischen und geochemischen Parameter aufgebaut ist.

HISTORISCHE GEOLOGIE
DIE ENTWICKLUNGSGESCHICHTE DER ERDE

Geochronologie

Die Geologie ist, wie schon betont wurde, ihrem Wesen nach eine historische Wissenschaft, die sich das Ziel gesetzt hat, die Entwicklung der Erde zurückzuverfolgen bis in die Zeit ihrer Entstehung oder zumindest bis in die Zeit, in der sich eine feste Erdkruste bildete. Abgesehen von organischen Resten, sind die Gesteine die wichtigsten Zeugen, die aus den unvorstellbar langen Zeiträumen dieser Entwicklung verblieben sind. Aus ihnen muß daher weitgehend die Geschichte des Erdkörpers abgelesen werden; sie berichten dem, der ihre Sprache versteht, nicht nur, wie und wo sie einst entstanden, ob sie aus schmelzflüssiger Masse auf der Erdoberfläche oder noch innerhalb der Erdkruste erstarrten, ob der Wind sie ablagerte oder das Wasser, ob die Stelle, an der sie sich jetzt befinden, einst eine Wüste oder ein Meer war, sondern sie verraten auch ihr Alter. Lange Zeit konnte man allerdings nur das relative Alter bestimmen, d.h. die geologischen Erscheinungen in ein zeitliches Schema einordnen, das dem ursprünglichen Zeitablauf entspricht und die Möglichkeit gibt, einzelne geologische Funde richtig einzuordnen. Heute versteht man auch die Zeitdauer und die Geschwindigkeit von geologischen Vorgängen sowie ihren zeitlichen Abstand voneinander zu ermitteln. Dies ist Aufgabe der physikalischen Zeitbestimmung. Damit gelingt es aber auch, das Alter ganzer Gesteinsfolgen innerhalb eines geologischen Systems zu bestimmen oder aus dem Alter der mutmaßlich ältesten Gesteine auf das Alter der Erde selbst zu schließen.
Bei der relativen geologischen Zeitrechnung fußt man auf dem **stratigraphischen Prinzip**, das der Däne N. STENSEN, genannt STENO (1638-87), formulierte: Jede höhere (hangende) Gesteinsschicht ist jünger als die tiefere (liegende) Schicht. Da er gleichzeitig erkannte, daß Schichten beträchtliche horizontale Ausdehnung haben können, war damit die Möglichkeit gegeben, Schichtenfolgen in verschiedenen Aufschlüssen miteinander zu vergleichen und ihrem Alter nach in Beziehung zu bringen.
Diese Methode, die im wesentlichen auf der petrographischen Beschaffenheit der Gesteinsschichten aufbaut, schließt aber Fehlerquellen ein, da Gesteine, die chemisch und mineralisch verschieden sind, keinesfalls immer verschiedenen Alters sein müssen, und anderseits zu verschiedenen Zeiten durchaus ähnliche oder identische Gesteinsfazies entstanden sein können.
Urkunden der Erdgeschichte sind auch tektonische Ereignisse, allerdings liefern sie ebenfalls keine eindeutigen Kennzeichen der Zeit, aus der sie stammen. Eine wichtige Rolle spielen hierbei die Diskordanzen, die meist auf gebirgsbildende Vorgänge, auf Faltung und Heraushebung von Schichten über das Abtragungsniveau hinweisen. Da sich Gebirgsbildungen auf gewisse Zeiträume beschränken, dabei aber weite Teile der Erdkruste erfassen können, sind Diskordanzen für die chronologische Gliederung von Schichtfolgen wertvoll, hauptsächlich in den vorkambrischen Systemen, in denen Leitfossilien fast ganz fehlen. Es muß allerdings berücksichtigt werden, daß die absolute Gleichzeitigkeit von gebirgsbildenden Phasen auf der ganzen Erde nicht zu beweisen ist (vgl. S. 224).

Zeitmarken für die relative Chronologie können auch **Flußterrassen** und marine **Strandterrassen** liefern, im wesentlichen allerdings nur für das Quartär. Die am höchsten liegenden Terrassen sind in der Regel auch die ältesten.

Eine Feingliederung pleistozäner Ablagerungen ermöglichen **fossile Böden**, d.h. unter Gesteinsmaterial begrabene und — meist unter Lößbedeckung — erhalten gebliebene Böden. Diese repräsentieren je nach ihrem Verwitterungscharakter bestimmte Bodentypen, die Aufschluß über die klimatischen Bedingungen in den Zeiten, in denen die Verwitterung erfolgte, geben können. Sie stellen für die Eiszeitforschung ein wichtiges Hilfsmittel dar, das es erlaubt, Warm- und Kaltzeiten klimatisch zu gliedern.

Das wichtigste Hilfsmittel, um das relative Alter von Gesteinsschichten — vor allem dann, wenn sie isoliert sind — sicher zu bestimmen, sind aber die **Leitfossilien**. Ihre Horizontbeständigkeit erkannte der Engländer William SMITH, der auf dieser Basis 1816/19 erstmalig die geologische Schichtenfolge Englands beschrieb. Er wurde damit zum Begründer der **Biostratigraphie**, die seitdem zum unentbehrlichen Bestandteil geologischer Forschung geworden ist. In der neueren Zeit ist man auf diesem Weg noch manchen Schritt weitergegangen; man arbeitet mit statistischen Methoden und zieht außerdem auch Mikrofossilien (Foraminiferen, Ostracoden, Conodonten, Sporen u.a.), die mit bloßem Auge nicht zu erkennen sind, bei der Forschung mit heran. Wertvolle Ergebnisse ergaben sich besonders aus der Bearbeitung des bei Erdölbohrungen anfallenden Kernmaterials, dessen große Mächtigkeiten günstige Voraussetzungen für die Ermittlung einer Faunenaufeinanderfolge bieten.

Die Ergebnisse relativer Altersbestimmungen sind für den Geologen von hervorragender Bedeutung, weil sie eine sehr feine Unterteilung der verschiedensten stratigraphischen Schichteneinheiten ermöglichen. Sie liefern aber nur eine Zeitfolge und erlauben keine Zeitmessung.

Immer wieder wurde die Frage nach dem Alter und der Dauer einzelner Perioden sowie nach dem Alter der Erde gestellt. Besonders seit der Zeit, in der man die Erde nicht mehr als geschichtslos, als ewig bestehend auffaßte, sondern eine klare Entwicklungstendenz erkannt hatte, ist versucht worden, absolute Maßstäbe zu finden.

Die Methoden zur Bestimmung des absoluten Alters von Gesteinsschichten, von geologischen Systemen, von der Erde insgesamt sowie von Meteoriten sind biologischer, geologischer, astronomischer und physikalischer Art. Sie alle ergänzen das relative Zeitschema durch Zeitmarken, die es gestatten, das Alter geologischer Vorgänge in Jahren anzugeben.

Geologische und archäologische Datierungen für den Zeitraum der letzten 3000 bis 4000 Jahre ermöglicht die **Dendrochronologie**. Aus den Wachstumsringen von Bäumen können nicht nur deren Alter errechnet, sondern auch Rückschlüsse auf die klimatischen Verhältnisse ihres Wachstumsbereichs gezogen werden.

Pollenanalytische Untersuchungen, d.h. Bestimmungen von Abfolgen verschiedener Blütenstaubtypen in Gesteinsschichten, erlauben es, Bildungen aus der postglazialen Waldgeschichte zu datieren, umfassen also etwa einen Zeitraum von 12000 Jahren. Sie leisten wertvolle Dienste beim Vergleich ihrer Ergebnisse mit denen der Dendrochronologie, der Warvenmethode sowie der Tritium- und der Radiokarbonmethode (s.u.).

Andere geologische Methoden der absoluten Zeitrechnung gehen davon aus, daß sich die Sedimente mit einer gewissen Regelmäßigkeit anhäufen und daß man die Geschwindigkeiten, mit der diese Ablagerungen erfolgen, abschätzen kann. So hat z.B. SCHUCHERT aus der Gesamtmächtigkeit der marinen Sedimente seit dem Kambrium auf Grund heute zu beobachtender

Tab. 21. Methoden der absoluten Altersbestimmung

Bezeichnung	Mutter-isotop	Tochter-isotop	Anwendungsbereich
Tritiummethode	$^{3}_{1}H$ (T)	$^{3}_{2}He$	0 bis 100 Jahre
Dendrochronologie			bis zu etwa 3000 Jahren
Pollenanalyse[1]			bis zu $12 \cdot 10^3$ Jahren
Warvenmethode			bis zu $20 \cdot 10^3$ Jahren
Radiokarbonmethode	$^{14}_{6}C$	$^{14}_{7}N$	0 bis $70 \cdot 10^3$ Jahre
Ioniummethode	$^{230}_{90}Th$	$^{226}_{88}Ra$	$5 \cdot 10^3$ bis $400 \cdot 10^3$ Jahre
Protaktiniummethode	$^{231}_{91}Pa$	$^{227}_{89}Ac$	$5 \cdot 10^3$ bis $120 \cdot 10^3$ Jahre
Uran-234-Methode	$^{234}_{92}U$	$^{230}_{90}Th$	$50 \cdot 10^3$ bis $750 \cdot 10^3$ Jahre
Strahlungskurve			für $900 \cdot 10^3$ Jahre berechnet
Kalium-Argon-Methode	$^{40}_{19}K$	$^{40}_{18}Ar$	Pleistozän bis Präkambrium
Kalium-Kalzium-Methode	$^{40}_{19}K$	$^{40}_{20}Ca$	
Rubidium-Strontium-Methode	$^{87}_{37}Rb$	$^{87}_{38}Sr$	Jungtertiär bis Präkambrium
Rhenium-Osmium-Methode	$^{187}_{75}Re$	$^{187}_{76}Os$	Tertiär bis Präkambrium
Bleimethoden	$^{238}_{92}U$	$^{206}_{82}Pb$	Jungtertiär bis Präkambrium
	$^{235}_{92}U$	$^{207}_{82}Pb$	Tertiär bis Präkambrium
	$^{232}_{90}Th$	$^{208}_{82}Pb$	
Heliummethoden	$^{238}_{92}U$	$^{4}_{2}He$	unbegrenzt
	$^{235}_{92}U$	$^{4}_{2}He$	
	$^{232}_{90}Th$	$^{4}_{2}He$	
Kernspaltungsspurenmethode[2]	$^{238}_{92}U$	Spaltprodukte	unbegrenzt
Thermolumineszenzmethode[2]			für Minerale mit deutlichen Lumineszenzeffekten etwa wie bei K-Ar-Methode
optische Methode[2] (Dispersion der Doppelbrechung)			

[1] Die Pollenanalyse liefert für Gesteine höheren Alters (z.B. aus dem Tertiär) nur relative Alterswerte

[2] Methoden, die sich noch im Stadium der Entwicklung befinden

Sedimentationsgeschwindigkeiten für das Paläozoikum eine Dauer von 345, für das Mesozoikum von 117 und für das Känozoikum von 61 Mio Jahren ermittelt. Ähnliche Zahlen erhielt man zwar auch durch physikalische Altersbestimmungsmethoden, doch erscheint es fraglich, ob für alle geologischen Perioden die gleiche Sedimentationsgeschwindigkeit zugrunde gelegt werden darf.
Der schwedische Forscher DE GEER wertete für seine Berechnung die Tonbildungen aus, die im Pleistozän am Rande des schwindenden Inlandeises entstanden. In diesen späteiszeitlichen Bändertonen wechseln helle, sandige Sommerlagen mit dunklen, tonigen Winterlagen. Durch Auszählung dieser Jahresschichten, der Warven, kann auf die Dauer der einzelnen Kaltzeiten geschlossen werden. DE GEER gelang es auf diese Weise, einen lückenlosen Kalender, den schwedischen **Bändertonkalender**, für die letzten 20000 Jahre aufzustellen. Ähnliche Berechnungen führten u. a. BERSIER in der oberoligozänen Molasse des Alpenvorlandes und der sowjetische Geologe ARCHANGELSKI in ebenfalls tertiären Gesteinsbildungen des Kubangebietes durch. Von dem Amerikaner BRADLEY wurde die Gesamtdauer des Eozäns der Green-River-Formation in Nordamerika mit Hilfe der Warvenmethode zu 15 bis 24 Mio Jahren ermittelt.
Auch feingeschichtete Ablagerungen aus älteren geologischen Systemen sind als Ergebnis von Jahresrhythmen gedeutet worden. Auf diese Weise bestimmte KORN für das Unterkarbon in Thüringen ein Alter von 800000 Jahren, einen Wert, der jedoch viel zu niedrig und mit dem Ergebnis physikalischer Altersbestimmungen nicht in Einklang zu bringen ist. Die Differenz ist auf Sedimentationsunterbrechungen zurückzuführen.
Die Beispiele zeigen, daß man mit solchen Methoden bei günstigen Voraussetzungen vor allem bei jüngeren Ablagerungen zu Zahlenangaben über die Sedimentationsdauer und gelegentlich auch über das Alter der Ablagerungen kommen kann, daß es aber kaum möglich sein wird, an Hand von Jahresschichten oder der Gesamtmächtigkeit der Sedimente eine absolute Zeitrechnung aufzustellen, die bis an den Beginn geologischen Geschehens zurückreicht.
Der Belgrader Astronom MILANKOVITCH bestimmte die Dauer der europäischen pleistozänen Kaltzeiten auf andere Art. Wie bereits auf S. 36 erwähnt, berechnete er aus den periodischen Änderungen der Erdbahnelemente — Schiefe der Ekliptik, Exzentrizität der Erdbahn und Präzession der Tagundnachtgleiche — die Intensität der Sonnenstrahlung für verschiedene Breitenlagen während der letzten 600000 bis 900000 Jahre. Die nach ihm benannte Strahlungskurve enthält zwölf Strahlungsminima, aus denen Rückschlüsse auf die Dauer der Glazial- und Interglazialzeiten in Europa gezogen werden können. Allerdings hat sich gezeigt, daß die von MILANKOVITCH errechneten Minima nicht eindeutig geologisch festgestellten Eiszeiten zugeordnet werden können.
Lord KELVIN versuchte in der zweiten Hälfte des 19. Jahrhunderts, das Alter der Erde mit Hilfe physikalischer Methoden aus der Abkühlung der Erdkruste gegenüber ihrer vermutlichen Bildungstemperatur von rund 1000 °C zu berechnen, und kam auf einen Höchstwert von 400 Mio Jahren. Bei dieser Berechnung blieb jedoch der radioaktive Atomzerfall in der Erde unberücksichtigt, durch den wieder Wärme erzeugt wird, so daß das von KELVIN errechnete Erdalter zu niedrig angesetzt ist. Anderseits ist es aber auch nicht möglich, den Einfluß der radioaktiven Wärmeentwicklung genauer abzuschätzen, weil wir nicht in der Lage sind, die Mengenverhältnisse der radioaktiven Stoffe in den verschiedenen Zonen der Erde anzugeben; es ist nur bekannt, daß die radioaktiven Elemente in den sauren Gesteinen der obersten Erdkruste etwas angereichert sind und die

Radioaktivität mit der Tiefe rasch abnimmt. Dennoch wurden mit der Entdeckung der Radioaktivität neue Wege der absoluten Altersbestimmung von Mineralen und Gesteinen und damit der geologischen Systeme und der Gesamterde eröffnet.

Die Radioaktivität ist eine Eigenschaft fast aller Elemente mit Ordnungszahlen zwischen 81 (Thallium) und 92 (Uran), außerdem der künstlich herstellbaren Transurane (Ordnungszahlen 93 bis 104). Im Bereich kleinerer Ordnungszahlen kommen nur noch wenige schwach radioaktive Stoffe vor, z.B. Isotope des Kaliums, Rubidiums u.a. Von 327 auf der Erde in der Natur vorkommenden Isotopen sind 55 radioaktiv.

Zunächst wurde die Radioaktivität des Urans zu Altersbestimmungen herangezogen. Diesen Bestimmungen liegt die Tatsache zugrunde, daß Uran unter Abspaltung von α-Strahlen (Heliumatomkernen) oder β-Strahlen (Elektronen) oder γ-Strahlen (kurzen elektromagnetischen Wellen) über eine Reihe instabiler Atomarten schließlich in beständige Endprodukte zerfallen kann. Das beständige Endprodukt bildet jeweils eines der nichtradioaktiven Isotope von Blei. Der Zerfallsprozeß verläuft nach einem Zerfallsgesetz; so läßt sich genau angeben, daß beispielsweise 1 g Uran mit der Massenzahl 238 in $4{,}5 \cdot 10^9$ Jahren die Hälfte seiner Atome verloren hat. Nach diesem Zeitraum, der Halbwertszeit von Uran 238, sind 0,5 g Uran (^{238}U), 0,43 g Blei (^{206}Pb) und 0,07 g Helium vorhanden. Nach dem doppelten Zeitraum ist vom restlichen Uran wiederum die Hälfte zerfallen usf.

Danach läßt sich also aus dem Gehalt an Zerfallsprodukten – Blei oder Helium –, die sich in Gesteinen mit radioaktiven Elementen vorfinden, auf die Zeit, die seit der Entstehung jener Gesteine vergangen ist, und damit auf das Alter des geologischen Systems schließen, dem das Gestein angehört. Auf einfachste Weise bestimmt man das Alter durch folgende Gleichung:

$$\text{Alter} = \frac{\text{Gesamtmenge des Zerfallsproduktes}}{\text{Zerfallsanteil in der Zeiteinheit}}$$

Damit möglichst genaue Werte gewonnen werden, müssen folgende Bedingungen erfüllt sein:

1. genaue Kenntnis der Zerfallskonstanten bzw. der Halbwertszeit;
2. genaue Messungen der Anfangs- und Endkonzentrationen;
3. das stabile Endprodukt muß durch radioaktiven Zerfall entstanden sein und darf nicht aus fremden Quellen stammen;
4. kein Glied der Zerfallsreihe darf seit der Bildung des Minerals zu- oder weggeführt worden sein.

In der Natur kennt man drei verschiedene Zerfallsreihen, die von den Uranisotopen ^{238}U und ^{235}U (sogenanntes Aktiniumuran) sowie vom Thoriumisotop ^{232}Th ausgehen.

Zerfallsreihen radioaktiver Stoffe

Uranreihe	$^{238}_{92}U$	→	Abgabe von 8	→	$^{206}_{82}Pb$
Aktiniumreihe	$^{235}_{92}U$	→	Abgabe von 7	→	$^{207}_{82}Pb$
Thoriumreihe	$^{232}_{90}Th$	→	Abgabe von 6	→	$^{208}_{82}Pb$

Nach den Zerfallsprodukten, die am Ende dieser Zerfallsreihen stehen, unterscheidet man die Blei- und die Heliummethoden. Die radioaktive

Altersbestimmung nach den **Bleimethoden** erfolgt mit Hilfe der bekannten Zerfallskonstanten von ^{238}U, ^{235}U und ^{232}Th und den Gewichtsverhältnissen von $^{206}Pb/^{238}U$, $^{207}Pb/^{235}U$, $^{208}Pb/^{232}Th$ und $^{207}Pb/^{206}Pb$. Der Gehalt eines Minerals oder Gesteins an Uran und Thorium wird chemisch-analytisch, die Isotopenzusammensetzung des Bleis massenspektrometrisch bestimmt. Ergibt sich bei den aufgeführten Verhältnissen eine Übereinstimmung, so spricht man von einem konkordanten Bleialter, bei dem die Altersbestimmung als gesichert betrachtet werden kann. Vergleichende Bestimmungen an gleichen Mineralen haben ergeben, daß man bei den verschiedenen Bleimethoden oft verschiedene Alterswerte erhält. Die Differenzen werden auf Bleiverluste nach Bildung des Minerals zurückgeführt. Dennoch gehören die Pb-U-Th-Methoden mit zu den wichtigsten Methoden der physikalischen Altersbestimmung, weil ^{238}U und ^{235}U immer zusammen vorkommen und in den Uraniniten auch das ^{232}Th zur Verfügung steht, so daß bei der Bestimmung der verschiedenen Verhältnisse immer eine Kontrolle möglich ist. Im allgemeinen erhält man mit dem $^{207}Pb/^{206}Pb$-Verhältnis die zuverlässigsten Ergebnisse.
Bei der **Heliummethode** benutzt man das He/U-Verhältnis für die Altersbestimmung. Genaue Werte erhält man jedoch nur bei den Mineralen, aus denen kein Helium entweichen konnte. Erfolgversprechend erschienen Altersbestimmungen an Meteoriten, da besonders bei den Eisenmeteoriten wegen ihrer dichten Struktur Heliumverluste kaum zu erwarten waren. Es stellte sich jedoch heraus, daß die bestimmte He-Menge nicht nur durch radioaktiven Zerfall, sondern auch durch Einwirkung der kosmischen Strahlung entstanden sein konnte, und zwar bildeten sich He-Isotope mit der Masse 3 und 4. Da außerdem das Verhältnis $^{3}He/^{4}He$ nicht konstant ist, erwies sich die Heliummethode auch für Meteoriten als nur sehr bedingt brauchbar.
Andere Verfahren zur Bestimmung des geologischen Alters beruhen nicht auf Zerfallsreihen, die sich aus der Radioaktivität von Elementen ergeben, sondern auf einmaligen Zerfallsprozessen, bei denen aus einem radioaktiven Isotop unmittelbar ein anderes, stabiles Isotop entsteht. So kann das Kaliumisotop ^{40}K direkt in das stabile Kalziumisotop ^{40}Ca übergehen oder in das Argonisotop ^{40}A, wobei etwa 90% aller Kaliumkerne zu Kalzium zerfallen und 10% zu Argon. Das radioaktive ^{40}K ist zwar nur mit 0,0118% im natürlichen Kalium enthalten, dafür ist aber Kalium mit 2,6% innerhalb der Erdkruste und dort vor allem in den wichtigsten gesteinsbildenden Mineralen häufig vertreten. Da Argon sich leichter bestimmen läßt, wird in der Praxis in erster Linie die **Kalium-Argon-Methode** angewendet. Sie ist in den letzten Jahren unter Verwendung moderner Analyseverfahren weiter verbessert worden und insbesondere bei Gesteinen mit einem Alter von 200 bis 800 Mio Jahren anderen Methoden überlegen. Für die Altersbestimmung eignen sich in diesem Falle am besten Schichtgitterminerale, also vor allem Glimmer. Die **Kalium-Kalzium-Methode** ist wohl am günstigsten für Minerale mit einem Alter von (1 bis 2) $\cdot 10^9$ Jahren.
Für die Altersbestimmung der ältesten auf der Erde gefundenen Minerale wendet man die **Rubidium-Strontium-Methode** an. Sie beruht auf dem Zerfall des radioaktiven Rubidiumisotops ^{87}Rb in das stabile Strontiumisotop ^{87}Sr. Das Rubidium kommt zusammen mit Kalium ebenfalls in vielen gesteinsbildenden Mineralen vor. Am besten eignen sich Feldspäte und Glimmer für die Altersbestimmung. Diese Rubidium-Strontium-Methode wird als sicherstes Verfahren zur physikalischen Altersbestimmung angesehen. Wiederholt wurden in verschiedenen Labors Vergleichsbestimmungen durchgeführt, die den Nachweis erbrachten, daß das Alter mit einer Genauigkeit von $\pm$ 4% bestimmt werden kann.

Zur Bestimmung des Alters von Mineralen und Gesteinen der Erde mittels radioaktiver Methoden wird Material ausgewählt, das möglichst frisch ist, d.h. keine Umwandlungserscheinungen erkennen läßt. OELSNER weist mit Nachdruck darauf hin, daß vor jeder physikalischen Altersbestimmung Klarheit über das Aussagevermögen einer Probe herrschen muß. Damit wird unterstrichen, wie notwendig es ist, daß bei der Probenahme sowie bei der Durchführung und Auswertung physikalischer Altersbestimmungen Physiker, Chemiker und Geologen bzw. Mineralogen eng zusammenarbeiten.
Die ältesten Minerale und Gesteine fand man bisher in Kanada, Südafrika und in der UdSSR. Ein Blick auf Tab. 22 zeigt, daß die maximalen Alterswerte zwischen $3{,}0 \cdot 10^9$ und $3{,}3 \cdot 10^9$ Jahren liegen. Dabei ist bemerkenswert, daß die ältesten Minerale in den genannten Gebieten etwa gleichaltrig sind und daß mit verschiedenen Methoden nahezu gleiche Ergebnisse erzielt wurden, was zweifellos für die Brauchbarkeit der physikalischen Bestimmungsmethoden spricht.
Das Alter der Erde selbst muß also höher sein als das der ältesten Minerale. Es wird durch das Alter jener Elemente auf der Erde bestimmt, die naturgemäß vor Entstehung der Minerale vorhanden gewesen sein müssen. Selbstverständlich müssen auch diejenigen Teile der Erdkruste, in die das Magma und seine Restschmelzen bzw. Lösungen eindrangen, mit Bestimmtheit älter sein als die Kristallisationsprodukte des Magmas. Dieses erste feste Krustenmaterial ist aber gar nicht mehr vorhanden, sondern einmal oder mehrfach umgewandelt worden. Zur Bestimmung des Alters der Erde ist man daher gezwungen, zusätzliche Annahmen kernphysikalischer Art heranzuziehen.
Das von HOLMES im Jahre 1947 berechnete Alter der Erde ($3{,}35 \cdot 10^9$ Jahre) ist ganz sicher zu niedrig angesetzt. Unter Berücksichtigung der Ergebnisse von Altersbestimmungen der letzten 10 Jahre wird gegenwärtig ein Alter von $4{,}5 \cdot 10^9$ bis $5 \cdot 10^9$ Jahren für wahrscheinlich gehalten (Tab. 23).
Mit diesem Wert für das Erdalter stimmt auffallend gut das Alter von Steinmeteoriten überein. Bei dessen Bestimmung mit Hilfe der Blei-Isotope stellte sich heraus, daß das Blei der Steinmeteoriten in seiner Isotopenzusammensetzung ungefähr dem terrestrischen rezenten Blei entspricht. Die Argon- und Strontiummethoden führten zu fast gleichen Alterswerten. So bestimmte WASSERBURG 1955 das Alter des Steinmeteoriten von Forest City mittels der K-Ar-Methode mit $(4{,}67 \pm 0{,}2) \cdot 10^9$ Jahren, während SCHUMACHER 1956 bei dem gleichen Material mit der Rb-Sr-Methode auf $(4{,}7 \pm 0{,}4) \cdot 10^9$ Jahre kam. Auch für einen Eisenmeteoriten bestimmten WASSERBURG, BURNETT und FRONDEL 1965 mit der Rb-Sr-Methode ein Alter von $4{,}7 \cdot 10^9$ Jahren. Aus der Übereinstimmung der Werte für das Alter der Erde und der Meteoriten kann man schließen, daß beide zusammen in einem frühen Stadium der Entwicklungsgeschichte unseres Sonnensystems entstanden sind.
Für das Alter der Elemente überhaupt werden Werte von $(6 \text{ bis } 7) \cdot 10^9$ Jahren angegeben.

Mit physikalischen Methoden kann man aber nicht nur Altersbestimmungen an Mineralen und Gesteinen der älteren und ältesten geologischen Zeit, sondern auch an jungen und jüngsten Bildungen vornehmen. Zu diesem Zweck werden die Ionium-, Radiokarbon- und Tritiummethoden herangezogen.
Ionium und Radium gehören zu den Zerfallsprodukten der ^{235}U-Reihe. Die Altersbestimmung basiert hier nicht auf dem Verhältnis des Endproduktes einer Zerfallsreihe zum langlebigen Anteil, sondern auf der Abnahme des Ioniums bzw. Radiums im Vergleich zu dem Ausgangsmaterial.

Tab. 22. Alter der ältesten Minerale und Gesteine

Mineral bzw. Gestein	Fundort	Untersuchungsmethode	Alter in 10^6 Jahren	Autoren	Untersuchungsjahr
Uraninit	Witwatersand	Pb-U-Th	2070	Lamont (nicht veröffentl.) aus Kulp-Eckelmann	1957
Lepidolith	Silver Leaf Mine	Pb-U-Th	2550 ± 150	Shilliber, Russell	1954
	Winnipeg River	K-Ar	2550 ± 70		
	Manitoba	Rb-Sr	2640	Aldrich, Wetherill, Davis	1956
Uraninit	Huron Claim Manitoba	Pb-U-Th	2600 ± 100	Kulp-Eckelmann	1957
Lepidolith	Pope's Claim (Rhodesien)	Rb-Sr	2931 ± 63	Jamieson, Schreiner	1957
Lepidolith	Bikita (Rhodesien)	Rb-Sr	2978 ± 43	Jamieson, Schreiner	1957
Gneise und Granite	Südkarelien	Rb-Sr	2690	Jastschenko, Gorochow, Lobatsch-Shutschenko	1963
Old Granite	Zentraltransvaal	Rb-Sr	3200 ± 65	Allsopp	1961
Magmatite	Dneprgebiet	Pb-U-Th K-Ar	2950 ± 120	Sobotowitsch	1963
Gneise und Schiefer	Singhbum, Keonjhar (Indien)	K-Ar	2880···3318	Sarkar, Saha, Miller	1967
Dominion-Reef-Konglomerat	Transvaal	Pb-U-Th	ca. 3100	Nicolaysen	1962
Gneise	Montana	Rb-Sr	3100	Giletti	1966
Amphibolithe	Ukraine	K-Ar	3240···3270	Iwantischin, Ladijewa	1964
Injektionsgneis	Ural	Pb-U-Th K-Ar	3250···3300	Owtschinnikow, Dunajew	1964

Tab. 23. Alter der Erde

Alter in 10^9 Jahren	Bestimmungsmethode	Autoren	Bestimmungsjahr
3,35	Pb-U-Th	Holmes	1947
3,6	K-Ca	Festa, Santangelo	1950
3,5···5	verschiedene Methoden	Woitkewitsch	1954
5,3	K-Ar	Shilliber, Russell	1955
4,5 ± 0,3	Pb-U-Th	Houtermans	1956
4,8 ± 0,8	Rb-Sr	Schukoljukow	1961
6,4	K-Ar	Gerling, Schukoljukow	1963
4,5	Pb-U-Th	Baranow	1957
4,52 ± 0,02	Pb-U-Th	Ostic, Russell, Reynolds	1963
4,75 ± 0,05	Pb-U-Th	Tilton, Steiger	1965

Diese Methoden wurden besonders für die Altersbestimmung von Tiefseesedimenten angewendet, deren Bildung innerhalb der letzten 400000 Jahre erfolgte. Allerdings ist die Zuverlässigkeit dieser Methode nicht sehr groß.
Radioaktiver Kohlenstoff (^{14}C) und das Wasserstoffisotop Tritium (^{3}H) werden beim Auftreffen von kosmischen Strahlen auf die Atmosphäre der Erde erzeugt. Die Halbwertszeiten von ^{14}C und ^{3}H sind 5600 bzw. 12,5 Jahre. Es besteht also die Möglichkeit, diese radioaktiven Isotope zur Altersbestimmung bei ganz jungen Bildungen heranzuziehen.
Die durch die kosmische Strahlung hervorgerufenen Kernreaktionen führen in der Atmosphäre zu einem Verhältnis des stabilen ^{12}C zum radioaktiven ^{14}C von 10^{12} : 1. Das ^{14}C reagiert mit dem Sauerstoff der Luft und bildet Kohlendioxid, so daß das Kohlendioxid unserer Luft stets einen radioaktiven Anteil besitzen muß. Infolge des Kohlenstoffkreislaufes in der Natur wird nun laufend ein Teil des aktiven Kohlenstoffes von den Pflanzen aufgenommen und gelangt so in alle Organismen. Stirbt der Organismus ab, hört auch plötzlich die Assimilation des aktiven Kohlenstoffes auf, und entsprechend dem Zerfallsgesetz muß nun der Gehalt an Radiokarbon in der toten organischen Materie abnehmen. Aus der Aktivität der Probe kann man dann schließen, welche Zeit seit dem Absterben vergangen ist (**Radiokarbonmethode**). Bei der Auswahl der Proben muß darauf geachtet werden, daß sekundär Kohlenstoff weder zu- noch weggeführt worden ist. Nach LIBBY hängt der ^{14}C-Gehalt der Biosphäre von der mittleren kosmischen Strahlungsintensität für eine Periode von 8000 Jahren, von der Größe des Magnetfeldes in Erdnähe und vom Grad der Durchmischung der Ozeane im gleichen Zeitraum ab.
In den letzten Jahren sind zahlreiche ^{14}C-Datierungen vorgenommen worden. Sie haben sich vor allem bei Bestimmungen bis zu einem Alter von 30000 Jahren bewährt. Durch Isotopenanreicherungsverfahren ist der Anwendungsbereich der ^{14}C-Methode sogar auf 70000 Jahre erweitert worden.
Wie aus Tab. 21 ersichtlich, erstrecken sich die physikalischen Altersbestimmungsmethoden nicht nur auf die Verwendung von radioaktiven und stabilen Isotopen, sondern auch auf andere physikalische Eigenschaften der Minerale. So bieten **Thermolumineszenz** und **optische Eigenschaften** der Minerale weitere Möglichkeiten der physikalischen Altersbestimmung. Das durch ZELLER 1957 bekannt gewordene Verfahren beruht auf der Tatsache, daß einmal ausgeheizte Mineralproben durch künstliche Bestrahlung wieder zur Thermolumineszenz angeregt werden können. Man kann auf diese Weise die zeitliche Einwirkung von natürlichen Strahlen bestimmen, denen die Probe vorher ausgesetzt war. Abgesehen davon, daß dieses Verfahren zur Identifizierung und Charakterisierung von geologischen Systemen, zur Unterscheidung von Kalk- und Dolomitschichten sowie zur Feststellung von Erosionszonen herangezogen werden kann, lassen die von der Temperatur abhängigen Leuchteffekte auch Schlußfolgerungen auf das Alter der Proben zu. RAKTSCHEJEW konnte aus der Intensität der Thermolumineszenz von Feldspäten auf das relative Alter der aus Ural-Granitoiden stammenden Proben schließen. Die erhaltenen Daten stimmen mitpaläontologischen Werten und mit K-Ar-Bestimmungen gut überein.
Einen ganz anderen Weg zur Altersbestimmung bei Mineralen ist KUSNEZOW (1963) gegangen. Mit geringem Aufwand an Apparaten führte er seine Bestimmungen an Dünnschliffpräparaten unter dem Mikroskop durch. Im Dünnschliff können geringe Mengen von radiogenem Argon, die sich in kaliumhaltigen Mineralen beim radioaktiven Zerfall entwickeln, optisch erfaßt werden, und zwar durch Messung der Dispersion der Doppelbrechung

im monochromatischen Licht. KUSNEZOW konnte nachweisen, daß die bei dieser Methode auftretenden Fehler nicht größer sind als bei den radioaktiven Methoden. Die optische Methode hat den Vorteil, daß man unter dem Mikroskop stets mit frischem Material und dazu noch mit sehr viel geringerem Aufwand arbeiten kann.
Mit den verschiedenen Methoden der relativen und absoluten Altersbestimmungen gelang es, das Geschehen der geologischen Vergangenheit chronologisch übersichtlich zu ordnen. Die Gesteinsfolgen, die heute als Zeugen geologischer Vergangenheit vorliegen, sind schon frühzeitig in Systeme (Formationen) eingeteilt worden. Auf biostratigraphischer Grundlage vermochte man die als Systeme oder Teile eines bestimmten Systems erkannten Schichten zeitlich zu ordnen und in eine erdgeschichtliche Zeittafel einzugliedern, wie sie am Schluß des Buches beigefügt wurde. Diese „Formationstabelle", wie man sie früher allgemein nannte, wandelte sich mit der Entwicklung der Geologie sehr stark. Daher erscheinen auch die in ihr auftretenden Namen, die zu verschiedenen Zeiten gebildet wurden, wenig aufeinander abgestimmt. Einige dieser Namen sind von Landschaftsnamen (Kambrium, Devon) oder Namen von Volksstämmen (Silur, Algonkium) abgeleitet, wieder andere stammen aus dem Bergbau (Karbon oder Steinkohlenformation, Zechstein usw.), je nachdem, wo und weshalb die betreffende „Formation" zuerst für die Geologie Bedeutung gewann. Die Entwicklung der erdgeschichtlichen Tabelle, ihre ständige Verbesserung und Verfeinerung, ist auch auf die Anwendung der verschiedenen Methoden zur Bestimmung des geologischen Alters von Mineralen, Gesteinen und Systemen zurückzuführen. Die Tabelle enthält nunmehr den geologischen Systemen zugeordnete geochronologische Skalen, wie sie zuletzt u.a. von HOLMES, KULP und POLEWAJA aufgestellt worden sind. Mit der weiteren Vervollkommnung der Altersbestimmungsmethoden wird die Tabelle noch genauer und noch feiner untergliedert werden, und in ihr werden schließlich auch die Untersuchungsergebnisse jener Autoren ihren Niederschlag finden, die sich in den letzten Jahren mit der weiteren Untergliederung des Präkambriums, der ausgedehnten Schichtenfolgen des Proterozoikums und Archaikums, beschäftigt haben.

Kryptozoikum oder Präkambrium

Archaikum, Proterozoikum

1. Allgemeines. Noch bis zu Beginn des 20. Jahrhunderts glaubte man die erste Erstarrungskruste der Erde in dem „kristallinen Grundgebirge" zu erkennen, d. h. in den Gneisen, Glimmerschiefern, Phylliten, Granuliten, kristallinen Kalksteinen usw., die sich im allgemeinen in großen Tiefen finden, bei starker Abtragung der Deckschichten in den Kernzonen der Faltengebirge aber auch oft freigelegt sind. Diese Annahme beruhte vor allem darauf, daß diese Gesteine ein stark von den Deckschichten, also von Sedimentgesteinen und vulkanischen Bildungen abweichendes Aussehen und Gefüge besitzen. Heute weiß man aber, daß diese Gesteine in ihrer jetzigen Gestalt überhaupt nicht primär entstanden, sondern erst aus anderen, vorher existierenden magmatischen und sedimentären Gesteinen zu verschiedenen Zeiten durch Metamorphose unter bestimmten Temperatur- und Druckbedingungen hervorgegangen sind.
Die umfassenden Veränderungen, die die Erdkruste nicht nur in der Frühphase, als sie eben gebildet war, sondern auch später durch das ständige Wirken der exogenen und endogenen Kräfte erfuhr, machen es also unwahrscheinlich, daß unveränderte Reste der ersten Erstarrungskruste erhalten sind. Der Beginn der Erdfrühzeit im geologischen Sinne liegt somit noch völlig im dunkeln. Während die Erde mit den anderen Planeten zusammen vor rund 5000 Mio Jahren entstand, liegt das bisher bekannte höchste Alter von Gesteinen bei etwa 3600 Mio Jahren.
Man pflegt heute die Frühzeit der Erde von der Bildung der Erstarrungskruste bis zum Beginn des Kambriums vor etwa 570 bis 550 Mio Jahren als **Kryptozoikum** („Zeit des verborgenen Tierlebens") oder **Präkambrium** zu bezeichnen. So wenig über diesen Zeitraum bekannt ist, so sicher ist es, daß er eine weit längere Dauer aufweist als alle späteren Ären zusammengenommen. Zu Beginn des Kryptozoikums war organisches Leben noch nicht vorhanden; man bezeichnete diesen Abschnitt deshalb früher auch als Abiotikum oder Azoikum. Erst später setzte das Leben ein, und es treten zunächst undeutliche, dann deutliche, aber auch nur vereinzelte Lebensspuren auf. Man kann daher die Entwicklung der Organismenwelt nicht zur zeitlichen Gliederung des Kryptozoikums heranziehen, wie dies bei jüngeren stratigraphischen Abschnitten möglich ist. Einen Ersatz bieten in der Gesteinsfolge vorhandene Diskordanzen, Ergebnisse weltweiter präkambrischer Gebirgsbildungen, die mit diesen verbundenen magmatischen Intrusionen und, in immer zunehmendem Maße, deren radiometrisch bestimmtes absolutes Alter.
Die Diskordanzen zog zuerst der kanadische Geologe W. Logan zur Gliederung der präkambrischen Gesteinsfolgen im Kanadischen Schild, dem Urgebirgsmassiv Nordamerikas, heran. Er fand, daß dieser Schild in sich nicht einheitlich ist, sondern in seinem Inneren aus drei übereinanderliegenden Gesteinsstockwerken besteht, die diskordant, d. h. ungleichförmig, aufeinanderlagern und zwischen denen Schichtlücken bestehen.
Das erste, tiefste Stockwerk ist eng verfaltet und hochgradig kristallin. Es wird von einem zweiten ähnlicher Art überlagert, das aber die sedimentäre oder magmatische Herkunft der umgewandelten Gesteinsmassen noch erkennen läßt. Das dritte und oberste Gesteinsstockwerk schließlich ist wenig verändert und auch nur schwach gewellt. Die an der Basis der beiden letzten Stockwerke auftretenden Gesteine lassen sich trotz Metamorphose

unschwer als Basalkonglomerate erkennen, d. h. als Konglomerate, deren Bestandteile von einem überflutenden Meer abgesetzt wurden. Sie bestehen jeweils aus Gesteinstrümmern des tieferen Stockwerkes. Untersuchungen anderer Urgebirgsmassive der Erde führten zu ähnlichen Ergebnissen. Doch wurden später in Nordamerika wie auch auf anderen Kontinenten noch weitere präkambrische Stockwerke festgestellt. Auch ergab sich, daß Stockwerke sehr unterschiedlichen Alters bei etwa gleichstarker Beanspruchung einander ähnlich sein und umgekehrt Gesteinsserien gleichen Alters bei verschieden starker Metamorphose ganz unterschiedlich erscheinen können.
Die erste große Stockwerksgruppe wird als **Archaikum** oder **Archäozoikum** bezeichnet. Sie wurde nach den seit einigen Jahren in großer Zahl vorliegenden radiometrischen Bestimmungen des absoluten Alters vor etwa 3600 bis 2400 Mio Jahren gebildet. Die älteste Gebirgsbildung des Kanadischen Schildes, die „laurentische" Orogenese (nach dem St.-Lorenz-Strom), verdankt ihren Namen einer Verwechslung der sie begleitenden Granitgneise mit den nach heutiger Kenntnis viel jüngeren Ostkanadas. Das genaue Alter dieser ältesten Gesteine und der Orogenese ist nicht bekannt. Die Gesteine wurden intensiv gefaltet, z. T. steilgestellt und zerrissen, in Gneise umgewandelt und schließlich zum Gebirge aufgetürmt. Sobald aber die ersten Faltenketten über dem Meeresspiegel auftauchten, verfielen sie der Abtragung; denn jedes Festland ist Abtragungsgebiet. Sammelbecken allen Verwitterungsschuttes dagegen ist letztlich das Meer. Nach jahrmillionenlanger Arbeit der exogenen Kräfte dürfte es zu einer Einrumpfung des aus verfalteten Gesteinsschichten bestehenden Gebirgsmassives gekommen sein. Durch die Abtragung des Daches, d. h. die Beseitigung eines großen Teiles der Schichten, entstand die erste Schichtlücke. Nun setzte eine umfassende Überflutung des eingerumpften Gebirgsmassives durch das Meer ein. Wieder wurde es zum Sedimentationsgebiet, und neue Gesteinsschichten des Archaikums lagerten sich horizontal auf. Eine erneute Gebirgsbildung, die algomische oder — heute bevorzugt — kenorische Tektogenese, vor etwa 2500 Mio Jahren, benannt nach den Orten Algoma an der Nordseite des Huronsees bzw. Kenora am Lake of the Woods in Südwestontario, brachte eine Wiederholung des geschilderten Prozesses mit sich, von dem nun die neue Schichtenfolge betroffen wurde. Natürlich wurde dabei auch die Unterlage wieder in Mitleidenschaft gezogen (wohl der Grund dafür, daß für die ältere, „laurentische" Gebirgsbildung keine abweichenden Werte des absoluten Alters bekannt sind). Erneute Abtragung und erneute Überflutung waren Voraussetzung für die Bildung des nächsten Schichtenkomplexes, des **Proterozoikums**, das ganz oder teilweise auch als „Algonkium" bezeichnet wurde, ein Ausdruck, der im Typusgebiet Nordamerika fast gar nicht mehr verwendet wird. Dieser Komplex entstand vor etwa 2400 bis 570 Mio Jahren. Im einzelnen wird das Präkambrium in Nordamerika und anderen wichtigen Gebieten auf Grund von großen Diskordanzen und nach Bestimmungen des absoluten Alters heute so gegliedert, wie aus dem folgenden Text und aus Tabelle 24 ersichtlich ist.
Undeutliche Anzeichen innerhalb der Gesteinskomplexe lassen vermuten, daß die Zeitabschnitte zwischen den großen Tektogenesen, den „Revolutionen", durch kleinere Gebirgsbildungsphasen unterteilt wurden.
Abgeschlossen wurde das Proterozoikum in weiten Gebieten der Erde durch eine vor etwa 700 bis 550 Mio Jahren erfolgte Gebirgsbildung, so auch in der Zone, die sich von Schottland nach Süden und Südosten durch West- und Mitteleuropa zieht, dabei auch Sachsen und Thüringen einschließt. Da sie besonders in der diskordanten Auflagerung des Kambriums auf verfaltetem und abgetragenem Torridon-Sandstein des Assynt-

Distriktes in Nordschottland zum Ausdruck kommt, hat Stille für diese Gebirgsbildung den Namen assyntische Gebirgsbildung (oder Orogenese) vorgeschlagen. Mit ihr schließt das Kryptozoikum oder Präkambrium ab.

Diese sich aus Großdiskordanzen ergebende Gliederung der Gesteinsschichten des gesamten Kryptozoikums wurde aber nach Stilles Untersuchungen durch einen oder auch zwei tiefgreifende Einschnitte geotektonischer Art geteilt.
Die gesamte geologische Entwicklung schien auf eine zunehmende Verfestigung, Versteifung, Konsolidierung der Erdrinde gerichtet zu sein. Denn es schien der Nachweis erbracht, daß im Laufe der erdgeschichtlichen Entwicklung die beweglichen (mobilen) Regionen der Erdkruste immer mehr zu starren (stabilen) umgebildet wurden. Wie bereits im Abschnitt „Bewegungen der Erdkruste durch erdinnere Kräfte" (S. 211 ff.) gesagt, bezeichnet man in der Geologie die „starren" Regionen, die im Laufe längerer erdgeschichtlicher Entwicklung nicht mehr gefaltet und von gebirgsbildenden Prozessen erfaßt wurden, als Tafeln oder Plattformen (Urkontinente, Blöcke oder Hochkratone), die „beweglichen" als Geosyklinalen (Erdgroßmulden). Die dritte Form der Großfelder der Erdkruste sind die Tiefkratone unter den Ozeanen.
Die Geosynklinalen sind relativ steilflankige, langgestreckte Becken, die sich langsam senken, vom Meere überflutet werden und Abtragungsprodukte der Festländer in sich aufnehmen. Aus den Sedimenten dieser Sammelräume gehen von Zeit zu Zeit Faltengebirgsketten hervor, die als Kränze an die Urkontinente angefaltet und mit ihnen verschweißt werden, diese Urkontinente also anscheinend etappenweise vergrößern. Entsprechend werden die Geosynklinalen mehr und mehr eingeengt. Dieser Vorgang findet sein Ende zu dem Zeitpunkt, in dem die Geosynklinalräume auf ein Minimum reduziert und die aus ihnen hervorgegangenen Gebirge durch Faltung und Verbindung mit den Kratonen gleich diesen zu „stabilen" Teilen der Erdrinde geworden sind. Dieses letzte Stadium würde somit die endgültige „Versteifung" der gesamten Erdrinde bedeuten. Es besteht Grund zu der Annahme, daß dieser Zustand — geologisch gesehen — heute nahezu erreicht ist, da es keine echten Geosynklinalen mehr zu geben scheint.
Bis vor wenigen Jahrzehnten nahm man an, daß dieses Streben nach Stabilisierung von den ersten Anfängen an durchgehend geherrscht habe, daß die endgültige Versteifung der Erdrinde schließlich auch ein Erlöschen aller weiteren Vorgänge zur Folge haben müsse und daß wahrscheinlich im Zusammenhang damit auch die organische Entwicklung keinen Anreiz zum Weiterschreiten mehr hätte.
Nun hat sich aber gezeigt, daß nach den einzelnen Tektogenesen gewisse Teile der gebildeten und wieder abgetragenen Gebirge durch Regenerationen erneut in die Geosynklinalgebiete einbezogen werden. Darüber hinaus haben die Untersuchungen Stilles es wahrscheinlich gemacht, daß sich der Vorgang der „Versteifung" der Erdrinde bereits früher mindestens einmal abspielte und daß sich danach eine besonders ausgedehnte Regeneration einstellte, ein Umbruch der Erdrinde, der die „verfestigten" Räume wieder zu „mobilen", zu wieder faltbaren machte und zum Ausgang einer erneuten „Versteifung" wurde. Einen solchen Umbruch, den „Algonkischen" Umbruch, der Ausgangspunkt für den in der Gegenwart noch andauernden Abschnitt der erdgeschichtlichen Entwicklung wurde, glaubte Stille am Beginn des „Jungalgonkiums", des Assyntikums, annehmen zu dürfen. Damit erwiese sich die gesamte Entwicklung vom Assyntikum bis einschließlich heute, die Stille als Neogäikum, als geotektonische Spät-

Tab. 24. Gliederung des Kryptozoikums

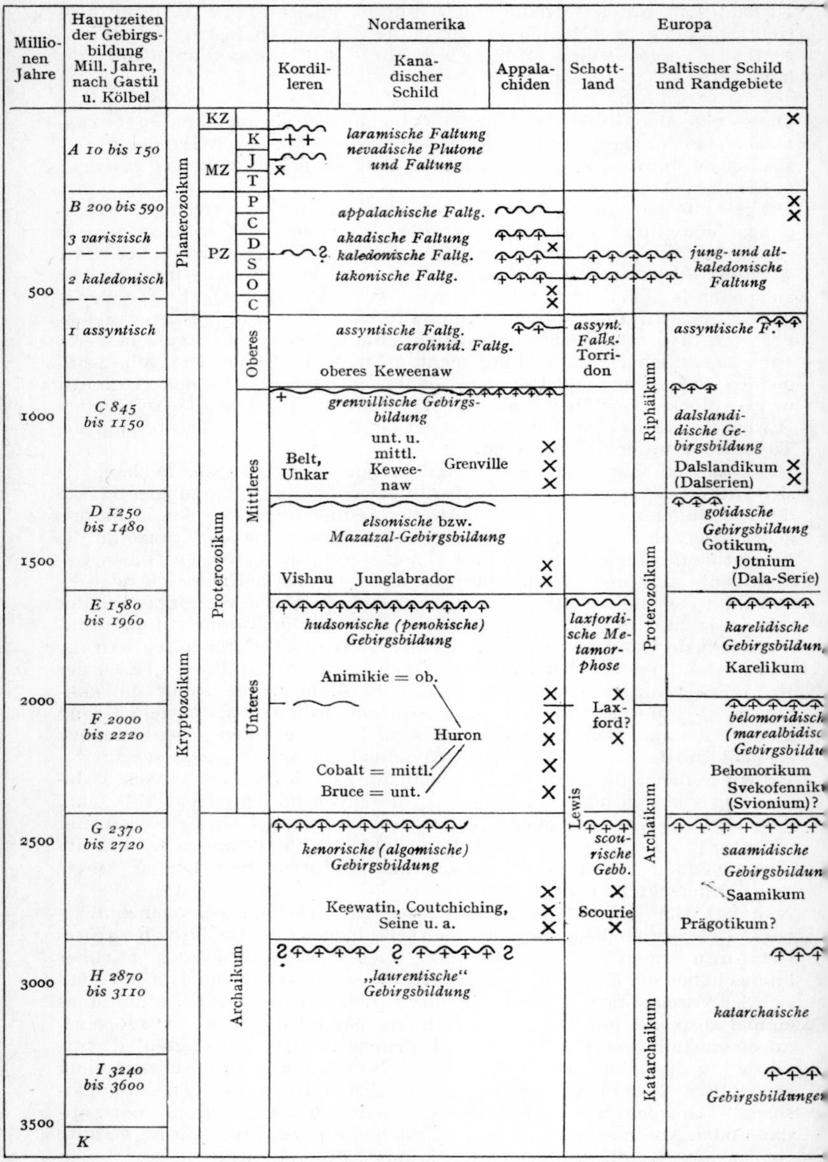

Millionen Jahre	Hauptzeiten der Gebirgsbildung Mill. Jahre, nach Gastil u. Kölbel				Nordamerika: Kordilleren	Nordamerika: Kanadischer Schild	Nordamerika: Appalachiden	Europa: Schottland	Europa: Baltischer Schild und Randgebiete
	A 10 bis 150	Phanerozoikum	KZ						×
			MZ	K	+ +	*laramische Faltung*			
				J	×	*nevadische Plutone und Faltung*			
				T					
	B 200 bis 590		PZ	P		*appalachische Faltg.*			×
	3 variszisch			C		*akadische Faltung*			×
				D	?	*kaledonische Faltg.*	×		*jung- und altkaledonische Faltung*
	2 kaledonisch			S					
500				O		*takonische Faltg.*	×		
				C			×		
	1 assyntisch	Kryptozoikum	Proterozoikum	Oberes		*assyntische Faltg.* *carolinid. Faltg.* oberes Keweenaw		*assynt. Faltg.* Torridon	Riphäikum: *assyntische F.*
1000	*C 845 bis 1150*			Mittleres	+ Belt, Unkar	*grenvillische Gebirgsbildung* unt. u. mittl. Keweenaw	Grenville × × ×		*dalslandidische Gebirgsbildung* Dalslandikum × × (Dalserien)
1500	*D 1250 bis 1480*				Vishnu	*elsonische bzw. Mazatzal-Gebirgsbildung* Junglabrador	× ×		Proterozoikum: *gotidische Gebirgsbildung* Gotikum, Jotnium (Dala-Serie)
	E 1580 bis 1960			Unteres		*hudsonische (penokische) Gebirgsbildung* Animikie = ob. Huron		*laxfordische Metamorphose*	*karelidische Gebirgsbildun* Karelikum
2000	*F 2000 bis 2220*					Cobalt = mittl. Huron, Bruce = unt. Huron	× × × × ×	× Laxford? ×	Archaikum: *belomoridisch (marealbidisc Gebirgsbildu* Belomorikum Svekofennik (Svionium)?
2500	*G 2370 bis 2720*		Archaikum			*kenorische (algomische) Gebirgsbildung* Keewatin, Coutchiching, Seine u. a.	× × ×	Lewis: *scourische Gebb.* × Scourie ×	*saamidische Gebirgsbildun* Saamikum Prägotikum?
3000	*H 2870 bis 3110*				?	? *„laurentische" Gebirgsbildung*	?		Katarchaikum: *katarchaische*
	I 3240 bis 3600								*Gebirgsbildunge*
3500	*K*								

A bis K in Spalte 2 = Hauptzeiten der Gebirgsbildung (Häufungen der Werte nach G. Gastil (1960, Ergänzung durch H. Kölbel). Internationale stratigraphische T — Trias; PZ — Paläozoikum; P — Perm; C — Karbon; D — Devon; S — Silur;

Europa	Asien					Afrika
Mitteleuropa		Aldanschild und Nachbargebiete	China	Gondwanaland z. T.		
					Indien	Süd- und Zentr.-Afrika
alpidische Faltungen		*mesozoische Faltungen*	*Yenshan-F.* *indosin. F.*	Arya	*Himalaja-F.* Gondwana	Karroo
variszische Faltungen ×		*variszische F.* *kaledonische F.*	*variszische F.* *kaledonische F.*	Drawida	nur im Himalaja	*variszische F.* ? Kap
		salairische F.		Purana		*namaidische Gebirgsb.*
cadomische F. postspilit. Serie spilitische Serie × präspilit. Serie ×	Riphäikum	*baikalische Gebirgsb.* × Uj ×	*assyntische F.* × × ×	Purana	Cuddapah Madras-Metam. Malani × *Delhi-F.* Delhi	*katangidische Gebirgsb.* Katanga W-Kongo, Nama
? *moldanub. Gebirgsbildung* Moldanubikum? × ×	Riphäikum	Maja Utschur Ulkan +	Sinium Qing-bai-kou Jixian	Veda	*Aravalli-Satpura-Gebirgsb.* Aravalli × Satpura ×	*Karagwe-Ankole-Gebirgsb.* Karagwe-Ankole
	Proterozoikum		*Luliang-Gebb.* Huto	Veda	*Nandgaon-Gebirgsb.* Nandgaon Amgaon	? *Gordonia-Gebirgsb.?* Gordonia?
	Proterozoikum	Ujan	*Wutai-Gebb.* Wutai	Veda	*Eastern-Ghats-Gebb.* Eastern Ghats	*Mayombe-Gebirgsb.* Mayombe × × × Waterberg
	Archaikum	*Stanowoi-Gebirgsb.* Stanowoi		Veda	*Iron-Ore-Gebirgsb.* Iron Ore, × Dharwar z. T. ×	*Limpopo-Gebirgsb.* Limpopo × × × Bushveld bis Witwatersrand × × ×
	Archaikum	*Aldan-Gebirgsb.* Dsheltula Timpton × Iengra	*Anshan-Sangkan-Gebb.* Sangkan × ×	Veda	*Dharwar-Gebirgsb.* Dharwar z. T., × Bundelkhand × ×	*Shamva-Gebirgsb.* Shamva
	Katarchaikum	Oljokma?	Anshan × Liao-dong × ×	Veda	ältere Metamorphite × × × ×	*Bulawayo-Gebirgsb.* Bulawayo × × ×
	Katarchaikum			Veda		*Rosetta-Mine Kokosho-Gebirgsb.* × Swaziland ×
	Katarchaikum			Veda		*Westnil-Gebirgsb.*

s absoluten Alters), Tektonogenesen (Orogenesen) bzw. Tektonogenesengruppen
mbole: KZ — Känozoikum ; MZ — Mesozoikum; K — Kreide; J — Jura;
— Ordovizium; ϵ — Kambrium.

zeit, dem vorangegangenen Protogäikum, der geotektonischen Frühzeit, gegenüberstellt, nur als einer von mehreren Atemzügen des Erdballs und nicht mehr — wie wir vordem annehmen mußten — als ein einmaliger, nicht wiederholbarer Vorgang.
Der große Umbruch verwischte und veränderte viel von dem früher Gebildeten und Abgelagerten. Nach STILLE hatte sich ein solcher Vorgang vielleicht schon vorher einmal im Zuge des „Laurentischen" Umbruchs abgespielt, der sich im Gefolge der „laurentischen" Gebirgsbildung einstellte und vieles von den Urkunden des archaischen Ablaufes vernichtete. Durch die vielen Bestimmungen des absoluten Alters hat sich gezeigt, daß die Zahl der großen Tektogenesen (durch Häufungen von Alterswerten gekennzeichnet) größer ist, als man früher ahnen konnte (Tab. 24). Der Vergleich mit den drei älteren Gebirgsbildungen des Neogäikums, die zusammen als e i n e Altersgruppe (B nach GASTIL) erscheinen, macht es wahrscheinlich, daß die großen „Orogenesen" des Kryptozoikums in Wirklichkeit Gruppen von mehreren Tektogenesen sind und daß jeder Altersgruppe ein Umbruch folgte, in dem sich ausgedehnte neue Geosynklinalen bildeten und in dem keine bedeutenden Gebirgsbildungen eintraten (und für den folglich keine oder nur einzelne Alterswerte vorliegen).

2. Paläogeographische Verhältnisse. Nach STILLE hatte sich am Ende der geotektonischen Frühzeit, also vor dem „Algonkischen", präassyntischen Umbruch, eine stark verfestigte Großerde, eine **Megagäa**, gebildet (Abb. 126). Diese am Ende des Protogäikums bestehende große Kontinentalmasse (in Abb. 126 weiß und gerastert) war nach STILLE von den Urozeanen (waagerecht schraffiert) durchbrochen, und zwar vom Urpazifik (auf der Karte im Westen und Osten) und der Reihe der arktisch-atlantischen Urozeane (Urarktik, Urskandik, Nördlicher Uratlantik, Südlicher Uratlantik). Durch den „Algonkischen", präassyntischen Umbruch sind dann erhebliche Teile der Megagäa zu Geosynklinalen (in Abb. 126 gerastert), den Urgeosynklinalen der geotektonischen Spätzeit, des Neogäikums, regeneriert worden.
Diese Darstellung STILLEs geht von der Annahme aus, daß die Kontinente schon immer ihre jetzige Lage gehabt hätten (Fixismus). Nimmt man dagegen Kontinentalverschiebungen mesozoischen bis känozoischen Alters an (Mobilismus), so hätten die Kontinente ursprünglich in ihren heutigen Umrissen (einschließlich der Schelfe) als Megagäa zusammengehangen, und die „Urozeane", mit Ausnahme des Pazifiks, hätten nicht existiert, sondern wären nur als Bruchzonen oder als Innenzonen von Urgeosynklinalen vorbestimmt gewesen.
Die den kontinentalen Zustand beibehaltenden Reststücke der Megagäa bildeten die alten, präassyntischen Tafeln (Plattformen, Kratone; in Abb. 126 weiß), und zwar Laurentia, Fennosarmatia, Barentsia, Angaria, Sinia, Philippinia (Ph ?) und Teile von Gondwania, wie Urnordbrasilia (UNB), Ursüdbrasilia (USB), Urpatagonia (UP), Ursüdafrika (US), Urbinnenafrika (UB), Urwestafrika (UW), Urindia (UI), Uraustralia (UAU) und Urantarktika (UAN).
Ein Teil der Urgeosynklinalen ist bereits von der assyntischen Tektogenese wieder gefaltet worden. Zum Teil war dies die letzte starke Faltung (epiassyntische Tafelgebiete; in Abb. 126 die grobgerasterten Flächen); zum Teil wurden assyntisch gefaltete Gebiete zu Geosynklinalgebieten regeneriert (feiner Raster und zusätzlich grober Raster); mit den noch nicht gefalteten Gebieten (feingerasterte Flächen) zusammen bildeten sie die postassyntischen Geosynklinalen, die erst kaledonisch oder (und) variszisch oder (und) alpidisch gefaltet wurden.

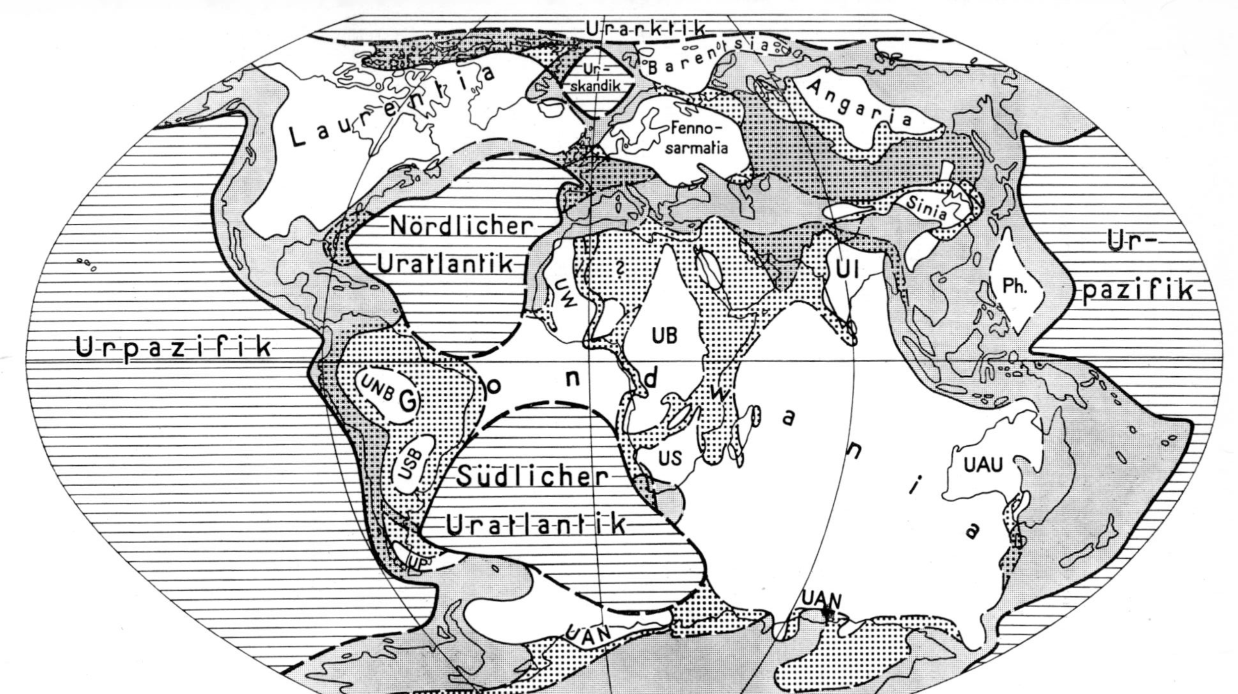

Abb. 126. Megagäa, Urozeane, präassyntischer Umbruch. Urgeosynklinalen und Urkontinente sowie assyntische Gebirgsbildung (nach H. Stille 1949 und 1958, dem heutigen Kenntnisstand entsprechend ergänzt von H. Kölbel; Erläuterungen im Text)

So waren nach STILLE seit dem Beginn der Assyntischen Ära die das heutige Erdbild bestimmenden Züge im wesentlichen festgelegt.
Auf der Nordhalbkugel bestehen seit dem Assyntikum drei große Tafeln: 1. die im Nordwesten liegende **Nordamerikanische Tafel**, der Urkontinent **Laurentia**, der Grönland und den Kern Nordamerikas mit dem **Kanadischen Schild** im Zentrum umfaßt und dessen nach Europa herüberreichender Teil durch Kontinentalverschiebung abgerissen oder heute größtenteils versunken ist; 2. die den Nordosten und Osten Europas einnehmende **Osteuropäische Tafel** (Russische Tafel), der Urkontinent **Fennosarmatia** (Russia), dessen finnisch-karelisch-skandinavischer Teil auch als **Baltischer Schild** (mit der kaledonischen Faltenzone zusammen als Fennoskandia) bezeichnet wird; 3. die große Teile Sibiriens einnehmende **Sibirische Tafel, Angaria,** auch **Angaraland** genannt. Dazu kommt die weniger bedeutende **Chinesische Tafel, Sinia**, eine vorassyntische Tafel, die seit der assyntischen Geosynklinalbildung weiter zerfallen ist. Auch im Gebiet östlich der heutigen Philippinen scheint ein Urkontinent — **Philippinia** — bestanden zu haben, der später versunken ist. Auf der Südhalbkugel liegen nach STILLE ebenfalls vier alte Tafeln, die ursprünglich in einer großen Festlandsmasse, **Gondwania** oder **Gondwanaland** (nach einer zentralindischen Landschaft), vereinigt waren: 1. Brasilien, 2. Afrika mit Arabien und Vorderindien, 3. Westaustralien, 4. Antarktika. Auch bei diesen handelt es sich um vorassyntische Tafeln, die in assyntischer Zeit durch Geosynklinalen mehr oder weniger gegliedert worden sind.

Der **Baltische Schild**, ein stark herausgehobener, von Deckgebirgsablagerungen fast freier Teil der Osteuropäischen Tafel, umfaßt Ostskandinavien, Finnland, Karelien und die Halbinsel Kola. Nach Osten und Süden geht er in die Russische Platte über, die im Süden bis nach Podolien reicht. Als ältester Teil des Baltischen Schildes werden Reste einer ältesten Gesteinsgruppe, des **Katarchaikums**, angesehen (älter als 2800 Mio Jahre). Diese sind in den hochkristallinen **Saamiden** festgestellt worden, die vor etwa 2700 bis 2400 Millionen Jahren gefaltet wurden. Sie erstrecken sich mit WNW-OSO-Richtung in Nordostfinnland und auf der Halbinsel Kola. Als nächst jünger wird ein in Ostkarelien nordwestlich streichender Komplex grauer Gneise angesehen, den man als **Belomoriden, Marealbiden** oder Weißmeerserie bezeichnet. Das Alter der Faltung dieser Gesteine liegt bei etwa 2200 bis 2000 Mio Jahren vor heute. Vielleicht gleichalt sind die Gesteine der **Svekofenniden** mit der Leptitformation Schwedens, der in Finnland das Svionium entspricht. Die Leptite sind feinkörnige, feldspatreiche, kristalline Schiefer, deren Herkunft teils aus Arkosen (feldspatreichen, glimmerhaltigen Sandsteinen), teils aus vulkanischen Laven oder Tuffen abgeleitet wird. In die Leptite sind völlig kristalline Gesteine, wie Quarzite, Granat-Cordierit-Gneise, Marmore und — vor allem in Schweden — Eisenerze, eingelagert. Als Bottnische Formation (Bottnium) bezeichnet man einen ostwestlich streichenden Gesteinskomplex aus dem Gebiet von Tampere mit wenig veränderten Sedimenten. Die Svekofenniden durchzogen das mittlere Schweden sowie Südfinnland und Südkarelien bis zum Ladogasee. In die Sattelkerne drangen gewaltige granitische und granodioritische Massen ein und formten die danebenliegenden Gesteine um. Die Svekofenniden, deren Streichen stark zwischen NNW-SSO und W-O wechselt, erfuhren ihre Faltung oder wenigstens ihre letzte Metamorphose erst zur gleichen Zeit wie die nordöstlich anschließenden Kareliden; deshalb werden die Svekofenniden manchmal, namentlich in Finnland, für gleichaltrig mit den Kareliden gehalten. So wurden innerhalb der **Kareliden** mächtige Folgen von Konglomeraten als Trümmermassen der sveko-

fennidischen Gebirgsketten aufgefaßt. Außerdem enthalten sie quarzitische Sandsteine, in Phyllite umgewandelte Tonschiefer, Kalksteine und Dolomite. Die nordnordwestlich durch Karelien, Finnland und Nordschweden streichenden Kareliden wurden vor etwa 1900 bis 1600 Mio Jahren gefaltet. Die Faltung war wieder mit dem Eindringen umfangreicher Tiefengesteinsmassen (Granite) verbunden. Dabei entstanden auch die hochwertigen intrusiven Eisenerze von Kiruna in Nordschweden und die Nickel-Magnetkies-Lagerstätten von Petschenga (Petsamo). In nordnordwestlicher Richtung durch Südschweden streichen die **Gotiden** mit einem Faltungsalter von etwa 1500 bis 1250 Millionen Jahren. Die Gneise der älteren sogenannten **Prägotiden,** die zum Teil Magnetit enthalten („Eisengneise") sind nach neuen Altersbestimmungen sehr wahrscheinlich saamidisch. Im wesentlichen sind sie aber, wie teilweise auch die Gotiden, in die nordsüdlich streichenden **Dalslandiden** Südschwedens und -norwegens einbezogen, deren Ablagerungen, die Dal-Serien, vor etwa 1150 bis 845 Millionen Jahren gefaltet wurden.
Nach der karelidischen Tektogenese kam es in Finnland zu den umfassenden Intrusionen des etwa 1600 Mio Jahre alten Rapakiwi-Granits; ihn kennzeichnen große rundliche Einsprenglinge von Orthoklasfeldspäten, die mitunter von einem Plagioklas-Saum umgeben sind und in einer körnigen Grundmasse liegen. Das Subjotnium, das Hoglandium, um 1500 Mio Jahre alt, besteht aus verhältnismäßig wenig umgewandelten Konglomeraten und roten Sandsteinen, die von porphyrischen Deckenergüssen und Tuffen durchsetzt und wohl als Molassen der Kareliden aufzufassen sind. Als Spätmolasse dazu kann in Schweden und Finnland das Jotnium betrachtet werden, das diskordant auf den abgetragenen Rümpfen der Kareliden lagert und besonders in westöstlich streichenden Senken erhalten ist; sein Alter ist zu etwa 1300 Mio Jahren bestimmt worden. Es ist durch die Ablagerung des roten jotnischen Sandsteines (Oldest Red) in Finnland bzw. des Dala-Sandsteines in Schweden charakterisiert, dessen Farbe, häufig auftretende Windrippeln und Trockenrisse auf Entstehung in trockenem Klima hinweisen.
Im Südwesten der Osteuropäischen Tafel, im **Ukrainischen Schild** (Asowisch-Podolischen Massiv), finden sich ähnliche Verhältnisse wie im Gebiet des Baltischen Schildes. In eine etwa belomoridische Folge von Konglomeraten, Schiefern und Quarziten sind dort die bekannten Eisenerze von Kriwoi Rog eingelagert.

Weniger durchsichtig sind die Verhältnisse in **Mitteleuropa**, das nach STILLE durch den „Algonkischen", präassyntischen Umbruch zu einem geosynklinalen Meeresraum wurde. Hier fand man präkambrische Gesteine besonders in den Zentralgebieten der großen Faltengebirge, die sich in späteren Ären bildeten, so im Bereich des Variszischen Gebirges und der Alpen. Jedoch rechnen keinesfalls alle kristallinen Schiefer hierzu. Ein großer Teil davon ist weit jüngerer Entstehung. Gesteine, deren Alter mit Sicherheit als archaisch bezeichnet werden kann, sind überhaupt nicht bekannt, solche von kaum zweifelhaft proterozoischem Alter nur aus einigen Gebieten. Von besonderer Bedeutung ist das „Algonkium" von Böhmen und dessen Nachbargebieten. Dort sind in eine Folge geosynklinaler Bildungen von Glimmerschiefern, Phylliten, Grauwacken und dunklen Tonschiefern die Spilite eingeschaltet, untermeerische Ergußgesteine basischer Natur. Nach ihnen gliedert man den ganzen Komplex in eine vorspilitische, eine spilitische und eine nachspilitische Folge. Die tieferen Lagen, also die vorspilitische Folge, zeigen kristalline Beschaffenheit und gehen nach unten in Gneise über. Die assyntische Orogenese macht sich hier besonders stark bemerkbar: Am Ende des Jungproterozoikums wurde der gesamte Schichtenkomplex von einer Faltung erfaßt, emporgehoben und dann zum Teil wieder abgetragen. Das Kambrium lagert diskordant darüber. Anscheinend war die assyntische Orogenese auch mit der Förderung granitischer Intrusivmassen verbunden. Gesteinsfolgen von ähnlicher Ausbildung wie in Böhmen, z. T. noch stärker umgewandelt, finden sich im Schwarzburger Sattel und in den Sudeten. Auch im Erzgebirge äußert sich die assyntische Orogenese. Das granodioritische Ausgangsgestein der Freiberger Gneise ist nach PIETZSCH vermutlich durch Aufschmelzungsvorgänge, verbunden mit Granitisation, aus „algonkischen", jungproterozoischen Gesteinen im Kern der assyntischen Faltenzone entstanden. Die dichten Gneise des Erzgebirges, die z. T. auch Gerölle älterer kristalliner Gesteine führen, sind als metamorphe Reste dieser jungproterozoischen Gesteine anzusehen. Weiterhin werden in Sachsen gewisse wenig veränderte Grauwacken (Weesensteiner und Clanzschwitzer Grauwacken im Elbtalschiefergebirge und in Nordsachsen, Leipziger Grauwacke, Grauwacken der Lausitz) in das Jungproterozoikum gestellt. Auch für die hochkristallinen Zonen des Schwarzwaldes und der Vogesen, die zumindest älter als oberdevonisch sind, nimmt man präkambrisches Alter an. In der kristallinen Zentralzone der Alpen dürften neben den mesozoischen kristallinen Schiefern auch solche präkambrischen (und variszischen) Alters vorkommen. Das gleiche gilt für die mehr oder weniger autochthonen Massive der Westalpen. Jedoch ist eine sichere Einordnung noch nicht möglich.

Eindeutig präkambrische Gesteine sind weiter aus Schottland, aus dem Gebiet der Hebriden bekannt, das später durch die kaledonische Geosynklinale und das Kaledonische Gebirge vom Baltischen Schild getrennt wurde und wohl einen Teil des Ostrandes des **Kanadischen Schildes** darstellte. Die Unterlage bilden hier die intensiv verfalteten grauen und roten Gneise des Lewisian (nach der Insel Lewis genannt). Nach dem Alter zu urteilen, sind die Gneise zunächst von der scourischen Gebirgsbildung betroffen worden, die saamidisch-kenorischen Alters ist. Die von ihr erfaßten Gesteine werden als Scourie bezeichnet. Eine zweite Beanspruchung durch die laxfordische Gebirgsbildung ist karelidisch-hudsonischen Alters; ob aber vorher ein eigener Gesteinskomplex, das Laxford, gebildet worden war oder nur das Scourie zum zweiten Male metamorphosiert wurde, ist fraglich. Diskordant über allem lagern die wenig gefalteten Sandsteine und Letten des Torridon. Diese sind spätmittel- bis jungproterozoischen Alters und werden durch die hier schwache assyntische Diskordanz vom Kambrium getrennt.
Im Hauptgebiet des Kanadischen Schildes, einem riesigen Areal, das große Teile Zentral- und Ostkanadas sowie Grönland umfaßte, beginnt das tiefste — archaische — Stockwerk mit einer mächtigen Folge hochkristalliner Gesteine, den Gneisen und Glimmerschiefern des Coutchiching. Mit diesen in enger Beziehung steht das Keewatin, das ebenfalls stark umgewandelt ist und aus Laven und Tuffen basaltischer bis andesitischer Art besteht, in die untergeordnet Konglomerate und Schiefer eingeschaltet sind. Diese Bildungen sollen von der „laurentischen" Gebirgsbildung erfaßt, gefaltet und gestaucht worden sein, wobei gleichzeitig die Intrusionen des „laurentischen" Granitgneises erfolgten, der gewaltige Räume einnimmt. Es lagerte sich dann die Seine-Serie auf, die von der algomischen oder kenorischen Gebirgsbildung erfaßt und ebenfalls von Graniten intrudiert wurde. Coutchiching, Keewatin und Seine ergeben aber sämtlich ein absolutes Alter der Intrusionen bzw. der Metamorphose von

etwa 2400 bis 2700 Mio Jahren, so daß heute die Sonderstellung der älteren, „laurentischen", gegenüber der jüngeren, kenorisch-algomischen, Tektogenese fraglich ist; es könnte sich ja auch um zwei Intrusionsfolgen ein und desselben Zyklus handeln. Über die tief abgetragenen Reste des Gebirges lagerten sich die Konglomerate und Quarzite des Hurons, das zum Unteren Proterozoikum gehört. Schiefer und sedimentäre Eisenerze sind in sie eingelagert. An der Basis des höheren Hurons findet sich ein 150 m mächtiger Tillithorizont, d. h. ein verfestigter Blocklehm, der gekritzte und geschrammte Geschiebe enthält und auf eine Vereisung zur Zeit des Altproterozoikums schließen läßt. Zum Huron rechnet man heute entsprechend der ursprünglichen Einstufung auch wieder das Animikie mit seiner mächtigen Schieferserie, die sich wohl in einem Flachmeer auf allmählich sinkendem Untergrund im Gebiet der Großen Seen bildete. Im tieferen Teil der Schiefer sind die etwa 300 m mächtigen sedimentären Eisenerzlager des Oberen Sees (Lake Superior) eingeschaltet, die mit Vorräten von 1,3 Milliarden t Erz mit 52% Eisen und 70 Milliarden t ärmeren Erzen diesem Gebiet eine besondere Bedeutung verleihen. Die hudsonische Gebirgsbildung vor etwa 1900 bis 1600 Mio Jahren, die wiederum mit Granitintrusionen verbunden war, beschloß das Huron. Wie im Gebiet des Baltischen Schildes der Jotnische Sandstein, so lagerten sich im Trog des Oberen Sees die roten Konglomerate und Sandsteine des hochmittel- bis oberproterozoischen Keweenaw ab, die von mächtigen Basaltdecken durchsetzt sind. Diese Basalte spielen als Erzbringer eine wichtige Rolle. Hierher gehört u. a. die Kupferlagerstätte auf der Halbinsel Keweenaw. An eine riesige noritische Tiefengesteinsmasse, die sich in die Transgressionsfläche zwischen dem Keweenaw und dem Oberhuron einzwängte, ist das größte bisher bekannte Nickelvorkommen der Erde, die Nickelmagnetkies-Lagerstätte von Sudbury, gebunden.
In Ostkanada ist das aus Marmoren bestehende Grenville durch die grenvillische Orogenese vor etwa 1150 bis 845 Mio Jahren gefaltet und von entsprechenden Granitgneisen, darunter dem eigentlichen Laurentischen Granit, durchsetzt worden.
In der westlich vom Kanadischen Schild gelegenen Geosynklinale, an deren Stelle später, im Mesozoikum, die Felsengebirgs-Geosynklinale und in der Kreidezeit das Felsengebirge gebildet wurden, findet man abweichende Verhältnisse. Dort lagern 10000 m mächtige Sandsteine des hochmittelproterozoischen Belt, die mindestens etwa 1100 Mio Jahre alt sind. Im tiefsten Teil des berühmten, tief eingeschnittenen Colorado-Cañons der USA wird das tiefmittelproterozoische Vishnu, das durch die mazatzalische (elsonische) Gebirgsbildung vor etwa 1500 bis 1250 Mio Jahren gefaltet worden ist, von dem wohl dem Belt entsprechenden, nur leicht geneigten, hochmittelproterozoischen Unkar überlagert (Abb. 127).
In Labrador, im Nordosten des kanadischen Festlandes, sind Vertreter fast aller genannten Gesteinsgruppen und Orogenesen nachgewiesen, darunter auch eine junglabradorische oder elsonische vor etwa 1500 bis 1250 Mio Jahren, der in Europa die gotidische entspricht.

Auch das Grundgebirge **Afrikas** weist ähnliche Züge wie die anderen großen Tafeln auf. Zu ihm gehört neben zahlreichen stark metamorphen Folgen, von denen in Tab. 24 nur einige angegeben werden konnten, auch das ins Untere Proterozoikum zu stellende Witwatersrand-System, dessen fast 8000 m mächtige konglomeratische Folgen die berühmten Goldlagerstätten enthalten. Es entspricht im Alter etwa dem Belomorikum Europas und ist trotzdem nicht mehr stark gefaltet. Sehr wichtig ist auch das assyntische Faltungsgebiet von Katanga im Südteil von Kongo

(Kinshasa) und in Sambia wegen seiner Kupfer- und Uranlagerstätten. Assyntische Faltungen und Metamorphosen sind entgegen früherer Annahme in Afrika weit verbreitet. Das jüngste Präkambrium Afrikas enthält in vielen Gebieten, auch in Südafrika, Tillithorizonte als Zeugen ehemaliger Vereisungen. Von den übrigen Kontinenten der Süderde ist ebenfalls eine zunehmende Kenntnis des Kryptozoikums zu verzeichnen, und eine große Bedeutung kommt auch hier den assyntischen Orogenesen zu.

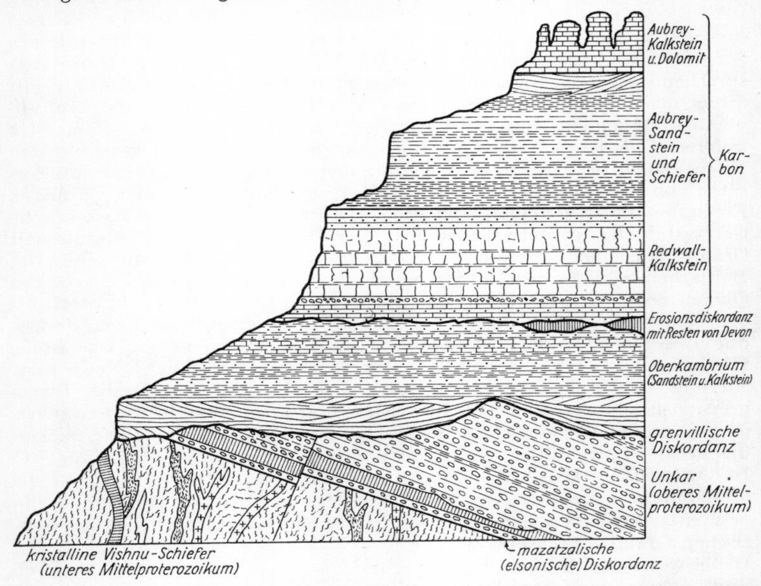

Abb. 127. Profil des Grand Canyon des Coloradoflusses im Felsengebirge Nordamerikas (nach Frech)

Dies gilt nach Stille für **Südamerika** und die ebenfalls zur Süderde gehörige **Indische Tafel**, aber auch für **Antarktika**, weniger für **Australien**, wo das ältere Präkambrium wie auch in Indien, Afrika und Südamerika reiche Gold- und Eisenerzlagerstätten birgt.
Eine kurze Übersicht über wichtige Gebiete **Asiens** enthält die Tabelle 24.

3. Entwicklung der Lebewelt. Die Tatsache, daß zu Beginn des Paläozoikums, also im Kambrium, die Lebewelt schon reich entfaltet war (vgl. S. 345), führt notwendigerweise zu dem Schluß, daß das Leben im Kryptozoikum entstand. Die einstige Annahme, das Präkambrium sei fossilleer – daher auch die Namen Abiotikum und Azoikum –, erwies sich bald als unhaltbar. Deshalb wurde dem Paläozoikum zunächst ein Eozoikum oder Proterozoikum („Frühzeit des Lebens"), schließlich auch noch ein Archäozoikum („Urzeit des Lebens") vorangestellt, so daß der Ursprung des Lebens in immer größere Ferne rückte. Je weiter man zurückgeht, desto unsicherer werden die Urkunden, bis sich die Spur schließlich ganz im dunkeln verliert. Das läßt sich nicht allein darauf zurückführen, daß die ältesten Gesteine oft hochgradig umgewandelt sind, so daß alle

Lebensreste darin ausgelöscht wurden, sondern die präkambrischen Sedimente sind überhaupt recht fossilarm. Man kann natürlich auch nicht erwarten, daß die ersten Äußerungen des Lebens, die noch nicht an feste, erhaltungsfähige Skelette gebunden waren, überhaupt aufzufinden seien.
Die ersten Reste organischer Substanz mögen graphitische Schiefer sein, die schon archaischen Schichtenfolgen hin und wieder eingeschaltet sind. Die Entstehung mindestens eines Teiles der Graphite aus umgewandelter Kohle- oder Bitumensubstanz ist denkbar. Hierher gehört auch der karelische, altproterozoische Schungit aus dem Gebiet des Onegasees, ein bis 2 m mächtiges Flöz eines aschereichen Anthrazits, der nach Timofejew Sporen enthält und ursprünglich vielleicht eine Art Faulschlamm gewesen ist, entstanden durch Anreicherung und unvollständige Zersetzung primitiver Algen.
In verhältnismäßig wenig veränderten Schiefern aus dem svekofennischen Bottnium Finnlands, also ebenfalls im Altproterozoikum (im späten Archaikum europäischer Zeitrechnung), finden sich mit die ältesten deutlich erhaltenen Reste von Lebewesen, die ältesten Sporen nach Timofejew, sowie Formen, die der finnische Forscher Sederholm als *Corycium enigmaticum* bezeichnet hat, sackartige unregelmäßige Gebilde, die von einem Kohlenstoffhäutchen umkleidet sind. Jedoch läßt sich kaum erraten, welcher Art der Organismus war (Blaualgen?).
In den noch archaischen Steeprock-Schichten Kanadas tritt die kieselschwammähnliche *Atikokania* auf.
In dem zum Karelikum, Altproterozoikum, zu rechnenden Jatul Finnlands findet sich *Carelozoon jatulicum*, ein korallenähnliches Gebilde.
Weit bessere, aber im Verhältnis zu den späteren Gesteinsserien immer noch recht spärliche organische Reste sind enthalten im Mittleren und Oberen Proterozoikum, so im Belt von Montana riffbauende Blaualgen (*Collenia* und *Newlandia*). Hier und da findet man auch Abdrücke von Tieren mit weichen Körpern sowie Lebensspuren wirbelloser Tiere; manche Forscher glauben auch Kieselschwämme und frühe hornschalige Brachiopoden *(Lingulella)* gefunden zu haben. Die höchste Organisation weisen einige Organismenreste auf, die vermutlich von Krebsen stammen – die „*Beltina danai*“ aus dem bereits genannten Belt Nordamerikas hat sich allerdings als ein kalkig konstruiertes, teils anorganisches, teils durch Kalkalgen entstandenes Gebilde erwiesen (D. White, 1929, u. a.). Auch die spinnenähnlichen, bis 3 m langen Gliederfüßer, die man bei Adelaide (Australien) gefunden haben wollte, haben sich als anorganische Gebilde herausgestellt.
Neuerdings hat B. W. Timofejew in z. T. metamorphen Grauwacken jungproterozoischen (riphäischen) Alters einzellige Algen, Sporen von amphibischen und Landpflanzen sowie pflanzliche Haut- und Gewebefetzen nachgewiesen. Das bedeutet einen Umsturz der bisherigen Vorstellungen von der Entwicklung der Pflanzenwelt.

4. Zusammenfassung. Gemessen an der Länge späterer Ären und Perioden, umfaßt das Kryptozoikum oder Präkambrium einen unvorstellbar langen Zeitraum. Die höchsten Werte bei Bestimmungen des absoluten Alters archaischer Gesteine betragen 3600 Mio Jahre. Somit ist das Kryptozoikum wenigstens sechsmal so lang wie das Phanerozoikum, die Zeit vom Beginn des Kambriums bis heute. Die Zeit von der Entstehung der Erde bis zum Beginn des Kambriums ist sogar acht- bis neunmal so lang.
Bezeichnend für die präkambrischen Ablagerungen sind das starke Zurücktreten der chemischen und das fast völlige Fehlen der organischen Verwitterung, so daß unvollkommen aufbereitete Sedimente (Fanglomerate,

Arkosen) vorherrschen, deren Beschaffenheit auf lediglich mechanischen Gesteinszerfall hindeutet. Kalksteine spielen erst vom Mittleren Proterozoikum ab eine gewisse Rolle. Salzablagerungen fehlen völlig; ebensowenig sind – wenn man von dem erwähnten Schungit absieht – Kohlengesteine vertreten. Diese werden in größerer Menge erst mit der Entwicklung der Pflanzenwelt auf dem Lande im jüngeren Paläozoikum möglich. Gebänderte silikatische Eisenerze sind auf das Präkambrium beschränkt und fehlen in den jüngeren Ablagerungen, deuten also auf Entstehungsbedingungen hin, die in späterer Zeit, in der das Leben von der Erde Besitz ergriff, nicht mehr vorhanden waren. Entsprechend dem Fehlen der Vegetation fehlen auch die für die Humusverwitterung kennzeichnenden grauen Sedimentfarben.

Jedoch weisen bereits im Unteren Proterozoikum ausgedehnte verfestigte glaziale Blocklehme, sogenannte Tillite, auf Vereisungen oder wenigstens große Vergletscherungen in Südafrika, Kanada und anderen Gebieten und damit auf klimatische Gegensätzlichkeiten auf der damaligen Erde hin.

Die alten Schilde sind reich an bedeutenden Lagerstätten. Besonders sind in präkambrischen Sedimenten Konzentrationen von Eisen, Kupfer, Gold, Nickel und anderen nutzbaren Metallen häufig. Es scheint, daß die meisten dieser Lagerstätten nach dem Archaikum entstanden sind.

Die Zahl der bekannten präkambrischen Orogenesen hat sich in den letzten Jahren durch die zunehmende Zahl radiometrischer Altersbestimmungen wesentlich erhöht. Damit und entsprechend der viel längeren Dauer des Kryptozoikums gegenüber früheren Annahmen hat auch die Zahl der stratigraphischen Einheiten, der Groß- oder Megazyklen (Megachrone), stark zugenommen. Mit der assyntischen Orogenese schließt das Kryptozoikum ab.

Paläozoikum

Kambrium

1. Allgemeines. Das Kambrium, das älteste System des Paläozoikums, hat seinen Namen von der altrömischen Bezeichnung Cambria für Nordwales, wo der Engländer SEDGWICK 1833 als erster versteinerungsführende Schichten beschrieb, die unter dem devonischen Altrotsandstein („Old Red") liegen, also älter als dieser sind. Von diesen Schichten wurden zwei Jahre später die oberen als Silur abgetrennt, und so blieb die Bezeichnung Kambrium nur für die basalen Schichten des gesamten Komplexes bestehen. Nach radiometrischen Altersmessungen umfaßt das Kambrium den Zeitraum zwischen etwa 570 und 500 Mio Jahren vor der Gegenwart. Während dieser Zeit wurden in vielen Teilen der Welt z. T. mehrere tausend Meter mächtige Sedimentfolgen abgelagert. Besonders im höheren Teil des Kambriums sind häufig größere Sedimentationsunterbrechungen festzustellen, die mit tektonischen Bewegungen in Verbindung stehen.

2. Entwicklung der Lebewelt (hierzu Abb. 128). Zu Beginn des Kambriums ist eine sprunghafte Entfaltung der Lebewelt zu verzeichnen, die in einer bedeutenden Vermehrung der auftretenden Tierstämme, -klassen, -ordnungen und besonders der Gattungen (Zunahme um über 200%) gegenüber dem Präkambrium zum Ausdruck kommt. Die Grenze zwischen Präkambrium und Kambrium ist damit eine der markantesten hinsichtlich der biologischen Entwicklung während der Erdgeschichte. Die Gründe dafür sind einmal darin zu suchen, daß die Tiere feste Schutzskelette erwarben und sich dadurch die Bedingungen für die Erhaltung der Fossilien wesentlich verbesserten, zum anderen möglicherweise darin, daß das Präkambrium die langdauernde, aber arten- und gattungsarme Vorläuferperiode der tierischen Entwicklungsgeschichte darstellt. Während des Kambriums spielte sich das Tier- und Pflanzenleben noch im Meere ab. Fossilien aus anderen Lebensbereichen (Brack-, Süßwasser, Festland) sind bisher nicht bekannt.

Die charakteristischste Tiergruppe des Kambriums, die die wichtigsten und meisten Leitfossilien liefert, bilden die **Trilobiten (Dreilappkrebse)**.* Sie werden daher weitgehend zur Gliederung des Systems herangezogen, wobei folgende Gattungen für die drei Abteilungen des Kambriums (besonders in Europa und im östlichen Nordamerika) maßgebend sind:

1. *Olenellus* (Unterkambrium) hat einen großen Kopfschild, einen sehr kleinen Schwanzschild und bestachelte, sehr zahlreiche Rumpfsegmente. Die aufgetriebene Mitte des Kopfschildes, die Glatze, ist zylindrisch.
2. *Paradoxides* (Mittelkambrium) ist ähnlich gebaut, hat aber eine fast kugelförmig aufgeblähte Glatze, zwei lange Stacheln am Kopfschild und kleine Augenwülste.
3. *Olenus* (Oberkambrium) hat einen verhältnismäßig kleinen Kopfschild, einen etwas größeren Schwanz und unbestachelte oder schwach bestachelte Rumpfglieder.

Für das Unterkambrium sind weiterhin typisch: die *Olenellus* nahestehende Gattung *Holmia* sowie die kleine Gattung *Eodiscus* mit nur drei Rumpfgliedern und nahezu gleichmäßig gestaltetem Kopf- und Schwanzschild. Die ähnlich aussehende Gattung *Agnostus* mit nur zwei Rumpfgliedern ist für das höhere Mittel- und das Oberkambrium charakteristisch. Im Umkreis des Stillen Ozeans herrschen andere Formen vor, so besonders im Oberkambrium die Gruppe der Dikeloce-

* Zu den hier und in den folgenden Abschnitten erwähnten Tieren und Pflanzen vgl. auch Abschnitt „Die Entwicklungsgeschichte der Lebewelt".

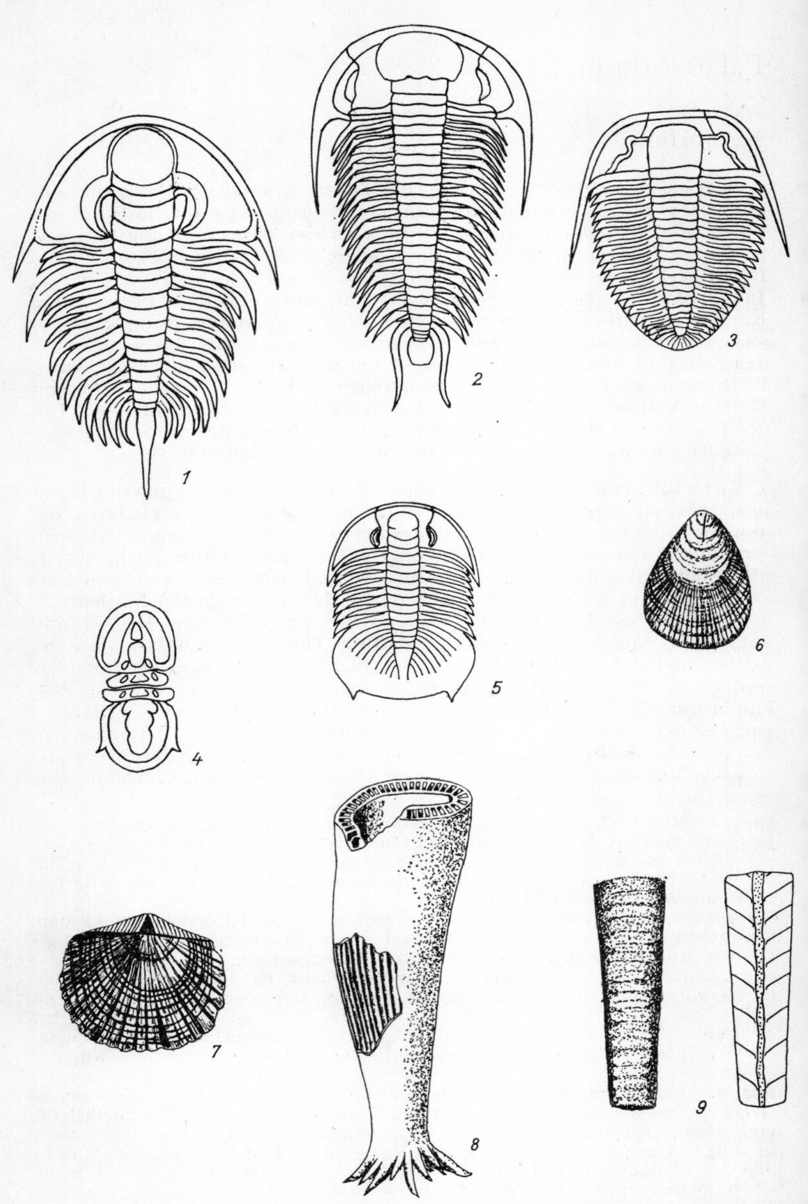

Abb. 128. Fossilien des Kambriums. *1—5* Trilobiten: *1* Olenellus; *2* Paradoxides; *3* Olenus; *4* Agnostus, vergr.; *5* Dikelocephalus. *6—7* Brachiopoden: *6* Lingulella; *7* Orthide (Orusia); *8* Archaeocyathus; *9* Weichtierröhre Volborthella, neunfach vergr.

phaliden mit großem bestacheltem Schwanzschild. In Asien vermischen sich diese pazifischen mit den europäischen Faunen.
Durch die weite Verbreitung vieler Trilobitenarten ist in vielen Gebieten eine detaillierte Zonengliederung möglich. Mit Ausnahme einiger Formen *(Eodiscus, Agnostus)* herrschen im Kambrium Trilobiten mit primitiven Merkmalen vor (fehlende oder nur als Wülste ausgebildete Augen, fehlendes Einrollungsvermögen und große, aber wechselnde Zahl der Rumpfglieder).
Von anderen Tiergruppen sind vor allem die **Archäocyathiden** wichtig, die teils an Korallen, teils an Schwämme erinnern. Diese kalkschaligen, doppelwandigen und mit Querscheidewänden versehenen Röhrchen treten meist gesellig, riffbildend auf und sind auf das Unter- und Mittelkambrium beschränkt. Sie sind besonders in einer breiten Zone, die sich ehemals vermutlich durch ein wärmeres Klima auszeichnete, von Nordamerika über Mittel- und Südeuropa sowie Nordafrika, Mittelasien und Sibirien bis nach Australien verbreitet.
Eine gewisse stratigraphische Bedeutung haben im Kambrium ferner die **Brachiopoden (Armfüßer)**, die aber meist noch primitive Merkmale besitzen. Es überwiegen hornschalige, schloßlose Formen, die oft an die noch heute lebenden erinnern (*Lingulella*, Linguliden), sowie schloßtragende Formen, die noch kein verkalktes Armgerüst haben (Orthiden).
Häufig sind in den Sandsteinen des Unterkambriums Grabgänge und Röhren von Würmern, die oft wie Orgelpfeifen nebeneinanderstehen *(Scolithus)*. Unter den **Mollusken (Weichtieren)** sind der im Unterkambrium auftretende kleinwüchsige Kopffüßer *Volborthella* und die in die Nähe der Schnecken zu stellenden Hyolithen zu nennen. Bekannt sind ferner Ausgüsse von **Medusenglocken**, die ersten **Ostracoden (Schalenkrebse)**, Pfeilwürmer, Seegurken und andere **Echinodermen (Stachelhäuter)**. Eine berühmte Fundstätte von Weichtieren, Hohltieren, Stachelhäutern u. a. sind die mittelkambrischen Burgess-Schiefer in Britisch-Kolumbien (Kanada).
Wie im Präkambrium herrschen auch im Kambrium unter den pflanzlichen Resten **Kalkalgen (Stromatolithen)** vor, die z. T. zur stratigraphischen Gliederung herangezogen werden können. Sporenkomplexe zeugen von der Existenz verschiedener Arten und Gattungen von Pflanzen in jener Zeit.

3. Paläogeographische Verhältnisse (vgl. Abb. 129 und 130). Große Teile Nordeuropas (Baltischer oder Fennoskandischer Schild), des nördlichen Mitteleuropas und Osteuropas (Osteuropäische oder Russische Tafel) bildeten wie im jüngeren Proterozoikum ein ausgedehntes, aus archaischen und altproterozoischen metamorphen und magmatischen Gesteinen bestehendes Stabilgebiet, das nur in begrenztem Umfange und oft nur kurzzeitig vom Epikontinentalmeer überflutet wurde. Als besonders stabil erwiesen sich große Gebiete des Baltischen Schildes in Norwegen, Schweden, Finnland, der Karelischen ASSR und auf der Halbinsel Kola sowie der Ukrainische Schild (Podolien). Die genannten Gebiete blieben wahrscheinlich auch zur Zeit der größten Transgression des osteuropäischen Raumes im Unterkambrium Festland.
Ein Teil des dem Baltischen Schild im Nordwesten gegenüberliegenden Festlandes, das möglicherweise mit dem Kanadischen Schild in Verbindung stand, ist auf den Hebriden aufgeschlossen. Der dazwischenliegende schmale Meeresarm in Norwegen und Großbritannien verbreiterte sich nach Süden (Mittel- und Westeuropa) und stand wahrscheinlich mit der Uranlage der Tethys, jenes besonders für die jüngeren Systeme bedeutsamen mediterranen Geosynklinalmeeres, in Verbindung. In Mittel- und Westeuropa existierte eine große Insel- und Schwellenzone als Vorläufer der Alemannisch-Böhmischen Insel, die wohl während des gesamten Kambriums erhalten blieb und sich von der Böhmischen Masse im Osten über das französische Zentralplateau bis nach Westfrankreich erstreckte.
Im Osten setzte sich die Urtethys, deren Südrand im Nordteil Afrikas gelegen hat, weit nach Asien hinein fort. Mit ihr standen die weiten Meeresräume Sibiriens und der Arktis in Verbindung, in denen nur einige Teile

der alten Sibirischen Tafel und ähnlicher Massive Schwellen bildeten. Nicht so klar sind die Beziehungen zwischen den Meeresräumen Ostasiens und des östlichen Australiens. Die Verbindung von hier zum kambrischen Meer des westlichen Südamerikas ist über die Antarktis zu suchen, während das Kambrium Nordamerikas einerseits Beziehungen zum nordeuropäischen Raum (über die Geosynklinalgebiete Nordgrönlands), andererseits zum pazifisch-ostasiatischen Raum erkennen läßt.
Die erwähnten Meere umrahmten ein riesiges Festland (das spätere Gondwanaland), das die größten Teile Südamerikas, der Antarktis, Afrikas und Indiens sowie einen großen Teil Australiens einnahm.

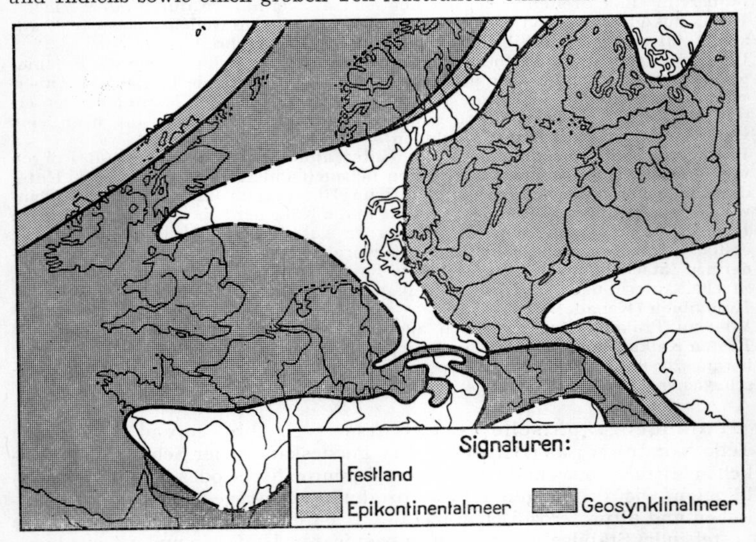

Abb. 129. Vermutliche Verteilung von Land und Meer während des Unterkambriums in Mittel- und Nordeuropa (teilweise nach R. Brinkmann, 1966)

Das Kambrium liegt in vielen Gebieten diskordant auf dem Untergrund (assyntische Diskordanz), in vielen Fällen schließt sich seine Entwicklung jedoch eng an die des Jungproterozoikums an. Seine Verbreitung spiegelt schon recht gut die Ausdehnung der jüngeren Gebirgsbildungsräume wider. Dabei sind die größten Anhäufungen von Sedimentgesteinen, oft verbunden mit vulkanischen Ergüssen, in solchen Zonen zu beobachten, in denen die Erdkruste infolge größerer Mobilität über lange Zeiten hinweg gegenüber den Nachbargebieten stark absank. Eines dieser Geosynklinalmeere, aus denen später Faltengebirge entstanden, erstreckte sich in Nordeuropa von Spitzbergen über Norwegen nach Großbritannien. Aus dieser kaledonischen Geosynklinale entstand im frühen Devon durch Auffaltung der mächtigen Trogfüllung das Kaledonische Gebirge (Caledonia = lateinische Bezeichnung für Schottland). Demgegenüber erfolgte in vielen anderen Gebieten die Hauptgebirgsbildung, in die das Kambrium einbezogen wurde, erst im Karbon (variszische Gebirgsbildung) oder erstreckte sich über einen längeren Zeitraum innerhalb des Paläozoikums.
Die Randgebiete der an die Geosynklinalen angrenzenden Festländer wurden ebenfalls, wenn auch nur zögernd, in die Absenkung dieser Haupt-

sedimentationsgebiete einbezogen, nur sind bei gleicher Ablagerungsfolge und gleichem Fossilinhalt die Mächtigkeiten oft um ein vielfaches geringer (vgl. die Unterschiede zwischen dem Zentrum der kaledonischen Geosynklinale und dem Baltischen Schild).
Das klassische Verbreitungsgebiet des Kambriums ist **Nordeuropa**, wo zwei grundsätzlich verschiedene Ausbildungsformen zu unterscheiden sind: die Fazies der kaledonischen Geosynklinale und die epikontinentale Fazies des Baltischen Schildes und Nordschottlands.
In Großbritannien liefert Wales charakteristische Profile für die kaledonische Geosynklinale. Das Unterkambrium beginnt mit fossilleeren Quarziten und Konglomeraten. Höher folgen Sandsteine, Grauwacken und Schiefer (Llanberis-Schiefer) mit Trilobiten. Das Mittelkambrium umfaßt graue bis grüne, höher dunkle sandige und schluffig-tonige Sedimente (Solva- und Menevian-Schiefer), die auf Grund von Trilobiten (vor allem Arten von Paradoxides) in 5 bis 7 Zonen gegliedert werden. Diese besonders im unteren Teil flachmeerischen Ablagerungen weisen deutliche Beziehungen zu Skandinavien auf. Ähnliches gilt teilweise auch für die oberkambrische Schichtenfolge mit den Lingula flags (nach dem Brachiopoden *Lingula davisi*), wobei auch hier die gröbsten Sedimente (Sandsteine) in den unteren Partien zu finden sind.
Im Kaledonischen Gebirge Norwegens sind nur die Profile im südöstlichen Randbereich, die mit denen auf dem Baltischen Schild weitgehend übereinstimmen, gut gegliedert, während das metamorphe Kambrium der Zentralgebiete stratigraphisch nur ungenau bekannt ist.
In Nordschottland besteht die epikontinentale (unter-)kambrische Schichtenfolge aus Quarziten und Archäocyathidenkalksteinen. Die enthaltene Trilobitenfauna läßt Anklänge an die Faunen Nordamerikas erkennen. Das Kambrium liegt hier diskordant (assyntische Diskordanz) auf dem präkambrischen Torridonsandstein.
Das flachliegende, nur 100 bis 200 m mächtige Kambrium des südlichen Skandinaviens (Oslogebiet, Mittelschweden, Schonen, Bornholm) läßt sich sehr detailliert in Trilobitenzonen gliedern. Die von Süden ausgehende Transgression begann im Unterkambrium, erreichte aber einige weiter nördlich gelegene Gebiete z.T. erst im Mittelkambrium. Die an der Basis liegenden sandig-konglomeratischen Strandablagerungen des Unterkambriums (Hardeberga-Sandstein in Schonen, Nexö-Sandstein in Bornholm, Mickwitzia-Sandstein in Mittelschweden) sind daher auch nicht völlig gleichen Alters. Sie sind unten fossilleer, enthalten aber Grabgänge von Würmern (*Scolithus*). Höher folgen Glaukonitsandsteine und blaugrüne, glaukonitische Schiefer mit *Holmia*, *Volborthella*, Brachiopoden und Hyolithen. Auf diese Weise deutet sich eine Vertiefung des Meeres an. Im höheren Unterkambrium ist eine Schichtlücke verbreitet. Das Mittel- und Oberkambrium besteht vorwiegend aus schwefelkiesreichen dunklen Alaunschiefern mit bitumenreichen Lagen. In diese Schiefer sind gelegentlich Bänke von schwarzem, bituminösem Stinkkalk eingelagert. In der *Paradoxides*-Abteilung ist durch Trilobiten eine Gliederung in 3 Stufen und 8 bis 9 Zonen, in der *Olenus*-Abteilung in 8 Zonen mit dem charakteristischen *Agnostus pisiformis* an der Basis möglich.
In Südfinnland und in den angrenzenden Teilen der Osteuropäischen Tafel (UdSSR und Polen) erfolgte eine Überflutung nur im Unterkambrium. Die Schichtenfolge besteht hier aus Sandsteinen und Konglomeraten, die im höheren Teil Kriech- und Grabspuren enthalten (Eophyton- und Fukoiden-Sandstein), mit dem zwischengeschalteten plastischen, glaukonitführenden Blauen Ton, der das charakteristische Glied der sogenannten Baltischen Serie ist.

Tab. 25. Stratigraphische Gliederung des Kambriums

Abteilungen	wichtigste Leitfossilien	Nordeuropa: südl. Balt. Schild	Nordeuropa: kaledon. Geosynklinale England	Mitteleuropa: Delitzsch Doberlug
Hangendes:	Ordovizium	Obolensandst. bzw. Dictyonema-Schiefer	Shineton-Schiefer	
Oberkambrium = Potsdamian	*Dikelocephalus, Peltura, Parabolina, Olenus, Agnostus*	Alaunschiefer mit Stinkkalkeinlagerungen (70 m)	Dolgelly-Schiefer Lingula flags (bis 1500 m)	
Mittelkambrium = Acadian	*Paradoxides forchhammeri*		Menevian-Schiefer (200 m)	
	Paradoxides paradoxissimus, Sao, Conocoryphe		? ↑; Solva-Schiefer (300 m)	Sandstein und Tonschiefer (1000 m)
	Paradoxides oelandicus	Tonschiefer, Sandstein, Konglomerat		
Unterkambrium = Georgian	*Protolenus, Eodiscus*		Harlech Grits (1500 m); Llanberis-Schiefer (700 m)	Tonschiefer und Kalkstein (> 500 m) × ×
	Holmia, Olenellus, Callavia, Discinella *Archaeocyathus*	Fucoiden-Sandst. (15 m) Eophyton-Sandst. (12 m) Blauer Ton (60 m) unterer Sandst. (50 m) ? ↑	Caerfai (300m); Wrekin-Quarzit (50 m)	Rothsteiner Schichten?
Liegendes:	Proterozoikum	Waldaiserie Dalslandium	unt. Dalradian Moinian Torridon-Sandstein	„nordsächsische Grauwacke"

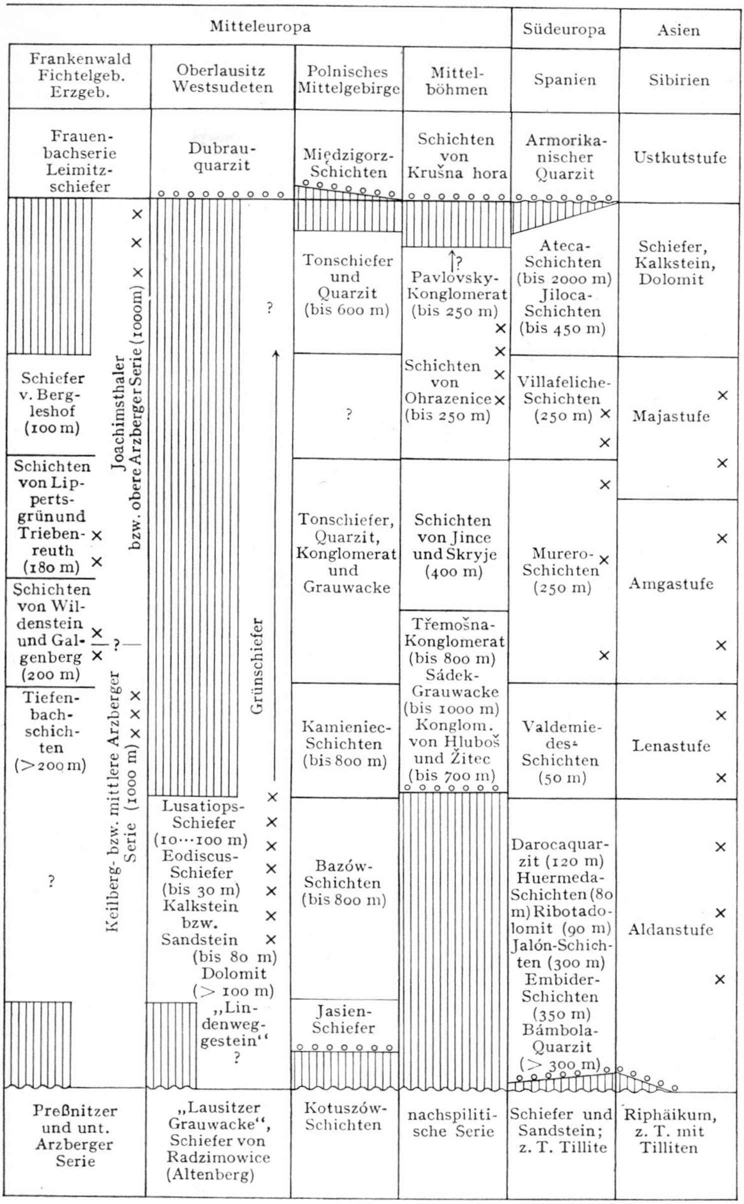

Mitteleuropa				Südeuropa	Asien
Frankenwald Fichtelgeb. Erzgeb.	Oberlausitz Westsudeten	Polnisches Mittelgebirge	Mittelböhmen	Spanien	Sibirien
Frauenbachserie Leimitzschiefer	Dubrauquarzit	Międzigorz-Schichten	Schichten von Krušna hora	Armorikanischer Quarzit	Ustkutstufe
Joachimsthaler bzw. obere Arzberger Serie (1000m)	?	Tonschiefer und Quarzit (bis 600 m)	? Pavlovsky-Konglomerat (bis 250 m)	Ateca-Schichten (bis 2000 m) Jiloca-Schichten (bis 450 m)	Schiefer, Kalkstein, Dolomit
Schiefer v. Bergleshof (100 m)		?	Schichten von Ohrazenice (bis 250 m)	Villafeliche-Schichten (250 m)	Majastufe
Schichten von Lippertsgrün und Triebenreuth (180 m)		Tonschiefer, Quarzit, Konglomerat und Grauwacke	Schichten von Jince und Skryje (400 m)	Murero-Schichten (250 m)	Amgastufe
Schichten von Wildenstein und Galgenberg (200 m) ?			Třemošna-Konglomerat (bis 800 m)		
Tiefenbachschichten (>200 m) Keilberg- bzw. mittlere Arzberger Serie (1000 m)	Grünschiefer	Kamieniec-Schichten (bis 800 m)	Sádek-Grauwacke (bis 1000 m) Konglom. von Hluboš und Žitec (bis 700 m)	Valdemiedes-Schichten (50 m)	Lenastufe
?	Lusatiops-Schiefer (10…100 m) Eodiscus-Schiefer (bis 30 m) Kalkstein bzw. Sandstein (bis 80 m) Dolomit (> 100 m)	Bazów-Schichten (bis 800 m)		Darocaquarzit (120 m) Huermeda-Schichten (80 m) Ribotadolomit (90 m) Jalón-Schichten (300 m) Embider-Schichten (350 m) Bámbola-Quarzit (> 300 m)	Aldanstufe
	„Lindenweggestein" ?	Jasien-Schiefer			
Preßnitzer und unt. Arzberger Serie	„Lausitzer Grauwacke", Schiefer von Radzimowice (Altenberg)	Kotuszów-Schichten	nachspilitische Serie	Schiefer und Sandstein; z. T. Tillite	Riphäikum, z. T. mit Tilliten

Von Nordeuropa her erreichte das Meer in großer Breite Mitteleuropa und **Westeuropa** und behielt auch hier seinen geosynklinalen Charakter.
In der Bretagne umfaßt das Kambrium Konglomerate, Archäocyathidenkalksteine sowie saure und intermediäre Vulkanite und Tuffe. In den Ardennen liegen unter dem Ordovizium praktisch fossilfreie Schiefer, Phyllite und Quarzite, die dem Mittel- und Oberkambrium entsprechen mögen.

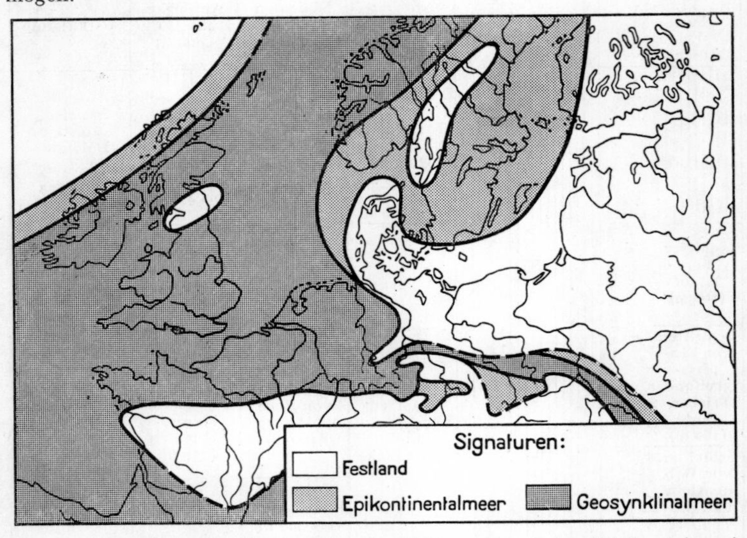

Abb. 130. Vermutliche Verteilung von Land und Meer während des Mittelkambriums in Mittel- und Nordeuropa (teilweise nach R. Brinkmann, 1966)

In **Mitteleuropa** wurde das Kambrium des Frankenwaldes, des Fichtelgebirges und des Erzgebirges wahrscheinlich am Rande des offenen Geosynklinalmeeres abgelagert. Die bis 2000 m mächtigen Gesteinsfolgen sind teilweise mit dem Präkambrium eng verbunden. In den tieferen Teilen des Kambriums sind Karbonatgesteine charakteristisch (z. B. der Wunsiedeler Marmor in der Arzberger Serie). Nur die unmetamorphen Schiefer und Sandsteine des Frankenwaldes im Mittelteil sind fossilführend und umfassen mindestens das gesamte Mittelkambrium. Die Fauna zeigt Anklänge sowohl an Nordeuropa als auch an südliche Gebiete. Die entsprechenden metamorphen Ablagerungen im Erzgebirge gehen nach oben anscheinend ohne Lücke in das Ordovizium über. Sie enthalten häufig graphitreiche Schichten, Einlagerungen von Skarnen sowie umgewandelte basische Magmatite.
Aus dem beschriebenen Gebiet erstreckte sich ein schmaler Meeresarm über das Gebiet von Delitzsch und Doberlug nach der Oberlausitz und den Westsudeten. Das teilweise diskordant zum Präkambrium liegende Unterkambrium ist durch oft mächtige Karbonatgesteine (Kalkstein und Dolomit) gekennzeichnet, die lokal Archäocyathiden enthalten. Bei Görlitz sind Diabase und Tuffe etwa gleichaltrig mit den Kalksteinen. Über diesen liegen hier trilobitenführende rote (*Eodiscus*-Schiefer) und graue Schiefer (*Lusatiops*-Schiefer). Im Bober-Katzbach-Gebirge (Góry

Kaczawskie) spielen Grünschiefer, Keratophyre und Porphyroide eine große Rolle in den höheren Profilteilen über dem Kalk von Wojcieszów (Kauffung). Das Mittelkambrium ist aus der Zone Delitzsch-Doberlug bekannt und besteht hier aus mächtigen fossilführenden Sandsteinen, Grauwacken und Tonschiefern. Die faunistischen Beziehungen sind ähnliche wie im Frankenwald. Die geosynklinale Entwicklung des Kambriums setzt sich weiter östlich im Polnischen Mittelgebirge fort. Dort ist eine ziemlich mächtige Folge von klastischen Gesteinen mit Trilobiten des Unter- bis Oberkambriums bekannt.

In einer Seitenbucht des mitteleuropäischen Meeres wurden in Mittelböhmen mächtige kontinentale klastische Sedimente (Konglomerate und Grauwacken) sowie saure Vulkanite und Tuffe (Schichten von Ohrazenice) abgelagert, in die im mittleren Teil die marinen Schiefer von Jince und Skryje mit einer Trilobitenfauna des mittleren Mittelkambriums eingeschaltet sind. Sie enthalten besonders in den höheren Teilen neben einigen besonderen *Paradoxides*-Arten (z. B. dem bis 15 cm großen *P. bohemicus*) solche Formen, die mehr für Beziehungen zu Südeuropa sprechen (*Conocoryphe, Ptychoparia, Ellipsocephalus, Sao*).

Südlich der Alemannisch-Böhmischen Insel lag als Teil der Urtethys ein großer Sedimentationsraum, der fast das ganze Mediterrangebiet einnahm (Spanien, Montagne Noire, Sardinien, Marokko, Totes Meer). Als Beispiel der stratigraphischen Entwicklung dient die Schichtenfolge Spaniens. Die Auflagerung des Kambriums auf dem älteren Untergrund ist teilweise diskordant. Für das Unterkambrium sind Quarzite und Tonschiefer neben dem Ribota-Dolomit charakteristisch. Das Mittelkambrium besteht aus tonig-karbonatischen Gesteinen, das sehr mächtige Oberkambrium aus Sandsteinen, Grauwacken und Tonschiefern. Unter- und besonders Mittelkambrium enthalten teilweise reiche Trilobitenfaunen, während sich im Oberkambrium häufig Lebensspuren finden.

In **Asien** (Mittelasien, Himalaja, Sibirien, Mongolei, Korea, China) nimmt das Kambrium weite Flächen ein. Besonders in einigen Geosynklinalgebieten Sibiriens ist es durch außerordentlich große (z. T. über 10000 m) Mächtigkeiten gekennzeichnet. Im Unterkambrium, das in Aldan- und Lenastufe gegliedert wird, sind Archäocyathidenkalksteine, bei epikontinentaler Entwicklung (z. B. auf der Sibirischen Tafel) teilweise Gips- und Steinsalzausscheidungen typisch. Letztere treten auch in der Salt Range im Pandschab (Westpakistan) in Erscheinung. Die Trilobitenfaunen nehmen nach Osten zu immer mehr pazifischen Charakter an.

In **Nordamerika** umgriff das Meer in zwei getrennten Armen den Kanadischen Schild. In der appalachischen Geosynklinale am Ostrande des Kontinents, die im Paläozoikum gefaltet wurde, kam es zu einer Faunendifferenzierung. Die Fauna des östlichen Teils zeigt enge Beziehungen zu Nordeuropa, während die des Westteils ähnlich wie die der Felsengebirgsgeosynklinale pazifischen Charakter hat und wahrscheinlich an die flachmeerischen, epikontinentalen Gebiete am Ostrand des Kanadischen Schildes gebunden ist. Das Kambrium der Felsengebirgsgeosynklinale westlich des Kanadischen Schildes ist teilweise recht mächtig (bis 4000 m in Britisch-Kolumbien) und besteht großenteils aus Karbonatgesteinen. Im Mittelkambrium sind die fossilreichen Burgess-Schiefer zu erwähnen. Den großen Mächtigkeiten in der Geosynklinale stehen weitaus geringere auf den Rändern des Kanadischen Schildes gegenüber.

4. Zusammenfassung. An vielen Stellen begann das Kambrium mit einer Meerestransgression. Die Diskordanz an seiner Basis ist eine Folge von gebietsweise festzustellenden assyntischen Gebirgsbildungsvorgängen.

Die Zeit der größten Überflutung war im allgemeinen das Mittelkambrium, während sich das Meer im Oberkambrium aus vielen Gebieten zurückzog. Die kambrischen Geosynklinalmeere folgten vorwiegend bereits den Zonen, in denen später kaledonische, variszische und jüngere Faltengebirge entstanden. So enthalten die Zone des Kaledonischen Gebirges in Nordeuropa oder die paläozoischen Faltengebirge Sibiriens Kambrium mit besonders großen Mächtigkeiten. In diesen Zonen sind die Sedimente häufig mit Vulkaniten (Diabasen u. a.) verbunden. Demgegenüber überfluteten die Epikontinentalmeere nur zeitweise und nur in Teilen die alten Schilde und Tafeln und lagerten dort Sedimente wesentlich geringerer Mächtigkeit ab. So zog sich beispielsweise das Meer aus dem Gebiet des östlichen Baltischen Schildes und der Osteuropäischen Tafel schon im höheren Unterkambrium zurück. In vielen Gebieten kam es anscheinend schon im Oberen Kambrium zu tektonogenetischen Bewegungen, Vorläufern der sardischen Gebirgsbildungsphase. Gleichzeitig drangen wahrscheinlich gebietsweise saure Magmen ein, die heute als vergneiste Granite vorliegen.
Während noch im obersten Präkambrium ein recht kühles Klima geherrscht haben muß, wie die weitverbreiteten fossilen Moränen (Tillitei beweisen, ist das Kambrium offensichtlich bereits als eine Zeit verhältnismäßig warmen Klimas anzusprechen. Dafür spricht das Auftreten von Eindampfungssedimenten (Salz, Gips) im Iran, in Sibirien und Indien ebenso wie die weite Verbreitung der unterkambrischen Archäocyathidenkalksteine. Trotz der stratigraphisch unsicheren Stellung der Archäocyathiden dürfte deren Lebensweise ähnlich wie die der an warmes Wasser gebundenen Korallen zu beurteilen sein.
Die auf das Meer beschränkte Tierwelt trägt zwar noch urtümliche Züge, weist aber schon alle Stämme der Wirbellosen auf und läßt so eine sprunghafte Entfaltung an der Wende Präkambrium/Kambrium erkennen. Es heben sich deutliche Faunenprovinzen ab (z. B. pazifische, nordeuropäische, mediterrane).

Ordovizium

1. Allgemeines. Der Begriff Ordovizium wurde 1879 von dem britischen Geologen und Paläontologen Charles LAPWORTH eingeführt. Er leitete ihn von den Ordoviziern ab, einem keltischen Volksstamm, der in Nordwales und im Powistal (Ostwales) ansässig war. Ursprünglich stellte man diesen stratigraphischen Abschnitt entweder zum Kambrium oder aber zum Silur bzw., in zwei Teile gegliedert, auch zu beiden. LAPWORTH erkannte jedoch seine lithologische und insbesondere faunistische Eigenständigkeit und schied ihn deshalb als selbständiges System aus, dessen Dauer mit 60 Mio Jahren angesetzt wird. Die in Mittel- und Westeuropa trotzdem noch lange üblich gewesene Einbeziehung des Ordoviziums in das Silur ist heute endgültig überholt.
Unter- und Obergrenze des Ordoviziums sind relativ exakt definiert. Die Basis liegt zwischen Oberkambrium und Tremadoc, die Hangendgrenze zwischen Ashgill und Valent, der untersten Stufe des Silurs. Die Gliederung in Abteilungen – Unter- und Oberordovizium oder Unter-, Mittel- und Oberordovizium – wurde recht unterschiedlich vorgenommen. International verbindliche Regelungen gibt es hierfür nicht. Als Stufen werden von unten nach oben Tremadoc, Arenig, Llanvirn, Llandeilo, Caradoc und Ashgill ausgeschieden. Die Zoneneinteilung basiert hauptsächlich auf der Graptolithensukzession (Tab. 26).

Die Ablagerungen des Ordoviziums zeigen im Vergleich zu denen des Kambriums eine regional ähnliche, wenn im allgemeinen auch etwas weitere Verbreitung. Grundlegende Veränderungen in den paläogeographischen Verhältnissen traten nicht ein. Die tektonische Entwicklung verlief etwas unruhiger als in den vorangegangenen Epochen. So sind mehrere Phasen erkennbar, die örtlich zu Winkeldiskordanzen und Schichtausfällen führten. Die bedeutendste unter ihnen ist die kurz nach dem Ende des Ordoviziums vor allem im Appalachentrog Nordamerikas wirksam gewordene takonische Phase. Litho- und biofaziell lassen sich generell zwei verschiedene Bereiche unterscheiden, eine Stillwasserfazies überwiegend dunkler Tongesteine mit reicher Graptolithenführung und spärlicher übriger Fauna sowie eine sandig-kalkige Flachwasserfazies mit hauptsächlich benthonischen Formen.

2. Entwicklung der Lebewelt (hierzu Abb. 132.) Innerhalb der Tierwelt herrschen auch im Ordovizium noch die marinen Wirbellosen (Invertebraten) bei weitem vor. Gegenüber dem Kambrium nahm ihr Formenreichtum jedoch bedeutend zu. Auch erschienen erstmals Wirbeltiere (Vertebraten), vertreten durch Fische mit einem Skelett aus Knorpelsubstanz. Die Entwicklung des pflanzlichen Lebens machte ebenfalls Fortschritte. Besonders die Kalkalgen zeigen eine auffällige Entfaltung.

Die charakteristischsten und am weitesten verbreiteten Fossilien der Stillwasserfazies sind **Graptolithen** (Abb. 131), kolonienbildende Tiere mit an unterschiedlich geformten Ästen (Rhabdosomen) ein- oder mehrzeilig sitzenden chitinösen Bechern (Theken). Ihre Stellung im zoologischen System ist nicht restlos geklärt. Relativ enge Beziehungen zeigen sie insbesondere zu den heute noch lebenden Rhabdopleuridae. Die wie feine Bleistiftstriche (daher der Name Graptolith

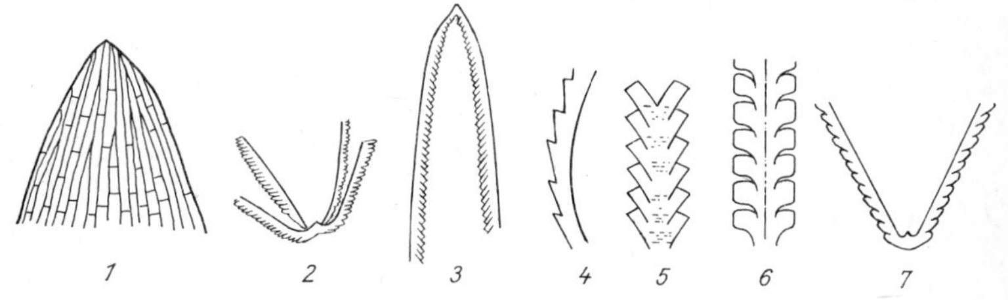

Abb. 131. Graptolithen: *1* Dictyonema sociale. *2* Tetragraptus serra. *3* Didymograptus murchisoni. *4* Pleurograptus linearis. *5* Orthograptus truncatus wilsoni. *6* Climacograptus. *7* Dicellograptus complanatus

= Schriftstein) aussehenden Äste von oft sägeblattähnlicher Form erscheinen meist plattgedrückt und in graphitisch glänzende kohlige Häutchen umgewandelt auf den Schichtflächen der Gesteine. Während die Gruppe der vorwiegend sessilen Dendroidea vom Mittelkambrium bis in das Karbon reicht, sind die mehr planktonisch lebenden Graptoloidea fast ausschließlich auf das Ordovizium und Silur beschränkt. Sie liefern wichtige Leitfossilien für beide Systeme. Auf Grund der im Laufe ihrer Entwicklungsgeschichte erfolgten sehr differenzierten Ausgestaltung lassen sich verschiedene Zonen feststellen, die durch bestimmte, kurze Lebensdauer und weite horizontale Verbreitung aufweisende Arten dieser Tiergruppe charakterisiert werden (Tab. 26).

Für das tiefste Ordovizium sind die zu den dendroiden Graptolithen gehörenden, buschförmig verzweigten, vielästigen Stöcke (Dictyonema, Bryograptus) typisch. Vom Arenig an entwickelten sich dann doppelt bis achtfach verzweigte einreihige Formen *(Didymograptus, Tetragraptus, Dichograptus)*, die sich wahrscheinlich vom Boden lösten und im Meer treibenden Gegenständen (z. B. Tangen) anhafteten. Im höheren Ordovizium erschienen die unverzweigten, zweizeilig besetzten

Tab. 26. Stratigraphische Gliederung des Ordoviziums

Stufen	Zonenfossilien	England (Ostwales)	Südnorwegen (Osloregion)	Südschweden (Schonen)	
Hangendes:		Unteres Llandovery (Silur)	*Stricklandia*-Serie (Silur)	*Rastrites*-Schiefer (Silur)	
Ashgill	*Dicellograptus anceps* *Dicellograptus complanatus*	Bala-Gruppe: 30 m Ashgill-Serie ×	120…200 m *Tretaspis*-Serie		3…6 m *Dalmanitina*-Serie
				Tretaspis-Serie	15…30 m *Staurocephalus*-Schichten
					5…10 m ob. *Dicellograptus*-Schiefer
Caradoc	*Pleurograptus linearis* *Dicranograptus clingani* *Climacograptus wilsoni* *Climacograptus peltifer* *Nemagraptus gracilis*	200 m Caradoc-Serie × × × × ×	120…165 m *Chasmops*-Serie	*Chasmops*-Serie	15…40 m mittlere *Dicellograptus*-Schiefer
Llandeilo	*Glyptogr. teretiusculus*	250 m Llandeilo-Serie × × × ×	70 m *Ogygiocaris*-Serie	*Asaphus*-Serie	2…16 m untere *Dicellograptus*-Schiefer
Llanvirn	*Didymograptus murchisoni* *Didymograptus bifidus*	500 m Llanvirn-Serie × × × ×			1…32 m obere *Didymograptus*-Schiefer
Arenig	*Didymograptus hirundo* *Didymograptus extensus* ? *Dichograptus*	700 m Arenig-Serie × × × × × × ×	20 m *Asaphus*-Serie		1…10 m Orthoceren-Klk.
					4…25 m untere *Didymograptus*-Schiefer
Tremadoc	*Dictyonema norvegicum* *Bryograptus kjerulfi* *Adelogr. hunnebergensis* *Dictyonema flabelliforme* *Dictyonema sociale* *Dictyon. desmograptoides*	200 m Tremadoc-Serie	20 m *Ceratopyge*-Serie	*Ceratop.-Dictyon.*-S.	1,5…3 m *Ceratopyge*-Kalk und -Schiefer
					5…16,5 m *Dictyonema*-Schiefer
Liegendes:		*Lingula* flags (Oberkambrium)	*Olenus*-Serie (Oberkambrium)	*Olenus*-Schiefer (Oberkambrium)	

Estland	Thüringen	Böhmen
Juuru-Schichten (Silur)	Unt. Graptol.-Schiefer (Silur)	Želkovice-Sch. (Silur)
Harju-Serie: 3···16 m Porkuni-Schichten 33···57 m Pirgu-Schichten 6···7 m Vormsi-Schichten 22···42 m Nabala-Schichten 8···25 m Rakvere-Schichten	Gräfenthaler Serie: bis 300 m Lederschiefer Oberer Erzhorizont mit Kalkbank (0,4 m) Lager-quarzit (0···40 m) sowie Unterem und Oberem Lager (0,5···28 m) — bis 150 m Hauptquarzit	60···200 m Kosov-Schichten 50···150 m Schichten von Králův Dvůr ×
Viru-Serie: 0,5···7 m Oandu-Schichten 12···27 m Keila-Schichten 4···13 m Johvi-Schichten 0,5···11 m Idavere-Schichten 4···14 m Kukruse-Schichten 4···16 m Uhaku-Schichten 5···13 m Lasnamägi-Schichten 0,1···7 m Aseri-Schichten	bis 250 m Griffelschiefer 0···11 m Unt. Erzhorizont	100···150 m Bohdalec-Sch. × 100···400 m Zahořany-Sch. × 50···300 m Vinice-Sch. × 60···800 m Letná-Sch. × 50···300 m Libeň-Sch. × × 100···400 m Dobrotivá-Schichten × × × × 10···300 m Šárka-Schichten × × × ×
Oeland-Serie: 0,1···14 m Kunda-Schichten 0···14 m Wolchow-Schichten 0,3···3 m Leetse-Schichten 3···21 m Pakerort-Schichten	bis 1000 m Phycoden-Serie 500···700 m Frauenbach-Serie + +	0···300 m Klabava-Schichten × × × × × × 0···45 m Mílina-Schichten 0···80 m Třenice Schichten
Unterkambrium	? Goldisthaler Sch. (? Kambrium)	Oberkambrium

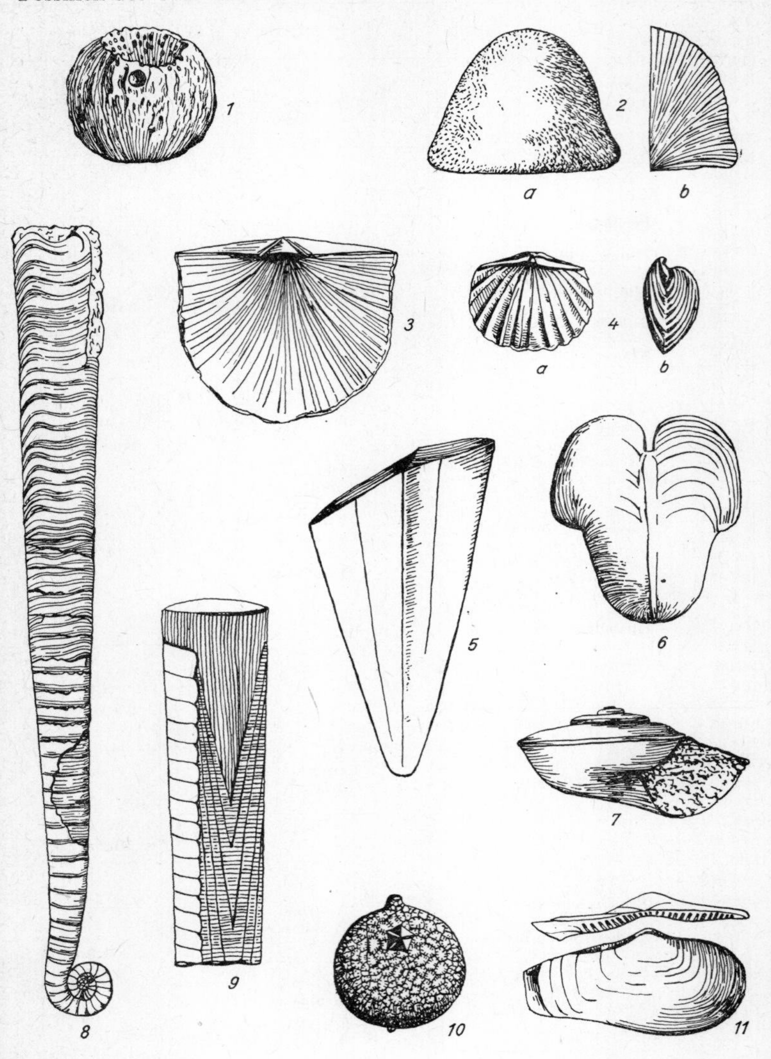

Abb. 132. *1* Porifere (Schwamm) Astylospongia praemorsa. *2* Bryozoe (Moostierchen) Monticulipora petropolitana (rechts mit Längsschnitt). *3—4* Brachiopoden (Armfüßer): *3* Rafinesquina alternata. *4* Orthis calligramma. *5* Scyphozoe Exoconularia exquisita. *6—7* Gastropoden (Schnecken): *6* Bellerophon crassus. *7* Raphistoma qualteriata. *8—9* Cephalopoden (Kopffüßer): *8* Lituites lituus. *9* Endoceras longissimum. *10* Cystoidee (Beutelstrahler) Echinosphaera aurantium. *11* Lamellibranchier (Muschel) Ctenodonta nasuta

Diplograptiden (*Diplograptus, Climacograptus*), die wohl in büschelförmigen Kolonien, an einer Schwimmblase befestigt, freischwebend (planktonisch) lebten. Der Sedimentationsbereich der Graptolithenschiefer, die nur selten noch andere organische Reste enthalten, ist als Begräbnisraum, nicht als Lebensraum dieser Tierkolonien aufzufassen und gehört anscheinend meist den tieferen und daher kaum besiedelten uferfernen Meeresregionen an.
Die sandig-kalkige Flachwasserfazies zeichnet sich durch wesentlich größere Mannigfaltigkeit von Sediment und Lebewelt aus. Es entstanden weitverbreitete karbonatische Ablagerungen aus den Körperresten kalkschaliger Tiere, die sich in diesem Zeitabschnitt in überraschend großer Anzahl entfalteten.
Stratigraphisch von besonderer Bedeutung sind vor allem die **Trilobiten** (Abb. 133). Mit Beginn des Ordoviziums haben sie ihren Lebensraum offensichtlich zum großen Teil gewechselt. Ihre Überreste finden sich nämlich nicht so sehr — wie im Kambrium — in Schiefern, sondern mehr in Kalken und Mergeln. Die neuen Typen zeichnen sich durch höhere Entwicklung der Augen, geringere Zahl der Rumpfglieder, Einrollungsvermögen und größeren Schwanzschild aus. Im tieferen Ordovizium liefern die unbestachelten Asaphiden gute Leitformen: *Ceratopyge,*

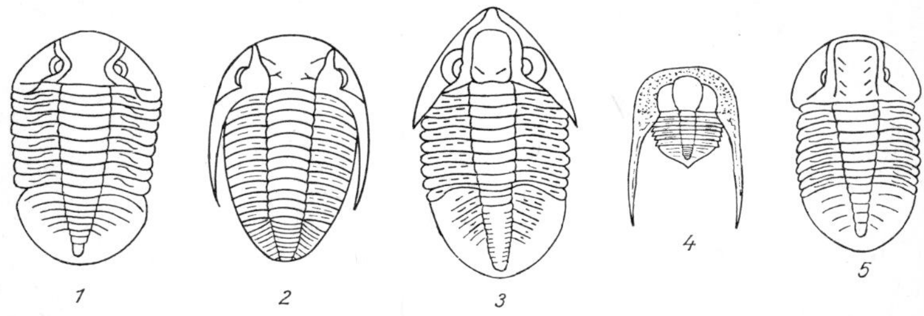

Abb. 133. Trilobiten: *1* Asaphus expansus. *2* Chasmops odini. *3.* Megalaspis limbata. *4* Cryptolithus goldfussi. *5* Niobe

Megalasaspis, Asaphus; sie sterben am Ende des Silurs aus. Im Mittleren Ordovizium sind die Gattungen *Calymene* mit großer gegliederter Glatze, vielen Rumpfgliedern und gegliedertem Schwanzschild sowie *Chasmops* mit verbreiterter Glatze und zwei Seitenstacheln am Kopfschild leitend, im höheren Ordovizium hochspezialisierte Formen wie *Cryptolithus.*
Für die kalkigen Schichten des Ordoviziums ist ferner eine zu den Kopffüßern (Cephalopoden) gehörige Gruppe von kalkschaligen Tieren bezeichnend, die **Nautiliden**, deren spiral aufgerollter Vertreter *Nautilus pompilius* noch heute lebt. Sein Gehäuse enthält eine Anzahl Kammern, denen durch eine häutige Röhre, den Sipho, Luft zugeführt wird. Der Wirt selbst, ein Weichtier mit hochentwickelten Augen, einer großen Anzahl von Fangarmen (Tentakeln) und Saugnäpfen zum Festhalten, wohnt nur in der vordersten Kammer. Mit Hilfe der Arme kann das Tier am Meeresboden kriechen, durch Auffüllen des Gehäuses mit Luft und Ausstoßen eines Wasserstrahls sich aber auch schwimmend fortbewegen. Sicher waren die ordovizischen Nautiliden ähnlich organisiert und — wie der heutige *Nautilus* — gefährliche Räuber des Meeres. Im Unteren Ordovizium traten zunächst Formen mit gestrecktem Gehäuse auf. Bei *Orthoceras*, dem „Geradhorn", werden die urglasförmig gewölbten Kammerscheidewände von einem engen zentralständigen, bei dem kurzlebigeren *Endoceras* von einem dickeren randständigen Sipho durchbohrt. Neben diesen kamen aber auch schon Typen mit teilweiser Einrollung vor (*Lituites*).
Die **Schnecken (Gastropoden)**, deren Ahnformen aus dem Kambrium stammen, standen im Ordovizium auf einer höheren Entwicklungsstufe und wurden zuweilen recht häufig. Auch von den erstmals im Oberkambrium aufgetretenen **Muscheln (Lamellibranchiaten)** waren die Hauptordnungen bereits vertreten.
Die **Armfüßer (Brachiopoden)**, im Kambrium und im tiefsten Ordovizium (Tremadoc) als meist schloßlose, hornschalige Formen ausgebildet, entwickelten sich deutlich weiter zu kalkschaligen, schloßtragenden Individuen mit und ohne Armgerüst. Einige haben Leitwert, wie *Obulus, Orthis* und *Porambonites.*

Die **Korallen (Anthozoen)** waren im Ordovizium noch selten und erreichten erst im Silur größere Mannigfaltigkeit. Ihre ersten, noch urtümliche Züge tragenden Vertreter wurden im Mittelordovizium der Appalachen entdeckt. Von den **Schwämmen (Poriferen)** sind vor allem die Kieselschwämme zu nennen, besonders die kugelrunde *Astylospongia*. Seit dem Llandeilo nahmen auch **Moostierchen (Bryozoen)** an Häufigkeit zu, von denen *Monticulipora* für das Ordovizium Leitwert besitzt. Das gleiche gilt für die **Stachelhäuter (Echinodermen)** und unter ihnen insbesondere für die Beutelstrahler (Cystoideen, z.B. *Echinosphaerites*), die im Caradoc des Baltikums („Kristalläpfel" des baltischen Ordoviziums) stratigraphische Bedeutung erlangen.
Außerordentlich wichtig ist schließlich, daß im Ordovizium die ersten **Wirbeltiere (Vertebraten)** in Gestalt von primitiven **Fischen** erschienen. Besonders in Nordamerika fand man in entsprechenden Serien Knochenplatten der sogenannten Agnathen, kiefer- und flossenlose Formen mit Saugmund und ohne knöchernes Innenskelett.
Von **Pflanzen** sind vor allem Algen bekannt. Örtlich (z.B. Baltikum, England) treten sie gesteinsbildend auf. Bestimmte skelettlose Arten dürften auch an der Bildung des estnischen Brandschiefers (Kuckersit) beteiligt gewesen sein.

3. Paläogeographische Verhältnisse. Die Verteilung von Land und Meer während des Ordoviziums ähnelt im allgemeinen den Verhältnissen, wie sie schon im Kambrium angetroffen werden. In Europa erstreckte sich ein tiefer Nordnordost-Südsüdwest streichender geosynklinaler Trog von den Britischen Inseln über Norwegen bis nach Spitzbergen. In ihm wurden die von den bereits präkambrisch versteiften alten Kernen Fennosarmatias im Südosten und Erias im Nordwesten erodierten festländischen Schuttmassen sedimentiert. Große Mächtigkeit, einförmige Zusammensetzung des terrigenen Materials und erste Anzeichen kaledonischer tektonischer Aktivität (Förderung „grüner Laven" basisch-intermediärer Zusammensetzung, Diskordanzen innerhalb der ordovizischen Schichtenfolgen) sind kennzeichnend für dieses Gebiet. Demgegenüber zeigt das östlich angrenzende, weit über den Baltischen Schild hinweggreifende epikontinentale Flachmeer wesentlich geringere Mächtigkeiten, lithofaziell wechselvollere Ausbildung sowie eine tektonogenetisch weitaus ruhigere Entwicklung. Gewissermaßen eine Zwischenstellung nahm der mitteleuropäische Raum ein. Hier überwiegen wiederum klastische Sedimente. Auch Kriterien magmatischer Tätigkeit sind lokal vorhanden. Wahrscheinlich bestand über Westeuropa zumindest zeitweilig eine Verbindung zur kaledonischen Geosynklinale. Der eventuelle Zusammenhang dieses Meeresteiles mit dem litho- wie biofaziell grundsätzlich anders gestalteten baltischen Flachschelf ist noch wenig geklärt. Vielleicht existierte über Polen eine Verbindung zu diesem Gebiet. Im Süden bildete die Alemannisch-Böhmische Insel offensichtlich die Grenze zu den südeuropäischen Sedimentationsräumen.
Orogenetische Bewegungen größeren Ausmaßes kamen nur im nordamerikanisch-arktischen Bereich vor. Im Gefolge der am Anfang des Silurs einsetzenden takonischen Faltungsphase, von der Europa im allgemeinen wenig betroffen wurde, hob sich durch weiträumige Krustenbewegungen der in Einzelteilen schon vorher bestehende nordatlantische Kontinent Eria völlig aus dem Meer heraus. Auch für Spitzbergen und Teile von Grönland stellte sie wahrscheinlich die Hauptfaltungsphase dar.
Im einzelnen ergibt sich folgendes Bild: In **Großbritannien** treten zwischen Nordwestschottland und einem Gebiet in Südostengland die verschiedenartigen Sedimentausbildungen der kaledonischen Geosynklinale zutage. Man kann eine ufernahe, kalkig-gröberklastische Entwicklung mit Trilobiten und Brachiopoden an den Rändern des Troges im Nordwesten (Schottland) und Südosten (Südengland) von einer landferneren tonigen

Fazies mit Graptolithen im zentralen Teil der Geosynklinale (Southern Uplands, Lake District, Nordwestwales) unterscheiden. In den Randgebieten erreichen die Mächtigkeiten mehrere tausend Meter, währenddessen sie im Beckenzentrum wesentlich geringer sind („unterernährte" Geosynklinale). Bezeichnend für die starke magmatische Tätigkeit im Ordovizium dieses Raumes ist die submarine Förderung von vulkanischen Tuffen und Ergußgesteinen vorwiegend basischer Zusammensetzung. Diese Ergußgesteine sind infolge der raschen Abkühlung oft wulstartig erstarrt und werden dann als Kissenlaven bezeichnet.

In **Norwegen** verlief die Entwicklung ähnlich. Allerdings ist hier nur der Ostabschnitt der kaledonischen Geosynklinale zugänglich. Auch wird durch eine starke spät- bis postsilurische Metamorphose eine eingehendere Gliederung der aus verschiedenartigen Schiefern, Quarziten, Kalken sowie basischen Ergußgesteinen bestehenden Schichtenfolge wesentlich erschwert.

Nach Osten zu gehen die Geosynklinalsedimente des skandinavischen Hochgebirges in die epikontinentalen Serien der **fennosarmatischen Tafel** über. In den tieferen Becken (Schonen, z.T. Oslogebiet) bildeten sich vorwiegend Graptolithenschiefer, in den Ufersäumen und Flachwasserbereichen (Nordostpolen, Estland) dagegen sandige und kalkige Ablagerungen mit Brachiopoden und Trilobiten. Die Saumbildungen beginnen mit hellen Sandsteinen, in denen der Brachiopode *Obulus* oft massenhaft vorkommt (Obulussandstein), und schwarzen Tonsteinen, die durch das Auftreten des dendroiden Graptolithen *Dictyonema* charakterisiert werden (Dictyonemaschiefer). Höher folgen grüne glaukonitische Sandsteine sowie fossilreiche Kalke, die sich durch Trilobiten der *Asaphus*-Gruppe gut unterteilen lassen. Im oberen Llanvirn, im Llandeilo und im tieferen Abschnitt des Caradoc enthalten die Kalke kugelige Beutelstrahler (*Echinosphaerites*; *Sphaeronites*) und Trilobiten der Gattung *Chasmops*. Lediglich in Estland kam es kurzzeitig, zu Beginn des Caradoc, zu einer Sonderentwicklung. In einem abgeschlossenen Becken wurde der sogenannte Kuckersit abgelagert, ein braunschwarzer bituminöser Tonmergel, der als Brennstoff und zur Ölgewinnung Verwendung findet. Den Abschluß des Ordoviziums bilden wiederum Kalke.

In **Mitteleuropa** sind ordovizische Ablagerungen aus dem ardennisch-rheinischen Schiefergebirge, aus Thüringen, Sachsen und Franken, aus Mittelböhmen (Barrandium), den Westsudeten und dem Heilig-Kreuz-Gebirge (Góry Świętokrzyskie, Polen) sowie neuerdings auch aus Rügen bekannt. Die ordovizischen Vorkommen des ardennisch-rheinischen Schiefergebirges sind auf einzelne Aufschlüsse in den Ardennen, im Brabanter Massiv, Sauerland und Kellerwald beschränkt. Es handelt sich durchweg um tonig-sandige Sedimente mit nur geringer Fossilführung.

Das thüringische Ordovizium wird dreigeteilt in Frauenbachserie, Phycodenserie und Gräfenthaler Serie. Die Frauenbachserie entspricht stratigraphisch dem Tremadoc, in ihren tieferen Abschnitten möglicherweise noch dem höheren Kambrium. Sie wird von einer etwa 600 m mächtigen Folge von Quarziten und Schiefern aufgebaut, denen gelegentlich Porphyroidlager zwischengeschaltet sind. Ebenfalls tonig-sandig ist die im Hangenden folgende, rund 900 m mächtige Phycodenserie. Meist läßt sich eine Gliederung in eine Dachschieferzone, einen Magnetitquarzithorizont sowie den eigentlichen Phycodenschiefer und -quarzit mit den Grabgängen des marinen Wurmes *Phycodes circinnatum* sowie einigen schlechterhaltenen Graptolithen des Arenig vornehmen. In lithologisch wesentlich wechselvollerer Zusammensetzung liegt die Gräfenthaler Serie vor. Sie beginnt oft mit einem geringmächtigen Eisenerzhorizont, der von ca. 200 m schwarzen Griffelschiefern überlagert wird. Darüber folgen wiederum oolithische Eisenerze, die bei Schmiedefeld und Wittmannsgereuth südlich von Saalfeld in zwei Lagern abgebaut werden. Im Osten des Thüringischen Schiefergebirges schaltet sich in diesem Niveau noch der 50 bis 100 m mächtige Hauptquarzit ein. Den Abschluß bildet, wahrscheinlich bis ins basale Silur hineinreichend, eine monotone Folge grauer geröllführender Tonschiefer, der sogenannte Lederschiefer.

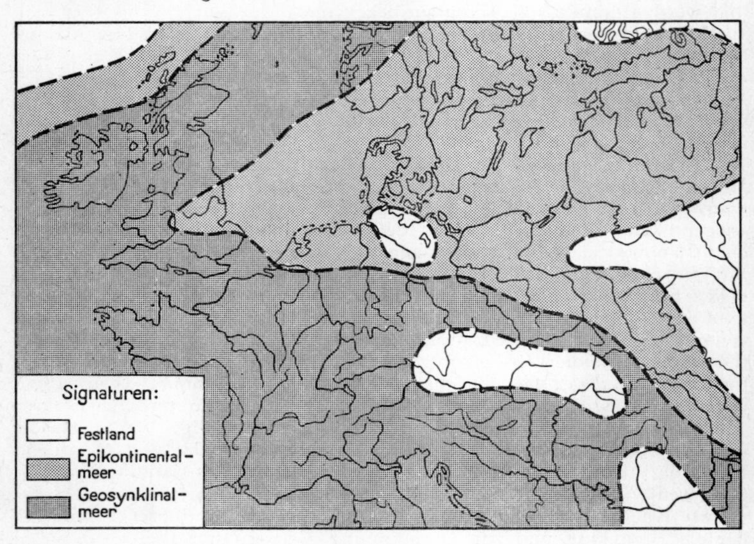

Abb. 134. Vermutliche Verteilung von Land und Meer während des Ordoviziums in Mitteleuropa (im wesentlichen nach R. Brinkmann, 1966)

Das Ordivizium Böhmens ist ähnlich ausgebildet, im ganzen aber faziell differenzierter. Es überwiegen wiederum klastische Ablagerungen — Konglomerate, Grauwacken, Sandsteine oder Quarzite und Tonschiefer. Chemische Sedimente (z. B. Hornsteine der Milinaschichten) spielen demgegenüber nur eine ganz untergeordnete Rolle und sind außerdem meist recht geringmächtig. Von den thüringischen Verhältnissen abweichend ist der starke basische submarine Vulkanismus. Vor allem in den Klabavaschichten (Arenig) kommen mächtige Komplexe von Effusivdiabasen, Diabastuffen und ähnlichen vulkanischen Förderprodukten vor. Von wirtschaftlichem Interesse sind einige oolithische Eisenerzhorizonte.
Im östlichen Böhmen, im Nordosten Sachsens sowie in den Westsudeten ist das Ordovizium nur lückenhaft vertreten. Auch auf Rügen wurde bisher lediglich eine stratigraphisch eng begrenzte, wenn auch sehr mächtige ordovizische Schichtenfolge nachgewiesen. Vollständigere Profile mit mannigfaltiger fazieller Ausbildung (Ton- und Sandsteine, Grauwacken, Mergel, Kalke und Dolomite) sind erst wieder aus dem Heilig-Kreuz-Gebirge bekannt.
In **West- und Südeuropa** kommt Ordovizium in der Bretagne, der Montagne Noire (französisches Zentralmassiv), den Zentralpyrenäen, der Iberischen Halbinsel sowie auf Sardinien vor. Ähnlich ausgebildet sind die

äquivalenten Serien auch in **Nordafrika** (Marokko, Sahara). In **Nordamerika** gelangten im Osten vorwiegend Graptolithenschiefer, im Westen sehr mächtige Kalk- und Dolomitfolgen zur Ablagerung. Letztere setzen sich nach Norden in die **Arktis** fort. In **Südamerika** (Argentinien, Bolivien, Peru, Kolumbien) läßt sich ebenfalls eine Faziesdifferenzierung in eine kalkige und eine tonig-sandige Entwicklung erkennen. Für **Asien** sind kalkig-tonige Flachwassersedimente (Sibirien, China) und sandig-schieferige Gesteine mit Einlagerungen von Vulkaniten (Kirgisien, Altai, Mongolei) kennzeichnend. Die in ihnen enthaltenen Faunen weisen z. T. enge Beziehungen zum Baltikum auf. Schließlich treten ordovizische Schichtenfolgen auch in **Australien** und **Neuseeland** auf. Sie bestehen vorwiegend aus gefalteten Graptolithenschiefern, Grauwacken und zwischengeschalteten Diabasen.

4. Zusammenfassung. Das Ordovizium war eine Zeit bedeutender Überflutungen. Weite Gebiete wurden vom Wasser bedeckt. Transgressionen und Regressionen lösten — durch verschiedene tektonische Phasen der beginnenden kaledonischen Orogenese getrennt — einander ab. In dieser Periode der Vorherrschaft des Meeres kam es zu einer reichen Entfaltung der marinen Tierwelt. Da günstige Austauschverbindungen zwischen den einzelnen Beckenteilen geschaffen wurden, gab es auch nicht mehr so deutlich ausgeprägte Faunenprovinzen, wie sie im Kambrium bestanden. Viele der neuen ordovizischen Tiergruppen besaßen weltweite Verbreitung. Das Klima war offensichtlich ebenfalls wesentlich ausgeglichener. Die zahlreichen Vorkommen kalkiger Gesteine, unter ihnen besonders die Riffkalke, sprechen für ein im allgemeinen mild-warmes Klima. So finden sich im Ordovizium — mit Ausnahme fraglicher Erscheinungen — auch keine Tillite als Zeugen einer Vereisung. Das Gebiet der heutigen Arktis gehörte wahrscheinlich zum tropischen Bereich, währenddessen die Pole in Äquatornähe lagen. Tektonisch-magmatisch waren die vor allem in den tiefen geosynklinalen Trögen zunehmende vulkanische Tätigkeit sowie die zu Beginn (sardische Phase) und nach dem Ende des Ordoviziums (takonische Phase) erfolgten orogenetischen Bewegungen von Bedeutung.

Silur

1. Allgemeines. Der Begriff Silur wurde erstmals in England angewandt. MURCHISON führte den vom Namen eines britischen Volksstammes abgeleiteten Ausdruck im Jahre 1835 für Schichten ein, die vom mittleren Teil des heutigen Ordoviziums bis an die Basis des devonischen Old-Red-Sandsteins reichten. Nachdem jedoch LAPWORTH 1879 die tieferen Abschnitte dieses Systems aus lithologischen wie faunistischen Gründen als selbständiges „Ordovizium" abgetrennt hatte, wurde es auf den seither üblichen Bereich zwischen der Valent-Untergrenze und der Ludlow-Obergrenze beschränkt. Abweichend von diesem Gliederungsprinzip hat man den gleichen Terminus aber auch für das gesamte prädevonische Paläozoikum oder für Ordovizium und Silur zusammengenommen verwandt und dabei das jetzige Silur — wie es LAPWORTH definierte — als Obersilur oder Gotlandium, zuweilen auch als Ontarium oder Bohemium bezeichnet.
Die Untergrenze des Silurs, dessen Dauer rund 35 Mio Jahre beträgt, liegt an der Basis des Valent (Llandovery). Weniger exakt läßt sich die Obergrenze fassen. In England wird sie zwischen Ludlow und Downton, früher auch zwischen Downton und Old Red gezogen. In Mitteleuropa (Böhmen, Thüringen) befindet sie sich wesentlich höher, bereits innerhalb des

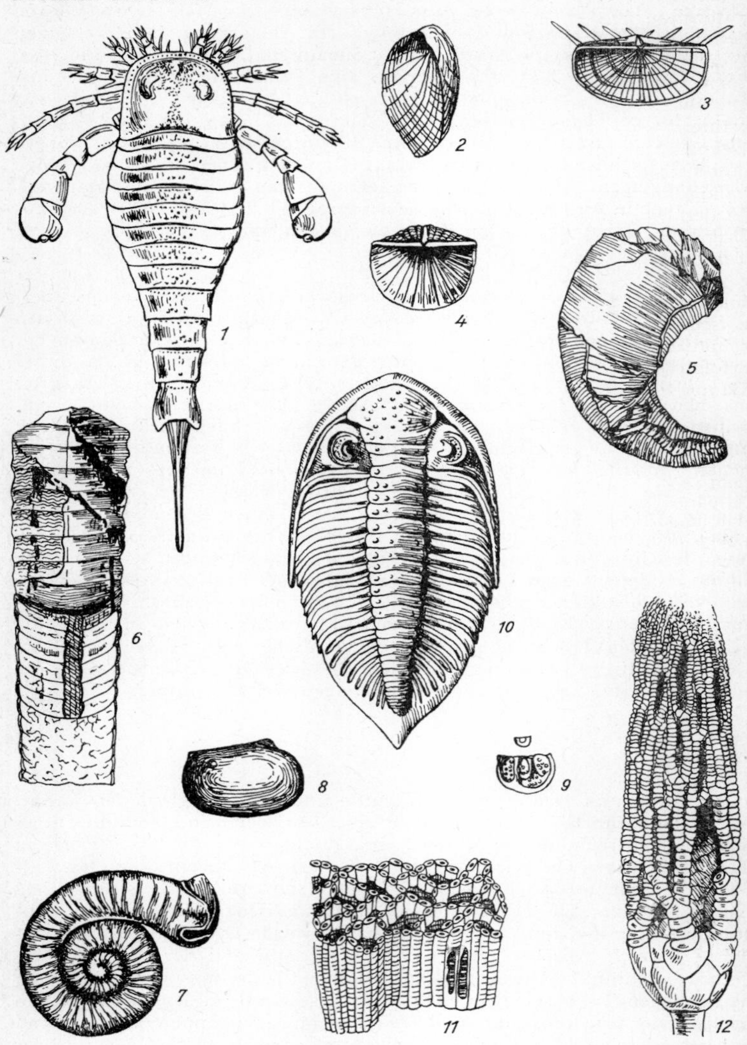

Abb. 135. *1* Eurypteride (Riesenkrebs) Eurypterus fischeri, 1/6 natürlicher Größe. *2–4* Brachiopoden (Armfüßer): *2* Atrypa reticularis. *3* Protochonetes striatellus. *4* Sowerbyella transversalis. *5–7* Cephalopoden (Kopffüßer): *5* Protophragmoceras murchisoni. *6* Dawsonoceras (früher: Orthoceras) annulatum. *7* Ophioceras simplex. *8–9* Ostracoden (Schalenkrebse): *8* Leperditia hisingeri. *9* Beyrichia tuberculata. *10* Trilobit (Dreilappkrebs) Dalmanites caudatus. *11* Tabulate (Bodenkoralle) Halysites catenularia. *12* Crinoide (Seelilie) Cyathocrinites longimanus

britischen Unterdevons. Gegenwärtig sind Bestrebungen im Gange, diese unterschiedlichen Grenzziehungen einander anzugleichen. Als Untereinheiten des silurischen Systems werden die Stufen Valent (Llandovery), Wenlock und Ludlow ausgeschieden. Diese wiederum lassen sich mit Hilfe der Graptolithen in einzelne Zonen gliedern (Tab. 27).
Die Meeresverbreitung zur Zeit des Silurs war im Prinzip die gleiche wie während des Ordoviziums. Erst mit dem Ludlow, verstärkt noch im Silur/Devon-Grenzbereich, traten Regressionen größeren Ausmaßes ein. Faziell läßt sich wieder eine landferne Schwarzschieferausbildung von einer mehr kalkigen Entwicklung der Schwellen und ufernahen Gebiete unterscheiden. In der einen kommen vorwiegend Graptolithen, in der anderen dagegen Trilobiten, Brachiopoden, Korallen und andere benthonische Faunen vor. Tektonogenetisch sind die am Ausgang des Silurs erfolgten starken orogenetischen und epirogenetischen Bewegungen der kaledonischen Gebirgsbildung von Bedeutung. Sie führten zur Auffaltung der in den tiefpaläozoischen Geosynklinalräumen abgelagerten Sedimentschichten bzw. zur schildförmigen Heraushebung bereits früher versteifter Krustenteile. Es erfolgte eine grundlegende Umgestaltung des gesamten geotektonischen Bauplanes. Die Kaledonische Ära der Erdentwicklung fand ihren Abschluß.

2. Entwicklung der Lebewelt (hierzu Abb. 135). Die wichtigste und weitaus verbreitetste Tiergruppe sind auch im Silur noch die marinen Wirbellosen (Invertebraten). Ihnen gegenüber treten die Wirbeltiere (Vertebraten) — obgleich sie seit dem Ordovizium eine deutliche Weiterentwicklung erfahren hatten — sowohl im Artenreichtum als auch in der Individuenzahl stark zurück. Bemerkenswert ist, daß im höheren Silur anscheinend die Nacktpflanzen (Psilophyten) das Meer verließen und das Brackwasser sowie die feuchteren Bezirke des Festlandes, also Seen, Teiche, Tümpel usw., eroberten. Mit dem Silur ging die Frühzeit der pflanzlichen Entwicklung, das Algenzeitalter, zu Ende. Die Nacktpflanzen kündigten die kommende Entwicklung bereits an. Der von den Pflanzen gewonnene neue Lebensraum zog offensichtlich auch die Tierwelt an. So gingen vor allem einige Gliederfüßer, deren Chitinpanzer gegen Austrocknung schützte, auf die in Wassernähe gelegenen lagunären Landesteile.

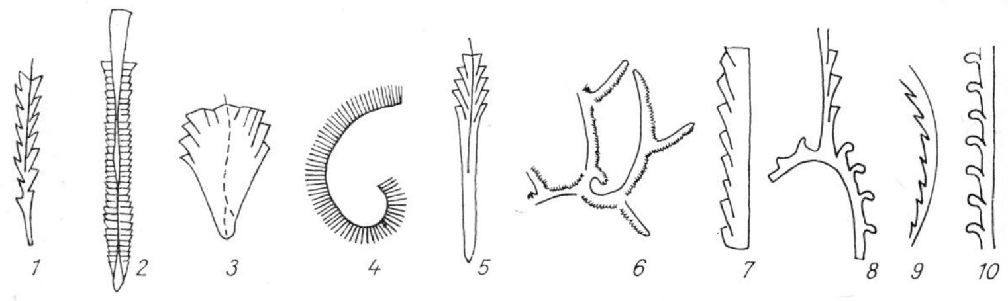

Abb. 136. Graptolithen: *1* Cephalograptus acuminatus. *2* Orthograptus vesiculosus. *3* Petalograptus folium. *4* Rastrites longispinus. *5* Cephalograptus cometa. *6* Cyrtograptus murchisoni. *7* Monograptus dubius. *8* Cyrtograptus linnarssoni. *9* Monograptus nilssoni. *10* Monograptus runcinatus

Die typischen Vertreter der Stillwasserfazies sind, wie bereits im Ordovizium, **Graptolithen.** Kennzeichnend ist die Entwicklung zu immer einfacheren, unkompliziert gebauten Formen (Abb. 136). Einzeilig besetzte, einästige Monograptiden herrschen bei weitem vor. *Diplograptus*-Arten treten nur noch in den tieferen Bereichen auf. Im Oberen Silur setzte eine merkliche Verarmung der Fauna ein. Die letzten Graptoloidea sind aus dem Unterdevon bekannt.
In der sandig-kalkigen Schelfmeerfazies kommen vor allem Trilobiten, Brachiopoden, Mollusken und Korallen vor. Die **Trilobiten** zeichnen sich durch vermehrte Bestachelung und eine stärkere Körnelung des Panzers aus. Hochspezialisierte Formen sind häufig, besitzen aber meist nur lokalen stratigraphischen Wert. Das

gleiche gilt für einige weltweit verbreitete, jedoch nicht streng horizontbeständige Typen, wie *Encrinurus blumenbachi* oder *Encrinurus punctatus*.
Von anderen Gliederfüßern (Arthropoden) seien die an den heutigen Molukkenkrebs erinnernden **Riesenkrebse (Gigantostraken)** *Eurypterus* und *Pterygotus* erwähnt. Diese Formen nahmen gegenüber dem Ordovizium an Häufigkeit zu und erreichten Längen von über 1 m. Auch begannen sie ins Brackwasser, gegen Ende des Silurs sogar in die lagunären Räume zu wandern. Unter ähnlichen Milieubedingungen lebten auch einige auffallend große zweiklappige **Schalenkrebse (Ostracoden)**, wie die glattschalige *Leperditia* und die wulstig verzierte und punktierte *Beyrichia*.
Zu reichhaltiger Differenzierung gelangten auch die **Nautiliden.** Eingerollte und halb eingerollte Typen *(Ophidioceras)* kommen neben schwach gekrümmten *(Cyrtoceras)* sowie horn- oder kolbenförmigen *(Phragmoceras, Ascoceras)* vor.
Die **Schnecken (Gastropoden)** erfuhren keine grundlegenden Veränderungen. Örtlich, wie zum Beispiel in den kalkigen Serien des Barrandiums, werden sie recht zahlreich. Auch die **Muscheln (Lamellibranchiaten)** treten jetzt häufiger auf. Weltweit verbreitet ist insbesondere *Cardiola cornucopiae.*
Größere stratigraphische Bedeutung als die Schnecken und Muscheln besitzen die **Armfüßer (Brachiopoden).** *Pentamerus, Stricklandia, Rhynchonella* und *Dayia* sind die wichtigsten Gattungen. Neu erschienen außerdem die Chonetiden, gegen Ende des Silurs auch die für die Gliederung des Devons so wertvollen Spiriferiden.
Die im Ordovizium noch seltenen **Korallen (Anthozoen)** gewannen im Silur rasch an Formenreichtum, Häufigkeit und regionaler Verbreitung. Sie bestehen im wesentlichen aus den beiden rein paläozoischen Gruppen der Bödenkorallen (Tabulaten) mit quergegliederten und der Septenkorallen (Rugosen) mit längsgegliederten Röhren und Kelchen. Von den Bödenkorallen besitzen *Favosites* und *Halysites*, von den Septenkorallen unter anderen *Cystiphyllum* und *Acervularia* Leitwert. Erstere stellten die häufigsten Riffbildner dar, während die letzteren mehr Einzelkelche lieferten. Durch die starke Zunahme der Korallen im Silur erlangte die Ausbildung grobbankiger und ungeschichteter Kalke zum ersten Male weltweite Verbreitung, wobei neben diesen auch **Moostierchen (Bryozoen), Schwämme (Spongien)** und **Kalkalgen** daran beteiligt waren. Außerdem wirkten die Kalkskelette von Stachelhäutern zuweilen gesteinsbildend. So traten im Silur bereits typische **Seelilien (Crinoiden, z.B.** *Cyathocrinus*) mit fünfseitiger Symmetrie und Gliederung des Körpers in Arme, Kelch und Stiel auf, von denen sich insbesondere die Stielglieder (Trochiten) am Meeresboden oft derart anreicherten, daß daraus mächtige Gesteinsbänke (Trochitenkalke) entstanden.
Die ersten Wirbeltiere, die Fische, erfuhren eine bedeutende Weiterentwicklung. Neben den bereits im Ordovizium erschienenen **Agnathen** traten nunmehr **Panzerfische (Placodermen)** auf, die einen Unterkiefer und paarige Anhänge, die Flossen ähnelten, besaßen. Ihr äußerer Knochenpanzer (Schuppen oder Platten) glich dem der Agnathen, war im allgemeinen jedoch schwerer. Die meisten dieser Formen wurden in Ablagerungen lagunärer bis limnischer Fazies gefunden.
Einen ganz entscheidenden Fortschritt machte zum Ausgang des Silurs auch die Pflanzenwelt. Neben den marinen Kalkalgen kamen nämlich schon im Ludlow die ältesten **Landpflanzen (Psilophytales)** vor. Sie stellen die Vorläufer der sich im Devon schnell entwickelnden terrestrischen Flora dar.

3. Paläogeographische Verhältnisse. Während des Silurs blieb die im Ordovizium vorgezeichnete regionale Verteilung von Sedimentations- und Erosionsgebieten in ihren grundsätzlichen Zügen erhalten. Der kaledonischen Geosynklinale am Nordwestrand Fennosarmatias stand wiederum das flache Schelfmeer des baltisch-südskandinavischen Raumes gegenüber. Mitteleuropa nahm abermals eine Mittelstellung ein. Hier lassen sich bereits erste Anzeichen der vom Devon an stärker in Erscheinung tretenden variszischen Entwicklung erkennen. Die Meeresverbindungen zwischen den einzelnen Teilbereichen sind noch nicht restlos geklärt. Offensichtlich muß man, zumindest zu Beginn des Silurs, mit transgressiven Tendenzen, d.h. mit einer gegenüber den Verhältnissen im Ordovizium etwas größeren Verbreitung der marinen Räume rechnen. Die tektonische Gesamtent-

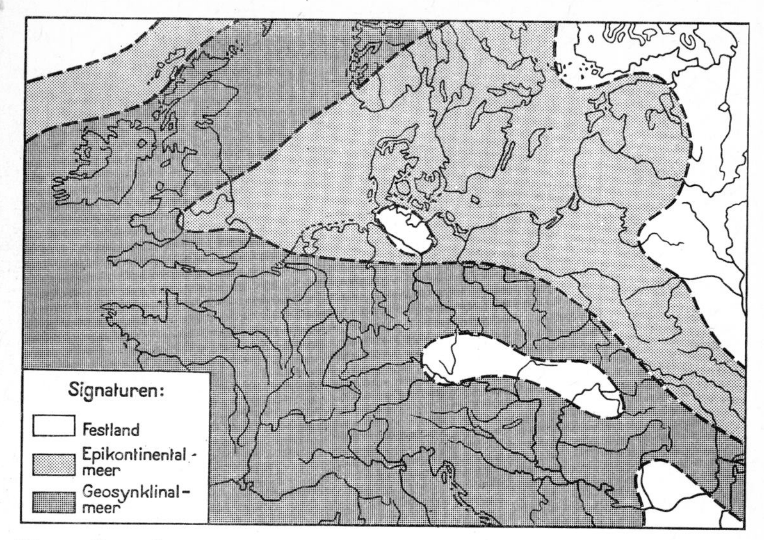

Abb. 137. Vermutliche Verteilung von Land und Meer während des Silurs in Mitteleuropa (im wesentlichen nach R. Brinkmann, 1966)

wicklung scheint im wesentlichen ruhig verlaufen zu sein. Erst gegen Ende des Silurs, als die kaledonischen Geosynklinalgebiete ihre endgültige Faltungsreife erlangten, kam es zu starken orogenetischen Deformationen. Die mächtigen Sedimentpakete der Geosynklinale wurden zusammengepreßt, verfaltet und geschiefert sowie zu einem großen Teil über das Meeresniveau herausgehoben. Es entstand das **Kaledonische Gebirge**. In Verbindung mit diesen gebirgsbildenden Vorgängen drangen überwiegend saure Gesteinsschmelzen aus der Tiefe in die gefalteten Serien ein und bewirkten zusätzlich zu der durch die mechanische Beanspruchung hervorgerufenen Metamorphose eine weitere nicht unbeträchtliche Umwandlung eines Teils der Gesteine. Diese intensiven tektogenetisch-magmatischen Prozesse teilten sich in abgeschwächter Form auch anderen Gebieten Europas mit.

Im einzelnen ergibt sich folgendes Bild: Auf den **Britischen Inseln** blieb die schon aus dem Ordovizium bekannte Zweiteilung in eine randnahe kalkig-klastische Ausbildung und eine zentraler gelegene Graptolithenschieferfazies zunächst noch erhalten. Auch die Mächtigkeitsverhältnisse — große Mächtigkeiten am Rand, geringere in der Trogmitte — waren im Prinzip dieselben. Schon im Wenlock und im tieferen Ludlow begannen sich jedoch die Gegensätze zwischen beiden Bereichen langsam aufzuheben. So schalteten sich im Zentrum (Nordwales, Lake District) zwischen die Graptolithenschiefer auch Sandsteine ein. Dabei wurden Mächtigkeiten bis zu 2000 m erreicht. Es erfolgte eine allmähliche Zuschüttung der Geosynklinale. Die Absenkung wurde von der Sedimentation gewissermaßen überholt. Mit Annäherung an das sedimentliefernde Festland im Norden traten zunehmend konglomeratische Gesteine von nur noch geringer Mächtigkeit, gelegentlich auch bunte Schiefer, die brackisch-lagunäre Verhältnisse anzeigen, auf. Im Südosten dagegen, am Rande des in Südostengland ge-

Tab. 27. Stratigraphische Gliederung des Silurs

Stufen		Zonenfossilien	England (Wales, Shropshire)	Südnorwegen (Osloregion)	Südschweden (Schonen)	Estland	Thüringen	Böhmen
Hangendes:			Old Red des Unterdevons	Perm	Trias	Mitteldevon	15…20 m Obere Graptolithen- schiefer	Lochkov-Schichten (Unterdevon)
Downton s. str.	Budnanium	*Monograptus angustidens* *Monograptus transgrediens* *Monograptus perneri* *Monograptus boučeki* *Monograptus lochkovensis* *Monograptus ultimus*	15…40 m Downton-Castle- Sandstein 0…2 m Ludlow Bonebed	500 m Ringerike- Serie	100…800 m Öved-Ramsasa- Serie			Budňany-Schichten: 15…80 m Přídoli- Schichten
Ludlow	Budnanium	*(Monograptus formosus)* *Monograptus fecundus* *(Monograptus fragmentalis)* *(Monograptus dubius)* *Monogr. fritschi linearis* *Monogr. leintwardinensis* *Monograptus chimaera* *(Monograptus scanicus)* *Monograptus nilssoni* *Monograptus vulgaris* *Monograptus deubeli*	60 m Whitcliff-Schichten 140 m Leintwardine- u. Bringewood-Sch. 135…250 m Elton-Schichten	200 m Obere Spiriferiden- Serie	600 m *Colonus*- Schiefer	10 m Ohesaare- Schichten 15 m Kaugatuma-Sch. 10 m Paadla- Schichten 35…65 m Kaarma- Schichten	10…20 m Ockerkalk- gruppe	50…250 m Kopanina- Schichten
Wenlock		*Cyrtograptus lundgreni* *Cyrtograptus ellesae* *Cyrtograptus linarssoni* *Cyrtograptus rigidus* *Monogr. riccartonensis* *Cyrtograptus murchisoni*	550 m Wenlock-Kalkstein u. Wenlock-Schiefer	100…130 m Untere Spiriferiden- Serie	100 m *Cyrtograptus*- Schiefer	25 m Jaagarahu-Sch. 40…45 m Jaani-Schichten	30…40 m Untere Graptolithen- schiefer	Liteň-Schichten: 60…200 m Motol-Schichten
Valent (Llandovery)		*Monograptus crenulatus* *Monogr. griestoniensis* *Monograptus crispus* *Monogr. turriculatus* *Monograptus sedgwicki* *Monograptus convolutus* *Monograptus gregarius* *Monograptus cyphus* *Orthograptus vesiculosus* *Akidograptus acuminatus* *Glyptograptus persculptus*	500 m Schichten des Oberen Llandovery 300 m Schichten des Mittl. Llandovery 750 m Schichten des Unteren Llandovery	115…150 m *Pentamerus*- Serie 150…170 m *Stricklandia*- Serie	40…120 m *Rastrites*- Schiefer	20…30 m Adavere- Schichten 30…40 m Raikküla- Schichten 10…15 m Tamsalu- Schichten 10…35 m Juuru-Schichten		25…30 m Želkovice- Schichten
					Dalmanitina-	Porkuni-	Lederschiefer (Ordovizium)	

legenen Hochgebietes, kam es mehr zur Bildung kalkiger Serien, darunter auch Riffen. Im höheren Ludlow wurde das Endstadium der Geosynklinalentwicklung erreicht. Mit der endgültigen Auffüllung der Geosynklinale erfolgte der Übergang zur kontinentalen Sedimentation des Downton. Kurz darauf, bereits im Devon, erfolgt auch die Hauptfaltung (jungkaledonische Phase) der kaledonischen Geosynklinale. Sie wurde vor allem in den südlich der Schottischen Hochlande gelegenen Gebieten wirksam, erfaßte also die südlichen Hochlande, den Lake District und Wales. Weiter nördlich scheinen schon ältere (altkaledonische oder takonische) Bewegungen stattgefunden zu haben. Dieses kaledonische Orogen erstreckt sich in nordöstlicher Richtung über Norwegen bis nach Lappland, nach Südosten eventuell bis zum Brabanter Massiv.
In **Norwegen** sind die kaledonischen Metamorphite (Gneise, Glimmerschiefer, Phyllite, Quarzite u.a.) weit nach Südosten über flachlagernde kambrische bis silurische Schichten des Baltischen Schildes überschoben worden. Kennzeichnend sind hier Intrusionen mächtiger Tiefengesteinskörper, beginnend mit basischen Gesteinen (Gabbros) und abschließend mit sauren Graniten (Trondhjemiten).
Die silurischen Ablagerungen des **Baltischen Schildes** zeigen einen recht mannigfaltigen Aufbau. Vor allem die Flachwasserbildungen im Westen (Oslogebiet) und im Osten (Gotland, Ostbaltikum) sind lithologisch wie faunistisch außerordentlich stark differenziert. Typisch sind besonders Riffkalke mit Korallen, Moostierchen und Kalkalgen, weiterhin Crinoidenkalke, Brachiopodenmergel usw., denen im Oslogebiet auch Sandsteine und Schiefer mit Graptolithen zwischengeschaltet sind. Die randferneren tieferen Becken (z.B. Schonen) weisen demgegenüber eine weitaus monotonere Ausbildung auf. Nahezu das gesamte Profil besteht aus grauen bis schwarzen Graptolithenschiefern, die nur vereinzelt Linsen und dünne Lagen von Kalksteinen enthalten. Erst im höheren Silur trat im Zusammenhang mit der allgemeinen Meeresregression und der damit verbundenen Verlandung ein Wechsel insofern ein, als jetzt bunte Folgen (meist Ton- und Sandsteine) mit brackischen Faunen von Schalenkrebsen, Eurypteriden und Fischen vorherrschten. Jüngere Schichten fehlen, auch dieses Gebiet hob sich nunmehr aus dem Meer heraus, ohne allerdings — im Unterschied zur kaledonischen Geosynklinale in Norwegen und England — eine stärkere tektogenetische Beanspruchung erfahren zu haben.
Das Silur **Mitteleuropas** ist in seinem tieferen Teil (Valent) zumeist gleichmäßig tonig-kieselig ausgebildet. Höher (Wenlock, vor allem aber Ludlow) schalten sich zunehmend kalkige Ablagerungen ein, teilweise verbunden mit einem intensiven Diabasvulkanismus. An der Grenze zum Devon erfolgte auch hier eine Verflachung des Meeresbeckens. Zu bedeutenden Sedimentationsunterbrechungen ist es jedoch nicht gekommen, sieht man von einigen geringfügigen Schichtlücken ab. Jungkaledonische orogenetische Bewegungen lassen sich nicht mit Sicherheit nachweisen. Die tektonische Entwicklung im Raum der mitteleuropäischen variszischen Geosynklinale verlief während dieses Zeitraumes demnach wesentlich ruhiger.
Die vollständigsten und am besten erforschten Silurprofile Mitteleuropas liegen im Thüringischen Schiefergebirge sowie in Mittelböhmen (Barrandium). In Thüringen beginnt die Folge mit einer 30 bis 40 m mächtigen Wechsellagerung von schwarzen Alaun- und Kieselschiefern (Untere Graptolithenschiefer), die das Valent, Wenlock und den tieferen Abschnitt des Ludlow vertritt. Darüber befindet sich ein Horizont mit blaugrauen Knoten- und Flaserkalken (10 bis 20 m), der auf Grund seiner zum Teil ockrigen Verwitterung als Ockerkalk bezeichnet wird. Nach oben zu gehen diese Kalke schließlich wieder in Alaunschiefer (Obere Graptolithenschiefer)

über. In Mittelböhmen herrschen im Valent ebenfalls Ton- und Kieselschiefer mit Graptolithen vor. Bereits im Wenlock tritt jedoch eine merkliche Zunahme der kalkigen Anteile ein. Es überwiegen Mergel- und Kalkschiefer mit Graptolithen, Brachiopoden und Trilobiten. Daneben machte sich besonders im tieferen Ludlow eine submarine vulkanische Tätigkeit bemerkbar, die zur Bildung von Diabasen, Diabasmandelsteinen sowie von Tuffen und Tuffiten führte. Im höheren Ludlow klang dieser Magmatismus aus. Es kam zur Ablagerung verschiedenartiger kalkiger Sedimente, die kontinuierlich, ohne lithologisch scharfe Grenze, in die Kalke des Unterdevons überleiten.
Die thüringische Entwicklung läßt sich mit nur geringen Abweichungen über Sachsen bis in den Raum der Westsudeten, teilweise sogar — von dem als Grauwacken vorliegenden höheren Ludlow abgesehen — bis ins Heilig-Kreuz-Gebirge verfolgen. Auch im nördlichen Bayern (Frankenwald) ist die Ausbildung ähnlich. Im Harz kommen ebenfalls Tonschiefer mit Graptolithen vor, nur fehlen hier die Kieselschiefer und der Ockerkalk. Im Rheinischen Schiefergebirge ist Silur aus dem Kellerwald und der Lindener Mark bekannt. Neben graptolithenführenden Schiefern treten hier wiederum Kalke (Orthoceren- und Ostracodenkalke bei Gießen) mehr in Erscheinung. In den Ostalpen besteht die silurische Schichtenfolge aus Tonschiefern und Kalken, von denen letztere Fossilien enthalten, die starke Anklänge an die böhmischen Faunen erkennen lassen.
Das Silur **West-** und **Südeuropas** zeigt keine wesentlichen faziellen Abweichungen. Dunkle Graptolithenschiefer und Kalke sind die wichtigsten Gesteinstypen. In **Nordamerika** lagerte das über das takonisch aufgefaltete Ordovizium transgredierende Meer zunächst grobklastische Serien ab. Später folgten dann Sandsteine und Schiefer, vor allem aber mächtige Kalk- und Dolomitkomplexe und zum Abschluß, als Ergebnis der spätsilurischen Regressionen, rote Sandsteine mit Gips- und Steinsalzlagern. In **Süd amerika** scheint demgegenüber der Kalkreichtum geringer gewesen zu sein. Vorherrschend sind sandige Gesteine (z.B. in Südperu, in Bolivien und im westlichen Argentinien). Die Silurvorkommen **Asiens** setzen sich überwiegend aus Tonsteinen und Kalken zusammen. Das gilt für Sibirien ebenso wie für China und Indonesien. **Nordafrika** weist engste Verbindungen zu Südeuropa auf. Beide Gebiete gehörten wahrscheinlich einem mehr oder weniger einheitlichen Sedimentationsbecken an.

4. Zusammenfassung. Ähnlich wie das Ordovizium war auch das Silur im ganzen eine Zeit der Vorherrschaft des Meeres. Kennzeichnend ist eine arten- und individuenreiche marine Fauna mit zum Teil weltweiter Verbreitung. Die rasche Entwicklung der Lebewelt war nicht zuletzt eine Folge günstiger klimatischer Verhältnisse. Feuchtwarmes Milieu herrschte vor, Vereisungsspuren kommen nur selten vor, so zum Beispiel in den argentinischen und bolivianischen Anden. Erst gegen Ende des Silurs trat örtlich ein trockeneres Klima ein, auf das bunte Sandsteine und Schiefer, Gips- und Salzlager sowie faunistische Kriterien hinweisen. Vulkanische Erscheinungen sind insbesondere aus den Geosynklinalräumen bekannt, blieben jedoch nicht allein auf diese beschränkt. Tektogenetisch von größter Bedeutung war die kurz nach dem Ausgang des Silurs wirksam gewordene jungkaledonische Phase der kaledonischen Gebirgsbildung. Sie ist der Höhepunkt und Ausklang der kaledonischen Ära. In Europa wurden die Sedimente des von den Britischen Inseln über Norwegen bis nach Lappland und von dort unter Umständen bis nach Spitzbergen und Grönland reichenden geosynklinalen Troges zum Kaledonischen Gebirge, den Kaledoniden, aufgefaltet. Sie verschweißten die bereits präkambrisch

konsolidierte Osteuropäische Tafel (Fennosarmatia) mit dem alten kanadisch-grönländischen Schild und der Nordatlantischen Masse (Eria) zum riesigen Kontinent Laurento-Sarmatia.

Devon

1. Allgemeines. Zwischen den fossilreichen silurischen Serien Englands und den durch seine Kohlenflöze ausgezeichneten Schichten des karbonischen Systems wurde von MURCHISON und SEDGWICK erst nachträglich (1839) noch eine selbständige Periode (System) ausgeschieden, die ihren Namen nach Typuslokalitäten im Süden Englands (Devonshire) erhielt. Charakteristisch sind besonders in nördlicheren Breiten Europas faunenarme und häufig rote Sandsteine, die eine Gliederung sehr erschwerten, aber mit ihren großen Mächtigkeiten — örtlich (in Schottland) bis 6 km — die Selbständigkeit dieser Periode mit begründeten. Heute wissen wir, daß in den Gesteinsserien des devonischen Systems ein Zeitabschnitt von etwa 55 Mio Jahren der Erdgeschichte verborgen ist und daß dieser etwa 350 bis 400 Mio Jahre zurückliegt.
Die Festlegung der genaueren Grenze zum Silur ist in Europa schwieriger gewesen und noch heute umstrittener als die Abgrenzung zum Karbon. Anfang und Ende des Systems sind durch Bodenunruhen gekennzeichnet. Zu Beginn des Devons wirkten noch die Nachläufer der kaledonischen Tektonogenese, vor allem im nördlichen Europa, während frühe Bewegungen der im Entstehen begriffenen Variszиden schon vor dem Ende des Devons zu verzeichnen sind.
Die Hauptschwierigkeit für die orthostratigraphische Parallelisierung erwuchs nun daraus, daß in Nordeuropa durch Verlandungen gerade zur Wende Silur/Devon die bisherigen altpaläozoischen Typuslokalitäten kaum noch faunistisch günstige Profilfortsetzungen aufweisen. Die stratigraphischen Leitprofile kommen nunmehr aus südlicheren, nämlich mitteleuropäischen Räumen mit anhaltender mariner Sedimentation. Das Rheinische Schiefergebirge mit den Ardennen und das Barrandium sind hier an erster Stelle zu nennen. Schon ein Blick auf die Stufennamen (Tab. 28/29) des in drei Abteilungen gegliederten Devons gibt das zu erkennen.

2. Entwicklung der Lebewelt (hierzu Abb. 138). Unter den Arten der vollmarinen Fauna und Flora geht zur Devonzeit die Entfaltung zu noch größerer Formenfülle zunächst im „normalen" Tempo weiter. Größere Faunenschnitte — etwa durch das Neuauftreten oder Aussterben ganzer Klassen definiert — fehlen in dieser Biofazies. Dagegen kann das Devon als die Pionierzeit der Besiedelung des festen Landes durch Pflanzen und Tiere angesehen werden. Das konnte aber nur unter revolutionierender Umgestaltung der Baupläne der entsprechenden Stammformen geschehen, so daß wir hier bei den Landformen sowohl im Tierreich als auch in der Pflanzenwelt neue Klassen verzeichnen können (**Amphibien, Filicinae, Articulaten, Lycopodiinae, Characeen**).
Für die Orthostratigraphie haben die unterdevonischen Nachläufer der Monograptiden keine große Bedeutung mehr. Leitfossilien erster Ordnung und Grundlage der Stufengliederung des Devons sind einerseits die **Brachiopoden** mit den Spiriferen und andererseits die **Cephalopoden** mit ihren Goniatiten und Clymenien. Nicht zuletzt faziesbedingt haben die im sandigen Flachwasserbereich beheimateten **Spiriferen** ihre Hauptbedeutung als Leitfossilien im älteren Devon. In der pelagischen Region mit Ton- und Kalksedimenten finden wir dagegen schon ab Mitteldevon die Goniatiten reichlicher, während das Auftreten der Clymenien im gleichen Faziesbereich auf das höhere Oberdevon beschränkt ist. Unter bestimmten, mehr lokalen Faziesbedingungen erwiesen sich aber auch noch andere Tiergruppen der Makrofauna als gute Leitfossilien, so die **Korallen** und **Stromatoporen** in Riffgebieten, die **Fische** in den ästuarinen Sedi-

menten in der Umrandung des Old-Red-Kontinents und die **Trilobiten** in noch weiterer Verbreitung, besonders in sogenannten Schwellensedimenten.
In den letzten Jahrzehnten hat die mikropaläontologische Forschung aber neue Leitfossilgruppen erkannt. Hier sind an erster Stelle die **Ostracoden** und die **Conodonten** zu nennen. Auf ihnen baut heute die Feinstratigraphie besonders dann,

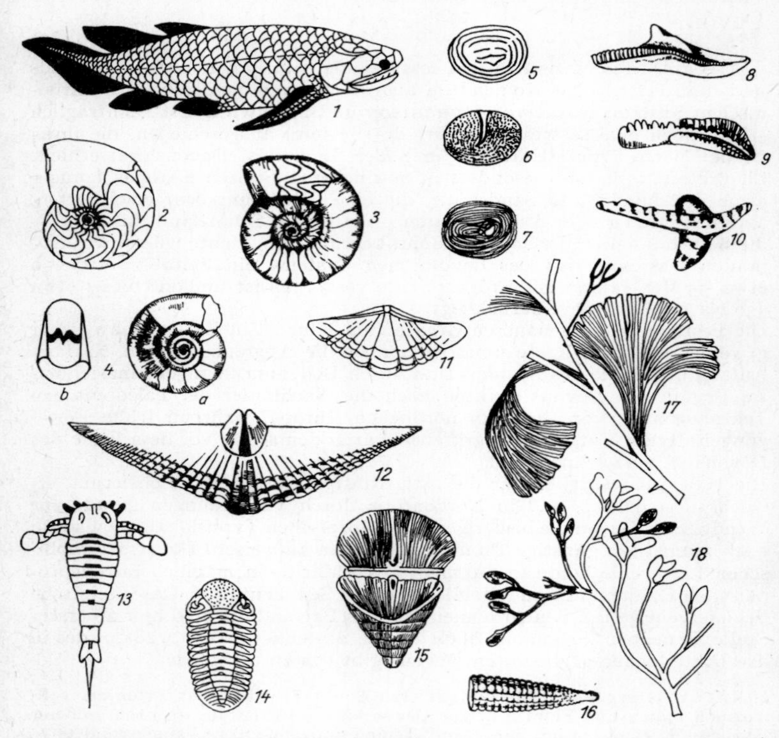

Abb. 138. **Devon:** *1* (Quastenflosser) Holoptychius flemingi, Oberes Devon. *2—4* Cephalopoden: *2* Manticoceras intumescens, unteres Oberdevon. *3* Gonioclymenia speciosa, höheres Oberdevon. *4a, b* Anarcestes, Mittleres Devon. *5—7* Ostracoden: *5* Richterina (Maternella) hemisphaerica, höheres Oberdevon, Stufen *V* und *VI* = Dasberg. *6* Entomozoa (Richterina) serratostriata, höheres Oberdevon, Stufe *II* = Nehden. *7* Entomoprimitia variostriata, unteres Oberdevon = höhere Adorfstufe. *8—10* Conodonten: *8* Palmatolepis (Panderoleps) serrata acuta, höheres Oberdevon, Stufen *II —III*. *9* Polygnathus foliata, Mittleres Devon. *10* Spathognathodus steinhornensis, Unteres Devon. *11*, *12* u. *15* Brachiopoden: *11* Spirifer intermedius (früher speciosus), oberes Unterdevon und unteres Mitteldevon. *12* Spirifer paradoxus, hohes Unterdevon = Oberems. *13* Gigantostrake Eurypterus fischeri, Silur/Devon. *14* Trilobit Phacops schlotheimi, Mittleres Devon. *15* Pantoffelkoralle Calceola sandalina. *16* Tentakulit: Nowakia richteri, unteres Mitteldevon. *17*, *18* Pflanzen: *17* Enigmophyton superbum, älteres Devon Spitzbergens. *18* Taeniocrada decheniana mit endständigen Sporangien, unteres Oberdevon = Siegen

wenn sie auf Bohrungen angewiesen ist, am stärksten auf. Der Faziesspiegel ist für beide Gruppen außerordentlich breit. Ostracoden findet man sowohl in pelagischen Sedimenten, z.B. in Flaserkalken, Knotenkalken und Schiefern, aber auch in feindetritischen Flachwasserbildungen. In den feinsandigen Schiefern der Geosynklinalen erscheinen sie oft massenhaft (z.B. Cypridinenschiefer des Oberdevons). Auch die Conodonten fehlen auf primärer Lagerstätte eigentlich nur in grobdetritischen Sedimenten oder in mehr oder weniger monotypen Biotopen, wie „gewachsenes Riff", oder reineren Crinoidenkalken. In Kieselschiefern oder sonst fossilleeren Schiefern sind sie aber häufig die einzigen Leitfossilien, die man z.Z. noch gewinnen kann.

Im einzelnen zeigt die Entwicklung der Lebewelt, angefangen mit den primitiven Formen der Wirbellosen, folgendes Bild:
Radiolarien, die wie im Silur meist dem kugeligen Spumellarientyp angehören, sind örtlich in Kieselschiefern sehr häufig. **Foraminiferen** — zunächst noch primitiv — zeigen ab Mitteldevon schon mehrkammerige Gehäuse (z.B. *Endothyra*). **Chitinozoen** und die „Stacheleier" der **Hystrichosphärideen** sind bisher nur durch Einzelfunde bekannt geworden und bleiben systematisch unsicher.
Groß ist dagegen der biostratigraphische Wert der **Coelenteraten** in den zahlreichen Riff- und Schwellengebieten. Leitwert haben im höheren Unterdevon die Tabulate *Pleurodictyum,* im Mitteldevon mit mehreren Unterarten die „Pantoffelkoralle" *Calceola* sowie die Kelche der Zonophyllum- und Cyathophyllumarten neben vielen anderen Korallen. Im Mittel- und Oberdevon finden sich auch oft die breiten Polster der Stromatoporen massenhaft. Vielleicht gehören sie zu den Hydrozoen.
Aus der Fülle der **Brachiopoden**gattungen, die im Devon ihr Maximum erreicht, seien als bezeichnende weitere Formen der Frisch- und Flachwassersedimente nur *Chonetes, Stringocephalus* und *Uncinulus* hervorgehoben.
Muscheln, z.B. mit *Buchiola* im Oberdevon, und die **Schnecken** nach wie vor mit den persistierenden Bellerophontaceen zeigen im Devon keinen so auffälligen Formenwandel wie die Brachiopoden. Entsprechend gering ist ihre stratigraphische Bedeutung. Dies gilt jedoch nicht für die taxionomisch leider noch immer unsicheren konischen Gehäuse der **Criconocaridae** mit Nowakien, Tentakuliten und Styliolinen als wichtigste devonische Leitformen. Sie sterben in der höheren Manticoceras-Stufe plötzlich aus.
Gegenüber dem Silur vergrößert sich noch einmal die Zahl der **Trilobiten**gattungen zu einer letzten hochunterdevonischen Blütezeit, deren bekannteste Vertreter zu den Gattungen *Phacops, Lichas, Scutellum* und *Harpes* zu zählen sind.
Die **Echinodermen** fanden in der Flachwasserfazies der Hunsrückschiefer fast einmalig günstige Bedingungen. Besonders zahlreich wurden hier Seesterne erhalten. Gesteinsbildend häufig sind unter den Echinodermenresten sonst nur die Crinoiden (z.B. *Cupressocrinus* und *Hexacrinus*).

Die Bedeutung der **Ammonoideen** für die Stratigraphie ab dem Mitteldevon wurde eingangs schon erwähnt. *Anarcestes* und *Maenioceras* im Mitteldevon sowie *Manticoceras* und *Cheiloceras* im Oberdevon sind die wichtigsten Stufengattungen der Goniatiten. Im höheren Oberdevon werden sie in ihrer Bedeutung als Leitfossilien dann fast noch von den Clymenien übertroffen (*Platyclymenia, Oxyclymenia, Wocklumeria,* vgl. Tab. 28).
Bei den devonischen Fischen dominieren Pteraspiden und Cephalaspiden, die als ausgezeichnete Leitfossilien des Old Red gelten. Unter den im tieferen Devon erscheinenden **Teleostomen** tauchen im höheren Devon mit den Crossopterygiern Formen auf, die neben Lungenmerkmalen auch Vorbildungen der Fußgliedmaßen aufweisen. Aus ihnen ging wahrscheinlich als erstes **Amphibium** im Oberdevon des nordatlantischen kaledonischen Gürtels *Ichtyostega* mit fünfzehigem Fußskelett und den Relikten eines Fischschwanzes hervor.
Wohl nicht zufällig führt im gleichen Raum die Besiedelung durch die Flora zu den ältesten Kohleflözen der Landpflanzen der Erde, die auf der Bäreninsel zu besonders reichen „Fundgruben" wurden. Aus den älteren (unter- bis mitteldevonischen) **Psilophyten,** die man auch im europäischen Geosynklinalraum häufig findet, dürften sich die mikrophyllen **Lycopodiinen (Bärlappgewächse)** und die **Articulaten (Schachtelhalmgewächse)** entwickelt haben. Die noch seltenen oberdevonischen Farne zeigen dagegen schon in ihren *Archaeopteris*-Formen erstaunlich breite Blätter.

3. Paläogeographische Verhältnisse. Der **mitteleuropäische Raum** durchläuft im Devon die Phase des Geosynklinalstadiums der Variszischen Ära. Die heute noch erhaltenen bzw. wieder emporgehobenen Reste des großen Variszischen Gebirges liegen in den europäischen Mittelgebirgen

so zahlreich und günstig verteilt vor, daß die Entwicklungsgeschichte dieser Geosynklinale auch jetzt noch recht gut nachgezeichnet werden kann.

Der durch Mitteleuropa ziehende Geosynklinalraum bildet im Devon einen nach Süden offenen Bogen bei einer vergleichsweise zum jüngeren Alpenorogen erheblichen Breite von mehreren hundert Kilometern. Mit seinen Südufern umfaßt er damit große Teile der Böhmischen Masse, die zeitweilig mit überflutet wurden. Über die Ausmaße der kaledonischen Faltung in diesem Raum herrscht keine einheitliche Meinung mehr, seitdem sich zeigte, daß die sogenannte kaledonische Faltung der Sudeten ebenfalls variszisches Alter hat. Von Norden her reichen dagegen gesicherte kaledonische Faltungsgebiete in Südengland und im Brabanter Massiv bis in den variszischen Geosynklinalraum. Die Verbindung nach Osten bis zum Polnischen Mittelgebirge ist aber auch hier schwer zu ziehen, da das Verbindungsstück unter dem mitteleuropäischen Tiefland verborgen liegt. Wir wissen nur, daß die kaledonische Orogenese bis zum Ende des Silurs im Norden Europas den Baltischen Schild erheblich vergrößert hatte und daß der Abtragungsschutt dieses Old-Red-Kontinents mehrfach nach Süden bis in die variszische Geosynklinale vorstieß (Abb. 139).

Dieser Geosynklinalraum veränderte im Laufe des Devons als ein besonders mobiler Teil der Kruste fortlaufend sein Relief. Mehrere Schwellen sind schon zur Unter- und Mitteldevonzeit erkennbar. Während im älteren Devon noch die transgressiven Tendenzen vorherrschen, wendet sich ab oberem Mitteldevon das Bild zugunsten größerer Regressionen. Etwa zur gleichen Zeit, da im Barrandium der Böhmischen Masse am Ende des Mitteldevons die endgültige Verlandung erfolgte, werden die Konturen der größten internen Schwelle, die als Mitteldeutsche Schwelle bezeichnet wird, durch ihre Schuttfächer deutlicher. Die Kristallinaufbrüche im **Odenwald** und **Spessart**, bei **Ruhla** und im **Kyffhäusergebirge** liegen auf dieser Hebungszone. Fortan erfolgt die Sedimentation im südöstlichen Saxothuringikum und im nordwestlichen Rhenoherzyn, wie die akkumulativen Gebiete beiderseits dieser Mitteldeutschen Schwelle in bezug auf das variszische Orogen auch genannt werden, in getrennten Räumen. Im Rhenoherzyn wird dabei die Entwicklung zur echten Vorsenke mit nordwestlich, also nach außen wandernder Schüttung der Sedimente schon im Oberdevon erkennbar. Der Flysch setzt in der Nähe der Mitteldeutschen Schwelle schon im Oberdevon ein. So werden die sehr unterschiedlichen und wechselhaften Faziesprofile der einzelnen inzwischen isolierten Devonvorkommen Mitteleuropas aus ihrer Lage innerhalb der Geosynklinale bzw. zu deren Randgebieten und Internschwellen verständlich.

Das Devon der **Rheinischen Masse** hat heute unter diesen Vorkommen die größte Flächenausdehnung. Anfangs, im tieferen Unterdevon, entstanden die größten Sedimentmächtigkeiten im Süden des Rheinischen Schiefergebirges bzw. in den Ardennen. Schrittweise werden bald immer weiter östlich liegende Gebiete stärker abgesenkt, so daß das Unterdevon in der südlichen Hälfte der Rheinischen Masse in weiter Verbreitung 2 bis 3 und mehr Kilometer mächtig ist. Das Vorwalten von Quarziten und sandigen Schiefern, örtlich mit Rotsedimenten, in diesen Mengen zeigt, daß das schuttliefernde Land zunächst recht reliefintensiv gewesen sein muß, wobei die Zunahme der Schiefer im Mitteldevon auch das Nachlassen dieses Reliefs bzw. größere Uferferne der Ablagerungsräume verrät. Schon am Ende des Mitteldevons kommt es auch innerhalb des Haupttroges im Gebiet der Mosel und des Siegerländer Blockes zur Herausbildung einer Sonderschwelle, auf der wir keine jüngeren devonischen Sedimente mehr finden. Dafür entsteht nördlich vom Siegerländer Block der Lennetrog mit

Abteilungen	Stufen	Leitfossilien	Conodonten mit den häufig verwendeten Formgattungen			Rheinisches Schiefergebirge	Harz	Saxothuringikum
Hangendes:		Unterkarbon				Hangenberg-Kalk	Kulm-Kieselschiefer / Tanner Grauwacke	Rußschiefer / Kalkknotenschiefer
Oberdevon	VI Dasberg V	*Wocklumeria* / *Gonioclymenia*	*Palmatolepis*	*Spathognathodus*	*Ostracoden*	Hangenberg-Schiefer bis 500 m	Flaser- und Knollenkalke / Südharz- und Selke-grauwacke >500 m	Quarzite / Knotenkalke und Cypridinenschiefer 100 m / Cephalopodenknollenkalke
	IV Hemberg III	*Platyclymenia* / *Prolobites*	*Palmatolepis*	*Spathognathodus*	*Ostracoden*	Pönsandstein / Cypridinen-Schiefer 300 m / Cephalopoden-Knollenkalke bis 50 m	Buntschiefer	Knotenkalke und Cypridinenschiefer 100 m / Cephalopodenknollenkalke
	Nehden II	*Cheiloceras*	*Palmatolepis*	*Spathognathodus*	*Ostracoden*	Nehdensandstein bis 200 m	Kieselschiefer und Flinz 5…100 m	Cephalopodenknollenkalke
	Adorf I	*Manticoceras*	*Palmatolepis* / Polygnathus	*Spathognathodus* / *Nowakien, Styliolinen, Tentakuliten*	*Ostracoden* / *Korallen*	100…500 m Büdesheimer Schiefer und Flinz / bis 150 m Iberger Kalk / Roteisen-Grenzlager	Iberger Kalk >100 m	Riffkalk / Planschwitzer Tuffe / Schalstein / Diabas / Alaun- und Wetzschiefer 15 m
Mitteldevon	Givet	*Maenioceras*	Polygnathus	*Nowakien, Styliolinen, Tentakuliten*	*Korallen*	Stringocephalenkalk bis 500 m / Schalstein Keratophyr Diabase	Stringocephalenkalk bis 500 m / Eisenerz bis 20 m / Schalstein Keratophyr Diabas	Schwärzschiefer 50 m
	Eifel	*Anarcestes*	Polygnathus	*Nowakien, Styliolinen, Tentakuliten*	*Korallen*	Lenneschiefer >1000 m / Wissenbacher Schiefer 300 m	Wissenbacher Schiefer bis 500 m / Calceola-Schichten	Buntschiefer im Vogtland / Tentakuliten-
Unterdevon	Ems	*Spirifer cultrijugatus* / *Spirifer arduennensis*	*Spathognathodus, Icrioclus*	*Nowakien, Styliolinen, Tentakuliten*	*Korallen*	Emsquarzite Kondelschichten / Stadtfelder Schichten 2000 m / Hunsrückschiefer 500 m	Kahleberg-Sandstein bis 500 m / Hauptquarzit	Zlichov: schiefer mit Nereitenquarziten 200 m
	Siegen	*Spirifer primaevus*	*Spathognathodus, Icrioclus*	*Nowakien, Styliolinen, Tentakuliten*	*Ostracoden*	Taunusquarzit / Hermeskeilschichten 200 m / Siegener Schichten 3000 m	Erbslochgrauwacke bis 20 m	Prag: Tentakulitenknollenkalk 25 m
	Gedinne	*Spirifer elevatus*	*Spathognathodus, Icrioclus*	*Nowakien, Styliolinen, Tentakuliten*	*Ostracoden*	Bunte Ebbe-Schichten 800 m / Bredeneck-Schichten 850 m / Hüinghäuser Schichten 300 m	Schiefer und Kalklinsen im Unterharz	Lochkov: Obere Graptolithenschiefer 15 m
Liegendes:		Silur				Schichten mit Scyphocrinus elegans		

Herzynkalke im Oberdevon z. T. mit stratigraphischer Kondensation (between Rheinisches Schiefergebirge and Harz, Oberdevon to Ems) mächtiger mitteldevonischer Schieferfüllung. Die geringere Schuttzufuhr und zunehmende Schwellenbildung, die auch in kleinerem Maßstab durch submarine Vulkanausbrüche (Diabas, Keratophyr, Schalstein) gefördert wurde, gestatten nunmehr auch die Bildung von kleineren Riffkomplexen. Den ersten untermitteldevonischen der Eifel westlich des Rheins folgten bald weitere im Lahn-Dill-Gebiet und im Sauerland ab oberem Mitteldevon, die sich fast alle gleichzeitig erst am Ende des tieferen Oberdevons nicht mehr weiterentwickelten.

Das Oberdevon ist im Norden und Osten des Rheinischen Schiefergebirges, ganz besonders im Kellerwald, die Zeit der größten Faziesdifferenzierung. Am Fuße von Riffkalkkomplexen wurde hier dunkle, kalkig-schiefrige Flinzfazies abgelagert. Oft ist sie mit Knotenkalken und Rotschiefern verzahnt, auch feinkörnige Grauwacken und Quarzite erscheinen vereinzelt.

Die Devonprofile des **Harzes**, zur gleichen rhenoherzynischen Zone gehörig, zeigen einen hohen Verwandtschaftsgrad zur rheinischen Entwicklung. Die Beziehungen sind vor allem ab Mitteldevon deutlich. Besonders im Unterdevon sind in vielen Profilen auch starke Beziehungen zur böhmischen Entwicklung ablesbar, so daß hier eine rheinische Fazies mit litoralen Sedimenten vom Typus der Spiriferen-Sandsteine und eine pelagische Schwellenfazies u.a. mit Cephalopoden-Flaserkalken unterschieden wird, die die Bezeichnung (böhmisch-) herzynische Fazies erhielt. Mit der kalkreichen Erbsloch-Grauwacke des Siegen bis Ems und der an Crinoiden und Brachiopoden reicheren Greifensteiner Fazies der Herzynkalke des Mitteldevons erscheinen aber auch hier stärker an die rheinische Fazies anklingende Elemente.

Die Herzynkalke liegen heute zum großen Teil als Olistolithe vor. Sie sind demnach Großblöcke von submarinen Rutschungen und örtlich schon ab dem oberen Mitteldevon in Bewegung geraten. Das ist auch in der Umrandung des obermittel- bis tiefoberdevonischen Elbingeröder Riffkomplexes zu beobachten. Auch er entstand auf vulkanischer, submariner Schwelle wie Parallelen im Lahn-Dill-Gebiet. In den mächtigen, wohl bis 1000 m anschwellenden Lagern aus basischen submarinen Tuffen, die als Schalsteine bezeichnet werden, finden sich hier besonders viele Keratophyr-Einlagerungen. Auch das synsedimentär-exhalativ entstandene Eisenerz vom Lahn-Dill-Typ – hier obermitteldevonischen Alters – fehlt im Harz nicht.

Die Sammelformation für die einzelnen Olistostrome ist reich an Flinzkalken und Grauwacken und läßt Bewegungen bis fast hinauf zur Oberkarbonbasis nachweisen. In der Umrandung des Elbingeröder Komplexes entspricht sie dem Formationsbegriff der Hüttenröder Schichten, während im südöstlichen Unterharz etwa von der Zone der Tanner Grauwacke an ihr die gesamten herzynkalkführenden schieferreichen Serien angehören dürften.

Konform mit diesen frühen Anzeichen variszischer Bodenunruhen setzt auch im Harz flyschoide Fazies zunächst im Südosten über den Stieger Schichten schon im höheren Oberdevon mit Grauwackenschiefern und gröberen Grauwackenbänken ein. Ganz allgemein ist zu beobachten, daß ein letzter Sedimentationszyklus mit der Abfolge Kieselschiefer – Tonschiefer – Grauwacke sich ständig nach Nordwesten verschiebt. Über den Stieger Schichten haben die Kieselschiefer noch obermittel- bis tiefoberdevonisches Alter, und die Grauwacken erscheinen schon im höheren Oberdevon. Im Bereich der herzynkalkführenden Einheit ist der Kieselschiefer der Olistostrome schon vorwiegend hochoberdevonisch und weiter im Westen im Oberharz sogar der ganze Zyklus rein unterkarbonisch.

Im Saxothuringikum sind die Übergangsprofile aus dem Silur besser erhalten als im Rhenoherzyn. Eine Kalksandsteinbank von nur 1 m Mächtigkeit trennt hier die Graptolithenschiefer des Gedinne-Lochkov und wird von 5 bis 20 m mächtigen Tentakuliten-Knollenkalken des Siegen oder „Unterprag" abgelöst. Die Karbonatführung verschwindet dann allmählich ganz. Im Tentakulitenschiefer des Ems bis Untereifel finden wir

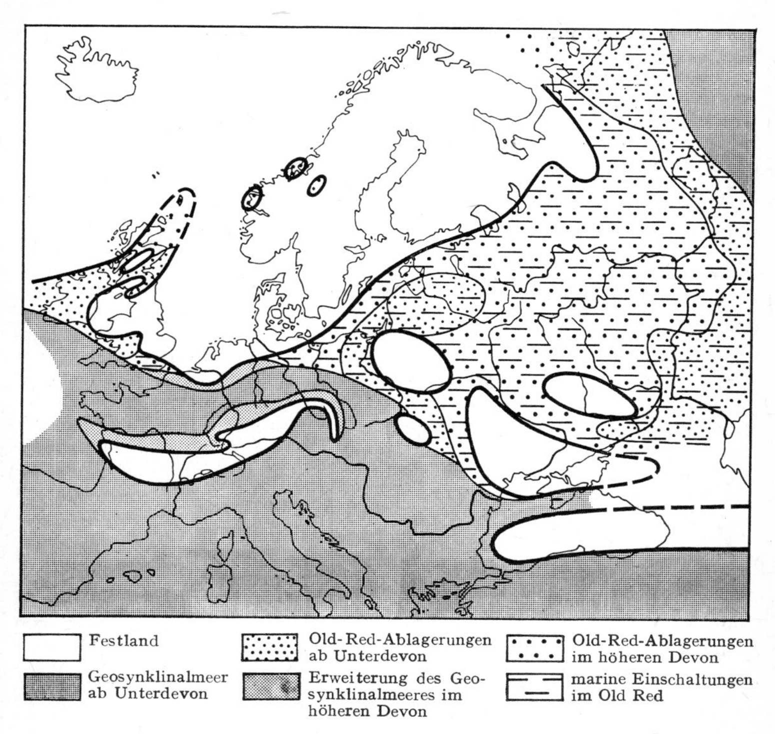

Abb. 139. Vermutliche Verteilung von Land und Meer während des höheren Devons in Mitteleuropa (im wesentlichen nach R. Brinkmann, 1966)

statt dessen mehr sandige Lagen (Nereitenquarzite), bis dann im mittleren Mitteldevon die einlagerungsfreien Schwärzschiefer dominieren, die eine Parallelentwicklung zu den Wissenbacher Schiefern des Harzes und des Rheinischen Schiefergebirges darstellen. Im Oberdevon spielt sich dann – gegenüber dem Harz um etwa eine Stufe verjüngt – die Wiederkehr der Lahn-Dill-Fazies mit Diabasen, ihren Schalsteinen und Eisenerzen sowie anschließender karbonatischer Sedimentation ab. Erste Quarzite und Grauwacken als initiale Flyschfazies fehlen aber im höheren Oberdevon auch hier nicht.
Bereits an der Basis des Oberdevons kommt es kurzfristig zu einer Grauwackensedimentation, z.T. mit konglomeratischer Ausbildung als Folge einer neuen Transgressionswelle, die an eine Hebungsphase kurz zuvor

anschloß und der das **Barrandium** durch Verlandung endgültig zum Opfer fiel.

Nach der bereits korrigierten BARRANDEischen Gliederung entsprechen die Stufen e bis h dem Unter- bis Mitteldevon. Die neueren Untersuchungen ließen jedoch vieles des früher als übereinander gehörig Deklarierten als in Wirklichkeit primär zeitgleiches fazielles Nebeneinander erkennen, so daß wir für das Unterdevon besser die modernen Stufenbezeichnungen Lochkov, Prag und Zlíchov verwenden (vgl. Tab. 29). Der Faziesspiegel der karbonatreichen Sedimente reicht im Lochkov bis zum unteren Prag noch vom Korallenkalk der Koňeprusy-Schichten bis zum Flinztyp der Kosoř- und Řeporyje-Lodĕnice-Fazies. Dann verschwindet zunächst die Riffazies, und im unteren Eifel dominieren mit den Daleje-Schichten zum ersten Mal — wenn auch nur kurzfristig — die Schiefer. Im Givet wird dann die karbonatische Sedimentation endgültig von der tonigen abgelöst, denn an die Mergelschiefer des Kačák schließen mit den jüngsten Serien des Barrandiums, den Roblíner Schichten, zuletzt Serien an, die durch ihre sandigen Lagen und Landpflanzenreste das nahe Ende dieser seit dem Kambrium fast vollständigen und so fossilreichen Sedimentationszone anzeigen.

Die Profile der **Lausitz** und der **Sudeten** haben wieder mehr saxothuringisch-rhenoherzynes Gepräge, d.h., soweit vorhanden, mit Schiefervormacht mindestens im Unter- und Mitteldevon und mit bunten Oberdevonprofilen. Die oberdevonische Karbonatführung nimmt nach Osten zum mährischen Raum hin stark zu. Dafür sind im Lausitzer Profil im Oberdevon mehr Kieselschiefer entwickelt, die in den Herzogswalder Schichten der Westsudeten im tieferen Devon ihre Parallele haben. Durch den Nachweis eines durch keine Faltungsphase gestörten silurisch-devonischen Übergangsprofils an der Basis dieser Schichten im Warthaer Schiefergebirge wurde die Bedeutung der kaledonischen Tektonogenese für den Bau des Lugikums bekanntlich sehr in Frage gestellt.

Am Südwestrand der **Sarmatischen Tafel** erreicht das Devon im Polnischen Mittelgebirge 1 bis 2 km, im südlichen Lubliner Gebiet 1,5 km und unter der Karpatenvorsenke ungefähr 400 m Mächtigkeit. Innerhalb des Polnischen Mittelgebirges führen sowohl die Kielciden im Südwesten als auch die tafelnäheren Lysagoriden im Nordosten im höheren Unterdevon Spiriferensandstein; dies wird als östliche Fortsetzung der rhenoherzynischen Zone des großen variszischen Geosynklinalbogens gedeutet. Während sie aber in den Kielciden erst nach tiefunterdevonischer Schichtlücke einem kaledonisch vorgefalteten Untergrund aufsitzen, weisen die Lysagoriden im gleichen Zeitraum ein tonschieferreiches Übergangsprofil auf, das frei von kaledonischen Faltungsmerkmalen ist. Von der Eifelstufe an bis ins höhere Oberdevon hinauf herrschen dann in beiden Gebieten karbonatische Sedimente vor, doch ist nur in den Kielciden die Weiterentwicklung zur unterkarbonischen Flinzfazies und zu den Kieselschiefern noch erhalten.

Die **Fennosarmatische Tafel** selbst hat nach langer Sedimentationspause im Altpaläozoikum ab Devon zum ersten Mal wieder eine großräumige Sedimentationsphase. Das Profil läßt aber erst ab Mitteldevon weit nach Süden reichende Vorstöße der Old-Red-Schüttung erkennen. Die Hauptphase der Transgression scheint in der Manticoceras-Stufe zu liegen, wie die zu dieser Zeit weit nach Norden reichenden Dolomite anzeigen. Dadurch, daß im höheren Oberdevon wieder die Rotsandstein-Schüttung nach Süden hin zunimmt bei Verzahnung in dieser Richtung mit gipsführenden Dolomiten und mit Tonen, wird das Devonprofil der Sarmatischen Tafel der Triasentwicklung im deutschen Gebiet überaus ähnlich. Auch die

mittlere Gesamtmächtigkeit von 300 bis 600 m fügt sich gut in den Vergleich ein.
Kleinere Reste terrestrischer Old-Red-Sedimente im mittleren **Norwegen** zwischen Bergen und Trondheim künden davon, daß auch das kaledonische Europa von Innensenken durchfurcht gewesen sein muß. In **Schottland**, wo die ariden Serien bis 6 km mächtig werden, sind sogar noch mehrere solcher Gebirgsschutt auffangenden Tröge nachweisbar. Relativ spät – bezogen auf die kaledonische Hauptfaltung – erfolgte hier etwa im Mitteldevon, der Zeit der größten Bodenunruhen und lückenhaften Entwicklung im Old Red der **Britischen Inseln**, noch das Auftreten granitischer Schmelzen. Die Hauptmasse der Sedimente ist auf dem westlichen Old-Red-Kontinent unterdevonisch, wobei für das schottische Old Red die wiederholte Einschaltung von Eruptivmaterial vorwiegend andesitischer Herkunft charakteristisch ist; das Alter wurde durch eine Stratigraphie mit Hilfe devonischer Fische (vorwiegend Pteraspiden) gesichert. In **Wales** werden die Ludlow-Bonebeds des Downton, die reichlicher Skelettreste silurisch-devonischer Fischarten führen, auch heute noch als die Basis des Devons angesehen. Während hier in Wales erst im höheren Oberdevon durch eine neu einsetzende Kalkschieferfazies die marine Entwicklung wieder beginnt, liegen ganz im Süden Englands, im Bergland von **Cornwall** und **„South Devon"**, sogar vollmarine Devonprofile vor. In ihnen herrscht die Schieferfazies z.T. mit sandigen Einlagerungen ähnlich der rheinischen Entwicklung vor, durch Fossilien allerdings erst ab der Siegenstufe belegt.
Dieses südenglische Gebiet gehört zusammen mit der benachbarten **Bretagne**, wo eine ähnliche Faziesentwicklung vorliegt, die im höheren Unter- und Mitteldevon aber kalkreicher ist, zu dem Teil der variszischen Geosynklinale, der im Karbon zum sogenannten Armorikanischen Gebirge umgestaltet wird.
Der **südeuropäische Raum** weist sich durch zahlreiche Devonvorkommen in **Spanien**, in der südfranzösischen **Montagne Noire** sowie in einzelnen Resten auf dem **Balkan** und auch noch in der **Türkei** mit häufigen Kalken, aber auch in sandiger Fazies und mit Schiefern als in orthogeosynklinaler Entwicklung befindlich aus. Das weite Auseinanderliegen dieser auf den Gesamtraum bezogen doch geringen Zahl von Vorkommen hat aber – nicht zuletzt erschwert durch die jüngere alpidische Orogenese – bis heute noch kein abgeschlossenes Bild über die jungpaläozoischen Gebirgszusammenhänge dieses Raumes aufstellen lassen.
In den Karnischen Alpen hat sich das über 1000 m mächtige kalkreiche Devonprofil auf Grund seines Fossilinhaltes für orthostratigraphische Fragen der Grenzziehung zum Silur als wichtig erwiesen. Die Riffazies im älteren Devon und jüngere Flaserkalke deuten engere paläogeographische Beziehungen zur böhmischen Entwicklung an.

In **Nordamerika** ist die Ähnlichkeit der Geosynklinalentwicklung der Appalachen mit der im nord- bis mitteleuropäischen Raum auffällig. Allerdings weisen hier gerade die mittel- bis oberdevonischen Profile mit den markanten „red beds" des von Osten geschütteten „Catskill-Deltas" die maximalen Mächtigkeiten auf.
Weitere Vorkommen des Kontinents geben durch ihre häufig wiederkehrenden Tafelsedimente mit kalkreichen Schichten an, daß Laurentia im Devon, zumindest im Südosten, Westen und Norden, von Epikontinentalmeeren umrandet war. Erst nahe der Westküste Nordamerikas begegnen wir wieder geosynklinalen Sedimenten, die typisch für das Devon im gesamten zirkumpazifischen Raum sind. In **Japan** beobachten wir Schiefer-

Tab. 29. Stratigraphische Gliederung des Devons (II)

Abteilungen		Stufen	Leitfossilien Ergänzung zu Tab. 28	Barrandium		England, Wales, Schottland		Nordamerika Appalachen	
Hangendes:		Unterkarbon				Lower Carboniferous (Kohlenkalk und Schiefer)		Kinderhook	
Oberdevon	Famenne	Dasberg	*Groenlandaspis*			oberes Old Red 200 m im Süden bis 1000 m in Schottland		Ohio black-shale ~70 m	Cats-kill red beds ~1500 m
		Hemberg	*Remigolepis* *Phyllolepis*						
		Nehden							
	Frasne	Adorf	*Psammosteus*					Genesee-Schiefer	Chemung sandstone
Mitteldevon		Givet	*Stringocephalus*	Robliner Schichten Kačák-Schiefer				Hamilton-Schiefer	Onteoro red beds
		Eifel	*Calceola sandalina*	Choteč-Kalk Třebotov-Kalk Daleje-Schiefer				Marcellus-Schiefer	Kiskatom red and green beds
Unterdevon		Ems	*Pteraspis dunensis*	Zlíchov	Zlíchov-Kalk	1000 bis 5000 m unteres Old Red	Breconian	Onondaga-Kalk	
		Siegen		Prag	oberer Koneprusy-Kalk; Slivenec-, Řeporyje-, Prokop-Kalk			Oriskany Schiefer, Kalk und Sandstein	
		Gedinne	*Cephalaspis* *Monograptus uniformis*	Lochkov	unterer Koneprusy-Kalk; Kotýs-, Radotin-, Kosoř-Kalk		Dittonian	Helderbergian	

vormacht, in **Westaustralien** ein lückenhaftes Profil im mittleren Teil des Devons bei zunehmend sandiger werdender Schichtfolge und zahlreichen Porphyreinschaltungen. In **Südneuseeland** entstanden im Unterdevon Spiriferensandsteine, die von der rheinischen Parallele im Handstück nicht zu unterscheiden sind. Auch aus dem südlichen **Peru** wurden Profile mit sandig-schiefriger Ausbildung des Unter- und Mitteldevons bis zu 3 km Mächtigkeit beschrieben.
Ähnlich den südeuropäischen Verhältnissen gestatten diese wenigen Reste des Devons innerhalb der viel jüngeren mesozoischen und känozoischen Orogene des zirkumpazifischen Raumes aber noch nicht, ein zusammenhängendes Bild von der jungpaläozoischen Paläogeographie dieses Gebiets zu entwerfen.

Der dritte große Schild der Nordhemisphäre, die **Sibirische Tafel**, ist seit dem Devon in zunehmender Heraushebung begriffen, so daß marine Tafelsedimente – meist Kalke – nur in einer schmalen Außenzone im Nordwesten gebildet wurden. Südlich schließt daran das Verbreitungsgebiet geringmächtiger Old-Red-Sedimente an, z.T. mit Panzerfischresten. Von den noch weiter im Süden anschließenden Gebieten wissen wir zwar, daß in der Umgebung **Sinias**, z.B. im Altai und in Süd- und Südostasien, wieder geosynklinale Schichten, z.T. mit fast vollständigen Devonprofilen, zur Ablagerung gekommen sein sollen, doch fehlen uns auch hier zur Darstellung der Paläogeographie noch viele Daten.

Auf der Südhalbkugel steht den drei völlig getrennten Altkontinenten des Nordens ein noch immer teilweise zusammenhängendes größeres **Gondwanaland** gegenüber. Dennoch zeigen sich gegenüber dem Silur Fortschritte in der Auflösung. Neu ist am Südrand **Afrikas** eine jungpaläozoische Geosynklinale, die den devonischen Kapsandstein aufnahm und Beziehungen zum ähnlich geosynklinalen Devon der Falklandinseln erkennen läßt. **Antarktika** dürfte sich also bereits isoliert haben. Auch an der Indischen-Ozean-Seite Australiens erscheinen marine Sedimente, die für eine fortschreitende Trennung sprechen. Daneben sind große Teile **Nordwestafrikas** und der Randgebiete des **Guayanaschildes** bzw. **Brasilias** überflutet. Man glaubt den südbrasilianischen unterdevonischen Furnassandstein auf Grund tillitartiger Gesteine als Zeugen nivalen Klimas heranziehen zu können.

3. Zusammenfassung. Das Devon war in europäischer Sicht hauptsächlich Geosynklinalzeit. Das ist auch im Weltmaßstab ähnlich. Hauptphasen einer größeren Tektonogenese etwa von der Dimension der kaledonischen kurz zuvor bzw. der variszischen Gebirgsbildung bald danach konnten bisher nicht nachgewiesen werden. Das kann aber im Bereich der späteren Tethys bzw. im zirkumpazifischen Raum auch an Kenntnislücken liegen.
Die Altkontinente verhielten sich in ihren transgressiven und regressiven Tendenzen recht unterschiedlich. In Fennosarmatia herrschten Einsenkungsvorgänge, im sibirischen Altkontinent Hebungstendenzen vor. Laurentia zeigt stärkere Heraushebung nur im Nordosten, Gondwanaland läßt weitere Schritte zur Auflösung in Teilkontinente erkennen. Häufung von Bodenunruhen ist zu Beginn und am Ende der Devonzeit zu verzeichnen, einzelne sind aber auch in den übrigen Stufen des Systems zu beobachten.
Klimatisch scheint das Devon nach der Riffverbreitung im ganzen eine Warmzeit gewesen zu sein. Wahrscheinlich lagen die Gebiete des kaledo-

nischen nordatlantischen Faltungsgürtels, aus denen die zahlreichen Zeugen der Landeroberung durch die Flora und durch Amphibien bekannt wurden, auch zusätzlich noch in südlicheren Breiten. Die Annahme einer Verschiebung des Nordpols von Europa weg in den nordpazifischen Raum würde wohl den vorhandenen devonischen Klimazeugen der Gesamterde unter Berücksichtigung von relativen Eigenbewegungen der Kontinente am ehesten gerecht.

Karbon

1. Allgemeines. Das Karbon (lat. carbo ‚Kohle') – die **„Steinkohlenformation"** – hat seinen Namen von den in dieser Zeit besonders in Europa und Nordamerika gebildeten umfangreichen Steinkohlenlagern. Die untere Begrenzung des Systems ist recht scharf, weniger scharf die obere, weil Steinkohlenvorkommen örtlich über die obere Grenze hinausreichen. Denn auch das folgende Perm enthält noch in verschiedenen Gebieten Steinkohlen, z. B. im Döhlener Becken bei Dresden, im Kusnezkbecken (Sibirien) sowie in China. In Ostasien führt selbst der Jura noch Steinkohlen, im nordwestlichen Nordamerika sogar das Kreidesystem. Abweichungen sind also häufig, so daß für das Karbon die Bezeichnung „Steinkohlenformation" für manche Gebiete wenig zutrifft.
Im Devon waren durch das epirogene Absinken weiter Gebiete der Erde abermals die Voraussetzungen für Faltungen und Gebirgsbildungen geschaffen worden. Im Karbon erreichten diese Vorgänge ihren Höhepunkt in Europa in der Errichtung des variszischen Gebirgssystems. Dieses Gebirge wurde zum herrschenden Strukturelement in Mitteleuropa, dessen Untergrund dadurch gebildet wurde. Auch die organische Welt entwickelte sich im Karbon bedeutend weiter, am auffälligsten die der Wirbeltiere. Die Pflanzenwelt des Karbons weist gegenüber der des Devons einen überaus großen Reichtum und außerordentlich viele neue Formen auf, die die spätere Entwicklung ankündigen. Eine große Zahl pflanzlicher Versteinerungen sowie die zu den Frühammoniten gehörigen Goniatiten sind gute Leitfossilien. Jedoch herrschten in Fragen der altersmäßigen Ordnung und Gleichstellung der Teilschichten des Karbons bis in die neueste Zeit hinein vielerlei Unklarheiten. Insbesondere verwendete man in den verschiedenen Kohlenrevieren – selbst ein und desselben Landes – für die Teilschichten und Stufen eine Menge örtlicher Bezeichnungen, deren genaue Stellung in der gesamten Schichtenfolge unsicher war. Erst durch die *Heerlener Karbonstratigraphischen Kongresse* 1927, 1935 und 1951 wurde die zeitliche Gleichstellung, die Horizontierung, des Karbons gefördert und eine Normierung des Gesamtkarbonprofiles und seiner Teilschichten erreicht. Für die Hauptstufen wurden schon in Gebrauch befindliche Bezeichnungen genau umrissen: Dinant mit den Unterstufen Tournai und Visé, Namur mit den Unterstufen A, B, C, Westfal mit den Unterstufen A, B, C, D und Stefan mit den Unterstufen A, B, C. Das Dinant wird auch als **Unterkarbon** bezeichnet, während man Namur, Westfal und Stefan zum **Oberkarbon** oder **Siles** zusammenfaßt. Nach diesen Hauptstufen sind in der Zeittafel des Karbons (Tab. 30) die Stufen und Teilstufen mit ihren verschiedenen Benennungen geordnet und aufeinander abgestimmt. Man sieht aus der Zeittafel auch, daß in den verschiedenen Bezirken ganz verschiedene Teilstufen Kohlen führen und daß manchmal überhaupt nur ein geringer Abschnitt der Gesamtkohlenperiode die kostbaren Kohlen birgt. – Die Dauer des Systems wird nach der radioaktiven Zeitmessung auf etwa 65 Mio Jahre berechnet.

2. Entwicklung der Lebewelt (hierzu Abb. 140). Kennzeichnend für das Karbon ist ein gewaltiger Aufschwung der Pflanzenwelt. Die Pflanzenfolge ist nicht einheitlich, vielmehr erfolgte zwischen den Unterstufen A und B des Namurs ein Sprung in der Entwicklung, der sogenannte **Florensprung**, dessen Ursache noch unbekannt ist. Die Pflanzen lieferten den Ausgangsstoff für die Steinkohlenflöze. Zu dieser Steinkohlenflora gehören Bäume, Sträucher und Kräuter verschiedener Art, besonders aus den Gruppen der höheren Sporenpflanzen (Bärlappgewächse, Farne, Schachtelhalme) und gewisser neu erscheinender Nacktsamer (Gymnospermen). Die Pflanzen sind uns nicht nur in ihrer äußeren Gestalt, sondern auch in ihrem inneren Aufbau bekannt geworden. Es handelt sich um eine Waldmoorvegetation mit vielen Sumpfpflanzen, die in einem warmen Klima gedeihen. Der Karbonmoorwald sah wesentlich anders aus als der heutige Wald. Er scheint im ganzen hochstämmig, aber licht und schattenarm gewesen zu sein. In dem neuen Lebensraum der Pflanzen entwickelten sich auch die Wirbeltiere weiter. Aus den Amphibien, die sich jetzt stark entfalteten, gingen am Ende des Karbons die Reptilien hervor. Ihre Panzerhaut schützte sie gegen Austrocknung auf dem Lande. Insekten eroberten den bisher noch nicht in Anspruch genommenen Lebensraum – die Luft.

In der Pflanzenwelt treten unter den höheren Sporenpflanzen **Bärlappgewächse (Lepidophyten)** hervor, die im Unterschied zu ihren heutigen kümmerlichen Nachkommen Baumgröße erreichten, und zwar die Siegelbäume (Sigillarien) sowie die anscheinend nicht ganz so großen Schuppenbäume (Lepidodendren). Die Siegelbäume hatten hohe, wenig oder nicht verzweigte Stämme, am Wipfel einen Blattschopf aus langen, fleischigen, einadrigen, längsrippig angeordneten Blättern. Reicher verzweigt waren die eigentlichen Schuppenbäume. Bei ihnen trugen auch die Äste in Schrägzeilen dicht zusammengedrängte Blätter, die beim Ausfallen Blattpolster oder -narben hinterließen. Teilweise hatten sie auch kurze Blätter. Die Blätter an den Enden der letzten Zweige bildeten Zapfen; aus diesen fielen zur Zeit der Reife Massen von kleinen und großen Sporen. Daneben sind andere verwandte baumförmige Pflanzen vertreten. Zu den Vorfahren der **Schachtelhalme (Articulaten)** gehören die Calamiten, die bis ein Meter Durchmesser erreichten; sie waren teils reich verzweigt, teils sahen sie wie einfache Pfähle aus. Die Keilblättler (Sphenophyllen), die ehemals als Schwimmvegetation galten, sieht man heute z. T. als Kletterpflanzen des Landes an. Die **Farne (Filices**, z.B. *Sphenopteris*) waren teils baumgroß, teils niedrige Bodenfarne.

An Pflanzen höherer Organisation gibt es mehrere Arten **Nacktsamer (Gymnospermen)**. Unter ihnen sehen die Cordaiten mit ihrem hohen Stamm und einer Krone von breiten, langbandförmigen Blättern gar nicht wie Nacktsamer aus. Dies gilt noch mehr von den Farnsamern (Pteridospermen), deren Äußeres farnartig war. Teilweise waren es sich stützende oder vielleicht sogar schlingende, z.T. strauchartige Gewächse. Von Nadelbäumen (Coniferen) erscheinen die ersten Spuren *(Walchia)* im jüngsten Karbon; sie sind im Rotliegenden des Perms zwar schon in Massenvegetation vorhanden, an der Kohlenbildung aber waren sie nicht beteiligt. Diese Nacktsamer scheinen als erste auch die trockenen Bezirke besiedelt zu haben.

In der Tierwelt treten erstmalig die **Urtiere (Protozoen)** in großer Menge gesteinsbildend auf, insbesondere die **Foraminiferen**. Die zu ihnen gehörenden getreidekorngroßen, kalkschaligen Fusulinen bilden mächtige Schichtenkomplexe des Kohlenkalks sowie des Oberkarbons und Perms.

Korallen (Anthozoen) erscheinen im Kohlenkalk ebenfalls in größerer Menge und sind auch leitend, besonders für die Gliederung des englischen Unterkarbons, und zwar unter den Tetrakorallen vor allem *Lithostrotion, Dibunophyllum* u. a. Die karbonischen Korallen sind gegenüber den sehr spezialisierten des Devons einfach gebaut.

Unter den neuen Gattungen der **Brachiopoden (Armfüßer)** sind für das Karbon und das folgende Perm vor allem die Productiden charakteristisch. Sie besitzen

Tab. 30. Stratigraphische Gliederung des Karbons

Abteilungen	Stufen		wichtigste Leitfossilien: Goniatiten	wichtigste Leitfossilien: Pflanzen	Belgien	Aachen	Ruhrgebiet
Hangendes:							
Oberkarbon (Siles)	Stefan		*Schistoceras*	*Pecopteris*			
	Westfal	D	*Gastrioceras*	*Neuropteris ovata*			1000 m Piesbergschichten
		C		*Neuropteris scheuchzeri* *Neuropteris rarinervis*	1000 m Sch. von Flénu Fl. Buisson		Dorstener Sch. Flöz Ägir
		B		*Lonchopteris rugosa*	1000 m Schichten von Charleroi	200 m Merksteiner Sch. 450 m Alsdorfer Sch.	Horster Schichten Horiz. Lingula Essener Schichten Flöz Katharina
		A		*Sphenopteris hoeninghausi*	300 m Schichten von Châtelet	450 m Kohlscheider Sch.	Bochumer Sch. Flöz Sonnenschein Flöz Plaßhofsbank Flöz Sarnsbank
	Namur	C		*Mariopteris acuta*	200 m Schichten von Andenne	1000 m Stolberger Schichten	Sprockhöveler Schichten
		B	*Reticuloceras*	*Neuropteris schlehani*			400 m Hagener Schichten
		A	*Homoceras* *Eumorphoceras*	Florensprung *Sphenopteris adiantoides*	100 m Schichten von Chokier	Walhorner Schichten	600 m Arnsberger Sch. 75 m Hangende Alaunschiefer
Unterkarbon (Dinant)	Visé	III	*Goniatites (Glyphioceras)*	*„Cardiopteris"* *Adiantites* *„Racopteris"* *Sphenopteridium* *Asterocalamites* *Lepidodendron*	Kohlenkalk	Kohlenkalk	Kulm (Kohlenkalk)
	Tournai	II	*Pericyclus*				
		I	*Gattendorfia*				
Liegendes:							oberdevonische

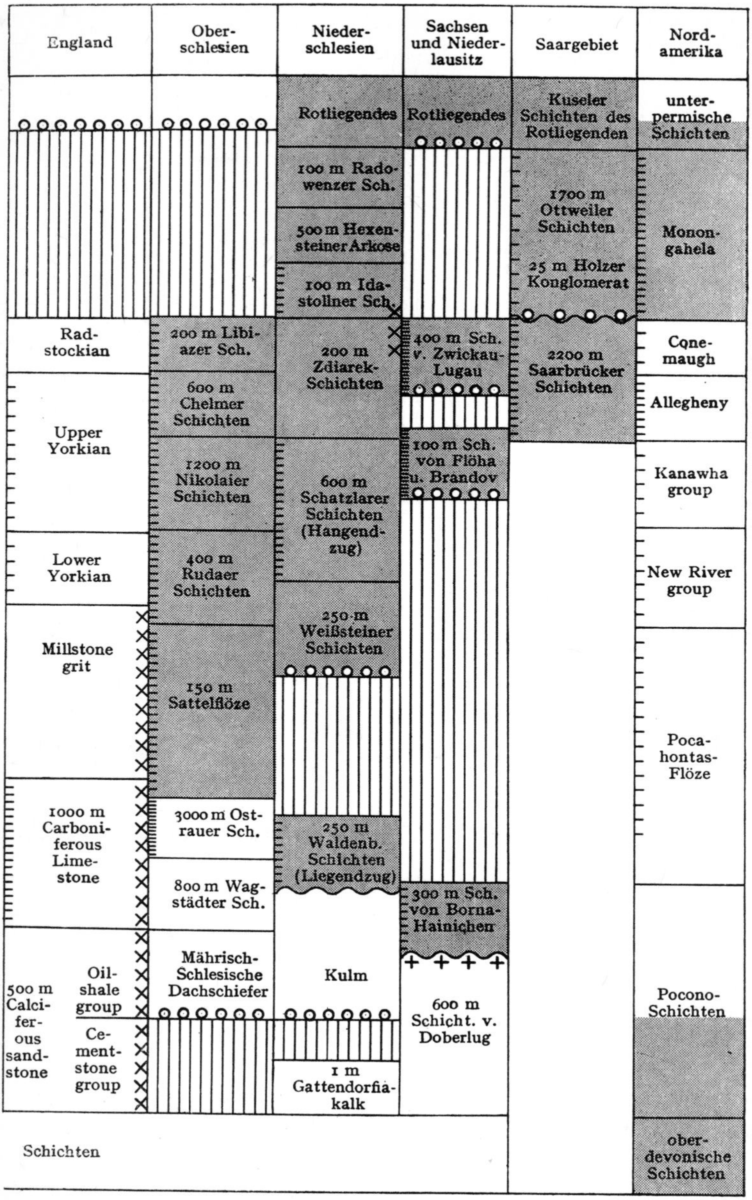

England	Oberschlesien	Niederschlesien	Sachsen und Niederlausitz	Saargebiet	Nordamerika
		Rotliegendes	Rotliegendes	Kuseler Schichten des Rotliegenden	unterpermische Schichten
		100 m Radowenzer Sch.		1700 m Ottweiler Schichten	Monongahela
		500 m Hexensteiner Arkose		25 m Holzer Konglomerat	Conemaugh
		100 m Idastollner Sch.	400 m Sch. v. Zwickau-Lugau	2200 m Saarbrücker Schichten	Allegheny
Radstockian	200 m Libiazer Sch.	200 m Zdiarek-Schichten	100 m Sch. von Flöha u. Brandov		Kanawha group
Upper Yorkian	600 m Chelmer Schichten	600 m Schatzlarer Schichten (Hangendzug)	300 m Sch. von Borna-Hainichen		New River group
Lower Yorkian	1200 m Nikolaier Schichten	250 m Weißsteiner Schichten	600 m Schicht. v. Doberlug		Poca-hontas-Flöze
Millstone grit	400 m Rudaer Schichten	250 m Waldenb. Schichten (Liegendzug)			Pocono-Schichten
1000 m Carboniferous Limestone	150 m Sattelflöze	Kulm			oberdevonische Schichten
500 m Calciferous sandstone: Oil-shale group; Cement-stone group	3000 m Ostrauer Sch.	1 m Gattendorfiakalk			
	800 m Wagstädter Sch.				
	Mährisch-Schlesische Dachschiefer				
Schichten					

Fossilien des Karbons

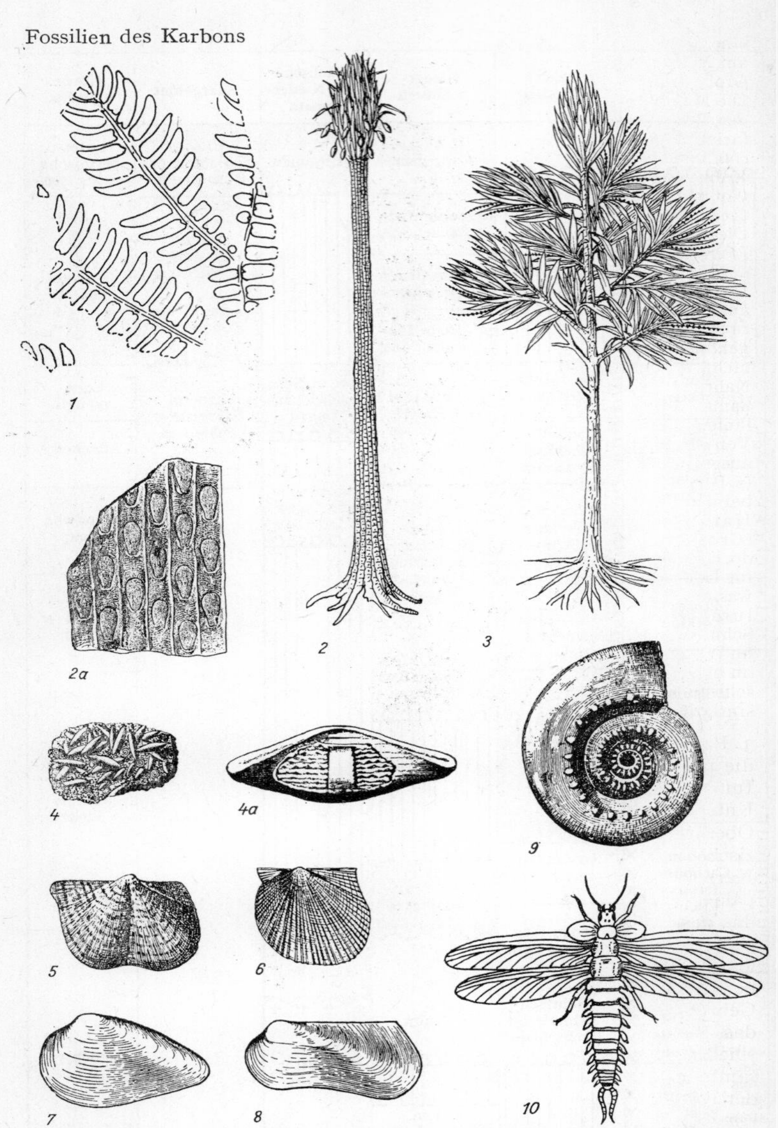

Abb. 140. *1* Wedel von Paripteris (mit Fiedernervatur) und Linopteris (wenn Maschennervatur ausgebildet). *2* Sigillaria, 9 m hoch; *2a* Stammoberfläche von Sigillaria. *3* Cordaites, 25—30 m hoch. *4* Foranaminifere Fusulina cylindrica; *4a* vergr. *5* Brachiopod Productus semireticulatus. *6* Meeresmuschel Aviculopecten papyraceus. *7*—*8* Süßwassermuscheln: *7* Carbonicola acuta; *8* Anthracomya williamsoni. *9* Kopffüßer Gastrioceras listeri. *10* Urflüglerinsekt Stenodyctia Lobata $^1/_2$ nat. Gr.

eine flache und eine bauchige Schale mit langen Stacheln, mit denen sich das Tier am Meeresgrund verankerte. *Productus giganteus* erreichte im offenen Meer die Größe eines Kinderkopfes. Auch Spiriferen sind im Karbon noch leitend.
Die **Muscheln (Lamellibranchiaten)** mit wichtigen neuen Formen kommen neben den Brachiopoden zur Herrschaft. Außer Meeresformen, z.B. der für die Kulmfazies leitenden *Posidonomya becheri*, spielen Süßwassermuscheln wie *Carbonicola* und *Anthracomya* eine größere Rolle. **Schnecken (Gastropoden)** sind in der Kalkfazies häufig.
Unter den **Kopffüßern (Cephalopoden)** liefern von den **Ammoniten** die Goniatiten ausgezeichnete Leitfossilien, während die Clymenien verschwunden sind. Die Goniatiten zeigen meist kugelige Gehäuse, auch schon mit aufgesetzten Rippen *(Pericyclus)* und Knoten *(Gastrioceras)*; flache Gehäuse sind selten. Die Fältelung der Kammerscheidewände und damit die Komplizierung der Lobenlinie nehmen zu.
Unter den **Gliederfüßern (Arthropoden)** werden die **Trilobiten** seltener und haben auch keinen Leitwert mehr. Dafür breiten sich die **Insekten** aus, die den Luftraum eroberten. Am Ende des Karbons finden sich bereits 1300 Arten. Von ihnen gehören 170 den Urinsekten an, die im Perm wieder aussterben. Ihre Flügel, die nicht angefaltet werden konnten, erreichten eine Spannweite bis zu 75 cm. Die Nahrung bestand anscheinend aus Fleisch und Aas, Pflanzenfresser sind unbekannt. Außer den Urinsekten finden sich Libellen, Schaben, Geradflügler und Vorläufer unserer heutigen Eintagsfliegen. Auch Tausendfüßer sind äußerst zahlreich.
Von den **Fischen** sind die Panzerfische (Placodermen) bis auf wenige Formen ausgestorben. Knorpelfische (z.B. Elasmobranchier) und Knochenfische (z.B. Teleosteer), bei denen das Schädeldach bereits stärker verknöchert ist als bei den devonischen Ahnen, traten an ihre Stelle. Vor allem eroberten sich die Haie *(Cladodus, Pleuracanthus)* und Rochen das Meer. Die Quastenflosser (Crossopterygier) haben zwar den Höhepunkt ihrer Entwicklung hinter sich, doch finden sich noch einige bezeichnende Formen. Aus den Quastenflossern waren im Devon die Vorfahren der karbonischen **Amphibien** hervorgegangen. In Süßwasserseen und Sümpfen entwickelten sie sich nun weiter, besonders die Panzerlurche (Stegocephalen) mit noch geschlossenem Schädeldach, das mit dem Schultergürtel fest verbunden ist. In ihrem Jugendstadium lebten sie kiemenatmend im Wasser, später lungenatmend auf dem Lande. Aus den Amphibien scheinen sich im obersten Karbon schließlich die **Reptilien** entwickelt zu haben. Von ihnen erschienen als Stammgruppe zuerst die bis 2,4 m langen Cotylosaurier, die noch stark an die Panzerlurche erinnern.

3. Paläogeographische Verhältnisse. Zu Beginn des Karbons weist die paläogeographische Karte Europas ähnliche Züge auf wie im Devon. Im Norden ragte der Rote Kontinent auf. Teile davon überflutete im Unterkarbon ein flaches Meer, in dem sich der Kohlenkalk absetzte; im Oberkarbon bedeckten sumpfige Senken weithin den Kontinent. Die variszische Geosynklinale aber, die sich südlich von ihm erstreckte, wurde im Karbon zum Schauplatz bedeutender erdgeschichtlicher Ereignisse, die das paläogeographische Bild Europas völlig veränderten. Aus ihr faltete sich das umfangreiche System des Variszischen Gebirges auf. Mit seiner Entstehung ist jede andere Erscheinung des Karbons, insbesondere die Kohlenbildung, verknüpft. Das Variszische Gebirge vergrößerte Ureuropa, das bereits im Silur durch das auch als Paläoeuropa bezeichnete Kaledonische Gebirge erweitert wurde, abermals um ein bedeutendes Festlandsgebiet, das man auch Mesoeuropa nennt. Die gebirgsbildenden Vorgänge spielten sich jedoch nur im Gebiet West- und Mitteleuropas ab. Die gesamte Osteuropäische Tafel wurde nicht mit einbezogen. Sie war während der Karbonzeit von einem flachen Meere bedeckt und wurde im Osten von einer Geosynklinale begrenzt, aus der im Perm das Uralgebirge entstand.
Die variszischen Faltungsphasen, zwischen denen Zeiten der Meeresvorstöße und -rückzüge liegen, begannen mit der bretonischen Phase nahe der Grenze Devon/Karbon; sie war in Europa nur in geringem Maße spürbar, schließt aber in Nordamerika die bereits im Silur einsetzende Auffaltung des Appalachischen Gebirges ab. In Europa erfolgte die Haupt-

faltung des Variszischen Gebirges erst in der sudetischen Phase an der Wende Visé/Namur. Die aus dem Meer aufsteigenden Gebirge verfielen sogleich der Abtragung, so daß die Schichten des untersten Oberkarbons diskordant auf denen des Unterkarbons liegen. Die Strukturen des Erzgebirges wurden in der erzgebirgischen Phase am Anfang des Namurs B angelegt. Schon gegen Ende der sudetischen Phase begann sich eine Mulde vor dem Erzgebirge einzusenken. Zwischen die Schuttmassen, die sie aufnahm, lagerten sich einige Kohlenflöze ein (Ebersdorf-Hainichen bei Karl-Marx-Stadt). Es trat dann eine stärkere Zusammenschiebung und Muldenbildung sowie eine weitere Heraushebung des Erzgebirges ein, und es bildeten sich u.a. die Synklinalen, in denen die Flöhaer und die später entstandenen Zwickau-Lugauer Flöze liegen, die infolge weiterer tektonischer Vorgänge schräg stehen. Eine andere Faltung ergriff in der asturischen Phase zwischen Westfal und Stefan, nach der Zeit der Hauptkohlenbildung, hauptsächlich die Vortiefen des Variszischen Gebirges und der Appalachen. Damit wurden größtenteils die jetzigen geologischen Verhältnisse in vielen Kohlenbecken geschaffen. In der variszischen Geosynklinale förderte der Vulkanismus wie im Devon auch im Unterkarbon Diabase. In der sudetischen Hauptfaltungsphase drangen dann gewaltige granitische Massen auf, die Haupterzbringer im Harz, Erzgebirge und in anderen Mittelgebirgen. Im Oberkarbon und im folgenden Perm kam es schließlich zu Porphyrergüssen als Nachklang des Magmatismus der variszischen Faltung.

In **Mitteleuropa** erstreckte sich im Unterkarbon eine bereits am Ende des Devons innerhalb der variszischen Geosynklinale gehobene langgestreckte Mitteldeutsche Schwelle (Spessart-Achse) vom Saargebiet bis in die Gegend von Halle (vgl. Abb. 141). An ihrem Nordrand bildeten sich nacheinander zwei Saumtiefen, in denen sich im Oberdevon die Tanner Grau-

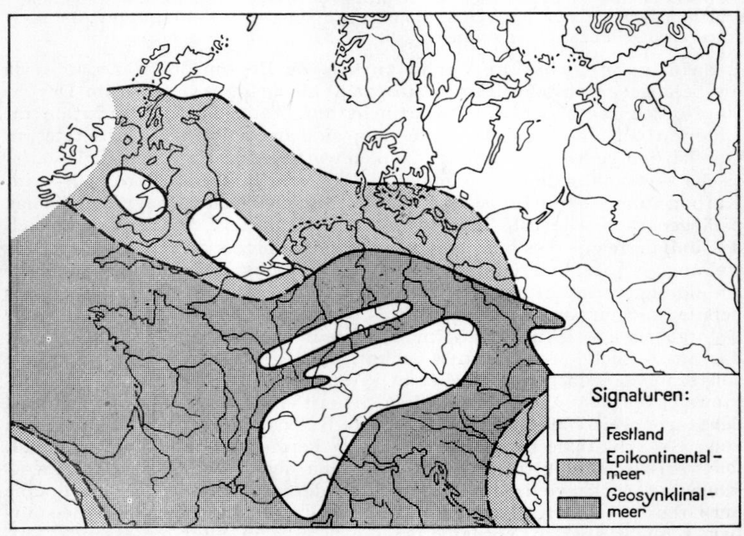

Abb. 141. Vermutliche Verteilung von Land und Meer während des Unterkarbons in Mitteleuropa (im wesentlichen nach R. Brinkmann, 1966, und S. Bubnoff, 1949)

wacke, zu Beginn des Unterkarbons die Quarzite der Kellerwald-Acker-Bruchberg-Zone ablagerten. Im mittleren Unterkarbon durchschritt die variszische Geosynklinale eine Tiefseephase, wie sich aus Kieselschieferablagerungen, die den heutigen, nur in der Tiefsee abgelagerten Radiolarienschlicken außerordentlich ähneln, vermuten läßt. Mit den Grauwacken und Quarziten verzahnt sich in der Gegend von Düsseldorf der Kohlenkalk, der für das Unterkarbon Nordwesteuropas kennzeichnend ist. Bei Aachen erreicht er 300 m, in Belgien bereits 800 m Mächtigkeit. Zu ihm gehören auch die oft als Bau- und Denkmalsteine verwendeten schwarzen Crinoidenkalke, die fälschlich als „Belgischer Marmor" bezeichnet werden. Am Nordrand der Mitteldeutschen Schwelle erfolgten an verschiedenen Stellen Deckenergüsse von Diabasen.
Die Furche südlich der Schwelle, in die Sachsen und das Thüringisch-Fränkische Schiefergebirge gehörten, erreichte keine so große Tiefe wie die nördlichen Saumtiefen. Kieselschiefer und Diabase sind in ihrer Schichtenfolge deshalb selten. Im Gebiet des Schwarzwaldes, der Vogesen und des französischen Zentralplateaus erfolgte die Hauptfaltung, verbunden mit dem Aufdringen granitischer und porphyrischer Massen, wohl bereits im untersten Karbon, denn jungunterkarbonische pflanzenführende Schichten lagern hier diskordant auf der Gattendorfiastufe. Von den Sudeten gehörte im Unterkarbon nur der Ostteil zur variszischen Geosynklinale. Hier lagerte sich die mehrere tausend Meter mächtige schlesisch-mährische Dachschiefer-Grauwacken-Formation ab. Die Westsudeten waren bereits seit kaledonischer Zeit versteift.

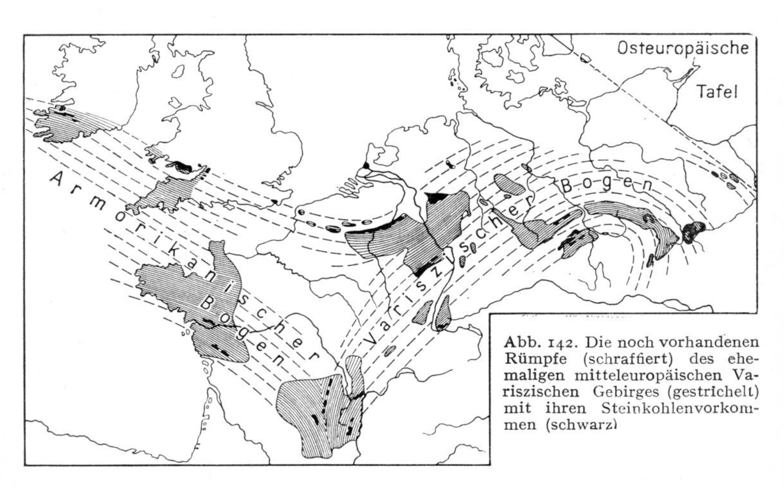

Abb. 142. Die noch vorhandenen Rümpfe (schraffiert) des ehemaligen mitteleuropäischen Variszischen Gebirges (gestrichelt) mit ihren Steinkohlenvorkommen (schwarz)

Im Oberkarbon faltete sich in ganz Mitteleuropa das **Variszische Gebirge** auf, und damit verknüpft setzte die Steinkohlenbildung ein. Das Variszische Gebirge erstreckt sich in einer Breite von etwa 500 km, von dem französischen Zentralplateau ausgehend, in großem Bogen durch Mitteleuropa, d.h. zunächst in vorwiegend nordöstlicher Richtung, später in die südöstliche umbiegend (vgl. Abb. 142). Wir erkennen den Faltenbau dieses Gebirges wieder in den Vogesen, im Schwarzwald, Odenwald, im Rheinischen Schiefergebirge, im Harz, Thüringer Wald, Frankenwald und im Erzgebirge. Weiter östlich teilte es sich in zwei auslaufende Äste: die

Sudeten und das Polnische Mittelgebirge. Ein spiegelbildgleiches Gegenstück zum Variszischen Gebirge war das ebenfalls vom französischen Zentralplateau ausgehende **Armorikanische Gebirge**, genannt nach dem keltischen Volksstamm der Armoriker an der Küste der Normandie und Bretagne, das sich in nordwestlicher Richtung über die Bretagne nach Südwestengland verfolgen läßt.
In den Zonen vor den Faltenzügen des variszischen Gebirgssystems, insbesondere den nördlichen, bildeten sich die mitteleuropäischen Hauptsteinkohlenlager. Jedoch sind wichtige Kohlenlagerstätten auch innerhalb der Faltenzüge entstanden: Saarbrücken, Zwickau-Lugau, Niederschlesien, französisches Zentralplateau u.a.
Daß gerade vor den damaligen Faltenzügen die bedeutendsten Steinkohlenlagerstätten liegen, hat seinen Grund darin, daß dort während der Auffaltung des Variszischen Gebirges durch isostatische Ausgleichsbewegungen ausgedehnte Senkungsgebiete geosynklinaler Art entstanden, die Vortiefen. In diese sich bald schneller, bald langsamer senkenden Mulden wurden von den aufgefalteten Gebirgszügen riesige Massen von Verwitterungsschutt eingeschwemmt und oft zu mehreren tausend Meter mächtigen Schichten angehäuft.
Zeitweise nun setzte die Senkung in diesen Vortiefen überhaupt aus oder wurde so langsam, daß sich die Mulden bis in die Nähe des Wasserspiegels füllten; dann entwickelte sich eine Sumpfvegetation, und aus deren Pflanzensubstanz entstanden durch chemisch-biologischen Abbau Torfmoore, die sich während langer Zeiträume durch einen diagenetischen Prozeß, den man Inkohlung nennt, zu Kohlenlagern umbildeten. Ging die Senkung so langsam vor sich, daß sich Senkungsbetrag und Torfanhäufung die Waage hielten, so wurden große Massen pflanzlicher Substanz angehäuft, aus denen bedeutende Kohlenflöze entstanden. Manche von ihnen messen noch heute 10 bis 20 m, gehen also auf gewaltige Torfanhäufungen zurück. Setzte die Senkung dann abermals stärker ein, so bildeten sich in den Mulden erneut Seen, teilweise drang das Meer ein, und Festlandsschutt lagerte sich wieder ab. Diese Vorgänge wechselten oft ab. Die zwischen den Flözen vorkommenden dünneren Gesteinsstreifen, die späteren Bergemittel, wurden während einer kurzen Unterbrechung der Flözbildung vom übergreifenden Wasser eingeschwemmt. Im Gestein unterhalb der Flöze findet man gewöhnlich in Form sogenannter Wurzelböden die Wurzeln der Bäume und Pflanzen, die die Torfbildung einleiteten. Dieses unterlagernde Gestein bricht unregelmäßig, weil es mit den Wurzeln durchsetzt ist. Im Hangenden der Flöze, also in dem darüberliegenden Gestein, lagern Pflanzenteile, die von dem heranflutenden Wasser zusammen mit dem Sedimentschutt mitgeführt wurden. Die aus diesen Sedimenten entstandenen Schiefer spalten gut plattig und enthalten die bekannten Pflanzenabdrücke, flach, wie im Herbarium ausgebreitet. Man kann sie leicht herausschlagen, da die Kohlenschicht der Pflanzen eine Stelle schwachen Zusammenhanges im Gestein bildet.
Wie schon gesagt, waren die Vortiefen wechselnden Meeresüberflutungen und -rückzügen ausgesetzt. Die marinen Sedimente sind oft Hunderte von Kilometern weit, z.T. vom Ruhrrevier bis nach England, zu verfolgen. Sie sind wichtige Leithorizonte für Geologen und Bergleute. Ihr Alter läßt sich durch die in ihnen enthaltenen Leitfossilien festlegen, vor allem durch Goniatiten. Fehlen solche Spuren eines Meeresvorstoßes, so verwendet man die Pflanzenformen und Florengemeinschaften der festländischen Ablagerungen zur Bestimmung des geologischen Alters einer Schicht und damit zugleich ihrer hangenden und liegenden Teile.
Kohlenreviere mit eingeschalteten Meeresablagerungen bezeichnet man

als paralisch (griech. para ,an', hals ,Meer'). Dahin gehören die meisten und wichtigsten Steinkohlengebiete Mitteleuropas, Großbritanniens, Nordamerikas und auch das Donezrevier. Zu den Senkungszonen innerhalb der Faltenzüge des Variszischen Gebirges, den Innensenken, hatte das Meer keinen Zutritt; in die Moor- und Kohlenbildungen dieser Gebiete sind keine Meeresablagerungen eingeschaltet. Man bezeichnet solche Reviere als limnisch (griech. limne ,stehendes Gewässer'). Hierher gehören z. B. die Steinkohlen von Saarbrücken, Zwickau-Lugau und Niederschlesien.

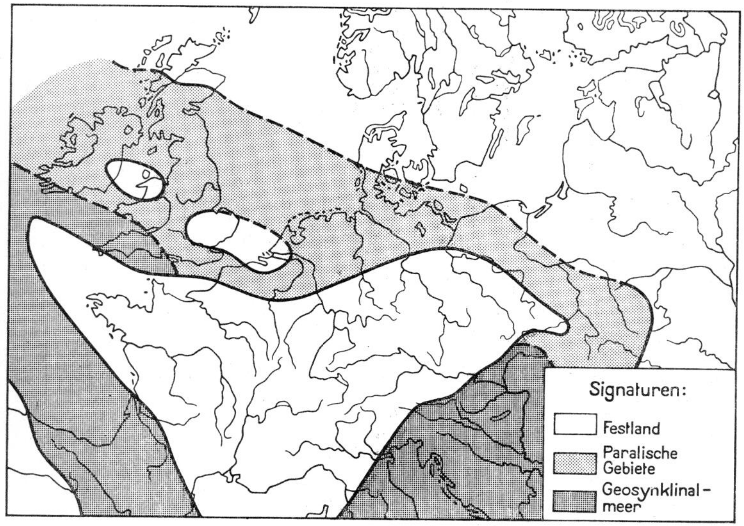

Abb. 143. Vermutliche Verteilung von Land und Meer während des Oberkarbons (Westfas) in Mitteleuropa (nach R. Brinkmann, 1966, u. a.)

Alle Merkmale der Kohlenschichten, insbesondere die Wurzelböden und die Dolomitknollen, versteinerte Stücke des Urtorfs der Kohle, sprechen dafür, daß sich die Steinkohlen an ihren heutigen Fundorten bildeten (autochthone Entstehung). Die gegensätzliche Anschauung, nach der das Kohlenmaterial zusammengeschwemmt sein soll (allochthone Entstehung), kann im wesentlichen als widerlegt angesehen werden und trifft wohl nur für seltene Fälle zu.

Die Vortiefen wurden während der asturischen Faltungsphase einschließlich ihrer bis dahin gebildeten Sedimente von einer Faltung erfaßt und dem Variszischen Gebirge angegliedert. Nach außen hin klang die Faltung ab. Die Innensenken sanken weiterhin ein.

Abb. 142 zeigt die Anordnung der mittel- und westeuropäischen Kohlengebiete innerhalb der Vortiefen sowie der Innensenken des Variszischen Gebirges.

Die wichtigsten mitteleuropäischen Kohlengebiete sind:

a) paralische Reviere:

1.) Das rheinisch-westfälische Revier (Aachen, Ruhrgebiet, Ibbenbüren) Es steht im Zusammenhang mit dem südholländisch-belgisch-nordfranzösischen Revier. Die gesamte Schichtenfolge des Oberkarbons, Sandsteine, Konglomerate und Schiefertone, ist innerhalb der rheinisch-westfälischen Vortiefe bis zu 5000 m

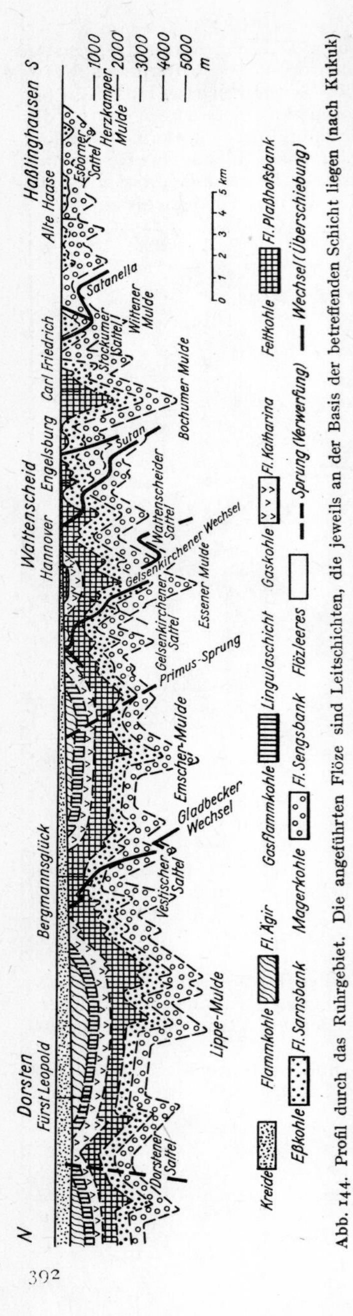

Abb. 144. Profil durch das Ruhrgebiet. Die angeführten Flöze sind Leitschichten, die jeweils an der Basis der betreffenden Schicht liegen (nach Kukuk)

Mächtigkeit abgelagert. Die Schichtenfolge des tiefsten Namurs enthält nur Meeresablagerungen und keine Kohle; deshalb bezeichnet man diese Unterstufe als „Flözleeres“. Erst im oberen Namur setzen die Flöze ein. Damit beginnt das „produktive“ Oberkarbon. Westfal A und B enthalten die meisten Flöze. Allgemein erreicht die Kohle nur 2 bis 4% der Gesamtmächtigkeit der oberkarbonischen Schichten. Nach von Bubnoff sind an der Ruhr 80 bis 85 abbauwürdige Flöze bekannt, bei Aachen 75, im anschließenden Belgien 53 bis 67. Der bis 2000 m tiefe abbauwürdige Kohlenvorrat des Ruhrgebietes wurde zu 254 Milliarden Tonnen berechnet, der Gesamtvorrat auf 443 Milliarden Tonnen; dagegen haben die Gebiete am Niederrhein nur 8,8 Milliarden, Aachen 1,5 Milliarden, Niederlande 2,5 Milliarden, Belgien-Nordfrankreich 20,5 Milliarden Tonnen.

2. Das oberschlesische Revier. Die oberschlesische Kohle entstand in einem Sonderbecken, das anscheinend mit dem offenen Meer im Süden zusammenhing. Bereits in großer Tiefe, im Namur A (Ostravaer Schichten), das hier bis 3000 m mächtig wird, treten die ersten Flöze auf. Die folgende, weniger mächtige Sattelflözgruppe enthält Flöze in großer Zahl. Ab Westfal finden sich keine Meeresablagerungen mehr. Der Kohlenvorrat ist zu 209 Milliarden Tonnen berechnet worden.

b) **Limnische Reviere:**

4. Das Saarbecken, das größte dieser Art, gehörte im Karbon dem Saar-Selke-Trog an. Hier führen nur die Schichten des obersten Westfals (Saarbrücker Schichten) und des Stefans (Ottweiler Schichten) Kohlen. Gesamtvorrat etwa 8,5 Milliarden Tonnen (bis zu einer Tiefe von 1000 m).

5. Das niederschlesische (innersudetische) Becken. In ihm führen nur die Wałbrzycher (Waldenburger) Schichten des tiefsten und einige Schichten des mittleren Oberkarbons abbauwürdige Flöze. Sonst herrschen flözleere Fanglomerate und Arkosen vor, die auf ein trockenes Klima zu ihrer Bildungszeit hinweisen. Gesamtvorrat etwa 3 Milliarden Tonnen.

6. Das nordböhmische Becken mit Plzeň (Pilsen) und Kladno, nordwestlich von Prag, Gesamtvorrat etwa 280 Millionen Tonnen.

7. Das Erzgebirgsbecken (Zwickau, Lugau, Oelsnitz) zwischen Erzgebirge und Mittelsächsischem Granulitgebirge enthält Schichten des Westfals D mit elf abbauwürdigen Flözen von verschiedener Mächtigkeit. Schichten des älteren Westfals liegen bei Flöha teilweise diskordant über den kohlenführenden Schichten von Hainichen des oberen Unterkarbons.

8. Unterkarbonisch sind außer den Hainichen-Schichten die Flöze bei Doberlug-Kirchhain. Es sind Ablagerungen in einem selbständigen, sehr eigenartigen Becken, und zwar anthrazitische Kohlen.
9. Kleinere Steinkohlenvorkommen limnischer Entstehung finden sich noch im Wettiner Becken bei Halle, im Thüringer Wald und an anderen Stellen. Letztlich gehören hierher auch die Steinkohlenvorkommen des französischen Zentralplateaus (St. Etienne, Le Creusot u. a.). Einige Lagerstätten, z.B. Manebach in Thüringen und Döhlen bei Dresden, sind ebenso entstanden, doch erst im Rotliegenden des Perms.

Von den **Britischen Inseln** gehörte im Karbon der Süden zu den variszischen Vortiefen; die durch die kaledonische Gebirgsbildung versteiften Gebiete des Nordens, Teile des Roten Kontinents, überspülte dagegen ein Flachmeer. Zu Beginn des Oberkarbons schoben sich Zerstörungsprodukte des Roten Kontinentes deltaartig in dieses Flachmeer vor und bildeten den Millstone Grit, einen grauen Sandstein, der sich durch Hebung des Gebietes immer weiter südwestlich ablagerte. Als die Hebung nachließ, entstanden weite Sumpfgebiete, in denen sich Torfe und Kohlenflöze bildeten. Dazwischen wurde auch dieses Gebiet wiederholt vom Meer überflutet, wie in die Flöze eingeschaltete Meeresablagerungen zeigen. Im ganzen gesehen entstand im Süden Großbritanniens eine marin-paralische, im Norden eine mehr brackische bis limnische Fazies. Die meisten Flöze gehören der mittleren Flözgruppe (Westfal B und C) an; Gesamtvorrat etwa 140 Milliarden Tonnen.
In **Südeuropa** falteten sich aus dem weiten Meeresbecken, das sich südlich des Variszischen Gebirges bis zum Rand des afrikanischen Festlandes erstreckte und sich bereits seit dem Kambrium mit mächtigen Ablagerungen gefüllt hatte, ebenfalls Landmassen auf, die jedoch nicht versteiften, sondern weiterhin beweglich blieben und unmittelbar nach der Gebirgsbildung wieder überflutet wurden. Durch die Faltungsvorgänge gewann jedoch seit Ausgang des Karbons dieses große Mittelmeer, die Tethys, aus dem später die alpidischen Gebirge aufstiegen, endgültig seine Gestalt; die Restgeosynklinale der Variszischen Ära formte sich in die Stammgeosynklinale der mit der Trias beginnenden Alpidischen Ära um.
Die **Osteuropäische Tafel** war fast das ganze Karbon hindurch von einem Flachmeer überflutet. Nur an wenigen Stellen, z.B. im Moskau-Tulaer Gebiet, hob sich das Land aus dem Meer heraus, und es bildeten sich Torfmoore. Am Ost- und Südrand der Tafel wurden mächtige kohlenführende Schichtserien angehäuft, z.B. 9000 m im Donezbecken.
In **Asien** verlandeten ebenfalls seit dem Oberen Proterozoikum bestehende Meeresgebiete, und es bildeten sich, besonders am Rande des Angaralandes und der Sinischen Masse, bedeutende Kohlenbecken. Hierher gehören das Kusnezkbecken, die Vorkommen an der Unteren Tunguska, in Nordchina und an anderen Stellen. Allerdings entstanden die meisten dieser Lagerstätten erst im Unterperm.
In **Nordamerika** faltete sich bereits an der Wende Devon/Karbon die Hauptmasse des Appalachischen Gebirges auf, in dessen westlicher Vortiefe entsprechend den europäischen Verhältnissen ausgedehnte Kohlenlager entstanden. Nach Nordwesten zu greifen die kohlenführenden Schichten auf die Randzonen des Kanadischen Schildes über.
Auf der **Südhalbkugel** sind kalkige Ablagerungen des Oberkarbons aus Mittel- und Südamerika (Brasilien) und Nordafrika (Marokko) bekannt. Teile Australiens, Indiens, Afrikas sowie Mittel- und Südamerikas (Argentinien) zeigten gegen Ende des Karbons durch Tillite nachgewiesene Eisbedeckung. Nach der Vereisung kam es in Australien, Ostindien, Südafrika und Südbrasilien zu ausgedehnter Kohlenbildung. Die Pflanzen,

die das Ausgangsmaterial für die Kohlen bildeten, waren von besonderer Art. Charakterpflanzen waren die Glossopteriden, die sich auf dem gesamten ehemaligen Gondwanaland, also auch in Antarktika, verbreitet finden. Nach ihrer Ausbildung darf die Gondwana-Glossopteris-Flora nicht als eine kälteliebende Flora aufgefaßt werden; sie kann deshalb erst längere Zeit nach Verschwinden der Vereisungserscheinungen entstanden sein.

4. Entstehung und Beschaffenheit der karbonischen Kohlen

Nicht bei allen karbonischen Kohlen ist die Inkohlung bis zum Stadium der Steinkohle fortgeschritten. In einzelnen Gebieten ging vielmehr die Entwicklung nur bis zur Braunkohle, z. B. bei der Kohle des Moskauer Beckens; diese gehört sogar dem Unterkarbon an, ist aber eine echte Braunkohle. Braunkohlenähnliche Kohlen kommen weiter im südöstlichen Teil des oberschlesischen Steinkohlenbeckens (Polen), im Petschorabecken (Sowjetunion) und auch sonst verstreut vor. Daraus ergibt sich, daß eine bestimmte Zeitdauer allein nicht genügt, um die Kohlensubstanz zur Steinkohle reifen zu lassen, sondern daß noch andere Kräfte mitwirken müssen. Es ist heute unbestritten, daß die Kohlensubstanz der Reihe nach die Stadien Torf, Braunkohle, Steinkohle und Anthrazit durchlaufen muß, um zum letztgenannten Endstadium zu kommen. Zunächst geht aus der jungen, sich zersetzenden und sich mehr und mehr aufhäufenden Pflanzensubstanz bei Vorhandensein von Wasser, erst unter Zutritt von Luftsauerstoff und später unter Luftabschluß, das Material hervor, das wir als Torf bezeichnen. Wird diese Masse mit anderen Sedimenten (Ton, Sand usw.) überdeckt, sinkt sie weiter zusammen und geht allmählich in Braunkohle über. Zur Bildung von Steinkohle dagegen bedarf es im Unterschied zu der von Braunkohle nicht nur eines gewissen Zeitraumes, vielmehr müssen noch andere Faktoren hinzutreten, und zwar Druck und Wärme, die bei tektonischen Vorgängen, wie Pressung, Faltung u. dgl., entstehen. Nur unter diesen Bedingungen kann Braunkohle zu Steinkohle reifen.

Bei genügend hoher Temperatur reift die Kohle auch in geologisch kurzer Zeit sogar bis zum Anthrazit. Tatsächlich sind aus dem Tertiär — also aus einer sehr jungen Periode — vereinzelt Steinkohlen bekannt, so am Alpenrand, am Hohen Meißner und in Japan.

Schließlich sei noch auf eine Gesetzmäßigkeit in der Staffelung der Kohlenqualitäten beim Vorkommen von zahlreichen Kohlenflözen übereinander hingewiesen, nach dem Geologen Hilt als „Hiltsche Regel" bezeichnet. Nach ihr sind die jüngsten Flöze die unreifsten, die ältesten die reifsten. Dies läßt sich unter anderem daran erkennen, daß die jüngsten Flöze die meisten, die ältesten die wenigsten flüchtigen Stoffe, d. h. bei Erhitzung entweichende Gase, aufweisen. So enthält z. B. die Schichtenfolge im Ruhrrevier oben Flöze mit über 40% Gasgehalt, unten aber Flöze mit nur 10% oder weniger, so daß sich diese Kohle schon dem Anthrazitstadium nähert. Mit dem Gehalt an flüchtigen Bestandteilen hängen andere Eigenschaften und die Art der Verwendung zusammen. So verbleibt beim Entgasen von Kohlen mit 20 bis 30% Gasgehalt, den sogenannten Fettkohlen, ein geblähter („gebackener"), technisch für die Hüttenindustrie und auch andere Zwecke gut brauchbarer Koks. Sonst ist der Rückstand Pulver oder die Kohle nur wenig zusammengesunken, ohne Aufblähung („gesintert"). Manchmal nimmt auch in ein und demselben Flöz, wenn es stark aufgerichtet ist, der Gasgehalt nach der Tiefe hin ab.

Tab. 31. Art der Steinkohle (einschließlich Anthrazit)

Kohlenart	Koks-beschaffenheit	Gasgehalt (flüchtige Bestandteile)	Heizwert in kcal
Gasflammkohle einschl. Flammkohle	gesintert	35…45%	7600
Gaskohle	gebacken	28…35 (37)%	7800…8000
Fettkohle	gebacken	19…28%	8400
Eßkohle	schlecht gebacken	12…19%	8450
Magerkohle	meist gesintert	10…12%	8500
Anthrazit	Pulver	5…10%	8500

Gleichbenannte Kohlenarten (vgl. Tab. 31) können zuweilen je nach Revier ungleichen Wert haben. So entspricht z.B. die „Fettkohle" des Saarreviers der Gaskohle anderer Fundorte. Die „Magerkohle" des Saarreviers ist die jüngste dortige Kohle und in Wirklichkeit eine Gasflammkohle mit über 40% flüchtigen Bestandteilen. Sie heißt dort nur deshalb Magerkohle, weil sie keinen geblähten Koks liefert. Das klassische Beispiel für die reguläre Zunahme der Kohlenreifung nach der Tiefe zu bietet das Ruhrrevier, wo in einem Profil von ungefähr 4000 m Mächtigkeit von oben nach unten fast alle in Tab. 31 genannten Kohlenarten aufeinanderfolgen (Abb. 144).

5. Zusammenfassung. Das durch eine Reihe wichtiger Gebirgsbildungsphasen der Variszischen Ära gegliederte Karbon spielt wegen seines Reichtums an Steinkohlenflözen wirtschaftlich eine außerordentlich wichtige Rolle. Daß es gerade in dieser Zeit zur Bildung von Steinkohlen kam, ist wohl auf das günstige Zusammentreffen verschiedener Faktoren zurückzuführen: das erste Auftreten einer größeren Gemeinschaft von Pflanzen mit mächtiger Pflanzensubstanz, die endgültig das feste Land eroberten, ein für deren sprunghafte Entwicklung und Entfaltung günstiges Klima und schließlich jene durch Gebirgsbildungen ausgelösten Senkungsvorgänge, die die Bildung mächtiger Torfmoore ermöglichten. Heute läßt sich Kohlenbildung ebenfalls noch in Moorgebieten beobachten, z.B. in den Küstenmooren Floridas und in den ausgedehnten Torflagern, die den ganzen Norden Eurasiens durchziehen. – Das Klima des Karbons muß zumindest in den Kohlengebieten feucht und niederschlagsreich gewesen sein, zugleich warm und ohne ausgesprochene Unterscheidung in Sommer und Winter. Ein tropisch heißes Klima anzunehmen ist unnötig; zudem paßte ein solches Klima auch schlecht in das damalige Verbreitungsgebiet der Moorbildungen. Manche Forscher nehmen an, daß die Luft einen höheren Gehalt an Kohlendioxid hatte, wodurch eine starke Rückstrahlung der langwelligen Erdwärme verhindert wurde. Merkwürdigerweise stellte sich am Ende dieser Periode in verschiedenen Gebieten, so besonders auf der Südhalbkugel, in dem damaligen Gondwanaland, eine Vereisung großen Ausmaßes ein. Erst nachdem diese abgeklungen war, begann dort eine reiche Kohlenbildung, namentlich im Perm oder schon etwas früher. Diese Erscheinung konnte bisher noch nicht erklärt werden. Auch in Europa hat man nach Spuren einer derartigen Vereisung gesucht; Vermutungen dieser Art erwiesen sich jedoch als falsch, und auch die Pflanzengemeinschaften aus dieser Periode sprechen gegen eine Vergletscherung.
Mit dem Ende des Karbons entwickelte sich bei uns das die folgende Permzeit kennzeichnende Trockenklima. Das hatte unter anderem eine rapide Abnahme der Kohlenbildung zur Folge; nur an einigen Orten boten sich dafür noch günstige Bedingungen

Perm

1. Allgemeines. Den Begriff Perm führte 1841 der englische Geologe Murchison ein. Er bezeichnete damit eine weitverbreitete Schichtenfolge in dem früheren russischen Gouvernement Perm im westlichen Vorlande des Mittleren Urals, die älter als Trias, aber jünger als Karbon war. Der Franzose Marcou nannte das System 1859 Dyas, d.h. Zweiheit, im Hinblick auf die für das deutsche Gebiet charakteristische Zweiteilung in die einst von den Bergleuten als **Rotliegendes** (unten) und **Zechstein** (oben) bezeichneten Einheiten. Bekannt wurde der Name Dyas 1861 durch H. B. Geinitz. Da diese fast nur nach der Gesteinsbeschaffenheit getroffene Einteilung wegen der Armut an Leitfossilien auf andere Gebiete sehr

schwer zu übertragen und daher als Grundlage für eine internationale Gliederung und Abgrenzung denkbar ungeeignet ist, mußten Gebiete mit hochmariner Entwicklung als Typusgebiete dienen. In Europa inkl. der Sowjetunion ist heute eine Zweigliederung in **Unterperm** und **Oberperm** üblich, bei der sich die Grenze zwischen der unteren und der oberen Abteilung etwa mit der zwischen Rotliegendem und Zechstein deckt und der wir hier folgen. Es gibt aber auch eine Dreiteilung in **Unter-**, **Mittel-** und **Oberperm**. Im deutschen Gebiet besteht das Rotliegende fast nur aus festländischen, der Zechstein überwiegend aus marinen Ablagerungen.
Das Perm umfaßt nach radiometrischer Zeitbestimmung eine Dauer von etwa 50 Mio Jahren. Es steht am Ende des Paläozoikums, des Erdaltertums, und zeigt einen ausgesprochenen Übergangscharakter. Tektonisch gehört es ans Ende der Variszischen Ära. Ins Perm fallen deren letzte Faltungsphasen und deren ausklingender Magmatismus. Das im vorangegangenen Karbon aus dem Meer herausgehobene Variszische Gebirge wurde abgetragen, und sein Schutt bedeckte weithin das Land. In biologischer Hinsicht vermittelt das Perm den Übergang von der Fauna und Flora des Paläozoikums zu jener des Mesozoikums. Für die Gliederung der Meeresablagerungen eignen sich am besten Foraminiferen, Ammoniten und Brachiopoden, für die der Festlandsablagerungen Pflanzen und Reptilien. Jedoch stößt die Einordnung, besonders der kontinentalen Schichten, noch auf Schwierigkeiten, da die Leitfaunen und -floren zuweilen sehr lückenhaft auftreten. Schwierigkeiten ergeben sich auch bei der oft undeutlichen unteren und oberen Begrenzung des Systems (vgl. Tab. 32). Manche Forscher neigten deshalb dazu, das Perm mit dem Karbon zu einem Permokarbon zusammenzufassen, vor allem auf der Südhalbkugel, in Zweifelsfällen aber auch in Europa; andere wieder glaubten, es mit der Trias verknüpfen zu müssen (Permotrias). Immerhin weist aber das Perm noch genügend Merkmale auf, die seine Betrachtung als selbständiges System rechtfertigen.

2. Entwicklung der Lebewelt (hierzu Abb. 145). Mitten in der Permperiode, in Mitteleuropa an der Wende von der Rotliegend- zur Zechsteinzeit, erfolgte der Übergang von der aus dem Karbon bekannten Vorherrschaft der höheren Sporenpflanzen (Pteridophyten) zur Herrschaft der Nacktsamer (Gymnospermen). In Mitteleuropa endete damit das Paläophytikum, die älteste Entwicklungsstufe, und es begann das Mesophytikum, die mittlere Entwicklungsstufe der Pflanzen. In der Tierwelt vollendete sich der entsprechende Übergang vom Paläozoikum zum Mesozoikum, der besonders durch die Entwicklung der Reptilien gekennzeichnet ist, erst am Ende des Perms. Veranlaßt wurden diese Veränderungen der Lebewelt wohl insbesondere durch die Entstehung großer Trockengebiete, die Pflanzen und Tiere dazu zwangen, sich dem Landleben anzupassen. Nadelhölzer und Reptilien waren den neuen Verhältnissen am besten gewachsen.

Innerhalb der Pflanzenwelt finden sich Nachkommen der aus dem Karbon bekannten **höheren Sporenpflanzen** fast nur noch im Unterperm. Unter den **Schachtelhalmgewächsen (Articulaten)** spielen im Rotliegenden *Sphenophyllum* und *Calamites* eine wichtige Rolle; auf den Südkontinenten sind sie durch *Phyllotheca* und *Schizoneura* vertreten. Von den **Bärlappgewächsen (Lepidophyten)** sind die Lepidodendren ausgestorben; nur letzte Nachkommen der Sigillarien werden gefunden. Zahlreiche Vertreter weisen die **Farnlaubgewächse (Pteridophyllen)** auf, vor allem *Callipteris*, deren Art *Callipteris conferta* für das europäische Rotliegende leitend ist. Wichtige Formen auf den Südkontinenten sind *Glossopteris* und *Gangamopteris*, die mitunter kohlebildend auftreten. Für Ostasien dagegen ist *Gigantopteris* kennzeichnend. Stämme von Farngewächsen sind oft verkieselt mit allen Feinheiten erhalten.

Fossilien des Perms

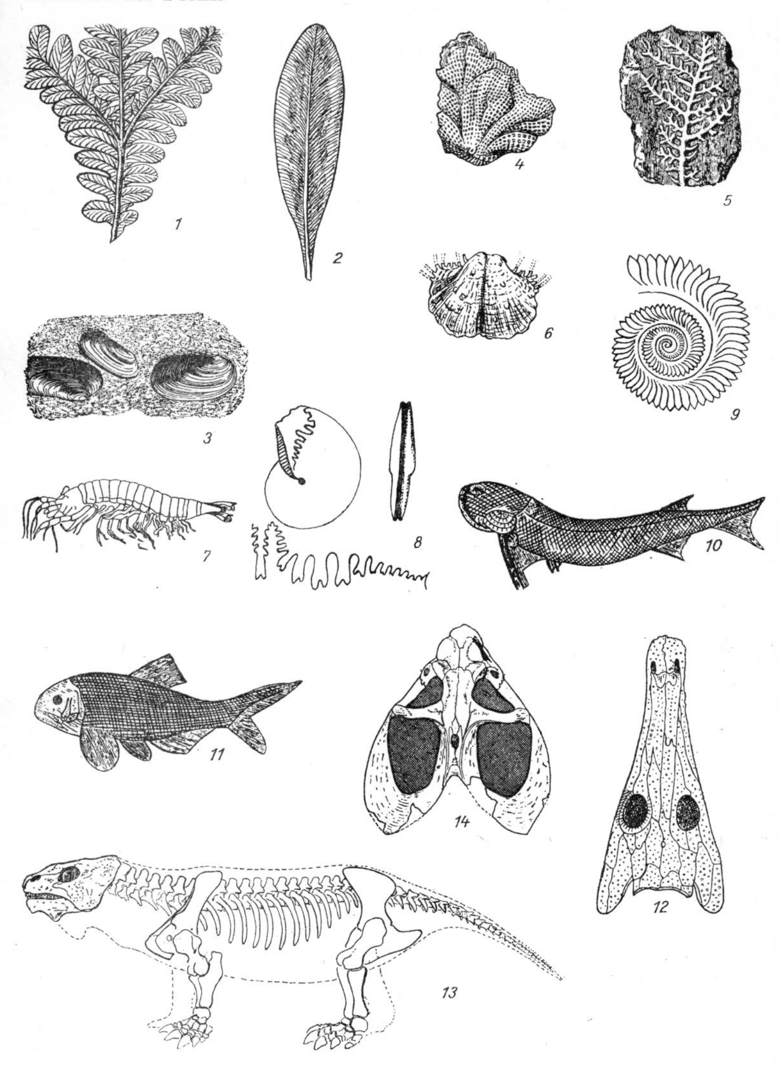

Abb. 145. *1—2* Farnartige Pflanzen: *1* Callipteris; *2* Glossopteris, $^1/_5$ nat. Gr. *3* Muschel Anthracosia. *4—5* Moostierchen: *4* Fenestella; *5* Acanthocladia. *6* Brachiopod Productus, $^2/_3$ nat. Gr. *7* Krebs Uronectes. *8* Ammonit Medlicottia orbignyana. *9—11* Fische: *9* Zahnapparat von Helicoprion, $^1/_4$ nat. Gr.; *10* Acanthodes, $^1/_4$ nat. Gr.; *11* Schmelzschupper Amblypterus, $^1/_4$ nat. Gr. *12* Schädeldecke des Panzerlurches Archegosaurus, etwa $^1/_3$ nat. Gr. *13* Rekonstruktion des Cotylosauriers Pareiasaurus nach Jaeckel, $^1/_{20}$ nat. Gr. *14* Schädeldecke des Reptils Dicynodon, etwa $^1/_6$ nat. Gr.

An **Nacktsamern** sind im Rotliegenden wieder **Cordaiten** vorhanden, zu denen u. a. *Noeggerathiopsis* gehört. Die neuerscheinenden **Ginkgogewächse** erlangen im Zechstein mit Formen wie *Sphenobaiera* größere Bedeutung. Vor allem breiten sich aber die **Nadelbäume (Coniferen)** aus, im Rotliegenden *Walchia*, im Zechstein *Ullmannia* und *Pseudovoltzia*.
Kalkalgen bauten zusammen mit tierischen Organismen Riffe auf.

In der Tierwelt sind unter den **Urtieren (Protozoen)** die **Foraminiferen** weiterhin als Leitfossilien wichtig. Die Fusulinacea z.B. entwickelten im Karbon und Perm Riesenformen mit gekammerten spindel- und kugelförmigen Schalen. Die Formen des Stefans (oberstes Karbon) und des Perms sind einander z.T. sehr ähnlich. Doch treten im Perm auch neue Formen auf *(Verbeekina)*, die die Abgrenzung gegen das Karbon erleichtern. Die **Schwämme (Spongien)** wirkten örtlich als Riffbildner, ebenso die **Korallen (Anthozoen)**, deren Gattungen *Polycoelia* und *Lonsdaleia* Übergänge zwischen den paläozoischen und den mesozoischen Formen darstellen. Die **Muscheln (Lamellibranchiaten)**, die nach den Brachiopoden die meisten permischen Versteinerungen liefern, zeigen ebenfalls bereits Anklänge an die Formen des Mesozoikums. Unter den Meeresformen sind besonders *Pseudomonotis*, *Pecten*, *Liebea* und *Schizodus* zu nennen, unter den Süßwasserformen *Anthracosia*. Dagegen bewahren die **Schnecken (Gastropoden)** vorwiegend das paläozoische Gepräge.
Wie im Karbon dienen die **Ammoniten** auch im Perm als Leitfossilien. Neben den Goniatiten, die u.a. durch *Schistoceras* und *Agathiceras* vertreten sind, erscheinen die für das Perm und die Trias charakteristischen Mesoammoniten mit zusätzlicher, immer komplizierter werdender Zackung der Lobenlinien. Dient diese Zackung der Perm-Ammoniten zur Abgrenzung gegen das Karbon, so unterscheiden sie sich von den gerippten Trias-Ammoniten durch ihre glatten Schalen. Wichtig und für das Perm leitend sind *Medlicottia* und *Cyclolobus*. Als Stufenleitformen lassen sich gut verwenden: *Marathonites* (tiefes Unterperm), *Perrinites* (mittleres Unterperm), *Waagenoceras* (höheres Unterperm), *Timorites* (Oberperm).
Stachelhäuter (Echinodermen) sind bisher nur aus den Permschichten von Timor (Malaiischer Archipel) in reicher Entwicklung bekannt; man kennt von dort Seelilien (Crinoiden), Knospenstrahler (Blastoiden) und Seeigel (Echinoiden).
Moostierchen (Bryozoen) spielen als Riffbildner eine große Rolle, vor allem *Fenestella* und *Acanthocladia*.
Die **Brachiopoden**fauna ähnelt der karbonischen; doch hat sie im Perm zum letzten Male die Vorherrschaft unter den Meereslebewesen inne; im Mesozoikum werden die Brachiopoden von den Muscheln endgültig überflügelt. Die wichtigsten Formen sind *Productus* mit bestachelten Typen und einige außergewöhnliche Typen, wie die korallenähnliche *Richthofenia* und die geschlitzte *Lyttonia*. Diese „barocken" Formen sind, wie so häufig in der Geschichte des Lebens, Künder eines baldigen Unterganges, in diesem Falle der paläozoischen Brachiopodengattungen.
Unter den **Gliederfüßern (Arthropoden)** sterben die **Trilobiten** aus. Die letzten beiden im Perm auftretenden Formen sind *Phillipsia* und *Griffithides*, die dem Proetusstamm angehören. Häufig finden sich Blattfüßer (Conchostraken) in den Süßwasserablagerungen des Festlandes. An höheren **Krebsen** erscheinen *Uronectes* sowie bereits langschwänzige Zehnfüßer (Dekapoden). In der sehr reichhaltigen **Insekten**fauna sind eine Reihe von Ordnungen erstmalig nachzuweisen, z.B. Coleopteren (Käfer).
Unter den **Wirbeltieren** sind vor allem die **Fische** in festländischen Gewässern und in Binnenmeeren, weniger im offenen Meere, von Bedeutung. Die Formen haben sich dem Karbon gegenüber nicht wesentlich gewandelt. Unter den Haifischverwandten seien die Proselachier genannt, z.B. *Xenacanthus* mit endständigem Mund, zweispitzigen Zähnen und gezahntem Nackenstachel. Daneben finden sich echte Haie (Selachier) und Rochen sowie Formen fraglicher Stellung mit Zahnspiralen wie *Helicoprion*. Unter den höheren Fischen sind Knochenfische mit Schmelzschuppen (Ganoidschuppen) mit den wichtigen Gattungen *Palaeoniscus*, *Amblypterus* und *Acrolepis* vertreten. Nicht selten ist die Gattung *Acanthodes* mit Flossenstacheln; die Acanthoden gehören zur Unterklasse der Aphetohyoiden, die man früher irrtümlich zu den Knorpelfischen rechnete.
Unter den **Amphibien** erscheinen wieder die Panzerlurche (Stegocephalen) mit dem bis 1,5 m langen *Archegosaurus* und dem kleineren *Branchiosaurus*. Bei den **Reptilien** gesellen sich zu der schon im Oberkarbon vorhandenen Gruppe

der Cotylosaurier, die von den Amphibien zu den Reptilien überleitet (z.B. *Pareiasaurus* und die etwa 1/2 m lange *Seymouria*, eine besonders primitive Form), weitere wichtige Gruppen, die sich durch ein Paar Schläfenlöcher hinter den Augenöffnungen von den Amphibien und Cotylosauriern unterscheiden. Ein Beispiel dafür bietet das ratten- bis flußpferdgroße *Dicynodon*, ein plumper Pflanzenfresser.

3. Paläogeographische Verhältnisse. Im Perm hob sich deutlich das sich in äquatorialer Richtung erstreckende Mittelmeer heraus, die **Tethys**, die bereits am Ende des Karbons Gestalt angenommen hatte. Sie gliederte die Erdoberfläche in eine Norderde und eine Süderde. Die Norderde wurde durch einen geosynklinalen Meeresraum, die Uralstraße, die die Tethys mit einem arktischen Meeresraum verband, weiter aufgegliedert. Westlich der Uralstraße lag Laurento-Sarmatia, das die alten Tafeln Nordamerikas — einschließlich Grönlands — und Europas in sich vereinigte und schon im Devon und Karbon in ähnlicher Form als Roter Kontinent bestand. Östlich der Uralstraße dehnte sich der alte Kontinent Angaria aus, große Teile Sibiriens umfassend, und noch weiter östlich, im heutigen ostasiatischen Randgebiet, ein Kontinent Cathaysia. Teile dieser Kontinente wurden zeitweilig von Binnenmeeren überflutet. So stieß von der Arktis her nach Mitteleuropa und England das Zechsteinmeer vor. Die Südkontinente — Südamerika, Afrika, Australien und Antarktika — waren einschließlich Vorderindiens in einer großen Landmasse, dem Gondwanaland, vereinigt.

Die Schichten des **Rotliegenden in Mitteleuropa** bestehen aus einer mehrfachen Folge von rötlichen und seltener grünlichen und grauen Konglomeraten, Sandsteinen und Schiefertonen, die sich in Längs- und Quersenken des Variszischen Gebirges in Flüssen und Binnenseen ablagerten. War das Klima zeitweilig feucht genug, oder lag der Grundwasserspiegel entsprechend hoch, entwickelte sich ein reicher Pflanzenwuchs. Durch das einsickernde Wasser der Niederschläge, dessen Lösungsfähigkeit durch die von ihm aufgenommenen Humusstoffe der absterbenden Pflanzen erhöht war, wurden neben Kalk und Tonerde auch die Eisenoxide des Bodens ausgelaugt; oder die Eisenverbindungen wurden durch die Humusstoffe reduziert, so daß nicht die rötlichen Farbtöne des dreiwertigen Eisens auftreten, sondern die Gesteine grau oder durch zweiwertiges Eisen grünlich gefärbt erscheinen. Bei periodisch trockenem Klima und niedrigem Grundwasserstand aber konnte sich höchstens ein spärlicher Pflanzenwuchs behaupten. Die Gesteine nahmen dann rötliche, meist braunrote Färbung an, weil das in ihnen enthaltene wasserhaltige zweiwertige Eisen in wasserfreies dreiwertiges rotes Eisen überführt wurde. Die rötlichen Gesteine bleichten freilich hier und da später wieder aus.
Durch Bodenbewegungen epirogenen Charakters wurden gewisse Gebiete zeitweilig gehoben, andere gesenkt, d.h., das Relief belebte sich. Dann setzte in den gehobenen Gebieten Abtragung ein, die gesenkten Gebiete füllten sich mit dem Abtragungsschutt, bis das Relief wieder so weit ausgeglichen war, daß kein klastisches Material mehr bewegt wurde und sich an den tiefsten Stellen nur noch organische Ablagerungen bildeten, vor allem Torf, aus dem sich später Kohle bildete. Die praktische Bedeutung dieser Kohlenflöze ist in manchen Ländern beträchtlich, in Mitteleuropa freilich meist gering. Diese Folge von Abtragung und Ablagerung wiederholte sich in mehreren Zyklen, wobei hier und da zeitweilig auch das Meer eindrang.
Man unterscheidet in Mittel- und Westeuropa das Unterrotliegende oder Autun (Autunien), bei dessen Bildung wie zur Oberkarbon-(Siles-) Zeit noch zeitweilig feuchtes Klima herrschte und neben roten auch graue

Gesteine sowie gelegentlich Kohlenflöze entstanden, und das Oberrotliegende oder Saxon (Saxonien) mit fast rein braunroter Gesteinsfärbung, wie z. B. in Sachsen. Die meist nur schwachen Diskordanzen innerhalb des Rotliegenden werden auf tektonische Vorgänge zurückgeführt, die ihren Höhepunkt an der Wende vom Unter- zum Oberrotliegenden erreichten (saalische Phase). Vulkanische Gesteine sind im Unterrotliegenden häufig und manchmal vorherrschend, im Oberrotliegenden sehr selten.

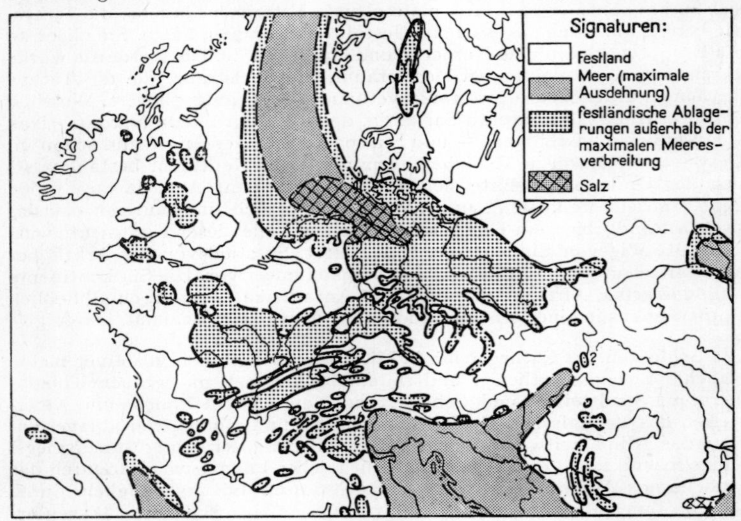

Abb 146. Verteilung von Land und Meer während der Unterpermzeit in Mitteleuropa (von H. Kölbel, z. T. nach R. Brinkmann, 1967, S. von Bubnoff, 1956, G. Richter-Bernburg, J Ricour, A. Tollmann, 1963, Geolog. Führer der Schweiz, 1967, M. Máška, V. Zoubek, 1960, J. Milewicz, K. Pawlowska, 1962 Atlas lithol.-paläogeogr. Karten, Moskau 1960, u.a.)

Doch gibt es seitliche Vertretungen der beiden Ausbildungen. Die Gesteinsfolgen der einzelnen Gebiete werden mit Lokalnamen belegt, weil sie mangels geeigneter Leitfossilien schwer miteinander zu parallelisieren sind.

Im nordwestlichen Thüringer Wald zwischen Masserberg und Eisenach bildete sich die Schichtenfolge des Rotliegenden vollständig und vielseitig aus. Senken, die quer zur Streichrichtung des Thüringer Waldes liegen, füllten sich in der Rotliegendzeit mit mächtigen Verwitterungsmassen des Variszischen Gebirges. Zwischen ihnen ragen dessen abgetragene Großsättel auf, z. B. der Schwarzburger Sattel und die Ruhlaer Schwelle. Die Konglomerate, Sandsteine und Schiefertone, die die Senken füllten, enthalten teilweise zahlreiche Pflanzenreste, aus denen örtlich sogar kleinere Kohlenflöze entstanden, besonders in den Gehrener und Manebacher Schichten. Aus den harten, widerstandsfähigen Konglomeraten bildeten sich gewöhnlich Felsen. Mitunter werden diese Felsen von klammartigen, durch Erosion entstandenen Schluchten zerschnitten, z. B. von der Drachenschlucht bei Eisenach. Auch der von der Wartburg gekrönte Bergzug besteht aus Konglomeraten des Oberrotliegenden. Wo die Konglomerate

mit Schiefern und Sandsteinen wechsellagern, entstanden bei der Abtragung und Zertalung infolge der verschiedenen Widerstandsfähigkeit der Gesteine Schichtstufenlandschaften im kleinen. Zur Bildungszeit des Unterrotliegenden quollen außerdem gewaltige Magmamassen, aus denen Magmagesteine—Melaphyre, Porphyrite und vor allem Porphyre – hervorgingen, aus Spalten empor, die bei Senkungsvorgängen im Gefolge der variszischen Orogenese aufrissen. Die Massen ergossen sich als Decken auf die jeweilige Landoberfläche oder breiteten sich zwischen den Schichten aus. Aus Porphyren bestehen die beherrschenden Gipfel des Thüringer Waldes: der Große Beerberg, der Schneekopf, der Große Inselsberg. Als „Härtlinge" ragen sie über ihre Umgebung empor. Nachklänge dieser vulkanischen Tätigkeit zeigen sich örtlich im Oberrotliegenden.
Ähnlich verlief die Entwicklung im Saarbecken, einem Teil des Saar-Nahe-Werra-Troges; hier bildeten sich im Rotliegenden außerordentlich mächtige Schichten. Wie die anderen zwischen den variszischen Gebirgszügen gelegenen Tröge, die Innensenken, sank auch das Saarbecken, wie schon im Siles, noch während der Bildung des ganzen Rotliegenden ein und nahm mächtige Schuttmassen auf. Zu Beginn der Rotliegendzeit herrschte hier wohl noch ein feuchtes Klima; denn die untersten Ablagerungsfolgen, die Kuseler und Lebacher Schichten, enthalten geringmächtige Kohleflözchen. In den Lebacher Toneisensteinknollen finden sich außerdem zahlreiche Reste von Schmelzschuppern und Amphibien. Dann scheint das Klima allmählich trockener geworden zu sein; denn bunte, insbesondere rötliche Farben kennzeichnen die jüngeren Ablagerungen. Schließlich kam es zu Ergüssen melaphyrischer und porphyrischer Laven (Tholeyer und Söterner Schichten). In zahlreichen Hohlräumen der Laven schied sich Kieselsäure in Form von Achat- und Amethystmandeln ab. Diese Mandelsteine werden häufig zu Schmuck verarbeitet. Zur Zeit des Oberrotliegenden lagerte sich wiederum Festlandschutt ab, der die Waderner Schichten bildete. Die darüberfolgenden, ebenfalls aus kontinentalem Schutt bestehenden Kreuznacher Schichten entstanden nach neueren Auffassungen wahrscheinlich erst während der Zechsteinzeit.
Das Saalebecken in der Umgebung von Halle wurde zur Rotliegendzeit mit porphyrischen Laven ausgefüllt. Während der Jüngere Hallesche Porphyr ein unzweifelhafter Deckenerguß ist, sehen manche Forscher jetzt in dem Älteren Halleschen Porphyr einen erst durch Abtragung aufgeschlossenen Intrusivkörper, der in geringer Tiefe innerhalb der Erdrinde entstand. Heute bilden die Porphyre aus den weichen, eiszeitlichen Gletscherablagerungen herausragende Hügel und Kuppen, weil das harte vulkanische Gestein der Verwitterung besonderen Widerstand entgegensetzte. Nur Flüssse, wie z. B. die Saale bei Giebichenstein, haben sich in den Porphyr eingeschnitten. Auch der Petersberg, die höchste Erhebung der halleschen Landschaft, besteht aus porphyrischem Gestein. In Sachsen ergoß sich der Porphyr ebenfalls weithin zu Decken, besonders im Nordwesten, im Gebiet der Hohburger Berge bei Wurzen und des Rochlitzer Berges – dieser selbst ist ein aus Porphyrtuffen aufgebauter Vulkan –, während sich im Erzgebirgischen und im Döhlener Becken vor allem Sedimentgesteine bildeten. Im Döhlener Becken bei Dresden entstand sogar ein abbauwürdiges Steinkohlenflöz. Auf ähnliche Weise füllte sich das Niederschlesische Becken (Becken von Dolny Śląsk). Erzgebirgisches, Döhlener und Niederschlesisches Becken umrahmten neben anderen die Böhmische Masse. Wie im Saarbecken (Kreuznacher Schichten) dauerte auch in Sachsen und in Schlesien in den Randgebieten der Rotliegendbecken die Festlandszeit länger an als in den übrigen, bereits vom Zechsteinmeer überfluteten Räumen. Das Unterelbegebiet dagegen war

schon zur Rotliegendzeit vorübergehend vom Meere bedeckt; denn in den dort erbohrten Ablagerungen des Oberrotliegenden sind marine und salzführende Schichten eingeschaltet. Im übrigen norddeutschen Gebiet besteht das Rotliegende, soweit bisher bekannt, aus mächtigen vulkanischen Gesteinen mit aufgelagerten Sedimenten des „Oberrotliegenden". Im süddeutschen Bereich bildeten sich Rotliegendschichten besonders in mehreren kleineren Becken am Rande des Schwarzwaldes aus. Diese Becken setzten sich auf französischer Seite in den Vogesen und im Gebiet des französischen Zentralplateaus fort, in dessen Randzonen besonders mächtige Schichten mit schwachen Kohlenflözen entstanden, und reichten weit in die durch Bohrungen untersuchten Teile des Pariser Beckens hinein.

Im Rotliegenden machte sich in den genannten Becken — wenn auch nicht überall in stärkerem Maße — die saalische Faltung bemerkbar. Besonders deutlich sind ihre Auswirkungen im Saarbecken zu erkennen, wo die oberkarbonischen Saarkohlenschichten gefaltet wurden. Sonst äußert sie sich meist nur durch schwache Diskordanzen. Schwächere, vor den saalischen liegende Bewegungen sind aus dem Thüringer Wald bekannt.
Die neuentstandenen flachen Mulden und Sättel streichen nordwestlich-südöstlich, also in herzynischer Richtung (so bezeichnet nach dem Harz), oder, wie in Westdeutschland, z.T. Nordnordost-Südsüdwest, also in rheinischer Richtung. In Norddeutschland wurden auch ostwestlich streichende Senkungsgebiete angelegt. Die neuen tektonischen Richtungen kreuzen also z.T. die variszischen Richtungen, ein Zeichen dafür, daß die Variszische Ära ihren Abschluß fand und eine neue Tektonik, die des folgenden Mesozoikums, des Erdmittelalters, für den Untergrund Mitteleuropas Bedeutung gewann.

In der **Zechsteinzeit** drang von Norden her ein flaches Meer nach Mitteleuropa vor und erfüllte die neuentstandenen Becken in weiten Teilen der beiden deutschen Staaten, Polens, des Baltikums, Dänemarks, der Niederlande, der Nordsee und in Ostengland (vgl. Abb. 147). Die im Zechsteinmeer abgelagerten Gesteinsfolgen weisen auf eine Sedimentation in vier deutlichen Zyklen hin. Daraus läßt sich schließen, daß die Verbindung zwischen Zechsteinmeer und Weltmeer wiederholt eingeengt bzw. unterbrochen wurde.
Nach der inzwischen mehrfach abgewandelten Barrentheorie des deutschen Geologen Carl OCHSENIUS (1830-1906) trennte eine untermeerische Barre die Mitteleuropäische Senke vom Weltmeer. Zeitweilig hob sich diese Barre aus dem Meer heraus, so daß der Zufluß von Meerwasser in die Senke völlig unterbunden wurde. Gleichlaufend damit änderte sich in ihr die Sedimentation. Allmählich verdampfte das in dem Becken eingeschlossene Wasser in dem herrschenden Trockenklima, wobei sich zunächst Anhydrite, dann Stein- und Kalisalze ausschieden. Dann senkte sich die Barre wiederum, und ein neuer Sedimentationszyklus begann. Das über sie frisch zuströmende Meerwasser brachte abermals größere Salzmengen mit, die sich nach erneutem Abschluß der Senke beim Verdunsten des Wassers erneut ausschieden. Nur durch langandauernden Zufluß von Meerwasser in ein Becken, in dem die Verdunstung gegenüber dem Zufluß überwiegt, erscheint die Entstehung der ungewöhnlichen Mächtigkeiten der den Zechstein charakterisierenden Salzlager erklärlich.
Den ersten Sedimentationszyklus (Zechstein 1 oder Werraserie) leitet in manchen Gebieten ein in dem vordringenden Meer abgesetztes Konglomerat aus Verwitterungsschutt des anstehenden Gebirges mit kalkigem Bindemittel ein. Es greift diskordant über die eingeebneten Sättel des

Variszischen Gebirges und die festländischen Muldenausfüllungen des Oberkarbons und Rotliegenden hinweg. In einigen Gegenden wurden statt der Konglomerate helle Sandsteine abgelagert, z. B. im Mansfelder Gebiet das „Weißliegende". Sehr gleichmäßig lagerte sich dann ein bituminöser, etwa 30 cm mächtiger Schiefermergel ab, der neben Schwefelkies geringe Mengen an sulfidischen Erzen von Kupfer, Blei und Zink sowie an Silber und selteneren Elementen enthält, der Kupferschiefer (s. S. 409). In einigen Randgebieten des Meeres, so in Ostthüringen, und auf gewissen

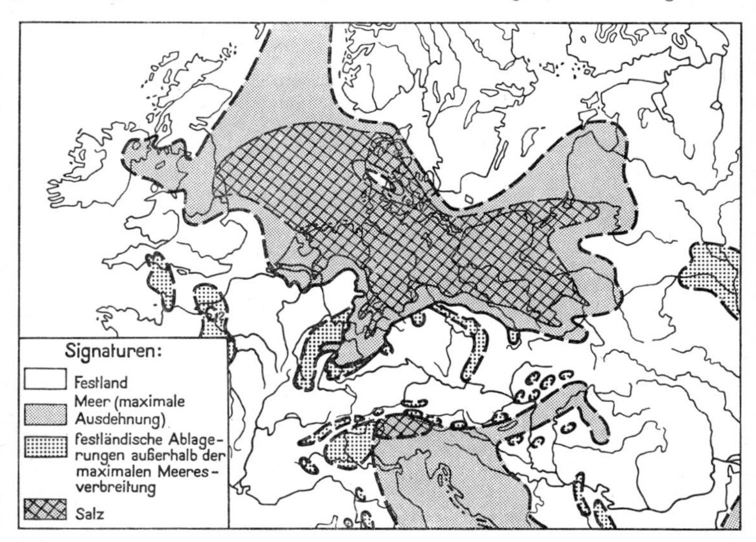

Abb. 147. Verteilung von Land und Meer während der Oberpermzeit in Mitteleuropa (von H. Kölbel, z. T. nach R. Brinkmann, 1967, S. von Bubnoff, 1956, G. Richter-Bernburg, A. Tollmann, 1963, Geolog. Führer der Schweiz, 1967, M. Máška, V. Zoubek, 1960, J. Milewicz, K. Pawłowska, 1961, Atlas lithol.-paläogeogr. Karten ,Moskau 1960, u. a.)

Schwellengebieten, wie im Oberharz und bei Bad Liebenstein am Thüringer Wald, fehlt dieser Kupferschiefer allerdings. Im Westen, am Rheinischen Schiefergebirge, und im Osten, in Niederschlesien – hier abbauwürdig –, entspricht ihm der Kupfermergel. Der Kupferschiefer entstand als Faulschlammbildung in einem schlecht durchlüfteten Meer, das reich an Schwefelwasserstoff war. Durch den Schwefelwasserstoff wurden die Metallsalze des Meerwassers, deren Metallgehalt wohl abgetragenen Lagerstätten des Variszischen Gebirges entstammt, in Form von Sulfiden ausgefällt. Fische gingen in diesem Wasser massenhaft zugrunde und wurden im Kupferschiefer eingebettet. Besonders häufig findet sich *Palaeoniscus freieslebeni*, dessen Schuppen vererzt sein können. Auch zahlreiche Pflanzenreste, so Zweige des Nadelholzes *Ullmannia bronni*, wurden eingeschwemmt. Über dem Kupferschiefer folgt der Zechsteinkalk, der darauf hindeutet, daß sich das Zechsteinmeer nun stärker mit dem an kalkhaltigen Organismen reichen Weltmeer verband. Brachiopoden (*Productus horridus, Neospirifer alatus*), Muscheln (*Schizodus obscurus*) und Schnecken finden sich eingestreut. Im Randgebiet, z. B. bei Pößneck/Ostthüringen, bauten sich vorwiegend aus Kalkalgen (Stromarien) und Bryozoen mächtige Riffkalke und -dolomite auf, die auch in höhere Horizonte hineinreichen. Dem Zechsteinkalk sind im Randgebiet, so in Nordbayern und bei Saalfeld in Thüringen, stellenweise auch dem Kupferschiefer ähnliche mergelig-bituminöse Schichten eingeschaltet. Es folgen mächtige Anhydrite, die bei geringer Tiefenlage unter dem Einfluß des Grundwassers in Gips umgewandelt wurden; sie gelten als Zeichen dessen, daß das Becken vom offenen Meere abgetschnür war und sein Wasser unter dem Einfluß eines ariden Klimas verdunstete. Randlich finden sich statt der Anhydrite häufig Anhydritknotenkalke, Kalke und Dolomite. Als die Eindampfung am weitesten fortgeschritten war, schied sich in Thüringen und Hessen sowie im westdeutsch-niederländischen Niederrheingebiet in weiter Verbreitung Steinsalz aus, das bis über 200 m mächtig wurde und in dem südwestlich vom Thüringer Wald die beiden wichtigen Kalisalzflöze ,,Thüringen" und ,,Hessen" eingeschaltet sind. Darüber folgen wieder Anhydrite und Gipse.

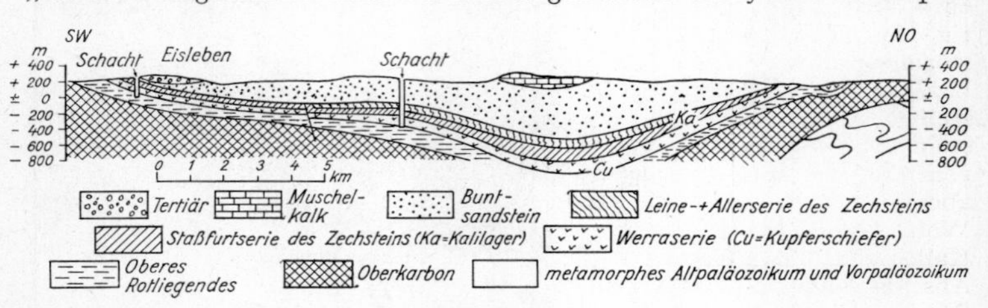

Abb. 148. Profil durch die Mansfelder Mulde (2½fach überhöht)

Diese Folge wiederholte sich mit gewissen Abwandlungen in drei weiteren Zyklen. Im zweiten Zyklus (Zechstein 2 oder Staßfurtserie) lagerte sich das Ältere Steinsalz ab, das bis 600 m Mächtigkeit erreichte. Über ihm folgt das bis 40 m mächtige Ältere Kalisalz oder Flöz ,,Staßfurt". Im dritten Zyklus (Zechstein 3 oder Leineserie) sind die Jüngeren Kalisalzflöze, ,,Ronnenberg" und ,,Riedel", von besonderer Bedeutung. Im vierten Zyklus (Zechstein 4 oder Allerserie) spielen die Kalisalze nur noch eine untergeordnete Rolle, und die ganze Folge, die von den Oberen Zechsteinletten abgeschlossen wird, zeigt mit Ausnahme einiger Steinsalzlager nach oben hin zunehmende Verunreinigung durch tonige Bestandteile. Neuerdings wird in Norddeutschland ein geringmächtiger oberster Zyklus (Zechstein 5 oder Ohreserie) ausgeschieden, der sonst durch Teile der Zechsteinletten vertreten ist.
In den Randgebieten des Zechsteinbeckens, so z. B. in Sachsen, in der innersudetischen Mulde und im Schwarzwald, sind während der Zechsteinzeit vielfach kontinentale Ablagerungen entstanden, z. B. sandsteinartige Arkosen mit Dolomitknollen und Karneolbändern.
Die im baltischen Bereich bekannten permischen Kalksteine, randwärts auch Ton- und Sandsteine, beckenwärts Anhydrite und Steinsalze, gehören nach sowjetischen Untersuchungen in die Kasanstufe und entsprechen unserem Zechstein 1, der allerunterste Teil allenfalls noch der Ufastufe, also dem obersten Rotliegenden. Hier lag das Nordostende des Zechsteinmeeres. Höhere Zechsteinschichten wurden hier nicht abgelagert. Die darüber folgenden rötlichen Purmallener Mergel gehören bereits der Unteren Trias an.

Im übrigen **Osteuropa** war nach heutiger Auffassung bereits an der Wende Karbon/Perm das Gebirgssystem des **Urals** im wesentlichen aufgefaltet

und das Meer aus der eigentlichen Ural-Geosynklinale verdrängt worden. Der saalischen Phase billigt man keine große Bedeutung mehr zu. Nur eine Vortiefe und die Osteuropäische Tafel blieben weiterhin überflutet. In der Vortiefe lagerten sich am Südural zunächst als Asselstufe, Sakmarastufe und Arta- oder Artinskstufe zum Teil sehr grobe Konglomerate und Schwagerinenkalke, am Nordural Tone ab; darüber folgen Sandsteine und Tone, örtlich auch Kalksteine und Dolomite. Ein Flachmeer überflutete von der Vortiefe aus die Osteuropäische Tafel und hinterließ Schichten von wenigen Metern Mächtigkeit. Zur Bildungszeit des oberen Unterperms dampfte das Meer in der Vortiefe allmählich ein, und es schieden sich als Kungurstufe zusammengefaßt, oolithische Dolomite, Gips und Steinsalz in einer durchschnittlichen Mächtigkeit von 1000 m aus sowie die bis 100 m mächtigen Kalisalze des westlichen Uralvorlandes, die man bei Solikamsk und Beresniki abbaut. Auf der Osteuropäischen Tafel sind die Ablagerungen wieder nur wenige Meter mächtig. Um die Wende Unterperm/Oberperm wurden dann auch wieder Zerstörungsprodukte des noch bis in die Triaszeit hinein gelegentlich bewegten Uralgebirges abgelagert. Hierzu gehören die Ufastufe mit roten Sandsteinen und Konglomeraten sowie Mergeln und der wichtige Kupfersandstein im südwestlichen Ural, der 1 bis 2% Kupfer führt. Nach vorübergehender Verlandung stieß zu Anfang des Oberperms das Meer erneut, aber diesmal von der Arktis her, auf die Tafel bis zur heutigen mittleren Wolga vor. Ihm entstammen als Kasanstufe 50 bis 160 m mächtige Kalksteine und Dolomite; Gipslager im Hangenden deuten auf erneute Abschnürung des Beckens hin. Im obersten Perm, der Tatarischen Stufe, dem Tatar, finden sich keine Meeresablagerungen mehr.
Eine Verbindung des osteuropäischen Flachmeeres mit dem mitteleuropäischen, die sogenannte Baltische Straße, wird heute nicht mehr angenommen.

Das Gebiet der heutigen **Alpen** war im Perm teils vom Meer überflutet, teils Festland. Besonders das Gebiet der heutigen Südalpen, vor allem der Karnischen Alpen, wurde von einem Teil der Tethys bedeckt. Im tieferen Unterperm finden sich Schwagerinenkalksteine mit geringen Einschaltungen von Konglomeraten, Sandsteinen und Schiefern, die Rattendorfer Schichten. Darüber lagerte das Meer rötlichen Trogkofelkalk mit reicher Meeresfauna ab. Die Sandsteine der Grödener Schichten zeugen von einer vorübergehenden Verlandung, die kalkig-dolomitischen Bellerophonschichten von einem erneuten Vorstoß des Meeres in der Zeit des Oberperms. Nach neueren Untersuchungen der Pflanzensporen ist auch der tiefere Teil der Werfener Schichten mit den in ihnen enthaltenen Salzlagern des sogenannten Haselgebirges in den erst später nach Norden überschobenen Nördlichen Kalkalpen nicht triadisch, sondern oberpermisch. Im westlichen, festländischen Gebiet der Südalpen kam es zur Zeit des höheren Unterperms zu dem Erguß des Bozener Quarzporphyrs, dann ebenfalls zur Ablagerung von Grödener Schichten. In den gleichfalls festländischen West- und Nordalpen wurden auf dem abgetragenen alpinen Variszikum der Alpine Verrucano – mit Konglomeraten, Sandsteinen, Quarziten und Schiefern – sowie Brekzien abgelagert.
In **Südeuropa** dehnte sich ebenfalls die Tethys aus. Ihre Ablagerungen lassen sich von den mittleren Pyrenäen über Dalmatien, Griechenland und die Ägäischen Inseln bis nach **Kleinasien** und der **Krim** verfolgen.
In **Vorderasien** sind unter- und oberpermische Meeresablagerungen aus dem Kaukasus und aus Armenien bekannt. Weiter zog sich die Zone der

Tab. 32. Stratigraphische Gliederung des Perms

<table>
<tr><th rowspan="2">Abteilungen</th><th rowspan="2">wichtigste marine Leitfossilien</th><th rowspan="2" colspan="2">Tethys</th><th rowspan="2">Osteuropa</th><th colspan="2">Mitteleuropa</th></tr>
<tr><th></th><th>Saargebiet</th></tr>
<tr><td colspan="2">Hangendes:</td><td colspan="2">untertriadische Schichten</td><td>untertriadische Schichten</td><td colspan="2">Unterer Buntsandstein</td></tr>
<tr><td>Oberperm</td><td>Episageceras
Cyclolobus
Timorites</td><td>200 m Bellerophon-Schichten der Karnischen Alpen (Kalke, Dolomite, Schiefer, Gips, Salz), Haselgebirge der Nördlichen Kalkalpen (Ton, Anhydrit, Gips, Steinsalz, Dolomit); Chideru = Oberer und Virgal = Mittlerer Productuskalk Indiens</td><td rowspan="3">Verrucano (Sandsteine, Konglomerate)</td><td>300 m Tatarische Stufe (Mergel, Sandsteine)
50m Kasanstufe (Kalke, Dolomite) | 150 m Kupfersandstein</td><td>Zechstein (Thuringien) 5, 4, 3, 2, 1</td><td>500 m Kreuznacher Sch. (Schiefertone und feinkörnige Sandsteine)</td></tr>
<tr><td rowspan="2">Mittelperm</td><td rowspan="2">Waagenoceras
Pseudoschwagerina, Parafusulina</td><td>150 m Grödener Schichten (Sandsteine, Tone, rötliche Letten, Konglomerate) und Tarviser Brekzie der Karnischen Alpen, Sosiokalk Siziliens,</td><td>Ufastufe (Sandsteine, Konglomerate, Mergel)</td><td rowspan="2">Oberrotliegendes (Saxonien)</td><td>200 m Waderner Sch. (Konglomerate)</td></tr>
<tr><td>Amb = Unterer Productuskalk Indiens</td><td>1000 m Kungurstufe (Dolomite, Gips, Steinsalz, Kalisalz)</td><td>50 m Söterner Sch. (Melaphyre, Porphyre, Tuffe, Konglomerate)</td></tr>
<tr><td rowspan="2">Unterperm</td><td>Perrinites</td><td>300 m Trogkofelkalk der Karnischen Alpen</td><td>× × × × × ×</td><td>1200 m Artastufe (Sandsteine, Tone, Kalke)</td><td rowspan="2">Unterrotliegendes Autunien</td><td>200 m Tholeyer Sch. (Arkosen, Sandsteine, Konglomerate, Schiefertone)
300 m Lebacher Sch. (feinkörnige glimmerreiche Sandsteine, schwarze Tone mit Toneisensteinknollen)</td></tr>
<tr><td>Properrinites
Marathonites</td><td>300 m Rattendorfer Schichten der Karnischen Alpen (Kalke, Konglomerate, Sandsteine, Schiefer)</td><td>× × × × × ×</td><td>1000 m Sakmarastufe u. Asselstufe od. Schwagerinenhor. (Konglomerate, Tone, Kalke)</td><td>600 m Kuseler Sch. (Sandsteine, Konglomerate, Schiefertone mit Kalkbänken, Steink.)</td></tr>
<tr><td colspan="2">Liegendes:</td><td colspan="2">oberkarbonische Schichten</td><td>oberkarbonische Schichten</td><td colspan="2">Präkambrium, Alt-</td></tr>
</table>

Mitteleuropa		Gondwanaland
Thüringen	Harzvorland Norddeutschland	
Unterer Buntsandstein		untertriadische Schichten
Zechsteinletten zum Teil, mit Anhydritbänken	7···10 m Ohre-Serie (Schluffstein bis Tonstein mit Anhydrit und Steinsalz)	1500 m Untere Beaufort-Schichten Südafrikas (Sandsteine, Tone) mit Reptilien wie Lystrosaurus, Cisticephalus, Pareiasaurus, Dicynodon, Tapinocephalus; Untere Panchet-Schichten Indiens (Sandsteine, bunte Tone)
70 m Allerserie (Zechsteinletten, Oberes Jüngeres Steinsalz, Pegmatitanhydrit, Roter Salzton)		
180 m Leineserie (Mittleres und Unteres Jüngeres Steinsalz, Kalisalze, Hauptanhydrit, Plattendolomit, Grauer Salzton)		
300 m Staßfurtserie (Kalisalze, Älteres Steinsalz, Basalanhydrit, Stinkschiefer bzw. Hauptdolomit, Braunroter Salzton)		
70 m Werraserie (Anhydrit, Ältestes Steinsalz, Kalisalze, Zechsteinkalk, Kupferschiefer, Zechsteinkonglomerat)		
200 m Tambacher Schichten (Konglomerate und Sandsteine)	30 m Eislebener Schichten (Sandsteine, Konglomerate)	1500 m Ecca-Schichten Südafrikas (Tone, Schiefertone, Sandsteine, Steinkohle) mit Glossopteris-Gangamopteris-flora und Reptilien, wie Archaeosuchus, Eccasaurus; Damuda-Schichten Indiens (Sandsteine, Schiefertone, Steinkohlen)
	300 m Hornburger Sch. (Sandst., Kongl.)	
	Tone mit Steinsalz im Unterelbegebiet	
300 m Oberhöfer Schichten (Quarzporphyre, Sandsteine, Schiefertone) 250 m Goldlauterer Schichten (Konglom., Sandsteine, Schiefert. mit Acanthodes-schichten) 150 m Manebacher Schichten (Konglom., Sandsteine, Schiefert., Steinkohle) 500 m Gehrener Schichten (Melaphyre, Porphyre, Tuffe, Konglomerate, Sandsteine, Schieferton, Steinkohle)	70 m Tonsteine und Sandsteine 60 m Jüngerer Porphyr von Halle 200 m Zwischensedimente von Halle und Sedimente am Flechtinger Höhenzug (Konglom., Sandst., Schiefert., Steink., Porphyrite) bis über 870 m Älterer Porphyr von Halle (Porphyrite, Melaphyre)	
paläozoikum, Unter- und Oberkarbon		oberkarbonische Schichten

ehemaligen Tethys, in der im Perm eine lückenlose Folge entstand, über den Iran, den Pamir, den Kunlun und den tibetischen Nordrand des Himalajas. In **Ostasien** teilte sich die Tethys schließlich in drei Arme, die bis in das westliche Randgebiet des Pazifiks reichten. Im allgemeinen waren zahlreiche Tiere, insbesondere Ammoniten, Brachiopoden und Großforaminiferen, am Aufbau der Schichten beteiligt. Verschiedentlich sind als Zeichen vorübergehender Verlandung kontinentale Schichten mit Landpflanzen und Kohlenflözen eingeschaltet. Eine besonders reiche Meeresfauna enthält das gut bekannte Perm der Insel Timor (vgl. S. 398). Die Permschichten in der Salt Range in Westpakistan, ferner in Kaschmir und im Hauptteil des Himalajas sind lückenhaft oder wechsellagern mit kontinentalen Schichten. Auf dem Angarakontinent in **Nordasien** wurden in den Rand- und Innensenken der im Karbon herausgehobenen Gebirge, namentlich in Nordkasachstan, bei Kusnezk und Minussinsk (bis 8000 m mächtig) sowie im Tunguskabecken (Mittelsibirisches Bergland), mächtige Schichtenfolgen von Sandstein und Schiefer mit Kohlenflözen abgelagert. Die permischen Steinkohlen des Kusnezk- und Tunguskabekkens sind wirtschaftlich sehr bedeutend. Auch auf dem ostasiatischen Kontinent **Cathaysia** entstanden im Perm in Nordchina — Provinz Schansi — sowie in mehreren Provinzen Südchinas und wahrscheinlich auch in Tibet wichtige Steinkohlenlager.

Nordamerika scheint, wie schon in früheren Perioden, das Gegenstück zu Europa gewesen zu sein. Im Osten, also im Appalachengebiet, bildeten sich im tieferen Perm entsprechend der Rotliegendfazies Mittel- und Westeuropas Konglomerate, Sandsteine und Kohlenschichten. In den Mittleren Ebenen (Kansas, Oklahoma, Texas) bestand ein Flachmeer, die **Mittelkontinentale** Meeresstraße, die an die Überflutung der Osteuropäischen Tafel erinnert und bei zeitweiliger Eindampfung ausgedehnte Salzlager hinterließ, im Süden auch Kalisalze. In den westlichen Randgebieten entstanden reine Meeresablagerungen; die unteren Abschnitte ähneln denen der Ural-Geosynklinale. Fossilien deuten auf eine Verbindung von Alaska über Ostgrönland, Spitzbergen und Nowaja Semlja zum Ural hin.

Die **Südkontinente** zeichneten sich durch eine eigentümliche Pflanzengemeinschaft aus, die Gondwana-Glossopteris-Flora, aus deren Pflanzensubstanz sich in Südafrika, Vorderindien und Australien Kohle bildete. Daneben haben diese Kontinente Spuren ausgedehnter Vereisungen gemeinsam. So treten in mehreren Horizonten verfestigte Blocklehme, die Tillite, auf, deren Unterlage in typischer Weise geschrammt ist. Jedoch gehören diese Tillite nach heutiger Auffassung ganz überwiegend in das Siles. Im übrigen bildeten sich auf den Südkontinenten Sandsteine und Tone, z.T. in Randgebieten wechsellagernd mit Meeressedimenten, in Südafrika auch Eisenerze.

Das **Arktische Meer** hinterließ Ablagerungen im Unteren Perm und im älteren Mittelperm auf Spitzbergen, der Bäreninsel und in Ostgrönland. Die Tierwelt, vor allem durch Brachiopoden gekennzeichnet, verarmte etwas. In Ostgrönland fand man Kalkgerölle aus dem höheren Mittelperm mit deutscher Zechsteinfauna; hier bestand also eine Verbindung zum Zechsteinmeer. Über die Arktis war das deutsche Zechsteinmeer auch mit dem russischen der Kasanzeit verbunden.

4. Wirtschaftlich wichtige permische Gesteine auf deutschem Gebiet. Von den weitverbreiteten und mächtigen **Steinsalzen** werden einige besonders reiche Lagerstätten des Leine- und Allerzyklus im Bergbaubetrieb abgebaut. Daneben gewinnt man Sole noch aus Bohrlöchern und durch Aussolen von Grubenbauen. In Salinen oder auch Gradierwerken wird daraus Speisesalz gewonnen; im übrigen dient Salz als Rohstoff für die chemische Industrie (Soda- und Salzsäure-

herstellung u. a.). Von den **Kalisalzen** baut man vor allem die Hartsalze ab, also Salzgesteine, die aus den Mineralen Sylvin (KCl), Kieserit ($MgSO_4 \cdot H_2O$), Steinsalz (NaCl) und Anhydrit ($CaSO_4$) bestehen. Sie dienen zur Herstellung von Düngesalzen oder werden für chemische Zwecke verwendet. Carnallitite sind Gesteine, die aus den Mineralen Carnallit ($KCl \cdot MgCl_2 \cdot 6H_2O$), Kieserit, Anhydrit und Steinsalz zusammengesetzt sind. Vorerst werden solche Lagerstätten wegen der umständlichen Verarbeitung der Salze kaum ausgebeutet; früher angelegte Carnallititgruben sind heute zumeist stillgelegt. Aus Hartsalz bestehen vor allem die Flöze „Thüringen“ und „Hessen“ des Werragebietes, die bei flacher Lagerung in Gruben von vielen Kilometern Ausdehnung gewonnen werden. Aus Hartsalz besteht außerdem teilweise das Flöz „Staßfurt“ in der Umgebung des Harzes, so im südhannoverschen Bezirk, im Südharzbezirk, im Saale-Unstrut-Bezirk, wo das Salz ebenfalls meist flach lagert, und im Magdeburg-Halberstädter Bezirk, wo Salzsättel (Staßfurt, Aschersleben) und z. T. auch komplizierte Aufbrüche das Bild beherrschen. Aus Sylvinit, einem Gestein, das aus den Mineralen Sylvin und Steinsalz zusammengesetzt ist und keiner weiteren Verarbeitung bedarf, bestehen zumeist die Flöze „Ronnenberg“ und „Riedel“ im nordhannoverschen Bezirk, in dem die Salze ausschließlich in komplizierten Salzstöcken vorkommen, sowie das Flöz „Ronnenberg“ auf der Scholle von Calvörde (Altmark, Braunschweig). Reine Carnallite des Flözes „Ronnenberg“ werden zur Magnesiumgewinnung gefördert. In den Salzstöcken des norddeutschen Raumes sind ebenfalls Stein- und Kalisalze nachgewiesen und auch zeitweilig gewonnen worden, so bei Lübtheen und Conow in Mecklenburg, Wustrow in Osthannover und Wolmirstedt in der Altmark. Wirtschaftlich wichtig sind ferner die **Anhydrite** ($CaSO_4$) und **Gipse** ($CaSO_4 \cdot 2H_2O$) für die Schwefelsäuregewinnung, Anhydrite u. a. auch für die Zementherstellung, Gipse für Baustoffe. Die **Dolomite** ($MgCO_3 \cdot CaCO_3$) dienen als Grundlage der Kalkgewinnung und werden als Zusatz bei der Eisenverhüttung verwendet. Schließlich ist der Hauptdolomit des Staßfurtzyklus erwähnenswert, der vor einiger Zeit geringe Mengen von **Erdöl** bei Volkenroda in Thüringen und am großen Fallstein im nördlichen Harzvorland lieferte sowie durch Lagerstätten von **Erdgas** bei Mühlhausen und Bad Langensalza in Thüringen wichtig ist. Im nördlichen Westdeutschland wird Erdgas nicht nur aus dem Hauptdolomit, sondern auch aus dem Plattendolomit des Leinezyklus gewonnen.

Der **Kupferschiefer**, der neben Kupfer auch Blei, Zink, Silber und andere, z. T. seltenere Elemente führt, ist im Zechsteingebiet Mitteleuropas weit verbreitet. In einigen Gegenden enthält er 0,6 bis 2 oder 3%, gelegentlich auch mehr Metall und wird bergmännisch abgebaut, so bei Mansfeld – hier heute fast eingestellt – und Sangerhausen (vgl. Abb. 148) südöstlich vom Harz, weiterhin in der Umgebung des Richelsdorfer Gebirges in Hessen und neuerdings vor allem in den polnischen Westgebieten. Der Mansfelder Bergbau wird seit etwa 770 Jahren betrieben.
In einigen deutschen Mittelgebirgen entstanden wertvolle **Erzlagerstätten**, so z. B. die Zinngranite des sächsischen Erzgebirges (Altenberg, Zinnwald), die die jüngsten Granite der deutschen Mittelgebirge sind. Die **Steinkohlen** des Döhlener Beckens bei Dresden sind nahezu erschöpft und die kleinen Vorkommen im Thüringer Wald volkswirtschaftlich unbedeutend. Die **Porphyre**, die in zahlreichen Steinbrüchen gewonnen werden, verwendet man als Bau- und Schottermaterial.

5. Zusammenfassung. Das am Ausgang des Paläozoikums, des Erdaltertums, stehende und durch die Ausklänge der variszischen Gebirgsbildung gekennzeichnete Perm ist in Mitteleuropa deutlich in eine Festlandszeit (Rotliegendes) und eine darauffolgende Herrschaftszeit des Meeres (Zechstein) gegliedert. In der Rotliegendzeit bildeten sich fast durchweg klastische Sedimente von teils fanglomeratartigem Charakter aus Zerstörungsprodukten des variszischen Gebirgssystems. In einigen Gebieten der Erde entstanden beträchtliche Steinkohlenlager. Durch Abtragung des Gebirges gelangten magmatische Gesteine an die Erdober-

fläche. Porphyrische und melaphyrische Ergußgesteine sind weit verbreitet, Tiefengesteine treten zurück. Das Oberperm ist durch kurze Vorstöße unter dem Einfluß eines Wüstenklimas schnell wieder eindampfender Meere gekennzeichnet, unter denen das Zechsteinmeer in Mitteleuropa besondere Bedeutung hat. In ihm lagerten sich als wirtschaftlich wichtige Gesteine Kupferschiefer, Stein- und Kalisalze ab. Das Klima war in den verschiedenen Erdteilen sehr gegensätzlich. Herrschte auf der Nordhalbkugel warmes und relativ trockenes Klima, so waren Festländer des einstigen Südkontinentes zeitweilig noch mit Eis bedeckt, wenn auch nicht mehr so stark wie am Ausgang des Karbons. Andererseits dürfte in den Gebieten der Kohlenbildung eine Vegetation feuchten Sumpfwaldes geherrscht haben. Diese klimatischen Gegensätze lassen sich nur damit erklären, daß die Lage der Pole der Erde von der heutigen stark abwich – der Südpol befand sich in Südafrika – und die anderen Südkontinente in der Nähe dieses Südpols lagen (Polwanderung, Kontinentalverschiebung). Provinzen der Pflanzen- und Tierwelt prägten sich während des Perms zunehmend aus. Es lassen sich deutlich eine europäisch-amerikanische Flora sowie eine Gondwana-, eine Cathaysia- und eine Angaraflora unterscheiden. Von den Wirbeltieren entwickelten und verbreiteten sich besonders die Amphibien und Reptilien weiter.

Mesozoikum

Trias

1. Allgemeines. Die in der Zeit zwischen Perm und Jura gebildeten Ablagerungen zeigen an vielen Stellen der Erde eine deutliche Dreigliederung. Der deutsche Geologe F. v. ALBERTI faßte deshalb 1834 die betreffenden Schichten, zunächst für Süddeutschland, unter dem Namen Trias (griechisch „Dreiheit") zusammen. Später wurde dieser Begriff auf alle anderen gleichaltrigen Schichten übertragen, auch wenn sie eine Dreiteilung nicht erkennen lassen.
Die Trias erstreckte sich über den im Vergleich mit anderen Systemen verhältnismäßig geringen Zeitraum von rund 40 Mio Jahren. Sie steht am Anfang des **Erdmittelalters** und somit der Alpidischen Ära. In den Geosynklinalen, besonders in der Tethys, begann die Anhäufung mächtiger Gesteinsmassen, aus denen sich vor allem während Kreide und Tertiär die jungen alpidischen Faltengebirge bildeten. Da sich das Meer ähnlich wie im Oberen Proterozoikum (Jungalgonkinum) und Perm vornehmlich auf diese Geosynklinalen beschränkte, nahmen die Festländer besonders große Flächen ein. Sie bedeckten sich weithin mit kontinentalen Ablagerungen. Biologisch gesehen beginnt mit der Trias ebenfalls ein neuer Zeitabschnitt, das **Mesozoikum**, das durch das erstmalige Auftreten der Säuger und die Ausbreitung zahlreicher neuer Tiergruppen gekennzeichnet ist.

2. Entwicklung der Lebewelt (hierzu Abb. 149 und 151). Innerhalb der Tierwelt erlosch bei den **Foraminiferen** im Perm die Mehrzahl der paläozoischen Formen. In der Trias finden sich deshalb nur wenige und meist seltene Vertreter, aus denen aber im Laufe des Mesozoikums neue und reiche Foraminiferenfaunen hervorgingen. Ein ebenso scharfer Schnitt zeigt sich in der Entwicklungsgeschichte der **Korallen (Anthozoen)**. Die für das Paläozoikum charakteristischen Tetrakorallen sowie die Tabulaten sterben aus und werden durch die bis in die Gegenwart reichenden Hexakorallen mit sechs gleichwertigen Grundsepten ersetzt. Wichtig sind vor allem die Asträiden und Thamnasträiden. Die im Paläozoikum herrschenden **Brachiopoden (Armfüßer)** treten zwar hinter den Muscheln zurück, liefern aber nach diesen noch die häufigsten Meeresfossilien. Die meisten paläozoischen Formen sterben allerdings aus, z.B. alle schloßtragenden Vertreter ohne kalkige Armstützen (Aphaneropegmaten). Die ebenfalls für das Paläozoikum bezeichnenden Helicopegmaten mit spiralem Armgerüst verschwinden aber erst im Lias mit der Gattung *Spiriferina*. An Stelle der erlöschenden Formen treten hauptsächlich die Ancylopegmaten mit schleifenförmigen Armstützen. Von **Schnecken (Gastropoden)** finden sich noch zahlreiche altertümliche Vertreter; doch sind sie trotz großer Artenzahl biostratigraphisch wenig bedeutend. Die **Muscheln (Lamellibranchiaten)** treten stark hervor und stellen eine große Anzahl Leitfossilien. Unter den Meeresformen sind besonders die Gattungen *Pteria („Avicula")*, *Pseudomonotis*, *Daonella*, *Pecten*, *Gervilleia*, *Lima* und *Myophoria* zu nennen, unter den Süß- und Brackwasserformen die Anthracosiiden (*Anoplophora*). Sinupalliate, d. h. mit einer Mantelbucht versehene Muscheln, kommen noch verhältnismäßig selten vor.
In der Obertrias sterben die letzten geradegestreckten **Nautiliden** („Orthoceren") aus. An ihrer Stelle erscheinen Verwandte der Belemniten *(Aulacoceras)* und damit zweikiemige Kopffüßer (Dibranchiaten), deren gekammerter Gehäuseteil eine kalkige, keulenförmige Wandverdickung (Rostrum) zeigt. Außerdem ist das Gehäuse von Weichteilen umschlossen und somit nach innen verlagert.
Unter den **Ammoniten** gibt es wie auch im späteren Mesozoikum vorherrschend skulpturierte, d. h. mit Rippen, Dornen und Stacheln versehene Formen, während sie im Paläozoikum fast ausschließlich glattschalig waren. Allgemein ist die Lobenlinie ähnlich wie bei den Ammoniten der Permzeit einfach zerschlitzt. Die Zahl

der Arten übersteigt 3000. Sie spielen besonders in den Ablagerungen des offenen Meeres eine große Rolle als Leitfossilien. Wichtig sind *Tirolites*, *Meekoceras*, *Trachyceras*, *Tropites*, *Halorites* und die meist mit gegabelten Rippen sowie basal gezackten Loben versehenen Vertreter der Gattung *Ceratites*. — Bei den auf verhältnismäßig wenige Arten beschränkten **Seelilien (Crinoiden)** zeigen sich erstmalig an Stelle der im Paläozoikum herrschenden Formen mit fester Kelchdecke solche mit biegsamer Kelchdecke (Articulaten). Zu den wichtigsten gehört die Gattung *Encrinus*. Von den **Seeigeln (Echinoiden)** ist die Gattung *Cidaris* zu nennen. — **Gliederfüßer (Arthropoden)** sind verhältnismäßig selten. An Stelle der im Perm ausgestorbenen Trilobiten und Gigantostraken entfalten sich die Dekapoden (zehnfüßige Krebse). Die wichtigste Gattung ist *Pemphix*. Sehr wenig bekannt sind die **Insekten**. Lediglich ein verhältnismäßig großer Anteil der Käfer fällt auf.

Unter den **Fischen** herrschen nach Aussterben vieler paläozoischer Formen vor allem die Strahlenflosser (Actinopterygier). Zu diesen gehören auch die in der Trias erstmalig nachgewiesenen Flugfische. Allgemein bildet sich bei diesen Knochenfischen (vor allem Holosteer) im Unterschied zu ihren paläozoischen Vorfahren das Schuppenkleid zunehmend zurück, während das Innenskelett stärker verknöchert. Sonst sind außer Lungenfischen (Dipnoer) die Knorpelfische (besonders Elasmobranchier) nicht selten. Bei den Knorpelfischen treten jetzt auch echte Selachier (Haie) und Rochen stärker hervor.

Unter den **Amphibien** erscheinen lediglich die Labyrinthzähner (Labyrinthodonten) häufiger. Ihr Zahnbein ist eigentümlich gefältelt. Von den Labyrinthzähnern stammen vermutlich die Froschlurche (Salientia) ab, von denen nahe Verwandte erstmalig in der Untertrias von Madagaskar nachgewiesen wurden.

Die **Reptilien** entfalten sich reich zu einer Fülle neuer Formen. Die bereits im Perm vorhandenen landbewohnenden Theromorphen entwickeln zahlreiche Vertreter mit zum Teil säugetierähnlichem Gepräge. Von den hierzu gehörenden Theriodontieren stammen vermutlich die in der Obertrias nachgewiesenen ersten Säuger ab. Während der Trias treten ferner die ersten Sauropterygier auf. Zu diesen gehört der bis 3 m messende *Nothosaurus* mit langem Hals und auf Fischnahrung hinweisenden kegelförmigen Fangzähnen. Sehr eigenartig ausgebildet ist *Placodus*. Er weidete die Muschel- und Brachiopodenbänke im Muschelkalkmeer ab und zerquetschte die aufgenommenen Zweischaler mit pflastersteinähnlichen Gaumenzähnen. In der Trias erscheinen auch zum erstenmal auf den Hinterbeinen schreitende Dinosaurier. Zu ihnen zählt der bis 3 m hohe *Plateosaurus*, der vor allem aus den Keuperschichten von Halberstadt bekannt wurde. Eidechsen und Schlangen sind noch nicht vertreten. Erstmalig erscheinen die Schildkröten mit hochspezialisierten, dem Landleben angepaßten Formen. Krokodile kennt man seit der Obertrias.

Zum ersten Male in der Erdgeschichte treten ferner die **Säugetiere** mit etwa rattengroßen Formen auf. Bekannt sind vor allem die Backenzähnchen, die im Unterschied zu den meist einwurzeligen Reptilzähnen mehrere Höckerreihen zeigen (Multituberkulaten, Docodonten) und besonders im europäischen Rät gefunden wurden.

Innerhalb der Pflanzenwelt entwickeln sich die im Unteren Zechstein aufkommenden **Nacktsamer (Gymnospermen)** weiter. Zunächst entstehen wenig neue Formen. Erst mit dem Keuper erscheinen Cycadeen (Palmfarne, z.B. Cycadales, Bennettitales), die von da ab bis zur Unterkreide die Flora beherrschen. Sehr bezeichnend für die Trias ist die starke Ausbreitung der **Kalkalgen** in den Meeren, wie der *Diplopora annulata* (Abb. 149).

Als Leitfossilien dienen in den Ablagerungen des Meeres vor allem Ammoniten, Muscheln und Brachiopoden, in denen des Landes Reptilien und Pflanzen.

3. Paläogeographische Verhältnisse. Die Weltkarte der Trias zeigt ähnliche Verhältnisse wie in der Permzeit. Zwischen mächtige Festlandsmassen im Norden und Süden fügte sich das große, in äquatorialer Richtung verlaufende Mittelmeer, die Tethys. Sie erstreckte sich als breites Band aus dem Bereich des heutigen Mittelmeeres und der Alpen über den Iran, Zentralasien nach dem Malaiischen Archipel, wo sie in den schon damals vorhandenen Pazifik mündete. Wie Ausbildung und Verteilung der

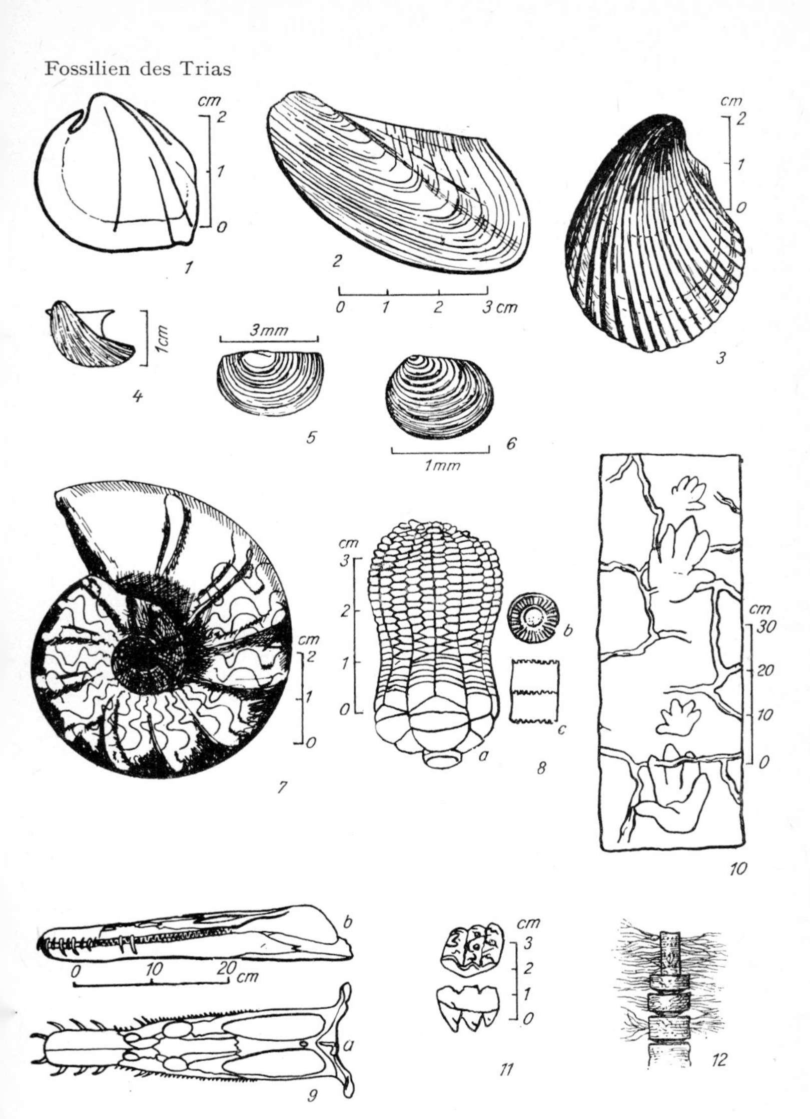

Abb. 149. 1. bis 4. Muscheln: 1. Myophoria vulgaris; 2. Gervilleia socialis; 3. Lima striata, Oberer Muschelkalk; 4. Pteria contorta, Rät. 5. bis 6. Schalenkrebse 5. Isaura albertii, Buntsandstein 6. Isaura minuta, Unterer Keuper. 7. Ammonit: Ceratites nodosus, Oberer Muschelkalk. 8. Seelilie: Encrinus liliiformis, Oberer Muschelkalk (a – jüngere, vollständige Krone mit Stielansatz, b – Stielglied von oben, c – zwei zusammenhängende Stielglieder von der Seite). 9. Sauropterygier: Schädel von Nothosaurus mirabilis, Oberer Muschelkalk (a – von oben, b – von der Seite). 10. Fährten von Chirotherium barthi mit Ausgüssen von Trockenrissen, Mittlerer Buntsandstein. 11. Backenzähnchen säugerähnlicher Reptilien: Triglyphus fraasi, Rät von Württemberg. 12. Kalkalge: Diplopora annulata, pelagische Trias

vorwiegend kalkigen und dolomitischen Schichten zeigen, dürfte es sich um ein inselreiches Meer nach Art der heutigen Sundasee gehandelt haben. Der Pazifik wurde rings von einem großen Senkungstrog, der zirkumpazifischen Geosynklinale, umgeben. Die darin und in der Tethys entstandenen mächtigen Ablagerungen werden insgesamt als **pelagische Trias** oder — da sie auch im Gebiet der Alpen verbreitet sind — als **alpine Trias** bezeichnet.
Zur Norderde gehörten wie im Perm der europäisch-amerikanische Kontinent Laurento-Sarmatia, ferner Angaria — große Teile Sibiriens umfassend — und Cathaysia, das dem heutigen ostasiatischen Randgebiet entspricht. Auf der Süderde waren die Kontinente Südamerika, Afrika und Australien sowie Vorderindien und Antarktika noch in der großen Landmasse Gondwanaland vereinigt.
Die für die Triasschichten charakteristische Dreigliederung findet sich besonders deutlich im Bereich des bereits zur Zechsteinzeit vorhandenen Germanischen Beckens. Hier unterscheidet man von unten nach oben **Buntsandstein, Muschelkalk** und **Keuper**, wobei die Schichten des Buntsandsteins und Keupers vor allem auf dem Festland, als Ablagerungen von Flüssen und Seen, die des Muschelkalkes aber in einem seichten Binnenmeer entstanden sind. Diese Sedimentationsfolge, deren Mächtigkeit 1700 bis 2300 m erreicht, bezeichnet man auch als **germanische Trias**. Die pelagische Trias zeigt diese Dreigliederung nicht (Tab. 33).
Das **Germanische Becken** umfaßt im wesentlichen den Bereich der beiden deutschen Staaten sowie einige unmittelbar angrenzende Gebiete (Abb. 150).
Der hier über dem Zechstein liegende **Buntsandstein** hat seinen Namen von den bunten, rot, bräunlich oder grünlich gefärbten, überwiegend sandigen Gesteinen. Die Ablagerungsfolge enthält jedoch auch viel tonige und stellenweise konglomeratische Bildungen. Charakter und Verbreitung der einzelnen Gesteine zeigen, daß die im Perm begonnene Umwandlung Mitteleuropas in ein einheitliches Sedimentationsbecken anhielt. Dabei lag die jeweilige Landoberfläche immer etwa im Niveau des Meeresspiegels, so daß das Meer von Zeit zu Zeit in die sonst landfesten Gebiete vorstoßen konnte. Bei diesem sich einheitlich entwickelnden Sedimentationsbecken sank lediglich der Untergrund verschieden stark ein, am meisten in Niedersachsen, Thüringen und im nördlichen Harzvorland. Hier finden wir auch die bedeutendsten Mächtigkeiten (bis 1200 m). Mit der fortdauernden Absenkung hielt die randliche Erweiterung Schritt. Doch blieben die Beckenumrisse in der Art, wie wir sie im Zechstein kennenlernten, im großen und ganzen bis an das Ende der Triaszeit erhalten. Das Gefüge des variszischen Untergrundes schimmert nur noch in geringem Maße durch.
Windrippeln, Tierfährten, Tongallen, Trockenrisse und ihre Ausfüllungen (Netzleisten) sowie Regentropfeneindrücke sprechen für die Entstehung der Schichten in einem überwiegend festländischen, z.T. wüstenartigen Bereich. Der Buntsandstein setzt somit im ganzen gesehen die im Karbon begonnene Festlandszeit des mitteleuropäischen Raumes fort. Die stark hervortretende rote Färbung deutet auf überwiegend aride Klimaverhältnisse hin.
Da Leitfossilien nahezu fehlen, verwendet man zur Gliederung vor allem Unterschiede in der Ausbildung der Gesteine. Allerdings sind die so gezogenen Grenzen nur in den wenigsten Fällen zugleich Grenzen gleicher Zeitabschnitte, obgleich die Schichtenfolge überall sehr ähnlich ausgebildet ist. Neuerdings bemüht man sich mit Erfolg, den Buntsandstein nach der rhythmischen Aufeinanderfolge verschiedener Gesteinstypen zu gliedern, die hauptsächlich durch epirogene Vorgänge im Ablagerungsraum und dessen Randgebieten bestimmt wird.
Einzelne Horizonte enthalten gute Bausandsteine, von denen besonders

die feinkörnigen als Material für bedeutende Baudenkmäler (z. B. die mittelalterlichen Dome) verwendet wurden. Die mächtigen Pakete gröberer Sandsteine, wie sie vor allem im mittleren Teil des Buntsandsteins auftreten, spielen bei der Grundwasserversorgung eine große Rolle, da sie unter gegebenen Bedingungen erhebliche Mengen ausgezeichneter Grundwässer liefern, z. B. in den Randgebieten des Thüringer Waldes.

Der Buntsandstein wird gegliedert in
Unteren Buntsandstein,
Mittleren Buntsandstein (Hauptbuntsandstein),
Oberen Buntsandstein (Röt).

Der Übergang vom Zechstein zum Buntsandstein erfolgte allmählich. In flachen, zeitweise übersalzenen Seen und Tümpeln entstanden gips-, salz- und karbonhaltige, meist dünnplattige und feinkörnige Sandsteine, die mit roten Letten wechsellagern. Der Untere Buntsandstein (Abb. 150) erscheint somit als Ausklang der Entwicklung im Oberen Zechstein mit seinen Salzabscheidungen. In den Randgebieten setzten sich weiterhin Sande ab, im Beckeninnern zunächst krümelig zerfallende, dunkelrote

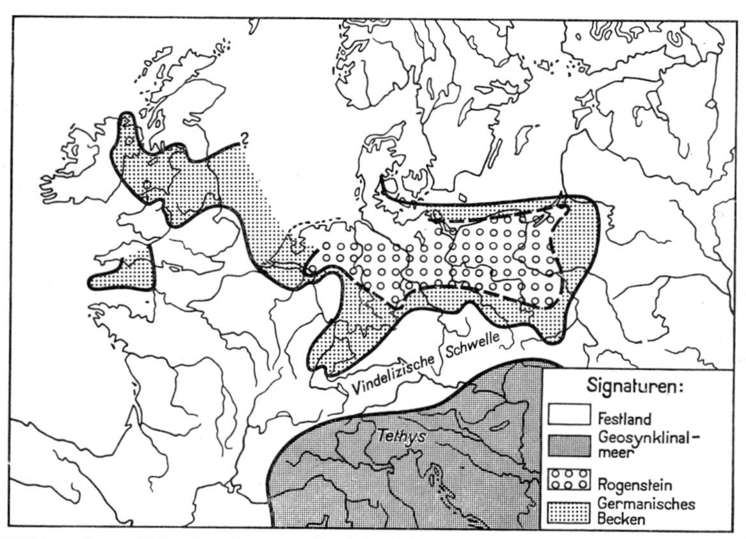

Abb. 150. Vermutliche Verteilung von Land und Meer während des Unteren Buntsandsteins in Mitteleuropa. — In Anlehnung an R. Brinkmann, S. von Bubnoff u. a.

Letten, die sogenannten Bröckelschiefer. Sehr schön aufgeschlossen findet man sie z. B. bei Könitz in Thüringen. Sie ähneln stark den Oberen Letten des Zechsteins und enthalten wie diese stellenweise Knollen von Anhydrit und Dolomit. In den höheren Lagen vergrößert sich der Kalkgehalt, und die Versandung nimmt zu, so daß wir z. B. in Thüringen eine untere tonige — etwa 40 m mächtige — und eine obere sandig-karbonatische Stufe — bis 200 m mächtige — unterscheiden. Dieser oberen Stufe gehören die z. T. recht grobkörnigen Oolithkalke in Ostthüringen, Norddeutschland und am Harz an. Sie entstanden in einem flachen, verhältnismäßig warmen Lagunenmeer aus unzähligen kleinen Kalkkügelchen (Ooiden), die wie

Fischeier aussehen und dem Gestein den Namen Rogenstein eintrugen. Nördlich einer Linie, die von Wilhelm-Pieck-Stadt Guben über Baruth zum Flechtinger Höhenzug verläuft, geht die Bildung der Rogensteine auch im Mittleren Buntsandstein weiter.

Die Lebewelt ist ungewöhnlich arm; man findet lediglich kleine Schalenkrebse (*Isaura*, früher „*Estheria*", Abb. 149) bankweise in größerer Menge. Noch heute beobachtet man diese Tiere in kleineren Wasseransammlungen trockener Gebiete.

Die starken Schwankungen der Mächtigkeit, die im Beckeninneren 350 m erreicht, lassen sich leicht aus den Unebenheiten des Geländes an der Perm/Trias-Wende erklären.

Im Mittleren Buntsandstein verschärfen sich die Gegensätze zwischen den randlichen Abtragungsgebieten und den beckenwärts gelegenen Ablagerungsräumen. Das allgemeine Gefälle nimmt durch Absenkung im Beckeninneren zu, gleichzeitig wird das Klima feuchter. Die Folge der Absenkungen ist, daß der aus den Tälern und von den Hängen der gebirgigen Randgebiete stammende Schutt sich fächerartig weiter in das meist trockenliegende und im übrigen abflußlose Innere vorschiebt, obgleich sich der Ablagerungsraum besonders nach Westen und Süden weit über das Verbreitungsgebiet des Unteren Buntsandsteins hin ausdehnt. Die Schichten des Mittleren Buntsandsteins sind deshalb allgemein durch gröbere Bestandteile und das Zurücktreten toniger Bestandteile ausgezeichnet.

Auch der Mittlere Buntsandstein kann nicht mit Hilfe von Fossilien gegliedert werden. Man läßt ihn mit dem ersten Auftreten gröberer Sedimente beginnen. In Süddeutschland handelt es sich dabei um das „Ecksche Konglomerat", dessen Gerölle um so größer und häufiger werden, je näher wir dem schuttliefernden Randgebiet kommen. In Richtung zum Beckeninneren nimmt dagegen die Korngröße allmählich ab, so daß wir in Ostthüringen, Hessen, Niedersachsen und am Harz an Stelle des Konglomerats nur noch verhältnismäßig grobkörnige Sandsteine finden. Ein ähnliches Bild bietet das im oberen Teil des Mittleren Buntsandsteins liegende 10 bis 20 m mächtige Hauptkonglomerat. Auch die sich zwischen die beiden Konglomerathorizonte schaltenden Schichten enthalten gelegentlich noch Konglomerate. Im übrigen bestehen die Schichten des Mittleren Buntsandsteins, z.B. bei Kahla in Thüringen, aus einer mächtigen Folge fester, dickbankiger, roter, feldspatreicher Quarzsandsteine.

Im Bereich der heutigen Nordsee und unter dem norddeutschen Tiefland besteht ähnlich wie im Unteren Buntsandstein ein seichtes Lagunenmeer. Es lagert im Verlauf kurzfristiger Vorstöße bis in den Odenwald einige Gesteinsbänke mit marinen Versteinerungen ab. Der festländische Charakter der übrigen Schichten ergibt sich u.a. aus dem Vorkommen von Trockenrissen, Windkantern, Regentropfeneindrücken und Landtierfährten, die besonders häufig in den oberen Lagen auftreten. Bezeichnend sind vor allem die großen handförmigen Fährten von *Chirotherium* (vgl. Abb. 149 und 151).

Die Abgrenzung nach oben bilden im Beckeninneren meist Dolomit- und Kiesel-(Karneol-)Ausscheidungen, die ähnlich den Kieselkrusten trockener und halbtrockener Gebiete der Gegenwart durch Austrocknung in einem nach oben gerichteten Verdunstungswasserstrom entstanden sind.

Allgemein gesehen ist die Lebewelt zwar reicher als im Unteren Buntsandstein, aber doch immer noch sehr dürftig. Höhere Pflanzen gedeihen jetzt an günstigen Stellen auch im Beckeninneren.

Der Obere Buntsandstein oder Röt (Abb. 152) leitet bereits zur nachfolgenden Meereszeit, dem Muschelkalk, über. Die Abscheidung von Gips

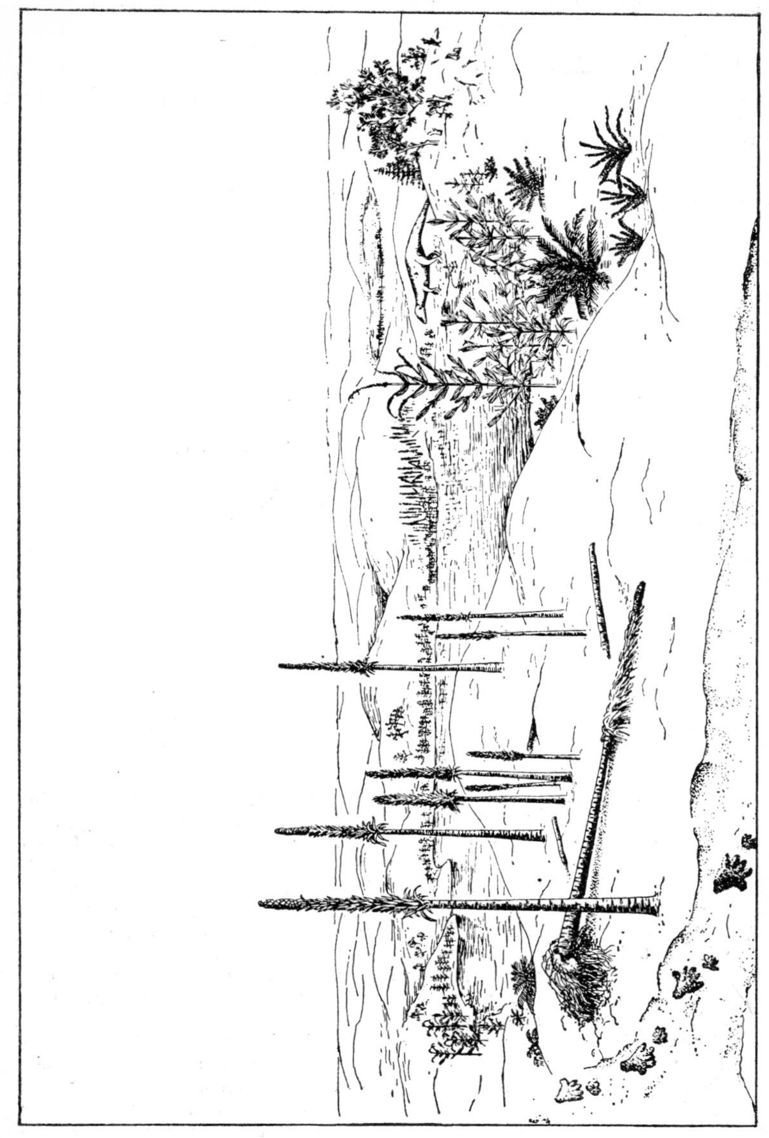

Abb. 151. Lebensbild aus dem Buntsandstein. Eine wüstenähnliche Landschaft mit spärlicher Vegetation um einen Süßwassersee: rechts im Vordergrund Farne, dahinter Cycadeen, dahinter das Schachtelhalmgewächs Schizoneura, links die mit den Sigillarien verwandte Pleuromeia, davor Fährten von Chirotherium, rechts im Hintergrund das Tier selbst

und Steinsalz sowie der Meereseinfluß nehmen zu. Eine Hebung im Norden verschließt teilweise die Verbindung zu dem Lagunenmeer im Bereich der heutigen Nordsee. Gleichzeitig öffnet sich im Südosten durch Absenkung ein Zugang zur Tethys. Meerwasser strömt einmal über die sogenannte Oberschlesische Pforte, noch mehr aber über eine Verbindung im Bereich der heutigen Ostkarpaten ein. An Stelle der gröbersandigen und zum Teil konglomeratischen Bildungen des Mittleren Buntsandsteins treten jetzt meist rotgefärbte Letten auf – daher der Name Röt –, die oft Gips

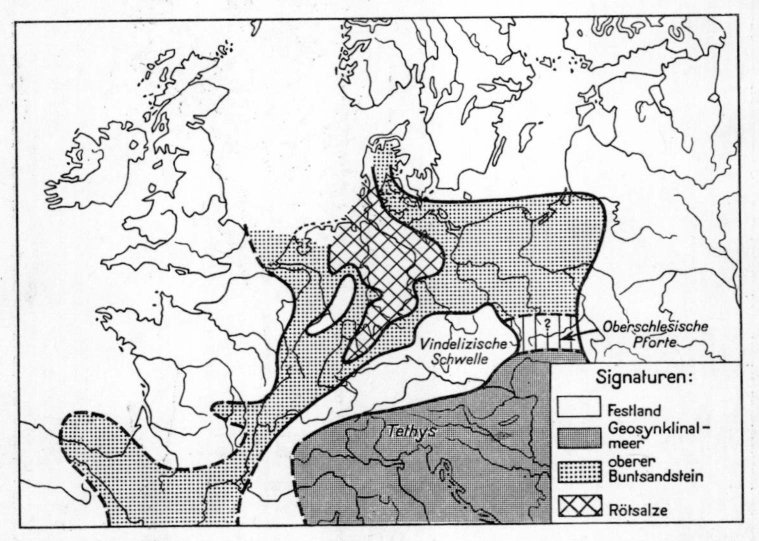

Abb. 152. Vermutliche Verteilung von Land und Meer während des Oberen Buntsandsteins Röt) in Mitteleuropa. – In Anlehnung an R. Brinkmann, S. von Bubnoff u.a.

führen. Eine zeitweilige Abschnürung läßt im tiefsten Teil des Beckens Steinsalz auskristallisieren, das bis 100 m Mächtigkeit erreicht (vgl. Abb. 152).
Als Ausläufer der süddeutschen, mehr sandigen Randausbildung finden sich in Thüringen noch einige dünne sandige oder quarzitische Einschaltungen von geringer Mächtigkeit. Gleichlaufend mit dem Übergang von dieser sandigen Ausbildung zu der mergelig-lettigen und salinaren des Beckeninneren nimmt auch die Mächtigkeit von Süden nach Norden zu. Sie beträgt im niedersächsisch-hessisch-thüringischen Raum bis 100 m und steigt im nördlichen Harzvorland auf 200 m an. Weiter im Norden verwischen sich wie auch im tieferen Buntsandstein die Unterschiede zwischen den einzelnen Stufen.
Im **Muschelkalk** vergrößert sich die bereits im Röt vorgezeichnete Oberschlesische Pforte. Durch sie dringt weiter Meerwasser in das Germanische Becken ein und bildet hier über dem fast ausgeglichenen Relief ein flaches, zeitweilig trockenlaufendes Binnenmeer inmitten arider Umgebung. Da sich die Randgebiete bereits während der Buntsandsteinzeit stark eingeebnet haben, beschränkt sich die Zufuhr von Verwitterungsschutt auf einen ganz schmalen Küstenstreifen. Hier entstehen Versteinerungen führende Sandsteine und fossilarme bunte Folgen in der Art, wie wir sie

im Buntsandstein kennenlernten. Im Beckeninneren dagegen bilden sich vorwiegend graue, blaugraue und graugrüne Kalke und Mergelkalke sowie entsprechende dolomitische Gesteine. Während des Mittleren Muschelkalkes treten Gips und Steinsalz hinzu.

Das Muschelkalkmeer erobert das Germanische Becken ganz allmählich. Zuerst verschwinden die bunten Gesteine des Röts im Bereich der Oberschlesischen Pforte, später erst in den übrigen Gebieten. Daraus ergibt sich, daß die Grenze zwischen Buntsandstein und Muschelkalk nicht zeitlich gesehen werden kann, sondern nur faziell.

In diesem Binnenmeer, dessen schmale Verbindung zum offenen Meer vorübergehend unterbrochen wird, entsteht eine Lebewelt mit besonderem Gepräge. Während Schwämme, Korallen und Foraminiferen im Unterschied zur Tethys nahezu fehlen, treten vor allem die Muscheln und die ihnen äußerlich ähnelnden Brachiopoden zahlreich auf. Sie füllen oft ganze Bänke und gaben dem Muschelkalk seinen Namen. Die bis 300 m mächtige Schichtenfolge zeigt eine deutliche Dreigliederung in

Unteren Muschelkalk,
Mittleren Muschelkalk,
Oberen Muschelkalk.

Im Unteren Muschelkalk lagern sich die Gesteine in einem zeitweilig trockenfallenden, seichten Flachmeer von wattenmeerähnlichem Charakter ab. Hieraus erklärt sich auch die große Mannigfaltigkeit in der Ausbildung der einzelnen Schichten. Überwiegend handelt es sich um graue, blaugraue und graugrüne mergelige Kalke, die aus unzähligen dünnen Lagen mit welligen bis fältelig-runzeligen Schichtflächen bestehen (Wellenkalke) und mit ebenschichtigen, wulstigen, oolithischen, konglomeratischen, dichten oder porösen, fossilfreien oder fossilreichen Kalken wechsellagern. Da Zonenfossilien fehlen, gliedert man die Ablagerungen des Beckeninneren mit Hilfe von drei Horizonten dickbankiger Kalke, die gute Werksteine liefern und sich über relativ große Strecken hin, z.B. bei Jena, gleichartig ausgebildet verfolgen lassen; ob allerdings auch in gleicher stratigraphischer Höhenlage, bleibt dahingestellt. Man bezeichnet sie (von oben nach unten) als

Zone der Schaumkalkbänke, überwiegend aus gelblichgrauem, porösem Kalk bestehend,

Zone der Terebratelbänke, mit zahlreichen *Coenothyris vulgaris*, die zu den Terebrateln im weiteren Sinne gehören,

Zone der Oolithbänke, vor allem aus Kalkoolithen aufgebaut. Die Mächtigkeit der Schichten des Unteren Muschelkalkes beträgt bis 170 m.

Im Mittleren Muschelkalk wird das Germanische Binnenbecken zeitweilig vom offenen Meer abgeschnürt. In dieser Zeit bilden sich salinare Gesteine. Ihre vollständige Serie (Salz — Anhydrit — Dolomit) findet sich aber nur in einem zentralen Streifen, der sich etwa von Waldshut am Oberrhein über Dürrheim, den Neckar entlang nach Schweinfurt — Erfurt — Gotha — Hildesheim — Hannover — Braunschweig — Lüneburg (fraglich) erstreckt. Er entspricht dem tiefsten Teil des Beckens. Sonst geht die Ausscheidung höchstens bis zum Gips. Im übrigen bestehen die Ablagerungen des Mittleren Muschelkalkes aus einer sehr gleichförmigen Folge von gelblichen bis grauen, z.T. schwach bitumenhaltigen dichten Kalken, dolomitischen Mergelkalken und Dolomiten. Die Mächtigkeit der sehr fossilarmen Abfolge schwankt je nach der paläogeographischen Lage und dem Grad der Auslaugung in weiten Grenzen (z.B. von 32 m in Ostthüringen bis zu 100 m in Westthüringen).

Nach zeitweiliger Unterbrechung öffnet sich im Oberen Muschelkalk (Abb. 153) erneut eine Verbindung zur Tethys, diesmal aber nicht über

Tab. 33. Stratigraphische Gliederung der Trias

Abteilungen	Stufen der germanischen Trias	Stufen der pelagischen Trias	wichtigste Leitfossilien der pelagischen Trias	wichtigste Leitfossilien der germanischen Trias	Germanisches Becken	Alpen	Nordamerika Südwesten	Nordamerika Osten	Gondwanaland	
Hangendes:					untere Liasschichten	untere Liasschichten	Doggerschichten		Liasschichten	
Obere Trias	Keuper	Rät	*Avicula contorta*	*Avicula contorta*	bis 40 m Rät (Sandsteine und Tone)	100…400 m Kössener Schichten (dunkle Kalke und Mergel)		Newark	250…400m Sandstein in Argentinien und Südafrika (Red beds, Cave-Sandstein, Rätsandstein)	500 m Lubilasch-Schichten im Kongogebiet 500 m Maleri-Schichten in Vorderindien
		Nor	*Halorites Monotis salinaria*		200…280 m Haupt- oder Gipskeuper, (Letten, Gips, Mergel, Sandsteine)	300…800 m Hauptdolomit d. Bayr., Lombardischen und Zentralalpen 50…800 m Dachsteinkalk und -dolomit der Dolomiten u. Nördl. Kalkalpen	Red beds		1000 m oberes u. mittl. Paganzo mit Magmagesteinen in Argentinien 400 m Molteno-Schichten mit Kohlen in Südafrika	
		Karn	*Halobia rugosa Myophoria kefersteini*	*Myophoria kefersteini*		50…400 m Raibler Sandsteine der Dolomiten, Lombardischen, Bayrischen und Zentralalpen 300 m Lunzer Sandsteine der nordöstlichen Kalkalpen				
Mittlere Trias		Ladin	*Daonella lommeli Diplopora annulata Protrachyceras*	*Myophoria goldfussi*	15…45 m Lettenkohle (= Kohlenkeuper)	300…1000 m Wettersteinkalk oder -dolomit der Bayrischen Alpen, nordöstl. Kalkalpen u. Zentralalpen			400 m obere Beaufortschichten in Südafrika 300 m Parsoraschichten in Vorderindien	
	Muschelkalk			Ceratitenarten *Encrinus liliiformis*	45…80 m Ob. Muschelkalk, Ceratitensch. ob., Trochitenkalk u.	bis 800 m Schlerndolomit der Dolomiten, oberer Teil des Ramsaudolomits der Berchtesgadener Alpen (Südalpen)				
		Anis	*Balatonites Ceratites*		25…120 m Mittl. Muschelk.	bis 100 m Mendeldolomit der Dolomiten und Lombardischen Alpen bis 400 m meist dkl., mergel. Kalke und Dolomite der Nordalpen (Reiflinger Kalk, Gutensteiner Kalk usw.)				
				Beneckeia buchi Terebratula ecki	55…170 m Unterer Muschelkalk					
Untere Trias	Buntsandstein	Skyth	*Tirolites Claraia clarai*	*Beneckeia tenuis Myophoria costata*	bis 1200 m Buntsandstein	bis 300 m alpiner Buntsandstein (Werfener Schichten, Campiller und Seiser Schichten)			200 m mittlere Beaufortschichten in Südafrika	

Oberschlesien, sondern über das heutige Burgund, die Burgundische Pforte. Das eindringende frische Meerwasser bringt eine reiche Lebewelt mit und hinterläßt ähnlich wie im Unteren Muschelkalk vor allem Kalke und Mergel, die sich in einem zeitweilig trockenfallenden Flachmeer von wattenmeerähnlichem Charakter bilden. Der obere Teil dieser Ablagerungen wird durch eine Anzahl verschiedener, an bestimmte Zonen gebundener Ammoniten mit einfach gezackter Lobenlinie, die Ceratiten, gegliedert. Zwischen diese Ceratitenschichten und den Mittleren Muschelkalk schiebt sich, z.B. im Bereich des Thüringer Beckens, der Trochitenkalk,

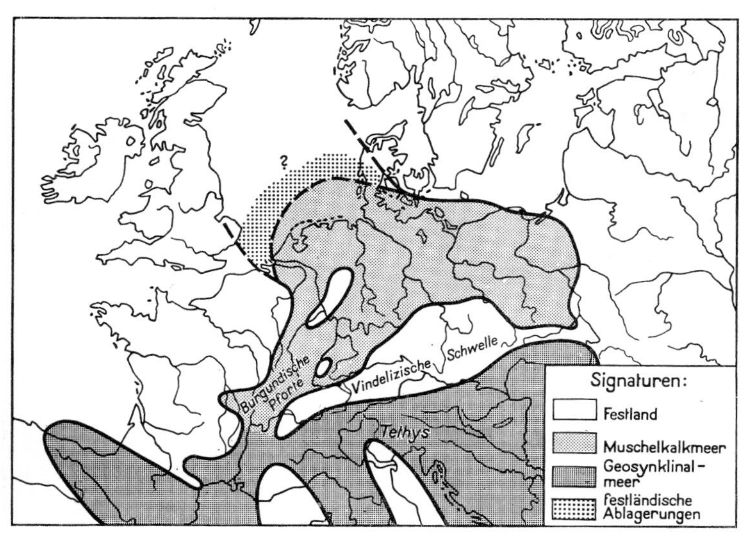

Abb. 153. Vermutliche Verteilung von Land und Meer während des Oberen Muschelkalkes in Mitteleuropa. – In Anlehnung an R. Brinkmann, S. von Bubnoff u.a.

eine 4 bis 6 m mächtige Abfolge meist dickerer Kalkbänke mit stellenweise angereicherten Stielgliedern (Trochiten) einer Seelilie (*Encrinus liliiformis*).

Die Ceratitenschichten dagegen bestehen, wie etwa im Thüringer Bekken, hauptsächlich aus mehr oder weniger ebenflächigen, dünnplattigen Kalkmergeln und Mergelkalken mit dünnen Tonmergelbestegen sowie zwischengeschalteten dickeren Kalkbänken, von denen einige der Gliederung der Schichtenfolge dienen. Die Folge enthält zahlreiche Muscheln, besonders der Gattungen *Myophoria, Gervilleia, Lima,* ferner vereinzelte Reste kleiner Saurier, Fische usw. Die mittleren Ceratitenschichten entstehen zur Zeit der größten Ausdehnung des Meeres. Bei dem nachfolgenden allmählichen Rückgang schieben sich von der zurückweichenden Uferlinie Deltas und Ästuare in das Becken vor und überwältigen schließlich das Meer.

Auf die Meeresablagerungen des Muschelkalkes folgen damit die überwiegend festländischen, bis 600 m mächtigen Schichten des **Keupers**. Sie bilden sich in einem abflußlosen Becken, das vor allem durch die Absätze der Flüsse fast vollständig zugefüllt wird und in das das Meer nur gelegentlich kurzfristig vorstößt, zunächst noch mit einer verarmten Muschelkalk-

fauna. Die hierbei gebildeten marinen Horizonte sind trotz ihrer meist geringen Mächtigkeit viel deutlicher als im Buntsandstein zu erkennen und ermöglichen eine Untergliederung der Schichtenfolge. Da die Randgebiete – besonders im Westen – durch die andauernde Abtragung in den vorangegangenen Zeiträumen wesentlich flacher geworden waren, treten im Unterschied etwa zum Buntsandstein grobkörnige Sedimente zurück. Bunte, gipsführende Mergel, Sandsteine sowie bankartige Einlagerungen sandig-mergeliger Kalke und Dolomite herrschen bei weitem vor. Von den bunten Farben stammt der Name Keuper (geköpert = oberfränkischer Dialektausdruck für bunt). Weit verbreitet ist auch der Gips, doch nur in gewissen Horizonten.
Da die Randgebiete immer mehr abgetragen werden, vergrößert sich der Ablagerungsraum ständig. So greifen die Schichten des Keupers z.B. im Westen weit auf das Grundgebirge des französischen Zentralplateaus über, im Süden auf die Vindelizische Schwelle, die sich zwischen dem Germanischen Becken und der Tethys erstreckt (vgl. Abb. 154). Eine Folge hiervon ist, daß das Meer jetzt nicht nur durch die Burgundische Pforte hereinflutet, sondern auch über die im Westen zwischen Vogesen und Hunsrück gelegene Lothringische Straße. Allgemein betrachtet ebnet sich

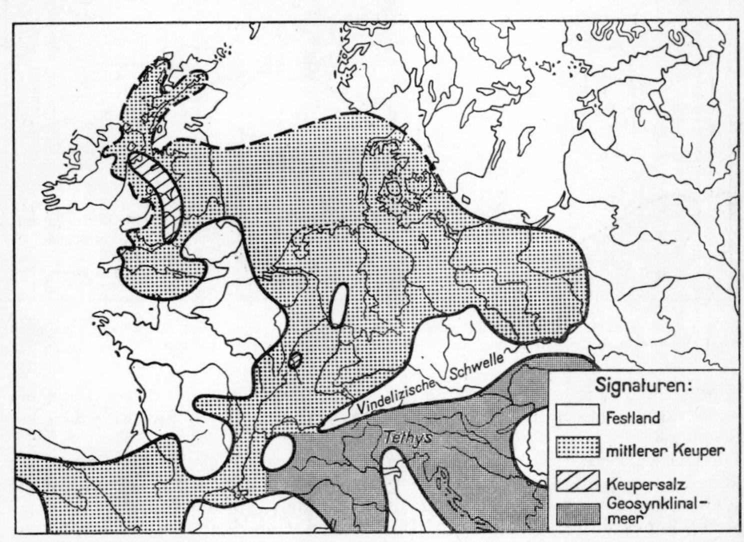

Abb. 154. Vermutliche Verteilung von Land und Meer während des Mittleren Keupers in Mitteleuropa.— In Anlehnung an R. Brinkmann, S. von Bubnoff u.a.

während der Keuperzeit Mitteleuropa weiter ein, wodurch die Voraussetzung für die große Überflutung der Jurazeit geschaffen wird. Man gliedert den Keuper in
Unteren Keuper (Kohlenkeuper, Lettenkohlengruppe),
Mittleren Keuper (Gipskeuper),
Oberen Keuper (Rät).
Der Untere Keuper (Kohlenkeuper) ist in vieler Hinsicht eng mit dem Muschelkalk verknüpft. Er unterscheidet sich von diesem aber da-

durch, daß marine, brackische und festländische Bildungen häufig wechseln und oft eng miteinander verzahnt sind, sowie durch das häufige Vorkommen festländischer Tier- und Pflanzenreste. Es spiegelt sich hier also der Kampf zwischen dem Muschelkalkmeer und dem Festland wider, bei dem schließlich das Festland die Oberhand gewann. Gelegentlich, z.B. bei Weimar, finden sich kleine Flöze unreiner und nicht bauwürdiger Kohlen zwischengeschaltet, weshalb man den Unteren Keuper auch Lettenkohlenkeuper nennt. Im Unterschied zum Mittleren Keuper herrschen in ihm dunkle, meist graue oder grünliche Farben vor. Außerdem fehlen Gips und Steinsalz. Nur im oberen Teil zeigen lebhaftere Töne bereits einen Übergang zum Mittleren Keuper an.
Der Mittlere Keuper, auch als Gips- oder Hauptkeuper bezeichnet (Abb. 154), stellt mit einer Mächtigkeit bis zu 340 m das umfangreichste Glied des Keupers dar. Das charakteristischste Gestein ist hart gewordener Ton (Letten). Er entsteht aus feinsten Abschlämmungsprodukten, die von den randlichen Hochgebieten in das Beckeninnere verfrachtet und dort oft zusammen mit Gips in seichten, häufig ihre Lage verändernden Binnengewässern abgelagert werden. Man findet ihn u.a. bei Arnstadt. Steinsalz konnte im nordwestlichen Mecklenburg, im Harzvorland, in der westlichen Altmark und in Ostbrandenburg erbohrt werden. Auf einen gelegentlichen Vorstoß des Meeres ist aus dem Versteinerungsinhalt mancher Steinmergelbänkchen zu schließen. Von den Randgebieten schiebt sich Sand in Form von Schuttfahnen verschieden weit in das Beckeninnere und bildet z.B. die Sandsteine bei Coburg.
Zur Zeit des Oberen Keupers (Rät) wird das inzwischen weitgehend aufgefüllte Keuperbecken erneut vom Meer überflutet, diesmal wieder von der heutigen Nordsee aus. Der Kampf zwischen Land und Meer, bei dem schließlich an der Grenze zum Jura das Meer siegt, spiegelt sich in den oft lückenhaften Schichtenfolgen wider. Sie bestehen, wie am Seeberg bei Gotha, vor allem aus grauen bis dunklen Tonen und hellen, feinkörnigen Sandsteinen mit kieseligem Bindemittel. Ein rascher, durch das feuchtere Klima verstärkter Wechsel in der Ausbildung der Gesteine erschwert die Gliederung. Unter dem mitteleuropäischen Tiefland nehmen die Mächtigkeiten von etwa 50 m im Süden bis etwa 150 m im Norden und Nordwesten zu. Als Leitfossil wichtig ist die auch in gleichaltrigen Ablagerungen der pelagischen Trias häufige Muschel *Pteria contorta* (Abb. 149).

Ähnliche Verhältnisse wie im Germanischen Becken finden wir auch im **westlichen Mittelmeergebiet**, in der **Sowjetunion** und in **China**. Wie im deutschen Gebiet wird dort meist eine in einem Binnenmeer gebildete, hauptsächlich aus blau- oder blaugraugefärbten Ablagerungen bestehende Schichtenfolge (entsprechend dem Muschelkalk) von überwiegend festländischen Bildungen eingeschlossen (entsprechend dem Buntsandstein unten, dem Keuper oben).

Die Gebiete der pelagischen Trias zeigen dagegen nicht die Dreiteilung der germanischen Trias. Ihre Schichten gliedert man vor allem mit Hilfe der reich vertretenen Ammoniten. Im einzelnen ergibt sich ein außergewöhnlicher Wechsel in Ausbildung und Mächtigkeit der Schichtpakete, verursacht durch die sehr mannigfaltige paläogeographische Entwicklung. Besonders erschwert wird die Übersicht durch zahlreiche Kalkalgen- und Korallenriffe, die oft als riesige Kalk- und Dolomitmassen die im übrigen normal geschichteten Gesteine durchragen.
Weit verbreitet ist die pelagische Trias im Gebiet der Alpen. Hier vergrößerte sich die bereits im Oberkarbon angelegte, zur Tethys gehörende alpine Geosynklinale weiter nach Norden und nahm bis zu 3000 m

Sedimente auf. Die verschiedenartige Ausbildung der Schichten zeugt von einander mehrmals ablösenden Vorstößen und Rückzügen des Meeres.
Das Gebiet der Nordalpen war während des Skyths überwiegend Festland. Dabei bildeten sich hier sowie in einem südlich anschließenden Flachmeer die bunten und salinaren Werfener Schichten, die dem Buntsandstein entsprechen und meist auch ein ähnliches Gepräge zeigen. Aus diesem Zeitabschnitt stammen die berühmten Salzlagerstätten von Hallstatt, die allerdings in das Obere Perm hinabreichen.
Während des Anis, in dessen Verlauf das Meer vordrang, entstanden die überwiegend graugefärbten Kalke und Dolomite des alpinen Muschelkalkes. Im Bereich der Südalpen, der schon länger vom Meer bedeckt war, enthalten sie auch Kalkalgen- und Korallenriffe. Wirkliche Bedeutung gewinnen die Kalkalgen aber erst im Ladin, wo sie wesentlich an der Zusammensetzung des viele hundert Meter mächtigen Wettersteinkalkes und des Ramsaudolomites beteiligt sind. Es handelt sich um Wirtelalgen (Dasycladaceen), die zu den Grünalgen gehören und deshalb nur in Wassertiefen bis zu 50 m gedeihen konnten.
Im Karn vergrößerte sich dann der Festlandsraum wieder. Demzufolge finden sich mehr klastische Gesteine, vor allem Mergel, Schiefer und Sandsteine. Und am Nordrand des Ablagerungsraumes kam es in einem schmalen Küstenstreifen sogar zur Bildung von Mooren. Hier entstanden die Kohlenflöze der Lunzer Schichten. Kalke wurden während des Karns nur an wenigen Stellen gebildet, so bei Aussee und am Raschberg bei Goisern. Es handelt sich um bunte Ammonitenkalke, die eine reiche Fauna enthalten. Von den etwa 500 Ammonitenarten ermöglichen manche einen weltweiten Schichtenvergleich. Einige Arten fand man z.B. in Kalifornien und auf der Sundainsel Timor wieder.
Während des Nors dehnte sich das Meer von neuem aus, wodurch der Anteil kalkiger und mergeliger Gesteine zunahm. Diese bestimmen ähnlich wie die aus dem Ladin morphologisch weitgehend das Landschaftsbild der Nordalpen. Bekannt sind der Dachsteinkalk und der Hauptdolomit, aus denen die mächtigen Massive vom Dachstein, Tennengebirge usw. bestehen. In ihrer Zusammensetzung spielen jedoch die im Ladin so wichtigen Kalke kaum noch eine Rolle. Den Dachsteinkalk bauen hauptsächlich ästige Korallen (*Thecosmilia*) sowie dickschalige Muscheln (Megalodontiden) auf. Bei Seefeld in Tirol ist dem Hauptdolomit ein schwarzer Ölschiefer eingelagert, der eine reiche Fischfauna enthält. Aus diesem Gestein wird Ichthyol gewonnen, das als Rohstoff für medizinische Präparate Bedeutung hat. Auch im Nor finden sich bunte Ammonitenkalke (Hallstätter Kalke, so u.a. am Salzberg bei Hallstatt) mit reicher Ammonitenfauna und zwischengeschalteten Bänken dünnschaliger Muscheln (z.B. *Monotis*). Bezeichnend ist das bis wagenradgroße *Pinacoceras*, ein Ammonit mit stark verfalteter Lobenlinie.
Im Flachmeer des Räts bildeten sich hauptsächlich Kalke und Mergel. Sie umschließen überwiegend Reste großer Muscheln (Megalodontiden, wie etwa *Conchodus infraliasicus*), wenn man von den Riffkalken absieht, die wiederum meist aus ästigen Korallen bestehen. Festländischer Einfluß zeigt sich in den tonig-mergeligen bis kalkigen Kössener Schichten sowie den Zlambachschichten, die in Küstennähe abgelagert wurden. Es finden sich Einzelkorallen und kleine Korallenriffe, Muschelpflaster, Brachiopoden-Schill usw. Die Lebewelt der alpinen Schichtenfolge deutet auf eine enge Verbindung zu den anderen großen Geosynklinalen hin, vor allem zu der zirkumpazifischen. Während der Mitteltrias kam es in den Südalpen zu vulkanischen Ausbrüchen, wobei vorwiegend Tuffe von andesitischer Beschaffenheit gebildet wurden.

Eine ähnliche Entwicklung wie in den Alpen ergab sich auch in den anderen Gebieten der Tethys, so in **Kleinasien** und im **Kaukasus**. Nur weiter im Osten weichen die Schichten der Untertrias ab, da zu dieser Zeit die Tethys noch nicht durchlaufend ausgebildet war. Erst im höheren Teil der Trias stimmen die Schichtenfolgen z.T. stark überein. So finden wir im Himalaja eine ähnliche Ausbildung wie in den Alpen.
Im Malaiischen Archipel mündete die Tethys in eine große Senkungswanne, die den Pazifik rings umspannte und u.a. **Japan**, **Nordostsibirien** sowie die nord- und südamerikanischen **Kordilleren** umfaßte. In ihr entstanden abweichend von den überwiegend kalkig-dolomitischen Bildungen der Tethys vornehmlich klastische Gesteine (Grauwacken, Sandsteine, Konglomerate, Schiefer), denen mächtige vulkanische Tuffe eingeschaltet sind. Während des Räts, in dem sich das Meer weitgehend zurückgezogen hatte, wurden vor allem Sandsteine abgelagert. Im Gebiet der Anden bildeten sich — abgesehen vom Nor — auch sonst festländische Schichten mit porphyrischen und porphyritischen Ergüssen.
Auf **Spitzbergen**, der **Bäreninsel** und im **nördlichen Sibirien**, in **Alaska** und im **nördlichen Nordamerika** sind ähnliche, meist klastische Ablagerungen eines Arktismeeres bekannt, das sich um den heutigen Nordpol erstreckte.
Die **Südkontinente** zeigen gegenüber dem Perm keine wesentlichen Veränderungen. An Stelle der grauen Sedimentfarben des Perms herrschen in der Untertrias bunte, in der höheren Trias rote Farben vor. In **Südamerika** und **Südafrika** kam es wie auch in Sibirien zu riesigen Ergüssen meist basaltischer Laven. Sie bilden u.a. im Paraná-Becken Südbrasiliens eines der größten Ergußgesteinsgebiete der Erde mit 800000 km² Fläche.

4. Zusammenfassung. Die Trias ist insgesamt betrachtet eine Zeit der Vorherrschaft des festen Landes. Zu Überflutungen kam es in größeren Bereichen während des Skyths und Karns, während des Räts zu einem weitgreifenden Rückzug des Meeres, der in der Arktis, in Asien und Amerika bis zum Ende der Triaszeit anhielt. In Europa gewann das Meer während des Räts bereits wieder an Boden. Abgesehen von Krustenbewegungen in der Umrandung des Pazifiks (Labaphase in ladinisch-karnischer Zeit und altkimmerische Faltungsphase an der Wende Trias/Jura), war die Trias eine Zeit der tektonischen Ruhe. In den Geosynklinalen begann die Ansammlung der Gesteinsmassen, aus denen später die alpidischen Ketten aufgefaltet wurden. Auf den Festländern lagerten sich größtenteils dreigliedrige Schichten ab. Der Magmatismus äußerte sich vor allem auf den südlichen Festländern in der Förderung riesiger Mengen basaltischer Laven. An einigen Stellen bildeten sich kleine Kohlenflöze.
Das Klima der Triaszeit war, wie sich aus der gleichförmigen Verteilung der Pflanzen- und Tierwelt und dem Fehlen von Anzeichen kalten Klimas auch in den sogenannten arktischen Becken ergibt, viel ausgeglichener als im Perm. Die Verbreitung rotgefärbter klastischer Sedimente und das gehäufte Auftreten von Gips und Salz in vielen Gebieten lassen eine gewisse Gliederung in mehr oder weniger trockene Klimazonen erkennen. So verlief z.B. ein nördlicher Trockengürtel von Osteuropa über Mitteleuropa und den Mittelmeerraum nach Nordamerika. Erst im Rät wurde das Klima wieder kühler und feuchter. Für die Entwicklung der Lebewelt ist besonders das Auftreten der ersten Säugetiere und neuer Pflanzenformen von Bedeutung. Wirtschaftlich nutzbare Gesteine enthalten in Mitteleuropa sowohl der Buntsandstein (Bausandsteine) als auch der Muschelkalk (Mergel und Kalke für die Zementindustrie, Werkkalke, Steinsalz) und der Obere Keuper (Bausandsteine).

Jura

1. Allgemeines. Der Name Jura geht auf das Schweizer Juragebirge zurück und wurde von Alexander v. HUMBOLDT 1795 auf die gleichaltrigen hellen Kalke des übrigen Europas übertragen. BRONGNIART erweiterte 1829 den Begriff auf das gesamte System im heutigen Sinne. Die Dreigliederung des Juras in Unteren oder Schwarzen, Mittleren oder Braunen und Oberen oder Weißen Jura stammt von Leopold v. BUCH (1837). Er legte hierfür die süddeutschen Verhältnisse zugrunde, wo zuunterst vor allem dunkle Tone liegen, auf die braune eisenschüssige Sandsteine und schließlich helle Kalke folgen. Die dieser Dreigliederung entsprechenden Begriffe Lias (unten), Dogger und Malm (oben) stammen aus England. Der Tübinger Professor Friedrich August QUENSTEDT (1837 bis 1888) gliederte diese drei Abteilungen mit Hilfe von Ammoniten in je sechs Stufen, die er mit griechischen Buchstaben bezeichnete. Der Jura umfaßt einen Zeitraum von rund 55 Mio Jahren.
Nach der Trias, in der weite Teile Europas landfest geworden waren, herrschte im Jura wieder das Meer. Es erlangte über dem europäischen Kontinent die größte Ausdehnung aller Zeiten. Wie in der Trias ging die Vorbereitung der jüngeren Gebirgsbildungen weiter. Dabei füllten sich die Geosynklinalen zunehmend mit den Ablagerungen, aus denen die alpidischen Gebirge unserer Erde aufgefaltet wurden. Zu Gebirgsbildungen größeren Ausmaßes, verbunden mit dem Aufdringen mächtiger Granodioritmassen, kam es in Nordamerika, zu weniger umfangreichen in Südamerika, Nordostasien und Japan, zu geringfügigen Bewegungen in Mitteleuropa sowie dem vorgelagerten nordwestdeutschen Meeresbecken während des Malms. Die Tierwelt erlebte eine Zeit der Blüte und entfaltete sich sowohl im Meer als auch auf dem Lande in reichem Maße. Erstmalig eroberten sich Wirbeltiere die Luft.

2. Die Entwicklung der Lebewelt (hierzu Abb. 155). Nach dem großen Niedergang der **Foraminiferen** während der Triaszeit entwickelte sich aus den wenigen überlebenden Vertretern allmählich die große Mannigfaltigkeit der mesozoischen und jüngeren Formen. Wichtig für den Jura sind hauptsächlich kalkschalige Vertreter der Gattungen *Dentalina, Lenticulina, Frondicularia, Nodosaria, Marginulina* und *Epistomina*, von denen viele Arten als Leitfossilien dienen. Doch auch aus Sandkörnern aufgebaute Gehäuse kommen vor. Von diesen ist vor allem der an einen winzigen Ammoniten erinnernde *Ammodiscus* zu nennen, der

Abb. 155. 1. bis 5. **Foraminiferen des Lias**: 1. Ammodiscus, 0,3 mm; 2. Dentalina, 0,7 mm; 3. Nodosaria, 0,1 mm; 4. Frondicularia, 0,1 mm; 5. Lenticulina (Astacolus), 0,6 mm. 6. bis 8. **Schwämme (Spongien) aus dem Oberen Malm**: 6. Cylindrophyma milleporata, 10 cm; 7. Laocaefis paradoxa, 12 cm; 8. Tremadictyon reticulatum, 12,5 cm. 9. bis 10. **riffbildende Korallen** aus dem Oberen Malm von Süddeutschland: 9. Stylina limbata, 4,2 cm; 10. Thecosmilia sp., 4 cm. 11. bis 13. **Brachiopoden (Armfüßer)**: 11. Spiriferina Walcotti, Mittlerer Lias, 2,8 cm; 12. Zeilleria lagenalis, Dogger ε von England, 4 cm; 13. „Rhynchonella" sp., Mittlerer Dogger von Süddeutschland, 2,2 cm. 14. bis 17. **Schnecken (Gastropoden)**: 14. Nerinea defrancei, Oberer Malm von Frankreich, 6 cm; 15. Nerinea suevica, Oberer Malm von Süddeutschland, 4,5 cm; 16. Pterocera oceani, Oberer Malm von Hannover, 9 cm; 17. Actaeonina dormoisiana, Oberer Malm von Südfrankreich, 7,5 cm. 18. bis 21. **Muscheln (Lamellibranchiaten)**: 18. Lopha marshi, Mittlerer Dogger, 6 cm; 19. Gryphaea arcuata, Unterer Lias, 5 cm; 20. Trigonia costata, Oberer Dogger, 5 cm; 21. Goniomya angulifera, Mittlerer Dogger, 4 cm. 22. bis 25. **Ammoniten**: 22. Psiloceras planorbis, Unterer Lias (α_1), 4,5 cm; 23. Arietites (Megarietites) sp., Unterer Lias (α_3), 18 cm; 24. Leioceras opalinum, Unterer Dogger (α), 5,5 cm; 25. Teloceras blagdeni, Mittlerer Dogger, 15 cm; 26. bis 27. **Belemniten („Donnerkeile")**: 26. Megateuthis paxillosus, Mittlerer Lias, 10 cm; 27. Belemnopsis hastatus von der Seite, Unterer Malm (Oxford), 7 cm. 28. bis 29. **Seeigel (Echinoiden)**: 28. Cidaris coronata, Malm, 4 cm 29. Pygaster umbrella, Unterer Malm (Oxford), 4 cm. 30. bis 32. **Krebse (Crustaceen)**: 30. Mecochirus longimanus, Solnhofener Plattenkalk (Malm ζ), 18 cm; 31. Antrimpos kiliani, Oberer Dogger von Frankreich, 10 cm; 32. Pleurocythere impar, Mittlerer Dogger, 0,8 mm. Die Maße geben den jeweils größten Durchmesser an. – Nach E. Fraas, A. H. Müller, K. A. v. Zittel u.a.

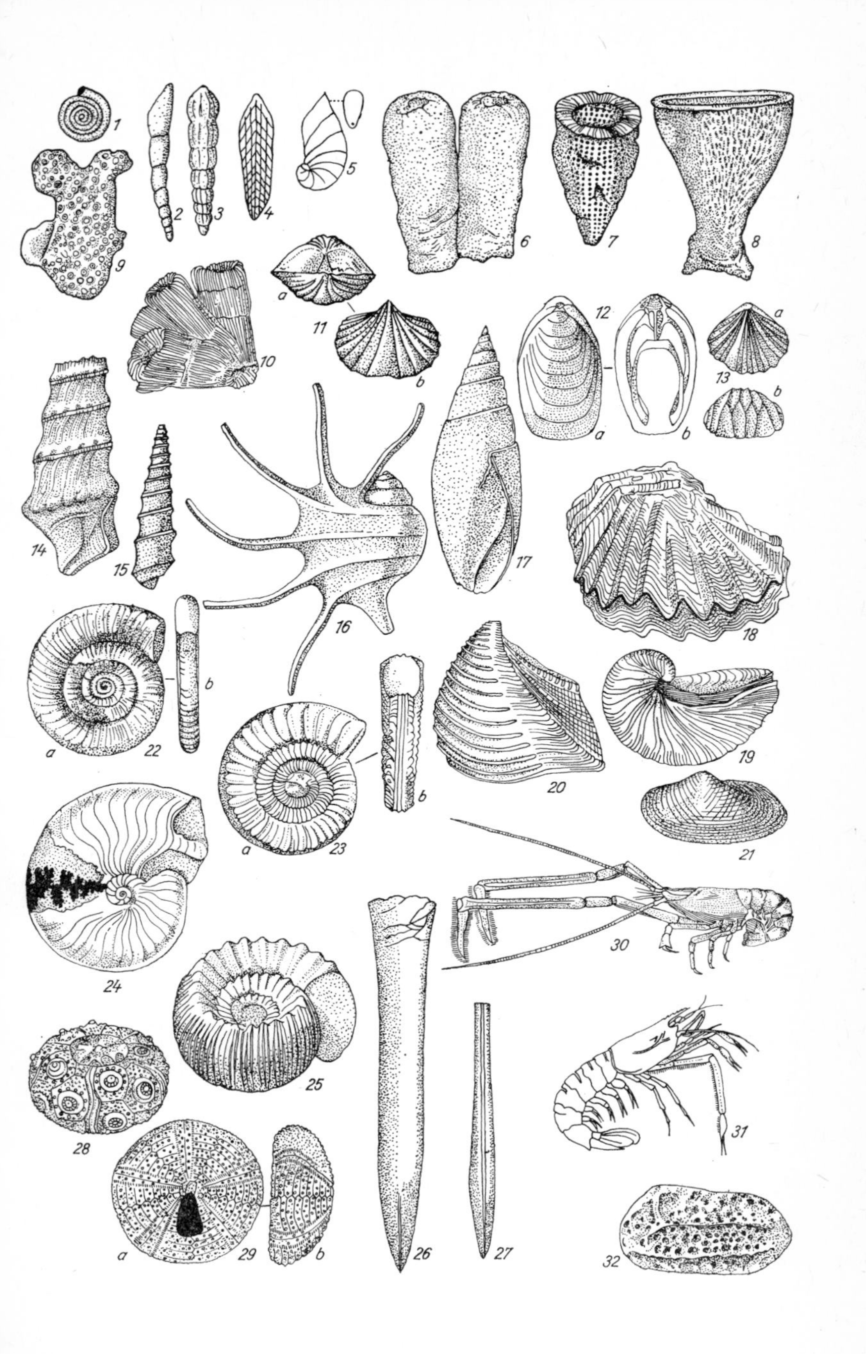
1
2
3
4
5
6
7
8
9
10
a
11
b
12
a
b
13
a
b
14
15
16
17
18
a
22
b
a
23
b
19
20
21
24
25
30
26
27
28
31
a
29
b
32

im Unteren Lias gelegentlich in Massen auftritt. **Radiolarien**, bei denen die mützenförmigen Gestalten überwiegen, finden sich insbesondere in den Hornsteinen und Kieselschiefern der Tethys. **Schwämme (Poriferen)**, darunter vornehmlich die Kieselschwämme (Silizispongien), bildeten im Malm Süddeutschlands mächtige, als „Schwammstotzen" bezeichnete Riffe. Bei den **Korallen** herrschen seit der Trias die Hexakorallen vor. Geologisch wichtig sind unter ihnen die koloniebildenden Vertreter, die massenhaft in den Korallenbänken und -riffen des Malms vorkommen. Von **Medusen** konnten vor allem im Solnhofener Plattenkalk guterhaltene Abdrücke geborgen werden.
Moostierchen (Bryozoen) wuchsen in verschiedengestalteten Kolonien hauptsächlich an den Riffen des Malms und in deren Umgebung. Unter den **Brachiopoden (Armfüßern)** starben mit der altertümlichen Gattung *Spiriferina* im Mittleren Lias die letzten helicopegmaten Vertreter aus. Kennzeichnend sind im übrigen die Rhynchonellen mit ihren meist stark berippten Klappen sowie die Terebrateln mit leicht eingebuchteten Armgerüstschleifen und glatter Schale *(Zeilleria)*. Von den **Würmern (Vermes)** lassen sich insbesondere Lebensspuren und die Kalkröhren von Serpuliden in fast allen Schichten nachweisen. Im Oberen Malm des norddeutschen Raumes kommen sie stellenweise gesteinsbildend vor, so daß man die betreffende Schichtenfolge als Serpulit bezeichnet.
Vielfach in ungeheurer Formenfülle finden sich in den Meeresablagerungen der Jurazeit die oft vorzüglich erhaltenen Überreste von **Weichtieren (Mollusken)**. Sie sind nicht nur von wissenschaftlichem, sondern auch großem praktischem Interesse als Leitfossilien bei der zeitlichen Einstufung von Gesteinsverbänden. Unter den **Muscheln (Lamellibranchiaten)** sind vor allem Kamm-Muscheln (Pectiniden) sowie die mit den heutigen Austern verwandten Exogyren und Gryphaeen häufig. Von der Vielfalt der übrigen seien noch die Posidonien genannt, die massenhaft in den nach ihnen benannten Posidonienschiefern des Oberen Lias in Mitteleuropa und des Oberen Doggers in der Tethys vorkommen. Eine große Mannigfaltigkeit zeigen auch die **Schnecken (Gastropoden)**, von denen die spitzkonischen, dickschaligen Gehäuse der Nerineen hervorgehoben werden sollen, die im Malm als Leitfossilien dienen. — Die wichtigsten Leitfossilien sind aber die **Ammoniten**, die im Jura eine Blütezeit erlebten und die Grundlage für die zeitliche Gliederung in Zonen und Stufen bilden. Kennzeichnend ist neben einer stark verfalteten Lobenlinie die große Mannigfaltigkeit der Skulptur. Im Lias überwiegen dabei im wesentlichen Formen mit einfachen Rippen, im Dogger mit gegabelten und im Malm daneben zunehmend solche mit gespaltenen Rippen. Von den Gattungen sind zu nennen: *Psiloceras*, *Arietites* (beide Lias α), *Leioceras* (Dogger α), *Teloceras* (Dogger δ), *Kosmoceras* (Dogger ζ), *Virgatites* (Malm ζ).

Verhältnismäßig formenarm sind die **Nautiloiden**, die nur noch mit eingerollten Gattungen auftreten. Einige erreichen allerdings im Malm Gehäusedurchmesser bis zu 1 m. — Wiederum formenreich und weit verbreitet sind im Jura die zu den zweikiemigen Cephalopoden gehörenden **Belemniten**, von denen aber meist nur die zigarrenförmigen kalkigen Rostren vom Hinterende des Körpers gefunden werden, die der Volksmund als „Donnerkeile" bezeichnet. Neben sehr kleinen Formen im Unteren Lias *(Nannobelus)* finden sich im Dogger riesige Vertreter mit bis 1,5 m langen Rostren *(Megateuthis giganteus)*. — Von den **Krebsen (Crustaceen)** kommen zahlreiche Arten und Gattungen vor. Weit verbreitet und als Leitfossilien wichtig sind vor allem die **Ostracoden (Muschelkrebse)**. Dies gilt insbesondere für die marinen Ablagerungen des Oberen Doggers *(Lophocythere, Pleurocythere)* und die brackisch-limnischen Sedimente des Oberen Malms *(Cypridea)*. Höhere Krebse sind ebenfalls reich entfaltet und finden sich mit vielen Arten zum Beispiel im Solnhofener Plattenkalk *(Aeger, Eryma, Mecochirus)*. — Bei den **Insekten**, von deren Fundstellen Schambelen in der Schweiz (Unterer Lias), Dobbertin in Mecklenburg (Oberer Lias) und der Solnhofener Plattenkalk (Oberer Malm) genannt werden sollen, kommen unter anderen Heuschrecken, Schaben, Käfer, Libellen, Schmetterlinge, Mücken, Fliegen, Wanzen, Zikaden, Blattläuse vor. Damit sind aber bereits alle heute noch fortlebenden Insektenordnungen vertreten.

Von den **Stachelhäutern (Echinodermen)** sind **Seeigel (Echinoiden)** stellenweise häufig und lassen deutlich den schrittweisen Übergang von regulären, gebißtragenden Formen *(Cidaris, Pseudodiadema)* zu irregulären, gebißlosen Arten *(Holectypus, Echinobrissus, Collyrites)* erkennen. Hiervon waren die regulären

hauptsächlich an felsigen Boden (z. B. Riffe), die irregulären an Schlammgründe gebunden, wo sie als Sedimentfresser lebten. **Seesterne (Asteroiden)** und **Schlangensterne (Ophiuroiden)** sind im allgemeinen selten; doch kommen auch Schlangensterne mitunter massenhaft vor. So fand man in einem Schieferton der Arietitenschichten von Oldentrup (bei Bielefeld) eine dünne, verkieselte Platte von 1,5 m Durchmesser, die aus Tausenden von guterhaltenen Individuen einer Art bestand. — **Seelilien (Crinoiden)** sind zwar häufig, doch meist in ihre Einzelteile zerfallen. Vor allem die Stielglieder können Gesteine bilden, so die Crinoidenkalke des Mittleren Lias der Alpen. Prachtvolle, weit verästelte Exemplare kommen, z. T. an fossiles Treibholz geheftet, im Posidonienschiefer vor *(Seirocrinus)*. Gedrungene, stark bewurzelte Arten (*Apiocrinus* u. a.) finden sich vereinzelt in den zum Malm gehörenden Riffkalken Süddeutschlands und im Korallenoolith Norddeutschlands.
Bei den **Wirbeltieren** sind **Knorpelfische (Chondrichthyes)** hauptsächlich durch Haie mit Gattungen vertreten, die ähnlich bereits in der Trias nachgewiesen werden konnten *(Hybodus, Acrodus)*. Eine größere Mannigfaltigkeit zeigen die zu den **Knochenfischen (Osteichthyes)** gehörenden Schmelzschupper, von denen im Oberen Lias (Posidonienschiefer) und im Oberen Malm (Solnhofener Plattenkalk) prächtig erhaltene Exemplare geborgen werden konnten. Insbesondere gilt dies für Holosteer mit den Gattungen *Dapedius*, *Lepidotus*, *Pholidophorus* und *Aspidorhynchus*. Ein erster Vorläufer der seit dem Tertiär weit verbreiteten Teleosteer ist die im Solnhofener Plattenkalk häufige sprottenähnliche *Leptolepis sprattiformis*.
Amphibien sind im Jura sehr formenarm und selten. Dafür spielen die **Reptilien** eine bedeutende Rolle. Bei den Landbewohnern fallen vor allem die riesigen, bis über 20 m langen pflanzenfressenden und sich vierbeinig fortbewegenden Sauropoden auf, so *Brachiosaurus* (Tafel 44) und *Diplodocus*. Kleiner waren die auf den Hinterbeinen schreitenden Raubdinosaurier, die erst in der Kreide Riesenformen entwickelten. Aus dem Jura sind *Compsognathus* und *Megalosaurus* zu nennen. Zu den sekundär dem Leben im Meer angepaßten Reptilien gehören neben Meereskrokodilen *(Teleosaurus, Geosaurus)* und Meeresschildkröten die bis 12 m langen Ichthyosaurier (Fischsaurier) mit *Stenopterygius* sowie die bis 15 m langen Sauropterygier mit *Plesiosaurus*. Gemeinsam ist ihnen eine oft sehr weitgehende Umgestaltung der Gliedmaßen zu flossenähnlichen Ruderorganen. Prächtig erhaltene Skelette von Ichthyosauriern stammen vor allem aus dem Posidonienschiefer (Lias ε) von Boll und Holzmaden in Württemberg. Zum Teil lassen sie noch die Umrisse der Weichteile, gelegentlich den Mageninhalt erkennen. Biologisch interessant sind Funde mit den erhaltenen Embryonen im Leib. — Andere Reptilien, die **Flugsaurier (Pterosaurier)**, eroberten sich im Jura als erste Wirbeltiere den Luftraum. Sie flogen ähnlich wie die heutigen Fledermäuse; doch war die Flughaut nicht zwischen den Fingern der Hand, sondern lediglich vom stark verlängerten fünften Finger zu den Beinen bzw. zum Schwanz gespannt.
Einen weiteren bedeutenden Fortschritt in der Beherrschung des Luftraumes brachte der erste **Vogel**, die weltberühmte *Archaeopteryx* (Urvogel) aus dem Malm, wovon im Solnhofener Plattenkalk bisher drei mehr oder weniger vollständige Exemplare sowie eine Feder gefunden wurden. Das erste befindet sich im Britischen Museum in London, das zweite im Paläontologischen Museum der Humboldt-Universität zu Berlin (Tafel 44).
Ein Hauptzweig der triassischen Reptilien, die Theromorphen, ist im Jura fast ganz ausgestorben. Die von ihnen abstammenden **Säugetiere** sind im Jura noch sehr selten und erreichen nur etwa die Größe eines Hundes. Reste dieser Tiere fanden sich hauptsächlich im Dogger und Purbeck Englands sowie in Wyoming (USA).
Die Pflanzenwelt des Juras zeigt gegenüber der der Obertrias, insbesondere der des Räts, keine wesentlichen Unterschiede und ist — abgesehen von wenigen Ausnahmen — sehr gleichförmig. Es handelt sich vorwiegend um Nacktsamer (Gymnospermen) und höhere Sporenpflanzen (Pteridophyten). Unter den Nacktsamern spielen unseren Tannen, Fichten und Araukarien ähnliche Koniferen *(Abietites, Elatides, Sphenolepidium)*, ferner Cycadeen *(Taeniopteris, Nilssonia)* und cycadeenartige Gewächse *(Pterophyllum)* eine Rolle. Weit verbreitet sind auch ginkgoähnliche Pflanzen *(Ginkgoites, Baiera)*, Farngewächse *(Dictophyllum, Hausmannia, Laccopteris)* und von den niederen Pflanzen die Kalkalgen *Solenopora* und *Pseudochaetetes*. Jurassische Kohlenflöze wurden in Ostsibirien, Korea und China, untergeordnet auch in Europa (Schonen, Südungarn) gebildet.

3. Paläogeographische Verhältnisse. Die Weltkarte der Jurazeit läßt erkennen, daß das Meer fast überall an Raum gewonnen und insbesondere in Europa eine noch nie dagewesene Ausdehnung erreicht hat. Schon an der Wende vom Rät zum Lias beschleunigte sich die Absenkung in Mittel- und Westeuropa, was vor allem im Norden Mitteleuropas zu Meereseinbrüchen führte. Es entstanden freie Verbindungen mit dem offenen Ozean, dessen reiche Fauna in das überflutete Gebiet einwanderte. Im Norden und Osten war das europäische Liasmeer (Abb. 156) durch Fennosarmatia und die böhmische Festlandsmasse begrenzt, im Süden

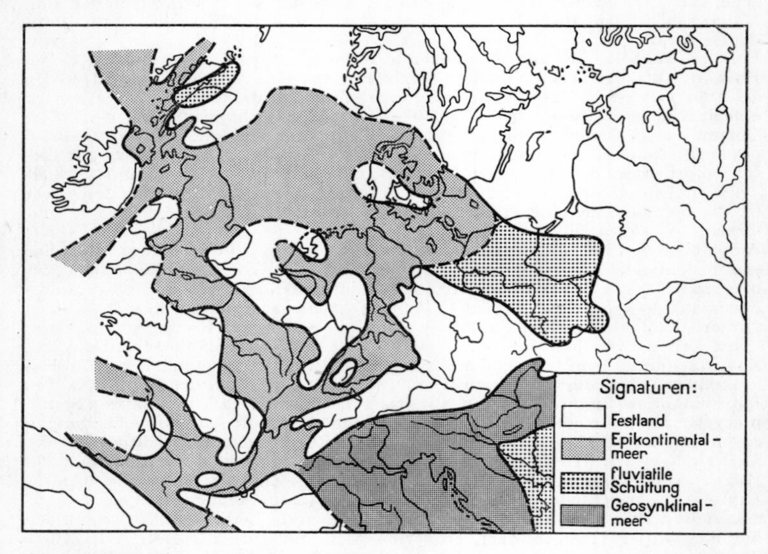

Abb. 156. Vermutliche Verteilung von Land und Meer am Ende des Unteren Lias in Mitteleuropa. — In Anlehnung an R. Brinkmann, S. von Bubnoff, H. Kölbel u. a.

durch das Vindelizische Festland, eine Halbinsel, die sich von Südböhmen über das heutige Donauland und den Bodensee in die Südschweiz erstreckte und das Germanische Becken von der Tethys trennte.

Über das Rhônegebiet hinweg stand das europäische Liasmeer mit der Tethys, über den Bereich zwischen Schottland und Fennoskandia mit dem arktischen Meer in Verbindung. Von den Inseln war die **Ardennisch-Rheinische Insel** am größten. Sie umfaßte das Gebiet der Ardennen und des heutigen Rheinischen Schiefergebirges und erstreckte sich bis Südostengland. Weiter im Süden schlossen sich im Bereich der Vogesen und des Schwarzwaldes einige langgestreckte Eilande an. Die Verbindung mit dem französischen Becken verlief über die Burgundische Pforte südlich der Vogesen sowie zeitweise über den Kraichgau und die Pfalz. Sehr schmal war die Meeresverbindung zwischen Nord- und Süddeutschland über die **Hessische Straße**, die im Gebiet von Werra und Fulda zwischen der Ardennisch-Rheinischen Insel und der böhmischen Festlandsmasse verlief und in die an der Ostküste im Bereich von Thüringer Wald, Harz und Flechtinger Höhenzug nordwestlich von Magdeburg Halbinseln hineinragten. Da sich die Hessische Straße bereits im Oberen Lias wieder schloß, zeigt

die Lebewelt des norddeutschen Doggers und Malms in vieler Hinsicht nähere Beziehungen zum englischen Jura als zum süddeutschen.
Im norddeutschen Gebiet lagerte das Liasmeer überwiegend dunkle Schiefertone mit eingeschalteten Kalkbänken ab. Hiervon dienen die Schiefertone vielfach als wertvolles Material für Ziegeleien. Wie auch die eingelagerten Kalkbänke enthalten sie oft eine Fülle guterhaltener verkalkter, verkieselter oder phosphoritisierter Fossilien, insbesondere Ammoniten. Im subherzynen Becken (Vorharzbecken) treten Kalksandsteine an Stelle der Kalkbänke; sie deuten auf die Nähe der Küste hin, die vom Flechtinger Höhenzug und vom Nordrand des Harzes gebildet wurde. In Strandnähe finden sich auch Eisenoolithe, vorwiegend in der *Arietites*-Stufe (Lias α_3) von Harzburg, Badeleben-Helmstedt, Volkmarsen (bei Kassel) und im Lias γ von Rottorf am Kley (bei Helmstedt), Echte am Kahlberg (bei Northeim), Einbeck und Borlinghausen (bei Warburg/Westf.). Im Mittleren Lias (δ) drang das Meer weiter nach Osten vor. In der Nähe von Berlin traf man bei Bohrungen auf Schichten mit *Amaltheus margaritatus*. Wie schon im Rät existierte während des Lias im Bereich der Odermündung und von da bis weit in das Polnische Mittelgebirge reichend ein „Ästuargebiet", d.h. das vom Meer beeinflußte Mündungsgebiet eines großen Flusses mit einer Wechsellagerung fluviatiler und mariner Ablagerungen.
Bereits in der Psilocerasstufe (α_1) treten im Eggegebirge, bei Bielefeld und im Rheinland Ölschiefer auf. Allgemein verbreitet und sehr mächtig sind solche Gesteine aber im Oberen Lias, wo sie nach einer häufig darin vorkommenden Muschel Posidonienschiefer genannt werden. In Kriegszeiten hat man mehrfach – allerdings nur mit geringem Erfolg –versucht, den Ölgehalt der Schiefer auszubeuten. Bei Vehrte nördlich von Osnabrück wurde an Stelle des Posidonienschiefers ein bis 55 m mächtiger tiefschwarzer Ton abgelagert, den man unter dem Namen „schwarze Kreide" als Mineralfarbe für Schuhkrem, Ofenschwärze usw. abbaut. Der Lias schließt mit einer Folge von Tonen und Mergeln ab, in denen zahlreiche Anzeichen darauf hinweisen, daß das Meer flacher wurde und sich allmählich zurückzog. Dieser Vorgang hielt auch zu Beginn des Doggers noch an, wobei das Meer nach seinem Höchststand im Lias ε etwa auf den Umfang zur Zeit des Lias α schrumpfte. Wie am Ende der Liaszeit wurden im norddeutschen Gebiet zunächst vor allem Tone abgelagert, die vielfach zu Ziegeln verarbeitet werden. Während des Doggers β kam es an der alten Küstenlinie im Allergebiet zur Bildung von Sandsteinen, deren Material aus dem Bereich des Flechtinger Höhenzuges stammt. Die im Mittleren Dogger erneut einsetzende Transgression führte zum Durchbruch der Baltischen Meeresstraße nach Osten und somit zu einer Verbindung zwischen dem norddeutschen und dem russischen Meer (Abb. 157). Im Nordwesten tauchte eine Insel auf, die als **Cimbria** bezeichnet wird und die die ursprünglich ziemlich breite Verbindung zum offenen Meer über England auf einen verhältnismäßig schmalen Durchgang einengte. Vor diesem Festland bildeten sich im Süden mächtige Sandschüttungen. Diese bezeichnet man als Cornbrash (ε) bzw. Portasandstein (oberes ε); am Weserdurchbruch bei der Porta Westfalica wird dieser Portasandstein als Bausandstein gebrochen. Er geht weiter westlich bei Häverstädt in ein abbauwürdiges oolithisches Eisenerz über. Während des Oberen Doggers weitete sich der Meeresraum bedeutend nach Osten aus. Polen und fast die gesamte Osteuropäische Tafel wurden von einem flachen Meer überspült.
Mit dem **Malm** (dem Weißen Jura) vollzog sich im mittleren und nördlichen Europa ein weitgehender Wechsel in der Sedimentbildung. An die

Stelle von Tonen und Sandsteinen traten jetzt überwiegend helle Kalksteine, die dem „Weißen Jura" den Namen gaben. Eine Ursache des Wechsels war die großräumige Verflachung des Meeres. Die Verbindung mit dem osteuropäischen Becken bestand allerdings weiter, so daß die Fauna des norddeutschen Malms ziemlich enge Beziehungen zum osteuropäischen Jura zeigt. Im Gebiet dieser Meeresstraße treten Gesteine der Malmzeit mehrfach zutage, so z. B. um Kamien (Cammin), wo der Kalk in großen Brüchen zum Kalkbrennen, als Düngemittel und zur Zementfabrikation abgebaut wird. An vielen Stellen wurden Ablagerungen des Malms und des Oberen Doggers erbohrt.

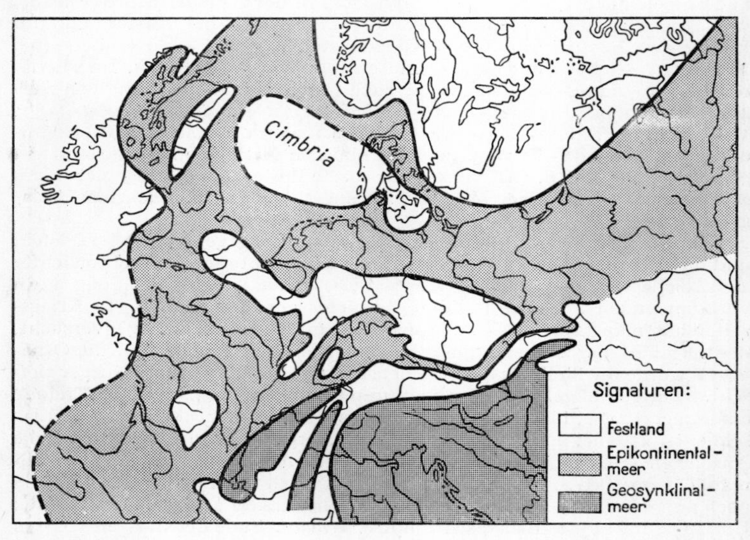

Abb. 157. Vermutliche Verteilung von Land und Meer während des Oberen Doggers in Mitteleuropa. — In Anlehnung an R. Brinkmann, S. von Bubnoff, H. Kölbel u. a.

In Nordwestdeutschland treten bereits im tiefsten Malm (Heersumer Schichten) sandige Sedimente auf, die auf Festlandsnähe hinweisen; und in der darüber folgenden Stufe, dem Korallenoolith, gibt es im Wesergebirge mächtige, aus Sanden hervorgegangene Quarzite. Sie entstanden vor der Küste des jetzt weit nach Süden reichenden Festlandes Cimbria. Der Korallenoolith hat seinen Namen nach den vorherrschenden oolithischen Kalken und den vielfach darin rasenartig vorkommenden Korallen (z. B. am Galgenberg bei Hildesheim). Im Wesergebirge und bei Braunschweig – Gifhorn ist der Kalkoolith stellenweise durch abbauwürdigen Eisenoolith ersetzt. Auch der darüber folgende Kimmeridgekalk, der vielerorts gebrochen wird, ist oft oolithisch und führt in der Regel eine Fülle von versteinerten Muscheln, Schnecken, Brachiopoden u. a. Er ist bei Hannover-Limmer ebenso wie auch die Gigasschichten bei Holzen (Hils) von Erdpech durchtränkt und wurde zu Asphalt verarbeitet, wobei man dem gemahlenen Kalkstein Erdpech aus Trinidad zusetzte. Im oberen Kimmeridge machten sich orogenetische Bewegungen bemerkbar, in deren Gefolge sich das Meer in Mitteleuropa weiter verflachte. Im oberen Allertal schied sich am Rand des Flechtinger Höhenzuges innerhalb roter Tone mit Süßwasserfossilien Anhydrit aus. Im Brackwasser entstanden in der Gegend von Hannover die Eimbeckhäuser Plattenkalke, während die überlagernden Münder Mergel salinar sind und stellenweise bis 400 m mächtiges Steinsalz führen. Bei einem anschließenden Meeresvorstoß bildete sich der Serpulit, der bei Springe (Deister) Einlagerungen von Knollen und Drusen aus Zölestin (Strontiumsulfat) enthält und in Steinbrüchen gewonnen wird. Gegen Ende der Jurazeit versank Cimbria wieder, während das **Mitteldeutsche Festland** epirogenetisch weiter herausgehoben und überwiegend zum Abtragungsgebiet wurde (Abb. 158). In

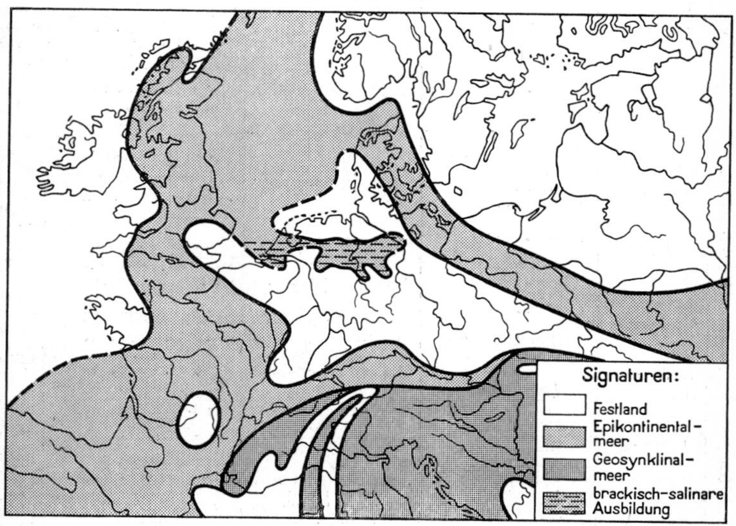

Abb. 158. Vermutliche Verteilung von Land und Meer während des Unteren Portlands in Mitteleuropa. — In Anlehnung an R. Brinkmann, S. von Bubnoff u. a.

seinem Küstenbereich entstanden große Sandschüttungen mit Sumpfwäldern und Süßwasserseen. Weiter draußen wurden bereits im höheren Portland Wäldertone (Wealden) abgelagert, deren Bildung jedoch hauptsächlich in der Unterkreide erfolgte.

Das Liasmeer drang von Norden her durch die Hessische Straße nach Süden, verband sich etwas später über die Burgundische Pforte mit dem französischen Becken und überflutete bald das gesamte Gebiet zwischen der Ardennisch-Rheinischen Insel und der Vindelizischen Schwelle. Während sich die Hessische Straße bereits im höheren Lias wieder schloß, entstand während des Oberen Doggers erneut eine schmale Verbindung mit dem polnisch-osteuropäischen Jurameer südlich der Böhmischen Masse, die **Regensburger Straße.**

Das **süddeutsche Jurameer** füllte ein flaches Becken, dessen Untergrund viel langsamer absank als in Norddeutschland und in das wegen der geringen Niveauunterschiede gegenüber dem umgebenden Festland nur wenig Abtragungsmaterial transportiert wurde. Abgesehen von wenigen Ausnahmen, sind deshalb die Mächtigkeiten vor allem von Lias und Dogger

Tab. 34. Stratigraphische Gliederung des Juras

Abteilungen		Stufen		wichtigste Leitammoniten	Nordwestdeutschland	Württemberg	Osteuropa
Hangendes:					250 m Wealdenton	Schichten der Kreide und des Tertiärs	untere Kreide-Schichte (Rjasan-Horizont
Malm (Weißer Jura)	Oberer	Portland		*Craspedites*	100 m Purbeckkalk 120 m Serpulit 150 m Münder Mergel		10 m obe und unter Wolgastu
				Virgatites	50 m Eimbeckhäuser Plattenkalk	150 m hangende Bankkalke	
			ζ			30 m Zementmergel	
			ε	*Gravesia*	40 m Gigas-Schichten	150 m Ulmensiskalk und Solnhofener Plattenkalk	
	Mittlerer	Kimmeridge	δ	*Aulacostephanus*	100 m oberer, mittl., unterer Kimmeridgekalk und -mergel	40 m Quaderkalk	
			γ	*Rasenia* *Pictonia*		40 m Polyplocuskalk	
	Unterer	Oxford	β	*Ringsteadia*	40 m Korallenoolith	30 m Bimammatumkalk	35 m dunkler To
			α	*Peltoceras* *Cardioceras*	15 m Heersumer Schichten	70 m Impressa- und Transversariusmergel	
Dogger (Brauner Jura)	Oberer	Callovien	ζ	*Kosmoceras*	40 m Ornatumton	10 m Ornatumton	10 m Ton und Sand
		Bathonien	ε	*Macrocephalites* *Oppelia aspidoides* *Parkinsonia*	50 m Macrocephalites-Schichten 66 m Parkinsonia-Schichten	0,6 m Macrocephalites-Schichten 1 m Parkinsonia-Schichten	
	Mittlerer	Bajocien	δ	*Garantiana*	50 m Coronatum-Schichten	15 m Coronatum-Schichten	
			γ	*Stephanoceras* *Sphaeroceras* *Sonninia*	5 m Sauzei-Schichten 10 m Sowerbyi-Schichten	25 m Blaukalk (Sowerbyi-Schichten)	
	Unter.	Aalénien	β	*Ludwigia*	40 m Murchisoniton (Sandstein)	50 m Murchisoni-Sandstein	
			α	*Leioceras*	25 m Opalinuston	100 m Opalinuston	
Lias (Schwarzer Jura)	Oberer	Toarcien	ζ	*Grammoceras*	20 m Jurensismergel	5 m Jurensismergel	
			ε	*Harpoceras* *Hildoceras*	30 m Posidonienschiefer	8 m Posidonienschiefer	
	Mittlerer	Domerien	δ	*Pleuroceras spinatus* *Amaltheus margaritatus*	75 m Amaltheuston	12 m Amaltheuston	
		Carix	γ	*Aegoceras* *Uptonia*	50 m Capricornumergel 10 m Jamesonimergel	10 m Numismalismergel	
	Unterer	Sinemurien	β	*Echioceras* *Oxynoticeras* *Xipheroceras*	50 m Ziphuston	20 m Turneriton	
		Hettangien	α	*Arietites* *Schlotheimia* *Psiloceras*	35 m Arietites-Schichten 25 m Schlotheimiaton 20 m Psiloceras-Schichten	4 m Arietiteskalk 10 m Schlotheimia-Schichten 3 m Psiloceras-Schichten	
Liegendes:					Rätschichten		paläozoisc Schichten

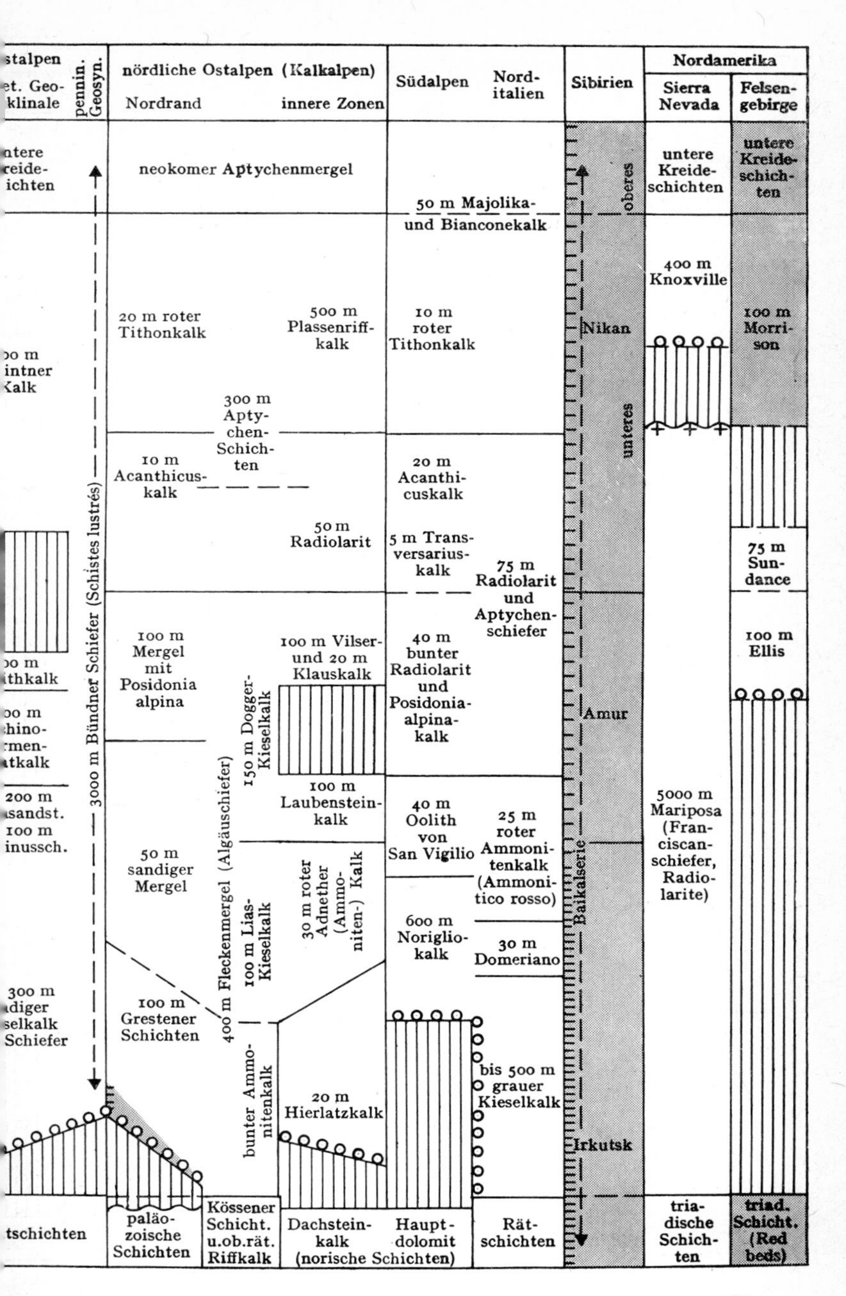

stalpen
et. Geo-
klinale
pennin. Geosyn.
nördliche Ostalpen (Kalkalpen)
Nordrand
innere Zonen
Südalpen
Nord-
italien
Sibirien
Nordamerika
Sierra
Nevada
Felsen-
gebirge
ntere
reide-
ichten
neokomer Aptychenmergel
50 m Majolika-
und Bianconekalk
oberes
untere
Kreide-
schichten
untere
Kreide-
schich-
ten
400 m
Knoxville
20 m roter
Tithonkalk
500 m
Plassenriff-
kalk
10 m
roter
Tithonkalk
Nikan
100 m
Morri-
son
intner
Kalk
300 m
Apty-
chen-
Schich-
ten
unteres
10 m
Acanthicus-
kalk
20 m
Acanthi-
cuskalk
3000 m Bündner Schiefer (Schistes lustrés)
50 m
Radiolarit
5 m Trans-
versarius-
kalk
75 m
Radiolarit
und
Aptychen-
schiefer
75 m
Sun-
dance
100 m
Mergel
mit
Posidonia
alpina
100 m Vilser-
und 20 m
Klauskalk
40 m
bunter
Radiolarit
und
Posidonia-
alpina-
kalk
100 m
Ellis
ithkalk
hino-
rmen-
atkalk
150 m Dogger-
Kieselkalk
Amur
200 m
sandst.
100 m
inussch.
400 m Fleckenmergel (Algäuschiefer)
100 m
Laubenstein-
kalk
40 m
Oolith
von
San Vigilio
25 m
roter
Ammoni-
tenkalk
(Ammoni-
tico rosso)
5000 m
Mariposa
(Fran-
ciscan-
schiefer,
Radio-
larite)
50 m
sandiger
Mergel
30 m roter
Adnether
(Ammo-
niten-) Kalk
100 m Lias-
Kieselkalk
Baikalserie
600 m
Noriglio-
kalk
30 m
Domeriano
300 m
diger
selkalk
Schiefer
100 m
Grestener
Schichten
bunter Ammo-
nitenkalk
bis 500 m
grauer
Kieselkalk
20 m
Hierlatzkalk
Irkutsk
tschichten
paläo-
zoische
Schichten
Kössener
Schicht.
u.ob.rät.
Riffkalk
Dachstein-
kalk
Haupt-
dolomit
(norische Schichten)
Rät-
schichten
tria-
dische
Schich-
ten
triad.
Schicht.
(Red
beds)

wesentlich geringer als im norddeutschen Gebiet, wo der Lias zum Beispiel bis 300 m erreicht, während er in Schwaben höchstens 70 m und in Franken nur 20 m aufweist. Manche Zonen fehlen ganz. Auch sind Aufarbeitungserscheinungen häufiger. Der Sachlage entsprechend herrschen im Lias Süddeutschlands Tone, Kalke und Mergel, im Dogger küstennahe, eisenschüssige Sandsteine vor. Vielfach ist der Fossilreichtum größer.
In Franken folgen über festländischen Sandsteinen, die zahlreiche Pflanzenreste enthalten und vom Rät bis in den Unteren Lias gebildet wurden, zunächst überwiegend kalkige und mergelige Meeresablagerungen, die, verglichen mit jenen in Schwaben, sehr geringmächtig sind. Ähnlich wie in Norddeutschland, doch nur etwa 8 m mächtig, ist der Posidonienschiefer ausgebildet, aus dem in Schwaben zeitweise ebenfalls Öl gewonnen wurde. Weltbekannt sind die aus dem Posidonienschiefer bei Boll und Holzmaden nahe Nürtingen geborgenen Fossilien, vor allem die dort relativ häufigen vollständigen Skelette von Meeresreptilien (*Stenopterygius, Plesiosaurus, Teleosaurus* u.a.), großen Fischen (*Dapedius*) und vollständig überlieferten Seelilien. Guterhaltene Reste von Ichthyosauriern wurden auch bei Banz unweit Coburg gefunden. Der Braune Jura (Dogger) verdankt seinen Namen den durch Eisenverbindungen braungefärbten Sandsteinen und Eisenoolithen, die in den *Murchisoni*-Schichten (Personatensandstein) und auch im Bathonien an manchen Orten abbauwürdig sind. Die ebenfalls im Dogger entstandenen Blaukalke werden als Pflastersteine gebrochen.
Auch in Süddeutschland wurden im **Malm** vorwiegend Kalke und Mergel abgelagert. Die unterste, bis 70 m mächtige Stufe bilden graue, lockere Mergel. Darüber folgen helle, teils dünnplattige, teils dickbankige Kalke, die in manchen Zonen von hellen Mergeln unterbrochen werden. Zwischen diese „glatt" ausgebildeten Bänke ist der „ruppige" Kalk eingeschaltet. Es sind dies riesige Klötze ungeschichteter Kalksteine und Dolomite. Sie gehen meist auf Schwammriffe zurück, die während der Diagenese umkristallisiert und dabei in unkenntliche Massen verwandelt worden sind. Guterhaltene Schwämme kommen lediglich am Rande der Riffkomplexe oder in ihrer unmittelbaren Umgebung vor. Die Riffe ragen oft durch mehrere Stufen und treten, da sie besonders witterungsbeständig sind, am Albrand als Klippen hervor. Die Riffkalke nehmen nach oben derart zu, daß sie in den Stufen δ/ε die geschichteten Kalke vorübergehend fast ganz verdrängen. Danach erlischt die Schwammfazies im Malm ε vollständig. Das Meer griff im Malm an einigen Stellen über die Vindelizische Schwelle, so daß hier die Fauna der Tethys einwandern konnte. Hierdurch ist der schwäbische Malm in manchen Lagen überreich an Ammoniten und anderen Fossilien, die im norddeutschen nur vereinzelt erscheinen. Andererseits sind viele der Quader- und Plattenkalke sehr fossilarm. In den schüsselförmigen Vertiefungen zwischen den Riffen lagerte sich an geschützten Stellen Kalkschlamm ab, der zu einem sehr feinkörnigen, dünnschichtigen Kalkstein erhärtete und den man im Altmühlgebiet als Solnhofener Plattenkalk bezeichnet (Solnhofen und Eichstätt). Er wird rege abgebaut, da die Platten gern als Wand- und Fußbodenbelag sowie zum Dachdecken verwendet werden. Durch den Abbau kamen mit der Zeit zahlreiche wertvolle Fossilien zum Vorschein. Weltberühmt ist vor allem der Urvogel *Archaeopteryx.* Sonst sind hauptsächlich Skelette von Flugsauriern, Schildkröten und anderen Reptilien sowie zahlreiche Fische, Krebse und Insekten zu erwähnen. Ähnliche Plattenkalke entstanden auch bei Nusplingen in der Schwäbischen Alb südlich von Balingen. Zur Zeit des Malms ζ zog sich das Meer vollständig aus Süddeutschland zurück.

Der für die Jurazeit namengebende **Schweizer Jura** verbindet den süddeutschen mit dem französischen Jura. Im Gegensatz zur Alb besteht er heute aus mehreren, parallelverlaufenden, langgestreckten Falten, die gegen Ende der alpidischen Gebirgsbildung zusammengeschoben wurden. Doch sind seine Schichtenfolgen dem des schwäbischen Juras ähnlich. Bereits im Dogger bildeten sich helle Kalkoolithe, im Malm anfangs Mergelkalke und Schwammriffe, späterhin Kalkoolithe und Korallenriffe (raurakische Fazies.) Im Portland zog sich auch hier das Meer nach Süden zurück.

Frankreich war zur Jurazeit wie der deutsche Raum ein Senkungsgebiet; nur die Bretagne blieb Festland, das Zentralplateau eine Insel. Die Ausbildung der Stufen und Zonen entspricht im wesentlichen der deutschen. Wirtschaftlich wichtig sind die mächtigen Eisenoolithe im Oberen Lias und Unteren Dogger Lothringens, die als Minette bezeichnet werden und sich vor der Südküste der Ardenneninsel ablagerten. Insgesamt handelt es sich um zehn abbauwürdige Flöze von je 1 bis 4 m, an manchen Stellen auch bis zu 9 m Mächtigkeit, mit einem Eisengehalt von durchschnittlich etwa 35 %. Der Erzvorrat wird auf 10 Milliarden Tonnen geschätzt. Gegen Ende des Malms zog sich das Meer aus dem französischen Gebiet wieder zurück, zunächst nach Westen. Nur die Rhônesenke blieb eine Meeresbucht der Tethys. Luxemburg ist größtenteils von Liasablagerungen bedeckt, unter denen wegen der Nähe der Ardenneninsel Sandsteine überwiegen.

Auch in **England** verlief die Entwicklung ähnlich wie im deutschen Gebiet. Wirtschaftlich wichtig ist ein oolithischer Eisenspat, der dem Mittleren Lias von Cleveland eingelagert ist und der zur Erzeugung des berühmten Clevelandstahls dient. Im Dogger hoben sich das mittlere und nordöstliche England, außerdem auch Teile von Schottland heraus, wie pflanzenführende Ablagerungen bezeugen. In Ostengland (Yorkshire, Lincolnshire) bildeten sich in der Übergangszeit zwischen Jura und Kreide Meeresablagerungen. Sie führen aus Osteuropa bekannte Fossilien, so Vertreter der Ammonitengattung *Virgatites* und die Muschel *Aucella*, die auf eine Verbindung über das Polarmeer schließen lassen.

Südeuropa lag während der Jurazeit im Bereich der Tethys, dem großen meergefüllten Geosynklinalraum, der u.a. das Gebiet der Alpen und der Karpaten umfaßte; die Nordgrenze bildeten das Vindelizische Land, die Böhmische Masse und das anschließende Sarmatia. Der Meeresboden hatte im Alpenraum ein sehr unruhiges Relief; es wechselten Tiefengebiete mit Schwellen. Eingestreute Inseln führten zu Konglomeratbildungen auch in Nachbarschaft von Tiefengebieten. Das Gebiet der West- und Ostalpen wurde während des Lias vom Meer überflutet, dessen Ablagerungen sich besonders in den Ostalpen verfolgen lassen. Im Randgebiet nahe der Böhmischen Masse bis Ungarn hin liegen die Grestener Schichten, strandnahe, grobe Arkosen, die für unmittelbare Nähe einer granitischen Küste sprechen, und sandige Schiefertone mit Kohlen, die in Ungarn bei Pécs und Komló (Mecsekgebirge) siebzehn mehr oder weniger abbauwürdige Flöze bilden. Weiter westlich folgen die besonders in den Bayrischen Alpen verbreiteten, in einem Flachmeer abgesetzten, bis 400 m mächtigen grauen Feckenmergel, südlich und östlich von diesen in Tirol und im Salzkammergut bunte Ammonitenkalke sowie jüngerer, roter Adneter Ammonitenkalk und als Schwellenfazies die weißen oder rötlichen Brachiopoden- und Crinoidenkalke des Hirlatz im Dachsteingebiet. Sedimentäre, am Meeresgrund gebildete, z.T. bauwürdige Manganerze treten im Lias der Westalpen, Bosniens, Ungarns (Bakony), der Slowakei und Rumäniens auf. Im Bakony werden sie bei Úrkút und Eplény gewonnen. Sie gehören hier dem Oberen Lias an und bestehen überwiegend aus Pyrolusit. Im Dogger

wurde das Meer flacher, wobei sich zunächst weiterhin Fleckenmergel, später rote und graue Kieselkalke (Hornsteine) bildeten. Im Malm vertiefte sich das Meer stark und durchschritt ein Tiefseestadium. Aptychenkalke und Radiolarite wurden abgesetzt. – Die Fauna der Liasablagerungen ist z. T. sehr reich, die des Doggers dagegen spärlich und verarmt. Auch die Tiefseebildungen des Malms sind fossilarm; doch finden sich in den Randgebieten ammonitenführende Kalke, die *Acanthicus*-Schichten (Kimmeridge) und der Tithonkalk (Portland).
Die Zentralalpen waren während des Lias und Doggers Schwellengebiete, die vermutlich im Malm überflutet wurden. In den Südalpen bildeten sich im Gebiet der Dolomiten nur geringmächtige, lückenhafte Schichten, im Gebiet der oberitalienischen Seen der Calcare ammonitico rosso, ein roter Cephalopodenkalk. Eine bekannte Fundstätte für fossilreiche Ablagerungen aus dem Unteren Dogger ist San Vigilio am Gardasee.
Die Fazies der Südalpen setzt sich in ähnlicher Weise nach Süden durch Toskana und Umbrien fort. Südlich der Abruzzen entstanden dagegen in der Nähe der Kalabrischen Insel im Flachwasser helle Kalke, Mergel und Sandsteine. Sizilien war überwiegend von tiefem Wasser bedeckt. Ähnlich wechselnde Verhältnisse finden sich auf Korsika und auf dem Balkan, während Sardinien und der größte Teil der Iberischen Halbinsel wie auch der überwiegende Teil des benachbarten Frankreichs Flachmeergebiete waren.
Nach **Osteuropa** stieß während des Oberen Lias das Meer von der Tethys aus über das Gebiet des Kaukasus und der Wolgamündung bis etwa zum Don vor. Erst im Oberen Dogger überdeckte es fast das gesamte Tafelland bis zum Ural und bis nach Polen, wo es mit dem nordeuropäischen Meeresbecken in Verbindung trat. Nur im Bereich des heutigen Schwarzen Meeres und nordwestlich davon blieb eine große Insel unbedeckt. Die Ablagerungen dieses Flachmeeres, das sich durch den Malm hindurch bis in die Kreidezeit hielt, bestehen überwiegend aus Glaukonitsanden mit zwischengeschalteten Tonen und Phosphoritknollen. Im höheren Malm und in der Unteren Kreide sind die Ammonitengattungen *Craspedites* und *Virgatites* sowie die Muschelgattung *Aucella* kennzeichnend. Östlich des Urals bildeten sich festländische Ablagerungen mit Kohlenflözen.
Aus der **Arktis** sind geringmächtige Liassedimente festländischer Entstehung bekannt. Hinzu kommen Meeresablagerungen des Mittleren und Oberen Lias auf Spitzbergen, Grönland sowie im Norden Sibiriens. Eine weitflächige Ausdehnung des Meeres ist wie in anderen Teilen der Erde im Mittleren und Oberen Dogger festzustellen. Nach dem Mittelkimmeridge begann das arktische Meer zu schrumpfen. Auf Spitzbergen finden sich Ablagerungen des Callovien, Oxford, Kimmeridge und Portland (untere Wolgastufe), auf Franz-Joseph-Land, dem nördlichsten Juragebiet der Erde, zwischen 80° und 83° n. Br., solche des Mittleren und Oberen Doggers. Darüber folgen pflanzenführende Schichten mit *Ginkgo*, die auf eine Verlandung des Gebietes hinweisen. Fauna und Fazies des arktischen Juras ähneln denen Osteuropas.
In **Asien** blieb das Angaraland, das Kernstück Sibiriens, weithin vom Meer unbedeckt. In Binnensenken bildeten sich wie in den vorhergehenden Perioden Festlandssedimente mit reichen Steinkohlenlagern. Meeresablagerungen osteuropäischen Gepräges entstanden an der Nord- und Ostküste. Die Tethys erstreckte sich aus dem Mittelmeergebiet über Kleinasien, Iran, Afghanistan, den Himalaja, den nördlichen Teil Vorderindiens nach Hinterindien und setzte sich von da in südöstlicher Richtung durch Indonesien, über die Philippinen, Australien, Neuguinea, Neukaledonien und Neuseeland fort.

In **Afrika** sind Meeresablagerungen aus dem Jura nur von der Nordküste im Tethysbereich und von der Ostküste bekannt. Auch hier wirkte sich wie in Vorderindien und Arabien die große Überflutung des Oberen Doggers aus, die bis weit in den Malm dauerte. Erst Ende des Kimmeridges erfolgte eine Heraushebung. An der Wende Jura/Kreide entstanden im östlichen Küstengebiet bei Lindi (Tansania), im Tendaguru-Bergland, die durch die Funde riesiger Dinosaurier (Tafel 44) weltbekannten Tendaguruschichten. Sie wurden in Süßwasserbecken gebildet.
Längs der pazifischen Küste **Amerikas** erstreckte sich weiterhin die schon aus der Trias bekannte große Geosynklinale, in der sich während des Juras vor Nordamerika sandige Schiefer sowie Radiolarite mit eingeschalteten überwiegend basaltischen Ergüssen und Tuffen ablagerten. Diese mehrere 1000 m mächtige Schichtfolge wurde nach dem Kimmeridge zu den Kordilleren aufgefaltet, wobei auf eine Länge von rund 2000 km die granodioritischen Massen des Sierra-Nevada-Plutons eindrangen. Östlich davon, in einem seichteren Trog, aus dem an der Wende Kreide/Tertiär das Felsengebirge aufstieg, bildeten sich vor allem festländische Ablagerungen, die durch Funde von zum Teil riesigen Dinosaurierskeletten berühmt geworden sind (*Atlantosaurus* beds). In Mittelamerika verlief die Geosynklinale in einem weit ostwärts vorspringenden Bogen über die Antillen. Hier und in Mexiko zeigen die in den Ablagerungen dieser Zeit enthaltenen Fossilien enge Beziehungen zum südwesteuropäischen Raum. In Südamerika entstanden in Peru und Chile längs der Küste geringmächtige marine Schichtfolgen, die mächtigen Porphyriten und Tuffen eingelagert sind. Im Gebiet der argentinischen Anden finden sich außerdem gewaltige Konglomeratschichten. Die Fauna des südamerikanischen Lias und Doggers hat europäischen Charakter, obwohl auch andere, aber verwandte Arten auftreten. Im Malm herrscht die Cephalopodenfazies.

4. Zusammenfassung. Während der Jurazeit bedeckte das Meer besonders große Flächen und erlangte über dem europäischen Kontinent die größte Ausdehnung in der ganzen Erdgeschichte. Wie in der Trias ging die Vorbereitung der jüngeren Gebirgsbildung weiter. Die alpidischen Geosynklinalen durchschritten ihr Tiefseestadium und erreichten im Malm ihre größte Tiefe. Gegenüber weitgespannten epirogenen Bewegungen traten orogene Vorgänge in den Hintergrund. Lediglich in Nordamerika, wo zwischen Kimmeridge und Portland die Kordilleren aufgefaltet wurden, kam es zu stärkeren Gebirgsbildungen, zu weniger umfangreichen in Südamerika, Nordostasien und Japan, zu geringfügigen in Mitteleuropa und dem vorgelagerten nordwestdeutschen Meeresbecken. Wie die Ausbildung der Sedimente und ihr Fossilinhalt zeigen, war das Klima während der Jurazeit warm und ausgeglichen, vor allem im Malm, da um diese Zeit die Korallenriffe bedeutend an Umfang gewannen. Verglichen mit der ungeheuren Formenmannigfaltigkeit der Tierwelt, ist die Pflanzenwelt recht einförmig. An nutzbaren Gesteinen sind hauptsächlich Eisenerze und Kohlen wichtig. Hiervon haben die Minetten Lothringens und die riesigen Steinkohlenflöze Nordasiens besonders große wirtschaftliche Bedeutung.

Kreide

1. Allgemeines. Als letztes der Systeme des geologischen Mittelalters folgt über den Ablagerungen der Jurazeit die Kreide. Die Bezeichnung ist irreführend; denn den namengebenden weichen und mürben weißen Kalk, die Schreibkreide, gibt es nur im höheren Teil der Schicht-

folge, und auch hier nur in ganz bestimmten Gebieten der Erde, z. B. auf Rügen und in Nordfrankreich. Im übrigen treffen wir eine ähnliche Mannigfaltigkeit der Gesteine an, wie wir sie in den anderen Systemen kennenlernten. Doch überwiegen in Mitteleuropa im unteren Teil Tone und Sande, im oberen hingegen kalkige und mergelige Sedimente.
Im großen wird die Kreide, die bei einer Gesamtdauer von rund 70 Mio Jahren vor etwa 140 Mio Jahren begann, in **Ober-** und **Unterkreide** unterteilt; beide werden wiederum in Unterabteilungen mit meist schweizerischen und französischen Bezeichnungen gegliedert (Tab. 35). Diese Einteilung gründet sich wie die der Jurazeit hauptsächlich auf Funde von Ammoniten, Belemniten und Foraminiferen. In der Oberkreide kommen einige Muschelgruppen (Rudisten, Inoceramen) und Seeigel hinzu.
Während der Kreidezeit begann in den großen Geosynklinalen, vor allem von Südeuropa, Südasien und Amerika, die Auffaltung der Sedimentmassen, die sich während des Mesozoikums angesammelt hatten. In der austrischen Phase – zwischen Alb und Cenoman – entstanden die Penninischen (Walliser) Alpen, die nördlichen Ostalpen und die Dinariden, in der subherzynischen Phase – etwa zwischen Emscher und Senon – in Südamerika die Anden und auf deutschem Gebiet durch Bruchfaltung besonders der Harz; während der laramischen Phase – an der Wende Kreide/Tertiär – schließlich in Nordamerika das Felsengebirge. Das Meer bedeckte zeitweilig sehr ausgedehnte Flächen der vorher landfesten Gebiete. In den Geosynklinalräumen allerdings wurde das Meer nach teilweiser Auffaltung der Sedimentmassen in die außerhalb liegenden Schelfbereiche gedrängt. Biologisch gesehen bedeutet die Kreide das Ende des Mesozoikums. Sie ist gekennzeichnet durch das Aussterben zahlreicher Organismengruppen und durch das erste sichere Auftreten von Blütenpflanzen, der Bedecktsamer.

2. Entwicklung der Lebewelt (hierzu Tafel 45). Innerhalb der Tierwelt hatten sich aus den wenigen in der Trias vorhandenen **Foraminiferen** im Laufe des Mesozoikums neue und reiche Faunen entwickelt, wobei ein Höhepunkt in der Kreide erreicht wurde. Zu erwähnen sind vor allem die Gattungen *Vaginulina, Marginulina, Textularia, Neoflabellina, Bolivinoides, Globigerina, Globotruncana* und *Nonion*. — Einen Entwicklungsgipfel erreichten ferner die **Kieselschwämme**, wie *Jerea, Coeloptychium*, deren Gestalten in der Kreidezeit weit vielfältiger waren als heute. Sehr charakteristische Formen mit zahlreichen Leitfossilien liefern auch die **Muscheln** *(Lamellibranchiaten)*, besonders die dickschaligen und riffbildenden Vertreter der Tethys. Hier finden sich in der Unterkreide vor allem Arten mit schneckenartig eingerollten Klappen *(Requienia, Caprina)*, während in der höheren Kreide vom Alb ab die Rudisten vorherrschen. Bei diesen ist die linke Klappe zu einem einfachen Deckel umgebildet, der nach unten große zapfenförmige Zähne entsendet, mit denen er über der festgewachsenen, rübenförmigen Unterklappe nur vertikal bewegt werden konnte. In die Kreidemeere der kälteren Gebiete, z. B. Mitteleuropas, wanderten lediglich kleine, verkümmerte Formen ein, während in der Tethys mächtige Riffkalkmassen aus Rudisten gebildet wurden. Eine andere sehr wichtige Muschelgruppe sind die Inoceramen, bei denen das Schließband in eine Anzahl Teilstücke aufgegliedert ist. Die Gruben, in denen diese Teilstücke liegen, täuschen ein Schloß vor, wie es die Taxodontier haben. Zu erwähnen sind vor allem *Inoceramus labiatus* (Unterturon), *Inoceramus lamarcki* (Mittelturon) und *Inoceramus involutus* aus dem Emscher mit stark eingekrümmten Wirbeln. Rudisten und Inoceramen starben am Ende der Kreidezeit nachkommenlos aus. Die übrigen Muschelgruppen sind meist schon aus dem Jura bekannt. — Viele Gattungen der **Ammoniten** wandelten das Gehäuse in eigenartiger Weise ab. So entstanden an Stelle der zunächst regelmäßigen, geschlossenen Spirale gebogene, turmförmige, schraubige oder unregelmäßig aufgewickelte und unregelmäßig gewundene Formen. Manche davon sind sogar ähnlich wie *Orthoceras* gerade gestreckt *(Baculites)*. Daneben begegnen wir aber auch noch ganz normal gestalteten Gattungen, bei denen jedoch einzelne Arten riesige Ausmaße erreichten. *Pachy-*

discus seppenradensis zeigt z. B. Durchmesser bis zu 2,5 m. Zu gleicher Zeit wurde bei vielen Formen die Lobenlinie abgebaut und vereinfacht, so daß unter anderem sekundär basal gezackte (Kreideceratiten) und sekundär einfach gewellte Formen (Kreidegoniatiten) entstanden. Ein Abbau der Skulptur führte von den bis zur Unterkreide dauernden spaltrippigen Ammoniten zu sekundär vereinfachten Gabelrippern, Einfachrippern und glatten Vertretern. Hierdurch schaffte der Abbau zum Schluß noch einmal größte Mannigfaltigkeit der Formen und besonders in der Unterkreide zahlreiche Leitfossilien. Wichtig sind vor allem die Hopliten, Holcostephaniden und Acanthoceraten. — Die mit den Ammoniten am Ende des Maastrichts aussterbenden **Belemniten** haben besonders in der Oberkreide große leitende Bedeutung. Zu nennen sind vor allem die Gattungen *Neohibolites*, *Duvalia*, *Actinocamax*, *Gonioteuthis*, *Belemnitella* und *Belemnella*. — Von den im Paläozoikum so reichhaltig vertretenen **Seelilien (Crinoiden)** finden sich in der Kreide nur noch wenige Vertreter. Dafür entfalteten sich aber bei den **Seeigeln (Echinoiden)** vor allem die irregulären Formen und liefern im Unterschied zu den regulären zahlreiche und wichtige Leitfossilien. Zu nennen sind die Gattungen *Echinocorys*, *Galerites*, *Toxaster* und *Micraster*.
Bei den **Fischen** traten die mit verknöchertem Innenskelett und dachziegelartig angeordneten, dünnen und elastischen Knochenschuppen versehenen Knochenfische (Teleosteer) erstmalig in großen Schwärmen auf. Sie griffen durch ihre Lebensweise verändernd in das Gleichgewicht der Lebensbedingungen ein, da sie sich im Unterschied zu den noch in der Jurazeit herrschenden bezahnten und räuberischen Schmelzschuppern (Ganoiden) vornehmlich von Plankton ernährten, das vorher nur den anderen Lebewesen als Nahrung diente. — **Amphibien** waren selten. Sie hatten ihre Blütezeit bereits im Perm überschritten. Dafür entfalteten sich aber die **Reptilien**, insbesondere die Landsaurier, gewaltig und entwickelten kurz vor dem Aussterben am Ende der Kreidezeit ihre mächtigsten Formen; so z. B. das größte Raubtier aller Zeiten, den *Tyrannosaurus*, mit einer durchschnittlichen Länge von 13 m, den bis 8 m Spannweite messenden Flugsaurier *Pteranodon* und den riesigen, bis 27 m langen pflanzenfressenden *Brontosaurus*, dessen Reste hauptsächlich in der Unterkreide des westlichen Nordamerikas aufgefunden wurden. Übriggeblieben sind von der Formenfülle dieser Zeit heute nur noch die im allgemeinen verhältnismäßig kleinen Eidechsen, Schlangen, Krokodile und Schildkröten. — Die erstmalig im Rät nachgewiesenen **Säugetiere** entwickelten sich im Verlauf des Mesozoikums zunächst nur wenig weiter. In der Oberkreide aber finden sich die ersten höheren Vertreter (Plazentalier, Marsupialier), aus denen sodann nach dem großen Niedergang der Reptilien die reiche Fülle der tertiären und jüngeren Säugetiere hervorging. Die **Vogelwelt** ist in der Kreide durch zahntragende Formen *(Hesperornis)* vertreten.
Innerhalb der Pflanzenwelt vollzog sich ähnlich wie im Perm ein durchgreifender Wandel. Die im Unteren Zechstein begonnene Entwicklung erreichte ihren Abschluß, und damit endete auch das Mesophytikum. In der Unterkreide traten die im frühen Mesophytikum verbreiteten Palmfarne Cycadales und Bennettitales zurück. Gleichzeitig erschienen die ersten **Bedecktsamer (Angiospermen)** und somit das Element, das den känozoischen und jetzigen Floren das Gepräge gibt. In der Oberkreide finden sie sich bereits in größerer Menge. Zu nennen sind vor allem Verwandte heute noch lebender Gruppen, wie der Weiden, Pappeln, Eichen, Platanen, Palmen und Gräser. Ein ähnlicher Umschwung vollzog sich bei den Algen. Auch hier entwickelten sich neue Formen, die aber erst im Tertiär Bedeutung und Verbreitung erlangten.

3. Paläogeographische Verhältnisse. Die Weltkarte der Kreidezeit zeigt wieder das große, sich äquatorial erstreckende Mittelmeer, die Tethys, die sich zwischen Festlandsmassen im Norden und Süden einfügte. Wie im Jura beschränkte sich das Meer nicht mehr auf die Geosynklinalen, sondern griff im Verlauf mächtiger Überflutungen weit auf die Festländer über. Es war deshalb nicht eine Zeit der Geokratie, der Herrschaft des Landes, wie etwa in Perm und Trias, sondern im Gegenteil eine der Meere, der Thalattokratie.
Die Jurazeit begann in Europa mit einer großen Meeresüberflutung und endete mit einem Meeresrückzug. Auch in den Schichtfolgen der Kreide

spiegelt sich ein ähnlicher Werdegang wider. Sie begann mit einem kurzfristig im Barrême unterbrochenen Vorstoß des Meeres, der im Alb und vor allem im Cenoman wesentlich beschleunigt wurde und schließlich im Maastricht seinen Höhepunkt erreichte. Betrachten wir zunächst die sich daraus ergebende Entwicklung des **mitteleuropäischen Raumes.**
Im Malm war zwischen der Ardennisch-Rheinischen Insel im Westen und der Böhmischen Masse im Osten eine Landbrücke, das Mitteldeutsche Festland, entstanden. Hierdurch wurde der Bereich des Germanischen Binnenbeckens in zwei Ablagerungsräume geteilt: eine norddeutsche Senke, die auch im Tertiär weiter einsank und zumindest teilweise vom Meer ausgefüllt blieb, sowie ein süddeutsches Senkungsfeld. An Stelle des versinkenden Festlandes Cimbria bildete sich während des Portlands ein Untiefengürtel, der von der Böhmischen Masse nach Norden über Schwerin-Pritzwalk und Kiel-Husum bis Dänemark reichte und der zumindest zeitweilig den Charakter eines Inselmeeres hatte.

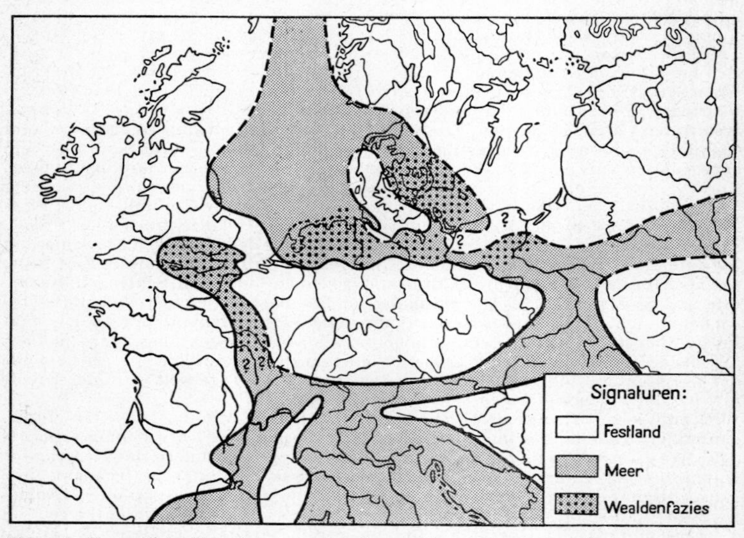

Abb. 159. Vermutliche Verteilung von Land und Meer während des Mittleren Valendis in Mitteleuropa. — In Anlehnung an S. von Bubnoff, O. Seitz u. a.

Diese Verhältnisse hielten in der Unterkreide zunächst noch an, so daß von dem ehemaligen Ostwestmeer des Oberen Doggers und Unteren Malms lediglich zwei kleine, golfartige, verbrackende und verlandende Buchten eines weiter im Norden gelegenen Nordmeeres übrigblieben (Abb. 159). Eine derselben war das Nordwestdeutsche Becken. Es reichte etwa bis zum Teutoburger Wald im Süden und war selber wieder in eine Anzahl von Teilbecken gegliedert. Nach Norden setzte es sich in das heutige Nordseegebiet fort. Im Osten lag das Nordostdeutsche Becken, das aus dem Gebiet des heutigen Dänemarks sich über Rügen und das nordöstliche Mecklenburg bis etwa in das Mündungsgebiet der Oder erstreckte und sich erst später wieder vollständig mit dem Nordwestdeutschen Becken zusammenschloß.

In diesen beiden Becken häuften sich vor allem Sinkstoffe, die Flüsse vom benachbarten Festland hineinverfrachteten. In Sümpfen, mit Brack- oder Süßwasser gefüllten Seebecken und Buchten entstanden mächtige Ablagerungen aus Sanden, Tonen und Tonmergeln. Sande überwogen vor allem längs der Küste, im Süden also vor dem Harz und dem Rheinischen Schiefergebirge. Vom nahen Festland, auf dem große Saurier, insbesondere der zweibeinig schreitende *Iguanodon* (Tafel 45) lebten, wurden Pflanzenreste eingeschwemmt. Aus den Überresten von Sumpfwäldern entstanden örtlich, z. B. am Deister, Flöze einer minderwertigen, jedoch noch abbauwürdigen Steinkohle (Deisterkohle, Wealdenkohle). In Buchten und weiter nach Nordosten in Richtung zum offenen Meer hin bildeten sich Tone und Tonmergel, die oft massenhaft Brack- und Süßwassermuscheln (z. B. *Cyrena*), entsprechende Schnecken (*Paludina, Melania*) und kleine Schalenkrebse (*Cypridea*) enthalten.
Alle diese überwiegend brackisch-limnischen Bildungen der untersten Kreide werden mit einem englischen Wort als **Wealden** bezeichnet. Sie entsprechen in Norddeutschland dem Unteren **Valendis**, reichen aber bis in den obersten Malm zurück. Schon vom Mittleren Valendis an drang das Meer über wieder absinkendes Gebiet hinweg allmählich von Nordwesten aus dem Gebiet der heutigen Nordsee vor und eroberte sich den während der kimmerischen Gebirgsbildung landfest gewordenen Raum zurück. Es überflutete dabei zunächst das Land südwärts bis zum Eggegebirge und Harz. Dabei verlagerten sich auch die durch fossilarme sandige Sedimente (Hilssandsteine) gekennzeichneten Küstenstreifen nach Süden. In den landferneren und tieferen Meeresteilen bildeten sich dunkle bis schwarze, oft sehr eisensulfidreiche Tone und Tonmergel mit einer Fülle charakteristischer Ammoniten, Belemniten und sonstiger Meerestiere. Ihrem Aussehen nach ähneln diese Ablagerungen entsprechenden Bildungen aus dem Lias, doch der Versteinerungsinhalt ist anders. Da die Gesteine sehr einheitlich ausgebildet sind, läßt sich die Folge nur mit Hilfe von Versteinerungen gliedern. Besonders bezeichnend sind z. B. für das Mittlere Valendis Ammoniten der Gattung *Polyptychites* (Tafel 45). Im Nordosten konnte Valendis nur in wenigen Bohrungen in der Altmark und in Südwestbrandenburg nachgewiesen werden. Die Mächtigkeit der gesamten Serie nimmt von etwa 500 m im Norden und Nordwesten auf wenige Meter am Südrand ab.
Innerhalb dieses Sedimentationsraumes wurde durch die Hildesheimer Halbinsel ein Braunschweig umschließendes Teilbecken, die Braunschweiger Bucht, abgetrennt. Auch hier rückte das Meer nach Süden vor und drang in die vorhandenen oder sich bildenden Täler ein, in denen sich der Schutt von den benachbarten Hochgebieten fing. Und da auf diesen Hochgebieten an vielen Stellen, z. B. auf der Hildesheimer Halbinsel, die stark eisenhaltigen Ablagerungen des Lias und Doggers zutage traten, bestand der Schutt hier vorwiegend aus Eisenerzbrocken. Dies um so mehr, als während der vorangegangenen Festlandszeit das Eisen durch die Verwitterung oberflächlich angereichert wurde. Es bildeten sich im Meer küstennahe Trümmererzlagerstätten von z. T. außerordentlicher wirtschaftlicher Bedeutung, so u. a. die bekannten Eisenerzvorkommen von Salzgitter mit einem geschätzten Vorrat von etwa 1 Milliarde t. Betrachtet man die Lagerungsverhältnisse der Erze, zeigt sich immer wieder, daß ihre Entstehung von der ehemaligen geographischen Lage des Gebietes abhängig war, insbesondere von den eisenreichen Lias- und Doggerschichten auf dem benachbarten Festland. Man trifft abbauwürdige Erzlager demnach dort, wo ungewöhnlich viel Eisenerz durch das vorrückende Meer abgetragen oder durch Flüsse dem Meer zugeführt wurde. In den Buchten, die fingerartig längs alter Täler in das damalige Fest-

land eingriffen, entstanden überwiegend konglomeratische Erze, dort aber, wo diese Täler in das eigentliche Meer mündeten, vornehmlich Eisenoolithe. Hier wurde offenbar das durch Verwitterungswässer dem Meer im gelösten Zustand zugeführte Eisen nach Überschreiten der Sättigungsgrenze ausgefällt. Da diese Eisenerzlagerstätten sich jeweils nur an der Küste und in ihrer unmittelbaren Nähe bildeten, die Überflutung schrittweise auf das Festland übergriff und einen langen Zeitraum umfaßte, reichen die Erzlager durch mehrere Horizonte hindurch. In der Gegend von Salzgitter z. B. kommen sie entsprechend der nach Süden fortschreitenden Transgression in allen Horizonten vom Oberen Valendis bis ins Untere Apt vor.

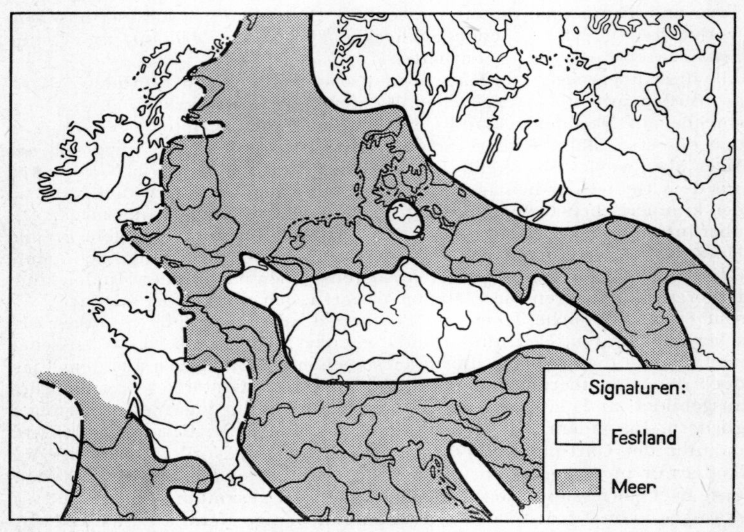

Abb. 160. Vermutliche Verteilung von Land und Meer während der Alb-Zeit in Mitteleuropa. — In Anlehnung an S. von Bubnoff u. a.

Im **Apt** und **Alb** verstärkte sich die im Barrême kurz unterbrochene Überflutung und bewirkte im norddeutschen Raum einen grundlegenden Wechsel. Aufs neue entstand die Baltische Straße, eine Meeresverbindung zwischen dem norddeutschen und dem osteuropäischen Raum, die in ähnlicher Weise schon einmal im jüngeren Jura existierte (Abb. 160). Gleichzeitig änderte sich der Gesteinscharakter. Im Alb wurde der zunächst noch dunkle Ton, wie wir ihn aus dem tieferen marinen Neokom kennen, nach oben hin kalkreicher. Er ging in einen hellen, oft kieseligen Kalkmergel über. Im oberen Teil ist er stellenweise rot gefleckt und wird deshalb auch als Flammenmergel bezeichnet. Charakteristische Fossilien aus dem Alb sind Ammoniten der Gattung *Hoplites*.
Die neu entstandene Baltische Straße verbreiterte sich im **Cenoman**. Dabei überflutete das Meer am Südufer große Teile des Mitteldeutschen Festlandes, darunter auch alte, aus paläozoischen Gesteinen bestehende Hochgebiete (Abb. 161). Es drang vor bis zur Ruhr und über den Harz hinweg bis an den Rand des Thüringer Beckens, wo Ablagerungen aus dem Cenoman im Ohmgebirge nachgewiesen wurden. Weiter im Osten bedeckte das

Meer große Teile der Tschechoslowakei und Polens. Hier stand es mit der Tethys und mit den Meeresflächen im mittleren und südlichen Teil der heutigen Sowjetunion in Verbindung.
Während dieser Überflutung lagerten sich über den vom Meer eroberten Festländern weithin in erstaunlicher Gleichartigkeit zunächst glaukonitreiche Sande ab, die Grünsande. Anschließend bildeten sich in den ufernahen Räumen vor allem dickbankige, grobkörnige Sandsteine, die Quadersandsteine, z.B. des Elbsandsteingebirges (Tafel 4), in den tieferen Teilen der Becken hingegen helle, dünnplattige, harte, oft etwas mergelige Kalke, die Pläner. Mächtige Sandfächer stießen z.B. vom

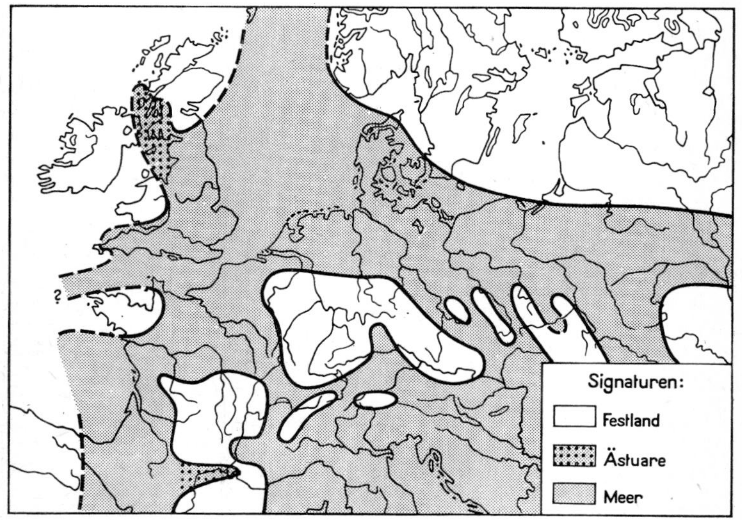

Abb. 161. Vermutliche Verteilung von Land und Meer während des Cenomans. — In Anlehnung an S. von Bubnoff u. a.

Riesengebirge, Eulengebirge (Góry Sowie) und Lausitzer Gebirge, die damals als Inseln oder Schwellen emporragten, nach allen Seiten hin vor und verzahnten sich mit den kalkigen bis sandig-mergeligen Ablagerungen des tieferen Wassers. Ähnliche Verhältnisse wie im höheren Cenoman treffen wir auch im **Turon**, nur vertiefte sich jetzt das Meer an vielen Stellen, so daß die in dieser Zeit entstandenen Horizonte mehr tonig oder kalkig ausgebildet sind. An den Ufersäumen lagerten sich jedoch immer noch vorwiegend Sande ab, in den tieferen Teilen der Becken Plänerkalke. Ein charakteristisches Fossil für das untere Turon ist *Inoceramus labiatus* (Tafel 45).
Im **Santon** kam es zu der in mehrere Phasen gegliederten subherzynischen Gebirgsbildung, durch die vor allem der Harz aufgerichtet wurde und in deren Gefolge sich das Meer kurzfristig zurückzog. Im **Campan** setzte aber die Überflutung verstärkt wieder ein, und im **Maastricht** erreichte das Kreidemeer seine größte Ausdehnung. Während in den Küstengebieten auch jetzt hauptsächlich sandige Gesteine gebildet wurden, entstanden weiter beckenwärts kalkige und mergelige Sedimente. Besonders charak-

Tab. 35. Stratigraphische Gliederung der Kreidezeit

Abteilungen	Stufen		wichtigste Leitfossilien	Dänemark und Norden der DDR	Harzvorland	nördliche Ostalpen (Kalkalpen)	nördliche Flyschzone der Alpen	Nordamerika (Great Plains)
Hangendes:				paläozäne Schichten	oligozäne Schichten		Wildflysch aus dem Alttertiär	paläozäne Schichten
Oberkreide	Dan			etwa 170 m Kalke (bes. Bryozoen- und Korallenkalke)		500 m Liesenschichten		Laramieschichten
	Senon	Maastricht	*Scaphites constrictus* *Belemnella lanceolata*	500 m Schreibkreide und weiße Kalkmergel mit und ohne Feuerstein			500 m Zementmergel	Montanaschichten
		Campan	*Belemnitella mucron.*		etwa 350 m Mergel, sandige Mergel und Kalksandsteine	etwa 1700 m Gosauschichten und Nierentaler Schichten (Konglomerate, Mergel, Sandsteine, Kalke)		
			Actinocamax quadratus					
		Santon	*Actinocamax granulatus*		75 m Heidelbergquader 80 m Salzbergmergel 10 m Eisenerzlager von Ilsede			
	Emscher		*Actinocamax westfalicus*					
		Coniac	*Peroniceras*		etwa 300 m graue Mergel und Kalkmergel			
	Turon		*Inoceramus lamarcki* *Inoceramus labiatus*		175 m Pläner		25 m obere Bunte Mergel	Coloradoschichten
	Cenoman		*Acanthoceras* *Schloenbachia*		60 m Plänerkalke und -mergel	etwa 100 m Orbitolinenmergel, Dolomitbrekzien	100 m Reiselsberger Sandstein (Hauptflyschsandstein)	Dakotaschichten
Unterkreide	Gault	Alb	*Hoplites*	40 m Sand und Tonmergel	60 m Flammenmergel 10 m Minimuston		30 m untere Bunte Mergel 100 m Quarzit	
		Apt	*Parahoplites*		bis 75 m Sandstein	50 m Mergel	200 m Tristelschichten	Kootenaischichten
	Neokom	Barrême	*Crioceras*		bis 100 m dunkle Tone			
		Hauterive	*Simbirskites* *Neocomites*		bis 100 m Eisenerzlager von Salzgitter	etwa 400 m neokomer Aptychenkalk und -mergel	?	
		Valendis	*Polyptychites* *Platylenticeras* (= *Garnieria*)					
			Berriasella		vor allem triadische	oberjurassischer		oberjurassischer

teristisch ist die Schreibkreide, ein mürber, weißer Kalk, der größtenteils aus feinsten Kalkteilchen, Foraminiferenschalen, Bryozoenresten, den Kalkscheibchen von Panzergeißeltierchen (Coccolithophoriden) und zahlreichen anderen kleinen Organismenresten besteht. Da Globigerinen, die gegenwärtig vorwiegend den Globigerinenschlamm der Tiefsee bilden, stellenweise massenhaft auftreten, betrachtete man die Schreibkreide zunächst als ein Tiefseegestein. Das Vorkommen von heliotropischen, d. h. durch Lichteinfluß bedingten Wachstumserscheinungen bei festgewachsenen Tieren mag aber beweisen, daß die Schreibkreide innerhalb der diaphanen, d. h. vom Licht durchfluteten Bereiche des Meeres, also in einer Tiefe von weniger als 250 bis 300 m entstanden sein muß.

Am bekanntesten ist auf deutschem Gebiet die dem Unteren Maastricht angehörende Schreibkreide von Rügen, wo sie an der nordöstlichen Steilküste in schroffen Wänden ansteht (Tafel 31) und in mehreren Kreidebrüchen gewonnen wird. Hier kann man auch größere Versteinerungen wie Seeigel, Muscheln und Belemniten sammeln. Die Rügener Schreibkreide dient heute vor allem der Herstellung von Schlämmkreide. Dabei wird das Rohmaterial in einen Schlämmbottich geschüttet und dort unter Wasserzufluß mit einem Rührwerk durchgearbeitet. Der vom Wasser aufgenommene Schlamm fließt in Kastenleitungen zu Klärgruben, wo sich die feineren Teilchen absetzen; die gröberen Teilchen bleiben bereits unterwegs liegen. Ist das Wasser in den Gruben klar geworden, wird es abgelassen. Sodann sticht man den auf dem Boden befindlichen Kalkschlamm, nachdem er genügend standfest geworden ist, in kleinen Fladen ab und trocknet diese in den Darren (Trockenhäusern). Das so gewonnene Material wird beispielsweise zur Herstellung von Farben, Zahnpasta und Kitt verwendet.

Parallel zur Schichtung findet sich in der Schreibkreide des Campans und Maastrichts schwarzer, in der des Turons grauer Feuerstein. Dieses Gestein war in der Steinzeit ein wichtiger Werkstoff. Es besteht vor allem aus Kieselsäure und tritt entweder in Gestalt mehr oder weniger unregelmäßiger Knollen (Knollenfeuersteine) auf oder — seltener — in plattigen, gewöhnlich großflächigeren Gebilden. Die knolligen Feuersteine sind meist auf bestimmte Horizonte beschränkt, so daß sich im Vertikalaufschluß Kreide und Feuersteinlagen im ständigen Wechsel wiederholen. Die Knollenfeuersteine entstanden größtenteils durch Umwandlung bereits abgelagerter Kreide in Kieselsäure und bilden das Gefüge des ursprünglich an ihrer Stelle vorhandenen Kreidesediments volumengetreu ab. Die Knollenform wird oft durch Fossilreste bestimmt, die im Inneren stecken.

Man nimmt heute an, daß die Kieselsäure, die die Einkieselung der Kreide bewirkte, aus den Skeletten von Kieselorganismen, vor allem Kieselschwämmen, stammt, die in großer Menge am Boden des Schreibkreidemeeres wuchsen. Nach der Einbettung zersetzten sich die Weichteilreste. Die dabei frei werdenden basischen Zerfallsprodukte lösten die Skelettsubstanz teilweise auf. Die Lösungen gingen in den kolloidalen Zustand über und wurden durch eine Porenwasserströmung in Richtung zum jeweiligen Meeresgrund verfrachtet und dabei konzentriert. In einer bestimmten Tiefe schlug sich die Kieselsäure, hauptsächlich in Form von Knollenfeuersteinen, dort nieder, wo die Adsorptionskraft größer war als der Druck des darüberliegenden Sediments. Die Kreide wurde dabei verdrängt. Die hierzu notwendige Porenwasserströmung entstand dadurch, daß Wasser aus dem ursprünglich sehr wasserreichen Kalkschlamm abgepreßt wurde, entsprechend dem Druck der sich im Laufe der Zeit darüber bildenden Schichten.

Im Maastricht und im Dan vollzog sich ein plötzlicher Rückzug des Meeres. Hierbei schrumpfte das große und verhältnismäßig tiefe Ostwestmeer, das sich seit dem Oberen Alb am Südwestrand Fennoskandias gebildet hatte, zu einem kleinen Restbecken im Raum der Nordsee, des heutigen Dänemarks und der südlich unmittelbar angrenzenden Gebiete zusammen. Es vollzog sich also erneut eine ähnliche Entwicklung, wie wir sie an gleicher Stelle bereits im Silur, Karbon und im Malm kennenlernten.

In der großen alpidischen Geosynklinale von **Südeuropa** begann in der Kreidezeit die Auffaltung der Sedimentmassen, die sich während des Mesozoikums angesammelt hatten. Durch die austrische Gebirgsbildungsphase an der Wende vom Alb zum Cenoman entstanden die Kernzone der Alpen und die Dinariden. Im Gefolge dieser Vorgänge verstärkten sich auch die epirogenen Bewegungen. Es bildete sich eine Anzahl von Trögen, die vom Meere ausgefüllt blieben und in denen sich der Verwitterungsschutt der dazwischenliegenden Schwellen sammelte.

Im Gebiet der nördlichen Ostalpen (Kalkalpen) wurde durch die austrische oder vorgosauische Gebirgsbildung der aus einer etwa 4000 m mächtigen Schichtenfolge bestehende Inhalt des sogenannten kalkalpiden Troges aufgefaltet. Die entstandenen **Kalkalpen** wurden aber zum großen Teil kurze Zeit darauf erneut vom Meer überflutet. Dabei bildeten sich die vornehmlich aus Konglomeraten, Mergeln, Sandsteinen, Kalken (diese mit dickschaligen Muscheln, Schnecken, Korallen) und kohlenführenden Süßwasserablagerungen aufgebauten Gosauschichten. Auch im Gebiet der Westalpen wurde zu gleicher Zeit wie in den nördlichen Ostalpen der Inhalt eines Troges, des penninischen Troges, aufgefaltet und samt seiner kristallinen Unterlage zu einem Deckfaltengebirge, den **Penninischen Alpen**, umgestaltet. Vor den aufsteigenden Faltenzügen entwickelte sich eine neue Saumtiefe, die vom Meer ausgefüllt blieb. In ihr sammelte sich der Schutt des werdenden Gebirges zu einer einförmigen, versteinerungsarmen Abfolge von Schiefern, Sandsteinen und wenigen Kalkbänken. Diese Gesteine geraten heute bei Durchfeuchtung leicht ins Fließen und neigen zu Bergrutschen. Man bezeichnet sie als Flysch (schweizerisch flyschig = bröckelig).

Eine ganz andere Ausbildung zeigen die Sedimente der Kreidezeit im heutigen **Mittelmeergebiet**. Hier entstanden im flacheren Wasser Riffkalke, im tieferen vor allem helle und rote Foraminiferen- und Hornsteinkalke. Südwärts erstreckte sich die Tethys weit nach Nordafrika und Arabien hinein und lagerte in einem gewaltigen Gürtel bunten, festländischen Nubischen Sandstein ab.

Im **voruralischen Raum** stieß das Meer nach einem Rückzug im Oberen Malm erneut von der Tethys aus nach Norden vor und verband sich zeitweilig mit dem arktischen Becken. Dieser Zusammenhang wurde in der Oberkreide unterbrochen. Dafür öffnete sich wieder die alte Ostwestverbindung mit Westeuropa über die Baltische Straße. An Stelle der in der Oberkreide verschlossenen voruralischen Senke entstand weiter im Osten zeitweilig eine andere Verbindung zwischen dem arktischen Becken und der Tethys über Westsibirien.

Auf dem **Angaraland** bildeten sich in einzelnen Becken bunte, meist festländische Schichtfolgen, die teils Gips, teils Kohlen führen. Sie sind weniger ausgedehnt als die Ablagerungen des älteren Mesozoikums und lassen darauf schließen, daß dieses Gebiet während der Kreidezeit in einem trockenen Klimabereich lag.

In der **Arktis** sind die Sedimente der Unterkreide ähnlich ausgebildet wie die des höheren Juras. Während der Oberkreide zog sich das Meer wohl zurück; denn seine Ablagerungen finden sich nur an wenigen Stellen, u.a. auch an der Westküste Grönlands. Das weist darauf hin, daß in dieser Zeit die Abtrennung Grönlands vom Kanadischen Schild einsetzte.

In Nordamerika waren nach dem Kimmeridge längs der Küste des Pazifiks die 2000 km langen Küstenketten entstanden, die sich von Alaska bis Mexiko erstrecken. An der Wende Kreide/Tertiär wurde dann während der laramischen Faltungsphase der Inhalt des weiter ostwärts gelegenen Troges zum Felsengebirge aufgefaltet. Etwas früher, während der sich in Nordwestdeutschland auswirkenden subherzynischen Faltungsphase, war im Santon das südamerikanische Teilstück der zirkumpazifischen Geosynklinale von der Faltung ergriffen worden. Hier entstand das Kettengebirge der Anden. Ähnlich wie Afrika und Nordamerika erlangte Südamerika am Ende der Kreidezeit etwa seine heutige Gestalt.

4. Zusammenfassung. Während der am Schluß des Erdmittelalters stehenden Kreidezeit ging in den alpidischen Geosynklinalen Südeuropas, Südasiens und Amerikas die Auffaltung der Sedimentmassen weiter, die sich während des Mesozoikums angesammelt hatten. So wurden die Kernzone der Alpen und die Dinariden gebildet. In der zirkumpazifischen Geosynklinale entstanden während des Santons die Anden; am Ende der Kreidezeit bildete sich das Felsengebirge. Das Meer, das weite Flächen des vorher landfesten Raumes überdeckte, erreichte im Maastricht die bisher größte Ausdehnung während der Erdgeschichte, zog sich aber im Dan rasch und weitgehend zurück. Das heutige Erdbild begann sich in seinen Grundzügen zu formen. Auf der Südhalbkugel zerfiel das seit dem Paläozoikum bestehende Gondwanaland; Südamerika, Afrika mit Madagaskar, Vorderindien und Antarktika erschienen erstmalig etwa in ihrer jetzigen Gestalt. Das gleiche gilt wohl für Nordamerika und Grönland. Das Klima der Kreidezeit war, wie sich aus der Verteilung der Pflanzen- und Tierwelt ergibt, wesentlich wärmer als heute. Auch in Polnähe herrschten vor allem während der Unterkreide subtropische Verhältnisse. Klimazonen traten folglich nur wenig hervor. Die Trockengürtel erstreckten sich aber ungefähr so wie in der Gegenwart. Erst gegen Ende der Kreide wurde es etwas kühler; das konnte in Australien, Texas und auf Spitzbergen durch Spuren von Vereisungen nachgewiesen werden. Biologisch ist die Kreidezeit gekennzeichnet durch das Aussterben der Ammoniten, Belemniten, der Riesen- und Flugsaurier sowie durch das erste sichere Auftreten der Blütenpflanzen. Von wirtschaftlicher Bedeutung sind in dem Kreidesystem vor allem die durch Ablagerung im Meer entstandenen Eisenerzlagerstätten, in deutschem Gebiet hauptsächlich die bei Salzgitter.

Känozoikum

Tertiär

1. Allgemeines. Der Name Tertiär geht auf die in den Anfängen der wissenschaftlichen Geologie von ARDUINO geprägte Bezeichnung „Montes tertiarii" für wenig verfestigte Sedimente Norditaliens zurück, die für jünger als die Ablagerungen des „Sekundärs", des Mesozoikums, gehalten wurden. Der Engländer LYELL gliederte diesen — wie wir heute wissen — relativ langen Abschnitt (65 bis 70 Mio Jahre) zwischen der Kreide und dem Pleistozän nach dem Vorschlag von DESHAYES entsprechend dem Grad der Übereinstimmung der jeweiligen Fauna mit der lebenden in Eozän, Miozän und Pliozän. Später hat BEYRICH auf Grund von Untersuchungen norddeutscher Tertiärfaunen zwischen dem Miozän und Eozän das Oligozän eingefügt. Schließlich trennte SCHIMPER vom Eozän den ältesten Teil als Paleozän ab. Die faunistisch ähnlichen jüngeren Stufen Pliozän und Miozän wurden als Neogen zusammengefaßt und dem Paläogen aus Paleozän, Eozän und Oligozän gegenübergestellt. Dieser Aufstellung von Stufen lief das Bemühen um eine Gliederung in Unterstufen parallel. Deren internationale Verwendung scheiterte jedoch bisher an der nicht immer befriedigenden Einordnung der Unterstufen in die Stufen, vor allen Dingen aber an dem häufigen Mangel zwingender Beweise für eine zeitliche Parallelisierung örtlicher Gliederungseinheiten mit den Typusfolgen.

Mit dem Tertiär beginnt in der Erdgeschichte die Neuzeit, das **Känozoikum**, in dem sich das Antlitz des Planeten zusehends dem gegenwärtigen näherte. Nach Jahrmillionen relativer Ruhe erfolgten im Tertiär gewaltige Massenbewegungen, die zu den erdumspannenden alpidischen Gebirgsbildungen führten, wobei in Eurasien u.a. Pyrenäen, Alpen, Apenninen, Karpaten, Kaukasus und Himalaja, in Afrika die Atlasketten und in Amerika die ergänzenden Faltenzüge im Ostteil der großen Faltengebirge — insbesondere Südamerikas — entstanden. Das umwälzende Geschehen in den Geosynklinalräumen wirkte weit über das Vorland hinaus und führte zu einer Wiederbelebung der Bewegungen in alten Hebungsgebieten (Harz, Thüringer Wald), des Salzaufstiegs, des Vulkanismus — der in Europa seit dem Rotliegenden weitgehend zur Ruhe gekommen war — und zusammen mit epirogenetischen Vorgängen zu Trans- und Regressionen. Die Massenbewegungen wurden nicht nur durch innenbürtige Kräfte ausgelöst. Die neuentstandenen Gebirge und Salzstockbereiche unterlagen verstärkter Abtragung, in deren Folge gewaltige Sedimentmassen in den tief abgesunkenen Vor- und Randsenken abgelagert wurden. Der Verteilung der klimaanzeigenden Organismen nach zu urteilen, wichen die Klimagürtel der Erde erheblich von ihrer heutigen Anordnung ab.

Ähnlich wie im Zeitalter der variszischen Gebirgsbildung erfolgte im Tertiär eine außergewöhnliche Ansammlung und Inkohlung von Pflanzenmassen, die zur weltweiten Bildung von Braunkohlenvorkommen führten; deshalb wird das Tertiär auch **Braunkohlenzeit** genannt.

2. Entwicklung der Lebewelt (Tafel 46 und Abb. 162). An der Grenze Kreide/Tertiär ist der **Faunenschnitt** außerordentlich markant. Der Schnitt wird besonders deutlich bei den **Wirbeltieren.** Durch die explosive Entwicklung der Rundschupper unter den **Fischen (Teleosteer)** nahm die Zahl der Fischgattungen trotz des Aussterbens der Ganoidschupper im Tertiär erheblich zu. An dieser Zunahme waren außer den Knochenfischen auch die Haie beteiligt, deren Zähne in den Tertiärschichten weit verbreitet vorkommen. Von den **Reptilien,** die seit dem

Ausgang des Perms, besonders aber in der Oberkreide vorherrschend waren, starben die repräsentativen Ordnunngen aller Lebensbereiche (Dinosaurier, Flugsaurier, Ichthyosaurier) am Ende der Kreide aus. Der beträchtliche Wiederanstieg der Zahl der Gattungen im Eozän wurde durch die Ausbreitung der Schlangen, Eidechsen und Krokodile verursacht. Die bis zum Ende der Kreidezeit nur spärlich vertretenen **Säugetiere** beherrschten im Tertiär das Feld. Bereits für das Paleozän sind 15 Altsäugerordnungen — darunter Raubtiere, Insektenfresser, Affen und Nagetiere — nachgewiesen, von denen nur die Insektenfresser in die Kreidezeit zurückreichen. Dieses plötzliche weiträumige und differenzierte Auftreten der Säuger läßt vermuten, daß die Entfaltung bereits prätertiär einsetzte. Im Eozän waren dann schon alle heutigen Ordnungen vertreten. Große Mannigfaltigkeit, häufige Kurzlebigkeit und die z.T. weite Verbreitung der Formen lassen die Säugetiere als hervorragende Zeitmarken erscheinen. Bei der vorwiegend terrestrischen Lebensweise war die Verbreitung in den verschiedenen Abschnitten des Tertiärs abhängig von den interkontinentalen Verbindungen. Das ursprüngliche Fehlen von plazentalen Säugetieren in Australien läßt darauf schließen, daß dieser Erdteil bereits vor deren Ausbreitung eine isolierte Lage hatte. Die ähnlich reiche Entfaltung von Beuteltieren und primitiven Huftieren im Tertiär Südamerikas läßt vermuten, daß die Verbindung zu Nordamerika, dessen Säugerfauna eine ganz andere Entwicklung nahm, frühzeitig unterbrochen war. Erst als im Pliozän die Landbrücke wieder bestand, wanderten die heutigen Raub- und Huftiere ein; dies führte zum Aussterben der alten Formen. Aber auch für die Verbreitung der höheren Säugetiere und das Auftreten der systematischen Einheiten in den einzelnen Abschnitten des Tertiärs sind neben den evolutionären Gesetzmäßigkeiten paläogeographische Gegebenheiten maßgebend. So verbreiteten sich die Cameliden von dem vermutlichen Zentrum in Nordamerika über die Landbrücken nach Asien und Südamerika, wobei sie sich in den großen Zeiträumen gattungsspezifisch weiterentwickelten. Hingegen wird das Entwicklungszentrum der Tapire in Nordostasien vermutet, von wo sie sich nach Europa (heute ausgestorben), nach Südasien, Nordamerika (heute ausgestorben) und Südamerika ausbreiteten.
Der Formenkreis der Elefanten (Abb. 162) ist erstmalig im Mitteleozän Nordafrikas nachgewiesen. Das tapirgroße Moeritherium mit vergrößerten zweiten Schneidezähnen im Ober- und Unterkiefer und offenbar verdickter Oberlippe, aber noch ohne Rüssel, steht zwar nicht am Anfang der geradlinigen Ahnenreihe, gehört aber zweifellos zu den Rüsseltieren. Im Unteroligozän Ägyptens erschien daneben das Palaeotherium, bei dem die typischen Merkmale der Elefanten schon vorhanden, allerdings noch nicht voll entwickelt waren. Im Miozän war der Formenkreis über Afrika hinaus in Europa und Asien verbreitet und über die damals landfeste Beringstraße auch nach Nordamerika eingewandert. Unter dem Einfluß der sehr differenzierten Lebensräume entwickelten die Mastodonten eine große Fülle von unterschiedlichen Formenmerkmalen, vor allem des Schädels, der Back- und Stoßzähne sowie des Rüssels. Trotz dieser Mannigfaltigkeit hebt sich die direkte Ahnenreihe deutlich heraus. Nach dem Brückenschlag zwischen Nord- und Südamerika im Pliozän besiedelten die Mastodonten im Altpleistozän auch den Südkontinent mit Formen, die infolge der Verkürzung des Unterkiefers, Wegfalls der unteren Schneidezähne und Vergrößerung des Rüssels sehr elefantenähnlich geworden waren. Die eigentlichen Elefanten entwickelten sich aber im Ältestpleistozän der Alten Welt in zwei Stämmen, von denen die heute in Afrika und Indien lebenden Elefanten abgeleitet werden (vgl. Tab. 37). Während die Mastodonten der Alten Welt zu Beginn des Pleistozäns ausstarben, sind sie in Nordamerika noch bis zur letzten Kaltzeit, in Mittel- und Südamerika sogar noch in historischer Zeit nachgewiesen worden.
Das beste Beispiel in der Entwicklungsgeschichte der Säugetiere im Tertiär liefern die Pferde (Abb. 162). Wie die Rüsseltiere entwickelten sich die Equiden in zahlreichen Stammlinien, von denen nur die der extrem spezialisierten heutigen Pferde erhalten geblieben ist. Die Herausbildung der charakteristischen Merkmale, wie allgemeines Größenwachstum, Übergang von der Mehr- zur Einzehigkeit, Vergrößerung der Kauflächen und das Höhenwachstum der Zähne, erfolgte nicht gleichmäßig und gleichzeitig, sondern in den einzelnen Linien verschieden, woraus sich die große Formenfülle der Pferde im Tertiär ergab.
Die Entwicklung der Equiden begann im frühen Eozän von Nordamerika und Europa mit *Eohippus/Hyracotherium*, einer kleinen vierzehigen, an der Hinter-

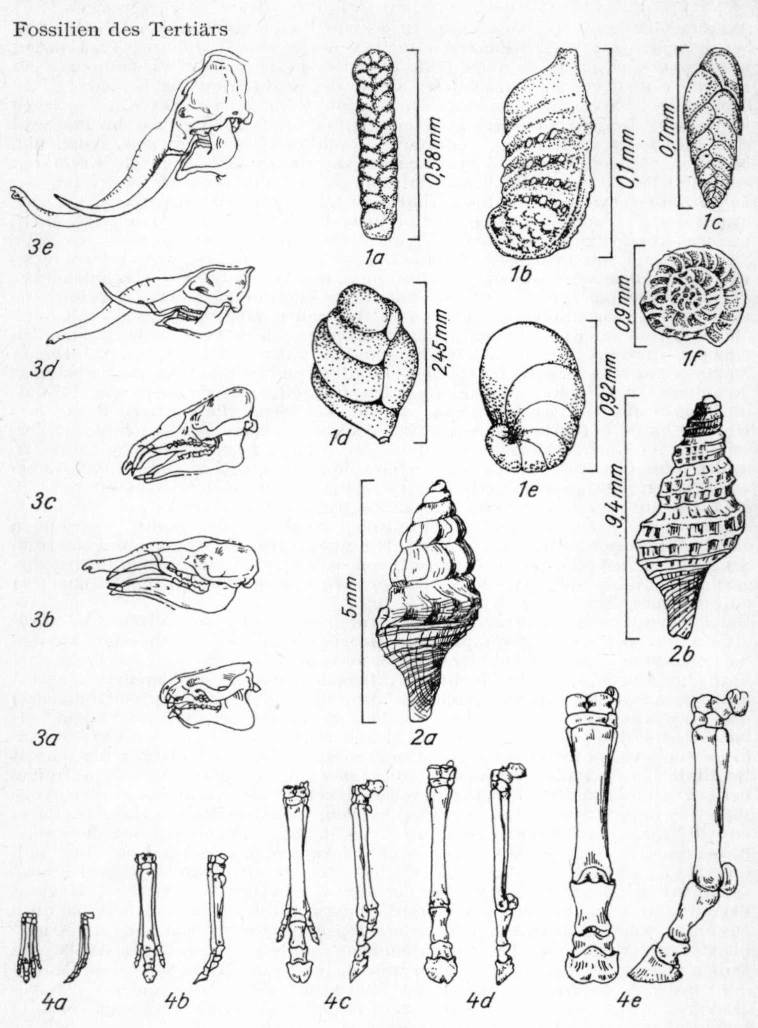

Abb. 162. **Foraminiferen** (aus: Abriß Leitfossilien der Mikropaläontologie, 1962): *1a* Spiroplactamina spectabilis (Paleozän bis Eozän); *1b* Lenticulina decorata (Eozän 5); *1c* Bolivina bayrichi (Oligozän); *1d* Sigmomorphina regularis (höheres Oligozän); *1e* Cancris auriculus (Miozän); *1f* Nummulites germanicus, Medianschnitt (Obereozän). — **Schnecken** (aus: Sorgenfrei, 1958, und Tembrock, 1965): *2a* Gemmula boreoturricula (Miozän); *2b* Scalaspiri elegantulus (Oberoligozän). — Entwicklungsstufen von Stoßzähnen und Rüssel bei den **Elefanten** (maßstäblich verkleinert, aus Thenius, 1960): *3a* Moeritherium (Eozän); *3b* Palaeotherium (Oligozän); *3c* Bunolophodon („Mastodon", Miozän); *3d* Stegodon (Pliozän/Pleistozän); *3e* Mammonteus (Mammut, Pleistozän). — Handskelett (Frontal- und Seitenansicht) von verschiedenen Gattungen der **Equiden**. Entwicklung vom Vierzeher zum Einhufer (maßstäbliche Verkleinerung, aus Thenius, 1960): *4a* Hyracotherium (Eozän); *4b* Mesohippus (Oligozän); *4c* Merychippus (Miozän); *4d* Pliohippus (Pliozän); *4e* Equus (Quartär)

hand dreizehigen Form von der Größe eines Foxterriers. In Amerika verlief sie zumeist relativ langsam und in einer Linie, in Europa dagegen stark aufgespalten, wobei die einzelnen Merkmale sich unterschiedlich schnell entwickelten und bereits im Eozän Stadien erreichten, die bei den nordamerikanischen Equiden erst im Miozän auftraten. Im Miozän dagegen war die Entwicklung in Nordamerika mannigfaltiger. Aus der Hauptlinie *Anchitherium* (= *Mesohippus*) – *Parahippus* — *Merychippus* spalteten sich viele Nebenformen ab, während sich das europäische Anchitherium im Miozän und Pliozän kaum wandelte. Im Pliozän entfaltete wieder das *Hipparion* in Eurasien eine große Mannigfaltigkeit an Standortformen, und die amerikanischen Pferde starben mit *Hypohippus* aus. Die heutigen Wildpferde, die nur in der Alten Welt vertreten sind, bilden das Endglied eines nordamerikanischen Seitenzweiges, der vom oligozänen Mesohippus über das dreizehige miozäne Merychippus zum Einhufer *Pliohippus* des Pliozäns führte. Wie sich in der Alten Welt im Zuge von Einwanderungswellen über die landfeste Beringstraße im Miozän das Anchitherium, im Pliozän das Hipparion entwickelten, so entstanden hier im Pleistozän die Pferdearten der Gattung *Equus*.
Auch bei den Klassen der **Wirbellosen** wird der Faunenschnitt vielfach deutlich durch die quantitative Verteilung der Gattungen um die Wende Kreide/Tertiär. Von den vierkiemigen Cephalopoden starben die Ammonoideen nach dem Höhepunkt in der höheren Unterkreide im Laufe der Oberkreide aus. Ebenso kamen die zweikiemigen Belemnoideen nicht mehr im Tertiär vor. Unter den schalentragenden Cephalopoden überdauerten nur einige Nautilusarten die Zeitwende.
Die **Korallen** erlebten in der tieferen Oberkreide das absolute Maximum. Nach einem kräftigen Rückgang im Paleozän nahm die Zahl der Gattungen wieder erheblich zu mit einem deutlichen Höhepunkt im Miozän.
In tertiären marinen Sedimenten wird das Bild der Totengesellschaften von **Schnecken** und **Muscheln** beherrscht. Während die Schnecken in der Entwicklung der Zahl der Gattungen deutlich progressiv sind, haben die Muscheln ihren zahlenmäßigen Höhepunkt bereits in der Kreide überschritten. Die biostratigraphisch bedeutenden Inoceramen und Rudisten traten im Tertiär nicht mehr auf. In der Verteilung auf die verschiedenen systematischen Einheiten nähern sich beide Klassen zunehmend den gegenwärtigen Verhältnissen. Unter den Schnecken zeichnen sich die siphonostomen Formenkreise wie Fusus und Pleurotoma durch eine besondere Artenfülle aus (Abb. 162). Infolge der vielfach erwiesenen Faziesabhängigkeit ist ihr leitender Wert bei weiträumigen stratigraphischen Vergleichen z. T. in Frage gestellt.
In den letzten Jahrzehnten haben unter dem Einfluß der Erdölgeologie die Mikroorganismen, vor allem die **Foraminiferen**, für die stratigraphische Gliederung des Tertiärs an Bedeutung gewonnen. Das gilt besonders von den planktonisch lebenden Formen und den Nummuliten, die infolge ihres zeitlich eng begrenzten Auftretens (Paleozän bis Oligozän) und der entwickelten Formenfülle für stratigraphische Aussagen vorzüglich geeignet sind. Auf der Suche nach möglichst kurzlebigen Formen mit weltweiter Verbreitung erfahren die flagellaten Coccolithen und die in ihrer systematischen Stellung noch unklaren Hystrichosphaerideen besondere Beachtung.
Für die Entwicklung der Pflanzenwelt liegt der große Schnitt zu Beginn der Kreide, als die ersten Bedecktsamer auftraten. Die **Tertiärflora** war bereits stark der rezenten angenähert. Die pflanzlichen Großorgane, wie Holz in Form von Stubben und ganzen Stämmen, Blätter und Früchte, sind unter besonderen Bedingungen gelegentlich in den verbreiteten Braunkohlenflözen nachgewiesen. Dabei spielen die infolge reichlicher Harzführung für die Konservierung besonders geeigneten **Nadelbäume** eine bedeutende Rolle. Mammutbaum *(Sequoia)* und Sumpfzypresse *(Taxodium)* sowie japanische Schirmtanne *(Sciadopitys)* und verschiedene Kiefernarten waren häufig vertreten und stellten mit **Laubbäumen**, wie Magnolie, Kastanie, Eiche, Zimt- und Kampferbaum *(Cinamomum)*, wichtige Braunkohlenbildner. Die wohl krankhafte Harzüberproduktion einer eozänen Kiefer lieferte im Ostbaltikum die Ausgangssubstanz für den schon in vorgeschichtlicher Zeit als Schmuck geschätzten Bernstein, der, offenbar zusammengeschwemmt, in der „Blauen Erde" des Samlandes (Oblast Kaliningrad/UdSSR) besonders angereichert ist und von dort durch das Inlandeis im Pleistozän des Peribaltikums und des Nordseeraumes eine weite Verbreitung erfahren hat. In den Inklusen des Bernsteins sind vorwiegend Insekten (2000 Arten),

vereinzelt auch Vogelfedern, Haare von Säugetieren und Blüten von Laubbäumen in einmaliger Erhaltung überliefert. Die engen verwandtschaftlichen Beziehungen der Pflanzen der Tertiärzeit zu der Flora der Gegenwart gestatten weitgehende Rückschlüsse auf die damaligen Klimazonen der Erde und die Entwicklung des Klimas im Tertiär. Die eozäne, vielleicht sogar noch die oligozän-untermiozäne Polarflora von Spitzbergen und Ostgrönland enthielt Sumpfzypresse, Erle, Hasel, Eiche, Buche und Platane, also Repräsentanten eines gemäßigten Klimas. In unseren Breiten waren Palmen keine Seltenheit. Für die stratigraphische Gliederung des Tertiärs von ungleich größerer Bedeutung sind jedoch die **Pollen** und **Sporen**, deren jeweils nachgewiesene Arten, zu Bildern zusammengefaßt, einen bestimmten Abschnitt charakterisieren.
Einen einzigartigen Erhaltungszustand weisen die zahlreichen Funde aus der tertiären Tier- und Pflanzenwelt in der Braunkohle des Geiseltales bei Merseburg auf, wo seit vielen Jahren systematisch Grabungen durchgeführt werden. Das umfangreiche Material, das im Geiseltalmuseum in Halle gesammelt wird, gestattet die Rekonstruktion eines umfassenden Bildes über das Leben an den Ufern wassererfüllter ausgedehnter Erdfälle, die zugleich Tränk- und Einbettungsstelle waren (Abb. 163). Käfer, Schmetterlinge, Libellen und andere Insekten gerieten in Tümpel und offene Wasserstellen und wurden dort massenhaft eingebettet. Der sehr rasche Abschluß vom Luftsauerstoff bewirkte, daß die buntschillernden Farben der Käferflügeldecken, ja sogar das Blattgrün der Laubblätter erhalten blieben. Auch verschiedenfarbige Vögel belebten den Wald. Im Wasser tummelten sich kleine Fische, die mit den heutigen Hechten, Lachsen und Barschen verwandt sind. Gefährliche Räuber des Braunkohlenwaldes waren die Krokodile, die in allen Lebensaltern gefunden wurden. Auch Schildkröten, Eidechsen und Schlangen waren Bewohner des Moores. Unter den Säugetieren finden wir neben primitiven Beutlern die ersten Raubtiere. Huftiere sind mannigfach vertreten. Unter den Unpaarhufern sind die Reste der Lophiodonten recht häufig, die mit dem heute lebenden Tapir verwandt sind. Daneben ist das „Urpferdchen" *(Propalaeotherium)*, das einem sehr frühen Seitenzweig der Pferdeahnen angehört, zahlreich vertreten (Tafel 46).

3. Paläogeographische Verhältnisse in Europa. Wie Fauna und Flora näherten sich die Verteilung von Land und Meer sowie die Oberflächengestaltung des Festlandes im Laufe des Tertiärs zusehends den Verhältnissen der Gegenwart. An die Stelle der weiträumigen epikontinentalen Überflutungen in der Kreidezeit traten verhältnismäßig engräumige Einbrüche in den Kontinentalsockel. Allein im weltumspannenden Mittelmeer, der Tethys, die seit dem Paläozoikum existierte, vollzogen sich Wandlungen, die das Bild völlig veränderten.
Durch den breiten Meeresarm östlich des Urals (Abb. 164), der durch die Turgaistraße Verbindung mit der Tethys hatte, wurde Europa im **Paläogen** von Asien getrennt. Im westlichen und mittleren Nordeuropa überflutete das Nordmeer, zwischen Skandinavien und England vordringend, im Laufe des Alttertiärs Dänemark und in unterschiedlicher Breite einen Flachlandsaum in Südostengland, Nordfrankreich, Belgien, Holland sowie Norddeutschland bis nach Polen hinein. Von Westen drang der Atlantische Ozean in die Aquitaine ein und stellte über die Pyrenäen-Geosynklinale eine zeitweilige Verbindung mit der Tethys sowie über den Kanal mit der Urnordsee her. Das Südgestade des Kontinents erfuhr eine grundlegende Wandlung durch das geosynklinale und orogenetische Geschehen im Tethysraum, der durch die Norddrift Afrikas und die Orogenese des Alpen-Karpaten-Kaukasus-Zuges eingeengt und zur Schweißnaht Neoeuropas wurde. Das Mittelmeer erhielt seine heutigen Umrisse durch größere Einbrüche von Festlandsmassen am Ausgang des Tertiärs, die in das Pleistozän hineinreichten.
Die paläogene Urnordsee überflutete in den einzelnen Phasen verschieden große Festlandsbereiche, und der marine Sedimentationsraum war in sich durch tief eingreifende Buchten mit zwischengelagerten Schwellen unter-

Abb. 163. Lebensbild aus dem Alttertiär. Ein Moorwald mit Laubbäumen (z. B. Cinnamomum, in der Mitte ganz vorn), Nadelbäumen (Taxodium, links im Hintergrund), Fächerpalmen (Bildmitte) und Federpalmen (rechts dahinter). Am Ufer des Sees steht ein Paläohippide

schiedlich stark gegliedert. Daraus ergaben sich in den stratigraphischen Einheiten räumlich sehr differenzierte fazielle Verhältnisse und in der Gesamtfolge eine zwar unterschiedliche, aber im allgemeinen große Wechselhaftigkeit der Sedimente. Dabei überwiegen die klastischen Lockergesteine vom mehr oder weniger glaukonithaltigen Sand bis zum hochdispersen Ton. Organogene Kalke und Mergel treten im allgemeinen

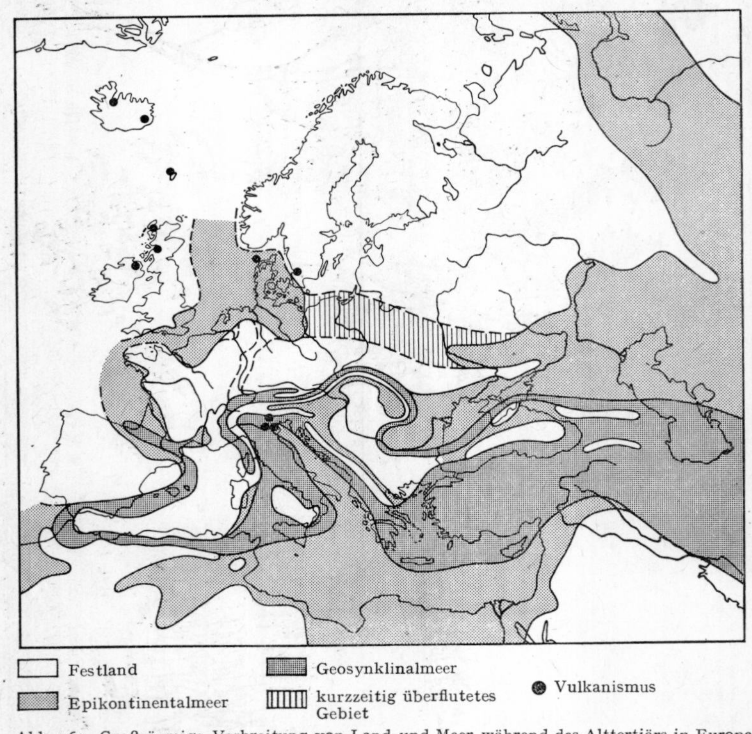

Abb. 164. Großräumige Verbreitung von Land und Meer während des Alttertiärs in Europa (nach Papp, 1959, Brinkmann, 1966, ergänzt durch Gehl)

zurück und sind nur örtlich häufiger. Vereinzelt sind chemische Ausscheidungen wie Gips und Salz vertreten. Diese differenzierten petrofaziellen Verhältnisse schufen im Zusammenhang mit den örtlich unterschiedlich wirksamen Strömungen aus Norden und Westen (Atlantik), der Wasserbewegung, dem Chemismus und der Temperatur des Wassers recht vielseitige Lebensbedingungen für die Tierwelt, so daß der stratigraphische Vergleich über größere Entfernungen sehr schwierig ist.

Am Ausgang der Kreidezeit war das Gebiet weitgehend landfest. Die Kontinuität der marinen Sedimentation war nur in der Dänisch-Polnischen Straße erhalten geblieben.

Das älteste Tertiär ist in Nordosteuropa (Dänemark, UdSSR, Polen) durch marine Ablagerungen mit einer borealen Foraminiferenfauna ver-

treten. In Westeuropa bilden die Schichten von Mons in Belgien mit einer wärmeren Foraminiferenfauna die Typusfolge des Unterpaleozäns. Ob – wie neuerdings aus den faunistischen Beziehungen geschlossen wird -- im höheren Unterpaleozän eine direkte Verbindung zwischen diesen beiden Meeresarmen bestand, läßt sich durch die spärlichen Funde aus dem Zwischenbereich nicht nachweisen. Im jüngeren Paleozän (Thanet) transgredierte das Meer und bedeckte Dänemark und große Teile des norddeutschen Raumes zwischen Ribnitz-Damgarten und Emden, wo es sich nach Süden bis zur mittleren Elbe erstreckte. Eine Bucht dieses Meeres umfaßte Westbelgien, das Pariser, Londoner und Hampshirebecken. Die Basis dieser Folge ist in Norddeutschland vielfach durch ein Konglomerat mit aufgearbeitetem Kreidefeuerstein mit grüner Rinde gekennzeichnet. Der Ausgang der Stufe ist in Westeuropa durch Regressionserscheinungen mit fluviomarinen Konglomeraten, die in Cernay bei Reims die älteste tertiäre Säugetierfauna Europas enthalten, und schließlich durch lagunäre Absätze mit Braunkohle gekennzeichnet. Aus den festländischen Bildungen dieser Zeit auf deutschem Gebiet stammen die Säugerknochenreste aus Karstspalten der Weferlinger Triasplatte bei Helmstedt.
Im **Eozän** dehnte sich das Meer nach Osten über die Oder hinaus aus und bildete nördlich der Mittelgebirge eine weithin zusammenhängende Fläche, die in Westeuropa durch Schwellen gegliedert war. Über dem Transgressionskonglomerat folgt eine graugrüne Tonserie, die im dänisch-norddeutsch-polnischen Raum in der Liegendpartie durch zahlreiche unterschiedlich mächtige Tufflagen gegliedert und in Dänemark, also in der Nähe der vermutlichen untermeerischen Ausbruchsstellen, als Moler – Wechsellagerungen von hellem Kalkzement mit Diatomeen und dunklem Basalttuff – entwickelt ist, im norddeutschen Raum aber durchweg geringmächtigere (bis 12 cm) Schichten von Aschentuff enthält. Charakteristisch sind auch Faserkalke, die man als Geschiebe in Schleswig-Holstein und Mecklenburg weit verbreitet findet. Darüber folgen hochdisperse Tone, nach ihrer typischen Ausbildung im Londoner Becken als Londonton bezeichnet und in Schleswig-Holstein und Dänemark vielfach leuchtend rot und grün ausgebildet.
Im Gegensatz zur sonst weltweiten Transgression im Mitteleozän zeigten sich im Bereich der Nordsee Regressionserscheinungen. Im Beckeninneren ist diese Zeit durch graugrüne, kalkfreie Tone mit glaukonitischen, quarzitischen Sandsteinbänken charakterisiert, die in Mecklenburg den Lokalnamen Scherbelstein tragen. Die lokale Regression wurde im nordostdeutsch–polnischen Becken durch eine raumgreifende Transgression abgelöst, in deren Verlauf das Meer sich über den Oderraum hinaus zu einer polnisch-ukrainischen Meeresstraße entwickelte, die offenbar eine Verbindung mit der osteuropäisch-asiatischen Tethys herstellte. Nach neueren Untersuchungen gehört die Transgressionsphase dem Obereozän an; der norddeutsche Küstensaum dieses Meeresarmes ist durch eine spezifisehe Mikrofauna ausgezeichnet, die sich im Litoralbereich mit der obereozänen „Normalfauna" der norddeutschen Senke verzahnt. Sie ist im Zuge der Transgression mit einer Strömung von Osten her aus dem ukrainischen Raum eingewandert. Als Ablagerungen dieses im allgemeinen flachen Meeres treten in seinen zentralen Teilen zunächst noch graugrüne Tone mit quarzitischen Sandsteinlagen auf, denen fossilreiche glaukonitische Mergel mit zwischengeschalteten nummulitenführenden Kalksandsteinlagen folgen. In Osteuropa und in den norddeutschen Randgebieten überwiegen fossilreiche glaukonitische Sande. In dem westeuropäischen Becken kam es auf Grund der isolierten Lage zu abweichenden Sedimenten, wobei sich im Pariser Becken die wegen ihres Reichtums an

Säugerknochen altberühmten Gipse des Montmartre bildeten. Im Ausgang des Eozäns setzte eine allgemeine Regression ein, bei der weite Teile landfest wurden.

Nach verbreiteten Anzeichen für eine Regression im Unter**oligozän**, vor allem im Osten, setzte im Mitteloligozän erneut eine Transgression ein, die in der Ost-West-Richtung nicht die Ausmaße der Meeresausbreitung im Eozän 5 erreichte, dafür aber in der zweiten tektonischen Hauptrichtung des Tertiärs, in der rheinischen Nord-Süd-Erstreckung. Durch die hessisch-oberrheinische Meeresstraße wurde abermals eine Verbindung zwischen Nordmeer und Tethys hergestellt. Über verbreiteten sandigen Basissedimenten folgen im Beckeninneren charakteristische, vielfach kalkhaltige Tone, die in sekundären Randsenken der Salzstöcke bis 400 m mächtig werden können, zur Ostsee hin aber schnell an Mächtigkeit verlieren. Wegen der lagenweisen Kalkanreicherungen, die sich häufig zu Sideritkonkretionen mit radialstrahligen Septen (Scheidewänden) verdichtet haben, wird das Sediment im deutschen Gebiet als Septarienton bezeichnet. Gebräuchlicher jedoch ist der Name Rupelton nach dem Flüßchen, an dem das belgische Tonvorkommen von Boom liegt.

Eine eigene, sehr differenzierte Faziesausbildung weisen die Ablagerungen des Oberrheingrabens auf, dessen Südteil vorzugsweise im Alttertiär, dessen nördlicher Teil aber vornehmlich jungtertiär abgesenkt wurde, wobei bis zu 3500 m mächtige Süßwasser- und Meeressedimente entstanden. Während sich in den Randbereichen grobklastische Schichten absetzten, finden sich im Zentralteil tonig-mergelige, z. T. bituminöse Sedimente mit salinaren Zwischenschichten. Im Mitteloligozän war das Tal von einer Meeresstraße eingenommen, die über die Hessische Senke im Norden und die Burgundische Pforte im Süden eine Verbindung vom Nord- zum Mittelmeer herstellte.

Das Oberoligozän trägt allgemein regressiven Charakter. Aus dieser Unterstufe sind in der norddeutschen Senke von Sternberg (Mecklenburg), bei Kassel und am Doberg fossilreiche Glaukonitsande und Sandsteine nachgewiesen.

Zwischen den Parageosynklinalmeeren im Süden und der Küstenzone des Nordmeeres lag ein ausgedehnter **Festlandsbereich**, der in Mitteleuropa bereits seit der ausgehenden Oberkreide der Einebnung durch intensive Abtragung unterlag, die um so augenscheinlicher war, als Erzgebirge und Thüringer Wald erst im Jungtertiär den jetzigen Gebirgscharakter erhielten. Eine mehr oder weniger breite Zone von Brandenburg bis Nordwestsachsen war im Paläogen durch die Auswirkung der Trans- und Regressionen gekennzeichnet, die in diesem Gebiet eine Wechselfolge von marinen und terrestrischen Ablagerungen entstehen ließen. Die festländischen Absätze werden charakterisiert durch das häufige Auftreten von Braunkohlenvorkommen im Lagerungsverband mächtiger Sandfolgen. Dabei überwiegen im Mitteleozän mächtige, enger begrenzte Braunkohlenlager, die ihre Entstehung der Salzauslaugung verdanken. Dafür ist das wegen seiner reichen Wirbeltierfauna bekannte, über 100 m mächtige Braunkohlenvorkommen des Geiseltales bei Merseburg – inzwischen fast abgebaut – ein typisches Beispiel. Infolge epirogenetischer Bewegungen und des damit jeweils verbundenen Grundwasseranstiegs kam es im Obereozän zur Bildung der weitflächigen Braunkohlenvorkommen des Weißelsterbeckens mit Unter-, Haupt- und Oberflöz, die als ältere Braunkohle bezeichnet werden und offenbar terrestrischen Ursprungs sind.

Die Küstenlinie der Nordsee wird damals wenig nördlich der Linie Calbe – Wittenberg – Cottbus gelegen haben, wo das Meer offenbar eine enge Verbindung zur osteuropäischen Meeresstraße besaß. Im ausgehenden

Obereozän und vor allem im Unteroligozän erfolgte eine über ganz Mitteleuropa verbreitete Regression, die erst wieder im Mitteloligozän von der Transgression des Rupelmeeres abgelöst wurde. Die ältere Braunkohle ist bis Zeitz, d.h. weit in das Weißelsterbecken hinein, von sandig-tonigen, marinen Rupelablagerungen bedeckt, während die Küste sonst nördlich der Linie Torgau–Cottbus lag. Diese Gesteinsfolge von obereozäner Braunkohle mit überlagernden Rupelsanden und -tonen ist insbesondere im Tagebau des Braunkohlenwerkes Böhlen aufgeschlossen gewesen Abb. 165). Nach dem Zurückweichen des Rupelmeeres bildete sich im

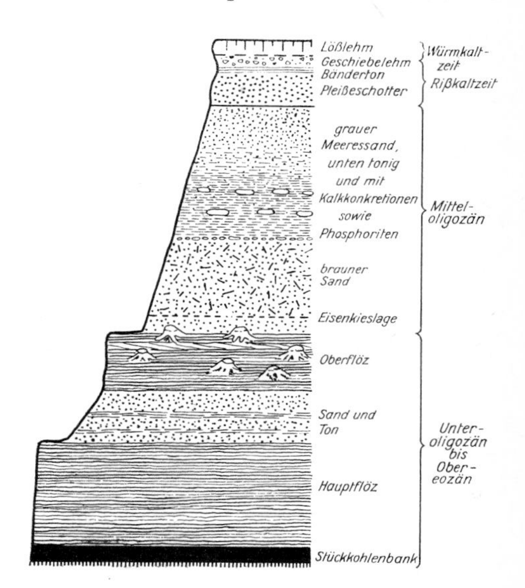

Abb. 165. Profil der Nordwand des Braunkohletagebaus Böhlen (nach Pietzsch, 1956)

Raum Bitterfeld–Leipzig–Halle im Oberoligozän die jüngere Braunkohle als sogenanntes Bitterfelder oder auch viertes Lausitzer Flöz (siehe auch Tafel 46).

Die Vorgänge in der **Tethys**, dem jungpaläozoisch angelegten weltumspannenden Geosynklinalmeer, unterscheiden sich wesentlich von dem Geschehen im Epikontinentalbereich. Zu dem Wechsel von Trans- und Regressionen, von Ablagerung und Abtragung der vorwiegend marinen Sedimente mit unterschiedlicher Ausdehnung, Mächtigkeit und Zusammensetzung kommt die Wirkung der Orogenese.

Als Folge der kretazischen Stammfaltung hatte sich die Geosynklinale in eine nördliche und eine südliche Vortiefe aufgelöst. In den isolierten Becken der nördlichen Vortiefe der französischen West- und der Ostalpen sowie der Karpaten wurden zwischen Mittelkreide und Obereozän zunächst kalkige, dann vorwiegend sandige und tonige Sedimente abgelagert, die heute trotz starker stofflicher Differenzierung die gemeinsamen Züge der Flyschfazies aufweisen. Im Zuge der orogenetischen Entwicklung wurden die Beckenachsen nach außen verlagert, so daß von innen nach außen immer jüngere Sedimente folgen. Die Kalke, Sandsteine, Konglomerate und Schiefer der Flyschfazies bilden heute den mehr oder weniger breiten Nordrand des Alpen-Karpaten-Zuges.

In der pyrenäischen Phase der alpidischen Orogenese entwickelten sich die Lagerungsverhältnisse, die den Gebirgen dieser Zeit bei aller örtlichen Differenziertheit das charakteristische Gepräge gaben. Als Folge der ausgelösten gewaltigen Schubkräfte wurden die Sedimentationsräume von Norden nach Süden eingeengt und die Sedimentmassen in nach außen gerichtete liegende Falten gelegt, die – übereinandergeschoben – gewaltige Deckenstapel bildeten (Abb. 166). Die aus mächtigen Gesteinspaketen verschiedenen Alters und unterschiedlicher Herkunft in zumeist verkehrter Lagerung gefügten regional und zeitlich unterschiedlichen Deckensysteme geben stratigraphisch und paläogeographisch immer noch viele Rätsel auf. So ist in den Schweizer Alpen aus dem ursprünglichen Nebeneinander der verschiedenen Sedimentationseinheiten durch die Orogenese

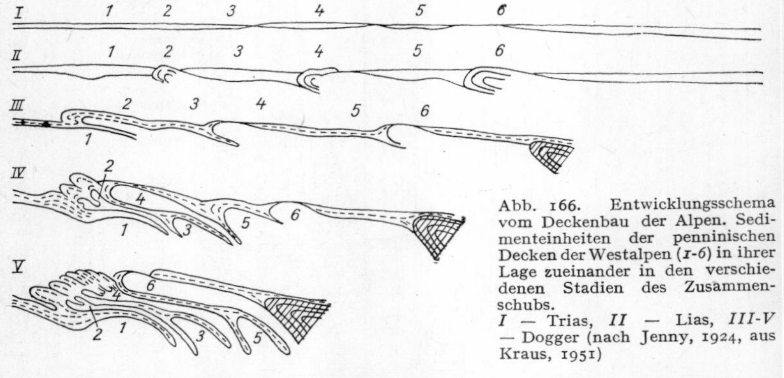

Abb. 166. Entwicklungsschema vom Deckenbau der Alpen. Sedimenteinheiten der penninischen Decken der Westalpen (*1-6*) in ihrer Lage zueinander in den verschiedenen Stadien des Zusammenschubs.
I – Trias, *II* – Lias, *III-V* – Dogger (nach Jenny, 1924, aus Kraus, 1951)

das klassische Beispiel alpinen Deckenbaus entstanden. In diesem überlagern mesozoische Folgen in mehreren Decken die ultrahelvetischen Decken, die ihrerseits mit den helvetischen Decken verzahnt sind und gemeinsam dem Autochthon auflagern, während der gesamte Deckenverband im Norden auf die junge Molasse aufgeschoben ist und sich im Süden daran die kretazischen penninischen Decken anlagern. Dabei verschoben sich die entwurzelten Flyschdecken z. T. 100 km nach Norden, und der ursprüngliche Ablagerungsraum wurde um mehrere 100 km eingeengt.
Im Zusammenhang mit den gebirgsbildenden Vorgängen belebte sich auch der **Magmatismus**. Nach dem Verebben der vulkanischen Tätigkeit im Zusammenhang mit der variszischen Gebirgsbildung im Ausgang des Paläozoikums war das Erdmittelalter größtenteils eine Zeit magmatischer Ruhe. Gemessen an den alten Gebirgen, ist der Anteil der Eruptivgesteine in den jungen Faltengebirgen gering, eine Erscheinung, die offenbar damit zusammenhängt, daß die Plutone in größerer Tiefe steckengeblieben sind und erst nach stärkerer Abtragung freigelegt werden. Sehr intensiv ist aber die vulkanische Tätigkeit im Vorland, z. T. auch in größerer Entfernung. Ihre Verbreitung läßt Zusammenhänge mit tiefen Brüchen in den Schwächezonen Europas vermuten.
Im **Alttertiär** entfaltete die nordatlantische Eruptivprovinz einen lebhaften Vulkanismus (Abb. 164). Hierher gehören die ältesten bekannten Basaltdecken Islands, das dem Mittelatlantischen Rücken aufsitzt. Im Süden dieser Provinz entstanden die mächtigen paläogenen Plateaubasalte in Nordostirland und auf den inneren Hebriden, Ergüsse, die offenbar aus einer SSW-NNO in Richtung auf Island verlaufenden Störung aufdrangen.

Einem dritten, nicht genau lokalisierbaren, weil untermeerischen Ausbruchsgebiet im Norden Europas entstammen die weitverbreiteten Basalttuffe des Eozäns 1; eine Beziehung dieses Ausbruchsgebietes zur Mittelmeer-Mjösen-Zone liegt nahe.
Weit umfangreicher sind die Zeugen vulkanischer Tätigkeit im **Jungtertiär** (Abb. 167). Aber auch hier sind Beziehungen zu Schwächezonen nachzuweisen. Sehr augenfällig sind sie in der südwestdeutschen Großscholle,

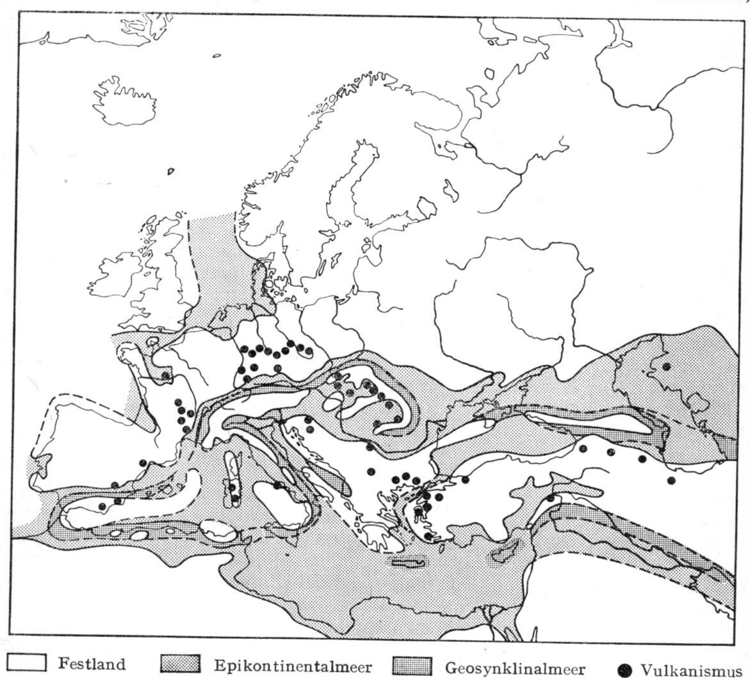

Abb. 167. Großräumige Verbreitung von Land und Meer während des Jungtertiärs in Eu rop (nach Papp 1959, Brinkmann, 1966, ergänzt durch Gehl)

in dem Winkel zwischen Oberrheingraben und Alpenrand. Die Basaltvulkane des Hegaus sind an tektonische Linien gebunden. Eine andere, SSO-NNW gerichtete Schwächezone führt über das Vulkangebiet von Urach-Kirchheim im schwäbischen Jurabereich mit 162 in dieser Richtung angeordneten Zeugen vulkanischer Tätigkeit. Weiter im Nordwesten liegt das Vulkangebiet des Kraichgaus in einer Zone enger Vergitterung verschieden gerichteter Störungen, die deutlich durch eine Schwereanomalie als offenbare Folge der Aufwölbung der Mohorovičić-Diskontinuität gekennzeichnet ist. Ebenso hängt der bis ins Pleistozän reichende Vulkanismus in der Durchbruchszone des Rheins und in der Niederrheinischen Bucht mit Brüchen und Gräben in Nordwesterstreckung zusammen. Schwächezonen lassen sich auch in den jungtertiären Vulkangebieten in der Lausitz, in Böhmen, am südlichen Karpatenrand und am Südrand des

Schwarzen sowie des Kaspischen Meeres vermuten. Der zumeist jüngere Vulkanismus auf Sizilien, an der Westküste Italiens und auf Sardinien steht offenbar im Zusammenhang mit dem im Pliozän erfolgten Einbruch der Tyrrhenis. Nachwirkungen des tertiären Vulkanismus finden wir heute noch an vielen Stellen. Die Kohlensäureaustritte des Brohltales (Moselgebiet) und der Maare in der Eifel sind ebenso wie die Thermalquellen und Säuerlinge der verschiedenen Bäder die letzten Zeugnisse des Vulkanismus.

Das **Neogen** ist im Bereich der Nordsee durch einen allgemeinen weiteren Rückgang des Meeres gekennzeichnet. Die Abgeschlossenheit gegen den Atlantik durch die zumeist bestehende Landverbindung zwischen England und Frankreich sowie zwischen Schottland – über die Färöer und die Shetlandinseln – und Island führte in der neogenen Nordsee zu einer isolierten Fazies- und Faunenentwicklung. In der Paratethys verlagerte sich das Achsentiefste unter dem Einfluß der Orogenese immer weiter nach außen. Dabei entstand zeitweilig eine zusammenhängende Meeresstraße am Außenrand des Alpen-Karpaten-Bogens, die zusehends aussüßte und aufgefüllt wurde. Auch der abgesenkte Bereich zwischen Alpen und Karpaten (Wiener Becken) sowie die Beckenlandschaften im Südosten und Osten des mediterranen Europas sind im Neogen lange Zeit Meeresgebiet gewesen. Auf dem größer gewordenen Festland Mitteleuropas ging die Bildung großer Braunkohlenvorkommen im Rahmen ausgedehnter Festlandsablagerungen weiter.

In der südlichen Nordmeerumrandung (Dänemark, Schleswig-Holstein, Westmecklenburg) folgten auf das marine Oberoligozän die Ablagerungen des Vierlands, die in diesem Raum auf einen kontinuierlichen marinen Übergang vom Oligozän zum **Miozän** schließen lassen.

Das Gebiet der Niederlande und Belgiens lag in dieser Zeit außerhalb des Meeres. Durch die starke Sedimentation vom Festland her entwickelte sich die Land-Meer-Grenze zeitweilig weiter negativ, so daß in dem heutigen Festlandsgebiet über dem Vierland die unteren Braunkohlensande mit geringem marinem Einfluß folgen. Das hangende Hemmoor war wieder transgressiv, und es bestand zu dieser Zeit offenbar eine Verbindung über den Kanal mit dem Atlantik. Nach zeitweiliger Zunahme des Festlandseinflusses (obere Braunkohlensande) rückte das Meer im gesamten Nordseebereich wieder vor. Das Reinbeck/Dingden und der mächtige obermiozäne Glimmerton bilden eine kontinuierliche Ablagerungsfolge. Aus dem **Pliozän** sind marine Schichten nur von der Westküste Schleswig-Holsteins und aus den Niederlanden bekannt.

Vom Atlantik her gerieten im Miozän Südwestfrankreich (Aquitaine) und kleinere Bereiche von Nordfrankreich unter Meereseinfluß. In der Aquitaine entstanden die klassischen fossilreichen sandigen Ablagerungen des Aquitan und Burdigal, die heute aber als nur faziell verschieden gelten und zusammen als Girund bezeichnet werden.

Im ausgedehnten Festlandsbereich Mitteleuropas ist das Neogen durch verbreiteten Vulkanismus und die flächenhafte Ausbildung von Braunkohlenvorkommen gekennzeichnet. Im Zusammenhang mit den epirogenetischen Bewegungen im norddeutschen Senkungsfeld steht die Entstehung und Ausdehnung der mächtigen Lausitzer Braunkohlenflözfolge. Für die zeitliche Parallelisierung mit der im norddeutsch-polnischen Flachland weitverbreiteten Kohle vermittelt die märkische Braunkohlenformation gewisse Vorstellungen. Das besonders mächtige niederrheinische Braunkohlenvorkommen liegt in einer Störungszone. Die Bildung der böhmischen Braunkohle steht in engem Zusammenhang mit der Absenkung des nordböhmischen Raumes an der Erzgebirgsstörung und verdankt seine besondere Qualität der Beeinflussung durch den pliozän-pleistozänen Magmatismus des Gebietes.

Im Untermaintal und in der südlichen Wetterau finden sich bis 100 m mächtige pliozäne Sande und Tone mit Braunkohle, die bei Frankfurt (Main) eine reiche Flora einschließt. Die in Hessen und Thüringen verbreiteten Mastodontenschotter sind Ablagerungen pliozäner Flüsse. In Polen lagert der weitverbreitete „Posener Flammenton" mit seiner reichen Flora zwischen Pleistozän und obermiozäner Braunkohle.

In der **Paratethys** entwickelte sich im Laufe der pyrenäischen Phase aus der nicht gefalteten Restvortiefe die Molassevortiefe, deren Achse sich ebenfalls schrittweise nach Norden verlagerte. Im frühen Miozän reichte das Molassemeer bis zum Jura, wo es eine Steilküste mit Abrasionsfläche und hohem Kliff herausarbeitete, das noch heute besteht. Die Sedimente des Molassemeeres, vorwiegend Mergel, Sande und verkittete Konglomerate (Nagelfluh), sind marinen oder fluviatil-limnischen Ursprungs, wobei je nach der Lage zum offenen Meer im Westen (Rhônegolf) oder Osten (Schwarzes Meer) in der Molasse limnische oder marine Ablagerungen überwiegen. In der letzten endmiozänen Faltung wurde der Inhalt des Molassetroges in nach außen abklingende Falten gelegt. Dem Aufbau ging aber bereits auch der Abbau des Gebirges nebenher, wobei der Kern in Becken und Schwellen zerlegt und die Oberfläche allgemein eingeebnet und zertalt wurde. Im Pliozän setzte im Bereich der aufgetürmten, verhältnismäßig jungen Sedimentmassen die offenbar isostatisch bedingte regionale und ruckweise Hebung des Alpenkörpers ein, wobei sich die heutige Gestalt der Alpen mehr und mehr herausbildete.

Das **Mittelmeer** blieb als Restgeosynklinale der Tethys zurück. Die heutigen Grenzen bildeten sich allerdings erst später heraus. Bis ins Miozän bestand eine Landbrücke zwischen Spanien und Italien, wo im Zuge der tertiären Gebirgsbildungen die Pyrenäen, die Betiden (Andalusisches Gebirge) und die Apenninen entstanden waren. Der Einbruch der Landmassen zwischen der italienischen Westküste und Sardinien (Tyrrhenis) erfolgte im ausgehenden Pliozän und hatte offenbar den verbreiteten Vulkanismus im Bereich der Bruchlinien zur Folge. Die Ägäis wurde erst im Quartär überflutet.

In **Ost-** und **Südosteuropa** entstanden in Senkungsfeldern zwischen den jungen Faltengebirgen und in deren Vorland die Meere des Pannonischen, Dazischen, Pontischen und Aralo-Kaspischen Beckens, die durch Verbindungen wechselnder Breite miteinander und mit den Ozeanen zusammenhingen und im Laufe des Neogens eine äußerst wechselhafte Entwicklung in Ausdehnung und Salinität aufwiesen. Bei allgemeiner Tendenz zu Regression und Aussüßung entstand auch hier im ausgehenden Neogen das heutige Landschaftsbild, in dem Balaton, Schwarzes Meer, Kaspisches Meer und Aralsee noch Reste der einstigen Meeresfläche darstellen. Im Süden Europas war das Meer noch weit verbreitet, wie aus den pliozänen Meeresablagerungen in Italien und Griechenland hervorgeht.

4. Paläogeographische Verhältnisse **außerhalb** Europas. Die im Perm durch den Ural als Schweißnaht herausgebildete Verbindung zwischen Europa (Osteuropäische Tafel) und **Asien** (Sibirische Tafel) wurde infolge eines Meereseinbruchs in die westsibirische Senke im älteren Paläogen unterbrochen, wobei eine Meeresverbindung zwischen dem Nördlichen Eismeer und dem nördlichen Tethysarm hergestellt wurde (Abb. 164). Diese setzte sich über die aralokaspische Senke nach Südosten bis zum Fergana- und weiter zum Tarimbecken fort. Im ausgehenden Paläogen zog sich das Meer allmählich zurück und gab Mittel- und Westsibirien

Tab. 36. Stratigraphische Gliederung des Tertiärs

Stratigraphische Einheiten			Pariser Becken Bretagne	Belgien	Hampshire-Londoner Becken
Pleistozän					
Pliozän	ält. jüng.			Scaldisien Sande v. Kallo Sande v. Kattendijk	Coralline Crag
Miozän	Ob.			Deurnien (Diestien) Sande v. Deurne	Lenham-Crag
Miozän	Mittl.	Helvet	Muschelsande der Touraine u. des Anjou	Anversien Sande v. Antwerpen Bolderien Sande v. Bolderberg	
Miozän	Unt.	Aqu. Bur.	Orléanais-Sande		
Oligozän	Ob.	Stampien	Beauce-Kalk	Voort-Sande	
Oligozän	Mittl.	Stampien	Sande von Fontainebleau	Boom-(Rupel-)ton Bergh-Sande	
Oligozän	Unt.		Sannoisien Brie-Kalk	Tongrien Sande v. Neerepen u. Grimmertingen	Hamstead beds Bembridge beds
Eozän	Ob.		Ludien Gipse des Montmartre Auversien Sande v. Beauchamp	Wemmélien Ton v. Asse Sande v. Wemmel Lédien Sande v. Lede	Headon beds Bartonien Barton-Ton ob. Bracklesham beds
Eozän	Mittl.		Lutétien Pariser Grobkalk	Bruxellien Sande v. Brüssel	unt. Bracklesham beds, Bagshot beds
Eozän	Unt.		Cuisien Cuise-Sande	Yprésien Sande v. Mons-en-Pévèle Ypern-Ton	Londonton
Paläozän	Ob.		Sparnacien Lignite u. plast. Tone v. Soissons	Landénien: lagunäre und marine Lande-Mergel	Reading und Woolwich beds
Paläozän	Mittl.		Cernay-Kongl. Sande v. Bracheux	Landénien: lagunäre und marine Lande-Mergel	Reading und Woolwich beds
Paläozän	Unt.		Meudon-Mergel und -Kalk	Montien Mons-Kalk	Thanetien Thanet-Sande
Kreide					

	nordd. Senke Dänemark	nordd.-poln. Senke Küsten- und Festlandsfazies	Ostalpen		Süden der UdSSR
	Kaolinsand Limonitsandstein	Bergton u. Diatomeenerde v. Rüterberg			
Glimmerton	Sylt Gram	Posener Flammenton Basisflöz	obere Süßwassermolasse	Sarmat	Cherson Bessarab Volhyn
Glimmerton	Langenfelde	Flaschenton	obere Süßwassermolasse	Sarmat	Cherson Bessarab Volhyn
	Reinbek	1. Lausitzer Flöz Ob. Briesker Sch.	obere Meeresmolasse	Torton	Konka- Karakan- Chokrak- Tarkhan- Schichten
	obere Braunkohlensande	2. Lausitzer Flöz Formsandgruppe	obere Meeresmolasse	Torton	Konka- Karakan- Chokrak- Tarkhan- Schichten
	Hemmoor		obere Meeresmolasse	Helv.	Kotzakhuri-Schichten
	untere Braunkohlensande	3. Lausitzer Flöz Quarzsandgruppe	untere Süßwassermolasse	Helv.	Kotzakhuri-Schichten
	Vierland		untere Süßwassermolasse	Bur.	Sakaraulische Schichten
	Chatt Kassel-Sternberger Meeressand	Bitterfelder Flöz; 4. Lausitzer Flöz; Cottbuser Schichten	untere Süßwassermolasse		Maikop-Formation
	Rupelton Basissand	Rupelton Hallesches Oberflöz Magdeburger Basissand	untere Meeresmolasse		Maikop-Formation
	Gassand von Neuengamme	Wittenberger Schichten Latdorf	Paläogen von Flysch, Helvetikum und inneralpinem Bereich		Maikop-Formation
überwiegend Tone marin	Eozän 5 Mergel Sandstein	Grünsand Egeln; Flözgruppe Weißelsterbecken; Schönewalder Schichten	Paläogen von Flysch, Helvetikum und inneralpinem Bereich		Kiew-Formation
überwiegend Tone marin	Eozän 4	Flözgruppen des Subherzynbeckens; Geiseltalkohle	Paläogen von Flysch, Helvetikum und inneralpinem Bereich		Zarizyn-Formation Kamyschin-Formation
überwiegend Tone marin	Eozän 1 ... 3: Londonton, Plastisk ler, Moler, Tuff	Flözgruppen des Subherzynbeckens	Paläogen von Flysch, Helvetikum und inneralpinem Bereich		Zarizyn-Formation Kamyschin-Formation
	Kerteminde-Mergel und Lellinge Grünsande		Paläogen von Flysch, Helvetikum und inneralpinem Bereich		Saratow-Formation
	Glaukonitmergel v. Kopenhagen		Paläogen von Flysch, Helvetikum und inneralpinem Bereich		Sysran-Formation

frei. Östlich dieser Meeresverbindung sind bis zum Pazifik limnisch-terrestrische Ablagerungen in Senken verbreitet. Von diesen haben die Depressionen der Mongolei und des unteren Amurs neben Pflanzenresten vor allen Dingen Säugetierfaunen geliefert, durch die eine Gliederung und eine stratigraphische Zuordnung des kontinentalen Tertiärs möglich ist.
In den südlichen und südöstlichen geosynklinalen Randbereichen des Kontinents entstanden die alpidischen Orogene, die bei Breitenabnahme der Geosynklinalen in zusammenhängenden Faltenzügen den Iran, Vorder- und Hinterindien sowie den Malaiischen Archipel durchziehen und sich in den zumeist jüngeren Faltengebirgen des ostasiatischen pazifischen Randbereiches weiter verfolgen lassen. Im Zusammenhang mit Orogenesen und Bruchbildungen trat verbreitet Magmatismus auf, der z. T. bis zur Gegenwart andauert. Am großartigsten sind die vorderindischen, bis 2000 m mächtigen basaltischen Deckenergüsse des Dekanplateaus, die sich über etwa 300000 km^2 ausdehnen. Den gewaltigen tektonischen Massenbewegungen entsprach die Bildung mächtiger Sedimentkörper in den Senken und Vortiefen, in denen das Tertiär bis 17 km mächtig werden kann (Norden von Borneo). Diese jungen Ablagerungen enthalten im Vorderen Orient und im Malaiischen Archipel ergiebige Erdöllagerstätten. Die orogenen Prozesse führten auch zum Rückzug des Meeres und zu örtlichen Kohlebildungen (Borneo, Sumatra).
In **Nordamerika** war die junge Orogenese an der pazifischen Küste zu Beginn des Tertiärs weitgehend abgeschlossen, so daß die in dieser Periode eingetretenen Veränderungen dort zumeist unwesentlich erscheinen. Dennoch sind die absoluten Ausmaße mariner Sedimentation hier sehr beträchtlich. Zwischen der Vancouverinsel und Südkalifornien sind auf einer Strecke von 1800 km und einer größten Breite von 200 km in verschiedenen Teilbecken tertiäre Sedimente abgelagert und z. T. stark verformt worden. Dabei sind die paläogenen Ablagerungen an der gesamten Westküste in einer Mächtigkeit bis zu 5000 m verbreitet, während das Neogen besonders in Kalifornien auftritt.
An der Golfküste reicht die epikontinentale Sedimentation des Tertiärs bis 900 km ins Hinterland hinein. Die stratigraphische Zuordnung der tektonisch nur sehr gering beanspruchten Sedimente läßt erkennen, daß die Küstenlinie sich im Laufe des Tertiärs immer mehr derjenigen der Gegenwart annäherte. An der atlantischen Küste sind die tertiären Ablagerungen bis in die Neuenglandstaaten verbreitet.
Im Golfbereich und in Kalifornien führen die Schichten Öl. In den Innen- und Vorsenken des Felsengebirges wurden mächtige fluviatil-limnische Sedimentfolgen abgelagert, die z. T. reich an Braunkohle sind. Im Zusammenhang mit den tektonischen Erscheinungen trat ein lebhafter Vulkanismus auf. Die Aschen und sonstigen Ablagerungen bergen in den festländischen Becken am Ostfuß des Felsengebirges riesige Mengen an Wirbeltierresten. Vor allem gestatten die Funde einen einzigartigen Einblick in die Entwicklung der Klasse der Säugetiere.
Auch in **Südamerika** beschränken sich die tertiären Ablagerungen auf einige Randbereiche. Bei der Größe des Kontinents nehmen sie aber erhebliche Flächen ein. Infolge der reichen Erdölführung tragen die z.T. mächtigen Folgen des nördlichen Vorkommens auf Trinidad, in Venezuela und Kolumbien, wo die Ablagerungen auf die Transgressionen des Karibischen Meeres zurückzuführen sind, zumeist geosynklinalen Charakter. Sie sind z.T. in die orogenetischen Vorgänge der Kordilleren an der Wende Eozän/Oligozän sowie zu Beginn des Miozäns und Pliozäns einbezogen. Die pazifischen Transgressionen erfassen relativ schmale Küstenstreifen in Westkolumbien, Westekuador, Nordperu sowie Nord- und Mittelchile.

Weitere größere tertiäre Ablagerungen treten im Süden des Subkontinents im La-Plata-Gebiet und in Feuerland auf. Sie sind besonders durch den völlig abweichenden Charakter ihres Fossilgehalts bekannt geworden. Vor allem weisen die Säugetierfaunen gänzlich abweichende Formenkreise auf, deren Entstehung und Entwicklung nur mit der Isolierung Südamerikas während des größten Teils der Tertiärzeit zu erklären sind.
Im Norden **Afrikas** hatte das Meer um die Wende Kreide/Tertiär weite Flächen freigegeben. Die Transgression setzte örtlich im Eozän, besonders im Mitteleozän ein. Die Verbreitung der alttertiären Sedimente läßt z.T. Beziehungen zu den Tiefenbrüchen des Kontinents vermuten. Das klassische Vorkommen beiderseits des Nils nördlich Assuan sowie die ausgedehnten Ablagerungen der Somalihalbinsel sind dem Roten Meer benachbart. Dieser im Alttertiär entstandene Grabenbruch bildet einen Teil jenes Lineaments, von dem man annimmt, daß es von den Tschagos-Inseln — die dem zentralen Rücken des Indiks aufsitzen — über den Golf von Aden durch das Rote Meer verläuft. Mit der Ausweitung des Grabenbruches seit dem Alttertiär vergrößert sich der Abstand zu Asien. Das Lineament setzt sich vermutlich über ein Tiefenbecken des östlichen Mittelmeers bis in die Ägäis fort, die im Pleistozän einbrach.
Das von der Großen Syrte bis Tibesti reichende Vorkommen von tertiären Ablagerungen steht offenbar mit dem verzweigten ostafrikanischen Grabensystem in Verbindung, das vom Njassa- über den Tanganjikasee in einer Schwächezone nach Nordnordwest zieht, die durch eine Reihe von Vulkanen in Darfur, Tibesti und im Dschebel et-Asued (Harudjes-Sod) gekennzeichnet ist.
Die paläogenen Ablagerungen in Ägypten gehören zu den klassischen Fundstellen dieser stratigraphischen Einheit. Das reiche Vorkommen von Nummuliten – die Pyramiden sind aus Nummulitenkalk erbaut –, die vom ältesten Paläozän sogar bis in das Oligozän verbreitet sind, und der Reichtum an Wirbeltieren in den fluviomarinen Ablagerungen des Mittelmeeres bzw. des Urnils, unter denen vor allem Reptilien, wie Schildkröten und Krokodile, sowie Säugetiere – Wale, Seekühe und Urelefanten – vertreten sind, gestatten eine differenzierte Gliederung. Die weitere Entwicklung war sehr unterschiedlich. Die untere Grenze des Oligozäns ist zwischen Kairo und Sues regressiv. In Baharija, südwestlich von El-Fajum, liegt Oligozän transgressiv über Kreide. Das Miozän begann transgressiv. Bei Sues bestand eine durchgehende Verbindung zwischen dem Mittelmeer und dem Indischen Ozean, die im Mittelmiozän wieder unterbrochen wurde, und der Nil verlagerte infolge der gewaltigen Sedimentführung sein Delta zunehmend weiter nach Norden. Im Nordteil des Golfs von Sues erreicht die Sedimentfolge mit Erdölhorizonten eine Mächtigkeit von 1000 m.
Das Tertiär in Marokko, Algerien und Tunesien steht in engem Zusammenhang mit den Geosynklinalen und dem orogenen Geschehen dieses Gebietes, aus dem die Atlasketten entstanden.
Im Inneren des Kontinents kam es im Bereich der tiefreichenden Zerrspalten Ostafrikas zwischen Aden und dem Njassasee zur Bildung von Vulkanen beträchtlichen Ausmaßes. Im gesamten zentralen südafrikanischen Becken entstanden die fluviatilen und lakustrischen Sedimente der Kalahariformation mit Säugetierresten.
Hatte das Kreidemeer in **Australien** noch größere Teile des westlichen Küstengebietes, vor allem aber des östlichen zentralen Flachlandes eingenommen, so beschränken sich die tertiären Ablagerungen weitgehend auf den westlichen und südlichen Kontinentalrand. Nur an der Südküste, im Hinterland der Großen Bucht, dem Euclabecken, und im Murraybecken

war die Ausdehnung größer. An der Nord- und Ostküste des Kontinents ist kein marines Tertiär nachgewiesen; das spricht für jüngere Veränderungen der Küstenlinie.
Es handelt sich zumeist um Kalksedimente von zuweilen kreidiger Fazies, die nur einige hundert Meter mächtig sind. Im südöstlichen Küstengebiet treten kohle- und pyritführende Sande auf. Die weiter östlich bei Yallourn-Morwell (Südvictoria) nachgewiesenen mächtigen Braunkohlen gehören dem Eozän an. Infolge wohl kälteren Klimas fehlen in den Ablagerungen der Südküste die Nummuliten.
Im Laufe des Tertiärs bildeten sich immer mehr die gegenwärtigen Umrisse des Erdteils heraus. Im Süden war sicher im Miozän, vielleicht schon im Oligozän der Zusammenhang mit Tasmanien durch Einbruch der Bass-Straße verlorengegangen. Durch eine jungpliozäne Hebung des Kontinents gab das Meer die Einbrüche weitgehend frei. Nur im Bereich des „Großen Grabens" von Südaustralien (St.-Vincent-Golf), einem jungen Einbruch, gelangten noch im Pliozän und Quartär marine Sedimente zur Ablagerung.
Tertiäre Basalte sind weit verbreitet und belegen auch für Australien eine lebhafte vulkanische Tätigkeit vom Oligozän bis Pliozän.
Die tertiären Sedimente von Neuguinea, das durch den Festlandssockel noch heute mit Australien verbunden ist, erinnert in Ausbildung, Faunengehalt und Lagerung an das Tertiär des Malaiischen Archipels.
In der **Antarktis** beschränkt sich das Vorkommen tertiärer Sedimente nach den bisherigen Kenntnissen auf den Teil des Kontinents, der der Westhemisphäre außerhalb des zentralen Polarplateaus angehört. Die in diesem Bereich als Nunatakker aus dem Inlandeis herausragenden Höhen, die in den Sentinal Ranges bis 4000 m aufragen, liegen offenbar im Zuge des jungen Faltengebirges, das sich von den Anden Südamerikas über die der Südspitze dieses Kontinents vorgelagerten Süd-Orkney-Inseln und Süd-Shetland-Inseln sowie über die Antarktische Halbinsel (Grahamland) an der Westküste Antarktikas entlangzieht und sich dann über den Balleny-Vulkan, die Macquarie-Inseln, Neuseeland und Melanesien in den hinterindischen Faltenbögen fortsetzt.
Auf der der Antarktischen Halbinsel (Grahamland) vorgelagerten Seymourinsel sind im Osten Kalksandsteine mit Pflanzen- und Wirbeltierresten gefunden worden, die dem Oberoligozän bzw. dem Untermiozän angehören. Aus grobkörnigen Sandsteinen und Tuffen der Insel ist eine guterhaltene Flora bekannt, die offenbar dem Spättertiär angehört. Sie ist einerseits mit der in gemäßigtem Klima gedeihenden Flora von Westpatagonien und Südchile verwandt, in anderen Vertretern entspricht sie der subtropischen Pflanzenwelt von Südbrasilien. Marine Schichten aus dem Nordosten der Seymourinsel enthalten Knochen von Zeuglodon, einem ausgestorbenen Wal, und verschiedene Arten von Pinguinen aus dem Oligozän oder dem frühen Miozän.

5. Zusammenfassung. Im Laufe des Tertiärs näherte sich das Gesicht der Erde — die Verbreitung von Land und Meer, die Umrisse der Kontinente, ihre Oberflächenverhältnisse und die Gestaltung des Meeresgrundes, das Klima sowie Evolution und Verbreitung der Tier- und Pflanzenwelt — mehr und mehr demjenigen der Gegenwart. Die stärksten Veränderungen des Erdbildes erfolgten im Bereich des zwischenkontinentalen Mittelmeeres von der Karibischen See über die eurasische Tethys bis hin zu den Inselbögen und Randmeeren des Fernen Ostens. Hier führten die tektonischen Kräfte zur Einengung der Geosynklinalen, aus denen durch gewaltige Massenbewegungen die alpidischen Faltengebirge aufgetürmt wurden. Da-

mit ging die Bildung abyssischer Vortiefen einher, in denen gewaltige Sedimentmassen abgelagert wurden, die verbreitet Erdölhorizonte enthalten. Die heutigen Meere in dieser Zone stellen Reste der Tethys dar. Das Europäische Mittelmeer verdankt seine heutigen Umrisse späteren Einbrüchen. Durch das Geschehen im Bereich des oberen Mantels der Erde wurde die Entstehung tiefreichender, zumeist meridional verlaufender Brüche Afrikas und Europas ausgelöst, die einerseits zu Verschiebungen der Krustenkörper, andererseits zu dem gewaltigen Magmatismus auf den Kontinenten und Ozeanböden führten, der durch die vulkanische Tätigkeit in den jungen Faltengebirgsräumen ergänzt wurde.
In den Sedimentfolgen der Kontinente wurden die Salzmassen durch die Halokinese wieder mobilisiert, wodurch Salzakkumulationen und Randsenken entstanden, die die Abtragung und Sedimentation beeinflußten.
Im Vergleich zur Kreidezeit führten die epirogenetischen Vorgänge nur zu relativ begrenzten Einbrüchen der Epikontinentalmeere. Auf dem Festland war mit den säkularen Absenkungen die verbreitete Bildung von Braunkohlenlagern verbunden.
Das Klima ist aus den Verwitterungsprodukten der alten Landoberflächen, die allerdings nur selten und dann nur lokal erhalten geblieben sind, und den Zeugen aus Tier- und Pflanzenwelt abzuleiten. Die in den weitverbreiteten Braunkohlenvorkommen vorhandenen intakten Pflanzenorgane gestatten eine systematische Zuordnung, zumal die tertiäre Pflanzenwelt schon ein neuzeitliches Gepräge trägt. Daraus läßt sich ableiten, daß die Grenzen der Klimazonen im Alttertiär auf beiden Halbkugeln polwärts verschoben waren. Bis in die mittleren Breiten Europas reichten die warmen Zonen, und die polnahen Landmassen wiesen mittlere Jahrestemperaturen zwischen 5 °C und 9 °C auf. Ähnliche Verhältnisse bestanden auf der Südhalbkugel. Die beiden Pole waren im Alttertiär eisfrei. Im Laufe des Jungtertiärs näherte sich das Klima aber demjenigen des Pleistozäns. Jedoch erfolgte der Rückgang der Temperaturen nicht im allmählichen Abfall, sondern in wiederholtem Wechsel zwischen warmen und gemäßigten Phasen. Für das Pliozän wird auf Island bereits eine Vereisung angenommen. Beim Einbruch des Inlandeises in Mitteleuropa war das Zeitalter des Tertiärs längst vorbei. Das Pleistozän hatte begonnen, und damit betrat der Mensch den Schauplatz der Erde.

Quartär

1. Allgemeines. Diese letzte der Perioden, die J. Desnoyers 1829 als selbständige erdgeschichtliche Einheit vom Tertiär abtrennte, ist trotz ihrer geringen Dauer, die bei 1 bis 1,5 Mio Jahren liegen dürfte, von besonderer Bedeutung: Die große Zeitnähe und die dadurch bedingte gute Zugänglichkeit der Sedimente gestatten es, eine Fülle von Einzelheiten zu erkennen, wie es für ältere Perioden, die ja dem forschenden Blick gleichsam in perspektivischer Verkürzung erscheinen, nur teilweise möglich ist. Ferner erscheint das Quartär besonders bedeutungsvoll durch den Umstand, daß es in seiner Gesamtheit durch die Herrschaft riesiger Gletschermassen und deren sedimentbildende, landschaftsformende und klimaverändernde Auswirkungen charakterisiert ist. Dieses Phänomen ist zwar nicht einzigartig in der Erdgeschichte, wir kennen auch aus früheren Perioden länderweite Vereisungen, aber noch wissen wir nicht, ob diese in ihrem Auftreten einem übergeordneten Rhythmus gehorchen, ob und in welchem Maße sie kosmischen Einwirkungen entspringen oder ob sie, was wahrscheinlicher ist, episodischer Natur sind und von einer selten

eintretenden Kombination bewirkender Faktoren bestimmt werden. In gewisser Weise hat eine solche Vereisung katastrophischen Charakter; denn sie beschleunigt den Ablauf des außenbürtigen Geschehens in ungewöhnlichem Ausmaß.

Schließlich hat das Quartär dem Erdbild sein heutiges Aussehen und seine Besonderheiten aufgeprägt: In diesem Zeitabschnitt entstand der Lebensraum, in dem sich der Mensch als letztes Glied der Entwicklung der Organismen bildete. Die Gegenwart muß geradezu als Ausklang der pleistozänen Vereisungszeit aufgefaßt werden.

Tektonisch stand das Quartär im Zeichen letzter Nachklänge der alpidischen Gebirgsbildungsära. In Mitteleuropa machten sich orogene Bewegungen nur noch in geringem Maße und Umfange geltend; stärkere, von Erdbeben begleitete Bewegungen spielten sich noch in den Randzonen des Stillen Ozeans ab. Der Vulkanismus war größtenteils auf die gegenwärtigen Bereiche beschränkt, obwohl auch andernorts Nachwirkungen des tertiären Vulkanismus zu spüren waren, so bei Cheb (Eger) und in der Eifel. Vorstöße und Rückzüge des Meeres spielten dagegen eine große Rolle. Sie sind nicht allein auf epirogene Bewegungen zurückzuführen; denn durch die Gletscherbildung in weiten Gebieten der Erde wurde ein beträchtlicher Anteil flüssigen Wassers dem allgemeinen Kreislauf vorübergehend entzogen, so daß der Spiegel des Weltmeeres fallen mußte. Schwinden der Eismassen hatte die gegenteilige Auswirkung. Daneben waren durch die wechselnde Eislast verursachte isostatische Bewegungen von Bedeutung.

Man pflegt das Quartär in zwei Abschnitte zu gliedern (vgl. auch Tabelle 35 und 36):

a) **Pleistozän**, das Eiszeitalter (früher Diluvium)
b) **Holozän**, die Postglazialzeit = Nacheiszeit (früher Alluvium).

2. Entwicklung der Lebewelt (hierzu Abb. 168). Die in quartären Ablagerungen gefundenen Tier- und Pflanzenreste können uns infolge der Kürze dieses Zeitabschnittes nur wenige Hinweise auf die Entwicklungsgeschichte der Organismenwelt geben. Dafür spiegelt sich in den Fossilfunden deutlich die Klimageschichte des Quartärs wider: der Wechsel zwischen Glazial- und Interglazialzeiten, also zwischen Kalt- und Warmzeiten, und schließlich die Wiederbesiedlung ehemals vereister Gebiete durch die Tier- und Pflanzenwelt. Deren Vertreter erlangen daher im Quartär hauptsächlich als Faziesfossilien stratigraphischen Wert.

Unter den wirbellosen Tieren besitzen im Quartär in Europa noch einige **Muscheln (Lamellibranchiaten)** und **Schnecken (Gastropoden)** leitenden Wert, so z.B. *Paphia aurea* für die eem-interglaziale Nord- und Ostsee, einige andere für die Einzelphasen der nacheiszeitlichen Entwicklungsgeschichte der Ostsee (vgl. S. 488), die Süßwasserschnecke *Viviparus diluvianus* für das Holstein-Interglazial oder die Lößschnecken *Pupilla loessica* und *Succinea oblonga* im kaltzeitlichen Löß auf dem Festlande. Die wichtigste Stellung nehmen in den Quartärablagerungen jedoch die **Säugetiere** ein, von denen nur wenige Vertreter genannt werden können. Die sinkenden Temperaturen und das herannahende Eis drängten die spättertiäre Tierwelt, die an warmes Klima gebunden war, nach Süden, wenig bewegliche Arten starben aus. Schließlich bewohnten nordische Formen die zwischen dem nordischen und dem alpinen Eis ausgebreitete Kältesteppe.

Von den stratigraphisch wichtigen **Nagetieren (Rodentier)** hielten sich der Schneehase *(Lepus variabilis)* und vor allem verschiedene Lemmingarten *(Myodes)* in der Tundra auf. Häufig finden sich die Lemmingreste in Höhlen. In den weiter vom Eise entfernten Kältesteppen lebten der Pferdespringer *(Alactaga jaculos)* — eine kräftige Springmaus —, das Steppenmurmeltier *(Arctomys bobac)* und mehrere Arten des Ziesels *(Spermophilus)*.

Fleischfresser (Carnivoren) finden sich oft in Höhlen, besonders zahlreich die Reste

Fossilien des Quartärs

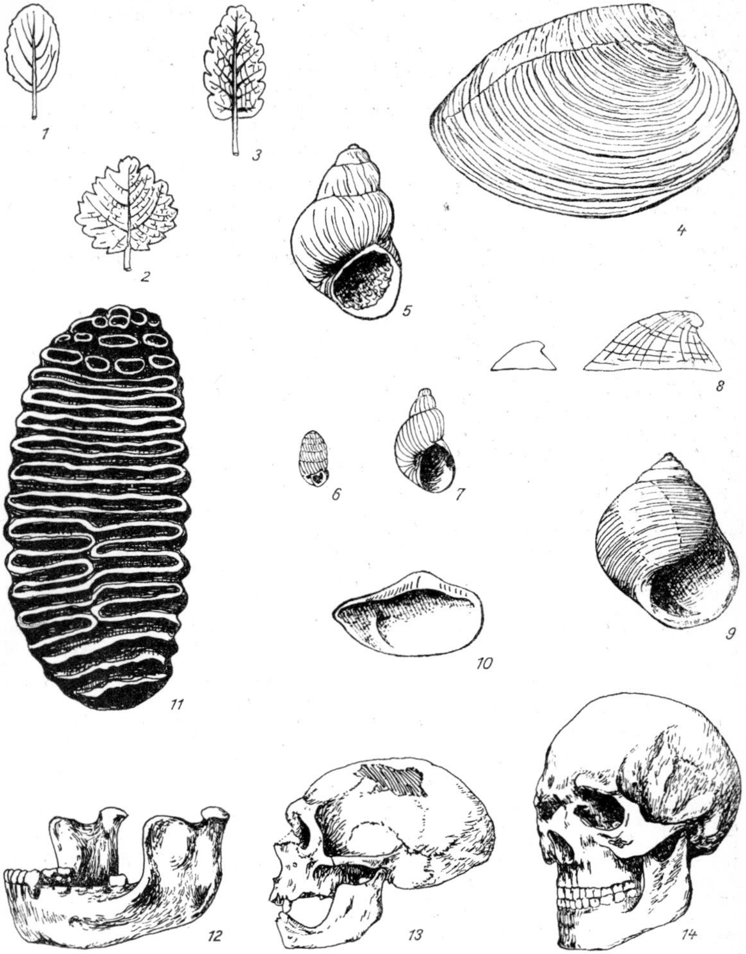

Abb. 168. *1* Polarweide Salix polaris; *2* Zwergbirke Betula nana; *3* Silberwurz Dryas octopetala; *4* Meeresmuschel Paphia aurea (Syn. Tapes senescens) $^{2}/_{3}$ nat. Gr.; *5* Süßwasserschnecke Viviparus (Paludina aut.) diluvianus; *6* Lößschnecke Pupilla loessica; *7* Lößschnecke Succinea oblonga; *8* Süßwasserschnecke Ancylus fluviatilis, nat. Gr. u. dreifach vergrößert; *9* Meeresschnecke Littorina littorea; *10* Meeresmuschel Portlandia [Yoldia] arctica, $^{2}/_{3}$ nat. Gr.; *11* Bakkenzahn von Elephas primigenius (Mammut), $^{1}/_{4}$ nat. Gr.; *12* Unterkiefer des Homo heidelbergensis von Mauer bei Heidelberg; *13* Schädel des Palaeanthropus neandertalensis; *14* Schädel des Homo sapiens fossilis von Oberkassel bei Bonn

des Höhlenbären *(Ursus spelaeus)*, der stehend bis zu 2,5 m groß war. Etwas später erschien der heute lebende Braunbär *(Ursus arctos)*. Seltener sind der Höhlenlöwe *(Felis spelaea)* und die Höhlenhyäne *(Hyaena spelaea)*. Beide starben am Ende der letzten Vereisung aus, ebenso der Höhlenbär.
Die zu den **Unpaarhufern** gehörenden Wildpferde entwickelten sich im Günz-Mindel-Interglazial von dem zebraähnlichen Formenkreis des *Allohippus stenonis*, der bis ins Pliozän zurückreicht, weiter zum Formenkreis der echten Pferde, des *Equus caballus*. Mit *Dicerorhinus etruscus*, später *Dicerorhinus kirchbergensis* besiedelten die Nashörner in den Interglazialzeiten lichte Waldgebiete, während das wollhaarige Nashorn, *Coelodonta antiquitatis*, die Kältesteppe bewohnte.
Unter den **Paarhufern** sind viele wenig empfindlich gegen Kälte, so Wisent *(Bos priscus)*, Ur *(Bos primigenius)*, Edelhirsch *(Cervus elaphus)* und Breitstirnelch *(Alces latifrons)*. Im ausgesprochen kalten Klima hielten sich das Ren *(Rangifer arcticus)* und der Moschusochse *(Ovibos moschatus)* auf. Die interessantesten eiszeitlichen Großtiere sind wohl die **Rüsseltiere (Proboscidier)**, deren Zähne sich in Fluß- und Schmelzwasserablagerungen häufig finden. Von dem Südelefanten *(Archidiscodon* [früher *Elephas*] *meridionalis)*, der im Jungpliozän wohl aus Südasien eingewandert war, leiten sich zwei Gruppen ab: einerseits Waldformen, die für das interglaziale Klima typisch sind (Palaeoloxodon *[Parelephas] antiquus)*, andererseits Steppenformen, die in zunehmender Kälteanpassung von *Mammuthus trogontherii* zu *Mammuthus primigenius* führen, dem in der Tundra heimischen Mammut. Das heute ausgestorbene Mammut hielt sich wahrscheinlich noch bis in die Postglazialzeit in Sibirien, wo ganze Kadaver im Dauerfrostboden konserviert worden sind.
Aus Südamerika sind bereits seit dem Pliozän Riesenfaultiere und Riesengürteltiere bekannt, die im Pleistozän auch nach Nordamerika einwanderten.
Wichtiger als die Einzelformen sind für die Stratigraphie die Faunenvergesellschaftungen. So sind „warme" und „kalte" Faunen zu unterscheiden: Die warmen Abschnitte werden bis zum Cromer-Interglazial durch *Archidiscodon meridionalis* und *Dicerorhinus etruscus*, danach durch *Palaeoloxodon antiquus* und *Dicerorhinus kirchbergensis* charakterisiert; für die Glaziale sind *Ovibos moschatus* und *Rangifer*, ab Riß vor allem *Mammuthus primigenius* und *Coelodonta antiquitatis* typisch.
Besondere Bedeutung erlangt das Quartär dadurch, daß man in seinen Absätzen erstmalig in der Erdgeschichte Überreste von **Menschen (Hominiden)** fand (Tab. 35).
Schon am Beginn des Jungtertiärs muß sich die Entwicklungslinie der Menschen von der der Menschenaffen getrennt haben. Sie führte über die ältesten Hominiden *(Australopithecinen)* des Pliozäns und ältesten Quartärs zu den eigentlichen Menschen. Zuerst erfolgte die Aufrichtung, die anscheinend schon im Tertiär abgeschlossen war, dann die Vergrößerung des Gehirnschädels und die Ausbildung des menschlichen Kinnes. Die ältesten Menschenreste reichen wohl bis zum Jungtertiär, in Europa bis zum Günz-Mindel-Interglazial (Unterkiefer des *Palaeanthropus heidelbergensis* aus Flußkiesen bei Heidelberg) zurück. Diese Vormenschen des *Pithecanthropus-erectus*-Kreises waren über weite Teile der Erde verbreitet. Funde sind bekannt: aus Europa (außer Heidelberg noch Vértesszölós bei Budapest), Afrika (Oldoway), Asien (*Sinanthropus* von Peking) und Indonesien (*Pithecanthropus* von Java). Im Holstein- und im Eem-Interglazial lebten Hominiden die schon gewisse Züge mit dem Jetztmenschen gemeinsam hatten (Wölbung des Hinterhaupts bzw. der Stirn oder Fehlen der Überaugenwülste oder Kinnansätze). Unter ihnen sind dessen Vorfahren zu suchen. Sie werden als *Präsapiens*formen zusammengefaßt (Steinheim, ?Taubach-Ehringsdorf, Palästina). Daneben erscheint im letzten Interglazial vor allem in West- und Südeuropa (Düsseldorf, Vézèretal), aber auch in Südwestasien, Java und ?Afrika der *Homo neandertalensis*, der mit den älteren Hominiden noch die fliehende Stirn und starke Überaugenwülste gemeinsam, aber größeres Gehirnvolumen hat. Erst in einer frühen Wärmeschwankung der letzten Vereisung folgt der Jetztmensch, der *Homo sapiens*, dessen Schädelmerkmale nur noch geringfügig von denen des heutigen Menschen abweichen.

In weit größerer Zahl als menschliche Skeletteile sind die aus Stein gefertigten Werkzeuge des steinzeitlichen Menschen erhalten geblieben. Die

Entwicklung dieser Werkzeuge ging in mehreren Linien parallel, aber Vermischung und gegenseitige Beeinflussung der Kulturen erschweren die Einteilung des Quartärs auf ihrer Grundlage. Man untergliedert folgendermaßen:

A. **Pleistozän**	
I. **Altsteinzeit** (**Paläolithikum**)	
1. Ältere Altsteinzeit (Altpaläolithikum)	Cromer bis Riß
Menschentyp: Vormenschen des *Erectus*-Kreises Kulturen (Werkzeuge): vorwiegend Faustkeilkulturen, später vorwiegend Abschlagkulturen; in Asien Haugerätekulturen; zuvor Geröllkulturen des Archäolithikums.	
a) Abbevillien: rohe Faustkeile (Europa, Afrika und ?Südasien)	Cromer
b) Acheuléen: wohlbehauene Faustkeile, daneben sorgfältig bearbeitete Begleitgeräte (Europa, Afrika, Südwest- und Südasien).	Holstein bis Eem
c) Clactonien: Abschlagkultur (Nordwesteuropa).	Cromer, vorwiegend Holstein
d) Levallois: Abschlagkultur (Europa [Markkleeberg]).	im Holstein bis Würm
2. Mittlere Altsteinzeit (Mittelpaläolithikum)	Spätriß bis Altwürm
Menschentyp: Präsapiensgruppe und Neandertaler. Kulturen (Werkzeuge): frühe Klingen- und Blattspitzenkulturen, Abschlagkulturen.	
Moustérien: Schaber, Spitzen; Faustkeile treten zurück (Träger: Neandertaler).	Späteem und Altwürm
3. Jüngere Altsteinzeit (Jungpaläolithikum)	Würm
Menschentyp: Homo sapiens diluvialis. Kulturen (Werkzeuge): Abschlag- und Klingenkulturen, zunehmend Knochen-, Elfenbein- und Hornverarbeitung.	
a) Aurignacien: Schmalklingen (Eurasien, Nordafrika).	Würm (bis Maximum)
b) Solutréen: Blattspitzen mit ausgezeichneter Retusche (Lorbeer-, Weiden- oder Buchenblattformen; Ungarn, Frankreich).	nach Würmmaximum
c) Magdalénien: Fortentwicklung des Aurignacien, Höhepunkt der Geweih- und Knochenbearbeitung (Ren); Steinbearbeitung wieder einfacher, Felsmalerei (Südfrankreich, Spanien).	Spätwürm
B. **Holozän**	
II. Mittelsteinzeit (**Mesolithikum**) Weiterentwicklung der jungpaläolithischen Kulturen, neu Steinbeile, z.T. mikrolithische Industrien, Knochengeräte vom Edelhirsch; Webkunst und Töpferei kamen auf mit dem Übergang zur Seßhaftigkeit an der Wende zur folgenden	in Europa etwa 8000—4000 v.u.Z.

III.	**Jungsteinzeit** (**Neolithikum**) Geschliffene Steinwerkzeuge; Haustierzucht und einfacher Ackerbau der seßhaft gewordenen Jungsteinzeitmenschen.	in Europa etwa 4000—1800 v.u.Z.
IV.	**Metallzeit** Kupfer dringt aus dem Nahen Osten nach Europa vor; leitet über zu der durch Urkunden belegten geschichtlichen Zeit.	in Europa ab 1800 v.u.Z.

Über die Wiederbesiedlung Mitteleuropas durch die vom Eise zurückgedrängten Pflanzengesellschaften sind wir besonders durch Blütenstaubfunde (Pollen) in Moorschichten unterrichtet, die sich nach dem Wegschmelzen des Eises gebildet haben. Man zählt Schicht für Schicht die in den Mooren enthaltenen verschiedenartigen Blütenstaubkörner und stellt danach Pollendiagramme zusammen, die das zeitliche Eintreffen einzelner Pflanzen und den nacheiszeitlichen Klimaablauf widerspiegeln. Die untersten, noch der ausgehenden Eiszeit angehörenden Schichten werden von arktisch-alpinen Glazialpflanzen beherrscht, wie **Polarweide** *(Salix polaris)*, **Silberwurz** *(Dryas octopetala)* und **Zwergbirke** *(Betula nana)*. Ihr allmähliches Verschwinden kündet davon, daß es wärmer wurde. Dann erschienen Gehölze, die höhere Temperaturansprüche stellen, zuerst die **Birke** *(Betula pubescens)* und die **Kiefer** *(Pinus silvestris)*. Das noch recht eintönige Waldbild erinnert an die heutigen subarktischen Wälder im Norden Skandinaviens. Dann erschienen als Vorläufer der wärmebedürftigen Pflanzen der Haselstrauch *(Corylus)* und schließlich die kontinentalen Holzarten wie **Eiche** *(Quercus)*, **Ulme** *(Ulmus)*, **Linde** *(Tilia)*, **Ahorn** *(Acer)* und **Esche** *(Fraxinus)*. Dieser Eichenmischwald (EMW) erlangte während des nacheiszeitlichen Wärmeoptimums, im Atlantikum, seine größte Ausbreitung (Tab. 38). Mit wieder abnehmenden Temperaturen verschwanden *Ulmus* und *Tilia* aus dem Eichenmischwald, **Buche** *(Fagus)* und **Tanne** *(Abies)*, im Osten die **Fichte** *(Picea)*, drangen nunmehr vor. Ihre Ausbreitung wurde im Subatlantikum durch ozeanischeres Klima begünstigt. Entsprechend den Bäumen verhielten sich auch die niederen Gewächse. In ähnlicher Folge besiedelten die Pflanzen die eisfrei gewordenen Räume in den Interglazialzeiten. Kleine Unterschiede, z.B. das Ausbleiben der Buche, sind stratigraphisch verwertbar. Im ganzen glich das Waldbild in jenen Zeiten dem gegenwärtigen.

3. Die pleistozäne Vereisung und die durch sie geschaffenen Landschaftsformen. Das beherrschende Ereignis des Pleistozäns ist eine mehrfache Vergrößerung der Gletscher in einem Ausmaß, an dem gemessen die heutigen Eismassen der Festländer mit ihren rund 16 Mio km² nur als bescheidene Reste erscheinen (Grönland 1,7 Mio km², Antarktis etwa 13,5 Mio km², dazu viele kleine Inlandeismassen und Gebirgsgletscher). Die Ursache war eine allgemeine Klimaverschlechterung am Ausgang des Pliozäns. Auf den Schilden Europas (Abb. 169) und Nordamerikas häuften sich die als Schnee fallenden Niederschläge zu immer mächtigeren Massen von Inlandeis und Gletschereis, die Berg und Tal überzogen und schließlich weit über die Grenzen ihrer Nährgebiete hinausquollen, alles Lose, alles Verwitterungsgut mit sich schleppend, rundum alles Leben auslöschend und verdrängend, alles Umland mit Gletschersedimenten bedeckend und neue Landschaftsformen schaffend. Über die Grenzen des Eises hinaus trugen die Schmelzwässer das aufbereitete Moränengut, trug der Fallwind ausgeblasenen Staub in die Steppen der Umgebung, wühlte der arbeitende Bodenfrost im Erdreich und sprengte die Felsen. Weit im Umkreis wurde das Klima abgekühlt. Die Klimazonen wurden um die Pole und am Äquator erweitert, dazwischen zusammengedrängt, die Schneegrenze senkte sich in den Gebirgen der ganzen Erde, so daß ausgedehnte Gletscher auch dort entstanden, wo sie heute wieder fehlen. Gewaltige Wassermengen lagen vorübergehend in den Eismassen fest und wurden dem Kreislauf entzogen: Verwitterung, Erosion

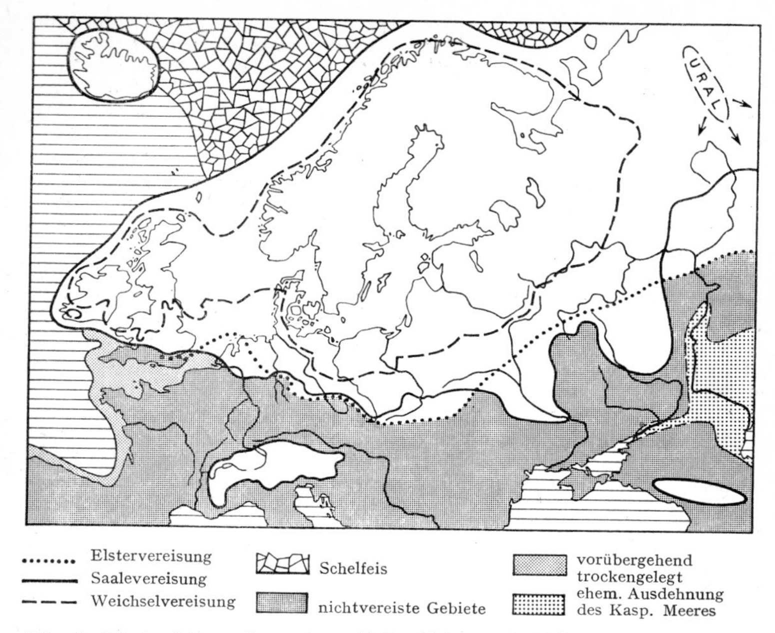

Abb. 169. Die Ausdehnung der nordeuropäischen Eiskappen im Pleistozän (nach G. Wagner 1950, S. Jakowlew, 1956, P. Woldstedt, 1958)

und Sedimentation erhielten auf weiten Teilen der Erde ein besonderes, pleistozänes Gesicht.

Zweitausend, vielleicht aber auch mehr Meter Mächtigkeit erreichten die Eismassen. In Europa bedeckten sie etwa 6,5 Mio km². Für Sibirien darf man mindestens 10 Mio km² veranschlagen, das Südpolareis dürfte dagegen wenig mehr an Umfang als heute gehabt haben, nämlich rund 14 Millionen km², und für Nordamerika, Kanada und Grönland darf man mehr als 12 Mio km² ansetzen. Die Gesamtgröße der sonstigen Vergletscherungen, der Gebirgsgletscher jener Zeit, kann man noch kaum abschätzen. Sicher aber waren im Pleistozän rund 45 Mio km² Land vom Eis bedeckt. Das würde, umgerechnet auf die heutige Landfläche, etwa 30% ausmachen. Doch waren die Landflächen zu den Vereisungszeiten größer als heute, da der Spiegel des Weltmeeres infolge des Wasserentzuges um 80 bis über 100 m gesunken sein muß, wodurch erhebliche Teile des Kontinentalsockels trockenfielen.

In Nordamerika quollen die Eismassen bis zum 40. Breitengrad, zumal im feuchteren Klima der Atlantikküste; in Europa gelangte das nordische Inlandeis ungefähr bis zum 50. Breitengrad. In Sibirien jedoch, dessen trockeneres Kontinentalklima die Entwicklung größerer Eismassen offenbar weniger begünstigte, scheint es nicht wesentlich über den 60. Grad hinausgegangen zu sein, jenen Breitengrad, auf dem die Südspitze von Grönland und die Städte Oslo, Stockholm und Leningrad liegen.

Dieser gewaltige Vorgang wiederholte sich im Laufe weniger Jahrhunderttausende mehrmals, wenn auch nicht immer in dem gleichen Ausmaß, im großen wohl viermal (Kaltzeiten). Dazwischen lagen jeweils Jahrzehntausende, in denen sich das Erdbild nicht grundsätzlich von dem heutigen Zustand unterschied – die **Interglazialzeiten** (auch **Warmzeiten** genannt). Natürlich hat man immer wieder versucht, eine Erklärung für diese Erscheinung zu finden. Jede Deutung muß mindestens folgende drei Grundtatsachen berücksichtigen:

1. die Verbreitung der Vereisung über große Teile der polnahen und gemäßigten Zonen auf der ganzen Erde, also nicht nur in Europa; damit wohl auch eine Abkühlung des Klimas auf der ganzen Erde. Örtlich begrenzte Ursachen, wie z.B. die Verlagerung des Golfstromes, scheiden somit von vornherein aus;

2. die mehrmalige Wiederholung, die sich anscheinend auf der Nord- und Südhalbkugel im gleichen Rhythmus vollzog (wenigstens fehlen bisher die Beweise für ein Abwechseln der Vergletscherungen in Nord und Süd);

3. darf die pleistozäne Vereisung nicht für sich allein betrachtet werden; sie ist nicht das einzige Ereignis dieser Art im Verlaufe der Erdgeschichte gewesen.

Keine einzige Hypothese hat bisher vermocht, das Gesamtphänomen der Großvereisungen befriedigend zu deuten. So viel erscheint jedoch sicher: Die letzten Ursachen müssen außerhalb der Erde liegen. Man denkt heute an periodische Schwankungen in der Ausstrahlung der Sonne und andere kosmische Einflüsse, die den Energietransport zur Erdoberfläche steuern. Es müssen aber erdeigene Faktoren hinzukommen, die das gewaltige Anwachsen der Eismassen begünstigen. Auffallend ist, daß auch diese jüngste Vereisung, wie anscheinend alle früheren, nach einer bedeutenden Faltengebirgsbildung erfolgt ist.

Alle Gebiete, die einst von den pleistozänen Eismassen bedeckt waren, erfuhren eine typische landschaftliche Umformung (vgl. auch Kap. „Glaziale Vorgänge und Formen", S. 184). Spuren der abtragenden, verfrachtenden und ablagernden Tätigkeit des Eises treten dem Beobachter allenthalben entgegen.

Als Gesteinsbildner, als exogen tätige geologische Kraft, formt das Eis seine Sedimente in anderer Weise als das fließende Wasser, als das Meer oder der Wind. Es trennt den verfrachteten Gesteinsschutt nicht nach der Korngröße; die Gletschersedimente bilden ein regelloses Haufwerk, dem darüber hinaus jede Schichtung fehlt. Nur wo sich das Eis wieder in Wasser verwandelt, so z.B. am Eisrand, entstehen normale, geschichtete Sedimente.

Die Eisbewegung ist ein (Auspressungs-)Fließen und Schieben. Wie die Schalen einer Zwiebel, die man zwischen den Fingern zerdrückt, gleitet beim bewegten Eis eine Lage auf der anderen dahin. Mit dem Anwachsen des Belastungsdruckes nimmt die Beweglichkeit im Eise von oben nach unten zu, und erst in der Basiszone bremst die Reibung gegen die ruhende Unterlage den Bewegungsvorgang. Leicht ablösbare und lockere, bereits vom Frostbodeneis durchsetzte Gesteine, Verwitterungsschutt, werden hier in die Bewegung einbezogen. So vollzieht sich der Übergang vom klaren Gletschereis zum unbeeinflußten Untergrund über schuttgespicktes Eis, dessen tiefste Lagen eher ein von Eislamellen durchsetzter Schuttbrei als Gletschereis sind.

Der mitgeschleppte Grundschutt wird, wie gesagt, nicht geschichtet, wohl aber je nach seiner Widerständigkeit zerrieben, zermahlen, in Staub verwandelt. So mischen sich in ihm alle Korngrößen, angefangen von Ton über Sand und Kies bis zu den größeren Geschieben, z.B. den

Findlingen (Taf. 27), die zuweilen die Größe eines kleinen Hauses erreichen. Sobald das Eis schmilzt, taut, verdunstet, bleibt dieser Schutt als Grundmoräne liegen, in der manchmal noch die Scherfugen als Abbild des Bewegungsvorganges erkennbar sind. Außerdem ist in dem Grundschutt als Folge der schiebenden, drückenden Beanspruchung durch das hangende Eis häufig ein Kluftnetz vorgezeichnet, das dem tektonisch beanspruchter Sedimentgesteine, auch dem der Erstarrungsgesteine vergleichbar ist. Da

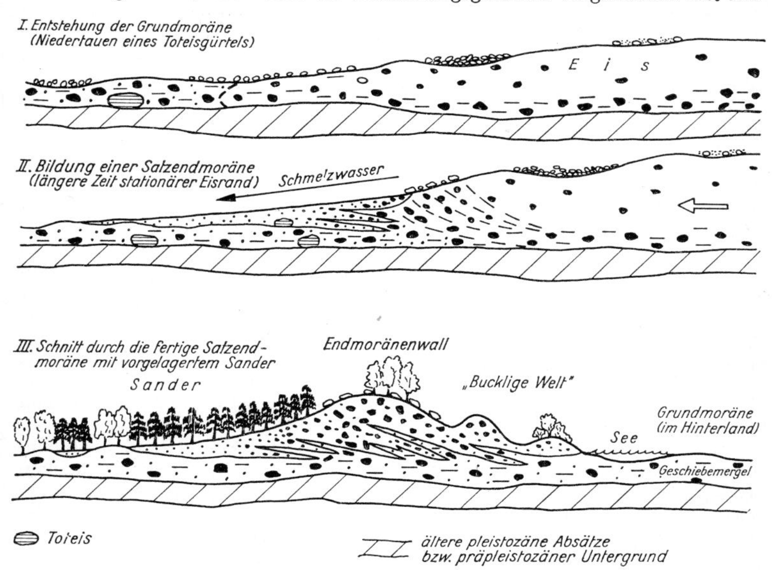

Abb. 170. Schema der Moränenbildung, überhöht (A. Ludwig)

kalkhaltiger, sandiger Ton als Mergel bezeichnet wird, trägt das Sediment die Bezeichnung Geschiebemergel. Verwitternd wird es zu Geschiebelehm.

Vom schmelzenden Inlandeis gliedern sich etappenweise bis viele Kilometer breite Gürtel bewegungslos gewordenen Eises (Toteis) ab, nach deren flächenhaftem Niedertauen ausgedehnte Grundmoränendecken (pleistozäne Hochflächen) zurückbleiben (Abb. 170, I, und Tafel 22).

Auch am Ende des Gletschers, an der Stirn des Inlandeises, wird der Grundschutt frei. Wo der Eisnachschub den am Eisrand eintretenden Abschmelzverlust übertrifft, rückt die Eisfront vor, wo er geringer ist, weicht die Stirn zurück; wenn aber Verlust und Nachschub einander die Waage halten, verharrt der Eisrand ebenso lange auf einer gleichbleibenden Linie. Auch in diesem Fall ist die innere Bewegung noch nicht erloschen; es wird immer neuer Moränenschutt zum Rande hintransportiert, so daß hier im Laufe der Stillstandszeit erhebliche Schuttmengen angehäuft werden können. Es entsteht das typische Produkt der Stillstandslagen: die Endmoräne in Form der Satzendmoräne (Abb. 170, II, III). Bei längerer Dauer wird hier der ausschmelzende Moränenschutt zu beachtlichen Höhenzügen aufgehäuft, die dem girlandenartigen Verlauf des

Eisrandes folgen. Da der Eisrand aber nie völlig still verharrt, sondern mit den Jahren – zur Bildung der größten Endmoränen waren Stillstandslagen von wenigstens einigen Jahrhunderten Dauer nötig – und den Jahreszeiten hin- und herpendelt, wird das aufgehäufte Endmoränenmaterial örtlich auch etwas zusammengeschoben und gefaltet. Gleichzeitig wird es mit abgesprengten Eisblöcken durchsetzt, die später schmelzen und im nachsackenden Lockermaterial Hohlformen hinterlassen. Schließlich wird der Moränenschutt von dem frei werdenden Schmelzwasser erfaßt, aufbereitet, weggeführt und geschichtet wieder abgesetzt. Infolgedessen bestehen Satzendmoränen aus besonders wirren Gesteinstrümmern und oft, wenn alles Feinere vom Wasser entführt ist, vorwiegend aus groben Geschieben. Man spricht dann von Blockpackungen. Unvermittelt daneben findet man wohlgeschichtete Sand- und Kieslagen, selbst Gletschertrübe, abgelagert als feingeschichteter Bänderton.

Wird das Endmoränenmaterial beim Hin- und Herpendeln des Eisrandes stärker gefaltet und zusammengestaucht oder auch der ältere Untergrund mit erfaßt, wie das bei erneutem Vorstoßen des Eises nach längeren Abschmelzphasen häufig vorkommt, dann entsteht die ebenfalls hoch aufragende Stauchendmoräne. Das Relief ihrer Oberfläche – häufig eine gewisse gesetzmäßige Anordnung von Hügelketten – steht oft noch in enger Beziehung zum inneren Bau, der gewöhnlich von Falten oder Schuppen aus Schichtpaketen des aufgestauchten präquartären Untergrundes und älteren pleistozänen Absätzen bestimmt wird. Im Gegensatz zu der meist ruhigen Oberfläche der Grundmoräne weist die Landschaft der Endmoräne einen reichen Wechsel von Hoch und Tief auf. Oft überfährt das Eis beim weiteren Vorrücken die zuvor geschaffenen Endmoränen und ebnet sie ein.

Im scharfen Gegensatz dazu pflegt der Gürtel von Kies und Sand zu stehen, den das frei werdende Schmelzwasser in breiter Zone oder in flachen Kegeln und Fächern vor der Endmoräne ausbreitet, ehe es das Urstromtal erreicht, in dem es nach dem Meere abfließt. Nach dem Vorbild isländischer Landschaftsnamen wird dieser Gürtel als Sandur, verdeutscht: Sander, besser als Schmelzwassergürtel bezeichnet.

Da Wasser nicht nur im Vorland tätig ist, sondern auch schon auf dem Eise selbst frei wird und auf ihm entlangfließt, von dort – wie im Karst in die Schlundlöcher – in Gletscherspalten stürzt und unter dem Eis meist, doch nicht immer, randwärts strömt, finden sich seine Wirkungen auch im Bereich der Grundmoräne: Es kann diese auswaschen, so daß sie stellenweise sandig oder gar kiesig zurückbleibt; es nagt sich erosiv in den Gletscheruntergrund ein, hier ein Netz von Tälern schaffend, die das Spaltennetz des Eises widerspiegeln. Es füllt auch die Spalten hier und dort mit dem mitgeschleppten Geröll, muß sich dann aber einen neuen Weg bahnen. Derartige Spaltenausfüllungen bleiben erhalten, wenn das Eis abstirbt. Sie erscheinen dann als dammartige, oft viele Kilometer lange Kies- und Sandrücken: Wallberge oder mit einem früher vielgebrauchten schwedischen Wort als Åsar, Einzahl Ås (gesprochen Oser bzw. Os) bezeichnet.

Wo das Eis vorhandene Hügel überfährt, gleich ob sie aus dem eigenen Moränenmaterial bestehen oder aus anstehendem Fels, formt es sie im Laufe der Zeit zu Stromlinienkörpern um. Wie Herden von Walen tauchen solche Felsgruppen als Schären aus dem küstennahen Meer ehemals vereister Gebiete; wie Schafherden erscheinen sie von oben und von weitem, wo sie auf dem Lande liegen. Man hat für sie auch die Bezeichnung Rundhöcker eingeführt (Tafel 27). Bestehen die Höcker aus Moränenmaterial, so werden sie auch mit einem englischen Ausdruck als Drumlins bezeichnet.

Leitformen der Elefanten	Menschenreste	Kulturen	Stufen	Alpengebiet		Mitteleuropa		Osteuropa	Nordamerika
Mammuthus primigenius	*Homo sapiens*	Jung-paläolithikum Klingen-Kulturen: bis 10 000 Magdalen Solutré Aurignac	Würm-Kaltzeit (Glazial)	Würm-Moränen und Schmelzwasserabsätze	Jüng. Löße Niederterrassenschotter	**Weichsel**-Moränen und Schmelzwasserabsätze	Jüng. Löße Terrassenschotter (Nieder-T.)	Waldai-Kaltzeit	Wisconsin-Kaltzeit
Mammuthus primigenius; *Palaeoloxodon antiquus*	*Homo neandertalensis*	Mittel-paläolithikum Abschlag-Kulturen: ~70…80000 Moustérien ~100…120000	Eem-Warmzeit (Interglazial)	Seeton, Seekreide u. Schieferkohlen, Bodenbildung (Stillfried)		**Eem-Meer**, mariner Sand u. Ton; **Travertine** v. Taubach/Ehringsdorf, Torfe; Bodenbildung (Naumburg)		Mikulino-Warmzeit	Sangamon-Warmzeit
Mammuthus primigenius; *Palaeoloxodon antiquus*		Altpaläolithikum Faustkeil-Kulturen	Riß-Kaltzeit	Riß-Moränen und Schmelzwasserabsätze	Älterer Löß Hochterrassenschotter	**Saale**-Mor. u. Schmelzwasserabsätze – Warthe-Moränen, Drenthe-Moränen	Ob. Ält. Löße Terrassenschotter (Haupt-, Mittel-T.)	Dnepr-Kaltzeit	Illinoian-Kaltzeit
Mammuthus trogontherii; *Palaeoloxodon antiquus*	(Steinheimer)	Acheuléen	Holstein-Warmzeit	? Schieferkohlen Bodenbildung (Krems)		**Holstein**-Meer, mariner Sand u. Ton; Paludinenschichten (limn.), Torfe; Bodenbildung (Freyburg)		Lichwin-Warmzeit	Yarmouth-Warmzeit
Mammuthus trogontherii; *Palaeoloxodon antiquus*	*Pithecanthropus erectus*		Mindel-Kaltzeit	Mindel-Moränen und Schmelzwasserabsätze	Älterer Löß Jüngerer Deckenschotter	Elster-Moränen und Schmelzwasserabsätze	Unt. Ält. Löße Terrassenschotter (Ober-, Haupt-T.)	Oka-Kaltzeit	Kansan-Kaltzeit
Archidiscodon meridionalis; *Palaeoloxodon antiquus*	*Palaeanthropus heidelbergensis*	Abbevillien ~300…400 000	Cromer-Warmzeit	? Seemergel, dunkle Tone		„Kohlenton" (Bilshausen)			Aftonian-Warmzeit
Steppenelefanten			Günz-Kaltzeit	Günz-Moräne (Reste)	Älterer Deckenschotter	?	?	präglaziale Seeablagerungen	Nebraskan-Kaltzeit
	Australopithecus		Waal-Warmzeit	? Seemergel, Schieferkohlen	Donauschotter, hohe Terrassen	kaolinhalt. Quarzkiese und -sande mit baltischen Geröllen	„präglaziale" Terrassenschotter		? hohe Terrassenschotter
			Eburon-Kaltzeit	Donau-Kaltzeit					
			Tegelen-Warmzeit						
Waldelefanten		~1 000 000 J.	**Brüggen-Kaltzeit**						

Im Idealfall hinterläßt eine Gletscher- oder Inlandeiszunge somit eine Gruppe gesetzmäßig aufeinanderfolgender, aneinander anschließender Gesteins- und Landschaftsgürtel, insgesamt als glaziale Serie bezeichnet:

unter dem Eis der Geschiebemergel der Grundmoräne, mit ebener oder wenig bewegter Oberfläche, durchzogen von Spaltentälern und Wallbergen; gegen den Rand hin, nach außen also, wird die Landschaft unruhiger, der Boden oft auch sandiger, stellenweise häufen sich die Drumlins; Kames, vom Wasser aufgeschüttete kuppen- oder kegelförmige Hügel, sind typische Bildungen dieser Zone; das Randgebiet selbst ist durch stärkere landschaftliche Unruhe, durch wirre Blockmassen, durch gestauchte, oft auch sortierte Sedimente der Endmoränen gekennzeichnet (Tafel 28); Wallberge fehlen. Täler durchbrechen bei den ehemaligen Wasseraustritten, den Gletschertoren, schartenartig die Hügelwelt der Endmoräne;

im Vorland des Eises aber breiten sich ebene oder flach geböschte Sand- oder Kiesebenen aus; schließlich folgen die Urstromtäler, in denen das überschüssige Wasser, dem Gefälle folgend, abfließt. Vorher können sich an ruhigen Stellen bei aufhörender Schleppkraft des Schmelzwassers Becken und Talzüge mit feingeschichtetem Ton, Bänderton, füllen, dessen Schichtung die jahreszeitlichen Schwankungen des Schmelzwasserzuflusses widerspiegelt.

Die geologischen Wirkungen gehen über die Grenzen des Eises selbst hinaus und erstrecken sich weit in das Vorland, in das **Periglazialgebiet**. Insbesondere schafft das Eis, wenn es in eisfremdes Klima vorstößt, einen breiten Kältegürtel um sich, in dem sich die Verwitterung unter den Bedingungen arktischen Klimas abspielt. Mechanischer Gesteinszerfall, durch den z. B. die Blockmeere im Harz und Odenwald entstanden, herrscht vor. Auch die Erscheinung des Bodenfrostes, die in der „ewigen Gefrornis" Sibiriens und Nordamerikas ihre Parallelen hat, hinterließ rund um die pleistozänen Eiskappen ihre Spuren: In den subalpinen Lagen der Mittelgebirge treten Polygon- und andere Strukturböden auf, d. h. Böden, die durch Scheidung der steinigen von den erdigen Bestandteilen besondere Strukturformen angenommen haben.
Ähnliche Erscheinungen finden sich im Periglazialbereich des norddeutsch-polnischen Flachlandes („Brodelböden"). Daneben sind dort Würge- und Tropfenböden — Verwulstungen übereinanderliegender Schichten bzw. „Durchtropfen" einer höheren Schicht auf einen tieferen Horizont — verbreitet, denen die Materialsonderung fehlt. Die Bildungsweise dieser kryoturbaten Formen ist noch nicht ganz geklärt. Eine große Rolle dürfte hierbei die Wasserübersättigung des Bodens im sommerlichen Auftaubereich spielen (vgl. Frostaufbrüche auf Straßen!). Diese ist zugleich die Ursache der Solifluktion (Bodenfließen), die bereits bei geringsten Hangneigungen einsetzt. Sie ist die stärkste Kraft, die im Periglazialbereich am Ausgleich von Hoch und Tief arbeitet. Ebenso gehören in die Gruppe der Froststrukturen fossile, häufig mit Löß ausgefüllte Frostspalten, bei mehrmaligem Aufreißen zu „Eiskeilen" erweitert, die sich z. B. im Lößboden Mitteleuropas finden (Abb. 37).
Vor dem Eisrand breitet sich zeitweise auch eine Zone äolischer, d. h. vom Wind bewirkter Sedimentation aus, in der kalte Eisfallwinde, von dem Hochdruckgebiet der Eismasse aus in das Vorland wehend, den aus Moränen, Solifluktions- und Sandflächen ausgeblasenen Staub in der Rasendecke der Steppe fallen ließen. So legt sich zwischen Eisrand und Mittelgebirge, oft in dieses eindringend, ein Streifen Steppenstaub glazialer Herkunft: der Löß, der viele Meter Mächtigkeit erreicht. Wie in Mitteleuropa (Abb. 171), so begleitet der Lößgürtel alle ehemaligen Vereisungsbereiche rund um die ganze Nordhalbkugel und, wo er Raum fand, auch auf den Südkontinenten. Seine gewaltigste Ausdehnung erreicht er in China, wo rund eine Million Quadratkilometer von Löß bedeckt sind, der

aus den Wüsten Hochasiens seit dem Pleistozän bis in die Gegenwart herbeigeweht wird. Wo er Täler und Wannen ausfüllt, wird er einige hundert Meter mächtig (Tafel 29). Die Fruchtbarkeit des Lößes hat ihm eine besondere Bedeutung in der Geschichte der Kultur gegeben. Gleichmäßig feines Korn sichert ihm einen günstigen Wasserhaushalt, der dank

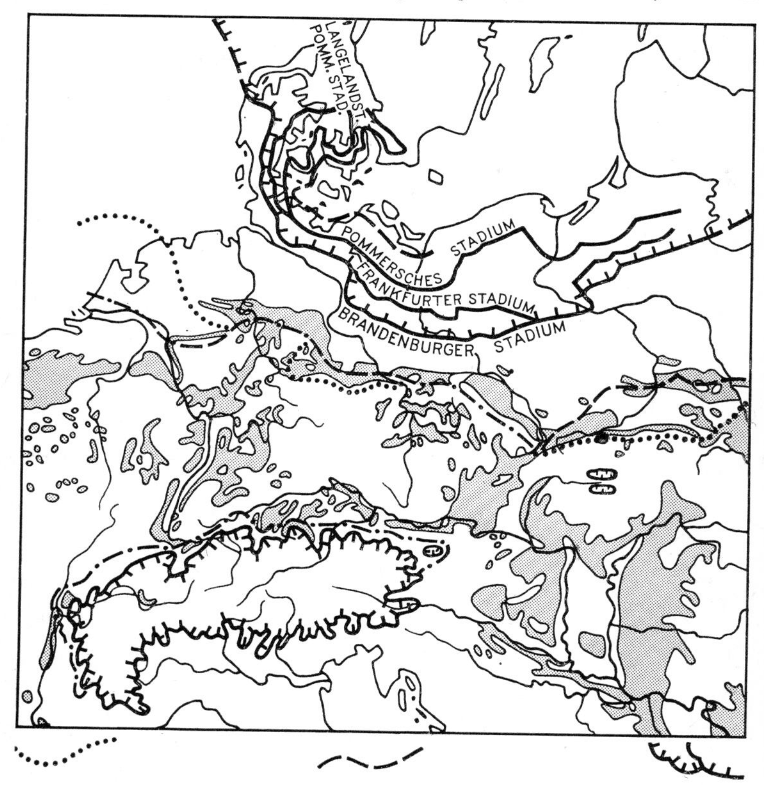

Elster-(Mindel-)Kaltzeit Saale-(Riß-)Kaltzeit Weichsel-(Würm-)Kaltzeit

Abb. 171. Vereisungsgrenze und Lößverbreitung in Mitteleuropa

der in ihm herrschenden Kapillarwirkung auch Dürreperioden zu überbrücken vermag, sein Kalkgehalt sorgt für die Krümelstruktur des Bodens und die den Kulturgewächsen zusagende Säuretönung; Verwitterung wandelt ihn zudem in einen milden, nährstoffreichen Lehm um.

Bei kräftiger Windbewegung wurde auch gröberes Material transportiert. Es entstanden der Flottsand Nordwestdeutschlands, der ein gröberer Löß ist, und, wohl unter Beteiligung von Schneestürmen, die ausgedehnten spätglazialen Flugsanddecken in den Niederlanden und in Norddeutschland.

Stärkere Winde trugen auch gröberen Sand fort, wehten am Boden der trockenfallenden Urstromtäler Dünen zusammen und trieben sie vor sich her auf das umliegende Land: Unsere Binnenlanddünen sind an die pleistozänen Sandgebiete gebunden. Übrigens zeugen die Formen der windgeborenen Binnendünen nicht nur von der Stärke, sondern auch von der Richtung pleistozäner Winde. Sie beweisen, daß auch zur Vereisungszeit das gleiche Westwindsystem in Mitteleuropa herrschte wie heute, nur war es als Ganzes nach Süden verschoben, und Ostwinde mögen damals häufiger gewesen sein als in der Gegenwart.

Es ist eine ebenso dankbare wie schwierige Aufgabe, aus solchen und anderen Zeugnissen das Klima des Pleistozäns zu rekonstruieren. Das ist eigentlich erst in den letzten Jahren so weit gelungen, daß das entworfene Bild einen gewissen Anspruch auf Wahrscheinlichkeit hat. Am Anfang einer Abkühlungsperiode häuften sich in den Mittelgebirgen während der verlängerten Winter größere Schneemassen an, der Wasserhaushalt der Flüsse wurde unausgeglichener. Über dem sich ausbreitenden Dauerfrostboden flossen die Schmelzwässer in kräftigen sommerlichen Flutwellen rasch ab. Diese setzten den bei der herrschenden mechanischen Verwitterung reichlich anfallenden Frostschutt in Bewegung, transportierten ihn aber nur kurze Strecken, da sich die Wasser schnell wieder verliefen. Auf diese Weise wurden die Täler seitlich erweitert und mit mächtigen Schottermassen angefüllt (glazialklimatische Aufschotterung), bis dieser Vorgang im Hochglazial erstarb; denn zu den Höhepunkten der Vereisungen ist das Klima zweifellos erheblich gegensätzlicher, kontinentaler, im ganzen trockener gewesen als in der Gegenwart. Es war die Zeit der Lößbildung.

Danach, als die Eiskappen wieder schwanden, wurde das Klima erneut „maritimer", feuchter, als zur Zeit ihrer größten Ausdehnung. Die Flüsse wuchsen wieder an, ihre erodierende Kraft nahm zu, die Wasserführung wurde ausgeglichener, sie schnitten sich in die Schotterfüllung der Täler ein und verwandelten den bisherigen Talboden in eine Terrasse. Es ist vielfach möglich, die Entstehungszeit der Terrassen der Flußtäler in Mitteleuropa mit den Vereisungen bzw. mit den Interglazialzeiten zu parallelisieren. Allerdings wird die Parallelisierung dadurch erschwert, daß auch tektonische Bewegung im Flußgebiet, z.B. das Aufsteigen des Rheinischen Schiefergebirges und verschiedensinnige Bewegungen in Südwestdeutschland, zur Bildung von Terrassen führen kann, diese somit nicht unbedingt überall als Zeugen pleistozänen Klimawechsels angesehen werden dürfen (vgl. S. 164). In günstigen Fällen zeigen entsprechende Fossilreste eine tektonisch bedingte warmzeitliche Aufschotterung an.

4. Paläogeographische Verhältnisse: Das Klima hat im Quartär besonders stark die Gesteinsbildung, -formung und -verbreitung, aber auch die Ausdehnung der Meere beeinflußt und damit die paläogeographische Entwicklung bestimmt und gesteuert.

Weniger die schon im Tertiär unter Schwankungen einsetzende Abkühlung war es als vielmehr die Steigerung dieser Klimaschwankungen bis zu extremen Werten, die das Phänomen der mehrfachen Vereisung weiter Teile des Erdballs hervorrief. Wir kennen heute sechs Kältehauptausschläge, **Glaziale**, getrennt durch Wärmehauptausschläge, **Interglaziale**. Von den beiden ältesten Glazialen ist jedoch nur wenig bekannt. Soweit sie zu Vereisungen geführt haben, sind ihre Spuren und Gesteinsdokumente von den jüngeren Eismassen fast völlig verwischt und beseitigt worden. Im einzelnen war das Geschehen komplizierter. Die neuere Forschung hat herausgefunden, daß die Abkühlung und Wiedererwärmung in den Glazialen oder, umgekehrt, in den Interglazialen ebenfalls unter klimatischen Schwankungen abliefen, solchen von geringerer

Intensität und Dauer. So lassen sich in den Kaltzeiten mehrere relativ wärmere Abschnitte, **Interstadiale** – zwischen den Kältespitzen, den **Stadialen** –, und in den Warmzeiten relativ kühlere Abschnitte erkennen. Durch diesen Klimagang wurde der Aufbau der Eismassen zeitweise unterbrochen, mitunter wich die Eisfront während der Interstadiale wieder weit zurück; andererseits wurde das Schwinden der Eismassen durch erneute Vorstöße während stadialer Epochen hinausgezögert. Auf diese Weise kann eine Vereisung, besonders in ihren Randgebieten, mehrere Grundmoränen – von verschiedenen Vorstößen des Eises – hinterlassen haben. Ein Geschiebemergel repräsentiert also nicht das gesamte Vereisungsgeschehen einer Eiszeit. Allerdings entspricht nicht jedem Minimum der Klimakurve auch ein Eisvorstoß, da die Ansammlung der nötigen Eismassen einer gewissen Zeit bedarf. Die Ausbreitung der Eismassen erfolgt also gegenüber der Abkühlung verzögert. Daraus ergibt sich eine zeitliche Asymmetrie im Ablauf der einzelnen Vereisung. Während der Aufbau eines Inlandeises vom Ausmaß des nordeuropäischen bis zum Höchststand viele Jahrzehntausende in Anspruch nimmt, kann der Abbau in einem Bruchteil der Zeit (Weichseleis ein bis zwei Jahrzehntausende) erfolgen.

Von den vier Vereisungen – **Günzkaltzeit, Mindelkaltzeit, Rißkaltzeit, Würmkaltzeit** –, wie sie erstmalig im Alpenbereich durch PENCK und BRÜCKNER erkannt und seither in großen Teilen der Welt bestätigt wurden, sind im **nordeuropäischen Vereisungsgebiet** drei sicher nachweisbar, die sich den letzten alpinen Vereisungen zeitlich gleichsetzen lassen; lediglich das Gegenstück für die erste Alpenvergletscherung, die Günzkaltzeit, scheint zu fehlen. Es gibt aber Anzeichen dafür, daß damals skandinavisches Eis bis an die Ostsee vorgedrungen war (Quarzkiese mit verkieselten Kalkgeröllen, die baltische Silurfossilien führen, in Norddeutschland). Die Kaltzeitnamen sind für den Alpenbereich teils deshalb so gewählt worden, weil die Vereisungen in den Flußbereichen der Günz, Mindel, Riß und Würm gut nachweisbar sind, teils deshalb, weil die alphabetische Namensfolge (s.a. Brüggen und Eburon) leicht zu merken ist. Nach diesem Beispiel verfuhr man auch für den norddeutsch-polnischen Bereich.

In Übereinstimmung mit den geschilderten Klimaabläufen ist jede der drei im norddeutsch-polnischen Flachland nachgewiesenen Vereisungen – hier auch als **Elstervereisung, Saalevereisung, Weichselvereisung** bezeichnet – in mehrere Vorstöße gegliedert. Da die Endmoränen und sonstigen Ablagerungen aller Halte (Randlagen) aus der Zeit vor dem jeweiligen Höchststand des Eises später überfahren worden und höchstens in Resten erhalten sind, kennen wir relativ wenig Dokumente aus der langen Anlaufzeit der Vereisungen; anders verhält es sich mit der Schmelzperiode, dem „Eisrückzug", der nur als ein „Rückzug" des Eisrandes zu verstehen ist, da sich die Eismassen ausschließlich vom Zentrum zum Eisrand hin bewegen. Mit dem Einsetzen der Wiedererwärmung verloren die Vorstöße immer mehr an Reichweite, die Endmoränenzüge usw. der Randlagen dieser späten Vorstöße oder Stillstände blieben erhalten. Etwas unglücklich werden sie als „Rückzugsstaffeln" bezeichnet, obwohl sie durchaus einem Vorstoß ihre Existenz verdanken können, nur eben einem, der weniger weit vorgedrungen ist.

Jede Vereisung, jeder Sondervorstoß – ob während des Vormarsches, ob während des Schmelzens, ist gleichgültig – hat seinen Schutt abgeladen, hat die Landschaft eingeebnet, verschüttet, überprägt, so daß nur die glazialen Landschafts- und Bodenzonen des jeweils letzten Eises sichtbar blieben. Da aber die Vereisungen und noch mehr ihre Teilvorstöße verschiedene Ausdehnungen hatten, blieben z.B. die Außenbereiche einer weiter-

Tab. 38. Gliederung des Spätglazials und des Holozäns

Abteilungen	Rückzugsstadien des Eises: Alpen	Rückzugsstadien des Eises: Nordeuropa	Ostseestadien	Pollenzonen nach Firbas	nördliches Mitteleuropa: Waldentwicklung	nördliches Mitteleuropa: Klima		Kulturen	Zeit
Holozän (Postglazial)	stärkster Rückgang der Alpengletscher	Bipartition	Myameer	X	Forstwirtschaft	wieder kühler, feuchter (Subatlantikum)	Nachwärmezeit	geschichtliche Zeit	+2000 +1000
			Lymnaeameer (teilweise Aussüßung)	IX	Buche, Eiche, Fichte			Eisenzeit	±0
			Litorinameer	VIII	Eiche, Beginn der Buchen- und Fichtenzeit	noch warm, wieder trockener (Subboreal)	Wärmezeit	Bronzezeit Neolithikum	−1000 −2000 −3000
				VII	Eichenmischwald (Eiche, Ulme, Linde)	warm-feucht (Atlantikum) postglaziales Klimaoptimum		Mesolithikum: Ertebölle	−4000
				VI					−5000
			Ancylussee (Süßwasser)	V	Kiefer- u. Eichenmischwald Kiefer und Hasel	wärmer, noch trocken (Boreal)		Maglemose	−6000 −7000
			Yoldiameer	IV	Kiefer und Birke	kühl-kontinental (Präboreal)	Vorwärmezeit		−8000
ingstes Pleistozän (Spätglazial)	Daun-, Gschnitz-, Schlernstadium	mittelschwedisch-südfinnische Stadien	Baltischer Eisstausee (Süßwasser)	III	Birke	wieder kälter, Jüngere Dryaszeit	subarktische Zeit	Lyngby, Ahrensbg.	−9000
				II	Birke und Kiefer	etwas wärmer, Alleröd-Interstadial		Jungpaläolithikum: Hamburger Stufe	−10000
				Ic	Tundra	kalt Ältere Dryaszeit			−11000
		südschwedische Stadien		Ib	Birke	etwas wärmer, Bölling-Interstadial			
	Singener	Langeland-(Rosenthaler) Stadium Pommersches		Ia	Tundra	kalt Älteste Dryaszeit	arktische Zeit		−12000 −13000 −14000 −15000

reichenden Vereisung unbedeckt von den Moränen einer jüngeren Vereisung von geringerer Ausdehnung. Anderseits aber können ältere Vereisungen auch völlig unter den Absätzen jüngerer verschwunden sein. Nur in der Vertikalen, d.h. im Profil, würden in diesem Fall die älteren Moränen sichtbar werden. So sind die Spuren der beiden älteren Vereisungen Norddeutschlands, die der Mindel- und Rißkaltzeit, nicht völlig von den kleineren Eismassen der jüngsten, der Würmkaltzeit, überdeckt worden; ihre Spuren sind somit außerhalb des Vereisungsbereiches der Würmkaltzeit in breitem Streifen an der Oberfläche sichtbar geblieben. Dieser Umstand prägt sich auch in der zonaren Landschaftsgliederung des gesamten Vereisungsgebietes aus. Denn obwohl grundsätzlich die Ablagerungen und die Formwirkungen aller drei Vereisungen gleich waren, unterscheiden sich doch Sedimente und Landschaftsformen der beiden älteren Vereisungen deutlich von denen der jüngsten, und zwar durch ihr höheres Alter: Der Boden der älteren Moränen ist stärker, d.h. bis in größere Tiefe verwittert, zudem entkalkt und an Nährstoffen verarmt. Die anfangs „jungen", d.h. frischen, manchmal sogar schroffen Formen der Moränenhügel werden mit zunehmendem Alter immer mehr gemildert, ausgeglichen, Altmoränenlandschaft. Am intensivsten geschieht dies, wenn eine Moränenlandschaft in den Bereich des Bodenfrostgürtels einer jüngeren Vergletscherung gerät und ihr Boden daher weithin in Bewegung versetzt wird (Bodenfließen). Demgemäß erscheinen die älteren Endmoränen im Vergleich mit den jungen Formen der Würmeiszeit wie breitgelaufen.
Das Nährgebiet für die Vergletscherungen des nördlichen Mitteleuropas im **Pleistozän** bildete der fennoskandische Schild. Von ihm aus schoben sich dreimal riesige Eismassen nach allen Seiten in das Vorland hinaus, überschritten dabei auch die Ostseesenke und bedeckten zeitweilig das gesamte Gebiet bis an den Rand der Mittelgebirgsschwelle und bis über das Baltikum hinaus. Geht man von der Küste der westlichen Ostsee aus nach Süden, so passiert man mehrere Gürtel verschiedener Bodenbeschaffenheit und verschiedener Landschaftsformen, die auf die **Glazialzeite**n zurückgehen. Man durchquert folgende Zonen (vgl. Abb. 171):
a) Die glaziale Landschafts- und Schichtenserie des Pommerschen Stadiums des letzten Eisrückzuges: eisbedingte Formen in typischer Ausprägung, gipfelnd in den Höhenrücken der Inneren Baltischen Endmoräne, die während des äußersten Stillstandes des Eises beim Pommerschen Vorstoß der Würmkaltzeit abgelagert wurden.
b) Nach außen folgen in gleicher oder ähnlicher Weise die Serien des Frankfurter und Brandenburger Stadiums der Würmkaltzeit, jeweils mit Grund- und Endmoräne, mit Sanderzone und einem großen Abflußweg, einem Urstromtal, zur Unterelbe.
Zwischen a und b, die teils weit auseinanderklaffen wie zwischen Oder und Weichsel, teils näher zusammenrücken wie in Mecklenburg und noch mehr in Schleswig-Holstein, legt sich die Toteiszone der Seenplatte. Die Analyse der glazialen Landschaftsformen hat gezeigt, daß dem bewegten Eis eine formschaffende, dem ersterbenden Gletscher, dem Toteis, eine formerhaltende Wirkung zukommt. Gletscher und Inlandeis sterben in dem Augenblick, in dem die Nachschubbilanz negativ wird. In diesem Moment erlischt in den Randgebieten die innere Eisbewegung, und das Eis ist nicht mehr in der Lage, selbstgeschaffene Landschaftsformen, wie Endmoränen, Wallberge, Rundhöcker u.dgl., wieder einzuebnen. Auf diese Weise gliederten sich im norddeutsch-polnischen Tiefland streifenweise zwischen 25 und 50 km breite Toteisgürtel nacheinander vom schwindenden Eise ab. Unter ihrem bewegungslos gewordenen Eis blieb der glaziäre Formenschatz erhalten. Das Landschaftsbild der Grundmoräne spiegelt

somit den Bewegungsvorgang des Eises im Augenblick des Absterbens wider. Beim Niedertauen des Toteises durch Verdunsten und Abschmelzen verschwindet das Eis langsam unter einer Decke freiwerdenden Schuttes, zuletzt bleiben in der Moräne nur noch größere und kleinere Eisreste in Form von Schollen zurück. Schmelzen auch diese, so hinterlassen sie an der Oberfläche Vertiefungen, deren Form der ihren entspricht. Derartige Hohlformen kleinsten Ausmaßes sind die Sölle (Einzahl Soll), rundliche, wassergefüllte flache Wannen, solche großen Ausmaßes aber zahlreiche Seen der Seenplatte (Taf. 27).
Der Außenrand des Brandenburger Stadiums entspricht etwa der größten Eisausdehnung der jüngsten Kaltzeit, der Würmkaltzeit (Weichselkaltzeit). Deshalb herrschen nördlich dieser Linie junge, frische, vergleichsweise steile Landschaftsformen, wie sie im vorigen Abschnitt geschildert wurden; bis hierher ist die Entwässerung auch heute noch keineswegs ausgeglichen, sind Seen und Moore, d.h. verlandete Seen, in großer Zahl erhalten.
c) Nach außen hin schließt sich eine seenärmere Zone an, die durch mildere Landschaftsformen ausgezeichnet ist. Sie entspricht der letzten Phase der vorletzten Vereisung, der Saalekaltzeit; diese Phase wurde zeitweilig als besondere Vereisung, die „Warthevereisung", aufgefaßt. Heute bezeichnet man sie als letztes, als Warthestadium der Saalekaltzeit (Rißkaltzeit), das etwa dem Pommerschen Stadium der Würmeiszeit entspricht. Diese Zone greift beiderseits der Oder weit nach Süden aus und verschwindet nach Nordwesten zu unter den Ablagerungen jüngerer Stadien. Ihr äußerster Rand verläuft über die Höhen der Lüneburger Heide, des Flämings und weiter nach Osten, nördlich des dazugehörenden Breslau-Magdeburger Urstromtales.
d) Außerhalb dieses Urstromtales liegen Ablagerungen der Saale- und Elsterkaltzeit (Riß- und Mindelkaltzeit) zutage. Die Landschaft ist weitgehend eingeebnet, der Boden tiefgründig entkalkt. Ganz Nordwestdeutschland jenseits der Endmoränen der Lüneburger Heide gehört hierher. Die Ablagerungen der älteren Vereisungen werden mit Annäherung an den Gebirgsrand allmählich schleierdünn und machen dem Lößgürtel Platz. Zwischen Eisrand und Mittelgebirgsschwelle begegnen schließlich die von den Gebirgsvergletscherungen und den Mittelgebirgsflüssen herbeigebrachten und in den Talterrassen abgelagerten Sedimente den Ablagerungen des norddeutschen Pleistozäns, mit denen sie sich vielfach verzahnen, so daß man Flußablagerungen, Löß und Grundmoränen des Festlandes zeitlich einander gleichsetzen und die fossilleeren Gletschersedimente wenigstens teilweise stratigraphisch einordnen kann. Mit Hilfe interglazialer Sedimente, die hier und da dem Hobel der Vereisungen entgangen sind — so z.B. die Paludinenschichten zwischen Berlin und Frankfurt (Oder), Altwasserabsätze eines Flußsystems —, ist eine stratigraphische Gliederung wenigstens im großen möglich. Im günstigsten Falle müßte jede Vereisung oder jeder Teilvorstoß durch eine Schicht von Vorstoßsand, den der vor dem nahenden Eise herwandernde Schmelzwassergürtel absetzt, einen Bänderton, durch die Grundmoräne selbst und darüber durch den beim Abschmelzen zurückbleibenden Sand gekennzeichnet sein. Dann hätte im Idealfalle eine Serie interglazialer Sedimente zu folgen (Ablagerungen von Flüssen, Meeren, Binnenseen u.a.), über denen schließlich mit der gleichen Gesetzmäßigkeit wie vorher die nächste Vereisung sich abbilden müßte usf. Das Profil wäre auch so beschaffen, wenn nicht jeweils das nächstjüngere Eis viel von dem vorhandenen Profil, darunter auch die meisten interglazialen Sedimente, wegradiert hätte und nicht Eisrandschwankungen das Profil weiterhin komplizieren würden.

Während der **Interglazialzeiten** entstanden in Seen und Flüssen humose sandig-tonige Absätze, Seekreide-, Kieselgur- und Torflager. Kalkabscheidungen in Quellhorizonten vereinigten sich zu mächtigen Travertinbänken. Darüber hinaus entwickelten sich charakteristische Böden, die besonders in den Lößgebieten gut erhalten sind (Saaletal [Freyburg/Unstrut, Naumburg], Nordsachsen [Lommatzsch], Thüringer Becken und im Südosten bei Prag und Brno [Brünn]). Im norddeutschen und angrenzenden Vereisungsgebiet lassen sich auf Grund von Unterschieden in der Waldentwicklung zwei Interglaziale nachweisen, wodurch die Vorstellung der dreimaligen Vereisung gesichert wird. Daneben gibt es Anzeichen für ältere Wärmeperioden. Ins Holstein-Interglazial gehören die weitverbreiteten Paludinenschichten bei Berlin (nach der Schnecke *Viviparus* [früher *Paludina*] *diluvianus* benannt), in Flußaltwässern abgesetzte humose, faulschlammhaltige Sande und Moormergel. Ganz ähnlich sind sie in der Gegend von Warschau und weit nach Osteuropa hinein bis zum Asowschen Meer gefunden worden. Zahlreicher sind die Vorkommen kontinentaler humoser Schichten aus dem Eem-Interglazial, z. B. die Kieselgurlager des oberen Luhetales in der Lüneburger Heide und bei Verden (Aller). Im Ilmtal bei Weimar entstanden damals die berühmten Travertine von Taubach-Ehringsdorf. (Vgl. Tafel 7.)
An der Nord- und Ostseeküste führte der Wiederanstieg des Meeres in Verbindung mit pleistozänen Senkungen zu marinen Ingressionen. Das Holstein-Meer drang tief in das Elbe-Ästuar ein und nach Osten wahrscheinlich bis gegen Rügen vor. Das letztinterglaziale Eem-Meer erreichte sogar die Weichselmündung, zeitweise scheint eine Verbindung zum Weißen Meer bestanden zu haben. Seine Ablagerungen sind durch wärmeliebende Mollusken gekennzeichnet (*Lucina divaricata, Paphia aurea, Gastrana fragilis*), die heute nicht mehr über die geographische Breite der südfranzösischen Atlantikküste hinausgehen.
Fragen wir für das nordeuropäische Vereisungsgebiet nach der Herkunft des Gesteinsgutes, aus dem das Eis die Sedimente aufgebaut hat, so geben uns die Geschiebe, die Findlinge, die man früher erratische Blöcke nannte, Antwort. Wir haben z. B. in Norddeutschland Proben aller vom Eis überfahrenen nordischen Gesteine (im Alpenvorland entsprechend aller alpinen Gesteine) zu erwarten — vom Granit bis zum Kalkstein, vom Erz bis zum Ton. Da jedoch die weichen Gesteine zermahlen, die Erzbrocken verwittert und zerkleinert sind, da von festen Gesteinen beispielsweise die Sandsteine und Kalke weniger widerstandsfähig sind als die kristallinen Felsarten, so finden wir zwar in der Grundmasse des Geschiebemergels die Bestandteile aller Gesteine vereinigt; sichtbar geblieben sind aber — eben als Geschiebe — in erster Linie die widerstandsfähigeren Gesteine. Besonders häufig sind die kristallinen erhalten geblieben, doch haben auch — meist kleinere — Brocken fester Kalksteine und Sandsteine sowie sonstige Sedimente die Reise überstanden. Aus der mürben weißen Kreide aber sind im allgemeinen nur die festen Feuersteinknollen geblieben, außer bei ganz kurzen Transportwegen. In diesem Fall können sogar Tongeschiebe, kleine Tonschollen, in der Grundmoräne erhalten bleiben. Da das nordische Eis vielfach auf kalkigen Gesteinen dahinglitt, enthält die Grundmoräne immer Kalk (Geschiebemergel). Somit geben uns die Geschiebe Auskunft über das Heimatgebiet des Eises und seinen Wanderweg. Sie vermögen aber auch über den Bewegungsmechanismus des Eises auszusagen, zum mindesten über die Art der Eisbewegung im letzten Augenblick vor dem Ersterben der Bewegung, denn zumal die kleineren Geschiebe fügen sich mit der Längsachse der Bewegung ein, wie treibendes Gut sich der Strombewegung des Flusses einfügt. Das **Stu-**

dium der „Einregelung" der Geschiebe und ihrer Verteilung auf verschieden alte Grundmoränen hat ergeben, daß jedes der großen Inlandeise des Pleistozäns auf etwas anderen Wegen zu uns, d.h. ins Zehr- oder Akkumulationsgebiet, gelangt ist als die anderen, ja, daß sich auch die Strömungsrichtungen während der gleichen Vereisung geändert haben, wohl weil sich die Wegeverhältnisse infolge epirogenetischer Bewegungen oder dergleichen wandelten.

Die verschiedenen Geschiebebestände verschieden alter Grundmoränen gewähren die Möglichkeit, diese trotz des Fehlens von Fossilien stratigraphisch zu erfassen. Dasselbe scheint auch an Hand des unterschiedlichen Inhaltes an Schwermineralkörnchen möglich zu sein. Da aber in jeder Grundmoräne auch in horizontaler Richtung Verschiedenheiten vorhanden sind, stoßen Vergleiche über größere Entfernungen noch auf Schwierigkeiten.

Im ganzen bietet der Geschiebebestand der norddeutschen Glazialsedimente eine Musterkarte aller skandinavischen Gesteine aus einer Vielzahl von Perioden vom Archaikum bis zum Tertiär, so daß es für den Naturfreund nicht schwer ist, reichhaltige Gesteinssammlungen unter petrographischem oder stratigraphischem Gesichtspunkt zusammenzutragen. Besonders reizvoll gestaltet sich das Sammeln der zahlreich vorhandenen Fossilien von den Trilobiten und Kopffüßern des Paläozoikums bis zu der bunten Welt der känozoischen Weichtiere und den Faunen des Pleistozäns.

Zu Beginn des **Holozäns** (Alluviums) waren die pleistozänen Eismassen im Gebiet des norddeutsch-polnischen Flachlandes eben abgeschmolzen. Etappenweise — wie es die großen Endmoränen der Würmkaltzeit bestätigen — war das Land wieder unter dem Eispanzer hervorgetaucht; etappenweise gab nun das Eis das Ostseebecken, Süd- und Mittelschweden wieder frei und erstarb schließlich mit zunehmender Wärme um etwa 6800 vor unserer Zeitrechnung. Nach und nach wanderten die vor dem Eise weit nach Süden zurückgewichenen Tier- und Pflanzengesellschaften wieder ein. Die Wiederbelebung der Landschaft durch die Vegetation sowie die Entwicklung der Nord- und Ostsee, die nun wieder in die vom Eise freigegebenen Meeresräume eindringen konnten und das nacheiszeitliche Klima Mitteleuropas entscheidend beeinflußten, machen den Hauptinhalt des Holozäns aus.

Krustenbewegungen — wie sie sich, ausgelöst durch die Eisentlastung, auch schon in den Interglazialen abgespielt hatten — trugen im Wechselspiel mit dem glazialeustatischen Meeresanstieg zu einer wiederholten Änderung der Umrißformen insbesondere der Ostsee bei. Zunächst entstand im südlichen Teil des Ostseegebietes, nachdem das Eis bis Südschweden geschwunden war, der Baltische Eisstausee, der mit Schmelzwasser (Süßwasser) angefüllt war. Durch stetigen Schmelzwasserzustrom stieg das Wasser erheblich an, bis es über Lappland und am Öresund in Mittelschweden Auswege zum Weltmeer fand. Mit dem weiteren Rückzug des Eises wurde in Mittelschweden eine breite Meeresstraße frei. Der Wasserspiegel sank bis zum Niveau des Weltmeeres ab, es drangen Salzwasser und eine subarktische Meeresfauna ein, deren Hauptvertreter die Muschel *Portlandia* [früher *Yoldia*] *arctica* war. Dieses Yoldiameer bestand aber nicht lange. Durch erneute Hebung schloß sich die Meeresstraße, die Ostsee wurde zum Ancylussee (nach der Süßwasserschnecke *Ancylus fluviatilis*) ausgesüßt. Der rasche Meeresanstieg während des postglazialen Wärmeoptimums übertraf die Wirkungen der Landhebung und schuf über breitere Verbindungen im Belt und Öresund das Littorinameer, dessen Salzgehalt den der heutigen Ostsee überstieg. Die marine Schnecke *Lit-*

torina littorea ist für diese Meeresphase kennzeichnend. In der Folgezeit – Lymnaea- und Myazeit – nahm die Verbrackung des Wassers wieder zu, und die Ostsee entstand in ihrer heutigen Form. Ähnlich gestaltete sich die Entwicklung in der Nordsee, die zur Littorinazeit weit auf bisheriges Festland übergriff. Bis dahin mündeten der Rhein und die Themse noch in der Nähe der Doggerbank in die Nordsee. Auch der Ärmelkanal wurde erst in jener Zeit zur Wasserstraße.

Die **Alpen** stellten im Pleistozän das Gegenstück zum großen nordeuropäischen Vereisungsgebiet dar. Jedoch erreichten die alpinen Eismassen bei weitem nicht das Ausmaß der nordeuropäischen. Während hier eine mächtige Inlandeisdecke riesige Gebiete unter sich begrub, hatte die Alpenvereisung den Charakter einer Vorlandvergletscherung. Den Gletschern wurde durch die Gestaltung des Geländes der Weg vorgeschrieben. Sie hielten sich vorwiegend an die Täler, diese völlig unter sich begrabend und trogförmig ausschleifend. Nur wenige Kämme ragten über das Eis hinaus. Im Vorland vereinigten sich die aus den Tälern herausquellenden Gletscher zu einem breiten Eisgürtel.
Viermal schwoll in den Alpen, vor allem auf der Nordseite, das Eis zu größeren Gletschern an, die bis zu 100 km weit ins Vorland eindrangen. Die älteste, die Günzvereisung, hatte den geringsten Umfang. Mindel- und Rißvorstoß waren nämlich wie in Norddeutschland die ausgedehntesten, und auch in den Alpen scheint im Osten (Salzach- und Traungletscher) das Mindeleis, westlich davon aber das Rißeis am weitesten gereicht zu haben. Der Würmvorstoß blieb hinter den beiden vorangegangenen wieder zurück, die Gletscher schlossen sich im Vorland nicht mehr zusammen. Während im Altmoränengebiet auf weite Strecken keine Endmoränen, sondern nur Reste von Grundmoränen erhalten geblieben sind, bietet das ehemals vom Würmeis bedeckte Gebiet das klassische Bild einer Jungmoränenlandschaft mit Zungenbecken, Endmoränen und Schotterfeldern, den Hauptelementen der glazialen Serie. Auch hier vollzog sich der Eisabbau phasenhaft; während jedes längeren Verharrens des Eisrandes in der Schmelzperiode entstanden eine solche glaziale Serie und damit mehrere, den norddeutschen entsprechende Jungendmoränenkränze (z. B. Schaffhausener Stadium [Maximum], Singener Stadium und weitere des Rheingletschers).
Die Hohlformen der Zungenbecken, die von den Endmoränen umwallt sind, haben die Gletscher beim Verlassen der Täler aus dem Untergrund herausgeschürft. Im Inneren der Zungenbecken hat das schürfende Eis älteres Material (Pleistozän oder Molasse) zu langelliptischen Rücken, Drumlins, umgeformt, die dem flachen Boden ein hügeliges Relief geben. Der Fließrichtung des Eises eingeordnet und kettenförmig aufgereiht, ziehen sich die Drumlins vielfach in Schwärmen vom Zentrum des Beckens gegen den Rand hin.
Mit dem Schmelzen des Eises staute sich das Wasser in den Zungenbecken zu großen Seen, die nach dem fluviatilen Durchschneiden der Endmoränenriegel ausliefen. Heute bergen die Becken nur Restseen und Moore. Im Rosenheimer Becken wurden bis 150 m mächtige Sedimente abgesetzt, im Salzburger Becken kam es bereits während der letzten Interglaziale zur Seenbildung. Die Hohlform des Bodensees, im Hauptzungenbecken des Rheingletschers, folgt einem bereits an der Wende Tertiär/Quartär angelegten Grabeneinbruch. Sie ist vom Eise nur überarbeitet worden.
Die Moränen sind im Alpenraum stärker vom Schmelzwasser durchwaschen und durchspült als im norddeutsch-polnischen Flachland, die Endmoränen gehen nach außen in ausgedehnte Schotterfluren bzw. -terrassen

über, die den Sandern Norddeutschlands entsprechen. So ist das Bayrische Alpenvorland, das sich zwischen der Gebirgsmauer der Nördlichen Kalkalpen und der Donau erstreckt, weithin von derartigen Schotterfeldern bedeckt. Zu jedem bedeutenden Eisvorstoß, jeder Randlage gehört eine Schotterschüttung. In der Regel liegen diese untereinander, d.h. die ältesten hoch oben auf den Wasserscheiden, die jüngsten tief darunter in den heutigen Talauen. Das rührt daher, daß die Alpen im Pleistozän kräftig aufgestiegen sind. Die Flüsse nahmen infolgedessen die unterbrochene Erosionsarbeit in den Interglazialen wieder auf und schnitten

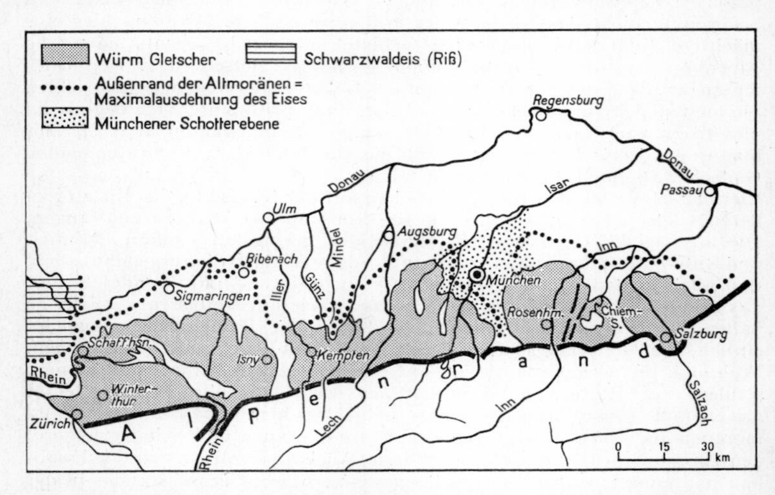

Abb. 172. Die Vereisung des nördlichen Alpenvorlandes (nach Schädel und Werner, E. C. Kraus, Geol. Übersichtskarte von SW-Deutschland 1:600000, von Bayern 1:500000)

sich immer tiefer ein. Aus den Schotterkörpern wurden dabei die Terrassen, im Endergebnis die heutigen Terrassentreppen an den Talflanken herausmodelliert. Ein typisches Beispiel sind die Niederterrassenschotter der Münchener Schotterebene (Abb. 172) zwischen dem Isar- und Inngletscher, die im Süden bis an die Endmoräne der letzten Vereisung heranreichen, also sicher würmzeitliches Alter haben. Die Hochterrassenschotter sind rißzeitlich, die Deckenschotter wohl im Günz- und im Mindelglazial entstanden. (Teilen davon wird zuweilen auch etwas höheres Alter zugeschrieben.) Im Gegensatz zu den jüngeren zeichnet sich der Günzschotter durch Armut an Geröllen des kristallinen Kernteiles der Alpen aus. Außerhalb des Altmoränengebietes gibt es geringe Reste noch höherer Schotter („Donauschotter"), die von den ältesten Kälteperioden des Pleistozäns zeugen, in denen es offenbar noch nicht zu großen Eisansammlungen gekommen ist.

Wegen der südlichen Lage der Alpen bestehen zwischen der sonnenexponierten Süd- und der sonnenabgewandten Nordseite erhebliche Unterschiede. Am Südrand blieben die Gletscher im Vorland stets getrennt, aber die Schmelzwasserfluren vereinigten sich in der langsam einsinkenden Poebene zu einem riesigen Aufschüttungsfeld. Die Endmoränen der beiden letzten Vereisungen sind dicht aufeinandergeschoben und umkränzen in

gewaltigen bogenförmigen Wällen jeweils das Südende der oberitalienischen Seen (z. B. Gardasee, Comer See).
Während der Interglaziale beschränkte sich die Sedimentbildung hauptsächlich auf die Seen. Besonders aus dem Schweizer Alpenraum sind Seekreiden und Tone mit Kohlelagen (Schieferkohlen) bekannt geworden. Zunehmend gewinnen auch die interglazialen Bodenbildungen im Alpengebiet für die Gliederung des Pleistozäns an Bedeutung. In dem warmen und feuchten Klima waren die Moränen, die Schotter und die Lößdecken intensiver Verwitterung ausgesetzt. Am stärksten und tiefsten sind die ältesten Schotterfluren umgebildet. Sie waren, an der Oberfläche liegend, den Wirkungen mehrerer Interglaziale ausgesetzt („Donauschotter" außerordentlich tiefgründig verwittert, Deckenschotter noch kräftig rotbraun gefärbt). Oft sind die Schotter durch Kalkabscheidungen zu „Nagelfluh" verkittet worden. Besonders ausgeprägte Bodenbildungen birgt der Löß. In mächtigen Profilen können mehrere Klimazyklen übereinander fixiert sein. Es wiederholt sich dann die Folge: Fließerde (Abkühlungsperiode), Löß (hochglaziale Zeit), Lößlehm bzw. degradierte Schwarzerde (im Interglazial aus den oberen Lößpartien hervorgegangen). Bodenhorizonte ermöglichen es auch, die Mindel- von der Rißmoräne zu trennen, wo beide aufeinanderliegen.
Im letzten Interglazial besiedelte erstmals der Mensch das Alpengebiet. Er lebte in Höhlen bis in 2400 m Höhe.
Zwischen beiden Vereisungsgebieten – Nordeuropa und Alpengebiet – lag ein mehr oder weniger breiter **eisfreier Streifen**. Von höherem Pflanzenwuchs entblößt, nur von einer kümmerlichen Tundrenvegetation bedeckt, stand dieses Gebiet ganz und gar unter dem Einfluß des durch die Eisnähe verursachten arktischen Klimas. Periglaziale Bildungen, wie Fließerden, Strukturböden, Lößkeile, Blockströme usw., sind in diesem Gebiete weit verbreitet. Durch Frost- und Insolationsverwitterung entstanden gewaltige Massen von Verwitterungsschutt, die die nur wenig Wasser führenden Flüsse nicht bewältigen konnten und daher auf ihren Talsohlen ablagerten. Während des Zurückschmelzens der Eiskappen wuchsen die Flüsse dagegen an und fraßen aus den Schotterfüllungen der Täler die erwähnten Terrassen heraus. Vor den Rändern der Mittelgebirge wurde durch die kalten Winde, die vom Eise in das Vorland hinausbliesen, ein breiter Streifen Löß abgelagert. Stärkere Winde trugen gröberen Sand am Boden der trockenfallenden Urstromtäler zu Dünen zusammen.
Die mitteleuropäischen Mittelgebirge trugen Schneekappen, einige – Vogesen, Schwarzwald, Böhmerwald, Sudeten – auch Firnfelder und Gletscher. Die Gletscher erreichten im Westen, wo infolge der Ozeannähe die Niederschläge reichlicher waren, die größten Ausdehnungen. So drangen von den Eisfeldern des Schwarzwaldes und der Vogesen 40 bzw. 25 km lange Gletscher herab; in den Sudeten erreichten sie nur etwa 5 km Länge. Zur Rißzeit berührte sich das Eis des Schwarzwaldes auf längere Erstrekkung mit dem alpinen Eis (Abb. 172).
Tektonische Bewegungen, die im Tertiär besonders wirksam waren, setzten sich im Quartär noch in beschränktem Maße fort. Die Mittelgebirgslandschaft erhielt ihre heutige Gestalt. Besonders starke abwärts gerichtete Bewegungen, die auch heute noch anhalten, spielten sich im Gebiet der rheinischen Bruchzone ab, so im Oberrheintalgraben und am Bodensee (jährlich 1-3 mm). Der aus dem Alpengebiet kommende Rhein, der ursprünglich zur Donau abfloß, sowie die einst in das Rhônetal mündende Aare suchten sich gemeinsam einen neuen Weg durch das Oberrheintal und bildeten den heutigen Rhein. Auch der tertiäre Vulkanismus klang im Pleistozän nach. Es entstanden die Maare der Eifel und die basaltischen

Laven und Tuffe bei Cheb (Eger). Der Tuff vom Ausbruch des Laacher-See-Vulkans bildet in Mitteleuropa eine wichtige Zeitmarke (Alleröd).

Großbritannien besaß neben kleineren Zentren im Schottischen Hochland ein eigenes Hauptvereisungszentrum, von dem sich Eisströme in das Gebiet der Irischen See und in das der Nordsee vorschoben, wo sie sich zur Zeit der weitesten Ausdehnung mit dem nordischen Inlandeis trafen. Nach Süden schob sich das Eis bis fast zur Themse. Wie in Holland sind hier auch Absätze der ältesten Klimaperioden des Pleistozäns (Brüggen, Tegelen, Eburon) erhalten.

Osteuropa war zum großen Teil von den Inlandeismassen bedeckt, die sich von den skandinavischen Hochgebirgen nach Osten herabschoben (Abb. 169). Auch hier lassen sich drei Vereisungen unterscheiden, die durch zwei Interglazialzeiten getrennt sind. Jedoch scheint im Unterschied zum norddeutsch-polnischen Flachland die zweite die größere Ausdehnung erlangt zu haben. Ihre Gletscher drangen im Süden bis in das Dnepr- und Dongebiet. Östlich der Halbinsel Kola vereinigte sich der skandinavische Eisstrom mit vom Ural und von Nowaja Semlja herandringenden Eismassen. Am kürzesten war der Vorstoß des Eises während der letzten Vereisung, wie die Endmoränenbögen bezeugen, die in einigem Abstand den fennoskandischen Schild umgürten und schließlich das Weiße Meer erreichen. In der Ukraine bildete sich eine breite, bis 30 m mächtige Lößdecke, die, mit Humus durchsetzt, die fruchtbare Schwarzerde ergab.
Sibirien war im Westen stark vereist, während den Osten nur eine geringe Eisschicht bedeckte, der Boden hier aber bis in große Tiefen durchfror: die noch heute andauernde „ewige Gefrornis“.
Nordamerika bildete im Pleistozän ein größeres Gegenstück zu Nordeuropa. Das Eis reichte jedoch erheblich weiter nach Süden, im atlantischen Osten bis 40° n. Br. (im Westen nur bis 50° n. Br.). Es kam ebenfalls aus mehreren Vereisungszentren. Sie lagen in den Kordilleren und östlich davon rund um die Hudsonbucht. Wie in den Alpen sind vier Vereisungen nachgewiesen worden, deren älteste die geringste Ausdehnung hatte, während die jüngste im Gegensatz zu Europa hinter den beiden vorhergehenden nur wenig zurückblieb. Seit dem Tertiär bestand noch bis zum Ende der letzten Vereisung, wenigstens während der Meerestiefstände, in der Beringstraße eine Landbrücke nach Asien. Über diese hielten die quartären Säuger und im Ausgang der letzten Vereisung auch der Mensch ihren Einzug in die „Neue Welt“.
In **niederen Breiten**, insbesondere in den jetzigen Trockenbereichen, z.B. dem Mittelmeergebiet, Westasien, in Wüsten- und Steppengebieten Afrikas, herrschte starke Feuchtigkeit. Den Vereisungen gingen dort Pluvialzeiten parallel, d.h. regenreiche Zeiten, von denen fluviatile Vorzeitformen (z.B. trockene Täler), Sedimente ehemals größerer Süßwasserseen, Quelltuffe u.a. zeugen.

5. Zusammenfassung. In dem durch das Phänomen riesiger Vergletscherungen gekennzeichneten Quartär wurden die gegenwärtigen Landschaftsformen geschaffen. Interessant, aber noch unzureichend geklärt sind der Wandel des Klimas und seine Ursachen. Die Polarzonen und die äquatorialen Regengürtel weiteten sich aus, die dazwischenliegenden Zonen wurden zusammengedrängt. Den Vereisungen der höheren Breiten entsprachen regenreiche (Pluvial-)Zeiten in den niederen Breiten. Im ganzen scheint die Sommerwärme auf der gesamten Erde geringer gewesen zu sein als heute, so daß ein großer Teil der als Schnee gefallenen Nieder-

schläge nicht aufgezehrt wurde. In allen Gebirgen lag die Schneegrenze tiefer als heute.
Beim Pleistozän sind wir in der Lage, Genaueres über seinen zeitlichen Abstand von der Gegenwart aussagen zu können. So ergaben Bändertonzählungen in Nordeuropa, vor allem aber Radiokarbon-(^{14}C-)Bestimmungen, daß z.B. in Norddeutschland das letzte Eis vor 20000 bis 18000 Jahren seine größte Ausdehnung erreicht hatte. Für Nordamerika erhielt man nach diesen Methoden ähnliche Werte für die Zeit des Höchststandes der letzten Vereisung.
Mit dem Schwinden des Eises, das durch eine Milderung des Klimas vorbereitet gewesen sein muß, nahmen die Klimazonen jeweils wieder ihre alte Lage ein, die Pflanzen kehrten ebenfalls in ihre im späten Tertiär besiedelten Räume heim, sofern ihnen nicht, wie in Europa, von vornherein der Fluchtweg durch Gebirgsriegel abgeschnitten gewesen war. Wo dieses nicht der Fall war, wie auf dem nordamerikanischen Festland und im Amurgebiet Ostasiens, enthält die heutige Flora wieder eine Fülle tertiärer Elemente, wie sie in die europäische Flora erst durch Menschenhand wieder eingefügt wurden: Viele unserer Zierbäume und -sträucher gehören hierzu. Nach Mitteleuropa kehrten die Pflanzen aus ihren Zufluchtsgebieten im südöstlichen und südwestlichen Europa zurück. Die Wiederbesiedelung der ehemals vereisten Räume und der Wiederanstieg des Weltmeeres sind die wichtigsten Kennzeichen des Holozäns. Schließlich stellten sich die Verhältnisse der Gegenwart her. Wir müssen aber vom gegenwärtigen Zustand alle jene oft recht erheblichen Veränderungen abziehen, die durch Menschenhand verursacht wurden.
Kompliziert wurde das nacheiszeitliche Geschehen in den Kerngebieten der Vereisungen dadurch, daß die alten Massive, die dem Eis als Unterlage gedient hatten, mit dem Schwinden der Eislast langsam wieder aufstiegen. Skandinavien wölbt sich heute noch in deutlich merkbarem Ausmaß empor. In den mitaufgestiegenen Seen der alten Schilde – ehemaligen Meeresteilen – lebt heute noch, vielfach weit im Binnenland, eine marine Reliktfauna; dazu gehören z.B. die Seehunde des Ladogasees und Robben im Innern des nordamerikanischen Kontinents.
Je näher wir der Gegenwart kommen, desto mehr Einzelheiten werden erkennbar. Daraus folgt eine im gewissen Sinne übersteigerte Bedeutung, die in der Tabelle der erdgeschichtlichen Gliederung dem holozänen Zeitabschnitt beigemessen wird, indem sie ihn zu einer Epoche erhebt. Die hohe Bedeutung jedoch, die die Postglazialzeit für den Werdegang des Menschen und seine Kultur hat, läßt auf der anderen Seite diese Einschätzung gerechtfertigt erscheinen.

DIE ENTWICKLUNGSGESCHICHTE DER LEBEWELT

Die Entstehung der Lebewelt unserer Erde, der Pflanzen und Tiere, läßt sich aus den Organismenresten erschließen, die man in den Gesteinen findet. Diese Tier- und Pflanzenreste aus früheren geologischen Zeiten bezeichnet man als **Fossilien**.
Die Wissenschaft, die sich mit diesen Fossilien sowie mit der Geschichte der Erde beschäftigt, ist die **Paläontologie**.
Fossilien kommen selbstverständlich nur in Sedimentgesteinen vor, in die sie während deren Entstehung eingebettet werden. Da Sedimentgesteine hauptsächlich im Meer, in zweiter Linie in Binnenseen entstehen, liegt hier auch der wesentlichste Fossilisationsbereich, d.h., die meisten Fossilien sind Reste meerbewohnender Organismen. Die landbewohnenden Lebewesen dagegen verwesen nach ihrem Tode völlig oder werden gänzlich zerstört. Nur unter besonders günstigen Umständen bleiben sie erhalten, wie es z.B. bei der frühtertiären Lebensgemeinschaft aus der Braunkohle des Geiseltales (Geiseltalsammlung des Museums für Erdgeschichte in Halle) der Fall gewesen ist. Immer aber muß man sich beim Auffinden von Fossilien im klaren sein, daß nur ein Bruchteil zur Einbettung gelangte und die Sedimente keineswegs die Fülle des einstigen Tier- und Pflanzenlebens widerspiegeln.

Nach dem Erhaltungszustand der Fossilien unterscheidet man zunächst die **echten Fossilien**, bei denen die Hartteile des in Sedimente eingebetteten Organismus mit Kalk, Kieselsäure oder dgl. imprägniert, d.h. durchsetzt wurden. Die Mineralsubstanz nimmt dabei die Stelle der aus Knochen, Panzern und Gehäusen entfernten organischen Substanz ein. Die Skeletteile werden dadurch schwerer und unterscheiden sich schon so von denen der rezenten, d.h. in der Gegenwart vorhandenen Tiere. Fehlen geeignete Minerallösungen, können die Skeletteile allerdings auch einen Gewichtsverlust erleiden, da die organischen Bestandteile (Leim, Fett) ohne Ersatz entfernt wurden, beispielsweise Knochen in pleistozänen Flußschottern. – Sind die Hartteile aber aufgelöst und fortgeführt, so daß im Gestein ein Hohlraum entsteht, zeigt dessen Innenseite mitunter noch die getreue, allerdings negative äußere Form des einstigen Organismenrestes, den **Abdruck**. – Wird das Innere von eingebetteten Muschelschalen oder Schneckengehäusen nach Entfernung der Weichteile vom Einbettungsmaterial ausgefüllt, so entsteht ein **Steinkern** (Abb. 173). Er weist an seiner Außenseite die Abformung der Schaleninnenseiten auf. Bei dünnschaligen Organismen, bei denen die Schaleninnenseite ungefähr der Außenseite entspricht, zeigen auch die Steinkerne ein fast getreues Abbild der äußeren Form. Es entsteht dann ein **Skulptursteinkern**, der mit dem Abdruck der Schalenaußenseite zusammenpaßt. Bei dicken Schalen weichen Steinkern und Abdruck stark voneinander ab. Abdrücke und Steinkerne können natürlich nicht als echte Versteinerungen angesprochen werden.
Ein besonderer Vorgang ist die **Inkohlung**, z.B. von karbonischen oder tertiären Pflanzen. Es handelt sich dabei um eine Umsetzung der im lebendigen Organismus auftretenden Elemente Kohlenstoff, Wasserstoff, Sauerstoff und Stickstoff unter Luftabschluß und unter Druck der darüberliegenden Gesteinsschichten, ausgezeichnet durch eine Anreicherung von Kohlenstoff. Je intensiver die Inkohlung vorangeschritten ist, um so

höher ist der Kohlenstoffgehalt. Bei der Verwesung, d.h. bei chemischer Zerstörung unter Einwirkung der Luft, löst sich dagegen die gesamte organische Substanz in Gase und Wasser auf.
Zur Erhaltung des gesamten Organismus einschließlich der Weichteile können mitunter auch Zufälle führen, etwa die Einbettung von Insekten im Bernstein, einem fossilen Harz tertiärer Nadelhölzer, oder von Mammutleichen im sibirischen Frostboden. Diese Mammutleichen haben infolge „der natürlichen Kühlhausbedingungen eine derartige Frische bewahrt, daß selbst Blutreaktionen an ihnen noch ausgeführt werden konnten und ihr Fleisch von Hunden, Wölfen und Bären gefressen wird".

An Hand der versteinerten Lebensreste erkannte man nun, daß in der Entwicklung der Lebewelt im Verlauf der geologischen Vergangenheit seit

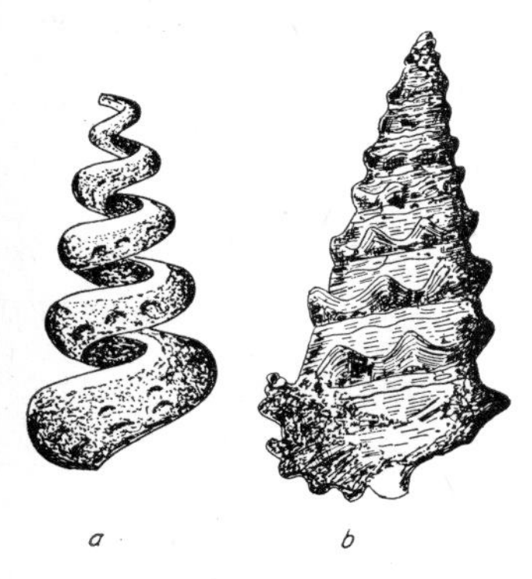

Abb. 173. Steinkern (*a*) und Gehäuse (*b*) der Schnecke Cerithium aus dem Alttertiär

dem Proterozoikum zwei große Einschnitte zu verzeichnen sind, daß sich die Entwicklungsgeschichte der Lebewelt also in drei große Etappen gliedert. Den ältesten Abschnitt, der sich vom Kambrium bis zum Perm erstreckt, bezeichnet man als Altzeit des Lebens oder **Paläozoikum**, den zweiten, der von der Trias bis zum Ende der Kreidezeit reicht, als Mittelzeit des Lebens oder **Mesozoikum** und den dritten, der mit dem Tertiär begann und bis in die Gegenwart andauert, als Neuzeit des Lebens oder **Känozoikum** (**Neozoikum**). Da auch in vorkambrischen Gesteinsschichten schon Spuren von Lebewesen gefunden wurden, stellt man den drei genannten Abschnitten eine Frühzeit des Lebens, das **Proterozoikum**, voran.
Lebensreste des Proterozoikums finden sich nur sehr vereinzelt und in schlechtem Erhaltungszustand, so daß sie weder für die Paläontologie noch für die Stratigraphie große Bedeutung haben. Dagegen sind in kambrischen Schichten Fossilien schon recht verbreitet. Seit dieser Periode läßt sich eine stetige Entwicklung bis zum Perm verfolgen. Dann kam es mit der Entwicklung der Reptilien zum ersten großen Einschnitt. Den zweiten bedeutsamen Einschnitt stellt die plötzliche reiche Entwicklung der Säugetiere im Tertiär dar.
Die Pflanzenwelt eilte der Tierwelt in der Entwicklung stets etwas voraus, dienen doch die Pflanzen den Tieren als Nahrung. Ihre Entwicklungsabschnitte bezeichnet man als Paläophytikum, Mesophytikum, Känophytikum.
Das **Paläophytikum** dauerte vom Präkambrium bis zum Unterperm und umfaßte die Algen- und die Pteridophytenzeit (Zeit der höheren Sporenpflanzen). Das **Mesophytikum** dauerte vom Oberperm bis zur Unterkreide

und ist charakterisiert durch die Herrschaft der Gymnospermen, der Nacktsamer. Das in der oberen Unterkreide einsetzende **Känophytikum** dauert noch an, in ihm entwickelten sich vor allem die Angiospermen, die Bedecktsamer.

Während man vor DARWIN annahm, daß jede den verschiedenen geologischen Zeiträumen eigene Lebewelt durch weltweite Katastrophen vernichtet und sodann durch einen übernatürlichen Schöpfungsakt ersetzt wurde, sieht man heute nach DARWINS entscheidender Tat eine fortlaufende Entwicklung, d.h. eine Entstehung auseinander auf natürlichem Wege.

Die Wissenschaft, die sich mit diesen Veränderungen der Lebewelt beschäftigt, ist die Abstammungslehre oder Phylogenie. Sie hat im Laufe der Zeit ein derart großes Tatsachenmaterial angesammelt, daß sie als eine der am besten fundierten Theorien und als wesentlichste Grundlage aller biologischen Betrachtungen bezeichnet werden kann.

Die Entstehung des Lebens auf der Erde

Zur Entstehung des Lebens auf unserem Planeten können Geologie und Paläontologie nur wenig aussagen, denn fossile Reste dieser Urzeit liegen nicht vor. Noch vor wenigen Jahrzehnten glaubte man bestimmte Gebilde in alten Gesteinen, wie Serpentinknollen in alten Gneisen, Hornblendekristalle usw., als Überbleibsel dieser Zeit deuten zu können, aber es stellte sich heraus, daß diese Gebilde entweder eindeutig anorganischen Ursprungs oder Reste schon hochorganisierter Lebewesen (Schwämme, Kalkalgen usw.) sind. Man kann nicht einmal mehr als sicher annehmen, daß derartig alte Gesteine noch existieren, denn auch die Gesteine unterliegen dauernden Veränderungen; sie werden gefaltet, werden abgetragen und neu in anderen Sedimentationsbecken abgelagert, oder sie werden in der Tiefe aufgeschmolzen und erstarren erneut zu kristallinen Gesteinen, oder sie werden zu Gneisen, Glimmerschiefern usw. umgewandelt.
Reste aus der Zeit der Entstehung des Lebens liegen also nicht vor und können wahrscheinlich auch nicht vorliegen, weil erstens so alte Gesteine nicht mehr bestehen und weil zweitens auch die Möglichkeit, fossile Reste zu erhalten — als Abdrücke in feinem Ton, als Verkalkungen oder Verkieselungen oder Inkieselungen —, ihre Grenzen hat.
Etwas jedoch kann auch die Geologie mit Bestimmtheit aussagen, daß nämlich das erste Leben, also die Eiweißsubstanz im niedersten Organisationsstadium, einmal, d.h. in einer bestimmten Entwicklungsstufe unseres Planeten, entstanden sein muß, ja, daß diese Entstehung, d.h. die Entwicklung damals vorhandener organischer Verbindungen zu höheren organischen Gebilden, in einer bestimmten Entwicklungsstufe zur Notwendigkeit werden mußte und daß diese Entwicklung eine sehr lange Zeit brauchte. Diese Aussagen erlauben die „Paläontologischen Gesetze", das sind die Gesetze der Entwicklung der Organismen, die speziell von der Paläontologie untersucht und erforscht werden.
Seit etwa 0,5 Milliarden Jahren, also seit dem Kambrium, ist die Entwicklung der Organismen durch zahlreiche Tier- und Pflanzenreste belegt. Aus der Zeit davor sind zwar Reste vorhanden, aber sie sind lückenhaft und selten. Dies liegt zum großen Teil an der Beschaffenheit der Gesteine; sie wurden bei Gebirgsbildungen meist in Gneise, Glimmerschiefer usw. umgewandelt. Die Organismen stehen im Kambrium schon auf einer sehr hohen Entwicklungsstufe; alle Tierstämme bis auf die Wirbeltiere sind vertreten. Es muß ein Vielfaches an Zeit zur Verfügung gestanden haben, ehe die Welt der primitiven ersten Lebewesen sich bis zu dieser Stufe entwickelt hatte. Man rechnet mit einem Zeitraum von etwa 3 Milliarden Jahren (vgl. Abb. 174).
So viel kann also die Geologie darüber berichten. Wie nun die Entwicklungsstufen im einzelnen bei der Entstehung des Lebens aussehen, darüber können nur die Wissenschaften etwas aussagen, die sich mit dem lebenden Eiweiß beschäftigen. Schon Engels schreibt im „Anti-Dühring": „Überall, wo wir Leben vorfinden, finden wir es an einen Eiweißkörper gebunden, und überall, wo wir einen nicht in der Auflösung begriffenen Eiweißkörper vorfinden, da finden wir ausnahmslos auch Lebenserscheinungen. *Leben ist die Daseinsweise der Eiweißkörper*, und diese Daseinsweise besteht wesentlich in der beständigen Selbsterneuerung der chemischen Bestandteile dieser Körper."
Die Entstehung des Lebens ist das Ergebnis des Entwicklungsprozesses der Materie auf unserem Planeten, d.h., zu der geologischen Zeit, in der

die Bedingungen des Existierens von lebendem Eiweiß gegeben waren, mußte dieses lebende Eiweiß aus seinen Vorformen entstehen. Es ist anzunehmen, daß die Hauptbedingung dafür die Temperatur des Meerwassers war, daß also die Bedingungen gegeben waren, als die Temperatur unter die Grenze von etwa 60 bis 70 °C gesunken war, d.h. unter die Gerinnungstemperatur des Eiweißes unter gewöhnlichen Umständen (es gibt Algen, die höhere Temperaturen vertragen).
In den letzten Jahren verdichteten sich auf Grund der verschiedenartigsten Forschungsergebnisse die Ansichten, daß unsere Erde einst eine wesentlich andere Atmosphäre besessen haben muß. Die Tatsache, daß eine Reihe

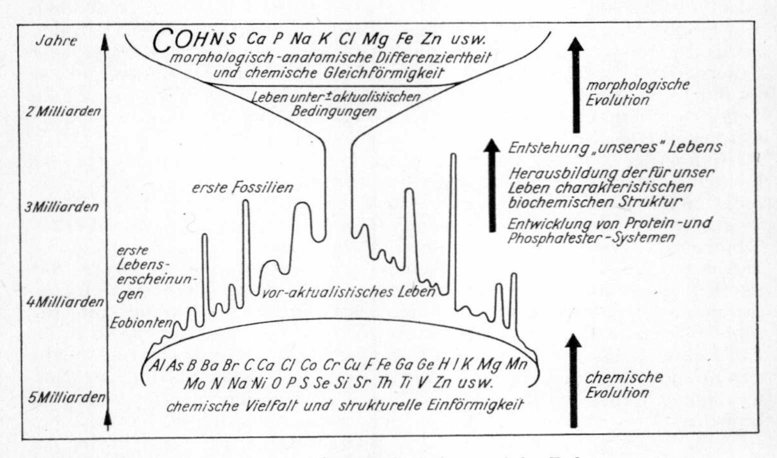

Abb. 174. Die Entstehung und Entwicklung des Lebens auf der Erde

großer Erzlagerstätten in präkambrischen Schichten gefunden wurde, läßt vermuten, daß die Atmosphäre zur Zeit der Entstehung erster einfacher Eiweißverbindungen noch keinen O_2-Gehalt aufwies. Unter diesen Bedingungen konnte, wie auch experimentell (allerdings bisher nur in wasserfreiem Milieu) nachweisbar ist, eine ganze Reihe von C-Verbindungen auf anorganischem Wege entstehen, und an den Urozeanküsten konnten bereits Anreicherungsprozesse einsetzen. Vielleicht sind gewisse alte Erdöle in präkambrischen Schichten letzte Reste solcher Anreicherungsprozesse. Über eine lange Evolution zu langsamlebenden Systemen mag es dann zur Entwicklung der Primitivvororganismen, die heterotrophe Anaerobier waren, gekommen sein. Die CO_2-Assimilation muß später entwickelt worden sein, und man nimmt an (Rutten), daß schon vor $1^1/_2$ Milliarden Jahren die Luft bereits größere Mengen O_2 enthielt.
Primitiv im Zellaufbau geformte Organismenstrukturen sind in den letzten Jahren aus der Beltserie des nordamerikanischen Felsengebirges beschrieben worden (Pflug 1964/66). Ihr Alter wird auf wenigstens 1,1 Milliarden Jahre geschätzt. Stromatolithen, die man als Bildungen verschiedener primitiver assimilierender Algen deutet, sind bis 3 Milliarden Jahre alt (Bulawaian, Rhodesien). Noch älter (über 3,2 Milliarden J.) sind verkieselte sphaeroidale Strukturen aus den Fig Tree Series des Zwaziland-Systems (Südafrika), die an primitive Algen erinnern. Nach Pflug

(1967) sind in diesen Gesteinen noch Kohlenwasserstoffe, wie Pristan und Phytan, also Umwandlungsprodukte des Chlorophylls, nachzuweisen. Vielleicht ist man mit diesen Funden schon nahe an die Zeit herangekommen, in der der Umschlag von der reduzierenden zur oxydierenden Atmosphäre erfolgt sein mag. Jedenfalls ist es nicht so einfach, diese z.T. nannoplanktonkleinen Reste als tierische oder pflanzliche Algen einzuordnen, vielleicht gehören sie schon zu den Vorstufen dieser Entwicklung.

Die Entwicklung der Pflanzenwelt

Die Geschichte der Pflanzenwelt, soweit für den Geologen wichtig, beginnt mit den ersten Landpflanzen, also im Unterdevon. In den Zeiten zuvor gab es auch Pflanzen – Algen und wahrscheinlich noch zu den Algen zu stellende Vorläufer der Landpflanzen, und diese Algen hatten natürlich auch eine Geschichte, aber davon existieren heute kaum noch fossile Reste. In den letzten Jahren sind Sporen aus Silur, Kambrium und sogar Präkambrium bekannt geworden. In bezug auf die Geschichte der Algen und Vorläufer der Landpflanzen erlauben diese Sporenfunde jedoch noch keine entwicklungsgeschichtlichen Ausdeutungen (vgl. Kap. Kryptozoikum, S. 342).

Algen leben in sauerstoffreichem Wasser, in dem die organischen Reste sehr schnell verwesen. Auch im sauerstoffreichen Meerwasser der damaligen Zeit verwesten die Algenreste schnell. Nur ausnahmsweise blieben einige Algenreste erhalten. Diese Reste zeigen gleichsam in Ausschnitten etwas von dem Reichtum der damaligen Algenwelt. Im Ordovizium z. B. wurde der Baltische Schild von einem Meer flach überflutet, und in der heutigen Estnischen Sowjetrepublik wurden große Mengen von kleinen Planktonalgen angeschwemmt und abgelagert. Die so entstandene Kuckersitschicht wird heute abgebaut. Sie besteht bis zu 54 % aus Algensubstanz, umgewandelt in Gesteinsbitumen, und ist brennbar. Ein anderes Beispiel sind die Algenkohlen aus dem Altproterozoikum Finnlands. – Außerdem enthalten viele alte Gneise Graphit, den man als Restsubstanz von Algen deutet, die vor zwei Milliarden Jahren lebten. Seit dem Algonkium (Jungproterozoikum) kennt man Kalkalgen, eine sehr spezialisierte Algengruppe.

Diese Reste reichen aber nicht aus, um eine Geschichte der Algen zu rekonstruieren. Das natürliche System der Algen wird daher im wesentlichen durch Vergleich mit den heutigen Algenformen ermittelt. Das stößt nicht auf allzu große Schwierigkeiten, denn Zeugen der verschiedenen Entwicklungsstufen der Algen existieren heute noch, von den kernlosen Cyanophyceen, den Blaualgen, bis zu den hochentwickelten, baumähnlichen Tangen aus der Gruppe der Braunalgen. Bemerkenswerterweise nehmen die Algen in ihrer Entwicklung eine Reihe von Merkmalen, die bei den nächsthöheren Pflanzen, den Landpflanzen, entwickelt werden, in primitiver Form „vorweg".

Die größten Algen werden bis 70 m lang, z. B. *Macrocystis*, andere haben saftleitende Gewebe ähnlich den Landpflanzen, z. B. *Lessonia* (Abb. 175), andere entwickelten Assimilationsflächen ähnlich unseren Blättern.

Die **ersten Landpflanzen** treten an der Grenze Silur/Devon auf. Aus der gleichen Zeit sind lessoniaartige Reste bekannt, z. B. *Prototaxites* im Unteren Devon. Die Algen hatten also ihre höchste Entwicklungsstufe erreicht. Da die Entwicklung weitergeht, entstand etwas qualitativ Neues. Dieses Neue sind die ersten Landpflanzen. Im Silur waren große Gebiete des heutigen Europas vom Meer überflutet. Im Gefolge der kaledonischen Gebirgsbildung zog sich das Meer zurück, und weite Festlandsgebiete entstanden. In dieser Zeit traten die ersten Landpflanzen auf. Deren Entstehen hängt sicher mit dem Zurückweichen der flachen Schelfmeere eng zusammen.

Die Anpassung an das Landleben, also das Leben an der Luft statt im Wasser, bedingte einen grundlegenden Wandel in der bisherigen Lebensweise. Als Fortpflanzungskörper bildeten sich widerstandsfähige Sporen aus, und die Pflanze selbst entwickelte Spaltöffnungen. Die Anpassung der

Sporen erfolgte sicher schon bei den Tangen, die zeitweilig trocken lagen, sonst aber noch ans Wasserleben gebunden waren wie heute die Gezeitenalgen. Die Bildung der Spaltöffnungen setzte das Vorhandensein von dem Landleben angepaßten Sporen voraus. Das Bestehen von zahlreichen Gattungen, die Gemeinsames, aber auch sehr grundlegende Unterschiede aufwiesen, zeigt, daß die Anpassung an das Landleben in mehreren Trends vor sich ging.

Das einfachste und ursprünglichste Aussehen hat eine Pflanze aus dem untersten Mitteldevon Schottlands: *Rhynia* (Abb. 176). Diese Pflanze besaß dichotome Gabelung, wie sie bei den Tangen besteht – die Landpflanzen von heute haben eine kompliziertere Verzweigung –, die Triebe waren rund und die Enden dieser Triebe z.T. fertil, d.h. sporentragend,

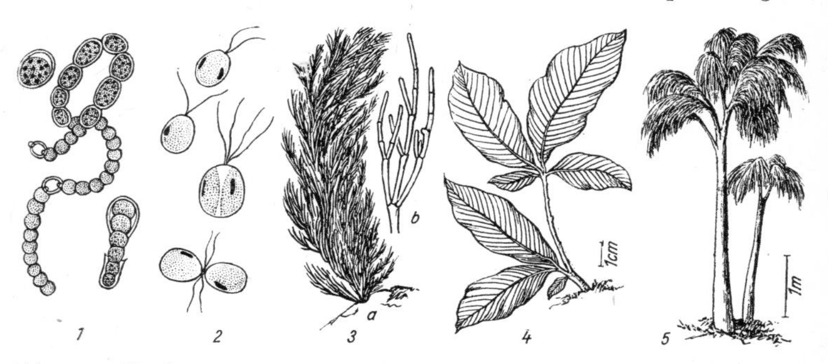

Abb. 175. *1* Blaualge Nostoc, 500mal vergr.; *2* Grünalge Chlamydomonas mit einem Chromatophor und einem Kern, 500mal vergr.; *3a* Grünalge Cladophora, *b* einzelnes Stück der Alge, 15mal vergr.; *4* Rotalge Delesseria, $^1/_4$ nat. Gr.; *5* Braunalge Lessonia, $^1/_{100}$ nat. Gr.

z.T. steril, d.h. unfruchtbar, aber assimilierend. Die sporentragenden Enden ebenso wie die assimilierenden Enden sind demnach keine Anhängsel des einen oder anderen, sondern sie sind gleicher Entstehung, also homolog. Der Botaniker W. ZIMMERMANN hat in seinem Werk „Phylogenie der Pflanzen" (1930, 1959) darauf hingewiesen, daß diese Erkenntnis der Schlüssel für die morphologischen Probleme bei der Entwicklungsgeschichte der Landpflanzen sein kann. Er führte für die fertilen und sterilen Enden den wissenschaftlichen Begriff Telom ein. Wurzeln hat *Rhynia* noch nicht, sondern Rhizoide, das sind Zellfäden mit Wurzelfunktion wie bei den heutigen Moosen. Der Bau der Spaltöffnungsapparate war ebenfalls einfach.

Eine andere Pflanze des Unterdevons, *Drepanophycus* (Abb. 177), hat Gabelung wie Rhynia, aber ihre Triebe waren mit Dornen besetzt, und die Sporangien, die Sporenbehälter, saßen auf der Oberseite dieser Dornen. Drepanophycus ist ein Beispiel für einen zweiten, dem damaligen Landleben ebenfalls angepaßten Kreis von Pflanzen. Eine Homologie von fertilen und sterilen Telomen ist bei dieser Pflanze jedoch nicht zu finden. Wir müssen daher annehmen, daß sie hochspezialisiert war, zumindest in diesem wichtigen Merkmal und damit auch in der ganzen Einheit ihrer Merkmale. Vielleicht hatte auch Drepanophycus Vorfahren, bei denen die Telome gleichwertig waren, vermutlich in den Algenvorstufen. Drepanophycus existierte nur im Unterdevon, und es sind keine Pflanzen bekannt, die von diesem spezialisierten Kreis von Urlandpflanzen abstammen. Die ältesten Landpflanzen aus dem Unterdevon Australiens gehören ebenfalls in diesen Pflanzenkreis und sind in einigen Merkmalen sogar noch spezialisierter als Drepanophycus.

Neben diesen beiden durch je ein Beispiel vorgeführten Trends existierte damals noch eine ganze Reihe von Pflanzengattungen, die teils der einen, teils der anderen Pflanze in bestimmten Merkmalen gleich oder ähnlich waren:

Zosterophyllum (Unterdevon, Abb. 178), ein noch im Wasser flutendes Gewächs mit rhyniaähnlicher Gestalt und „Ähren" von Sporangien, also in diesem Merkmal schon spezialisierter als Rhynia.

Pseudosporochnus (Mitteldevon, Abb. 179) hat sich aus rhyniaähnlichen Formen entwickelt; ist differenziert in Stämmchen und feinaufgegabelte Triebe.

Asteroxylon (Mitteldevon, Abb. 180), oben in den jüngeren Trieben einfach wie Rhynia, unten in den älteren Teilen spezialisiert ähnlich Drepanophycus, mit kleinen Blättchen.

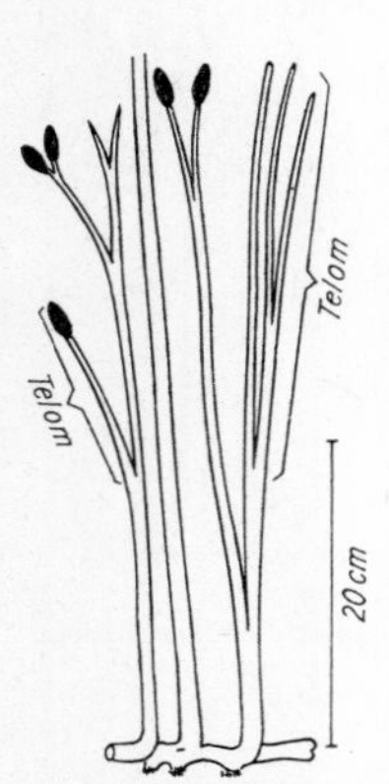

Abb. 176. Rhynia major aus dem untersten Mitteldevon Schottlands (nach Kidston und Lang)

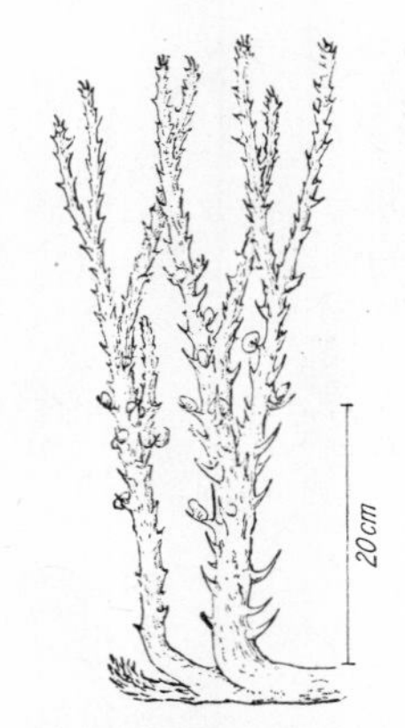

Abb. 177. Drepanophycus, Unterdevon (nach Kräusel und Weyland)

Abb. 178. Zosterophyllum, Unterdevon (nach Kräusel und Weyland)

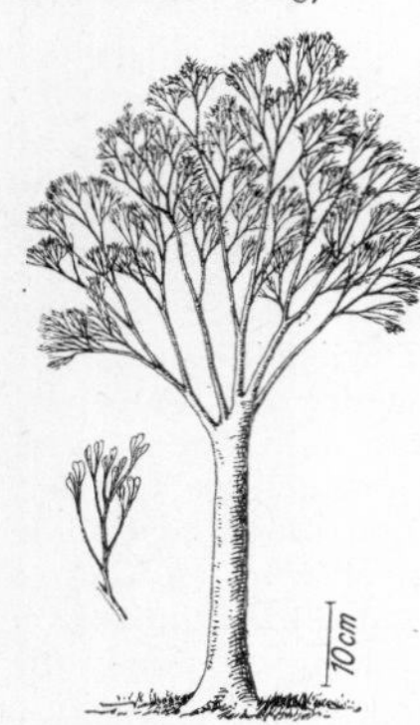

Abb. 179. Pseudosporochnus, Mitteldevon

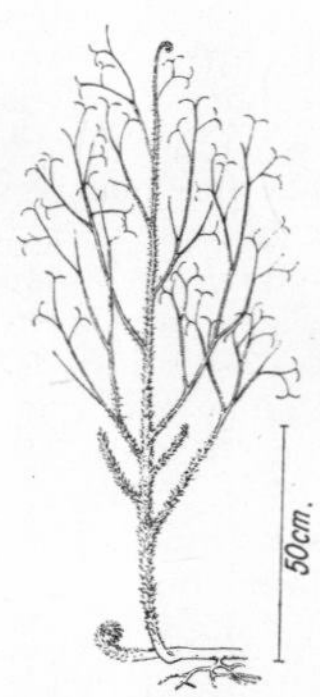

Abb. 180. Asteroxylon, Mitteldevon (nach Kräusel und Weyland)

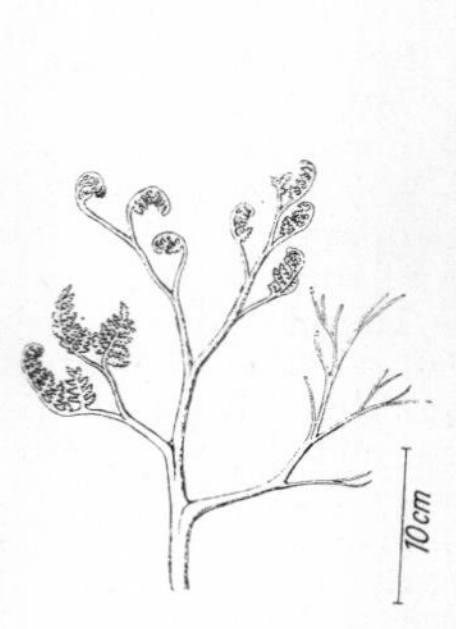

Abb. 181. Protopteridium, Mitteldevon (nach Kräusel und Weyland)

Abb. 182. Hyenia, $^1/_3$ nat. Gr., Mitteldevon (nach Kräusel und Weyland)

Protopteridium (Mitteldevon, Abb. 181), in vielen Merkmalen noch primitiv, rollt jedoch die flächigen Triebe (= Blätter) ein wie die späteren Farne.
Hyenia (Mitteldevon, Abb. 182), mit schildförmigen, eingebogenen Sporangienständen ähnlich den späteren Schachtelhalmen.

Man nennt diese Zeit **Psilophytenzeit**, Zeit der Nackt- oder Urlandpflanzen. Diese Nacktpflanzen liegen uns in mehreren verschiedenen Trends vor; das könnte für eine polyphyletische Entstehung sprechen. Die Psilophytenzeit ist dadurch gekennzeichnet, daß im Aussehen der Pflanzen die Algengestalt noch vorherrscht (dichotome Gabelung, Blätter noch nicht entwickelt, usw.), während die Pflanzen selbst echte Landpflanzen sind, bei denen die alten Algenmerkmale schrittweise durch neue, dem Landleben angepaßte Merkmale verdrängt werden.
Von den verschiedenen Pflanzengestalten der Psilophytenzeit haben nur drei Merkmalseinheiten Bedeutung für die Entwicklung. Die anderen Trends verschwanden mehr oder weniger schnell aus dem Lebensstrom, weil die Umwelt ihrem Angepaßtsein nicht mehr entsprach und sie selbst auf Grund ihrer Spezialisation sich nicht mehr der neuen Umwelt anpassen konnten.

Drei Einheiten von bestimmten Merkmalen also behalten bleibende Bedeutung und entwickeln Pflanzen, deren Nachkommen heute noch existieren. Im Oberdevon und Karbon treten uns diese drei Einheiten des Pflanzenreichs nun schon klar getrennt vor Augen. Man nennt diese Zeit vom Oberdevon bis zum Rotliegenden **Pteridophytenzeit**, Zeit der höheren Sporenpflanzen, und untergliedert sie in **Pterophytikum** = Oberdevon, **Pteridospermophytikum** = Unterkarbon und **Variszische Epoche** = Oberkarbon-Unterperm.
Pseudobornia (Oberdevon, Abb. 183) ist ein Beispiel für die erste große Einheit, die **Schachtelhalmgewächse** (**Articulaten**). Was beim Pseudosporochnusbäumchen in analoger Form angedeutet war, ist hier fast schon verwirklicht: Die Pflanze hat durch flächige Verwachsung steriler Telome „Blätter" gebildet. Ganz sind die Telome noch nicht verwachsen; man kann an dem feingefransten Blatt mit Fächeraderung noch deutlich die einzelnen sterilen Telome erkennen.
Dasselbe Bestreben zeigen auch die **Farne** (**Filices**) des Oberdevons – wir kommen damit zur zweiten Einheit –, z.B. *Archaeopteris* (Abb. 184). Einige Arten dieser Gattung hatten noch zerschlitzte Blätter wie Pseudobornia, andere Arten besaßen schon fast einheitliche Blätter. Auch sporentragende Telome sind zu erkennen. Sie stehen zwischen den Blättchen und zeigen damit deutlich an, daß sie den sterilen (assimilierenden) Telomen homolog sind. Archaeopteris war bereits heterospor und ein mehrere Meter hoher Baum.
Die dritte große Einheit bilden die **Bärlappgewächse** (**Lepidophyten**). Ähnliche Formen (*Drepanophycus, Asteroxylon* usw.) tauchten schon vom Unterdevon an auf, aber es waren meist in irgendeiner Richtung sehr spezialisierte Formen. Weniger spezialisierte Formen treten jetzt in Erscheinung. Als ein Beispiel sei aus dem Karbon *Lepidodendron* (Abb. 185), der Schuppenbaum, genannt, um die charakteristischen Merkmale dieses Entwicklungsweges zu zeigen. Die Gabelung bei Lepidodendron ist ursprünglich, die Blätter sind lang, lanzettförmig mit einer Ader (Leitbündel). An den Enden der letzten Zweige standen die Blätter dichter und bildeten Zapfen aus Blättern, die ebenfalls lanzettlich waren und am Grunde der Oberseite je ein Sporangium trugen. Charakteristisch ist noch, daß jedes Blatt an der Basis eine Lingula, eine eingesenkte kleine Zunge, besaß, ein Organ, das das am Stamm herabrinnende Wasser aufsaugte. Am Stamm

fielen die Blätter ab, und es blieben charakteristische Blattnarben, die so konstruiert waren, daß sie das herabrinnende Wasser zur Ligulagrube leiteten. Die Bärlappbäume waren somit einem sehr feuchten (Regen-?) Klima angepaßt.
Während bis zur Grenze Mitteldevon/Oberdevon die Entwicklung der Pflanzengestalt vorzuherrschen scheint und die Fortpflanzungskörper, die Sporen, im wesentlichen ihr altes Aussehen bewahrten — alle Pflanzen hatten nur e i n e Art von Sporen, sie waren isospor —, begann nun auch dieses Merkmal sich zu verändern. Ein großer Teil der Landpflanzen wurde

Abb. 183. Pseudobornia aus dem Oberdevon, 1/5 nat. Gr. (nach Nathorst)

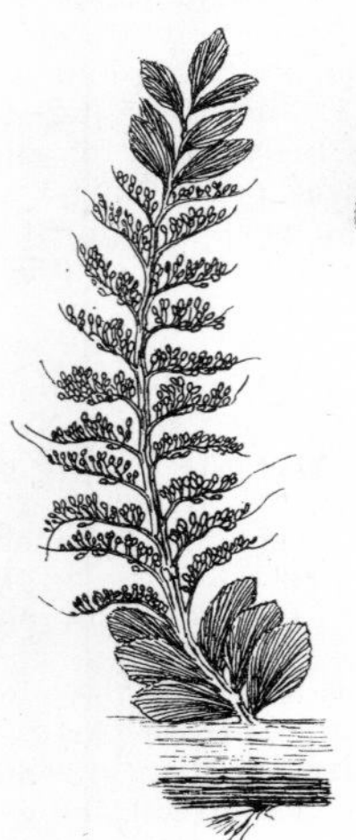

Abb. 184. Archaeopteris aus dem Oberdevon, 1/3 nat. Gr. (aus Schimper, 1869)

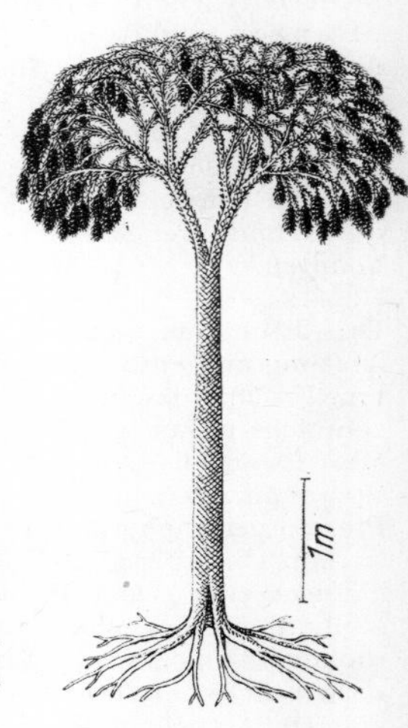

Abb. 185. Lepidodendron mit Sporenzapfen (Karbon)

verschiedensporig, heterospor, entwickelte (männliche) Mikrosporen und (weibliche) Makrosporen. Bei einigen blieb die Makrospore in dem sie umhüllenden Gewebe, ließ sich dort befruchten und wuchs zu einem Embryo heran: Wir haben damit S a m e n. Die Entwicklungstendenz isospor — heterospor — Samen begann vom Oberdevon an und bildet eine Einheit mit der Entwicklung der Pflanzengestalt. — Es ist übrigens bemerkenswert, daß auch diese Linie „gleicher Fortpflanzungskörper" — „ungleiche Fortpflanzungskörper" — „von Gewebe umschlossene Fortpflanzungskörper" schon in der Stufe der Algen „vorweggenommen" wird, ebenso wie die schon erwähnte baum- und blattartige Gestalt und die saftleitenden Gewebe. Wir sehen also, daß die Entwicklung oftmals in niederer Form Existierendes in höherer Form wiederholt.
Die im Unteren Karbon herrschenden farnlaubigen Gewächse zeigen alle wie die oberdevonische Archaeopteris F ä c h e r a d e r u n g, bei der die einzelnen Adern sich zwar verzweigen, aber alle gleichwertig sind, ohne Zentralstrang, so daß bei Verletzung des Blattes weiter außen gelegene Teile absterben mußten. Im Oberkarbon entwickeln die Pflanzen den nächsthöheren Typ der Aderung, die F i e d e r a d e r u n g mit einem Mittelstrang,

und daran anschließend durch Verschmelzung von Adern die Maschenaderung, durch die das Blatt verfestigt wird und auch bei Verletzung durch Umleitung versorgt werden kann (Abb. 186). Diese Entwicklung erfolgte parallel, d.h. bei vielen Arten, deren Genaustausch schon viele Millionen Jahre getrennt war, und mehr oder weniger gleichzeitig. — Das gleiche gilt für die Entwicklung von Sporen zu Samen: Sowohl die Schachtelhalme als auch die Bärlappe und Farne, also alle drei großen Einheiten der Karbonlandpflanzen, zeigen das Bestreben, von Isosporen zu Heterosporen und zur Bildung von Samen überzugehen. Die Bildung von Samen bzw. aller Vorstufen dazu scheint ein für diese Zeit charakteristisches, von der Umwelt dieser Zeit gefordertes Merkmal zu sein. Die Schachtelhalme kommen bis zur Heterosporie (und

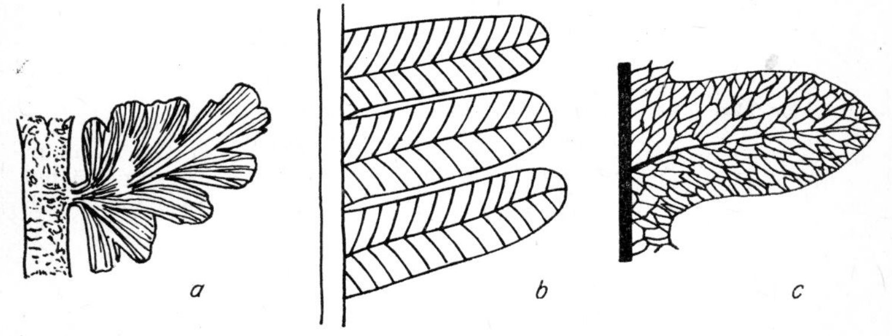

Abb. 186. Entwicklung der Blattaderung: *a* Fächeraderung bei Sphenopteridium dissectum aus dem Unterkarbon, *b* Fiederaderung bei Pecopteris hemitelioides aus dem Oberkarbon, *c* Maschenaderung bei einer Lonchophteris-Art aus dem Oberkarbon

entwickeln „Blüten"), die Schuppenbäume erreichen mit der Gattung *Lepidocarpon* gleichsam das Stadium der Samenpflanzen. Die Farne erreichen in einer großen Zahl von Gattungen dieses Stadium und bilden damit die im Karbon und Rotliegenden wichtige Gruppe der **Farnsamer**, der **Pteridospermen**, mit farnartiger Gestalt und Samen. Die Farnsamer bilden damit die Vorform der späteren Samenpflanzen. Die anderen Samenträger und Fastsamenträger starben mit Ende des Karbons bzw. des Rotliegenden aus. Nur wenig spezialisierte Schachtelhalme und Bärlappe (isospor und krautig) lebten fort und existieren heute noch.

Das Ende des Paläophytikums ist gekennzeichnet durch das Aussterben dieser baumförmigen und z.T. samentragenden oder zumindest heterosporen Bärlappe und Schachtelhalme. Sie starben aus, weil sie sich der sich nun entwickelnden neuen Umwelt nicht mehr anpassen konnten, und sie konnten sich nicht mehr anpassen, weil sie durch ihre für sie spezifische Entwicklungsrichtung in bestimmten Merkmalen so spezialisiert waren, daß eine Entwicklung in anderer Richtung nicht mehr möglich war.

Vom Zechstein bis zur Unterkreide folgt das **Mesophytikum** mit dem Vorherrschen der Nacktsamer, der Gymnospermen. Die im Karbon so wichtigen Schachtelhalme und Bärlappe waren bis auf einen kleinen Rest von Gattungen ausgestorben. Die Pflanzen, die jetzt neu das Bild beherrschen, sind Ginkgogewächse, Nadelbäume und Cycadeen. Daneben existieren noch die Farne und andere Nebengruppen, deren Entwicklung wir hier nicht näher betrachten; wir wollen aber nicht vergessen, daß sie da sind, denn sicher waren sie ein wichtiger Faktor in den damaligen Pflanzengesellschaften.

Die **Ginkgogewächse** sind Gymnospermen, die sich seit dem ersten Auftreten in der Zechsteinzeit bis heute nur relativ wenig gewandelt haben. Damals – Zechstein bis Kreide – waren die Ginkgogewächse weltweit verbreitet. Heute existiert nur noch eine einzige Art: *Ginkgo biloba*. Die Blätter der Ginkgogewächse waren früher tiefer zerteilt, zuweilen sogar bandförmig (Abb. 187). Die Blüte hatte früher mehrere Samenanlagen;

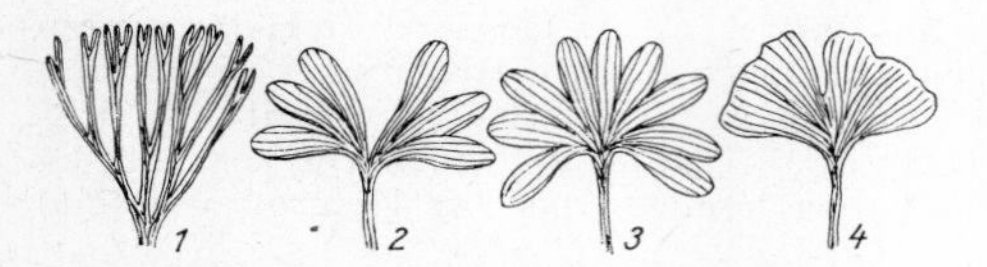

Abb. 187. Wandel des Blattes bei den Ginkgogewächsen: *1* Baiera Münsteriana aus dem Unteren Jura, 1/4 nat. Gr.; *2* Ginkgo digitata aus dem Mittleren Jura, 1/4 nat. Gr.; *3* Ginkgo pluripartita aus der Unteren Kreide, 1/4 nat. Gr.; *4* Ginkgo biloba, rezent, 1/4 nat. Gr.

heute hat sie nur noch zwei. – Bekanntlich existiert der Ginkgobaum fast nur noch in Japan und China, wo er seit alters in Tempelgärten gepflanzt wurde. Wildwachsend ist er nicht sicher bekannt. Er ist ein lebendes Fossil.

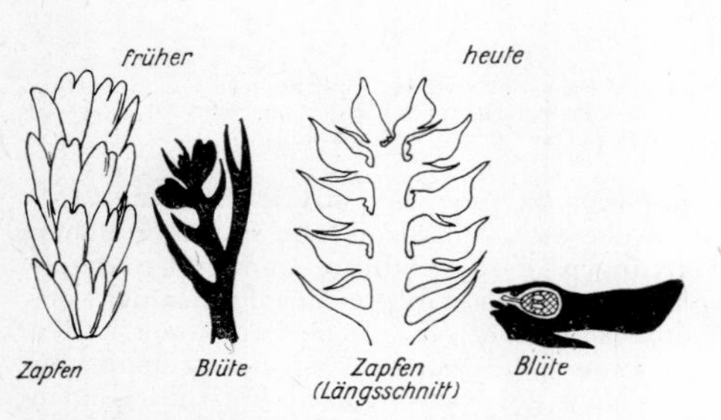

Abb. 188. Coniferenzapfen mit Blüten, links von der Rotliegendconifere Walchia, rechts von einer heutigen Kiefer

Abb. 189. Cycas revoluta mit Fruchtblättern (×)

Die **Nadelbäume** (**Coniferen**) existieren seit dem Rotliegenden. Diese Rotliegendconiferen zeigen die Vorform der heutigen Coniferenzapfen. Die Schuppen der weiblichen Zapfen waren Gabelblätter. In ihren Achseln saßen kleine Sprosse aus fertilen Telomen, die Samenanlagen, und sterilen Telomen. Aus den gabligen Tragblättern wurden die heutigen Deckschuppen, aus dem kleinen Sproß entwickelte sich die heutige Fruchtschuppe (Abb. 188). Der Coniferenzapfen ist also ein Blütenstand.
Die dritte Gymnospermengruppe sind die **Cycadeen** (**Palmfarne**), damals weltweit verbreitet, heute nur noch in getrennten Vorkommen in Afrika, Australien, Amerika, Japan usw. Sie haben farnähnliche Wedel und Samen. Ein heute lebender Cycasbaum (*Cycas revoluta*, Abb. 189) treibt von Zeit zu Zeit statt Laubblätter einen Kranz von Fruchtblättern. Diese zeigen noch deutlich die Homologie der fertilen und sterilen Blätter. Daneben gibt es auch Cycadeen mit männlichen und weiblichen Zapfen. Die Cycadeen des Mesophytikums waren den heute noch lebenden ähnlich.

Eine Sondergruppe neben den Cycadeen waren die **Bennettiteen**, die von der Oberen Trias bis zur Oberkreide lebten. Sie sind deshalb interessant, weil sie das herannahende Auftreten der Angiospermen, der Bedecktsamer, anzeigen. Die Bennettiteen selbst sind zwar keine direkten Vorläufer der Angiospermen, d.h., von ihnen stammen keine Angiospermen ab, aber ebenso wie sich die Bärlappbäume des Karbons (vergeblich) bemühten, durch Bildung von Samen sich der sich wandelnden Umwelt anzupassen, so versuchten die Bennettiteen durch Bildung angiospermenähnlicher Blüten sich anzupassen (Abb. 190). Ebenso wie die Bärlappbäume trotz Riesenproduktion von Sporen und trotz Samenbildung ausstarben, starben die Bennettiteen aus, obwohl sie in der Oberkreide als letzten Nachläufer noch eine Pflanze hervorbrachten, die je Blattfuß eine Blüte hatte und

Abb. 190. Bennettiteenblüte (Cycadeoidea)

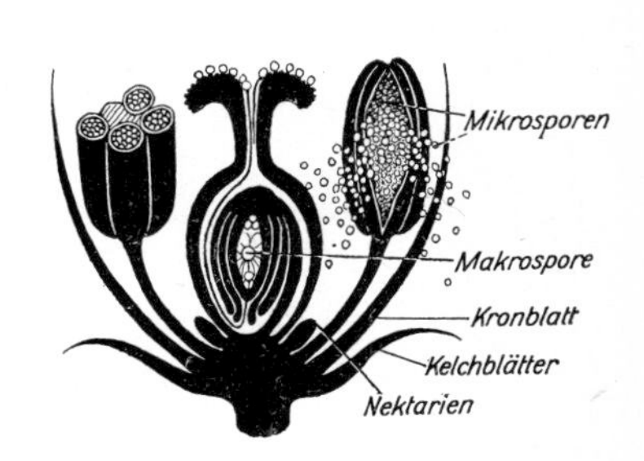

Abb. 191. Schema einer Angiospermenblüte

deren Blüten alle gleichzeitig aufbrachen! Die Pflanze muß also wie ein Blütenigel ausgesehen haben. Die Bennettiteen sind ein Beispiel dafür, daß die Umwelt dieser Zeit von den Pflanzen verlangte, die Einheit von Merkmalen hervorzubringen, die wir bei den heutigen Angiospermen kennen. Sie waren aber offenbar dazu nicht fähig, trotz ihrer Fastanpassung. Sie starben in der Oberkreide aus.

Die **Bedecktsamer** (**Angiospermen**) entwickelten sich vermutlich aus der kleinen im Mesophytikum noch weiter existierenden Gruppe von Pteridospermen, über welche Stufen (= Arten), mit welchen Merkmalen, ist noch nicht bekannt. Die Angiospermen fanden jedenfalls ein so großes Feld der Entwicklungsmöglichkeiten vor, daß sie von der Oberen Kreide ab das Pflanzenbild beherrschen. Die Zeit von der unteren Oberkreide bis heute nennt man **Angiospermenzeit.**

Unter den ältesten Angiospermen herrschen die **Kätzchenträger** (Pappeln, Eichen usw.) und die **Vielfrüchtler** vor. Die fortgeschrittensten, später erst auftretenden Angiospermen sind die **Sympetalen** (mit verwachsenen Kronblättern). Ob die **Einkeimblättrigen**, die **Monokotylen**, und die **Zweikeimblättrigen**, die **Dikotylen**, gleichzeitig entstanden, oder ob eine Gruppe eher entstand, ist noch nicht bekannt.

Die Angiosperme hat Blüten und Blätter. Die Blätter sind alle netzadrig; die sog. paralleladrigen haben ebenfalls ein feines Adernetz zwischen ihren parallelen Adern. Die Blätter zeigen also die höchstentwickelte Blattgestalt. Und die Blüten? Die Staubfäden ähneln sehr den fertilen Telomen;

bei manchen Pflanzen, z. B. *Rhizinus*, sind sie sogar noch verzweigt (aufgegabelt) wie die Triebe bei *Rhynia*. Auch die Mikrosporen, hier Pollen genannt, sind kaum verändert. Die Makrosporen (Samen) sind dagegen fast gar nicht als solche wiederzuerkennen. Jede Makrospore ist eingeschlossen vom umgewandelten Sporangium und vom Fruchtblatt (Fruchtknoten). Die Pollen, die Mikrosporen, können nicht mehr unmittelbar zur Samenanlage gelangen. Sie keimen daher auf der Narbe, der Spitze des Fruchtblattes, zum Pollenschlauch aus, und dieser befruchtet die Eizelle in der Makrospore. Das ganze Gebilde wird oft von bunten Blättern, den Blütenblättern, umgeben, die herkunftsmäßig nichts anderes sind als gewöhnliche Blätter. Sie sind buntgefärbt in Anpassung an Insekten, die die Bestäubung der Blüten besorgen (Abb. 191). Hier an diesem Beispiel Blüte – Insekt sieht man deutlich, wie auch die Tierwelt mit der Pflanzenwelt eine Einheit bildet, daß die Entwicklung der Tiere und die Entwicklung der Pflanzen sich in irgendeiner Form stets gegenseitig beeinflussen und bedingen. Aber über diese Entwicklungszusammenhänge Pflanzengemeinschaften – Tiergemeinschaften bestehen noch zu wenig klare Vorstellungen, weil man sich von paläontologischer Seite aus damit bisher kaum beschäftigt hat.

Damit sind wir nun am Ende unseres Ganges durch die Geschichte der Pflanzenwelt angelangt. Sie zeigte, daß die Entwicklung des Organismenreichs von niederen zu immer höheren Stufen fortschritt, daß in diesem Lebensstrom die Organismen (die Arten, d. h. die kleinsten Stufen der Entwicklung) sich der Umwelt ihrer Zeit und ihres Gebietes anpaßten und daß sie durch ihre Anpassung wiederum die Umwelt veränderten. Die jeweilige Entwicklungsphase der Organismen charakterisiert die Zeit, in der sie lebten: die Psilophytenzeit, die Pteridophytenzeit, die Gymnospermenzeit, die Angiospermenzeit. Natürlich gibt es dabei auch kurzzeitiges kometenhaftes Aufblühen gewisser Trends; bei den Pflanzen weniger, häufig dagegen bei den Tieren. Es sind Formen, die ihrer Umwelt für kurze Zeit sehr gut angepaßt sind, bei einem Wechsel der Lebensbedingungen sich jedoch nicht schnell genug den veränderten Verhältnissen anpassen. Sie haben meist eine sehr kurze Lebensdauer und sind, wenn sie zahlreich genug auftreten, auffällige „Zeitmarken". Man benutzt sie gern als Leitfossilien. Allerdings sind nicht alle Leitfossilien solche fehlgeleiteten Trends (sog. aberrante Formen), viele, und gerade Pflanzenfossilien, sind charakteristisch für ihre Zeit und ihre Entwicklungsphase. Sie stehen deshalb im Mittelpunkt dieses Kapitels, denn sie standen ja auch im Mittelpunkt der Geschichte der Pflanzenwelt.

Die Stammesgeschichte der Tiere

Die besonders in den letzten Jahrzehnten gesteigerte paläontologische Tatsachenforschung hat gemeinsam mit der vergleichenden Anatomie die Einsicht in die verwandtschaftlichen Beziehungen der Tiere erheblich verbessert. Die gewonnenen Erkenntnisse sind in Abbildung 192 stammbaumartig dargestellt, wobei übereinstimmend mit der am weitesten verbreiteten Anschauung zwei Hauptzweige angenommen werden, die wie die beiden Äste eines Y von einer gemeinsamen Basis ausgehen. An oder in diesen Ästen und am „Stamm" sind die verschiedenen Tierstämme und ihre wichtigsten Untergruppen (die erdgeschichtliche Verbreitung der wichtigsten Tiergruppen und ihre relative Häufigkeit ist in Abb. 194 schematisch dargestellt) so eingezeichnet, wie sie vermutlich der Reihe nach entstanden und auseinander hervorgegangen sind. Die Basis des Stammbaums wurzelt im Anorganischen. Darüber folgen Ultraviren, Viren und Bakterien, aus denen die niedersten Tiere hervorgehen.

Die wirbellosen Tiere (Invertebraten)

Die unterste Stelle im Tierreich nehmen kleine, einzellige Organismen ein, die man als **Urtiere** oder **Protozoen** bezeichnet. Die einzige Zelle besteht aus einem oder mehreren Zellkernen, die von einem gallertigen Zellkörper (Protoplasma) umschlossen werden. Sie hat im Unterschied zu den Zellen der vielzelligen Tiere (Metazoen) absolute Selbständigkeit. Sie ist somit Trägerin aller Lebensvorgänge – der Bewegung, des Stoffwechsels, des Wachstums und der Fortpflanzung. Die Formenmannigfaltigkeit der Urtiere ist riesengroß; doch sind paläontologisch vor allem die wegen ihrer unregelmäßigen Plasma-Ausstülpungen zu den Wurzelfüßern (Rhizopoden) gestellten Foraminiferen und Radiolarien am wichtigsten, da sie erhaltungsfähige Hartteile ausscheiden.
Radiolarien finden sich mit ihren beiden wichtigsten Unterordnungen, den kugelförmigen Spumellarien und den mützenförmigen Nassellarien, vielleicht schon im Oberen Proterozoikum. Sicher sind sie aber seit dem Kambrium in allen geologischen Systemen bis zur Gegenwart vertreten. Der ungeheure Formenreichtum läßt sich heute noch nicht annähernd überblicken.
Von den **Foraminiferen** kennt man im Kambrium, Ordovizium und Silur nur wenige, einfache, meist seltene Formen mit sandig-chitinösen Gehäusen. Ab Devon steigert sich dann die Mannigfaltigkeit bis zum ersten Entwicklungshöhepunkt im Karbon und Perm, wo erstmalig eingerollte Riesenformen, die kalkschaligen Fusulinen, erscheinen. Rascher Formenwechsel und große Häufigkeit machen sie zu guten Leitfossilien. Abgesehen von formbeständigen Vertretern, die ohne nennenswerte Veränderungen die Perm/Trias-Grenze überschreiten, baut sich oberhalb derselben die Foraminiferenfauna völlig neu auf. Ihr Formenreichtum wird nach einer Zeit relativer Arten- und Individuenarmut während der Trias im Jura allmählich größer, steigert sich rasch in der Kreide, bis er schließlich im Tertiär einen zweiten Entwicklungshöhepunkt erreicht, wiederum mit planspiral aufgerollten Riesenformen, zu denen die Nummuliten (Abb. 162) gehören. Ab Lias spielen die Foraminiferen infolge ihrer großen Häufigkeit und des raschen Formenwechsels besonders bei der Beurteilung von Tiefbohrungen oft eine entscheidende Rolle.
Die am einfachsten gebauten mehrzelligen Tiere sind die **Schwämme**

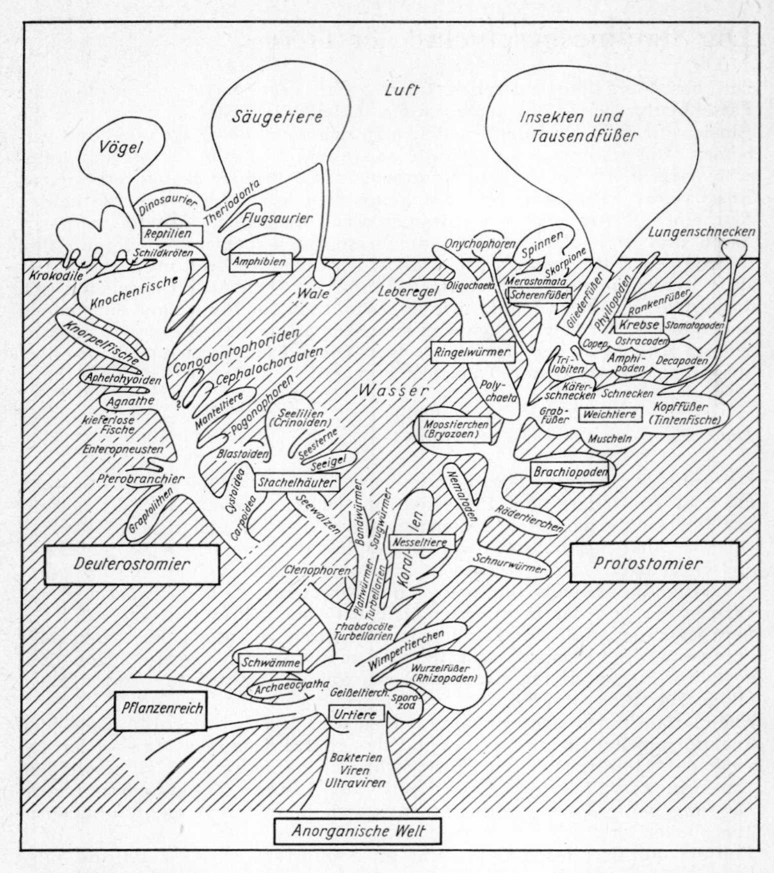

Abb. 192. Versuch, die verwandtschaftlichen Beziehungen der wichtigsten Tiergruppen stammbaumartig darzustellen

oder **Spongien.** Von ihnen liefern vor allem die Kieselschwämme (Silicispongien) und die Kalkschwämme (Calcispongien) erhaltungsfähige Reste. Doch bleiben die vom Devon bis zur Gegenwart reichenden Kalkschwämme immer verhältnismäßig formenarm. Die vermutlich erstmalig im Proterozoikum erscheinenden Kieselschwämme steigern dagegen ihre Mannigfaltigkeit beträchtlich und zeigen besonders im Silur, Malm und in der Oberkreide Blütezeiten der Entwicklung (Tafel 45 und Abb. 155).
Höher als die Schwämme stehen die **Nesseltiere**, die **Cnidarier**, von denen besonders die **Steinkorallen** stammesgeschichtlich sehr interessant sind. Jedes ihrer Einzeltiere bildet eine kalkige Röhre, die meist durch Querböden in eine Reihe übereinanderliegender Stockwerke gegliedert und durch radial gestellte, vertikale Wände, die Septen, in eine Anzahl Radialkammern geteilt ist. Im obersten Stockwerk sitzt das Tier.

Je nachdem, ob Böden oder Septen überwiegen, unterscheidet man Septenkorallen und Bödenkorallen (Tabulaten). Die Septenkorallen sind aus größeren und trichterförmigen Individuen, die Tabulaten meist aus sehr engen Röhren zusammengesetzt. Beide Gruppen finden sich erstmalig im Ordovizium, ohne daß über den Ursprung etwas Näheres ausgesagt werden kann.

Bei den Septenkorallen des Paläozoikums, den Tetrakorallen, entstehen die ersten sechs Septen, die Protosepten, nacheinander und ordnen sich zweiseitig-symmetrisch an. Ein ähnliches Bild zeigen zunächst auch die übrigen Septen; doch richten sie sich bei den jungpaläozoischen Formen radial auf. In der Trias ordnen sich schließlich auch die sechs Grundsepten nicht mehr zweiseitig-symmetrisch an; sie bilden sich zu gleicher Zeit und stehen ebenso wie die übrigen Septen radiär, d.h. sechsstrahlig-symmetrisch (Hexakorallen). Diese Anordnung ist bis in die Gegenwart unverändert geblieben.

Eine sehr eigenartige Gruppe der paläozoischen Septenkorallen, für die es unter den jüngeren Korallen nichts Vergleichbares gibt, bilden die Deckelkorallen. Es sind dies Einzelkorallen, bei denen der Kelch durch einen ein- oder mehrteiligen kalkigen Deckel verschlossen werden konnte, so bei *Calceola* aus dem Devon.

Die ältesten, zusammen mit den ersten Septenkorallen im Ordovizium gefundenen Bödenkorallen unterscheiden sich nur wenig von denen aus dem jüngeren Paläozoikum, die dort mit Tetrakorallen in Riffgemeinschaft leben. Nach einem merklichen Rückgang im Karbon erlöschen sie im Perm fast vollständig. Nur wenige Vertreter reichen bis ins Mesozoikum.

Die Formenmannigfaltigkeit der heute lebenden **Würmer** ist ungeheuer groß. Sie dürfte auch in der geologischen Vergangenheit erheblich gewesen sein. Leider ist aber relativ wenig überliefert, da der Weichkörper infolge seiner Beschaffenheit nur unter besonders günstigen Bedingungen erhalten blieb. Häufiger sind Zähnchen, Häkchen, Kiefer, Borsten, Wohnröhren und deren Deckel sowie die meist etwas problematischen Exkremente und sonstige Lebensspuren (Kriech- und Grabspuren, Wohnbauten) nachzuweisen. Andere Überreste stammen von Ringelwürmern (Anneliden), die unterschiedlich verzierte Dauerröhren aus Kalziumkarbonat ausscheiden. In manchen Gesteinen treten diese Röhren gesteinsbildend auf, z.B. im Serpulit im norddeutschen Gebiet.

Auf die Ringelwürmer folgen die Gliederfüßer, die **Arthropoden**, die sich von den Ringelwürmern vor allem durch ihre gegliederten Extremitäten unterscheiden. Als Stützorgan dient ein aus chitiniger Substanz bestehendes Außenskelett. Reste von Gliederfüßern sollen bereits im Proterozoikum vorhanden sein; das wird allerdings vielfach angezweifelt. Man unterscheidet Krebse, Spinnentiere sowie Tracheaten (Insekten und Tausendfüßer). **Krebse** (**Crustaceen**) sind bereits im Kambrium durch zahlreiche hochentwickelte Formen vertreten.

Eine geologisch sehr wichtige Gruppe der Krebse bilden die **Ostracoden** (Muschelkrebse), deren Kopfrumpfpanzer zu einer zweiklappigen, hornigen oder kalkigen Schale umgestaltet ist, die den Körper vollständig umhüllt. Auf der Rückseite sind die beiden Klappen durch eine Membran verbunden, die ähnlich wie das Ligament der Muscheln funktioniert und das Öffnen der Schale bewirkt. Geschlossen werden die beiden Klappen durch Muskelzug, wobei die Ansatzstellen auf der Innenseite der Klappen zu erkennen sind und große Bedeutung bei der Beurteilung der Ostracoden haben. Die ältesten Arten stammen aus dem Kambrium. Doch treten sie mit großer Formenmannigfaltigkeit erst mit dem Ordovizium in Erscheinung. Seitdem spielen sie als Leitfossilien eine sehr große Rolle vor allem

bei der zeitlichen Einstufung von Bohrproben. Die Mehrzahl der Ostracoden erreicht eine Länge zwischen $^1/_2$ und 4 mm; doch finden sich daneben auch kleinere und größere. Die größten sind etwas mehr als 5 cm lang. Es handelt sich fast ausschließlich um Bewohner des Wassers, insbesondere des Meeres, weniger häufig des Brack- und Süßwassers.
Während des Silurs erscheinen als älteste **Spinnentiere** (**Arachniden**) die Skorpione. Die frühesten Insekten stammen aus dem Mitteldevon. Man rechnet mit rund 800000 heute lebenden, bereits bekannten Insektenarten und nimmt an, daß die wirkliche Zahl etwa um 50% größer ist. Somit bilden die Insekten die formenreichste Tiergruppe der Gegenwart. Die Zahl der aus der geologischen Vergangenheit bereits bekannten Insektenarten wird auf etwa 12000 geschätzt; sie bilden aber sicher nur einen ganz geringen Teil aller Insekten, die wirklich gelebt haben. Obgleich es sich bei den **Tausendfüßern** (**Myriapoden**) um eine sehr alte Tiergruppe handelt, sind fossile Reste selten. Die meisten stammen aus dem Karbon und Perm, viele der am besten erhaltenen aus dem oligozänen Bernstein des Baltikums.
Eine besondere Gruppe der Arthropoden umfaßt die ausschließlich auf das Paläozoikum beschränkten **Trilobiten**, die „Dreilapper". Sie bilden die wichtigsten Leitfossilien des Kambriums. Ihr aus Chitin mit eingelagertem Kalkphosphat und -karbonat aufgebauter Panzer ist der Länge und der Quere nach dreigegliedert (Abb. 128). Der Länge nach wird er aus Kopf, Rumpf (Thorax) und Schwanzschild (Pygidium) gebildet, wobei Thorax und Pygidium aus Segmenten bestehen, die im Laufe der Stammesgeschichte zunehmend miteinander verschmelzen. Nur bei den ältesten Formen aus dem Unterkambrium sind die hintersten Segmente noch frei beweglich, die Segmente des Thorax wesentlich zahlreicher und der Kopfschild noch weit deutlicher quergegliedert als später – alles Erscheinungen, die auf die Herkunft von gleichmäßig segmentierten Ringelwürmern hinweisen. Im Mittel- und Oberkambrium ist allgemein die Zahl der im Schwanzschild verschmolzenen Segmente noch klein und wird erst im Ordovizium durch Einbeziehung der hinteren Thorakelsegmente größer (Abb. 133). Während des Oberkambriums und Ordoviziums erreicht die Entwicklung der Trilobiten den Höhepunkt. Im Silur macht sich bereits eine gewisse Einengung und im Karbon ein deutlicher Rückgang in der Formenmannigfaltigkeit bemerkbar. Nur einige, wenig differenzierte und primitiv anmutende Arten mit geringer Wandlungsfähigkeit steigen ins Perm hinauf; im Mittelperm sterben die letzten Vertreter aus.
Als besondere Gruppe betrachtet man die **Tentakulaten,** das sind niedere Tiere, deren Mundöffnung ebenso wie bei den Korallen von einer Tentakelkrone umgeben ist. Sie haben aber einen Darm und eine sekundäre Leibeshöhle. Zu ihnen rechnet man als besondere Stämme die Armfüßer und die Moostierchen.
Die in Meer und Brackwasser lebenden **Armfüßer**, die **Brachiopoden,** sind seit dem (?) Proterozoikum bekannt, ohne daß man Näheres über ihre Vorfahren weiß. Ähnlich wie bei den Muscheln haben sie eine zweiklappige Schale, unterscheiden sich aber wesentlich durch deren Bau und durch die Organisation der Weichteile. So vollzieht sich im Unterschied zu den Muscheln nicht nur das Schließen, sondern auch das Öffnen der Klappen durch Muskelzug. Während bei den Inarticulaten (? Proterozoikum, Kambrium bis Gegenwart) die Schalen lediglich über Muskeln zusammengehalten werden, haben die Articulaten (Kambrium bis Gegenwart) ein besonderes Schloß. Es besteht in der als Stielklappe bezeichneten Klappe meist aus zwei Zähnchen, die in zwei entsprechende Zahngruben der anderen Klappe (Armklappe) drehbar gelagert sind. Die größtenteils

hornig-kalkigen Inarticulaten beherrschen im Kambrium das Bild (Abb. 128), geben aber während Ordovizium und Silur die Herrschaft an die inzwischen aufsteigenden Articulaten ab, denen gegenüber sie sich bis in die Gegenwart ohne nennenswerte Veränderungen im Hintergrund halten. Die Articulaten dagegen machen einen raschen Formenwechsel durch und liefern vor allem vom Ordovizium bis zur Perm/Trias-Grenze ausgezeichnete Leitfossilien. Bereits im Ordovizium zeigen sich die ersten Formen mit einem kalkigen Stützgerät für die fleischigen Kiemenarme, einem sogenannten Armgerüst (Abb. 193). Im Devon treten die Helicopegmaten, Formen mit spiralem Armgerüst und meist langem, geradem Schloßrand, in den Vordergrund (*Spirifer*, Abb. 138). Daneben erscheinen aber

ancistropegmate Formen	ancylopegmate Formen			helicopegmate Formen
kurze Haken (Cruren), an denen die fleischigen Kiemenarme aufgehängt sind	Armgerüst ist schleifenartig gekrümmt			Armgerüst ist spiral aufgerollt
	centronellid	terebratulid	terebratellid	
 die älteste und am Anfang der Entwicklung stehende Form	 einfache Schleife	 eingedellte Schleife	 geschwungene Schleife	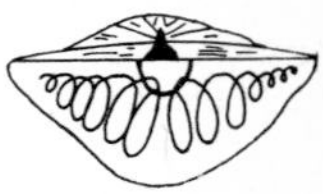
	Obersilur bis Mitteldevon	Obersilur bis jetzt	Untere Trias?, Lias bis jetzt	Mittleres Ordovizium bis Lias

Abb. 193. Die verschiedenen Formen der bei den articulaten Brachiopoden auftretenden Armgerüste und ihre Verbreitung in der geologischen Vergangenheit

auch schon die bis in die Gegenwart reichenden Ancylopegmaten, mit schleifenförmigem Armgerüst ausgestattete Vertreter (Terebratel-Gruppe). In Karbon und Perm herrschen die Productiden, armgerüstlose Formen mit geradem Schloßrand (Abb. 140 und 145). Ab Trias gewinnen die Terebrateln erheblich an Boden und treten nach dem Aussterben der letzten helicopegmaten Arten während der Liaszeit vollständig in den Vordergrund. In der Kreide erfolgt schließlich ein Rückgang, der sich im Tertiär bedeutend verstärkt und bis in die Gegenwart anhält. Heute sind die mit terebratelliden Armgerüstschleifen versehenen Formen am wichtigsten. Die Zahl der fossilen Arten dürfte 6000 bis 7000 betragen, die der heute lebenden etwa 260.

Ebenfalls zu den Tentakulaten rechnet man die meist sehr kleinwüchsigen und vor allem das Meer bewohnenden **Moostierchen**, die **Bryozoen**. Sie leben stets festgewachsen und bilden sehr verschieden gestaltete krusten-, bäumchen-, blattförmige oder klumpige Kolonien. Sichere Vertreter finden sich erstmalig im Oberkambrium. Im Silur, im Kohlenkalk des Karbons und im deutschen Zechstein treten sie häufiger auf und wirken hier am Aufbau kleiner Riffe mit (*Fenestella*, Abb. 145). An der Wende von Perm zu Trias erfolgt wie bei vielen anderen Tiergruppen ein plötzlicher Rückgang, der fast zum Aussterben führt. Erst im Dogger vergrößert sich die Formenfülle allmählich wieder und erreicht während der Oberkreide und des Tertiärs einen Höhepunkt.

Im Unterschied zu den Ringelwürmern und den Gliederfüßern sind die **Weichtiere**, die **Mollusken**, im allgemeinen nicht segmentiert. Sie lassen günstigstenfalls einen Kopf, Fuß, Eingeweidesack und Mantel erkennen. Man unterscheidet Schnecken, Muscheln und Kopffüßer.

Gehäuse von fossilen **Schnecken** (**Gastropoden**) für die Stammesgeschichte auszuwerten, hielt man früher für wenig ergiebig. Neuere Untersuchungen haben jedoch gezeigt, daß ihnen doch eine große Bedeutung zukommt. So tragen die primitivsten und zugleich geologisch ältesten Schnecken, die Tryblidiaceen, ein schüsselförmiges Gehäuse mit zahlreichen paarig und symmetrisch angeordneten Eindrücken auf der Innenseite, an denen besondere Muskeln des Weichkörpers befestigt waren und die an eine ursprüngliche Segmentierung erinnern. Dies und das schildförmige, noch nicht spiral aufgerollte Gehäuse machen es wahrscheinlich, daß auch die Schnekken von den Ringelwürmern abstammen. Aus den schüsselförmigen Schalen der fossil nur bis zum Oberdevon bekannten Tryblidiaceen, von denen man neuerdings ganz überraschend lebende Vertreter in der Tiefsee vor der mittelamerikanischen Westküste entdeckte (*Neopilina galatheae*), dürfte sich unter Verlängerung des Eingeweidesackes über ein kegelförmiges Zwischenstadium das spiral eingerollte Gehäuse, wie wir es von den meisten Schnecken kennen, entwickelt haben. Während die Zahl der spiral aufgewundenen Formen im Kambrium noch sehr gering ist, entfalten sie sich etwas reicher im Ordovizium, Silur und Devon. In der Kalkfazies des Karbons gewinnen sie noch größere Bedeutung; doch bleibt das Gepräge insgesamt sehr ähnlich. Nach einem gewissen Rückgang im Perm vollzieht sich während der Trias ein erneuter Aufschwung. Dabei erscheinen erstmalig häufiger verzierte Gehäuse, die dann vom Jura ab das Feld beherrschen (Abb. 155). Die während der Trias begonnene Entwicklung setzt sich bis zur Kreide fort. Im wesentlichen ab Kreide erfolgt ein grundsätzlicher Wandel, indem zu den bis dahin fast ausschließlich mit ganzrandigen Gehäusemündungen versehenen Formen solche treten, bei denen die Mündung in einer Rinne für den Sipho ausläuft. Im Tertiär blühen die neueren Schneckengruppen derart auf, daß sie unter den Weichtieren zweifellos die erste Stelle einnehmen. Bisher wurden von ihnen rund 85000 Arten unterschieden.
Die **Muscheln** oder **Lamellibranchiaten** sind zweiseitig symmetrische Tiere, deren doppelklappige Schale durch ein Schließband, das Ligament, und in vielen Fällen durch ein besonderes Schloß zusammengehalten wird. Das Öffnen der Klappen erfolgt durch das elastische Ligament, das Schließen durch Muskelzug. Die ältesten, aber sehr spärlichen Reste stammen aus dem Mittelkambrium. Erst im Ordovizium treten die Muscheln plötzlich in größerer Formenmannigfaltigkeit vor allem bei den bis heute fortbestehenden **Taxodontiern** auf. Das sind Muscheln, deren Schalenrand nach dem Ligament zu sehr zahlreiche feine Schloßzähnchen und innen entsprechende Grübchen trägt. Die Taxodontier dürften der gemeinsamen Stammform der Muscheln sehr nahestehen. Neben ihnen begegnen wir aber im Silur auch schon Heterodontiern: Muscheln, deren Schloß nur von wenigen, asymmetrisch angeordneten, verhältnismäßig großen Schloßzähnen gebildet wird. Außer Desmodontiern (ohne echte Schloßzähne) liegen ferner zahlreiche Anisomyarier vor, die kein Schloß besitzen und meist an einer Unterlage festgewachsen oder mit Hilfe sogenannter Byssusfäden festgeheftet sind. Bei den Muscheln erscheinen also die wichtigsten Baupläne ebenfalls sehr frühzeitig in der Stammesgeschichte. Im Karbon treten viele der altpaläozoischen Gruppen, besonders der Taxodontier, zurück und machen vor allem neuen Anisomyariern Platz. Sie liefern nächst den Armfüßern bis zum Perm die häufigsten marinen Versteinerungen. In der Trias werden die Formen mannigfaltiger und nehmen ein für das Mesozoikum typisches Gepräge an (Abb. 149). Doch behalten zunächst die Anisomyarier auch weiterhin gegenüber den Heterodontiern die Vormacht. Durch das Auftauchen neuer Gattungen

in sämtlichen Ordnungen ändert sich im Jura das Bild der Muschelfauna (Abb. 155), noch mehr aber in der Kreide durch das Hinzutreten der korallenähnlichen und riffbildenden Rudisten (Tafel 45). Die Rudisten und die jetzt stark aufblühende Gattung *Inoceramus* (Tafel 45) liefern am Ende des Mesozoikums eine Reihe wichtiger Leitfossilien. Im Tertiär übernehmen sodann mit langen und rückziehbaren Atem- und Afterschläuchen — Siphonen — ausgestattete Heterodontier die Führung. Allerdings ist ihre Vormacht gegenüber den bis dahin herrschenden Anisomyariern nur gering.

Die zu den **Kopffüßern**, den **Cephalopoden**, gehörenden **Nautiliden** besitzen wie die Ammoniten ein röhrenförmiges Kalkgehäuse, das im Gegensatz zu den äußerlich oft ähnlichen vieler Schnecken im hinteren Abschnitt regelmäßig durch Scheidewände, die Septen, in eine Anzahl gasgefüllter Kammern geteilt ist. Das Tier bewohnt den vorderen, nichtgekammerten Teil, die Wohnkammer. Die Kammern werden von einem dünnen Hautschlauch (Sipho) durchzogen, der vom Hinterende des Tieres ausgeht.

Die ersten Nautiliden und somit auch die ältesten Kopffüßer überhaupt finden sich im tieferen Unterkambrium in Gestalt der geradgestreckten, bis $1/2$ cm langen *Volborthella* (Abb. 128). Erst im Oberkambrium erscheinen die nächsten Formen mit dem ebenfalls kleinwüchsigen, etwa 1 cm langen, aber schwach gekrümmten *Plectronoceras*. Nach diesen Vorläufern entwickeln sich sodann an der Grenze zum Ordovizium schlagartig alle möglichen Formen, die später nur noch umgestaltet werden. Neben Nautiliden, die geradgestreckt bleiben („*Orthoceras*", Abb. 135) finden sich mehrere Seitenzweige, deren Gehäuse sich zu einem besseren Schutz mehr oder weniger stark einkrümmt. Meist bilden sich nur mehr oder weniger hakenartige Formen (*Protophragmoceras*, Abb. 135). Nur bei den Nautilaceen, die seit dem Silur ohne nennenswerte Änderung bis heute fortdauern, krümmt sich das ganze Gehäuse vollständig ein. Sie erleben nach ihrer ersten Blütezeit im Silur einen zweiten Entwicklungshöhepunkt in der Trias, bilden dabei vorübergehend reicher verzierte Gehäuse und sterben dann beinahe aus. Nur wenige glattschalige Formen überschreiten die Trias/Jura-Grenze. Mindestens seit der Trias dürften sich auch die Weichteile kaum vom *Nautilus* der Gegenwart unterschieden haben. Bei zahlreichen Formen wandelt sich nicht allein die Form des Gehäuses, sondern auch der Sipho. Im Unterschied zu den in dieser Hinsicht ziemlich stabilen Verhältnissen bei den Ammoniten führt dies zu einer großen Mannigfaltigkeit der Arten. So erweitert z.B. eine Gruppe im Ordovizium den Siphonalraum und füllt ihn mehr oder weniger weit mit kalkigen Ablagerungen (*Endoceras*, Abb. 132). Lediglich bei den geradgestreckten „Orthoceraten" bleibt der Sipho eng und wenig verändert. Sie dauern bis zur Obertrias. Etwa zu dieser Zeit entsteht mit den **Belemniten** ein völlig neuer Bautypus (Abb. 155 und Tafel 45).

Auch die **Ammoniten** sind Kopffüßer, die innerhalb des Stammes der Weichtiere eine selbständige, bereits gegen Ende der Kreidezeit ausgestorbene Gruppe bilden. Auf Grund langjähriger Erfahrung haben sie sich als das brauchbarste Mittel für die geologische Zeiteinteilung der jungpaläozoischen und mesozoischen Ablagerungen erwiesen. Wie bei den Nautiliden finden wir auch bei ihnen die Tendenz, die ursprünglich geradgestreckten Gehäuse (z.B. *Eobactrites*) im Verlaufe der stammesgeschichtlichen Entwicklung einzurollen. Dieser Vorgang vollzieht sich hier aber viel rascher, so daß wir ab Mitteldevon fast ausschließlich planspiral eingerollte Formen antreffen. Erst kurz vor dem Aussterben in der Oberkreide kommt es häufiger zu eigenartigen Abbauerscheinungen in der Gehäuseaufrollung, wobei sich schließlich wieder geradgestreckte Formen

(*Baculites*) bilden. Von besonderer Bedeutung sind sodann das Auftreten und die Ausgestaltung der Schalenverzierungen. Während die Ammoniten des Paläozoikums, von wenigen Ausnahmen abgesehen, glattschalig sind, tritt ab Trias überwiegend Skulptur auf (Abb. 149). Es bilden sich Rippen, die gesetzmäßig umgestaltet werden. So finden wir, nachdem bereits in der Trias der gesamte Gestaltungsprozeß in ähnlicher Weise schon einmal abgelaufen ist, neben glattbleibenden Formen im Lias vor allem solche mit einfachen (Abb. 155), im Dogger mit gegabelten, im Malm und in der Unterkreide mit gespaltenen Rippen (Tafel 45). In der Oberkreide wird die Gabelung und Spaltung z.T. wieder abgebaut, und kurz vor dem Aussterben treten sekundäre gabel-, spalt- und einfachrippige Ammoniten auf. Auch der periphere Rand der Kammerscheidewände, die Lobenlinie, gestaltet sich um. Während sie bei den meisten paläozoischen Formen einfach gewellt ist (Goniatiten, Abb. 140, Fig. 9), erfolgt bei den jüngeren Ammoniten eine zunehmende Verfältelung und Zerschlitzung in durchaus gesetzmäßiger Weise. Vor allem kurz vor dem Aussterben bilden sich sekundär vereinfachte Lobenlinien verschiedenen Grades. Während die Ammoniten des Paläozoikums selten größer als 10 cm sind, treten im Mesozoikum zunehmend größere Formen neben den auch weiterhin vorkommenden kleineren auf. So zeigen die größten Vertreter der Trias einen Durchmesser von etwa 80 cm, die des Malms von etwa 85 cm, die der Unterkreide von 1,20 m. Das absolute Maximum wird aber kurz vor dem Aussterben der Ammoniten mit *Pachydiscus* (?) *seppenradensis* aus der Oberkreide von Westfalen mit einem Durchmesser von 2,55 m erreicht.

Die ausschließlich im Meer lebenden **Stachelhäuter**, die **Echinodermen**, sind überwiegend radial symmetrisch gebaut und durch mesodermale Kalkeinlagerungen gepanzert. Die Außenseite trägt meist stachelartige Anhänge, die zum Schutz und zur Fortbewegung dienen. Ein sehr eigenartiges Wassergefäß- oder Ambulakralsystem steht in offener Verbindung mit dem Meerwasser. Von den zahlreichen Gruppen der Stachelhäuter betrachten wir hier nur die Seeigel und die Seelilien.

Die **Seeigel** oder **Echinoiden** haben einen kugeligen, aus stacheltragenden Kalkplättchen zusammengesetzten Panzer. Die Plättchen sind in regelmäßigen, von einem Pol des Gehäuses zum anderen verlaufenden Reihen angeordnet. Ein Teil dieser Reihen besteht aus größeren Plättchen. Das sind die Interambulakren. Jeweils zwischen zwei oder mehreren von ihnen liegen die Ambulakren. Sie werden aus kleineren, von zahlreichen feinen Kanälen durchquerten Plättchen gebildet. Durch diese Kanäle treten die häutigen Füßchen des Ambulakralsystems. Sie tragen an ihren Enden meist Saugnäpfe und können, je nachdem, ob in sie Flüssigkeit hineingepreßt wird oder nicht, vergrößert oder verkleinert werden. Sie dienen vielfach der Fortbewegung.

Die ältesten Seeigel (Palechinoidea) sind fast ganz auf das Paläozoikum beschränkt. Sie erscheinen im Ordovizium erstmalig mit sicheren Vertretern und haben von ihren Vorfahren (? Edrioasteroidea) ein aus zahlreichen gegeneinander beweglichen Plättchen bestehendes Gehäuse übernommen. Bei ihnen sind zwar die Plättchen der Ambulakren, aber meist noch nicht die der Interambulakren in Reihen angeordnet. Dies geschieht allgemein erst im Devon; doch schwankt bis zum Ende des Paläozoikums die Zahl der Plattenreihen, aus denen sich die Ambulakren und Interambulakren zusammensetzen, in weiten Grenzen. Erst im Karbon verschmelzen die bis dahin noch beweglichen Plättchen zu einem starren Gehäuse, wobei sie allmählich größer und die Plattenreihen zahlreicher werden. Gleichzeitig vermindert sich aber die Gesamtzahl der Platten. Mit Erreichen des Höhepunktes bricht gegen Ende des Paläozoikums die Entwicklung plötzlich ab. Anscheinend unvermittelt setzen sodann in der Trias die jüngeren Seeigel (Euechinoidea) mit kleinen, plattenarmen Formen ein. Bei ihnen ist, abgesehen von wenigen Ausnahmen, die Zahl der in den Ambulakren und Interambulakren vereinigten Plattenreihen von vornherein auf je zwei fixiert (Tafel 45 und Abb. 155).

Die **Seelilien** oder **Crinoiden** sind häufig zeitlebens, seltener nur in der Jugend festgewachsene, dann freischwimmende Tiere, die aus einem mit Armen versehenen Kelch bestehen. Bei den festgewachsenen Formen ist der Kelch mit einem meist langen Stiel am Untergrund befestigt (Abb. 135). Die kleinsten erwachsenen Crinoiden erreichen, wenn man Stiel und Arme mitrechnet, eine Länge von wenigen Millimetern („Mikrocrinoiden"), die größten eine solche von etwa 20 m (*Seirocrinus* aus dem Oberlias). Eine ungestielte Art aus der Oberkreide von Nordamerika besitzt bis 1,20 m lange Arme und eine Krone, die bei ausgebreiteten Armen einen Durchmesser von rund 2 m aufweist.

Abgesehen von einigen unsicheren Vorläufern im Kambrium, finden sich die ersten Crinoiden im Ordovizium. Sie sind noch selten, kleinwüchsig und haben meist plättchenreiche Kelche. Erst im Silur beginnt schlagartig der Aufschwung. Es erscheinen zahlreiche großwüchsige Vertreter mit schweren Kelchen. Sie entwickeln sich im Devon kräftig weiter und erreichen schließlich im Unterkarbon mit etwa 2400 Arten den Höhepunkt der Entwicklung. Dabei bleibt die Kelchdecke meist fest und solide, die Kelchwand häufig plättchenreich. Im Perm vermindert sich sodann die Zahl der Kelchplatten allmählich; das erinnert an die Stammesgeschichte der Seeigel. Während der Triaszeit erhält schließlich die Seelilienfauna ein völlig neuartiges Gepräge (Abb. 149). An Stelle der ausgestorbenen paläozoischen Arten mit fester und solider Kelchdecke treten überwiegend solche mit biegsamer, elastischer Kelchdecke. Im weiteren Verlauf des Mesozoikums vermindert sich die Formenmannigfaltigkeit ständig, so daß vom Tertiär ab bis in die Gegenwart Seelilien relativ selten sind. Gleichzeitig verlagern sie ihre Wohnbezirke zunehmend aus der Flachsee in tiefere, ruhigere Meeresräume.

Graptolithen sind stockbildende, ausschließlich auf das Paläozoikum beschränkte Tiere, die sich vor allem in der Fazies der schwarzen Schiefer von Ordovizium und Silur finden. Man hat lange Zeit versucht, sie bei den verschiedensten Tiergruppen unterzubringen. Neuere Untersuchungen lassen es als sicher erscheinen, daß sie nahe mit den Rhabdopleuren aus der Klasse der Pterobranchier verwandt sind. Sie entwickeln ein Außenskelett aus Aminosäure-Verbindungen (nicht wie bisher angenommen aus Chitin) und bilden Äste, die Rhabdosome. Diese bestehen aus zylindrischen Einzelzellen (Theken), die durch Knospung eine aus der anderen oder aus der Embryonalzelle (Sicula) hervorgehen. Die ältesten Graptolithen, die im Mittelkambrium erscheinen und vor allem im untersten Ordovizium das Bild beherrschen, bilden Kolonien, deren Zelläste korbähnlich verbunden sind und die wahrscheinlich am Boden oder an Tangen festgeheftet lebten. Sie vertreten die Gruppe der Graptolithen, die sich am längsten hielt, denn man findet sie, obwohl selten, noch im Unterkarbon (Dendroidea). Indem die Querbrücken zwischen den Ästen verschwinden und die Zelläste sich zahlenmäßig verringern, entstehen im Ordovizium Formen, die wohl meist durch neuentwickelte Schwebeblasen selbständig sind. Dabei sterben die Vieläster größtenteils bis auf die Zweiäster aus. Von diesen geht vor allem die weitere Entwicklung aus. Im Oberen Ordovizium beginnen die jetzt nach oben gerichteten Zelläste zu verwachsen. Es entstehen über die noch unvollkommen verschmolzenen Zweizeiler (z.B. *Dicranograptus*) im Unteren Silur die vollkommenen Zweizeiler (z.B. *Climaco-*

graptus). Späterhin verschwindet dann eine der beiden Zellreihen, und es entstehen über die abbauenden Zweizeiler (*Dimorphograptus*) die auf das Silur beschränkten einästigen Einzeiler (*Monograptus*, Abb. 136).
Die stammesgeschichtliche Entwicklung der Graptolithen ist also gut zu verfolgen. Sie ergibt Merkmale, die zeitlich festlegbar sind und bei der chronologischen Gliederung von Ordovizium und Silur mit Erfolg verwendet werden können.
Zusammenfassend läßt sich sagen, daß bereits im Kambrium Vertreter aller Wirbellosenstämme vorhanden sind. Die Trennung in die Hauptgruppen dürfte demnach schon im Präkambrium erfolgt sein. Genaueres hierüber weiß man bisher aber noch nicht, da Fossilfunde aus dieser Zeit zu den größten Seltenheiten gehören. Sicher ist nur, daß der Chemismus vieler Gesteine auch des frühen Präkambriums auf die Existenz von Leben hinweist, von dem wir aber in der Regel nicht mehr feststellen können, aus welchen Formen es bestanden hat. Auf jeden Fall erweisen sich die etwa 550 Millionen Jahre, die seit Beginn des Kambriums verstrichen sind, als ein verhältnismäßig später Abschnitt in der Geschichte des Lebens auf der Erde. Die ältesten Fossilien haben ein geschätztes Alter von etwa 2,3 Milliarden Jahren.

Die Wirbeltiere (*Vertebraten*)

Auch bei den Wirbeltieren folgen die einzelnen Gruppen mit fortschreitender Organisationshöhe aufeinander; doch gibt bisher kein fossiler Fund Auskunft darüber, wie und wann sie von den Wirbellosen abzweigten. Im übrigen lassen sich aber die verwandtschaftlichen Beziehungen und stammesgeschichtlichen Zusammenhänge viel besser erkennen als bei den Wirbellosen, da die Entwicklung der Stämme in die Zeit nach dem Kambrium fällt.
Die ältesten bekannten Wirbeltiere stellen die **Fische** dar, die bereits im Ordovizium mit den eigenartigen Agnathen vertreten sind. Ähnlich wie die heute lebenden Rundmäuler (Cyclostomen, z.B. die Neunaugen) besitzen sie weder Kiefer noch paarige Flossen; auch haben sie den gleichen Bau des Gehirnraumes und ein entsprechendes Nerven- und Blutgefäßsystem. Trotz gewisser Unterschiede – bei den paläozoischen Agnathen ist z.B. der Körper meist von einem schweren, nahtlosen Panzer umschlossen – sind beide Gruppen nahe miteinander verwandt. Im Silur und Devon nehmen sodann die kiefertragenden Fische einen sehr lebhaften Aufschwung. Neben zahlreichen **Placodermen** (**Panzerfischen** i.e.S.) und **Knorpelfischen** (**Chondrichthyes**, z.B. Elasmobranchier) kommen erstmalig **Knochenfische** (**Osteichthyes**) mit zahlreichen Vertretern vor. Besonders die letzteren blühen in der Folgezeit immer weiter auf und sind heute in großer Formenmannigfaltigkeit vorhanden. Eine Ordnung der Knochenfische bilden die **Quastenflosser** oder **Crossopterygier** (z.B. *Holoptychius*, Abb. 138). Ihre ältesten Vertreter stammen aus dem Unterdevon. Diese oder ihnen ähnliche Formen sind als unmittelbare Vorfahren der Amphibien und somit der vierfüßigen Landwirbeltiere zu betrachten; denn als Vorausetzung für das Leben auf dem Lande hatten sie nicht nur Nasen-Rachen-Gänge und Lungen entwickelt, sondern auch den hierfür notwendigen Bau der Gliedmaßen. Diese gelenken am Schulter- bzw. Beckengürtel nur mit einem Knochenelement, entsprechend dem Oberschenkel und Oberarm der Amphibien, Reptilien und Säugetiere. Die nahe Verwandtschaft zu den ältesten, im Oberdevon gefundenen Amphibien ergibt sich auch aus dem Feinbau der Zähne und der gleichartigen Anordnung der äußeren Schädelknochen.

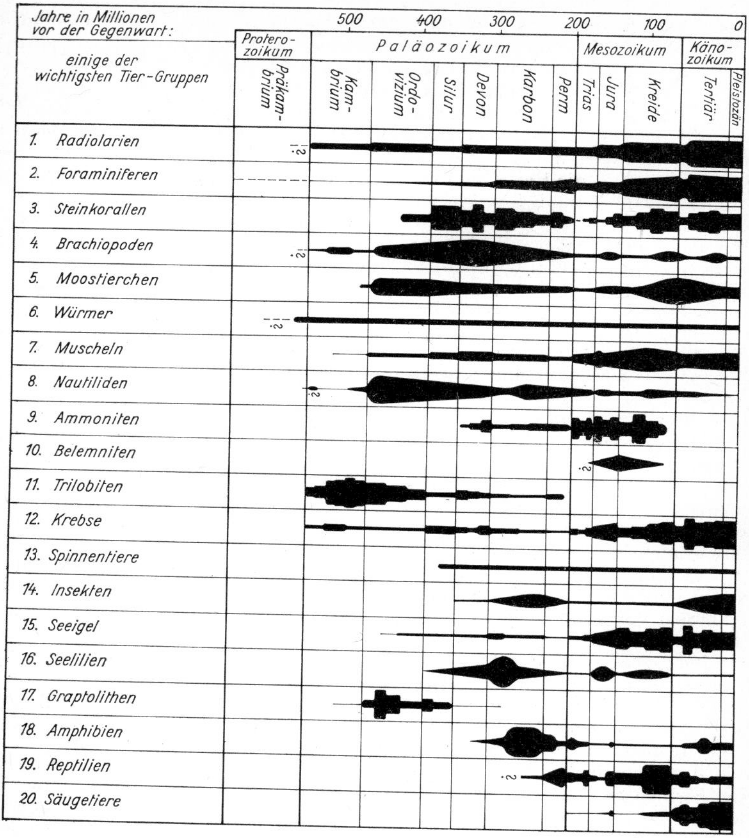

Abb. 194. Schematische Darstellung der erdgeschichtlichen Verbreitung der wichtigsten Tiergruppen (zusammengestellt nach A. H. Müller, 1955)

Der bei den Quastenflossern angebahnte Übergang zum Landleben wird bei den **Amphibien** vollendet. Es ist wohl die radikalste Umstellung, die sich bei den Wirbeltieren vollzogen hat. Während dieser Wechsel bei den Quastenflossern nur gelegentlich unter dem Zwang äußerer Verhältnisse erfolgte, etwa durch das Austrocknen der Wohngewässer, handelt es sich bei den Amphibien um das Ergebnis einer im Wesen des Organismus selbst begründeten Weiterentwicklung. Bei den Amphibien wird der gesamte Körper von der veränderten Lebensweise betroffen. Sie verbringen ihre Jugend im Wasser als kiemenatmende, fischähnliche Larven, verlassen dieses dann in der Regel als Adulte, nachdem sie Beine und Lungen ausgebildet haben. In den vermoorten Senken und Sümpfen der Karbonzeit finden sich die Amphibien bereits reich entfaltet. Ihr Schädeldach ist noch geschlossen. Doch nach der Blüte in Karbon, Perm und Trias, während der weitaus die Mehrzahl der bis zur Gegenwart nachgewiesenen

etwa 300 Gattungen gelebt hat, begegnen wir in den folgenden Zeiten bis heute nur noch relativ wenigen Vertretern der gegenwärtig vorhandenen Ordnungen, so der Froschlurche (Anuren) und der Schwanzlurche (Urodelen).
Im Unterschied zu den Amphibien gehen die **Reptilien** endgültig zum Landleben über, wenn man von einigen Formen absieht, die sich sekundär wieder dem Leben im Wasser angepaßt haben. Wie die bisher besprochenen Wirbeltiere sind die Reptilien wechselwarm (kaltblütig), d.h., ihre Körpertemperatur und damit ihre körperliche Aktivität wechseln mit der Außentemperatur. Deshalb sind die Reptilien Charaktertiere der wärmeren Bereiche, insbesondere der Tropen. Während in der Gegenwart nur noch relativ wenige Arten vorkommen, finden wir in der geologischen Vergangenheit eine weitaus größere Formenmannigfaltigkeit. Es sind rund 1050 fossil vertretene Gattungen bekannt. Die meisten davon stammen aus dem Perm und der Kreidezeit.
An erster Stelle sind die Cotylosaurier zu nennen, die vom Oberkarbon bis zur Obertrias mit ungefähr 50 Gattungen auftreten und zu denen die primitivsten Reptilien gehören. Sie zeigen ebenso wie die ältesten Amphibien ein geschlossenes Schädeldach, das nur von den Öffnungen für Augen, Nase und Scheitelauge durchbrochen wird. Sie erinnern äußerlich noch weitgehend an die Amphibien. Auch in der Fortbewegungsart dürften sie sich nur wenig von diesen unterschieden haben. Eine besondere Stellung nehmen die Schildkröten (Testudinaten) ein, die seit dem Mittelperm mit annähernd 170 fossil vertretenen Gattungen bekannt sind. Abgesehen von einigen primitiven Formen aus der Trias sind die Kiefer zahnlos und von Hornscheiden umgeben. Einige haben sich sekundär dem Leben im Meere angepaßt. Auch die fischähnlichen Ichthyosaurier (Trias bis Kreide) stammen von landbewohnenden Formen ab. In Anpassung an das Leben im Meer wurden ihre Gliedmaßen zu Flossen umgestaltet und zusätzlich je eine Schwanz- und Rückenflosse ausgebildet. Die Tiere erreichten eine Länge von 10 bis 12 m. Besonders gut erhaltene Skelette stammen aus dem Posidonienschiefer (Oberlias) von Boll und Holzmaden in Württemberg.
Meeresbewohnende Reptilien waren auch die Sauropterygier, von denen die ältesten, allerdings noch spärlichen Reste im Oberen Buntsandstein, die jüngsten in der Oberkreide gefunden wurden. Aus der reichen Fülle der fossilen Schuppensaurier (Squamaten) sind einmal die eidechsenartigen Vertreter (Lepidosaurier), zum anderen die Schlangen zu erwähnen. Von diesen beiden Gruppen haben die Lepidosaurier im Unterschied zu den beinlosen Schlangen in der Regel Gliedmaßen. Fossile Reste sind zwar mannigfaltig, aber selten. Eine besonders interessante Gruppe der Lepidosaurier bilden die Mosasaurier, die sich wie die Ichthyosaurier und die Sauropterygier sekundär dem Leben im Meer angepaßt und dabei erheblich umgestaltet haben. Der bis 12 m lange, aalförmige Körper bewegte sich vor allem durch Schlängeln fort. Die Gliedmaßen sind zu Flossen umgestaltet. Um besonders große Beutestücke verschlingen zu können, hat das Tier in der Mitte des Unterkiefers auf jeder Seite ein Gelenk. Fossile Schlangen kennt man seit der Unterkreide, Giftschlangen seit dem Miozän.
Ein anderer Teil der Reptilien, die Flugsaurier, erobert sich die Luft und bringt in der Oberkreide mit *Pteranodon* das größte Flugtier aller Zeiten hervor, das bis 8 m Spannweite mißt. Am Ende der Kreidezeit verschwinden die Flugsaurier.
Von allen Tierformen der geologischen Vergangenheit sind aber wohl die Dinosaurier am bekanntesten. Sie imponieren durch die riesigen Ausmaße und die oft groteske Panzerung mancher ihrer Vertreter. Besonders kennzeichnend sind Formen, die in halbaufrechter Stellung auf den Hinter-

beinen liefen, wobei der meist sehr kräftig entwickelte Schwanz als Balancierorgan diente. Stammesgeschichtlich gesehen sind die Dinosaurier eine sehr heterogene Gruppe, da sie Formen umfassen, die verwandtschaftlich nichts oder nur sehr wenig miteinander zu tun haben. Dies gilt schon für die beiden Hauptgruppen der Dinosaurier, die Saurischier und die Ornithischier. Sie werden nach dem Bau des Beckens unterschieden. Bei den Ornithischiern verläuft das Schambein ähnlich wie bei den Vögeln ungefähr parallel zum Sitzbein. Bei den Saurischiern ist das Schambein wie bei den übrigen Reptilien nach vorn und unten gerichtet. Die meisten Saurischier bewegen sich auf den Hinterbeinen in halbaufrechter Stellung fort und sind Fleischfresser. Man bezeichnet sie deshalb auch als Raubdinosaurier (Theropoden). Sie kommen von der Trias bis zur Oberkreide vor. Zu ihnen gehört das größte Raubtier aller Zeiten, der großköpfige, dreizehige Tyrannosaurus aus der Oberkreide. Er erreicht aufgerichtet eine Höhe von etwa 5 1/2 m und eine Schädellänge von mehr als einem Meter. Die anderen Saurischier sind große, vierfüßige Pflanzenfresser, die ihre Nahrung in Sümpfen suchen und als Sauropoden bezeichnet werden. Zu ihnen gehören mit einer Länge von etwa 27 m und einem Lebendgewicht von 50 bis 60 Tonnen die größten bisher bekannten Landtiere. Die Vertreter der zweiten Hauptgruppe der Dinosaurier, die Ornithischier, erreichen niemals die Größe der meisten Saurischier. Sie sind von Anfang an Pflanzenfresser, die auch Gebiete besiedeln, die den Sauropoden nicht offenstehen. Überraschend ist die Mannigfaltigkeit bizarrer Formen, vor allem in der Jura- und Kreidezeit. Gegen Ende der Oberkreide sterben die Dinosaurier zusammen mit den meisten anderen Reptilgeschlechtern und vielen Tiergruppen, die dem geologischen Mittelalter das Gepräge gaben (zum Beispiel Rudisten, Ammoniten, Belemniten), nachkommenlos aus. Die Gründe für dieses gleichzeitige Erlöschen wurden schon oft diskutiert, ohne daß man bisher eine befriedigende Erklärung finden konnte. Heute sind von den zahlreichen bisher aufgestellten Reptilordnungen nur noch fünf durch eine verhältnismäßig geringe Zahl von Arten vertreten. Das sind die Schlangen, Krokodile, Eidechsen, Schildkröten und Brückenechsen.

Zu den Reptilien, bei denen die Schädel auf jeder Seite hinter den Augenöffnungen zwei besondere Durchbrüche tragen, gehören die Krokodile, die bis rund 15 m lang geworden sind und seit dem Lias nachgewiesen werden können. Nahe verwandt mit den Krokodilen sind die Thecodontier, die im Perm erscheinen und bereits in der Obertrias wieder aussterben. Es handelt sich um kleine Tiere, die in halbaufrechter Stellung auf den Hinterbeinen laufen und aus denen vermutlich die Vögel hervorgegangen sind. Diese treten erstmalig im Malm mit baumbewohnenden, bereits gefiederten und sicher schon flugfähigen Formen auf, den „Urvögeln" (einzige Gattung *Archaeopteryx*, vgl. Tafel 44), bei denen zahlreiche Merkmale an die reptilischen Vorfahren erinnern. So sind die Kiefer mit Zähnen bedeckt, während die Finger der zu Flügeln umgewandelten Vorderbeine noch Krallen tragen und der Körper in einem langen Reptilschwanz endet. Die Verschmelzung der außen liegenden Fußwurzelknochen mit den verwachsenen Mittelfußknochen ist noch unvollkommen. Sie kommt erst bei den jüngeren, sich seit dem Tertiär reich entfaltenden Vögeln zustande und ist für diese kennzeichnend. Auch sind die Rückenwirbel nicht starr mit den Schwanzwirbeln und den beiden Kreuzbeinwirbeln verwachsen.

Eine große Bedeutung unter den Reptilien haben schließlich die Theromorphen, da zu ihnen die unmittelbaren Vorfahren der **Säugetiere** gehören. Es handelt sich speziell um die Therapsiden, die bereits zahl-

reiche säugetierähnliche Merkmale aufweisen. Hierzu gehört – außer der Differenzierung des Gebisses in Abschnitte zum Ergreifen, Festhalten und Zerkleinern der Nahrung – die wohl damit zusammenhängende Umformung des Unterkiefers. Dieser besteht ursprünglich aus einer verhältnismäßig großen Zahl verschiedener Knochenelemente, wovon bei den Säugetieren nur noch das Dentale übriggeblieben ist, das auch beim Menschen den Unterkiefer bildet. Die übrigen beginnen sich bei den Therapsiden zu reduzieren. Sie wandern bei den Säugetieren in die Gehörregion, wo sie zu Gehörknöchelchen werden.
Die ersten Säugetiere finden sich in der Obertrias in Gestalt etwa rattengroßer Formen. Ausgehend von diesen primitiven Formen, bleiben die Säuger sodann während des gesamten Mesozoikums noch klein, selten und wenig differenziert. Erst oberhalb der Kreide/Tertiär-Grenze entwickeln sie sich nach dem plötzlichen Niedergang der Reptilien überraschend schnell. Dabei passen sie sich ähnlich wie die Reptilien, aber noch viel vollkommener der Umwelt an. Die ersten höheren Säuger erscheinen in der obersten Kreide.
Die Raubtiere gehen auf die sogenannten Urraubtiere, die Creodontier, zurück, die fast nur im Alttertiär vorkommen. Das auf Schneiden eingerichtete Gebiß entwickelt sich bis zum Mitteltertiär immer mehr: Die Zähne werden schlanker und schärfer. Gleichzeitig bildet sich ein Paar der Backenzähne zu Reißzähnen um.
Robbentiere (Pinnipedier) kennt man seit dem Miozän. Sie stammen von Landraubtieren ab. Das gleiche gilt von den Walen, den Cetaceen, die erstmalig aber bereits im Eozän nachgewiesen werden konnten.
Die formenreichste Ordnung unter den Säugern bilden die Huftiere, die Ungulaten. Sie wurzeln in den Urhufern (Condylarthren), die in sich Merkmale sowohl der Insektenfresser als auch der Urraubtiere vereinigen. Entsprechend ihrer Pflanzennahrung entwickeln sich bei ihnen nicht scharfe und schneidende, sondern zum Zermalmen und Zerquetschen eingerichtete, vielhöckerige und breitkronige Backenzähne. An Stelle von Krallen entstehen Hufe oder Klauen. Die Unpaarhufer oder Perissodactylen erscheinen im Eozän und sind heute nur noch durch wenige Familien vertreten: die Nashörner, Pferde, Tapire. Von diesen findet man die Pferde seit dem unteren Eozän mit dem etwa hundegroßen *Hyracotherium*. An den Hinterfüßen hat er drei, an den Vorderfüßen je vier Zehen. Bis zum Auftauchen der Gattung *Equus* im Oberen Pliozän verringert sich die Zahl der Zehen ständig.
Auch die heute in Blüte stehenden Paarhufer oder Artiodactylen und die dickhäutigen Vertreter der Rüsseltiere oder Proboscidier mit ihren Nebenformen erscheinen erstmalig im Eozän. Elefanten selbst kennt man seit dem Jungtertiär. Die am höchsten entwickelten Säuger, die Primaten, reichen mit niederen Formen (Halbaffen, Lemuren) ebenfalls bis an die Kreide/Tertiär-Grenze zurück. Echte Affen (Anthropoiden), darunter die ersten Menschenaffen (Simiiden) mit nach vorn gerichteten geschlossenen Augenhöhlen und einem Gehirnvolumen von durchschnittlich 450 cm^3, kennt man seit dem Oligozän.
Zu Beginn des Pleistozäns erscheint sodann der Vormensch, zu dem wohl auch der *Homo heidelbergensis* (Abb. 168) aus den altpleistozänen Flußkiesen von Mauer bei Heidelberg gehört. Er hat eine fliehende Stirn, starke Augenwülste und geringes Hirnvolumen (1000 cm^3). Im mittleren Pleistozän lebt der Neandertaler (Abb. 168), der dem heutigen Menschen schon wesentlich nähersteht. Der heutige Mensch erscheint während der letzten Vereisung, existiert also nicht länger als etwa 60000 Jahre. Sein mittleres Gehirnvolumen beträgt 1500 cm^3 (vgl. auch S. 472).

DIE VERFLECHTUNG VON ERD- UND LEBENSGESCHICHTE

Von den Wandlungen, denen jeder Organismus ständig unterworfen ist, haben nur diejenigen Bestand, die wenigstens keine Verschlechterung bedeuten. Nur diejenigen aber führen die „Entwicklung" fort, die für das Lebewesen eine Verbesserung bedeuten – eine Verbesserung nach Form und Funktion, Verbesserungen also, die den Organismus vollkommener als bisher seinem Lebensraum einpassen oder ihm Vorteile gegenüber den Mitbewohnern des Lebensraumes verschaffen.

Einfach „konstruierte" Wesen, wie Einzeller des offenen Meeres oder der seit dem frühen Paläozoikum unverändert gebliebene Brachiopode *Lingulella*, können trotz ihrer undifferenzierten Bau- und Funktionsart einem Lebensraum, der keinerlei besondere Anforderungen stellt, optimal eingepaßt sein. Jede Veränderung ihrer Bau- und Funktionsweise würde eine Verschlechterung, einen Rückschritt bedeuten. Sie haben daher sozusagen gar keinen Anlaß, nicht einmal die Möglichkeit, sich „weiter" zu entwickeln, da sie ja den besten denkbaren Einpassungsgrad und damit das „Ziel" ihrer Entwicklung erreicht haben. Solche Wesen gehören zu den fast oder ganz konstanten, d. h. aber nicht: unveränderlichen Arten, deren es eine Fülle gibt. Sie bleiben so lange konstant, wie ihre Umwelt es bleibt, und bei Umweltwandlungen auch dann noch, wenn sie in einen dem bisherigen gleichenden Lebensraum ausweichen können – und das ist bei manchen Arten durch die ganze Erdgeschichte seit dem Paläozoikum der Fall gewesen.

Wandelt sich jedoch der Lebensraum, so muß die betreffende Form ausscheiden, sofern es ihr nicht gelingt, in einen geeigneten Raum abzuwandern, oder aber diejenigen unter ihren „Varietäten", die den neuen Verhältnissen besser gewachsen sind, übernehmen die Rolle der „Stammform". Aber dann ist es diese selbst eben nicht mehr, sie hat vielmehr einer neuen, nunmehr lebenskräftigeren Form Platz gemacht, hat – sich entwickelt. Natürlich kann die Stammform in irgendeinem stillen Winkel, in dem sie die alten Lebensbedingungen noch erfüllt findet, weiterleben und sich dort noch lange halten, manches Mal sogar länger als die Glieder der neuen Entwicklungsreihe. In jedem Fall aber setzt „Entwicklung" voraus, daß im gleichen Schrittmaß, wie sich die Umwelt ändert, auch lebensfähige, diesen Änderungen gewachsene Formen bzw. Varietäten vorhanden sind, die, hätte der Lebensraum sich nicht verändert, wahrscheinlich gar nicht hervorgetreten wären, da sie ohne Nachfolge geblieben wären.

Entscheidend für jede „Entwicklung" ist also einerseits der Grad der Einpassung in die jeweils vorhandene Umwelt. Ist der bestmögliche Grad erreicht, endet die Entwicklung; denn über das Optimum hinaus gibt es keinen weiteren Schritt. Auf der anderen Seite ist die Konstanz oder Nicht-Konstanz der Umweltverhältnisse von bestimmender Bedeutung: Während im konstanten Lebensraum die Entwicklung nach Erreichung des Optimums stehenbleibt, erfordern Umweltveränderungen auch Abwandlungen der bisherigen Entwicklungsrichtung; sie lenken die Entwicklung, ganz gleich, ob sie schon am Ende angelangt war oder aber das Optimum noch nicht erreicht hatte, in neue Bahnen, wo sie wiederum dem nunmehr bestmöglichen Einpassungsgrad zustreben wird. Da die erdgeschichtlichen Wandlungen von jeher in die Entwicklung des Lebens eingreifen, ist diese immer wieder neu belebt und vorwärts gezwungen

worden. Auf einer niemals veränderten Erdoberfläche hätte das Leben sehr bald die bestmögliche Einpassung erreicht und sich mit der Organisationshöhe der marinen Einzeller begnügt, deren geringe Veränderlichkeit durch lange Zeitabschnitte der Erdgeschichte hindurch ihre vollendete Einpassung bezeugt. Bestenfalls hätten sich marine, wirbellose Metazoen und in der Pflanzenwelt die Tangformen entwickelt, es wäre also etwa der Stand erreicht und bewahrt worden, wie er sich zu Beginn des Ordoviziums darbietet.
Mit den niemals abreißenden Veränderungen im Bereiche der irdischen Lebenssphäre aber änderten sich auch die Voraussetzungen für die Abläufe des exodynamischen Geschehens; es änderten sich im gleichen Sinne mit ihnen ihre Erzeugnisse, die jeweils entstehenden Sedimentgesteine. Es gibt keinen deutlicheren Gegensatz in der „Entwicklung des Anorganischen" als den zwischen den Sedimenten der lebenslosen Frühzeit der Erdgeschichte, ja noch des lebensarmen Frühpaläozoikums und denen der jüngeren und jüngsten Perioden, in denen das Leben mit Pflanze und Tier nicht nur die Meere erfüllte, sondern auch die Festländer — die Abtragungsgebiete — mit einer immer dichteren, heute schon fast lückenlosen Decke überzog.

Als zwei miteinander verschlungene, einander beeinflussende, oft einander bedingende, doch immer als selbständig erkennbare Ströme laufen die anorganische und die organische Entwicklung durch die Zeit der Erdgeschichte, deren Hergang zu erhellen das Bemühen geologischer Forschung ist. Denn Geologie ist — das kann nicht oft genug betont werden — Erdgeschichtsforschung. Alle ihre nunmehr rund zweihundertjährigen Bemühungen dienen letzlich der Aufhellung der Geschichte der Erde und ihres Lebens.

Wir beginnen mit dem historischen Ablauf im **Bereich des Anorganischen.** Die Entwicklung unseres Planeten bis zur Bildung einer ersten Rinde, bis zum Niederschlag beständiger Wasseransammlungen, der bei der kritischen Temperatur des Wassers möglich wurde, bis zur Abkühlung der Erdmeere auf Leben ermöglichende Temperaturen, die etwa bei 60 °C gelegen haben dürften — diese Entwicklungsspanne gehört heute noch zur geologischen Vor-Geschichte. Die kritische Temperatur des Wassers mag im Verlaufe des Archaikums, die Leben ermöglichende auf der Grenze zwischen Archaikum und Proterozoikum, somit wohl vor 1000—1100 Millionen Jahren erreicht worden sein. Damit könnte die eigentliche Erdgeschichte einsetzen, wenn nicht bis etwa 825 Millionen Jahre vor der Gegenwart vorerst deutbare Urkunden fast gänzlich fehlten. Erst zu diesem Zeitpunkt lichtet sich das Dunkel etwas, beginnen die ersten datierbaren Urkunden auszusagen: Absatzgesteine, hervorgegangen aus den zerstörten Erstarrungsgesteinen, Schichten, die Lebensreste enthalten — Lebensreste, deren Entwicklung von nun an, unumkehrbar, nicht wiederholbar und gerichtet ablaufend, den leitenden Faden durch das Chaos der ohne sie nicht zu ordnenden Fülle der erdgeschichtlichen Urkunden abgeben sollte.
Schon zu diesem frühen Zeitpunkt erkennen wir: Klimagürtel — mehr oder weniger stark ausgeprägt, mehr oder weniger deutlich repräsentiert (Kohle, Salz, glazigene Sedimente als Klimabelege), grundsätzlich wie heute aufeinanderfolgend, wenn auch oft anders als heute um den Erdball geschlungen.
Wir erkennen sedimentsammelnde Meeresbecken und sedimentliefernde Festländer — grundsätzlich nicht anders als heute, doch in immer wechseln-

der Gruppierung, wobei aber schon in dieser Frühzeit das heutige geotektonische Erdbild hindurchschimmert.
Abtragung auf den Kontinenten, Ablagerung in den Becken — auch sie grundsätzlich wie heute, doch in an- und abschwellender Intensität; denn das Relief der Oberfläche wandelte sich in rhythmischer Folge, es versteilte sich von Zeit zu Zeit, verebbte in den Zwischenzeiten.

Wir nehmen mit STILLE an, daß im frühen Algonkium (Mittleren Proterozoikum) die Megagäa, eine gewaltige starre Kontinentalmasse, bestand, die am Ende des Altalgonkiums zerfiel und teilweise wieder zu mobilen Meeresbecken, zu Geosynklinalen, regeneriert wurde. Ihre Reste stehen als kristalline Kerne im heutigen Erdbild, als die Urzellen der gegenwärtigen Kontinente: Fennosarmatia, Angaria, Laurentia und, als größter, das alte, im Laufe der Zeit zu Südamerika, Afrika, Australien und Antarktika zerfallene Gondwanaland.
In den Senken, den Geosynklinalen, zwischen den kristallinen Schilden wogte seit je das Meer und sammelte Festlandsschutt zu Sedimenten. War die Mächtigkeit der Sedimentfüllung bis zu einem gewissen Grade angewachsen, waren die Beckenböden unter der Auflast bis in größere Tiefe abgesunken, so stiegen Faltengebirgsstränge aus ihnen auf, legten sich als Kränze um die Kerne, vergrößerten den Landanteil, engten den Meeresanteil der Erdoberfläche ein. So wuchs Europa aus dem kaledonischen, dem variszischen, dem alpidischen Faltenkranz zur heutigen Gestalt. So formten sich die übrigen Nordkontinente um ihre Kerne, etwa Asien um Angaria und Sinia, bis die permische Naht des Urals es mit Europa verschweißte.
Das Ergebnis war weitgehende Versteifung der Erdrinde, erneute Erstarrung, war zunehmende Schrumpfung der faltbaren Räume auf den heutigen Umfang. In dieser zunehmenden Versteifung sah man bisher wohl den Richtungssinn der Erdgeschichte. Bestünde diese Ansicht zu Recht, so bedeutete das: Nivellierung der Erdoberfläche ohne Neubelebung des Reliefs, damit Stillstand auch der organischen Entwicklung, Rückschritt und schließlich Tod alles Irdischen im Anorganischen wie im Organischen. Die Untersuchungen STILLEs jedoch weisen darauf hin, daß die Versteifung der Erdrinde, die in der Gegenwart etwa das Ausmaß wie zur Zeit der altalgonkischen Megagäa erlangt hat, sich einmal ebenso wie diese in einem neuen, regenerierenden Umbruch wieder lösen wird. Damit höbe ein neuer Atemzug der Erdgeschichte an, wie er sich vor dem Algonkischen Umbruch schon einmal, wahrscheinlich sogar mehrere Male abgespielt hat und wie er seit dem Jungalgonkium bis in die Gegenwart abläuft. Von den bisherigen Atemzügen aber ist nur der bis jetzt letzte, der sich in unserer Zeit seinem Ende zuneigt, vom Leben begleitet gewesen. Darum ist nur er „Geschichte“, sind alle früheren geologische „Vor-Geschichte“.

Orogenesen, Gebirgsbildungen also, sind die Markpunkte der Entwicklung des Erdbildes. Sie sind erdgeschichtliche Revolutionen, in denen angesammelte Spannungen — Sedimente sind fossil gewordene Senkungen — zum Ausdruck kommen; Revolutionen, die das jeweilige Erdbild umgestalten.
Ihre Auswirkungen erreichen den letzten Winkel der Erdoberfläche und des Meeresbodens:
Zuallererst vergrößern sich die Land-, verkleinern sich die Meeresareale, d.h., die Umrisse beider verändern sich, und zwar oft grundlegend. Mit ihnen verändert sich das Relief der Länder, zumal der unmittelbar be-

troffenen, doch auch der nur mittelbar beeinflußten, und das der Meeresböden. Es scheint, daß die Reliefwandlungen im Gefolge der Orogenesen im Laufe der Erdgeschichte immer intensiver geworden sind, derart, daß die letzte erdweite Revolution, die alpidische, die größten Höhen- und Tiefenunterschiede geschaffen hat. Es scheint, daß es „Tiefsee" auf der Erde erst seit dem Ausklang des Mesozoikums oder, wenn man so will, seit dem Anfang der erdgeschichtlichen Neuzeit gibt. Mit den Küstenumrissen und den Reliefänderungen wird auch der Lauf der Meeresströmungen verlegt und damit ihr klimatisch ausgleichender oder verschärfender Einfluß auf weite Erdbereiche in andere Bahnen gelenkt. So bedeuten schon vom rein Geographischen her Orogenesen Verschärfungen der Klimacharaktere, Variationen im vorgegebenen Bild der Klimazonen.
Hinzu kommt, daß Reliefwandlungen, insbesondere aufsteigende Gebirge, nicht einmal nur Hochgebirge, die zonaren Klimagürtel zerreißen: Jedes Gebirge ist in der Vertikalen zonar gegliedert; aus tropischem Regenwald kann es aufsteigen bis in die Region ewigen Eises, so die ganze horizontale Klimaabfolge der Erde auf engem Raum vertikal wiederholend und sie einem beliebigen Regionalklima einpflanzend. Im Schatten Kondensation bewirkender Höhen entwickeln sich niederschlagsarme Bereiche mit der für aride Klimate kennzeichnenden Spielart des exodynamischen Geschehens. Beste Beispiele sind die innerasiatischen Wüsten im Kranze regenfangender Gebirgsmauern, sind die meridional anstatt äquatorial verlaufenden Klimagürtel Nordamerikas westlich vom 100. Längengrad.
Nicht nur in und über dem Meer, auch über dem Festland beleben Orogenesen die allgemeine Zirkulation; das Klima der ganzen Erde wird schärfer pointiert, wird im ganzen gegensätzlicher. Polare Eiskappen sind die extreme Folge. Soweit sich übersehen läßt, sind die Zeiten größter Ausdehnungen der Polarkappen Folgeerscheinungen von Gebirgsbildungen.
Man mag die geographischen, rein tellurischen Auswirkungen von Orogenesen nicht für ausreichend halten, daß sie diese „Radikalisierung" des gesamtirdischen Klimas herbeiführen. Da die Schärfe der Klimaunterschiede und die der Jahreszeiten antagonistische Funktionen geringerer oder größerer Neigung der Erdachse gegenüber der Erdbahnebene sind, kann daran gedacht werden, daß erdweite Orogenesen mit ihren Massenverlagerungen auch Verlagerungen der Drehachse der Erde und damit größere oder geringere Ekliptikschiefe im Gefolge haben können, die ihrerseits die ihnen zugehörigen klimatischen Modifizierungen nach sich ziehen. Doch ist auch der umgekehrte Hergang denkbar: Massenverlagerungen in tieferen Erdschalen beeinflussen die Neigung der Erdachse. Diese Änderungen bedingen Umformungen des Rotationsellipsoids Erde, die natürlich nicht ohne erhebliche tektonische Folgen abgehen können. In diesem Fall würden die Klimaverschärfungen nicht die Folge der Orogenese sein, sondern mit dieser auf den gleichen Anstoß zurückgehen.

Während noch das neue Gebirge emporsteigt, verfällt es schon der Einebnung. Und zwar um so intensiver, je höher es sich erhebt. Wir erleben es an der Zerstörung der noch gar nicht einmal überall „ganz fertigen" alpidischen Faltenketten mit. Sehr schnell wird das Erdrelief wieder abgeschwächt, die Reliefenergie erlahmt. Die Abtragung verlangsamt sich, das Tempo der marinen Sedimentation klingt ab und würde nach völliger Einebnung der Erdoberfläche – die, wie A. Penck errechnet hat, auf etwa 200 bis 300 m heutiger Meereshöhe erreicht würde, da ja auch der Meeresspiegel steigen müßte – erlöschen, sobald alles Abtragbare ins Meer verfrachtet wäre. Das Weltmeer wird flacher werden, es wird weithin über das erniedrigte Festland spülen (Transgressionen). Der Verlauf aller Küsten

wird ausgeglichen sein und mit ihm der der Meeresströmungen. Auf dem Festland stören keine Gebirge mehr den Zusammenhang der Klimagürtel, keine Trockenwüsten liegen mehr außerhalb der ihnen vom Gradnetz vorgeschriebenen Zonen. Das bunte Bild der zonaren, der regionalen und örtlichen Klimate, das tausendfach verschachtelte Mosaik der Landschaftstypen würde einer gleichsam mathematisch vorgezeichneten Geographie Platz machen. Auf die Revolution folgt die ruhige, langsam verebbende Evolution.
Hatte die Revolution – jede erdgeschichtliche Revolution – mit ihren Folgewirkungen im Landschaftlichen und der Schaffung von zahllosen neuen Lebensräumen jeder Größenordnung den Anreiz zur Bildung neuer Arten oder zumindest die Möglichkeit zur Erhaltung und Fortbildung neuer Pflanzen- und Tierformen geboten, so bedeutet die landschaftliche Monotonisierung während der „Evolutionsphasen" das Nachlassen und schließlich Ersterben solcher Reize.
Die revolutionären Phasen der Erdentwicklung waren jeweils kürzer als die der Nivellierung. Das bedeutet, daß unser heutiges, reich bewegtes Erdrelief, das vom Hochgebirge bis zur Tiefsee reicht, nur eine Episode im Ablauf der Erdgeschichte darstellt. Es bedeutet, daß das gegenwärtige Klimabild der Erde mit den Eiskappen, die (an sich schon) seinen Ausnahmecharakter unterstreichen, keineswegs auch für frühere Erdzeiten verbindlich sein muß. Es bedeutet schließlich, daß die Buntheit des heutigen Mosaiks der Landschaft und der Lebensräume ebenfalls eigentlich nicht als „normal" gelten darf. Denn wir leben, wie STILLE es einmal ausgedrückt hat, in einer „katastrophischen Zeit im Verklingen", wir leben noch immer in den Nachwehen der alpidischen Gebirgsbildung, das heißt: in einer erdgeschichtlichen Ausnahmezeit, zum mindesten aber in einer Epoche von besonderem, nicht allgemeingültigem Charakter. Das ist ja auch der Grund für die Schwierigkeiten in der Deutung der früheren, „normaleren" Zeiten der Erdgeschichte und ihrer Zeugnisse, an denen die Geologie lange Zeit gekrankt hat. Hier liegt der Grund für die naturgegebenen Grenzen der aktualistischen Betrachtungsweise.

Schon unser Blick auf die geographischen Auswirkungen der Orogenesen läßt erkennen, daß diese auch von weitreichender Bedeutung für das jeweilige Leben auf der Erde gewesen sind. Ihre **Folgen auf biologischem Gebiet** sind umwälzend und grundlegend gewesen. Jede Orogenese formte die Umwelt des irdischen Lebens bis in die fernsten Winkel um. Jede revolutionäre Phase stellte höchste Anforderungen an die Einpassungsfähigkeit, an das Anpassungsvermögen der Organismen. Was dem Neuen nicht gewachsen war, mußte den Platz für Lebensfähigeres freigeben. Zudem schuf jede Orogenese in weitem Umfang jungfräulichen Lebensraum, und zwar ebensosehr in der Horizontalen wie in der Vertikalen über und unter dem Meeresspiegel.
Wir wissen, daß die neuen, zur Herrschaft berufenen Geschlechter jeweils schon vor der großen Umwälzung vorhanden gewesen waren; aber sie hatten im Schatten der Größeren, die oft auch die körperlich Größeren gewesen waren, gelebt. Nur ein Beispiel: Die Säugetiere waren bereits in der Trias vertreten, in der Zeit der Saurierherrschaft. Doch erst, als die Saurier abtreten mußten, erwiesen sich die Eigenschaften und Leistungen des Säugetierkörpers als die nunmehr überlegenen, so daß die Säuger mit kaum vorstellbarer Schnelligkeit den von den Sauriern freigegebenen Raum besetzen konnten.
Ähnlich war es immer wieder: Sobald ein herrschendes Geschlecht von der Bühne abtrat, wurde der Raum frei für das am besten auf die neuen

Aufgaben vorbereitete, d.h., sofern es kraft seiner Organisation dem Neuen gewachsen war. Unaufhaltsam, mit der Gewalt einer Explosion füllte es die leer gewordenen Räume, füllte es die Erde. So lösten die Bedecktsamer die Nacktsamer ab, vorher die Nacktsamer die Sporenpflanzen, so auch die Säuger die Reptilien, die Reptilien die Lurche und Stegocephalen. Natürlich blieben jedesmal in unverändert gebliebenen Teillebensräumen Reste und Nachkommen der früheren herrschenden Geschlechter zurück. Noch heute leben die Nachfahren der karbonischen Lurche, die Enkel der Saurier des Mesozoikums ebenso, wie die Bärlappe und Farne, die Schachtelhalme und Gymnospermen, selbst die Algen des Paläozoikums und die Einzeller des Proterozoikums nachleben.
Wie sich der Personenwechsel auf der Bühne des irdischen Lebens vollzog, mag ein vereinfachtes Beispiel zeigen: Die Saurier waren an sich gewiß wechselwarm wie auch die lebenden Reptilien. Praktisch aber werden sie im jahreszeitenschwachen Klima ihrer Zeit eine annähernd konstante Körpertemperatur haben halten können. Als das Ende des Mesozoikums eine Verschärfung der jahreszeitlichen Gegensätze brachte und damit den Zwang zur Erhöhung der Wärmeproduktion oder des Wärmeschutzes, konnten die Saurier nicht wie etwa unsere heutigen Kleinechsen in heimlichen Schlupfwinkeln die ungute Jahreszeit überdauern. Sie mußten daher aussterben, soweit sie nicht Ansätze zu erhöhtem Wärmeschutz oder (und) erhöhter Wärmeerzeugung mitbrachten. Nur solche, die dadurch unabhängiger waren als die Mehrzahl ihrer Stammverwandten, vermochten sich zu halten und die erforderlichen Fähigkeiten weiterzuentwickeln. Aus ihnen gingen in derart lückenloser Reihe die Säugetiere hervor, daß es vielfach nicht möglich ist, solche Zwischenformen noch den Sauriern oder schon den Säugern zuzuweisen.

Mit diesem Beispiel haben wir den Schritt zur Betrachtung des historischen Ablaufes im **Reiche des Organischen** getan.
Bei dieser Betrachtung, die das Fazit — oder ein Fazit — aus den vorhergehenden Kapiteln zur historischen Geologie ziehen soll, können wir uns auf die großen Stufen der Entwicklung beschränken, um das Grundsätzliche vereinfachend herauszuarbeiten und gleichsam den Rahmen abzustecken, in dem der Inhalt der historischen Geologie gesehen werden kann oder — wenn wir die Tatsachen recht sehen und ihre Sprache richtig verstehen — gesehen werden muß.
Die Wurzeln des irdischen Lebens verlieren sich tief im Dunkel der Vorzeit und sind vorerst nur gedanklich und nur teilweise auch experimentell zu erschließen. Mit dem Algonkischen Umbruch beginnt das Dunkel sich allmählich zu lichten.
Schon im Proterozoikum zeichnen sich Klimagürtel ab, im Kambrium deuten Vereisungsspuren auf extreme Klimate; wieder ausgeglichene Gegensätze scheinen dann bis weit ins Ordovizium hinein bestimmend zu sein, sie leben mit der kaledonischen Orogenese auf, klingen erneut ab und scheinen mit der karbonischen Gebirgsbildung einen Gipfelpunkt zu erreichen: Kohlensümpfe, aride Sedimentationsgürtel und schließlich die große karbon-permische Vereisung deuten darauf hin. Die Pflanze durchmaß in dieser Zeit den Weg vom Einzeller bis zur Alge, die mit Tangformen ihre höchste Organisationsstufe erreichte. Bis weit ins Ordovizium hinein stellte die Alge die höchste Pflanzenorganisation dar. Zugleich mit der kaledonischen Gebirgsrevolution begann aber ihr erfolgreicher Vorstoß aufs Trockne und führte vorerst bis in den amphibischen Gezeitenbereich des Meeres, ins Watt. Neuland, aus dem Meer auftauchend oder durch die belebte Abtragung angeschwemmt, Verflachung vieler Meeresteile und

Aufstieg des Meeresbodens bis zum Wasserspiegel mögen den großen Schritt erleichtert haben: Die kaledonische Orogenese erscheint geradezu als Anlaß, mindestens aber als Voraussetzung der Landnahme durch die Pflanze. Die aus den Algen hervorgehenden Psilophyten erreichen bald die Organisationshöhe der Sporenpflanzen. Damit ist der erste Schritt zur Eroberung des neuen, bisher unbesiedelten Lebensraumes Luft-Land getan.
Ein konsequenter, lückenloser Weg führt von da an bis in die Gegenwart, in der nur noch die trockensten und kältesten Wüsten, die rauhesten Hochgebirgslagen der Besiedlung auch durch die höheren Pflanzen harren. Vervollkommnung der Stützeinrichtungen, der statischen Bauelemente, der Wasserleitung, des Verdunstungsschutzes und insbesondere der Fortpflanzungsorgane und des Befruchtungsmodus steigerten neben vielen anderen Verbesserungen seither schrittweise und stetig die Emanzipation der Pflanze vom mütterlichen Medium, dem Wasser.
Die aus den Psilophyten erwachsenden Sporenpflanzen erhoben sich frühzeitig zu Baumformen und -größen. Das Oberkarbon bezeichnet den Höhepunkt ihrer Entwicklung und räumlichen Entfaltung. Immer aber blieben sie auf die feuchten Niederungen der Festländer beschränkt, blieben sie wie ihre Nachfahren bis auf den heutigen Tag dem Wasser in mehr oder minder starker Bindung verhaftet. Am Ende des Paläozoikums erklimmen sie die Konstruktionshöhe der nacktsamigen Blütenpflanzen, ja sie nehmen die Baupläne der Bedecktsamigen vorweg.
Wie die kaledonische Orogenese die Sporenpflanzen heraufgeführt hatte, so bedeutete die variszische zugleich mit ihrem Höhepunkt auch das Ende ihrer Herrschaft. Die zunehmenden Klimagegensätze, ja -extreme, das Landfestwerden der abtrocknenden Kohlensümpfe nehmen ihnen weithin die Lebensgrundlage. Die Nacktsamer, die aus ihrem Schoß hervorgegangen sind, lösen sie ab. Infolge ihrer gesteigerten Emanzipation vom Feuchten sind sie befähigt, auch in trockenere Binnenräume vorzustoßen. Damit setzt ein neuer Abschnitt in der Entwicklung und Entfaltung des Lebens ein, geht das pflanzengeschichtliche Altertum, das Paläophytikum, im Unteren Perm zu Ende. Der Zechstein leitet das Mesophytikum ein.

Das Tier lebt von der Pflanze, ist nur auf der Grundlage pflanzlicher Stoffproduktion möglich, erscheint in seiner Gesamtheit geradezu als Schmarotzer am Pflanzenreich. Immer muß die Pflanze vorausgehen, ehe das Tier einen Entwicklungsschritt machen kann; erst pflanzliche Besiedlung macht einen Raum zum Lebensraum für das Tier.*
So gab es in der Algenzeit naturgemäß nur wasserbewohnende Tiere, und zwar Wirbellose. Der von der Pflanze bereitete Lebensraum führte im Silur zu reichster Entfaltung aller Stämme der marinen Invertebraten. Erst im Verlaufe des Silurs suchte das Tier auch quantitativ wenigstens annähernd die Fülle der pflanzlich produzierten Stoffe auszunützen. Aber von einer Bewältigung derselben war noch keine Rede. Der Überschuß an pflanzlicher Substanz, der in die Meeressedimente der Zeit einging, wurde immer noch größer. Daher sind bituminöse Schichtgesteine geradezu das „Normalsediment" auch des offenen Meeres im Kambrium und besonders im Ordovizium und Silur. BEURLEN bezeichnet diese deshalb als „Schwarzschieferformationen". Später haben sich vergleichbare Sedimente in zunehmendem Maße immer mehr auf schlecht durchlüftete Meeresteile zurückgezogen, sind also — wie noch in der Gegenwart —

* Ob die Abhängigkeit so weit geht, daß erst die Pflanze durch Lieferung des bei der Photosynthese frei werdenden Sauerstoffes die Atmosphäre für Tiere atembar gemacht und dadurch Tierleben überhaupt ermöglicht habe, muß offenbleiben.

keineswegs mehr „normal", sondern stellen einen Sonderfall der marinen Sedimentbildung dar; denn nach dem Silur hatte sich im offenen Meer Gleichgewicht zwischen Tier- und Pflanzenleben, zumal durch Zunahme der sedimentzehrenden Bodenfauna, eingestellt.
Seit dem Silur blieben die marine Flora und Fauna grundsätzlich auf der erreichten Entwicklungsstufe stehen; sie haben sich bis heute nicht grundsätzlich gewandelt, wenn man von späteren Ein- und Rückwanderungen vom Lande her absieht (Tiere der verschiedensten Arten und Pflanzen bis zu Blütenpflanzen).
In kaledonischer Zeit folgte das Tier der Pflanze ins Watt, in den Küstensumpf. Panzerfische, die die Herkunft von den Wirbellosen andeuten, und Lungenfische lassen schon die Möglichkeiten zur späteren Vierfüßigkeit erkennen. Trilobiten und andere Kruster, Skorpione und andere Arthropoden, Landschnecken, für die der Schritt aus dem Nassen ins Feuchte leicht zu tun war, sind die ersten. Aus Krustern oder Würmern hervorgehende Insekten mit beißenden Mundwerkzeugen und noch ohne Verwandlung machen sich sehr bald in großer Zahl, in der Schabenverwandte überwiegen, die von den Sumpfpflanzen gebotenen Möglichkeiten zunutze. Sie lebten von Pflanzenteilen und Aas, denn Blüten fehlten noch. Aus den frühen Fischen gehen — unter Vermittlung durch *Ichthyostega* (Oberdevon) — im Karbon und Perm nach der Sammelgruppe der Stegocephalen die Lurche und die Kriechtiere als landbesiedelnde Vierfüßer hervor.
Mit der Landnahme verlegte sich das Schwergewicht der pflanzlichen Produktion vom Meere auf das Festland. Auch der Charakter des exodynamischen Geschehens wandelte sich, wie das nunmehrige Zurücktreten der „Schwarzschiefer" und die führende Rolle der Grauwackenverwandten zeigen. Mit BEURLEN kann man diesen Umstand darauf zurückführen, daß die Abtragung der pflanzenleeren Festländer in der Hauptsache auf mechanischen Zerfall und ungeregelten Abtransport, gleichwie in heutigen ariden Bereichen, zurückzuführen ist. Es resultierten im wesentlichen klastische Sedimente. Da die Abtragungsprodukte in der pflanzenreichen Küstenzone aufgefangen und abgesetzt wurden, ergaben sich graufarbige, klastische Gesteine, eben „Grauwacken" sowie diesen ähnliche Sandsteine u. dgl.
Jetzt herrschte in der Küstenzone eine Überproduktion an Pflanzenstoffen gegenüber dem nachhinkenden Tierleben, so daß es zur Anreicherung des Überschusses in Kohlenlagern kommen konnte. (Die meisten aller Steinkohlenlagerstätten sind paralisch. Später verlagerte sich die Kohlebildung mit zunehmender Verdichtung der festländischen Pflanzendecke mehr und mehr in terrestrische Bereiche.)
Dieser sedimentgenetische Wandel aber bedeutet auch eine Umstellung im Stoffhaushalt des Meeres. Es überrascht daher nicht, daß die typischen Bewohner der „Schwarzschiefermeere", die kambrischen Trilobiten und die ordovizisch-silurischen Graptolithen, die kaledonische Umstellung nicht oder — wie die Trilobiten — nur in sehr bescheidenen Nachzüglern überlebten.
Nebenher haben sich seit dem Silur in zunehmendem Maße kalkige Sedimente eingestellt — ein Zeichen, daß sich das Tier, wie es die Pflanze seit dem Kambrium tat, nunmehr in großem Maßstab des in allen Meeren im Überschuß vorhandenen kohlensauren Kalkes als Baustoff zu bedienen vermochte. Damit setzte eine Entwicklung ein, die im Mesozoikum einen schwer überbietbaren Höhepunkt erreichte, den sie auch im Känozoikum zu halten vermochte.
Wie die variszische Revolution mit ihren Folgewirkungen im späten

Paläozoikum die Gymnospermen an die Stelle der Sporophyten setzt, hält sie auch unter den Landtieren scharfe Auslese: Die Panzerfische machen den Schmelzschuppern Platz; die Stegocephalen retten sich zwar bis zum Keuper hindurch, aber die Reptilien, hervorgegangen aus beweglichen Stegocephalen mit Schutzeinrichtungen gegen Trockenheit, beherrschen das Feld bis ins Innere der Festländer, soweit die Pflanze ihnen vorangegangen war. Dort eroberten sie die Lebensräume des Bodens und der Luft, der Sümpfe und der Trockenbereiche, der Wälder und wieder des Wassers. Zumal auf der kühleren Südhalbkugel gehen zu Ende der Trias aus ihnen die Säugetiere hervor und damit das Geschlecht, dem die Zukunft gehören sollte.

Diese Entwicklung im Tierreich setzt nach dem Zechstein mit der Trias ein, somit wieder etwa eine halbe Formation (Periode) nach dem entsprechenden Schritt in der pflanzlichen Entwicklung. Wieder folgt das Tier der Pflanze mit Verzögerung – deutlicher kann die auch kausale Bedingtheit nicht sichtbar werden als in dieser zeitlichen Folge.

Inzwischen hatten die Gymnospermen in ihren Hauptvertretern, den Nadelhölzern, die Festländer besetzt. Noch waren es keine Wälder in dem heutigen Sinne, vielmehr im besten Falle licht bestandene freie Flächen, nicht einmal Parksteppen o.ä., da ja auch die Gräser und Kräuter, beide Angiospermen, noch fehlten, somit auch im baumbestandenen Freiland noch keine Bodendecke vorhanden war. Vielleicht handelte es sich auch nur um inselartige lockere Baumhaine, die wie Oasen in der Wüste über die Festländer verteilt waren. Aber auch schon ein lichter Pflanzenschleier muß Einfluß auf den Hergang der Verwitterung nehmen. Sicher ist, daß zu den mechanischen Zerstörungsvorgängen nun auch nicht zu vernachlässigende chemische Gesteinslösung trat. Insbesondere wird der kohlensaure Kalk mobilisiert worden sein, wenn wir aus der immer zunehmenden Kalksedimentation dieses Zeitalters die richtige Folgerung ziehen. Das würde aber bedeuten, daß der Stoffgehalt ebenso wie der Stoffhaushalt der mesozoischen Meere ein anderer geworden war als der der Meere der Sporophytenzeit.

Vielleicht ist in dieser Richtung die Erklärung dafür zu suchen, daß das Mesozoikum durch eine Fülle von Tiergruppen ausgezeichnet ist, die den früheren Formationen fehlten: Unter den Kopffüßern übernehmen die echten Ammoniten die Führung, die Belemniten sind typisch mesozoische Fossilien, unter den Schwämmen blühen die Kieselschwämme, unter den Echinodermen die echten Seeigel und Seelilien; Muscheln und modern anmutende Schnecken finden sich in Fülle, während z.B. die Brachiopoden stark in den Hintergrund treten. Die Schmelzschupper werden den echten Knochenfischen ähnlich, Saurier gehen ins Meer, die Krokodilier zweigen sich vom Hauptstamm ab usf.

Riesenwuchs wird in zahlreichen Gruppen herrschend – kein Zeichen von nahendem Artentod, wie viele Autoren meinen, sondern ein Beweis für ungewöhnliche Gunst der Lebensumstände. Denn jedes Tier strebt danach, in seinen Größenverhältnissen die „wirtschaftlichen" Beziehungen zwischen der geforderten Leistung, der verfügbaren Nahrungsenergie und dem erforderlichen Stoffumsatz herzustellen. Mit anderen Worten bedeutet dies: das günstigste Verhältnis zwischen Körpermasse und Körperoberfläche. Denn bekanntlich wird die Oberfläche mit zunehmender Körpergröße im Verhältnis zu dieser kleiner und damit auch der Stoffumsatz. Je größer das Tier, besonders der Warmblüter und der Halbwarmblüter, wie viele Saurier, desto günstiger das Verhältnis zwischen Einnahme und Ausgabe. Natürlich sind jeder Tierform Höchstgrenzen gesetzt, die besonders in den Schwierigkeiten der mechanischen Bewältigung größerer und größter Massen liegen. (Deshalb sind die größten Tiere der Gegenwart Wasserbewohner, weil im tragenden Wasser diese Schwierigkeiten geringer sind.)

Schon im Rät treten die ersten Multituberkulaten auf, vom Dogger bis in die Kreide leben die Pantotherier als Vorformen der echten Säugetiere, der Plazentalier. In der jüngsten Kreide finden sich die ersten kleinen Insektenfresser ein. Das Ende der Jurazeit sah die ersten Halbvögel, in der Kreide kamen und gingen die Zahnvögel — doch die große Zeit der Säuger und Vögel sollte erst noch kommen. Denn noch fehlte ihnen mit den Bedecktsamern die entscheidende Lebensgrundlage.
Am Ende der älteren Kreidezeit übernahmen die Bedecktsamer die Herrschaft von den Gymnospermen; es begann die Neuzeit der Pflanze. Das Tier folgte auch diesmal mit einer Verzögerung von einer halben Periode.
Wir stehen vor einer der einschneidendsten Wandlungen im Laufe der ganzen urkundlich zugänglichen Erd- und Lebensgeschichte.

Welche Umstände waren es, die die Gymnospermen benachteiligten, sie in den Hintergrund schoben und den Angiospermen den Platz frei machten? Im Laufe der Kreidezeit werden zum erstenmal in der Erdgeschichte die Beweise für das Vorhandensein jahreszeitlicher Klimagegensätze deutlich, während alle Anzeichen darauf hindeuten, daß im vorangegangenen mesozoischen Klima die Gegensätze weitgehend ausgeglichen, vielleicht auf der ganzen Erde gemildert waren. Dieses weltweit ausgeglichene Klima war es wohl auch gewesen, das den Gymnospermen trotz ihrer noch begrenzten Schutzmaßnahmen gegen Trockenheit und zur Sicherung der Fortpflanzung den Weg ins Innere der Kontinente geebnet hat. Jetzt aber standen die Nadelhölzer vor wachsender Ungunst der Lebensbedingungen. Sie verkleinerten ihr Areal und überließen es den Angiospermen, deren Überlegenheit in einer unerschöpflichen Anpassungsfähigkeit an alle denkbaren Schwierigkeiten zum Ausdruck kommt — einer Eigenschaft, die den „verwöhnten" und konstruktiv festgelegten Nacktsamern fehlen muß.
Die Ungunst des Klimas auf der Erde wurde durch die im späteren Mesozoikum einsetzende, im Tertiär gipfelnde Orogenese verschärft. Die Kränze der alpidischen Faltenstränge gaben den Festländern die heutigen Umrisse; gleichzeitig sank der Meeresboden vielfach zu bisher nicht erreichten Tiefen ab, überspülten ausgedehnte Transgressionen die Schelfe, schufen die Hochgebirgsketten, die ebenfalls wohl erstmalig bis zu Kilometerhöhen aufstiegen, tausenderlei neue Klima- und Landschaftskombinationen und damit eine Unzahl neuer, jungfräulicher Lebensräume jeder Größenordnung. Es waren ebensoviel neue Anlässe oder wenigstens Möglichkeiten zur Neubildung von Arten wie zur Beseitigung vorhandener Organismengruppen: So räumten die für das Erdmittelalter bezeichnenden Gruppen das Feld, die Ammoniten, die Belemniten, die Saurier und zahlreiche andere starben aus, nachdem die Gymnospermen ihnen in weiten Gebieten vorangegangen waren.
Mit den Angiospermen kamen die Säugetiere, die Vögel und die höheren Insekten herauf. Diese drei Gruppen, die ohne die Bedecktsamer als ihre Lebensgrundlage nicht denkbar sind, erlebten gleichzeitig und in tausendfach verschlungenen Wechselbeziehungen die explosive Phase ihrer Entfaltung. Es gibt kaum ein großartigeres Bild im ganzen Verlaufe der Lebensgeschichte als dieses. In unglaubhaft kurzer Zeit waren alle wichtigen Gruppen der Blütenpflanzen, alle Stämme des Säugetierreiches und die des arten- und individuenreichen Heeres der Insekten vertreten; in

unvorstellbar schnellem Schrittmaß wandelten sich die Formen und brachten immer neue Gestalten hervor. Die Organisationshöhe der anpassungsfähigen Blütenpflanzen, die Schutzeinrichtungen des warmblütigen Säugetier- und Vogelkörpers, das Puppenstadium der Insekten setzten diese Gruppen instand, sogar die pleistozänen Eiszeiten — Folgen der alpidischen Revolution — zu überstehen und auf ihre Ansprache mit der Bildung neuer, vollkommenerer Formen zu antworten.

Bis fast in die letzten Winkel der känozoischen Erde drangen die Bedecktsamer vor, in Räume, die den Nacktsamern noch verschlossen geblieben waren; der Boden bedeckte sich mit einer angiospermen Kraut- und Grasflora. Jetzt erst wurde der Pflanzenschleier der Erde zur Pflanzendecke. Auch die Warmblüter fanden keine unüberwindliche Grenze ihrer Verbreitung. Gemeinsam mit einigen Blütenpflanzen wanderten sie sogar ins Meer zurück.

Bis ins einzelne lassen sich die wechselseitigen Beziehungen zwischen Blütenpflanzen, Warmblütern und heutigen Insekten nachweisen, es läßt sich nachweisen, wie die Entwicklung der einen Gruppe vom jeweils erreichten Stand der übrigen bestimmt und bedingt wurde — bezeichnend schon, daß die ersten Säuger Insektenfresser sind. Das gilt für die Tertiärzeit ebenso wie für das Pleistozän und auch für den Menschen, das Produkt der Eiszeiten. Es sind zeitliche Beziehungen, die wir nachweisen können. Aber sie entsprechen so genau dem Ablauf, wie er beim Vorliegen ursächlicher Beziehungen sein müßte, daß es schwer wird, nicht auch an solche, an kausale Zusammenhänge zu denken.

Was aber war durch den großen Wechsel auf der Bühne des Lebens geologisch anders geworden? Wie wirkte sich der lebensgeschichtliche Umbruch erdgeschichtlich, lithogenetisch, d.h. in bezug auf die Gesteinsbildung aus?

Es war zumal im exodynamischen Bereich nahezu alles anders geworden; es war ein Umbruch auch hier: Denn jetzt beginnen alle jene Erscheinungen wirksam zu werden, die uns Heutigen selbstverständlich sind, die aber der ganzen vorkretazischen Erdgeschichte fehlen.

Eine wirkliche Pflanzendecke bedeutet u.a.: Bodenbildung im heutigen Sinne, bedeutet Mobilisierung des Eisens durch Humusstoffe. Kaolinbildung und Lateritprofile kennen wir daher erst seit frühestens dem Jura, ebenso gebleichte, d.h. eisenarme Verwitterungsrinden auf der einen Seite, Verwitterungslagerstätten des Eisens auf der anderen. Früher blieb das Eisen in den mechanisch zerfallenen Verwitterungsrinden erhalten und gab diesen die rote Farbe, die wir heute als bezeichnend für aride Rinden ansehen. So sind ganze Formationen durch rote klastische Sedimente ausgezeichnet, wie Teile des Karbons, das Perm und die Untere Trias, die nach dem Vorschlag BEURLENS daher auch „Rotsandsteinformationen" genannt werden können. Aber auch in älteren Zeiten kehren rote, terrestrische Sedimente immer wieder; sie sind die Produkte pflanzenleerer und daher wüstenhafter Festländer, wie des devonischen Old-Red-Kontinents, des algonkischen Nordfestlandes (das „Oldest Red" im Vergleich mit dem Old Red und dem Buntsandstein, dem „New Red Sandstone"), Festländer, von denen der keineswegs fehlende Regen ungehemmt abfloß. Mit zunehmender Verdichtung der Pflanzendecke — schon in der Gymnospermenzeit — verschwinden die roten Sandsteine usw. von der Bildfläche, die Formationen des jüngeren Mesozoikums sind durch helle Kalksteine der verschiedensten Arten gekennzeichnet.

Eine Pflanzendecke bringt gleichmäßigere Verteilung der Niederschläge über das Jahr, bringt eine gewisse gleichmäßige Luftfeuchtigkeit mit sich und dadurch über das ganze Jahr sich erstreckenden, stetigen Abfluß des Niederschlagswassers in geregelten Bahnen: Flußnetze, Erosion und Talbildung in unserem Sinne sind Erwerbungen jüngerer erdgeschichtlicher Zeiten. Ständiger Abfluß ist gleichbedeutend mit ständigem Abtransport der Verwitterungsprodukte und damit auch erhöhter Abtragung. Trotz der schützenden Pflanzendecke ist der Festlandsabtrag im humiden Klima bedeutender als im pflanzenarmen Trockenklima; denn hier bleibt der größte Teil des Verwitterungsgutes auf dem Festland liegen, weil ja Abfluß und Abfuhr kaum ausgebildet sind. Pflanzenfreie Festländer ertrinken im eigenen Schutt, wie etwa das des Oberrotliegenden. Im Profil scheint daher das Oberrotliegende über das Unterrotliegende zu ,,transgredieren".

Erhöhte Denudation heißt aber auch: beschleunigte Sedimentbildung, größere Sedimentmächtigkeit in der Zeiteinheit sowie stetige Sedimentation im Gegensatz zu früheren, pflanzenarmen Zeiten. Daraus erklärt sich die zunehmende Sedimentdicke jüngerer Formationen gegenüber älteren, die Beschleunigung des exodynamischen Ablaufs in Jura, Kreide und Tertiär. Auf der anderen Seite erklärt sich daraus auch das Fehlen roter, das Zurücktreten festländischer Verwitterungssedimente in jüngeren Zeitabschnitten.

Humide Zeiten, wie sie im jüngeren Mesozoikum und im Tertiär mehrfach wiederkehren, sind durch erhöhte Pflanzenproduktion ausgezeichnet. In solchen Zeiten stellt sich das unausgeglichene Verhältnis zwischen Pflanze und Tier ein, das im Altertum die bituminösen Schiefer, im Karbon die Kohlenlager bedingte. Zumal das Tertiär ist eine Zeit intensiver Kohlebildung, wie auch die Gegenwart, in der ein bis zwei Millionen Quadratkilometer der Festlandsflächen von Torfmooren eingenommen werden.

Bezeichnenderweise liegen die pflanzlichen Überschußgebiete des älteren Paläozoikums im Meer, wo die bituminösen Sedimente entstanden; im jüngeren Paläozoikum verlagerten sie sich in die Küstenbereiche – die Mehrzahl aller Steinkohlenlagerstätten ist paralisch, nur ein weitaus kleinerer Teil ist limnisch –, im Mesozoikum aber und im Känozoikum in den festländischen Bereich (Braunkohle), ebenso im Quartär. Man denke nur an die ungeheuren Moorflächen des größten aller Kontinente, Asiens.

Sicher haben alle diese Umstände auch den Stoffhaushalt des Meeres von Grund auf beeinflußt; es ist nicht denkbar, daß selbst der abgelegenste Teil der Erde diese Neuerungen nicht zu spüren bekommen hätte. Es ist nicht vorstellbar, daß es auch nur eine Tiergruppe gegeben hätte, die sich nicht mit dem Neuen hätte auseinandersetzen müssen. So erscheint das große Sterben der mesozoischen Tierwelt fast selbstverständlich, wenn uns auch die Beziehungen im einzelnen noch vielfach verschlossen sein mögen.

Das also ergibt sich als die Aussage geologisch ermittelter und gedeuteter Tatsachen:

Die pflanzliche Entwicklung fügt sich widerspruchslos dem erdgeschichtlichen Ablauf ein, ja sie wird nur aus ihm heraus voll verständlich.

Das gleiche gilt für die tierische Entwicklung: Die paläontologisch nachgewiesene zeitliche Abhängigkeit der Stufen der tierischen Entwicklung und Entfaltung von dem jeweils vorangegangenen Entwicklungsschritt des pflanzlichen Aufstiegs redet eine eindeutige Sprache.

Eine gerade Kette verbindet die Erdgeschichte mit dem Werdegang des Lebens auf der Erde.

Auf der anderen Seite läßt sich nachweisen, daß die verschiedenen Gesteinscharaktere der verschiedenen Zeitabschnitte aus dem jeweiligen Entwicklungsstand der Lebewelt, insbesondere aus dem jeweils erreichten Stadium der Besiedlung des Festlandes durch die sich vervollkommnende Pflanze, verstanden werden müssen, d.h., daß das Leben nach Maßgabe seiner Entwicklung auf das erdgeschichtliche Geschehen zurückwirkt; daß somit die Beziehungen zwischen der Entwicklung im Anorganischen und der Entwicklung im Organischen wechselseitig sind, in beiden Richtungen verlaufen.
Diese dialektischen Wechselbeziehungen zwischen Anorganischem und Organischem, zwischen Erde, d.h. Umwelt, und Leben erscheinen als der Motor der Entwicklung.
Sie bestimmen das historische Weltbild der Geologie.
Es sind offensichtlich die grundsätzlich gleichen Gesetzmäßigkeiten, wie sie auf höherer Ebene die geschichtlichen Beziehungen zwischen dem Menschen und seiner — natürlichen und kulturellen — Umwelt regeln.